U0296609

土壤健康丛书

丛书主编　张佳宝

农田土壤中砷的调控原理与技术

曾希柏 等　著

科学出版社

北　京

内 容 简 介

砷是严重威胁农产品质量安全和人类健康的类金属元素。本书基于我国农田砷污染现状，从降低农田砷活性、减少作物砷吸收和转运、保障农产品安全生产角度出发，系统阐述了我国农田土壤中砷的基本状况、土壤对砷的吸附解吸与固定、外源砷在土壤中的形态转化及其有效性、水分状况对土壤中砷有效性的影响。在此基础上，介绍了客土改良、施用钝化剂、应用低累积作物、调控微生物、采用不同农艺措施等对降低作物砷吸收及保障农产品安全的作用和效果，并展望了相关研究的重点、方向及应用前景。

本书对砷中轻度污染农田安全利用有十分重要的指导意义，可供重金属污染土壤修复与安全利用、土壤健康、农业资源环境等领域的科研人员、高校教师，以及技术推广人员阅读参考。

图书在版编目（CIP）数据

农田土壤中砷的调控原理与技术/曾希柏等著. —北京：科学出版社，2024.1

（土壤健康丛书/张佳宝主编）

ISBN 978-7-03-074172-1

Ⅰ. ①农… Ⅱ. ①曾… Ⅲ. ①耕作土壤–砷–调控–研究 Ⅳ. ①S153.6

中国版本图书馆 CIP 数据核字（2022）第 237656 号

责任编辑：王海光 刘 晶 / 责任校对：郑金红
责任印制：肖 兴 / 封面设计：无极书装

科学出版社 出版
北京东黄城根北街 16 号
邮政编码：100717
http://www.sciencep.com
北京中科印刷有限公司 印刷
科学出版社发行 各地新华书店经销
*
2024 年 1 月第 一 版 开本：787×1092 1/16
2024 年 1 月第一次印刷 印张：30
字数：707 000

定价：328.00 元

(如有印装质量问题，我社负责调换)

本书资助项目

国家自然科学基金区域创新发展联合基金项目“红壤区农田的酸化贫瘠化及其阻控机制”（U19A2048）

中国农业科学院科技创新工程专项（CAAS-ASTIP-2016-IEDA）

中央级公益性科研院所基本科研业务费专项（BSRF202213）

国家自然科学基金面上项目“高风险土壤中砷的形态与价态转化及其机理”（40871102）

国家自然科学基金面上项目“外源砷在土壤中的老化过程及其机制研究”（41171255）

国家自然科学基金面上项目“中轻度污染农田中砷的稳定化及根-土界面行为研究”（41541007）

国家自然科学基金面上项目“施肥与土壤改良对农田土壤中全程氨氧化细菌种群及功能的影响”（41877061）

“土壤健康丛书”编委会

《农田土壤中砷的调控原理与技术》
著者名单

曾希柏　苏世鸣　王亚男　张　楠

白玲玉　张　拓　张　洋

丛 书 序

土壤是农业的基础，是最基本的农业生产资料，也是农业可持续发展的必然条件。无论是过去、现在，还是将来，人类赖以生存的食物和纤维仍主要来自土壤，没有充足、肥沃的土壤资源作为支撑，人类很难养活自己。近年来，随着生物技术等高新技术不断进步，农作物新品种选育速度加快，农作物单产不断提高，但随之对土壤肥力的要求也越来越高，需要有充足的土壤养分和水分供应，能稳、匀、足、适地供应作物生长所需的水、肥、气、热。因此，要保证农作物产量不断提高，满足全球人口日益增长的对食物的需求，就必须有充足的土壤（耕地）资源和不断提高的耕地质量，这也是农业得以可持续发展的重要保障。

土壤是人类社会最宝贵的自然资源之一，与生态、环境、农业等很多领域息息相关，不同学科认识土壤的角度也会不同。例如，生态学家把土壤当作地球表层生物多样性最丰富、能量交换和物质循环（转化）最活跃的生命层，环境学家则把土壤当作是环境污染物的缓冲带和过滤器，工程专家则把土壤看作是承受高强度压力的基地或工程材料的来源，而农学家和土壤学家则把土壤看作是粮食、油料、纤维素、饲料等农产品及能源作物的生产基地。近年来，随着煤炭、石油等化石能源不断枯竭，利用绿色植物获取能源，将可能成为人类社会解决能源供应紧缺的重要途径，如通过玉米发酵生产乙醇、乙烷代替石油，利用秸秆发酵生产沼气代替天然气。世界各国已陆续将以生物质能源为代表的生物质经济放在了十分重要的位置，并且投入大量资金进行研究和开发，这为在不远的将来土壤作为人类能源生产基地提供了可能。

随着农业规模化、集约化、机械化的不断发展，我国农业逐步实现了由传统农业向现代农业的跨越，但同样也伴随着化肥农药等农业化学品的不合理施用、污染物不合理排放、废弃物资源化循环利用率低等诸多问题，导致我们赖以生存的土壤不断恶化，并由此引发气候变化和资源环境问题。我国是耕地资源十分紧缺的国家，耕地面积仅占世界耕地面积的 7.8%，而且适宜开垦的耕地后备资源十分有限，却要养活世界 22%的人口，耕地资源的有限性已成为制约经济、社会可持续发展的重要因素，未来有限的耕地资源供应能力与人们对耕地总需求之间的矛盾将日趋尖锐。不仅如此，耕地资源利用与管理的不合理因素也导致了耕地肥力逐渐下降，耕地质量退化、水土流失、面源污染、重金属和有机污染物超标等问题呈不断加剧的态势。据环境保护部、国土资源部 2014 年共同发布的《全国土壤污染状况调查公报》，全国土壤中污染物总的点位超标率为 16.1%，其中轻微、轻度、中度和重度污染点位的比例分别为 11.2%、2.3%、1.5% 和 1.1%；污染类型以无机型为主，有机型次之，复合型污染比重较小，无机污染物超标点位占全部超标点位的 82.8%。耕地的污染物超标似乎更严重，据统计，全国耕地中污染物的点位超标率为 19.4%，其中轻微、轻度、中度和重度污染点位比例分别为 13.7%、

2.8%、1.8%和 1.1%，主要污染物为镉、镍、铜、砷、汞、铅和多环芳烃。由此，土壤健康问题逐渐被提到了十分重要的位置。

随着土壤健康问题不断受到重视，人们越来越深刻地认识到：土壤健康不仅仅关系到土壤本身，或者农产品质量安全，也直接关系到人类的健康与安全，从某种程度上说，耕地健康是国民健康与国家安全的基石。因此，我们不仅需要能稳、匀、足、适地供应作物生长所需水分和养分且能够保持“地力常新”的高产稳产耕地，需要自身解毒功能强大、能有效减缓各种污染物和毒素危害且具有较强缓冲能力的耕地，同时更需要保水保肥能力强、能有效降低水土流失和农业面源污染且立地条件良好的耕地，以满足农产品优质高产、农业持续发展的需求。只有满足了这些要求的耕地，才能称得上是健康的耕地。党和政府长期以来高度重视农业发展，党的十九届五中全会提出“要保障国家粮食安全，提高农业质量效益和竞争力”。在 2020 年底召开的中央农村工作会议上，习近平总书记提出“要建设高标准农田，真正实现旱涝保收、高产稳产”“以钉钉子精神推进农业面源污染防治，加强土壤污染、地下水超采、水土流失等治理和修复”。2020 年中央经济工作会议中，把“解决好种子和耕地问题”作为 2021 年的八项重点任务之一。因此，保持耕地土壤健康是农业发展的重中之重，是具有中国特色现代农业发展道路的关键，也是我国土壤学研究者面临的重要任务。

基于以上背景，为了推动我国土壤健康的研究和实践，中国土壤学会策划了“土壤健康丛书”，并由土壤肥力与肥料专业委员会组织实施，丛书的选题、内容及学术性等方面由学会邀请业内专家共同把关，确保丛书的科学性、创新性、前瞻性和引领性。丛书编委由土壤学领域国内知名专家组成，负责丛书的审稿等工作。

希望丛书的出版，能够对土壤健康研究与健康土壤构建起到一些指导作用，并推动我国土壤学研究的进一步发展。

张佳宝

中国工程院院士

2021 年 7 月

前　言

从 2004 年选择开始农业环境相关研究至今，算起来也快 20 年了，现在回想起来，许多事情就像昨天才发生。近 20 年，在历史长河中也许连一瞬间都算不上，但在 20 年内用大部分精力和时间来干一件事，我个人感觉还是不容易的，尤其是团队同事们、学生们始终如一地坚持和协作实属不易。在这个过程中，只要有一两个人产生了动摇，就会影响到很多人，最终我们的研究可能就没有办法持续下来了。

记得 2004 年从原土壤肥料研究所来农业环境与可持续发展研究所工作时，连续几天都没有睡上一个好觉，不是因为兴奋，而是因为还不知道未来科研工作应该怎么选择。在那段时间中，我听取了数位领导和同事的建议，自己也做了各种各样的假设、思考，最终才确定结合所学专业和原来所从事的工作，将中低产田障碍因子消减、重金属中轻度污染耕地安全利用作为自己未来研究的方向和重点，并在诸多污染物中选择以砷作为突破口开展研究。这些年来，尽管我们团队人员增加，研究重点也在原基础上进一步凝练，但研究方向仍然集中在这两个方面。在此，感谢在我做选择时给予过帮助和鼓励的所有人。

作为在自然界分布广泛、毒性很强并具有致癌作用的非金属元素，砷同时也受到世界卫生组织的高度关注，并被列为引起重大公共卫生关注的 10 种化学品之一。而且，实际上我们很多人，特别是 20 世纪六七十年代及之前出生的人，应该在小时候就知道砷的存在，并且和含砷物质打过交道，因为那个时代的人在端午节时总要喝上几口雄黄酒来“辟邪”，雄黄中含有砷，这也算是我们这代人对砷的最初了解吧。当然，选择砷元素作为研究对象，不仅受到我的博士后合作导师刘更另院士在 20 世纪 80 年代中期所做的南方“矿毒田”研究的影响，同时也受我的师兄陈同斌研究员的影响，当时师兄的主要研究是砷污染土壤修复，正致力于砷超富集植物蜈蚣草的相关研究，因此，我也顺理成章选择了砷作为研究重点。

我国作为全球砷资源较丰富且开采量最大的国家，现已探明的砷储量接近 400 万 t，保有储量约 280 万 t，这些资源主要分布于中南部及西部的广西、云南、湖南等地。同时，我国还拥有广泛分布在湖南、贵州、四川和云南等省的全球独特的雄黄（As_4S_4）资源，以及与金矿、铜矿、铅矿等伴生的砷矿资源。但砷矿及含砷矿物资源的开采，也给我国土壤健康带来了巨大风险，成为南方部分地区耕地中砷超标的重要原因，已严重威胁农产品的安全生产。据环境保护部与国土资源部 2014 年联合发布的《全国土壤污染状况调查公报》显示，我国土壤中砷超标点位数为 2.7%，仅次于镉和镍，且主要为轻微超标。对这部分土壤而言，如何降低砷的活性和作物有效性，并生产出安全、合格、放心的农产品，已成为首要研究课题。

砷的形态和价态具有多变性。作为一种变价元素，砷在自然界中能够以+3、+5、0

和-3 的价态存在于有机、无机化合物中，其中+3 和+5 是其最主要的价态。而从形态上看，砷及其化合物既有气态的砷化氢、甲基砷（含一甲基砷、二甲基砷、三甲基砷）等，在地壳中也可以有雌黄（As_2S_3）、雄黄（As_4S_4）、砷黄铁矿等多种形态，单质砷还以灰砷、黑砷、黄砷三种同素异形体的形式存在。当然，我们研究最多的还是无机态砷酸盐与土壤胶体的结合形态，即通常所说的交换态、铁型（Fe-As）、钙型（Ca-As）、铝型（Al-As）和残渣态（O-As）等。不同形态和价态的砷，毒性差异很大，在土壤中的性质和表现形式各不相同，有效性也完全不同，但不同形态和价态的砷在土壤中是可以相互转化的，这也是研究砷最复杂、最有趣的地方。

从确定以砷作为研究对象以来，尽管国内当时已有学者开始了相关研究，但因为研究的侧重点不一样，研究目标和对象也不尽一致，因此，团队的研究实际上是从零起步。为此，我们首先选择农业主产区、高风险区进行调研，初步明确了不同区域耕地中砷的状况，并在此基础上确定了以调控、原位降活、促进农产品安全生产为主线，此后的研究基本上就是围绕这条主线进行设计和实施的，本书则是对这些研究内容的总结。

本书主要包括典型区域耕地中砷的状况、土壤对砷的吸附解吸与固定、外源砷在土壤中的形态转化及其有效性、水分状况对土壤中砷有效性的影响、客土法调控土壤中的砷、不同类型钝化剂对土壤中砷有效性的影响、作物对砷的吸收及调控、砷低累积作物的筛选方法及其应用、富集转化砷微生物的筛选及其应用、农艺措施（包括施用小分子有机酸、磷素等）对土壤中砷的调控等内容。经过近 20 年的积累，我们已对耕地中砷的状况有了初步了解，对中轻度污染耕地中砷的调控与农产品安全生产形成了较完善的解决方案，研发的技术及产品在高风险区域大田土壤中实际应用也取得了较理想的效果。因此，我们也非常期盼本书的出版不仅能够对砷中轻度污染耕地安全利用具有实质性推动作用，同时也能对受其他有毒有害元素及化合物污染耕地的安全生产有相应的借鉴意义。

在开展耕地砷研究的这些年，团队先后有 30 多位博士后、博士及硕士参与了相关工作，并围绕相关内容完成了学位论文，因此，本书实际上是在这些同学的努力下完成的。算起来，以砷为主题开展研究的学生竟然占了我和团队成员培养学生的一半有余，这也是在整理本书稿之前所没有想到的。在此，要对参与本书相关研究的学生及在课题组学习过的所有学生们表示诚挚的感谢！正因为有你们的努力和协作，才有了本书的这些研究结果，才支撑起了团队的进步与发展。

本书共分 11 章，其中，第一章和第十一章由曾希柏整理；第二章至第十章由张楠博士整理，由曾希柏、苏世鸣、王亚男、张楠、张拓分别对相关章节进行修改和补充完善，最后由曾希柏统稿和定稿。本书相关研究先后得到了国家自然科学基金区域创新发展联合基金项目“红壤区农田的酸化贫瘠化及其阻控机制”（U19A2048）、中国农业科学院科技创新工程专项（CAAS-ASTIP-2016-IEDA）、中央级公益性科研院所基本科研业务费专项（BSRF202213），以及国家自然科学基金面上项目“高风险土壤中砷的形态与价态转化及其机理”（40871102）、“外源砷在土壤中的老化过程及其机制研究”（41171255）和“中轻度污染农田中砷的稳定化及根-土界面行为研究”（41541007）等项目的资助，在此深表谢意！最后，还要特别感谢科学出版社生物分社的王海光编审等老师为全书文字把关，并为本书出版付出艰辛劳动。

由于相关研究还有待深入，且时间仓促，书中难免有不妥之处，敬请同行专家和读者批评指正。

2023年12月23日

目　　录

第一章 我国农田土壤中的砷

砷（As）是一种备受关注且毒性极强、具有致癌作用的类金属元素，并一度被认为可以取代磷成为生命构成元素（Wolfe et al.，2011；Erb et al.，2012；Reaves et al.，2012）。环境中砷的形态主要为无机与有机形态，其中无机态砷主要包括五价砷［As（Ⅴ）］和三价砷［As（Ⅲ）］，而有机态砷则主要为 MMA（一甲基砷）、DMA（二甲基砷）和 TMA（三甲基砷）。一般认为无机态砷的毒性大于有机态砷，而 As（Ⅲ）的毒性又高于 As（Ⅴ）。农田中的砷可以通过溶质运移及排水等途径进入水体，进而影响饮用水安全，还可以通过土壤-农产品-人类的食物链方式威胁到人体健康。调查发现，我国一些采矿区和冶炼厂周边地区，以及废弃物利用强度大的农区，土壤和农作物中砷超标的风险较大，是普通农区的十倍甚至数十倍以上（曾希柏等，2010）。在我国一些典型农区的大田和蔬菜地中，虽然没有发现砷超标的现象（曾希柏等，2013；李莲芳等，2008；白玲玉等，2010；Li et al.，2009），但已出现了不同程度的累积现象。

第一节 我国农田土壤中砷的状况及来源

一、矿物和土壤中的砷

砷是一些矿物的组成成分，但其在地壳中的平均含量一般仅 1.7～5.0 mg/kg（王华东和薛纪瑜，1989），且主要以硫砷矿（AsS）、雌黄（As_2S_3）、雄黄（As_4S_4）、砷硫铁矿（FeAsS）等形态存在，或者伴生于 Cu、Pb、Zn 等硫化物中。砷在岩石圈各类岩石中的平均含量如表 1-1 所示。

表 1.1 砷在各类岩石中的平均含量

岩石类型	砷平均含量/%
石陨石（球粒陨石）	3×10^{-5}
超基性岩（纯橄榄岩等）	5×10^{-5}
基性岩（玄武岩、辉长岩等）	2×10^{-4}
中性岩（闪长岩、安山岩）	2.4×10^{-4}
酸性岩（花岗岩、花岗闪长岩）	1.5×10^{-4}
沉积岩（黏土质岩和页岩）	6.6×10^{-4}
两份酸性岩加一份基性岩	1.7×10^{-4}
深海沉积物/石灰质	1×10^{-4}
黏土质	1.3×10^{-4}

在元素的地球化学分类表中，砷既属于金属矿床的成矿元素族，同时也属于半金属和重矿化剂族，在自然界中很少见单质砷或砷的金属化合物，大多数情景下是以硫化物

的形式与金、铜、铅、锌、锡镍等矿混合存在，因此，也常常把砷作为寻找这些金属矿床的重要指示元素。我国是砷矿资源十分丰富的国家之一，据初步统计，已探明的砷资源储量约为 397.7 万 t，其中基础储量 135.1 万 t。同时，我国砷矿资源相对集中，主要分布在环太平洋中新生代造山区的中南部及西部，仅广西、云南、湖南三地的储量即分别达到 165.9 万 t、94.8 万 t 和 82.7 万 t，三地合计储量占全国总储量的 61.6%。此外，内蒙古和西藏的砷矿资源亦较丰富。

在我国已探明的砷矿资源中，单独的砷矿床并不多，主要是共生或伴生矿床，占总量的 87.1%。单独毒砂矿床主要分布在粤中坳陷的阳春、肇庆等地，并在湖南、贵州、四川和云南等省拥有独特的雄黄资源，其中位于湖南石门的雄黄矿是国内最大，也是亚洲最大的，已有 1500 多年的开采历史。含砷的伴生或共生矿则主要分布在广西西北部的南丹、河池坳陷，以及广西、云南交界处向斜的西南部。从目前砷矿资源开采情况看，广西是全国砷采出量最大的省份，采出量达 67.6 万 t，占全国的 57.7%；其次是湖南，采出量达 29.7 万 t，占全国的 25.4%；再次是云南，14.2 万 t，占 12.1%；安徽和广东两省砷的采出量亦较大。由于砷矿资源的开采、冶炼，上述地区也是我国受砷污染风险最大的地区，部分地区甚至已经被污染。

由于砷在许多行业广为应用，因此，长期以来含砷矿物被大量开采并冶炼，在我国南方部分地方甚至有端午节喝雄黄（As_4S_4）酒辟邪的习俗，当然更多的是含砷化合物被用来作为杀虫剂、防腐剂等的原料。但是，通过开采、冶炼、使用、废弃等过程，砷或者含砷化合物大量残留到土壤中，造成世界范围内土壤中砷污染普遍存在（Smith et al.，1998；赵其国，2003），并成为全球危害十分严重甚至是“谈砷色变”的环境问题之一（Thoresby and Thornton，1979）。

据报道，全球至少有 5000 多万人口正面临着地方性砷中毒的威胁，其中大多集中在亚洲，而中国也是受砷中毒危害最为严重的国家之一。我国是全球砷矿相对集中且品位较高的国家，含砷矿物广泛分布在湖南、云南、广西、广东等地，在砷矿开采或冶炼过程中，常因相关措施不到位导致“三废”排放等多方面原因，使周边地区的土壤和水体中砷含量大大高于其他地区，并由此导致不同程度的污染，例如，1956～1984 年，20 多年中我国发生过的砷中毒事件仅公开报道的就达 30 余起（廖自基，1992）。

砷在工农业生产中的应用也非常广泛，但由于使用不当等因素，造成环境中砷的累积甚至局部污染，尤其是砷在农业中应用所带来的问题较为严重。农业中含砷农药、化肥等农用化学品的过量投入，可导致土壤砷的累积，并可能超标甚至污染。同时，砷在土壤中的累积不仅会使作物收获物中砷含量超标，也可通过收获物的利用等影响到动植物产品，并且可通过食物链进入人体，对人类的生存和健康构成相应威胁。

二、农田土壤中砷的状况

实际上，尽管近年来国内关于土壤重金属调查和不同区域土壤重金属状况的研究很多，但这些研究大多针对工矿和冶炼厂周边地区、城郊蔬菜地等高风险区域，对农业主产区耕地重金属现状的调查和分析相对较少，客观上导致对我国部分地区土壤重金属污染状况估计过高。近年来，我们在山东、甘肃、河南、吉林等粮食主产区，按照等距离采样的原则，以县为单元较为系统地分析了若干耕地 0～20 cm 土层重金属状况，并与《土壤环境质量 农用地土壤污染风险管控标准（GB15618—2018）》进行了相应比较，发现我国农业主产区耕地重金属的状况总体上较好，超过标准Ⅱ级的点位数比例较低。从土壤砷含量结果看，吉林四平为（8.9±3.0）mg/kg，山东寿光为（9.7±2.0）mg/kg，河南商丘为（10.9±2.3）mg/kg，甘肃武威为（13.7±2.1）mg/kg，所调查的四个区域土壤样品中分别有 0.7%、1.6%、4.9%和 25.2%超过 GB15618—2018 中的一级标准，未发现有超过二级标准的样品。这种结果与曹会聪和王擎运等的研究结果（黑土区耕地土壤砷含量为 10.1～13.4 mg/kg、潮土区 8.07～10.27 mg/kg，且超标点位数很少）是基本一致的（曹会聪等，2007；王擎运等，2012）。当然，尽管其含量较低、超标风险不大，但不同区域农田土壤中砷的累积亦较明显，这是应该引起重视的问题。根据调查结果，我们初步认为我国农业主产区农田土壤的重金属，特别是砷含量并不像此前我们想象的那样污染严重，而是相对安全的。

从农业投入品用量最大、污染物累积趋势较明显的设施菜地土壤情况来看，根据山东寿光典型设施种植区的调查结果，设施菜地表层土壤总砷含量为 6.35～10.18 mg/kg，平均 8.27 mg/kg；亚表层土壤总砷含量为 5.39～10.02 mg/kg，平均 7.93 mg/kg；表层土壤易溶性砷含量为 0.11～0.17 mg/kg，均值为 0.13 mg/kg；亚表层土壤易溶性砷含量为 0.08～0.09 mg/kg，均值为 0.08 mg/kg。结果表明，设施菜地表层和亚表层土壤的总砷含量分别是对照土壤的约 1.19 倍和 1.23 倍，易溶性砷含量分别是对照的 1.63 倍和 3.00 倍，意味着在设施菜地中，无论是土壤总砷还是易溶性砷的含量，均存在一定程度的累积。因而可以认为，农业生产过程中大量、长期施用农业化学品，使作物正常吸收带走的量低于投入量时，亦可导致土壤中砷等元素的累积，并可能会逐步给农产品安全带来一定威胁。

根据环境保护部和国土资源部于 2014 年 4 月联合发布的《全国土壤污染状况调查公报》结果，全国土壤中污染物点位总超标率为 16.1%，其中轻微、轻度、中度和重度污染点位比例分别为 11.2%、2.3%、1.5%和 1.1%。污染类型以无机型为主，有机型次之，无机污染物超标点位数占全部超标点位的 82.8%。从不同区域污染状况看，南方土壤污染重于北方；长江三角洲、珠江三角洲、东北老工业基地等部分区域土壤污染问题较为突出，西南、中南地区土壤重金属超标也较为严重；镉、汞、砷、铅 4 种无机污染物含量分布呈现从西北到东南、从东北到西南方向逐渐升高的态势。在所有污染物中，砷的点位超标率为 2.7%，在所有无机污染物中位居第三。而从耕地的污染情况看，全国耕地土壤污染物的点位超标率为 19.4%，其中轻微、轻度、中度和重度污染点位比例分别为 13.7%、2.8%、1.8%和 1.1%，主要污染物亦以无机污染物为主，砷同样是其中十分重要的污染物之一。

同样地，与其他区域比较，重点区（或高风险区域）污染物的超标较严重，如调查的重污染企业用地，土壤中污染物的超标点位占 36.3%；工业废弃地土壤中污染物的超标点位占 34.9%，主要污染物为锌、汞、铅、铬、砷和多环芳烃；固体废物集中处置场地，土壤中污染物的超标点位占 21.3%，以无机污染物为主；采矿区土壤中污染物超标点位占 33.4%，主要污染物为镉、铅、砷和多环芳烃等；污灌区采集的土壤中，超标点位占26.4%，主要污染物为镉、砷和多环芳烃。高风险区域土壤中重金属含量超标点位超标率尽管不尽一致，但均明显高于全国土壤总的超标率。

我们的调查结果与《全国土壤污染状况调查公报》的结果亦基本一致，即与主产区农田土壤砷含量相对较低、超标点位数少相对应的是，一些采矿区、冶炼区等高风险区，土壤中重金属及砷的含量相对较高，超标率也较高，且其中相当比例的超标农田土壤仍在种植农作物，很显然这是非常不利于农产品安全生产的。例如，根据我们同期在湖南株洲、湖南石门、甘肃白银、广东汕头等几个采矿或冶炼区的调查结果，湖南株洲冶炼区周边农田土壤砷含量为（36.8±21.9）mg/kg，超过GB15618—2018中的三级标准点位数占35.3%；湖南石门某雄黄矿周边地区农田土壤砷含量为（79.0±166.0）mg/kg，超过三级标准点位数占43.6%；甘肃白银某采矿区周边地区农田土壤砷含量为（28.7±33.5）mg/kg，超过三级标准点位数占21.1%；广东汕头某冶炼区周边地区农田土壤砷含量为（118.0±188.0）mg/kg，超过三级标准点位数占62.3%。而且，实际上还有部分样品存在一定程度的复合超标，即除As含量超过标准外，Cd、Cu、Zn等的含量也存在不同程度超标。从这种结果看，其情况实际上与此前一些媒体宣扬的土壤重金属超标严重是相一致的，而且在某种程度上似乎更严重。因此，我们在评价农田土壤重金属，或者单独评价砷的含量状况时，必须首先明确所要评价的对象，不能以偏概全。

三、农田土壤中砷的来源

砷是世界卫生组织确定的高毒致癌元素，从20世纪初就开始受到科学家们的广泛关注。土壤中砷的来源主要是自然来源和人为来源。

（一）农田土壤中砷的自然来源

土壤中砷的自然源主要与地球化学过程和成土母质直接相关。自然界中的砷主要以硫化物的形式存在，同时也伴有氧化物及含氧砷酸化合物、金属砷化物等，其中以毒砂（FeAsS）、砷铁矿（$FeAs_2$）、雄黄（As_4S_4）、雌黄（As_2S_3）、臭葱石（$FeAsO_4·2H_2O$）等含砷矿物比较常见，这些含砷岩石矿物的风化是土壤砷的主要天然来源。据估计，全球每年从岩石风化和海洋喷溅释放的砷量为$1.4×10^5$～$5.6×10^5$ kg（Thoresby and Thornton, 1979）。水侵蚀、植物吸收和火山活动等自然过程也可连续地将砷化物分散到土壤环境中。我国各地区土壤砷含量的差异主要取决于成土母岩，如我国部分地区在花岗岩上发育形成的褐土含砷量一般为5.3～6.2 mg/kg；在石灰岩、大理岩上发育形成的褐土含砷量就高一些，一般为11.60～12.08 mg/kg（翁焕新等，2000）。

（二）农田土壤中砷的人为来源

在农业生产中，砷主要是通过工业"三废"、农业利用等方式进入土壤，施用含砷的农药、化肥、有机肥等是土壤中砷的重要来源之一。砷进入土壤后，可被土壤胶体吸附固定，使其有效性降低。

人为活动是造成土壤中砷累积的最为重要的因素。总体来看，农田中砷的人为来源包括三个方面。①工业源。砷经常以伴随元素的方式存在于多种重金属矿中，因此在这些重金属矿开采与冶炼过程中均可能造成矿区周边土壤的砷污染。例如，在湖南石门的雄黄矿区周边农田中，砷的含量高达 300 mg/kg，湖南株洲、甘肃白银等地部分冶炼厂周边土壤中砷的含量也达到 50～100 mg/kg，均超过了国家土壤环境质量标准数倍之多。据统计，1981～1985 年，我国每年因人类活动输入到环境中的废气总量为 5.44×10^{12}～7.07×10^{12} m^3，5 年合计达 2.53×10^{13} m^3，其中废气所含砷以干湿沉降形式进入农田；全国废水中砷的总排放量达到 6295.18 t，废水平均砷含量为 0.07～0.16 mg/L（陈怀满等，1996），而在采矿或冶炼区周边，所排放的废水、废气中砷的含量无疑更高，这些随工业“三废”排放到农田的砷是导致农田砷超标的重要原因。②农业源。许多含砷的化合物如洛克沙胂等常被用作饲料添加剂用于养殖业中，其中部分被动物吸收转化，但大部分会以各种形态残留在排泄物（主要是畜禽粪便）中，并随畜禽粪便的农业利用最终释放到农田中（李银生等，2006）。此外，在一些杀虫剂、消毒液、杀菌剂和除草剂中也常含有砷，尽管这类农用制剂已被禁止使用多年，但由于在个别地区的长期使用，已导致了砷在农田中的积累。曾希柏等（2007）对山东寿光、湖南郴州和石门的农用化肥及有机肥中砷含量的调查表明，由于大量施用含砷量高的有机肥及无机肥，农田中砷的含量有逐年升高的趋势，且其升高趋势与有机肥及化肥中砷的含量、肥料投入量等密切相关。③其他来源。一些生活污水、废弃物及医学药物中也常含有一定量的砷，这些物质的随意丢弃也在一定程度上增加了农田中砷的累积风险。

综上所述，农田中砷的来源离不开自然源和人类活动的影响，自然源相对单一、影响也较小，而人类活动则是加速农田中砷富集并可能引发污染的根本原因。与此同时，农田生态系统中砷的含量水平、分布特征、土壤地球化学特性也在很大程度上与所处的环境条件等密切相关。

第二节　设施土壤中的砷

自 1860 年美国建立全球第一个设施栽培试验站以来，随着聚乙烯塑料薄膜价格不断降低并在设施栽培中应用，使全球设施农业发展不断加速（Critten and Bailey，2002）。我国设施农业的发展始于 20 世纪 30 年代，在 70 年代末至 80 年代初温室产业得到了大规模的发展，其对环境条件的控制也越来越精准和高效。“九五”期间，我国在设施农业方面的投资达 20 亿元，设施面积达到 140 余万公顷，至 2005 年年底，我国的设施栽培面积已超过 200 万 hm^2，目前已占有全球温室的 50%以上，是世界上最大的蔬菜保护地生产国家（潘强和冯忠礼，1999；王焕然，2006）。

一、设施农业可能存在的环境问题

由于设施蔬菜地常处于半封闭状态，具有气温高、湿度大、蒸发量大、无雨水淋洗、无沉降、复种指数高等特点，与露地生态环境条件相比有明显差异，加上有机肥和化肥

（尤其是氮肥）的大量施用，导致设施土壤理化性状和生物学性状发生了重大变化（Riffaldi et al.，2003；Liu et al.，2006），主要表现为土壤酸化、盐渍化、养分不平衡及过量累积等。已有大量研究表明，由于不合理的施肥和耕作，设施土壤已出现了明显的酸化趋势，且随着设施种植年限的延长，土壤酸化程度增加（Riffaldi et al.，2003；党菊香等，2004；曾希柏等，2010）。吕福堂和司东霞（2004）、曾希柏（2010b）等的研究表明：温室大棚土壤中的NO_3^-、Cl^-、SO_4^{2-}、Ca^{2+}、Mg^{2+}等离子及电导率会较常规耕作模式下有明显增加，阴离子的增加主要以NO_3^-为主，且随着大棚设施种植年限的延长，土壤中盐分的总量、土壤交换性盐基离子如交换性钾和钠等呈现出不断累积的趋势。此外，相关研究结果也表明，设施土壤存在较严重的盐渍化问题（刘德等，1998；姜勇等，2005），且这种变化与施肥存在直接关系（吕福堂和司东霞，2004；夏立忠等，2005；Ju et al.，2006；Huang et al.，2006）。同时，温室土壤中养分的累积亦非常明显，并可能因此导致硝酸盐的淋失，甚至污染地下水等（李中等，1999；李文庆和昝林生，2002；Riffaldi et al.，2003；党菊香等，2004；史春余等，2003；周建斌等，2004）。

此外，设施栽培土壤经过长时间的耕作，也可能造成土壤结构性能下降、孔性变差（闫立梅和王丽华，2004），同时，土壤中病虫害增加，尤其是根结线虫等泛滥。Liu 等（2006）的研究发现，土壤中线虫的数量有随设施年限延长而增加的趋势，且与土壤有机碳、总氮、硝酸盐含量及电导率呈显著正相关，而与 pH 呈负相关。

实际上，在大棚温室条件下，由于长期处于高度集约化经营及半封闭的状态，土壤往往出现酸化与盐渍化、养分过度富集化等并存的状态，这种状态的发展最终将导致土壤质量和生产力的衰退（曾希柏等，2010b）。

二、设施土壤中砷的累积与迁移

含砷农业投入品如畜禽粪便、含砷杀虫剂等的投入是设施土壤中砷的重要来源。由于设施土壤中农业投入品投入量远高于大田，这些农业投入品中一旦含有较高的砷等物质并超过植物吸收带走的量，就很容易在土壤中累积，从而导致土壤特别是表层土壤含砷量升高，并可能提高农产品生产的风险。

（一）设施土壤中砷的累积

根据对山东寿光、河南商丘、吉林四平和甘肃武威设施菜地土壤的取样分析结果，4 个典型区域设施菜地中 As 的含量状况如表 1.2 所示。

从表 1.2 可以看出，不同区域的砷含量呈现较大差异。山东寿光、河南商丘、吉林四平和甘肃武威 4 个城市设施菜地土壤 As 含量分别为 9.63 mg/kg、11.08 mg/kg、12.47 mg/kg、13.33 mg/kg，除河南商丘地区低于河南省土壤背景砷含量外，其他三个区域设施菜地 As 含量均高出其所在省份土壤背景值，山东寿光、吉林四平和甘肃武威砷含量分别增加了 0.33 mg/kg、4.47 mg/kg 和 0.73 mg/kg，增加幅度分别为 3.5%、55.9% 和 5.8%。与野外调查研究采集的对照土壤样本砷比较，则发现各区域设施土壤砷含量均比对照土壤有明显增加，山东寿光、河南商丘、吉林四平和甘肃武威 4 个区域的设施

表 1.2　北方典型区域设施菜地 As 含量及土壤参考值

区域	土壤类别	样本数/个	平均值/（mg/kg）	标准差/（mg/kg）	最小值/（mg/kg）	最大值/（mg/kg）	变异系数/%
山东寿光	设施菜地	62	9.63	1.64	6.78	15.15	17.10
	对照	7	8.40	1.21	6.50	9.38	14.40
	背景值[a]	117	9.30	2.86	2.80	18.60	—
河南商丘	设施菜地	82	11.08	1.99	7.36	19.42	18.00
	对照	8	9.55	2.83	4.51	12.94	29.60
	背景值[a]	86	11.40	3.82	2.70	28.20	—
吉林四平	设施菜地	83	12.47	2.94	4.90	19.27	23.57
	对照	10	6.56	3.09	2.73	11.07	47.15
	背景值[a]	112	8.00	4.41	0.60	18.30	—
甘肃武威	设施菜地	97	13.33	2.12	9.04	19.79	15.90
	普通大田	34	14.55	2.22	10.29	18.94	15.30
	对照	1	11.06	—	—	—	—
	背景值[a]	76	12.60	5.05	3.60	36.20	—

a 魏复盛，1990.

菜地砷含量比对照分别增加了 1.23 mg/kg、1.53 mg/kg、5.91 mg/kg、2.27 mg/kg，增加幅度分别为 14.6%、16.0%、90.1%、20.5%，其最高含量分别比各省平均值的背景值高出 62.9%、70.4%、140.9%、57.1%；与对照土壤比较，砷含量最高增幅分别为 61.51%、50.08%、74.07%、4.49%。由此可见，4 个典型区域设施菜地土壤中砷含量均出现了明显的累积趋势。

从不同区域超标样本的情况看（表 1.3），与本次野外采集的对照样本比较，设施菜地砷含量样本超标率以吉林四平最高（96.4%），其次为河南商丘（84.2%），超标率最低的为山东寿光（77.4%）；与各个省份的土壤背景值比较，则仍以吉林四平的样本超标率最高（83.1%），其次为甘肃武威（65.0%），河南商丘样本超标率最低（32.9%）；但与国家土壤环境质量二级标准比较，则均未发现超标样本，土壤砷环境质量状况良好。

表 1.3　北方典型区域设施菜地土壤样本 As 超标情况

区域	总样本数/个	与当地对照土壤比较		与省份土壤背景值比较		与国家土壤环境质量二级标准比较	
		超标样本数/个	样本超标率/%	超标样本数/个	样本超标率/%	超标样本数/个	样本超标率/%
山东寿光	62	48	77.4	33	53.1	0	0
河南商丘	82	69	84.2	27	32.9	0	0
吉林四平	83	80	96.4	69	83.1	0	0
甘肃武威	97	79	81.4	63	65.0	0	0

（二）设施土壤中砷的迁移

根据蔬菜大棚的种植年限，将相关取样化验所得数据分为对照（CK）、1～4 a、5～8 a、9～12 a 等几个不同的种植年限段进行分析，以便从总体上得出不同种植年限的菜地土壤剖面中 As 的分布与垂直迁移规律（图 1.1）。

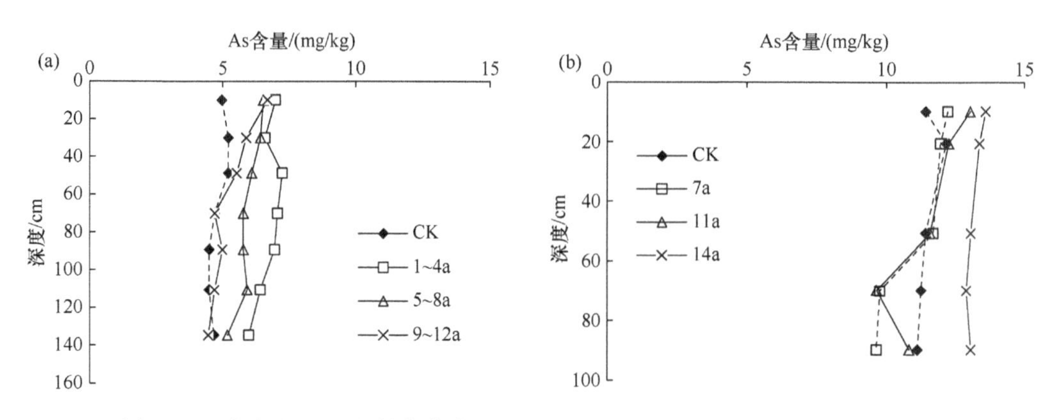

图 1.1 山东寿光（a）和甘肃武威（b）不同种植年限土壤剖面中 As 含量的分布

从图 1.1 可以看出，无论是山东寿光还是甘肃武威的设施菜地，几种种植年限下 As 的含量在土壤剖面的变化有随土层深度的增加而下降的趋势，但对照土壤中砷含量随土壤深度的变化似乎很小，而其他不同种植年限下土壤 As 含量随剖面深度的变化不大，与 Cd、Cu、Zn 等金属元素相比明显较小，说明 As 在土壤中的迁移性较强，较难在表层土壤中形成累积，这可能与 As 本身为阴离子、土壤对其吸附较弱等有关。该结果一方面有利于提高土壤对 As 的容量，另一方面加大了 As 污染土壤修复与治理的难度。

对土壤中 As 含量与相关理化指标的相关性分析结果显示，土壤 As 含量与有机碳含量、总磷含量及 pH 等指标具有显著相关性（图 1.2）。

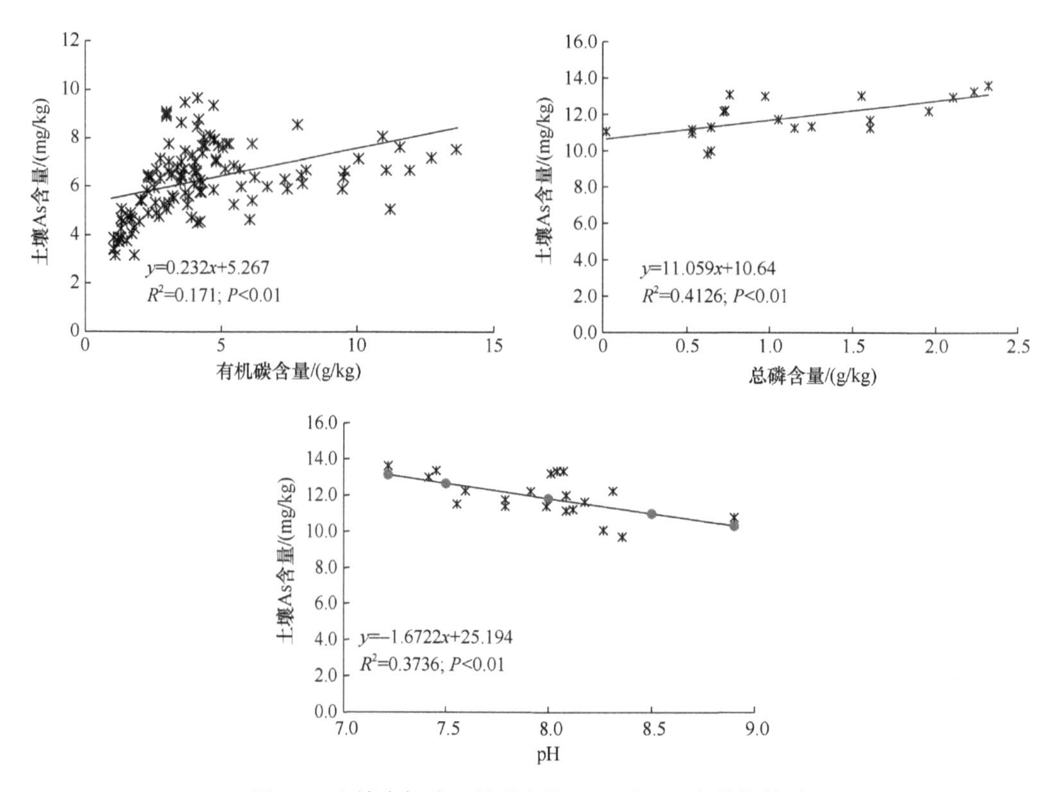

图 1.2 土壤有机碳、总磷含量及 pH 与 As 含量的关系

上述结果表明，土壤中的As在一定程度上与有机肥和磷肥的施用量有较大关联，或者说，目前所施用的有机肥、磷肥等均含有一定量的As，而设施菜地中有机肥、磷肥用量较高，大量有机肥和磷肥的施用，特别是部分As含量较高的集约化养殖场猪粪、鸡粪的大量施用，可能在一定程度上成为设施菜地土壤As的重要来源之一。近年来，设施菜地重金属的累积及其安全风险问题正逐步引起业界的关注（曾希柏等，2007），根据研究结果，设施菜地土壤剖面中As出现了一定的累积趋势，尤其以耕层土壤（0～20 cm）的累积较明显，这与以往的诸多研究结果是一致的（寇长林等，2004；李见云等，2006）。设施菜地由于长期处于半封闭的生产状态，具有气温高、湿度大、复种指数高、肥料等生产资料投入量多等特点，其人为干扰强度明显高于传统生产方式下的蔬菜地。

（三）设施土壤中砷的来源

设施菜地是一类高强度开发利用的农业土壤，其复种指数是常规大田的数倍，特别是在北方地区，冬季气温较低，大多数农作物已不能生长，而在设施中则因为温度较高等原因，作物生长旺盛。加上设施作物主要是蔬菜，生长期短、换茬快，对土壤养分的消耗也更大。为了获得高产，设施中投入的肥料（包括化肥和有机肥等）、杀虫剂、杀菌剂和除草剂等也比普通农业土壤中要高得多。随着设施菜地的种植年限增加，未被作物吸收利用或未被微生物分解的上述物质在土壤中逐渐累积，这些物质（特别是有机肥、杀虫剂、杀菌剂和除草剂等）中部分含有微量的砷，从而可能导致土壤中砷的累积，这种结果在我们的相关研究结果中也得到反映。

结合问卷调查和 t 检验统计分析的结果，我们认为，在所调查的山东寿光地区，设施蔬菜土壤中，畜禽粪便的大量施用可能是土壤砷含量提高的重要因素。这是因为，目前我国养殖业中含砷制剂常被作为畜禽饲料的添加剂（王常慧等，2001），导致畜禽粪便中砷含量往往较高。例如，刘荣乐等（2005）对我国有机废弃物和有机肥料进行调查，发现猪粪和鸡粪中平均砷含量分别为5.02 mg/kg和2.53 mg/kg，比20世纪90年代初提高了数倍；张树清等（2005）对规模化养殖场畜禽粪便的调查发现，猪粪和鸡粪中 As含量范围分别为0.3～65.4 mg/kg和0.01～19.6 mg/kg，且经济发达地区的含量要高于经济落后地区。饲料中含砷制剂的添加，尽管可以促进畜禽的生长并在一定程度上提高畜禽肉类的品质，但是，从降低畜禽粪便中砷含量、减少其对环境可能产生的影响角度出发，在饲料中应该慎重添加含砷制剂。

根据相关研究结果，若以山东寿光设施菜地中每年投入的畜禽粪便量（207.2 t/hm^2）为基准，猪粪和鸡粪含砷量分别以5.02 mg/kg、2.53 mg/kg来估算，则该地区从猪粪、鸡粪中每年输入土壤的砷分别达1.04 kg/hm^2、0.52 kg/hm^2。这一结果说明，猪粪和鸡粪的施用可能是导致设施菜地土壤砷累积的最重要因素，是设施菜地中砷的重要来源。因此，要减少设施菜地等农业土壤中砷的累积，应从源头上控制砷的输入，即降低畜禽粪便中砷含量或适当减少畜禽粪便的施用量。施用豆肥的设施菜地往往会相应地降低畜禽粪便的用量，从而有利于减少土壤中砷的累积，这在本研究的调查中也得到了证实，因此，在不影响农产品产量和经济效益的前提下，应提倡在设施菜地中使用豆肥。当然，从另一方面来看，避免使用含砷的农用制剂（如杀虫剂、杀菌剂和除草剂等），可能也是减少农田砷来源的重要措施之一。

总体来说，尽管目前山东寿光不同农业利用方式下的土壤尚不存在砷污染问题，但其累积趋势还是较明显的。尤其是从设施菜地这类高投入、高产出的土壤类型来看，土壤砷含量随着设施种植年限的增加有逐渐升高趋势，如果这种趋势得不到有效控制，则可能会导致土壤砷含量超标，并对蔬菜生产构成一定的威胁，这是必须予以关注的问题。

三、几种农业利用方式下土壤砷的累积比较

对山东寿光农业大田生产中土壤不同利用方式下的砷含量进行了实地调查和采样分析（图 1.3）。由于山东寿光近年设施蔬菜发展比重不断增加，因此，我们主要对生产设施蔬菜的农户进行了详细调查，共发放调查问卷 62 份，回收 62 份。问卷调查内容包括设施菜地的肥料施用种类、结构、比例和用量，同时对作物种植和农药施用情况等进行了调查。调查发现，当地设施菜地的肥料投入品种主要为化肥和有机肥，其中化肥以氮磷钾复合肥（15-15-15）为主，平均每年的化肥投入量为 10.6 $t/(hm^2·a)$，最高达 38.9 $t/(hm^2·a)$；有机肥以猪粪、鸡粪、豆肥（豆饼、豆粕）为主，年平均施用量为 207.2$t/(hm^2·a)$，最高施用量为 493.8$t/(hm^2·a)$。设施蔬菜种植品种繁多，主要有番茄、黄瓜、辣椒、苦瓜、豆角等，且复种指数较高，一般每年种植 2～3 茬蔬菜，设施建设年限为 1～16 年不等。在蔬菜病虫害的防治中，农户一般使用多菌灵、百菌清等不含或少含砷的农药。

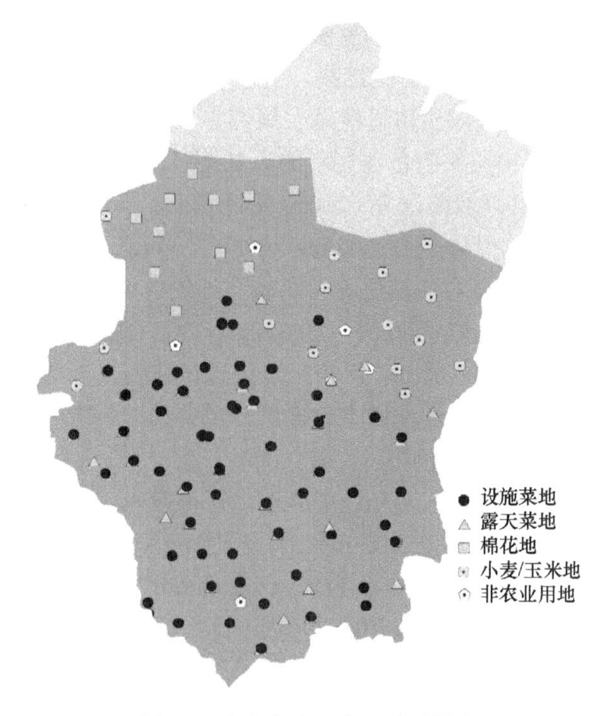

图 1.3 山东寿光调查区域采样点

（一）调查区域内农田土壤砷含量的空间分布

由山东寿兴土壤样品砷含量的频数分布图（图 1.4）可知，样品中砷含量呈偏态分

布［图 1.4（a）］，主要含量集中在 9～10 mg/kg 范围内。样品含量经过对数转换后［图 1.4（b）］服从正态分布（经 Shapiro-Wilk 检验服从正态分布，偏度 0.125，峰度–0.287）。全部土壤样品（N=127）砷含量的几何平均值和算术平均值分别为 9.48 mg/kg 和 9.63 mg/kg，95%的置信区间下限和上限分别为 9.30 mg/kg 和 9.97 mg/kg。

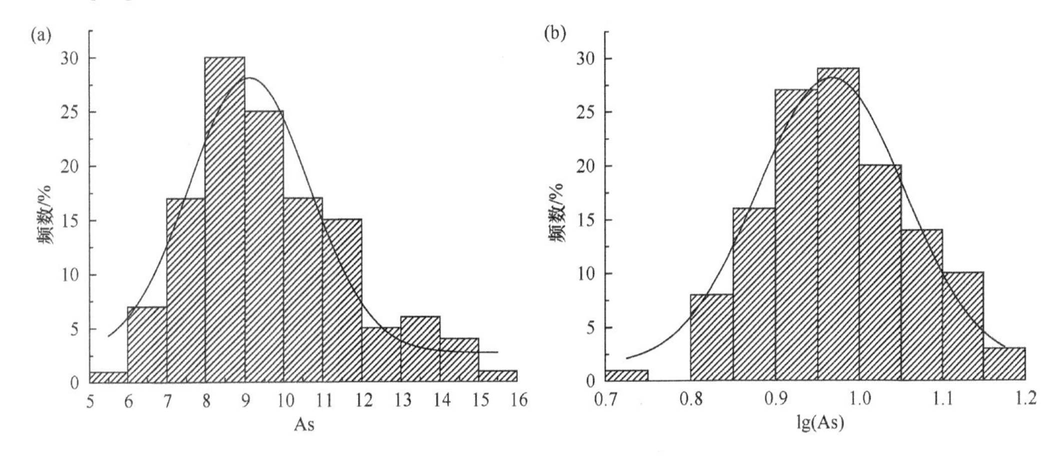

图 1.4　山东寿光土壤砷含量的频数分布图

（a）As 含量的频次分布；（b）As 含量对数转换后的频次分布

图 1.5 为应用频数分布对数正态 Kriging 插值所得的调查地区（山东寿光）土壤砷含量空间分布图。从调查样品的分析结果看，西部地区土壤 As 含量最高，面积约为 132 km^2；其次是在盐场、开发区和沿海等周边区域，而在南部区域土壤砷的含量则最

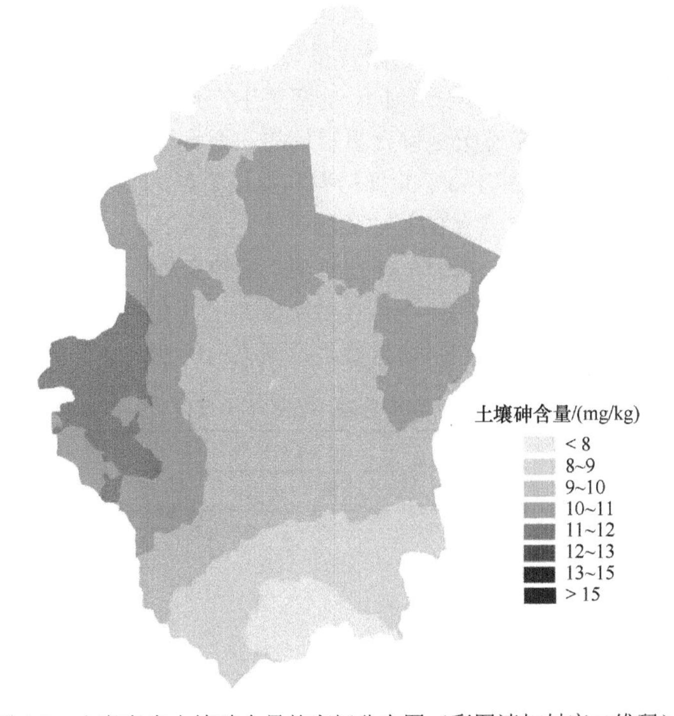

图 1.5　山东寿光土壤砷含量的空间分布图（彩图请扫封底二维码）

低。从其频数分布看，土壤砷含量为 9～10 mg/kg 的区域面积最大，约 777 km^2，主要位于中部区域。本次土壤砷含量调查结果显示，山东寿光的农田土壤砷含量大都低于《土壤环境质量 农用地土壤污染管控风险标准》（GB15618—2018）的相应标准，但其最高值为 15.15 mg/kg，已超过 GB15618—2018 的一级标准（≤15mg/kg）。而且，若以山东省当地的土壤背景值（9.3mg/kg）为基础（中国环境监测总站，1990），则有 53.1%的样本出现了砷富集现象。

山东寿光农田土壤砷含量的空间分布与当地农田土壤砷含量的背景值是密切相关的。通过对覆盖全市的土壤背景值（对照样点）的调查，发现西部区域未扰动对照土壤的砷背景值最高，含量达 14.73 mg/L，东部和北部地区土壤背景砷含量分别为 9.32 mg/kg、8.96 mg/kg，从区域变化趋势来看，土壤砷背景值有从北向南递减的趋势。根据本研究中的调查结果，中部地区土壤砷的背景含量已降至 7.93 mg/kg，而南部地区土壤砷背景值含量最低，仅 6.94 mg/kg。这种趋势与山东寿光农田土壤砷含量的分布是基本吻合的。

（二）农业利用方式对土壤砷含量的影响

不同农业利用方式下土壤砷的累积状况存在一定差异，从本研究调查的结果（表 1.4）来看，不同农业利用方式下土壤砷含量由高到低的顺序为：小麦/玉米地＞棉花地＞设施菜地＞露天菜地。方差分析结果表明，尽管小麦/玉米地与棉花地土壤砷含量间无显著性差异，但小麦/玉米地的砷含量比露天菜地和设施菜地的平均砷含量高出 16%和 11%，前者和后两者之间存在显著差异（$P<0.05$），而棉花地与两种菜地土壤砷含量间均不存在显著性差异。根据本研究对山东寿光未扰动土壤作为当地土壤背景值的调查结果，发现位于东北部区域的小麦/玉米地所对应的土壤背景含量值较高，达 9.32 mg/kg，亦明显高于西北部区域棉花地所对应的土壤背景含量（8.96 mg/kg），这可能是导致小麦/玉米地土壤砷含量普遍高于棉花地的重要原因，而蔬菜生产集中的南部地区土壤砷含量背景值仅 6.94 mg/kg，这可能也是蔬菜地砷含量较低的一个直接原因。值得一提的是，调查区域的小麦/玉米地、棉花地多分布于北部沿海和盐场附近，取样点的位置即自然地理条件可能也是影响该类型土壤砷含量的重要原因，这一点与 Nicholson 等（2003）、Melanie 和 Marinus（1997）的研究结果类似，即在海滨、湿地条件下，土壤中可能会出现砷累积现象，使得这两种利用方式下的土壤砷含量明显高于其他类型土壤，但其具体原因尚有待进一步探讨。露天菜地土壤砷平均含量是设施菜地的 96%，但其组内差异要比后者

表 1.4 山东寿光不同农业利用方式下土壤砷含量的差异

农业土地利用类型	样本数	平均值	标准差	95%置信区间		最小值	最大值	变异系数
				下限	上限			
设施菜地	62	9.62b	1.66	9.20	10.04	6.78	13.64	17%
露天菜地	29	9.20b	2.03	8.43	9.98	5.61	14.19	22%
棉花地	12	9.99ab	2.11	8.65	11.33	7.33	15.15	21%
小麦/玉米地	17	10.64a	2.33	9.45	11.84	6.37	14.12	22%
非农业用地	7	8.46b	1.21	7.33	9.56	6.94	14.73	14%

注：平均值后面的小写字母为不同土地利用类型土壤砷含量 $P<0.05$ 的显著性检验结果。

大，设施菜地的砷含量则是上述 4 种农业利用方式下变异最小的。各种农业利用方式下，土壤中砷的含量均比对照土壤（非农业用地）要高，小麦/玉米地、棉花地、设施菜地和露天菜地土壤中砷含量分别是对照土壤含量的 126%、118%、114%和 109%，这说明农事活动可能会导致土壤砷浓度的增加。这种结果也表明，尽管土壤砷含量在一定程度上受当地背景值的影响，但农业活动可能也是土壤中砷累积的重要原因。

（三）设施菜地土壤砷的累积特征

根据调查结果，对设施菜地土壤中砷含量进行分析和比较，做出 3 个不同种植年限的设施菜地土壤砷含量箱式图（图 1.6）。

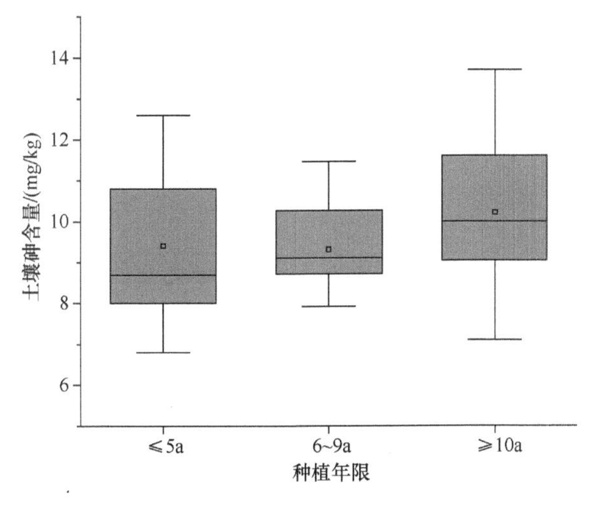

图 1.6　不同种植年限的设施菜地土壤砷含量箱式图

箱式图主体的上、中、下三条线分别表示砷含量的 75、50、25 百分位数，上、下截止横线表示本体最大值和本体最小值，“□”所示为平均值

由图 1.6 中可以看出，设施菜地种植年限≥10 年时，土壤中砷含量平均达到为 9.96 mg/kg，分别是种植年限 6～9 年和≤5 年土壤中平均砷含量的 1.05 和 1.07 倍。随着种植年限的延长，各段土壤砷含量的中位数、25 百分位数和 75 百分位数都有所增加，但含量的变化范围（最大值与最小值的差值）却有所降低，组内数值的变异明显减少。由此可见，随着设施菜地种植年限的增加，导致了土壤砷含量的提高。

问卷调查结果显示，在山东寿光设施菜地中研究农药、肥料施用、作物种植历史对土壤砷含量的影响时，发现农药、化肥、作物种植历史等对砷累积影响较小，而有机肥成为设施菜地砷累积的主要影响因素，这与当地含砷农药的使用较少且当地化肥中含砷量低有关，同时由于有机肥往往含有一定水平的砷，随着种植时间的延长和有机肥的大量施用，造成土壤砷含量的升高。从当地设施菜地有机肥施用情况来看，猪粪、鸡粪和豆肥等是施用量较大、比例较高的有机肥，施用畜禽粪便会提高设施菜地土壤砷的累积量（表 1.5）。

对上述结果进行 t 检验，其结果表明，施用猪粪的设施菜地中土壤砷含量要明显高于不施猪粪的设施菜地，前者土壤中的砷含量是后者的 1.1 倍。鸡粪的施用虽没有显著

表 1.5　有机肥类型对设施菜地土壤砷累积的影响

	猪粪		鸡粪		豆肥	
	施用猪粪	不施猪粪	施用鸡粪	不施鸡粪	施用豆肥	不施豆肥
样本数	33	20	10	43	28	25
平均值	10.38	9.41	9.83	9.54	9.28	10.23
标准差	1.88	1.47	1.71	1.65	1.71	1.55
t 检验	a	b	a	a	b	a

增加土壤砷的累积，但相比于不施鸡粪，其土壤砷含量的平均值提高了 3%。施用豆肥的设施菜地，土壤中的砷含量显著低于不施豆肥的设施菜地，这可能是由于在施用豆肥后，农民会相应减少畜禽粪便的施用量，从而减少土壤中砷的累积。

第三节　关于农田砷超标的几点思考

一、土壤砷含量标准的制定

完善的农业质量标准体系是保障农产品安全的必要条件。从农产品的安全生产、加工到流通，农业标准化是贯穿整个农产品安全领域的主题，农业标准化的实施也是确保农产品安全生产、减少投入、提高效率的必由之路。我国政府正在逐步实施农业标准化，推动建立完整的农业质量标准体系。经过多年的努力，成熟的农业科研成果已基本被转化为标准，农业标准体系框架已经初步形成。但是，由于环境与社会因素的影响，相关标准体系不够明确细致，一些盲点逐渐显现，食品安全问题频频发生，为我国食品质检体系的监控敲响了警钟。对于可能存在的污染问题进行充分研究、及时制定相关标准，可以起到有效的预警和防范作用，充分保证标准体系的完整性。

有针对性的农产品产地环境污染物分类标准的缺失，是我国农业质检体系的一大漏洞，而由此产生的环境和食品安全问题不容忽视。因此，研究产地重金属等污染物评价方法体系，提出相应的措施建议，确保农产品中重金属等污染物含量不超标，是保障我国食品安全的重要基础。我国现行的《土壤环境质量标准》是从总体上对土壤环境进行评价和管理，并不针对具体作物，因此不能用于不同作物安全生产的产地环境质量评价与分类，即不能满足我国不同种类农作物安全生产的需要。针对不同种类农作物的特点，加强产地环境安全性评价研究，建立各类农作物产地土壤重金属安全阈值和评价标准，按照重金属含量水平合理布局农作物，不仅可以避免农产品重金属超标的问题，还可以安全有效地利用不同重金属污染程度的农业土壤，最大限度地利用有限的耕地资源，为我国农产品安全生产和污染受损耕地的合理利用与修复提供科学依据。

关于农田土壤砷含量的标准，目前无论是《土壤环境质量标准（GB 15618—1995）》，还是《土壤环境质量 农用地土壤污染风险管控标准（GB15618—2018）》（试行），其指标的划分均较粗泛，对农产品生产尽管具有一定参考意义，但在实际应用时指导作用不大。事实上，在砷含量超标的农田中种植作物时，需要有明确的农田土壤砷含量标准，并根据土壤性质、作物类型及管理措施等确定对应的指标，才能保证农产品含量不超标，达到安全生产的目的。

二、对砷等重金属“超标”与“污染”农田的基本考虑

目前，国内对重金属“超标”与“污染”的区分很不严谨。在大多数情况下，许多学者将某种重金属含量超过《土壤环境质量标准（GB15618—1995）》Ⅱ级的土壤称为“污染土壤”。所以，在前些年的相关报道中，有学者甚至认为我国污染耕地面积超过了耕地总面积的20%，但主要是基于片面数据的推断，且所采用的是《土壤环境质量标准（GB15618—2018）》中超过Ⅱ级含量的调查样点百分数。我们认为，这种定义污染土壤的方法是不严谨的，这也是认为当前我国污染农田比例过高的重要原因之一。同时，对污染土壤的提法、定义及标准等方面的不统一，也是导致上述结论的另一重要原因。

按照《现代汉语词典》（第 7 版），“污染”是指“有害物质混入空气、土壤、水源等而造成危害”，从这种意义上说，“污染”是一个性质相对严重的概念，农田重金属污染意味着可能对作物生产或人类健康具有一定影响。而按照《土壤环境质量 农用地土壤污染管控风险标准（GB15618—2018）》，根据土壤应用功能和保护目标，将土壤环境质量分为三类：Ⅰ类主要适用于国家规定的自然保护区（原有背景重金属含量高的除外）、集中式生活饮用水源地、茶园、牧场和其他保护地区的土壤，土壤质量基本上处于自然背景水平；Ⅱ类主要适用于一般农田、蔬菜地、茶园、果园、牧场等土壤，土壤质量基本上对植物和环境不造成危害和污染；Ⅲ类主要适用于林地土壤及污染物容量较大的高背景值土壤和矿产附近等地的农田土壤（蔬菜地除外），土壤质量基本上对植物和环境不造成危害与污染。对其标准分级的定义如下：“一级”为保护区域自然生态、维持自然背景下的土壤环境质量的限制值；“二级”为保障农业生产、维持人体健康的土壤限制值；“三级”为保障农林业生产和植物正常生长的土壤临界值。

与此同时，即使是耕地中重金属含量超标，实际上也只是一个相对的概念，因为其标准的制定在很大程度上具有主观性，特别是我国《土壤环境质量标准（GB15618—1995）》系 1995 年制定，当时数据资料尚不完善，主要是参照国外的标准，某些指标标准相对较严格。例如，该标准中 Cd 的阈值过低而 Pb 的阈值过高。因此，根据土壤类型、作物吸收等特性，尽快制定适合我国国情的土壤环境质量标准，已经成为当前重金属等相关研究的迫切需求。徐建明等（2010）曾提出了一个既沿用土壤 pH 又考虑将土壤质地作为重要划分因子的土壤环境质量标准建议方案。

三、砷等重金属超标土壤的安全利用

重金属超标土壤的农业利用是在我国耕地资源十分紧张、粮食和食物安全形势十分严峻前提下的一种不得已的选择。在此前提下，寻求边利用、边修复的有效途径，从理论和实际上看或许是可行的，但在实际应用时必须十分慎重。目前，国内外在相关方面的研究和报道都不多，发达国家由于耕地资源丰富，即使是对普通农田，亦从地力培育等需求出发实行轮作，对超标耕地一般采取休耕、改变利用模式等方式，使其自然恢复后再农业利用。因此，在保证农产品安全生产和改善农业生态环境的前提下，筛选并推

广具有低吸收砷或重金属功能的农作物品种，开展重金属超标农田农业利用措施和技术研究等，是我国农业高效、安全和可持续发展的迫切需要。

参 考 文 献

白玲玉, 曾希柏, 李莲芳, 等. 2010. 不同农业利用方式对土壤重金属累积的影响及原因分析[J]. 中国农业科学, 43(1): 96-104.

曹会聪, 王金达, 张学林. 2007. 吉林省榆树市黑土中砷含量调查及影响因素分析[J]. 吉林农业大学学报, (1): 83-85

陈怀满, 陈能场, 陈英旭, 等. 1996. 土壤-植物系统中的重金属污染[M]. 北京: 科学出版社: 22-35.

党菊香, 郭文龙, 郭俊炜, 等. 2004. 不同种植年限蔬菜大棚土壤盐分累积及硝态氮迁移规律. 中国农学通报, 20(6): 189-191.

姜勇, 张玉革, 梁文举. 2005. 温室蔬菜栽培对土壤交换性盐基离子组成的影响[J]. 水土保持学报, 19(6): 78-81.

寇长林, 巨晓棠, 高强, 等. 2004. 两种农作体系施肥对土壤质量的影响[J]. 生态学报, (11): 2548-2556.

李见云, 侯彦林, 王新民, 等. 2006. 温室土壤剖面养分特征及重金属含量演变趋势研究[J]. 中国生态农业学报, 14(3): 43-45.

李莲芳, 曾希柏, 白玲玉. 2008. 不同农业利用方式下土壤铜和锌的累积[J]. 生态学报, 28(9): 4372-4380.

李文庆, 昝林生. 2002. 大棚土壤硝酸盐状况分析[J]. 土壤学报, 39(2): 283-287.

李银生, 曾振灵, 陈杖榴, 等. 2006. 洛克沙砷对养猪场周围环境的污染[J]. 中国兽医学报, 26(6): 665-667.

李中, 金福兰, 刘乙俭. 1999. 不同年限温室土壤养分状况分析[J]. 辽宁农业科学, (5): 53-55.

廖自基. 1992. 微量元素的环境化学及生物效应[M]. 北京: 环境科学出版社.

刘德, 吴风芝, 栾非时. 1998. 不同连作年限土壤对大棚黄瓜根系活力及光合速率的影响[J]. 东北农业大学学报, 29(3): 219-223.

刘荣乐, 李书田, 王秀斌, 等. 2005. 我国商品有机肥料和有机废弃物中重金属的含量状况与分析[J]. 农业环境科学学报, (2): 392-397.

吕福堂, 司东霞. 2004. 日光温室土壤盐分积累及离子组成变化的研究[J]. 土壤, 36(2): 208-210.

潘强, 冯忠礼. 1999. 装配式涂塑钢管塑料大棚 一种适合国情的高强、耐腐蚀经济棚架[J]. 农村实用工程技术, (5): 10.

史春余, 张夫道, 张俊清, 等. 2003. 长期施肥条件下设施蔬菜地土壤养分变化研究[J]. 植物营养与肥料学报, 9(4): 437-441.

王常慧, 杨建强, 董宽虎. 2001. 砷的生物功能及营养作用[J]. 中国饲料, 18: 24-26.

王华东，薛纪瑜. 1989. 环境影响评价[M]. 北京: 高等教育出版社.

王焕然. 2006. 我国目前设施农业状况[J]. 农业装备技术, 32(5): 21-23.

王擎运, 张佳宝, 信秀丽, 等. 2012. 长期不同施肥方式对砷在典型壤质潮土及作物中累积的影响[J].中国生态农业学报, 20(10): 1295-1302.

魏复盛. 1990. 中国土壤元素背景值[M]. 北京: 中国环境科学出版社: 9.

翁焕新, 张宵宇, 邹乐君, 等. 2000. 中国土壤中砷的自然存在状况及其成因分析[J]. 浙江大学学报(工学版), 34(1): 88-92.

夏立忠, 李忠佩, 杨林章. 2005. 大棚栽培番茄不同施肥条件下土壤养分和盐分组成与含量的变化[J]. 土壤, 37(6): 620-625.

肖细元, 陈同斌, 廖晓勇, 等. 2008. 中国主要含砷矿产资源的区域分布与砷污染问题[J]. 地理研究,

27(1): 201-212.
肖细元, 陈同斌, 廖晓勇, 等. 2009. 我国主要蔬菜和粮油作物的砷含量与砷富集能力比较[J]. 环境科学学报, 29(2): 291-296.
徐建明, 张甘霖, 谢正苗, 等. 2010. 土壤质量指标与评价[M]. 北京: 科学出版社.
闫立梅, 王丽华. 2004. 不同龄温室土壤微形态结构与特征[J]. 山东农业科学, 3: 60-61.
曾希柏, 李莲芳, 白玲玉, 等. 2007. 山东寿光农业利用对土壤砷累积的影响[J]. 应用生态学报, 18(2): 310-316.
曾希柏, 苏世鸣, 马世铭, 等. 2010. 我国农田生态系统重金属的循环与调控[J]. 应用生态学报, 21(9): 2418-2426.
曾希柏, 徐建明, 黄巧云, 等. 2013. 中国农田重金属问题的若干思考[J]. 土壤学报, 50(1): 189-197.
张树清, 张夫道, 刘秀梅, 等. 2005. 规模化养殖畜禽粪主要有害成分测定分析研究[J]. 植物营养与肥料学报, (6): 116-123.
赵其国. 2003. 城市生态环境保护与可持续发展[J]. 土壤, 35(6): 9.
周建斌, 翟丙年, 陈竹君, 等. 2004. 设施栽培菜地土壤养分的空间累积及其潜在的环境效应[J]. 农业环境科学学报, 23(2): 332-335.
Bowen H J M. 1979. Elemental Chemistry of the Elements [M]. London and New York: Academic Press: 60.
Critten D L, Bailey B J. 2002. A review of greenhouse engineering developments during the 1990s [J]. Agricultural and Forest Meteorology, 112: 1-22.
Erb T, Kiefer P, Hattendorf B, et al. 2012. GFAJ–1 is an arsenate–resistant, phosphate–dependent organism [J]. Science, 337: 467-470.
Huang B, Shi X, Yu D, et al. 2006. Environmental assessment of small-scale vegetable farming systems in peri-urban areas of the Yangtze River Delta Region, China [J]. Agricultural and Ecosystem Environment, 112: 391-402.
Ju X T, Kou C L, Zhang F S. 2006. Nitrogen balance and groundwater nitrate contamination: Comparison among three intensive cropping systems on the North China Plain [J]. Environment Pollution, 143(1): 117-125.
Li L F, Zeng X B, Bai L Y, et al. 2009. Cadmium accumulation in vegetable plantation land soils under protected cultivation: A case study [J]. Communications in Soil Science Plant Analysis, 40: 2169-2184.
Liu Y, Hua J, Jiang Y, et al. 2006. Nematode communities in greenhouse soil of different ages from Shenyang Suburb [J]. Helminthologia, 43(1): 51-55.
Melanie O D, Marinus L O. 1997. Organism-induced accumulation of iron, zinc and arsenic in wetland soils[J]. Environmental Pollution, 96: 1-11.
Nicholson F A, Smith S R, Alloway B J, et al. 2003. An inventory of heavy metals inputs to agricultural soil in England and Wales[J]. Science of the Total Environment, 311: 205-219.
Reaves M L, Sinha S, Rabinowitz J D, et al. 2012. Absence of detectable arsenate in DNA from arsenate–grown GFAJ–1 cells [J]. Science, 337(6093): 470-473.
Riffaldi R, Saviozzi A, Levi-Minzi, et al. 2003. Organically and conventionally managed soils: characterization of composition [J]. Archives of Agronomy and Soil Science, 49: 349-355.
Smith E, Naidu R, Alston A M. 1998. Arsenic in the soil environment: a review [J]. Advances in Agronomy, 64: 149-195.
Thoresby P, Thornton I. 1979. Heavy metals and arsenic in soil,pasture herbage and barley in some mineralised areas in Britain: significance to animal and human health [C].//Hemphill D D, editor. Trace Substancesin Environmental Health. Columbia: University of Missouri, 13: 93-103.
Wolfe S F, Blum J S, Kulp T R, et al.2011. A bacterium that can grow by using arsenic instead of phosphorus [J]. Science, 332: 1163-1166.

第二章　土壤对砷的吸附解吸与固定

土壤中砷的移动性、毒性和生物有效性在很大程度上取决于吸附-解吸过程。一般认为，土壤对砷的吸附包含专性吸附和静电吸附两种方式：专性吸附对特定离子具有高度的专一性，通常是土壤胶体表面的配位羟基（OH^-）与砷酸根阴离子交换形成内层络合物，这种吸附是不可逆的，因而难以受到中性盐的解吸；静电吸附是由静电引力所产生的交换吸附（即非专性吸附），主要包括范德华力及库仑力或氢键，与表面电荷有关，形成的产物为外层络合物。静电吸附为可逆吸附，当土壤表面性质发生改变时，已吸附的砷会重新释放进土壤溶液中。有研究发现，土壤吸附的 As（Ⅲ）绝大部分不能为中性盐（KNO_3）所解吸，由此认为这部分砷是通过形成内层络合物而被土壤牢固吸附，但随着土壤 pH 的增加，以形成外层络合物方式被土壤吸附的砷的比例增加（王永和徐仁扣，2005）。Goldberg 和 Johnston（2001）的研究也指出，As（Ⅴ）在土壤中形成内层络合物，而 As（Ⅲ）则形成内层和外层共存的复合物。

土壤是由有机质、黏土矿物、氧化物、溶液和空气等组成的多相混合体，因此，其对砷的吸附为复杂反应。土壤对砷的吸附固定作用受多种因素影响，不同类型土壤的理化性质、矿物组成等存在显著差别，使得其对砷的吸附也表现出明显的差异。一般而言，土壤中铁铝氧化物含量越高，吸附砷的能力就越强，这是因为铁、铝氧化物一方面能与砷生成难溶性的化合沉淀物，另一方面也能大量吸附砷、钙、镁等。Jiang 等（2005）在国内采集了 16 种土壤并研究了其对砷的吸附，发现红壤对 As（Ⅴ）的吸附量较高，且柠檬酸-连二亚硫酸盐提取态 Fe（FeCD）含量与砷吸附间存在正相关，即无定形氧化铁和晶质氧化铁含量都与土壤吸附砷的能力有关。Manning 和 Goldberg（1997a）对三种美国土壤的研究也表明，黏粒和 FeCD 含量较高的土壤对 As（Ⅲ）和 As（Ⅴ）的亲和力较强。一般认为，土壤吸附的砷量与其黏粒含量呈显著正相关，土壤黏粒含量越高，其吸附砷的能力越强（Nightingale，1987）。Jiang 等（2005）认为，在低能表面上黏粒含量对 As（Ⅴ）吸附有正效应，黏粒较多的土壤表面积较大，有利于对 As（Ⅴ）的吸附。土壤颗粒的粒径大小也是影响砷吸附的重要因素之一，粒径越小，其表面积越大，吸附位点也就越多，因此对砷酸根阴离子的吸附能力也越强（Lombi et al.，2000）。

在我国，土壤对砷的吸附大致表现出以下规律：黄壤＜黑土＜黄棕壤＜砖红壤＜红壤（石荣等，2007）。王永等（2008）的研究发现，三种土壤对 As（Ⅴ）吸附量的大小顺序为：黄壤＞砖红壤＞红壤，对 As（Ⅲ）吸附量的大小顺序为：砖红壤＞黄壤＞红壤，这与砖红壤和黄壤中游离氧化铁、游离氧化铝含量高于红壤有关。雷梅等（2003）的研究也得出了相似的结论，黄壤对砷的吸附能力最强，红壤其次，褐土最低，且土壤对 As（Ⅴ）的吸附能力可能随着土壤 pH 增加和黏粒含量降低而减弱。翁焕新等（2000）研究表明，中国表层土壤中砷含量分布呈现从西南到东北逐渐降低的趋势。相较于 As

(Ⅲ)，土壤对 As（Ⅴ）的吸附亲和力更强，这可能是因为 As（Ⅲ）竞争土壤表面吸附位的能力较 As（Ⅴ）弱得多，H_3AsO_3 的酸解离常数非常小（pK_{a1}=9.2），在酸性土壤中主要以分子态存在，所以较难被土壤吸附（王永等，2008）。而谢正苗（1987）对 14 种土壤的研究则认为，土壤对 As（Ⅲ）的吸附能力（平均最大吸附量为 207.2 mg/kg）比对 As（Ⅴ）的吸附能力（平均最大吸附量为 147.9 mg/kg）强，其原因可能与供试土壤的类型及性质有关。

第一节　土壤类型对砷吸附解吸的影响

我国幅员辽阔，不同地区成土母质、气候、地形地貌等条件各异，形成的土壤类型也各不相同，且理化性质差异巨大，典型的地带性土壤包括黑土、褐土、潮土、黄壤、红壤、砖红壤等。土壤矿物质是土壤固相的主体物质，占土壤固相总质量的 90%以上，其中黏土矿物是主体，包括：层状硅酸盐矿物，铁、铝、锰、硅等的氧化物和氢氧化物，凝胶类硅酸盐。层状硅酸盐矿物包括高岭石（kaolinite）、蒙脱石（montmorillonite）等，氧化铁矿物包括针铁矿（goethite）、赤铁矿（hematite）和水铁矿等。由于同晶置换、晶胞间相互作用力、比表面积等的差异，不同土壤矿物对阳离子的吸附能力有一定的差异性，从而对重金属污染物在土壤中的吸附-解吸、迁移-转化产生影响。

砷与土壤组分间的吸附-解吸作用被认为是土壤中砷固定的重要方式之一。为阐释土壤性质对吸附-解吸和固定砷能力的差异，本研究选择了我国不同地区、同一地区不同母质发育的 7 种土壤，包括黑土（哈尔滨）、潮土（北京）、重庆紫色土、第四纪红土红壤（湖南衡阳）、花岗岩红壤（湖南衡阳）、湖南紫色土、黄壤（湖北），通过吸附-解吸等相关试验，研究了 7 种土壤对砷的吸附-解吸和固定能力，并就相关机理进行了初步分析。7 种供试土壤的主要理化性状、矿物组成和机械组成见表 2.1～表 2.3。

从表 2.1 中可以发现，7 种土壤的性质差异较大。其中，黑土的有机质含量远高于其他土壤，达 77.0 g/kg；其次是潮土，有机质含量为 30.2 g/kg，且潮土和黑土的 P 含量也相对较高；花岗岩红壤的有机质含量最低，仅有 4.6 g/kg，同时它的全 P、速效 P 和游离 Fe_2O_3 含量也处于较低水平，这与其为花岗岩母质有关，土壤中砂粒组分所占比例较高。由表 2.2 和表 2.3 可知，花岗岩红壤中含有较多的高岭石（40%），且粒级为 2.0～

表 2.1　供试土壤的主要理化性状

土壤类型	有机质 /（g/kg）	全 P /（g/kg）	速效 P /（mg/kg）	总 As /（mg/kg）	有效 As /（mg/kg）	游离 Fe_2O_3 /（g/kg）	游离 Al_2O_3 /（g/kg）	pH
黑土	77.0	0.914	42.59	7.18	0.143	10.59	0.76	7.62
潮土	30.2	1.333	31.03	6.56	0.060	10.10	0.19	7.95
重庆紫色土	13.2	0.840	4.99	7.64	0.062	13.14	0.61	7.89
第四纪红土红壤	20.8	0.655	15.46	18.71	0.027	32.63	0.50	4.60
花岗岩红壤	4.6	0.399	1.05	14.09	0.009	7.59	0.56	5.62
湖南紫色土	15.8	0.728	15.09	7.88	0.058	24.92	1.06	7.70
黄壤	20.4	0.695	22.13	6.95	0.023	24.78	0.79	7.69

注：土壤 pH 测定时的土水比为 1∶2.5。

表 2.2 供试土壤的矿物组成

土壤类型	高岭石/%	蒙脱石/%	伊利石/%	绿泥石/%	石英/%	白云石/%	方解石/%	长石/%	闪石/%	铁矿/%
黑土	—	—	5	5	60	—	10	15	5	—
潮土	—	—	10	10	40	5	5	20	10	—
重庆紫色土	—	—	10	5	60	5	10	10	—	—
第四纪红土红壤	—	—	10	5	80	—	—	—	—	5
花岗岩红壤	40	—	20	—	20	—	—	20	—	—
湖南紫色土	—	5	10	5	55	—	10	10	—	5
黄壤	—	—	15	5	50	5	5	20	—	—

注："—"表示未测定出含此组分。

表 2.3 供试土壤的机械组成

土壤类型	2.0～0.2mm/%	0.2～0.02mm/%	0.02～0.002mm/%	＜0.002mm/%
黑土	3.93	52.31	34.01	9.75
潮土	7.51	55.95	24.05	12.49
重庆紫色土	6.1	28.94	43.27	21.69
第四纪红土红壤	7.51	12.49	40.4	39.59
花岗岩红壤	71.05	13.74	12.32	2.9
湖南紫色土	24.59	34.11	25.98	15.32
黄壤	28.83	35.8	18.12	17.25

0.2 mm 的砂粒占 71.05%，因此土壤较为贫瘠，养分含量较低。总 As 含量在第四纪红土红壤和花岗岩红壤两种土壤中较高，尤其是第四纪红土红壤，但它们的有效砷含量却并不高，有效砷含量相对较高的为黑土。第四纪红土红壤的游离 Fe_2O_3 含量在几种土壤中最高，为 32.63 g/kg；其次是湖南紫色土和黄壤，分别为 24.92 g/kg 和 24.78 g/kg，土壤的矿物组成分析也可见这一结果，第四纪红土红壤和湖南紫色土中检测出铁矿成分。同时，湖南紫色土和黄壤两种土壤的游离 Al_2O_3 含量也较高，分别为 1.06 g/kg 和 0.79 g/kg。几种土壤的 pH 有明显不同，第四纪红土红壤和花岗岩红壤为酸性土，pH 分别为 4.60 和 5.62，而其余土壤的 pH 为 7.62～7.95，均为微碱性土。从矿物组成来看，除花岗岩红壤的主要组成矿物为高岭石外，所有土壤的主要组成矿物均为石英，其中黑土的矿物组成包括伊利石、绿泥石、方解石、长石和闪石，潮土、重庆紫色土和黄壤中还含有白云石，第四纪红土红壤以伊利石、绿泥石和铁矿为主，湖南紫色土包括蒙脱石、伊利石、绿泥石、方解石、长石和铁矿等矿物。从供试土壤机械组成可以看出，黑土和潮土以 0.2～0.02 mm 粒径的颗粒为主，重庆紫色土和第四纪红土红壤以 0.02～0.002 mm 粒径的颗粒为主，花岗岩红壤以 2.0～0.2 mm 粒径的土壤颗粒为主，湖南紫色土颗粒分布在 2.0～0.2 mm、0.2～0.02 mm 和 0.02～0.002 mm 三种粒径较多，而黄壤颗粒以 2.0～0.2 mm 和 0.2～0.002 mm 两种粒径分布为主。

一、不同类型土壤对砷的等温吸附

随着初始砷浓度的增加，几种土壤对砷的吸附量都表现出上升趋势（图 2.1），其中在 1～10 mg/L As（Ⅴ）初始浓度时砷吸附量的上升幅度较大，而 10～100 mg/L 范围内增加趋势减缓。黑土的吸附量在 60 mg/L 后开始趋于稳定，增加幅度不明显，100 mg/L As（Ⅴ）时较 60 mg/L 时吸附量增加 0.035 mg/g，而第四纪红土红壤在 80 mg/L As（Ⅴ）后吸附量变化才开始减小；黄壤和花岗岩红壤吸附量的上升趋势稍缓，两者的吸附量在初始 As（Ⅴ）浓度大于 40 mg/L 后变化较小，分别达到 0.270 mg/g 和 0.194 mg/g，此后吸附量基本不再变化；湖南紫色土、重庆紫色土和潮土的吸附量始终居于较低水平，三者的变化趋势相似，均在 1～10 mg/L 范围内逐渐上升，上升幅度相对较小，当初始 As（Ⅴ）浓度大于 40 mg/L 后，重庆紫色土和潮土的吸附量变化渐平缓，湖南紫色土则略有上升。

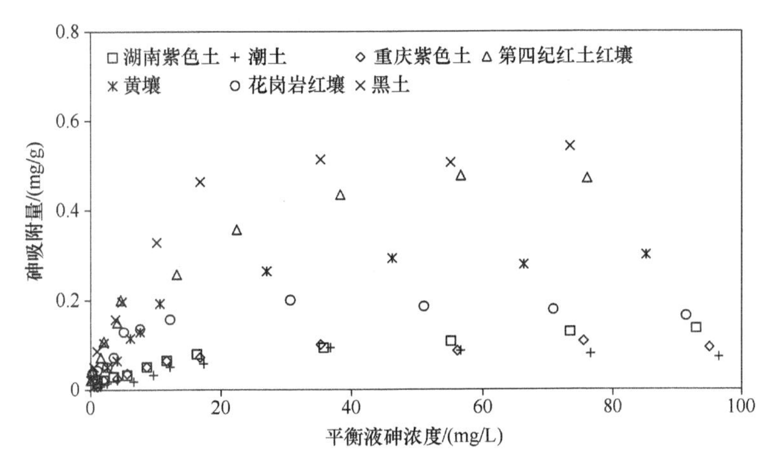

图 2.1　不同类型土壤对砷的吸附等温线

几种土壤中，黑土和第四纪红土红壤的吸附量较高，初始 As（Ⅴ）浓度为 100 mg/L 时的吸附量分别为 0.542 mg/g 和 0.477 mg/g，第四纪红土红壤和黑土在初始浓度较小时吸附量几乎无差异，而当初始砷浓度大于 10 mg/L 后，黑土表现出较强的吸附能力；其次是黄壤和花岗岩红壤，100 mg/L As（Ⅴ）时的吸附量分别为 0.297 mg/g 和 0.164 mg/g，初始 As（Ⅴ）浓度在 1～10 mg/L 时，两者的吸附量相近，当 As（Ⅴ）浓度大于 10 mg/L 后，黄壤的吸附量明显高于花岗岩红壤；湖南紫色土、重庆紫色土和潮土的吸附量均较低，在初始 As（Ⅴ）浓度 1～60 mg/L 时，三者的吸附量变化趋势大致相同，仅在 80 mg/L 和 100 mg/L 两个高初始浓度下表现出较小的差异，相较而言，湖南紫色土的吸附量较高，而潮土的吸附量最低，100 mg/L 时三者的吸附量分别为 0.134 mg/g、0.101 mg/g 和 0.067 mg/g。

以上研究结果与以往文献报道有一定差异。王永等（2008）研究发现，三种土壤对 As（Ⅴ）吸附量大小顺序为：黄壤＞砖红壤＞红壤，这与供试砖红壤和黄壤中游离氧化铁和游离氧化铝的含量较高有关。雷梅等（2003）研究指出，土壤对 As（Ⅴ）的吸附能力随着土壤 pH 增加和黏粒含量的减少而减弱。结合供试土壤的理化性状及矿物组成来看，几种土壤的性质有很大的差异，如黑土的有机质和速效磷含量较高，第四纪红土红壤的游离铁含量较高且 pH 较低，潮土和重庆紫色土的 pH 则相对较高；在矿物组成方面，第四纪红土红壤和湖南紫色土中检测到铁矿成分，花岗岩红壤中含有较多的高岭石，其余土壤均由硅酸盐黏土矿物组成。

将各土壤理化性状与砷吸附量进行相关分析发现，各指标与吸附量间均无明显相关性。土壤对 As（Ⅴ）的吸附是一个复杂的、多因素控制的过程，土壤性质的不同使得其吸附规律表现出较大的差异性。总体而言，酸性条件、铁矿含量高、有机质和磷含量低的土壤会表现出较好的吸附效果。De Brouwere 等（2004）和 Jiang 等（2005）运用模型预测发现，pH 和有效磷含量对土壤吸附砷的影响不显著，这与土壤的多样性有关，难以用纯矿物试验的结果来判断土壤。

对土壤吸附砷的数据应用 Langmuir 方程和 Freundlich 方程来拟合，即式（2.1）和式（2.2）：

$$\frac{1}{Q_e}=\frac{1}{Q_m}+\frac{1}{kQ_m}\cdot\frac{1}{C_e} \tag{2.1}$$

$$\ln Q_e=\ln b+\frac{1}{n}\ln C_e \tag{2.2}$$

式中，Q_e 为吸附平衡后土壤吸附的砷量，mg/g，根据吸附前和吸附平衡后上清液中的砷浓度 C_0 和 C_e（mg/L）计算得出；Q_m 为最大吸附量，mg/g；常数 k 表示吸附亲和力，k 值越小表示亲和力越大。根据 k 和 C_0 可计算出表示吸附过程性质的分离因子 R_L，$R_L=1/(1+kC_0)$，$0<R_L<1$ 时为优惠吸附，$R_L>1$ 时为非优惠吸附，$R_L=1$ 时为可逆吸附，$R_L=0$ 时为非可逆吸附（Ho and Wang，2004）。根据 Freundlich 方程计算得出吸附常数 b 和 n，常数 b 描述土壤的吸附性能，b 越大，表明吸附剂的吸附能力越强。n 值是吸附剂对被吸附物质吸附性能的体现，如果 $1<n<10$，表明是优惠吸附，所用材料是一种合适的吸附剂（Namasivayam and Ranganathan，1995）。

由表 2.4 可见，两种吸附等温方程均可很好地描述土壤对 As（Ⅴ）的吸附，拟合系数为 0.9025～0.9847，均达到 0.01 的极显著水平。根据 Langmuir 方程计算得出的 Q_m 和 k 值分别代表土壤的饱和吸附容量和吸附常数，由 Q_m 可看出，几种土壤的吸附潜能大小顺序为黑土＞第四纪红土红壤＞黄壤＞花岗岩红壤＞湖南紫色土≈重庆紫色土＞潮土。尽管两种紫色土分别由湖南和重庆的紫色砂页岩发育，但因两种土壤性质差异较小，因而其对砷的吸附能力亦差异不大。同时，相较于实验测量值来说，前述理论

表 2.4 不同类型土壤对砷的吸附等温方程拟合

土壤类型	Langmuir 方程				Freundlich 方程			
	最大吸附量 Q_m/（mg/g）	吸附常数 k/（L/g）	拟合系数（R^2）	标准偏差（Se）	吸附常数（n）	吸附常数（b）	拟合系数（R^2）	标准偏差（Se）
黑土	0.32	0.52	0.9847	1.79	1.97	0.08	0.9724	0.20
潮土	0.07	0.09	0.9778	7.99	1.77	0.01	0.9212	0.27
重庆紫色土	0.08	0.18	0.9753	4.63	2.11	0.01	0.9577	0.17
第四纪红土红壤	0.25	1.11	0.9509	3.03	2.31	0.08	0.9750	0.17
花岗岩红壤	0.13	0.68	0.9535	3.26	2.72	0.04	0.9025	0.25
湖南紫色土	0.08	0.21	0.9528	6.16	2.00	0.01	0.9781	0.13
黄壤	0.21	0.18	0.9830	2.59	1.78	0.03	0.9628	0.21

计算值偏低，这一方面可能与本实验进行的条件有关，如浓度跨度较大、吸附-解吸未达完全平衡等；另一方面，Langmuir 方程是描述固-气吸附规律的经验公式，它的建立存在一些假定条件，固-液吸附的复杂性使得其无法完全解释吸附反应的机理。由 Freundlich 方程中的 b 值可见，黑土和第四纪红土红壤的吸附能力最强，湖南紫色土、重庆紫色土和潮土最差；几种土壤的 n 值均在 1～10 范围内，表明它们对 As（Ⅴ）的吸附均为优先吸附。

二、不同类型土壤对砷的吸附动力学

在前述研究的基础上，对 7 种土壤吸附砷的动力学进行了相应研究，并根据相关试验结果做出相应的吸附动力学曲线图（图 2.2）。

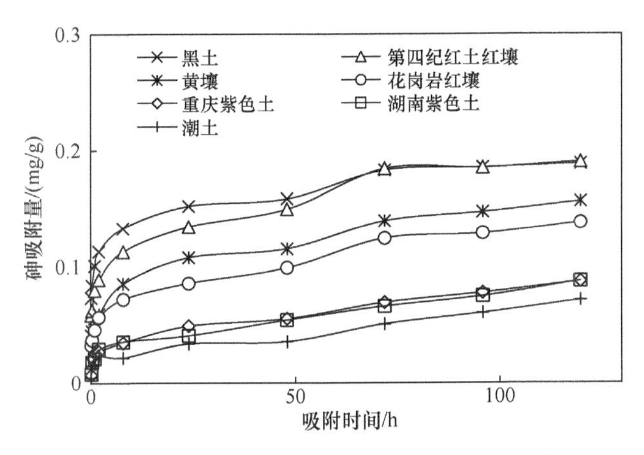

图 2.2　不同类型土壤对砷的吸附动力学曲线

从图 2.2 结果看，随着吸附时间的延长，各土壤的吸附量逐渐增加。在开始的 2h 内，吸附量均呈直线上升趋势，吸附量增加显著，之后各土壤的吸附量上升趋势减缓，至 24h 时，黑土和第四纪红土红壤的吸附量达到 0.152 mg/g 和 0.134 mg/g，分别占平衡吸附量的 80.7%和 70.6%，72h 后基本达到平衡，且两者的吸附量逐渐接近，72h 时吸附量分别为 0.183 mg/g 和 0.184 mg/g；黄壤和花岗岩红壤 24h 时的吸附量分别占 120h 时吸附量的 69.0%和 62.2%，此后吸附量也有缓慢增加，至 120h 时仍未达完全平衡，120h 时吸附量分别为 0.156 mg/g 和 0.138 mg/g；湖南紫色土、重庆紫色土和潮土吸附量始终处于较低水平，但其达到平衡所需的时间较长，至 120h 时仍表现出一定的上升趋势。

几种土壤在不同吸附时间的吸附量差异基本一致，黑土和第四纪红土红壤的吸附量始终较高，且在 48h 内黑土的吸附量均略高于第四纪红土红壤，而在 72h 后两者的吸附量趋于一致；黄壤和花岗岩红壤的吸附能力次之，黄壤的吸附量在 120h 内始终高于花岗岩红壤；重庆紫色土、湖南紫色土和潮土的吸附量处于较低水平，120h 内吸附量变化范围为 0.005～0.088 mg/g，远低于其他几种土壤。

土壤对砷酸根离子的吸附分为快速吸附和慢速吸附两个过程。快速吸附是在固-液表面进行的电子交换反应，在这一过程中，砷酸根离子从溶液相到土壤固相表面一般不超过 15 min；慢速吸附是砷酸根离子由表面扩散进入土壤固相内部的过程，这一过程较为缓慢，能持续几十个小时、数天或更长时间（Altundogan et al.，2000）。与矿物相比，土壤对砷的吸附速率相对较慢，不同土壤砷吸附达到平衡的时间不同，如黄泥土中，砷通常 1h 以上才能达到吸附平衡（周玳，1986）；砷在棕壤中吸附 4h 时反应达到平衡（梁成华等，2009）。本研究中，吸附能力较强的黑土在 72h 才达到平衡，这除了与土壤本身性质有关外，砷初始浓度也有一定影响，低浓度时，吸附比较容易达到平衡，而在高浓度时，扩散过程缓慢，因此达到平衡的时间较长（Blangenois et al.，2004）。

应用准一级动力学方程、Elovich 方程、双常数方程、抛物线扩散方程来描述土壤吸附砷的反应动力学，表达式分别为：

$$\ln(Q_e - Q_t) = \ln Q_e - kt \tag{2.3}$$

$$Q_t = a + b \cdot \ln t \tag{2.4}$$

$$\ln Q_t = a + b \cdot \ln t \tag{2.5}$$

$$Q_t = a + kt^{1/2} \tag{2.6}$$

式中，Q_t 和 Q_e 分别为时间 t 和平衡时土壤吸附的砷量，mg/g；a、b 和 k 为拟合常数。土壤对 As（Ⅴ）的吸附动力学曲线用动力学方程拟合的结果见表 2.5，双常数方程和抛物线扩散方程对 As（Ⅴ）吸附的拟合效果较好，相关系数为 0.9244～0.9935；Elovich 方程的拟合在三种吸附性能较差的土壤（湖南紫色土、重庆紫色土和潮土）上效果稍差，拟合的相关系数分别为 0.8787、0.8980 和 0.8326；而在其他几种吸附较强的土壤中则有较好的拟合结果，均能达到 0.9 以上。抛物线扩散方程可用来说明吸附过程为一个扩散

表 2.5　不同类型土壤对砷吸附的动力学方程拟合

土壤类型	Elovich 方程（$Q_t=a+b\ln t$）	双常数方程（$\ln Q_t=a+b\ln t$）	抛物线扩散方程（$Q_t=a+kt^{1/2}$）
黑土	Q_t=0.0165ln$t$+0.0371 R^2 =0.9758 Se =0.007	lnQ_t=0.1321ln$t$–2.8386 R^2 = 0.9935 Se =0.030	Q_t=0.0013$t^{1/2}$ +0.0892 R^2 =0.9287 Se =0.012
潮土	Q_t=0.0076ln$t$–0.0128 R^2 =0.8326 Se =0.009	lnQ_t=0.3011ln$t$–5.4668 R^2 = 0.9244 Se =0.236	Q_t=0.0007 $t^{1/2}$ +0.0091 R^2 =0.9532 Se =0.005
重庆紫色土	Q_t=0.0097ln$t$–0.0134 R^2 =0.8980 Se =0.009	lnQ_t=0.2829ln$t$–5.0118 R^2 = 0.9244 Se =0.221	Q_t=0.0008 $t^{1/2}$ +0.0155 R^2 =0.9719 Se =0.005
第四纪红土红壤	Q_t=0.0146ln$t$–0.0067 R^2 =0.9165 Se =0.012	lnQ_t=0.2032ln$t$–3.8527 R^2 = 0.9833 Se =0.073	Q_t=0.0012 $t^{1/2}$ +0.0369 R^2 =0.9814 Se =0.006
花岗岩红壤	Q_t=0.0193ln$t$+0.0075 R^2 =0.9349 Se =0.014	lnQ_t=0.1724ln$t$–3.2152 R^2 = 0.9826 Se =0.063	Q_t=0.0016 $t^{1/2}$ +0.0661 R^2 =0.9677 Se =0.010
湖南紫色土	Q_t=0.0096ln$t$–0.0147 R^2 =0.8787 Se =0.010	lnQ_t=0.2846ln$t$–5.0753 R^2 = 0.9579 Se =0.164	Q_t=0.0008 $t^{1/2}$ +0.0134 R^2 =0.9720 Se =0.005
黄壤	Q_t=0.0164ln$t$–0.0042 R^2 =0.9263 Se =0.013	lnQ_t=0.1942ln$t$–3.639 R^2 = 0.9799 Se =0.077	Q_t=0.0014 $t^{1/2}$ +0.045 R^2 =0.9787 Se =0.007

控制的交换反应过程，Elovich 方程显示吸附-解吸过程是非均相扩散过程，而双常数方程也称分数幂函数方程，是由 Freundlich 方程修改而来，由这几种方程推导而出的拟合常数 a、b 和 k 可用来说明土壤对离子的结合能力，值越大，土壤对离子的吸附越稳定。由此可知，几种土壤对 As（Ⅴ）吸附能力大小为：黑土和第四纪红土红壤对 As（Ⅴ）的结合能力较强，花岗岩红壤和黄壤其次，重庆紫色土、湖南紫色土和潮土较差。

三、几种土壤对吸附砷的解吸

解吸剂通过与吸附在土壤上的砷竞争吸附位点，可以将吸附的砷酸根置换下来，使被土壤吸附的砷解吸到溶液中，提高了砷的有效性。土壤对砷的吸附包括专性吸附和静电吸附两种。专性吸附对特定离子具有高度的专一性，吸附呈不可逆趋势，难以受到中性盐的解吸，此时解吸比吸附慢得多；而静电吸附与表面电荷有关，当土壤表面性质发生改变时，已吸附的砷会重新释放进土壤溶液中。本部分内容选用 NaOH、$NaHCO_3$、磷酸盐缓冲液、柠檬酸、草酸、NaCl 六种解吸剂，比较其对土壤吸附砷后的解吸效果（图 2.3）。

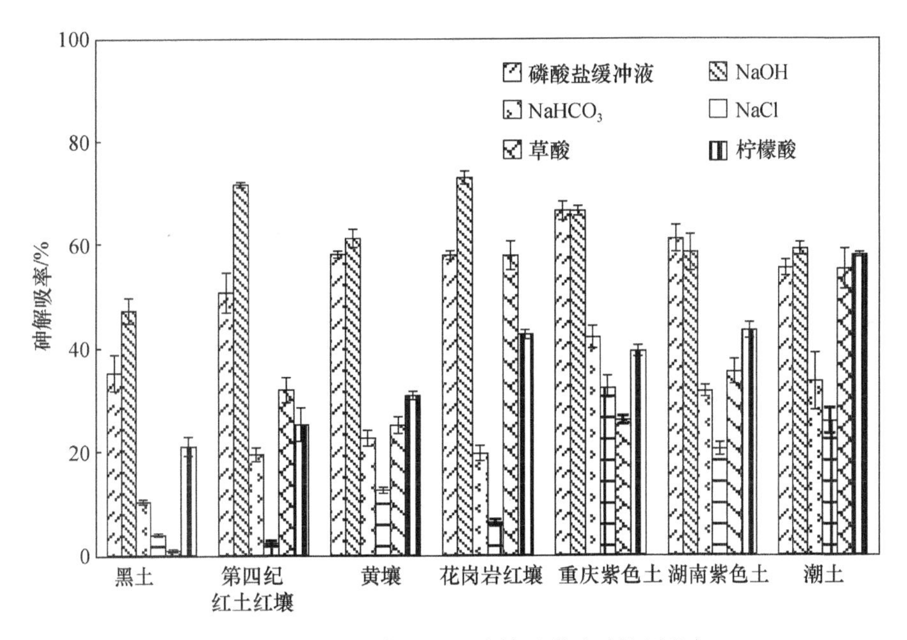

图 2.3 不同解吸剂对不同土壤吸附砷后的解吸率

几种土壤上 NaOH 和磷酸盐缓冲液的解吸效果均较好，$NaHCO_3$、草酸和柠檬酸在不同土壤上有不同表现，黑土上草酸的解吸效果较差，而在其余五种土壤上，草酸均表现出一定的解吸能力，尤其在花岗岩红壤和潮土上的解吸率仅次于磷酸盐缓冲液和 NaOH；柠檬酸也能解吸出较多的吸附砷；$NaHCO_3$ 在几种土壤上的解吸效果均一般，略高于 NaCl。NaCl 解吸效果最差，尤其是在黑土和第四纪红土红壤上。综合来看，NaOH 在花岗岩红壤上的解吸效果最好，而磷酸盐缓冲液、$NaHCO_3$ 和 NaCl 在重庆紫色土上的解吸率都是最高，柠檬酸和草酸则在潮土上表现出较佳的解吸效果。

几种土壤中，黑土和第四纪红土红壤的解吸率较小，分别为 0.9%～47.3%和 2.3%～

71.7%，黄壤和花岗岩红壤居中，其他三种土壤的解吸率相对较高，尤其是重庆紫色土，其解吸率达到26.0%～66.6%。此外，重庆紫色土、湖南紫色土和潮土在几种解吸剂的作用下表现出的差异较小，而黑土、第四纪红土红壤、黄壤和花岗岩红壤则有明显不同的解吸效果。几种解吸剂对它们吸附砷后的影响存在较大差别，如NaCl的解吸率在黑土及第四纪红土红壤上远远小于NaOH，而这两种解吸剂在潮土上的解吸效果则差异较小。

NaOH作为一种强碱，常被用于从土壤中提取砷。NaOH加入吸附As（Ⅴ）土壤中会改变其pH，使得溶液中OH^-显著增多，它们会与As（Ⅴ）竞争吸附位点，或将已吸附的As（Ⅴ）置换出来。例如，Jackson和Miller（2000）在铁氧化物上进行的解吸研究表明，OH^-是解吸As（Ⅴ）、DMA及MMA最有效的提取剂，而As（Ⅲ）在低pH下由0.5 mol/L PO_4^{3-}提取最有效。PO_4^{3-}与AsO_4^{3-}有相似的化学行为，能够相互竞争吸附位点（Manning and Goldberg，1996b）。有研究发现，在砷污染土壤中添加大量PO_4^{3-}时能够置换出其中的AsO_4^{3-}（Smith et al.，1998；Liu et al.，2001）；Lin和Puls（2000）在高岭石上使用1mmol/L PO_4^{3-}作为解吸剂发现，吸附的As（Ⅴ）有86%～97%被解吸下来，且解吸过程受老化时间影响。Goh和Lim（2005）研究指出，阴离子解吸土壤结合As的能力表现为$PO_4^{3-}>>CO_3^{2-}>SO_4^{2-}>Cl^-$。

草酸和柠檬酸是存在于土壤根际的低分子质量有机酸，其表面存在大量的活性基团（–OH、–COOH等），能与As（Ⅴ）竞争吸附位点，此外，草酸盐能够解离土壤中部分铁铝氧化物，因此能够影响土壤对砷的吸附及砷从土壤上的释放。有机酸对土壤中As（Ⅴ）解吸的影响与土壤本身的理化性状也有关系，本研究中，柠檬酸和草酸在有机质含量较高的黑土上As（Ⅴ）解吸率均较其他土壤低，尤其是草酸，解吸效果甚至低于NaCl，这可能是因为黑土本身含有较多的有机物质，外源添加少量有机酸对其影响较小，而在花岗岩红壤等有机质含量较低的土壤上则解吸效果明显。

第二节　不同矿物对砷的吸附和解吸

土壤矿物质是土壤固相的主体物质，占土壤固相总质量的90%以上，其中黏粒矿物包括层状硅酸盐矿物、凝胶类硅酸盐，以及铁、铝、锰、硅等的氧化物和氢氧化物，构成了土壤固相的主体（李学垣，2001）。

高岭石和蒙脱石是土壤中常见的层状硅酸盐矿物。高岭石（kaolinite）的单位（半胞）化学式是$Al_2[Si_2O_5](OH)_4$，晶体构造属于三斜晶系C1空间群，是1∶1型二八面体层状结构，即由一层硅氧四面体和一层铝氧八面体组成，两层间由共同的氧原子联结在一起组成晶胞。高岭石一半的基面是硅氧烷型表面，另一半为羟基铝基面，羟基铝基面为水合氧化物型表面，是极性的亲水表面，表面电荷为可变电荷，随pH和电解质浓度的变化而变化。高岭石重叠的晶胞之间是氢氧层与氧层相对形成结合力较强的氢键，因而晶胞间联结紧密，不易分散，晶格内部几乎不存在同晶置换现象，层电荷几乎为零，永久电荷极少，负电荷主要来源于表层羟基的电离和晶体侧面断键。由于负电性很小，因此高岭石吸附阳离子的能力低，可交换的阳离子少，水分子不易进入晶胞之间，因而不易膨胀水化。

蒙脱石（montmorillonite）是蒙皂石黏土（包括钙基、钠基、钠-钙基、镁基蒙黏土）的主要成分，它的单位化学式为 $M_{0.33}Al_{1.67}(Mg, Fe^{2+})_{0.33}[Si_4O_{10}](OH)_2$。蒙脱石矿物的晶体构造为 2∶1 型层状结构，两层硅氧四面体中间夹有一层铝氧八面体组成一个晶胞，四面体和八面体由共用的氧原子联结。重叠的晶胞之间是氧层与氧层相对，其间的作用力是弱的分子间力，因而晶胞间联结不紧密，易分散微小颗粒，甚至可以分离至一个晶胞的厚度，一般小于 1 μm 的颗粒达 50%以上。蒙脱石矿物晶体构造的另一特点是同晶置换现象很多，即铝氧八面体中的铝被镁、钠、钙等所置换，置换量可达 20%～35%，因此有钠基、钙基、铝基蒙脱石之分。硅氧四面体中的硅也可被铝所置换，但置换量较小，一般小于 5%。

铁和铝的氧化物/氢氧化物在土壤中广泛存在，由于其具有较大的比表面积，且表面活性功能团较多，因此对重金属污染元素等的吸附-解吸、迁移及转化具有极其重要的作用。氧化铁矿物主要包括针铁矿、赤铁矿和水铁矿等。针铁矿（α-FeOOH）是土壤中最常见的晶质氧化铁，呈黄色或黄棕色，它是由八面体联成的链状晶体结构，其表面是两性基团，既可从溶液中吸附 H^+离子，也可吸附 OH^-离子，即针铁矿表面可随着体系 pH 的变化而质子化或脱质子化（朱立军和傅平秋，1997）。赤铁矿（α-Fe_2O_3）是高度风化土壤中最常见的晶质氧化铁，结晶程度较高，一般呈亮红色，由八面体成六方紧密堆积。水铁矿（$Fe_{10}O_{15}\cdot 9H_2O$）是新鲜氧化铁的聚积物，呈红棕色，其结晶度差，比表面积大，化学活性高，因此具有较强的吸附外来离子的能力。铝在土壤中均以氢氧化物形式存在，没有氧化铝矿物，常见的有三水铝石和一水软铝石等。三水铝石［$Al(OH)_3$］是由 Al^{3+}和 OH^-组成的八面体片，主要分布在老成土和氧化土中。

一、几种矿物的形貌及 X 射线光谱表征

本研究选取了高岭石、蒙脱石等典型天然黏土矿物及人工合成的针铁矿、赤铁矿、水铁矿和水铝矿，比较其对砷吸附/解吸等的差异，并试图分析不同类型土壤对砷吸附/解吸差异的原因及机理。其中，高岭石购自浙江三鼎公司，蒙脱石购自天津阿法埃莎公司，试验前未经过任何前处理。4 种铁铝化合物的合成方法如下。

（一）赤铁矿

称取 40.00g $Fe(NO_3)_3\cdot 9H_2O$ 溶于 500mL 90℃的超纯水中，缓慢滴加 300mL 90℃的 1 mol/L KOH 溶液，不断搅拌，产生红褐色沉淀，再加入 90℃的 1 mol/L $NaHCO_3$ 溶液 50mL，快速搅拌后放入 1L 密闭烧瓶中，置于烘箱中 90℃下老化 48h，取出后离心得红色沉积物，透析至上清液电导率小于 2 μS/cm，烘干后研磨，过 200 目筛待用。

（二）针铁矿

1 L 的聚乙烯烧杯中倒入 1 mol/L 的 $Fe(NO_3)_3$ 溶液 50 mL，迅速加入 100 mL 的 5 mol/L KOH 溶液，并快速搅拌产生红褐色沉淀，立即加入 850 mL 超纯水将悬液稀释至 1 L，密封后置于 70℃烘箱中老化 60h。取出后离心得黄褐色沉淀，透析至上清液电

导率小于 2 μS/cm，烘干后研磨，过 200 目筛待用。

（三）水铁矿

将 40.00g $Fe(NO_3)_3 \cdot 9H_2O$ 溶于 500 mL 蒸馏水中，加入 1 mol/L 的 KOH 330 mL，调节 pH 至 7～8，剧烈搅拌后迅速离心洗涤，透析至上清液电导率小于 2 μS/cm，烘干后研磨，过 200 目筛待用。

（四）水铝矿

将 4 mol/L NaOH 溶液缓慢滴入 500 mL 的 1 mol/L $AlCl_3$ 溶液中，不断搅拌产生乳白色沉淀，直至溶液 pH 至 4.6，60℃下老化 2h，然后转入 40℃恒温培养箱中继续老化。悬液离心后得到乳白色凝胶沉淀，用超纯水透析至电导率小于 2 μS/cm，烘干后研磨，过 200 目筛待用。

应用扫描电镜对不同矿物的表面形貌进行分析（图 2.4），从其结果可以看出：矿物内部结构疏松，单体颗粒分离；蒙脱石为无定形片状结构，粒径较大，矿物结构较为紧

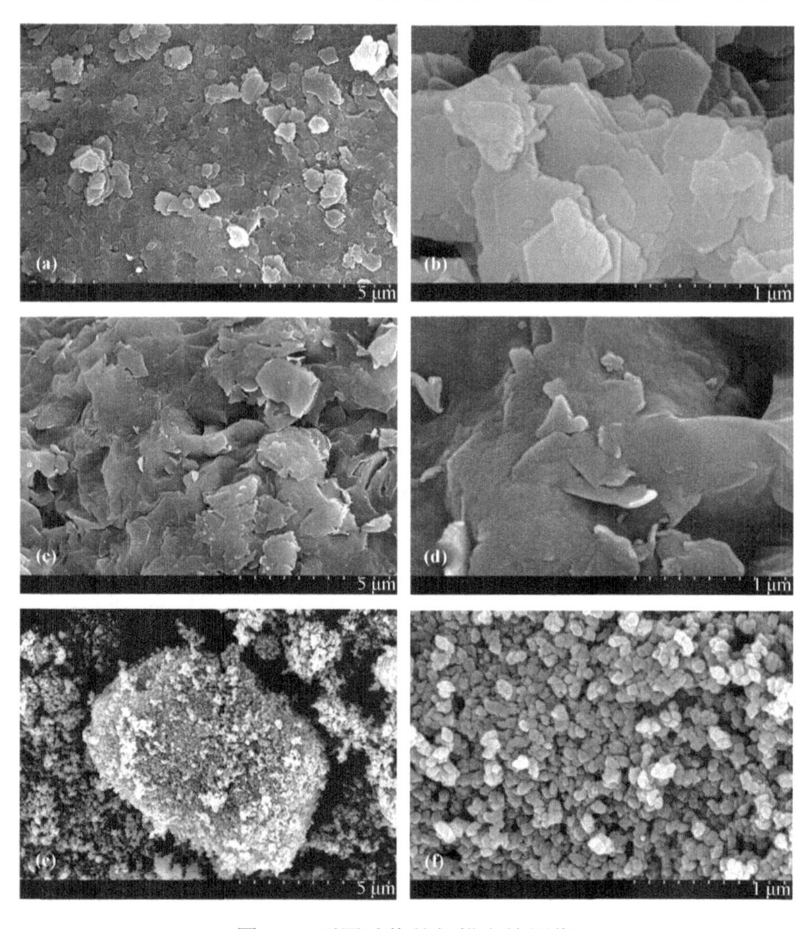

图 2.4 不同矿物的扫描电镜图像

（a，b）高岭石；（c，d）蒙脱石；（e，f）赤铁矿；（g，h）针铁矿；（i，j）水铁矿；（k，l）水铝矿

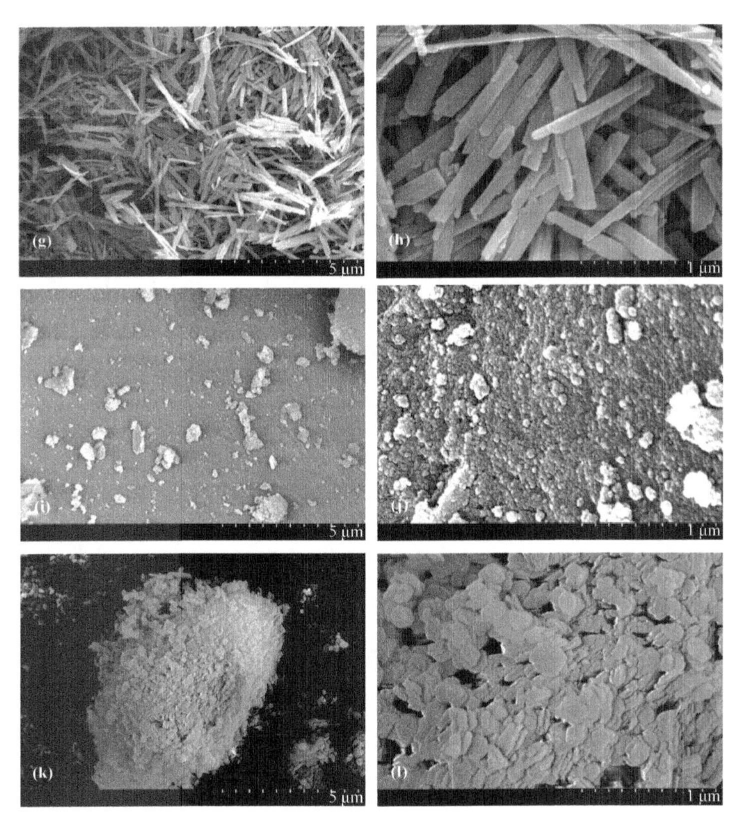

图 2.4　（续）

密；合成的赤铁矿为颗粒状球体聚集物，颗粒排列无序，表面呈疏松、凹凸不均匀的多孔状结构，大小不均一，结晶程度良好；针铁矿为长柱状针形物质，晶体结构不规则，大小不一；合成的水铁矿表面无固定形态，为无序无定形的颗粒状，含少量大小不一的球状颗粒；水铝矿为近六边形薄片状结构，大小不均一，紧密堆积。

应用扫描电镜配备的能量色散谱仪对样品组成元素含量进行测定，发现水铁矿中含有的 Fe 元素质量百分比达 74.64%，明显高于针铁矿和赤铁矿；水铝矿中铝元素的质量百分比较高，为 31.25%；高岭石和蒙脱石中含有的元素较复杂，主要包括 C、O、Si、Na、Mg、Al 和 Fe 等，其中 O 元素的质量百分比最大，分别为 50.66%和 44.51%。此外，高岭石中还含有相当一部分的 C 元素，质量百分比为 21.78%；而蒙脱石中的 Si 元素也占较大比例，质量百分比达 35.84%。

几种矿物的 X 射线衍射图谱如图 2.5 所示。由图可知，高岭石的层间距相对固定，根据布拉格公式（$2d\sin\theta=n\lambda$）计算可得出 d_{001} 约为 0.72 nm，所测高岭石特征衍射峰包括 d_{001}（0.7190 nm）、d_{002}（0.3579 nm），对应的 2θ 位置分别为 12.32°和 24.86°，峰形尖锐，对称性较好。从 XRD 衍射峰形状判断，高岭石的物相组成含有约 95%的高岭石，另含有少量的伊利石杂质（约 5%），纯度较高，结晶程度良好。所用蒙脱石的 XRD 衍射图谱在 2θ=6.98°处出现第一个衍射峰，d_{001}=12.727Å，峰形尖锐，对称性良好，近似于正态分布，结晶程度较好，主要成分为钠基蒙脱石，含量约 60%，另伴有石英、长石等矿物。

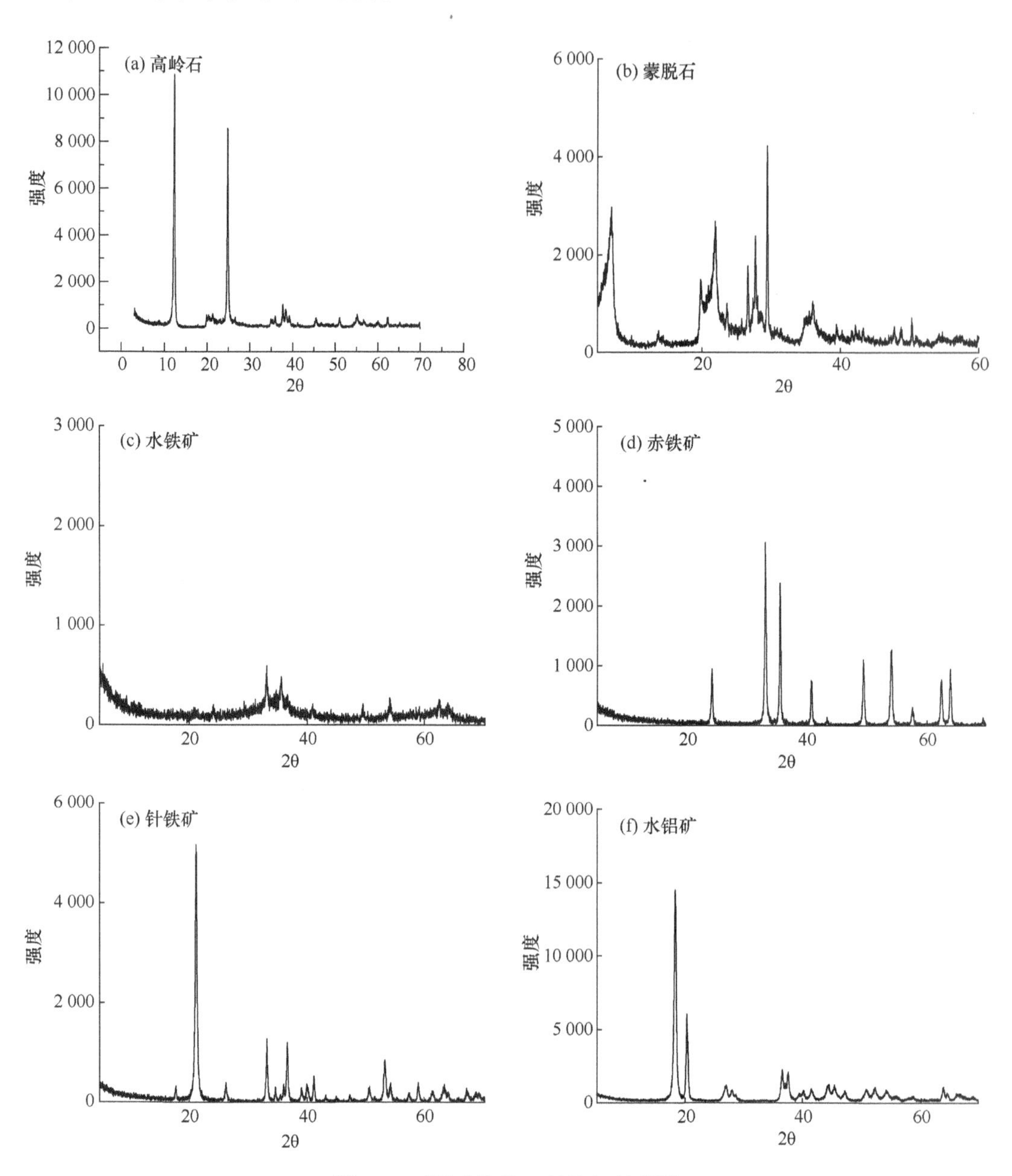

图 2.5 不同矿物的 X 射线衍射谱图

人工合成的铁、铝矿图谱上都表现出各自的特征衍射峰。针铁矿在 2θ 位置为 21.16°、33.20°、36.60°和 53.18°处分别出现 0.4195nm、0.2696nm、0.2453nm 及 0.1721nm 的尖锐峰，均为针铁矿的特征衍射峰，峰形较好，说明结晶程度良好，纯度较高，无其他杂质生成。赤铁矿衍射图谱中出现 0.3696nm、0.2706nm 和 0.2521nm 的特征衍射峰，对应的 2θ 位置分别为 24.06°、33.08°和 35.58°，峰形尖锐，结晶程度良好，纯度较高。合成的水铝矿也同样表现出特征衍射峰，2θ 位置在 18.26°和 20.28°处分别出现 0.4855 nm（d_{001}）和 0.4375 nm（d_{002}）的特征峰，为晶质的 $Al(OH)_3$，纯度较高，无其他杂质生成。

水铁矿的 XRD 衍射图没有明显的峰形，仅在 2θ 位置为 24.06°、33.14°和 35.62°处有三个衍射强度很弱的小峰，*d* 值分别为 0.3696 nm、0.2701 nm 和 0.2518 nm，表现为赤铁矿的特征衍射峰。一般而言，非晶质形态的铁化合物无法形成尖锐峰，而是表现为弥散峰，据此推断，本试验合成的水铁矿主体部分为非晶质的铁氧化物，含有极少量弱结晶的赤铁矿，原因可能与烘干温度和透析时间有关，使得反应生成的无定形氧化铁（$5Fe_2O_3·9H_2O$）有部分缓慢转变为弱晶态的氧化铁（$α\text{-}Fe_2O_3$）。

二、几种矿物对砷的等温吸附

对高岭石、蒙脱石和四种铁铝氧化物在不同初始砷浓度下进行等温吸附试验，其结果如图 2.6 所示。图 2.6（a）为 pH5.0 时高岭石和蒙脱石的吸附等温曲线，由图可见，在初始浓度 0.1～100 mg/L As（Ⅴ）条件下，两种矿物对 As（Ⅴ）的吸附等温曲线表现出相似的趋势，随着初始 As（Ⅴ）浓度的增加，高岭石和蒙脱石对砷的吸附量均逐渐升高，但增加幅度在不同浓度范围内存在不同。当初始 As（Ⅴ）浓度在 0.1～10 mg/L 时，两种矿物的吸附量增加幅度较大，而初始 As（Ⅴ）浓度大于 20 mg/L 时，吸附量的增加趋势逐渐减缓，至 100 mg/L 初始浓度时，蒙脱石和高岭石的吸附量分别为 122.4 μg/g 和 219.3 μg/g，且仍表现出一定的上升趋势。两种矿物吸附砷的差异也与初始浓度有关，在较低 As（Ⅴ）添加浓度（0.1～1 mg/L）下，高岭石和蒙脱石吸附量间的差异较小，随着初始浓度的增加，两者间吸附量的差异逐渐加大。当初始 As（Ⅴ）浓度大于 10 mg/L 后，高岭石对砷的吸附量几乎均为蒙脱石的两倍。

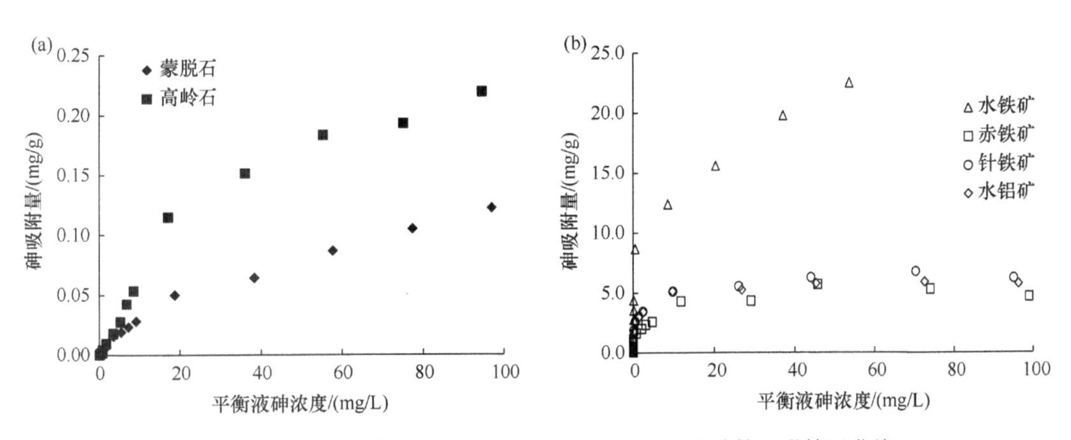

图 2.6　蒙脱石、高岭石（a）和铁铝氧化物（b）对砷的吸附等温曲线

图 2.6（b）为合成的铁铝氧化物对 As（Ⅴ）的吸附等温曲线，初始浓度为 0.1～20 mg/L 时，铁铝氧化物对砷的吸附等温曲线表现基本一致，即随着初始 As（Ⅴ）浓度的增加，铁、铝矿物对砷的吸附量都逐渐升高，呈直线上升趋势。水铁矿、赤铁矿、针铁矿和水铝矿在初始浓度为 0.1～20 mg/L 时， As（Ⅴ）吸附量的增加幅度分别为 8.62 mg/g、4.23 mg/g、5.06 mg/g 和 5.07 mg/g。当初始浓度大于 20 mg/L 时，几种矿物表现出不同的吸附规律，针铁矿、赤铁矿和水铝矿吸附量的增加趋势明显减缓直至不变，浓度为 20～100 mg/L 时增加幅度分别为 1.13 mg/g、0.46 mg/g 和 0.63 mg/g，而水铁矿则仍表现出较强的吸附能力，吸附量始终随初始浓度的增加而上升，浓度为 20～100 mg/L 时吸附量

增加 13.87 mg/g，远高于其他三种矿物。

矿物对砷酸根离子的吸附包括扩散、与矿物表面吸附位点络合或表面沉淀等机制，其中砷在铁铝氧化物/氢氧化物上的吸附过程主要有专性吸附和共沉淀两种情况，砷酸根浓度低时吸附速率较快，低浓度的砷酸根很快进入亲和力较低的吸附位点上，此时主要以物理吸附为主，随着砷浓度的增加，砷酸根离子进入亲和力较高的高能吸附位点，反应以化学吸附为主，吸附速率减缓（金赞芳等，2001）。同一 pH 下，As（Ⅴ）初始浓度越高，吸附率也越高，低表面覆盖率下砷主要以单分子配合物形式吸附在氢氧化铁表面，而在高表面覆盖率下，则以双核双分子和单核双分子配合物形式存在（Jain et al.，1999）。刘辉利等（2009）研究指出，当初始砷浓度低于 0.01 mol/L 时，氢氧化铁表面还未达到饱和吸附量，随初始砷浓度的增加，吸附量也增加；当初始砷浓度高于 0.01 mol/L 时，存在吸附和共沉淀两种作用，以后者为主，氢氧化铁的表面覆盖度也逐渐趋近于 1，随着溶液中砷酸根离子浓度的增大，溶液中铁离子浓度与砷酸根离子浓度的乘积大于 $FeAsO_4{\cdot}2H_2O$ 的溶度积，即形成了 $FeAsO_4{\cdot}2H_2O$ 沉淀。Sun 和 Doner（1996）指出，砷酸根四面体优先与铁八面体的 A 型羟基进行配位体交换反应，形成双齿双核、双齿单核或单核配位体。Goldberg 和 Johnston（2001）研究认为，As（Ⅴ）在无定形铁、铝氧化物上发生专性吸附，形成内层表面配位体。同样的结果在水铁矿上也被发现，Waychunas 等（1993）研究表明，无定形铁氧化物上随着 As（Ⅴ）覆盖度的增加，单齿结合部分下降，转为双齿结合，而 Ladeira 等（2001）和 O'Reilly 等（2001）研究 As（Ⅴ）在针铁矿和水铝矿上的吸附，也发现形成了内层双齿双核配位体。

比较研究发现，几种矿物间的吸附量差异较大，各矿物间的吸附量大小顺序表现为：水铁矿＞针铁矿≈水铝矿＞赤铁矿>>高岭石＞蒙脱石。几种合成的铁、铝矿物对 As（Ⅴ）均表现出较强的吸附能力，这是因为铁铝氧化物对砷的亲和力较高，有较强的吸附作用（谢正苗等，1998；Goldbery，2002），且大多数铁铝氧化物都带有正电荷，适于从土壤溶液中吸附砷氧酸根，尤其是铁化合物。以往研究表明（Sadiq，1997），无论酸性土还是碱性土，铁的氧化物和氢氧化物对砷均有很强的吸附能力，而铝的氧化物或氢氧化物对砷的吸附仅在酸性土上，近中性或碱性土中受限。土壤胶体中氢氧化铁对砷的吸附能力比氢氧化铝高一倍以上（李学垣，2001）。高岭石和蒙脱石在各浓度下对砷的吸附量远远低于铁铝氧化物，可能是因为高岭石和蒙脱石两种硅酸盐黏土矿物的电荷零点（point of zero charge，PZC）一般低于 3，其结构永久电荷为负，因此自然环境 pH 下黏粒通常带净负电荷（Manning and Goldberg，1997a），难以吸附以负价态的含氧酸根形式存在的 As（Ⅴ），因此两者对砷的吸附作用不明显。有研究指出，高岭石、蒙脱石和伊利石的最大吸附量（pH5.0）分别为 0.86 mg/g、0.64 mg/g 和 0.52 mg/g As（Ⅴ），原因在于供试高岭石中含有一定量的铁铝氧化物，且表面积和孔隙度较大，而 SiO_2 含量较多的蒙脱石和伊利石对 As（Ⅴ）吸附较少。但也有研究指出，蒙脱石具有较高的热焓，因此其与 As（Ⅴ）的结合较高岭石要紧密，不易被解吸（Mohapatra et al.，2007）。

本研究中采用的铁铝氧化物包括水铁矿、针铁矿、赤铁矿和水铝矿，它们对 As（Ⅴ）的吸附量在不同浓度下存在一定差异，且在 As（Ⅴ）初始浓度较低（0.1～1.0 mg/L）时，4 种铁铝氧化物的吸附量大致相同，浓度为 1～20 mg/L 时表现出较小差异。当 As（Ⅴ）

初始浓度>20 mg/L 后，水铁矿的吸附量明显高于其他矿物，浓度为 100 mg/L As（Ⅴ）时的吸附量为 22.56 mg/g；针铁矿和水铝矿次之，两者在各浓度梯度下的吸附量均较为接近；赤铁矿的吸附量相对较小，浓度为 100 mg/L As（Ⅴ）时的吸附量为 4.75 mg/g。几种铁、铝矿物吸附规律的不同可能与它们的结构和结晶形态不同有关。水铁矿是一种无定形铁氧化物，属不稳定态，表面存在大量四面体结构单元，且结晶度差、比表面积大，因此对砷具有较强的吸附能力（Jambor and Dutrizac，1998）。赤铁矿和针铁矿是水铁矿进一步老化的产物，能与砷形成内层配合物，其中赤铁矿的结晶程度最高（朱立军和傅平秋，1997）。因此，三者吸附砷的能力大小表现为水铁矿>针铁矿>赤铁矿，这与以往研究结果一致。Grafe 等（2001；2002）研究指出，水铁矿对 As（Ⅲ）和 As（Ⅴ）的吸附量约是针铁矿的 2～3 倍，且最高吸附量对应的 pH 也较针铁矿低。本研究所合成的水铝矿为三水铝石 $Al(OH)_3$，它对 As（Ⅴ）的吸附量低于水铁矿、高于赤铁矿，表现出较强的吸附能力。Goldbery 等（2002）研究发现，无定形铝氧化物对砷的亲和力较无定形铁氧化物低。Arai 和 Sparks（2002）研究发现，在铝氧化物（γ-Al_2O_3）上 pH4.5 时 As（Ⅴ）几乎完全吸附，而 pH7.8 时 As（Ⅴ）的吸附率只有 46%。

将试验数据用 Langmuir 方程和 Freundlich 方程进行拟合发现，当初始浓度在较小范围内（0.1～1 mg/L）时，铁铝氧化物对 As 的吸附可能主要是专性吸附，且发生在双电层内层，从而导致上清液浓度与吸附量间无相关关系，吸附等温方程拟合效果差，尤其是针铁矿，相关系数仅有 0.7678，且较低范围内计算得出的饱和吸附容量远低于实际测定值，可见其不能很好地预测吸附曲线；而在浓度为 1～100 mg/L 时，铁铝氧化物表现出随初始浓度上升而吸附量增加的趋势，此时相关性明显优于低浓度时。由表 2.6 可见，高岭石和蒙脱石用两种方程拟合的效果均较好，而铁铝氧化物用 Freundlich 方程拟合的相关性较 Langmuir 方程好，拟合系数均在 0.9 以上。Langmuir 方程计算得出的 Q_m 和常数 k 分别代表饱和吸附容量和吸附亲和力，k 值越低表示亲和力越大，由此可见，铁铝氧化物对 As（Ⅴ）的吸附亲和力远远大于硅酸盐矿物，其中水铁矿的吸附能力远高于其他三种矿物，水铝矿和针铁矿相近，而赤铁矿略低。根据 Freundlich 方程计算得出吸附常数 b 和 n，其中，b 越大，表明吸附剂的吸附能力越强；n 值是吸附剂对被吸附物质吸附性能的体现，几种矿物的 n 值范围为 1～10，表明它们对 As（Ⅴ）的吸附都为优惠吸附。

表 2.6　几种类型矿物对砷吸附的等温方程拟合

矿物类型	Langmuir 方程				Freundlich 方程			
	最大吸附量 Q_m/（mg/g）	吸附常数 k/（L/g）	拟合系数（R^2）	标准误差（Se）	吸附常数（b）	吸附常数（n）	拟合系数（R^2）	标准误差（Se）
高岭石	1.64	321.05	0.9980	3.44	0.007	1.19	0.9643	0.27
蒙脱石	0.75	235.56	0.9817	16.04	0.005	1.34	0.9688	0.22
水铁矿	18.83	1.78	0.8439	0.07	6.34	2.93	0.9281	0.35
赤铁矿	4.25	0.68	0.8216	0.07	1.95	4.37	0.9601	0.16
针铁矿	4.77	5.32	0.7678	0.07	2.83	4.82	0.9339	0.22
水铝矿	4.88	2.70	0.8870	0.05	2.38	4.06	0.9167	0.24

三、几种矿物对砷的吸附动力学

与不同类型土壤对砷吸附的动力学差异类似，不同类型矿物对砷吸附的动力学也因矿物的化学特征等而有较大差别。根据我们的研究结果［图 2.7（a)］，在初始 pH 为 5、初始浓度 C_0 为 10 mg/L 时，蒙脱石和高岭石对 As（Ⅴ）的吸附随时间变化的趋势相似，0～4h 为快速吸附过程，随时间的延长，吸附砷量呈直线上升趋势，至 4h 时高岭石和蒙脱石的吸附量分别为平衡吸附量的 62%和 42%；吸附时间大于 4h 之后，吸附量的变化开始平缓，增加幅度变小，至 24h 时两者的吸附量分别为 0.15 mg/g 和 0.09 mg/g，而 48h 时的吸附量则分别为 0.15 mg/g 和 0.10 mg/g，吸附量间变化很小，可视为基本达到稳定平衡。整个吸附时间段内，高岭石的吸附速率始终大于蒙脱石。

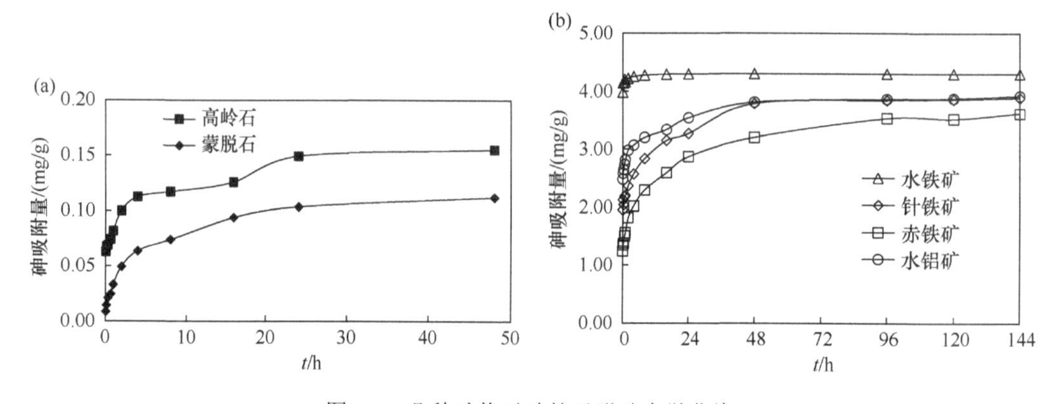

图 2.7 几种矿物对砷的吸附动力学曲线

如图 2.7（b）所示，与吸附热力学结果类似，水铁矿在各吸附时间上的吸附量均最高，平衡吸附量达到 4.31 mg/g，水铝矿和针铁矿次之，吸附时间在 5～24h 内水铝矿的吸附量略高于针铁矿，而在 24h 后两者的吸附量逐渐接近，至 48h 后基本无差别，平衡吸附量分别为 3.92 mg/g 和 3.89 mg/g；赤铁矿的吸附量始终处于较低水平，平衡吸附量为 3.62 mg/g。随吸附时间的增加，铁、铝矿物对 As（Ⅴ）的吸附分为快速吸附和慢速吸附两个过程，快速吸附发生的时间较短，且吸附能力越强，达到平衡所需的时间越短。本研究中水铁矿在 5min 内即达到平衡吸附量的 92.5%，而水铝矿和针铁矿则在 48h 时才基本达平衡，赤铁矿所需时间最长，这与水铁矿上含有较多的吸附位点有关。Pierce 和 Moore（1980）研究也发现，砷在无定形氢氧化铁上的吸附在 15min 内达到完全吸附量的 90%，最大吸附量出现在 pH7 左右。O' Reilly 等（2001）发现，As（Ⅴ）在人工合成针铁矿上的吸附初始十分迅速，24h 内即达到总吸附量的 93%以上。相较于初始的快速吸附，慢速吸附进行的时间要长得多，如 O' Reilly 等（2001）在试验进行一年后仍观察到针铁矿上有微量吸附，Fuller 等（1993）在水铁矿上的研究发现砷的慢速吸附最少可持续 192h，McGeehan 等（1992）也得到相似的结论。初始浓度较低时，砷吸附较快达到平衡，这是因为砷酸阴离子由于静电引力的作用很快到达表面吸附位点（数分钟或数小时内），发生表面络合作用并扩散到吸附剂微孔中；而在高浓度时，占据吸附位点后，扩散过程缓慢，导致吸附平衡时间较长（Fendorf et al.，1997），且高浓度 As（Ⅴ）

与低浓度 As（V）相比具有更强的缓冲性，降低了对溶液 pH 的影响。

为更好地描述矿物对 As（V）吸附的化学反应动力学，应用准一级动力学方程、Elovich 方程、双常数方程和抛物线扩散方程对吸附动力学曲线进行拟合（表 2.7），通过相关系数大小来判断拟合效果的优劣。结果表明：除水铁矿外，四个方程对其他几种矿物的动力学拟合均较好，相关系数范围为 0.8067～0.9879，表明几种方程都适于描述矿物的动力学吸附过程。其中，双常数方程的拟合效果明显优于其他方程，双常数方程是由 Freundlich 方程推导而来的，主要适合于反应较复杂的动力学过程，常用于磷、砷等含氧酸根和重金属离子的吸附-解吸动力学。水铁矿与几种方程的拟合相对较差，尤其是抛物线扩散方程，相关系数仅为 0.4338。抛物线扩散方程是建立在化学动力学模型基础上的，它说明吸附过程为受扩散控制的交换反应过程，可见此方程不适合描述水铁矿的吸附动力学曲线。拟合方程中的 a 和 k 值为常数，可用来说明矿物的吸附速率。由表 2.7 可看出，水铁矿的吸附速率要远高于其他矿物，水铝矿和针铁矿次之，赤铁矿较低，这与吸附曲线的结果一致。

表 2.7　几种矿物对砷吸附的动力学方程拟合

矿物类型	双常数方程	Elovich 方程	抛物线扩散方程	准一级动力学方程
高岭石	$\ln Q_t = 0.293\ln t - 4.945$ $R^2 = 0.9102$ Se=0.197	$Q_t = 0.008\ln t - 0.006$ $R^2 = 0.9744$ Se=0.003	$Q_t = 0.001\ t1/2 + 0.017$ $R^2 = 0.8067$ Se=0.008	$\ln（Q_e–Q_t）= –0.0028t - 3.232$ $R^2 = 0.8666$ Se=0.187
蒙脱石	$\ln Q_t = 0.517\ln t - 7.059$ $R^2 = 0.9327$ Se=0.297	$Q_t = 0.006\ln t - 0.013$ $R^2 = 0.9596$ Se=0.003	$Q_t = 0.001\ t1/2 + 0.003$ $R^2 = 0.9113$ Se=0.004	$\ln（Q_e–Q_t）= –0.0021t - 3.446$ $R^2 = 0.9084$ Se=0.111
水铁矿	$\ln Q_t = 0.008\ln t + 1.396$ $R^2 = 0.7880$ Se=0.011	$Q_t = 0.037\ln t + 4.016$ $R^2 = 0.7512$ Se=0.056	$Q_t = 0.002t^{1/2} + 4.156$ $R^2 = 0.4338$ Se=0.085	$\ln（Q_e–Q_t）= –0.0018t - 2.142$ $R^2 = 0.8578$ Se=0.680
赤铁矿	$\ln Q_t = 0.156\ln t - 0.118$ $R^2 = 0.9879$ Se=0.045	$Q_t = 0.347\ \ln t + 0.344$ $R^2 = 0.9596$ Se=0.186	$Q_t = 0.027\ t^{1/2} + 1.467$ $R^2 = 0.9262$ Se=0.252	$\ln（Q_e–Q_t）= –0.0005t + 0.655$ $R^2 = 0.9624$ Se=0.233
针铁矿	$\ln Q_t = 0.103\ln t + 0.433$ $R^2 = 0.9639$ Se=0.052	$Q_t = 0.291\ \ln t + 1.202$ $R^2 = 0.9439$ Se=0.187	$Q_t = 0.022\ t^{1/2} + 2.148$ $R^2 = 0.9063$ Se=0.241	$\ln（Q_e–Q_t）= –0.0006t + 0.449$ $R^2 = 0.9595$ Se=0.323
水铝矿	$\ln Q_t = 0.065\ln t + 0.783$ $R^2 = 0.9866$ Se=0.020	$Q_t = 0.206\ \ln t + 2.033$ $R^2 = 0.9776$ Se=0.082	$Q_t = 0.015\ t^{1/2} + 2.713$ $R^2 = 0.8886$ Se=0.182	$\ln（Q_e–Q_t）= –0.0005t + 0.044$ $R^2 = 0.9349$ Se=0.328

四、几种矿物对所吸附砷的解吸

不同类型矿物由于理化性质等的差异，其与砷的结合方式、结合度等也必然会有差别，这也反映在其对所吸附砷的解吸方面。根据我们的研究结果，比较前述几种矿物，其中两种天然矿物高岭石和蒙脱石在几种解吸剂作用下的解吸量大致相同[图 2.8（a）]，未表现出明显差异，两者的解吸量分别为 0.027～0.038 mg/g 和 0.042～0.049 mg/g；但其解吸率则出现了明显差别，其中高岭石的解吸率均在 38.9%～55.6%范围内，而蒙脱石所吸附的 As（V）几乎完全解吸。这种结果与两种矿物的性质有关：高岭石属于 1∶1

型黏土矿物，可变电荷数量少，其与 As（V）的结合主要通过晶格边缘断键置换、范德华力作用等，与砷的结合较紧密且部分形成了络合物等；而蒙脱石则为 2∶1 型黏土矿物，以可变电荷为主，其与砷的结合主要通过静电吸附等，因此解吸相对容易。

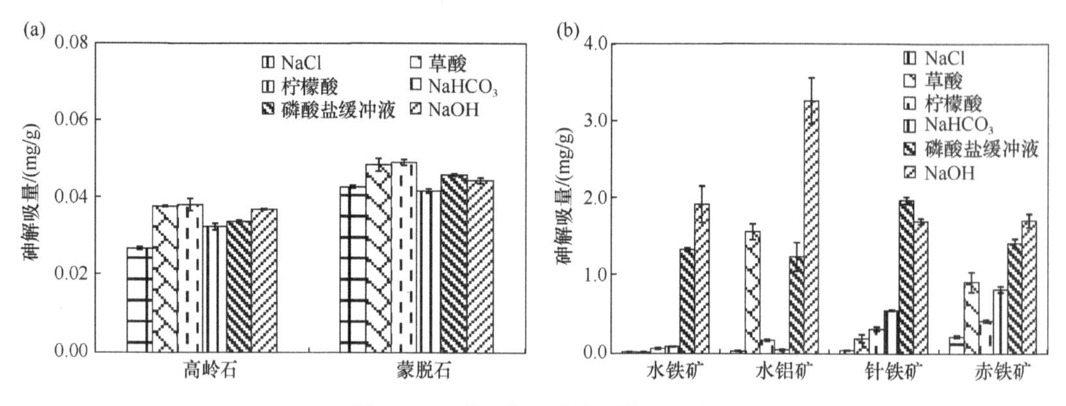

图 2.8　几种矿物吸附砷后的解吸量

不同提取剂对铁、铝矿物的解吸实际上与铁铝矿物和提取剂的相互作用有关。在酸性或碱性条件下，铁铝氧化物本身的结构会发生相应变化，因而会显著影响其对所吸附砷的解吸，也使其出现不同的规律［图 2.8（b）］。根据研究结果可知，几种提取剂中以 NaOH 的解吸效果明显较好，解吸量为 1.71～3.27 mg/g，尤其是在水铝矿上，解吸量达到 3.27 mg/g，约占吸附量的 75.7%，显著优于其他解吸剂；其次是磷酸缓冲液，也表现出较高的解吸能力，在针铁矿上的解吸量为 1.99 mg/g，解吸效果甚至优于 NaOH；$NaHCO_3$ 和草酸的解吸效果在不同矿物上有不同表现，$NaHCO_3$ 在针铁矿和赤铁矿上的解吸效果要强于在水铁矿和水铝矿上，而草酸则在水铝矿和赤铁矿上有较好表现；柠檬酸和 NaCl 在几种矿物上的解吸效果均较差，尤其是 NaCl，在水铁矿上的解吸效果最差，解吸量仅有 0.06 mg/g。几种矿物间，赤铁矿的解吸量在 0.22～1.72 mg/g 范围内，除草酸、NaOH 和磷酸缓冲液外，其解吸量均高于其他三种矿物，可见它与砷的结合相对较弱，易于被解吸下来，而 NaOH 和磷酸缓冲液作用下的解吸量差异较小，仅水铝矿表现出明显较高的解吸效果。

比较研究中的几种解吸剂，NaOH 是最为有效的解吸提取剂，磷酸盐缓冲液的解吸效果也较为突出，这与前人的相关研究类似。例如，Lin 和 Puls（2000）研究发现，使用 1 mmol/L 磷酸盐作为提取剂可以使高岭石上吸附的砷解吸 86%～97%。Frau 等（2008）发现，PO_4^{3-} 和 CO_3^- 存在时 As（V）释放量急剧增加，但 CO_3^{2-} 对砷解吸的影响相较于 PO_4^{3-} 小，而 Cl^-、SO_4^{2-} 和 NO_3^- 对砷的吸附/解吸作用均较小（Livesey and Huang，1981；Wilkie and Hering，1996）。Mckeague 和 Day（1966）指出，草酸盐解离的主要是土壤中的无定形铁、铝（氢）氧化物，而与晶型铁、铝氧化物结合的砷是不能被草酸盐提取出来的。

第三节　土壤和矿物吸附砷的影响因素

土壤矿物与砷的界面反应主要包括氧化-还原、沉淀-溶解和吸附-解吸等，其中吸附-解吸是影响砷化合物迁移、转化的重要反应。影响砷吸附-解吸的因素很多，包括环境pH、氧化还原电位、含砷相的种类、共存离子种类和浓度等，而在土壤中，这一过程又受土壤理化性质、黏粒含量、粒径分布等诸多因素影响。

一、pH 的影响

pH 对土壤吸附砷具有重要影响。一般而言，酸性条件时溶液中的 OH^-离子很少，几乎不与砷酸盐阴离子竞争吸附位点，有利于土壤对砷的吸附。

根据研究结果，在 pH 3～12 范围内，初始 As（Ⅴ）浓度为 10 mg/L 时，几种土壤对 As（Ⅴ）的吸附表现出不同的规律［图 2.9（a）］。第四纪红土红壤对 As（Ⅴ）的吸附量在 pH 3～10 范围内差异较小，吸附量为 0.187～0.191 mg/g，只有在 pH 大于 10 之后，才表现出明显下降趋势，pH 12 时的吸附量较 pH 3 时降低了 74.8%；黑土和黄壤的吸附量变化趋势相似，两者的吸附量在 pH 3 时较高，pH 4～10 时略有下降，分别为 0.159～0.174 mg/g 和 0.122～0.130 mg/g，当 pH＞10 后，吸附量急剧下降，下降幅度分别为 45.7%和 47.4%；花岗岩红壤的吸附量随 pH 变化呈先略微上升、再显著下降的趋势，pH 4～10 时吸附量增加 12.3%，pH＞10 后显著下降，下降幅度达到 87.8%；湖南紫色土、重庆紫色土和潮土的吸附量在 pH 3～12 范围内随 pH 上升而逐渐下降，pH 12 时较 pH 3 时下降 59.1%～65.4%。几种土壤中，第四纪红土红壤的吸附量在整个 pH 范围内始终高于其他土壤，其次是黑土，黄壤和花岗岩红壤的吸附量中等，而湖南紫色土、重庆紫色土和潮土的吸附量相对较低。pH 12 时，重庆紫色土的吸附量较高，而花岗岩红壤的吸附量处于较低水平。

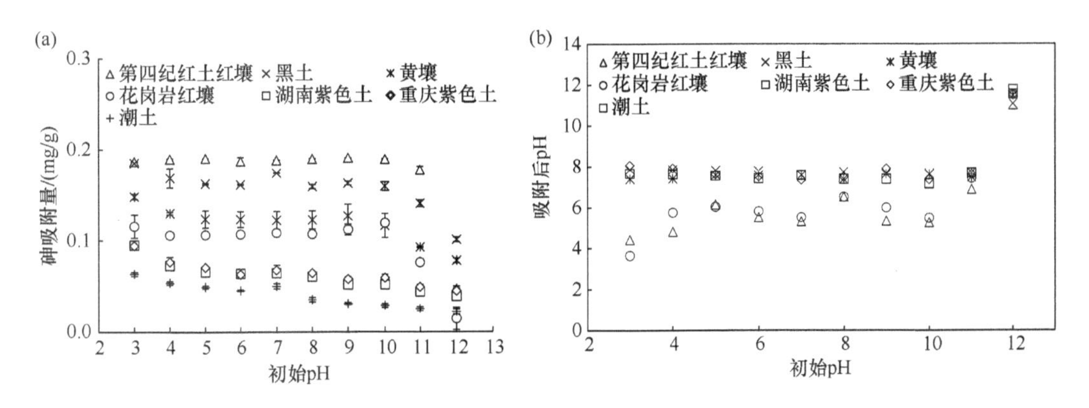

图 2.9　不同初始 pH 下土壤对砷的吸附曲线（a）及吸附砷后土壤 pH 的变化（b）

有研究指出，碱性土中带正电的土壤胶体较少，负离子或 OH^-离子较多，它们与砷酸根阴离子竞争同一吸附位点，因此 pH 较高的土壤对砷酸根阴离子的吸附性较小

(Jackson and Miller，2000；Lombi et al.，2000)。陈静等（2003）在红土上的研究也指出，砷吸附量随体系 pH 的增大而减小，这与本研究的结果一致，pH 较低时第四纪红土红壤、黑土、花岗岩红壤和黄壤均表现出较强的吸附能力，而当土壤溶液呈强碱性时，砷吸附量显著降低，尤其是本底 pH 和有机质含量较低的花岗岩红壤，其土壤缓冲能力较弱，因此受外源 pH 影响较大，吸附量在 pH 12 时的下降幅度最大。不同矿物和土壤受 pH 影响的结果不同，还与其电荷零点（PZC）不同有关，当 pH＜PZC 时该物质带正电荷，易于吸附负价的砷酸根离子，而 pH＞PZC 时则带负电荷。还有文献报道，当 pH 高于一定值后，重金属离子的吸附量会急剧上升，这可能是重金属离子在固体表面发生沉淀所致（Jain and Ram，1997）。

不同初始 pH 下土壤吸附 As(Ⅴ)后上清液的 pH 也会出现一定的变化[图 2.9(b)]，除花岗岩红壤和第四纪红土红壤外，其他几种土壤在初始 pH 3～11 时吸附后的 pH 均为 7～8，即无论加入酸性溶液还是碱性溶液，其最终 pH 均平衡至一个水平，没有明显变化，只有在初始 pH 12 时，其最终 pH 才维持在 11～12 附近；花岗岩红壤和第四纪红土红壤的 pH 在偏酸性条件（pH 3～5）下略有上升，而在 pH 6～10 时吸附后 pH 均降至 6 左右，仅在极碱性条件下显著增加到 12 左右。由此可见，土壤加入不同 pH 的 As（Ⅴ）溶液，经过 24 h 的反应时间后，上清液的 pH 均与各土壤的原始 pH 接近，如花岗岩和第四纪红土红壤两种酸性土壤的 pH 为 4～5，其吸附后 pH 也在 4～6 之间变化，可见土壤是一个包含黏土矿物、有机质和微生物等的综合体，具有较强的缓冲性。

二、共存离子的影响

影响土壤对砷吸附的离子有很多，如 PO_4^{3-}、SO_4^{2-}、CO_3^{2-}、Cl^-和 NO_3^- 等，其中以磷酸盐的研究最多。由于磷与砷同属第Ⅴ族元素，两者在土壤中的化学行为十分相似，因而在土壤中形成的化合物也类似，但与磷不同的是，砷可以通过生物转化从土壤中挥发。磷酸盐的存在对土壤吸附砷具有负作用，它能置换出被土壤吸附的砷（Smith et al.，1998；Liu et al.，2001）。有研究表明，磷可与砷竞争土壤表面的吸附位点，添加大量 PO_4^{3-} 能置换出土壤中的 AsO_4^{3-}（Woolson et al.，1973；Peryea，1998），因为 H_3PO_4 的 pK_1、pK_2 和 pK_3 分别为 2.13、7.21 和 12.44，接近于 H_3AsO_4 的酸解离常数（Whitten et al.，1992），但这种竞争效应一般发生在吸附位点饱和的情况下，Hingston 等（1971）在针铁矿和三水铝石上位点饱和时观测到 As（Ⅴ）和磷的竞争吸附。土壤对砷的吸附能力还受吸附质中砷与磷浓度比的影响，土壤中的一些吸附位点对磷具有较强的亲和性，当吸附质中存在足够的磷时，这些点位首先被磷占据。Roy 等（1986）以三种土样为吸附剂时发现 PO_4^{3-} 对 AsO_4^{3-} 吸附的竞争效应大于 AsO_4^{3-} 对 PO_4^{3-} 的竞争效应，而 Liu 等（2001）在针铁矿上则得出相反的结论。土壤中不同吸附位点对砷和磷的亲和性具有一定差异（雷梅等，2003），有研究指出，土壤对磷的亲和力远大于对砷的亲和力，当二者浓度相当时，土壤主要吸附磷酸根离子，砷酸根离子被置换下来（魏显有等，1999）。而范稚莲等（2006）研究发现，褐土对砷的吸附能力高于对磷的吸附能力，当土壤中砷的添加量不超过

800 mg/kg 时，砷可以提高土壤中磷的生物有效性。Lumsdon 等（1984）研究也发现，与磷酸根相比，砷酸根吸附能力更强，因为它的砷酸根离子较大，且与表面某些–OH 功能团的结合更紧密。

除了 PO_4^{3-} 外，SO_4^{2-} 也可形成内层或外层配合物被吸附，从而与砷酸根产生竞争。例如，Manning 和 Goldberg（1996a；1996b）等研究认为，含氧阴离子如 PO_4^{3-}、SO_4^{2-} 和 MoO_4^{2-} 的存在会降低矿物表面的砷吸附；Zhang 和 Sparks（1990）猜测，SO_4^{2-} 在针铁矿上的吸附是通过静电引力形成外层配合物；Kinjo 和 Pratt（1971）则认为，SO_4^{2-} 浓度≤0.05 mol/L 时是外层络合方式吸附，而在高浓度下则为内层络合。梁慧锋等（2006）在新生态 MnO_2 上也发现，PO_4^{3-}、SO_4^{2-} 和 NO_3^- 的加入都能不同程度地降低砷的去除率，其中 PO_4^{3-} 的竞争作用最大。Geelhoed 等（1997）的报道也指出，SO_4^{2-} 的竞争效应不如 PO_4^{3-}。Myneni 等（1997）在碱性条件下对固体钙矾石（ettringite）的研究则发现，高离子强度溶液中存在 SO_4^{2-} 时无砷酸根解吸；Peryea（1991）研究也发现，$(NH_4)_2SO_4$ 不增加污染土壤上 As（Ⅴ）的释放。Xu 等（1988）的试验结果表明，pH＜7 时，SO_4^{2-} 能与 $H_2AsO_4^-$ 和 $HAsO_4^{2-}$ 竞争并占据吸附位点，但随着 SO_4^{2-} 浓度的增加，砷吸附量的变化并不明显，因此作者认为砷酸根与 SO_4^{2-} 的吸附机制并不相同。有关 SO_4^{2-} 的报道仍然较少，其与砷酸根竞争的作用仍不明确，已有试验结果在很大程度上取决于试验条件。

此外，CO_3^{2-}、Cl^- 和 MoO_4^- 等对砷吸附的竞争效应也有较多的报道。Appelo 等（2002）的研究认为，溶解的碳酸盐能够替代吸附在无定形铁氧化物上的砷，导致砷吸附量下降，且对 As（Ⅲ）的影响要大于 As（Ⅴ）。Kim 等（2000）的研究也认为，砷在水-固相间的转移与溶液中重碳酸盐浓度有关。Frau 等（2008）发现，CO_3^- 存在时会显著促进 As（Ⅴ）的解吸量。Manning 和 Goldberg（1996b）在针铁矿、水铝石和黏土矿物上进行的实验发现，MoO_4^- 仅在 pH＜5 时才表现出对砷吸附的竞争效应。

我们选用第四纪红土红壤、黑土和重庆紫色土三种背景磷含量差异较大的土壤，研究磷酸盐添加对其吸附砷的影响（图 2.10）。结果表明，三种土壤中均是先添加砷、后添加磷处理下的砷吸附量最高，第四纪红土红壤、黑土和重庆紫色土的吸附量分别为 0.175～0.144 mg/g、0.167～0.138 mg/g 和 0.169～0.160 mg/g；砷与磷同时添加处理的砷吸附量与先加磷、后加砷处理相比略高，尤其是在 P/As 摩尔比较高的情况下。三种土壤中，本身有效砷含量较低的重庆紫色土受磷酸盐添加顺序影响较大，砷与磷同时添加处理和先加磷、后加砷处理的砷吸附量分别为 0.035～0.007 mg/g 和 0.035～0.027 mg/g，明显低于先加砷、后加磷处理下的吸附量，而第四纪红土红壤和黑土在三种情况下吸附量的差距相对较小。随 P/As 摩尔比的升高，黑土、第四纪红土红壤和重庆紫色土的砷吸附量均表现出缓慢下降趋势，尤其是在磷和砷同时添加的情况下，P/As 摩尔比为 10 时的吸附量较摩尔比为 0.1 时分别下降 47.2%、49.4%和 80.7%，而先添加磷或先添加砷情况下的吸附量下降幅度较小，为 0.38%～25.9%，其中重庆紫色土上先添加磷时各 P/As 摩尔比下砷吸附量间无明显差异。

本研究中，先添加磷酸盐时土壤对砷的吸附明显低于先添加砷时，可见土壤会优先吸附先添加的元素，被占据的吸附位点只有一部分能被后添加的元素置换出来。磷与砷

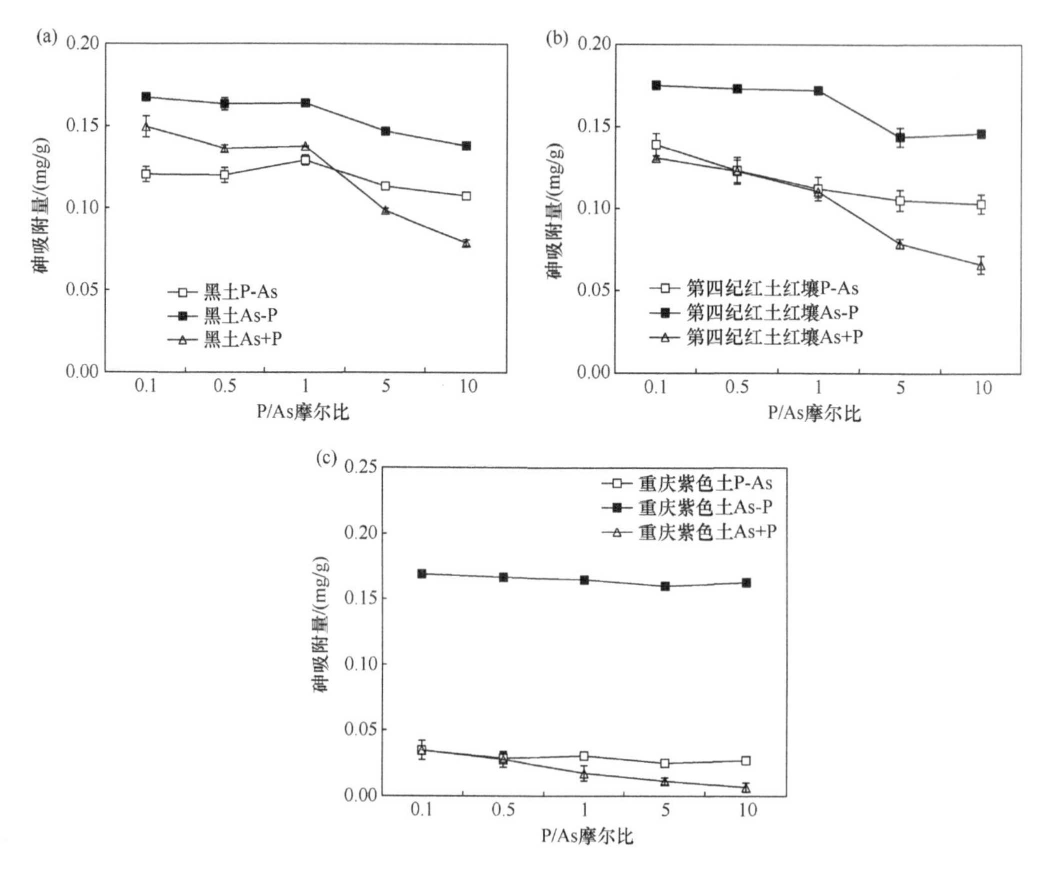

图 2.10 磷酸盐对三种土壤吸附砷的影响

同时添加时的砷吸附量与先添加磷时相近，均远低于先添加砷时，可见土壤上吸附位点对砷和磷的亲和性存在一定差异。Woolson 等（1973）研究发现，添加大量 PO_4^{3-} 进入 AsO_4^{3-} 污染土壤能置换出土壤中约 80%的砷。土壤中的一些吸附位点对磷具有较强的亲和性，当土壤溶液中存在足够的磷时，这些点位首先被磷占据（雷梅等，2003）。类似的研究指出，土壤对磷的亲和力远大于对砷的亲和力，当二者浓度相当时，土壤主要吸附磷酸根，砷酸根被置换下来（魏显有等，1999）。Roy 等（1986）以三种土样为吸附剂时发现 PO_4^{3-} 对 AsO_4^{3-} 吸附的竞争效应大于 AsO_4^{3-} 对 PO_4^{3-} 的竞争效应。但也有一些报道提出不同观点，例如，范稚莲等（2006）研究发现，褐土对砷的吸附能力高于对磷的吸附能力，当土壤中砷的添加量不超过 800mg/kg 时，砷可以提高土壤中磷的生物有效性。Lumsdon 等（1984）研究发现，与磷酸根相比，砷酸根吸附能力更强，因为砷酸根离子较大，且与表面某些–OH 功能团的结合更紧密。Liu 等（2001）也发现，与磷酸根相比，针铁矿对砷酸根的吸附能力更强。磷对砷吸附的抑制作用还受土壤类型影响，如在富含可变电荷（如铁、铝氧化物和水铝英石）矿物的土壤，砷不易发生解吸，只有在加入大量磷的情况下才会解吸（Yolcubal and Akyol，2008）。对磷影响下根际无机砷分布的研究表明，磷的加入可减轻砷污染红紫泥中砷对水稻的毒害，但会加剧砷污染红棕紫泥中砷对水稻的毒害（张广莉等，2002）。

三、有机质的影响

土壤有机质包括腐殖质、有机残体、微生物体及动植物分泌物等，是土壤中可变电荷的重要来源。腐殖质由非腐殖物质和腐殖物质组成，占有机质的90%以上，其中腐殖物质又可分为胡敏酸（HA）、富里酸（FA）和胡敏素（Hu）三种组分。土壤有机质具有大量不同的功能团、较高的阳离子交换量（CEC）和较大的土壤表面积，它们能通过表面络合、离子交换和表面沉淀三种方式增加土壤对重金属的吸附能力（Kalbitz and Wennrich，1998）。Saada 等（2003）对胡敏酸与高岭石复合物的研究表明，胡敏酸的加入促进了砷的吸附。但更多的研究认为，土壤中的有机质能够与矿物质结合，并参与到氧化铁和高岭土的微团聚体形成过程中，从而减少吸附位点，使得砷吸附量减少（Jiang et al.，2005）。

草酸、胡敏酸和柠檬酸等低分子质量有机阴离子是植物根系分泌物，在根际土壤中大量存在，占土壤有机碳的相当一部分，具有与砷氧酸根相似的电荷类型，因此两者间存在相互抑制作用。有机酸常通过覆盖表面吸附位点，减少了砷在赤铁矿上的吸附，增加了砷在环境中的迁移行为，但不同类型有机酸对砷的吸附影响有一定差异（Buschmann et al.，2006）。Grafe 等（2001；2002）研究发现，胡敏酸和富里酸能够抑制赤铁矿对 As（Ⅴ）的吸附，柠檬酸则无影响；富里酸、胡敏酸和柠檬酸均对 As（Ⅲ）有抑制作用；在水铁矿上，柠檬酸的能够抑制 As（Ⅴ）的吸附，胡敏酸和富里酸没有影响，而富里酸和柠檬酸抑制 As（Ⅲ）的吸附，胡敏酸无影响。富里酸可通过库仑力吸附在氧化铝上，通过功能团的去质子化形成负电荷表面，从而减少砷吸附量，与此同时，富里酸也能与砷直接反应生成结合较弱的配合物（Xu et al.，1988）。Luo 等（2006）在中国红壤上进行的研究发现，草酸盐或胡敏酸存在时红壤对 As（Ⅴ）的吸附减少，它们主要通过竞争吸附位点影响 As（Ⅴ）吸附，草酸盐还可通过溶解黏土矿物减少吸附。有机物料的施用对土壤中砷的生物挥发也存在促进作用（宋红波等，2005）。例如，施用猪粪会降低土壤 pH，砷在土壤中短期积累较明显，土壤有效砷也呈递增趋势（黄治平等，2007）。

土壤有机质所包含的腐殖物质、有机残体和植物分泌物等对砷吸附的影响不同。有机质对砷吸附的影响主要表现在土壤表面负电荷数量，以及与砷化合物间的化学和物理反应。不同类型土壤，由于有机质含量、表面负电荷数量等的差异，对砷的吸附表现出不同的趋势。由图 2.11 可见，初始浓度为 1 mg/L As（Ⅴ）时，第四纪红土红壤、重庆紫色土、潮土和黑土去除有机质前后的吸附量无明显变化，黄壤的吸附量则略有增加，增加幅度为 6.2%，花岗岩红壤和重庆紫色土则表现出下降趋势，减少幅度分别为 41.1% 和 28.6%；初始 As（Ⅴ）浓度为 10 mg/L 时，第四纪红土红壤、潮土和黑土去除有机质后吸附量略有下降，降低幅度分别为 3.4%、14.0%和 3.5%，花岗岩红壤去除有机质对其吸附量影响较大，吸附量下降 44.6%，而湖南紫色土、重庆紫色土和黄壤的吸附量则在去除有机质后表现出上升趋势，增加幅度分别为 29.5%、8.7%和 15.9%；当初始浓度达到 100 mg/L 时，第四纪红土红壤、湖南紫色土、黄壤和潮土均在去除有机质后吸附量增加，而花岗岩红壤、重庆紫色土和黑土则表现出相反趋势，尤其是花岗岩红壤，下降幅度达 49.1%。综合来看，去除有机质对重庆紫色土、潮土和黑土的影响较小，在低、中、

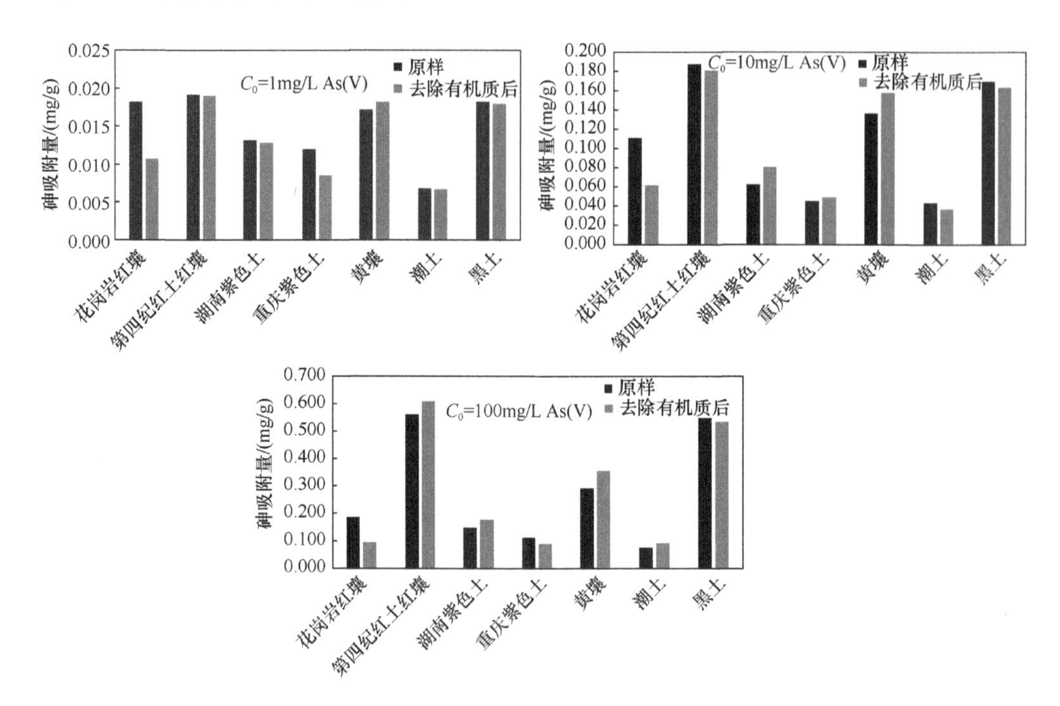

图 2.11　有机质对土壤吸附砷的影响

高三种浓度下吸附量的变化均不显著；有机质对第四纪红土红壤、湖南紫色土和黄壤的影响在初始浓度较高时较为明显，去除有机质后吸附量增加；而花岗岩红壤三种浓度下的吸附量则在去除有机质后下降，原因可能在于花岗岩红壤中有机质含量较低，有机质去除率也相对较低，且去除有机质过程中可能有黏粒损失，造成对 As（Ⅴ）的吸附量减少。结合有机质的去除率来看，黑土的有机质去除 70.4%后仍含量较高，第四纪红土红壤、湖南紫色土和潮土的有机质去除率其次，分别为 48.4%、48.9%和 36.6%。由此可见，有机质对土壤吸附 As（Ⅴ）的影响与土壤类型有很大关系，对于第四纪红土红壤、湖南紫色土和黄壤来说，有机质含量较高会减少对 As（Ⅴ）的吸附，而在有机质含量较低的砂质土壤花岗岩红壤中，有机质对 As（Ⅴ）吸附具有一定的促进作用，可能会提供吸附位点等，黑土和潮土这两种土壤本身有机质含量较高，去除后仍有相当量的有机物质存在，因此有机质去除对它们吸附 As（Ⅴ）的影响并不明显，另一方面也说明，在一定范围内有机质含量高低与砷吸附间并不存在明显的相关关系，只有在含量差异大到一定程度才会影响土壤对砷的吸附，这与土壤对砷的吸附量和土壤有机质含量间关系的分析结果一致。

以往有研究指出，有机质与砷酸根间具有相似的电荷类型，因此两者间存在相互抑制作用，土壤中可溶性有机碳（DOC）还能通过覆盖表面吸附位点减少砷的吸附，例如，宋红波等（2005）研究发现，施加生物有机肥对砷的生物挥发有促进作用。选用低分子质量有机酸进行污染土壤释放的研究发现，草酸盐可显著提高土壤中砷的释放量，且草酸盐解离的主要是土壤中的无定形铁、铝（氢）氧化物，而与晶型铁、铝氧化物结合的砷不能被提取出来（McKeague and Day，1966）。不同的有机酸对砷的吸附影响也有一定差异，有研究发现，在赤铁矿上，胡敏酸和富里酸抑制赤铁矿对 As（Ⅴ）的吸附，柠檬酸无影响（Grafe et al.，2001）；而在水铁矿上，柠檬酸的存在抑制 As（Ⅴ）的吸附，胡敏酸和富里酸没有影响（Grafe et al.，2002）。但也有研究认为有机质中存在大量的活性功能团，具有较大的比表面积，可以提供吸附位点，从而促进砷的吸附，例如，Saada 等（2003）对胡敏酸与高岭石复合物的研究表明，胡敏酸的加入促进了砷的吸附；以往关于有机质对砷吸附的研究多集中在外源添加有机酸或可溶性有机碳上，而对土壤本身有机质含量与砷吸附的关系研究较少；Jiang 等（2005）认为，在低能表面吸附位点上，土壤有机质含量与砷吸附间存在负相关；而 Polemio 等（1982）、Livesey 和 Huang（1981）研究则指出，土壤有机质含量与砷吸附间无相关关系。从本研究结果来看，有机质对土壤吸附砷有一定的正效应，去除有机质会减少砷的吸附位点，但两者间的关系仍需进一步研究。

四、反应时间的影响

土壤对砷酸根离子的吸附分为两个过程：一是在固-液表面进行的电子交换反应，是砷酸根离子从溶液相到土壤固相表面的过程；二是砷酸根离子再由表面进入土壤固相内部的过程。前面的过程反应较迅速，一般不超过 15 min，后面的固相扩散过程较缓慢，可能持续几十个小时或数天，甚至更长时间（Altundogan et al.，2000）。慢速吸附机制包括砷酸根扩散至不同吸附位点或发生表面沉淀反应等。砷酸根浓度低时吸附速率较快，低浓度的砷酸根很快进入亲和力较低的吸附位点上，此时主要以物理吸附为主；随着砷浓度的增加，砷酸根离子进入亲和力较高的高能吸附位点，反应以化学吸附为主，吸附速率减缓（金赞芳等，2001）。廖立兵和 Fraser（2005）研究发现，羟基铁溶液-蒙脱石体系对砷的吸附量随吸附时间变化不明显，原因可能是大部分砷都在数分钟或数小时内快速吸附于易达到的吸附位点，而缓慢扩散至颗粒间或发生表面络合的砷很少。

Pierce 和 Moore（1980）研究发现，砷在无定形氢氧化铁上的吸附在 15min 内达到完全吸附量的 90%，最大吸附量出现在 pH 7 左右。快速吸附后的慢速吸附持续时间较长。例如，Fuller 等（1993）发现水铁矿上砷的慢速吸附最少可持续 192 h；O'Reilly 等（2001）在试验进行一年后仍观察到针铁矿上有微量吸附；McGeehan 等（1992）也得到相似的结论。砷的吸附动力学主要受 pH、吸附表面和吸附剂浓度的影响，一般 pH 较低时吸附速率较快，随着 pH 上升，吸附速率则逐渐下降，尤其是在 pH＞7 时。随着砷在土壤中接触时间的延长，砷与土壤颗粒的结合更为牢固（Onken and Adriano，1997），因此研究污染土壤时，较为长期的研究更有参考价值，因为金属或非金属可能与土壤反应数月或数年（Sparks，1995）。

五、温度的影响

由于黏土矿物对砷的吸附-解吸是一个热力学过程，而温度能影响土壤溶液中的化学反应平衡，因此对吸附-解吸有较大影响，一般温度升高会加速反应的进行。Byrne 等（2000）在含水氧化铁表面上发现吸附率随温度升高而升高的现象，蒙脱土和高岭土上也发现吸附量随温度升高而升高，说明吸附是吸热过程（张树芹，2007）；Rodda 等（1996）也有相似报道。有研究指出，温度在 10～25℃时对吸附-解吸的影响较小，40℃时吸附量下降（Álvarez-Benedí et al.，2005），这可能是由于体系温度较高时发生解吸作用导致的（周玳，1986）。在 25～70℃范围内，高岭石、蒙脱石和伊利石对 As（V）的吸附量随着温度的上升而下降，这可能是由于在高温下，被吸附物与吸附剂间形成的化合物不稳定，As（V）易于从固相中逃逸到溶液中，同时高温还会破坏 As（V）的吸附位点（Mohapatra et al.，2007）。廖立兵和 Fraser（2005）的研究发现，温度对羟基铁-蒙脱石体系砷吸附行为的影响很小。与无机砷相比，有机砷的活性受温度影响较大。

六、离子强度的影响

一般而言，吸附行为不受离子强度的影响可看成是内层吸附或专性吸附的重要判据（Hingston et al.，1968），受离子强度的影响被认为是非专性吸附（即形成外层络合物）（廖立兵和 Fraser，2005），而内层配合物的形成受离子强度影响较小或随离子强度的增加表现出吸附上升的趋势（McBride，1997）。Hsia 等（1994）、Manning 和 Goldberg 等（1997b）的研究表明，As（V）在无定形铁、铝氧化物上的吸附受离子强度影响极小，表明形成了内层配合物。Goldberg 和 Johnston（2001）进一步研究指出，离子强度在 0.02～0.1 mol/L 时与砷吸附间的关系不明显，而在 0.1～1.0 mol/L 时才表现出显著影响，且 As（Ⅲ）的吸附受离子强度影响较大，表现出随离子强度增加而下降的趋势，并由此推论出铁铝氧化物与 As（Ⅲ）的结合比 As（V）弱。

吸附是否受离子强度影响是判断吸附为专性吸附还是非专性吸附的重要依据。离子强度对砷吸附的影响较小表明形成内层配合物，即吸附以专性吸附为主。专性吸附是通过矿物表面的官能团与砷结合形成单核或双核络合离子基团；而非专性吸附（物理吸附）是靠矿物表面的范德华力，表面积大小及物质表面粗糙程度等对其有很大影响。

图 2.12 为低、中、高三种离子强度下各土壤对 As（V）吸附量的变化，由图可见，不同离子强度下土壤对 As（V）的吸附量的影响不明显，第四纪红土红壤、黑土、湖南紫色土和潮土表现出吸附量随离子强度增大而增加的趋势，但增加幅度较小，为 3.4%～17.1%，而黄壤和花岗岩红壤则没有明显上升或下降趋势，吸附量变化幅度分别为 4.4%和 2.5%。由此可见，土壤对砷的吸附以专性吸附为主。

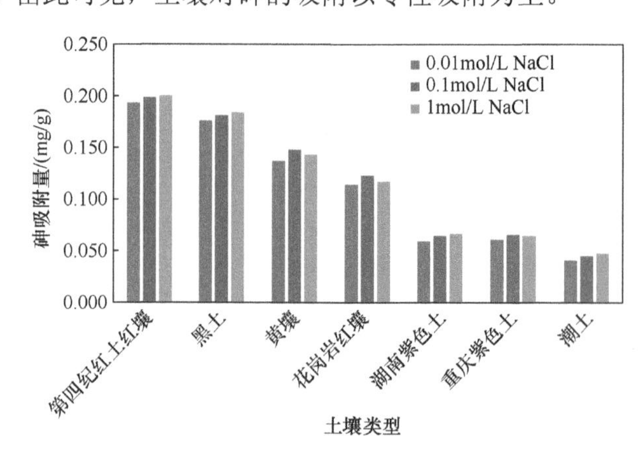

图 2.12　离子强度对土壤吸附砷的影响

第四节　纳米水铁矿对砷的吸附、固定及稳定化机制

砷是变价类金属元素，在自然界中以+5、+3、0 和–3 这四种价态存在，但在土壤和水体中主要以 As（Ⅲ）和 As（Ⅴ）的含氧酸盐形式存在。砷在土壤中的存在形态与土壤的氧化还原电位（Eh）和 pH 密切相关（Guan et al.，2012；Shi et al.，2011），一般在氧气充足、排水状况良好的氧化条件下，土壤和水中+5 价砷更丰富。和秋红和曾希柏（2008）指出，在湖南矿区周边土壤总砷含量超过 300 mg/kg，分析不同形态砷含量发现有效砷主要是+5 价的无机砷，几乎没有有机态砷和+3 价砷。因此，这里主要针对 As（Ⅴ）在纳米水铁矿的吸附行为进行研究。砷酸的 pK_a 值分别为 pK_{a1}=2.20，pK_{a2}=6.97，pK_{a3}=13.4（Hsu and Chang，2000；Jiemvarangkul et al.，2011；Shi et al.，2011）。pH 4～8 条件下 As（Ⅴ）存在形式主要为 $H_2AsO_4^{3-}$ 和 $HAsO_4^{2-}$ 。

纳米材料因其颗粒尺寸小、比表面积大、具有良好的吸附性能和很高的反应活性，多用于地表水和地下水中一些有机污染物、重金属的去除。稳定剂的加入主要是通过改变颗粒的表面电荷分布，产生静电稳定效应，结合空间位阻作用阻止颗粒的团聚，增加纳米材料的分散性（He et al.，2007）。另外，稳定剂也保护了纳米颗粒的化学稳定性，如减少纳米零价铁的氧化、降低纳米水铁矿的重结晶作用等。稳定剂的加入可以提高纳米材料的反应活性和处理效率，对水中无机物、有机物、重金属类污染物都有很好的去除效果（An and Zhao，2012；He et al.，2009；Jin et al.，2012）。

国内外关于砷在铁氧化物表面的吸附机制进行了大量研究（Goldberg and Johnston，2001；Jain et al.，1999；Raven et al.，1998）。砷在铁氧化物/水界面的固定主要通过静电作用、沉淀和表面络合反应，形成单齿单核和双齿双核的螯合物，显著降低砷的活性和移动性。但是弱晶型的水铁矿易转化为更稳定的赤铁矿和针铁矿，致使表面反应活性降低，砷的固定效率下降，且颗粒扩散也是水铁矿与砷作用的限制因素。所以在我们的研究中以羧甲基纤维素钠（CMC）和淀粉作为稳定剂，在常温常压条件下，实验室内合成纳米水铁矿，研究该纳米材料对水中 As（Ⅴ）的吸附效果，比较不同稳定剂、反应时间、pH 等对 As（Ⅴ）吸附的影响，阐述 As（Ⅴ）在纳米水铁矿表面的吸附动力学、热力学和吸附机制，并对其长期稳定性和应用进行探讨，为在土壤中应用纳米水铁矿吸附固定砷提供理论依据。

一、纳米水铁矿对 As（Ⅴ）的吸附固定

（一）不同稳定剂对纳米水铁矿稳定性的影响

水铁矿不稳定，会随暴露时间的延长而发生相应变化，转化为二级矿物针铁矿后会影响其吸附性能（Raven et al.，1998）。而且，水铁矿颗粒小，容易团聚而减少与砷的接触面积，造成水铁矿的浪费（Jang et al.，2009）。因此，在合成水铁矿的过程中，应加入稳定剂羧甲基纤维素或淀粉，提高材料的稳定性和分散性，从而扩大其应用范围。从

合成的纳米水铁矿的表征结果看，加入稳定剂后，合成的纳米水铁矿颗粒粒径减小，比表面积增大，Zeta 电势也发生了变化。

实验所用的羧甲基纤维素和淀粉都是无污染、绿色环保的有机聚合物，均不会对环境造成二次污染。淀粉是葡萄糖的高聚体，是植物体中的养分，通常储存于植物种子和块茎中；羧甲基纤维素易溶于水，是葡萄糖聚合度为 100～2000 的纤维素衍生物，可用于食品加工业中的增稠剂、医药工业中的药物载体等。一般来说，加入有机稳定剂制备金属氧化物纳米材料需经过几个步骤。首先，金属盐溶液溶解于有机聚合物中形成溶液；随着反应的进行，在有机聚合物的反应体系中产生中间体，此中间体可以有效地控制金属离子在溶液中的团聚和过饱和度，从而影响晶体的长大。稳定剂的量也是影响晶体成核的因素，当加入稳定剂量较少时，稳定剂主要通过絮凝或者键桥的方式将 Fe 原子连接在一起，促进了颗粒之间的团聚或者非稳定化、小范围内的聚集（Gong et al.，2014），当羧甲基纤维素或者淀粉超过一定浓度时，才会作为稳定剂而有利于晶体成核过程中的分散。羧甲基纤维素是一种改性多聚糖，其解离常数（pK_a）为 4.3（Auffan et al.，2008），在纳米水铁矿形成的过程中，羧甲基纤维素通过空间位阻作用或静电稳定效应阻止晶核的团聚，从而增强了纳米粒子的分散性和稳定性，增加了纳米粒子顺利传输到土壤和地下水目标区域的概率（Auffan et al.，2008；Gong et al.，2014；Gupta et al.，2012）。在制备过程中，羧甲基纤维素对粒子成核、生长有促进作用，从而可以有效地控制纳米粒子的粒径级别，使合成的颗粒物具备纳米材料独有的特性。羧甲基纤维素已被用于合成常见的纳米材料中的稳定分散剂，如纳米零价铁（He and Zhao，2007）、磷酸铁（Liu and Zhao，2007）、硫化亚铁（Gong et al.，2014）、磁铁矿纳米颗粒（Liang et al.，2012）和铁锰氧化物等（An et al.，2011）。羧甲基纤维素作为稳定剂主要是由于其表面含有一些含氧官能团，如羧基或者羟基，从而与铁结合，使得材料的表面特性和颗粒间的相互作用力改变。基团–OH 可维持水铁矿的稳定结构，若水铁矿表面的–OH 丢失，其结构就会失衡，需要产生足量空位来维持电荷平衡，而空位的增加又会导致水铁矿极度不稳定（费杨等，2015）。Seehra 等（2004）指出，水铁矿吸附 Si、P 及有机物等抑制剂后可以有效地阻碍它的转化。因此，羧甲基纤维素表面的–OH、–CO 和–COOH 对于维持水铁矿的结构起稳定作用，可阻碍水铁矿的转化和团聚。He 等（2009）使用羧甲基纤维素作为稳定剂合成了 Pd 纳米材料，他们认为羧甲基纤维素作为有效的稳定剂，会先与 Fe 原子生成羧甲基纤维素–Fe 络合物，此中间产物并不会明显阻碍 Fe 还原或共沉淀等下一步的反应，羧甲基纤维素的大比表面积和松散结构决定了这一点，因此羧甲基纤维素有利于颗粒的增长和成核过程，通过静电作用阻滞纳米材料的团聚（He et al.，2007）。同时，羧甲基纤维素表面存在较多的负电荷，与呈中性的淀粉相比，更有利于结合在水铁矿表面，形成的纳米材料更稳定、反应活性更强，且有利于其在土壤中的传输。淀粉作为稳定剂的有效性也会受到其本身较弱的界面结合作用力和较低的 Zeta 电势的影响。通过 30 天的稳定性测试，0.16 wt%淀粉作为稳定剂合成的纳米水铁矿中出现一些絮状沉淀，悬浮性能减弱。羧甲基纤维素作为稳定剂合成的纳米水铁矿，稳定性和分散性良好，其物理特性和化学组成没有明显的变化，而且合成相同浓度的水铁矿，所需羧甲基纤维素的加入量明显比淀粉少。Zeta 电势能够反映纳米粒子在水中的稳定性，反映颗粒间的静电作用力，Liang 等（2012）指出羧甲基纤维素稳定的纳米磁铁矿的 Zeta 电势为 –39mV，而淀粉稳定的纳米磁铁矿的 Zeta 电势基本为 0mV 上下，稳定性不如羧甲基纤维素稳定的纳米材料。该结果与我们的研究结果类似。

（二）不同稳定剂对纳米水铁矿吸附砷的影响

在研究中，我们采用批实验研究了稳定剂种类和含量对水铁矿吸附砷的影响。图 2.13 给出了不同质量分数的羧甲基纤维素［图 2.13（a）］和淀粉［图 2.13（b）］合成的纳米水铁矿对砷吸附量的影响。预实验结果表明，As（Ⅴ）在水铁矿材料表面吸附 72 h 基本达到平衡。比较 72 h 后的平衡吸附量，可确定最佳的稳定剂和加入量。从图 2.13 中可以看出，相同温度和 pH 条件下，加入稳定剂后，水铁矿对 As（Ⅴ）的吸附能力有很明显的提高，随着羧甲基纤维素（0～0.161 wt%）或淀粉（0～0.4 wt%）质量浓度的增加，材料表面对 As（Ⅴ）的吸附量逐渐增加。当淀粉加入量为 0.12 wt%时，对 As（Ⅴ）的吸附量比未稳定的水铁矿材料提高了 2.31 倍，而之后继续增加淀粉含量至 0.4 wt%时，吸附量反而降低。羧甲基纤维素含量为 0.064 wt%时，吸附量提高了 1.69 倍，之后羧甲基纤维素浓度从 0.064 wt%继续增加到 0.161 wt%，质量浓度增加了两倍多，As（Ⅴ）吸附量的增长幅度却减小，仅仅增长了 5%。

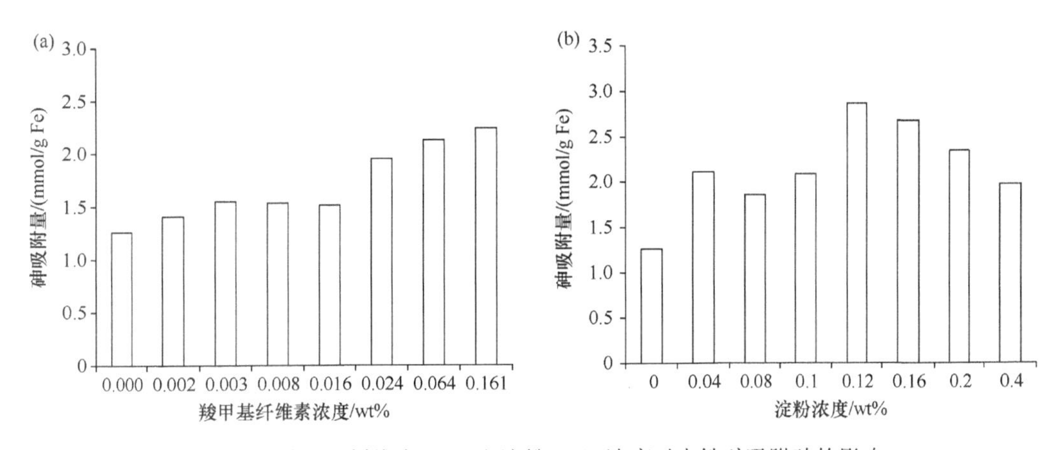

图 2.13　羧甲基纤维素（a）和淀粉（b）浓度对水铁矿吸附砷的影响

水铁矿 0.1 g/L，初始 As（Ⅴ）含量 30 mg/L，平衡 pH7.0，平衡时间 72 h

吸附实验结果表明，0.12 wt%淀粉稳定合成的纳米水铁矿对 As（Ⅴ）的吸附量比 0.064 wt% 羧甲基纤维素高 1.34 倍。但经测试，淀粉加入后，因其表面电荷为中性，合成的纳米水铁矿与淀粉的结合不紧密，在短时间内会发生絮凝，导致水稳性下降。因此，综合材料的稳定性、使用量、环境生态效应和对砷吸附性能的影响，我们后面的研究中选择羧甲基纤维素作为改良剂，质量浓度设定为 0.064 wt%，以此来合成 0.1g/L 稳定分散的纳米水铁矿。

（三）砷在纳米水铁矿表面的吸附动力学特征

纳米水铁矿对 As（Ⅴ）的吸附量随反应时间的变化趋势如图 2.14 所示，初始 As（Ⅴ）浓度为 10 mg/L 和 30 mg/L，反应 pH 为 7.0 ± 0.1。由图 2.14 可知，当 As（Ⅴ）初始浓度为 10 mg/L 时，最初的 30 min，吸附量即可达 1.28 mmol/g，直到反应达到平衡，其最终吸附量为 1.32 mmol/g，对 As（V）的去除率达到 99%。当初始浓度为 30 mg/L 时，快速吸附速率阶段主要发生在最初的 6 h 内，在最初的 30 min 内，吸附量可达 1.54 mmol/g，随着反应时间的延长吸附量逐渐增加，6 h 内吸附量递增趋势最明显，吸附量增长到 1.81 mmol/g，之后逐渐趋于平衡，72 h 可认为吸附基本达到平衡，平衡时的吸附容量为 2.05 mmol/g。

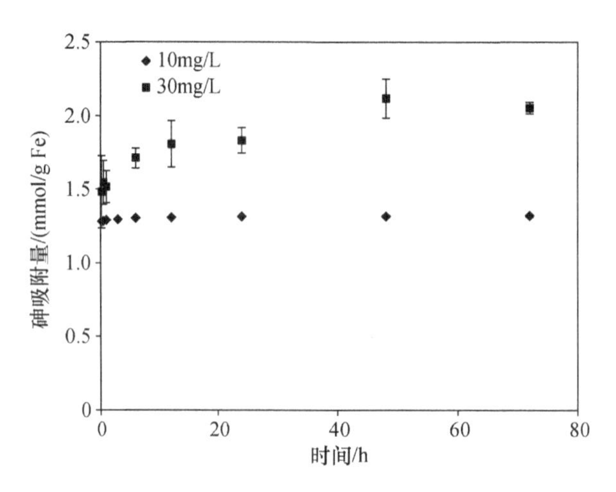

图 2.14 纳米水铁矿对 As（V）的吸附动力学曲线

初始 As（V）含量分别为 10 mg/L 和 30 mg/L，水铁矿为 0.1 g/L，羧甲基纤维素浓度为 0.064%（*m*/*m*），pH 为 7.0，空白实验为 0.064wt%的羧甲基纤维素水溶液。

纳米水铁矿对 As（V）的吸附动力学可用 Pseudo 一级动力学、二级动力学和颗粒内扩散方程描述，所得参数和相关系数 R^2 见表 2.8（以砷初始浓度 30 mg/L 为例）。各个动力学方程如表中所示，式中，q 是 t 时刻 As（V）吸附量（mg/g）；q_e 是平衡时的 As（V）吸附量；K_1、K_2 和 K_p 分别为准一级、准二级和颗粒内扩散速率常数；h_1 和 h_2 表示一级和二级动力学初始吸附速率；C 反映了边界效应。拟合数据结果见图 2.14 和表 2.8。

表 2.8 纳米水铁矿对 As（V）的吸附动力学参数

动力学方程	公式	参数			R^2
一级动力学方程	$\mathrm{Ln}(q_e-q)=\ln q_e-K_1t$	K_1/h^{-1}	q_e/（mg/g）	$h_1=K_1q_e$/［mg/(g·h)］	
		—	—	—	0.5525
二级动力学方程	$t/q=1/K_2q_e^2+t/q_e$	K_2/［g·(mg/h)］	q_e/（mg/g）	$h_2=K_2q_e^2$/［mg/(g·h)］	
		5.56×10^{-3}	153.84	131.58	0.9967
颗粒内扩散方程	$q_t=K_pt^{1/2}+C$	K_p/［mg/(g·h)$^{1/2}$］	C/（mg/g）		
		11.21	86.30		0.8018

由模拟结果可知，Pseudo 一级动力学方程与所得实验数据拟合不匹配，相关系数为 0.5525，所得吸附速率常数等没有列出。而由 Pseudo 二级动力学方程所拟合的曲线与数据结果一致，相关系数 R^2 为 0.9967，计算所得平衡吸附量为 153.84 mg/g，与实际平衡吸附量仅相差 0.09 mg/g。因此，Pseudo 二级动力学方程能更好地描述纳米水铁矿对 As（V）

的吸附过程。应用颗粒内扩散方程对实验结果进行分析，确定其扩散机理，发现拟合曲线不通过原点（$C\neq0$），相关系数 $R^2=0.8018$。

（四）砷在纳米水铁矿表面的吸附平衡曲线

室温条件下，纳米水铁矿对 As（Ⅴ）的吸附等温曲线如图 2.15 所示，拟合数据结果见表 2.9。其中，As（Ⅴ）初始浓度为 0.1～100 mg/L，pH 为 7.0。由图可知，随着溶液中 As（Ⅴ）浓度的增大，纳米水铁矿对 As（Ⅴ）吸附量也随之提高，但到达一定浓度时，吸附量上升趋势逐渐变缓。利用 Freundlich 和 Langmuir 吸附等温方程分别对数据进行拟合。

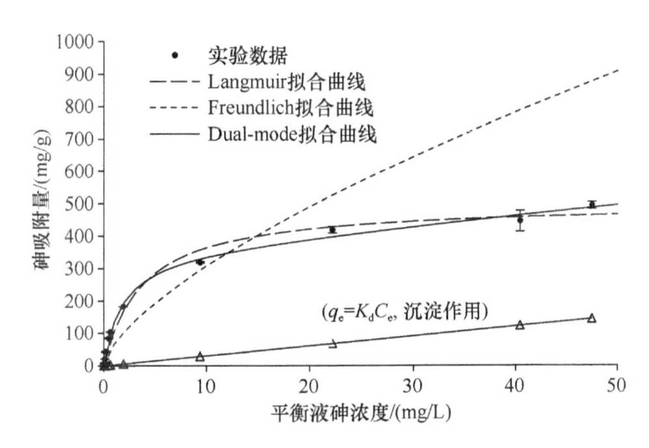

图 2.15　纳米水铁矿对 As（Ⅴ）的吸附等温曲线

表 2.9　As（Ⅴ）在纳米水铁矿的吸附平衡常数

吸附等温方程	参数			R^2
Langmuir	Q_m/（mg/g）		b/（L/mg）	0.9783
	500.00		0.27	
Freundlich	K_f/［(mg/g)/(mg/L)^n］		n	0.9086
	65.38		1.49	
Dual-mode	Q/（mg/g）	b/（L/mg）	K_d/（L/mg）	0.9966
	355.70	0.58	3.01	

另外，我们从图 2.15 观察到，随着砷初始浓度的增大，As（Ⅴ）在纳米水铁矿表面的砷吸附量的增加幅度有明显的变化，在低浓度范围，砷吸附量随浓度变化呈直线上升的趋势，但随着浓度的增加，纳米水铁矿对 As（Ⅴ）吸附量的增加幅度呈逐渐减少趋势。Dual-mode 是可以同时考虑沉淀和吸附两种行为的双模吸附等温模型，为进一步解释其吸附反应过程，本研究应用此方程对砷的平衡吸附结果进行分析，具体方程表达如下（Gong et al.，2014）：

$$q_e=K_dC_e+\frac{bQC_e}{1+bC_e} \tag{2.7}$$

式中，q_e、C_e、K_d、b 和 Q 分别代表平衡时砷吸附量（mg/g）、平衡液砷浓度（mg/L）、

线性分配系数（L/mg 沉淀作用）、Langmuir 亲和常数（L/mg）和 Langmuir 饱和吸附量（mg/g）。从理论上讲，方程将吸附过程分为两个阶段：一是纳米水铁矿对 As（Ⅴ）的沉淀作用（其值与 C_e 呈线性关系）；二为吸附作用。使用此方程拟合 As（Ⅴ）在纳米水铁矿表面的吸附等温线，其相关系数 R^2 达到 0.9966，计算所得最大饱和吸附量为 355.3 mg/g Fe。从 Dual-mode 拟合结果可知，随着溶液中砷浓度的增加，沉淀在固定过程中的作用越来越明显，起初溶液中砷浓度较低时，C_e＜ 9.39 mg/L（初始 As/Fe＜0.4），97%砷的固定吸收归功于吸附作用，随着砷初始浓度的增加，纳米水铁矿表面吸附位点逐渐减少，当平衡液砷浓度 C_e＞40 mg/L（初始 As/Fe＞0.6）时，过多的砷会使吸附剂表面吸附位点达到饱和，之后沉淀作用更加明显，对砷的吸收慢慢起支配作用，15%～28%砷的吸收固定归功于沉淀作用。

（五）纳米水铁矿对 As（Ⅴ）的吸附机理

1. 吸附产物表征及吸附机理

分别使用 X 射线衍射仪、红外光谱仪和 X 射线光电子能谱仪等对反应前后固体物相、形貌、表面化学特征等的变化进行表征分析，从而推测 As（Ⅴ）在纳米水铁矿表面可能的反应机理。图 2.16 是羧甲基纤维素、水铁矿、羧甲基纤维素-水铁矿和羧甲基纤维素-水铁矿结合砷的红外谱图。如图所示，未加羧甲基纤维素的水铁矿固体在 1660 cm^{-1} 和 3469 cm^{-1} 处有结合水的−OH 键的特征吸收峰谱带（Maity and Agrawal，2007），除此之外无其他的有机基团峰，证明了水铁矿表面水的存在。而羧甲基纤维素稳定合成的纳米水铁矿的红外谱图出现了新的吸收光谱，光谱的位置或者峰面积也有相应的变化和位移。羧甲基纤维素的 pK_a 值为 4.3（Tang et al.，2011），本研究的反应体系 pH 均大于 5.3，因此羧甲基纤维素表面的羧基和羟基基本完全解离，在合成过程中，羧甲基纤维素和水铁矿不是简单的混合，而是发生了相互作用。纳米水铁矿在 1325 cm^{-1}、1633 cm^{-1} 和 3423 cm^{-1} 处出现吸收峰，分别代表了羧基（1325 cm^{-1} 和 1633 cm^{-1}）和羟基（3423 cm^{-1}）与 Fe 的结合，羧甲基纤维素与 Fe 发生作用后，吸收峰会发生红移（Ayob et al.，2015），羧甲基纤维素表面的羟基峰从 3450 cm^{-1} 处（图 2.16b）转移到 3423 cm^{-1} 处（图 2.16c），且峰强度升高，说明羧甲基纤维素表面的羟基与 Fe 通过分子间的氢键相互作用（He et al.，2007）。有报道曾指出羧基与 Fe（0）之间的作用有 4 种，分别是单齿螯合、双齿螯合、双齿桥键和离子相互作用。对称和非对称羧基峰频数值的差异可用来定义它们之间的结合机制，频数差值为 200～320 cm^{-1} 时，结合方式主要为单齿螯合；若频数差值小于 110 cm^{-1}，则为双齿螯合作用；波数差值为 140～190 cm^{-1} 时，则为双齿桥键作用（Wu et al.，2015）。羧甲基纤维素表面代表羧基的特征吸收峰在 1620 cm^{-1} 和 1433 cm^{-1} 处，分别为对称和不对称的羧基峰，合成纳米水铁矿后，其吸收峰分别转移到 1633 cm^{-1} 和 1325 cm^{-1} 处，频数差值为 308 cm^{-1}，表明羧甲基纤维素表面的羧基与 Fe 的结合主要为单原子螯合配体作用（Gong et al.，2014；He et al.，2007；Wu et al.，2015）。同样的结合方式出现在以羧甲基纤维素作为稳定剂合成 Fe-Pd 双金属纳米材料（He et al.，2007），聚丙烯酸酯吸附在赤铁矿的表面也是单齿螯合作用（Jones et al.，1998）。

纳米水铁矿吸附 As（Ⅴ）后，与吸附前的固体颗粒相比，红外光谱图在近 833 cm^{-1} 和近 890 cm^{-1} 处出现新的谱带（图 2.16d），说明反应前后的固体表面组成上出现了差异。其中，近 833 cm^{-1} 处为 As-O 键的吸收特征谱，表明 Fe 与砷发生配位作用联结形成 Fe-O-As 键，而在近 890 cm^{-1} 处的吸收峰是未发生表面络合或者未质子化的 As-O 键。除此以外，羟基伸缩振动峰发生了红移，从 3423 cm^{-1} 降低至 3402 cm^{-1}，红外吸收峰强度明显降低，代表不对称羧基特征吸收谱带波数从 1325 cm^{-1} 转移至 1301 cm^{-1}，吸收峰强度增加，而对称羧基吸收峰值减弱，吸收峰的红移和强度变化反映了砷与羧甲基纤维素表面的羧基和羟基发生了作用。

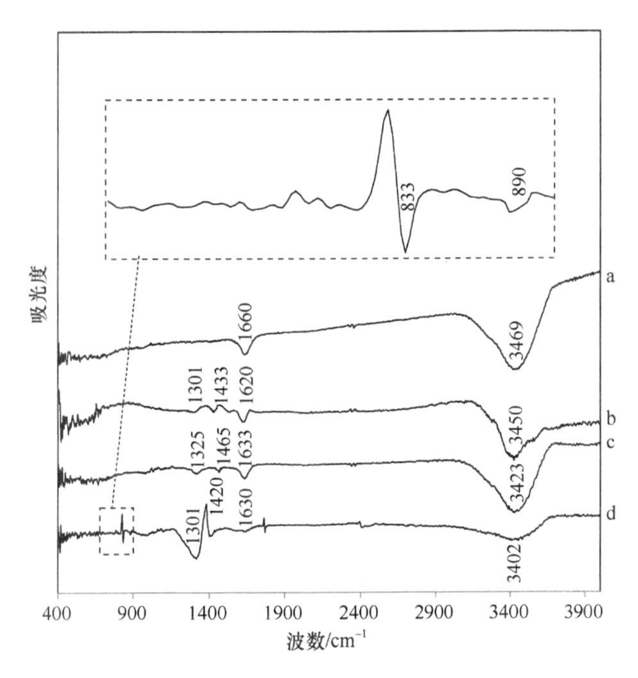

图 2.16　供试样品的红外谱图

a，水铁矿；b，羧甲基纤维素；c，羧甲基纤维素-纳米水铁矿；d，吸附砷后的羧甲基纤维素-纳米水铁矿

图 2.17 为 As 与纳米水铁矿反应结束后 30d 和 270d 的 XRD 谱图。由图可见，反应 30 d 后，在 2θ=13° 左右有明显的衍射峰出现，与标准衍射数据进行对照，表明有部分砷酸铁沉淀生成；反应 270 d，在 2θ=28°和 34°左右亦出现很弱小的峰，且 13°左右的衍射峰值明显增强，表明随着时间的延长，纳米水铁矿对砷的吸附除了主要的吸附作用外，亦有沉淀作用，与 FTIR 表征结果一致。Jia 等（2006）指出 pH3.0、温度 75℃时，XRD 谱图中 2θ=28°和 58°左右存在代表弱晶型砷酸铁的峰值。

纳米水铁矿吸附 As（Ⅴ）前后样品 XPS 分析结果对比如图 2.18 所示。图 2.18（a）为全谱扫描结果，C 1s、O 1s、Fe 2p 的结合能分别出现在 284.0 eV、530.0 eV、710.0 eV，吸附 As（Ⅴ）后的纳米水铁矿在 46.2 eV 处有 As 3d 峰。利用 XPS-PEAK 软件对 XPS 表征结果进行分峰拟合，主要观察 Fe 2p、O 1s 和 As 3d 的变化。反应前 Fe 2p 的结合能

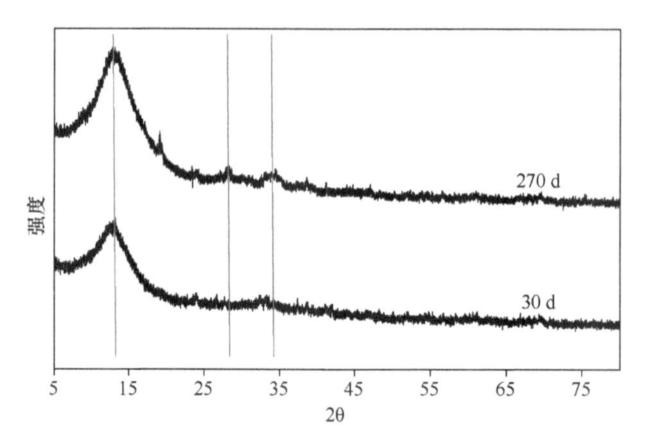

图 2.17 反应结束 30 d 和 270 d 样品的 XRD 衍射图

为 711.3 eV 和 724.5 eV，分别代表 Fe $2p_{3/2}$ 和 Fe $2p_{1/2}$，表明纳米水铁矿表面的 Fe 和 O 等的结合形式主要为 FeOOH，反应后 Fe 2p 的结合能出现了谱峰向高结合能处的位移，且在 711.3 eV 的峰值增强，说明在水铁矿表面发生了反应，可能是 Fe-O-As 的表面络合作用，但主要物质仍然是 FeOOH。反应前 O 1s 中的两个谱峰的结合能分别为 530.7 eV 和 532.7 eV［图 2.18（c）］，代表 Fe-O 和 C-O 键（Goh et al.，2009），吸附砷后 O 1s 能谱中在结合能 529.9 eV 处出现了峰，代表 As-O 键的生成，在 534.3eV 处也有明显的峰，

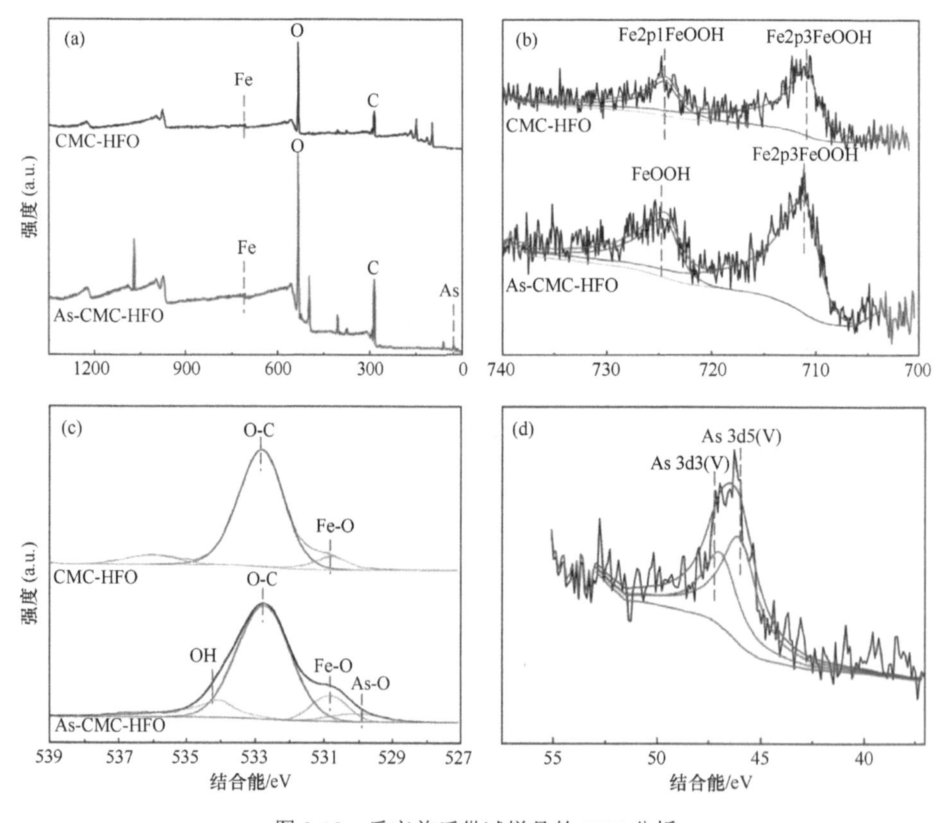

图 2.18 反应前后供试样品的 XPS 分析

（a）全谱图扫描；（b）Fe 2p；（c）O1s；（d）As3d。CMC，羧甲基纤维素；HFO，水铁矿

表明砷吸附后，纳米水铁矿表面的含氧化合物的组成发生了变化（Yang et al.，2014）。反应结束后在 45.3 eV 和 47.2 eV 处有两种不同形态的砷峰，这说明 As（V）溶液已经从水中分离出来吸附在羧甲基纤维素-水铁矿体系表面，且 As 主要以 $HAsO_4^{2-}$ 和 $H_2AsO_4^-$ 形态存在。

2. pH 对纳米水铁矿吸附 As（V）的影响

为了进一步研究纳米水铁矿对砷吸附的机理，考察了 pH 2～10 范围内，纳米水铁矿对砷的吸附量随 pH 的变化情况，为获得两者之间的作用机理提供依据，结果如图 2.19 所示。图中横坐标表示吸附前后溶液 pH 的平均值。总的来看，溶液 pH 升高，纳米水铁矿对 As 的吸附容量随之降低，pH 从 2.5 至 6.5，下降趋势比较快，之后 pH 继续升高（6.5～10.4），砷的吸附量不再持续降低，基本维持在 1.8 mmol/g Fe 左右。但在酸性阶段（即 pH 2 左右），纳米水铁矿对 As 的吸附量也会迅速降低，吸附量比最高点下降了 60.1%。

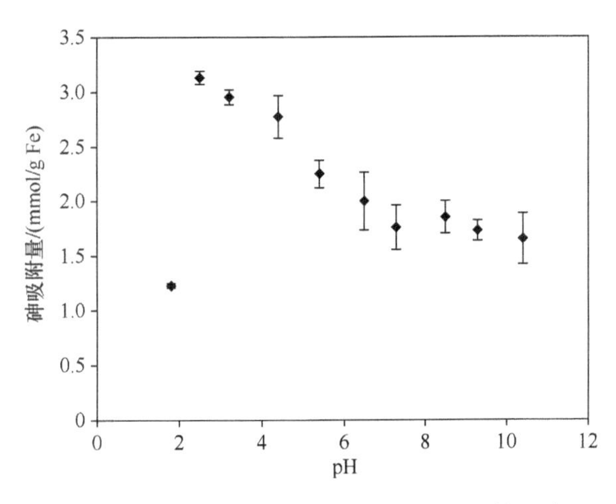

图 2.19　pH 对纳米水铁矿吸附 As（V）的影响

pH 是影响砷吸附的重要因素之一，它既决定溶液中砷的存在形态，又影响纳米水铁矿的表面电荷特性，从而改变砷在水铁矿表面的吸附能力。从图 2.20 可知，纳米水铁矿的表面电荷均为负值，即纳米水铁矿的 pH_{pzc}<2.5，当溶液 pH>pH_{pzc} 时，纳米水铁矿表面带负电，溶液的 pH 越高，其所带负电荷越多，吸附砷的能力越低，因此随着 pH 的升高，吸附量明显降低；此外，通过测定不同 pH 条件下溶液中 Fe 含量的变化（图 2.21），我们发现 pH<6.5 时，纳米水铁矿表面的 Fe 会有一部分溶解，会更容易与溶液当中的 As（V）发生吸附及沉淀作用，进而减少水中砷的含量。pH 还会影响砷的存在形态，砷酸盐的解离常数 pK_{a1}、pK_{a2} 和 pK_{a3} 分别为 2.2、6.9 和 12，过多的 OH^-集中在纳米水铁矿固-液界面，使得溶液中的 $H_2AsO_4^-$ 向 $HAsO_4^{2-}$ 转化，当 pH>7.3 时，As（V）的主要形态为 $HAsO_4^{2-}$，它更容易被水铁矿吸附，但 OH^-离子的含量也急剧增多，会有竞争吸附。当 pH 降低到 1.8 时，纳米水铁矿吸附砷的能力反而下降，吸附量降至 1.2 mmol/g Fe，原因在于此时砷的主要形态为 H_3AsO_4，不带电荷，导致吸附量降低（Ghimire et al.，2002）。

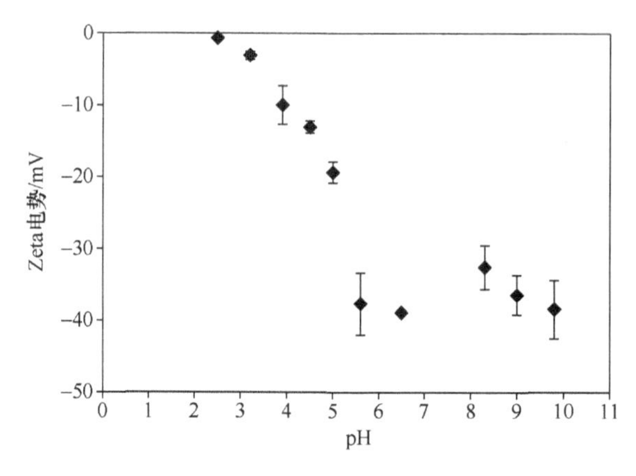

图 2.20　纳米水铁矿 Zeta 电势随 pH 的变化

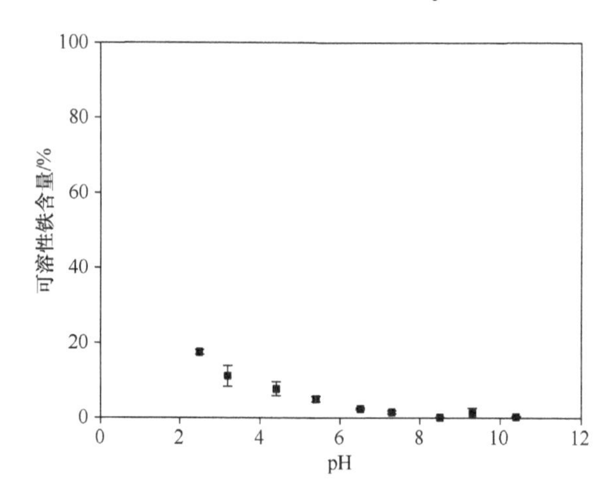

图 2.21　纳米水铁矿溶液中可溶性铁含量随 pH 的变化

综上所述，As（V）在纳米水铁矿表面的最佳吸附 pH 为 2.5，此时 As（V）吸附率占总砷的 93.3%。

3. 表面络合模型预测不同 pH 边条件下砷酸根分布形态

表面络合模型（SCM）是考虑了物质的表面电荷作用、吸附表面位点和吸附质分子的特异性，通过对界面吸附平衡反应的计算，求得吸附剂与吸附质之间相互作用的固有结合常数（杨航和李敏，2012），被广泛用于砷在矿物-水界面的吸附过程（Dixit and Hering，2003；Dzombak and Morel，1990；Zeng et al.，2008）。表面络合模型假定或者依据参考文献来确定吸附后表面络合物的形态，同时构建表面络合反应。本研究实验结果采用常见的双层模型（DLM）对纳米水铁矿吸附 As（V）的 pH 边数据进行模拟预测，对反应化学平衡进行计算，从而确定在纳米水铁矿表面形成的具体络合物形态（内层或外层；单齿单核或多齿多核；质子化程度）及各形态的吸附络合常数（豆小敏等，2006）。

豆小敏等（2006）指出，以羟基化为主的铁氧化物等，主要是材料表面的羟基参与固-液界面的配体交换和络合反应，表面羟基可以质子化或非质子化，表现为酸性或碱性，是两性基团，在溶液中既能吸附 H^+又可以吸附 OH^-，发生表面络合配位反应（杨航和李敏，2012）。理论假设≡FeOH为纳米水铁矿表面组成（Zeng et al.，2008），实验条件如表2.10所示，参考之前的一些文献给出了纳米水铁矿的主要表面电荷特性。对于它吸附As（Ⅴ）的过程，考虑表面可能的络合形态为表2.10所示的非质子化单齿单核和双齿双核形态（Zeng et al.，2008）。

表2.10　纳米水铁矿表面特性参数及其吸附As（Ⅴ）的表面络合反应参数

实验条件	
比表面积/（m^2/g）	600[a]
固体浓度/（g/L）	0.1
平衡时间/h	72
表面位点浓度/（mmol/L）	1.5
	1.1
吸附率/（mol As/mol Fe）	0.26[b]
基本表面络合常数	
反应方程	Log *K*
表面酸碱反应	
$\equiv FeOH + H^+ == \equiv FeOH_2^+$	–6.51[c]
$\equiv FeOH == \equiv FeO^- + H^+$	–8.93[c]
砷酸盐吸附常数	
$\equiv FeOH + AsO_4^{3-} + H^+ == \equiv FeOAsO_3^{2-} + H_2O$	18.9[d]
$\equiv (FeOH)_2 + AsO_4^{3-} + 2H^+ == \equiv (FeO)_2AsO_2^- + 2H_2O$	27.1[d]

a假设值（Dzombak and Morel，1990）；b吸附等温曲线结果；c DLM模型拟合结果（Dixit and Hering，2003）；d本研究所得参数值。

将表2.10中的基础参数及pH 2.5～10.4条件下的吸附数据输入DLM模型模拟。使用MINTEQ软件，手动调整表面形态，采用试算的方式，以吸附数据为约束条件，直至得到合适的结果，如图2.22所示。单齿单核非质子化（$\equiv FeOAsO_3^{2-}$）和双齿双核非质子化［$\equiv (FeO)_2AsO_2^-$］形式为纳米水铁矿吸附As（Ⅴ）的主要表面络合物形态，对砷（Ⅴ）的结合常数分别为18.9和27.1（表2.10），且双齿双核络合物$\equiv (FeO)_2AsO_2^-$为pH 2.5～5.9时的主要形态，单齿单核络合物$\equiv FeOAsO_3^{2-}$则为pH高于6.8时的存在形态（图2.22）。

二、未种植作物条件下纳米水铁矿对土壤砷的稳定化效应

砷是环境中的有毒元素，是一种危险的环境污染物，排放到环境中的砷绝大部分进入土壤。砷在土壤中的化学平衡过程包括沉淀-溶解、吸附-解吸、氧化-还原及微生物等的转化过程，影响着砷在土壤中的赋存形态（吴萍萍，2011）。砷在土壤中以水溶态、难溶态及残渣态等多种形态存在，水溶态因其移动性和毒性强，对土壤和水环境危害最大。因此，重金属全量并不能完全准确地反映重金属的污染状况、危害程度及其生物毒性标准，重金属的存在形态才是重金属移动性和生物有效性的重要指标（Beesley et al.，2010；Temminghoff et al.，1998）。

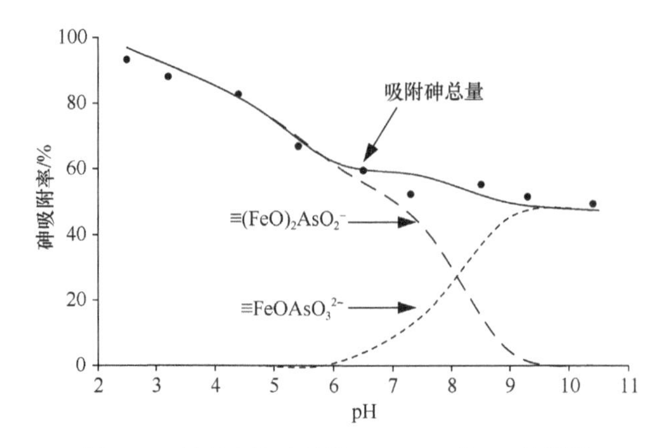

图 2.22　纳米水铁矿吸附 As（Ⅴ）的 pH 边预测

通过原位化学稳定化处理可以改变土壤重金属的赋存形态，将污染物转化成化学性质不活泼的形态，将土壤中的砷由可溶态向难溶态转变，使其在土壤中的移动性减小，从而降低砷在土壤中的生物有效性。铁氧化物表面含有丰富的羟基位点，能够以非专性吸附和专性吸附的方式与砷酸根离子结合形成内表面和外表面络合物（Goldberg and Johnston，2001；Jia et al.，2007；Wang and Mulligan，2006）。在上述研究的基础上，将纳米水铁矿用于污染土壤砷的原位固定化处理，其处理效果采用污染物的浸出毒性进行评价，以美国 EPA 毒性浸出程序（TCLP）作为评价标准及连续提取方法，观察纳米水铁矿稳定化前后土壤可溶态砷浸出含量的动态变化和形态变化，探讨其对砷污染土壤的稳定效率，为应用原位化学稳定化修复技术解决土壤砷污染问题提供科学依据。

（一）纳米水铁矿对土壤中砷稳定效率的影响

1. 水铁矿和纳米水铁矿对土壤 TCLP 提取可溶态砷含量的影响

比较普通水铁矿和羧甲基纤维素为稳定剂合成的纳米水铁矿对土壤砷稳定化的影响，土壤中砷的 TCLP 提取态含量随时间的变化情况如图 2.23 所示。在实验室田间持水

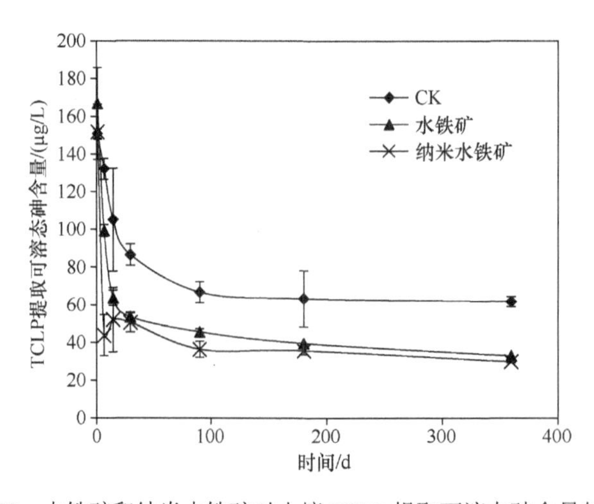

图 2.23　水铁矿和纳米水铁矿对土壤 TCLP 提取可溶态砷含量的影响

量条件下，各种处理的 TCLP 提取可溶态砷含量随时间变化呈逐渐降低的趋势，在前 30 d 显著降低，之后下降的趋势趋于缓慢。对照土壤中，在培养的 0～30 d 内，土壤中砷的 TCLP 提取可溶态砷含量从 150.9 μg/L 下降至 86.5 μg/L，下降了 42.4%；而从培养 30 d 开始到培养结束的 330 d 内，砷提取量仅下降了 16.5%。培养 360 d 后，砷浸出浓度为 61.58 μg/L，降低了 59.2%，可能是由于土壤水分含量变化导致的。费杨等（2015）指出土壤含水量的增加会强化土壤本身有机质和黏土矿物对砷的吸附作用。添加 0.05%水铁矿和纳米水铁矿后，砷的 TCLP 提取可溶态砷含量分别下降至 32.8 μg/L 和 26.5 μg/L，纳米水铁矿的稳定效率稍高于普通水铁矿，尤其是在反应初期浸出浓度降低明显。

2. 不同添加量对土壤 TCLP 提取可溶态砷含量的影响

图 2.24 给出了添加不同质量浓度的纳米水铁矿对土壤中 TCLP 提取可溶态砷含量的影响。与之前结果一致，添加纳米水铁矿后，在培养初期，可溶态砷含量降低明显，之后趋于平缓。结果表明，水铁矿浓度越高，砷的稳定效果越佳，尤其在 0.025%和 0.05%浓度时效果明显。当添加比例增加至 0.1%时，土壤中 TCLP 提取可溶态砷含量降低至 22.19 μg/L，此时稳定效率为 64.0%，当添加量增加 5 倍至 0.5%时，稳定效率增加幅度不明显，可溶态砷含量仅下降至 17.9μg/L。因此，合适的水铁矿添加量是保证稳定效率的关键。

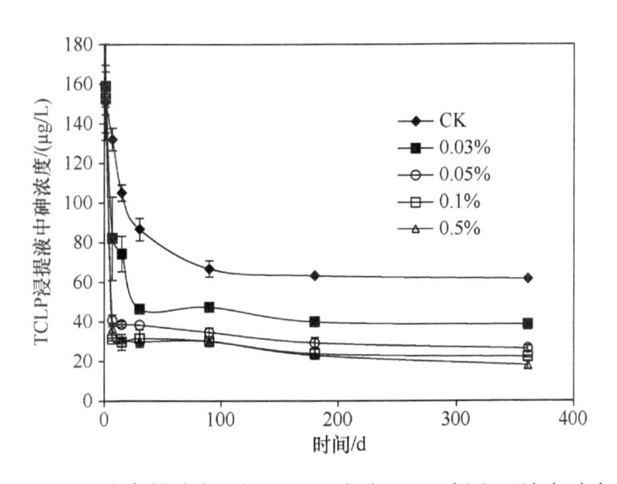

图 2.24　不同质量浓度的纳米水铁矿对土壤砷 TCLP 提取可溶态砷含量的影响

（二）纳米水铁矿对土壤中砷结合形态的影响

1. 纳米水铁矿对土壤中结合态砷含量的影响

利用 Wenzel 的五步连续提取法获得了不同处理下砷与土壤的不同结合形态，分别为非专性吸附态（F1）、专性吸附态（F2）、弱结晶水合铁铝氧化物结合态（F3）、结晶水合铁铝氧化物结合态（F4）和残渣态（F5）。通过五种结合态砷含量之和与土壤总砷含量之比计算回收率，范围为 86%～113%。培养 360 d 后取样进行土壤砷形态的测定，结果如图 2.25 所示。由图 2.25 可知，土壤中 F1～F5 形态的砷占总砷的比例分别为 26%～60%、20.8%～27.3%、38.7%～41.0%、18.6%～22.6%、14.8%～16.4%，其中 F3 结合态砷所占比例最大，说明砷在土壤中主要以无定形铁铝氧化物结合方式存在。非专性吸附 F1 和专性吸附形态 F2 的砷与土壤结合能力弱，在土壤中易随水流迁移，对土壤和地下水存在较大的风险。由图 2.25 可知，添加水铁矿后，使得土壤中 F1 和 F2 所占比例显著减少，F3 和 F4 有一定程度的增加。CK 处理中 F1 和 F2 所占比例为 27.9%，添加 0.05%水铁矿后，所占比例降低了 10.2%，相同情况下，纳米水铁矿处理下降低了 12.9%。

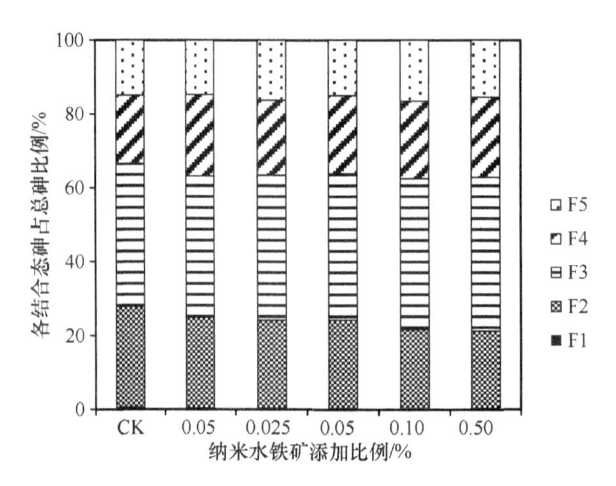

图 2.25　添加纳米水铁矿后土壤各结合态砷占总砷比例

添加纳米水铁矿后，土壤中非专性吸附态砷降低显著（图 2.26），其添加比例越高，降低幅度越明显。0.5%的添加量时，相比 CK，非专性吸附态砷降低了 43.6%。相较于普通水铁矿，纳米级材料的添加使土壤中 F1 形态下降幅度更为明显，且差异显著。相

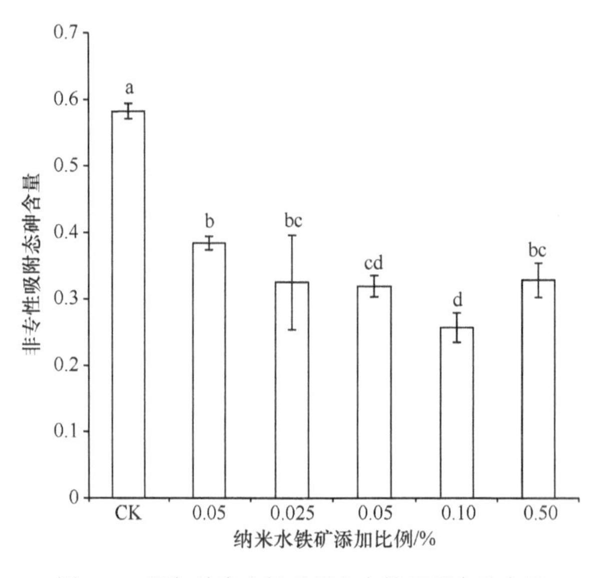

图 2.26　添加纳米水铁矿后非专性吸附态砷含量

比于 CK，添加水铁矿后 F3+F4 占总砷的比例均有不同程度的增加，其中纳米级性能要优于普通的水铁矿，F3 和 F4 所占比例与纳米水铁矿添加量成正比。

2. 土壤中各结合态砷与 TCLP 提取可溶态砷含量的关系

根据前述相关研究结果，可以计算出土壤中 TCLP 提取可溶态砷含量与土壤各结合态砷之间的关系（表 2.11）。结果显示，土壤中可溶态砷与非专性吸附态砷含量（R=0.903，P<0.01）、专性吸附态砷含量（R=0.827，P<0.01）以及两者之和（R=0.840，P<0.01）均呈现出极显著的正相关，说明非专性吸附态和专性吸附态是构成土壤可浸出毒性的重要组成，极易影响土壤砷的迁移而污染水体。同时，土壤 TCLP 浸出浓度与无定形和弱结晶度的铁铝水合氧化物结合态、结晶度高的铁铝水合氧化物结合态呈现出显著负相关，意味着 F3、F4 含量的增加引起了土壤中可溶态砷含量的降低。此外，五种结合态砷含量之间也存在显著的相关关系。如表 2.11 所示，F1、F2 及其两者之和与 F3、F4 呈极显著负相关，表明了它们之间的转化关系。

表 2.11　土壤各结合态砷含量与 TCLP 可溶态砷含量的关系

	TCLP	结合态砷含量					
		F1	F2	F1+F2	F3	F4	F5
TCLP	1						
F1	0.903**	1					
F2	0.827**	0.707**	1				
F1+F2	0.840**	0.728**	0.932**	1			
F3	−0.420*	−0.304	−0.572*	−0.567*	1		
F4	−0.721**	−0.536*	−0.762**	−0.762**	0.498*	1	
F5	−0.247	−0.322	−0.316	−0.320	0.032	0.226	1

*表示在 P<0.05 水平下差异显著；**表示在 P<0.01 水平下差异显著。

我们知道，砷与土壤胶体等物质形成的外表面复合物被认为是易交换态砷，属于非专性吸附态砷（Wenzel et al.，2001），此部分砷容易被作物吸收利用，生物有效性高，通过淋溶进入地下水。已有研究证明，铁氧化物是砷稳定效果最好的一类钝化剂，主要通过共沉淀和吸附作用降低土壤中砷的移动性。纳米材料因其巨大的比表面积、反应活性和稳定性，近年来被广泛用于水体中污染物的去除。本研究选取了对土壤砷固定效果突出的水铁矿，以羧甲基纤维素作为稳定剂合成纳米水铁矿，比较普通和纳米级的水铁矿对土壤中砷的稳定化作用。通过本研究结果可知，纳米水铁矿对土壤中砷的浸出浓度要低于相同比例的普通水铁矿，砷的浸出浓度可降低至 26.5μg/L 和 32.8 μg/L，低于III类地下水环境质量标准（50 μg/L，GB/T14848—93）。通过增加纳米水铁矿的浓度，砷浸出浓度可降低至 17.9 μg/L，稍高于国家II类地下水质量标准（10 μg/L，GB/T14848—93），砷的稳定效率可达 70.9%。TCLP 值的降低归因于铁的添加增加了土壤吸附砷的能力，已有报道指出受污染土壤中砷的滤出性与介质中铁含量存在相关性（Akhter et al.，2000）。水铁矿表面羟基位点丰富，有效吸附位点多，具有良好的长效稳定性，能够长时间保持高的吸附特性，使砷固定在晶格内，降低其可提取性。此外，羧甲基纤维素表面的羧基和羟基也会影响纳米水铁矿对砷的稳定化效果。表面络合理论认为，以羟基化的铁氧化物为主的吸附材料，其表面羟基参与各种氧化物-水界面的配体交换和络合反应，是影响材料对重金属离子吸附和离子交换能力的主要因素之一（豆小敏等，2006）。费杨等（2015）研究了氧化铁、纳米氧化铁和铁锰双金属氧化物（FMBO）在不同水分含量条件下对土壤砷的稳定化效应，结果表明，在风干土壤和含水量为饱和田间持水量的土壤中，纳米氧化铁和 FMBO 均为良好的稳定化材料，而在饱和淹水条件下铁锰双金属氧化物的效果最强，因为 FMBO 呈无定形或弱结晶态，表面含有丰富的氢氧化铁 Fe—OH 和羟基氧化铁 Fe—OOH。

通过分析实验结果我们发现，增加纳米水铁矿的添加比例会使 TCLP 可溶态砷提取量减小、固定能力加强、吸附量增多，但更多体现在反应速率的变化上，但一味增加水铁矿的量是不可取的，当纳米水铁矿从 0.1%的添加比例增至 0.5%时，反应后期的稳定化效率并不是随之成倍增加的，添加量是有一定浓度范围的。土壤中砷 TCLP 浓度的降低随时间变化，分为快速和慢速反应阶段（张美一和潘纲，2009），这与莫小荣等（2017）报道的结果类似。研究认为，随着时间的延长，As 与吸附介质的直接作用增强，不可提取形态的比例增大，还有部分吸附产物结构改变成为更稳定的化合物。Jain 等（1999）指出，不同砷铁比例下吸附反应机理不同，与反应体系中–OH 释放量及表面电荷有关。当砷铁比高时，土壤中的砷酸根离子通过表面沉淀与 Fe、Al 矿物作用，反应过程中容易形成类似闭蓄态磷的闭蓄态砷，阻止内部砷的释放，影响部分砷与稳定药剂的稳定化反应，导致砷的稳定效率降低。

从稳定化前后土壤各结合态砷的测试结果得知，纳米水铁矿能够降低土壤中可溶态砷含量的主要原因是其能够将土壤中砷从可交换态转化为其他形式，从而降低了砷的移动性。纳米水铁矿促使 F1 和 F2 形态的砷主要向无定形或弱结晶铁铝水合氧化物结合态转变，而普通水铁矿在稳定化过程中由于自身的重结晶和老化作用，可溶态砷更易向 F4 结晶铁铝水合氧化物结合态转变。费杨等（2015）指出，土壤中添加晶质 Fe_2O_3、Nano-Fe_2O_3 使砷由可溶态主要向 F4 结合态转变，而添加无定形铁锰氧化物主要向 F3 转变。卢聪等（2013）使用 $FeSO_4$ 固定土壤中的砷，在碱性条件下 Fe（Ⅱ）可以沉淀生成无定形或弱结晶态矿物，与土壤中的砷结合，形态主要向 F3 转变。

pH、有机质含量、土壤黏粒含量等能在一定程度上影响土壤中砷的赋存形态，纳米水铁矿的添加对土壤 pH 产生了一定的影响。张美一和潘纲（2009）研究了三种铁系纳米颗粒（Fe^0、FeS 和 Fe_3O_4）对两种典型砷污染土壤的固砷作用，结果表明纳米颗粒中 Fe_3O_4 的固砷效率最高，一方面是其本身的吸附能力较强，另一方面 Fe_3O_4 纳米颗粒还有助于提高土壤的 pH，可有效抑制砷的生物可利用程度和迁移能力。本研究中各处理土壤 pH 高于 7.3，As（Ⅴ）的主要形态为 $HAsO_4^{2-}$，它更容易被水铁矿吸附，但 OH^- 离子的含量也急剧增多，会有竞争吸附。土壤 pH 的改变并没有引起砷赋存形态的变化，也没有对砷的固定化吸附产生影响，因此 pH 并不是影响土壤砷吸附行为的主要因素，通过钝化剂改变 pH 和增加吸附量两种作用，钝化效果才显著。同时，考虑对土壤理化性质的影响和环境效应，选取合适的添加量。

三、种植作物条件下纳米水铁矿对砷有效性的影响

近年来，有关砷在土壤-植物系统内的迁移、富集及其污染治理问题已引起国内外研究者的高度重视。通过添加钝化剂，调节和改变土壤中砷的存在形态，原位固定土壤中的砷，有效降低砷在土壤中的移动性和生物有效性，减少作物对砷的吸收及其在作物体内的积累，已成为一种有效可行的砷污染土壤治理方法（Ruttens et al.，2010）。水铁矿是一种常见的非晶型铁氧化物，作为钝化剂可用于砷污染土壤的治理，降低砷对农作物的危害，保障农产品的安全（Fritzsche et al.，2011；Sun et al.，2015）。在以下内容中，将探讨在种植作物条件下普通水铁矿和纳米水铁矿对土壤砷的钝化效果，并探究土壤中铁氧化物的含量及形态变化对土壤砷有效性的影响。

此外，多数学者的研究集中在土壤培养的方式，探讨培养时间等因素对砷的钝化效果，而结合指示生物及后效性方面的相关研究还不多见。因此，为了进一步考察钝化剂的调控能力，我们在研究中选取小油菜作为指示生物进行盆栽试验，对加入纳米水铁矿后土壤各形态砷的变化规律进行研究，结合生物有效性试验，以连续种植的方式考察纳米水铁矿对土壤砷生物有效性的影响及后效。

（一）纳米水铁矿对植株生物量和砷浓度的影响

1. 对小油菜地上部生物量的影响

本研究中，施入纳米水铁矿的盆栽试验处理均未引起砷的毒性效应而导致植株死亡。表 2.12 给出了添加不同比例的纳米水铁矿后，小油菜地上部生物量的变化情况。由表可知，第一季作物，0.5% 纳米水铁矿添加量处理下的植株生物量比其他处理高，生物量增长了 22.8%。其余处理与对照 CK 相比，生物量有减小的趋势，但总体上第一季作物生物量没有显著的变化（$P < 0.05$）。随着培养时间的延长，第二季小油菜的生物量基本没有明显的变化。与 CK 相比，0.05%纳米水铁矿反而使植株生物量降低了 30.7%。植株生物量随着水铁矿纳米粒子添加比例的增大而增加。

表 2.12　纳米水铁矿对小油菜生长的影响

处理	生物量（干重）/g		砷吸收量/（μg/pot）		砷转移系数（TC）	
	第一季	第二季	第一季	第二季	第一季	第二季
CK	0.92±0.15ab	1.01±0.08ab	2.99±0.29a	3.73±0.23a	0.0174b	0.0196a
0.05%	0.52±0.03b	0.70±0.09c	2.16±0.18b	2.15±0.24bc	0.0220a	0.0163ab
0.1%	0.73±0.04b	1.05±0.03b	2.17±0.14b	2.56±0.31b	0.0156b	0.0129b
0.5%	1.13±0.26a	1.16±0.09a	2.05±0.32b	1.33±0.58c	0.0096c	0.0059c

注：砷吸收量=植株干重×砷含量；TC = $[As_{plant}]/[As_{soil}]$，其中，$[As_{plant}]$表示植株中砷含量（μg/g），$[As_{soil}]$是土壤中总砷含量（μg/g）（Kloke et al.，1984）。不同字母代表不同处理间差异显著（$P<0.05$）。

2. 对小油菜砷含量的影响

一般而言，植株砷浓度可反映土壤砷的生物有效性。与普通的水铁矿相比，纳米水铁矿作为钝化剂更有利于小油菜地上部砷含量的降低［图 2.27（a）］。水铁矿施入土壤

后，第一季收获物中，0.5%纳米水铁矿添加比例下小油菜植株砷含量相比 CK 降低了44.5%，其余处理与 CK 相比变化均不显著；0.05%的纳米水铁矿施入后，砷含量与对照相比反而增加了 26.1%。但种植第二季时，水铁矿可显著降低小油菜地上部的砷浓度，随着纳米水铁矿施入量的增加，植株地上部砷含量逐渐降低，与 CK 相比，添加量为0.05%、0.1%和 0.5%时，其砷含量分别降低了 16.5%、34.2%和 69.6%。总体来看，第二季小油菜砷含量大致要比第一季的低。该结果说明，纳米水铁矿与砷的结合物具有较强的稳定性，因而能在较长时间内将土壤中砷有效性保持在较低水平。

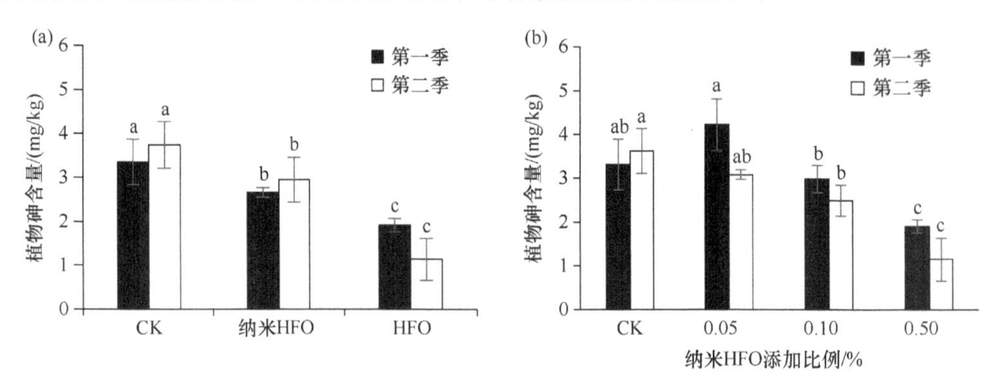

图 2.27 纳米水铁矿处理下小油菜砷含量的变化

（a）相同添加量下纳米水铁矿和普通水铁矿对植物砷含量的影响；（b）不同添加比例下纳米水铁矿对植物砷含量的影响。0.05%、0.1%和 0.5%为纳米水铁矿的添加比例，水铁矿为 0.5%未加羧甲基纤维素的普通水铁矿颗粒。不同字母代表不同处理间差异显著（$P<0.05$）

3. 对小油菜砷富集和转移系数的影响

施用钝化剂不仅影响植物砷浓度，而且影响砷吸收量和土壤砷转移系数。土壤砷的转移系数（transfer coefficients，TC）是植物地上部分砷浓度与土壤中砷浓度的比值，它可表示砷在土壤-植物系统间的迁移能力及土壤中砷对植物的有效性（Kloke et al.，1984；Robinson et al.，1998；Warren et al.，2003）。水铁矿施入土壤后，作物砷吸收量与对照相比均显著降低（见表 2.12），尤其是第二季收获后，不同纳米水铁矿添加比例的小油菜砷吸收量降低都很明显，至少降低了 42.2%，随添加比例的增加，降低幅度升高。然而普通水铁矿施入后，砷吸收量与对照相比仅降低了 28.7%，同样浓度的纳米水铁矿，砷吸收量降低了 66.3%。

表 2.12 给出了不同处理下土壤砷转移系数的变化。与 CK 相比，第一季作物中，0.5%的纳米水铁矿显著降低了砷转移系数，添加比例为 0.05%时，砷转移系数较对照稍高一些，但差异并不显著。不同处理下，第二季作物的砷转移系数值均比对照小，其值也是随着添加比例的增高而降低，说明水铁矿纳米化后对土壤砷转移系数的降低比同等添加比例的水铁矿效果明显。

（二）纳米水铁矿对土壤砷有效性的影响

1. 对水溶态砷含量的影响

水溶态砷在一般土壤中所占的比例较低（<1 mg/kg），占总砷量的 5%～10%

(Bombach et al., 1994)，尽管其含量很低，但水溶态砷是土壤总砷库中活性最高的组分（孙媛媛，2015；Fernández et al., 2005）。如图 2.28 所示，种植作物后，对照处理下土壤水溶态砷含量为 0.65 mg/kg，仅占本供试土壤中砷含量的 0.4%。总体上，水铁矿处理可降低土壤中水溶态砷含量，尤其随着培养时间延长，水溶态砷含量降低明显，第二季作物种植结束后，每种处理的水溶态砷含量均比第一季有所降低。第一季结束时，纳米水铁矿 0.05%和 0.1%的添加比例下，水溶态砷含量略高于对照处理，分别增加了 28.2%和 29.7%；0.5%的纳米水铁矿处理下水溶态砷含量显著降低，仅为对照处理的 41.9%，与对照处理相比，水铁矿对水溶态砷的降低幅度为 43.4%，添加纳米水铁矿后，土壤中水溶态砷含量比按同等添加比例添加水铁矿后低 17.1%。第二季盆栽实验结束后，土壤中水溶态砷含量随着纳米水铁矿添加比例的增加而减少，三种添加比例下，其水溶态砷含量分别降低了 38.6%、26.2%和 64.0%。

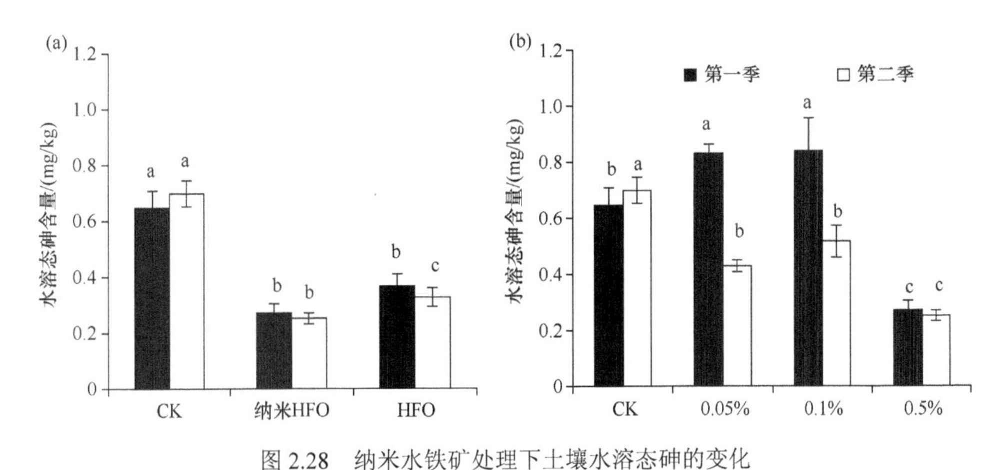

图 2.28 纳米水铁矿处理下土壤水溶态砷的变化

（a）相同添加量下纳米水铁矿和普通水铁矿对土壤水溶态砷含量的影响；（b）不同添加比例下纳米水铁矿对土壤水溶态砷含量的影响。0.05%、0.1%和 0.5%为纳米水铁矿的添加比例，水铁矿为 0.5%未加羧甲基纤维素的普通水铁矿颗粒。不同字母代表不同处理间差异显著（$P<0.05$）

2. 对有效态砷含量的影响

有效态砷是指一种高生物有效性的重金属形态，用碳酸氢钠提取测定，包括水溶态砷和可交换态砷，通常可交换态砷为水溶态砷的 16 倍。种植小油菜后，不同比例的纳米水铁矿对有效态砷含量的影响见图 2.29（b），纳米水铁矿和普通水铁矿对砷有效性的影响见图 2.29（a）。由图可知，与 CK 相比（8.92 mg/kg），水铁矿施入使有效态砷含量降低了 8.5%～59.0%，纳米水铁矿对砷有效性的降低显著低于水铁矿（$P<0.05$）。第一季盆栽实验结束后，土壤中有效态砷含量分别降低了 50.0%和 17.1%，第二季盆栽土壤中有效态砷含量分别降低了 59.0%和 12.8%。随着纳米水铁矿添加比例的增加，土壤有效态砷含量逐渐降低；随着培养时间的延长，有效态砷含量也随之降低。

3. 对土壤砷固液分配系数的影响

土壤砷固液分配系数（K_d）是土壤总砷含量与土壤水溶态砷含量之比（Chen et al., 2009），反映了土壤对砷的吸附固定能力。添加纳米水铁矿后，砷在土壤中的固液分配

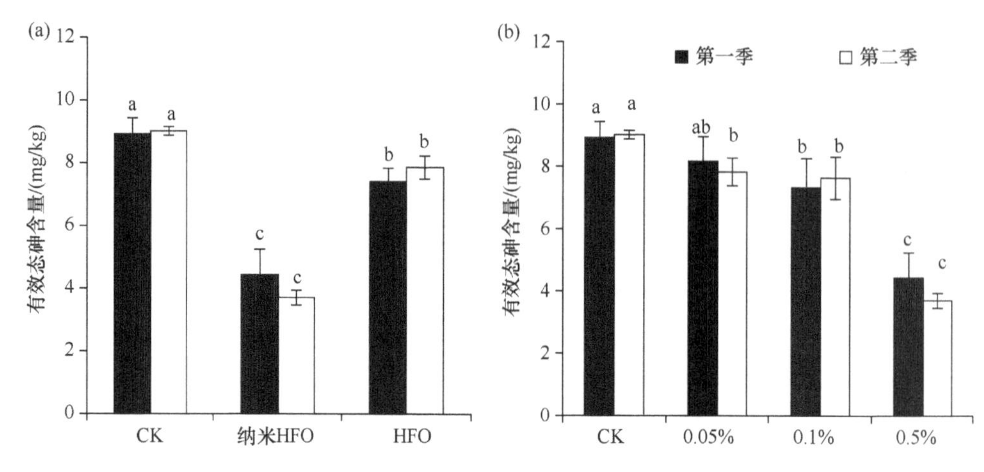

图 2.29　纳米水铁矿处理下土壤有效态砷的变化

(a) 相同添加量下纳米水铁矿和普通水铁矿对土壤有效态砷含量的影响；(b) 不同添加比例下纳米水铁矿对土壤有效态砷含量的影响。0.05%、0.1%和 0.5%为纳米水铁矿的添加比例，水铁矿为 0.5%未加羧甲基纤维素的普通水铁矿颗粒。不同字母代表不同处理间差异显著（$P<0.05$）

系数变化如图 2.30 所示。由图可知，两季种植结束后，添加了水铁矿的土壤中砷的 K_d 值均比对照处理增加，且第二季的 K_d 明显高于第一季，至少增加了 14%。0.5%纳米水铁矿 K_d 增加显著。与对照处理 CK 相比，第一季和第二季结束后，K_d 的增加分别为 1.7～4.3 mL/kg 和 1.9～5.4 mL/kg；与未加羧甲基纤维素的相同添加比例水铁矿相比，两季的 K_d 分别增加了 17.6%和 37.9%。

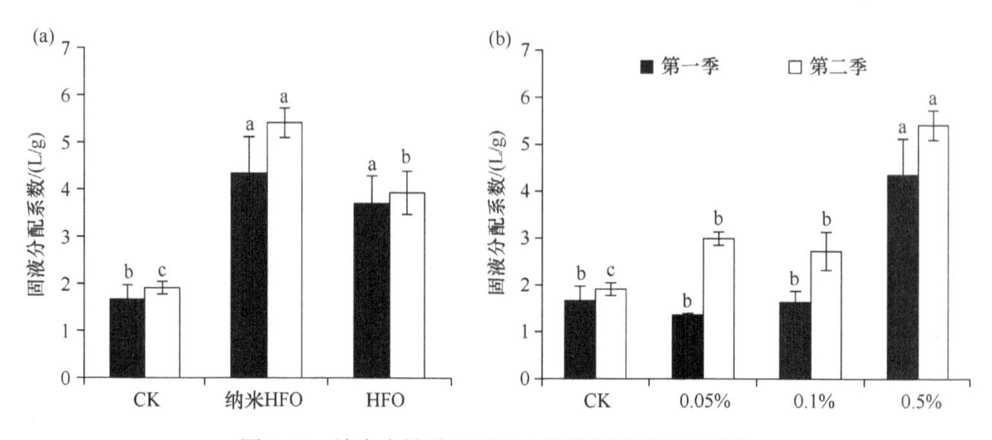

图 2.30　纳米水铁矿处理下土壤砷的固液分配系数

(a) 相同添加量下纳米水铁矿和普通水铁矿对砷固液分配系数的影响；(b) 不同添加比例下纳米水铁矿对砷固液分配系数的影响。0.05%、0.1%和 0.5%为纳米水铁矿的添加比例，水铁矿为 0.5%未加羧甲基纤维素的普通水铁矿颗粒。不同字母代表不同处理间差异显著（$P<0.05$）

（三）纳米水铁矿对土壤砷赋存形态的影响

1. 对土壤各形态砷含量的影响

盆栽实验结束后，两季盆栽土壤不同形态砷含量随水铁矿添加比例的变化结果如图 2.31 所示。图中 F1、F2、F3、F4 和 F5 分别代表非专性吸附态砷、专性吸附态砷、无定形和弱结晶度的铁铝水合氧化物结合态砷、结晶度高的铁铝水合氧化物结合态砷和残渣态砷。由图可知，第一季小油菜种植后，未处理的对照土壤中，F1 含量最低（0.62 mg/kg），仅占土壤总砷含量的 0.4%；F3 为砷的主要赋存形态，其含量超过总砷含量的 36.3%；F2 为非专性吸附态，占土壤总砷含量的 27.6%；F4 和 F5 所占比例分别为 19.8%和 15.8%。水铁矿加入后，F1、F2 和 F3 三种形态的变化幅度比较大。与对照土壤相比，0.5%的纳米水铁矿施入后，两季盆栽土壤的 F1 和 F2 两种形态含量降低，两季土壤 F1 非专性吸附态的含量分别从 0.61 mg/kg 降至 0.33 mg/kg、从 0.64 mg/kg 降至 0.48 mg/kg；F2 专性吸附态也有所降低，两季种植结束后分别降低了 9.6%和 11.7%。

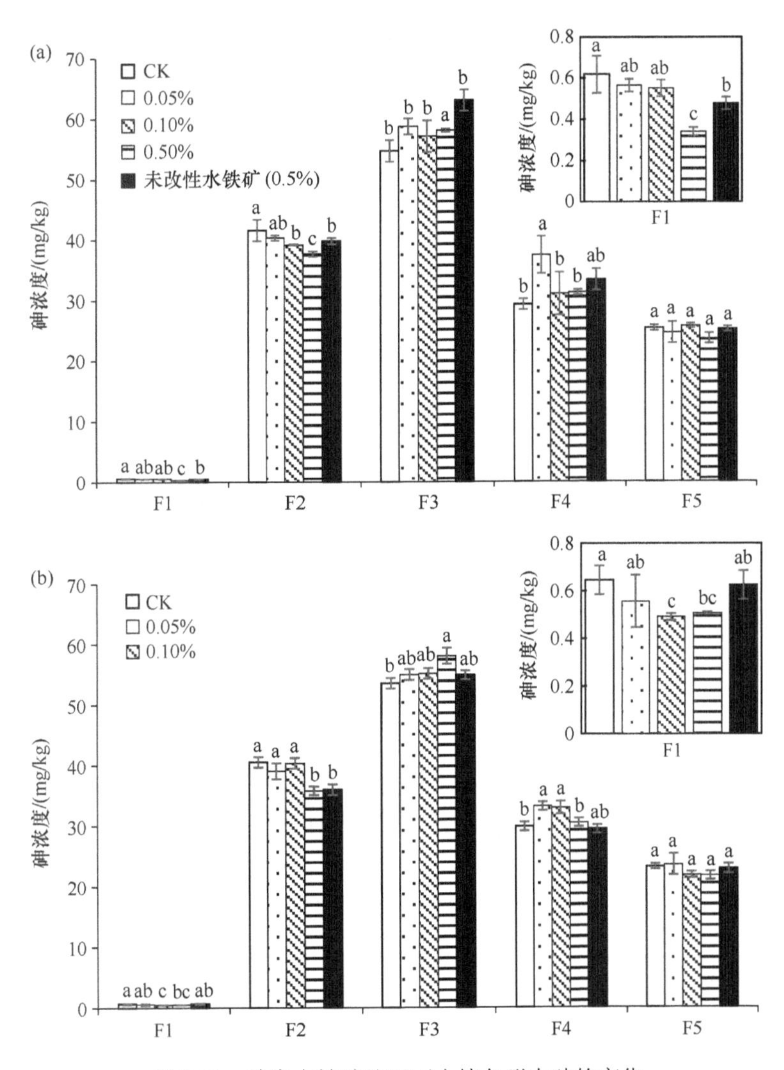

图 2.31 纳米水铁矿处理下土壤各形态砷的变化

（a）第一季；（b）第二季。0.05%、0.1%和 0.5%为纳米水铁矿的添加比例，未改性水铁矿为 0.5%未加羧甲基纤维素的普通水铁矿颗粒。不同字母代表不同处理间差异显著（$P<0.05$）。小图为将 F1 放大后的柱状图

2. 砷形态分布与砷生物有效性的关系

砷在环境中的迁移转化和生物有效性在很大程度上取决于砷的化学形态分布。两季

小油菜地上部砷含量与土壤中各形态砷含量相关性分析结果如图 2.32 所示，拟合方程见表 2.13。纳米水铁矿处理后，小油菜地上部砷含量与非专性吸附态（F1）和专性吸附态（F2）呈显著正相关关系，其相关系数分别为 0.535 和 0.562；与无定形和弱结晶度的铁铝水合氧化物结合态砷（F3）呈负相关关系（R=0.390*，P<0.05）；与结晶度高的铁铝水合氧化物结合态砷（F4）（R=0.170）和残渣态砷（F5）呈正相关关系（R=0.409*）。植株地上部砷含量与水溶态砷和有效态砷也呈极显著正相关关系，其相关系数分别为 R=0.796、R=0.675。结果表明，影响小油菜地上部分吸收砷的主要形态包括土壤水溶态砷、有效态砷、非专性吸附态砷、专性吸附态砷、无定形和弱结晶度的铁铝水合氧化物结合态砷，纳米水铁矿施入土壤引起土壤中的砷由移动性较强的活性态向非活性态转化，从而减少植株对砷的吸收。

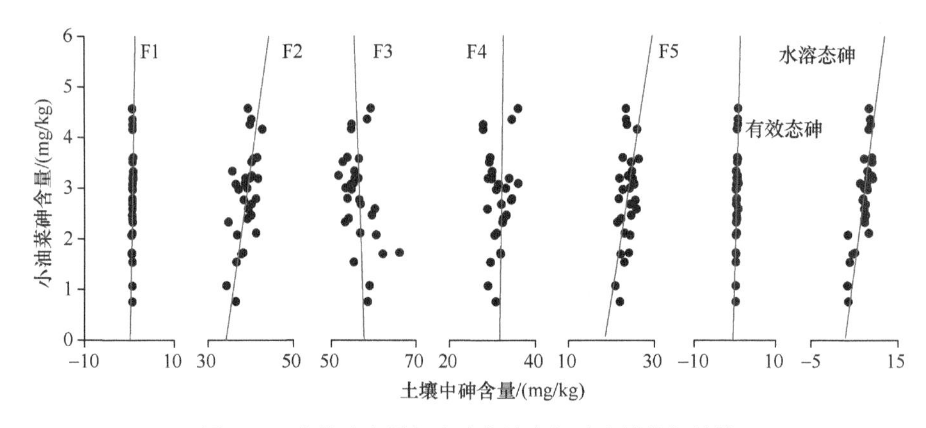

图 2.32　土壤砷含量与小油菜地上部砷含量的相关性

表 2.13　土壤砷含量与小油菜地上部砷含量的相关性方程

土壤砷形态	小油菜地上部砷含量	
	回归方程	相关系数（R）
水溶态砷	$y = 4.016x + 0.88$	0.796**
有效态砷	$y = 0.422x - 0.09$	0.675**
非专性吸附态砷（F1）	$y = 5.020x + 0.16$	0.535**
专性吸附态砷（F2）	$y = 0.245x - 6.69$	0.562**
无定形和弱结晶度的铁铝水合氧化物结合态砷（F3）	$y = -0.115x + 9.37$	−0.390*
结晶度高的铁铝水合氧化物结合态砷（F4）	$y = 0.057x + 1.05$	0.170
残渣态砷（F5）	$y = 0.259x - 3.28$	0.409*

* P<0.05；** P<0.01。

（四）纳米水铁矿在土壤中的转化及其与砷形态的关系

加入到土壤中的水铁矿不稳定，随着培养时间的延长会转化为晶型铁氧化物，主要是针铁矿或赤铁矿等，影响铁氧化物对砷的吸附固定，从而引起土壤中各结合态砷含量的变化。铁氧化物的活性可以用非晶型与晶型铁氧化物含量比值来表示，间接地反映了土壤中铁氧化物的比表面积和反应活性（Schwertmann，1969）。两季盆栽结束后，不同处理和添加比例下非晶型水铁矿在土壤中的形态发生了转化，其转化率如图 2.33（a）所示，培养结束后，非晶型铁氧化物与晶型铁氧化物的比值（Fe_o/Fe_d）见图 2.33（b）。如图中所示，两季培养结束后（90 d），普通水铁矿加入的土壤中，非晶型铁氧化物和晶型铁氧化物的比值与对照相比几乎没有变化，而纳米材料的加入使得非晶型铁氧化物和晶型铁氧化物的比值增加。以羧甲基纤维素作为稳定剂合成的纳米水铁矿在土壤中发生了极少的转化，0.5%纳米水铁矿加入后，非晶型氧化铁的转化率仅为 2.8%；0.1% 纳米水铁矿进入土壤后的转化率为 10.1%；0.05% 纳米水铁矿在土壤中转化率比较高（53.78%）。非晶型与晶型铁氧化物含量比值随着纳米水铁矿添加比例的增加而增大。

土壤中各形态砷含量、小油菜地上部砷含量与 Fe_o/Fe_d 相关性分析如图 2.34 所示。小油菜地上部砷含量与 Fe_o/Fe_d 呈负相关关系，相关系数为 0.624^{**}；土壤中的有效态砷和非专性吸附态砷与 Fe_o/Fe_d 呈显著正相关，其相关系数分别为 0.541 和 0.699，与 F2 专性吸附态砷和 F5 残渣态砷也呈正相关，但相关性不显著；与 F3 和 F4 呈负相关，且无定形和弱结晶度的铁铝水合氧化物结合态砷与非晶型和晶型铁氧化物比值呈显著负相关（R=0.549^{*}）。以上结果表明，无定形和弱结晶度的铁铝氧化物更有助于促进土壤中砷的吸附固定，固液分配系数（K_d）与 Fe_o/Fe_d 值的相关性关系也证实了这一点（R=0.521^{*}）。

把纳米水铁矿加入砷污染土壤并经老化后种植小油菜，将其作为指示作物来研究纳米水铁矿对砷有效性的影响。实验结果显示，以羧甲基纤维素作为稳定剂合成的纳米水铁矿在土壤中稳定性良好，两季种植结束后，未稳定的水铁矿有 76.6%转化为晶型氧化铁，而非晶型铁氧化物的转化率仅为 2.8%。实验结果显示纳米水铁矿对砷的钝化效果优于普通的水铁矿，0.5%的添加比例下，第一季和第二季小油菜地上部砷含量分别降低了 30.5%和 61.0%，有效态砷含量降低了 40.1%和 52.9%。土壤固液分配系数 K_d 值增加幅度分别为 1.7～4.3 mL/kg 和 1.9～5.4 mL/kg。随着添加比例的增加，对砷的固定效果更加显著，但植物生长量没有显著变化。通过分析可知，非晶型铁氧化物含量是影响砷在土壤中吸附、迁移转化的重要因素，植物砷吸收量、土壤中有效态砷含量均随着 Fe_o/Fe_d 值的增加而降低，Fe_o/Fe_d 值与土壤中砷固液分配系数呈显著正相关关系（R=0.521^{*}）。纳米水铁矿对土壤砷具有一定的后效作用，且添加比例越大，效果越好。

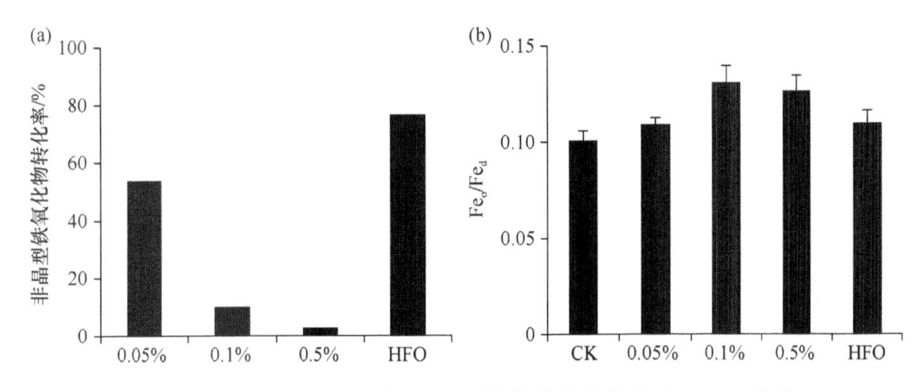

图 2.33 盆栽试验后土壤中非晶型铁氧化物转化率及 Fe_o/Fe_d 比率

Fe_o 为非晶型铁氧化物；Fe_d 为晶型铁氧化物

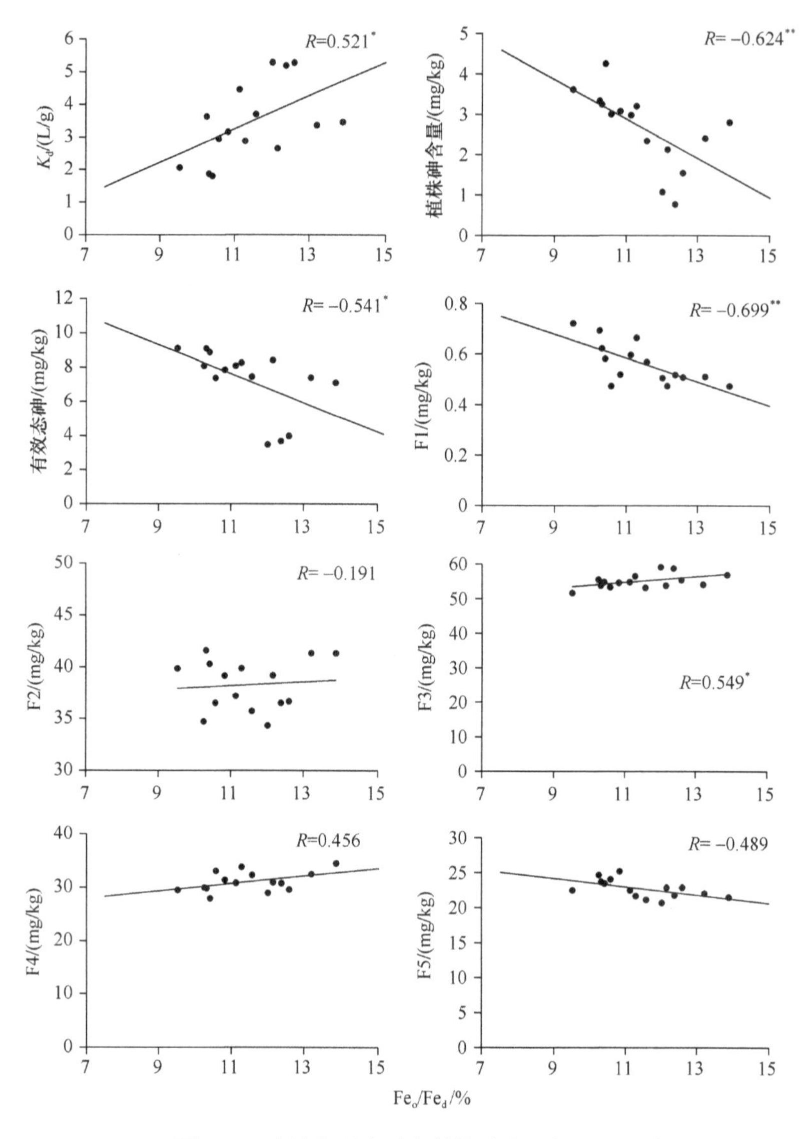

图 2.34 土壤各形态砷和植株砷含量与 Fe_o/Fe_d 的相关性

四、纳米水铁矿在土壤中的运移及其对砷固定和迁移行为的影响

纳米材料在污染物去除方面的应用日益广泛，利用纳米粒子的流动性和反应性，将其用于原位固定土壤和地下水中的污染物（Fang et al., 2009; Gong et al., 2012; He et al., 2007; Kanel et al., 2007），效果显著。纳米材料在土壤运移过程中，与土壤胶体相互作用，化学形态或组成会发生转化，从而影响其固定能力和迁移性能。目前对纳米铁氧化物在土壤环境中的转化和运移方面的认识仍停留在初步阶段，相比其他纳米材料（如碳纳米管）来说尤其缺乏。此外，多数研究局限于均匀规则的多孔介质，如石英砂或玻璃珠等，与实际的土壤环境或沉积物有明显不同。

纳米材料在砷污染土壤修复与污染物在土壤中迁移行为的报道甚少。纳米水铁矿通过内表面络合和外表面络合与土壤中的砷共同作用后，会改变土壤中砷的存在形态，并将对砷在土壤中的迁移性能产生影响。从理论上看，纳米水铁矿可以作为污染物的载体，并在很大程度上控制污染物的流动性和稳定性。然而，将稳定的纳米胶体在一定压力作用下输入到深层土壤与砷共同作用，纳米水铁矿胶体的运移是否会因砷的吸附而减小，还是会与砷发生协同迁移，可能存在很大的不确定性。土壤性质包括 pH、质地、有机质含量等，都会对纳米水铁矿在土壤中的迁移行为产生一定影响。因此，纳米水铁矿原位输入砷污染土壤后，砷在土壤和地下水中的迁移转化、铁氧化物的稳定性变化，是一个值得关注的问题。基于此，我们通过添加稳定的纳米水铁矿研究砷在土壤中的迁移转化行为及砷的结合机制与存在形态，其结果将有助于促进新型纳米材料原位修复土壤和地下水中重金属的理论创新，从而为重金属砷污染的环境修复及应急处理技术提供重要的科学依据。

（一）土壤和纳米水铁矿对砷的吸附

1. 土壤对所吸附砷解吸的动力学

从湖南的石门和郴州两地分别采集砷污染土壤进行砷解吸相关试验，所采集土壤的理化性质见表 2.14。根据解吸试验的结果（图 2.35），两种供试土壤在室温、水土比为 0.05 时，随着时间的延长，土壤液相砷浓度逐渐增加，在开始的 10 h 内，解吸的砷量呈直线上升的趋势，之后液相砷浓度上升趋势减缓；至第 48 h 时，土壤中砷的解吸达到

表 2.14　供试土样的理化性质

指标	郴州砷污染土壤（CZ）	石门砷污染土壤（SM）
pH（水）	7.99	6.05
水解性氮/（mg/kg）	150	117
有效磷/（mg/kg）	11.2	15.5
速效钾/（mg/kg）	73	111
全氮/（g/kg）	2.05	1.13
全磷/（g/kg）	0.72	0.74
全钾/（g/kg）	10.3	15.9
有机质/（g/kg）	32.4	20.5
CEC/［cmol（+）/kg］	11.7	11.5
总砷/（mg/kg）	189.4	147.4
有效砷/（mg/kg）	7.08	5.18
有效锰/（mg/kg）	14.4	97.02
有效铁/（mg/kg）	25.7	35.56
活性铝/（g/kg）	0.86	1.08
机械组成/%		
2～0.05 mm（砂粒）	18.33	27.08
0.05～0.002 mm（粉粒）	41.11	44.11
<0.002 mm（黏粒）	36.45	25.70

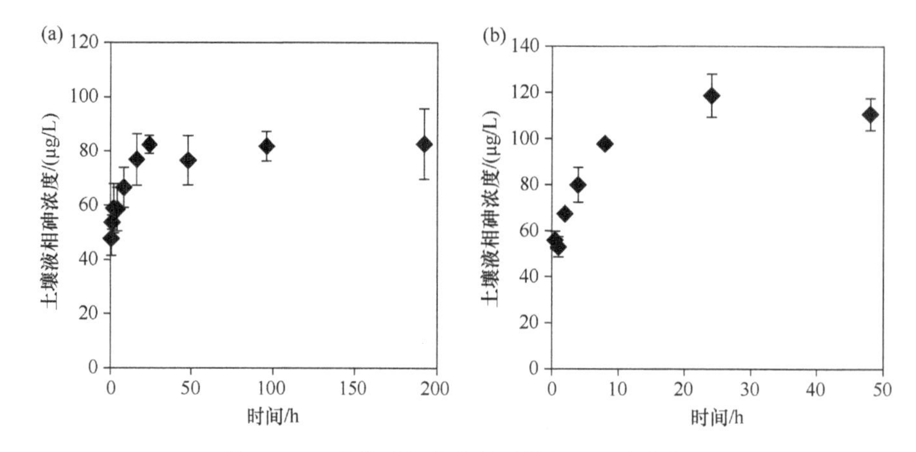

图 2.35　两种供试污染土壤砷的解吸动力学曲线

（a）湖南石门土壤；（b）湖南郴州土壤。土水比为 0.05；pH 为 6.8 ± 0.4

平衡，此时溶液中砷的浓度分别为 82.69 μg/L 和 110.77 μg/L。砷在土壤表面的解吸与吸附过程趋势相类似，快速阶段之后进入较长的慢速反应阶段，且解吸时间的长短和解吸量大小对砷在土壤表面的解吸具有较大的影响。通过计算可知，解吸到达平衡时，湖南石门和郴州土壤中砷的固液分配系数（K_d）分别为 1.78 L/g 和 1.44 L/g。

2. 纳米水铁矿对土壤砷的吸附固定

不同浓度的纳米水铁矿悬浮液加入砷污染土壤后，对土壤中水溶态砷浓度的影响结果如图 2.36 所示，CK 为未添加水铁矿的对照土样，纳米水铁矿浓度设置四个梯度，分别为 0.025 g/L、0.05 g/L、0.1 g/L 和 0.3 g/L。总体来说，未加水铁矿的土壤，随着时间的延长，液相砷浓度逐渐增高，最后趋于稳定；加入纳米水铁矿后，液相砷浓度先增加，之后有降低的趋势。由图可知，未加纳米水铁矿，平衡时石门土壤和郴州土壤溶液中砷的浓度分别为 82.69 μg/L 和 110.77 μg/L，分别占土壤中总砷含量的 1.27%和 1.12%。添加 0.025 g/L 纳米水铁矿，吸附达到平衡时，液相砷浓度分别降低了 52.2%和 45.8%。随着纳米材料添加量的增加，平衡时土壤液相砷浓度逐渐降低，当添加量增加至 0.3 g/L 时，两种土壤水溶态砷浓度降低了 82.3%和 73.6%，液相砷浓度分别为 19.7 μg/L 和

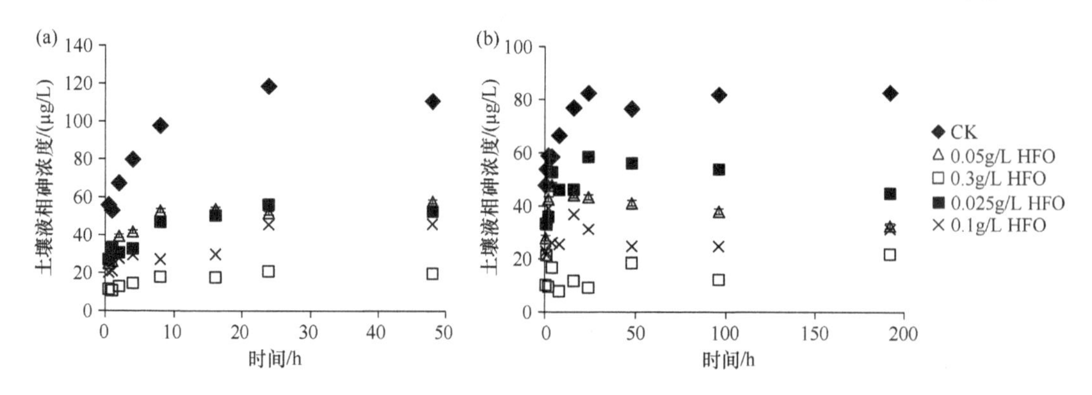

图 2.36　不同浓度的纳米水铁矿对土壤液相砷浓度的影响

（a）湖南石门土壤；（b）湖南郴州土壤

21.8 μg/L。经测定计算，0.025 g/L、0.05 g/L、0.1 g/L 和 0.3 g/L 纳米水铁矿加入后，砷在湖南石门土壤固相部分（包括土壤和水铁矿纳米颗粒）和液相部分中的固液分配系数分别为 1.78 L/g、3.02 L/g、2.75 L/g、3.45 L/g 和 8.07 L/g；湖南郴州土壤中砷的固液分配系数分别为 1.44 L/g、3.29 L/g、4.53 L/g、4.71 L/g 和 6.00 L/g。

为进一步测试纳米材料对土壤中砷的固定能力，将反应后的固体作固体废物毒性浸出实验（TCLP），选取纳米水铁矿浓度为 0.3 g/L 的土壤样品，其测试结果如图 2.37 所示。未加纳米水铁矿经 TCLP 测试，两种土壤砷含量分别为 3.14 mg/kg 和 2.76 mg/kg；当使用 0.3 g/L 的纳米水铁矿处理后，砷毒性浸出浓度分别比 CK 降低了 71.2%和 84.8%。

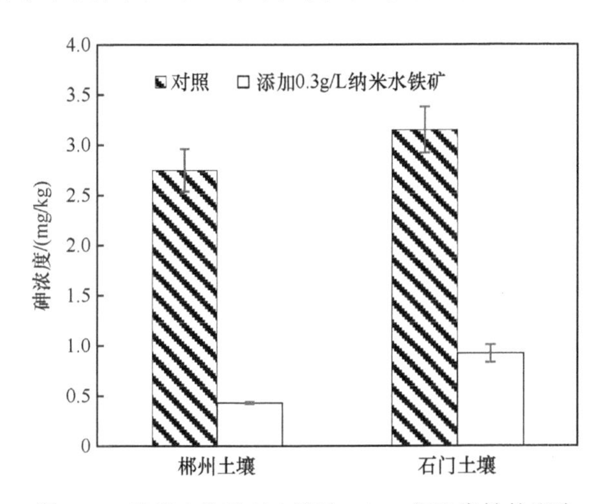

图 2.37　纳米水铁矿对土壤砷 TCLP 浸出毒性的影响

（二）纳米水铁矿在土壤中的迁移行为

1. 理论基础

溶质穿透曲线（BTC）反映溶质在多孔介质中混合置换和运移的特征。使用 CXTFIT2.1 来描述实验所得溶液流出曲线，模拟参数通过非线性拟合数据得出。模型考虑局部平衡和非平衡两种形式。

1）局部平衡假设（LEA）

在均一的土壤含水量和稳态流条件下，溶质在多孔介质中的运移可用对流-弥散方程来描述（Toride et al.，1999）。该方程假定溶质进入土壤介质后，其在液相和固相之间的反应速率瞬时达到平衡，因此认为吸附所引起浓度变化或者扩散速率远远大于对流引起的浓度变化速率（李韵珠和李保国，1998；Meng and Li，2004）。溶质在稳定流、均质土壤条件下的一维对流-弥散方程（CDE 方程）由以下公式给出（Toride et al.，1999）：

$$R_{\mathrm{d}}\frac{\partial C_{\mathrm{r}}}{\partial t}=D\frac{\partial^2 C_{\mathrm{r}}}{\partial x^2}-v\frac{\partial C_{\mathrm{r}}}{\partial x} \tag{2.8}$$

式中，C_{r} 为液相溶质浓度（mg/L）；t 为时间（min）；D 是水动力弥散系数（cm^2/min）；x 是距溶质加入端的距离（cm）；v 是平均孔隙水流速（cm/min）；R_{d} 为阻滞因子。

2）非平衡假设或两点假设（TS）

土壤中的溶质运移与物理和化学非平衡过程有关。物理非平衡源于非均质的流动，而化学非平衡是由吸附动力学引起的（Toride et al.，1999）。本研究模拟饱和土柱试验，我们这里只考虑化学非平衡。化学非平衡认为溶质在土壤表面的吸附包括两种：一种是瞬时吸附；另一种是遵从一级动力学方程的速率受限吸附，与土壤的多相异质性有关，是由土壤复杂的组成和结构造成的（Gamerdinger and Kaplan，2001；Suárez et al.，2007）。化学非平衡一般采用两点模型来描述，考虑吸附点和吸附动力学问题，溶质在稳定流条件下的两点模型控制方程（Huo et al.，2013；Toride et al.，1999）为：

$$\beta R_{\mathrm{d}} \frac{\partial C_1}{\partial T} = \frac{1}{P} \frac{\partial^2 C_1}{\partial Z^2} - \frac{\partial C_1}{\partial Z} - \omega\left(C_1 - C_2\right) \tag{2.9}$$

$$\left(1-\beta\right) R_{\mathrm{d}} \frac{\partial C_2}{\partial T} = \omega\left(C_1 - C_2\right) \tag{2.10}$$

式中，1 和 2 分别代表瞬时吸附平衡，以及与时间相关的非平衡点位；T 为归一化的时间单位（vt/L）；Z 为归一化的土柱长度（x/L）；ω 为无量纲的质量转换系数；P 为 Peclet 数（vL/D）；β 表示瞬时和速率受限吸附的分布，β 和 ω 定义为：

$$\beta = \frac{\theta + f\rho_{\mathrm{b}} K_{\mathrm{d}}}{\theta + \rho_{\mathrm{b}} K_{\mathrm{d}}} \tag{2.11}$$

$$\omega = \frac{\alpha\left(1-\beta\right) R_d L}{v} \tag{2.12}$$

式中，f 为瞬时吸附的交换点所占的比例；α 为一级动力学速率常数（h^{-1}）；L 为土柱长度。

对于阶跃输入溶质，初始和边界条件如下：

$$C\left(x,\ 0\right) = 0$$

$$C\left(0,\ t\right) = C_0\left(0 < t \leqslant T_{\mathrm{e}}\right)$$

$$C\left(0,\ t\right) = 0\left(T_{\mathrm{e}} < t < \infty\right)$$

$$C\left(\infty,\ t\right) = 0\left(0 < t < \infty\right)$$

式中，C_0 为溶质输入浓度（mg/L），T_{e} 为持续输入时间（min）。

2. 示踪剂溴离子在土壤中的运移

以溴（Br）为示踪剂，通过其穿透曲线数据模拟来获得土壤的水动力学参数，从而对纳米水铁矿在土壤中的运移进行预测。土壤溴离子穿透曲线反映了流出液浓度随时间的变化关系，以孔隙体积作为横坐标、C/C_0 为纵坐标，绘制两种土壤中 Br 离子穿透曲线，如图 2.38 所示。Br 离子为非反应性溶质，在土壤中几乎不发生吸附反应，它的穿透曲线接近活塞流，从图中可以看出，随着土壤孔隙体积（PV）的增加，淋出液中 Br 离子浓度逐渐增大，当淋出液浓度与输入液浓度比值接近 0.5（即 $C/C_0 \approx 0.5$）时，郴州与石门两种土壤的孔隙体积分别为 0.96 和 0.82。其穿透曲线与土壤性质和水流速度相关，水流速度越大，非反应性溶质穿透曲线越接近于活塞流。

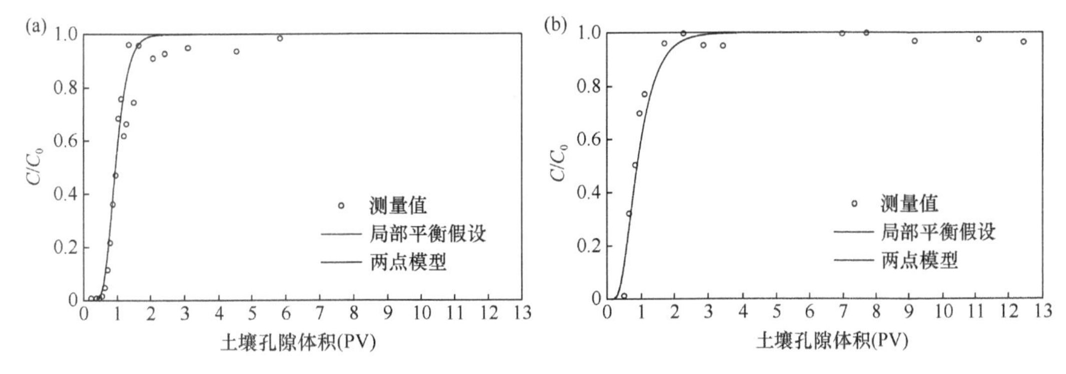

图 2.38 溴离子在两种供试土壤中的穿透曲线

（a）湖南郴州土壤；（b）湖南石门土壤

为获得水动力学参数，固定 R_d=1，用局部平衡假设（LEA）和两点模型（TS）模拟 Br 离子穿透曲线实验数据，其拟合参数见表 2.15。LEA 和 TS 模型都能够很好地模拟 Br 离子在饱和土壤中的穿透曲线，其 R^2 均在 0.95 以上，且两条模拟曲线几乎重合，表明土壤中不存在明显的不可动水，说明不存在显著的物理非平衡。两者获得的相关参数差距也比较小。当郴州和石门土样分别在 1.79 个和 2.27 个孔隙体积时，Br 离子浓度达到输入浓度，此时 C/C_0 接近于 1，流出液中的 Br 离子刚好完全穿过土柱。当 R_d=1 时，以两点模型模拟的结果显示瞬时吸附所占的比例 β 值在 95%以上，也从侧面反映了不可动水所占比例非常小。据 Suárez 等（2007）指出，当 Peclet 数值较大，即 $P>50$，对流决定溶质的运移过程，而当 $P<1$ 时，主要以扩散作用为主。本文模拟参数所得 P 值介于两者之间，说明 Br 在郴州和石门两种土壤中的运移是由扩散和对流过程决定的。

表 2.15 饱和土柱 Br 穿透曲线拟合参数

土壤	P	β	ω	D/（cm^2/d）		v/（cm/min）	R^2	
				LEA	TS		LEA	TS
CZ	40.81	0.9632	0.2873	4.9	4.44	20.0	0.9580	0.9581
SM	7.33	0.9653	100	13.64	14.88	10.0	0.9565	0.9612

3. 纳米水铁矿在土壤中的运移

选取湖南省石门县未被砷污染的土壤作为清洁土样，测试了饱和条件下纳米水铁矿在土壤中的迁移情况（图 2.39）。图 2.39 比较了同一水力学条件下，示踪剂 Br 和纳米水铁矿的穿透曲线。以水淋溶作为空白试验，测定结果发现淋出液中几乎没有铁流出。纳米水铁矿的穿透曲线以流出液中总铁的浓度变化来表示。由图可知，以羧甲基纤维素作为稳定剂合成的纳米水铁矿在土壤中具有一定的穿透能力，但是与示踪剂溴相比，纳米材料达到平衡时间时的孔隙体积大约为 8，此时 C/C_0 为 0.32。

以 CXTFIT2.1 对土壤中水铁矿的穿透曲线结果进行模拟，使用局部平衡假设和两点模型，所得参数值见表 2.16，模拟曲线如图 2.40 所示。可以通过两种方式求取纳米水铁矿在土壤中的 R_d 值。一种是给定弥散系数 D 值，即取示踪剂 Br 模拟所得的 D 值，以最小二乘法非线性拟合求取 R_d 值，图 2.40（a）给出了固定 D 值时所得纳米水铁矿的穿

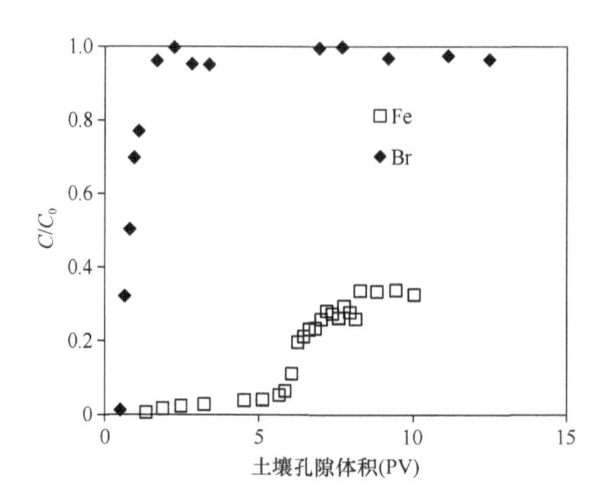

图 2.39 纳米水铁矿在土壤中的穿透曲线

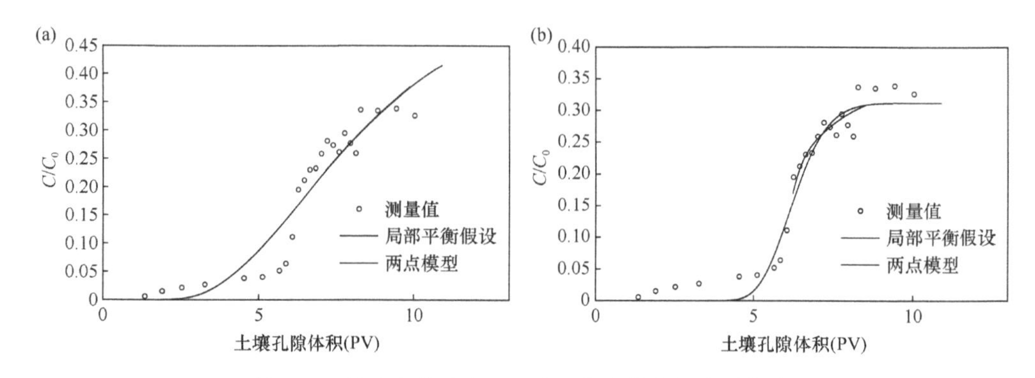

图 2.40 纳米水铁矿在石门非污染土壤中的穿透曲线

（a）固定 D 值；（b）不固定 D 值

表 2.16 非砷污染土壤纳米水铁矿穿透曲线拟合参数

项目	D /（cm²/min）	LEA		TS			
		R_d	R^2	R_d	β	ω	R^2
固定 D 值	13.64	10.3	0.902	10.34	0.8965	0.1×10^{-6}	0.9020
不固定 D 值	0.9442	6.453	0.9610	6.784	0.8867	0.6146	0.9704

透曲线。LEA 和 TS 的模拟曲线基本吻合，R^2 只有 0.90 左右。另外一种方式中，D 和 R_d 值都靠模拟所得，以两点模型模拟效果要比局部平衡假设模型吻合度高，其 R^2 为 0.9704，两区模型中 β 值为 0.8867，其值比示踪剂 Br 要低（0.9653），表明一部分吸附位点不是瞬时吸附，即纳米水铁矿在土壤中的运移过程由化学非平衡决定。在运移过程中，有一部分纳米水铁矿被土壤胶体吸附，这点从达到平衡时的 C/C_0 值也可以看出来。由模拟结果可知，在给定流速下，水铁矿在湖南石门土壤中的阻滞因子（R_d）为 6.784。

（三）纳米水铁矿对砷在土壤中迁移行为的影响

1. 纳米水铁矿在砷污染土壤中的迁移行为

根据研究结果得出纳米材料在石门和郴州两种砷污染土壤中的穿透曲线（图 2-41）。

由图可以看出，在连续不断的阶跃输入纳米水铁矿条件下，污染土壤中淋出曲线与非污染土壤中总铁的淋出曲线有很大的差别。如图 2.41 所示，当供给液达到一定浓度时，在非污染土壤中的铁淋出曲线 C/C_0 会达到一个稳定值，而同样的条件下，纳米水铁矿在砷污染土壤中的穿透曲线先达到一个浓度峰值，石门和湖南郴州土壤各自达到浓度峰值的孔隙体积分别为 6.46 和 4.70，达到最高值时，C/C_0 值分别为 0.21 和 0.23。之后，随着时间的延长，流出液浓度逐渐减小，说明纳米水铁矿与砷在土壤中发生了吸附沉淀作用。纳米水铁矿在石门砷污染土壤中运移的峰要小于纳米水铁矿在非污染土壤中淋溶的值，也进一步说明了砷与纳米材料的相互作用。

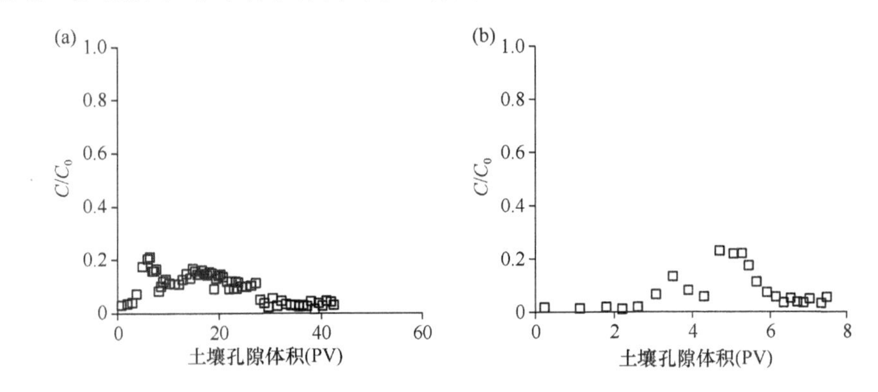

图 2.41　纳米水铁矿在湖南石门（a）和湖南郴州（b）污染土壤中的穿透曲线

2. 纳米水铁矿对砷在污染土壤中迁移的影响

实验中我们比较了以水和纳米水铁矿悬浮液分别注入土壤后，土壤中可溶态砷和总砷含量的淋出液浓度变化，如图 2.42 所示。以水淋溶的 As 的流出曲线，只测定淋出液中过 25 nm 膜的可溶态砷淋出液浓度变化，从图中可以看出，对照处理下，两种土壤中砷的流出液浓度均随着时间的延长而增大，石门和郴州两种土壤中砷浓度达到峰值的孔隙体积分别为 60.27 和 3.27，达到峰值时流出液砷浓度为 495.26 μg/L 和 169.70 μg/L。将纳米水铁矿材料悬浮液以一定的压力注入模拟土柱中，相比 CK，两种土壤中可溶态砷的流出曲线最高值明显降低，石门和郴州两种土壤分别降低了 489%和 301%。但穿透时间稍有不同，湖南石门土壤中以纳米材料原位固定土壤中的砷后，穿透时间要比 CK

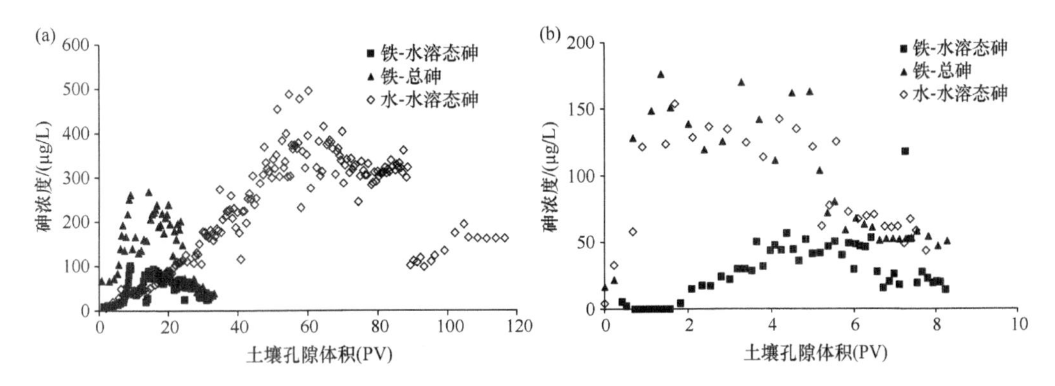

图 2.42　砷在湖南石门（a）和湖南郴州（b）污染土壤中的淋出曲线

条件下短，而湖南郴州土壤，砷的穿透时间更长，该结果可能与土壤的理化性质、pH和土壤流速有关。

使用纳米水铁矿后，流出液中的总砷含量变化如图 2.42 所示，两种土壤淋出液中的总砷含量值均比水溶态砷含量高，说明有一部分纳米水铁矿携带污染物砷向下迁移，但湖南石门土壤中总砷含量要比 CK 条件下的水溶态砷含量低得多，纳米水铁矿对于土壤中砷的原位固定效果良好。湖南郴州土壤淋出液中总砷含量相对来说比较高，只比以水淋溶的可溶态砷的淋出曲线浓度稍低一点，表明在郴州污染土壤中，纳米材料与砷有协同迁移行为发生，致使淋出液中总砷含量有所增加。

经水铁矿原位固定去除土壤中的砷后，土壤流出液中 pH 变化如图 2.43 所示。总体来说，淋出液中 pH 变化有微弱的减小趋势，最大降低幅度为 0.8 左右。

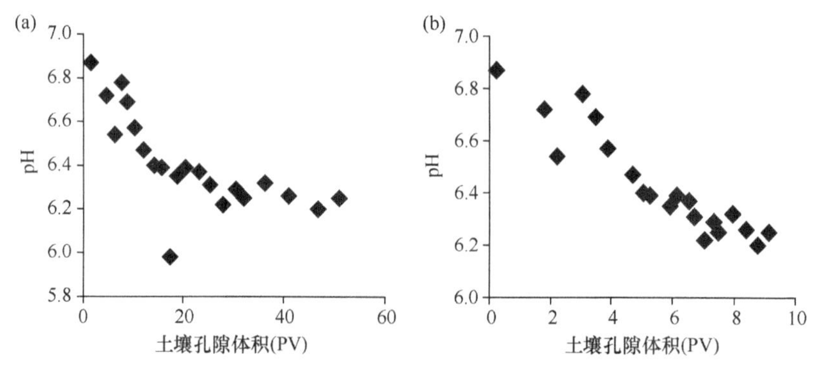

图 2.43　土壤淋出液中 pH 变化
（a）湖南石门土壤；（b）湖南郴州土壤

通过研究以羧甲基纤维素作为稳定剂合成的纳米水铁矿在土壤中的迁移行为、对土壤中砷的原位固定效果及其与砷的协同迁移，我们可以发现在土壤中纳米水铁矿对砷表现出极佳的吸附能力，0.3 g/L 纳米水铁矿与污染土壤作用后，与对照相比，砷的固液分配系数增加了 4～5 倍。湖南郴州和湖南石门土壤 TCLP 浸出浓度分别降低了 71.2%和84.8%。同时柱试验结果表明，稳定的纳米水铁矿可在一定压力作用下输送到供试土壤中。使用局部平衡假设和两点模型模拟穿透曲线结果可知，两点模型能更好地拟合吸附性溶质在土壤中的穿透曲线。铁在土壤中的阻滞因子为6.5，弥散系数 D 为 0.9442 cm^2/min。达到出峰值时，C/C_0 为 0.32，孔隙体积是 8.29。另外，柱试验结果还显示，纳米水铁矿能够显著降低土壤淋出液中砷的可溶态砷含量，而且砷的吸附和聚集一定程度上可使纳米胶体移动性降低。郴州和石门两种土壤淋出液中水溶态砷含量分别降低了 67.1%和78.7%。流出液中总砷的穿透曲线结果显示纳米材料与砷有协同迁移行为，且与土壤性质相关，特别是有机质含量和水流流速的影响。

参 考 文 献

陈静, 王学军, 朱立军. 2003. pH 和矿物成分对砷在红土中迁移的影响[J]. 环境化学, 22(2): 121-125.
豆小敏, 张昱, 杨敏, 等. 2006. 砷在金属氧化物/水界面上的吸附机制 II. 电荷分布多位络合模型模拟[J].

环境科学学报, 26(10): 1592-1599.
范稚莲, 雷梅, 陈同斌, 等. 2006. 砷对土壤-蜈蚣草系统中磷生物有效性的影响[J]. 生态学报, 26(2): 536-541.
费杨, 阎秀兰, 廖晓勇, 等. 2015. 不同水分条件下铁基氧化物对土壤砷的稳定化效应研究[J]. 环境科学学报, 35(10): 3252-3260.
和秋红, 曾希柏. 2008. 土壤中砷的形态转化及其分析方法[J]. 应用生态学报, 19(12): 2763-2768.
黄治平, 徐斌, 张克强, 等. 2007. 连续四年施用规模化猪场猪粪温室土壤重金属积累研究[J]. 农业工程学报, 23(1): 239-244.
金赞芳, 陈英旭, 柯强. 2001. 运河和西湖底泥砷的吸附及形态分析[J]. 浙江大学学报(农业与生命科学版), 27(6): 652-656.
雷梅, 陈同斌, 范稚连, 等. 2003. 磷对土壤中砷吸附的影响[J]. 应用生态学报, 14(11): 1989-1992.
李学垣. 2001. 土壤化学[M]. 北京: 高等教育出版社.
李韵珠, 李保国. 1998. 土壤溶质运移[M]. 北京: 科学出版社.
梁成华, 刘学, 杜立宇, 等. 2009. 砷在棕壤中的吸附解吸行为及赋存形态研究[J]. 河南农业科学, 4: 64-68.
梁慧锋, 刘占牛, 于化江, 等. 2006. 不同形态砷在新生态 MnO_2 界面上的吸附作用[J]. 河北师范大学学报(自然科学版), 30(3): 318-325.
廖立兵, Fraser D G. 2005. 羟基铁溶液-蒙脱石体系对砷的吸附[J]. 中国科学 D 辑(地球科学), 35(8): 750-757.
刘辉利, 梁美娜, 朱义年, 等. 2009. 氢氧化铁对砷的吸附与沉淀机理[J]. 环境科学学报, 29(5): 1011-1020.
卢聪, 李青青, 罗启仕, 等. 2013. 场地土壤中有效态砷的稳定化处理及机理研究[J]. 中国环境科学, 33(2): 298-304.
莫小荣, 李素霞, 王芸, 等. 2017. 复合材料对砷污染土壤稳定效果及其影响因素的研究[J]. 土壤通报, (1): 208-213.
石荣, 贾永锋, 王承智. 2007. 土壤矿物质吸附砷的研究进展[J]. 土壤通报, 38(3): 584-589.
宋红波, 范辉琼, 杨柳燕. 2005. 砷污染土壤生物挥发的研究[J]. 环境科学研究, 18(1): 61-64.
孙媛媛. 2015. 几种钝化剂对土壤砷生物有效性的影响与机理[D]. 北京: 中国农业大学博士学位论文.
王永, 徐仁扣, 王火焰. 2008. 可变电荷土壤对 As(III)和 As(V)的吸附及二者的竞争作用[J]. 土壤学报, 45(4): 622-627.
王永, 徐仁扣. 2005. As(III)在可变电荷土壤中吸附和氧化的初步研究[J]. 土壤学报, 42(4): 609-613.
魏显有, 王秀敏, 刘云惠, 等. 1999. 土壤中砷的吸附行为及其形态分布研究[J]. 河北农业大学学报, 22(3): 28-30, 55.
翁焕新, 张霄宇, 邹乐君. 2000. 中国自然土壤中砷的自然存在状况及其成因分析[J]. 浙江大学学报(工学版), 34(1): 88-92.
吴萍萍. 2011. 不同类型矿物和土壤对砷的吸附—解吸研究[D]. 北京: 中国农业科学院博士学位论文.
谢正苗, 黄昌勇, 何振立. 1998. 土壤中砷的化学平衡[J]. 环境科学进展, 6(1): 22-37.
谢正苗. 1987. 土壤中砷的吸附和转化及其与水稻生长的关系[D]. 杭州: 浙江农业大学博士学位论文.
杨航, 李敏. 2012. 表面络合模式在天然体系中的应用研究进展[J]. 环境科学与技术, (s2): 189-193.
曾希柏, 徐建明, 黄巧云, 等. 2013. 中国农田重金属问题的若干思考[J]. 土壤学报, 50(1): 186-194.
张广莉, 宋光煜, 赵红霞. 2002. 磷影响下根际无机砷的形态分布及其对水稻生长的影响[J]. 土壤学报, 39(1): 23-28.
张美一, 潘纲. 2009. 稳定化的零价 Fe, FeS, Fe_3O_4 纳米颗粒在土壤中的固砷作用机理[J]. 科学通报, (23): 3637-3644.
张树芹. 2007. 蒙脱土、高岭土和层状双金属氢氧化物对 Pb^{2+} 和对硝基苯酚的吸附研究[D]. 济南: 山东大学博士学位论文.
周玳. 1986. 砷在土壤中的吸附与释放的初步研究[J]. 环境化学, 5(3): 77-83.
朱立军, 傅平秋. 1997. 碳酸盐岩红土中氧化铁矿物表面化学特征及吸附机理[J]. 环境科学学报, 17(2): 174-178.
Akhter H, Cartledge F K, Miller J, et al. 2000. Treatment of arsenic-contaminated soils. I: soil characterization[J]. Journal of Environmental Engineering, 126(11): 999-1003.
Altundogan H S, Altundogan S, Tumen F, et al. 2000. Arsenic removal from aqueous solutions by adsorption on red mud[J]. Waste Management, 20(8): 761-767.
Álvarez-Benedí J, Bolado S, Cancillo I, et al. 2005. Adsorption-desorption of arsenate in three spanish soils[J]. Vadose Zone Journal, 4(2): 282-290.
An B, Liang Q, Zhao D. 2011. Removal of arsenic(V) from spent ion exchange brine using a new class of starch-bridged magnetite nanoparticles[J]. Water Research, 45(5): 1961-1972.
An B, Zhao D. 2012. Immobilization of As(III) in soil and groundwater using a new class of polysaccharide stabilized fe-mn oxide nanoparticles[J]. Journal of Hazardous Materials, 211-212(2):332-341.
Appelo C A, Van Der Weiden M J, Tournassat C, et al. 2002. Surface complexation of ferrous iron and carbonate on ferrihydrite and the mobilization of arsenic[J]. Environmental Science & Technology, 36(14): 3096-3103.
Arai Y, Elzinga E J, Sparks D L. 2001. X-Ray Absorption spectroscopic investigation of arsenite and arsenate adsorption at the aluminum oxide-water interface[J]. Journal of Colloid & Interface Science, 235(1): 80-88.
Arai Y, Sparks D L. 2002. Residence time effects on arsenate surface speciation at the aluminum oxide-water interface[J]. Soil Science, 167(5): 303-314.
Auffan M, Rose J, Proux O, et al. 2008. Enhanced adsorption of arsenic onto maghemites nanoparticles: as(iii)as a probe of the surface structure and heterogeneity[J]. Langmuir the ACS Journal of Surfaces & Colloids, 24(7): 3215-3222.
Ayob A, Alias S, Dahalan F A, et al. 2015. Kinetic removal of Cr^{6+} by carboxymethyl cellulose-stabilized nano zerovalent iron particles[J]. Macedonian Journal of Chemistry & Chemical Engineering, 34(2):295-308.
Beesley L, Morenojiménez E, Gomezeyles J L. 2010. Effects of biochar and greenwaste compost amendments on Mobility, bioavailability and toxicity of inorganic and organic contaminants in a multi-element polluted soil[J]. Environmental Pollution, 158(6): 2282-2288.
Blangenois N, Florea M, Grange P, et al. 2004. Influence of the co-precipitation pH on the physico-chemical and catalytic properties of vanadium aluminum oxide catalyst[J]. Applied Catalysis A: General, 263: 163-170.
Bombach G, Pierra A, Klemm W. 1994. Arsenic in contaminated soil and river sediment [J]. Fresenius Journal of Analytical Chemistry, 350: 49-53.
Buschmann J, Kappeler A, Lindauer U, et al. 2006. Arsenite and arsenate binding to dissolved humic acids: influence of pH, type of humic acid, and aluminum [J]. Environmental Science & Technology, 40(19): 6015-6020.
Byrne R H, Luo Y R, Young RW. 2000. Iron hydrolysis and solubility revisited:observations and comments on iron hydrolysis characterizations[J]. Marine Chemistry, 70: 23-35.
Chen W P, Li L Q, Chang A C, et al. 2009. Characterizing the solid-solution partitioning coefficient and plant uptake factor of as, cd, and pb in california croplands[J]. Agriculture Ecosystems & Environment, 129(1-3): 212-220.
De Brouwere K, Smolders E, Merckx R. 2004. Soil properties affecting solid-liquid distribution of As(V)in soils [J]. European Journal of Soil Science, 55: 165-173.
Dixit S, Hering J G. 2003. Comparison of arsenic(V)and arsenic(III)sorption onto iron oxide minerals: implications for arsenic mobility[J]. Environmental Science & Technology, 37(18): 4182-4189.
Dzombak D A, Morel F. 1990. Surface Complexation Modeling: Hydrous Ferric Oxide[M]. New York: Wiley-interscience Publishing.
Fang J, Shan X Q, Wen B, et al. 2009. Stability of titania nanoparticles in soil suspensions and transport in

saturated homogeneous soil columns[J]. Environmental Pollution, 157(4):1101-1109.
Fendorf S E, Eick M J, Grossl P R, et al. 1997. Asenate and chromate retention mechanisms on goethite: I. Surface structure [J]. Environmental Science Technology, 31: 315-320.
Fernández P, Sommer I, Cram S, et al. 2005. The influence of water-soluble As(III) and As(V) on dehydrogenase activity in soils affected by mine tailings[J]. Science of the Total Environment, 348(1-3): 231-243.
Frau F, Biddau R, Fanfani L. 2008. Effect of major anions on arsenate desorption from ferrihydrite-bearing natural samples[J]. Applied Geochemistry, 23: 1451-1466.
Fritzsche A, Rennert T, Totsche K U. 2011. Arsenic strongly associates with ferrihydrite colloids formed in a soil effluent[J]. Environmental Pollution, 159(5): 1398-1405.
Fuller C C, Dadis J A, Waychunas G A. 1993. Surface chemistry of ferrihydrite: part 2. kinetics of arsenate adsorption and coprecipitation[J]. Geochimica et Cosmochimica Acta, 57: 2271-2282.
Gamerdinger A P, Kaplan D I. 2001. Physical and chemical determinants of colloid transport and deposition in water-unsaturated sand and yucca mountain tuff material[J]. Environmental Science & Technology, 35(12): 2497-2504.
Geelhoed J S, Hiemstra T, Van Riemsdijk W H. 1997. Phosphate and sulfate adsorption on goethite: Single anion and competitive adsorption [J]. Geochimica Cosmochimima Acta, 61(12): 2389-2396.
Ghimire K N, Inoue K, Makino K, et al. 2002. Adsorptive removal of arsenic using orange juice residue[J]. Separation Science & Technology, 37(12): 2785-2799.
GohK H, Lim T T. 2002. Arsenic fractionation in a fine soil fraction and influence of various anions on its mobility in the subsurface environment [J]. Applied Geochemistry, 20(2): 229-239.
Goldberg S, Johnston C T. 2001. Mechanisms of arsenic adsorption on amorphous oxides evaluated using macroscopic measurements, vibrational spectroscopy, and surface comp lexation modeling [J]. Journal of Colloid and Interface Science, 234: 204-216.
Goldbery S. 2002. Competitive adsorption of arsenate and arsenite on oxides and clay minerals [J]. Soil Science Society of America Journal, 66: 413-421.
Gong Y, Liu Y, Xiong Z, et al. 2012. Immobilization of mercury in field soil and sediment using carboxymethyl cellulose stabilized iron sulfide nanoparticles[J]. Nanotechnology, 23(29): 294007.
Gong Y, Liu Y, Xiong Z, et al. 2014. Immobilization of mercury by carboxymethyl cellulose stabilized iron sulfide nanoparticles: reaction mechanisms and effects of stabilizer and water chemistry[J]. Environmental Science & Technology, 48(7): 3986-3994.
Grafe M, Eick M J, Grossl P R, et al. 2002. Adsorption of arsenate and arsenite on ferrihydrite in the presence and absence of dissolved organic carbon [J]. Journal of Environmental Quality, 31: 1115-1123.
Grafe M, Grossl P R, Eick M J. 2001. Adsorption of arsenate and arsenite on goethite in the presence and absence of dissolved organic carbon [J]. Soil Science Society of America Journal, 65: 1680-1687.
Guan X, Du J, Meng X. et al. 2012. Application of titanium dioxide in arsenic removal from water: a review[J]. Journal of Hazardous Materials, 215-216(10):1-16.
Gupta A, Yunus M, Sankararamakrishnan N. 2012. Zerovalent iron encapsulated chitosan nanospheres – a novel adsorbent for the removal of total inorganic arsenic from aqueous systems[J]. Chemosphere, 86(2): 150-155.
He F, Zhang M, Qian T, et al. 2009. Transport of carboxymethyl cellulose stabilized iron nanoparticles in porous media: column experiments and modeling[J]. Journal of Colloid Interface Science, 334(1):96-102.
He F, Zhao D, Liu J, et al. 2007. Stabilization of Fe–Pd nanoparticles with sodium carboxymethyl cellulose for enhanced transport and dechlorination of trichloroethylene in soil and groundwater[J]. Industrial & Engineering Chemistry Research, 46(46):29-34.
He F, Zhao D. 2007. Manipulating the size and dispersibility of zerovalent iron nanoparticles by use of carboxymethyl cellulose stabilizers[J]. Environmental Science & Technology, 41(17):6216-6221.
Hingston F J, Posner A M, Quirk J P. 1968. Adsorption of selenite by goethite [J]. Advances in Chemistry Series, 79: 82-90.
Hingston F J, Posner A M, Quirk J P. 1971. Competitive adsorption of negatively charged ligands on oxide surfaces [J]. Discussions of the Faraday Society, 52: 334-342.
Ho Y S, Wang C C. 2004. Pseudo-isotherms for the sorption of cadmium ion onto tree fern [J]. Process

Biochemistry, 39(6): 759-763.

Hsia T H, Lo S L, Lin C F, et al. 1994. Characterization of arsenate adsorption on hydrous iron oxide using chemical and physical methods [J]. Colloids and Surfaces A: Physicochemical and Engineering Aspects, 85(1): 1-7.

Hsu J P, Chang Y T. 2000. An experimental study of the stability of TiO_2 particles in organic - water mixtures[J]. Colloids & Surfaces A Physicochemical & Engineering Aspects, 161(3):423-437.

Huo L, Qian T, Hao J, et al. 2013. Sorption and retardation of strontium in saturated Chinese loess: experimental results and model analysis[J]. Journal of Environmental Radioactivity, 116(1):19-27.

Jackson B P, Miller W P. 2000. Effectiveness of phosphate and hydroide for desorption of arsenic and selenium species from iron oxides [J]. Soil Science Society of America Journal, 64: 1616-1622.

Jain A, Raven K P, Loeppert R H. 1999. Arsenite and arsenate adsorption on ferrihydrite: surface charge reduction and net OH^- release stoichiometry [J]. Environmental Science & Technology, 33: 1179-1184.

Jain C K, Ram D. 1997. Adsorption of lead and zinc on bed sediments of the river Kali [J]. Water Research, 31: 154-162.

Jambor J L, Dutrizac J E. 1998. Occurrence and constitution of natural and synthetic ferrihydrite, a widespread iron oxyhydroxide [J]. Chemical Reviews, 98: 2549-2585.

Jang M, Cannon F S, Parette R B, et al. 2009. Combined hydrous ferric oxide and quaternary ammonium surfactant tailoring of granular activated carbon for concurrent arsenate and perchlorate removal[J]. Water Research, 43(12): 3133-3143.

Jia Y F, Xu L Y, Wang X, et al. 2007. Infrared spectroscopic and X-ray diffraction characterization of the nature of adsorbed arsenate on ferrihydrite [J]. Geochimica et Cosmochimica Acta, 71(7): 1643-1654.

Jia Y, Xu L, Fang Z, et al. 2006. Observation of surface precipitation of arsenate on ferrihydrite[J]. Environmental Science & Technology, 40(10):3248-3253.

Jiang W, Zhang S, Shan X, et al. 2005. Adsorption of arsenate on soils. Part 2: Modeling the relationship between adsorption capacity and soil physiochemical properties using 16 Chinese soils [J]. Environmental Pollution, 138(2): 285-289.

Jiemvarangkul P, Zhang W X, Lien H L. 2011. Enhanced transport of polyelectrolyte stabilized nanoscale zero-valent iron (nZVI) in porous media[J]. Chemical Engineering Journal, 170(2-3): 482-491.

Jin Y, Liu F, Tong M, et al. 2012. Removal of arsenate by cetyltrimethylammonium bromide modified magnetic nanoparticles[J]. Journal of Hazardous Materials, 227-228:461-468.

Jones F, Farrow J B, Van Bronswijk W. 1998. An infrared study of a polyacrylate flocculant adsorbed on hematite[J]. Langmuir, 14(22): 6512-6517.

Kalbitz K, Wennrich R. 1998. Mobilization of heavy metals and arsenic in polluted wetland soils and its dependence on dissolved organic matter [J]. Science of the Total Environment, 209: 27-39.

Kanel S R, Nepal D, Manning B, et al. 2007. Transport of surface-modified iron nanoparticle in porous media and application to arsenic(III)remediation[J]. Journal of Nanoparticle Research, 9(5): 725-735.

Kim M J, Nriagu J, Haack S. 2000. Carbonate ions and arsenic dissolution by groundwater [J]. Environmental Science & Technology, 34: 3094-3100.

Kinjo T, Pratt P F. 1971. Nitrate adsorption: II. in competition with chloride, sulfate, and phosphate [J]. Soil Science Society of America Journal, 35: 725-728.

Kloke A, Sauerbeck D R, Vetter H. 1984. The Contamination of Plants and Soils with Heavy Metals and the Transport of Metals in Terrestrial Food Chains[M]. Berlin: Springer.

Ladeira A C Q, Ciminelli V S T, Duarte H A, et al. 2001. Mechanism of anion retention from EXAFS and density functional calculations: Arsenic(V)adsorbed on gibbsite [J]. Geochimica et Cosmochimica Acta, 65: 1211-1217.

Liang Q, Zhao D, Qian T, et al. 2012. Effects of stabilizers and water chemistry on arsenate sorption by polysaccharide-stabilized magnetite nanoparticles[J]. Industrial & Engineering Chemistry Research, 51(5): 2407-2418.

Lin Z, Puls R W. 2000. Adsorption, desorption and oxidation of arsenic affected by clay minerals and aging process [J]. Environmental Pollution, 39: 753-759.

Liu F, De Cristofaro A, Violante A. 2001. Effect of pH phosphate and oxalate on the adsorption/ desorption of

arsenate on/ from goethite [J]. Soil Science, 166: 197-208.
Liu R, Zhao D. 2007. In situ immobilization of Cu(Ⅱ) in soils using a new class of iron phosphate nanoparticles[J]. Chemosphere, 68(10):1867-1876.
Livesey N T, Huang P M. 1981. Adsorption of arsenate by soils and its relation to selected chemical properties and anions [J]. Soil Science, 131: 88-94.
Lombi E, Sletten R S, Wenzel W W. 2000. Sequentially extracted arsenic from different size fractions of contaminated soils [J]. Water Air & Soil Pollution, 124(3-4): 319-332.
Lumsdon D G, Fraser A R, Russell J D, et al. 1984. New infrared band assignments for the arsenate ion adsorbed on synthetic goethite(α-FeOOH)[J]. Journal of Soil Science, 35: 381-386.
Luo L, Zhang S Z, Shan X Q, et al. 2006. Effects of oxalate and humic acid on arsenate sorption by and desorption from a Chinese red soil [J]. Water Air & Soil Pollution, 176: 269-283.
Maity D, Agrawal D C. 2007. Synthesis of iron oxide nanoparticles under oxidizing environment and their stabilization in aqueous and non-aqueous media[J]. Journal of Magnetism & Magnetic Materials, 308(1): 46-55.
Manning B A, Goldberg S. 1996a. Modeling arsenate competitive adsorption on kaolinite, montmorillonte, and illite [J]. Clays and Clay Mineral, 44: 609-623.
Manning B A, Goldberg S. 1996b. Modeling competitive adsorption of arsenate with phosphate and molybdate on oxide minerals [J]. Soil Science Society of America Journal, 60: 121-131.
Manning B A, Goldberg S. 1997a. Arsenic(III) and arsenic(V) adsorption on three California soils [J]. Soil Science, 162(12): 886-895.
Manning B A, Goldberg S. 1997b. Adsorption and stability of Arsenic(III)at the clay mineral -water interface [J]. Environmental Science & Technology, 31: 2005-2011.
McBride M B. 1997. A critique of diffuse double layer models applied to colloid and surface chemistry [J]. Clays and Clay Mineral, 45: 598-608.
McGeehan S L, Naylor D V, Shafii B. 1992. Statistical evaluation of arsenic adsorption data using linear-plateau regression analysis [J]. Soil Science Society of America Journal, 56: 1130-1133.
McKeague J A, Day J H. 1966. Dithionite-and oxalate-extractable Fe and Al as aids in differenting various classes of soils [J]. Canadian Journal of Soil Science, 46: 13-22.
Meng M, Li R. 2004. Simulating nonequilibrium transport of atrazine through saturated soil[J]. Ground Water, 42(4):500-507.
Mohapatra D, Mishra D, Chaudhury G R, et al. 2007. Arsenic adsorption mechanism on clay minerals and its dependence on temperature [J]. Korean Journal of Chemical Engineering, 24(3): 426-430.
Myneni S C, Traina S J, Logan T J, et al. 1997. Oxyanion behavior in alkaline environments: Sorption and desorption of arsenate in ettringite [J]. Environmental Science & Technnology, 31: 1761-1768.
Namasivayam C, Ranganathan K. 1995. Removal of Pb(Ⅱ)by adsorption onto waste Fe(III)/Cr(III)sludge from aqueous solution and radiator manufacturing industry wastewater[J]. Indian Journal of Engineering Chemistry Research, 34(5): 869-876.
Nightingale H I. 1987. Accumulation of As, Ni, Cu, and Pb in retention and recharge basins soils from urban runoff [J]. Water Resources Bulletin, 23: 663-672.
O'Reilly S E, Strawn D G, Sparks D L. 2001. Residence time effects on arsenate adsorption/desorption mechanisms on goethite [J]. Soil Science Society of America Journal, 65: 67-77.
Onken B M, Adriano D C. 1997. Arsenic availability in soil with time under saturated and subsaturated conditions [J]. Soil Science Society of America Journal, 61: 746-752.
Peryea F J. 1991. Phosphate-induced release of arsenic from soils contaminated with lead arsenate [J]. Soil Science Society of America Journal, 55: 1301-1306.
Peryea F J. 1998. Phosphate starter fertilizer temporarily enhances soil arsenic uptake by apple trees grown under field conditions [J]. Hortscience, 33(5): 826-829.
Pierce M Z, Moore C B. 1980. Adsorption of arsenite on amorphous iron hydroxide from dilute aqueous solution [J]. Environmental Science & Technology, 14(2): 214-216.
Polemio M, Bufo S A, Senesi N. 1982. Minor elements in south-east Italy soils [J]. Plant and Soil, 69: 57-66.

Raven K P, Jain A, Loeppert R H. 1998. Arsenite and arsenate adsorption on ferrihydrite: Kinetics, equilibrium, and adsorption envelopes [J]. Environmental Science & Technology, 32: 344-349.

Robinson B H, Leblanc M, Petit D, et al. 1998. The potential of Thlaspi caerulescens for phytoremediation of contaminated soils[J]. Plant and Soil, 203(1): 47-56.

Rodda D P, Johnson B B, Wells J D. 1996. Modeling the effect of temperature on adsorption of lead(II)and zinc(II)onto goethite at constant pH [J]. Journal of Colloid and Interface Science, 184: 365-377.

Roy W R, Hassett J J, Griffin R A. 1986. Competitive coefficient for the adsorption of arsenate, molybdate, and phosphate mixtures by soils [J]. Soil Science Society of America Journal, 50: 1176-1182.

Ruttens A, Adriaensen K, Meers E, et al. 2010. Long-term sustainability of metal immobilization by soil amendments: Cyclonic ashes versus lime addition[J]. Environmental Pollution, 158(5): 1428-1434.

Saada A, Breeze D, Crouzet C, et al. 2003. Adsorption of arsenic(V)on kaolinite and on kaolinite–humic acid complexes: Role of humic acid nitrogen groups [J]. Chemosphere, 51: 757-763.

Sadiq M. 1997. Arsenic chemistry in soils: an overview of thermodynamic predictions and field observations [J]. Water Air & Soil Pollution, 93: 117-136.

Schwertmann U, Cornell R. 2008. Iron Oxides in the Laboratory(Preparation and Characterization) (Second, Completely Revised and Extended Edition)[M]. Weinheim: Wiley-VCH Verlag GmbH.

Schwertmann U. 1969. Differenzierung der Eisenoxide des bodens durch extraktion mit Ammoniumoxalat - Lösung[J]. Journal of Plant Nutrition and Soil Science, (105): 194-202.

Seehra M S, Roy P, Raman A, et al. 2004. Structural investigations of synthetic ferrihydrite nanoparticles doped with Si[J]. Solid State Communications, 130(9): 597-601.

Shi Z, Nurmi J T, Tratnyek P G. 2011. Effects of nano zero-valent iron on oxidation–reduction potential[J]. Environmental Science & Technology, 45(4):1586-1592.

Smith E, Naidu R, Alston A M. 1998. Arsenic in the soil environment: a review [J]. Advances in Agronomy, 64: 149-195.

Sparks D L. 1995. Environmental Soil Chemistry [M]. New York: Academic Press.

Suárez F, Bachmann J, Muñoz J F, et al. 2007. Transport of simazine in unsaturated sandy soil and predictions of its leaching under hypothetical field conditions[J]. Journal of Contaminant Hydrology, 94(3-4): 166-177.

Sun X, Doner H E. 1996. An investigation of arsenite and arsenate bonding structures on goethite by FTIR [J]. Soil Science, 161: 865-872.

Sun Y Y, Liu R L, Zeng X B, et al. 2015. Reduction of arsenic bioavailability by amending seven inorganic materials in arsenic contaminated Soil[J]. Journal of Integrative Agriculture, 14(7): 1414-1422.

Tang W, Li Q, Gao S, et al. 2011. Arsenic(III, V)removal from aqueous solution by ultrafine α-Fe_2O_3 nanoparticles synthesized from solvent thermal method[J]. Journal of Hazardous Materials, 192(1): 131-138.

Temminghoff E J M, Van Der Zee S E A T, Haan F A M D. 1998. Effects of dissolved organic matter on the mobility of copper in a contaminated sandy soil[J]. European Journal of Soil Science, 49(4): 617-628.

Toride N F, Leij F J, Van Genuchten M T. 1999. The CXTFIT code for estimating transport parameters from laboratory or field tracer experiments[R]. California: U. S. Salinity Laboratory.

Wang S, Mulligan C N. 2006. Occurrence of arsenic contamination in Canada: sources, behavior and distribution[J]. Science of the Total Environment, 366(2-3): 701-721.

Warren G P, Alloway B J, Lepp N W, et al. 2003. Field trials to assess the uptake of arsenic by vegetables from contaminated soils and soil remediation with iron oxides[J]. Science of the Total Environment, 311(1-3): 19-33.

Waychunas G A, Rea B A, Fuller C C, et al. 1993. Surface chemistry of ferrihydrite: part 1. EXAFS studies of the geometry of coprecipitated and adsorbed arsenate [J]. Geochimica et Cosmochimica Acta, 57: 2251-2269.

Wenzel W W, Kirchbaumer N, Prohaska T, et al. 2001. Arsenic fractionation in soils using an improved sequential extraction procedure[J]. Analytica Chimica Acta, 436(2): 309-323.

Whitten K W, Gailey K D, Davis R E. 1992. General Chemistry With Quantitative Analysis(4th edition)[M].

Philadelphia: Saunders College Publish.
Wilkie J A, Hering J G. 1996. Adsorption of arsenic onto hydrous ferric oxide: effects of adsorbate/adsorbent ratios and co-occurring solutes [J]. Colloids Surf A physicochem. Eng Asp, 107: 97-110.
Woolson E A, Axley J H, Kearney P C. 1973. The chemistry and phytotoxicity of arsenic in soils: II. Effects of time and phosphorus [J]. Soil Sci Soc Am Proc, 37: 254-259.
Wu N, Fu L, Su M, et al. 2015. Interaction of fatty acid monolayers with cobalt nanoparticles[J]. Nano Letters, 4(2): 383-386.
Xu H, Allard B, Grimvall A. 1988. Influence of pH and organic substance on the adsorption of As(Ⅴ)on geologic materials [J]. Water Air & Soil Pollution, 40: 293-305.
Yang J, Zhang H, Yu M, et al. 2014. High - content, well - dispersed γ - Fe_2O_3 nanoparticles encapsulated in macroporous silica with superior arsenic removal performance[J]. Advanced Functional Materials, 24(10):1354-1363.
Yolcubal I, Akyol N H. 2008. Adsorption and transport of arsenate in carbonate-rich soils: coupled effects of nonlinear and rate-limited sorption [J]. Chemosphere, 73: 1300-1307.
Zeng H, Fisher B, Giammar D E. 2008. Individual and competitive adsorption of Arsenate and phosphate to a high-surface-area iron oxide-based sorbent[J]. Environmental Science & Technology, 42(1): 147-152.
Zhang P C, Sparks D L. 1990. Kinetics and mechanisms of sulfate adsorption/desorption on goethite using pressure-jump relaxation [J]. Soil Science Society of America Journal, 54(5): 1266-1273.

第三章　外源砷在土壤中的形态转化及其有效性

砷是一类有毒的类金属元素，人类活动如采矿、冶炼、施肥、施用杀虫剂、废水排放和废渣堆放等往往都可导致土壤局部地区砷的含量升高，造成土壤砷污染。据估计，全球每年通过岩石风化和海洋喷溅释放的砷量为 1.4×10^5～5.6×10^5 kg（Thoresby and Thornton，1979）。不同的农用物资往往含有砷酸钙、砷酸铅、甲基砷、甲基砷酸二钠和砷酸铜等；化肥中以磷肥含砷量较高，一般每千克含 20～50 mg，高的可达数百毫克，因此施用含砷农药、化肥和有机肥使土壤环境中砷含量增加，也是农业环境砷污染的重要来源。砷进入到土壤之后，最开始以有效态的形式存在，毒性最大，经过一段时间的变化，会转化成铁、钙、铝的结合态，使砷的毒性和有效性降低。亚砷酸盐［As（III）］、砷酸盐［As（V）］、一甲基砷酸（MMA）和二甲基砷酸（DMA）是常见的砷形态，也是在土壤、沉积物中人们最常研究的形态。

第一节　土壤中砷的迁移转化及影响因素

砷（As）元素在元素周期表中位于第Ⅴ族，原子序数 33，原子量 74.92。砷的物理性质类似于金属，容易传热导电、具有光泽，但它比较脆，容易被捣成粉末，因此称为类金属（metalloid）。砷在化合物中一般以+5、+3、–3 三种价态存在。以+3 价形成的 As_2O_3 在水中溶解时生成 $As(OH)_3$ 或 H_3AsO_3。这种产物实际上是具有两性的氢氧化物，但因其酸性较强，所以称为亚砷酸。亚砷酸既可与碱作用，又可与酸作用。以+5 价形成的 As_2O_5 溶于水则生成砷酸，砷酸的酸性比亚砷酸强，它能与碱作用但不能与酸作用。砷酸的盐类和亚砷酸的盐类均是土壤中最常见的砷化物，在一定的 pH 和氧化还原电位（Eh）条件下两者之间可以相互转化。砷酸和亚砷酸的碱金属盐都溶于水，其他盐类均不溶于水但能溶于酸。

一、土壤中砷的分析测定及主要存在价态

（一）土壤中砷的分析测定

1. 土壤中总砷的分析测定

关于土壤中总砷的测定方面，我国主要依据国家标准检验方法（GB8915—88），即采用样品湿法消解-DDC-Ag 比色法测定。但蒲朝文等研究发现该方法的准确度较差，这主要是由于湿法消解土壤中的砷时，样品粒径和硫酸的用量对测定结果有重要影响。试验结果表明，过 160 目筛的土样测定结果比较理想，精确度较高（蒲朝文和封雷，2002）。当分别用为 2 mL、4 mL、6 mL、8 mL 的硫酸对砷进行消解时，2 mL 消解的砷损失率

为 17.4%，6 mL 的损失率最低（仅为 1.6%）。因此在采用三酸（HNO_3-H_2SO_4-HCl）消解时，硫酸的用量以 6 mL 为最佳（张普敦等，2001）。

2. 土壤中各形态砷的分析测定

砷在生态环境中的生物效应并不完全取决于它的总量，还与其形态有密切关系，因而对不同形态砷的测定方法在国际上备受关注（Mohammed et al.，1997；María et al.，2005）。土壤中砷主要以有机和无机两种形态存在，包括 As（Ⅴ）、As（Ⅲ）、DMA、DMAA 等。研究中常采用气相色谱、液相色谱等进行砷形态分离，同时配合各种原子特征检测器检测，如利用 AAS、ICP-AES 和 ICP-MS 等（Rubio et al.，1992；Angeles et al.，1995）。

近年来，高效液相色谱（HPLC）与原子吸收光谱法（AAS）联用技术应用较多。砷形态分离中常用的液相色谱有离子交换色谱、反相色谱和凝胶色谱 3 种类型。同时，高效液相色谱与原子发射（AES）/吸收光谱（AAS）联用、高效液相色谱与原子荧光光谱（AFS）联用、高效液相色谱与质谱（MS）联用也广泛用于砷的形态分离（López et al.，1993；Hirata and Toshimitsu，2005）。这些分离技术多具有灵敏度高、检测限低等特点。离子色谱分析技术，尤其是离子色谱-电感耦合等离子体-质谱（IC-ICP-MS）联用技术在砷形态分离上具有较高的检测灵敏度，且 ICP-MS 与 IC 联用操作非常方便，是近年来一种新型的砷形态分离技术。目前此技术多用于水体中不同形态砷离子的测定。

（二）土壤中砷的主要存在价态

土壤中的砷可形成许多无机和有机的形态，常见的有机砷有甲基砷（MMA）、二甲基砷（DMA）、三甲基砷（TMA）；无机砷有三氧化二砷、亚砷酸盐、五氧化二砷、砷酸和砷酸盐。从价态来分，砷主要以三价和五价的形式存在。砷及砷化物的毒性因价态、化合物构成不同而不同。单质砷不溶于水和强酸，不易被人体吸收，因此毒性极低。有研究表明，砷化氢的毒性最大，无机砷的毒性大于有机砷，三价砷的毒性大于五价砷，无机三价砷的毒性是无机五价砷的 60 倍（宣之强，1998）。土壤中主要的砷化物及其解离常数见表 3.1（Brannon and Patrick，1987）。

表 3.1　土壤中主要的砷化合物及其解离常数

	无机态	有机态	含氧砷酸	pK_1	pK_2	pK_3
As（Ⅲ）	As_2O_3	CH_3AsH_2	H_3AsO_3	9.22	12.13	13.4
	$AsCl_3$ AsH_3	$(CH_3)_2AsH$				
	As_2S_3 AsO_3	$H_3(CH_3)_3As$	H_3AsO_4	2.20	6.97	11.53
As（Ⅴ）	H_3AsO_4	$CH_3AsO(OH)_2$ $(CH_3)_2AsO(OH)$	$(CH_3)_2AsO(OH)_2$	4.19	8.77	
		$(CH_3)_3AsO$				
		$(CH_3)_3As$+CH_2COOH				
		$(CH_3)_3As$+CH_2CH_2OH				
		$H_2NC_6H_4AsO(OH)_2$	$(CH_3)_2AsO(OH)$	6.27		
		$Cu(CH_3COO)_2 \cdot 3Cu(AsO_2)_2$				

注：pK 为电离常数的常用负对数。

许多研究表明：土壤氧化还原电位 Eh 和 pH 对土壤溶液中砷形态影响非常大，升高 pH 或者降低 Eh 都将增大可溶态砷浓度。在氧化性土壤（Eh+pH＞10）中，砷以 As（Ⅴ）形态为主，而在还原条件下（Eh+pH＜8）则是以 As（Ⅲ）形态为主。当土壤溶液 pH 为 4～8 时，常见形态为 H_3AsO_3、H_3AsO_4 和$[HAsO_4]^{2-}$。这些砷形态在土壤或沉积物中都可能发生化学或微生物的氧化还原作用，并进行甲基化（Sadiq，1997；Masscheleyn et al.，1991；Marin et al.，1993）。

二、砷在土壤中的迁移转化

重金属通过农业灌溉、农药化肥、污泥、垃圾农用等途径进入农业生态系统（Mann，2002）。重金属在农田土壤中迁移转化的形式复杂多样，并且往往是多种形式错综结合。重金属进入土壤，可能借助于植物根或土壤微生物随液体或悬浮液迁移。可溶性重金属化合物在土壤溶液中扩散，也可随液体流动。淋洗黏土和有机质可促使所有与之结合的重金属迁移。植物对重金属离子的吸收可使离子从土壤下层向上富集，这是由于植物死亡后地上部分解重金属再释放所致。同时，重金属也可被土壤微生物吸收，使微生物参与重金属的迁移。蚯蚓和其他生物可掺混土壤或将重金属吸入组织内，通过机械的或生物的途径促进重金属的迁移（杨景辉，1995）。近年来，国内外不少学者对影响重金属在土壤-植物系统中迁移转化的过程和因素进行了研究，并将重金属在土壤中的迁移转化分为物理、化学和生物迁移三种形式。影响重金属迁移转化的因素包括土壤理化性质、土壤中重金属含量形态及植物特性（孙铁珩等，2002）。

（一）土壤中不同形态砷的转化

砷在土壤中一方面可与铁、铝、钙、镁等离子形成复杂的难溶性含砷化合物，另一方面可与无定形铁、铝的氢氧化物产生共沉淀，因此土壤中砷形态的转化与土壤性质和铁、铝氧化物的含量有关。砷被土壤吸附的作用是砷以阴离子形式与土壤中带正电荷的质点相互作用，其中铁、铝氢氧化物对砷的吸附作用最为突出，土壤中无定型铁、铝氧化物含量越多，吸附能力越强。增强专一性吸附或共沉淀（Raven et al.，1998；魏显有等，1999；王云和魏复盛，1995）是砷固定的关键。砷与铁、铝、钙结合的强度为：铁型砷＞铝型砷＞钙型砷。

$$Fe^{3+} + AsO_4^{3-} \rightarrow FeAsO_4 \quad (3.1)$$

$$Al^{3+} + AsO_4^{3-} \rightarrow AlAsO_4 \quad (3.2)$$

$$3Ca^{2+} + 2AsO_4^{3-} \rightarrow Ca_3(AsO_4)_2 \quad (3.3)$$

$$3Mg^{2+} + 2AsO_4^{3-} \rightarrow Mg_3(AsO_4)_2 \quad (3.4)$$

以这些形式存在的砷，不易发生迁移，其固定作用由式（3.1）～式（3.4）的反应产生。不同形态砷的溶解度通常也是不同的，一般 $Ca_3(AsO_4)_2$＞$Mg_3(AsO_4)_2$＞$AlAsO_4$＞ $FeAsO_4$，所以铁对砷酸盐的固定作用最大，铝的作用要比铁小，钙、镁所起的作用不如铁、铝显著。

在价态转化方面，有研究表明，在氧化状态下，需氧环境中砷酸盐［As（Ⅴ）］是稳定的类型，并强吸附在泥土、铁和氧化锰/氢氧化锰及有机物质上；在还原条件下，土壤中亚砷酸盐［As（III）］是主要的砷化合物。微生物参与砷的形态转化过程，无机砷化合物可被微生物导入甲基，在氧化条件下产生一甲基砷酸（MMA）、二甲基亚砷酸（DMA）和三甲基氧化砷（TMAsO），在厌氧状况下可能被分解挥发并氧化成甲基砷。土壤中砷的存在形式依赖于土壤类型、吸附成分的数量，以及土壤 pH 和氧化还原电位的作用（Chakraborti et al.，2001）。

（二）土壤中砷的迁移方式

1. 物理迁移

土壤溶液中的重金属离子或络合离子可随水迁移至地面水体，但更多的是重金属可通过多种途径包裹于矿物颗粒内或被吸附于土壤胶体表面上，随土壤中水分的流动而被机械地搬运。在多雨地区的坡地上，重金属随水冲刷的机械迁移更明显；在干旱地区，包含于矿物颗粒或者土壤胶粒的重金属以尘土飞扬的形式随风被机械搬运（孙铁珩等，2002）。

2. 化学迁移和物理化学迁移

土壤中重金属污染物能以离子交换吸附或络合-螯合等形式与土壤胶体相结合，或发生溶解与沉淀反应。离子交换吸附的发生与土壤胶体微粒带电荷有关。正常自然环境中的大部分胶体（黏粒矿物、有机胶体和含水氧化硅等）带负电荷，只有少数胶体如含水氧化铁、铝物在酸性条件下带正电（孙铁珩等，2002；杨景辉，1995）。重金属离子可被水合氧化物表面牢固地吸附，这种吸附不仅发生在带电表面上，亦可发生在中性表面上，甚至在带同号电荷的表面上也会进行吸附，其吸附量的大小并非决定于表面电荷的多少和强弱，这是与离子交换吸附的根本区别之一。重金属还可被土壤中有机胶体络合或螯合，或被有机胶体表面吸附。Sadiq（1983）用热力学方法研究了含砷矿物在土壤中的稳定性，结果认为在通气良好和碱性的土壤中，$Ca_3(AsO_4)_2$ 是最稳定的含砷矿物，其次是 $Mn_3(AsO_4)_2$，后者在酸性和碱性环境中都可能存在。

3. 生物迁移

植物可通过根系从土壤中吸收某些化学形态的重金属，迁移到作物的茎叶及籽实中，并在作物体内积累。一方面，这一过程可以看成是生物对土壤重金属污染的净化。研究表明，通过在重金属污染的土壤上种植小麦、水稻、蔬菜和木本植物，植物可以通过根系从土壤中吸收各种化学形态的重金属，使其迁移到植物的茎叶和籽实中（Schwartz et al.，1999；蔡志全等，2001；李博文等，2003；衣纯真等，1996；张国平等，2002），从而降低土壤中重金属的含量。另一方面，这一过程也可看成是重金属通过土壤对作物的污染。除了植物吸收外，土壤微生物或土壤动物也可以吸收、转化重金属。研究表明，土壤中某些真菌、酵母菌和细菌可以使砷甲基化，从而逸出气态砷化物。1892 年，意大利科学家 Gosio 首先指出了含砷颜料墙纸中散发出来的烟雾砷引起的毒性。他在室内空气条件下培养含有 As_2O_3 的马铃薯浆汁后，不久就检测出其中有霉菌和伴随产生的大蒜味气体。38 年后，这种气体最终确定为三甲基胂［$As(CH_3)_3$］。此外，能产生沼气的一些细菌也可以在溶液中使砷转化为甲基砷和二甲基砷。

三、砷在土壤中迁移转化的影响因素

砷在土壤中迁移转化受两个决定因素影响（廖自基，1992；张国祥等，1996）：一是土壤具有的将易溶性化合物转变为难溶性化合物的能力；二是将难溶性化合物变成易溶性化合物的能力。这些能力除了与土壤类型有关外，还与土壤含有的 Fe、Al、Ca 和 Mg 有关，同时还受土壤 pH 和 Eh 值、土壤微生物和土壤磷素的影响（Challenger，1951；Peterson，1981；Forst and Griffin，1997）。

（一）土壤类型对砷迁移转化的影响

因土壤类型的复杂性，以及作物吸收能力的差别，土壤中砷的含量范围受土壤性质影响（谢正苗等，1998a；李勋光，1996）。研究表明（李勋光，1996），不同类型土壤对砷的吸附能力顺序为：红壤＞砖红壤＞黄棕壤＞黑钙土＞碱土＞黄土，这是由于母质的不同，造成砷吸附量的差异。土壤质地也影响着土壤中砷的迁移转化，一般而言，随着土壤中黏粒含量的增加，砷被土壤固定的量显著增加。Fe、Al 含量较多的土壤对砷的吸附作用更明显，同时 Fe、Al 和 Mn 对砷的吸附能力比层状硅盐矿物强得多，这是因为这些氧化物具有更大的比表面能。Fe、Al 氧化物电荷零点（point of zero charge，ZPC）一般在 pH8～9，故容易发生砷酸根的非专性吸附和配位交换反应（李生志，1989）。不同物质对砷的吸附能力顺序为：合成氧化铝＞合成氧化锰＞$CaCO_3$＞蒙脱土＞高岭土＞蛭石＞青泥土。水稻的受害程度与土壤中砷的形态密切相关，受害程度顺序为：有效态砷（AE-As）＞钠型（Na-As）-钙型（Ca-As）＞铝型（Al-As）＞铁型（Fe-As）＞包蔽型（O-As）（谢正苗等，1998a）。砷在土壤中被固定或与土壤胶体相结合，水溶性砷比例极低，一般不足全砷的 5%（肖玲，1998）。土壤中砷可与铁、铝、钙沉淀为难溶性砷酸盐。受作物吸收的影响，在大豆根际，各形态砷均比非根际要高，砷在根际呈聚集状态（张广莉，2002）。

（二）土壤砷浓度对砷迁移转化的影响

砷对环境的污染程度及砷化合物的毒性，不仅取决于其存在形态，还与砷存在状态的浓度有关。朱云集（2000）研究证明，随砷浓度升高，小麦次生根数目减少，总根重、干根重、胚芽长度和脂质氧化酶（MDA）等指标下降。也有研究指出，当砷浓度小于 7.5 mg/L 时，对小麦发芽率、芽长的影响不大；当砷浓度大于 7.5mg/L 时，砷浓度与小麦发芽率、芽长呈显著负相关；当砷酸浓度大于 10mg/L 时，就对会根长有显著抑制作用，浓度越大，抑制作用越强烈。砷对根系活力、淀粉酶活性有极其显著的抑制作用，对呼吸强度也有抑制作用（朱云集，2000；刘登义，2002；陈静等，2003）。在作物体内，亚砷酸的毒性比砷酸大 60 多倍。

（三）伴随离子对土壤中砷迁移转化的影响

在还原条件下，土壤中的无机硫是影响砷存留的主要因素（谢正苗等，1998a）；而在氧化条件下，氧化矿物如氧化铁是决定砷存留与释放的主要因素（陈静等，2003）。

土壤中磷营养也对砷的存留与释放有很重要的影响（Roy，1986）。三种老成土的研究结果表明，磷的存在会影响砷、钼的吸收，同时钼的存在会使砷的吸附减少，但磷的吸附受砷、钼的影响并不显著。砷在土壤中的最大吸附量与土壤酸度无关，但与草酸酰胺浸提态铁铝氧化物含量呈直线相关，且与黏粒中草酸酰胺浸提态铁有一定的关系。磷酸根会显著抑制砷的吸附，而硫酸根、硝酸根、氯离子则几乎无影响。一般认为，砷污染环境中加入磷可减轻砷对作物的危害，可能是由于磷会与砷竞争吸附位点，进而促使砷的活性增强（Livesey and Huang，1981）。

（四）土壤 pH、Eh 对砷迁移转化的影响

土壤 pH、Eh 对土壤中砷的价态和形态都有重要影响。pH 升高，土壤对砷的吸附量减少，液相中的砷含量会增加。pH、Eh 与砷溶解度之间的关系为：Eh 降低、pH 升高时，砷的溶解度显著增加。在旱田及干土中，土壤氧化还原电位较高，砷主要以+5 价存在；在淹水条件下，尤其是在有机质含量较多的沼泽地中，Eh 较低，砷酸可被还原为亚砷酸。实际水田中，pH-Eh 与砷酸、亚砷酸之间的关系可用下式表示：

$$\mathrm{Eh} = 0.666 + 0.0245\,\mathrm{lg}\frac{\left[\mathrm{H_2AsO_4^-}\right]}{\left[\mathrm{H_2AsO_3^-}\right]} - 0.0885\mathrm{pH} \tag{3.5}$$

根据上式，pH 6 时，三价砷与五价砷浓度比为 1，则 Eh=0.135V。不同的研究者在不同的土壤条件下，得出砷酸还原成亚砷酸的 Eh 范围是从 0 到 0.135V。不同价态的砷具有不同的溶解度，+5 价的无机砷还原为+3 价时溶解度会增大。研究表明，土壤环境中 pH 和 Eh 发生变化时，可以通过三条途径影响土壤水溶性砷的含量：第一是通过砷本身价态的改变，第二是通过对砷化合物吸附能力的影响，第三是通过对各种砷酸盐平衡状态的影响。由于水溶性砷可以直接被植物吸收利用，对植物的毒性效应更强，因此研究土壤环境中可溶性砷的迁移、转化比研究总砷更有意义（王华东，1989）。

（五）土壤中有机质含量对砷迁移转化的影响

土壤中有机质是一个复杂的体系，中国科学院南京土壤研究所将实验土壤中的有机质去除后发现，其对砷的吸附量比未除去土壤中还要高（242.50 μg/kg 和 206.66 μg/kg），这可能是因为砷被土壤吸附，主要是以阴离子的形式与土壤中带正电荷的质点相互作用，而土壤中的有机胶体一般呈负电性，与带负电荷的砷酸根之间没有吸附作用，反而可以竞争土壤表面有限的吸附位点。当土壤颗粒表面被有机胶体覆盖时，存在于矿物表面的一些带正电荷的质点，失去了与砷化合物相互作用的机会。因此，除去这些有机质覆盖物之后，土壤吸附砷的能力也就相应提高了（李生志，1989）。

第二节　外源砷在土壤中的形态转化

前面已经介绍过，土壤中的砷主要以无机砷和有机砷两种形态存在，价态主要分为+3 价和+5 价。不同形态和价态的砷在一定的土壤条件下可以相互转化，从而使得砷在

土壤生态系统中的毒性和有效性发生改变。为了进一步研究砷在菜地土壤中的转化及其对植物生长的影响，我们选用北京市区有7年种植历史的露天菜地土壤，主要种植叶菜类蔬菜。试验植物为京油小白菜，选用As（V）和DMA作为无机态砷和有机态砷的代表，通过开展盆栽试验，系统地研究了砷加入土壤后与土壤胶体的结合特征，以及砷在土壤中的分布和形态转化。土壤基本理化性质如表3.2所示。

表3.2　供试土壤的基本理化性质

pH（土∶水=1∶2.5）	7.50	全K/（g/kg）	4.09
有机质含量/（mg/kg）	15.69	Fe/（mg/kg）	26.43
全N/（g/kg）	9.08	Ca/（mg/kg）	22.55
全P/（g/kg）	11.45	全As/（mg/kg）	11.45

一、外源As（V）在土壤中的转化

在土壤中加入不同浓度的As（V）后，土壤中的砷形态发生了明显的变化。随着砷添加量的增加，土壤中四种形态砷含量均增加。随着培养时间的延长，土壤中AE-As（有效态砷）含量不断减少，而Al-As（铝型砷）、Fe-As（铁型砷）、Ca-As（钙型砷）含量则不断增加，如图3.1所示。

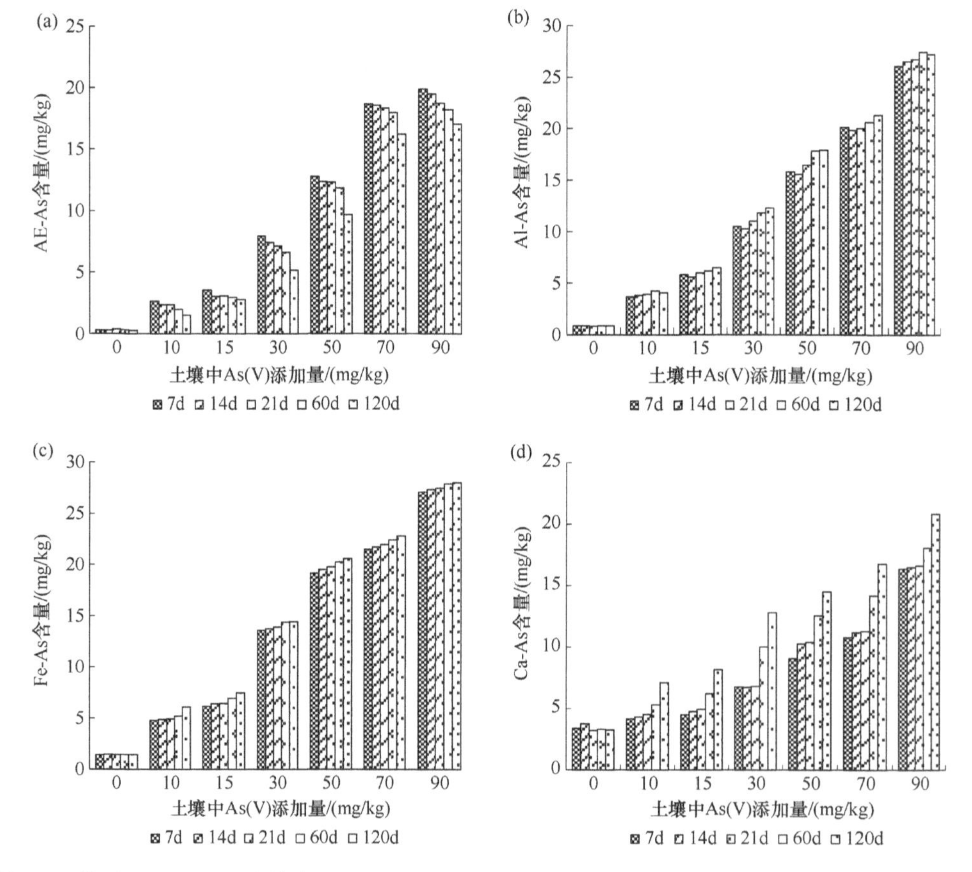

图3.1　外源As（V）对土壤中AE-As（a）、Al-As（b）、Fe-As（c）、Ca-As（d）含量变化的影响

土壤中 Al-As、Fe-As、Ca-As 含量随着 As（Ⅴ）培养时间的延长逐渐增加，可能是因为砷添加到土壤中以后，土壤具有吸附特性，土壤吸附位点不会在短时间内被占满，随着培养时间的增加，促进土壤对砷的吸附向更稳定的形态转化。但对同一浓度 As（Ⅴ）处理的 4 种形态砷随时间变化进行方差分析发现，4 种形态砷在这 5 个时间段内变化并不显著，4 种形态砷的含量百分比差异也不大。有研究指出，当土壤砷添加量为 10 mg/L 时，水溶态砷含量最高，之后土壤中有效态砷含量会随外源砷添加量的增加而逐渐降低（韦东甫等，1996）。相关分析表明，各形态砷的含量与外源添加砷浓度的相关系数高达 99%以上，达到了极显著水平。韦东甫等（1996）研究指出，Al-As、Fe-As、Ca-As 的形成是土壤对砷缓冲作用影响的主要因素。随着土壤外源砷添加浓度的增加，土壤对砷的缓冲性能减弱，造成对植物的危害。

外源 As（Ⅴ）进入土壤后，在土壤中的转化与砷的添加浓度和土壤基本性质关系密切。低浓度砷在土壤中易被固定，当砷浓度超过一定的数值后，土壤对砷的固定则随着砷添加量的增加而降低。表 3.3 为不同浓度 As（Ⅴ）进入土壤后各形态砷含量及分布变化。

表 3.3　培养 4 个月后外源 As（Ⅴ）在土壤中的形态分布

测定项目		添加 As（Ⅴ）浓度/（mg/kg）					
		10	15	30	50	70	90
AE-As	含量/（mg/kg）	2.652～1.500	3.564～2.772	7.938～5.148	12.78～9.674	18.69～16.21	19.88～17.03
	百分比范围/%	13.26～7.498	14.26～11.09	19.85～12.87	21.30～16.12	23.36～20.26	19.88～17.03
	降低幅度/%	5.762	3.17	6.98	5.18	3.1	2.85
Al-As	含量/（mg/kg）	3.676～4.059	5.786～6.474	10.49～12.27	15.78～17.91	20.14～21.32	26.08～27.19
	百分比范围/%	18.38～20.29	23.14～25.90	26.24～30.68	26.30～29.84	25.17～26.65	26.08～27.19
	升高幅度/%	1.91	2.76	4.44	3.54	1.48	1.11
Fe-As	含量/（mg/kg）	4.774～6.089	6.157～7.436	13.60～14.44	19.17～20.59	21.51～22.78	27.09～28.04
	百分比范围/%	23.87～30.45	24.63～29.75	34.00～36.10	31.93～34.31	26.88～28.47	27.09～28.04
	升高幅度/%	6.58	5.12	2.10	2.38	1.59	0.95
Ca-As	含量/（mg/kg）	4.154～7.076	4.466～8.1598	6.724～12.80	9.075～14.48	10.81～16.76	16.38～20.86
	百分比范围/%	20.77～35.38	17.86～32.64	16.81～31.99	15.13～24.14	13.51～20.95	16.38～20.86
	升高幅度/%	14.61	14.78	15.18	9.01	7.44	4.48

由表 3.3 可以看出，外源添加 As（Ⅴ）进入土壤中后，土壤各形态砷含量相较于外源 As（Ⅴ）添加前都显著增加。土壤中 AE-As 含量随着外源砷添加后培养时间延长而逐渐降低，4 个月时间内 AE-As 的降低幅度随着土壤外源砷添加量的增加而逐渐降低，说明土壤对 AE-As 的固定随外源砷添加浓度的增加而逐渐降低。Al-As 随着培养时间的增加含量逐渐增加，但 Al-As 含量增加幅度随着外源砷添加量的增加呈先升高、后降低的趋势，Fe-As 和 Ca-As 含量增加幅度随着土壤外源砷添加量的增加而逐渐降低，这说明在一定浓度范围内，砷污染浓度越低，越有利于土壤胶体对其的固定作用。

二、外源 DMA 在土壤中的转化

当外源 DMA 进入土壤后，土壤中 4 种形态砷含量与对照相比也有明显变化。随着土壤 DMA 添加量的增加（图 3.2），土壤中 4 种砷形态含量都不断增加。与 As（V）处理不同的是，DMA 添加到土壤后，其 Fe-As、Ca-As 的变化规律并不明显。从图 3.2 可以看出，随着培养时间的增加，AE-As 含量不断降低，Al-As 含量则随着培养时间的增加而逐渐增加，但 Fe-As 和 Ca-As 的含量变化不明显。从外源添加 As（V）和 DMA 后土壤中 4 种形态砷含量变化来看，As（V）添加的土壤中各形态砷含量均高于 DMA 添加的土壤，这可能与化学浸提方法对有机态砷的浸提效率有关。

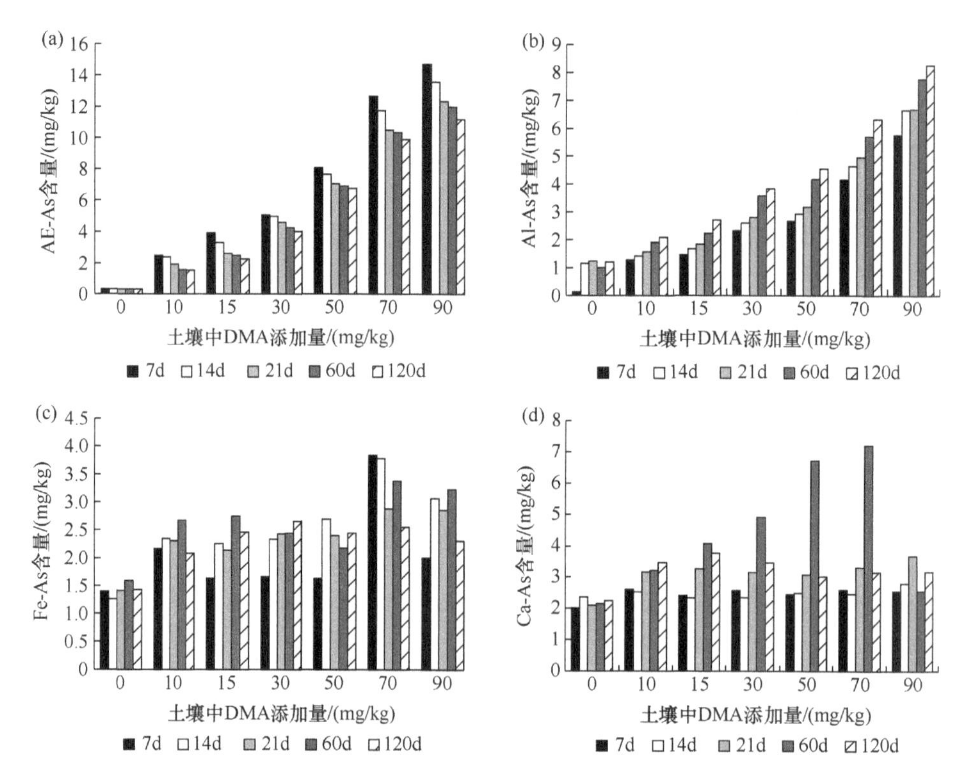

图 3.2 外源 DMA 对土壤中 AE-As（a）、Al-As（b）、Fe-As（c）、Ca-As（d）含量变化的影响

基于上述试验现象，研究进一步对 DMA 添加 4 个月后土壤中砷的提取回收进行了计算，如表 3.4 所示。

表 3.4 添加 DMA 培养后土壤砷的回收率

DMA 添加量/（mg/kg）	回收率/%			
	重复 1	重复 2	重复 3	重复 4
10	88.76	85.19	86.49	83.48
15	74.68	65.6	71.74	70.67
30	64.48	63.98	58.14	62.20
50	85.32	81.40	81.68	82.80
70	82.29	75.33	80.19	82.61
90	87.54	81.68	82.02	78.74

回收率的计算方法：回收率（%）=（土壤中 DMA 实测浓度/土壤中 DMA 添加量）

×100%。由表 3.4 可以看出，土壤添加的 DMA 设置了 6 个水平，每个水平 4 个重复，其中，回收率在 80%～90%的占 58%，在 70%～80%的占 21%，在 55%～70%的占 21%，这可能是由于 DMA 为有机态砷，在土壤中易被微生物还原成砷而挥发损失，从而使得土壤 DMA 的回收率低于 100%。

三、外源砷在土壤中的吸附与转化

砷进入土壤以后，首先被土壤胶体吸附，土壤对砷的吸附能力受多种因素影响。有研究认为，土壤对砷的吸附量与土壤黏粒含量的相关性具有极显著水平，土壤黏粒含量越高，其吸附砷的能力越强。土壤中铁、铝组分对砷的吸附也有重要作用，砷与铁、铝、钙结合的强度表现为：铁型砷＞铝型砷＞钙型砷。不同形态砷的溶解度也不相同，一般是 $Ca_3(AsO_4)_2$＞$Mg_3(AsO_4)_2$＞$AlAsO_4$＞$FeAsO_4$，所以铁对砷酸盐的固定作用最大，铝的固定作用比铁小，钙、镁所起的作用不如铁、铝显著。日本的前田信寿等（1957）研究了氢氧化铁、氢氧化铝对砷的吸附，发现氢氧化铁对砷的吸附能力为氢氧化铝的 2 倍以上，游离氧化铁对砷的固定作用最显著。姜永清（1983）研究了黄土中各形态砷的含量，发现在活性铁含量高的土壤中，砷以 Fe-As 形态为主；在活性铁含量低的情况下，如果活性铝或交换性钙多，那么在土壤中的砷主要以 Al-As 或 Ca-As 形式积累。

DMA 进入土壤后的转化机理方面的研究国内外已有报道，但并不系统、深入。Woolson 等（1982）的研究发现 DMA 进入土壤之后主要发生去甲基化。去甲基化是土壤有机态砷转化成无机态砷的主要形式，DMA 去甲基化生成产物为砷氢化合物，且 DMA 的去甲基化速率随着土壤湿度和温度的增加而增加，但是随着纤维素含量的增加而降低（Gao and Burau，1997）。在田间条件下，DMA 的半衰期为 20d，DMA 主要转化成 As（Ⅴ），只有一小部分转化为 MMA（Woolson et al.，1982）。土壤微生物对 DMA 的影响也很大。一般真菌、细菌和酵母菌均能使砷甲基化，生成甲基砷、二甲基砷和砷的气态化合物。如果土壤中这种生物甲基化作用活跃，有机砷的最终代谢产物转化为有毒砷化合物，可能会损害植物根系（Takamatau et al.，1952）。同位素示踪研究表明，二甲基砷酸处理的土壤在嫌气条件下有 60%的砷从土壤中挥发，在好气条件下只有 35%的砷挥发逸失。

砷进入到土壤后，由于土壤本身是一个庞大的缓冲系统，对砷会产生一定的缓冲作用。韦东甫等（1996）研究表明，土壤对砷的缓冲作用主要依靠吸附作用，土壤中砷的形态以 Al-As、Fe-As 为主。在添加低浓度外源砷时（0～50 mg/kg），缓冲机制以形成 Al-As、Fe-As、Ca-As 为主；添加高浓度的外源砷（100～1000 mg/kg）后，则以形成 Al-As、Ca-As 为主，Fe-As 居于次要地位。Fe-As 受土壤 Fe、Al 全量影响不大，但易受土壤游离氧化铝的影响，Fe-As 是土壤中一种性质较稳定的砷形态，一旦形成就难以转化。Ca-As 受土壤因子的影响较大，它是一种性质比较不稳定的砷形态，在土壤中比较容易转化为其他形态的砷。土壤黏粒含量与土壤可提取态砷的相关性并不明显，说明土壤黏粒含量只要达到一定的数量，就可以充分包容自然土壤可提取态砷（王援高等，1999）。Hess 等测定了合成的铝、钙、铁、锰和铅砷酸盐化合物的溶度积，同时测定了两种土壤溶液中这些化合物的离子积，发现铝、铁和钙的砷酸盐离子积小于它们的溶度积，表明控制土壤溶液中砷浓度的不是铝、铁和钙的砷化合物；同时发现铅和锰砷酸盐的离子积大于它们的溶度积，表明砷酸铅和砷酸锰能在两种土壤中稳定存在，且控制土壤溶液中砷的浓度。

实验结果显示，随着外源 As（Ⅴ）添加浓度的增加，4 种形态砷含量都显著增加，且各形态砷占砷总添加量的百分比变化规律相似，各形态砷与土壤外源 As（Ⅴ）浓度间的相关系数均高于 99%。此外，在外源 As（Ⅴ）添加的土壤中，AE-As 随着培养时间延长含量逐渐降低，4 个月培养时间内，AE-As 含量的降低幅度随土壤外源砷添加量的增加逐渐降低；Al-As 含量随着培养时间的增加而逐渐增加，但增加幅度随着外源砷添加量的增加呈先增加、后降低的趋势；Fe-As 和 Ca-As 含量增加幅度随着土壤外源砷添加量的增加逐渐降低。

外源添加 DMA 后，土壤 AE-As、Al-As 含量随着培养时间的增加呈现出一定的规律性，但是 Fe-As 和 Ca-As 的含量变化没有规律性。对比 As（Ⅴ）和 DMA 处理后各形态砷含量，As（Ⅴ）添加的土壤中各形态砷含量均高于 DMA 添加的土壤。对于 DMA 处理的土壤，砷的回收率比较低，与 DMA 转化生成挥发性的气体从而减少其含量有关。

第三节　土壤中砷的老化及生物有效性

砷在土壤中的形态和价态分布及其相互转化决定了其毒性和有效性。外源砷进入土壤后，除迅速与土壤胶体间发生吸附-解析、氧化-还原、溶解-沉淀、络合-螯合等一系列快速反应外，还会进入缓慢的老化进程，与土壤胶体间达到新的平衡，使其可浸提性、生物有效性或者毒性随时间延长而逐渐降低。同时，砷进入土壤后，也会与土壤微生物发生相互影响，一部分微生物受到砷的毒害作用而逐渐失去功能甚至消失，还有一部分微生物具有相应的解毒机制，能利用这种有毒的物质参与砷的价态转化，影响砷在土壤中的地球化学循环和老化进程。国内外虽然已有关于重金属进入土壤后的老化机理方面的研究，但是大多数集中于铜、锌、镍等这类在土壤中不发生价态转化且以阳离子形式存在的重金属，而对于砷这类既存在价态转化又主要以阴离子形式存在于土壤中的类金属，老化过程及老化机理的研究相对较少。

一、土壤中砷含量与生物有效性

人类对砷的认识已经有很长的历史，早在 4000 多年前就知道了雄黄（As_4S_4）、雌黄（As_2S_3）、毒砂（FeAsS）等砷矿物。砷广泛存在于大气圈、土壤圈、水圈、岩石圈和生物圈，在地壳中的丰度为 1.8 mg/kg，占元素丰度排位的第 20 位。土壤中砷的本底背景值与土壤地球化学过程和成土母质密切相关（曾希柏等，2014）。世界土壤中砷的含量一般为 0.1～58 mg/kg，中位值为 6.0 mg/kg（Bowen，1979）。我国各地区土壤中砷含量差异明显，这与我国具有较为全面的成土母质和多种多样的土壤类型密切相关。例如，在花岗岩上发育形成的褐土中砷含量一般为 5.3～6.2 mg/kg，而在石灰岩、大理岩上发育形成的褐土中砷含量就要高一些，一般为 11.60～12.08 mg/kg。综合来看，我国砷元素土壤平均背景值为 9.6 mg/kg，其含量范围为 2.5～33.5 mg/kg（翁焕新等，2000；周淑芹等，1996）。近年来，由于矿产资源的开采、含砷农药的广泛应用、含砷废水的农田灌溉、有机肥的施用、冶炼厂含砷废水的随意排放和大气沉降等原因，我国砷污染事件频发，农田土壤中砷含量超标问题不断被曝出，湖南很多地区成为砷污染的“癌症村”，石门县雄黄矿附近农田土壤中砷含量甚至高达 932.1 mg/kg（李莲芳等，2010），这些问题引起了社会大众的广泛关注。

实际上，砷对生物的毒性和有效性不完全取决于其总量，进入土壤中的砷会与土壤发生一系列反应，使其存在形态和迁移转化能力发生改变，因此研究砷在土壤中的有效性及其存在形态比研究砷总量更重要（Pongratz，1998）。依据土壤中砷被生物吸收利用的难易程度，土壤中的砷可分为三类：第一类是指溶解在土壤溶液中的砷，极易被生物吸收利用，具有较高的生物有效性；第二类是被土壤表面或交换点位吸附固定的吸附态砷，易被释放，同样具有比较高的生物有效性；第三类是被土壤胶体吸附，并与土壤中的铁、铝、锰等氧化物结合形成难溶性配位化合物，或者通过土壤微孔扩散或同晶置换进入土壤矿物晶格内部并被土壤闭塞的砷，该形态砷难以被生物吸收利用，称为难溶态砷（张国祥等，1996）。在长期砷污染的土壤中，我们常常发现土壤中大部分的砷是以难溶态的形式存在的，水溶态和植物有效态砷含量很少，不足总量的 5%（Jacobs et al.，1970），这与砷在土壤中的老化过程密切相关。

二、土壤中砷存在的结合形态

化学形态提取法、薄膜梯度扩散法、单一提取法和同位素稀释法均可以较好地用来评价植物对土壤重金属的吸收过程及重金属对植物的有效性（Rao et al.，2008；Menzies et al.，2007）。为了更好地研究重金属与土壤表面和土壤固相组分的结合程度，科学家们通过逐级增加提取剂强度的方式，对土壤中重金属形态进行分步提取，获得了重金属与土壤物质的不同结合形态。连续提取法（sequential extraction procedure，SEP）是一种操作相对简单且技术成熟的分析方法。目前，对重金属与土壤的各结合形态分析通常采用的是 Tessier 等（1979）提出的连续提取法。但由于砷是类金属，很多性质不同于常规意义上的重金属，且砷与磷具有相似的化学性质，所以科学家们将分步提取土壤中磷的方法进行改进，用于研究砷与土壤的结合程度（Chang and Jackson，1957；Williams et al.，1967），并于 2001 年提出了用于砷与土壤结合形态分析的连续提取法（Wenzel et al.，2001）。该法通过 5 步连续提取步骤，将砷与土壤的结合形态分为：专性吸附态（F1）、非专性吸附态（F2）、无定形和弱结晶度的铁铝水合氧化物结合态（F3）、结晶度高的铁铝水合氧化物结合态（F4）和固定于土壤颗粒矿物晶格内部的残渣态（F5）。一般而言，非专性吸附态砷是土壤中可溶性砷或通过静电引力吸附在土壤颗粒表面的砷，易被植物吸收利用，占砷总量的比例较小，不足 3%（魏显有等，1999；Samuel et al.，2003）。专性吸附态砷和弱结晶度的铁铝水合氧化物结合态砷在土壤条件发生变化时容易发生改变，进而转化成有效态砷释放出来。结晶度好的铁铝水合氧化物结合态砷和残渣态砷不易被生物吸收利用，对环境的危害和风险较小。

三、砷在土壤中的老化及影响因素

（一）老化概念

重金属老化研究是土壤修复领域的一个新兴研究方向。老化（aging）是指随时间延长，添加到土壤中的水溶性重金属的可浸提性、可交换性、生物有效性或毒性逐渐降低的过程（McLaughlin，2001；Ma et al.，2006a；Bruus Pedersen and Van Geatel，2001），有时也被称为固定（fixation）、自然衰减（natural attenuation）、不可逆吸附（irreversible sorption）等（McLaughlin，2001；Ma et al.，2006a，2006b）。土壤中重金属老化是一个客观存在且长期的过程，与时间密切相关。McLaughlin（2001）实验证明，老化时间的长短是决定重金属老化进程及有效性的重要因素之一。与其他重金属一样，外源砷进入土壤后也会与土壤胶体发生吸附-解析、氧化-还原、沉淀-溶液等一系列过程，使得其在土壤中的生物有效性随着时间的延长而逐渐降低，最终转化到土壤矿物晶格内部，变成难以被植物吸收利用的难溶态砷而被固定下来。虽然根据已有的研究可知，外源砷一旦进入土壤后就会发生老化，但目前对砷在土壤中老化过程的研究还相对较少，且缺乏系统性。由于砷是变价元素，不同土壤环境条件下，砷的价态和形态存在差异，且土壤中的砷通常是以阴离子的形式存在，这就意味着砷在土壤中的老化过程不同于那些以阳离子形式存在于土壤中的重金属，且由于砷在不同氧化还原条件下会发生价态转化，使得其老化过程也会比铜、锌等重金属更为复杂。

（二）老化的影响因素

砷老化的实质是从有效态向非有效态转变的过程。砷的形态和价态与其有效性和毒性密切相关，在一定条件下，土壤中各形态砷之间可以相互转化。老化过程是一个缓慢的过程，也可以理解为吸附和沉淀等快反应过程的继续，所以重金属在土壤矿物表面的吸附特性和形态特征是解释土壤中重金属老化的关键问题。影响砷离子在土壤中形态及吸附、沉淀、扩散等反应的因子包括土壤 pH、Eh 值、土壤有机质含量、土壤铁铝锰等氧化物的含量、土壤类型等，这些因子都会对砷的老化过程起着十分重要的作用。

1. pH

pH 是影响重金属有效性和形态的重要因素之一，它决定砷在溶液中的存在形态、土壤胶体表面的羟基解离度及表面电荷（Jackson and Miller，2000）。不同 pH 下，砷具有不同的形态，与砷酸和亚砷酸具有不同的解离系数也有关（Goldberg and Johnston，2001）。在氧化条件下，当土壤 pH＜6.97 时，砷主要以 $H_2AsO_4^-$ 形式存在；当 pH＞6.97 时，砷主要以 $HAsO_4^{2-}$ 形式存在（Sadiq，1997）。此外，pH 还可以影响含有可变电荷土壤表面的净电荷。当 pH 高于土壤的电荷零点（PZC）时，土壤组分的功能基团开始分离质子，可变电荷土壤表面的净电荷趋向于带负电荷，造成以阴离子形式存在土壤中的砷酸根或亚砷酸根与带负电荷的土壤组分发生静电排斥，被土壤释放出来，使得其在土壤中砷的有效性增加。

Goldberg（2002）对砷在 pH 2～10 的黏土上的吸附行为进行研究，发现当黏土 pH 2 时，对砷的吸附量最大。同样，Fitz 和 Wenzel（2002）也发现，当土壤 pH 3～8 时，碱土土壤中砷的水溶性更强。砷在土壤矿物如高岭石（Saada et al.，2003）、蒙脱石（Manning and Goldberg，1997）、伊利石（Manning and Goldberg，1996a）、无定形铁氧化物（Pierce and Moore，1982）和针铁矿（Grafe et al.，2002）等物质上的吸附也受 pH 的影响，且在 pH3～8 的范围内，砷的吸附量随 pH 的升高而降低。

对于重金属阳离子来说，pH 既会影响沉淀作用，又会影响微孔扩散作用。当土壤的 pH 远小于重金属的 pK_a 值时，随着 pH 的升高，一方面会使得表面聚合/沉淀趋势增强，另一方面会促进微孔扩散作用，使重金属的有效性降低（周世伟等，2009）。但对于砷酸根或亚砷酸根等阴离子来说，土壤胶体对其吸附主要通过配位交换而发生专性吸附。不同 pH 下，多元砷酸在土壤中的存在形态会发生改变，从而影响砷与土壤胶体的专性吸附程度和沉淀/成核过程（Parfitt，1978；于天仁，1987）。

2. 有机质

土壤有机质是土壤可变电荷的主要来源，含有丰富的羧基、羟基、氨基、羰基等官能团，能够与金属离子发生金属-有机质配合作用，也能对重金属进行包裹作用，对土壤表面负电荷量有重要贡献（Tang et al.，2004）。应用 XAFS 已经证实铜与有机质可以生成稳定的内层络合物，甚至更加稳定的五元环螯合物（Karlsson et al.，2006），或者与有机质和矿物共同作用形成稳定的有机质-铜-矿物（A 型或 B 型）三元络合物（Sheals et al.，2003）。有机质对砷吸附的影响主要通过改变土壤表面负电荷量或与砷发生化学反应，但目前很多研究所得出的结论并不统一。一部分研究认为有机质含有大量的活性基团，可以为砷的吸附提供更多的吸附位点，从而有利于砷的吸附过程（Saada et al.，2003）；还有一部分研究则认为有机质通过表面络合反应与砷酸根离子竞争吸附位点，并可通过吸附过程产生的静电排斥力减少砷酸根离子的吸附量（Bhatti et al.，1998）。同时，有机质的分解或水解也可以增加土壤中可溶性砷离子的浓度和活性。不同的土壤条件可能会加速砷的迁移能力，使得砷随着可溶性有机质向深层土壤移动，增加对环境的风险（李树辉等，2010）。溶解性有机质（DOM）一方面可以通过吸附竞争作用减少土壤对砷的吸附、增加溶解态砷的含量，另一方面也会与砷络合生成络合物（Cano-Aguilera et al.，2005）。有研究认为土壤中有机质的含量对土壤对砷的吸附量和吸附行为没有显著影响（Livesey and Huang，1981）。由此可见，有机质对砷在土壤中老化过程的影响要结合实际条件进行具体分析。

3. 磷的影响

磷和砷同属于元素周期表的第Ⅴ主族，具有相似的化学性质和化学行为。磷和砷均可以以专性吸附的方式被土壤胶体和土壤中铁铝氧化物吸附固定（Liu et al.，1999；Fendorf et al.，1997），因此磷与砷的竞争关系是影响砷吸附的重要因素之一，也是影响砷老化过程的重要因素。

在不同的环境条件下，磷与砷竞争关系以及对作物有效性影响的结论并不一致。有研究认为，磷的存在可以显著抑制土壤中砷的吸附，磷通过竞争作用可以使已被土壤吸附的砷解吸下来，但在不同类型土壤中存在差异（Peryea，1991）。在富含可变电荷（如铁、铝、锰氧化物或铝英石）矿物的土壤中，只有大量磷的加入才会导致砷的解吸（Smith et al.，1998）。雷梅等（2003）对红壤、黄壤和褐土中磷与砷的关系进行研究后发现，在砷污染的土壤中加入磷后，可以显著降低黄壤和红壤对砷的最大吸附量，且当磷砷比发生变化时，磷对砷吸附的影响程度会发生改变。随着磷砷比的降低，土壤对砷的吸附能力要强于磷，由磷的竞争关系所导致的砷解吸量减少，表明土壤中砷的吸附位点对磷和砷的亲和力具有一定的差异。

4. 铁、铝、锰氧化物的影响

根据已有的研究可知，土壤中吸附砷的主要物质是氧化铁、氧化铝和氧化锰等。土壤中无定形铁、铝、锰氧化物含量越高，对砷的吸附和固定能力越强（Goldberg，2002）。铁、铝、锰氧化物对砷的吸附能力比层状硅酸盐矿物强得多，这是因为这些氧化物比表面积大。铁氧化物的 PZC（电荷零点）一般为 pH8～9，容易与砷酸根发生非专性吸附和专性配位交换吸附（谢正苗，1989b）。铁氧化物表层中 OH^-和 H^+离子的吸附-解吸行为、铁氧化物的氢氧基和铁离子所组成的表面官能团（Fe-OH）的离解和缔合作用，使铁氧化物表面具有较高的表面能和表面电荷（于天仁，1987）。由于静电引力的作用，砷以带负电荷的砷酸根离子形式被带有正电荷的铁氧化物表面吸附（Muhammad，1997）。砷在金属氧化物表面的专性吸附是指砷氧阴离子进入到铁、铝、锰氧化物表面金属原子的配位体中，与配位壳中的羟基或水合基置换，形成类似于磷在铁氧化物表面形成的单齿单核螯合和双齿双核螯合两种配位形式（周爱民等，2005）。铁、铝氧化物一方面能大量专性吸附砷，另一方面能与砷形成难溶性沉积物，增加土壤对砷的吸附和固定能力。相比之下，铁氧化物对砷的吸附影响更强（Mohapatra et al.，2007）。

铁氧化物包括无定形铁氧化物（$5Fe_2O_3 \cdot 9H_2O$）、水铁矿（$Fe_5HO_8 \cdot 4H_2O$）、针铁矿［α-FeO(OH)］、赤铁矿（α-Fe_2O_3）和纤铁矿（γ-FeOOH）等，它们的组成和结晶形态各不相同，对砷的吸附能力也有所差异。一般认为，无定形铁氧化物＞针铁矿＞赤铁矿（Jambor and Dutrizac，1998）。无定形铁氧化物对砷的吸附最强，主要是因为其结构的核心区域以八面体为主，表面存在着大量的四面体结构单元，这种表面的未饱和状态与比表面积大、结晶度差的特性相结合，使其具有较高吸附砷的能力（Jambor and Dutrizac，1998）。针铁矿是由八面体组成的链状晶体结构；赤铁矿是由八面体呈六方紧密堆积而成。比较后可知，表面积大和结晶度差的氧化物能够提供更多有效的吸附位点，因而具有较强的吸附砷的能力（Wang and Mulligan，2006）。

铁氧化物对砷的吸附还与环境中的 pH 密切相关。当环境 pH 小于铁的 PZC 时，铁氧化物表面带正电，有利于砷酸根离子的吸附；而当环境 pH 大于铁的 PZC 时，铁氧化物表面带负电，将会促进砷酸根离子的解吸。此外，由于不同 pH 条件下，As（Ⅴ）和 As（Ⅲ）的存在形式会发生改变，也会影响铁氧化物对砷的吸附行为。应用 EXAFS（扩展 X 射线吸收精细结构）和 FTIR（傅里叶变换红外光谱）研究发现，As（Ⅴ）主要通过形成内部圈层表面络合物被铁氧化物吸附（专性吸附），而 As（III）既可以在铁氧化物表面形成内部圈层络合物，又可以形成外部圈层络合物，且形成的表面络合物类型取决于其在表面的覆盖程度，表面覆盖度高时形成双齿单核络合物，表面覆盖度低形成单齿单核络合物（Fendorf et al.，1997；Arai and Sparks，2002；Grossl et al.，1997）。Tang 等（2007）通过添加外源砷进入土壤，研究了其与土壤胶体的结合形态随时间的变化，研究表明，经 120d 的老化后，进入土壤中的外源砷的活性比从野外采集的砷含量相当的土壤中的砷活性更高，且进入土壤中的外源砷主要与铁铝氧化物等形成专性或非专性吸附，土壤中的铁铝氧化物含量、pH 等可能是影响砷老化的主要因素。同时，Yang 等（2002）研究也认为，外源砷进入土壤后，随着老化时间的延长，土壤中有效态砷的含量显著降低，而 Fe 氧化物的含量、pH 可能是控制土壤有效态砷含量的重要因子。

土壤中铝氧化物对砷的吸附行为的影响与铁氧化物类似，对砷的吸附也主要以专性吸附为主。有研究指出，无定形铝氧化物对砷的亲和力低于无定形铁氧化物（Goldberg and Johnston，2001）。Arai 和 Sparks（2002）研究发现，同铁氧化物、氢氧化物一样，高 pH 可以使得铝氧化物对砷的吸附能力大幅度降低。在 pH 为 4.5 的铝氧化物上，As（V）几乎全部被吸附，而当 pH 升高到 7.8 时，仅有 46%的 As（V）可以被吸附。也有研究指出，低 pH 会导致铝氢氧化物的溶解，从而使砷以共沉淀的方式被固定下来（Khourey et al.，1983）。Kappen 和 Webb（2012）利用扩展 X 射线吸收精细结构（EXAFS）分析后推断，无定形氢氧化铝对环境中砷的吸附主要是通过双齿双核的配位形式（Al-O-Al）完成的，且该键合形式具有较高的化学稳定性。由此可知，铝氧化物八面体的表层除了能够与砷形成双齿单核和单齿单核的络合物外，还可以形成双齿双核络合物（Ladeira et al.，2001）。

氧化锰矿物作为土壤和沉积物的重要组成部分，是土壤中重要的吸附载体、氧化还原主体和化学反应的接触催化剂（Shindo and Huang，1992；Post，1999）。夏增禄等（1992）等研究指出，铁、铝、锰氧化物对砷的吸附能力顺序为：$MnO_2>Al_2O_3>Fe_2O_3$。氧化锰具有较大的比表面积、很强的吸附能力和较高的表面活性，常比溶解氧更易参与溶液中的氧化还原反应，是土壤中最强的固体氧化剂（Scott and Morgan，1995；Negra et al.，2005）。Mello 等（2007）对巴西采矿区砷污染土壤中砷的存在价态的研究结果表明，锰氧化物可以将 As（III）氧化成 As（V），同时锰氧化物还可以与 As（V）发生表面的配位反应使得砷在锰氧化物表面被吸附（Ouvrard et al.，2005）。EXAFS 分析表明，锰氧化物与砷可以形成 As（V）-MnO_2 复合物，该复合物是存在于 MnO_2 内层区域及微晶边缘的双齿双核桥联复合物（Manning et al.，2002）。锰氧化物表面的电荷零点较低，约在 pH2 左右，当土壤的 pH>5 时，锰氧化物表面带净负电荷。因此，锰氧化物表面一般对 pH>4 土壤中砷的吸附起到限制作用。但由于锰氧化物与砷还可以形成配位体交换或化学吸附，所以认为酸性土壤中锰氧化物对砷的吸附作用更显著（Sadiq，1997）。

5. 其他影响因素

砷在土壤中的吸附-解吸行为和形态转化还受到很多其他因素的影响，如土壤母质、土壤粒径、黏粒含量、土壤水分等。Sarkar 合和 Datta（2004）研究了含砷杀虫剂在两种不同母质土壤中与土壤胶体的结合态随时间的变化，认为黏粒含量、有机质含量和组成、pH、Eh 值等对砷的结合形态和转化具有十分重要的影响。Datta 和 Sarkar（2004）研究了三种不同母质发育的砷污染土壤的性质与砷形态的相互关系，认为土壤性质对砷的形态有十分重要的影响。Girouard 和 Zagury（2009）从土壤不同粒径大小的角度研究了土壤特性对砷生物有效性的影响，结果表明，土壤总有机碳、黏粒含量、砂粒含量及水溶态砷含量与生物有效态砷含量相关性较高。土壤中黏土的数量和黏土矿物类型对砷的吸附有较大影响。黏土矿物普遍存在于土壤中，硅酸盐黏土矿物通常有较大的表面能和化学活性，具备吸附离子的潜能（Goldberg and Johnston，2001）。一般蒙脱石、高岭土和白云石对砷的吸附能力逐渐减低。不同土壤类型对砷的吸附性不同，一般是砖红壤＞红壤＞黄棕壤、褐土＞棕壤＞潮土（魏显有等，1999）。Kim 等（2014）利用连续提取方法结合 X 射线衍射及 X 射线光电子能谱技术研究了砷在土壤固相的吸附形态及其生物有效性，认为除了土壤中的铁氧化物外，含硫矿物的风化产物在砷的吸附方面具有非常重要的作用。此外，土壤中的一些无机离子也可以显著影响砷在土壤中的转化过程。铁、铝、钙离子可以与砷酸根离子形成难溶的砷化物，从而对砷起到固定作用（Smith et al.，2002）；PO_4^{3-}、SO_4^{2-}、OH^-等能够不同程度地促进砷的解吸，提高土壤中砷的有效性。Jackson 和 Miller（2000）通过对砷的解吸过程进行研究，认为 OH^-对砷的解吸效果最好。温度也是影响重金属老化的重要因素。在一定的温度范围内，随温度的升高，土壤重金属有效性会降低。Ma 等（2006a）通过计算表面扩散系数，推测出温度升高所导致的土壤颗粒微孔扩散作用增强是铜在土壤中主要的老化机制。在 25～70℃范围，高岭石、蒙脱石和伊利石对 As（Ⅴ）的吸附量会随着温度的升高而下降，可能是由于高温下被吸附物与吸附剂形成的化合物不稳定，高温使得砷从固相逃逸到溶液中，同时还会破坏 As（Ⅴ）的吸附位点（Mohapatra et al.，2007）。

（三）老化的机理

目前，针对重金属在土壤中老化过程和老化机理的研究多集中在铜、锌等主要以阳离子形式存在的重金属。重金属在土壤中老化过程的实质是其进入土壤后在土壤表面重新分配的过程。短时间内吸附作用具有显著影响，表面沉淀只发生在高浓度金属离子的环境中（McLaughlin，2001），而在接下来的慢反应过程中，可能的反应机理包括以下几种：①金属通过扩散作用进入土壤矿物或有机质的微孔或裂隙，或者通过固态扩散进入土壤矿物的晶格（Ma et al.，2006a，2006b；He et al.，2001）；②低表面覆盖度时，金属离子占据一些孤立的吸附位，随着覆盖度增加，金属的氢氧化物晶核形成，最终成为表面沉淀或表面金属簇（McBride，1991；Sparks，2003；Hyun et al.，2005）；③金属离子由表面向矿物晶层内部转变，先是形成外层络合物，然后生成内层络合物，再经同晶置换或扩散进入到矿物的晶格；或者经快速侧向扩散到达边缘，在此被吸附或形成聚合体，聚合体不断增长，最终被埋入晶格内（Sparks，2003）；④一些条件下，土壤铁锰氧化物或铁铝氧化物发生氧化还原反应引起这些氧化物溶解，通过再结晶和再沉淀，从而包裹一些金属离子（Martinez and Mcbride，1998；Martinez and Mcbride，2000）；⑤高浓度金属和高浓度阴离子（磷酸盐、碳酸盐）生成新的固相沉淀（McLaughlin，2001）；

⑥有机质分子的包裹作用使金属与有机物紧紧结合（Sparks，2003）；⑦微生物与土壤颗粒聚合体的联合吸附作用（Alfredo et al.，2006）。简单地说，重金属在土壤中的老化过程主要受微孔扩散、表面沉淀/成核和包裹作用的共同影响。

表面沉淀/成核作用主要受控于土壤 pH，在较短时间内可以达到平衡。微孔扩散作用主要受浓度、温度和老化时间的共同控制，需要较长的时间才能达到平衡。包裹作用主要受土壤中有机质、铁氧化物、铝氧化物、锰氧化物、碳酸盐和 pH 的影响，一般是不可逆的。Ma 等（2006a，2006b）应用同位素稀释技术表明，外源铜在土壤的短期老化过程中，表面沉淀/成核作用及有机质包裹作用是主导机理，而微孔扩散过程是铜长期老化阶段的主导机理，并提出了能够预测铜在土壤中短期老化和长期老化作用的半机理模型。金属离子在不同的矿物表面有不同的老化机制。Lee 等（2003）应用 EXAFS 分析证实锌在蒙脱石表面先生成外层单核络合物，再生成多核表面络合物，最后生成类似于 Zn-钡硅盐或 Zn/Al-水滑石的混合金属共沉淀。在氧化铁表面，低浓度的锌生成内层络合物，高浓度时生成内层络合物和多核聚合物。此外，光谱学数据证实有机质可与 Cu 生成稳定的五元环螯合物（Karlsson et al.，2006）或有机质-Cu-矿物三元络合物（Sheals et al.，2003）。这些研究和老化机理大部分是针对铜、锌、镉等重金属的老化，对外源砷老化机理的研究还较少，仅有少量研究认为砷进入土壤后，先是被吸附在土壤胶体的外表层，随着时间的延长逐渐转移到土壤胶体内相（Zhang and Sparks，1990），但老化机制、老化速率还不明确，且在不同土壤类型和环境条件下有所区别。砷老化的具体影响因素和机理还需要进一步开展研究证实。

第四节 外源砷在几种母质发育红壤中的老化过程

砷是一种自然界中普遍存在的有毒类金属元素，可以广泛存在于水体、大气、矿物和土壤等生境中。我国砷矿资源的探明储量占全球砷储量的 70%，居世界之首（魏梁鸿和周文琴，1992）。我国砷矿资源主要分布在西部和南部地区，其中湖南地区拥有亚洲最大、开采历史最悠久的雄黄矿，且砷还常常以伴生矿的形式与其他矿物伴生，湖南地区的砷矿探明量达 82.7 万 t，占全国总探明量的 61.6%。土壤中砷的本底值主要来源于成土母质和火山活动，成土过程中的一些条件（如气候、母质的有机和无机成分及氧化还原电位等）均会影响土壤中砷的浓度和分布状况。总体来说，石灰岩、浅海沉积物、冲积物发育的土壤质地较细、有机质较多、土壤含砷量较高，而发育于花岗岩、凝灰岩等火成岩母质之上的砂性土壤含砷量较低（谢正苗等，1998b）。由于砷可以被土壤胶体累积，所以土壤中砷的含量一般都会高于它在成土母岩中的含量。而造成土壤中砷含量过高甚至超标的主要原因是人为污染，主要包括采矿、冶金、燃煤、工业生产、使用农业杀虫剂和除草剂等，所产生的砷大部分排放或释放到土壤中。

研究土壤中砷污染时，我们常常采用砷的总量来评价其对生态环境的风险，并将其作为土壤环境标准制定的依据。但是这种做法是不准确的，因为外源砷一旦进入土壤后便会发生老化现象。进入土壤中的外源砷会与土壤胶体发生吸附-解吸、氧化-还原、沉淀-溶解等一系列反应，使其可浸提性、可交换性、对作物的有效性和毒害作用随着砷与土壤接触时间的延长而逐渐降低，最终砷与土壤的相互作用会达到一个新的平衡阶段，即完成外源砷在土壤中的老化过程。砷在土壤中的老化过程受到很多土壤性质的影响。

一、不同母质发育红壤基本理化性质的差异

土壤母质作为土壤的基本构成部分会影响土壤的矿物组成、粒径大小和其他理化性质等，这些均会造成砷在土壤中的含量、有效性和毒性存在差异。Chen 等（2002）和Yamasaki 等（2013）的研究表明，对于红壤地区的土壤来说，成土母质是土壤中砷的主要来源，并且指出石灰岩发育的红壤中砷的浓度要更高一些。由此可知，土壤母质对砷在土壤中的有效性和老化进程等具有十分重要的影响作用，而目前对外源砷在不同母质发育土壤中老化过程的研究还鲜有报道。我们在湖南选取了 5 种不同母质发育红壤进行研究，以了解砷在不同母质发育红壤中老化过程及生物有效性的变化。在砷污染比较严重的湖南地区，选取了第四纪红黏土（RS1）、紫色砂页岩（RS2）、石灰岩（RS3）、板页岩（RS4）和花岗岩（RS5）等 5 种不同母质发育的土壤，通过外源加五价砷酸根离子进行室内模拟培养的方式，系统地研究了外源砷在我国典型红壤地区土壤中的老化过程，旨在弄清外源砷在不同母质发育红壤中的有效性和结合形态随老化时间的变化规律及特征，为湖南等地区砷超标农田的调控和安全利用提供理论支撑。

表 3.5 和表 3.6 列出了 5 种不同母质发育红壤的基本理化性质，以及未添加砷的原始土壤中总砷、有效态砷和 5 种结合态砷的含量。从表中可知，5 种不同母质发育红壤的基本理化性质差异显著。土壤 pH 的范围为 4.94～8.29，其中 RS1（4.94）和 RS5（5.39）为酸性土壤，RS2（8.29）为碱性土壤。RS3 在 5 种土壤中具有较高的土壤有机质含量和阳离子交换量，分别为 32.7 g/kg 和 15 cmol/kg，而 RS4 土壤具有较高的总磷和有效磷含量，分别为 1.08 g/kg 和 65 mg/kg。此外，5 种土壤中游离态铁铝锰氧化物和无定形的铁铝锰氧化物含量也有显著差异，并以 RS4 土壤中游离态和无定形铁铝锰氧化物的含量均为最高。土壤粒径组成在花岗岩发育的红壤（RS5）和第四纪红黏土发育的红壤（RS1）之间差异最明显，其中 RS5 含有较高的黏粒（50.23%）和较低的砂粒（4.94%），而 RS1 含有较高的黏粒（10.13%），仅含有 19.05%的砂粒。以上结果表明，5 种土壤虽同属于同一地带性的红壤，但其基本性质差异较大。

试验中 5 种母质发育的红壤中总砷含量也有所不同，范围为 10.71～32.57 mg/kg，RS2 最低（为 10.71 mg/kg），RS4 最高（为 32.57 mg/kg）。虽然 5 种土壤均是采自长期用于耕作的耕层土，但 RS4 土壤已经属于轻微污染土壤［在我国土壤环境质量二级标准值的 1 倍至 2 倍（含）之间］。因为该土壤的 pH 为 6.95（介于 6.5 和 7.5 之间），根据我国土壤环境质量标准（GB15618—1995）中的二级标准，该 pH 范围内用于农田的旱地土壤中总砷含量不应超过 30 mg/kg。造成砷含量较高的原因可能是由于农业耕作措施中使用了含砷的杀虫剂、除草剂，或者施用了含砷的有机肥等。但从土壤中有效态砷的含量来看，5 种红壤中有效态砷含量均较低，不足总砷含量的 1%，范围在 0.05～0.09 mg/kg。从 5 种不同砷结合形态的角度来分析发现，原始土壤中的总砷主要分布在无定形和弱结晶度的铁铝锰水合氧化物结合态（F3，13.23%～30.26%）、结晶度高的铁铝锰水合氧化

表 3.5　老化培养试验供试土壤的基本理化性质

项目	RS1	RS2	RS3	RS4	RS5
pH	4.94	8.29	6.97	6.95	5.39
SOM/（g/kg）	20.2	7.55	32.7	29.3	19.6
CEC/（cmol（+）/kg）	10.7	11.7	15	8.98	6.49
全氮/（g/kg）	1.21	0.78	1.8	2.33	1.28
全磷/（g/kg）	0.64	0.72	0.7	1.08	0.6
全钾/（g/kg）	12.3	24.1	17.8	27.7	39.9
碱解氮/（mg/kg）	108	42	149	223	149
有效磷/（mg/kg）	32.9	10.6	14.6	65	54.8
速效钾/（mg/kg）	190	87	182	118	58
游离氧化铁/（mg/kg）	38.4	28.5	37.6	46.0	10.3
游离氧化铝/（mg/kg）	2.58	0.85	3.05	3.36	1.75
游离氧化锰/（mg/kg）	0.82	0.63	0.32	1.89	0.15
无定形氧化铁/（mg/kg）	2.16	0.73	3.05	3.33	1.32
无定形氧化铝/（mg/kg）	1.60	0.54	1.40	0.80	0.52
无定形氧化锰/（mg/kg）	0.58	0.47	0.13	1.40	0.10
黏粒（<0.002 mm）/%	10.13	6.97	6.17	9.98	4.94
粉砂粒（0.002～0.05 mm）/%	70.82	59.62	52.71	62.58	44.82
砂粒（>0.05 mm）/%	19.05	33.41	41.12	27.44	50.23
总砷/（mg/kg）	27.98	10.71	23.66	32.57	20.80

表 3.6　老化培养试验供试土壤中各形态砷的含量

土壤编号	总砷/（mg/kg）	有效态砷/（mg/kg）	结合态砷/（mg/kg）				
			F1	F2	F3	F4	F5
RS1	27.98	0.05	0.01	1.32	4.06	5.77	16.85
RS2	10.71	0.07	0.04	1.45	3.24	2.88	3.10
RS3	23.66	0.05	0.02	2.75	3.13	5.65	12.11
RS4	32.57	0.09	0.07	3.32	7.34	8.25	13.68
RS5	20.80	0.05	0.03	1.76	6.32	8.87	3.91

物结合态（F4，20.49%～42.65%）和残渣态（F5，28.95%～60.22%）中，这 3 种结合形态的砷均属于砷与土壤较为紧密的结合形态，对作物的有效性较低，因此对农作物的风险较小。由此可知，虽然目前我国部分耕地土壤中存在总砷含量超标的问题，但其对作物和农田生态系统的风险可能并没有想象中那么严重，这正是与砷在土壤中存在不同结合形态和砷在土壤中的老化作用密切相关。

二、外源砷在不同成土母质发育红壤中有效性的变化

（一）有效态砷含量随老化时间的变化

在 5 种母质发育的红壤中均添加 100 mg/kg 的外源砷，通过室内培养的方式，以有

效态砷含量占砷添加浓度的百分比来表示外源砷在土壤中的有效性，研究外源砷进入不同母质发育红壤后，其生物有效性随老化时间的变化规律。通过双因素方差分析（表 3.7）发现，外源砷在土壤中的有效性受到成土母质和老化时间等因素的影响极显著。5 种土壤中，有效态砷的百分含量均呈现出随老化时间延长而显著降低的趋势。老化培养 1 天后，5 种土壤中有效态砷的平均百分含量为 44.37%，而到培养 360 天后，有效态砷的平均百分含量则仅为 8.65%，下降了 35.72%（表 3.7），但在不同母质发育的红壤中砷有效性的变化幅度有所不同（图 3.3）。RS1 土壤中有效态砷的百分含量从 31.00%（培养第 1 天）下降到 2.67%（培养第 360 天），减少了 28.33%；RS2 土壤中有效态砷的百分含量从 63.54%（培养第 1 天）下降到 12.27%（培养第 360 天），减少了 51.27%；RS3 土壤中有效态砷的百分含量从 31.80%（培养第 1 天）下降到 5.42%（培养第 360 天），减少了 26.38%；RS4 土壤中有效态砷的百分含量从 45.01%（培养第 1 天）下降到 9.54%（培养第 360 天），减少了 35.47%；RS5 土壤中有效态砷的百分含量从 50.49%（培养第 1 天）下降到 13.36%（培养第 360 天），减少了 37.13%。此外，由于成土母质的影响，同一老化时间不同土壤中有效态砷的百分含量也有所不同。如图 3.3 所示，外源砷老化培养仅 1 天后，5 种土壤中有效态砷含量就出现显著差异。RS2 土壤中的有效态砷的百分含量

表 3.7　成土母质、老化时间与各结合态砷和有效态砷百分含量之间的双因素方差分析

影响因素	有效态砷百分含量/%	结合态砷百分含量（总量的百分比）/%				
		F1	F2	F3	F4	F5
双因素方差分析（F 值）						
成土母质	898***	5885.39***	122.93***	613.37***	820.83***	525.74***
老化时间	926***	1431.33***	442.87***	574.58***	305.89***	34.51***
成土母质×老化时间	23.42***	168.91***	53.7***	31.86***	12.04***	7.68***
Ducan 复极差分析（处理的平均值）						
成土母质						
第四纪红黏土（RS1）	11.35d	2.90d	47.00c	35.81b	25.53a	16.75a
紫色砂页岩（RS2）	33.13a	23.66a	49.22b	25.28d	9.21d	3.63d
石灰岩（RS3）	11.11d	1.15e	51.57a	33.71c	22.65b	14.93b
板页岩（RS4）	17.31c	6.99c	52.42a	36.08b	21.01c	16.50a
花岗岩（RS5）	21.98b	8.07b	43.88d	43.24a	20.88c	5.93c
老化时间						
1 d	44.37a	19.40a	59.59a	20.57f	15.95d	7.90d
9 d	26.30b	9.75b	57.77b	30.09e	15.28d	10.51c
15 d	19.36c	8.88c	52.91c	34.20d	15.036d	12.05b
30 d	17.51d	6.67d	44.11d	41.02a	21.13c	10.47c
90 d	12.36e	6.19e	44.76d	39.78b	20.61c	12.06b
180 d	10.91f	5.27f	42.05e	39.83b	24.01b	12.24b
360 d	8.65g	3.74g	40.54f	38.27c	26.64a	14.21a

注：利用 Ducan 的复极差法比较相同影响因素下不同处理之间的差异。不同字母代表处理之间差异显著。***表示在 $P<0.001$ 水平下差异显著。

最高，为 63.54%；而在 RS1 和 RS3 中的有效态砷的百分含量则相对较低，分别为 31.00% 和 31.80%。相关分析结果表明，土壤 pH、有机质含量和无定形氧化铁和氧化铝的含量是影响外源砷在土壤中老化 1 天后其有效性发生变化的主要因素（表 3.8）。从整个老化培养过程来看，同一老化时间 RS2 土壤中砷的有效性明显高于其他土壤，即使老化培养 360 天后，RS2 中有效态砷的百分含量仍有 12.3%，且 5 种土壤中有效态砷的百分含量从高到低的排列顺序为：RS2＞RS5＞RS4＞RS1＞RS3（图 3.3）。这可能与紫色砂页岩发育的 RS2 红壤具有较高的 pH 和比较低的土壤有机质含量有关。

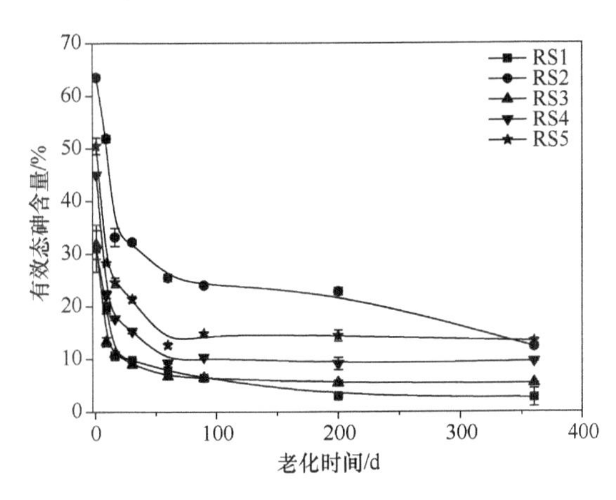

图 3.3 不同母质发育红壤中有效砷百分含量随老化时间的变化

图中的数值是以平均值±标准误差来表示的，n=3

研究发现 5 种土壤中有效态砷含量在前 30 天显著降低，而在接下来的老化过程中下降趋势趋于平缓，这与前人的研究结果相同（Fendorf et al.，2004；Tang et al.，2007）。其中，在 RS1 和 RS3 土壤中外源砷有效态砷含量从添加时的 100 mg/kg 下降到 9.80 mg/kg 和 8.89 mg/kg，分别下降了添加浓度的 90.2%和 91.11%。而从老化 30 天开始直到培养结束（老化 360 天）的 330 天内，有效态砷含量仅下降了 7.1%和 3.5%。尽管 RS2 中有效态砷含量在整个培养时期显著高于其他土壤，但在培养的前 30 天内，外源砷的有效性也减少了 67.78%。同样，相关分析表明，游离氧化铝、无定形的氧化铁和氧化铝、土壤有机质和土壤 pH 是造成老化前 30 天外源砷有效性降低的主要影响原因（表 3.8）。这一研究结果与前人的研究结果是一致的（Goldberg，2002；Yang et al.，2002；Jiang et al.，2005；Tang et al.，2007）。具有较高铝氧化物和铁氧化含量的 RS1 和 RS3 土壤，使得外源砷进入土壤后表现出较低的有效性。

表 3.8 皮尔森相关分析研究老化培养的不同阶段土壤中有效态砷百分含量与土壤理化性质之间的关系（n=15）

	pH	SOM	CEC	Fe_d	Al_d	Mn_d	Fe_o	Al_o	Mn_o
C_1	0.57*	−0.73**	−0.35	−0.46	−0.81**	−0.02	−0.70**	−0.90**	0.04
$C_{0\text{-}30}$	0.56*	−0.84**	−0.28	−0.50*	−0.91**	−0.13	−0.81**	−0.84**	0.07

注：C_1，老化 1 天后土壤有效态砷的百分含量；$C_{0\text{-}30}$，老化前 30 天内土壤中有效态砷百分含量的变化。pH，土壤 pH；SOM，土壤有机质含量；CEC，阳离子交换量；$Fe_d/Al_d/Mn_d$，游离铁铝锰氧化物的含量；$Fe_o/Al_o/Mn_o$，无定形铁铝锰氧化物的含量。*表示在 $P<0.05$ 水平下差异显著；**表示在 $P<0.01$ 水平下差异显著。

（二）在老化过程中有效态砷含量变化的动力学方程拟合

很多研究指出，外源砷一旦进入土壤后首先会被土壤吸附固定，而这一吸附固定过程是分成两个阶段进行的（Smith et al.，1999；Arai and Sparks，2002）。大部分的砷会在 24 h 内很快被土壤吸附固定，而在接下来的时间内则进入慢吸附阶段，这一个阶段可能会持续数周、数月甚至数年（Arai and Sparks，2002）。很多动力学方程都可用于研究砷被土壤吸附固定直到达到平衡状态的过程，通过吸附过程动力学方程的拟合可以得到砷被土壤所吸附固定的速率。虽然外源砷在土壤中的老化过程不同于砷在土壤中的吸附固定过程，但是近年来很多研究也利用一些经典的动力学方程来描述外源砷进入土壤后与土壤相互作用并最终达到平衡状态的老化过程（Zhou et al.，2008；Guo et al.，2011）。

利用 Elovich 方程（Chien and Clayton，1980）、双常数方程（Kuo and Lotse，1973）、抛物线扩散方程（Cooke，1966；Evans and Jurinak，1976）和准二级动力学方程（Ho，1995；Ho，2006）来拟合外源砷进入土壤后，其有效性随老化时间变化的动力学过程。方程拟合过程中如果得到了较高的决定系数（R^2）和较低的标准误差值（SE），则认为该方程可以较好地拟合外源砷在土壤中的老化过程。拟合结果表明，Elovich 方程、双常数方程和准二级动力学方程均可以较好地拟合外源砷在 5 种不同母质发育红壤中的老化过程（表 3.9），并且以准二级动力方程的拟合效果最好（R^2=0.939～0.998，P<0.05，SE=0.82～5.47）。通过准二级动力学方程的拟合，可以计算出外源砷在不同土壤中老化速率（k）和老化达到平衡时土壤中有效态砷的含量（Q_e）。得出以上两个参数后，可以对外源砷在土壤中的老化过程做出定量的描述，也可以比较和分析不同土壤中外源砷老化过程的快慢及老化的最终平衡状态。

表 3.9 外源砷在不同母质发育红壤中老化的动力学方程拟合

土壤	Elovich 方程 $Q_t=a+b\ln t$				双常数方程 $\ln Q_t=a+b\ln t$				准二级动力学方程 $t/Q_t=1/(k\times Q_e^2)+t/Q_e$				抛物线扩散方程 $Q_t=K_pt^{1/2}+C$			
	a	b	R^2	SE	a	b	R^2	SE	k	Q_e	R^2	SE	K_p	C	R^2	SE
RS1	28.64	–4.92	0.932**	2.67	3.66	–0.44	0.942**	3.86	–0.023	2.61	0.990**	2.02	21.44	–1.27	0.641	6.20
RS2	63.40	–8.60	0.933**	4.67	4.30	–0.26	0.896**	6.33	–0.004	12.99	0.939**	5.47	52.05	–2.37	0.735	9.31
RS3	26.16	–4.28	0.834**	3.88	3.31	–0.31	0.960**	1.91	–0.023	5.32	0.998**	0.82	18.95	–0.98	0.456	7.02
RS4	38.41	–6.00	0.859**	4.94	3.70	–0.29	0.923**	2.46	–0.022	9.35	0.997**	2.04	28.47	–1.40	0.484	9.44
RS5	44.74	–6.33	0.879**	4.76	3.85	–0.24	0.903**	2.70	–0.013	13.33	0.997**	2.26	34.54	–1.51	0.521	9.49

注：a 和 b 是常数，a 是与砷老化过程中土壤中有效态砷含量有关的常数；b 是与砷老化速率有关的常数；t 是老化时间（d）；k 是准二级动力学速率常数，本研究中也是外源砷在土壤老化的速率常数［kg/(mg·d)］；Q_e 是老化平衡时土壤中有效态砷的含量（mg/kg）；Q_t 是老化时间为 t 时土壤中有效态砷的浓度（mg/kg）；K_p 是抛物线扩散方程的速率常数［kg/(mg·d$^{1/2}$)］；C 是与扩散层有关的常数（mg/kg）；R^2 是拟合方程的决定系数；SE 是标准误差。**表示在 P<0.01 水平下差异显著。

通过方程拟合得到准二级动力学方程的拟合结果显示：在老化培养的 360 天内，砷在 RS1 和 RS3 土壤中的老化速率最快且基本相同，砷在 RS4 和 RS5 土壤中的老化速率居中，而砷在 RS2 土壤中的老化速率最慢。砷在土壤中的老化达到平衡时，RS1 土壤中有效态砷含量最低（为 2.61 mg/kg），其有效性降低了 97.39%；RS2 土壤中有效态砷含量为 12.99 mg/kg，其有效性降低了 87.01%，RS3 土壤中有效态砷含量为 5.32 mg/kg，其有效性降低了 94.68%；RS4 土壤中有效态砷含量为 9.35 mg/kg，其有效性降低了 90.65%；RS5 土壤中有效态砷含量最高（为 13.33 mg/kg），其有效性降低了 86.67%。利用逐步回归分析土壤理化性质对砷在土壤中的老化速率和老化平衡时有效态砷浓度的影响，得到式（3.6）和式（3.7）。结果显示，土壤母质会显著影响外源砷在红壤中的老化速率和老化平衡时土壤中有效态砷的浓度，而造成这一结果的关键影响因素是土壤中铁铝锰等氧化物的含量，包括游离氧化铁、游离氧化铝、无定形氧化铝和无定形氧化锰等，并且发现对于不同母质发育的红壤来说，铝氧化物含量对砷在土壤中老化过程的影响更加显著，其影响程度高于铁氧化物和锰氧化物。

$$k = 0.0012 - 0.0078 \times [Al_d] \quad (R^2 = 0.89,\ P < 0.05) \tag{3.6}$$

$$Q_e = 18.37 + 0.026 \times [Fe_d] - 9.85 \times [Al_o] - 1.67 \times [Mn_o] \quad (R^2 = 1,\ P < 0.05) \tag{3.7}$$

式中，Al_d 为游离氧化铝含量（mg/kg）；Fe_d 为游离氧化铁含量（mg/kg）；Al_o 为无定形氧化铝含量（mg/kg）；Mn_o 为无定形氧化锰含量（mg/kg）；k 是准二级动力学速率常数，本研究中也是外源砷在土壤老化的速率常数［kg/(mg·d)］；Q_e 是老化平衡时土壤中有效态砷的含量（mg/kg）。

很多研究指出，当水溶态的重金属或类金属离子以溶液形式进入到土壤时，最初的快速反应往往伴随着重（类）金属离子从土壤矿物表面通过微孔和裂隙扩散进入矿物晶格内部，或者固态扩散进入晶格内部等慢反应过程，能够用 Fick 扩散第二定律加以描述（Bruemmer et al.，1988；Ma and Uren，1997；Ma et al.，2006a，2006b）。通过动力学方程拟合，本研究发现砷在土壤中的老化过程并不完全符合抛物线扩散方程（$R^2 < 0.8$），这说明砷在土壤中从有效态变成无效态或其有效性降低的过程不仅仅是由颗粒内扩散过程所决定的。

三、外源砷在不同成土母质发育红壤中各结合态随老化时间的变化

利用 Wenzel 改进的连续提取步骤，试验共获得了 5 种砷与土壤的不同结合形态，分别为非专性吸附态（F1）、专性吸附态（F2）、无定形和弱结晶度的铁铝水合氧化物结合态（F3）、结晶度高的铁铝水合氧化物结合态（F4）和残渣态（F5）。5 种结合态砷含量总和与土壤总砷含量相比，回收率为 83.5%～110.7%。双因素方差分析结果表明（见表 3.7），外源砷在土壤中 5 种不同的砷结合形态均受到成土母质和老化时间等因素的极显著影响。老化培养 1 天时，加入土壤中的外源砷就迅速地向 5 种砷结合形态转化，并且在接下来的老化培养时期，进入土壤中的外源砷向 5 种结合砷形态的转化一直在持续进行中（图 3.4）。

（一）外源砷在土壤老化过程中非专性吸附态砷百分含量的变化

非专性吸附态砷被认为是易交换态砷，大部分属于砷与土壤胶体等物质形成的外层络合物（Wenzel et al.，2001），容易被作物吸收利用，生物有效性高。如图 3-4（a）显

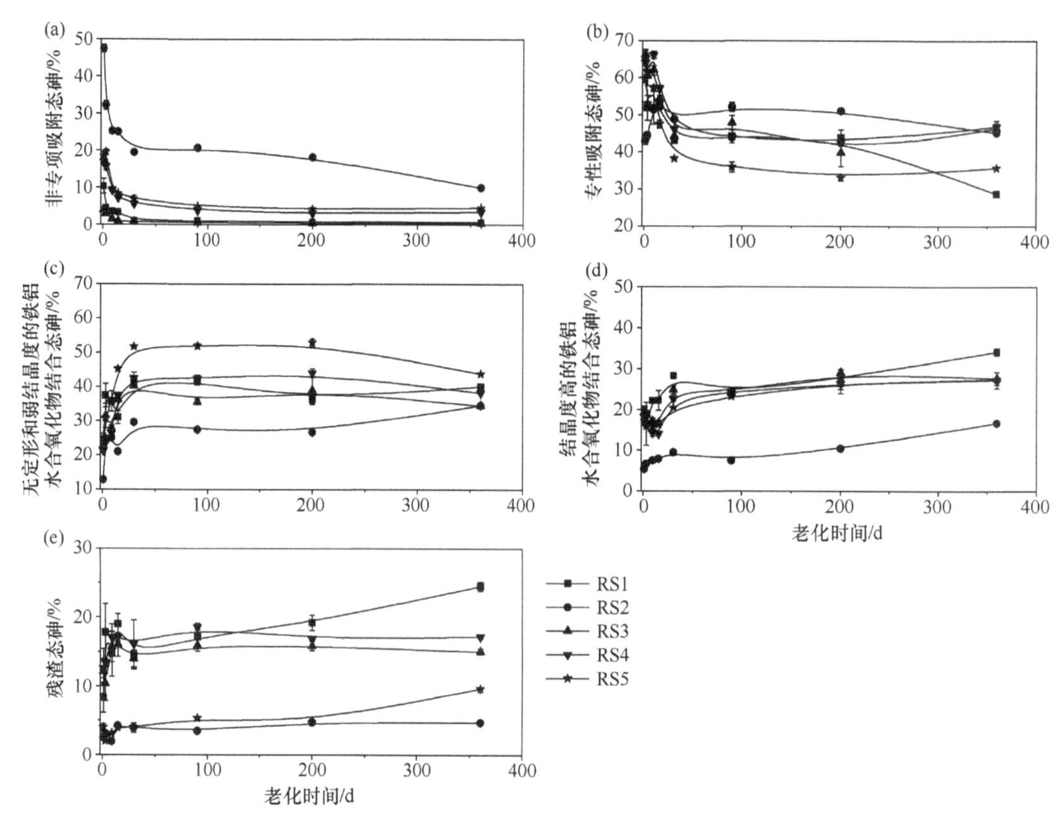

图 3.4 不同母质发育红壤中 5 种结合态砷含量随老化时间的变化

图中的数值是以平均值±标准误差来表示的，n=3。（a）非专性吸附态砷；（b）专性吸附态砷；（c）无定形和弱结晶度的铁铝水合氧化物结合态砷；（d）结晶度高的铁铝水合氧化物结合态砷；（e）残渣态砷

示，本研究中非专性吸附态砷百分含量的变化趋势与土壤中有效态砷的变化趋势基本一致，都是在老化培养的前 30 天内下降明显，5 种土壤中非专性吸附态砷百分含量平均减少了 12.73%。整个老化培养期间，RS2 土壤中的非专性吸附态含量始终显著高于其他土壤，尤其是在老化 1 天时，其非专性吸附态砷百分含量占 5 种结合态砷总和的 63.54%。而在 RS1 和 RS3 中，非专性吸附态砷的百分含量始终较低，在整个老化培养时期都不超过 32.00%。

（二）外源砷在土壤老化过程中专性吸附态砷百分含量的变化

专性吸附态砷是外源砷进入土壤后，砷与土壤的一种主要结合形态。在 5 种土壤中添加外源砷后，专性吸附态砷的平均百分含量从老化培养 1 天时的 59.6%下降到老化培养 360 天时的 40.5%，整体呈现降低趋势［图 3.4（b）］。但在整个老化培养时期内，专性吸附态砷百分含量的变化比非专性吸附态砷的变化更为复杂，表明该结合态砷属于不稳定的中间过渡形态。在老化的前 30 天内，专性吸附态砷的百分含量呈现出先升高后降低的变化趋势。RS1 和 RS2 在老化的第 9 天，RS3、RS4 和 RS5 在老化的第 15 天，土壤中专性吸附态砷的百分含量都有升高的趋势。这可能是由于外源砷进入土壤后先转化成非专性吸附态砷，非专性吸附态砷再逐渐向土壤表面吸附位点专性吸附的吸附态砷转化。老化初期土壤表面对砷具有吸附作用的吸附位点不饱和，外源砷进入土壤后迅速与土壤表面的基团发生专性吸附，使得专性吸附态砷迅速上升。随着老化时间的延长，被专性吸附的砷向更难溶态砷转化使得其含量下降，最终随着老化时间的继续延长，专性吸附态砷的含量逐步达到稳定。

（三）外源砷在土壤老化过程中弱结晶度和结晶度好的铁铝水合氧化物结合态砷百分含量的变化

与前两种砷结合形态变化趋势不同的是，弱结晶度和结晶度高的铁铝水合氧化物结合态砷百分含量在整个老化培养时期整体呈现出升高的趋势。在老化培养 360 天后，5 种土壤中弱结晶度和结晶度高的铁铝水合氧化物结合态砷百分含量平均值从 36.52%升高到 64.91%，上升了 28.39%［图 3.4（c）和（d）］。在不同母质发育的红壤中，不同结合态砷的变化趋势有所不同的。对于无定形和弱结晶度的铁铝水合氧化物结合态砷来说，5 种土壤从开始培养时的差异显著，到老化培养培养结束时的差异变小，且在 RS2 土壤中无定形和弱结晶度的铁铝水合氧化物结合态砷含量（12.27%～34.64%）始终低于其他土壤［图 3.4（c）］。而对于结晶度高的铁铝水合氧化物结合态砷来说，老化培养初期 RS1、RS3、RS4 和 RS5 中该结合态砷的百分含量差异不明显，但到老化培养结束时 RS1 显著高于其他三种土壤，在 RS3、RS4 和 RS5 仍然差异不显著。RS2 土壤中结晶度高的铁铝水合氧化物结合态砷的百分含量始终较低，且明显不同于其他土壤［图 3.4（d）］。弱结晶度铁铝水合氧化物结合态砷和结晶度高的铁铝水合氧化物结合态砷是砷与土壤胶体等物质形成的结合较为紧密的内层络合物，较难被植物吸收利用，有效性较低。外源砷进入土壤后随老化时间的延长，该结合态砷含量逐渐升高，意味着随着老化时间的延长，砷与土壤形成的外层络合物转化成内层络合物，使得砷在土壤中的生物有效性呈现逐渐降低的趋势，这一研究结果与以前的研究结果也是一致的（Tang et al.，2007；Quazi et al.，2010；Liang et al.，2014；Juhasz et al.，2008）。通过分析发现，在 RS2 土壤中，弱结晶度铁铝水合氧化物结合态砷和结晶度高的铁铝水合氧化物结合态砷的变化速率也显著低于其他土壤。

（四）外源砷在土壤老化过程中残渣态砷百分含量的变化

残渣态砷是砷与土壤结合最为紧密的结合态，是指砷进入到矿物晶格内部，被矿物晶格所固定的结合态。老化培养的前 30 天内，5 种土壤中残渣态砷的百分含量均有明显上升趋势。RS2、RS3 和 RS4 中的残渣态砷含量在培养 90 天内基本达到平衡，继续培养，残渣态砷含量虽然略有升高，但是变化不显著。而在 RS1 和 RS5 土壤中，整个老化培养期内，残渣态砷的百分含量均呈现出明显升高趋势，分别从开始培养时的 8.3%和 4.0%上升到老化培养结束时的 24.5%和 9.6%，且以 RS1 土壤中的升高幅度最显著。如图 3.4 显示，即使在老化培养结束（360 天）时，RS1 和 RS5 中的残渣态砷含量仍显示出可能继续升高的趋势，这意味着 RS1 和 RS5 具有较高的将外源砷转化成活性较低或固定形态砷的能力，其中 RS1 土壤的转化能力最强，因此在第四纪红黏土发育的红壤中，砷的有效性相对较低。

四、土壤中各结合态砷与有效态砷含量的关系

为了弄清外源砷进入土壤后，土壤中有效态砷的可能来源及其与5种土壤结合态砷的关系，利用相关分析研究整个老化培养时期所有取样点中有效态砷含量与各结合态砷含量的关系（表3.10）。结果显示：土壤中有效态砷的含量与非专性吸附态砷的含量（r=0.83，P<0.01），以及专性和非专性吸附态砷含量之和（r=0.83，P<0.01）均呈现出极显著的正相关，这意味着非专性吸附态砷和专性吸附态砷是构成土壤中有效态砷的重要组成成分。同时，相关分析也表明土壤中有效态砷的含量与弱结晶度的铁铝水合氧化物（r=–0.71，P<0.01）、结晶度好的铁铝水合氧化物（r=–0.72，P<0.01）和残渣态砷（r= –0.64，P<0.01）呈现出极显著负相关。一般认为，连续提取法后几步提取的结合态砷与土壤矿物的结合强度要高于连续提取的前几步，这也意味着后几步提取的砷有效性和活性要低于前几步提取的结合形态。因此，从相关分析的结果可以推测出，在老化培养过程中，随着老化培养时间的延长，如果F3、F4和F5三种结合形态的砷含量增加，则会导致土壤中有效态砷的含量降低。该研究结果也与Tang等（2007）的研究结果相一致。

此外，5种结合态砷含量之间也存在显著的相关关系（表3.10）。F1和F2含量之和与F3（r=–0.88，P<0.01）和F4（r=–0.84，P<0.01）含量呈极显著负相关，表明非专性吸附态砷和专性吸附态砷会向弱结晶度的铁铝水合氧化物结合态砷和结晶度好的铁铝水合氧化物结合态砷转化。该结果进一步证实了老化过程其实就是外源砷进入土壤后，从与土壤形成外层络合物转化到形成内层络合物，并最终固定在土壤矿物晶格内部的一个过程。外源砷进入土壤后与土壤结合机制的变化是导致土壤中砷有效性发生变化的关键原因。

表3.10 皮尔森相关分析研究5种土壤老化培养过程中有效态砷与连续提取态砷含量的关系（n=40）

	有效态砷	结合态砷					
		F1	F2	F1+F2	F3	F4	F5
有效态砷	1						
F1	0.88**	1					
F2	0.36	0.15	1				
F1+F2	0.83**	0.79**	0.73**	1			
F3	–0.71**	–0.68**	–0.67**	–0.88**	1		
F4	–0.72**	–0.81**	–0.45**	–0.84**	0.64**	1	
F5	–0.64**	–0.68**	–0.04	–0.50**	0.24	0.66**	1

**表示在P<0.01水平下差异显著。

五、砷在不同母质发育红壤中有效性影响因素

母质是构成土壤的物质基础，其矿物组成、结构、构造和风化特点等对土壤的理化性质和发育状况有着直接影响，从而影响到农作物的生长和土地利用方式等。湖南省是

我国砷污染比较严重的地区，曾希柏团队前期调查发现湖南石门县某雄黄矿附近农田土壤中砷的含量达 10.30～932.1 mg/kg，且离采矿区越近，土壤中的砷含量越高（李莲芳等，2010）。同时，湖南省也是我国红壤成土母质种类比较齐全的地区之一，以成土母质来划分，主要的土壤类型有板页岩黄红壤、棕黄壤、碳酸盐岩红壤、泥灰岩红壤、砂页岩红壤、第四纪红黏土红壤、花岗岩麻砂土（红壤）、紫砂土、沙红壤等。不同成土母质发育成的红壤在空间分布、土壤矿质养分含量（Fe、Al、Mn、N、K、Ca、P 等）、土壤通透性、颗粒构成（轻黏土、重黏土、轻壤土、砂壤土）、土壤 pH 等性质上均存在较大差异，而这些因素正是构成砷在土壤中对作物有效性及其对农田生态系统毒害作用的关键影响因子。因此，系统地研究外源砷在我国典型红壤地区土壤中的老化过程，对于指导砷污染区农田的安全利用具有重要意义。

（一）成土母质对外源砷在土壤中有效性的影响

外源砷进入不同成土母质发育的红壤后，其有效性随老化时间的变化虽然呈现出整体一致的变化趋势，但在不同母质红壤中存在明显差异。进入紫色砂页岩发育的红壤（RS2）中的外源砷，在整个老化培养时期，土壤中砷的有效性均显著高于其他土壤（见图 3.3），相关分析结果表明，与该母质发育的红壤具有较高的 pH 和较低的土壤有机质含量有关。

Goldberg（2002）对砷在 pH 2～10 的黏土上的吸附行为进行研究后发现，当黏土的 pH 为 2 时，黏土对砷的吸附量最大。同样，Fitz 和 Wenzel（2002）也发现，当土壤 pH 3～8 时，碱土中砷的水溶性更强。在相近气候带，自然土壤中的 pH 主要受成土母质的影响（郭荣发和杨杰文，2004）。很多原因可以解释 pH 改变导致土壤中砷的有效性发生改变。首先，pH 可以影响含有可变电荷土壤表面的净电荷含量。当 pH 高于土壤的电荷零点（PZC）时，可变电荷土壤表面的净电荷趋向于带负电荷，而在土壤中以离子形态存在的砷酸根和亚砷酸根往往是以阴离子的形式存在，因此当 pH 升高所导致的土壤表面负电荷量增加时，就会造成土壤表面对砷酸根或亚砷酸根离子吸附、固定的量减少，使得土壤中砷的有效性增加；其次，土壤 pH 和氧化还原电位（Eh）均会影响砷在土壤中的化学形态和氧化还原状态，而不同的砷形态在土壤中的行动性和生物有效性是不同的，因此造成土壤中生物有效性的改变；最后，pH 还会影响土壤有机质表面功能基团的改变，不同 pH 条件下，有机质表面的功能基团具有不同的解离系数和去质子化程度（Wang and Mulligan，2006）。当土壤的 pH 较高时，有机质表面的功能基团发生解离，使得有机质表面变得带负电荷且变成开放结构（Sekaly et al.，1999），使有机质更容易吸附表面带有正电荷的物质，干扰和减少砷酸根离子在土壤表面的吸收，导致土壤中砷的有效性增加。由此可知，由土壤母质差异导致的 pH 变异是影响土壤砷有效性的重要原因。此外，土壤 pH 仅是不同成土母质土壤的一项基本理化性质，其他土壤理化性质差异对砷有效性产生的影响也是不容忽视的。

在研究中我们还发现，对于 pH 较低的 RS5 土壤（5.39）来说，老化过程中外源砷在土壤中的有效性高于 pH 分别为 6.97 和 6.95 的 RS3 和 RS4 土壤，这可能与 RS3 中较高的铁、铝氧化物含量有一定的关系。在 RS2 和 RS5 土壤中，游离态及无定形态的铁、铝氧化物含量较低使得土壤中砷的有效性较高，而在 RS1 和 RS3 土壤中，由于具有较低的 pH 和较高的游离态及无定形态的铁、铝氧化物含量，使得土壤中砷的有效性较低。此外，土壤有机质可以与砷（三价或五价）以重金属桥联机制（metal-bridging mechansim）形成有机质与重金属的复合物，也会对砷的固定起到一定的促进作用（Redman et al.，2002）。正如表 3.8 所示，在老化培养的前 30 天内，土壤有机质含量与土壤中砷的有效性呈负相关关系，相关系数分别 $r=-0.73$（老化 1 天）和 $r=-0.84$（老化 30 天内）。根据以上的研究结果，成土母质对外源砷在土壤中有效性的影响其实是多个对砷在土壤中有效性有影响的独立因素综合作用的结果。

（二）铝氧化物在不同母质发育红壤中对砷有效性的影响

富铁、富铝是我国热带、亚热带地区土壤形成过程中的一个重要特征，成土母质对自然土壤中交换性铝的含量影响很大（郭荣发和杨杰文，2004）。研究发现，对外源砷在红壤中的老化过程来说，铝氧化物的影响比铁氧化物的影响更明显。由老化过程的老化速率常数和老化平衡时土壤中有效态砷含量的逐步回归方程［式（3.6）和式（3.7）］均得出铝氧化物在控制老化速度和把握老化平衡时的重要性，这与先前很多研究所得出的游离氧化铁和无定形氧化铁在控制老化进程中的关键作用有所不同（Smith et al.，2008；Manning and Goldberg，1997；Yang et al.，2002；Jiang et al.，2005；Tang et al.，2007）。这可能是由于本研究中所选用的红壤铝氧化物的含量较高，且砷在铁、铝氧化物表面具有不同的吸附机制所造成的。土壤中砷与铁氧化物和铁的水合氧化物可以有三种不同的结合机制：砷与低表面覆盖度的针铁矿可以形成单齿单核的配位形式（Fendorf et al.，1997）；砷与无定形铁的水合氧化物和低覆盖度的水铁矿可以形成双齿单核螯合配位形式（Waychunas et al.，1993）；砷与赤铁矿、针铁矿和水铁矿还可以形成双齿双核螯合配位形式（Fendorf et al.，1997；Manning et al.，2002；Root et al.，2007）。与此不同的是，Kappen 和 Webb（2012）利用扩展 X 射线精细结构技术推测，砷在无定形和结晶度好的铝氧化物和铝的水合氧化物表面只能形成双齿双核螯合配位形式，且该键合形式具有较高的化学稳定性。这就意味着砷与铝氧化物和铝的水合氧化物的结合强度要高于无定形和游离态的铁氧化物，所以对于这些红壤来说，铝氧化物对砷的固定起到了更为重要的作用。

六、砷在不同母质发育红壤中的老化机理

McLaughlin（2001）推测外源重（类）金属在土壤中的老化机理主要包括：微孔扩散；表面成核或沉淀；有机质的包裹作用等。虽然微孔扩散作用看起来好像是长期老化过程中控制外源重金属进入土壤的主要因素，但是对于外源砷在不同母质发育红壤的老化过程来说，表面作用也不容忽视，尤其是在老化过程的初期。在利用颗粒内扩散方程对老化过程进行拟合时并没有得到较高的拟合度（$R^2<0.8$），说明砷在土壤中从有效态变成无效态或其有效性变低的过程，不仅仅是由颗粒内扩散过程所决定的。相关分析（表 3.8）和逐步分析［式（3.6）和式（3.7）］结果均表明游离态及无定形态铁、铝

氧化物及水合氧化物是控制砷在土壤中老化过程的关键因素，而这些与老化机制中的表面沉淀/表面成核机制密切相关。Juhasz 等（2008）指出，铁对于砷的固定和稳定化起着非常重要的作用。Smith 等（1999）通过试验证明三价砷和五价砷在针铁矿表面的慢吸附过程主要受表面微孔扩散、表面吸附固定，或在土壤表面形成固态沉淀等机制影响。Arai 和 Sparks（2002）也发现铝氧化物表面的吸附态砷的化学结构改变可能是由于表面络合物向铝砷结构沉淀转化，或者铝砷结构表面络合物发生重组产生的。

土壤母质及老化时间是影响砷在土壤中有效性和各结合形态转化的关键因素。通过分析不同母质红壤中有效态砷与各结合态砷的变化特征及其与土壤理化性质的相关关系可以发现：第一，外源砷在紫色砂页岩发育的红壤中有效性高于其他土壤，意味着该母质发育的红壤在受到砷污染时，对农田生态系统存在较高的风险；第二，土壤理化性质如 pH、土壤有机质、游离态和无定形态铁铝氧化物的含量是影响砷在土壤中老化进程的关键因素；第三，对于不同母质发育的红壤来说，铝氧化物对老化进程的影响要高于铁氧化物，主要是因为铝氧化物可以与砷形成结构更为稳定的双齿双核配合物；第四，非专性吸附态和专性吸附态是构成红壤中有效态砷的主要砷结合态。

第五节　外源砷在不同区域典型土壤中的老化过程

2014 年 4 月 17 日，我国环境保护部和国土资源部联合发布了《全国土壤污染状况调查公报》。调查结果显示全国土壤环境状况总体不容乐观，部分地区土壤污染较重，耕地土壤环境质量堪忧（耕地点位超标率为 19.4%），工矿业废弃地土壤环境问题突出。全国土壤总的超标率为 16.1%，并以镉、汞、砷、铜、铅、铬、锌、镍等无机型污染为主，其中砷的点位超标率为 2.7%，位居无机污染的第 3 位，表明我国砷污染问题已经到了需要引起人们足够重视的程度。近几十年来，由于矿产资源开采、矿渣的随意排放和丢弃、大气沉降、含砷杀虫剂和除草剂的大量使用等原因，砷污染和砷中毒事件频发，使得我国已成为世界上砷污染比较严重的国家之一。由于我国土壤类型多样，砷污染点位超标率高，因此全国很多类型的土壤均出现了不同程度的砷超标问题。例如，广西武鸣县两江镇地区赤红壤中砷含量为 114 mg/kg（Zhao et al.，2014）；山东济南历城区黄河以北黄河大桥上游农田的潮土中砷含量高达 772.95 mg/kg（李鑫，2008）；湖南郴州废弃砷冶炼厂周边的黄壤中砷浓度范围为 19.5～237.2 mg/kg，平均含量为 63.9 mg/kg（蔡保松，2004）；湖南石门县雄黄矿周边红壤中砷的浓度范围为 10.30～932.1 mg/kg，平均含量为 99.51 mg/kg（李莲芳等，2010），部分距离采矿区较近的地区，每千克土壤中砷含量甚至可以高达上万毫克。让人感到不解的是，尽管在这些类型的土壤中都存在不同程度的砷含量超标现象，但很多土壤仍被作为耕地或农田用于生产活动，而且一些类型的土壤中砷超标所引起的农产品中质量安全问题也不像想象中那样严重。这主要是由于砷在土壤中存在老化现象，且不同类型的土壤中砷的有效性存在差异。但是目前对外源砷在不同类型土壤中的老化过程研究还相对较少，尤其是在全国范围内选取典型区域、典型土壤类型进行外源砷老化过程的研究还未见报道，因此，系统地分析砷在不同类型土壤中的老化过程具有重要意义。

本研究在全国8个省份（北京、吉林、沈阳、贵州、湖南、海南、甘肃、重庆）采集了潮土（FS）、褐土（CS）、黑土（BS2）、棕壤（BNS1）、黄壤（YS）、红壤（RS1）、砖红壤（LS1）、灌漠土（IDS1）、紫色土（PS）等9种典型类型土壤，通过外源加五价砷酸根进行室内模拟培养的方式，比较了外源砷在我国典型土壤类型中的老化过程。通过对不同类型土壤中环境因素的分析，找出影响砷在土壤中老化的关键因子，探索砷在土壤中的老化机理，为我国制定不同类型土壤中砷的环境质量标准和不同地区砷污染农田的安全利用提供理论支撑。

按照中国土壤系统分类划分，这9种土壤分别属于半水成土（潮土，FS）、半淋溶土（褐土，CS；黑土，BS2）、淋溶土（棕壤，BNS1）、铁铝土（黄壤，YS；红壤，RS1；砖红壤，LS1）、人为土（灌漠土，IDS1）、初育土（紫色土，PS）等6个土纲，见表3.11。

表3.11　供试土壤的系统分类学分类

土壤编号	土类名称	土类英文名	土纲名称	土纲英文名
FS	潮土	Fluvo-aquic soil	半水成土	Dark Semi-hydromorphic soils
CS	褐土	Cinnamon soils	半淋溶土	Semi-Luvisols
BS2	黑土	Black soils	半淋溶土	Semi-Luvisols
BNS1	棕壤	Brown soils	淋溶土	Luvisols
YS	黄壤	Yellow soils	铁铝土	Ferralisols
RS1	红壤	Red soils	铁铝土	Ferralisols
LS1	砖红壤	Latosol	铁铝土	Ferralisols
IDS1	灌漠土	Irrigated desert soils	人为土	Anthrosols
PS	紫色土	Purplish soils	初育土	Skeletol primitive soils

不同类型土壤之间的理化性质差异显著。土壤pH的范围为4.72～7.99，相差3.27个单位。其中，pH>6的土壤分别是FS（7.99）、CS（7.11）、BS2（6.32）和IDS1（7.88），以潮土（FS）最高，pH最小的土壤是砖红壤（LS1，pH4.72）。土壤有机质和阳离子交换量的变化范围分别为19.4～37 g/kg和8.14～26.3 cmol（+）/kg，黑土（BS2）具有最高的有机质含量和阳离子交换量，分别是33.4 g/kg和26.3 cmol（+）/kg。土壤中总磷和速效磷的变化范围分别为0.36～1.17 g/kg和0.11～205.1 mg/kg，也是在黑土（BS2）中含量较高，分别为1.16 g/kg和205.1 mg/kg。土壤中游离态和无定形态铁、铝、锰氧化物的含量与土壤对砷的吸附和固定能力密切相关，在不同类型的土壤中也存在较大的差异。FS土壤具有较低的游离态（Fe_d）和无定形态（Fe_o）铁氧化物含量，分别为10.6 g/kg和1.08 g/kg；而LS1土壤具有较高的游离态（Fe_d）和无定形态（Fe_o）铁氧化物含量，分别为149 g/kg和3.17 g/kg。PS土壤具有较低的游离态（Al_d）和无定形态（Al_o）铝氧化物含量，分别为0.84 g/kg和0.71 g/kg；而LS1土壤具有较高的游离态（Al_d）和无定形态（Al_o）铝氧化物含量，分别为4.41 g/kg和3.10 g/kg。FS土壤具有较低的游离态（Mn_d）和无定形态（Mn_o）锰氧化物含量，分别为0.18 g/kg和0.13 g/kg；而RS1土壤具有较高的游离态（Mn_d）和无定形态（Mn_o）锰氧化物含量，分别为0.82 g/kg和0.58 g/kg。9种土壤的主要颗粒组成为粉砂粒，所占比例范围为55.21%～74.92%。YS、RS1和LS1土壤含有较高比例的黏粒，所占比例分别为10.45%、10.13%和10.24%。在全国范围内

选择不同类型且差异显著的土壤，能够更好地阐释土壤中有效态砷与各结合态砷含量之间的关系，同时对找出影响砷在土壤中老化的关键因子也是非常有利的。

表 3.12 列出了未添加外源砷时原始土壤中总砷、有效态砷和 5 种结合态砷的含量。从表中可以看出，原始土壤中总砷的浓度为 4.21～37.03 mg/kg，其中黄壤（YS）中砷的浓度最高，为 37.03 mg/kg，但该土壤中的砷含量并未超标。根据我国土壤环境质量标准（GB15618—1995）二级标准，当土壤的 pH<6.5、用于农田的旱地土壤中总砷含量不超过 40 mg/kg 时，说明该土壤中砷的含量不超标。9 种土壤中有效态砷含量均较低，不足总砷含量的 2%，浓度范围为 0.00～0.18 mg/kg。其中，褐土（CS）中有效态砷占总砷含量的百分比最高，达 1.66%；黄壤（YS）中总砷含量虽然最高，但有效态砷仅占总砷含量的 0.08%。从原始土壤中的总砷在 5 种不同砷结合形态的分布情况来看，土壤中的总砷主要分布在无定形和弱结晶度的铁铝锰水合氧化物结合态（F3，7.41%～37.31%），结晶度高的铁铝锰水合氧化物结合态（F4，19.68%～38.52%）和残渣态（F5，20.73%～68.92%）中，这 3 种结合形态砷均属于砷与土壤结合较为紧密结合态，对作物的有效性较低，因此对农作物的风险较小。

表 3.12　不同类型土壤中各形态砷的含量

土壤编号	总砷/（mg/kg）	有效态砷/（mg/kg）	结合态砷/（mg/kg）				
			F1	F2	F3	F4	F5
FS	8.76	0.06	0.03	0.95	2.38	2.81	2.58
CS	9.06	0.15	0.13	0.96	3.38	2.51	2.09
BS2	11.65	0.18	0.17	1.53	3.97	2.75	3.23
BNS1	10.2	0.03	0.01	0.85	4.30	2.50	2.54
YS	37.03	0.03	0.00	1.47	2.74	7.29	25.53
RS1	27.98	0.05	0.01	1.32	4.06	5.73	16.85
LS1	4.21	0.00	0.00	0.10	0.66	1.60	1.85
IDS1	13.62	0.31	0.29	1.44	3.82	5.25	2.82
PS	6.37	0.03	0.01	0.45	2.13	1.72	2.05

一、砷在不同类型土壤中有效性的变化

（一）有效态砷含量随老化时间的变化

在 9 种不同类型的土壤中均添加了 100 mg/kg 的外源砷（砷酸钠溶液），以室内模式培养的方式，用有效态砷含量占砷添加浓度的百分比来表示外源砷在土壤中的有效性，研究外源砷进入不同类型土壤后，其有效性随老化时间的变化规律。通过双因素方差分析发现，外源砷进入土壤后，其有效性受到土壤类型和老化时间等因素的极显著影响（表 3.13）。

外源砷进入土壤后，有效态砷的百分含量随老化时间的延长均呈现出明显降低的趋势。在老化培养的初期，尤其是前 24 h 内，有效态砷含量下降速度很快，随着老化时间

表 3.13 土壤类型、老化时间与各结合态砷和有效态砷百分含量之间的双因素方差分析

影响因素	有效态砷百分含量/%	结合态砷百分含量（总量的百分比）/%				
		F1	F2	F3	F4	F5
双因素方法分析						
土壤类型	***	***	***	***	***	***
老化时间	***	***	***	***	***	***
土壤类型×老化时间	***	***	***	***	***	***
Ducan 复极差分析（处理的平均值）						
土壤类型						
潮土（FS）	29.85d	15.35c	54.08c	25.22e	9.75e	3.59de
褐土（CS）	33.63b	25.75b	49.12d	23.76f	7.47f	2.90e
黑土（BS2）	31.69c	13.44d	59.68a	28.67c	6.35g	3.86d
棕壤（BNS1）	18.72f	2.60f	55.28b	41.07a	7.83f	3.22de
黄壤（YS）	4.71h	0.39h	42.47g	23.83f	38.05a	32.26a
红壤（RS1）	11.86g	2.90f	47.00e	35.81b	25.53b	16.75c
砖红壤（LS1）	4.56h	0.82g	33.10h	27.51d	22.56c	20.01b
灌漠土（IDS1）	38.85a	29.02a	42.99g	25.78e	13.15d	3.06de
紫色土（PS）	26.38e	7.77e	45.69f	40.89a	8.20f	3.44de
老化时间						
1 d	47.23a	22.25a	54.98a	18.27g	11.76e	6.95c
9 d	34.02b	12.22b	51.08c	29.62e	12.74d	8.56b
15 d	20.35c	11.66c	51.91b	26.79f	11.94e	11.92a
30 d	18.36d	9.30d	44.91e	35.41b	15.62c	8.98b
90 d	14.48e	8.95e	47.90e	33.62c	15.03c	8.71b
200 d	11.50f	6.98f	45.15e	31.36d	18.93b	11.80a
360 d	9.81g	4.89g	38.05f	36.89a	22.02a	12.37a

注：利用 Ducan 复极差法比较相同影响因素下不同处理之间的差异，不同字母代表处理之间差异显著。***表示在 $P<0.001$ 水平下差异显著。

的继续延长，有效态砷的下降趋势逐渐变得平缓。如表 3.13 所示，老化培养 1 天时，9 种土壤中有效态砷的平均百分含量从添加时的 100%下降到 47.23%，下降了 52.77%；而到老化培养 360 天后，有效态砷的平均百分含量仅剩 9.81%，较老化 1 天后又下降 42.96%。整个老化培养时间内 9 种土壤中有效态砷的平均百分含量下降了 90.19%，表明老化过程中，土壤大部分的水溶态外源砷都转化成对植物低毒或无效的形态。但在整个老化培养期间内，不同土壤中砷有效性的变化幅度有所不同，其中 YS 土壤中有效态砷的百分含量变化最大，比添加时降低了 99.26%，而 IDS1 土壤中有效态砷的百分含量变化最小，比添加时降低了 73.33%。RS1、YS 和 LS 土壤在老化 1 天内有效态砷的百分含量降低程度比较大，其有效性的降低幅度分别为 86.77%、69.00%和 86.20%。图 3.5 显示了外源砷在 9 种不同类型土壤中有效性从老化 1 天到老化 360 天期间内的变化。从图中可以看出，FS 土壤中有效态砷的百分含量从 65.99%（培养第 1 天）下降到 11.64%（培养 360 天），减少了 54.35%；CS 土壤中有效态砷的百分含量从 70.57%（培养第 1 天）

下降到 12.21%（培养第 360 天），减少了 58.35%；BS2 土壤中有效态砷的百分含量从 64.65%（培养第 1 天）下降到 13.27%（培养第 360 天），减少了 51.39%；BNS1 土壤中有效态砷的百分含量从 43.44%（培养第 1 天）下降到 6.23%（培养第 360 天），减少了 37.21%；YS 土壤中有效态砷的百分含量从 13.23%（培养第 1 天）下降到 0.74%（培养第 360 天），减少了 12.81%；RS1 土壤中有效态砷的百分含量从 31.00%（培养第 1 天）下降到 2.67%（培养 360 天），减少了 28.33%；LS1 土壤中有效态砷的百分含量从 13.80%（培养第 1 天）下降到 0.98%（培养第 360 天），减少了 12.81%；IDS1 土壤中有效态砷的百分含量从 71.16%（培养第 1 天）下降到 26.67%（培养第 360 天），减少了 44.49%；PS 土壤中有效态砷的百分含量从 51.26%（培养第 1 天）下降到 13.92%（培养第 360 天），减少了 37.34%。外源砷进入黄壤（YS）和红壤（LS1）后初期内（24 h）有效性就迅速降低，且整个老化培养时间内两种土壤中砷的有效性降低也是最多的。

除此之外，同一老化时间、不同类型土壤中砷的有效性也存在显著差异。如图 3.5 所示，外源砷老化培养 1 天时，灌漠土（IDS1）中的有效态砷的百分含量最高，为 71.16%；而黄壤（YS）中有效态砷的百分含量最低，为 13.23%；IDS1 是 YS 土壤的 5.38 倍。在随后的老化培养过程中，不同类型土壤中砷的有效性仍然差异显著。其中，有效态砷含量在 YS 和 LS1 土壤基本相同，均显著低于其他土壤。到老化培养 360 天时，FS、CS、BS2、BNS1、YS、RS1、LS1、IDS1 和 PS 土壤中的有效态砷的百分含量分别为 11.64%、12.21%、13.27%、6.23%、0.74%、2.67%、0.98%、26.67%和 13.92%。其中，灌漠土（IDS1）的有效态砷百分含量仍最高，而黄壤（YS）中的有效态砷百分含量仍最低，IDS1 是 YS 土壤的 36.04 倍，表明外源砷在不同类型土壤中有效性的差异在老化培养开始后就表现出来，到老化基本达到平衡时差异更加显著。

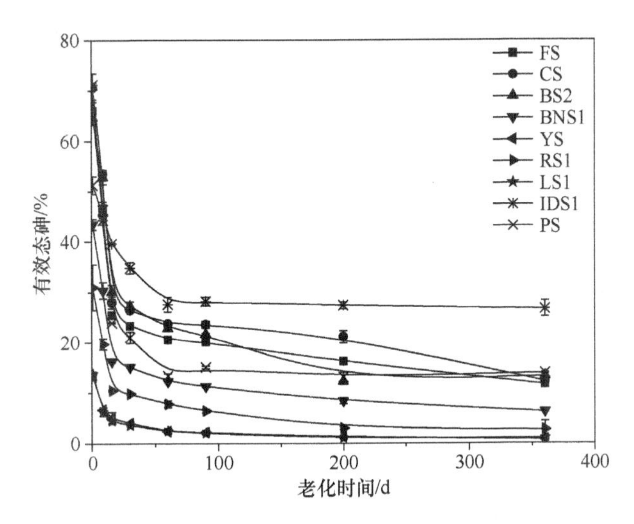

图 3.5　不同类型土壤中有效砷百分含量随老化时间的变化

图中的数值是以平均值±标准误差来表示的，n=3

利用多元逐步回归分析将外源砷老化培养第 1 天时所有土壤中有效态砷百分含量与土壤理化性质进行分析，可得式（3.8）。该方程显示：不同类型土壤中砷有效性在老化培养 1 天后差异显著，主要是由土壤 pH、有效磷含量、阳离子交换量、黏粒含量、游离态氧化铝含量、无定形态氧化铁和锰的含量等因素决定的，且这些因素可以解释土壤中有效态砷99.4%的变异。而在老化培养第360天时，将所有土壤中有效态砷的百分含量与土壤理化性质进行分析后可得到式（3.9）。该方程说明pH仍然是影响砷有效性变化的关键因素，但这一因素仅能解释有效态砷61.0%的变异，意味着其他因素综合作用后对外源砷在土壤中老化过程的影响也不容忽视。图3.6显示了pH≥6（FS、CS、BS2、IDS1）和pH<6（BNS1、YS、RS1、LS1、PS）的土壤中有效态砷百分含量的平均值随老化时间的变化。从图中可以看出，整个老化培养时期，pH≥6的土壤中有效态砷百分含量的平均值显著高于pH<6的土壤，表明pH<6的土壤中砷的有效性更低且对作物的毒害作用更弱，进一步说明了pH对外源砷进入土壤后有效性变化的重要性，也间接地反映出pH<6的土壤中外源砷的老化速率会更快一些。

$$C_1=4.71+11.17\times[\text{pH}]+0.04\times[\text{Olsen-P}]-0.28\times[\text{CEC}]-10.30[\text{Al}_\text{d}]+2.28\times[\text{Fe}_\text{o}]+31.41\times[\text{Mn}_\text{o}]-2.34\times[\text{Clay}] \quad (R^2=0.994，P<0.01) \tag{3.8}$$

$$C_{360}=-22.72+5.26\times[\text{pH}]（R^2=0.610，P<0.05） \tag{3.9}$$

式中，C_1，老化1天后土壤有效态砷的百分含量（%）；C_{360}，老化360天后土壤有效态砷的百分含量（%）；pH，土壤pH；Olsen-P，土壤有效磷含量（mg/kg）；CEC，阳离子交换量（cmol(+)/kg）；Al_d，游离铝氧化物的含量（mg/kg）；Fe_o/Mn_o，无定形铁锰氧化物的含量（mg/kg）；Clay，土壤中黏粒含量（%）。

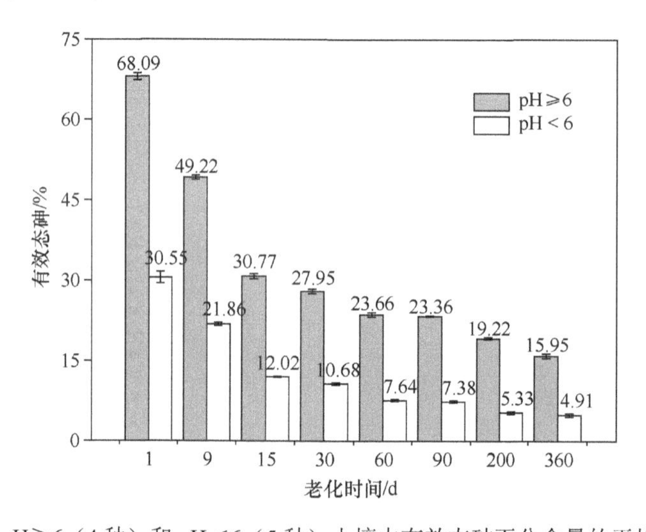

图3.6 pH≥6（4种）和pH<6（5种）土壤中有效态砷百分含量的平均值比较

（二）有效态砷在老化过程中变化的动力学方程拟合

利用Elovich方程（Chien and Clayton，1980）、双常数方程（Kuo and Lotse，1973）、抛物线扩散方程（Cooke，1966；Evans and Jurinak，1976）和准二级动力学方程（Ho，1995；Ho，2006）拟合外源砷进入不同类型土壤后，其有效性随老化时间变化的动力学过程。方程拟合过程中如果得到了较高的决定系数（R^2）和较低的标准误差值（SE），则认为该方程可以较好地拟合外源砷在土壤中的老化过程。拟合结果表明（表3.14），

表 3.14　外源砷在不同类型土壤中老化的动力学方程拟合

土壤	Elovich 方程 $Q_t=a+b\ln t$		双常数方程 $\ln Q_t=a+b\ln t$		准二级动力学方程 $t/Q_t=1/(k\times Q_e^2)+t/Q_e$		抛物线扩散方法 $Q_t=K_pt^{1/2}+C$	
	R^2	SE	R^2	SE	R^2	SE	R^2	SE
FS	0.896**	6.35	0.943**	0.14	0.974**	1.82	0.597*	12.50
CS	0.877**	7.34	0.897**	0.19	0.947**	2.47	0.606*	13.16
BS2	0.915**	5.88	0.922**	0.18	0.987**	1.21	0.679*	11.43
BNS1	0.912**	4.04	0.958**	0.14	0.977**	3.25	0.620*	8.42
YS	0.943**	1.05	0.963**	0.19	0.945**	4.25	0.625*	2.69
RS1	0.932**	2.69	0.942**	0.22	0.980**	0.74	0.641*	6.20
LS1	0.906**	1.40	0.979**	0.14	0.984**	1.80	0.560*	3.03
IDS1	0.886**	5.51	0.932**	0.10	0.999**	0.09	0.523*	11.26
PS	0.816**	7.14	0.841**	0.24	0.997**	0.50	0.546*	11.20

注：a 和 b 常数，a 是与砷老化过程中土壤中有效态砷含量有关的常数；b 是与砷老化速率常数有关的常数；t 是老化时间（d）；k 是准二级动力学速率常数，本研究中也是外源砷在土壤老化的速率常数［kg/(mg·d)］；Q_e 是老化平衡时土壤中有效态砷的含量（mg/kg）；Q_t 是老化时间为 t 时土壤中有效态砷的浓度（mg/kg）；K_p 是抛物线扩散方程的速率常数［kg/(mg·d$^{1/2}$)］；C 是与扩散层有关的常数（mg/kg）；R^2 是拟合方程的决定系数；SE 是标准误差。*表示在 $P<0.05$ 水平下差异显著；**表示在 $P<0.01$ 水平下差异显著。

Elovich 方程、双常数方程和准二级动力学方程均可以较好地拟合外源砷在 9 种类型土壤中的老化过程，其中准二级动力学方程的拟合结果最好（R^2=0.947～0.999，$P<0.01$，SE=0.09～4.25），双常数方程的拟合结果次之（R^2=0.841～0.979，$P<0.01$，SE=0.10～0.24）。准二级动力学在 9 种土壤中的拟合效果都较好且决定系数较高，双常数方程在大部分土壤中的拟合效果较好，而抛物线扩散方程的拟合效果最差。因此，这里选择准二级动力学方程对老化过程进行研究。利用准二级动力学方程的拟合结果，可以计算出外源砷在不同土壤中老化速率（k）和老化达到平衡时土壤中有效态砷的含量（Q_e）。得出以上两个参数后，可以对外源砷在土壤中的老化过程做出定量的描述，也可以比较和分析不同土壤中外源砷的老化过程的快慢及老化的最终平衡状态。实际上，外源砷在不同土壤中的老化速率用$|k|$来比较和分析更为直观。因此，下面的分析中采用$|k|$来表示外源砷在土壤中的老化速率常数。

表 3.15 列出了利用$|k|$值来代表外源砷在不同土壤中的老化速率常数，以及老化达到平衡时各土壤中有效态砷含量的预测值（Q_e）和实测值（Q_{360d}）。结果表明，$|k|$值在不同类型土壤中差异明显，从高到低的排列顺序为：LS1＞YS＞RS1＞PS＞IDS1＞BNS1＞BS2＞FS＞CS。其中，砖红壤（LS1）具有最大的$|k|$值，为 0.0561 kg/(mg·d)，而褐土（CS）具有最小的$|k|$值，为 0.0039 kg/(mg·d)，LS1 是 CS 土壤的 14.38 倍。这样的结果意味着 9 种不同类型的土壤中，砖红壤（LS1）具有最快的外源砷老化速率，老化达到平衡的时间也相对较短。对老化平衡时土壤中有效态砷的含量预测值（Q_e）进行分析后发现：9 种土壤中，老化平衡时土壤中有效态砷的浓度在灌漠土（IDS1）中最高，为 27.03 mg/kg，分别是黄壤（YS，0.76 mg/kg）和砖红壤（LS1，0.95 mg/kg）的 35.6 倍和 28.5 倍。利用准二级动力学方程得到的老化平衡时土壤中有效态砷浓度的预测值

表 3.15 利用准二级动力学方程拟合的参数

土壤	模型参数			
	$\|k\|$	预测值（Q_e）	实测值（Q_{360d}）	T
FS	0.0049	11.90	11.64	134
CS	0.0039	12.82	12.21	169
BS2	0.0059	12.66	13.27	110
BNS1	0.0085	6.33	6.23	81
YS	0.0494	0.76	0.74	37
RS1	0.0181	2.60	2.67	50
LS1	0.0561	0.95	0.98	28
IDS1	0.0086	27.03	26.67	84
PS	0.0160	13.70	13.92	41

注：$|k|$ 是外源砷在土壤老化的速率常数［kg/(mg·d)］；Q_e 是老化平衡时土壤中有效态砷的含量（mg/kg）；Q_{360d} 是老化 360 天时土壤中有效态砷的含量（mg/kg）；T 是老化近似达到平衡时的老化培养时间（d）。

（Q_e）与老化 360 天后土壤中有效态砷浓度的实测值（Q_{360d}）之间具有极显著的相关性（r=0.999，P＜0.01），表明准二级动力学方程在拟合外源砷老化过程中有效态砷的变化是合理和准确的。利用逐步回归分析对土壤理化性质与砷在土壤中的老化速率（$|k|$）和老化平衡时有效态砷的浓度（Q_e）进行分析，得到式（3.10）和式（3.11）。从中可以看出，土壤性质会显著影响外源砷在土壤中的老化速率，而造成这一影响的关键因素是土壤中游离态氧化铁的含量，土壤 pH 是影响老化平衡时土壤中有效态砷的浓度的最重要因素。

$$|k|=0.0046+0.000394\times[\mathrm{Fe_d}] \quad (R^2=0.828,\ P<0.05) \tag{3.10}$$

$$Q_e=-23.56+5.41\times[\mathrm{pH}] \quad (R^2=0.631,\ P<0.05) \tag{3.11}$$

式中，Fe_d，游离氧化铁含量（mg/kg）；pH，土壤 pH；$|k|$ 是外源砷在土壤老化的速率常数[kg/(mg·d)]，Q_e 是老化平衡时土壤中有效态砷的含量（mg/kg）。

当水溶态的重金属或类金属离子以溶液形式进入到土壤时，最初的快速反应往往伴随着重（类）金属离子从土壤矿物表面通过微孔和裂隙扩散进入矿物晶格内部或者固态扩散进入晶格内部等慢反应过程，能够用 Fick 扩散第二定律加以描述（Bruemmer et al.，1988；Ma and Uren，1997；Ma et al.，2006a，2006b）。通过对不同类型土壤中有效态砷含量变化进行动力学方程拟合，本研究发现砷在土壤中的老化过程并不完全符合抛物线扩散方程（R^2＜0.8），这说明砷在土壤中从有效态变成无效态或其有效性降低的过程不仅仅是由颗粒内扩散过程所决定的。由式（3.8）、式（3.9）和式（3.11）的拟合结果均可以看出，对于不同类型的土壤而言，土壤 pH 是影响外源砷在土壤中有效性变化十分重要的因素，而 pH 同时又影响着砷的形态和砷在土壤胶体表面的吸附、沉淀过程。由此推测出，外源砷在土壤老化过程中的表面沉淀作用可能会是导致土壤中砷有效性降低的关键机制。

（三）不同类型土壤中外源砷老化的近似平衡时间

图 3.5 显示了外源砷进入不同类型土壤后有效态砷的百分含量随老化时间的变化。

从图中可以看出，在老化培养的前 90 天内，各土壤中有效态砷的百分含量变化显著，而在老化培养 90 天到 360 天之间，很多土壤中有效态砷的百分含量变化幅度都较小，这意味着在老化培养的 360 天内，很多土壤中外源砷的老化都基本达到平衡。根据土壤中有效态砷的变化特点，本研究提出假设：若土壤中有效态砷含量的变化量为外源砷添加时有效态砷浓度与老化平衡时有效态砷浓度之间差值的 98% [0.98×（100–Q_e）]，则认为外源砷进入土壤后的老化过程即达到近似平衡。根据以上假设可以计算出外源砷进入不同类型的土壤中老化过程近似达到平衡的老化培养天数。表 3.15 列出了计算得出的 9 种不同类型土壤中外源砷在土壤中的老化过程近似达到平衡时的老化培养时间。其中，砖红壤（LS1）的老化近似平衡时间最短，为 28 天，而褐土（CS）的老化近似平衡时间最长，为 169 天，CS 是 LS1 土壤的 6.04 倍。在其余几种土壤中，外源砷老化的近似平衡时间也有所差异，分别是潮土（FS）136 天、黑土（BS2）110 天、棕壤（BNS1）81 天、黄壤（YS）37 天、红壤（RS1）50 天、灌漠土（IDS1）84 天、紫色土（PS）41 天。相同浓度外源砷进入不同土壤后，老化近似达到平衡的天数由多到少的排序为：CS＞FS＞IDS＞BNS2＞RS1＞PS＞YS＞LS1。将 9 种土壤中的老化近似平衡时间与土壤理化性质进行逐步回归分析后得到式（3.12），表明不同类型土壤中老化达到近似平衡的时间与土壤中黏粒的含量关系更为密切。可能是由于黏粒含量高的土壤比表面积大，单位时间内对砷的吸附能力强，使得土壤中有效态砷的浓度降低迅速，在较短的时间内达到平衡。同时，Jiang 等（2005）的研究还指出，土壤中的黏粒含量主要影响砷在土壤表层低能耗的吸附过程，使得外源砷以活性较高的形态被土壤所吸附固定，且在该过程中对砷的吸附量较大。

$$T=204.67-16.88\times[\text{Clay}]\quad (R^2=0.710,\ P<0.05) \tag{3.12}$$

式中，Clay，土壤中的黏粒含量（%）；T，老化近似达到平衡时的老化培养时间（d）。

二、外源砷进入不同类型土壤后各结合态砷随老化时间的变化

5 种结合态砷含量总和与土壤总砷含量相比，其回收率范围为 87.6%～122%。双因素方差分析结果表明（见表 3.13），外源砷在土壤中 5 种不同的砷结合形态均极显著受到土壤类型和老化时间等因素的影响。老化培养 1 天后，加入土壤中的外源砷就在很快地向 5 种砷结合形态转化，并且在接下来的老化培养时期，进入土壤后的外源砷向 5 种结合砷形态的转化始终在进行中（图 3.7）。

（一）外源砷在土壤老化过程中非专性吸附态砷百分含量的变化

非专性吸附态砷（F1）被认为是易交换态砷，大部分属于砷与土壤胶体等物质形成的外层络合物（Wenzel et al.，2001），主要通过离子交换和静电引力被吸附，容易被作物吸收利用，生物有效性高。图 3.7（a）中列出了外源砷进入 9 种不同类型土壤后，非专性吸附态砷随老化时间的变化。从图中可以看出，9 种土壤中的非专性吸附态砷含量的整体变化趋势基本一致，也与土壤中有效性态砷的变化趋势相类似。老化培养期间，9 种土壤中非专性吸附态砷的平均百分含量从老化培养 1 天时的 22.25%下降到老化培养

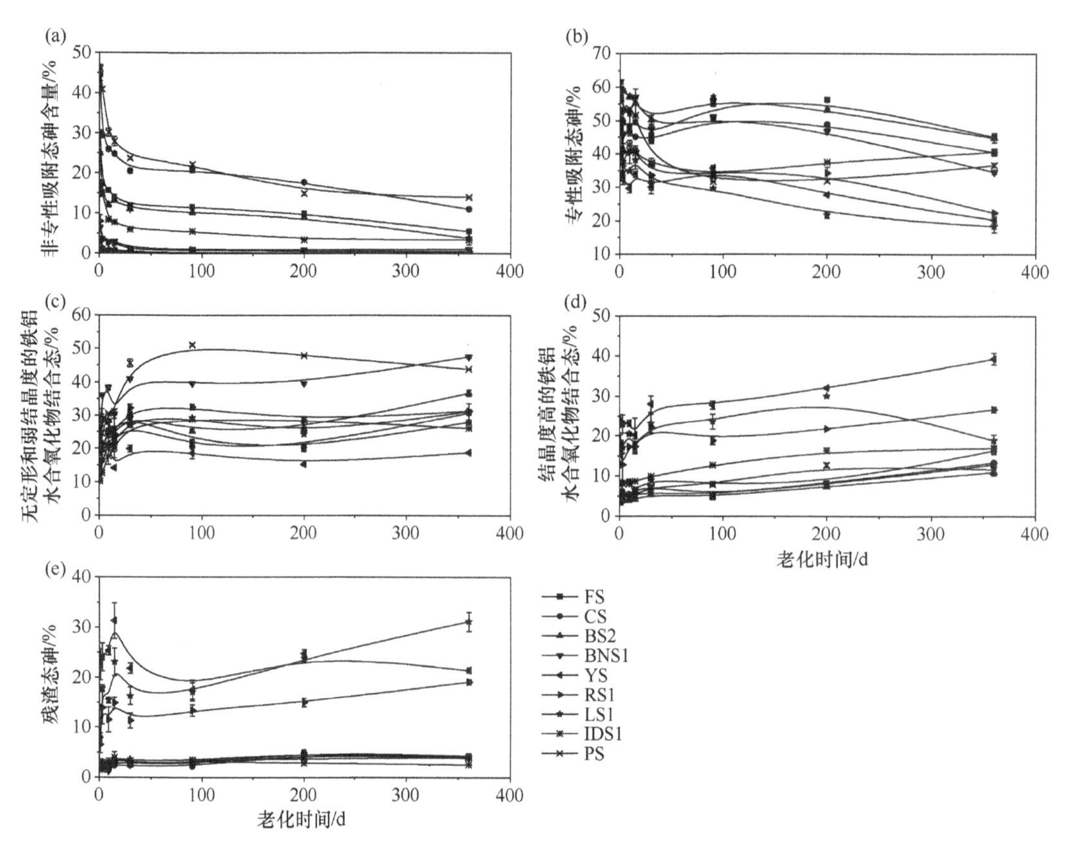

图 3.7 不同类型土壤中 5 种结合态砷含量随老化时间的变化

图中的数值是以平均值±标准误差来表示的，n=3。(a) 非专性吸附态砷；(b) 专性吸附态砷；(c) 无定形和弱结晶度的铁铝水合氧化物结合态砷；(d) 结晶度高的铁铝水合氧化物结合态砷；(e) 残渣态砷

360 天时的 4.89%，下降了 17.36%，但在不同类型土壤中还是存在比较明显的差异（见表 3.12）。其中，褐土（CS）和灌漠土（IDS1）中始终较高，潮土（FS）、黑土（BS2）和紫色土（PS）中等，而棕壤（BNS1）、黄壤（YS）、红壤（RS1）和砖红壤（LS1）中始终较低。将土壤理化性质与不同老化培养时间内非专性吸附态砷的含量进行逐步回归分析发现，老化培养期间非专性吸附态砷的百分含量与土壤 pH、总磷含量、阳离子交换量、无定形氧化铝含量和老化培养时间等因素的变化密切相关，见表 3.16。其中，pH 的影响程度最显著，所占权重最大，为 55.6%；总磷含量次之，所占权重为 10.2%。这主要是由于 pH 较高的土壤胶体表面的负电荷相对较多，与砷酸根竞争土壤表面以静电引力或氢键等弱结合等方式结合的吸附位点，使得土壤中非专性吸附态砷的含量较高。土壤中磷和砷具有类似的化学性质，在土壤溶液中都以阴离子为主要存在形式。砷和磷分子结构及构型相似，砷在土壤中形成的化合物与磷的化合物相类似，因此磷酸根和砷酸根会竞争土壤表面相同的吸附位点。

（二）外源砷在土壤老化过程中专性吸附态砷百分含量的变化

图 3.7（b）列出了外源砷进入不同类型土壤后专性吸附态砷（F2）的百分含量随老化时间的变化。专性吸附主要是氧化物、氢氧化物或硅酸盐矿物表面的羟基特定地吸附

表 3.16　老化过程中土壤理化性质与各结合态砷的回归分析方程

砷结合态	逐步回归方程	R^2
非专性吸附态砷	F1=–12.22+3.75×[pH]+21.79×[TP]–0.36×[CEC]–6.93×[Al_o] –0.03×[t]	0.809
专性吸附态砷	F2=35.04–0.032×[Olsen-P]+0.79×[CEC]+12.59×[Mn_d]–3.84×[Clay]+0.36×[Slit]–0.032×[t]	0.722
无定形和弱结晶度的铁铝水合氧化物结合态砷	F3=53.00–0.56×[SOM]+7.205×[Fe_o]–0.486×[Slit]+0.026×[t]	0.574
结晶度好的铁铝水合氧化物结合态砷	F4=–7.81+4.25×[Al_d]+17.68×[Mn_d]–1.47×[Fe_o]–32.59×[Mn_o]+2.08×[Clay]+0.024×T	0.922
残渣态砷	F5=5.21–0.92×[pH]+0.031×[Olsen-P]+7.16×[Al_d]+43.80×[Mn_d]–71.21×[Mn_o]+1.82×[Clay]–0.29×[Slit]+0.0094×[*t*]	0.901

注：pH，土壤 pH；SOM，土壤有机质含量（g/kg）；CEC，阳离子交换量（cmol(+)/kg）；Fe_d/Al_d/Mn_d，游离铁、铝、锰氧化物的含量（mg/kg）；Fe_o/Al_o/Mn_o，无定形铁、铝、锰氧化物的含量（mg/kg）；TP，土壤总磷含量（g/kg）；Olsen-P，土壤有效态磷含量（mg/kg）；Clay，土壤黏粒百分含量（%）；Slit，土壤粉砂粒百分含量（%）；*t*，外源砷老化时间（d）。

砷，从而形成内层络合物。从图中可以看出，整个老化培养期间，专性吸附态砷的平均百分含量随老化时间的延长呈现出降低的趋势。专性吸附态砷的平均百分含量从老化培养 1 天时的 54.98%下降到老化培养 360 天时的 38.05%，减少了 16.93%。其中，灌漠土（IDS1）和紫色土（PS）两种土壤变化与其余几种土壤略有不同，在老化培养的后期，专性吸附态砷的百分含量有略微升高的趋势。比较分析后发现，老化培养期间专性吸附态砷的变化比非专性吸附态的更为复杂，尤其是在老化培养的前 30 天内，表明该结合态砷属于不稳定的中间过渡形态，可以由非专性吸附态砷进一步老化而形成，也可以向砷与土壤结合更为紧密的形态转化。将土壤理化性质与不同老化培养时间内专性吸附态砷的含量进行逐步回归分析发现，老化培养期间专性吸附态砷的百分含量受土壤有效磷含量、阳离子交换量、游离氧化锰含量、黏粒和粉砂粒百分含量、老化培养时间等因素影响显著，见表 3.16。其中，黏粒百分含量影响最显著，所占权重最大，为 38.4%；老化培养时间次之，所占权重为 14.2%。这主要是因为土壤表面的专性吸附主要发生在黏土矿物等土壤胶体的表面，当土壤黏粒含量高时，土壤的比较面积大，表面能和化学活性高，对砷酸根离子的吸附能力就会较强（Goldberg and Johnston，2001）。还有研究指出，砷酸根在土壤中的吸附主要是发生在黏粒表面的化学吸附或配位体交换（Goldberg and Glaubig，1988），由此可知黏粒含量对专性吸附的重要性。

（三）外源砷在土壤老化过程中弱结晶度和结晶度好的铁铝水合氧化物结合态砷百分含量的变化

与前两种砷结合形态变化趋势不同，弱结晶度（F3）和结晶度好的铁铝水合氧化物结合态砷（F4）百分含量在老化培养时期内整体呈现出升高的趋势［图 3.7（c）、（d）］。两种结合态砷的平均百分含量从老化培养 1 天时的 30.03%，上升到老化培养 360 天时的 58.91%，升高了 28.88%。其中，弱结晶度的铁铝水合氧化物结合态砷在老化培养的前 30 天内变化较大，在 9 种土壤中均有明显的升高趋势，并以灌漠土（IDS1）中升高的幅度最为明显；而黄壤（YS）中弱结晶度的铁铝水合氧化物结合态砷一直低于其他土壤。老化 30 天到老化培养结束，该结合态砷始终处于波动变化阶段。其中，老化培养 360 天时，灌漠土（IDS1）和紫色土（PS）中弱结晶度的铁铝水合氧化物结合态砷的百分含量有下降趋势，而在其他土壤中有升高趋势。该结果与第四节中 5 种不同母质发育红壤中弱结晶度的铁铝水合氧化物结合态的砷的变化趋势略有不同。将土壤理化性质与不同老化培养时间内弱结晶度的铁铝水合氧化物结合态砷的含量进行逐步回归分析发现，老化培养期间该结合态砷受土壤有机质、无定形的氧化铁、粉砂粒含量和老化培养时间等因素影响显著，见表 3.16。其中，无定形氧化铁的含量影响最显著，所占权重为 25.6%；其次是老化培养时间，所占权重为 12.0%。因为连续提取第三步得到的就是与土壤中无定形或弱结合的铁铝氧化物结合态的砷，所以通过逐步回归方程得出了定形的氧化铁含量对该结合态砷的含量影响最显著是准确的，也是合理的。在整个老化培养时间内，结晶度好的铁铝水合氧化物结合态砷呈现出逐渐升高趋势（除 LS1 外）。从老化培养 1 天时的平均百分含量（11.76%）到老化培养 360 天时的百分含量（20.02%），升高了 8.26%。老化培养期间，黄壤（YS）中结晶度好的铁铝水合氧化物结合态砷含量一直高于其他土壤，且随老化时间的延长升高趋势最明显，该结合态砷的百分含量升高了 21.33%。9 种土壤中，黄壤（YS）中弱结晶度的铁铝水合氧化物结合态砷含量最低，而结晶度好的铁铝水合氧化物结合态砷含量最高，表明外源砷进入黄壤后能够更快地向与土壤结合更为紧密的形态转化，也说明了黄壤（YS）中砷的老化速率与其他土壤相比较快。该结论与前述实验结果相一致，除了砖红壤（LS1）外，外源砷在黄壤中的老化速率显著高于其他土壤（LS1＞YS＞RS1＞PS＞IDS1＞BNS1＞BS2＞FS＞CS）。将土壤理化性质与不同老化时间内结晶度好的铁铝水合氧化物结合态砷的含量进行逐步回归分析发现，该结合态砷受土壤游离态氧化铝和氧化锰含量、无定形态氧化铁和氧化锰含量、黏粒百分含量和老化时间等因素影响显著，见表 3.16。

（四）外源砷在土壤老化过程中残渣态砷百分含量的变化

土壤中残渣态砷一部分来源于土壤的本底值，还有一部分是由于外源砷通过微孔和裂缝，或者固态扩散，由表面逐渐进入土壤矿物晶格的内部，被矿物晶格所固定而形成的闭塞态砷。正是由于这一过程非常缓慢和漫长，所以外源砷在土壤中的老化过程也是一个漫长的过程（Axe and Trivedi，2002；Ma et al.，2006b）。如图 3.7（e）所示，随老化时间的延长，9 种土壤中残渣态砷的百分含量均有升高趋势，其中黄壤（YS）、红壤（RS1）和砖红壤（LS1）的升高趋势最显著，且砖红壤（LS1）升高的百分含量最大，升高了为 23.50%。图 3.8 显示了原始土壤和外源砷添加老化培养 360 天土壤中残渣态砷的含量。从图中可以看出，除灌漠土（IDS1）外，外源砷添加老化培养 360 天后，土壤中残渣态的砷含量均极显著高于原始土壤中残渣态砷的含量，表明外源砷进入土壤后随老化时间的延长，最终会向残渣态砷转化。砖红壤（LS1）中残渣态砷的含量变化仍最大，原始土壤中残渣态砷的含量仅为 1.85 mg/kg，而到老化培养 360 天时残渣态砷的含量为 32.48 mg/kg，进入砖红壤（LS1）中的外源砷有 30.63%转化成无效的残渣态砷，表明外源砷进入该土壤后有效性降低明显且大部分转化成难以再被植物吸收利用的形态，对作物的毒害作用小，对农田生态系统等产生的不利影响可能会较小。

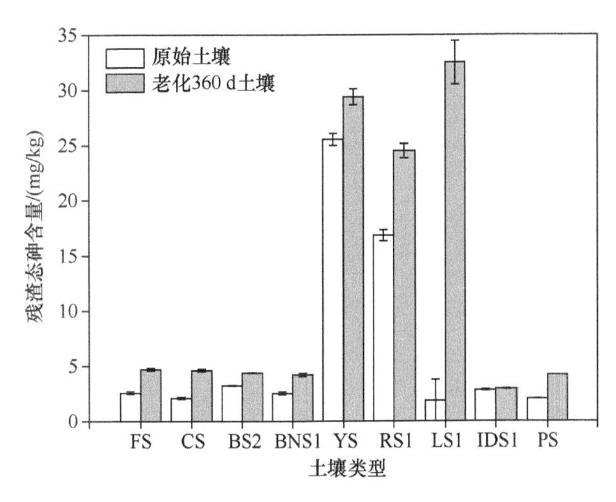

图 3.8　原始土壤和老化培养结束时（360 d）残渣态砷的含量

将土壤理化性质与不同老化时间内残渣态砷的含量进行逐步回归分析发现，老化培养期间该结合态砷受 pH、有效磷含量、土壤游离态氧化铝和氧化锰含量、无定形态氧化锰含量、黏粒和粉砂粒百分含量、老化培养时间等因素影响显著，见表 3.16。该结果显示，几乎所有测定的土壤理化性质都对残渣态砷的含量有影响，这可能是因为残渣态砷的形成是一个缓慢而漫长的过程，该过程与土壤理化性质密切相关，因此多种性质综合作用影响残渣态砷的含量。

三、土壤中各结合态砷与有效态砷含量的关系

利用 Wenzel 的 5 步连续提取方法所得到的土壤中，5 种结合态砷（F1、F2、F3、F4 和 F5）与土壤的结合程度是逐渐递增的（Kim et al.，2014）。将整个老化培养时期内所有取样点中有效态砷含量与各结合态砷含量进行相关分析后发现，土壤中有效态砷含量与非专性吸附态砷含量（r=0.84，P<0.01）、专性吸附态砷含量（r=0.43，P<0.01）、专性和非专性吸附态砷含量之和（r=0.84，P<0.01）均呈现出极显著的正相关，与弱结晶度的铁铝水合氧化物（r= –0.46，P<0.01）、结晶度好的铁铝水合氧化物（r= –0.63，P<0.01）和残渣态砷（r= –0.61，P<0.01）呈现出极显著负相关。从图 3.9 也可以看出，外源砷进入土壤后有效态砷平均含量（22.25%）高于 F1 的平均含量（10.89%），但低于前两种（F1+F2，58.61%）和前三种结合态砷的平均含量（F1+F2+F3，88.89%）。由以上研究结果可知，土壤中有效态的砷主要是由非专性吸附态砷和专性吸附态砷构成，最后三种结合态砷（F3、F4 和 F5）对有效态砷贡献较小。溶液形态的外源砷进入土壤后，首先与土壤胶体等形成外部圈层和内部圈层的络合物，这些结合态的砷对植物的有效性高，随着老化时间的继续延长，外源砷才会逐渐向与土壤结合更为紧密的形态转化，完成外源砷在土壤中的老化过程，这一过程一般需要很长的时间。

从相关结果分析还可以看出（表 3.17），5 种结合态之间也存在相关转化的关系，在老化培养过程中，非专性吸附态和专性吸附态砷会逐渐向弱结晶度的铁铝水合氧化物结合态砷（r= –0.52，P<0.01）、结晶度好的铁铝水合氧化物结合态砷（r= –0.70，P<0.01）

和残渣态砷（r=–0.67，P<0.01）转化。

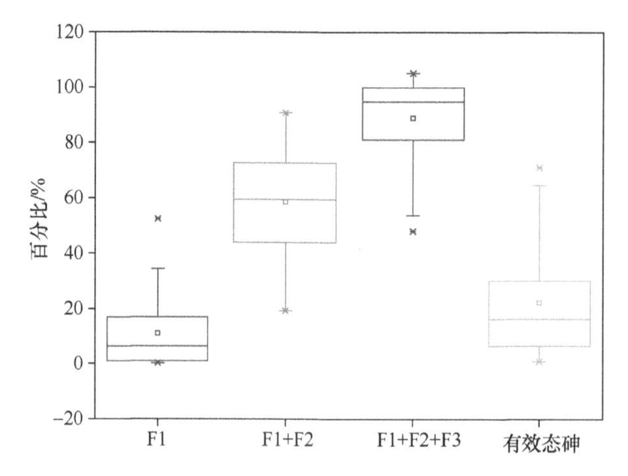

图 3.9　土壤中结合态砷含量（F1、F2 和 F3）与有效态砷含量的箱式图

箱子代表 25%～75%的范围内数值；箱子中的实线和正方形表示中值和平均值；叉号代表 1%～99%范围内数值；误差线代表最大值和最小值。F1，非专性吸附态砷；F2，专性吸附态砷；F3，弱结晶度的铁铝水合氧化物结合态砷。

表 3.17　皮尔森相关分析研究 5 种土壤中老化培养过程中有效态砷与连续提取态砷含量的关系（n=63）

砷结合态	有效态砷	F1	F2	F3	F4	F5	F1+F2
	1						
F1	0.84**	1					
F2	0.43**	0.19	1				
F3	–0.46**	–0.54**	–0.24	1			
F4	–0.63**	–0.52**	–0.56**	–0.03	1		
F5	–0.61**	–0.54**	–0.49**	–0.13	0.84**	1	
F1+F2	0.84**	0.80**	0.74**	–0.52**	–0.70**	–0.67**	1

**表示在 P<0.01 水平下差异显著。

四、不同土壤类型对外源砷老化过程及有效态砷含量的影响

土壤分类是认识土壤的基础之一，是进行土壤评价、土地利用规划和因地制宜推广农业技术的依据，也是研究土壤的一种方法。土壤是生物、气候、母质、地形和时间等自然因素及人类活动综合作用下的产物，它不是孤立存在的，而是与自然地理条件及其历史发展紧密联系的。我国的土壤资源丰富，类型繁多，主要的土壤发生类型包括红壤、棕壤、褐土、黑土、栗钙土、漠土、潮土、灌淤土、水稻土、草甸土、砖红壤、赤红壤、砂浆黑、紫色土等 60 种。不同类型的土壤具有不同的特点和地带分布性，由于我国耕地的点位超标率较高，使得我国不同类型的土壤中存在着不同程度的重（类）金属污染。由于不同类型的土壤对砷酸根的吸附性能存在差异，使得土壤中有效态砷的含量有所不同，对环境和农田生态系统的风险也不同。范秀山和彭国胜（2002）的研究发现，土壤对砷酸根的吸附量有如下规律：黄土<黑土<黄棕壤<砖红壤<红壤。雷梅等（2003）在对黄壤、红壤和褐土中砷进行吸附等温试验发现，3 种土壤对砷的吸附能力随着土壤

pH 的升高而降低，随着土壤黏粒含量的降低而减弱。黄壤对砷的吸附能力最强，其次是红壤，褐土最弱。但是外源砷在土壤中的老化过程不等同于砷在土壤中的吸附行为，老化过程除了包括砷进入土壤后的吸附行为，还存在向与土壤结合更紧密的形态或者矿物晶格内部转化的过程，而目前对不同类型土壤中外源砷老化过程的研究还相对较少。

（一）9 种土壤类型的特点

通过对9种土壤的理化性质进行分析后发现，不同类型的土壤中理化性质差异显著，这与土壤的形成气候、母质和地形等自然因素以及人为活动密切相关。9 种土壤类型的具体特点如下。①潮土是发育于富含碳酸盐或不含碳酸盐的河流冲积物，受地下水运动和耕作活动影响，经过耕作熟化而形成的一种半水成土，分布于暖温带及其以北地区。潮土腐殖质累积过程较弱，尤其是分布在黄泛平原上的土壤，耕作表土层腐殖质含量低，同时由于周期性氧化还原作用，土体中常有铁锰斑点与软的结核。②褐土又称褐色森林土，是在暖温带半湿润气候下，由碳酸钙的弱度淋溶和淀积作用，以及黏化作用下形成的地带性土壤。褐土呈棕褐色，由黄土及其他含碳酸盐的母质形成，有弱黏化层和钙积层，腐殖质层的有机质含量为 1%～3%，质地多为壤土，透水性好，呈弱碱性。③黑土是在温带湿润或半湿润季风气候下形成的，具有深厚黑色腐殖质层的地带性土壤。母质多为黄土状黏质沉积物，通体无石灰反应。黑土土层深厚，黑灰色腐殖质层厚 30～100 cm，表土有机质含量一般为 3%～6%，高者 10%以上，屑粒至团粒状结构。剖面中无钙积层，但可见小铁锰结核与灰白色硅粉。土壤交换总量和盐基饱和度均高，是一种高肥力土壤。④棕壤又名棕色森林土，是在暖温带湿润气候条件下，由于淋溶、黏化作用形成的具有黏化层的地带性土壤。棕壤腐殖质累积、黏化及碳酸盐淋溶等成土过程明显，腐殖质层有机质含量为 1.5%～3%，母岩为各类岩石的风化物和残坡积物（石灰岩除外），土体以暗棕灰色为主，质地多为壤土，透水性好，呈微酸性至中性。⑤黄壤为亚热带暖热阴湿气候条件下形成的富含水合氧化铁（针铁矿）的黄色土壤。黄壤呈酸性，土壤的富铝化程度低于红壤，但酸度通常略大于红壤。黄壤土层经常保持湿润，土心层含有大量针铁矿而呈黄色，养分贫瘠，质地黏重，透水性较差。⑥红壤地处热带、亚热带湿润气候条件下，赤铁矿含量很高，铁、铝氧化物颜色为红色，故称为红壤。在低丘陵的地形条件下，红壤主要由第四纪红色黏土发育而成，在高丘陵和低山的地形下，成土母质多为千枚岩、花岗岩和砂页岩。红壤的黏粒含量很高，质地黏重，但由于氧化铁和氧化铝胶体形成的结构体，致使土壤的渗透性比较好，滞水现象不严重；其土壤风化度高，呈强酸性，植物养分贫瘠。⑦砖红壤是热带雨林或季雨林气候下，由富铁铝化作用形成强酸性、高铁铝氧化物的深厚暗红色土壤。砖红壤表土由于生物积累作用强，呈灰棕色，厚度为 15～30 cm，有机质含量达 8%～10%。矿化作用强烈，形成的腐殖质分子结构比较简单，大部分为富铝酸型和简单形态的胡敏酸。砖红壤的特点是分散性大，絮固作用小，形成的团聚体不稳固。⑧灌漠土是在干旱荒漠地区引用清澈的坎儿井水灌溉，使原来的漠土经长期耕灌后，土壤的水分与养分状态从根本上发生了改变，是一种人为土，无明显的灌淤层。⑨紫色土是发育于亚热带地区石灰性紫色砂页岩母质的土壤，是在频繁的风化作用和侵蚀作用下形成的。紫色土一般含碳酸钙，呈中性或微碱性，有机质含量低，磷、钾含量丰富。紫色土母岩疏松，矿质养分含量丰富，肥力较高。结合以上土壤的特点和土壤性质进行分析不难发现，研究选取的土壤非常具有代表性，充分反映出这几种土壤类型所具有的土壤特性。例如，黑土（BS2）中含有较多的有机质、阳离子交换量、总磷和有效磷等养分，而砖红壤（LS1）和红壤（RS1）中含有较多的铁、铝、锰氧化物等。同时，研究所选土壤的理化性质差异明显，也为找出影响外源砷老化的关键因子提供了有力保证。

（二）土壤类型对外源砷老化过程的影响

外源砷进入不同类型土壤后的老化过程受很多土壤性质的影响。不同的老化阶段，起关键作用的土壤性质不同，且砷与土壤的不同结合程度或形态也受不同土壤性质的影响。由此可知，土壤类型对外源砷老化过程的影响实际上是在土壤理化性质综合作用下产生的结果。不难发现，土壤 pH 和土壤中铁、铝、锰等氧化物的含量在外源砷老化过程中起到了至关重要的作用。

pH 是影响砷在土壤中吸附行为的重要因素之一，它决定砷在溶液中的存在形态、土壤胶体表面的羟基解离度及表面电荷（Jackson and Miller，2000）。不同 pH 下，砷具有不同的形态，主要是由于砷酸和亚砷酸具有不同的解离系数（Goldberg and Johnston，2001）。

$$H_3AsO_3 \xrightarrow[pK_a=9.2]{-H^+} H_2AsO_3^- \xrightarrow[pK_a=12.7]{-H^+} HAsO_3^{2-} \xrightarrow[pK_a=13.4]{-H^+} AsO_3^{3-}$$

$$H_3AsO_4 \xrightarrow[pK_a=2.3]{-H^+} H_2AsO_4^- \xrightarrow[pK_a=6.8]{-H^+} HAsO_4^{2-} \xrightarrow[pK_a=11.6]{-H^+} AsO_4^{3-}$$

实验用土壤 pH 范围在 4.72～7.99 之间，添加的外源砷是五价砷酸钠溶液，所以在土壤中砷主要是以 $HAsO_4^{2-}$ 和 $H_2AsO_4^-$ 阴离子形式存在于土壤溶液中，主要通过阴离子交换机制被专性吸附（陈同斌和刘更另，1993）。当 pH＜PZC（土壤电荷零点）时，土壤表面带正电，有利于负价砷酸根离子被土壤表面吸附；当 pH＞PZC（土壤电荷零点）时，土壤表面带负电，土壤溶液中阴离子或 OH^- 离子会与砷酸根竞争土壤表面有限的吸附位点，使得土壤溶液中砷的有效性增加。图 3.6 显示了老化培养过程中，pH≥6 的土壤中，外源砷进入后有效态砷的平均百分含量始终高于 pH＜6 的土壤，表明 pH 在外源砷有效性影响中的重要性。其中，潮土（FS）和灌漠土（IDS1）具有较高的 pH，外源砷进入这两种土壤后，其有效性始终高于其他几种土壤，尤其是显著高于 pH 较低的土壤（LS1、RS1）。同样，Goldberg（2002）研究高岭石、蒙脱石和伊利石等矿物对 As（Ⅴ）的吸附时发现，这几种矿物对 As（Ⅴ）的吸附在 pH5 左右时达到最大值，其后随着 pH 的升高，吸附量下降，而在铁、铝氧化物中，砷的吸附量在 pH＞9 时开始降低。此外，Jia 等（2007）应用 FTIR 和 XRD 技术分析还发现，在 75℃条件下，当 pH 极低时（pH3），铁氧化物和砷酸根在吸附过程中会出现砷酸铁共沉淀的现象。与此同时，pH 还可以通过影响土壤中其他物质的表面性质（有机质和铁、铝、锰氧化物等），进而对砷在土壤中的老化过程产生影响。除了土壤 pH 外，还发现对于不同类型的土壤来说，土壤中游离态和无定形态铁、铝、锰等氧化物的含量在影响老化进程中起到十分重要的作用，尤其是铁氧化物在控制老化速率和影响外源砷有效性等方面的作用更为突出。一般认为，土壤中吸附砷的主要物质包括氧化铁、氧化铝和氧化锰等。铁、铝氧化物一方面能与砷形成难溶性沉淀物，另一方面能大量专性吸附砷而增加土壤对砷的固定能力。Yang 等（2002）、Tang 等（2007）在对外源砷老化过程的研究中发现，铁、铝氧化物是控制外源砷进入土壤初期的吸附过程，以及影响砷在土壤中重新分配等老化过程的关键因素。也有研究指出，土壤氧化铁对砷吸附行为的影响与氧化铝类似，都是以形成专性吸附为主，但两者相比，砷在土壤中更容易被铁氧化物所吸附（Violante and Pigna，2002；Mohapatra et al.，2007）。铁氧化物表面对砷的吸附属于内层专性吸附。内层专性吸附是指矿物质表面的官能团与被吸附的离子之间通过进行配位体交换或形成化学键，使被吸附的离子固定在矿物质的双电层中（Goldberg and Johnston，2001）。砷与磷类似，在铁氧化物表面的配位形式包括单齿单核配合物和双齿双核配合物两种，主要通过砷酸根进入到铁氧化物表面的金属原子配位壳，与配位壳中的水合基或羟基进行置换来完成（周爱民等，2005）。土壤中的铁氧化物种类丰富，包括针铁矿、纤铁矿、赤铁矿、水铁矿、无定形铁氧化物等，它们的组成和晶格形态各有不同，但普遍具有的特点是表面积大、表面电荷高（Kohn et al.，2005；Lee et al.，2003）。研究指出，铁氧化物对砷的吸附能力从大到小的排列顺序为：无定形铁氧化物＞针铁矿＞赤铁矿（Jambor and Dutrizac，1998）。一般来说，表面积大和结晶程度差的铁氧化物能够提供更多有效的吸附位点，因而具有较高的砷吸附能力（Wang and Mulligan，2006）。无定形铁氧化物结构中的核心区域以八面体为主，表面存在着大量的四面体结构单元，这种表面的未饱和状态与比表面积大、结晶度差等特点相结合，使其对砷离子具有较高的吸附能力（Jambor and Dutrizac，1998）。针铁矿的分布广泛，几乎存在于所有类型的土壤中，尤其是在湿润且氧化势高的亚表层土中。本研究选取的黄壤（YS）是在亚热带暖热阴湿气候条件下形成的富含水合针铁矿的黄色土壤，研究结果亦表明外源砷进入黄壤（YS）后，整个老化培养期间土壤中砷有效性均为最低，老化培养过程中达到近似平衡的时间也最短（37 天），进一步证明了铁氧化在外源砷老化过程中的重要性。

（三）结合态砷与有效态砷的含量之间的关系

本研究将整个老化培养时期内所有取样点中有效态砷含量与各结合态砷含量进行分析，发现外源砷进入到土壤后，土壤中有效态的砷主要是由非专性吸附态砷和专性吸附态砷构成，最后三种结合态砷（F3、F4 和 F5）对有效态砷的贡献较小。该结果与 Tang 等（2007）、Liang 等（2014）的研究结果相一致。他们利用 PBET 方法提取外源加砷溶液老化培养土壤中有效态砷含量进行分析后发现，培养土壤中可利用态砷主要由连续提取的前两种结合形态（F1 和 F2）构成。Li 等（2015）、Smith 等（2008）的研究结果则表明，在砷污染的土壤中，有效态砷含量主要由连续提取步骤中的前三种结合形态（F1、F2 和 F3）构成。造成以上差别的主要原因是外源砷进入土壤时的存在形态不同。Tang 等（2007）、Liang 等（2014），以及我们的研究均是通过外源添加砷溶液来模拟砷进入土壤后的状况，研究砷在土壤中的老化过程。外源添加到土壤中的砷溶液有效性和活性高，所以外源砷在进入土壤后与土壤的结合或重新分配过程中，首先会向有效性较高的结合态（专性吸附态和非专性吸附态）转化，随着老化的继续进行，才会逐渐缓慢地向更难以利用的形态转化，但这是一个相当漫长的过程，有时候甚至需要几年到几十年。而对于野外受砷污染的土壤来说，砷的污染源比较多、污染物的形态多样，可能是来自砷溶液的污染，也可能是来自难溶态的矿物，如雄黄、雌黄、毒砂等，因此造成土壤中有效态砷主要构成形态存在差异。但无论是什么样的砷污染来源，可以肯定的是，土壤中有效态砷含量的变化主要受土壤与砷的结合形态差异的影响。当然，如果想对外源砷老化过程有进一步的研究，也可以研究不同外源砷的添加形态（液态、固态和气态）等对砷在土壤中老化过程的影响。

通过外源加砷室内培养的方式，我们系统地研究了外源五价砷在 9 种不同类型土壤中的老化过程。结果表明，土壤类型及老化时间均极显著地影响砷在土壤中的有效性和各结合态的百分含量，老化过程是砷与土壤相互结合和相互作用的漫长过程。通过实验可以看出，外源砷进入潮土（FS）和灌漠土（IDS1）后有效性始终较高，其老化达到近似平衡的时间较长；而在黄壤（YS）和红壤（RS1）中有效性则相对较低，其老化达到近似平衡的时间较短，表明外源砷在不同类型土壤中的老化过程存在差异。准二级动力学方程和双常数方程均能较好地拟合外源砷在不同类型土壤中的老化过程。另外，土壤 pH 和铁、铝、锰等氧化物的含量是影响砷在土壤中有效性、控制外源砷老化速率、老化达到平衡时土壤中有效态砷含量的关键因素。当相同浓度外源砷进入不同土壤后，老化近似达到平衡的时间由多到少排序为：CS＞FS＞IDS＞BNS2＞RS1＞PS＞YS＞LS1。土壤中黏粒的百分含量是影响老化达到近似平衡时间的关键因素。同时，结果表明，非专性吸附态和专性吸附态仍是构成土壤中有效态砷的主要砷结合形态。

第六节　外源砷在土壤中老化半机理模型的构建与验证

当水溶性的重（类）金属添加到土壤后，会与土壤发生一系列的反应，短时间内迅速进行固相与液相之间的重新分配，随后其生物有效性或毒性、同位素可交换性和化学有效性（可浸提性）会随着时间推移而缓慢减低，同时转化成为稳定的形态，这一过程就是重（类）金属在土壤中的老化过程。重（类）金属在土壤中的老化过程是一个客观存在的过程，它有时候被称为重金属在土壤中的固定（fixation）、自然衰减（natural attenuation）、不可逆吸附（irreversible sorption）等（McLaughlin，2001；Ma et al.，2006a，2006b）。现行的土壤环境质量标准往往都是建立在添加重（类）金属实验条件下产生的生态毒理效应，忽略了重金属在土壤中的老化过程和老化作用，过高地估计了土壤中重（类）金属的生态风险（McLaughlin，2001；Alexander，2000）。因此，研究和预测重（类）金属在土壤中的老化过程有利于弄清田间实际污染土壤中重金属的生态风险，并为合理利用重金属污染土壤和制定土壤环境质量标准等提供依据。

老化过程是一个慢反应过程，需要很长的时间才能达到平衡，而吸附和沉淀过程属于快反应，很短的时间内就能够完成。因此，重（类）金属进入土壤中的吸附和沉淀反应的研究结果并不能代表其在土壤中的老化过程。近年来，重金属在土壤中的老化过程和老化机制研究受到科研工作者的重视及关注，很多研究认为重金属在土壤中的老化过程主要受到表面沉淀/成核作用、微孔扩散作用和有机质包裹作用等的控制（McLaughlin，2001；Ma et al.，2006a，2006b；Axe and Trivedi，2002；He et al.，2001）。但从目前来看，人们对土壤中各种重金属的老化反应速率和机理的认识还稍显不足。特别是老化过程中表面沉淀/成核作用、微孔扩散作用和有机质包裹作用在老化过程中的主导地位还没有得到明确的认知。Ma 等（2006a，2006b）应用同位素稀释技术表明外源铜在土壤的短期老化过程中，表面沉淀/成核作用及有机质包裹作用是主导机理，而微孔扩散过程是铜长期老化阶段的主导机理，并提出了预测铜在土壤中短期老化和长期老化作用的半机理模型；对其他重金属尤其是砷在土壤中的老化过程和老化机制的研究还相对较少。以目前我国砷污染的面积和程度来说，有必要深入和系统地研究砷在土壤中的老化过程和老化机制。因此，我们在相关研究的基础上，进一步将采集土壤样品总数量扩增到 20 种（其中包括不同肥力状况、不同地带性土壤、不同土壤母质等），对 20 种土壤中有效态砷随老化时间的变化规律进行总结和归纳，利用逐步回归并结合外源砷在土壤中的可能老化机制等，分析推导出外源砷老化的半机理模型，然后利用在全国 5 个省份采集的 19 个不同砷浓度的土壤，验证研究中所构建的砷在土壤中老化的半机理模型的准确性。相关结果可为揭示砷在土壤中的老化机制、预测砷在土壤中的有效性变化等提供指导作用，并为砷污染农田的安全利用和制定土壤环境质量标准等提供依据。

实验用土壤共 20 种，除前述实验中所用 5 种不同母质发育红壤（RS1、RS2、RS3、RS4、RS5）和在全国 8 个省份采集的我国典型区域典型土壤类型的 9 种土壤（FS、CS、BS2、BNS1、YS、RS1、LS1、IDS1、PS）外，又进一步在全国范围内采集了 7 种土壤（BS1、BS3、BS4、BNS2、BNS3、LS2、IDS2）。这些土壤之间理化性质差异显著。土壤 pH 为 4.72～8.29，相差 3.57 个单位，其中 pH≥6 的土壤有 10 种，分别是 FS（7.99）、CS（7.11）、BS1（6.32）、BS2（6.32）、BNS2（6.32）、RS2（8.29）、RS3（6.97）、RS4（6.95）、IDS1（7.88）和 IDS2（8.16），且以紫色砂页岩发育的红壤（RS2）最高；pH＜6 的土壤也有 10 种，分别是 BS3（5.71）、BS4（5.73）、BNS1（5.41）、BNS3（5.77）、YS（5.51）、RS1（4.94）、RS5（5.39）、LS1（4.72）、LS2（5.14）和 PS（5.69），且以玄武岩发育的砖红壤（LS1）中最低。土壤有机质和阳离子交换量的变化范围分别为 7.55～37 g/kg 和 8.14～26.6 cmol（+）/kg，其中，紫色砂页岩发育的红壤（RS2）中有机质含量最低，灌漠土（IDS1 和 IDS2）和板页岩发育的红壤（RS4）中阳离子交换量较低，而黑土（BS1、BS2、BS3 和 BS4）中的有机质和阳离子交换量都较高。全氮和碱解氮的含量分别为 0.78～2.47 g/kg 和 42～282 mg/kg；全钾和速效钾的含量分别为 1.6～27.7 g/kg 和 17～3565 mg/kg；全磷和有效磷的含量分别为 0.36～1.28 g/kg 和 0.11～205.1 mg/kg。土壤中游离态和无定形态铁、铝、锰氧化物的含量与土壤对砷的吸附和固定能力密切相关。研究表明，土壤中游离态氧化铁（Fe_d）和无定形态氧化铁（Fe_o）的含量分别为 10.3～4.41 mg/kg 和 0.73～4.63 mg/kg；土壤游离态氧化铝（Al_d）和无定形态氧化铝（Al_o）的含量分别为 0.84～149 mg/kg 和 0.52～2.03 mg/kg；土壤游离态氧化锰（Mn_d）和无定形态氧化锰（Mn_o）的含量分别为 0.15～2.16 mg/kg 和 0.10～1.79 mg/kg。20 种土壤的主要颗粒组成为粉砂粒，所占比例范围为 43.41%～74.92%。YS、RS1 和 LS1

土壤含有较高比例的黏粒，所占比例分别为 10.45%、10.13%和 10.24%。花岗岩发育的红壤（RS5）和花岗岩发育的砖红壤（LS2）含有较高的砂粒，所占比例分别为 50.23%和 47.97%。土壤中砷的浓度范围为 4.21～37.03 mg/kg，除 RS4 外，其余土壤中砷含量均不超标。

一、土壤理化性质对外源砷老化过程的影响

（一）土壤 pH 对外源砷老化过程的影响

pH 是影响砷在土壤中吸附行为的重要因素之一，它决定砷在溶液中的存在形态、土壤胶体表面的羟基解离度及表面电荷（Jackson and Miller，2000）。在第四、第五节的分析中发现，不同母质发育红壤老化培养初期（前 30 天）和不同类型土壤整个老化培养时期内，pH 均能显著地影响外源砷在土壤中的有效性。由于本章研究土壤较多，土壤理化性质差异明显（表 3.18），所以将 20 种土壤按照 pH 进行分类。

图 3.10 是 pH≥6（10 种：FS、CS、BS1、RS2、RS3、RS4、IDS1、IDS2、BS2、BNS2）和 pH<6（10 种：BS3、BS4、BNS1、BNS3、YS、RS1、RS5、LS1、LS2 和 PS）的土壤中有效态砷百分含量的平均值随老化时间的变化图。从图中可以看出，研究土壤中有效态砷百分含量的平均值在 pH≥6 的土壤中显著高于 pH<6 的土壤，表明了 pH 对外源砷在土壤老化过程中有效性变化的重要性。此外，整个老化期间，所有土壤中有效态砷百分含量的平均值均呈现出随老化培养时间的延长显著降低的趋势。在 pH≥6 的土壤中，有效态砷的百分含量的平均值从老化培养 1 天时的 57.50%下降到培养 360 天时的 13.66%，下降了 43.84%；在 pH<6 的土壤中，有效态砷的百分含量的平均值从老化培养 1 天时的 34.64%下降到培养 360 天时的 6.51%，下降了 28.12%。

（二）土壤有机质含量对外源砷老化过程的影响

土壤有机质也是影响外源砷在土壤中有效性的重要因素之一，并且有机质对砷有效性的影响是多方面的。首先，有机质可能会将进入土壤中的砷以包裹的方式固定起来，从而减少砷的有效性（McLaughlin，2001）；其次，有机质表面的功能基团可以对砷形成专性吸附，从而减低砷在土壤中的有效性（Wang and Mulligan，2006；Sekaly et al.，1999）；最后，有机质还可以与砷以桥联机制的方式形成有机质与砷的复合物，对砷的固定起到一定的促进作用（Redman et al.，2002）。然而，在不同土壤环境条件下，有机质对砷的固定效果也不完全一致。在酸性或者微酸性的环境下，有机质主要通过配位交换的方式吸附在铁等氧化物的表面，形成表面络合物，与砷酸根或亚砷酸根等阴离子产生竞争作用，增加土壤溶液中砷的移动性，提高砷的有效性（Grafe et al.，2002；Redman et al.，2002）。将 20 种土壤按照土壤有机质含量 0<SOM≤20 g/kg（FS、BNS1、BNS2、RS2、RS5、LS2 和 PS）、20<SOM≤30 g/kg（YS、RS1、RS4、IDS1 和 IDS2）和 SOM>30 g/kg（CS、BS1、BS2、BS3、BS4、BNS3、RS3 和 LS1）进行分类，研究土壤有机质含量对外源砷在土壤中有效性的影响。从图 3.11 可以看出，外源砷进入不同有机质含量的土壤后，有效态砷百分含量平均值之间有差异，但并不像 pH 影响的那样显著。

表 3.18　20 种供试土壤的基本理化性质

项目	土壤编号																			
	FS	CS	BS1	BS2	BS3	BS4	BNS1	BNS2	BNS3	YS	RS1	RS2	RS3	RS4	RS5	LS1	LS2	IDS1	IDS2	PS
pH	7.99	7.11	6.32	6.32	5.71	5.73	5.41	6.32	5.77	5.51	4.94	8.29	6.97	6.95	5.39	4.72	5.14	7.88	8.16	5.69
SOM（g/kg）	15.7	33.2	31.1	33.4	31.2	32.2	19.4	19.2	35.5	21.3	20.2	7.55	32.7	29.3	19.6	37	19.2	22.2	26.8	19.7
CEC（cmol/kg）	13.6	12.6	25.7	26.3	25.7	26.6	13.1	13.3	17.1	14.4	10.7	11.7	15	8.98	6.49	11.3	4.51	8.14	8.32	21.5
全氮（g/kg）	1.08	2.2	1.58	2.47	1.76	1.79	1.12	1.08	1.8	1.31	1.21	0.78	1.8	2.33	1.28	1.79	0.99	1.27	1.33	1.03
全磷（g/kg）	0.58	1.17	0.9	1.16	0.8	0.8	0.53	0.4	0.54	0.36	0.64	0.72	0.7	1.08	0.6	1.09	0.41	1.09	1.28	0.66
全钾（g/kg）	20.6	21.7	21.1	24.3	19.8	20.2	21	21.6	20.6	11.1	12.3	24.1	17.8	27.7	39.9	1.6	6.3	20.8	21.4	22.9
碱解氮（mg/kg）	109	261	135	194	184	216	136	113	251	282	108	42	149	223	149	231	120	102	109	113
有效磷（mg/kg）	12.5	141.7	127.5	205.1	131	134.6	26.6	3.2	8.7	0.11	32.9	10.6	14.6	65	54.8	3.5	3.9	49.5	86	57.9
速效钾（mg/kg）	102	425	199	3565	195	199	17	72	150	84	190	87	182	118	58	38	31	144	317	173
游离氧化铁（mg/kg）	10.6	12.4	14.9	12.4	14.9	13.2	13.8	13.9	14.1	62.8	38.4	28.5	37.6	46.0	10.3	149	41.2	12.2	11.7	17.6
游离氧化铝（mg/kg）	2.13	1.40	3.66	1.63	3.66	3.83	2.29	2.09	2.22	2.92	2.58	0.85	3.05	3.36	1.75	4.41	4.15	1.39	1.3	0.84
游离氧化锰（mg/kg）	0.27	0.18	2.16	0.18	2.16	0.84	0.34	0.35	0.37	0.19	0.82	0.63	0.32	1.89	0.15	0.75	0.37	0.32	0.31	0.23
无定形氧化铁（mg/kg）	1.08	1.53	2.17	3.10	4.26	2.51	4.19	4.23	4.63	1.33	2.16	0.73	3.05	3.33	1.32	3.17	1.20	1.38	1.40	2.29
无定形氧化铝（mg/kg）	0.93	0.84	1.67	1.55	2.03	1.92	1.06	0.98	1.14	1.33	1.60	0.54	1.40	0.80	0.52	3.10	1.07	0.74	0.74	0.71
无定形氧化锰（mg/kg）	0.21	0.13	0.53	0.42	1.79	0.60	0.26	0.27	0.28	0.08	0.58	0.47	0.13	1.40	0.10	0.68	0.18	0.21	0.21	0.16
黏粒（%）<0.002 mm	5.02	3.96	4.68	6.55	4.62	4.83	5.64	5.66	5.60	10.45	10.13	6.97	6.17	9.98	4.94	10.24	8.62	7.24	7.62	6.51
粉砂粒（%）0.002～0.05 mm	57.86	57.50	58.09	70.06	60.14	60.80	74.92	73.16	72.47	68.02	70.82	59.62	52.71	62.58	44.82	59.05	43.41	66.67	70.94	55.21
砂粒（%）>0.05 mm	37.12	38.55	37.23	23.39	35.25	34.37	19.43	21.19	21.92	21.53	19.05	33.41	41.12	27.44	50.23	30.71	47.97	26.09	21.44	38.28
总砷（mg/kg）	8.76	9.06	14.73	11.65	18.13	13.93	10.20	10.87	11.01	37.03	27.98	10.71	23.66	32.57	20.80	4.21	3.56	13.62	14.23	6.37

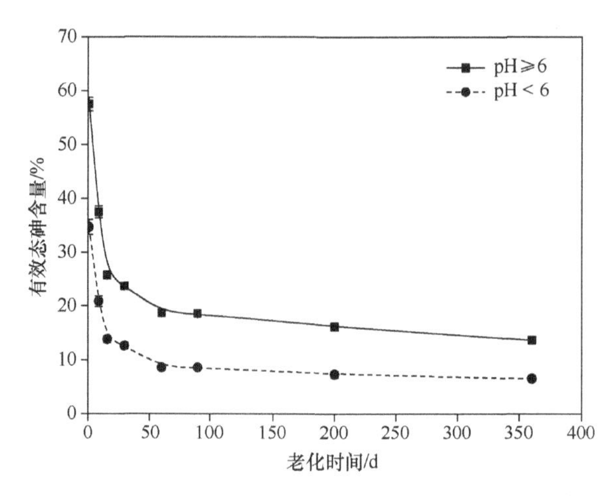

图 3.10　pH≥6（10 种）和 pH<6（10 种）土壤中有效态砷百分含量的平均值比较

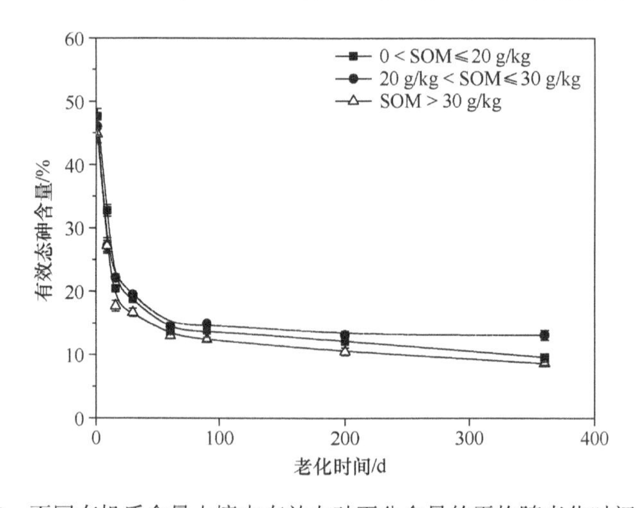

图 3.11　不同有机质含量土壤中有效态砷百分含量的平均随老化时间的变化

有机质含量为 0～20 g/kg 的 7 种土壤中，有效态砷百分含量的平均值为 9.61%～47.49%；有机质含量为 20～30 g/kg 的 5 种土壤中，有效态砷百分含量的平均值为 13.10%～45.98%；有机质含量大于 30 g/kg 的 8 种土壤中，有效态砷百分含量的平均值为 8.62%～44.80%。在老化培养的后期（200～360 天）有机质含量为 20～30 g/kg 之间的土壤中，有效态砷百分含量的平均值显著大于其他土壤，表明土壤有机质含量对外源砷的老化过程产生影响，这可能与有机质对外源砷的包裹作用有关。

二、外源砷在土壤中老化半机理模型的构建和分析

（一）外源砷在土壤中有效性变化的确定

在整个老化培养时间内（1 天、3 天、9 天、15 天、30 天、60 天、90 天、200 天和 360 天）对 20 种土壤中有效态砷的百分含量与土壤理化性质和老化培养时间进行逐步分析，得到了式（3.13）。从式（3.13）可以看出，砷在土壤中的有效性主要受土壤 pH、

有效磷含量、游离态氧化铝含量和老化培养时间等因素的共同影响，其中 pH 的影响程度最显著，所占权重最大，为 23.6%。

C_{As}=3.56+4.50×[pH]+0.07×[Olsen-P]–4.1×9[Al_d]–0.058×[T]　（R^2=0.545，P<0.001）(3.13)

式中，C_{As}，土壤中有效态砷的百分含量（%）；pH，土壤 pH；Olsen-P，土壤中有效磷含量（mg/kg）；Al_d，游离氧化铝含量（mg/kg）；T，老化培养时间（d）。

结合外源砷在土壤中老化过程的可能机理和土壤性质的共同影响来确定外源砷在土壤中的有效性，其值可表达为式（3.14）。其中，C_{As} 为土壤中有效态砷的百分含量；Y1、Y2 和 Y3 分别表示由于沉淀/成核作用、微孔扩散作用和有机质包裹作用导致的有效态砷减少的含量占砷添加浓度的百分比；D×[Olsen-P]表示有效磷与砷酸根的竞争作用引起有效态砷的变化量占砷添加浓度的百分比；E×[Al_d]表示土壤中无定形氧化铝与砷酸根相互作用而引起有效态砷的变化量占砷添加浓度的百分比。

$$C_{As}=1-Y1-Y2-Y3+D\times[\text{Olsen-P}]+E\times[Al_d] \tag{3.14}$$

（二）砷有效性中 Y1 值的确定

砷的有效性在短时间内迅速降低的主要原因是其在土壤表面的沉淀/成核作用，这一过程主要是由土壤 pH 决定的。一般来说，As（Ⅴ）在水中主要以 H_3AsO_4（pH<2）、$H_2AsO_4^-$（pH2～7）和 $HAsO_4^{2-}$（pH>7）的形式存在（朱义年等，2003）。研究土壤的 pH 为 4.72～8.29，按照砷酸根的解离常数、土壤 pH 与 Eh 的影响，砷酸根在土壤溶液中的主要存在形态为 $H_2AsO_4^-$ 和 $HAsO_4^{2-}$（Jackson and Miller，2000；Goldberg and Johnston，2001），因此沉淀/成核的过程与砷在土壤中形成的 $H_2AsO_4^-$ 和 $HAsO_4^{2-}$ 有关。该过程可用以下方程式来描述：

$$H_3AsO_4 = H^+ + H_2AsO_4^- \quad (pK_1=2.2) \tag{3.15}$$

$$H_2AsO_4^- = H^+ + HAsO_4^{2-} \quad (pK_2=6.8) \tag{3.16}$$

由式（3.15）和式（3.16）可知，当 pH 升高时，将促进上述反应的进行。但是根据前面的研究结果发现，并不是 pH 越高，土壤的有效态砷含量越低，反而是低 pH 的土壤中砷的有效性更低，所以不能确定不同 pH 的土壤中到底是 $H_2AsO_4^-$、$HAsO_4^{2-}$，还是 $H_2AsO_4^-$ 和 $HAsO_4^{2-}$ 同时在沉淀/成核过程中起主导作用。因此本研究提出两种假设：第一种，假设外源砷老化过程中沉淀/成核反应仅与土壤溶液中的 $H_2AsO_4^-$ 有关，且与 $[H_2AsO_4^-]/[H_2AsO_4^-]+[HAsO_4^{2-}]+[H_3AsO_4]$ 的比值呈线性相关；第二种，假设外源砷老化过程中沉淀/成核反应与土壤溶液中可能存在的 $H_2AsO_4^-$ 和 $HAsO_4^{2-}$ 均有关，$H_2AsO_4^-$ 和 $HAsO_4^{2-}$ 共同决定砷在土壤中的表面沉淀/成核反应。$[H_2AsO_4^-]$ 占全部砷酸根离子的比值用 P_1 表示[见式(3.17)]，$[HAsO_4^{2-}]$ 占全部砷酸根离子的比值用 P_2 表示[见式(3.18)]。

$$P_1=\frac{\left[H_2AsO_4^-\right]}{\left[H_2AsO_4^-\right]+\left[HAsO_4^{2-}\right]+\left[H_3AsO_4\right]} \tag{3.17}$$

$$P_2=\frac{\left[HAsO_4^{2-}\right]}{\left[H_2AsO_4^-\right]+\left[HAsO_4^{2-}\right]+\left[H_3AsO_4\right]} \tag{3.18}$$

由式（3.15）可得

$$K_1=\frac{\left[H_2AsO_4^-\right]+\left[H^+\right]}{\left[H_3AsO_4\right]} \tag{3.19}$$

由式（3.16）可得

$$K_2=\frac{\left[HAsO_4^{2-}\right]+\left[H^+\right]}{\left[H_2AsO_4^-\right]} \tag{3.20}$$

由式（3.17）、式（3.19）和式（3.20）可得

$$P_1=\frac{1}{1+10^{(pH-pK_2)}+10^{(pK_1-pH)}} \tag{3.21}$$

由式（3.18）～式（3.20）可得

$$P_2=\frac{10^{(pH-pK_2)}}{1+10^{(pH-pK_2)}+10^{(pK_1-pH)}} \tag{3.22}$$

根据前面的两种假设，外源砷进入土壤后，由于沉淀/成核作用而导致的有效态砷减少的含量可能完全由 $H_2AsO_4^-$ 决定，也可能由 $H_2AsO_4^-$ 和 $HAsO_4^{2-}$ 共同决定。所以因沉淀/成核作用而导致的有效态砷减少的含量占砷添加浓度的百分比（Y1），可表达为式（3.23）和式（3.24）两种形式。

$$\text{假设一：}\quad Y1=\frac{B1}{1+10^{(pH-pK_2)}+10^{(pK_1-pH)}}\times t^{C/t} \tag{3.23}$$

$$\text{假设二：}\quad Y1=\left(\frac{B1}{1+10^{(pH-pK_2)}+10^{(pK_1-pH)}}+\frac{B2\times 10^{(pH-pK_2)}}{1+10^{(pH-pK_2)}+10^{(pK_1-pH)}}\right)\times t^{C/t} \tag{3.24}$$

式中，B1 和 B2 分别代表与 $H_2AsO_4^-$ 和 $HAsO_4^{2-}$ 沉淀/成核过程有关的常数系数；t 是老化时间（d）；pK_1 和 pK_2 分别表示砷酸根的一级解离常数和二级解离常数。$t^{c/t}$ 是用来描述沉淀/成核过程与时间关系的参数。在该过程中，由于砷在土壤表面的沉淀/成核过程在短时间内即可完成，因此温度对该过程的影响不大，可以忽略。目前，根据这一原理已经构建出用于研究土壤中铜（Cu）、镍（Ni）和钴（Co）等重金属有效性或活度变化的老化模型（Ma et al.，2006a，2006b，2013；Wendling et al.，2009），均取得了较好的结果。因此，本研究在基于两种假设的前提下，分别采用式（3.23）和式（3.24）两种形式描述砷在土壤中的沉淀/成核作用，并根据计算结果确定最终哪种假设和方程更合理。

（三）砷有效性中 Y2 值的确定

在短期内，pH 的变化是影响沉淀/成核作用并导致砷在土壤中老化有效性降低的主

要因素。但随着老化时间的延长，扩散作用逐渐成为导致砷有效性下降的主要作用（Peggy et al.，2008；Rooney et al.，2006）。Ma 等（2006b）研究铜在土壤中长期老化的试验表明，铜在土壤中微孔扩散作用与时间的自然对数（ln$t$）是呈线性相关的，并构建了铜在土壤长期老化过程中的半机理模型。此后，微孔扩散作用 ln$t$ 模型也在其他重金属元素老化半机理模型中得到应用并取得了很好的结果（Kirby et al.，2012；Ma et al.，2006b；Guo et al.，2011）。研究中也采用微孔扩散作用 ln$t$ 模型来表示由于微孔扩散作用而导致的有效态砷减少的含量占砷添加浓度的百分比（Y2）。式中，F 是与微孔扩散过程有关的常数系数。

$$\mathrm{Y2}=F\times\ln t \tag{3.25}$$

（四）砷有效性中 Y3 值的确定

土壤中有机质所含的结合位点数量将影响有机质对进入土壤中砷的包裹效果，有机质对砷的包裹作用与土壤中有机质的含量呈线性关系（曾赛琦等，2015）。由有机质包裹作用导致的有效态砷减少的含量占砷添加浓度的百分比（Y3）可用如下方程描述：

$$\mathrm{Y3}=G\times C_{\mathrm{SOM}}\times t^{H/t} \tag{3.26}$$

式中，G 为与有机质包裹作用相关的常数系数；C_{SOM} 为土壤有机质的百分含量；$t^{H/t}$ 为有机质包裹作用与时间关系的参数。同样，有机质包裹作用在短时间内完成，也忽略了温度对这个过程的影响。

（五）砷老化半机理模型的构建

土壤中砷有效性降低主要是由三个过程（表面沉淀/成核、微孔扩散和有机质包裹）和土壤性质（有效磷和游离氧化铁含量）共同作用。关于砷的表面沉淀/成核过程，本研究还提出了两种假设，在此基础上构建了两个砷在土壤中老化的半机理模型。

由式（3.14）、式（3.23）、式（3.25）和式（3.26）可以推导出半机理模型一：

模型一：
$$C_{\mathrm{As}}=100-\frac{\mathrm{B1}}{1+10^{(\mathrm{pH}-\mathrm{p}K_2)}+10^{(\mathrm{p}K_1-\mathrm{pH})}}\times t^{C/t}-F\times\ln t-G\times C_{\mathrm{SOM}}\times t^{H/t}+D\times[\text{Olsen-P}]+E\times[\mathrm{Al_d}] \tag{3.27}$$

由式（3.9）、式（3.19）、式（3.20）和式（3.21）可以推导出半机理模型二：

模型二：
$$C_{\mathrm{As}}=100-\frac{\mathrm{B1}}{1+10^{(\mathrm{pH}-\mathrm{p}K_2)}+10^{(\mathrm{p}K_1-\mathrm{pH})}}+\frac{\mathrm{B2}\times10^{(\mathrm{pH}-\mathrm{p}K_2)}}{1+10^{(\mathrm{pH}-\mathrm{p}K_2)}+10^{(\mathrm{p}K_1-\mathrm{pH})}}\times t^{C/t}-F\times\ln t-G\times C_{\mathrm{SOM}}\times t^{H/t}+D\times[\text{Olsen-P}]+E\times[\mathrm{Al_d}] \tag{3.28}$$

式中，各参数的意义同式（3.14）、式（3.19）、式（3.20）、式（3.21）、式（3.23）、式（3.25）和式（3.26）。C_{As}表示模型预测出的土壤中有效态砷的百分含量。为了防止因变量的数量过多而影响拟合结果的准确性，本研究将砷酸根的一级解离常数取定值为 2.2，二级解离常数取定值为 6.8。利用 Excel 中的规划求解功能，设置条件为模型预测值与实测值之间误差的累积平方和最小，参数的条件设置为 110≥B≥0、C≥0、F≥0、G≥0、H≥0，精确度为 0.000 001，允许误差 5%，收敛度 0.0001，计算出上述方程式中的各个参数值。计算结果如表 3.19 和图 3.12 所示。从表 3.19 可以看出，两种假设条件下计算出来的模

表 3.19　外源砷老化半机理模型各参数值

	B1	B2	C	F	G	H	D	E	R^2	RMSE
模型一	17.46	–	0.73	9.09	10.14	0.99	0.11	–4.75	0.7077	11.076
模型二	50.90	37.68	0.35	6.40	2.21	1.04	0.09	–3.58	0.8518	6.092

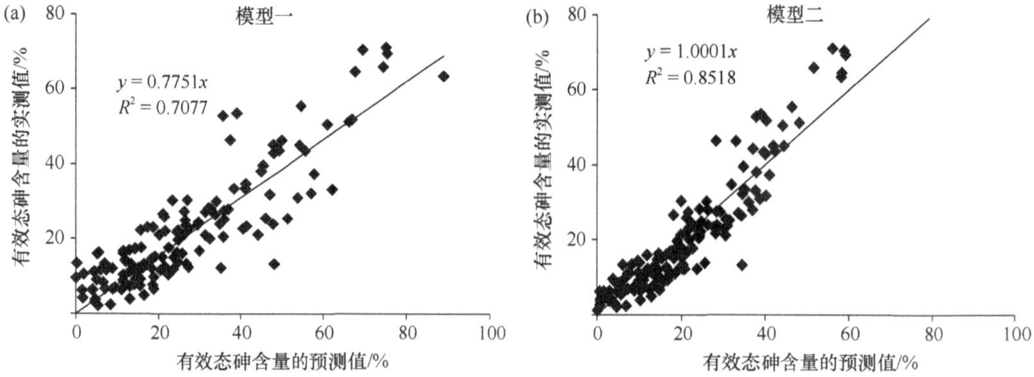

图 3.12　研究土壤中老化培养期间有效态砷的预测值与实测值的比较

型参数值差异显著，当仅用 $H_2AsO_4^-$ 在土壤矿物或土壤氧化物表面形成沉淀的形式来代表砷在土壤表面的沉淀/成核过程时，半机理模型得出的预测值与实测值之间方程拟合的决定系数 R^2 是 0.7077［图 3.12（a）］。当利用 $H_2AsO_4^-$ 和 $HAsO_4^{2-}$ 共同在土壤矿物或土壤氧化物表面形成沉淀的形式来代表砷在土壤表面的沉淀/成核过程时，半机理模型得出的预测值与实测值之间方程拟合的决定系数 R^2 是 0.8518［图 3.12（b）］。由此可知，外源砷进入土壤后的表面沉淀/成核作用主要是由 $H_2AsO_4^-$ 和 $HAsO_4^{2-}$ 两种离子在土壤表面形成沉淀来共同决定的，且 $H_2AsO_4^-$ 和 $HAsO_4^{2-}$ 两种离子在土壤表面形成沉淀中的相对重要性是随着土壤 pH 的改变而改变。在 pH＜7 的土壤中，$H_2AsO_4^-$ 比 $HAsO_4^{2-}$ 在表面沉淀或成核作用中的贡献更大一些；而在 pH≥7 时的土壤中，$HAsO_4^{2-}$ 比 $H_2AsO_4^-$ 在表面沉淀或成核作用中的贡献更大一些。

经过以上比较和分析后，外源砷在土壤中老化的半机理模型如式（3-19）所示。模型构建中具有较高的 B1 和 B2 值，表明外源砷在土壤的老化过程中，砷在土壤表面的沉淀/成核作用中起到主导作用；同时，砷在土壤的老化过程中，微孔扩散作用和有机质的包裹作用也不能忽视。

$$C_{As}=100-\left(\frac{50.90}{1+10^{(pH-6.8)}+10^{(2.2-pH)}}+\frac{37.68\times10^{(pH-6.8)}}{1+10^{(pH-6.8)}+10^{(2.2-pH)}}\right)\times t^{0.35/t}-6.40\times\ln t-$$

$$2.21\times C_{SOM}\times t^{1.04/t}+0.09\times[\text{Olsen}-\text{P}]-3.58\times[\text{Al}_d]\quad（R^2=0.851，P<0.001）\qquad(3.29)$$

（六）pH 对表面沉淀/成核作用的影响

pH 是影响外源砷老化过程中的表面沉淀/成核过程的最重要因素。为了弄清表面沉淀/成核过程在具有不同 pH 的土壤中的变化规律，本研究中将半机理模型的其他参数固定（假定土壤有机质含量为 15.7 g/kg，有效磷含量为 12.50 mg/kg，老化时间为 1 天，游离态氧化铝的含量为 2.13 mg/kg），仅研究土壤 pH 发生变化时，土壤中有效态砷含量的变化趋势，如图 3.13 所示。从图中可以看出，当土壤中其他性质固定不变时，土壤中有效态砷含量随 pH 增加的变化趋势是先迅速降低，然后再缓慢上升，最终达到平衡。在 pH≤5 的土壤中，随着 pH 的升高，土壤中有效态砷的含量迅速降低，说明随土壤 pH 不断增加，外源砷在该 pH 范围内土壤表面的沉淀/成核作用迅速增加，且在 pH5 的土壤中，外源砷在土壤表面的沉淀/成核作用最强。当 pH 从 5 增加到 8 时，土壤中有效态砷的含量又缓慢升高，表明在该 pH 范围内的土壤中，外源砷在土壤表面的沉淀/成核作用随着 pH 的升高而缓慢降低。当土壤的 pH＞8 时，随着 pH 的继续升高，土壤中有效态砷含量的变化不大，表明在 pH＞8 的土壤中，随着 pH 的继续升高，外源砷在土壤表面的沉淀/成核作用与 pH 8 的土壤之间差异不显著。以上结果表明，当土壤 pH5 左右时，外源砷在土壤表面的沉淀/成核作用最强烈。

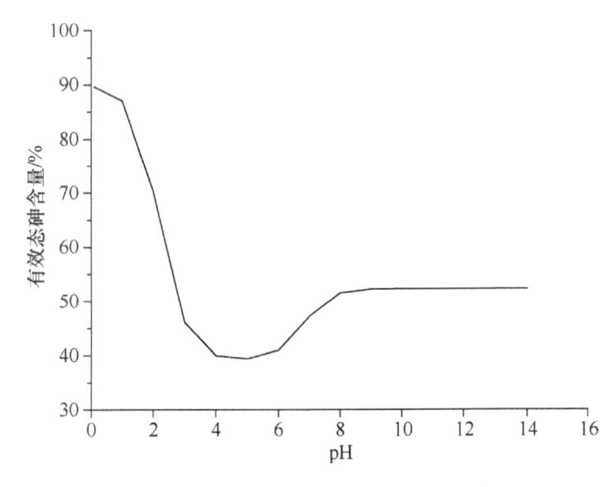

图 3.13　土壤有效态砷含量随 pH 的变化

三、外源砷在土壤中老化半机理模型有效性的验证

在本研究中，我们提出的外源砷老化半机理模型（R^2=0.851）相比于简单的逐步回归方程（R^2=0.545）具有更高的决定系数，数据点的分布也更均匀。同时，该半机理模型除了能够明确 pH 对外源砷老化过程中表面沉淀/成核作用的影响外，还能明确参与砷表面沉淀/成核过程中不同砷酸根离子的相对作用。

为了确定外源砷老化半机理模型的适用性和准确性，我们又在全国 5 个省份采集了 19 种不同砷浓度的土壤来对所构建的模型进行验证。这 19 种土壤属于 5 种土壤类型，pH 范围为 4.93～7.83，土壤有机质含量为 8.17～30.3 g/kg，有效磷含量为 11.0～549.1 g/kg，游离态氧化铝含量为 0.55～1.96 g/kg，土壤受砷的污染的时间从 60 天到 25 年不等，土壤总砷的浓度为 4.6～235.1 mg/kg（表 3.20）。图 3.14 显示了半机理模型的预测结果和田间实际污染土壤采样测定结果之间的比较。从图中可以看出，本研究中所构建的外源砷老化半机理模型，从总体上来看能够较好地预测不同性质土壤中外源砷老

表 3.20　19 种模型验证土壤的基本理化性质

项目	土壤编号																		
	JL	BJ1	BJ2	BJ3	SC	GZ	YY1	YY2	YY3	YY4	YY5	YY6	CZ1	CZ2	SM1	SM2	SM3	SM4	SM5
pH	5.72	7.81	7.83	7.74	7.62	5.61	4.93	5.51	5.73	5.35	5.36	5.62	6.64	7.32	5.11	6.57	7.54	7.32	6.62
SOM（g/kg）	21.7	25.5	26.1	24.3	12.2	47.8	30.3	22.9	26	17.6	21.2	29	36.8	36.7	14.6	11.7	29.1	8.17	20.1
CEC（cmol/kg）	26.3	16.6	15.9	15.4	20.8	18.1	12.1	11.9	9.5	7.4	7.6	10	14.3	12.1	11.4	11.7	12.7	12	13.4
全氮（g/kg）	1.26	1.20	1.27	1.34	0.99	2.43	1.92	1.55	1.88	1.53	1.90	2.38	1.79	1.78	0.92	1.08	1.31	0.75	1.43
全磷（g/kg）	0.42	1.40	1.44	1.40	0.99	0.76	2.03	1.38	0.43	0.50	0.49	0.55	0.77	0.54	0.78	0.58	1.49	0.41	0.70
全钾（g/kg）	21.10	18.70	18.40	18.00	23.10	12.40	20.40	16.30	22.40	19.90	21.90	22.30	15.60	11.60	18.30	23.60	17.90	14.40	22.80
碱解氮（mg/kg）	195.0	112.0	123.0	92.0	86.0	271.0	400.0	323.0	397.0	239.0	354.0	382.0	158.0	119.0	244.0	172.0	76.0	86.0	223.0
有效磷（mg/kg）	36.2	43.6	50.6	48.6	13.0	16.0	549.1	255.1	55.6	43.2	34.6	94.0	25.7	14.0	23.1	11.0	25.8	11.2	14.5
速效钾（mg/kg）	147.0	340.0	320.0	330.0	166.0	94.0	305.0	236.0	201.0	134.0	196.0	176.0	124.0	55.0	171.0	186.0	99.0	130.0	206.0
游离氧化铁（mg/kg）	2.77	0.90	1.00	1.00	0.75	2.68	3.59	3.37	1.04	1.31	2.34	3.18	3.39	3.51	3.53	3.62	3.43	1.50	2.94
游离氧化铝（mg/kg）	1.96	0.95	0.97	1.04	0.55	1.13	1.51	1.33	0.94	0.64	0.69	0.91	1.54	1.90	1.72	1.67	1.26	0.76	1.18
游离氧化锰（mg/kg）	0.68	0.19	0.19	0.19	0.26	0.05	0.29	0.50	0.02	0.01	0.04	0.02	1.23	0.46	0.87	1.27	0.49	0.26	1.50
无定形氧化铁（mg/kg）	9.69	8.86	8.08	9.00	5.76	21.88	38.70	36.33	11.27	14.08	25.29	34.33	36.58	70.28	27.57	28.29	26.75	11.69	22.92
无定形氧化铝（mg/kg）	3.53	2.18	1.61	2.06	0.65	2.47	3.77	3.31	2.33	1.58	1.73	2.27	3.36	2.99	5.78	5.61	4.24	2.56	3.98
无定形氧化锰（mg/kg）	0.83	0.24	0.27	0.26	0.38	0.12	0.42	0.72	0.03	0.01	0.06	0.02	3.04	0.61	1.31	1.91	0.73	0.39	2.25
黏粒（%）<0.002mm	23.07	15.09	4.14	13.67	26.03	47.09	17.12	17.87	15.63	12.86	17.05	20.1	29.86	27.02	31.85	32.82	21.71	27.06	34.64
粉砂粒（%）0.002~0.05mm	60.19	55.59	60.10	57.07	55.68	45.68	54.54	58.82	57.33	47.66	64.57	66.52	55.25	62.06	49.73	52.16	45.10	58.58	57.42
砂粒（%）>0.05mm	16.74	29.32	35.76	29.26	18.29	7.23	28.34	23.31	27.04	39.48	18.38	13.38	14.89	10.92	18.42	15.02	33.19	14.36	7.94
总砷（mg/kg）	23.3	9.1	17.0	38.1	9.3	16.6	14.9	12.0	4.6	9.2	13.1	6.7	69.1	64.5	235.1	94.6	98.1	10.0	22.0

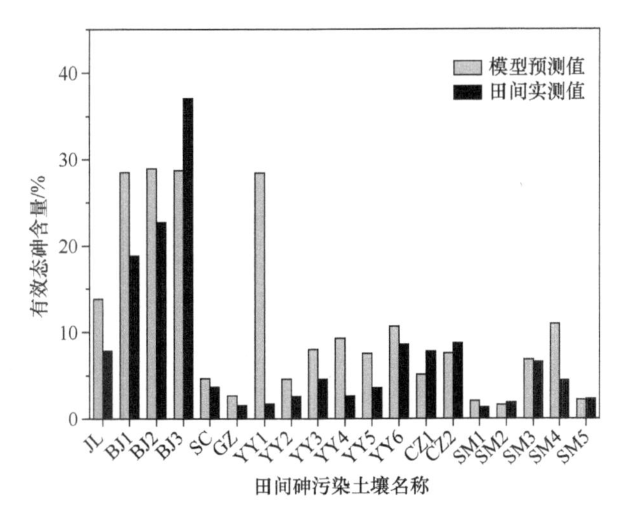

图 3.14　半机理模型的预测值与田间实际污染土壤的测定值比较

化过程中砷在土壤中有效性的变化，同时也发现仍有部分土壤的预测结果与实际值之间存在较大偏差，说明该模型还具有一定的改进空间。

四、土壤理化性质对外源砷老化机制的关键作用

重（类）金属在土壤固-液界面的慢反应过程基本可以概括为以下三种反应机理：第一，重（类）金属在土壤表面络合物类型的改变（如从外层络合物向内层络合物转变、从单核络合物向多核络合物转变等）或者表面聚合成簇或沉淀（Axe and Trivedi，2002；He et al.，2001）；第二，重（类）金属通过扩散作用进入到土壤矿物或有机质的微孔和裂隙，或者通过固态扩散进入土壤矿物的晶核内部（Sparks，2003；Karthikeyan et al.，1999）；第三，通过再结晶或者共沉淀的方式被土壤中的铁、铝、锰等氧化或被有机质包裹（Elzinga and Reeder，2002）。简单来说，重（类）金属在土壤中的老化机理主要包括表面沉淀/成核、微孔扩散和有机质包裹等。根据这三种老化作用机理，Ma 等（2006a，2006b）先后构建了用于研究外源铜在土壤中短期老化和长期老化的两个半机理模型，并且指出铜在土壤的短期老化过程中表面沉淀/成核作用及有机质包裹作用是主导机理，而铜在土壤的长期老化过程中微孔扩散作用更为显著。Wendling 等（2009）也基于这一研究思路构建了外源钴在土壤中老化的半机理模型。通常来说，重金属在土壤中都是以阳离子的形式存在，而砷作为一种类金属，在土壤中主要是以砷酸根和亚砷酸根等阴离子的形式存在的，这就意味着砷在土壤中的老化过程和老化机制可能不同于铜、锌等以阳离子形式存在于土壤中的重金属。同时，由于砷酸或亚砷酸是一种弱酸，在土壤溶液中存在三级解离，在不同的氧化还原电位下还会发生价态的转化，也使得砷在土壤中的老化过程较其他重金属来说更为复杂。

（一）外源砷在土壤中的老化机制

对 20 种不同性质的土壤，通过外源添加五价砷，在土壤最大田间持水量 70%的好

氧条件进行培养，培养期间在不同的老化时间采集土壤样品，对土壤中有效态砷含量随老化时间的变化进行分析。根据表面沉淀/成核、微孔扩散和有机质包裹这三种主要的老化作用机制，同时考虑其他土壤性质对老化过程的影响，首次构建了外源砷在土壤中老化的半机理模型。通过对模型的拟合和分析发现，在三种老化机制中，表面沉淀/成核老化机制是外源砷在土壤长期老化过程中的主导抑制，但微孔扩散和有机质包裹作用也不容忽视，这一结果不同于 Ma 等（2006b）对铜在土壤中老化过程的研究，他们认为铜在土壤的长期老化过程中，微孔扩散作用更为显著。

（二）pH 对外源砷老化机制的影响

土壤 pH 是影响重金属在土壤中老化的一个重要影响因子，它既可以影响老化过程中的沉淀作用，又可以影响土壤的表面电荷。本研究中，土壤 pH 范围为 4.72～8.29，砷酸钠溶液添加到土壤后，砷酸根主要是以 $H_2AsO_4^-$ 和 $HAsO_4^{2-}$ 两种离子形态存在于土壤中，且 $H_2AsO_4^-$ 和 $HAsO_4^{2-}$ 两种离子在土壤表面形成沉淀的相对重要性会随着土壤 pH 的改变而改变。在 pH＜7 的土壤中，$H_2AsO_4^-$ 比 $HAsO_4^{2-}$ 在表面沉淀或成核作用的贡献更大一些；而在 pH≥7 的土壤中，$HAsO_4^{2-}$ 比 $H_2AsO_4^-$ 在表面沉淀或成核作用的贡献更大一些。这是因为在土壤 pH 范围内，五价砷在 pH＜6.97 时主要以 $H_2AsO_4^-$ 存在，当 pH＞6.97 时主要以 $HAsO_4^{2-}$ 存在（Sadiq，1997）。此外，随着土壤 pH 的变化，土壤表面沉淀/成核作用在外源砷老化过程中的影响程度也会发生改变，在 pH5 的土壤中，外源砷在土壤表面的沉淀/成核作用最强烈。但 Ma 等（2006a，2006b）研究则认为铜在土壤的表面沉淀/成核反应主要与 $Cu(OH)^+$ 的形成有关，且 $Cu(OH)^+$ 比 Cu^{2+} 更容易被土壤表面吸附（Alloway，1990）。pH 升高可以促进 $Cu(OH)^+$ 的形成，增加了土壤对铜的吸附，当 pH 增加到某一值时，还会生成铜的羟化物表面聚合体，甚至氢氧化铜表面沉淀（Morton et al.，2001；Alvarez-Puebla et al.，2005），因此，pH 升高将增加铜老化过程中沉淀作用的重要性。由此可知，外源砷在土壤中的老化过程比铜的老化过程更为复杂。

（三）土壤磷素对外源砷老化机制的影响

当构建外源砷在土壤中老化半机理模型时，除了考虑 3 种主要老化机制外，还增加了部分土壤性质对老化过程中砷有效性的影响，特别研究了土壤中有效磷对砷的影响。砷和磷具有相似的化学性质，在土壤中可以形成相似的化合物，在土壤中的环境化学行为也可能相同，但目前对磷影响土壤吸附砷的规律和作用机理所得出的结论并不统一。一些研究表明，磷酸根会与砷酸根竞争土壤表面有限的吸附位点和配位交换位点；较高浓度的砷则会减少土壤对砷的吸附，增加砷在土壤中的有效性（Alam et al.，2001；雷梅等，2003）。还有一些研究指出，磷的浓度增加时，砷对作物的毒性作用反而降低了。通过半机理模型的构建，本研究发现在所选取的土壤中，磷和砷是存在竞争关系的，当土壤有效磷含量较高时，土壤中砷的有效性也会较高，这可能是由于磷酸根通过离子交换作用置换下土壤表面非专性吸附态结合的砷酸根，使得土壤中砷的有效性增加（Peryea，1991）。

（四）外源砷老化半机理模型的有效性

本研究首次构建了外源砷在土壤中老化的半机理模型，并利用了 19 种采自不同砷污染程度的田间土壤对其进行验证。该半机理模型虽然可以较好地预测部分土壤中砷的有效性，但在应用性上可能还存在一定的限制条件，更多环境因素及一些参数的权重系数还需要补充和调整。产生以上结果主要有以下三个方面的原因：第一，实验中提出的外源砷老化的半机理模型对老化过程中的一些因素进行了简化处理，例如，忽略了 pH 对扩散作用的影响及温度对表面沉淀和扩散作用的影响；第二，只考虑了 pH、时间、有机质、有效磷和游离氧化铝含量等因素对外源砷老化过程的影响，而实际环境条件下外源砷在土壤中的老化过程还会受到湿度、植物的吸收转化以及介导砷代谢转化过程中微生物等因素的影响；第三，本研究中所构建的外源砷老化半机理模型是通过外源添加五价砷溶液来进行研究的，而在实际的田间环境下，砷污染的种类、形态和价态是多样的，如矿渣的污染、含砷有机肥和杀虫剂的施用等，它们进入土壤后，与土壤相互作用和反应的机理不仅仅包括五价砷在土壤中的环境行为，还可能包括其他形态或价态砷的转化行为，从而使得它们在土壤中的老化过程更为复杂。但无论如何，本模型在预测五价砷酸根在土壤中的老化过程方面具有显而易见的优越性，并且也填补了我国外源砷老化研究中缺少预测模型的空白，也为我国深入开展砷污染农田的安全利用和制定土壤环境质量标准等提供一定的理论依据。

参考文献

蔡保松, 陈同斌, 廖晓勇, 等. 2004. 土壤砷污染对蔬菜砷含量及食用安全性的影响[J]. 生态学报, 24: 711-717.

蔡志全, 阮宏华, 叶镜中. 2001. 栓皮栎林对城郊重金属元素的吸收和积累[D]. 南京: 南京林业大学学位论文, 25(1): 18-22.

陈静, 王学军, 朱立军. 2003. pH 值和矿物成分对砷在红土中的迁移影响(1)[J]. 环境化学, 22: 21-125.

陈同斌, 刘更另. 1993. 土壤中砷的吸附和砷对水稻的毒害效应与 pH 值的关系[J]. 中国农业科学, 1: 64-69.

范秀山, 彭国胜. 2002. 分子、离子及离子状态在固液吸附中的作用浅谈[J]. 土壤, 34(1): 36-41.

郭荣发, 杨杰文. 2004. 成土母质和种植制度对土壤 pH 和交换性铝的影响[J]. 生态学报, 24(5): 984-990.

姜永清. 1983. 几种土壤对砷酸盐的吸附[J]. 土壤学报, 20(4): 394-405.

雷梅, 陈同斌, 范稚连, 等. 2003. 磷对土壤中砷吸附的影响[J]. 应用生态学报, 14(11): 1989-1992.

李博文, 谢建治, 郝晋珉. 2003. 不同蔬菜对潮褐土镉铅锌复合污染的吸收效应研究[J]. 农业环境科学学报, 22(3): 268-288.

李莲芳, 曾希柏, 白玲玉, 等. 2010. 石门雄黄矿周边地区土壤砷分布及农产品健康风险评估[J]. 应用生态学报, 21(11): 2946-2951.

李生志. 1989. 砷污染与农业[M]. 北京: 科学普及出版社.

李树辉, 曾希柏, 李莲芳, 等. 2010. 设施菜地重金属的剖面分布特征[J]. 应用生态学报, 21(9): 2397-2402.

李鑫. 2008. 济南市主要土壤类型在不同功能区的重金属形态分析[D]. 山东: 山东大学硕士学位论文.

李勋光. 1996. 土壤砷吸附及砷的水稻毒性[J]. 土壤, 28(2): 98-100.

廖自基. 1992. 微量元素的环境化学及生物效应[M]. 北京: 中国环境科学出版社: 124-162.

刘登义. 2002. 铜、砷对作物种子萌发和幼苗生长影响的研究[J]. 应用生态学报, 13(2): 179-182.
蒲朝文, 封雷. 2002. 土壤中砷含量测定方法探讨[J]. 中国地方病防治杂志, 17(4): 245-246.
前田信寿, 手代木智. 水田に. 1957. おけめと毒害除毒, につして[J], 土肥志, (28): 185-188.
孙铁珩, 周启星, 李培军. 2002. 污染生态学[M]. 北京: 科学出版社.
王华东. 1989. 环境中的砷-行为、影响、控制[M]. 北京: 环境科学出版社.
王援高, 陆景冈, 潘洪明. 1999. 茶园土壤砷的形态研究[J]. 浙江农业大学学报, 25(1): 10-12.
王云, 魏复盛. 1995. 土壤环境元素化学[M]. 北京: 中国环境科学出版社: 42-57.
韦东甫, 华珞, 白玲玉, 等. 1996.土壤对砷的缓冲性与砷的生物效应及形态分布[J], 土壤, 2: 94-97.
魏梁鸿, 周文琴. 1992. 砷矿资源开发与环境治理[J]. 湖南地质，11(3): 259-262.
魏显有, 王秀敏, 刘云惠, 等. 1999. 土壤中砷的吸附行为及其形态分布研究[J]. 河北农业大学学报, 22(3): 28-31.
翁焕新, 张霄宇, 邹乐君, 等. 2000. 中国自然土壤中砷的自然存在状况及其成因分析[J]. 浙江大学学报(工学版), 34(1): 88-92.
夏增禄, 蔡士悦, 许嘉琳, 等. 1992. 中国土壤环境容量[M]. 北京: 地震出版社.
肖玲. 1998. 砷对小麦种子萌发影响的探讨[J]. 西北农业大学学报, 26(6): 56-60.
谢正苗, 黄昌勇, 何振立. 1998. 土壤中砷的化学平衡[J]. 环境科学进展, 6: 22-37.
谢正苗, 朱祖祥, 黄昌勇. 1991. 不同土壤中水稻砷害的临界含砷量的探讨[J]. 中国环境科学, 11(2): 105-108.
谢正苗. 1989a. 用新银盐法测定土壤中不同形态的砷[J]. 土壤通报, 20(2): 83-85.
谢正苗. 1989b. 砷的土壤化学[J]. 农业环境保护, 8(1): 36-38.
宣之强. 1998. 中国砷矿资源概述[J]. 化工矿产地质, 20(3): 205-210.
杨景辉. 1995. 土壤污染与防治[M]. 北京: 科学出版社.
衣纯真, 傅桂平, 张福锁. 1996. 不同钾肥对水稻锡吸收和运移的影响[J]. 中国农业大学学报, 1(3): 65-70.
于天仁. 1987. 土壤化学原理(第 1 版)[M]. 北京: 科学出版社.
曾赛琦, 李菊梅, 韦东普, 等. 2016. 利用余补误差函数模拟土壤中铜老化微孔扩散过程模型的构建[J]. 化学学报, 74: 89-95.
曾希柏, 苏世鸣, 吴翠霞, 等. 2014. 农田土壤中砷的来源及调控研究与展望[J]. 中国农业科技导报, 16(2): 85-91.
张广莉. 2002. 磷影响下根无机砷的形态分布及其对水稻生长的影响[J]. 土壤学报, 39(1): 23-28.
张国平, 深见元弘, 关本根. 2002. 不同锡水平下小麦对福及矿质养分吸收和积累的品种间差异[J]. 应用生态学报, 13(4): 454-458.
张国祥, 杨居荣, 华珞. 1996. 土壤环境中的砷及其生态效应[J]. 土壤, 2: 64-68.
张普敦, 许过旺, 魏复盛. 2001. 砷形态分析方法进展[J]. 分析化学, 29(8): 971-977.
周爱民, 王东升, 汤鸿霄. 2005. 磷(P)在天然铁氧化物的吸附[J]. 环境科学学报, 25(1): 64-69.
周世伟, 徐明岗, 马义兵, 等. 2009. 外源铜在土壤中的老化研究进展[J]. 土壤, 41(2): 153-159.
周淑芹, 丁勇, 周勤. 1996. 土壤砷污染对农作物生长的影响[J]. 现代化农业, 12: 2-7.
朱义年, 张学洪, 解庆林, 等. 2003. 砷酸盐的溶解度及其稳定性随 pH 值的变化[J]. 环境化学, 5: 63-69.
朱云集. 2000. 砷胁迫对小麦根系生长及活性氧代谢的影响[J]. 生态学报, 20(4): 707-710.
A1 Rmallia S W, Harisa P I, Harringtonb C F, et al. 2005. A survey of arsenic in foodstuffs on sale in the United Kingdom and imported from Bangladesh[J]. The Science of the Total Environment, 337: 23-30.
Alam G M, Tokunaga S, Maekawa T. 2001. Extraction of arsenic in a synthetic arsenic contaminated soil using phosphate [J]. Chemosphere, 43(8): 1035-1041.
Alexander M. 2000. Aging, bioavailability, and overestimation of risk from environmental pollutants [J]. Environmental Science and Technology, 34: 4259-4265.

Alfredo P, Pilar B, Engracia M, et al. 2006. Microbial community structure and function in a soil contaminated by heavy metals: effects of plant growth and different amendments[J]. Soil Biology and Biochemistry, 38(2): 327-341.
Alfredo P, Pilar B, Engracia M, et al. 2006. Microbial community structure and function in a soil contaminated by heavy metals: effects of plant growth and different amendments[J]. Soil Biology and Biochemistry, 38(2): 327-341.
Alloway B J. 1995. Heavy metals in soils[M]. Glasgow: Blakie Academic and Professional: 7-28.
Alvarez-Puebla R A, Santos D S, Blanco J C, et al. 2005. Particle and surface characterization of a natural illite and study of its copper retention [J]. Journal of Colloid and Interface Science, 285: 41-49.
Angeles L G M, Milagros G M, Cámara C. 1995. Determination of toxic and non-toxic arsenic species in urine by microwave assisted mineralization and hydride generation atomic absorption spectrometry [J]. Mikrochimica Acta, 120: 301-308.
Arai Y, Sparks D L. 2002. Residence time effects on arsenate surface speciation at the aluminum oxide-water interface [J]. Soil Science, 167(5): 303-314.
Axe L, Trivedi P. 2002. Intraparticle surface diffusion of metal contaminants and their attenuation in microporous amorphous Al, Fe and Mn oxides [J]. Journal of Colloid and Interface Science, 247(2), 259-265.
Bhatti J S, Comerford N B, Johnston C T. 1998. Influence of oxalate and soil organic matter on sorption and desorption of phosphate onto a spodic horizon [J]. Soil Science Society of America Journal, 62: 1089-1095.
Bowen H J M. 1979. Elemental Chemistry of the Elements [M]. London and New York: Academic Press: 60.
Brannon J M, Patrick J W H. 1987. Fixaion, transformation, and mobilization of arsenic in sediments [J]. Science Technology, 21: 450-459.
Bruemmer G W, Gerth J, Tiller K G. 1988. Reaction kinetics of the adsorption and desorption of nickel, zinc and cadmium by goethite [J]. Soil Science, 39: 37-51.
Bruus Pedersen M, Van Geatel C A M. 2001. Toxicity of copper to the collembolan Folsomia fimetaria in relation of the age of soil contamination [J]. Ecotoxicology and Environmental Safety, 49: 54-59.
Cano-Aguiler I, Haque N, Morrison G M, et al. 2005. Use of hydride generation-atomic absorption spectrometry to determine the effects of hand ions, iron and humic substances on arsenic sorption to sorghum biomass [J]. Microchemical Journal, 81(1): 57-60.
Chakraborti D, Basu G K, Bisw as B K, et al. 2001. Characterization of arsenic bearing sediments in Gangetic delta of West BengalIndia[M]//Chappell W R, et al. Arsenic, Exposure and Health Effects. New York: Elsevier Science: 27-52.
Chang S C, Jackson M L. 1957. Fractionation of soil phosphorus [J]. Soil Science, 84: 133-144.
Chien S H, Clayton W R. 1980. Application of elovich equation to the kinetics of phosphate release and sorption in soils [J]. Soil Science Society of America Journal, 44(2): 265-268.
Chrenekva E. 1977. Power station fly ash applied to the soil and its effect on plants[J]. Soils & Fertilizers, 40(4): 3220.
Cooke I J. 1966. A kinetic approach to the description of soil phosphate status [J]. Journal of Soil Science, 17: 56-64.
Datta R, Sarkar D. 2004. Arsenic geochemistry in three soils contaminated with sodium arsenite pesticide: an incubation study [J]. Environmental Geosciences, 11(2): 87-97.
Elzinga E J, Reeder R J. 2002. X-ray absorption spectroscopy study of Cu^{2+} and Zn^{2+} adsorption complexes at the calcite surface: implication for site-specific metal incorporation preferences during calcite crystal growth [J]. Genchimica et Cosmochimica Acta, 66: 3943-3954.
Evans R L, Jurinak J J. 1976. Kinetics of phosphate release from a desert soil [J]. Journal Soil Science, 121(4): 205-211.
Fendorf S, Eick M J, Grossl P, et al. 1997.Arsenate and Chromate retention mechanisms on goethite[J]. Environmental Science and Technology, 31: 315-320.
Fendorf S, La Force M J, Li G. 2004. Temporal changes in soil partitioning and bioaccessibility of arsenic,

chromium and lead [J]. Journal of Environmental Quality, 33: 2049-2055.

Fitz W J, Wenzel W W. 2002. Arsenic transformation in the soil/rhizosphere/plant system: fundamentals and potential application to phytoremediation [J]. Journal of Biotechnology, 99: 259-278.

Forst R R, Griffin R A. 1997. Effect of pH on adsorption of arsenic and selenium from land fill leachate by clay minerals [J]. Soil Science Society of America Journal, 41(1): 53-57.

Gao S, Burau R G. 1997. Environmental factors affecting rates of arsenic evolution from and mineralization of arsenicals in soil [J]. Journal of Environmental Quality, 26: 753-763.

Girouard E, Zagury G J. 2009. Arsenic bioaccessibility in CCA-contaminated soils: Influence of soil properties, arsenic fractionation, and particle–size fraction [J]. Science of the Total Environment, 407: 2576-2585.

Goldberg S, Glaubig R A. 1988. Anion sorption on a calcareous, montinorillonitie soil-arsenic [J]. Soil Science Society of America Journal, 50: 1154-1157.

Goldberg S, Johnston C T. 2001. Mechanisms of arsenic adsorption on amorphous oxides evaluated using macroscopic measurements, vibrational spectroscopy, and surface comp lexation modeling [J]. Journal of Colloid and Interface Science, 234: 204-216.

Goldberg S. 2002. Competitive adsorption of arsenate and arsenic on oxides and clay mineral [J]. Soil Science Society of America Journal, 66: 413-421.

Grafe M, Eick M J, Grossl P R, et al. 2002. Adsorption of arsenate and arsenite on ferrihydrite in the presence and absence of dissolved organic carbon [J]. Journal of Environmental Quality, 31: 1115-1123.

Grossl P R, Eick M, Sparks D L, et al. 1997. Arsenate and chromate retention mechanisms on goethite. 2. Kinetic evaluation using a pressure-jump relaxation technique [J]. Environmental Science and Technology, 31: 321-326.

Guo G, Yuan T, Wang W, et al. 2011.Effect of aging on bioavailability of copper on the fluvo aquic soil [J]. International Journal of Environmental Science and Technology, 8(4): 715-722.

He H P, Guo J G, Xie X D, et al. 2001. Loeation and migration of cations in Cu^{2+}-adsorbed montmorillonite [J]. Environment International, 26: 347-352.

Hirata S, Toshimitsu H. 2005. Determination of arsenic species and arsenosugars in marine samples by HPLC–ICP–MS[J]. Analytical and Bioanalytical Chemistry, 383: 454-460.

Ho Y S. 1995. Adsorption of Heavy Metals from Waste Streams by Peat [D]. Birmingham: University of Birmingham.

Ho Y S. 2006. Review of second-order models for adsorption systems [J]. Journal of Hazardous Materials, 136(3): 681-689.

Hyun S P, Cho Y H, Hahn P S. 2005. An electron Paramagnetic resonance study of Cu(II)sorbed on kaolinite [J]. Applied Clay Science, 30: 69-78.

Jackson B P, Miller W P. 2000. Effectiveness of phosphate and hydroide for desorption of arsenic and seleniumn species from iron oxides [J]. Soil Science Society of America Journal, 64: 1616-1622.

Jacobes L W, Syers J K, Keeney D R. 1970.Arsenic sorption by soils [J]. Soil Science Society of America Journal, 34: 750-754.

Jambor J L, Dutrizac J E. 1998. Occurrence and constitution of natural and synthetic ferrihydrite, a widespread iron oxyhydroxide [J]. Chemical Reviews, 98: 2549-2585.

Jia Y F, Xu L Y, Wang X, et al. 2007. Infrared spectroscopic and X-ray diffraction characterization of the nature of adsorbed arsenate on ferrihydrite [J]. Geochimica et Cosmochimica Acta, 71(7): 1643-1654.

Jiang W, Zhang S Z, Shan X Q, et al. 2005. Adsorption of arsenate on soils. Part 1: laboratory batch experiments using 16 Chinese soils with different physiochemical properties[J]. Environmental Pollution, 138: 278-284.

Juhasz A L, Smith E, Weber J, et al. 2008. Effect of soil ageing on in vivo arsenic bioavailability in two dissimilar soils [J]. Chemosphere, 71: 2180-2186.

Kappen P, Webb J. 2013. An EXAFS study of arsenic bonding on amorphous aluminium hydroxide [J]. Applied Geochemistry, 31: 79-83.

Karlsson T, Persson P, Skyllberg U. 2006. Complexation of copper(II)in organic soils and in dissolved organic matter-EXAFS evidence for chelate ring structures [J]. Environmental Science and Technology, 40: 2623-2628.

Kathikeyan K G, Elliot H A, Chorover J. 1999. Role of surface precipitation in copper sorption by the hydrous oxides of iron and aluminum [J]. Journal of Colloid and Interface Science, 209: 72-78.

Khourey C J, Matisoff G, Strain W H, et al. 1983. Toxic metal mobility in ground waters as influenced by acid rain [J]. Trace Substances and Environmental Health, 17: 174-180.

Kim E J, Yoo J C, Baek K. 2014. Arsenic speciation and bioaccessibility in arsenic-contaminated soils: sequential extraction and mineralogical investigation [J]. Environmental Pollution, 186: 29-35.

Kirby J K, McLaughlin M J, Ma Y B, et al. 2012. Aging effects on molybdate lability in soils [J]. Chemosphere, 89(7): 876-883.

Kohn T, Kenneth J T, Roberts A L, et al. 2005. Longevity of granular iron in groundwater treatment processes: corrosion product development [J]. Environmental Science and Technology, 39: 2867-2879.

Kuo S, Lotse E G. 1973. Kinetics of phosphate adsorption and desorption by hematite and gibbsite [J]. Soil Science, 116(6): 400-406.

Ladeira A C Q, Ciminelli V S T, Duarte H A, et al. 2001. Mechanism of anion retention from EXAFS and density functional calculations: arsenic(V)adsorbed on gibbsite [J]. Geochimica et Cosmochimica Acta, 65: 1211-1217.

Lee S. 2003. An XAFS study of Zn and Cd sorption mechanisms on montmorillonite and hydrous Ferric oxide over extended reaction times [D]. Ann Arbor, Ml: ProQuest Information and Learning Company.

Lee Y, Um I, Yood J. 2003. Arsenic(Ⅲ)oxidation by iron(Ⅵ)(Ferrate)and subsequent removal of arsenic(Ⅴ)by iron(III)coagulation [J]. Environmental Science and Technology, 37: 5750-5756.

Li S W, Li J, Li H B, et al. 2015. Arsenic bioaccessibility in contaminated soils: coupling in vitro assays with sequential and HNO_3 extraction [J]. Journal of Hazardous Materials, 295: 145-152.

Liang S, Guan D X, Ren J H, et al. 2014. Effects of aging on arsenic and lead fractionation and availability in soils: coupling sequential extractions with diffusive gradients in thin-films technique [J]. Journal of Hazardous Materials, 273: 272-279.

Liu F, He J Z, Colombo C, et al. 1999. Competitive adsorption of sulfate and oxalate on goethite in the absence or presence of phosphate [J]. Soil Science, 164: 180-189.

Livesey N T, Huang P M. 1981. Adsorption of arsenate by soils and its relation to selected chemical properties and anions [J]. Soil Science, 131: 88-94.

Livesey W J. 1981. Adsorption of arsenate by soils and its relation to selected chemical properties and anions [J]. Soil Science, 131: 88-94.

López M A, Gómez M M, Palacios M A, et al. 1993. Determination of six arsenic species by high-performance liquid chromatography - hydride generation - atomic absorption spectrometry with on-line thermo-oxidation [J]. Fresenius' Journal of Analytical Chemistry. 346: 643-647.

Ma Y B, Lombi E, McLaughlin M J, et al. 2013. Aging of nickel added to soils as predicted by soil pH and time [J]. Chemosphere, 92(8):962-968.

Ma Y B, Lombi E, Nolan A L, et al. 2006a. Short-term natural attenuation of copper in soils: Effects of time, temperature and soil characteristics [J]. Environmental Toxicology and Chemistry, 25: 652-658.

Ma Y B, Lombi E, Oliver I W, et al. 2006b. Long-term aging of copper added to soils [J]. Environmental Science and Technology, 40: 6310-6317.

Ma Y B, Uren N C. 1997. The effects of temperature, time and cycles of drying and rewetting on the extractability of zin added to a calcareous soil [J]. Geoderma, 75: 89-97.

Mandal B K, Suzuki K T. 2002. Arsenic round the world: a review [J]. Talanta, 58: 201-235.

Mann S S, AWR, RJG. 2002. Cadmium accumulation in agricultural soils in western Australia [J]. Water Air and Soil Pollution, 141(1-4): 281-297.

Manning B A, Goldberg S. 1996. Modeling arsenate competitive adsorption on kaolinite, montmorillonte, and illite [J]. Clays and Clay Mineral, 44: 609-623.

Manning B A, Goldberg S. 1996. Modeling competitive adsorption of arsenate with phosphate and molybdate

on oxide minerals [J]. Soil Science Society of America Journal, 60(1): 121-131.
Manning B A, Goldberg S. 1997. Adsorption and stability of arsenic(III)at the clay mineral-water interface [J]. Environmental Science and Technology, 31: 2005-2011.
Manning B A, Hunt M, Amrhein C, et al. 2002. Arsenic(III)and arsenic(V)reactions with zerovalent iron corrosion products [J]. Environmental Science and Technology, 36: 5455-5461.
María P Elizalde-González, Jürgen Mattusch, et al. 2005. Arsenic speciation analysis in solutions treated with zeolites[J]. Mikrochimica Acta, 151: 257-262.
Marin A R, Masscheleyn P H, Patrick J W H. 1993. Soil redox-pH stability of arsenic species and its influence on Arsenic uptake by rice[J]. Plant and Soil, 152: 245-253.
Martinez C E, MeBride M B. 1998. Solubility of Cd^{2+}, Cu^{2+}, Pb^{2+} and Zn^{2+} in aged coprecipitates with amorphous iron hydroxides [J]. Environmental Science and Technology, 32: 743-748.
Martinez C E, MeBride M B. 2000. Aging of coprecipitated Cu in alumina: Changes in struetural loeation, chemical form, and solubility [J]. Geochimica et Cosmochimica Aeta, 64: 1729-1736.
Masscheleyn P H, Delaune R D, Patrick J W H. 1991. Effect of redox potenial and pH on Arsenic speciation and solubility in a contaminated soil [J]. Environmentl Science Technology, 25: 1414-1418.
McBride M B. 1991. Processes of heavy and transition metal sorption by soil minerals[M]//Bolt G H, et al. Interaetions at the soil colloid-soil solution interface. Dordreeht: Kluwer Academie Publishers: 149-175.
McLaughlin M J. 2001. Ageing of metals in soils changes bioavailability[J]. Fact Sheet on Environmental Risk Assessment, 4: 1-6.
Mello J W V, Talbott J L, Scott J, et al. 2007. Arsenic speciation in arsenic–rich Brazilian soils from gold mining sites under anaerobic incubation [J]. Environmental Science and Pollution Research, 14(6): 388-396.
Menzies W N, Donn J M, Kopittke M P. 2007. Evaluation of extractants for estimation of the phytoavailable trace metals in soils [J]. Environmental Pollution, 145(1): 121-130.
Mohammed B A, Florence L, Maurice J F L. 1997. Determination of arsenic species in marine organisms by HPLC-ICP-OES and HPLC-HG-QFAAS [J]. Mikrochimica Acta, 127: 195-202.
Mohapatra D, Mishra D, Chaudhury G R, et al. 2007. Arsenic adsorption mechanism on clay minerals and its dependence on temperature [J]. Korean Journal of Chemical Engineering, 24(3): 426-430.
Morton J D, Semrau J D, Hayes K F. 2001. An X-ray absorption spectroscopy study of the structure and reversibility of copper adsorbed to montmorillonite clay [J]. Geochimica et Cosmochimica Acta, 65: 2709-2722.
Muhammad S. 1997. Arsenic chemistry in soils: an overview of thermo dynamic predictions and field observation[J]. Water Air and Soil Pollution, 93: 117-136.
Negra C, Ross D S, Lanzimtti A. 2005. Oxidizing behavior of soil manganese, interactions among abundance, oxidation state, and pH [J]. Science Society of America Journal, 69: 7-95.
Nord F F. 1954. Advances in enzymology and related subjects of biochemistry [M]. New York: Interscience Publishers: 430-486.
Ouvrard S, Dedonato P H, Simonnot M O, et al. 2005. Natural manganese oxide: combined analytical approach for solid characterization and arsenic retention [J]. Geochimica et Cosmochimica Acta, 69(11): 2715-2724.
Parfitt R L. 1978. Anion adsorption by soils and soil materials [J]. Advances in Agronomy, 30: 1-50.
Peggy C, Koen L, Hilde V E, et al. 2008. Influence of soil properties on copper toxicity for two soil invertebrates [J]. Environmental Toxicology and Chemistry, 27(8): 1748-1755.
Peryea F J. 1991. Phosphate induced release of arsenic from soils contaminated with lead arsenate [J]. Soil Science Society of America Journal, 55: 1301-1306.
Peterson P J. 1981. Metalloids. In effect of heavay metal pollution on plants[J]. Science, 279-342.
Pierce M L, Moore C B. 1982. Adsorption of arsenite and arsenate on amorphous iron hydroxide [J]. Water Research, 16: 1247-1253.
Pongratz R. 1998. Arsenic speciation in environmental samples of contaminated soil [J]. The Science of the Total Environment, 224: 133-141.

Post J E. 1999.Manganese oxide minerals: crystal structure and economic and environmental significance [J]. Proceedings of the National Academy of Sciences of the United States of America, 96(7): 3447-3454.

Quazi S, Sarkar D, Datta R. 2010. Effect of soil aging on arsenic fractionation and bioaccessibility in inorganic arsenical pesticide contaminated soils [J]. Applied Geochemistry, 25: 1422-1430.

Rao C R M, Sahuquilo A, Sanchez L J F. 2008. A review of the different methods applied in environmental geochemistry for single and sequential extraction of trace elements in soils and related materials [J]. Water Air and Soil Pollution, 189(1-4): 291-333.

Raven K P, Jain A, Loeppert R H. 1998. Arsenite and arsenate adsorption on ferrihydrite: kinetics, equilibrium, and adsorption envelopes[J]. Environmental Science and Technology, 32(3): 344-349.

Redman A D, Macalady D, Ahmann D. 2002. Natural organic matter affects arsenic speciation and sorption onto hematite [J]. Environmental Science and Technology, 36: 239-250.

Rooney C P, Zhao F J, McGrath S P, et al. 2006. Soil factors controlling the expression of copper toxicity to plants in a wide range of European soils [J]. Environmental Toxicology and Chemistry, 25(3): 726-732.

Root R A, Dixit S, Campbell K M, et al. 2007. Arsenic sequestration by sorption processes in high-iron sediments [J]. Geochimica et Cosmochimica Acta, 71: 5782-5803.

Roy W R. 1986. Competitive coefficients for the adsorption of arsenate, molybdate and phosphate mixture by soils[J]. SSSAJ, 50: 1176-1182.

Rubio R, Padró A , AlbertíJ, et al. 1992. Speciation of organic and inorganic arsenic by HPLC-HG-ICP[J]. Mikrochimica Acta, 109: 39-45.

Saada A, Breeze D, Crouzet C, et al. 2003. Adsorption of arsenic(V)on kaolinite and on kaolinite–humic acid complexes: Role of humic acid nitrogen groups [J]. Chemosphere, 51: 757-763.

Sadiq M. 1983. Environmental behavior of arsenic in soils: theoretical [J]. Water Air and Soil Pollution, 20: 125-127.

Sadiq M. 1997. Arsenic chemistry in soils: an overview of thermodynamic predictions and field observations [J]. Water Air and Soil Pollution, 93: 117-136.

Samuel V H, Rudy S, Carlo V, et al. 2003. Solid phase speciation of arsenic by sequential extraction in standard reference materials and industrially contaminated soil samples [J]. Environmental Pollution, 122: 323-342.

Sarkar D, Datta R. 2004. Arsenic fate and bioavailability in two soils contaminated with sodium arsenic pesticide: an incubation study [J]. Bulletin of Environmental Contamination Toxicology, 72: 240-247.

Schwartz C, Morel J L, Saumier S, et al. 1999. Root development of the Zinc-hyperaccumulator plant Thlaspi caerulescens as affected by metal origin, content and localization in soil [J]. Plant and Soil, 208(1): 103-115.

Scott M J, Morgan J J. 1995. Reactions at oxide surfaces. 1. Oxidation of As(III)by synthetic birnessite [J]. Environmental Science and Technology, 29: 1898-1905.

Sekaly A L R, Mandal R, Hassan N M, et al. 1999. Effect of metal/fulvic acid mole ratios on the binding of Ni(Ⅱ), Pb(Ⅱ), Cu(Ⅱ), Cd(Ⅱ), and Al(III)by two well-characterized fulvic acids in aqueous model solution [J]. Analytica Chimica Acta, 402: 211-221.

Sheals J, Granstrom M, Sjoberg S, et al. 2003. Coadsorption of Cu(Ⅱ)and glyphosate at the water-goethite (α-FeOOH)inierface: molecular structures from FTIR and EXAFS measurements [J]. Journal of Colloid and Interface Science, 262: 38-47.

Shindo H, Huang P M. 1992. Comparison of the influence of manganese(Ⅳ)and tyrosinase on the formation of humic substance in the environment [J]. Environmental Science and Technology, 117-118: 103-110.

Smith E, Naidu R, Alston A M. 1998. Arsenic in the soil environment: a review [J]. Advance in Agronomy, 64: 149-195.

Smith E, Naidu R, Alston A M. 1999. Chemistry of arsenic in soils: I. Sorption of arsenate and arsenite by four Australian soils [J]. Journal of Environmental Quality, 28: 1719-1726.

Smith E, Naidu R, Alston A M. 2002. Chemistry of inorganic arsenic in soils: II. Effect of phosphorus, sodium, and calcium on arsenic sorption [J]. Journal of Environmental Quality, 31(2): 557-563.

Smith E, Naidu R, Weber J, et al. 2008. The impact of sequestration on the bioaccessibility of arsenic in long-term contaminated soils [J]. Chemosphere, 71: 773-780.

Sparks D L. 2003. Environmental Soil Chemistry(2nd edi)[M]. San Diego California: Academic Press.

Takamatau T, et al. 1952. Determination of arsenite, aesentic, monomethylarsenate and dimethylarsente in soil polluted with arsenic [J]. Soil Science, 133(4): 239-246.

Takamatsu T, Aoki H, Yoshida T. 1982. Determination of arsenate, arsenite, monomethylarsonate, and dimethylarsinate in soil polluted with arsenic[J]. Soil Science, 133(4): 239-246.

Tang X Y, Zhu Y G, Shan X Q, et al. 2007. The ageing effect on the bioaccessibility and fractionation of arsenic in soils from China [J]. Chemosphere, 66: 1183-1190.

Tang Y L, Wang R C, Huang J F. 2004. Relations between red edge characteristic and agronomic parameters of crops [J]. Pedosphere, 14(4): 267-474.

Tessier A, Campbell P G, Blsson M. 1979. Sequential extraction procedure for the speciation of particulate trace metals [J]. Analytical Chemistry, 51(7): 844-851.

Thoresby P, Thornton I. 1979. Heavy metals and arsenic in soil, pasture herbage and barley in some ineralised areas in Britain: significance to animal and human health[M]//Hemphill D D. Trace substances in environmental health XIII. Columbia: University of Missouri: 93-103.

Violante A, Pigna M. 2002. Competitive sorption of arsenate and phosphate on different clay minerals and soils [J]. Soil Science Society of America Journal, 66: 1788-1796.

Wang S L, Mulligan C N. 2006. Effect of natural organic matter on arsenic release from soils and sediments into groundwater [J]. Environmental Geochemistry and Health, 28: 197-214.

Wang Y N, Zeng X B, Lu Y H, et al. 2015. Effect of aging on the bioavailability and fractionation of arsenic in soils derived from five parent materials in a red soil region of Southern China [J]. Environmental Pollution, 207: 79-87.

Waychunas G A, Rea B A, Fuller C C, et al. 1993. Surface chemistry of ferrihydrite: part 1. EXAFS studies of the geometry of coprecipitated and adsorbed arsenate [J]. Geochimica et Cosmochimica Acta, 57: 2251-2269.

Wendling L A, Ma Y B, Kirby J K, et al. 2009. A predictive model of the effects of aging on cobalt fate and behavior in soil [J]. Environmental Science and Technology, 43: 135-141.

Wenzel W W, Kirchbaumer N, Prohaska T, et al. 2001. Arsenic fractionation in soils using an improved sequential extraction procedure [J]. Analytica Chimica Acta, 436, 309-332.

Williams J D H, Syers J K, Walker T W. 1967. Fractionation of soil inorganic phosphate by a modification of Chang and Jackson's procedure [J]. Soil Science Society of America Journal, 31(6): 736-739.

Woolson E A, Aharonson N, Iadevaia R. 1982. Application of the high-performance liquid chromatography-flameless atomic absorption method to the study of alkyl arsenical herbicide metabolism in soil [J]. Journal of Agricultural and Food Chemistry, 30: 58-584.

Yamasaki S, Takeda A, Nunohara K, et al. 2013. Red soils derived from limestone contain higher amounts of trace elements than those derived from various other parent materials [J]. Soil Science and Plant Nutrition, 59: 692-699.

Yang J K, Barnett M O, Jardine P M, et al. 2002. Adsorption, sequestration, and bioaccessibility of As(Ⅴ)in soils [J]. Environmental Science and Technology, 36: 4562-4569.

Zhang P C, Sparks D L. 1990. Kinetics of selenate and selenite adsorption/desorption at the goethite/water interface [J]. Environmental Toxicology and Chemistry, 24(12): 1848-1856.

Zhao Y Y, Fang X L, Mu Y H, et al. 2014. Metal pollution(Cd, Pb, Zn and As)in agricultural soils and soybean, glycine max, in southern China [J]. Bulletin of Environmental Contamination and Toxicology, 92: 427-432.

Zhou S W, Xu M G, Ma Y B, et al. 2008. Aging mechanism of copper added to bentonite [J]. Geoderma, 147: 86-92.

第四章　水分状况对土壤中砷有效性的影响

尽管近年来砷对作物生长、农产品质量乃至人类健康的影响备受关注，但从已有的研究看，无论是蔬菜、食品还是土壤，大多数研究结果都是以总砷含量为标准，这与作物所吸收利用的砷主要是土壤中的有效态砷似乎有较大差别。实际上，由于不同条件下土壤中砷的有效性差异很大，因此，即使总砷含量一致，作物吸收利用的砷也会因诸多条件的不同而有很大差异。影响土壤中砷有效性的因素很多，如土壤类型、土壤水分和通气性、黏粒含量、土壤有机质含量等。其中，水分状况因能够影响土壤中砷的价态变化，对土壤砷的有效态具有十分重要的意义。

第一节　水分状态对不同形态外源砷在土壤中转化的影响

土壤中的水分条件在砷的迁移转化过程中起着重要作用。首先，水是土壤中一切化学反应进行的介质；其次，水分影响砷的存在状态和有效态含量，这两者是砷的植物毒性大小的决定性因素；再次，不同的水分条件影响土壤的物理化学性质（如土壤的质地、透气性、可溶性有机质含量、pH、Eh 等），从而间接影响土壤中砷的物理化学行为（陈丽娜，2009）。Smith 等（1998）认为在氧气充足的条件下，砷的稳定形态为+5 价，占可溶态砷的 90%，五价砷可以被强烈地吸附在黏粒矿物、铁锰氧化物及其水合氧化物和土壤有机质上，还可以与铁矿以砷酸铁的形式共沉淀（陈丽娜，2009）。Masscheleyn 等（1991）认为在嫌气的还原条件下，砷的主要形态为+3 价，而–3 价的砷只有在强还原性条件下才存在（吴萍萍，2011）。Fordyce（1995）指出，在酸性土壤中，砷主要以 $AlAsO_4$、$FeAsO_4$ 的形式存在，而在碱性和石灰性土壤上，砷的主要存在化合物为 Ca_3AsO_4，前二者的溶解度小于后者（陈丽娜，2009）。砷的生物有效性和毒性效应主要由砷的化学形态决定（价态和结构）（陈丽娜，2009）。Cullen 等（1989）认为无机砷的毒性要强于有机砷。在土壤中的砷主要以+3 价和+5 价的含氧酸盐形式存在。一般认为，三价砷比五价砷的毒性要强，前者的毒性是后者的 25～60 倍（Coddington，1986；谢正苗等，1991；Korte et al.，1991），所以三价砷对普通植物的毒害效应较大（Sachs and Michaels，1971；Knowles and Benson，1983）。三价砷与五价砷之间可以通过氧化-还原反应发生价态转变，一般情况下，二者会在土壤中保持一种动态的平衡（陈同斌，1996；Hall et al.，1999；Manning and Suarez，2000）。我们课题组分别就大田水分和淹水条件下不同形态外源砷在土壤中的转化进行了详细的研究。

一、大田水分条件下不同形态外源砷在土壤中的转化

除水稻外，一般粮食作物和蔬菜生长的土壤含水量都在 60%～75%最大田间持水量

之间。污水灌溉、矿区土壤污染、含砷无机和有机化合物的投入问题已经渐渐突出，但是一些污染地区农田仍在进行粮食生产，提高了农产品对人类的危害风险。土壤中砷的形态和含量直接影响土壤上的作物生长和作物中砷的含量。近年来人们也意识到不同形态的砷的毒性大不相同，而动物和植物等消费品都是人类生活的必需品，砷通过食物链在人体内积累，最终产生危害。国外有人研究了森林土壤和沼泽土壤的浸提液中 DMA 和 AsB（砷甜菜碱）的转化，与实际土壤中砷的转化过程及其规律有一定的差异（Huang et al.，2007）。基于上述原因，我们在不同水分情况下，研究了二甲基砷酸钠（DMA）、一甲基砷酸钠（MMA）和 As（Ⅴ）进入土壤后的形态动态转化规律，以期为土壤中不同形态砷之间的转化研究提供参考和理论依据。

研究用土壤采自中国农业科学院东门外试验场。土壤为潮土，采集深度为 0～20cm。将所采集的土壤自然风干后混合均匀，去除较大的植物残体和土壤中的石头、砖块等，过 2mm 尼龙筛，以备试验所用。土壤的基本理化性质：有机质 15.69 g/kg，pH（土水比 1∶2.5）为 8.28，全氮 1.21 g/kg，全磷 1.72 g/kg，全钾 4.99 g/kg，全砷 9.42 mg/kg，有效砷含量 0.41 mg/kg。试验中所用 As（Ⅴ）采用 $Na_3AsO_4{\cdot}12H_2O$；DMA 采用二甲基砷酸钠$(CH_3)_2AsO_4Na{\cdot}3H_2O$（dimethylarsenate sodium）；MMA 采用一甲基砷酸钠 $CH_3AsNa_2O_3{\cdot}6H_2O$（monomethylarsonic acid）。

实验利用围框淹水法，测定实验用土的田间最大持水量，然后按照田间最大持水量及砷含量 30 mg/kg 配成适量溶液加入需培养的土壤中，最后把处理好的土壤放入温度为 25℃、空气湿度为 70%的恒温培养箱中培养，根据不同的培养时间段取样进行分析。采用恒温、恒湿培养模拟常温条件培养土壤，将不同形态的砷按照终浓度为 30 mg/kg 的量溶于围框淹水法求得的最大田间持水量的 70%水中，均匀地加入土壤，用玻璃棒多次搅拌均匀并称重。土壤水分含量水平的对照设置为 35%最大田间持水量，试验设 4 个处理，每个处理设 4 次重复，每个处理的土壤重量为 200 g。除对照外，投入的砷形态包括：$Na_3AsO_4{\cdot}12H_2O$（IAs），$(CH_3)_2AsO_4Na{\cdot}3H_2O$（DMA），$CH_3AsNa_2O_3{\cdot}6H_2O$（MMA）。将混合搅拌均匀后的土壤等分为 10 份装入 50 mL 离心管中，放在试管架上，按随机排列方式放入恒温恒湿培养箱中培养，并且每天称重、补充水分。按照培养 1 d、2 d、7 d、21 d、30 d、60 d、90 d、120 d、150 d 分别取样，提取后待测。

土壤总砷的测定参照下述方法：称取过 0.149mm 筛孔的风干土约 0.5000g 于 50mL 的三角瓶中，加入数滴水润湿土壤样品，再加入 10mL 王水（HCl∶H_3NO_3=3∶1），用超纯水稀释 1 倍，摇匀，封膜（使用封口透气膜，防止灰尘进入污染样品），在室温下过夜。第二天盖上小漏斗，用 100℃水浴回流 2 h，期间摇动一次，取出冷却后定容过滤，选择国际标准土样（GSS-1 和 GSS-4）作为标准物质同步进行实验，使用原子荧光光度计测定滤液中总砷浓度。土壤中砷形态的测定参照下述方法：称取相当于约 0.5000 g 烘干土质量的鲜土于 50 mL 离心管中，加入 10 mL 超纯水，用超声仪辅助提取 30 min，然后以 3500 r/min 离心 15 min，重复提取 3 次，最后将提取液合并、过滤。上机测定前的土壤溶液过 0.22 μm 水系醋酸纤维素滤膜，并使用北京吉天仪器公司生产的 SA-10 形态分析仪（离子色谱和氢化物发生原子荧光光谱联用）测定待滤液中不同形态的砷。

70%最大田间持水量的土壤培养条件是近似模拟的普通农田土壤环境，也是多数土壤动物和微生物活动能力最强的土壤湿度环境，土壤自身的呼吸作用也是最合适的。在外源砷进入土壤后，随着土壤微生物的活动，可以发生一系列的生物化学反应，使土壤中的有机砷和无机砷之间相互转化。与35%最大田间持水量水分条件下培养的土壤比较来说，同浓度水平的外源砷在70%水分时的转化速率要高于35%水分时，因此不同土壤类型、不同气候条件、不同土壤母质、不同湿度条件等都是影响砷在土壤中转化的重要因素。

（一）培养前后各形态外源砷含量的变化

从实验数据来看（表4.1），在70%田间持水量的情况下，对照和I-As处理与干旱条件下培养的土壤测定的结果相近，经过150 d培养，没有检测到有机砷的存在，同样，As（Ⅴ）的含量明显低于培养1 d时土壤中的含量；DMA和MMA在培养150 d以后土壤中检测到的只有As（Ⅴ），原来加入的外源砷已检测不到，这表明进入土壤中的有机砷可能经过微生物的去甲基化作用形成了无机砷。此外，土壤中As（Ⅴ）为主要形态的原因包括：①实验所涉及的土壤环境基本处于氧化状态，尚未达到向As（Ⅲ）转化的条件，或者是生成的少量As（Ⅲ）又被迅速氧化成了As（Ⅴ）；②加入土壤中的外源砷本身的价态都是+5价，经过微生物分解利用，去甲基后直接产生As（Ⅴ）。

表4.1　70%田间持水量培养前后各处理砷形态差异　（单位：mg/kg）

实验处理	培养时间	As（Ⅲ）	DMA	MMA	As（Ⅴ）
CK	1 d	0	0	0	0.37
	150 d	0	0	0	0.16*
I-As	1 d	0	0	0	11.30
	150 d	0	0	0	5.70**
DMA	1 d	0	18.67	0	0.43
	150 d	0	0**	0	3.01**
MMA	1 d	0	0	29.10	1.05
	150 d	0	0	0**	8.18**

*表示在$P<0.05$水平下差异显著；**表示在$P<0.01$水平下差异显著。

（二）外源DMA在土壤中的动态转化过程

实验结果显示，在大田土壤水分含量条件下（图4.1），DMA的动态转化过程非常明显，在培养7 d后，DMA含量开始减少，加入土壤中的DMA（30 mg/kg）在培养60 d后几乎全部转化成As（Ⅴ），并且发现60 d后As（Ⅴ）的含量一直处于较为稳定状态，可能是因为在该实验条件下，As（Ⅴ）的吸附-解吸过程已经基本达到稳定水平。因此，在该水分含量条件下，DMA的完全转化期为60 d，DMA在土壤中主要发生的转化过程为DMA→As（Ⅴ），并且转化速率显著快于35%最大田间持水量条件。

（三）外源MMA在土壤中的动态转化过程

MMA在大田水分含量条件下的转化分为两个阶段(图4.2)。第一个阶段为1～30 d，MMA的浓度降幅仅为8 mg/kg。第二个阶段为30～90 d，这个时期内MMA形态发生

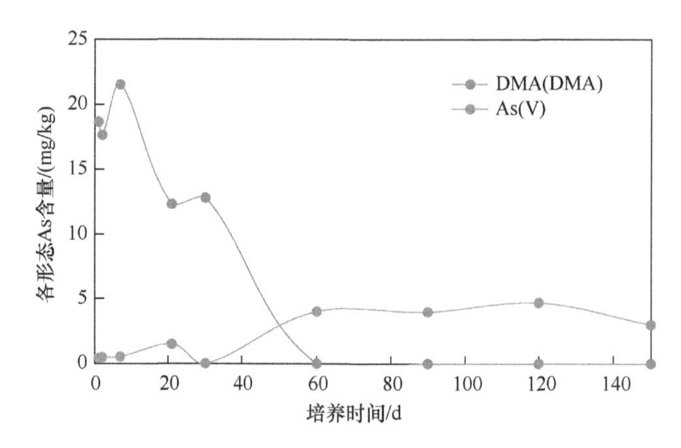

图 4.1　DMA 处理土壤中砷的动态转化趋势

DMA 处理中未检测到 As（III）、MMA 的存在，即其含量为 0

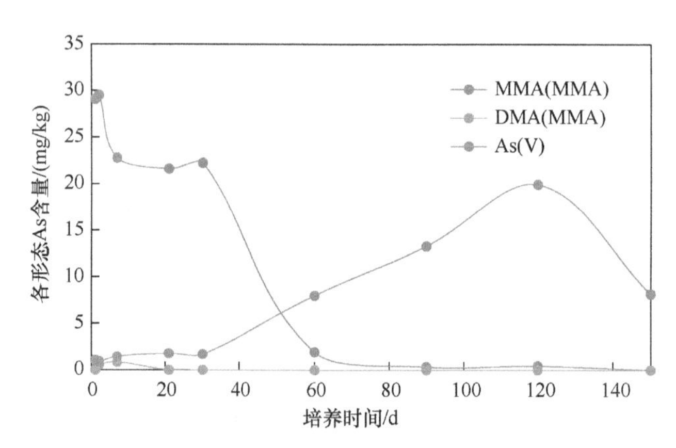

图 4.2　MMA 处理土壤中砷的动态转化趋势

MMA 处理中未检测到 As（III）的存在，即其含量为 0

快速转化且完全转化为 As（V）。在培养前期即 1 个月以内有少量 MMA 转化为 DMA，并且含量很低，基本在 1 mg/kg 以下，说明 MMA 有向 DMA 转化的趋势，但只是短暂存在于土壤溶液中。在以后的取样测定过程中未检测到 DMA 的存在，说明 MMA 和 DMA 在环境条件适宜的情况下总体是在向无机砷方向转化，而 DMA 可能是 MMA 转化成 As（V）的中间产物，并且 MMA 与 As（V）的含量呈现此消彼长的趋势。

因此，在大田土壤水分含量条件下，MMA 的完全转化期为 90 d，主要发生的转化过程为 MMA→As（V），期间偶尔有 MMA→DMA，说明在合适的条件下，MMA 主要通过去甲基化作用生成 As（V），同时也可以被土壤微生物甲基化生成 DMA，但发生过程较为短暂。

（四）外源 As（V）在土壤中的动态转化过程

由图 4.3 可以看出，I-As 处理在大田土壤含水量条件下，仍然没有发生形态的转化，并且除了培养 1 d 后，As（V）含量显著低于加入土壤中的含量（30 mg/kg），表明 As（V）很快就被土壤胶体颗粒吸附，使之在土壤中的有效含量显著降低。在该水分条件下，培养 30d 后吸附-解吸反应基本平衡，没有再出现明显的含量波动，说明即使在最佳的水分条件下，As（Ⅴ）也没有发生形态转化。

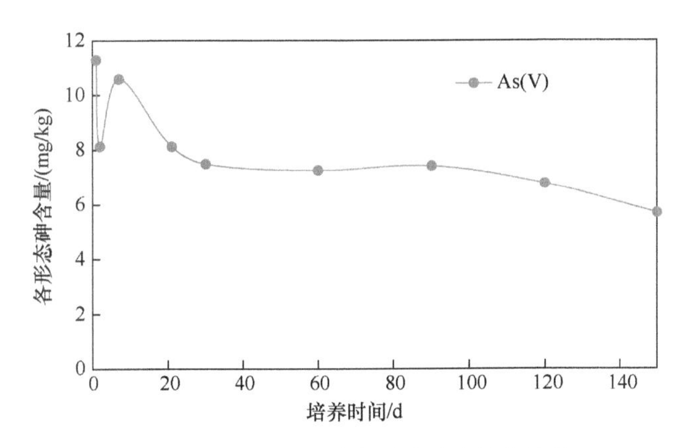

图 4.3　I-As 处理土壤中砷的动态转化趋势

I-As 处理中未检测到 As（Ⅲ）、MMA、DMA 的存在，即含量为 0

（五）培养前后土壤中总砷含量的变化

在大田土壤含水量条件下，对照土壤全 As 的损失也达到 P=0.05 时显著水平（表 4.2），而所有水分条件下 I-As 处理损失量达不到显著水平。DMA 和 MMA 处理的全 As 含量减少，说明在培养过程中，由于土壤呼吸、微生物活动的转化挥发，使 DMA 和 MMA 转化成比较容易挥发的形态进入空气中；并且有机砷化合物的损失量远远高于无机砷化合物，这也正好说明了上述结果中 DMA 和 MMA 转化后含量明显低于加入量的原因。CK、I-As、DMA、MMA 处理砷挥发量分别为培养 1 d 后测定总砷的 4%、1.1%、18.1%、12%，与 Woolson（1977）的研究结果相近。

表 4.2　70%田间持水量下各处理土壤中全 As 的含量　　（单位：mg/kg）

土壤水分	培养时间/d	CK	I-As	DMA	MMA
70%	1	9.42a	33.17a	29.22a	30.25a
	150	8.45b	32.38a	23.01b	27.93b

注：P＜0.05。

土壤的酸碱度和氧化还原状况对土壤中的砷浓度、形态和毒性都有非常明显的影响。吸附态砷向溶解态砷转化主要与土壤 pH、Eh 有关。升高 pH 或者降低 PE 都将增大可溶态砷的浓度。在氧化性土壤（pE+pH＞10）中，As（Ⅴ）为主要形态；而 As（Ⅲ）是还原条件（pE+pH＜8）的主要形态；在碱性土壤中，由于胶体上的正电荷减少，对砷的吸附能力减弱，砷的可溶性增大（Deuel and Swoboda，1972）。溶解在土壤溶液中的砷的形态和价态间的转化主要受 pH、Eh、土壤微生物活动的影响。一般土壤中的主要以无机态砷存在（Geiszinger et al.，1998；Helgesen and Larsen，1998），且在强氧化条件下主要是 As（Ⅴ），强还原条件下主要存在形态为 As（Ⅲ）（Sadiq，1997）。土壤中有机砷的含量很少，且通常以一甲基砷（MMA）、二甲基砷（DMA）、三甲基砷的氧化物（TMAO）形态存在（Sadiq，1997；Tlustoš et al.，2002 ）。

砷的甲基化对土壤砷的影响也非常大，一般真菌、细菌和酵母菌均能使砷甲基化，生成甲基砷、二甲基砷和砷的气态化合物。但是 Baker（1983）的研究发现土壤中微生物对亚砷酸和砷酸盐在 pH 3.5～7.5 范围内均可发生甲基化反应，所生成甲基化的砷化合物浓度与 pH 有关，生物甲基化的砷占加入土壤总砷的 0.7%以下。Cheng 等在 1979 年研究了三种土壤中两种离体细菌 *Alealigennes* 和 *Pseudomonas* 在施用四种砷化物后，对生成胂气类产物的作用情况。其结果表明，无机砷和有机胂在所试验的三种土壤中均可形成砷化氢气体；而且，在任何一种土壤中都没有发现砷化物的甲基化作用，即—甲基砷和二甲基砷都不能从无机砷经甲基化途径形成，而仅能从相应的甲基砷酸盐形成。Gao 和 Burau（1997）研究了四种不同形态砷在土培条件下形态转化过程，发现 As（III）发生氧化反应，基本上都转化成 As（V）；DMA 和 MMA 发生去甲基化作用，生成 As（V），与我们研究结果一致；但是 DMA 处理中检测到有少量 MMA 的存在。

从我们的研究结果可以看出，在 70%最大田间持水量时加入无机砷和有机砷，均没有发现砷化物的甲基化作用，因此说明土壤中砷的甲基化过程所需要的条件非常高，一般情况下很难达到使土壤中无机砷甲基化生成有机砷的反应条件；DMA 和 MMA 的转化过程及时间明显短于干旱条件下，并且 MMA 处理中检测到有少量的 DMA 出现，分析其原因，可能是 MMA 发生甲基化作用生成 DMA，但是生成速率低于矿化速率，因此检测到的浓度较低；但是对于植物是否在吸收利用过程中可以将无机砷甲基化或者将有机砷脱甲基化是需要研究证实的，下一步实验研究了土壤中的砷形态与植物中砷形态的关系及其相互影响。

二、淹水条件下不同形态外源砷在土壤中的转化

淹水条件下的土壤处于厌氧状态，因此土壤溶液环境属于弱还原状态。对水稻土（淹水）中砷的形态转化和对植物影响的研究较多，陈同斌（1996）对土壤溶液中砷与水稻生成效应关系的研究结果表明，在水稻土中外源加入 As（III）和 As（V）是可以相互转化的，影响其转化的主要因素为土壤氧化还原电位。日本学者曾研究过土壤中 As（III）和 As（V）的转化与 Eh 的关系，其结果表明 Eh＜100 mV 时，土壤中就有可能产生 As（III）。而进入土壤中的砷化合物可以相互转化，从而改变其毒性。尽管我们已经可以确定土壤中砷形态的相互转化和氧化还原电位有密切关系，但仍不是很清楚其相互转化的机理。土壤水分含量可以影响土壤 Eh 的改变，因此研究淹水条件下外源砷的形态转化规律及趋势具有重要意义。

研究所用土壤、试剂、试验方法、分析方法同前述试验，但本次研究是在大于 100%的最大田间持水量培养下的土壤中进行，模拟了稻田土壤的真实情况。淹水土壤基本处于弱还原状态，属于嫌气环境，一些好氧型细菌、真菌的活动自然会受到限制，再加上外源砷本身就会影响微生物的含量和活性（Bardgett，1994；Simon，2000），导致一些微生物的活动明显下降；但也有一些嫌气微生物在这种条件下适合生长和活动，也就促进了砷化合物在土壤中的转化过程。

（一）淹水条件下各形态砷培养前后各形态外源砷含量的差异

淹水条件下的I-As、DMA、MMA处理在培养1 d时取样，测定各形态砷的有效含量，结果均明显高于好气条件和大田水分条件下测定的含量（表4.3）。I-As处理在淹水条件下出现了由As（Ⅴ）向As（Ⅲ）的转化，但是并没有随着培养时间的延长，使As（Ⅲ）的含量增加，基本保持在0.1 mg/kg以下。DMA和MMA处理中的形态同前面的两个水分处理结果一样，经过150 d培养后，土壤样品中检测不出DMA和MMA的存在，并且只有As（Ⅴ）的存在，说明在淹水条件下，DMA和MMA已经发生转化，而转化的产物为As（Ⅴ）。尽管150 d后DMA和MMA的As（Ⅴ）含量极显著高于培养1 d后的含量，但是仍然远低于加入土壤中的砷浓度。其原因可能为：进入土壤以后，随着有机砷不断转化形成无机砷，土壤胶体颗粒也不断对As（Ⅴ）进行吸附，在各种不同形态的砷中As（Ⅴ）是最容易被吸附的，并且吸附速率随着土壤溶液中的As（Ⅴ）浓度增加而加快（王永等，2008），因此测定得到的有效砷含量会比较低；另外，当土壤水分含量达到淹水状况时，土壤中的砷挥发远远超过了干旱条件下。

表4.3　培养前后各处理砷形态差异比较　　（单位：mg/kg）

实验处理	培养时间	As（Ⅲ）	DMA	MMA	As（Ⅴ）
CK	1 d	0	0	0	0.34
	150 d	0	0	0	0.22
I-As	1 d	0.08	0	0	27.70
	150 d	0.06	0	0	6.09**
DMA	1 d	0	20.19	0	0.41
	150 d	0	0**	0	2.99**
MMA	1 d	0	0	66.60	1.55
	150 d	0	0	0**	5.67**

**表示在 $P<0.01$ 水平下差异显著。

（二）外源DMA在土壤中的动态转化过程

在淹水条件下，DMA处理中砷形态的主要转化时期在7～30 d。培养30 d时，土壤溶液中能够检测到的DMA含量为0.56 mg/kg，因此可以认为在培养30 d后DMA已经完全转化（图4.4）。DMA在完全转化成As（Ⅴ）后，As（Ⅴ）与土壤中的胶体颗粒、铁铝氧化物等发生吸附作用，可能由于土壤中有机砷的减少使土壤溶液砷平衡被打破，或者是土壤溶液的pH受到了影响，使其在大量转化后又被逐渐解吸释放，后又发生吸附、解吸两个过程。因此，生成的As（Ⅴ）含量出现了两个峰值的波动，最后趋于动态平衡。

（三）外源MMA在土壤中的动态转化过程

MMA处理在淹水条件下主要发生去甲基化，之后生成As（Ⅴ），并且其完全转化时间为60 d（图4.5）。在培养的60 d内MMA逐渐发生转化，转化过程中有少量的DMA生成，但存在时间很短，含量非常低；培养后期也有少量的As（Ⅲ）生成，含量约为0.25 mg/kg，同样存在时间较短。生成的As（Ⅴ）在120 d时达到最大浓度，可能主要

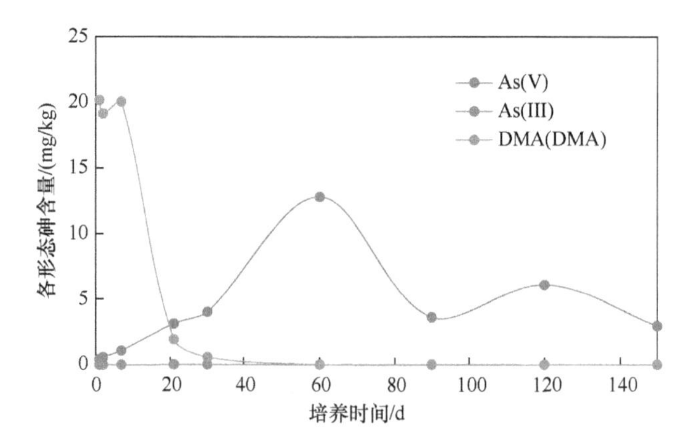

图 4.4 DMA 处理土壤中砷的动态转化趋势

DMA 处理中未检测到 As（III）的存在，即其含量为 0

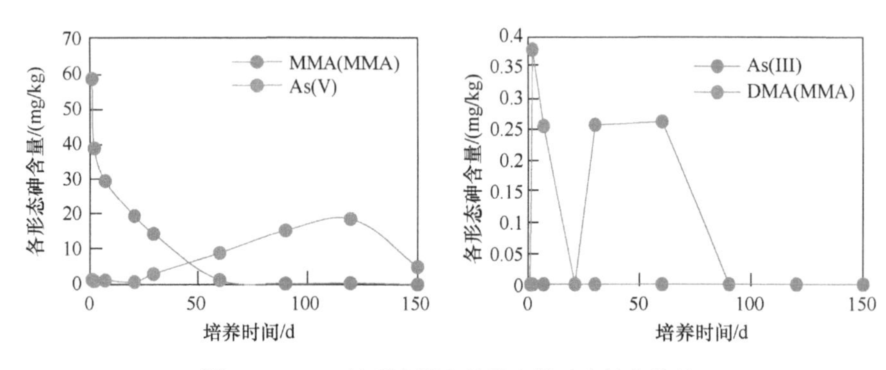

图 4.5 MMA 处理土壤中砷形态的动态转化趋势

因为土壤溶液环境改变和土壤微生物活动影响了其吸附-解吸过程，才没有和 MMA 完全转化的时期重合。

（四）外源 As（Ⅴ）在土壤中的动态转化过程

在淹水条件下，As（Ⅴ）可以向 As（III）转化，但是虽然处于淹水环境，却不属于强还原条件，另外，土壤本身的 pH 偏碱性，含有的还原性物质较少，使其即使淹水也不能达到强还原状态，因此转化成 As（III）的量非常低，只有几十 μg/kg，并且不稳定（图 4.6）。土壤中加入的 As（Ⅴ）在淹水条件下也不能发生微生物的甲基化作用而生成有机砷形态，所以 As（Ⅴ）进入土壤以后最为主要的化学过程应该为其吸附-解吸和共沉淀过程。

（五）培养前后土壤中全砷含量的变化

在淹水条件下培养 1 d 后，DMA 处理下的砷的挥发量为测定总砷的 14.7%（表 4.4）；据已有研究证明，土壤中砷的挥发量受土壤中砷浓度、土壤有机质含量和水分含量高低影响显著，土壤砷浓度越高，挥发到空气中的砷化合物越多。土壤有机质增加有利于土壤砷的挥发，过高或者过低的水分含量都不利于土壤中砷的挥发（Gao and Burau，1997）。因此，淹水条件可以促使土壤中的外源砷的挥发，无机 As（Ⅴ）几乎很难挥发。

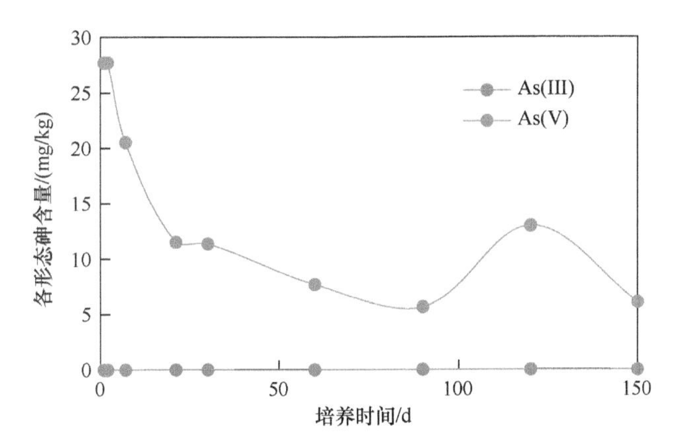

图 4.6　I-As 处理土壤中砷的动态转化趋势

I-As 处理中未检测到 DMA、MMA 的存在，即其含量为 0

表 4.4　各处理土壤中全砷的含量　　（单位：mg/kg）

土壤水分	培养时间	CK	I-As	DMA	MMA
淹水条件	1 d	8.40a	26.90a	29.85a	46.70a
	150 d	8.86a	24.85a	25.47b	45.43a

注：$P<0.05$。

目前研究的土壤淹水条件一般是指南方的酸性水稻土，关于弱碱性土壤淹水条件下砷形态转化的研究仍然较少。我们的实验基于淹水条件影响土壤的 Eh 变化，这与其他研究者（陈同斌，1996；李荣华，2005）的出发点和依据具有相似性，认为淹水的土壤环境中还原过程占绝对优势。有关学者（潘佑民和杨国治，1988）的推导结果表明，在 25℃酸性水稻土条件下，As（Ⅴ）与 As（Ⅲ）相互转化的临界 Eh 值可用下面方程进行计算：

$$\mathrm{Eh}=0.559+0.295\log\frac{[\mathrm{H_3AsO_4}]}{[\mathrm{HAsO_2}]}-0.059\mathrm{pH} \tag{4.1}$$

陈同斌（1996）根据实测数据计算出的 As（Ⅴ）与 As（Ⅲ）相互转化的临界 Eh 值的大致范围为 106～220 mV。关于淹水条件对不同形态砷的转化过程影响及其规律研究也甚少。

我们的实验结果表明，在淹水条件下，As（Ⅴ）可以少量转化成 As（Ⅲ），但不会随着培养时间的延长而明显增加，并且生成的 As（Ⅲ）含量在 0.5 mg/kg；偏碱性土壤环境中可能不具备良好的还原性铁锰条件，因此很难使 As（Ⅴ）大量被还原。DMA 和 MMA 在淹水条件下，脱甲基化过程明显，与其他水分含量条件下生成的产物相同，但 DMA 的转化速率明显改变，其完全转化期缩短为 30 d。

第二节　不同水分管理模式下外源磷对非稳态砷的影响

土壤中的水分条件在砷的迁移转化过程中起着重要的作用，为研究不同水分管理模式下外源磷添加对土壤中砷的非稳性的影响，我们在几种不同的水分条件下向砷老化后的土壤中添加外源磷（200 mg P/kg 土），以 DGT 技术测定土壤中非稳态砷的变化，并对外源磷添加引起的土壤中砷的迁移动力学特征变化进行探讨。试验中设置的三种水分管理模式分别为：最大田间持水量（100% MWHC）、干湿交替（田间持水量-极度干燥循环和淹水-适度干燥循环）和极度干燥（30% MWHC）。通过本研究，旨在了解不同水分管理模式下添加外源磷对土壤中砷（非稳性、迁移动力学特征）的影响。

一、田间饱和持水量下磷素对土壤中非稳态砷的影响

（一）最大田间持水量条件下磷对土壤中非稳态砷的影响

本研究中我们选择了 4 种理化性质差异较大的土壤，这 4 种土壤分别为采集自吉林的黑土（JL）、辽宁的棕壤（LN）、重庆的紫色土（CQ）以及湖南的红壤（HU-2），具体的土壤理化性质见表 4.5。

表 4.5　供试土壤的采集信息

编号	土壤类型	成土母质	采样地点	具体采样位置
CQ	紫色土	紫色岩风化物	重庆北碚	紫色土肥力与肥料效应实验基地
JL	黑土	第四纪黄土沉积物	吉林长春	吉林大学试验基地
LN	棕壤	辽河冲积物	辽宁沈阳	沈阳国家农田生态系统国家野外站
HU-2	红壤	第四纪红壤	湖南祁阳	中国农业科学院红壤试验站

这 4 种土壤外源添加砷（Na_2HAsO_4，60 mg/kg）并于最大田间持水量（100% MWHC）状态下培养 90 d 后，向土壤中添加外源磷（$NH_4H_2PO_4$，200 mg/kg），开始在 100% MWHC 条件下培养，在培养的第 3、7、14、28 天取样测定土壤中的砷［DGT 测定非稳态砷、土壤溶液中砷、$(NH_4)_2SO_4$ 提取态砷］。这几种土壤在培养过程中非稳态砷的变化见图 4.7。

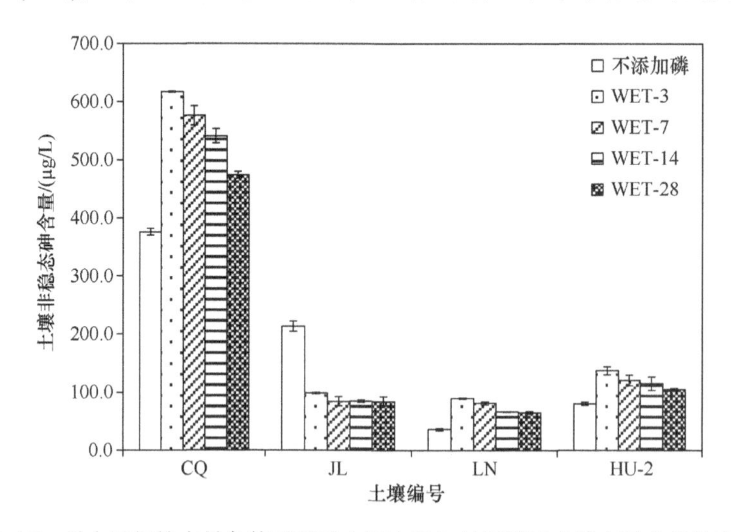

图 4.7　最大田间持水量条件下不同土壤中添加外源磷后非稳态砷含量的变化

从图中可以看出，供试的 4 种土壤中，土壤 CQ、LN、HU-2 在添加外源磷后非稳

态砷的含量相比不添加外源磷时明显增加，添加外源磷后土壤 CQ 中非稳态砷相比不添加外源磷时增加了 64.2%，土壤 LN 增加了 151.7%，土壤 HU-2 增加了 70.6%；而添加外源磷后土壤 JL 中的非稳态砷相比不添加外源磷时却明显降低，下降的百分比为 53.7%。不同土壤中非稳态砷的变化可能是由于这几种土壤中初始的有效磷含量差异所致，相比之下，土壤 CQ、LN、HU-2 中初始有效磷含量较低，分别为 57.9 mg/kg、26.6 mg/kg、65.0 mg/kg，而土壤 JL 中初始的有机质和有效磷含量较高，分别为 31.1 g/kg 和 127.5 mg/kg，这说明土壤中的磷和砷在低磷浓度下竞争作用较为显著，而在高浓度下磷和砷可能会表现出其他的关系而非竞争关系。这与周娟娟等（2005）的研究结果一致，即磷和砷的竞争吸持在磷浓度较低的情况下尤其显著，砷的解吸量与磷浓度呈极显著的线性相关关系；高浓度磷对土壤吸附砷能力影响减弱。这可能是由于土壤中磷和砷复杂的竞争机理所致。

我们对砷老化后的土壤添加外源磷进行试验，结果与本次试验中土壤 JL、LN、HU-2 的砷变化结果一致，即在同样添加了 200 mg/kg 外源磷后，土壤中非稳态砷的变化趋势一致。但土壤 CQ 却表现出不一致的结果：在老化后的土壤培养条件（30% MWHC）下，土壤 CQ 在添加了 200 mg/kg 外源磷后非稳态砷浓度下降，而在本试验中（100% MWHC）土壤非稳态砷浓度却表现出上升的趋势。土壤 CQ 的 pH 为 8.7，有效铝含量很低（为 0.84 mg/kg），土壤中提供的有效吸附位点有限。雷梅等（2003）指出，pH 高的土壤相比 pH 低的土壤对砷的吸附能力较弱，但添加磷能够增加土壤对砷的最大吸附量。这一结论与砷老化后土壤添加外源磷的试验结果一致，但在 100% MWHC 的培养条件下却出现了相反的结果，这说明土壤水势对土壤 CQ 中的非稳态砷有着重要影响，水势的增加有利于土壤中的砷向非稳态方向转移。

最大田间持水量培养的过程中，在添加外源磷后土壤 CQ、LN、HU-2 中的非稳态砷含量随着培养时间的延长而不断下降，这可能是由于在恒定的培养条件下，土壤自身的砷老化作用所致，即随着培养时间的延长，土壤中的弱结合态砷逐渐向较稳定的结合态转移，从而导致非稳态砷含量的下降。土壤 JL 中的非稳态砷含量在添加外源磷后的培养过程中并没有出现显著的变化，这可能是由于磷加入到土壤中后促进了非稳态砷向稳定态的转移，同时，磷的这种协同作用导致土壤对砷的吸附接近最大吸附量，所以在后面的培养过程中，土壤非稳态砷的变化较小。

（二）最大田间持水量条件下磷对土壤溶液中砷及$(NH_4)_2SO_4$提取态砷含量的影响

上述 4 种土壤在开始最大田间持水量培养后的第 3、7、14、28 天取样，测定土壤中的砷含量[DGT 测定非稳态砷、土壤溶液中砷、$(NH_4)_2SO_4$ 提取态砷]。土壤溶液中砷及$(NH_4)_2SO_4$提取态砷在培养过程中的变化见图 4.8 及图 4.9。从这两个图中可以看出，土壤溶液中砷及$(NH_4)_2SO_4$ 提取态砷的变化与土壤中非稳态砷含量的变化一致，这两种方法测定的砷是土壤中结合最弱的相，它们的含量直接影响到砷的生物有效性和毒性，而 DGT 测定的非稳态砷与这两种方法测定砷的变化趋势一致，也说明了 DGT 表征砷有效性的准确性及可行性。

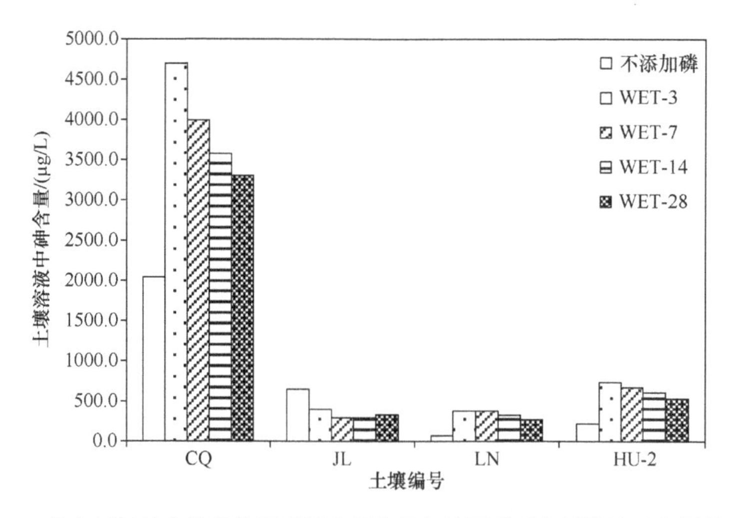

图 4.8 最大田间持水量条件下不同土壤中添加外源磷后土壤溶液砷含量的变化

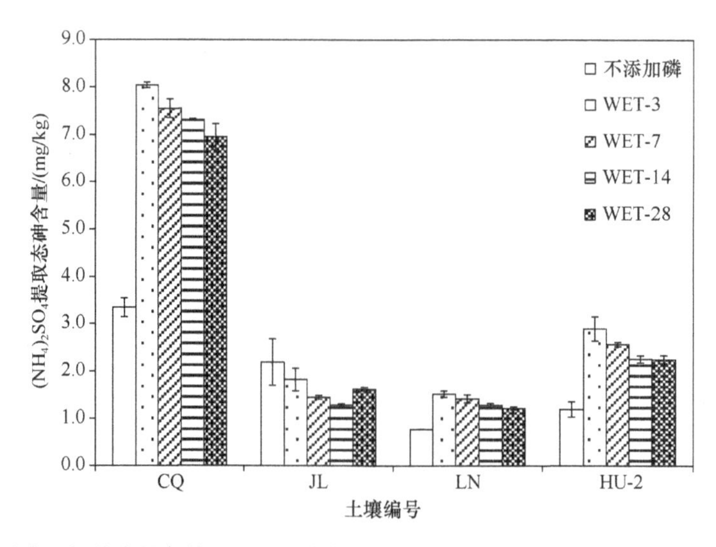

图 4.9 最大田间持水量条件下不同土壤中添加外源磷后$(NH_4)_2SO_4$提取态砷含量的变化

刚添加外源磷后，土壤 CQ、LN、HU-2 的土壤溶液中砷含量均显著增加，相比不添加外源磷时增加的百分比分别为 129.9%、469.0%、235.3%，其中土壤 LN 中土壤溶液砷增加的比例最大，增加了近 5 倍，这是由两个方面的原因造成的：一是由于土壤含水量增加（100%MWHC），土壤中吸附的弱结合态砷会解吸到土壤溶液中；二是由于土壤 JL 中初始的有效磷含量很低，为 26.6 mg/kg，是这 4 种土壤中最低的，在低磷浓度下磷和砷的竞争作用比较显著，土壤中吸附的砷也由于这种竞争作用而使得砷的解吸量大幅增加，从而导致土壤溶液中的砷含量显著增加。土壤 CQ、LN、HU-2 中$(NH_4)_2SO_4$提取态砷含量同土壤溶液中砷含量的变化趋势相同，在添加外源磷后均显著增加，增加的百分比分别为 140.6%、94.9%、141.8%，其中土壤 CQ 和 HU-2 中提取态砷增加的比例较大，这两种土壤的 pH 较大，均在 7.0 以上，由于添加外源磷会增加高 pH 土壤对砷的最大吸附量，所以这两种土壤中非特异性结合态砷［$(NH_4)_2SO_4$ 提取态砷］增加的比例较大。对比土壤溶液中砷和$(NH_4)_2SO_4$提取态砷的变化趋势发现，虽然添加外源磷都是增加这些土壤中的砷，但是由于这些土壤理化性质的不同，液相和固相的砷增加的比例却存在显著差异，土壤 LN 增加的非稳态砷主要是以液相砷的形式存在，而土壤 CQ 和 HU-2 增加的非稳态砷主要是以弱结合态砷的形式存在。

不同于上述的 3 种土壤，土壤 JL 中土壤溶液砷和$(NH_4)_2SO_4$提取态砷的在刚添加外源磷后相比不添加外源磷时显著降低，降低的百分比分别为 38.2%和 16.7%，这说明由于磷的加入，土壤 JL 中的砷会由非稳态向较稳定的状态转移，磷会促进土壤 JL 对砷的吸附，这可能是因为在高磷浓度下（土壤 JL 初始磷浓度较高），土壤中磷和砷表现出的可能不是竞争的关系。最大田间持水量培养过程中，在添加外源磷后土壤溶液中的砷及$(NH_4)_2SO_4$提取态砷含量又逐渐降低，这可能是因为恒定培养条件下土壤的老化作用所致。

（三）最大田间持水量条件下磷对土壤中砷的迁移动力学特征的影响

为了解在最大田间持水量培养过程中添加外源磷后土壤中砷的迁移动力学特征，结合 DGT 测定土壤非稳态砷（C_{DGT}）、土壤液相砷（土壤溶液砷，C_{soln}）和土壤固相吸附砷［$(NH_4)_2SO_4$提取态砷，C_s］结果计算出土壤 R 值，以及砷在土壤固、液两相间的分配系数 K_d（cm^3/g）。土壤 R 值和分配系数 K_d 是表示土壤中砷迁移的两个重要参数，R 值实际反映了砷从土壤固相到液相的再补给能力（$R = C_{DGT}/C_{soln}$，$0<R<1$）。K_d 值是指待测物在土壤固、液两相间的分配比（$K_d = C_s/C_{soln}$），它是基于能与液相交换的非稳态固相部分的分配系数。具体的数据见表 4.6。

表 4.6　最大田间持水量条件下不同土壤中外源磷添加后的迁移动力学参数

土壤编号	土壤 R 值				
	不添加外源磷	添加磷培养 3 d	添加磷培养 7 d	添加磷培养 14 d	添加磷培养 28 d
CQ	0.18	0.13	0.14	0.15	0.14
JL	0.33	0.25	0.29	0.29	0.25
LN	0.53	0.24	0.21	0.20	0.23
HU-2	0.37	0.19	0.18	0.19	0.20
土壤编号	分配系数（K_d）/（cm^3/g）				
	不添加外源磷	添加磷培养 3 d	添加磷培养 7 d	添加磷培养 14 d	添加磷培养 28 d
CQ	1.64	1.71	1.89	2.05	2.11
JL	3.38	4.56	4.88	4.32	4.81
LN	11.71	4.01	3.74	3.90	4.45
HU-2	5.45	3.93	3.81	3.70	4.23

从表 4.6 中可以看出，对于供试的 4 种土壤来说，添加外源磷后土壤 R 值相比不添加外源磷时均减小，说明添加外源磷会导致砷从这几种土壤固相到液相的再补给能力下降；而不同土壤的 K_d 值变化却出现不一致的趋势，土壤 CQ、JL 和 HU-2 在添加外源磷后土壤 K_d 值变化不大，结合前面的结果，由于添加外源磷后导致这几种土壤固相中砷［$(NH_4)_2SO_4$提取态砷，C_s］和液相中砷［土壤溶液中砷，C_{soln}］变化（增加或减少）的

比例差异较小，所以砷在这 3 种土壤固、液两相间的分配系数 K_d 的变化也较小。土壤 LN 在添加外源磷后 K_d 值显著减小，说明外源磷添加使得土壤液相中的砷（C_{soln}）相比固相中的砷（C_s）比例增加。根据前面的结果，添加外源磷后土壤 LN 液相（C_{soln}）和固相（C_s）中的砷含量均增加，但液相增加的比例为 469.0%，固相增加的比例仅为 94.9%，这些结果表明，添加外源磷会使得土壤中一些更稳定的吸附态砷被加入土壤的磷竞争而解吸下来，而解吸下来的砷主要是以液相离子的形式存在，只有一小部分是以非特异性结合态［$(NH_4)_2SO_4$ 提取态砷］的形式而存在的。

二、干湿交替条件下磷素对土壤中非稳态砷的影响

（一）田间持水量-极度干燥循环条件下磷对土壤中非稳态砷的影响

1. 田间持水量-极度干燥循环条件下磷对土壤中非稳态砷的影响

我们同上选择了 4 种理化性质差异较大的土壤进行试验，这 4 种土壤分别为采集自吉林的黑土（JL）、辽宁的棕壤（LN）、重庆的紫色土（CQ）以及湖南的第四纪红壤（HU-2），具体的土壤理化性质见表 4.7。这 4 种土壤人为添加砷（Na_2HAsO_4，60 mg/kg）并于最大田间持水量状态下培养 90 d 后，向土壤中添加外源磷（$NH_4H_2PO_4$，200 mg/kg），开始在田间持水量-极度干燥循环（field water capacity-severe drying cycle，FSD）条件下培养。干湿交替循环共进行两次，在两次循环中的两个水分条件培养后，取样测定土壤中的砷［DGT 测定非稳态砷、土壤溶液中砷、$(NH_4)_2SO_4$ 提取态砷］。这几种土壤在培养过程中的非稳态砷的变化见图 4.10。

从图 4.10 中可以看出，FSD 条件下供试的 4 种土壤中，非稳态砷含量的变化同最大田间持水量状态下培养的结果类似，土壤 CQ、LN、HU-2 在添加外源磷后土壤非稳态砷的含量相比不添加外源磷时明显增加，添加外源磷后土壤 CQ 中非稳态砷相比不添加外源磷时增加了 53.3%，土壤 LN 增加了 128.2%，土壤 HU-2 增加了 50.0%；而土壤

表 4.7 供试土壤的理化性质

土壤编号	CQ	JL	LN	HU-2
pH	8.7	6.7	5.5	7.0
OM/（g/kg）	19.7	31.1	19.4	29.3
CEC/［cmol（+）/kg］	21.5	25.3	13.1	9.0
全氮/（g/kg）	1.0	1.6	1.1	2.3
全磷/（g/kg）	0.7	0.9	0.5	1.1
全钾/（g/kg）	22.9	21.1	21.0	27.7
碱解氮/（mg/kg）	113.4	135.4	136.3	223.3
有效磷/（mg/kg）	57.9	127.5	26.6	65.1
速效钾/（mg/kg）	173.3	198.9	136.7	118.3
有效铁/（mg/kg）	72.7	45.2	81.4	38.2
有效锰/（mg/kg）	33.1	54.5	49.8	94.4
活性铝/（mg/kg）	0.8	3.1	2.3	3.4

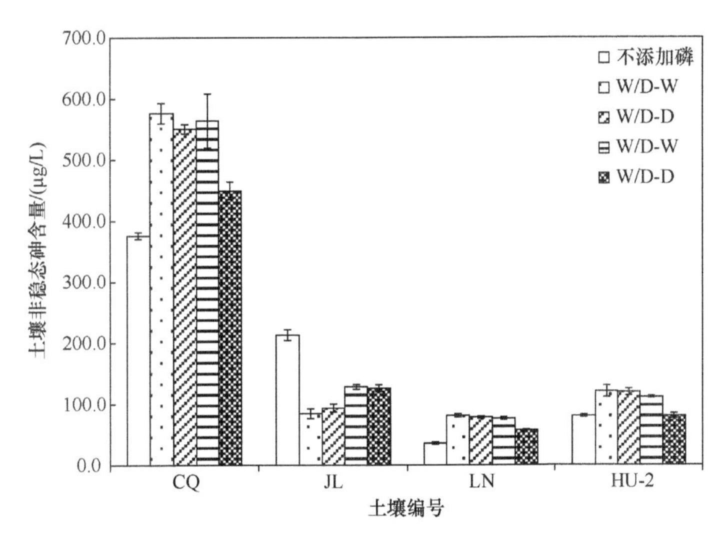

图 4.10　田间持水量-极度干燥循环条件下不同土壤中添加外源磷后土壤非稳态砷含量的变化

JL 中添加外源磷后，非稳态砷相比不添加外源磷时却明显降低，下降的百分比为 60.3%。不同土壤中非稳态砷在添加外源磷后的变化趋势同最大田间持水量状态下培养的结果一致，这几种土壤中初始的有效磷含量的差异可能是导致变化量差异的原因。初始有效磷浓度最高的 JL 土壤添加外源磷后非稳态砷浓度下降，另外几个初始有效磷含量较低的土壤添加外源磷后非稳态砷浓度增加，且增加的比例随着初始有效磷浓度的增加而增加。造成这种现象的原因可能也同最大田间持水量状态下培养结果的原因一致，即磷浓度较低时磷和砷的竞争作用明显，而高磷浓度下磷对砷的影响减弱。同前面的结果一样，土壤 CQ 在 FSD 培养条件下添加 200 mg/kg 外源磷后，土壤中非稳态砷浓度的变化与土壤砷老化后的培养条件（30% MWHC）下的变化趋势不一致，出现这样的现象可能与最大田间持水量状态下培养原因相同。

最大田间持水量培养的过程中，在添加外源磷后，土壤 CQ 中非稳态砷含量的变化趋势显著受到土壤水分条件的影响，在 FSD 的第一个循环中，随着土壤水分由 100% MWHC 干燥至 30% MWHC，土壤非稳态砷的含量也随之降低，然后当土壤水分再次被湿润到 100% MWHC 时，土壤非稳态砷的含量也随之小幅增加，继续干燥后，土壤非稳态砷的含量再次降低。土壤 JL 在 FSD 培养过程中非稳态砷含量的变化趋势同最大田间持水量时的变化趋势差异显著，在 FSD 的两个干湿交替循环中，土壤非稳态砷的含量一直在增加。土壤 LN、HU-2 中的非稳态砷含量随着培养时间的延长而不断下降，这与前面最大田间持水量条件下培养的结果一致，可能是由于土壤自身的老化作用所致。

2. 田间持水量-极度干燥循环条件下磷对土壤溶液中砷及$(NH_4)_2SO_4$提取态砷的影响

上述 4 种土壤在开始 FSD 条件培养后，通过离心法和化学提取法分别测定土壤溶液中的砷和$(NH_4)_2SO_4$提取态砷含量。土壤溶液中砷及$(NH_4)_2SO_4$提取态砷在培养过程中的变化见图 4.11 及图 4.12。从这两个图中可以看出，土壤溶液中砷及$(NH_4)_2SO_4$提取态砷含量的变化与土壤中非稳态砷的变化大体上是一致的。

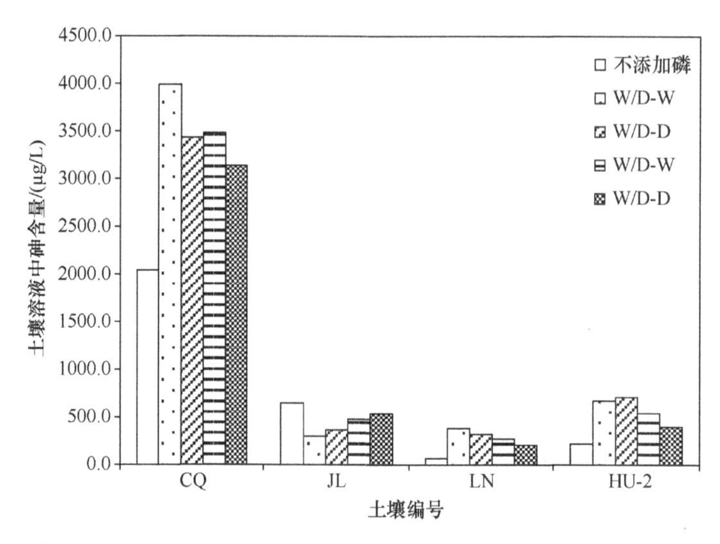

图 4.11　田间持水量-极度干燥循环条件下不同土壤中添加外源磷后土壤溶液中砷含量的变化

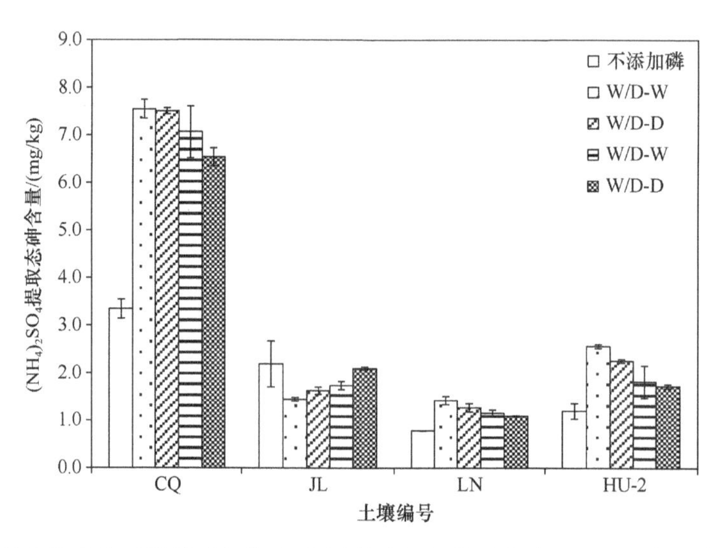

图 4.12　田间持水量-极度干燥循环条件下不同土壤中添加外源磷后$(NH_4)_2SO_4$提取态砷含量的变化

在刚添加外源磷后，土壤 CQ、LN、HU-2 中土壤溶液砷含量均显著增加，这几种土壤相比不添加外源磷时增加的百分比分别为 95.5%、471.0%、206.4%，这一变化的规律也同最大田间持水量条件下磷对土壤溶液中砷及$(NH_4)_2SO_4$提取态砷含量，以及 FSD 下土壤非稳态砷的变化规律一致。同样的，初始有效磷含量最低的 LN 土壤溶液中砷增加的比例最大。土壤 CQ、LN、HU-2 中$(NH_4)_2SO_4$提取态砷含量同土壤溶液中砷含量的变化趋势相同，即在添加外源磷后，这 3 种土壤中提取态砷含量均显著增加，但是不同土壤增加的规律却出现了不一致，增加的百分比分别为 125.9%、82.2%、114.2%，pH 较高的 CQ 和 HU-2 土壤中提取态砷增加比例较大，说明这部分砷的含量受到土壤酸碱性的显著影响。同最大田间持水量培养的结果一致，土壤 LN 增加的非稳态砷主要是以液相的形式存在，而土壤 CQ 和 HU-2 增加的非稳态砷主要是以弱结合态砷的形式存在。

不同于上述的 3 种土壤，土壤 JL 中，在刚添加外源磷后土壤溶液砷和$(NH_4)_2SO_4$提取态砷相比不添加外源磷时显著降低，降低的比例分别为 54.2%和 33.9%，这也同最大田间持水量培养的结果一致，说明由于磷的加入，土壤 JL 中的砷会由非稳态向较稳定的状态转移。但是与最大田间持水量状态下不同的是，在 FSD 干湿交替培养过程中，土壤溶液中砷和$(NH_4)_2SO_4$提取态砷的浓度随着培养的进行而不断增加，这与土壤 JL 中非稳态砷的变化趋势一致，也正是由于这两相的砷是非稳态砷库的主要来源，所以这两相砷的增加也导致了土壤中非稳态砷含量的增加。

3. 田间持水量-极度干燥循环条件下磷对土壤中砷的迁移动力学特征的影响

FSD 条件下土壤培养过程中土壤迁移动力学参数（土壤 *R* 值、分配系数 K_d）的变化见表 4.8。从结果中可以看出，同最大田间持水量培养的结果一致，对于供试的 4 种土壤来说，添加外源磷后土壤 *R* 值相比不添加外源磷时均减小，说明添加外源磷会导致砷从这几种土壤固相到液相的再补给能力下降；在添加外源磷后土壤 CQ、JL 和 HU-2 的 K_d 值变化不大，土壤 LN 在添加外源磷后 K_d 值显著减小，同我们对砷老化后的土壤添加外源磷进行试验结果的原因一样，添加外源磷后土壤 LN 液相（C_{soln}）和固相（C_s）中的砷含量均增加，但液相增加的比例为 471.0%，固相增加的比例仅为 82.2%，这些结果表明，添加外源磷会使得土壤中一些更稳定的吸附态砷被加入土壤的磷竞争而解吸下来。解吸下来的砷主要是以液相离子的形式而存在，只有一小部分是以非特异性结合态［$(NH_4)_2SO_4$提取态砷］的形式而存在。

表 4.8　田间持水量-极度干燥循环条件下不同土壤添加外源磷后的迁移动力学参数

土壤编号	土壤 *R* 值				
	不添加外源磷	湿培养	干培养	湿培养	干培养
CQ	0.18	0.14	0.16	0.16	0.14
JL	0.33	0.29	0.26	0.27	0.23
LN	0.53	0.21	0.25	0.28	0.27
HU-2	0.37	0.18	0.17	0.21	0.20
土壤编号	分配系数（K_d）/（cm^3/g）				
	不添加外源磷	湿培养	干培养	湿培养	干培养
CQ	1.64	1.89	2.19	2.03	2.08
JL	3.38	4.88	4.50	3.62	3.89
LN	11.71	3.74	3.97	4.25	5.23
HU-2	5.45	3.81	3.16	3.35	4.36

（二）淹水-适度干燥循环条件下磷对土壤中非稳态砷的影响

1. 淹水-适度干燥循环条件下磷对土壤中非稳态砷的影响

我们同样选择了上述 4 种理化性质差异较大的土壤进行本试验，这 4 种土壤分别为采集自重庆的紫色土（CQ）、贵州的黄壤（GZ）、海南的砖红壤（HA-2）以及湖南的第四纪红壤（HU-2）。这 4 种土壤人为添加砷（Na_2HAsO_4，60 mg/kg）并于淹水状态下培养 90 d 后，向土壤中添加外源磷（$NH_4H_2PO_4$，200 mg/kg），开始在淹水-适度干燥循环（water flooding-moderate drying cycle，FMD）条件下培养。干湿交替循环共进行两次，每次循环土壤含水量达到 125% MWHC、100% MWHC 和 50% MWHC 时取样进行 DGT 试验，测定土壤中的砷［DGT 测定非稳态砷、土壤溶液中砷、$(NH_4)_2SO_4$ 提取态砷］。这几种土壤在培养过程中土壤非稳态砷的变化见图 4.13。

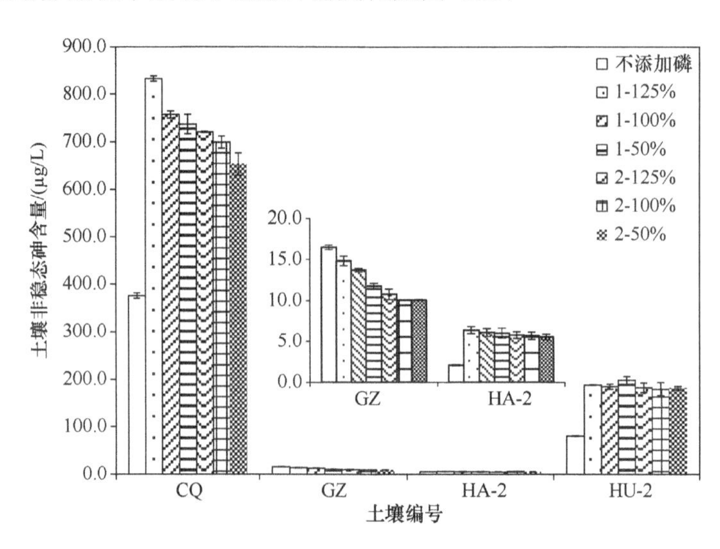

图 4.13　淹水-适度干燥循环下不同土壤中添加外源磷后非稳态砷含量的变化

从图中可以看出，FMD 条件下在刚添加外源磷后，土壤 CQ、HA-2、HU-2 中非稳态砷含量相比不添加外源磷时均显著增加，其中土壤 CQ 非稳态砷增加了 121.4%，土壤 HA-2 增加了 208.2%，土壤 HU-2 增加了 133.4%。而土壤 GZ 中非稳态砷的变化与其他三种土壤不同，在刚添加外源磷后，土壤 GZ 中非稳态砷含量降低，降低的百分比为 10.1%。在对砷老化后土壤添加磷素的研究结果中，这几种土壤在施 200 mg/kg 磷适度干燥条件下培养后，土壤 CQ 和 GZ 中非稳态砷含量相比不添加外源磷时降低，土壤 HA-2 和 HU-2 中则相比不添加外源磷时增加。与本试验的结果对比发现，土壤 GZ、HA-2 和 HU-2 无论在干燥或是淹水条件下培养时，其土壤非稳态砷的变化趋势都是一致的，而土壤 CQ 在不同水分条件下培养时土壤非稳态砷受磷的影响不一致，这说明土壤水分对土壤 CQ 中非稳态砷含量有显著影响。这可能是因为在淹水条件下，土壤中砷的主要存在形态为三价砷，一些五价砷的吸附位点与其在土壤吸附位点上产生竞争作用，导致砷被解吸到液相中，使得非稳态砷的含量增加。在添加外源磷后的干湿交替培养过程中，土壤 CQ 和 GZ 中非稳态砷含量不断降低，说明土壤中由于磷的加入而使得土壤固相释放的砷可能由于土壤的老化作用，非稳态砷随着培养时间的延长，一部分被土壤重新吸附，导致砷的非稳性下降。土壤 HA-2 和 HU-2 中的非稳态砷含量虽然也有所降低，但是并不显著，说明在 FMD 培养条件下，这两种土壤中由于磷的加入而解吸下来的砷很少能被土壤固相再吸附，这可能因为是磷的加入占据了土壤中大部分的吸附位点。

2. 淹水-适度干燥循环条件下磷对土壤溶液中砷及$(NH_4)_2SO_4$提取态砷的影响

上述 4 种土壤在开始 FMD 条件培养后，通过离心法和化学提取法分别测定土壤溶液中的砷和$(NH_4)_2SO_4$提取态砷。土壤溶液中砷及$(NH_4)_2SO_4$提取态砷在培养过程中的变化见图 4.14 及图 4.15。从这两个图中可以看出，土壤溶液中砷以及$(NH_4)_2SO_4$提取态砷的变化与土壤中非稳态砷的变化大体上是一致的。

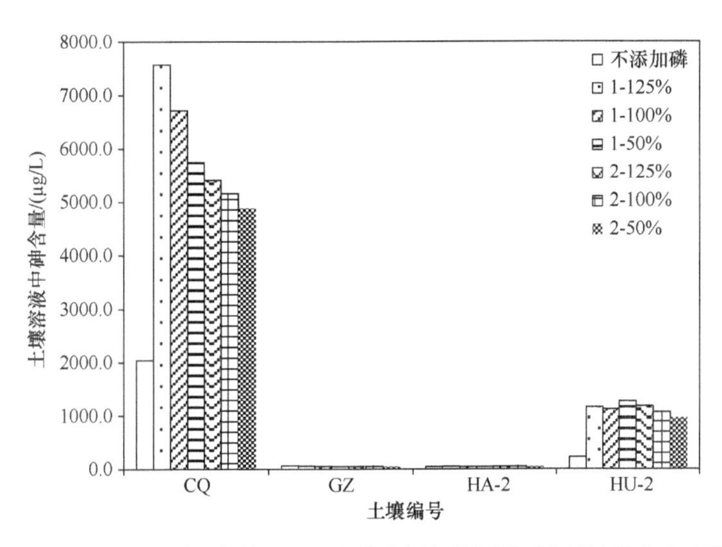

图 4.14　淹水-适度干燥循环条件下不同土壤中添加外源磷后土壤溶液中砷含量的变化

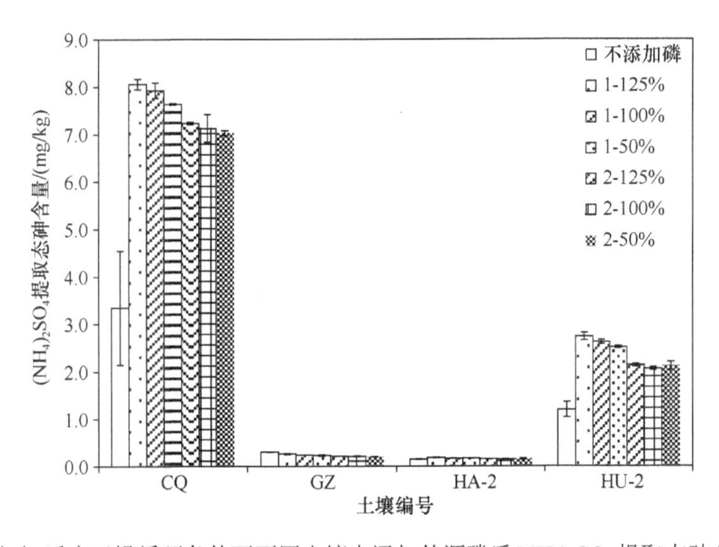

图 4.15　淹水-适度干燥循环条件下不同土壤中添加外源磷后$(NH_4)_2SO_4$提取态砷含量的变化

在刚添加外源磷后，CQ、HA-2、HU-2 的土壤溶液中砷及$(NH_4)_2SO_4$提取态砷含量均显著增加，这几种土壤相比不添加外源磷时土壤溶液砷增加的百分比分别为 271.1%、140.8%、428.9%，$(NH_4)_2SO_4$提取态砷增加的百分比分别为 141.1%、24.9%、128.3%。GZ 土壤溶液中砷和$(NH_4)_2SO_4$提取态砷含量显著降低，降低的百分比分别为 27.9%和 13.4%。土壤溶液中砷增加的比例与土壤初始有效磷含量显著相关，土壤初始有效磷含量越大，增加的比例就越大；土壤初始有效磷含量最低的 GZ 土壤（0.1 mg/kg），在添加外源磷后，土壤溶液中的砷及$(NH_4)_2SO_4$提取态砷含量降低。这几种土壤中土壤液相变化的比例一般均大于提取态砷变化的比例，说明由于磷的加入引起的土壤砷含量的变化最先影响的是土壤溶液中的砷。

在添加外源磷后的 FMD 培养过程中，CQ 和 GZ 土壤溶液中的砷含量随着培养时间的延长逐渐降低，HU-2 土壤溶液中的砷含量随着培养时间的延长并没有显著的变化，这一结果与土壤中非稳态砷的变化趋势一致。但是在土壤 HA-2 中，其土壤溶液砷的变化很明显地呈现出随土壤水分含量变化而变化的趋势，在第一个 FMD 循环中，土壤水分含量变化为 125% MWHC—100% MWHC—50% MWHC，土壤溶液砷含量也随之不断下降，当开始第二个 FMD 循环，土壤水分含量再次增加到 125%时，土壤溶液砷的含量也显著增加，并随着第二个循环中土壤水分含量的降低而再次逐渐降低。相比之下，这几种土壤中$(NH_4)_2SO_4$提取态砷的变化趋势较为一致，随着培养时间的延长，供试的 4 种土壤中提取态砷的含量一直在不断降低。

3. 淹水-适度干燥循环条件下磷对土壤中砷的迁移动力学特征的影响

FMD 条件下土壤培养过程中土壤迁移动力学参数（土壤 R 值、分配系数 K_d）的变化见表 4.9。从结果中可以看出，对于供试的 4 种土壤来说，添加外源磷后土壤 R 值相比不添加外源磷时均减小，说明添加外源磷会导致砷从这几种土壤固相到液相的再补给能力下降；K_d 值的变化在不同的土壤中出现不一致的趋势，土壤 CQ、HA-2、HU-2 在添加外源磷后土壤 K_d 值均降低，而土壤 GZ 在添加外源磷后土壤 K_d 值增加，这是因为土壤 GZ 在添加外源磷后土壤固相砷［$(NH_4)_2SO_4$提取态砷］增加的比例（569.1%）高于液相砷（土壤溶液砷）增加的比例（447.5%），其他土壤中则相反。这说明，添加外源磷使得解吸下来的砷在土壤 GZ 中更容易以固相（非特异性结合态）的形式存在，而其他土壤中则主要以液相的形式存在。

表 4.9 淹水-适度干燥循环条件下不同土壤中添加外源磷后的迁移动力学参数

土壤编号	土壤 R 值						
	不添加磷	1-125%	1-100%	1-50%	2-125%	2-100%	2-50%
CQ	0.21	0.11	0.11	0.13	0.13	0.14	0.13
GZ	0.80	0.65	0.72	0.75	0.80	0.75	0.76
HA-2	0.86	0.48	0.59	0.70	0.39	0.51	0.56
HU-2	0.38	0.16	0.17	0.16	0.16	0.17	0.19

土壤编号	分配系数（K_d）/（cm^3/g）						
	不添加磷	1-125%	1-100%	1-50%	2-125%	2-100%	2-50%
CQ	3.88	1.06	1.18	1.33	1.30	1.38	1.48
GZ	9.39	11.47	12.53	14.95	15.99	15.96	15.24
HA-2	17.93	14.10	16.31	19.77	10.40	13.50	15.58
HU-2	7.41	2.35	2.34	1.98	1.81	1.93	2.21

三、不同水分管理模式下磷素对土壤中砷的影响对比

我们把采集的 4 种土壤（CQ、JL、LN、HU-2）分别在最大田间持水量（100% MWHC）、田间持水量-极度干燥循环（100% MWHC—30% MWHC）、干燥（30% MWHC）三种水分管理模式下进行培养，培养 28 d 后，三种模式下土壤中的非稳态砷与不添加外源磷时土壤中砷［非稳态砷、土壤溶液砷、$(NH_4)_2SO_4$ 提取态砷］的对比见图 4.16～图 4.18。

从结果中可以看出，不同土壤在不同水分模式培养下，其土壤非稳态砷含量存在显著差异。土壤 CQ、LN 中非稳态砷随土壤水分含量的变化规律一致，添加外源磷后，无论在何种水分模式下培养，土壤非稳态砷含量均显著高于不添加外源磷时土壤的非稳态砷含量。在不同水分条件下培养时，这两种土壤中的非稳态砷含量呈现出明显的变化趋

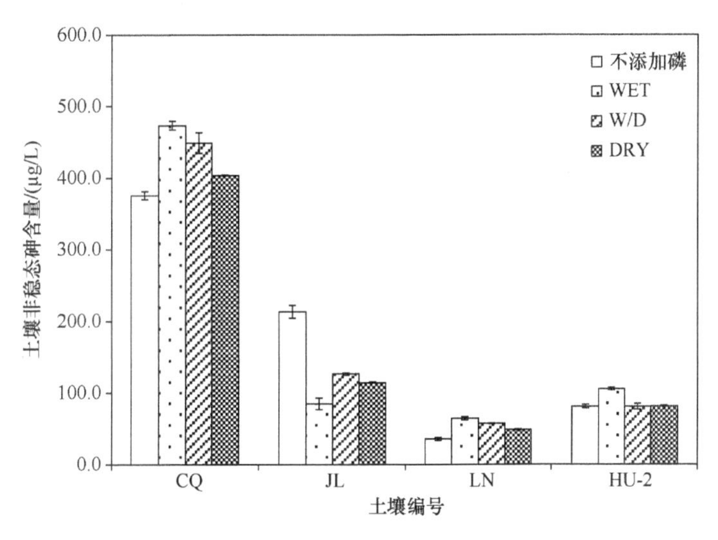

图 4.16　不同水分条件下土壤中添加外源磷后非稳态砷的变化

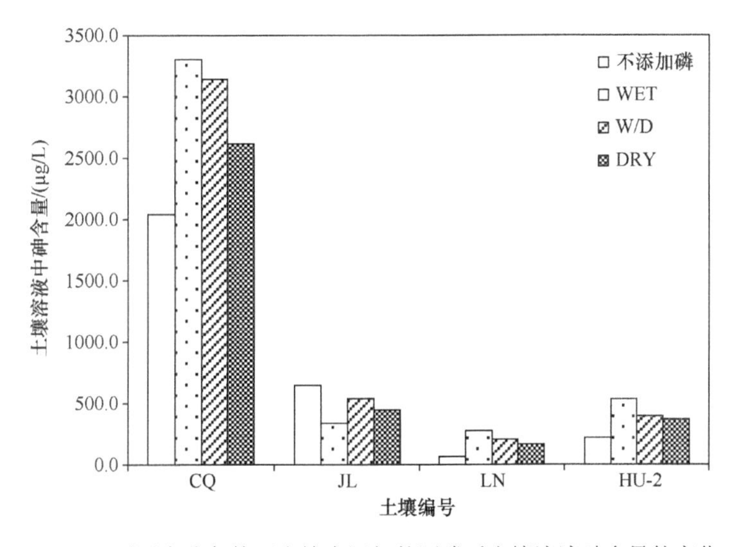

图 4.17　不同水分条件下土壤中添加外源磷后土壤溶液砷含量的变化

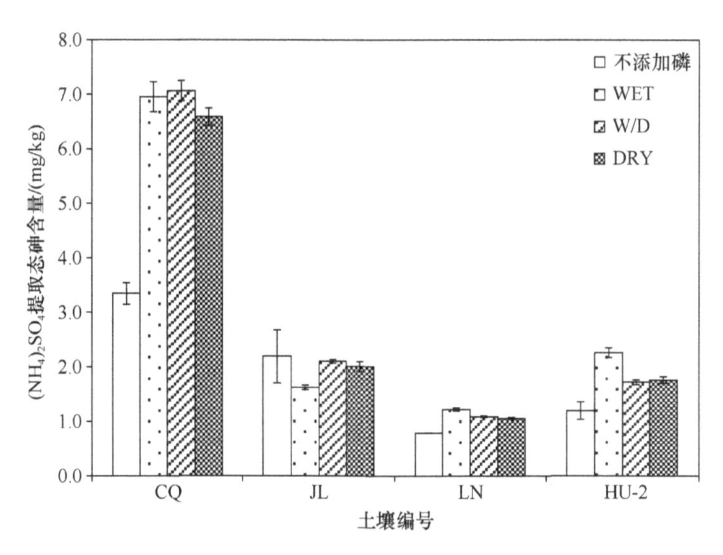

图 4.18 不同水分条件下土壤中添加外源磷后$(NH_4)_2SO_4$提取态砷含量的变化

势，即随着土壤培养过程中水分含量的降低而降低。土壤 CQ 和 LN 在最大田间持水量条件下（100% MWHC）培养时，其土壤中非稳态砷含量最高，干湿交替条件下（100% MWHC—30% MWHC）培养时次之，在干燥条件下（30% MWHC）培养时最低。土壤 JL 中，无论在何种水分模式下培养，添加外源磷后土壤非稳态砷含量均显著低于不添加外源磷时土壤的非稳态砷含量。在不同水分条件下培养时，其土壤非稳态砷含量并没有表现出随土壤水分含量有明显变化的趋势，土壤 JL 在干湿交替条件下培养时其土壤中非稳态砷含量最高，适度干燥条件下培养时次之，在最大田间持水量条件下培养时最低。土壤 HU-2 中，只有在最大田间持水量条件下培养时添加外源磷会使得土壤非稳态砷含量显著增加，而在其他两种水分条件下（田间持水量-适度干燥循环和适度干燥），添加外源磷后土壤非稳态砷含量与不添加外源磷时土壤非稳态砷含量之间没有显著差异。

从表 4.10 中可以看出，供试的 4 种土壤（CQ、JL、LN、HU-2）无论在何种水分条件下培养，其土壤 R 值相比不添加外源磷时均显著降低，表明添加外源磷后，无论土壤水分条件如何，土壤固相对液相的再补给能力均显著降低。结合前面的结果推测，这可能是由两个方面的原因造成的：一是添加外源磷后，由于磷的竞争作用使得土壤固相吸附的弱结合态砷被磷竞争而进入到土壤液相中，土壤液相中砷的含量增加，由于液相中砷浓度降低引起固相再补给的时间增加，对固相上砷的需求降低，从而导致土壤固相的再补给能力下降；二是由于一些土壤中添加外源磷后非稳态砷含量下降，土壤液相中的砷和弱结合态的砷［$(NH_4)_2SO_4$ 提取态砷］含量均降低，说明土壤中的砷由于磷的加入而向更稳定的状态转移，砷在土壤固相的结合力更强，导致由于液相中砷浓度降低引起固相再补给的能力下降。

分配系数（K_d）的变化明确说明了在不同水分条件下外源磷对这几种土壤中非稳态砷含量的影响。土壤 CQ 和 JL 的 K_d 值均升高，结合前面的结果表明，添加外源磷后土壤 CQ 中砷的非稳性增加，增加的这部分砷主要是以固相［非特异性结合态，$(NH_4)_2SO_4$ 提取态］的形式存在；而添加外源磷后土壤 JL 中砷的非稳性降低，主要是液相中

表 4.10 不同水分条件下土壤中添加外源磷后的迁移动力学参数

土壤编号	土壤 R 值			
	不添加外源磷	最大田间持水量培养	干湿交替（FSD）培养	适度干燥培养
CQ	0.18	0.14	0.14	0.15
JL	0.33	0.25	0.23	0.26
LN	0.53	0.23	0.27	0.29
HU-2	0.37	0.20	0.20	0.22
土壤编号	分配系数（K_d）/（cm^3/g）			
	不添加外源磷	最大田间持水量培养	干湿交替（FSD）培养	适度干燥培养
CQ	1.64	2.11	2.25	2.52
JL	3.38	4.81	3.89	4.51
LN	11.71	4.45	5.23	6.26
HU-2	5.45	4.23	4.36	4.78

的砷被土壤固相再吸附。土壤 LN 的 K_d 值显著降低，结合前面的结果表明，添加外源磷后土壤 LN 中非稳态砷含量增加，增加的这部分砷主要是以液相的形式存在。土壤 HU-2 的 K_d 值有所降低，也同样表明土壤中非稳态砷含量的增加主要是液相中的砷含量增加。不同水分条件下供试的 4 种土壤的 R 值和 K_d 值差异不显著，表明土壤水分条件对土壤固相中砷的再补给能力没有显著的影响。

四、不同水分管理模式下磷素对土壤中非稳态砷的影响规律

水分条件在土壤中砷的迁移转化过程中起着重要的作用。首先，水是土壤中一切化学反应进行的介质，植物吸收砷时首先吸收土壤溶液中的砷，由于液相中砷含量的降低会导致土壤固相的再补给作用，固相上吸附的砷会解吸下来补充到液相中去；其次，水分会影响砷的存在状态和有效态含量，在不同的水分条件下，土壤中的砷可能会以不同的形态而存在，不同形态之间有效性和毒性存在差异，这也是砷的植物毒性大小的决定性因素；再次，水分条件会影响土壤的物理化学性质（质地、透气性、可溶性有机质含量、pH 和 Eh 等），从而间接影响土壤中砷的物理化学行为，其中氧化还原电位（Eh）和 pH 是影响环境中砷存在形态的两个最主要的因素。在土壤中氧化条件下，当 pH$<$6.9 时，砷主要是以五价砷的 $H_2AsO_4^-$ 形式存在，随着 pH 的继续升高，砷的主要形态由 $H_2AsO_4^-$ 转为 $HAsO_4^{2-}$（而 $H_3AsO_4^0$ 和 AsO_4^{3-} 只有在强酸或强碱的环境中才能存在）。在土壤中还原环境下，当 pH $\leqslant$ 9.2 时，砷主要以三价砷不带电荷的中性分子 $H_3AsO_4^0$ 的形式存在。

（一）不同水分管理模式下外源磷对土壤中非稳态砷的影响规律

在不同的水分管理模式下（最大田间持水量、干湿交替、适度干燥），添加外源磷后，不同土壤中非稳态砷表现出不同的变化趋势。由于土壤中复杂的磷砷竞争机理，导致不同土壤中添加外源磷后非稳态砷变化趋势的不一致，这主要与土壤的理化性质有

关。大多数土壤在添加外源磷后，磷在土壤中表现出与砷竞争拮抗的作用，在土壤固相表面的吸附位点上，磷酸盐与土壤中吸附的砷酸盐发生了竞争作用及阴离子交换吸附作用（Peryea，1991），从而导致土壤中非稳态砷增加；而在土壤 JL 和 GZ 中，刚添加外源磷时，土壤中非稳态砷含量却显著降低。土壤 JL 具有较高的有机质含量及初始有效磷含量，但是具体的原因还有待进一步的研究来揭示。

（二）水分条件对土壤中非稳态砷的影响规律

在同样添加外源磷（200 mg/kg）的条件下，不同水分管理模式对土壤中非稳态砷含量也存在显著的影响。土壤中添加外源磷后，非稳态砷含量随着土壤水分条件的变化显著变化，有些土壤在不同的水分管理模式培养下，土壤非稳态砷出现了相反的变化趋势，主要就是因为不同的水分条件下，土壤中的氧化还原状况不同，导致砷在土壤中的存在形态差异显著，而砷的化学形态（价态和结构）是决定土壤中砷有效性及毒性的主要因素。陈丽娜（2009）研究指出，湿润和干湿交替水分管理模式下，溶液中的砷主要以五价态的形式存在，淹水管理模式下，土体上层五价砷为主要赋存形态，而中下层三价砷含量明显较高。同时，水分条件会影响土壤的物理化学性质，土壤 pH 和 Eh 是影响土壤中砷迁移转化的两个最重要的因素，它们不仅能直接影响土壤中砷的形态及其相互之间的转化，而且可以通过改变土壤胶体的表面电荷来影响砷在土体中的化学行为。此外，水分条件还可以影响土壤中可溶性有机物的变化，可溶性有机物能够与土壤矿物表面强烈结合（Kaiser et al.，1997）而使得矿物表面砷的吸附位点被屏蔽（Grafe et al.，2001；Grate and Kuchenbuch，2002；Redman et al.，2002），从而影响砷的移动性。本研究中大多数土壤在干燥条件下培养时相比湿润条件培养，土壤非稳态砷含量较低，这可能是因为在水分充足的条件下，土壤 Eh 值降低，土壤中含铁矿物表面特异性吸附的砷可能会由于还原作用被释放出来，从而增加了非稳态砷含量。此外，磷在土壤中与砷之间的竞争作用主要发生在非特异性吸附位点上，而一些专性吸附位点对磷酸盐和砷酸盐的吸附具有选择性，当土壤水分条件发生改变时，土壤中不同形态的砷会发生相互转化，砷形态的改变可能会影响砷在土壤中的吸附，从而导致土壤中磷砷关系发生变化。

（三）土壤中砷迁移动力学参数的应用及意义

添加外源磷后，土壤固相中砷对液相的再补给能力（土壤 R 值）无论在何种水分条件下均会降低，可能是由两个方面的原因造成的：一是由于磷的竞争作用使得土壤固相吸附的弱结合态砷解吸下来进入到土壤液相中，土壤液相中砷的含量增加，对固相上砷的需求降低，从而导致土壤固相的再补给能力下降；二是由于一些土壤中添加外源磷后，土壤非稳态砷含量下降，土壤液相中的砷和弱结合态的砷含量均降低，说明土壤中的砷由于磷的加入而向更稳定的状态转移，砷在土壤固相的结合力更强，导致由于液相中砷浓度降低引起固相再补给的能力下降。相比之下，土壤中砷在固、液两相间的分配系数 K_d 值在不同的土壤中出现了不一致的变化趋势，总体来说，添加外源磷后 K_d 值增加的土壤固相解吸下来的砷主要以弱结合态的形式存在，或者被固相再吸附的砷主要是来源于土壤液相中的砷；而 K_d 值降低的土壤中则相反，解吸下来的砷主要以液相形式存在，或者被土壤固相再吸附的砷主要是来源于弱结合态的砷。

通过实验我们发现，在不同的水分管理模式下（最大田间持水量、最大田间持水量-极度干燥循环），土壤CQ、LN、HU-2在添加外源磷（200 mg/kg）后土壤非稳态砷的含量相比不添加外源磷时显著增加，并随着培养时间的延长而不断降低；土壤JL在添加外源磷后（200 mg/kg）土壤非稳态砷含量相比不添加外源磷时却显著降低。而在淹水-适度干燥循环（FMD，125% MWHC—100% MWHC—50% MWHC）培养条件下，土壤CQ、HA-2、HU-2在添加外源磷后（200 mg/kg）非稳态砷的含量相比不添加外源磷时显著增加，而土壤GZ在添加外源磷后（200 mg/kg）非稳态砷含量相比不添加外源磷时却显著降低，所有土壤中的非稳态砷含量均随着培养时间的延长而不断降低。另外，在最大田间持水量（100% MWHC）、田间持水量-极度干燥循环（100% MWHC-30% MWHC）、干燥（30% MWHC）三种水分管理模式下，土壤CQ、LN、HU-2在添加外源磷后（200 mg/kg），土壤非稳态砷的含量相比不添加外源磷时显著增加，并且随着土壤含水量的下降而降低；土壤JL在添加外源磷后（200 mg/kg），土壤非稳态砷的含量相比不添加外源磷时显著下降，且在干湿交替条件下培养时其土壤中非稳态砷含量最高。如果添加外源磷，土壤固相中砷对液相的再补给能力（土壤R值）无论在何种水分条件下均会降低，而不同类型土壤的K_d值却表现出不一致的变化趋势，其变化规律主要反映出外源磷对土壤中砷存在形态的影响。

第三节　不同水分管理模式下水铁矿稳定性的变化及其对砷化学行为的影响

土壤水分对水铁矿的转化及砷的迁移转化过程起着决定性作用。一方面，土壤水分是土壤一切化学生物反应的介质；另一方面，水分的变化影响土壤Eh和pH的变化。这两个方面都能显著影响水铁矿在土壤中的稳定性，以及砷在土壤中的生物有效性和毒性（王进进，2015）。随着土壤水分的逐渐增加，土壤的好氧微生物开始工作，随着氧气的逐渐消耗，土壤逐渐进入还原态。土壤还原状态下Fe（Ⅱ）可以强烈地促进水铁矿的解离作用，从而破坏水铁矿的结构，导致吸附在其表面的As（Ⅴ）释放到土壤中。砷的形态变化对土壤的氧化-还原环境十分敏感，土壤的干湿交替循环过程对于砷在土壤孔隙水的迁移动力学过程也有着显著的影响（Takahashi et al.，2004；Arao et al.，2009；Li et al.，2009）。在土壤还原状态下被释放至土壤溶液的As（Ⅴ）被还原成毒性更高的As（Ⅲ），提高了砷在环境中的危害风险。陈丽娜（2009）通过对水稻田不同水分管理模式的研究发现，铁-砷之间的变化关系随着干湿交替的水分变化呈现出周期性变化，而这种周期性变化主要由于土壤水分的变化引起土壤Eh和pH的改变，进而影响水稻根际铁膜对砷的阻隔作用和稻田土壤中砷的生物有效性。部分学者研究发现砷在土壤还原条件下的移动性明显增加（Masscheleyn et al.，1991；Takahashi et al.，2004；Xu et al.，2008；Li et al.，2009），而如果控制土壤水分不达到淹水条件，则能够显著控制土壤中砷的移动性和生物有效性（Duxbury and Panaullah，2007；Xu et al.，2008；Li et al.，2009），这种水分变化对砷的生物有效性的影响很大程度上受到了铁氧化物在还原-氧化条件下稳定性的影响。

为了解旱地灌溉模式下不同水分条件对土壤中水铁矿的稳定性变化机制及其对砷在土壤中化学行为的影响，我们在试验中选择了持续干燥的水分条件（30% MWHC）、持续湿润的水分条件（100% MWHC）及干湿交替循环模式（100% MWHC-30% MWHC; dry/wet cycle，DWC）等几种水分管理方式。同时，用连续提取技术及 DGT 技术测定土壤中水铁矿的转化/解离过程，以及砷的结合态迁移和非稳态砷在土壤中的变化，从而了解不同水分管理模式下水铁矿的稳定性，以及其稳定性变化过程中对砷（非稳性、迁移动力学特征）的影响。

我们在实验中采集的土壤均来自于湖南石门地区，在白云镇（BY）农田中采集远离雄黄矿区的、未受到砷污染的一种土壤以及两种砷污染土壤。其中，砷污染土壤按照砷浓度高低在雄黄矿区周边的一块中浓度绿豆地（MB）和一块高浓度玉米地（HM）采集，所有土壤均采集自于农田表层土壤（0～20 cm），三种土壤均为由不同母质发育的典型红壤。

一、水铁矿向结晶态铁氧化物的转化以及不同铁氧化物结合态砷的变化过程

水铁矿向结晶态铁氧化物的转化如表 4.11 所示。从表 4.11 可知，水铁矿在三种土壤 100% MWHC 和 DWC 条件下培养均在 11 d 内发生一定程度的转化，但在 30% MWHC 条件下培养时，仅在土壤 BY 中发生转化，而土壤 MB 和 HM 中水铁矿在 11 d 内均未发生转化。在 33 d 时，水铁矿在三种土壤的所有水分处理均发生不同程度的转化，其中，水铁矿在三种不同水分条件下的转化速率为 100% MWHC＞DWC＞30% MWHC。对比三种土壤的转化速率可知，在 30% MWHC 条件下 33 d 时，有 8.77%水铁矿在土壤 BY 中发生转化，而在土壤 MB 和 HM 中，水铁矿则分别有 5.55%和 4.92%发生转化，水铁矿在三种土壤的转化速率为土壤 BY＞土壤 MB＞土壤 HM。在 100% MWHC 条件下 33 d 时，有 22.78%水铁矿在土壤 MB 中发生转化，而在土壤 BY 和 HM 中水铁矿的转化量分别为 20.76%和 16.50%，水铁矿在三种土壤的转化速率为土壤 MB＞土壤 BY＞土壤 HM。在 DWC 水分条件下 33 d 时，有 10.96%水铁矿在土壤 BY 中发生转化，明显高于在土壤 MB（7.38%）和土壤 HM（6.59%）中水铁矿的转化量，水铁矿在三种土壤的转化速率为土壤 BY＞土壤 MB＞土壤 HM。

结晶态铁氧化物的生成量如表 4.11 所示。伴随着水铁矿的转化，在三种土壤中不同水分条件下，均有不同程度的结晶态铁氧化物生成。结晶态铁氧化物在不同水分条件下生成速率的顺序与水铁矿转化顺序保持一致，即 100% MWHC＞DWC＞30% MWHC。30% MWHC 条件下，在 11 d 时与水铁矿转化结果类似，仅在土壤 BY 中可以测出约 5.32%结晶态铁氧化物生成，而在土壤 MB 和 HM 中仍未测出结晶态铁氧化物生成；在 33 d 时三种土壤中均测出结晶态铁氧化物的生成，三种土壤中结晶态铁氧化物的生成量的与水铁矿的转化量的顺序保持一致，即土壤 BY＞土壤 MB≈土壤 HM。100% MWHC 条件下，结晶态铁氧化物生成量顺序在 11 d 时为土壤 BY＞土壤 MB＞土壤 HM，但在 33 d 时

表 4.11　添加水铁矿后弱结晶态铁氧化物在不同水分的三种土壤中向结晶态铁氧化物的转化

土壤编号	土壤水分	水铁矿转化量/%		结晶态铁氧化物的生成量/%	
		11 d	33 d	11 d	33 d
BY	30% MWHC	4.39	8.77	2.98	5.32
MB		ND	5.55	ND	3.02
HM		ND	4.92	ND	2.96
BY	100% MWHC	6.83	20.76	3.08	12.76
MB		5.71	22.78	2.82	9.47
HM		4.67	16.50	2.59	10.07

注：ND（no detected）表示未检出。

顺序变化为土壤 BY＞HM＞MB。DWC 条件下与 30% MWHC 条件下结果一样，在水铁矿老化的 11 d 内，土壤 MB 和 HM 中均未测出结晶态铁氧化物的生成，仅在土壤 BY 中有 2.92%的生成量。到 33 d 时，在土壤 MB（2.86%）和土壤 HM（3.32%）可以测出少量结晶态铁氧化物生成，三种土壤中结晶态铁氧化物的生成量顺序为土壤 BY＞HM≈MB，该结果与 30%水分条件的结果基本相同。

水铁矿添加 33 d 后，弱结晶态铁氧化物结合态砷（F1）和结晶态铁氧化物结合态砷均呈现出增加的趋势，其结果如表 4.12 所示。水铁矿添加 33 d 后，在两种供试土壤的所有水分处理中，F1 中的砷含量均有所增加，其中在 100%MWHC 条件下 F1 形态中的砷含量要高于 DWC 和 30% MWHC。对比两种土壤 MB 和 HM，在所有的水分处理条件下，土壤 HM 中 F1 形态的砷均显著高于土壤 MB（$P<0.05$）。在水铁矿添加 33 d 后，30% MWHC 条件下 F2 形态砷并未测出，但两种土壤在 100%和 DWC 条件培养下，F2 形态的砷含量均有所增加，其中在 100% MWHC 条件下，F2 形态中砷的增加量要高于 DWC 水分条件下的增加量。对比两种土壤 MB 和 HM 可知，在两种不同水分条件下，二者 F2 结合态砷的量基本相同之间并无显著性差异（$P<0.05$）。

表 4.12　水铁矿添加 33 d 后弱结晶态铁氧化物结合态砷（F1）和结晶态铁氧化物结合态砷（F2）的变化量

土壤编号	土壤水分	F1	F2
MB	30% MWHC	1.03±0.018b	ND
HM		1.25±0.024a	ND
MB	100% MWHC	2.08±0.031b	0.29±0.012a
HM		2.39±0.046a	0.32±0.021a
MB	DWC	1.69±0.039b	0.11±0.005a
HM		1.99±0.078a	0.14±0.009a

注：ND（no detected）表示未检出；不同处理间不同字母代表差异显著（$P<0.05$）。

二、添加外源水铁矿后土壤中非稳态铁的变化

添加外源水铁矿后，土壤中非稳态铁的浓度变化过程如图 4.19 所示。由图可知在三

种土壤中，相比于未添加水铁矿的处理，非稳态铁的浓度在三种土壤的不同水分条件下均在开始阶段表现出增加趋势，但其变化趋势之间有明显差异。在土壤 BY 中，水铁矿在 100% MWHC 条件下培养过程中非稳态铁持续表现出增加的趋势，直至 33 d 结束。在干湿交替的土壤中非稳态铁的浓度变化过程随水分则表现出一定周期性交替变化的规律。在开始的 2 d 内（100% MWHC），非稳态铁的含量表现出较快的增加趋势，随后在 4～11 d 内（30% MWHC），非稳态铁含量的增加趋势较为缓慢。该趋势一直维持至第二循环周期结束，并在第三循环周期 24 d 左右（土壤水分转为 30% MWHC）时开始表现出微弱的下降趋势。30% MWHC 水分条件下，在水铁矿加入初期，非稳态铁浓度变化与 100% MWHC 和 DWC 条件一样均表现出较为快速的上升趋势，随后在 13 d 后表现出明显持续下降的趋势直至 33 d 结束。三种水分条件下非稳态铁的含量变化幅度顺序为 100% MWHC＞DWC＞30% MWHC。在土壤 MB 和 HM 的三种水分处理中，也表现出与土壤 BY 相似的变化趋势。在 100%MWHC 条件下，土壤 MB 和 HM 中非稳态铁浓度也呈现出持续上升的趋势，但分别在 22 d 和 24 d 左右开始表现出下降的趋势。在 DWC 水分条件下，土壤 MB 和 HM 中非稳态铁含量的上升速率也随水分变化呈现出周期性交替变化，即在土壤水分为 100% MWHC 时上升较快而在 30% MWHC 时上升速率明显变缓，但二者与土壤 BY 不同的是，在第三周期开始时（22 d-100% MWHC 培养），非稳态铁的含量便开始表现出下降的趋势，时间节点要早于土壤 BY。

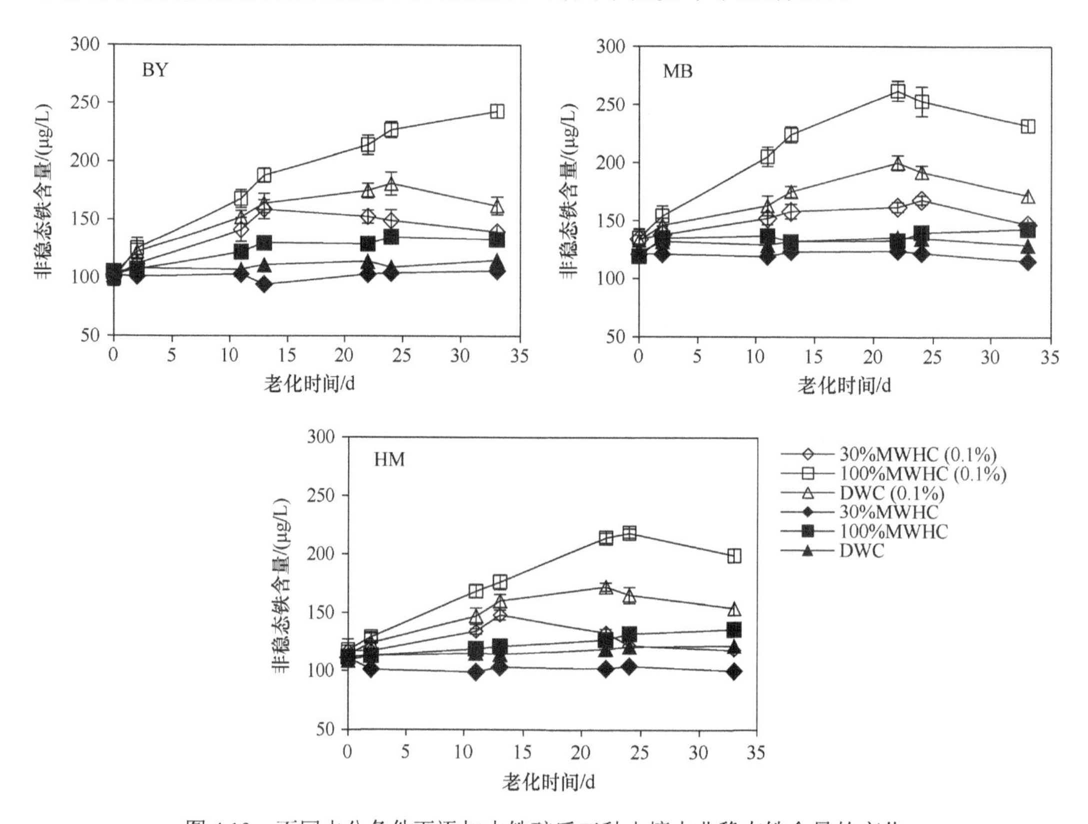

图 4.19　不同水分条件下添加水铁矿后三种土壤中非稳态铁含量的变化

对比三种土壤中非稳态铁的变化速率可知，在 30% MWHC 条件下，非稳态铁含量的上升速率为土壤 BY＞MB＞HM；在 100% MWHC 条件下，非稳态铁含量上升速率为土壤 MB＞BY＞HM；在 DWC 条件下，非稳态铁含量上升速率为土壤 BY＞MB≈HM。该结果与表 4.12 中水铁矿的转化量结果基本一致。

三、添加外源水铁矿后土壤中非稳态砷、化学提取态砷和土壤溶液中砷的变化

添加外源水铁矿后，土壤中非稳态砷含量的变化如图 4.20 所示。添加水铁矿后，两种土壤中非稳态砷含量都显著降低。在土壤 MB 中，水铁矿添加 2 d 时非稳态砷含量在两种不同水分条件相比于未添加水铁矿处理下降低程度到达 26.91%～42.08%，其中在 100% MWHC 条件下非稳态砷含量降低得最多，其次为 DHC 和 30% MWHC 条件。随后在 30% MWHC 条件下，非稳态砷仍保持持续稳定的下降趋势直至 33 d。在 100% MWHC 和 DWC 条件下，非稳态砷的浓度直至 22 d 左右时仍然维持下降的趋势，但在 22 d 后开始表现出缓慢的上升趋势，非稳态砷含量呈现出“V”形变化。在土壤 HM 中，水铁矿添加 2 d 时非稳态砷浓度也明显降低，在三种不同水分条件下，降幅分别达到了 39.33%（30% MWHC）、58.50%（100% MWHC）及 60.75%（DWC）。与土壤 MB 中变化趋势类似，在 30% MWHC 条件，非稳态砷含量表现出持续下降的趋势；而在 100% MWHC 和 DWC 条件下，非稳态砷的浓度在 24 d 时表现出上的趋势。

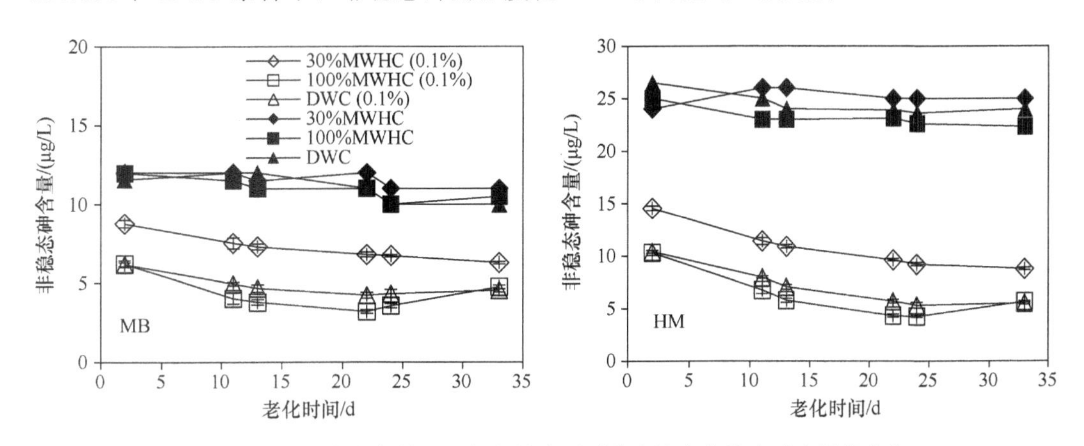

图 4.20　不同水分条件下添加水铁矿后两种土壤中非稳态砷含量的变化

添加水铁矿后土壤溶液中砷和化学提取态砷含量的变化如表 4.13、表 4.14 所示。在 30% MWHC 条件下，化学提取态砷和土壤溶液中砷含量均表现为持续下降的趋势；但在 100% MWHC 和 DWC 条件下，化学提取态砷和土壤溶液中的砷则表现为开始显著降低、而后出现小幅上升的过程。由此可以看出，在两种砷污染土壤中，不同水分条件下其变化趋势基本与非稳态铁含量的变化趋势相同。

四、不同水分条件下土壤 Eh 和 Fe（Ⅱ）浓度的变化

土壤 Eh 值和 Fe（Ⅱ）浓度随时间变化曲线如图 4.21 所示。三种不同水分条件下 Eh

表 4.13　不同水分条件下土壤中添加水铁矿后土壤溶液中砷含量的变化

土壤编号	土壤水分	添加水铁矿培养 11 d	添加水铁矿培养 22 d	添加水铁矿培养 33 d
MB	30% MWHC	32.74±2.34b	28.33±2.67b	24.23±1.78b
HM		50.05±2.22a	45.76±3.45a	38.13±3.56a
MB	100% MWHC	11.51±1.23b	11.29±1.19b	17.08±1.84b
HM		21.13±2.11a	16.00±1.46a	24.57±1.65a
MB	DWC	19.08±2.42b	16.96±1.09b	21.13±1.83b
HM		27.33±2.31a	21.92±1.11a	24.00±0.92a

注：不同土壤处理间不同字母代表差异显著（$P<0.05$）。

表 4.14　不同水分条件下土壤中添加水铁矿后$(NH_4)_2SO_4$提取态砷含量的变化

土壤编号	土壤水分	添加水铁矿培养 11 d	添加水铁矿培养 22 d	添加水铁矿培养 33 d
MB	30% MWHC	5.39±0.32b	5.13±0.16b	4.48±0.24b
HM		9.73±0.42a	9.66±0.27a	9.05±0.33a
MB	100% MWHC	2.58±0.12b	2.27±0.09b	3.14±0.10b
HM		5.98±0.23a	4.12±0.12a	5.15±0.16a
MB	DWC	3.95±0.17b	3.82±0.16b	4.12±0.21b
HM		7.21±0.29a	5.48±0.25a	5.44±0.35a

注：不同土壤处理间不同字母代表差异显著（$P<0.05$）。

表现出三种截然不同的变化趋势。在 30% MWHC 条件下，三种土壤 Eh 值维持在 450～480 mV 范围内小幅波动，该趋势一直维持到 33 d。在 100% MWHC 条件下，三种土壤 Eh 值在 0～33 d 内表现出明显下降的趋势。在 33 d 内，土壤 BY 的 Eh 值从初始的 445 mV 快速降至 178 mV，土壤 MB 的 Eh 值从初始的 472 mV 降至 161 mV，土壤 HM 的 Eh 值从 446 mV 降至 174 mV。在 DWC 条件下，三种土壤的 Eh 值则表现出周期性的上升-下降-上升-下降趋势。土壤 BY 的 Eh 值在 0～2 d 时 Eh 从 439 mV 降至 393 mV，随后在 4～11 d 内再次上升至 465 mV。进入第二循环周期，水分条件转为 100%MWHC 的 2 d 内（11～13 d），Eh 值再次出现下降的趋势，从 465 mV 下降至 415 mV，并随着水分的逐渐降低再次升至 472 mV。这种交替变化过程一直保持到第三循环周期结束。在土壤 MB 和 HM 中，也可以发现类似的 Eh 变化趋势。

土壤溶液中 Fe（Ⅱ）浓度的变化过程如图 4.21 所示。从图中可知，在三种土壤中，Fe（Ⅱ）浓度仅在 100% MWHC 条件下表现出明显上升的趋势，而在 30% MWHC 和 DWC 条件下，Fe（Ⅱ）浓度几乎无法测出。在土壤 BY，100% MWHC 条件下，Fe（Ⅱ）浓度在 33 d 内迅速从 0 上升至 4.65 mg/kg，而在 30% MWHC 和 DWC 条件下则无法测出 Fe（Ⅱ）浓度变化。在土壤 MB，100% MWHC 条件下，Fe（Ⅱ）浓度在 33 d 内也迅速从 0 上升至 6.56 mg/kg，而在 30% MWHC 和 DWC 条件下则无法测出。Fe（Ⅱ）浓度仅表现为较低浓度的短暂上升，随后便表现出下降的趋势。土壤 HM 中 Fe（Ⅱ）的变化过程也与土壤 MB 中类似，在 100% MWHC 条件下，Fe（Ⅱ）浓度在 33 d 内迅速从 0 上升至 4.89 mg/kg，而在 30% MWHC 和 DWC 条件下也仅仅维持较低浓度，无明显上升的变化趋势。

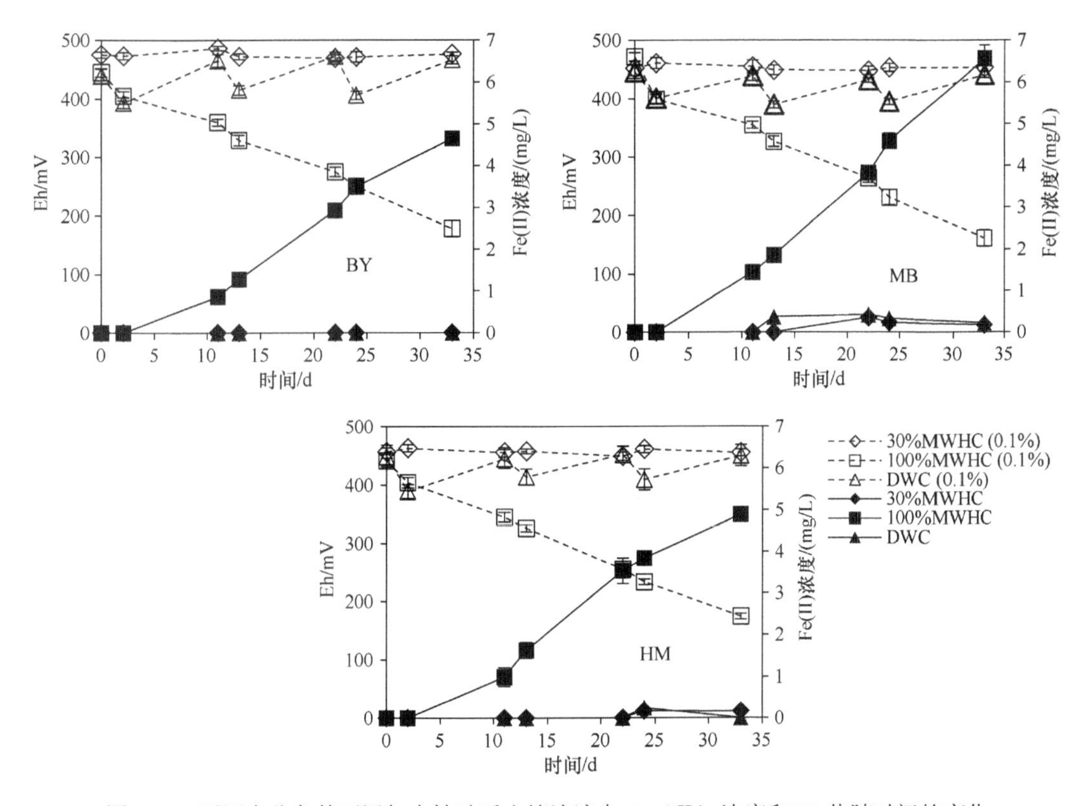

图 4.21　不同水分条件下添加水铁矿后土壤溶液中 Fe（Ⅱ）浓度和 Eh 值随时间的变化

五、添加外源水铁矿后对砷迁移动力学的影响

为了解在土壤不同水分培养过程中，添加水铁矿后随时间变化过程中，土壤中砷的迁移动力学特征，本试验结合 DGT 测定土壤非稳态砷（C_{DGT}）、土壤液相砷（土壤溶液砷，C_{soln}）和土壤固相结合态砷（$NaHCO_3$ 提取态砷，C_s）的相关测定值计算土壤 R 值和砷在土壤固液两相间的分配系数 K_d。土壤 R 值和分配系数 K_d 是表示土壤中砷迁移的两个重要参数，R 值为 C_{DGT} 跟土壤溶液的总浓度之间的比值（$R = C_{DGT}/C_{soln}$，$0<R<1$），它用来描述当土壤溶液中的金属被转移或消耗时土壤颗粒物补充金属的能力。K_d 值是指待测物在土壤固、两相间的分配比（$K_d= C_s/C_{soln}$），它是基于能与液相交换的非稳态固相部分的分配系数。具体计算结果见表 4.15。

从表 4.15 中可知，对于供试的 2 种砷污染土壤，添加外源水铁矿后，土壤的 R 值比未添加水铁矿时均明显升高，表明这两种土壤固相向液相的再补给能力上升，但随着水铁矿在土壤中老化过程的进行，三种不同水分条件下 R 值也表现出不同的变化趋势。在 30% MWHC 条件下，随着水铁矿老化时间的进行，R 值从加入 11 d 开始直至 33 d 结束，保持持续上升的过程，表明两种土壤中固相向液相砷的补给能力也持续上升。但在 100% MWHC 和 DWC 条件下，两种土壤 R 值在添加水铁矿的 11 d 后显著升高，但随后都开始表现出下降的趋势，说明两种土壤在 100% MWHC 和 DWC 条件下固相向液相的补给能力有所下降。两种土壤在不同水分条件下 K_d 值一定程度上表现出与 R 值变化相

表 4.15 不同水分条件下外源水铁矿添加后砷在土壤中的迁移动力学参数

土壤编号	土壤水分	土壤 R 值			
		未添加水铁矿	添加水铁矿培养 11 d	添加水铁矿培养 22 d	添加水铁矿培养 33 d
MB	30% MWHC	0.2	0.23	0.24	0.26
HM		0.11	0.19	0.21	0.23
MB	100% MWHC	0.2	0.35	0.31	0.25
HM		0.11	0.32	0.27	0.23
MB	DWC	0.2	0.26	0.25	0.23
HM		0.11	0.24	0.26	0.23
土壤编号	土壤水分	土壤 K_d 值			
		未添加水铁矿	添加水铁矿培养 11 d	添加水铁矿培养 22 d	添加水铁矿培养 33 d
MB	30% MWHC	50.45	164.77	181.21	184.80
HM		40.62	194.33	211.00	237.27
MB	100% MWHC	50.45	223.67	201.12	183.63
HM		40.62	282.96	257.70	209.61
MB	DWC	50.45	207.11	225.17	206.01
HM		40.62	263.96	250.18	226.60

对应的趋势。当添加水铁矿后，所有处理中砷的 K_d 值均显著升高，但在不同水分条件下，两种土壤 K_d 值的变化仍有差异。在 30% MWHC 条件下，K_d 值与 R 值一样，在 33 d 逐渐增加。相反，在 100% MWHC 和 DWC 条件下，由于水铁矿的加入，在初始阶段 K_d 值明显升高，但随后与 R 值结果类似，也表现出逐渐下降的趋势。此外，对比三种不同水分条件可知，在加入水铁矿后，R 值的大小顺序为 100% MWHC＞DWC＞30% MWHC，K_d 值的大小顺序为 100% MWHC＞DWC＞30% MWHC，该结果也与前面非稳态砷在三种不同水分条件下浓度降低程度（100% MWHC＞DWC＞30% MWHC）一致，说明在高水分条件下，水铁矿的吸附效果较高。

六、水铁矿稳定性的影响因素

（一）不同水分管理模式对水铁矿稳定性的影响

本研究中仍然发现在更高水分条件下（100% MWHC），水铁矿的转化/解离速率与低水分条件下的差异很大。在高水分条件下，土壤处于部分还原状态时，通过土壤中微生物和还原性物质的作用而逐渐生成 Fe（Ⅱ）并吸附在水铁矿表面，催化反应加速了水铁矿转化/解离作用。本研究对比水铁矿在 30% MWHC、100% MWHC 以及 DWC 三种不同水分管理模式下的结果发现，决定水铁矿在不同水分条件下转化/解离快慢的因素可能仍主要是 Fe（Ⅱ）的作用。水铁矿在 100%MWHC 条件下转化速率明显快于在 30% MWHC 和 DWC 条件下。图 4.21 中结果表明了土壤溶液中 Fe（Ⅱ）浓度在 100% MWHC 条件下明显升高而在 30% MWHC 和 DWC 条件下则几乎没有增加的趋势，这说明在高水分条件下（还原状态形成后），Fe（Ⅱ）在加速土壤中水铁矿转化过程中起到主导作用。

如结果中所述，三种水分管理模式下，水铁矿不论转化速率还是解离速率（非稳态铁的变化过程），其大小顺序均为 100% MWHC＞DWC＞30% SHWC，可以看出水铁矿在100% MWHC中的转化速率和解离速率其实都是明显高于DWC和30% MWHC条件，并且在DWC中的变化过程更接近于在30% MWHC条件下，这可能是由于在DWC水分实验设置中模拟旱地灌溉后的田间水分变化（灌溉后土壤在夏季处于100% MWHC的时间极少，仅为2～3 d），而土壤处于30% MWHC条件下的时间较长。因此，在干湿交替过程中，土壤几乎无法进入还原状态（图4.21，Eh值在390～470 mV范围内波动，土壤仍处于高度好氧状态），因而几乎不会有Fe（Ⅱ）催化水铁矿转化。但水铁矿在其中的转化/解离速率仍然高于30% MWHC，并且非稳态铁的变化随水分呈显著周期性变化，即当水分为100% MWHC条件时，非稳态铁的浓度上升速率较快，而当水分转为30% MWHC条件时，非稳态铁的浓度上升速率较慢，这可能由于短暂的高水分条件下H^+的质子化作用要强于低水分条件下。

（二）不同水分管理模式土壤理化性质对水铁矿稳定性的影响

我们已经明确了与水铁矿转化密切相关的土壤理化性质，包括土壤pH、有效铁含量、土壤总有机质含量以及黏土矿物的含量（粒径＜0.02 mm）。对比三种供试土壤间这几组理化性质的差异对水铁矿转化的影响，发现其规律仍然符合前述实验结果。三种供试土壤的pH大小为土壤BY＜土壤HM＜土壤MB，表明土壤H^+质子化能力顺序为土壤BY＞土壤HM＞土壤MB，但由于在土壤HM中水铁矿相比土壤MB对砷的吸附量更大，因而土壤HM对水铁矿转化/解离的抑制作用更加明显（表4.11），这在一定程度上解释了水铁矿在三种供试土壤中的转化速率顺序为土壤BY＞土壤MB＞土壤HM。三种供试土壤中有效铁含量为土壤MB（88.20 mg/kg）＞土壤HM（44.20 mg/kg）＞土壤BY（19.80 mg/kg），但在100% MWHC条件下水铁矿在三种供试土壤中的转化速率顺序为土壤MB≈土壤BY＞土壤HM。这表明在高含量有效铁的土壤中，可能在高水分条件下，土壤溶液中有更多Fe（Ⅲ）铁氧化物可供作为电子受体而被还原为Fe（Ⅱ），从而加速水铁矿的转化速率，但在真实的土壤环境中不可忽略其他理化性质的抑制作用。由表4.16可知，土壤MB和土壤HM中总有机质和黏土矿物含量均显著高于土壤BY，其中土壤MB的黏土矿物（粒径＜0.02 mm）含量高达95.95%，土壤HM中总有机质含量（46.70 mg/kg）也显著高于其他两种土壤，二者对水铁矿转化/解离的抑制作用可能很大程度上影响了水铁矿在高水分条件下转化的最终结果。此外，通过结晶态铁氧化物在土壤MB和土壤HM中较低的生成量（表4.11）和非稳态铁的变化过程（图4.19）也

表4.16　对比三种土壤中黏粒成分、土壤总有机质、pH和有效铁的差异

土壤编号	黏土矿物含量（＜0.02mm）/%	pH	总有机质含量/（g/kg）	有效铁含量/（mg/kg）
BY	41.25c*	4.00c	5.60c	19.80b
MB	95.69a	5.22a	22.93b	85.20a
HM	51.61b	4.96b	46.70a	44.40c

注：不同土壤处理间不同字母代表差异显著（P＜0.05）。

可以看出，除砷在两种土壤中对水铁矿转化的抑制作用外，另外一个原因可能是由于高含量的土壤有机质和黏土矿物对水铁矿向结晶态铁氧化物转化过程中中间产物的吸附作用，阻断了结晶态铁氧化物的生成过程，从而导致结晶态铁氧化物生成量明显低于土壤 BY。

（三）不同水分管理模式下添加外源水铁矿对砷在土壤中化学行为影响

水铁矿在 100% MWHC 和 DWC 条件下，非稳态砷浓度降低程度明显高于 30% MWHC，其原因可能主要是在土壤水分较为充足的条件下，增加了水铁矿表面吸附位点与砷的接触，提高了水铁矿的吸附效率。另外，尽管水铁矿在 DWC 条件下转化/解离过程更接近于 30% MWHC，但其在这种水分模式下对砷的吸附量相比于 100% MWHC 中差异不大，原因可能主要是水铁矿对砷的吸附过程十分迅速，在纯净溶液体系中，短短数小时内可以达到极高的吸附量（Jia and Demo Poulos，2005），即使在土壤环境中，其吸附速率可能不如在溶液体系中那样快，但其对砷的吸附也在短短几天内就会趋于平衡（Nielsen et al.，2011；吴萍萍，2011）。在 DWC 和 100% MWHC 条件下，开始的 2 d 内（100% MWHC）水铁矿对土壤溶液中大部分非稳态砷的吸附过程就已经完成。

随着水铁矿在土壤中的转化，可以发现在土壤 MB 和土壤 HM 中，100% MWHC 和 DWC 条件下非稳态砷的浓度均有所增加，但在 30% MWHC 条件下非稳态砷浓度并没有增加，这与之前实验中出现的结果略有不同，这一结果表明，在高水分条件下水铁矿的快速转化/解离作用会导致表面吸附位点不足，从而导致其表面吸附砷的释放，引起非稳态砷浓度的增加，但在 DWC 处理下非稳态砷的浓度增加量明显低于 100% MWHC 条件下，可能与前文中 30% MWHC 处理下水铁矿的转化/解离速率较慢相似，该过程仅导致微量的非稳态砷浓度升高。

（四）添加外源水铁矿的土壤砷迁移动力学参数的应用及意义

添加水铁矿后，土壤固相中砷向液相的再补给能力（R 值）无论在何种水分条件下均明显升高，但随后在高水分条件下又均呈现出下降的趋势。结合前述结果所提到的水铁矿转化/解离后伴随的非稳态砷的浓度升高，这里不难理解在不同水分条件下呈现出上述过程。水铁矿添加初期，通过吸附结合作用导致土壤中非稳态砷浓度迅速降低，因而引起 R 值的升高，由于三种水分条件下水铁矿吸附砷的能力不同，因而出现在 11 d 时土壤 R 值在三种不同水分下升高幅度也不同（100% MWHC＞DWC＞30% MWHC）。之后，由于在 100% MWHC 条件下水铁矿转化/解离速率明显加快，同时砷再次释放至土壤溶液中，此时引起土壤 R 值的降低，即固相向液相补给能力的降低。土壤固液分配系数 K_d 与 R 值同样也表现出类似相关的变化过程，这也是因为水铁矿的加入，极大地降低了土壤液相，导致土壤中固相中的砷（C_s）相比液相中的砷（C_{soln}）的比例有所增加，从而导致了 K_d 值在水铁矿添加后激增，但随着部分水铁矿的转化/解离以及新的结晶态铁氧化物生成，使得土壤液相中砷的浓度再次升高，因此 K_d 值短暂下降。而在 30% MWHC 条件下，R 值和 K_d 值持续缓慢升高的过程主要因为水铁矿在两种砷污染土壤中转化/解离速率较慢，非稳态砷浓度持续下降，因而并未出现上升趋势。

通过大量研究，我们归纳出不同水分管理模式下水铁矿稳定性变化及其对砷化学行为的影响规律。第一，水铁矿在三种供试土壤中均发生转化并有稳定的结晶态铁氧化物生成，其中水分很大程度上影响了水铁矿在的转化/解离速率。水铁矿在三种不同水分管理模式下的转化速率大小为 100% MWHC＞DWC＞30% MWHC，其中在 100% MWHC 条件下培养时水铁矿的转化/解离速率明显快于在 DWC 和 30% MWHC 条件下，并且水铁矿在 DWC 条件培养时下转化/解离速率更接近于 30% MWHC 条件下。第二，水铁矿在土壤中的转化速率仍然受到土壤有效铁含量、pH、土壤总有机质和黏土矿物含量以及水铁矿加入土壤后砷吸附量的影响。30% MWHC 和 DWC 条件下，水铁矿在三种供试土壤中的转化速率大小顺序为土壤 BY＞土壤 MB＞土壤 HM；100% MWHC 条件下在三种供试土壤中的转化速率大小顺序为土壤 MB≈土壤 BY＞土壤 HM。第三，添加外源水铁矿后，在所有水分管理模式中，非稳态砷浓度均显著降低，其浓度下降高低顺序为 100% MWHC＞DWC＞30% MWHC。但在 100% MWHC 和 DWC 条件下，伴随着水铁矿的转化/解离，两种砷污染土壤中非稳态砷的浓度 22～24 d 左右出现上升趋势，而在 30% MWHC 条件下则并未出现升高的趋势。水铁矿添加后，在 100% MWHC 和 DWC 条件下，两种砷污染土壤中弱结晶态铁氧化物结合态砷（F1-As）的含量均显著增加，并且随着水铁矿向结晶态铁氧化物的转化而逐渐向更稳定的形态（F2-As）迁移；但在 30% MWHC 条件下则仅有 F1 形态中砷增加，而 F2 形态中无法测出。第四，添加水铁矿后土壤固相向液相再补给能力（R 值）以及固液分配系数（K_d 值）均显著高于不添加水铁矿土壤，但随着水铁矿在高水分条件下土壤中的转化/解离，非稳态砷浓度增加，R 值和 K_d 值又表现出短暂的下降趋势。

参考文献

陈丽娜. 2009. 不同水分管理模式下砷在土壤——水稻体系中的时空动态规律研究[D]. 保定: 河北农业大学博士学位论文.

陈同斌. 1996. 农业废弃物对土壤中 N_2O、CO_2 释放和土壤氮素转化及 pH 的影响[J]. 中国环境科学, 3: 196-199.

陈同斌. 1996. 土壤溶液中的砷及其与水稻生长效应的关系[J]. 生态学报, 16(20): 147-153.

雷梅, 陈同斌, 范稚连, 等. 2003. 磷对土壤中砷吸附的影响[J]. 应用生态学报, 14(11): 1989-1992.

李荣华. 2005. 厌氧条件下水稻土中铁还原对砷形态的影响[D]. 杨凌: 西北农林科技大学硕士学位论文.

潘佑民, 杨国治. 1988. 湖南土壤背景值及研究方法[M]. 北京: 中国农业科学出版社: 30.

王进进. 2014. 外源磷对土壤中砷活性与植物有效性的影响及机理[D]. 北京: 中国农业科学院博士学位论文.

王永, 徐仁扣, 王火焰. 2008. 可变电荷土壤对 As(III)和 As(V)的吸附及二者的竞争作用[J]. 土壤学报, 45(4): 622-627.

吴萍萍, 曾希柏, 白玲玉. 2011. 不同类型土壤中 As(V)解吸行为的研究[J]. 环境科学学报, 31(5): 1004-1010.

吴萍萍. 2011. 不同类型矿物和土壤对砷的吸附—解吸研究[D]. 北京: 中国农业科学院博士学位论文.

谢正苗, 朱祖祥. 1991. 不同土壤中水稻砷害的临界含砷量的探讨[J]. 中国环境科学, 11(2): 105-108.

周娟娟, 高超, 李忠佩, 等. 2005. 磷对土壤 As(V)固定与活化的影响[J]. 土壤, 37(6): 645-648.

Arao T, Kawasaki A, Baba K, et al. 2009. Effects of water management on cadmium and arsenic accumulation and dimethylarsinic acid concentrations in Japanese rice[J]. Environmental Science &

Technology, 43(24): 9361-9367.

Baker M D, Inniss W E, Mayfield C I, et al. 1983. Effect of pH on the methylation of mercury and arsenic by sediment microorganisms[J]. Environmental Technology, 4(2): 89-100.

Bardgett R D, Speir T W, Ross D J, et al. 1994. Impact of pasture contamination by copper, chromium, and arsenic timber preservative on soil microbial properties and nematodes[J]. Biology and Fertility of Soils, 18: 71-79.

Coddington K. 1986. A review of arsenicals in biology[J]. Toxicological & Environmental Chemistry, 11(4): 281-290.

Cullen W R, Reimer K J. 1989. Arsenic speciation in the environment[J]. Chemical Reviews, 89(4): 713-764.

Deuel L E, Swoboda A R. 1972. Arsenic toxicity to cotton and soybeans[J]. Environment Quality, 1: 317-320.

Duxbury J M, Panaullah G, 2007. Remediation of Arsenic for Agriculture Sustainability, Food Security and Health in Bangladesh. FAO Water Working Paper, FAO, Rome

Gao S, Burau R G. 1997. Environmental factors affecting rates of arsine evolution from and mineralization of arsenicals in soil[J]. Environment Quality, 26: 753-763.

Geiszinger A, Gössler W, Kühnelt D, et al. 1998. Determination of arsenic compounds in earthworms[J]. Environmental Science and Technology, 32: 2238-2243.

Grafe J, Kuchenbuch R O. 2002. Simplified procedure for steady-state root nutrient uptake with linearized Michaelis-Menten kinetics[J]. Journal of Plant Nutrition and Soil Science, 165(6): 719-724.

Grafe M, Eick M J, Grossl P R, et al. 2002. Adsorption of arsenate and arsenite on ferrihydrite in the presence and absence of dissolved organic carbon[J]. Journal of Environmental Quality, 31(4): 1115-1123.

Grafe M, Eick M J, Grossl P R. 2001. Adsorption of arsenate(V)and arsenite(III)on goethite in the presence and absence of dissolved organic carbon[J]. Soil Science Society of America Journal, 65: 1680-1687.

Hall G E M. 1999. Stability of inorganic arsenic (III) and arsenic (V) in water samples[J]. Journal of Analytical Atomic Spectrometry, 14(2): 205-213.

Helgesen H, Larsen E H. 1998. Bioavailability and speciation of arsenic in carrots grown in contaminated soil[J]. Analyst, 123: 791-796.

Huang J H, Scherr F, Matzner E. 2007. Demethylation of dimethylarsinic acid and arsenobetaine in different organic soils[J]. Water Air Soil Pollutant, 182: 31-41.

Huang J H, Scherr F, Matzner E. 2007. Mobile arsenic species in unpolluted and polluted soils[J]. Science of the Total Environment, 377: 308-318.

Jia Y, Demopoulos G P. 2005. Adsorption of arsenate onto ferrihydrite from aqueous solution: influence of media(sulfate vs nitrate), added gypsum, and pH alteration[J]. Environmental Science &Technology, 39(24): 9523-9527.

Kaiser K, Guggenberger G, Zech W. 1997. Dissolved organic matter sorption on subsoils and minerals studied by 13C-NMR and DRIFT spectroscopy[J]. Soil Science, 48: 301-310.

Knowles F C, Benson A A. 1983. The biochemistry of arsenic[J]. Trends in Biochemical Sciences, 8:178-180.

Korte N E, Fernando Q. 1991. A review of arsenic (III) in groundwater[J]. Critical Reviews in Environmental Science and Technology, 21(1): 1-39.

Li R Y, Ago Y, Liu W J, et al. 2009. The rice aquaporin Lsi1 mediates uptake of methylated arsenic species[J]. Plant Physiology, 150(4): 2071-2080.

Liao W T, Chang K L, Yu C L, et al. 2004. Arsenic induces human keratinocyte apoptosis by the FAS/FAS ligand pathway, which correlates with alterations in nuclear factor-κB and activator protein-1 activity[J]. Journal of Investigative Dermatology, 122(1): 125-129.

Liu Q, Hu C, Tan Q, et al. 2008. Effects of as on as uptake, speciation, and nutrient uptake by winter wheat(*Triticum aestivum* L.)under hydroponic conditions[J]. Journal of Environmental Sciences, 20(3): 326-331.

Manning B A, Martens D A. 1997. Speciation of arsenic(III)and arsenic(V)in sediment extracts by high-performance liquid chromatography-hydride generation atomic absorption spectrophotometry[J]. Environmental Science & Technology, 31(1): 171-177.

Manning B A, Suarez D L. 2000. Modeling arsenic(III)adsorption and heterogeneous oxidation kinetics in soils[J]. Soil Science Society of America Journal, 64(1): 128-137.

Masscheleyn P H, Delaune R D, Patrick W H. 1991a. Arsenic and selenium chemistry as affected by sediment redox potential and pH[J]. Journal of Environmental Quality, 20(3): 522-527.

Masscheleyn P H, Delaune R D, Patrick W H. 1991b. Effect of redox potential and pH on arsenic speciation and solubility in a contaminated soil[J]. Environmental Science &Technology, 25(8): 1414-1419.

Nielsen S S, Petersen L R, Kjeldsen P, et al. 2011. Amendment of arsenic and chromium polluted soil from wood preservation by iron residues from water treatment[J]. Chemosphere, 84(4): 383-389.

Peryea F J. 1991. Phosphate-induced release of arsenic from soils contaminated with lead arsenate[J]. Soil Science Society American Journal, 55(5): 1301-1306.

Redman A D, Macalady D L, Ahmann D. 2002. Natural organic matter affects arsenic speciation and sorption onto hematite[J]. Environmental Science and Technology, 36(13): 2889-2996.

Sachs R M, Michaels J L.1971.Comparative phytotoxicity among four arsenical herbicides[J]. Weed Science, 19:558-564.

Sadiq M. 1997. Arsenic chemistry in soils: an overview of thermodynamic predictions and field observations[J]. Water Soil Air Pollution, 93: 117-136.

Šimon T. 2000. The effect of nickel and arsenic on the occurrence and symbiotic abilities of native rhizobia[J]. Rostlinná Výroba, 46(2): 63-68.

Smith E, Naidu R, Alston A M. 1998. Arsenate in the soil environment: a review[J]. Advance in Agronomy, 64: 149-195.

Takahashi Y, Minamikawa R, Hattori K H, et al. 2004. Arsenic behavior in paddy fields during the cycle of flooded and non-flooded periods[J]. Environmental Science & Technology, 38(4): 1038-1044.

Tlustoš P, Gössler W, Száková J, et al. 2002. Arsenic compounds in leaves and roots of radish grown in soil treated by arsenite, arsenate and dimethylarsinic acid[J]. Applied Organometallic Chemistry, 16: 216-220.

Woolson E A. 1977. Generation of alkylarsines from soil[J]. Weed Science, 25(5): 412-416.

Xu J, Thornton I. 1985. Arsenic in garden soils and vegetable crops in Cornwall, England: implications for human health[J]. Environmental Geochemistry Health, 7: 131-133.

Xu P, Christie P, Liu Y, et al. 2008. The arbuscular mycorrhizal fungus Glomus mosseae can enhance arsenic tolerance in *Medicago truncatula* by increasing plant phosphorus status and restricting arsenate uptake[J]. Environmental Pollution, 156(1): 215-220.

Xu X Y, McGrath S P, Meharg A A, et al. 2008. Growing rice aerobically markedly decreases arsenic accumulation[J]. Environmental Science & Technology, 42(15): 5574-5579.

第五章　客土改良法对土壤中砷的调控

第一节　客土改良技术及应用

一、客土及客土改良技术

客土，即从异地移来的土壤，常用来代替原生土，一般指的是壤土、砂壤土或者人工土等质地较好或肥力较高或有害物质含量低的土壤。客土改良技术是一种最为传统的土壤改良技术，对盐碱地、过砂过黏等性状不良土壤的改良均具有良好效果。该技术用于改良污染土壤时，一般是通过在污染土壤上直接覆盖净土，以减少作物根系与污染物的接触；或者在污染土壤表层覆盖净土后再进行适当翻耕，即通过物理混合使土壤中污染物的浓度降低到标准值以下，农田达到维持基本生产功能要求。目前，客土改良技术在改良砂土、黏土、盐碱土及重金属污染土壤方面都有很好的应用，在改良废弃矿山地、公路边坡污染土壤等方面都已有应用；营养客土基盘技术的应用也已取得初步成效。

二、客土改良技术的应用

（一）客土改良技术在土壤改良中的应用

客土法对于原生土壤的质地、结构及肥力的改善和提高已被证实，并在一些地区推广（Gress et al.，2014）。例如，土壤盐碱障碍是制约土壤生产力的重要障碍因子，平海湾地区利用客土改良方法，已经使 1267 hm^2 沙垫盐土得到了改良，其中通过客土红黏土改良的红垫盐土面积占 69%（Ho et al.，2013）。很多学者在滨海重盐碱地进行了试验研究，结果表明客土基盘技术具有很好的抗盐、阻盐、排盐效果，能够为苗木生长提供良好的环境条件（田相伟等，2007；蔡保松等，2004）。已有研究表明，土表覆砂可以提高土壤的保水抑盐性能，有效抑制土壤下层盐分向表层的移动累积，减少土壤水分的蒸发，且其效果在一定程度上随着客砂厚度的增加而改善（张瑞喜等，2012；李莲芳等，2010）。通过在质地黏重的土壤中掺沙，可有效改善土壤质地、降低土壤容重、提高土壤通气性，在一定程度上提高玉米、蔬菜、烤烟等作物的产量，并改善其品质（Hossain，2006）。对龟裂碱土客入砂土的研究结果表明，客土改良可以有效改善龟裂碱土的水分状况，显著促进作物生长、提高作物产量（薛铸等，2014；Mandal and Suzvki，2002；Tareq et al.，2010）。客土法在土壤改良方面的效果已经得到充分验证，目前来说，我国中低产田类型多样，将该方法同一些种养、培肥制度相结合，因地制宜地形成有效的推广模式，才能使土壤得到最佳改良和利用。

（二）客土改良技术在污染土壤治理中的应用

1. 客土改良技术用于矿区污染土壤的治理

采矿是导致农田生态系统重金属污染的主要污染源之一，在对环境造成污染的同时，废弃矿山的生态重建也是一项非常艰巨的任务。客土法在公路边坡生态修复中的应用已较常见，且对缓坡的绿化效果尤为显著（Kobya et al.，2013），是一种能够快速恢复废弃场地土壤理化性质和植被、防治水土流失的有效方法，在对北京市某区煤矿、废弃采石场的研究结果中得到了很好证明（鲁统春等，2006；魏复盛等，1991；刘碧君等，2009）。江西德兴铜矿区的污染土壤经客土 3 年并进行植被恢复和重建后，表层土壤的有机质、速效磷、速效钾含量均有不同程度的提高，但是因矿区污染比较严重，不可用于种植食用的作物（刘勇等，2011）。北京某铁矿尾矿区采用“覆盖客土+生态植被毯”的模式进行生态修复后，大大促进了尾矿区植被的重建和演替（刘春早等，2012），取得了良好的生态改良效果。

2. 客土改良技术用于农田污染土壤的治理

客土法用于修复重金属污染土壤的技术，很早就在日本得到应用。我国最著名的辽宁省张士污灌区镉污染的治理，也充分证明了客土改良方法的可行性（姚娟娟等，2010）。在生物降解含油污泥的同时，客土覆盖可使改良效果倍增（郭华明等，2003）。通常认为，当客土厚度达到 15～30 cm 时，会有很可观的改良效果。日本神通川流域二十多年来采用排土、覆土等客土法治理镉污染土壤，治理后土壤生产的糙米中镉含量均在 0.4 mg/kg 以下（王秀红和边建朝，2005；Wu and Chen，2010），达到我国相应标准。分别应用客土法改良放射性元素钸和锶污染的土壤并进行盆栽试验，结果表明大豆和白菜中污染物的累积量随客土厚度的增加而显著下降（史建君等，2002；史建君，2005）。对湖南石门雄黄矿区周边部分地区的调研发现，该地区农田中砷含量较高（部分可达 50 mg/kg 以上），在该土壤上生产的农产品（稻米）砷含量超过国家标准 2～3 倍甚至更高。而对该地区砷污染农田进行 30～50 cm 客土并改水田为旱作后，表层土壤中砷含量降低到 10 mg/kg 以下（主要取决于客土来源和其中的砷含量），且作物及农产品中砷含量均不超过 0.05 mg/kg，符合国家食品安全标准，达到了作物安全生产目标（李莲芳等，2010）。

三、砷污染土壤修复方法及客土改良技术应用前景

（一）常用砷污染土壤修复方法

土壤是人类生存之本，自土壤砷污染事件受到大众关注以来，全球受砷污染危害的国家一直致力于寻找解决办法，也取得了一些进展。目前，较常用的土壤砷污染修复方法主要包括物理法、化学法和生物法三大类（图 5.1）。实际上，不论采取何种方式，其修复理念主要包括：降低土壤中砷的有效性（钝化或固定），使植物根系吸收难度增大，进而减少砷进入食物链并参与生物物质循环过程的可能性；利用多种修复方法彻底将砷从土壤中移除，减少土壤中的砷含量。

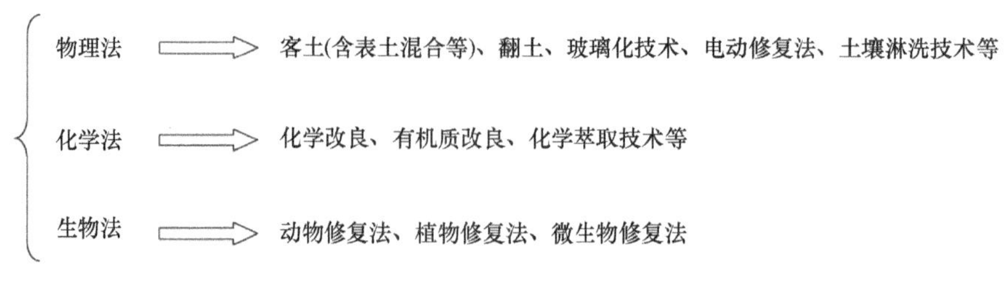

图 5.1　土壤砷污染的修复方法

（二）客土改良技术在砷污染土壤修复中的应用

1. 客土改良技术与方法

在治理砷污染土壤时，客土改良法可以通过三种途径来实施：一是挖去污染地区表层土壤，然后覆盖上未受污染的客土，即通常所说的换土法；二是直接在污染表土上覆盖一定厚度的未受污染客土，并在覆盖客土前将原表层土壤压实，即重新构建一个新的、未受污染的表层；三是在覆盖客土后将其与原有的表层土壤通过翻耕等方法充分混合混匀，以降低表层土壤中的砷浓度，使其达到砷污染临界值以下。在三种处理方法中，第一种方法是早期实践中最常采用的修复重污染土壤的方法，其工程量最大，耗费的人力、物力、财力也最多，且移走的大量污染土壤很难处置。第三种方法可在一定程度上增加耕作层厚度，但在实际应用时需要较多的客土，当原土中砷含量较高时，则需要更大量的客土，且将原土与客土混合时需要花费较多人力、物力等，因而在实际应用上存在一定的局限性。相比而言，第二种方法耗资较小，且不易导致二次污染，因此在今后客土改良中应重点加强该方法相关技术和应用的研究。

2. 客土改良技术中对客土量的要求

客土量是应用客土改良污染土壤时首先要考虑的问题，一般认为客土量越大、覆土的厚度越大，改良效果会越好。但是，随着客土量的增加，搬运、取土和机械操作的成本也会相应增加。因此，需要综合评价后，确定出合适的客土量，在能够达到较好改良效果的基础上，尽量降低投入成本。我们在湖南石门的前期调查研究及相关试验结果表明，一般当客土的覆盖厚度达到 15 cm 以上时即可取得较好改良效果，但对不同污染程度的土壤而言，对覆土厚度的要求也不尽一致，这也是今后需要重点研究的方向。

3. 客土改良技术中对客土性质的要求

用客土法改良砷污染土壤时，一般要求客土的理化性质应尽量与原土保持一致，同时客土中的砷及其他重金属、污染物的含量至少应在土壤环境质量标准的 II 级以下，以保证客土改良后农作物的正常生长需要。此外，客土的有机质含量要求尽量较高，且宜选用黏性稍强的土壤，这样可在一定程度上增加土壤的缓冲容量，在满足农作物生长需求的同时，具有较强的净化能力。

4. 客土改良技术与其他砷污染土壤修复技术的结合

同其他方法一样，单一的客土改良技术并不能对重金属污染土壤起到完全的根治作用，所以必须同时结合其他的物理、化学、生物措施，形成一套完整有效的综合改良技术模式。例如，随着作物种植的影响，底层土壤中的砷有向根际或表层迁移的趋势（章梦涛等，2004），因此，在应用客土改良法时，可以先在原污染土壤的表层添加钝化剂并充分混合，压实后再覆盖客土，从而尽量阻断污染土壤中的砷从底层向新的覆盖表土的转移（杨冰冰等，2005）。当用电动修复法治理砷污染土壤时，电极区中砷富集土壤亦可考虑用客土法来治理（王娟娟等，2012）。

5. 强化技术规范的建立及其示范推广

我国土壤砷污染已有多年历史，其治理也将是一个长期的过程。虽然目前在相关方面已取得了一些进展，但由于频繁的人类活动干扰，再加上污染土壤修复技术的研发与实际应用脱节，使得我国砷污染土壤的修复与治理在实际应用中仍然存在诸多问题。根据近年的调查结果（李国华等，2011），特别是 2014 年 4 月 17 日环境保护部和国土资源部发布的“全国土壤污染状况调查公报”相关通报结果显示，我国土壤砷污染主要集中在中轻度水平，重度污染土壤占污染土壤的 3.7%。这也意味着，目前我国受砷污染的土壤大多尚未失去其使用价值，通过修复是可以实现安全生产目标的。客土改良措施虽然对人力、物力、财力的耗费较大，但因其见效快，很早就被日本等国家采用，并被认为是土壤重金属污染修复最实际的措施。为了更好地落实和应用客土改良技术，需要做好以下几个方面：一是进一步加强规范技术的建立，并严格按照规范流程进行操作，实现达到最佳效果的同时，最大限度地降低改良成本；二是在砷污染区加大相关技术的示范和推广力度，使成熟的技术尽早被农民掌握；三是在政府层面鼓励重度砷污染区实施客土改良修复，并给予必要的修复补助、技术服务及宣传等支持。

第二节　不同客土比例对砷污染土壤中作物生长的影响

砷（As）是一种公认的致癌物质，其在土壤中大量存在不仅严重影响作物生长、品质和产量，而且通过食物链的迁移和传递，导致在人体内累积，给人类健康带来极大危害。在砷污染土壤的调控及安全利用上，客土法作为一种能够切实有效地降低表层土壤重金属含量的方法，在防治调控中发挥着重要作用（侯李云等，2015）。实际上，客土法不仅应用于砷污染土壤，其对其他重金属污染土壤来说也是一种行之有效的方法。我国辽宁张士灌区镉污染的治理效果，也证明了客土法的可行性（陈涛等，1980；吴燕玉等，1984）。客土改良方法虽然工程浩大，但至今仍被广泛使用，如日本 87.2%镉污染土壤（7327 hm^2）的修复就是采用了客土法（Arao et al.，2010）。江西德兴铜矿区含 Cu、Pb、Zn、Cd 污染的土壤经 3 年客土并进行植被恢复和重建后，表层土壤的有机质、速效磷、速效钾含量均有不同程度的变化（陈怀满等，2005）；在放射性元素污染的土壤上进行客土修复，开展盆栽试验也证实了客土修复具有显著效果（史建君等，2002；史建君，2005）。大豆是我国重要的油料和经济作物，且大豆是人类重要的食品和蛋白质来源之一，大豆在污染土壤上的生长影响也逐渐受到关注。黄宗益等（2006）采用砷污染土壤盆栽试验研究了 16 个不同品种大豆对砷吸收、积累和分配的影响。结果表明，在砷污染条件下，不同品种大豆的根、茎、叶、豆荚、豆粒和总生物量差异较大。杨兰芳等（2011）通过土壤加砷盆栽大豆试验表明，大豆根、茎和籽粒中砷含量均与土壤砷水平呈极显著的线性相关，并呈根＞茎＞籽粒的规律。Zhao 等（2014）对我国华南地区 17 块大豆农田中的 30 个大豆品种进行重金属调查分析，结果显示 17 个土壤样品中有 11 个被单种重金属或复合重金属污染（Cd：0.11～0.91 mg/kg；Pb：0.34～2.83 mg/kg；Zn：42～88 mg/kg；As：0.26～5.07 mg/kg），这意味着华南地区的大豆安全生产已受到土壤重金属污染的影响。我们的前期研究曾对湖南石门县砷污染土壤经客土修复后的现状进行调查，虽然作物样品中总砷的含量没有超过国家食品质量安全标准，但客土 7 年后表层土壤中总砷含量具有显著升高的变化趋势（Su et al.，2015）。为了进一步探讨客土改良影响下湖南地区大豆砷含量及其富集特征，我们在农业农村部岳阳农业环境实验站布置了微区试验，研究客土不同混合比例对大豆砷含量与分布的影响，同时分析大豆砷含量与土壤砷污染水平的关系和大豆对土壤砷的富集特征，为湖南富砷地区大豆安全生产提供科学依据。

微区试验所用污染土壤取自湖南石门县某雄黄矿区周边农田表层，其成土母质为板页岩；客土从湖南平江县黄金洞乡采集，同样是由板页岩发育的红壤，两种土壤的基本理化性质如表 5.1 所示。模拟池内按照不同客土比例，分别装入由不同比例污染土壤和清洁土壤混合均匀的土壤。将污染土壤与清洁土分别按照 A=100∶0、B=80∶20、C=60∶40、D=40∶60、E=20∶80、F=0∶100 的比例均匀混合，混合装池后土壤的基本理化性质及砷含量如表 5.2 所示。从表 5.2 中可以看到，随着混合的清洁土壤比例的增加，混合后土壤中的总砷及有效态砷浓度均呈现逐渐减少的趋势。

一、不同客土混合比例对大豆生长的影响

我们首先研究了不同客土混合比例对大豆各部分生物量的影响。从图 5.2 可以看出，随着清洁土壤比例的增加，茎和根的生长量变化幅度不大。在不同客土混合比例处理下，根部的生物量无显著差异；茎的生物量只在处理 E 时表现出与其他各处理间的显著差异。不同客土处理下大豆的叶、荚和籽粒生物量变化差异显著，荚和籽粒的生物量在 C 处理时最高，且与 B 处理、D 处理和 F 处理相比达到显著差异水平；不同处理叶片的生物量最高值出现在 D 处理，但仅与 E 处理间有显著差异。

虽然砷不是植物必需的生长元素，但已有大量研究发现低剂量的砷能够促进植物生长（刘更另等，1985；陈同斌和刘更另，1993；胡留杰等，2008）。客土的加入，一定程度上缓解了砷对大豆生长的毒害影响，而适量污染土与客土混合也在一定程度上提高了大豆的生物量。

二、不同客土混合比例对大豆各部位砷含量的影响

从图 5.3 可以看出，不同比例客土处理下，大豆地上部和地下部各部分砷含量均低于 6 mg/kg。随着客土比例的增加，土壤中砷的含量逐渐降低，大豆对土壤中砷的吸收量也呈现出相应的下降趋势。与 A 处理相比，客土比例越大，大豆各部分砷含量越低。

表 5.1　供试土壤的理化性质

土壤	pH	有机质 /（g/kg）	总氮 /（g/kg）	总磷 /（g/kg）	总钾 /（g/kg）	有效氮 /（mg/kg）	有效磷 /（mg/kg）	有效钾 /（mg/kg）	总砷/ （mg/kg）	有效砷 /（mg/kg）
清洁土	6.36	12.2	2.41	1.04	11.09	87.21	5.33	86.83	16.5	0.08
污染土	7.26	18.27	2.72	1.38	9.69	72.75	14.93	107.2	263.2	7.6

表 5.2　不同客土混合比例下土壤相关理化性质

客土比例（污染土：清洁土）	pH	有机质 /（g/kg）	总氮 /（g/kg）	总磷 /（g/kg）	总钾 /（g/kg）	有效氮 /（mg/kg）	有效磷 /（mg/kg）	有效钾 /（mg/kg）	总砷 /（mg/kg）	有效砷 /（mg/kg）
A = 100：0	7.38	15.35	2.51	1.4	10.22	82.84	14.24	107.2	274.3	7.51
B = 80：20	7.27	15.82	1.37	1.32	10.48	70.53	11.84	101.3	227.6	6.17
C = 60：40	7.09	17.62	1.17	1.15	9.98	73.54	11.52	108.65	180.6	3.93
D = 40：60	7.1	16.85	1.3	1.28	11.5	69.11	8.83	95.61	160.5	3.09
E = 20：80	6.91	13.55	1.44	1.11	9.47	79.83	7.13	107.2	87	1.22
F = 0：100	6.36	12.2	2.41	1.04	11.09	87.21	5.33	86.83	16.5	0.08

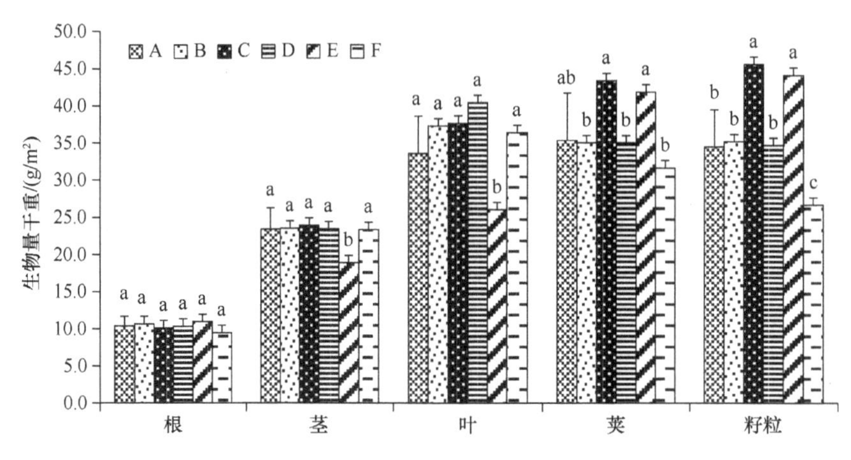

图 5.2 不同客土混合比例对大豆生长和产量的影响

不同字母表示同一部位不同处理间的差异显著。图例 A、B、C、D、E、F 分别代表不同客土与污染土壤混合比例的处理，A=100∶0，B=80∶20，C=60∶40，D=40∶60，E=20∶80，F=0∶100，下文相同

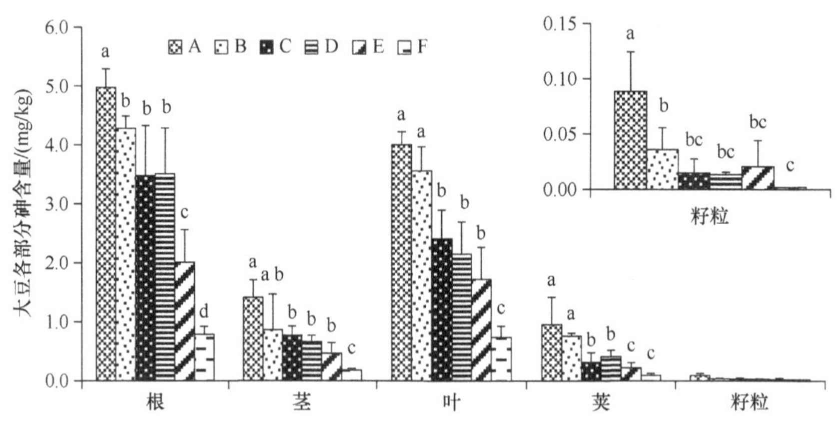

图 5.3 不同客土混合比例对大豆各部位砷含量的影响

不同字母表示同一部位不同处理间的差异显著，$P<0.05$

B 处理大豆的根、茎、叶、荚和籽粒砷含量比 A 处理分别降低了 14.0%、38.8%、11.0%、20.3%和 59.6%；C 处理对应各部位的砷含量比 A 处理分别降低了 30.1%、45.3%、39.8%、66.9%和 82.8%；D 处理各值比 A 处理分别降低了 29.5%、53.0%、46.3%、56.8%和 84.7%；E 处理各值比 A 处理分别降低了 59.5%、66.9%、57.1%、76.7%和 76.7%；F 处理各值比 A 处理分别降低了 84.2%、87.5%、81.5%、90.6%和 97.7%。统计分析结果显示，C、D、E 和 F 处理的大豆中，各部位砷含量均与 A 处理达到显著差异，但其他处理两两间的差异比较结果并不完全一致。

从图 5.4 可以看出，当清洁客土比例不断增加时（从 A 处理到 F 处理），大豆对砷的富集能力呈现出先降低、再增加的变化趋势，拐点出现在客土混合处理 C 和 D 处。E 和 F 处理的富集系数均大于 A 处理，但只有 F 处理的富集系数与 A 处理达到显著差异。随着客土混合比例从 B 处理变化到 D 处理时，大豆对砷的富集能力逐渐减弱，当客土混合比例从 D 处理变化到 F 处理时，大豆对砷的富集能力随着客土混合比例的增加而不断加强。

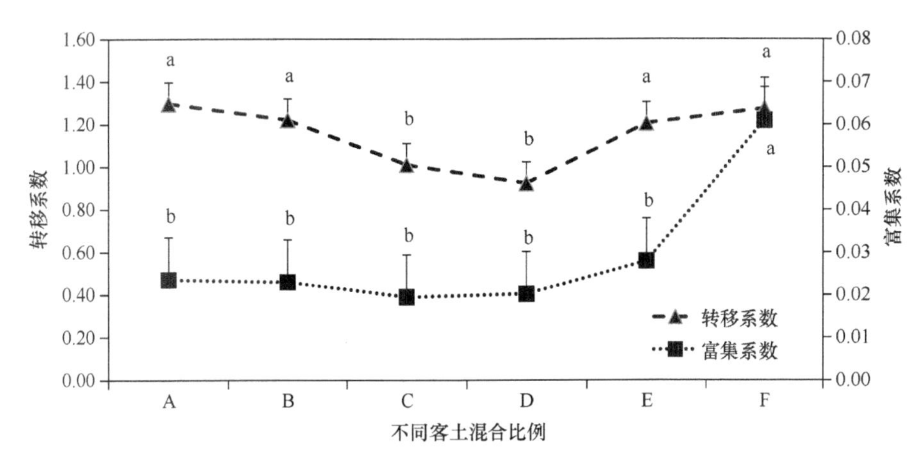

图 5.4　不同客土混合比例对大豆富集系数和迁移系数的影响

不同字母表示同一部位不同处理间的差异显著，$P<0.05$

转移系数也表现出与富集系数相似的趋势。当客土混合处理由 A 变化到 F 时，大豆对砷的转移系数呈现先降低、后增加的变化趋势。随着客土混合比例的增加（A 处理到 D 处理），其转移系数不断降低，在处理 D 时达到最低。然后随着客土混合比例的继续增加（D～F 处理），其转移系数则不断增加。C 和 D 处理与其他客土混合处理 A、B、E 和 F 间的转移系数达到显著差异，但 C 和 D 处理的转移系数差异不显著。

环境中砷的迁移转化和毒性变化很大程度上与土壤中砷的有效性紧密联系。为进一步明确土壤有效态砷含量与大豆砷含量之间的关系，本研究对不同客土混合比例土壤中有效态砷含量与大豆各部位砷含量间的相互关系进行分析，将不同客土比例处理土壤中的有效态砷含量和大豆砷含量拟合出一元二次方程，如图 5.5 所示。由方程可知，不同客土混合比例的土壤处理中，大豆各部位砷含量与土壤有效砷含量均呈现出显著正相关关系。客土混合比例越小，土壤中砷含量越高，有效态砷含量亦越高，伴随着土壤有效态砷含量的增加，大豆根、茎、叶、荚、籽粒各部分的砷含量也显著增加。

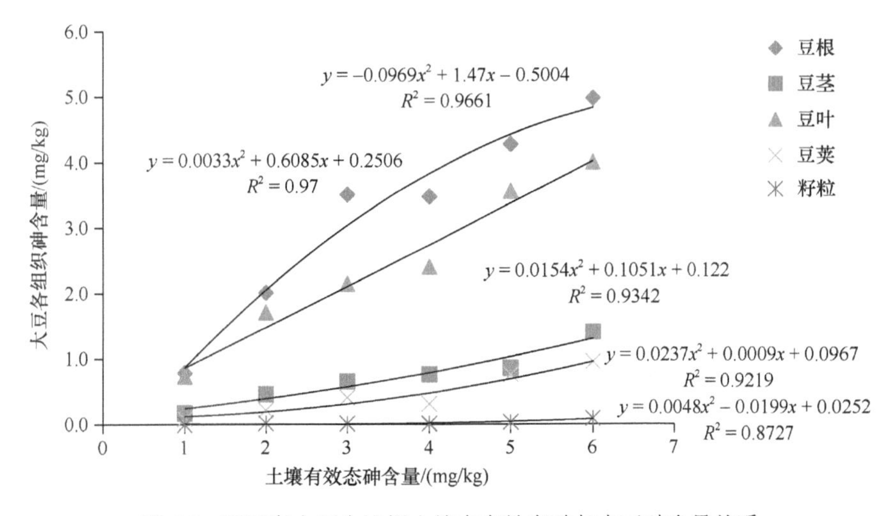

图 5.5　不同客土混合比例土壤中有效态砷与大豆砷含量关系

普通植物吸收砷后，主要累积在根部，以避免其向地上部转运（Berry，1986；Meharg and Macnair，1991）。通常情况下，植物体内砷的分布规律为：根＞叶＞茎＞（果实）籽粒（Barrachina et al.，1995），大豆各器官中砷含量的大小顺序为根＞茎＞叶＞豆粒（黄益宗等，2006）。对污染土壤上生长的 22 种植物中砷含量的研究表明，不同部位砷含量也表现为根＞叶＞茎＞果（黄丽玫等，2006）。本研究中不同客土比例处理下大豆各器官砷的分布规律为：根＞叶＞茎＞荚＞籽粒，与前人文献报道结果相一致。

富集系数和转移系数分别表示植物对砷的富集能力和将砷从地下转移到地上的能力，相关数值越高，表示植物的富集与转移能力越强。大量样本的统计表明，砷富集系数为叶菜类＞鲜豆类＞根茎类＞茄果类＞油料类＞豆类，其中又以玉米的抗砷污染能力最强（肖细元等，2009）。蔬菜类植物砷富集系数与蔬菜砷含量呈极显著正相关，但却与土壤砷含量呈显著的负相关关系（陈同斌等，2006），生物富集系数的变化可以很好地反映蔬菜内含有的砷浓度变化（蔡保松等，2004）。

实际上，无论是蔬菜还是粮油作物，其砷含量都与土壤砷含量呈显著正相关（梁成华等，2009；林志灵等，2011）。本研究和前人研究结果均表明，大豆根、茎和籽粒砷含量均与土壤砷水平密切相关（胡留杰等，2008；杨兰芳等，2011）。客土比例越小，土壤总砷和有效态砷的含量越高，伴随着土壤有效态砷含量的增多，大豆各部位根、茎、叶、荚、籽粒的砷含量均显著逐步增加。同时，研究团队前期的成果也证实，植物体内砷的含量及形态取决于土壤有效态砷的形态、含量及植物的吸收过程（和秋红，2009）。土壤中的砷常以多种化学形态存在于土壤中，其有效态组分是评价生物有效性的重要指标，同时它也是砷在土壤环境中的可移动性及生物有效性最强的形态（王金翠等，2011）。尽管作物受害程度、体内重金属含量与土壤中该元素的总浓度有时也存在较好的相关性，但一般与有效态浓度的相关性更为密切。

三、土壤中分级提取态砷含量

在研究中，我们对不同处理下大豆收割后采集的土壤进行了砷形态的分级测定，其结果如表 5.3 所示。不同客土处理的总砷在 5 种不同砷结合形态的分布情况表现为：弱结晶水合铁铝氧化物结合态砷（F3）占 11.94%～38.60%，结晶水合铁铝氧化物结合态砷（F4）占 21.94%～41.52%，残渣态砷（F5）占 26.00%～44.76%。这三种结合态砷（F3、

表 5.3　不同客土处理土壤分级提取态砷百分比含量（%）

处理	砷的分级提取				
	F1	F2	F3	F4	F5
A	0.94	17.56	23.77	27.24	30.50
B	0.77	14.51	23.89	24.91	35.91
C	0.58	13.28	21.95	25.77	38.42
D	0.39	7.20	38.60	21.94	31.87
E	0.21	5.44	29.87	38.49	26.00
F	0.09	1.69	11.94	41.52	44.76

F4、F5）与土壤结合较为紧密，对作物的有效性较低。与土壤有效态砷密切相关的非专性吸附（F1）和专性吸附（F2）的加和占总砷含量的 1.78%～18.5%，且随着客土比例的增加，F1、F2 占总砷含量的百分比也逐渐降低。

土壤中砷的生物有效性是评价砷进入食物链及其危害人体健康程度的重要影响因素。在砷污染地区，粮食作物和蔬菜等对土壤中砷的吸收利用状况，将直接影响农产品的产量和品质，进而可能对人体健康产生影响。土壤中砷的植物有效性是指其能被植物吸收利用的程度，土壤类型、土壤性质对砷的吸附解吸、形态转化和固定等过程均具有十分重要的影响（涂从等，1992；Sadiq，1997；鲁艳兵和温琰茂，1998；Datta and Sarkar，2004）。通过试验我们发现，随着客土混合比例的变化，土壤的性质也发生了一些变化。随着客土比例增大，pH 呈一定幅度的下降。pH 是影响土壤对砷吸附状态、赋存形态及矿物表面电荷的重要因素，砷在土壤中通常以砷氧阴离子或分子存在，pH 通过影响砷的形态和土壤胶体表面电荷来影响其在土壤中的吸附量。在强酸性条件下，砷吸附量增加的机制是静电吸附；而在强碱性条件下，砷吸附量增加机制是砷与土壤中的离子生成了难溶性的沉淀（梁成华等，2009；刘学，2009）。当 pH 高于电荷零点时，土壤表面可变电荷中的负电荷大于正电荷，从而使得土壤表面带负电荷，而土壤中的砷大多是以含氧阴离子形式存在，因此，pH 较高的土壤对砷酸根阴离子的吸附性较小。提高土壤 pH 后，土壤对砷的吸附性变弱，土壤溶液中砷的含量增加，从而使土壤砷的植物毒性趋于增大，并提高了砷的生物有效性（陈静等，2004），这可能也是随着客土比例的增加，土壤 pH 降低，土壤总砷和有效砷含量不断降低的一个可能原因。

此外，pH 也可以通过影响砷的存在形态进而影响土壤对砷的吸附。砷在土壤中可以被土壤胶体吸附-解吸，影响土壤中含砷化合物的迁移、转化等重要过程，土壤中的砷与矿物可通过非专性吸附和专性吸附形成外层或内层络合物，随后非专性吸附态砷和专性吸附态砷逐渐进入矿物的晶核内，先形成弱结晶水合铁铝氧化物结合态砷，随后逐渐变为稳定的结晶水合铁铝氧化物态与残渣态砷，最终降低砷的生物有效性（吴萍萍，2011；Wang et al.，2015）。同时，土壤对砷的吸附量与土壤性质密切相关，红壤的吸附量显著高于其他类型土壤（高雪等，2016），这在很大程度上与土壤中的黏粒含量、pH 等密切相关（Yang et al.，2005；Tang et al.，2007）。我们的研究发现，非专性吸附态砷（F1）和专性吸附态砷（F2）之和仅占总砷比例的 1.78%～18.5%，且随着客土比例的增加，F1、F2 占总砷含量的百分比逐渐降低，这可能是造成土壤有效态砷含量不断下降的重要原因，进而促进植物吸收砷含量的下降。此外，非专性吸附态砷的百分含量除与 pH 有密切关系外，还与总磷含量、阳离子交换量等因素密切相关。土壤中的磷和砷分子结构及构型相似，具有相似的化学性质，在土壤溶液中都主要以阴离子的形式存在，因此磷酸根和砷酸根会竞争土壤表面相同的吸附位点。有研究也证实，较高的外源磷添加能显著减少土壤对砷的吸附（Peryea，1991；王进进，2014）。试验中，随着客土比例的增加，有效磷与有效砷的含量均出现下降，但并没有呈现出磷砷竞争关系，可能与试验没有添加额外的外源磷有关。相比磷对土壤砷含量变化的影响，试验中 pH 等因素对土壤有效态砷含量变化的影响可能更大。

第三节　不同客土覆盖厚度对砷污染土壤上作物生长的影响

使用客土改良技术修复污染土壤时，在污染土上直接覆盖客土，重新制造新的耕作层，不用移除污染土，也不用人工混合客土，是耗费最小的一种方法，对砷污染土壤的修复具有重要的意义。客土覆盖厚度越高，效果越明显，但是花费也更大，同时客土的取土量也更大，所以研究不同客土厚度对土壤砷影响作物吸收砷的影响有着重要的现实意义。我们对覆盖不同厚度客土影响下砷污染土壤中大豆砷含量及其富集特征进行了研究，利用农业农村部岳阳农业环境实验站布置的微区试验，污染土壤取自湖南石门县某雄黄矿区周边农田表层，其成土母质为板页岩，采取湖南平江县黄金洞乡板页岩发育的红壤作为清洁土。模拟池内先装入同样深度的砷污染土壤、压实，然后再分别覆盖上 0 cm、15 cm、30 cm、45 cm 及 60 cm 的清洁土壤，研究客土不同覆盖厚度对大豆砷含量与分布的影响、大豆砷含量与土壤砷污染水平的关系和大豆对土壤砷的富集特征，为富砷地区大豆安全生产提供科学依据。

一、不同客土覆盖厚度对大豆生长的影响

实验结果可以看出（图 5.6），随着客土覆盖厚度的增加，当厚度为 15 cm 时，大豆地上总生物量干重增加，然后随客土覆盖厚度的增加又逐渐降低。不同客土覆盖厚度之间比较结果发现：与客土 15 cm 的处理相比，随着客土厚度的增加，客土 30 cm、45 cm 和 60 cm 处理后大豆根和茎的生物量干重都有不同程度的增加；而叶、豆荚和豆粉生物量干重则随着客土覆盖厚度的增加，表现出不同程度的减少。与客土 30 cm 处理相比，客土 45 cm 和客土 60 cm 的大豆根生物量干重分别增加了 6.8%和 3.7%；而大豆茎、叶、豆荚和豆粉的生物量干重则随着客土覆盖厚度的增加有不同程度的减少。与客土 45 cm 的处理相比，客土 60 cm 的大豆茎和叶的生物量干重分别增加了 1.6%和 18.0%，而

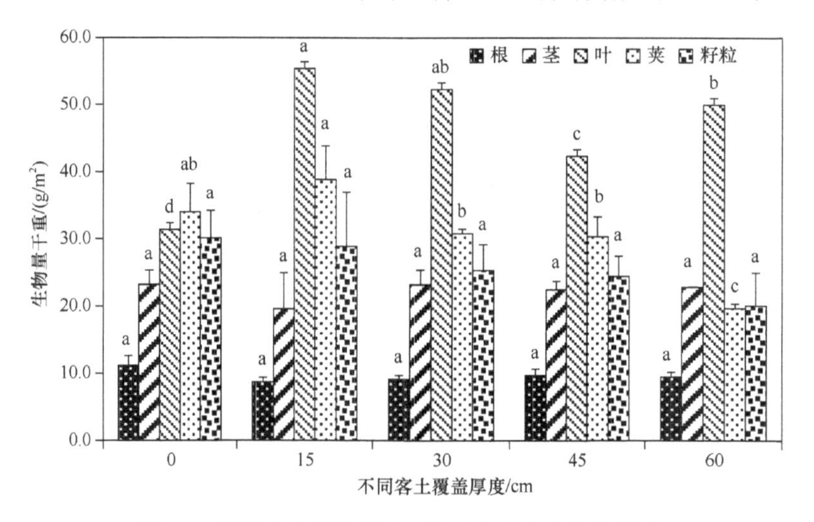

图 5.6　不同客土覆盖厚度对大豆生长和产量的影响

不同字母表示同一部位不同处理间的差异显著，$P<0.05$

根、豆荚和豆粉的生物量干重则分别降低了 2.9%、35.2%和 17.7%。虽然随着客土厚度的持续增加，大豆不同部位的生物量出现明显变化，但是没有达到显著性差异水平。

二、不同客土覆盖厚度对大豆植株累积砷含量的影响

覆盖不同客土厚度对大豆吸收砷含量的影响见图 5.7。从图 5.7 中可以看到，随着客土厚度的增加，大豆各部分砷含量不断降低。同时覆盖不同厚度客土处理后，大豆地上各部分和根中砷的含量均低于 6 mg/kg。覆盖客土 15 cm、30 cm、45 cm 和 60 cm 处理与不覆盖客土（0 cm）相比，大豆各部分砷含量差异均达到显著水平；覆盖客土 15 cm 时，豆根、豆茎、豆叶、豆荚和籽粒中的砷含量分别下降 79.7%、43.9%、71.1%、81.6%、33.6%；覆盖客土 30 cm 时，豆根、豆茎、豆叶、豆荚和籽粒中的砷含量分别下降 83.1%、64.0%、77.4%、82.3%、38.8%；覆盖客土 45 cm 时，豆根、豆茎、豆叶、豆荚和籽粒中的砷含量分别下降 82.4%、63.2%、76.8%、83.3%、83.4%；覆盖客土 60 cm 时，豆根、豆茎、豆叶、豆荚和籽粒中的砷含量分别下降 82.0%、69.8%、85.5%、89.7%、94.4%。

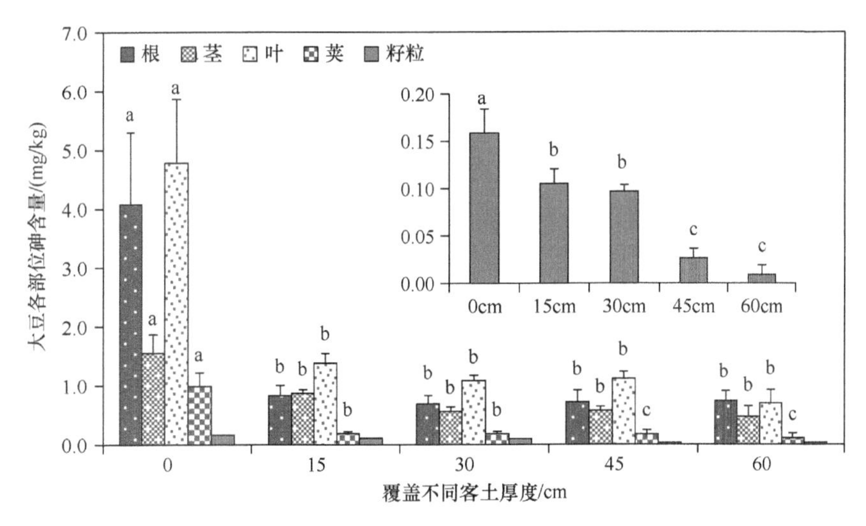

图 5.7　不同客土覆盖厚度对大豆各部位砷含量的影响

不同字母表示同一部位不同处理间的差异显著，$P<0.05$

客土覆盖厚度 15 cm、30 cm、45 cm 和 60 cm 的各处理间根、茎和叶中的砷含量并没有达到显著差异。客土覆盖厚度 15 cm 和 30 cm 处理的豆荚和籽粒砷含量与客土覆盖厚度 45 cm 和 60 cm 处理的豆荚和籽粒砷含量差异显著。而客土覆盖厚度 15 cm 和 30 cm 处理间大豆各部分砷含量差异不显著，客土覆盖厚度 45 cm 和 60 cm 处理间大豆各部分砷含量差异不显著。

三、不同客土覆盖厚度对大豆富集砷能力的影响

从图 5.8 可以看出，客土覆盖厚度由 0 cm 逐渐增加到 60 cm 时，大豆对砷的富集能力呈现先增加、后降低的变化趋势。在客土覆盖厚度 0 cm 时，由于土壤砷含量背景值

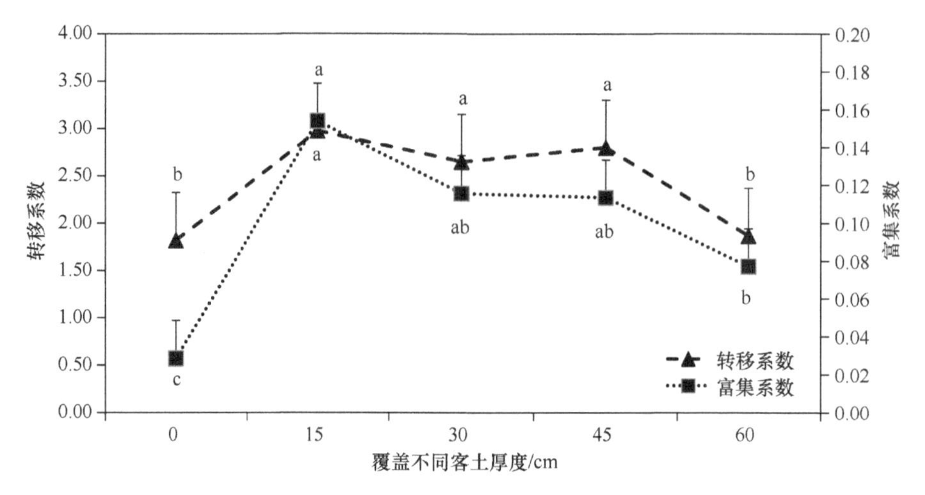

图 5.8　不同客土覆盖厚度对大豆富集系数和迁移系数的影响

不同字母表示同一部位不同处理间的统计分析

较大（263.2 mg/kg），富集系数最低 0.03。当客土覆盖厚度为 15 cm 时，土壤中砷含量较低（16.5 mg/kg），富集系数达到 0.15。随后随着客土覆盖厚度的持续增加，富集系数不断降低。当客土覆盖厚度为 60 cm 时，富集系数降为 0.08。

大豆的转移系数也表现出与富集系数相似的变化趋势。当客土覆盖厚度从 0 cm 逐渐增加到 60 cm 时，大豆对砷的转移能力呈现出先增加、后降低的变化规律。在客土覆盖厚度为 15 cm 时，转移系数最大达到 3.0。随着客土覆盖厚度继续增加，转移系数出现降低，到客土覆盖厚度 60 cm 时，转移系数降为 1.9。

统计结果显示，富集系数在覆盖 15 cm、30 cm、45 cm、60 cm 客土处理时与不覆盖客土处理之间均有显著差异；客土覆盖 15 cm 和 60 cm 处理间差异显著，但客土覆盖 30 cm 和 45 cm 处理间差异不显著。转移系数在客土覆盖 15 cm、30 cm 和 45 cm 处理之间差异均不显著，但却与客土覆盖 0 cm 和 60 cm 处理具有显著差异。

四、土壤中有效态砷含量与大豆各部分砷含量的关系

对不同覆盖客土厚度土壤中有效态砷含量与大豆各部位砷含量间的相互关系进行分析，不同客土覆盖厚度处理土壤中的有效态砷含量和大豆砷含量可拟合成一元二次方程，如图 5.9 所示。由方程可知，不同客土覆盖厚度的处理中，大豆根、叶和荚中的砷含量与土壤有效砷含量呈显著正相关。随着客土覆盖厚度不断减小，客土土壤中有效态砷含量的显著增加，大豆各部位砷含量呈现出显著增加趋势（图 5.9）。

五、小结

客土覆盖改良是在污染土壤表层覆盖干净土壤，减少污染物与根系接触，从而达到减轻危害的目的。对张士灌区土壤中镉含量的调查发现，77%～86.6%土壤镉累积在 30 cm 以上的土层，尤其在 0～5 cm 和 5～10 cm 土层内镉含量很高，如果去掉表层土，

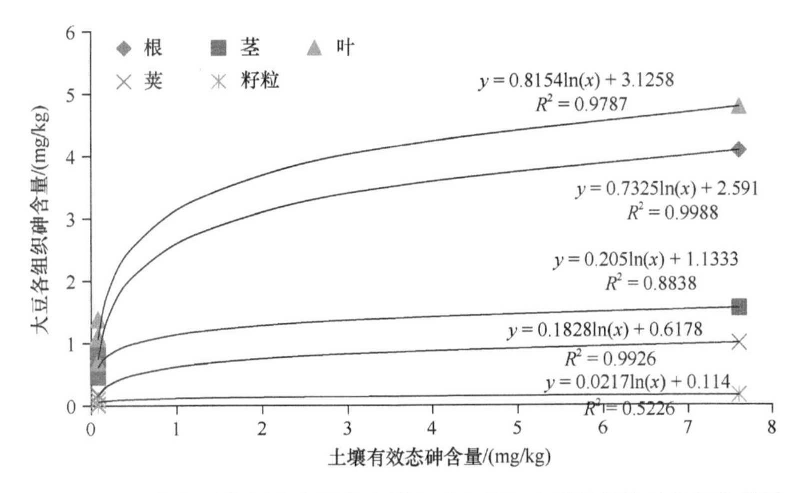

图 5.9　不同客土覆盖厚度土壤中有效态砷含量与大豆各部位砷含量的关系

仅考虑 15～30 cm 土层的影响，可使水稻籽粒米中的镉含量下降 50%左右（吴燕玉等，1984）。针对不同客土厚度覆盖的影响，考虑到根系通常分布在 0～20 cm 土层内，所以如果客土覆盖厚度较小，客土覆盖改良的效果则不稳定；当客土覆盖厚度达到 20～30 cm 时，可以有效地降低土壤中重金属的残留影响，客土改良效果稳定，且对多种重金属均具有良好的修复效果（汪雅各等，1990）。应用客土修复对放射性元素铈和锶污染的土壤进行盆栽试验也表明，大豆和白菜中污染物的累积随客土厚度的增加显著下降（史建君等，2002；史建君，2005）。江西德兴铜矿区的污染土壤经客土 3 年并进行植被恢复和重建后，表层土壤的有机质、速效磷、速效钾含量均有不同程度的变化（陈怀满等，2005）。我们的研究进一步证实，随着客土覆盖厚度的增加，根系与污染土壤接触的机会降低，大豆各部位砷含量也呈现出逐渐降低的变化。与不覆盖客土处理相比，不同客土覆盖厚度处理均显著降低了大豆各部位中砷含量。

客土厚度对作物的影响也与土壤性质有密切联系。已有研究证实植物体内砷的含量及形态取决于土壤有效态砷的形态和含量，以及植物对砷的吸收过程（和秋红，2009）。同时，无论是蔬菜还是粮油作物，其砷含量都与土壤中砷含量呈显著正相关（肖细元等，2009）。客土厚度越小，随时间推移和生长发育，植物根系接触到污染土壤的可能性就越大，且随着客土厚度不断减小，土壤有效态砷含量增加，大豆各部位砷含量出现增加趋势。作物对砷的吸收属于被动吸收。作物体内对砷的累积量为根＞茎＞籽粒（黄丽玫等，2006；Kabata-Pendias and Pendias，1984），说明土壤中的砷能够向大豆植株中转移，但植物可食部分的砷含量最低。我们的研究得出了与前人类似的规律，不同客土覆盖厚度处理后，砷在大豆中的分布规律为根＞茎＞荚＞籽粒。对于不同的作物，耐砷能力不同，对砷的吸收能力也不一样，一般作物耐砷能力的大小顺序为小麦＞玉米＞大豆＞水稻（Nriagu et al.，1998）。因此，在高砷风险区种植作物时，应根据土壤中的含砷量选择对砷富集能力较差的作物品种，从而保障砷高风险区的有效利用及农产品的生产安全。

砷在土壤中的垂直迁移深度和年迁移量与耕层污染强度有关。大部分耕层土壤对砷的固定能力很强，使砷的迁移速率十分缓慢。一般来说，土壤对砷具有强烈的固定作用，使得砷在土壤中的移动性较差，通常集中在 10 cm 的表土层中。砷主要是以阴离子的形式被土壤吸附，与土壤中带正电荷的质点相互作用，因此土壤中的黏土矿物类型及阳离子组成对砷具有较大的吸附作用。以水溶态或交换态存在于土壤中的砷，是土壤中可溶性砷或吸附在土壤颗粒表面的砷，具有较高的有效性，一般占总砷的比例小于 3%（Onken and Adriano，1997；Samuel et al.，2003）。有些研究表明，土壤中有效砷的含量与土壤总砷含量间并没有显著的相关性，而受土壤 pH、Eh、Fe、Al 含量和根际环境等因素的影响（雷梅等，2003；许嘉琳等，1996；Woolson et al.，1971；张国祥等，1996）。随着 pH 的增加，吸附剂表面负电荷增高，促使含砷阴离子向溶液中解吸，土壤溶液中砷增多，土壤对砷的吸附能力减弱。在 Eh 较低的条件下，五价砷可被还原成三价砷，但随着高价铁还原成亚铁，含铁氢氧化物的溶解度随之增加，导致砷的释放，溶解性砷的浓度增加。虽然升高 pH 或降低 Eh 都可能使土壤中有效态砷浓度增加，但由于研究中选用了土壤性质一致的客土进行覆盖，结果显示不同客土覆盖厚度处理的大豆各部位中砷含量均与未用客土处理存在显著差异，但在不同客土处理间的差异并不显著。

比较转移系数和富集系数发现，客土厚度为 15 cm 时，对砷的转移系数和富集系数达到最大值；当客土厚度不断增加时，转移系数和富集系数均不断递减。在 30 cm 和 45 cm 客土厚度时，转移系数和富集系数基本持平，差异并不显著。其可能原因：一是由于砷在土壤中的迁移能力较低，下层污染土中的砷并没有（或仅有极少量的砷）迁移至上层清洁土中；二是大豆根系通常在 20 cm 左右，当客土厚度为 15 cm 时，大豆仅有极少量根（或无法）扎根到下层污染土中，因此对砷的富集系数和转移系数较低。当继续增加客土厚度，大豆根系无法到达底层污染土壤，则客土覆盖处理间的大豆转移系数和富集系数不会表现出显著的差异。

在生产修复的过程中，客土的修复效果与客土和原土的肥力状况及客土厚度等有着密切联系。客土修复对降低土壤中砷的有效性是有效的，但客土修复需要大量的清洁土壤，工程量大，也是应用客土修复砷污染土壤需要首要考虑的问题。客土越厚、客土比例越大，所需要的客土土壤就越多，工程量就越大，需要的财力、人力和物力等也越多。

客土修复在一些地区很难大面积应用，主要有以下几个原因。第一，客土土壤的获取。由于客土需要就近取土，所以在一些污染严重的区域很难就近获取大量的清洁客土土壤。第二，大量客土土壤的挖掘、运输。由于客土的工程量大，需要对土壤进行挖掘和远距离运输，因此需要花费大量的人力、物力。第三，客土土壤通常含有较少腐殖质，需要施用大量有机肥提高土壤肥力，增加成本。第四，覆盖客土引起田块增高，对灌溉和排水设施提出了新的构建要求（Arao et al.，2010；吴燕玉等，1984），增加了成本和田间操作的难度。综合考虑农田污染治理的高额费用等经济效益，根据我们的研究结果，推荐相对较低的 40%客土的混合比例或 30 cm 的客土厚度处理，从而实现促进作物生长，降低其对砷的吸收，实现高风险区农田安全利用的目标。同时，我们仍要关注如何在治理过程中既实现治理目标，又让农民有一定的经济收益，这将成为实现客土修复的又一难点。

第四节 钝化剂强化客土修复对砷污染土壤的影响

同其他方法一样，单一的客土改良技术并不能对污染土壤起到完全的根治作用，所以必须同其他物理、化学、生物措施相结合，形成一套完整有效的综合改良技术。其中钝化剂强化客土修复砷污染土壤就是一种可行的方法。原位化学钝化技术是治理土壤中重金属污染的重要途径之一，通过向土壤中加入各种物质，可调节和改变重金属在土壤中的赋存形态，降低其在土壤环境中的可交换态组分及其迁移性，从而减少重金属元素对植物的毒害作用（周启星和宋玉芳，2004）。针对砷污染的土壤，常见的钝化剂有针铁矿、膨润土、伊利石、磷酸二氢钾、石灰、石灰石、硫酸亚铁等（Gray et al.，2006；Hartley and Lepp，2008；Lee et al.，2011；Yang et al.，2007）。众多研究结果显示，铁元素含量较高的针铁矿和硫酸亚铁钝化土壤中砷的能力最强。但许多学者在研究中使用的钝化剂均为化学试剂，考虑到其价格昂贵等原因，这种钝化剂难于在大田中推广应用。目前，一些工业副产品、环境风险较低的矿物粉末、农业生产的废料残渣等在重金属污染原位钝化应用上受到关注。因此，寻找对土壤中砷钝化效果好且经济实用的钝化剂，对砷污染土壤的修复调控等十分有意义。我们选取不同钝化剂种类，结合客土技术，采用微区试验研究钝化联合客土技术对砷污染土壤的修复过程，了解其土壤中砷生物有效性的调控效果，为钝化-客土联合修复砷污染土壤修复技术的研究提供理论依据和技术参考。

一、不同类型钝化剂对油菜生长的影响

我们首先研究了不同钝化剂对油菜生长的影响。试验所用污染土壤取自湖南石门县某雄黄矿区周边农田表层，其成土母质为板页岩，同时从湖南平江县黄金洞乡采集了由板页岩发育的清洁土。按照砷污染土：清洁土=4：1 客土比例均匀混合后填装到微区模拟池内，同时设置海泡石、磷石膏、腐植酸矿粉、硫酸铁四种钝化剂处理。依据我们前期研究，钝化剂加入量为有效降低土壤中有效态砷含量的最小用量，设定为 0.5%（*m*/*m*）添加水平。试验中测定不同类型钝化剂对油菜的生长、吸收砷的影响，以及不同类型钝化剂对土壤有效态砷和各形态砷含量的影响。

实验中添加不同钝化剂对油菜生物量的影响如图 5.10 所示。与 CK 相比，添加海泡石、磷石膏、腐植酸矿粉和硫酸铁处理的土壤中油菜的总生物量增加范围分别为 2.4%～3.8%、7.3%～9.9%、22.0%～31.0%和 11.9%～14.4%。

土壤中重金属形态的分布受到多方面因素的影响，主要与土壤黏粒组成、pH、氧化还原电位（Eh）、有机质含量、土壤中重金属的交互作用、根际环境和植物种类等因素有关（Tang et al.，2012）。本研究中采用的几种钝化剂的理化性质（如 pH 和化学组成）差异明显，在一定程度上影响了植物的生长。土壤 pH 与土壤的肥力状况、微生物活动及作物生长密切相关。在 pH 中性的土壤条件下（pH6～7），大多数土壤中养分的有效性较高。此外，海泡石含 17.9%左右的 Si，Si 能够提高植物的根系活力、提高氧化能力

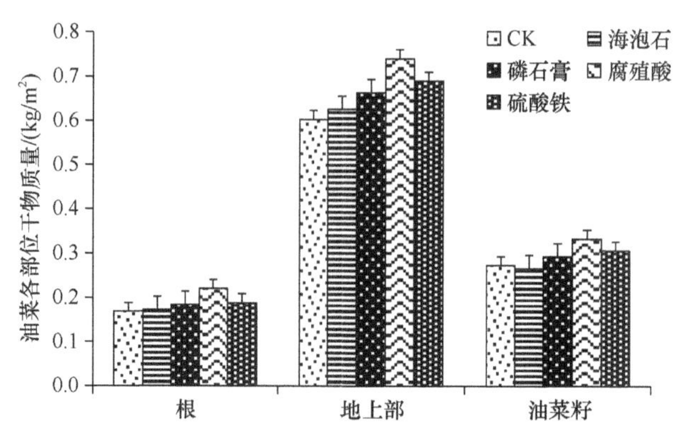

图 5.10 钝化处理后油菜各部位干物质量

和呼吸速率、增强根系对水分的吸收，从而促进植物生长（肖尚华等，2010），提高污染土壤中植物的生物量（Sun et al.，2013）。本研究中，海泡石处理下油菜的生物量，相比对照处理，地上和地下部分别增加了 3.8%和 2.4%，但是没有达到显著差异。这与孙媛媛（2015）的盆栽试验结果中海泡石处理能够显著增加小油菜 36.4%生物量具有增幅上的差异。

二、不同类型钝化剂对油菜吸收砷的影响

本试验中我们比较了不同钝化剂对油菜吸收砷的影响。与 CK 相比，添加钝化剂可使油菜植株地上部的砷含量降低 9.9%～19.3%，其中，硫酸铁处理下油菜地上部植株砷含量最低，但仍没有达到显著性差异。

从表 5.4 中的结果还可以看出，磷石膏和腐植酸矿粉也能降低油菜对土壤砷的吸收，降幅分别为 10.98%和 13.46%。有学者认为 Ca-As 沉淀物控制着砷的移动性，$MgSO_4 \cdot 7H_2O$ 中的 S 可以减轻 50 mg/kg 以上高浓度砷对作物的毒害（Vandecasteele et al.，2002；郝玉波，2011）。而 $MgSO_4 \cdot 2H_2O$ 是磷石膏的主要成分，其中 Ca 不仅能与土壤中的 As 形成难溶物，Ca、P 等元素还会促进植物的生长，因此推断其对植物抑制砷吸收的机制是 Ca 和 S 共同作用的结果。有研究发现，添加 20 g/kg 磷石膏可显著减少小麦对砷的吸收，降幅达到 39.1%（白来汉等，2011）。我们的研究中，磷石膏处理也得到了类似的效果。

表 5.4 钝化剂对油菜地上部砷含量、砷吸收量及转移系数的影响

钝化剂	油菜含量/（mg/kg）	砷吸收量/（mg/m^2）	转移系数（TC）
CK	0.41	0.244	0.00406
海泡石	0.37	0.228	0.00360
磷石膏	0.36	0.239	0.00369
腐植酸	0.35	0.259	0.00345
硫酸铁	0.33	0.226	0.00322

腐植酸是腐殖质的主要成分，一般作为评价土壤肥力的重要指标，以根施肥的形式施用。目前多数肥料生产公司以腐植酸作为主要载体，配入其他功能的物质，作为土壤

改良剂应用于土壤。研究发现，腐植酸处理的油菜生物量有22.7%增幅。与对照相比，该处理下油菜地上部的砷含量下降了，但是由于生物量的增多，腐植酸处理下油菜总砷吸收量是唯一高于对照的处理。

土壤砷的转移系数（transfer coefficients，TC）是植物地上部分砷含量与土壤砷含量的比值。由表5.4可知，仅有不到0.25%的砷从土壤转移至油菜体内。4种材料均能降低土壤砷的TC值，其TC值范围为0.00322～0.00369。硫酸铁处理下土壤砷的TC值最小，为对照处理的79.3%。与前人研究相比，该研究结果中污染土壤砷转移到植株体内规律一致，但低于土壤盆栽培养的TC值（孙媛媛，2015）。

三、不同类型钝化剂对土壤有效砷含量的影响

种植油菜后，4种材料对土壤有效态砷含量的影响如图5.11所示。由图可知，对照土壤中的有效态砷含量2.65 mg/kg，仅占总砷含量的2.66%。尽管有效态砷的含量很低，但其却是土壤总砷库中活性最高的组分。磷石膏、腐植酸矿粉和硫酸铁均可以降低土壤有效态砷含量。其中，硫酸铁处理下有效态砷含量最低（2.05 mg/kg），为对照处理的22.4%。然而，海泡石处理下有效态砷含量高于对照处理，增加幅度为1.43%。

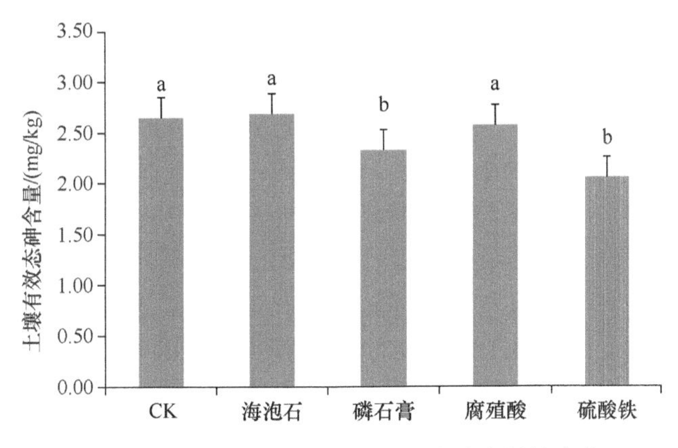

图5.11 钝化剂处理下土壤有效态砷含量的变化

氧化铁被认为是砷的最佳吸附材料。有研究发现，铁矿粉能显著降低土壤中砷的有效性，在添加铁粉后，盆栽试验中小白菜和油菜的地上部砷含量显著减少24%～52.7%（张敏，2009；孙媛媛，2015）。添加海泡石、磷石膏、腐植酸矿粉及硫酸铁处理，土壤有效砷含量呈下降趋势，抑制土壤砷的有效性。土壤砷的有效性很大程度上取决于土壤对砷的吸附能力。然而土壤对砷的吸附是一个复杂的、多因素控制的过程，土壤中有效态砷的含量受土壤pH、Eh、Fe、Al含量和根际环境等影响（王国荃和吴顺华，2004；汤家喜等，2011；Suman et al.，2005）。土壤中砷的毒害性不仅与其总量有关，更大程度上取决于砷在土壤中的存在形态，土壤中砷的毒性、迁移性、生物有效性等主要取决于其存在形态，不同存在形态的砷可产生不同的环境效应。可交换态砷迁移性最强、生物毒性最大，容易通过食物链进入人体，危害人体健康；残渣态砷活性最弱，毒性也最小。在土壤理化条件变化或与土壤微生物作用下，砷结合矿物相态或粒径会发生改变，

其他形态的砷均有可能释放变为有效砷（王金翠等，2011）。因此，了解土壤中砷的形态分布，选取有效稳定剂使其形态向低活性、低迁移性、低毒性转化，具有重要意义。

化学形态连续提取经常被用来评价砷在土壤中的分配及各形态砷对土壤有效态的影响。土壤中的砷主要以无机态的形式存在，且其存在形态主要与土壤中 Al、Fe、Ca 的含量有关。对于富含铁铝的土壤，砷在土壤中被铁/铝胶体吸附后，形成砷酸或亚砷酸铁/铝等难溶性盐而沉淀下来，对于微碱性的土壤，若土壤中 Ca 含量比较高，Ca 可与砷酸根形成较难溶的 $CaHAsO_4$ 和 $Ca_3(AsO_4)_2$ 沉淀。魏显有等（1999）通过实验证明，砷与 Fe、Al、Ca 结合的强度为：Fe 结合态砷＞Al 结合态砷＞Ca 结合态砷，土壤含铁、铝氧化物越多，吸附能力越强，从而增强专一性吸附或共沉淀，减少土壤中砷的淋溶浸出、迁移转化。

在我们的研究中，海泡石被认为是吸附能力较强的黏土矿物，能够有效降低砷污染土壤中有效态砷含量。硫酸亚铁被证明是一种可以有效稳定砷的物质，它可以与砷形成铁砷化合物沉淀，使土壤中砷由活性较高的形态向活性较低的形态转化，从而降低砷的移动性并减轻对植物的危害（Moore et al.，2000；Kim et al.，2003；Hartley et al.，2004）。砷和 Fe^{3+} 也可通过形成三价铁的砷酸盐（$FeAsO_4 \cdot H_2O$）或次级难氧化态矿物，如 $FeAsO_4 \cdot 2H_2O$（也称臭葱石），而降低其在土壤中的移动性（Carlson et al.，2002）。铁化合物还能与砷发生专性吸附，砷酸根离子与铁化合物配位体中的羟基或水合基置换，形成螯合物，使其从活性较高的形态向稳定性较高的残渣态转变。卢聪等（2013）以硫酸亚铁为稳定剂、生石灰为辅助剂处理砷污染土壤，结果发现，土壤有效砷的稳定化处理主要是将砷从非专性吸附态和专性吸附态转化为弱结晶的铁铝或铁锰水合氧化物结合态、结晶铁铝或铁锰水合氧化物结合态。Kim 等（2003）以 $Fe_2(SO_4)_3$ 形态的铁对矿区砷污染的修复结果显示，土壤水溶态砷最高减少了 79.6%。这或许是由于铁基在一定程度上增加了土壤有效态砷的吸附位点，提高了土壤对砷的吸附容量，进而影响土壤中砷的有效性。本研究中，硫酸亚铁可显著降低土壤有效态砷的含量，同时添加钝化剂后硫酸亚铁处理的土壤中砷形态转化为残渣态（F5）最多。硫酸亚铁对砷的稳定化机制可能主要是通过沉淀或共沉淀、吸附、有机络合、离子交换等作用共同实现土壤中砷形态的转化。

我们选用的腐植酸矿粉是一种高分子、非均一的芳香族羟基羧酸，其作为土壤改良剂、植物生长刺激剂和肥料增进剂时，能够改良低产土壤，提高化肥的利用率，刺激植物生长发育，增加作物的抗逆性能，改善和提高农产品品质。因为本身客土土壤的有机质含量较低，腐植酸矿粉有机质相对丰富，其养分能促进油菜生长，有机质中的胡敏酸和胡敏素与砷形成难溶性螯合物，从而降低土壤有效态砷的浓度，减轻砷污染对油菜的毒害。这与张冲等（2007）报道的有机肥对土壤有效态砷抑制作用明显的结论一致。有机物对土壤重金属污染的净化机制可能主要是通过腐植酸与金属离子发生的络合（螯合）反应来进行的。

四、不同类型钝化剂对土壤各形态砷含量的影响

种植油菜前，土壤各形态砷含量如表 5.5 所示。所有处理下，土壤中的无定形和弱

结晶度的铁铝水合氧化物结合态砷（F3）占总砷含量的45.32%以上。专性吸附态砷（F2）、晶质铁铝水合氧化物结合态砷（F4）和残渣态砷（F5）分别占总砷的11.72%～13.80%、31.96%～33.02%、7.46%～8.32%，而非专性吸附态砷（F1）仅占总砷的0.71%。4种材料对土壤各形态砷的影响有所不同。与对照相比，海泡石将F1由0.50%降至0.19%；而磷石膏、腐植酸矿粉和硫酸铁可使F1含量增加，其中腐植酸矿粉增加幅度最大，可达40.68%。种植油菜后，所有处理土壤中F5的含量占总砷含量的39.82%以上，均比种植前有大幅增加，是5种形态中含量比重最高的成分。而其他4种砷形态的百分含量，均比种植前有不同程度的降低。

各种钝化剂效果如表5.5所示，4种钝化剂均能对土壤砷起到钝化作用，其中以硫酸铁的钝化效率最高。

表5.5　钝化处理前后土壤pH和各形态砷的变化

	pH	有效态砷/（mg/kg）	结合态砷（占总量的百分比/%）				
			F1	F2	F3	F4	F5
种植前							
CK	6.46	10.55	0.50	12.05	46.46	32.97	8.02
海泡石	6.42	9.88	0.37	13.80	45.32	32.41	8.10
磷石膏	5.78	10.13	0.52	11.72	47.09	32.75	7.92
腐植酸	5.85	11.61	0.71	12.39	46.62	31.96	8.32
硫酸铁	5.86	11.20	0.51	13.13	45.88	33.02	7.46
种植后							
海泡石	6.38	2.69	0.19	9.10	28.86	22.04	39.82
磷石膏	5.13	2.33	0.40	13.37	27.21	13.63	45.38
腐植酸	5.40	2.57	0.38	11.45	30.09	14.94	43.13
硫酸铁	5.36	2.05	0.21	11.66	28.05	12.98	47.11

土壤砷的移动系数（mobility factor，MF）是指非专性吸附和专性吸附态砷加和与连续提取砷的加和之比。根据砷形态分级的相关结果（表5.5），应用Salbum等（1998）的方法，计算出添加不同钝化剂处理下土壤中砷的移动系数，其结果如表5.6所示。除了海泡石处理，其他三种材料的MF值均高于对照处理。

表5.6　钝化剂处理下土壤砷的移动系数（%）

	CK	海泡石	磷石膏	腐植酸	硫酸亚铁
MF	12.55	14.16	12.25	13.17	13.62
钝化效果		74.90	74.45	77.94	80.53

注：不同钝化剂处理间不同字母代表差异显著（$P<0.05$）。

MF的计算方程（Salbu et al.，1998）为：F=（F1+F2）/（F1+F2+F3+F4+F5）×100%

在钝化剂施入前，对照土壤中的砷主要以弱晶质和晶质铁铝水合氧化物结合态的形式存在（F3+F4）。钝化剂施入后，硫酸亚铁处理F5的砷含量显著高于其他处理，并且F1+F2的砷含量也明显降低。钝化剂促使土壤砷从F1和F2向F3和F4或F5转变，实现砷向稳定态转化，进而降低砷的生物有效性。砷与铁、铝、锰的氢氧化物的表面络合反应控制着土壤溶液中砷的活性（Inskeep et al.，2001）。向土壤中添加钝化剂可增加土壤砷的吸附位点，固定土壤中的砷，促使砷从可移动态及非稳定态向稳定态转化，降低土壤砷的移动性，进而减少植物对砷的吸收。这也涉及不同的重金属离子对不同钝化材料的选择，而且不同添加量也会产生不同的效果。例如，磷酸盐对铅的固定稳定化效果最明显；而富含铁、铝的材料对砷的稳定起着突出作用；镉、锌等重金属一般在较高的pH 范围内更难溶出，而砷在较低的 pH 范围内更稳定，因此控制碱性物质的用量以保证土壤 pH 在合适的范围内。此外，添加剂与污染物之间的充分接触反应，也是影响固化稳定效果的重要因素。

大量研究表明，pH 是影响土壤稳定化修复效果的一个重要因素，pH 较低时不利于重金属的吸附，而提高土壤 pH 能增加土壤表面负电荷，进而增加土壤对重金属的吸附，同时有利于羟基化金属离子（$[MOH]^{n+}$）的形成，并能促使土壤中的重金属离子形成氢氧化物或碳酸盐沉淀（缪德仁，2010；李翔，2012）。试验土壤理化性质显示，钝化材料的 pH 小于 6.5，偏酸性。各钝化剂材料均降低了土壤 pH，但没有达到显著水平。

海泡石处理下土壤种植油菜前的 pH 最高(表 5.5)，土壤有效态砷含量也略高于 CK；磷石膏处理下土壤 pH 最低，但土壤有效态砷含量并不是最低值，这可能是由于试验中钝化剂的添加量较小，各个处理间的 pH 变化量低于 1 个单位，对土壤砷的移动性影响较小。另外，供试土壤 pH 7.27、磷石膏为 pH 2.96，而在环境常见的 pH 范围内，三价和五价态砷的溶解度随 pH 增加而增高，pH 高的土壤上过量砷的危害尤为严重。此外，磷石膏中磷与砷的竞争作用也具有一定的影响。

土壤具有较高的产酸潜力，容易酸化，从而增加土壤中重金属的淋溶浸出，增大土壤污染物迁移的风险。但同时土壤有效态砷含量并没有大幅增高，反而比没有添加钝化剂时降低，这也说明了土壤对的砷吸附不单单受 pH 这一个指标的影响，pH 可能不是本次研究中影响土壤砷生物有效性变化的关键因素。客土土壤的有机质含量、氧化还原电位、阳离子交换量等都会影响砷的形态分布、毒性和迁移性。

工业副产品直接作为钝化剂修复土壤污染在不同土壤性质上的试验结果存在一定差异性，仍需要不同的土壤类型进行验证分析。同时，由于副产品的性质差异大，单一的工业副产品的修复效果并不十分显著，也可以考虑复合材料的制备。

参 考 文 献

白来汉, 张仕颖, 张乃明, 等. 2011. 不同磷石膏添加量与接种菌根对玉米生长及磷、砷、硫吸收的影响[J]. 环境科学学报, 31(11): 2485-2492.

蔡保松, 陈同斌, 廖晓勇, 等. 2004. 土壤砷污染对蔬菜砷含量及食用安全性的影响[J]. 生态学报, 24(4): 711-717.

陈怀满, 郑春荣, 周东美, 等. 2005. 德兴铜矿尾矿库植被重建后的土壤肥力状况和重金属污染初探[J]. 土壤学报, 42(1): 29-36.

陈静, 王学军, 朱立军. 2004. pH 对砷在贵州红壤中的吸附的影响[J]. 土壤, 36(2): 211-214.

陈涛, 吴燕玉, 张学询, 等. 1980. 张士灌区镉土改良和水稻镉污染防治研究[J]. 环境科学, (5): 7-11.

陈同斌, 刘更另. 1993. 砷对水稻生长发育的影响及其原因[J]. 中国农业科学, 26(6): 50-58.
陈同斌, 宋波, 郑袁明, 等. 2006. 北京市蔬菜和菜地土壤砷含量及其健康风险分析[J]. 地理学报, 61(3): 297-310.
高雪, 王亚男, 曾希柏, 等. 2016. 外源 As(III)在不同母质发育土壤中的老化过程[J]. 应用生态学报, 27(5): 1453-1460.
郭华明, 王焰新, 李永敏. 2003. 山阴水砷中毒区地下水砷的富集因素分析[J]. 环境科学, 4: 60-67.
郝玉波. 2011. 砷对玉米-小麦的毒害作用及磷、硫缓解效应研究[D]. 泰安: 山东农业大学博士学位论文.
和秋红. 2009. 不同形态砷在土壤中的转化及生物效应研究[D]. 北京: 中国农业科学院硕士学位论文.
侯李云, 曾希柏, 张杨珠. 2015. 客土改良技术及其在砷污染土壤修复中的应用展望[J]. 中国生态农业学报, 23(1): 20-26.
胡留杰, 曾希柏, 何怡忱, 等. 2008. 外源砷形态和添加量对作物生长及吸收的影响研究[J]. 农业环境科学学报, 27(6): 2357-2361.
黄丽玫, 陈志澄, 颜戊利. 2006. 砷污染区植物种植的筛选研究[J]. 环境与健康杂志, 23(4): 308-310.
黄益宗, 朱永官, 胡莹, 等. 2006. 不同品种大豆对 As 吸收积累和分配的影响[J]. 农业环境科学学报, 25(6): 1397-1401.
雷梅, 陈同斌, 范稚连, 等. 2003. 磷对土壤中砷吸附的影响[J]. 应用生态学报, 14(11): 1989-1992.
李国华, 张建锋, 赵秀海, 等. 2011. 基于台田及营养客土基盘技术的滨海重盐碱地桑树造林试验[J]. 中国水土保持科学, 9(3): 36-39.
李莲芳, 曾希柏, 白玲玉, 等. 2010. 石门雄黄矿周边地区土壤砷分布及农产品健康风险评估[J]. 应用生态学报, 21(11): 2946-2951.
李翔. 2012. 城市污泥用于矿山重金属污染土壤修复的实验研究[D]. 北京: 轻工业环境保护研究所硕士学位论文.
梁成华, 刘学, 杜立宇, 等. 2009. 砷在棕壤中的吸附解吸行为及赋存形态研究[J]. 河南农业科学, 4: 64-68.
林志灵, 张杨珠, 曾希柏, 等. 2011. 土壤中砷的植物有效性研究进展[J]. 湖南农业科学, (3): 52-56.
刘碧君, 吴丰昌, 邓秋静, 等. 2009. 锡矿山矿区和贵阳市人发中锑、砷和汞的污染特征[J]. 环境科学, 3: 907-912.
刘春早, 黄益宗, 雷鸣, 等. 2012. 湘江流域土壤重金属污染及其生态环境风险评价[J]. 环境科学, 33(1): 260-265.
刘更另, 陈福兴, 高素端, 等. 1985. 土壤中砷对植物生长的影响-南方“砷毒田”的研究[J]. 中国农业科学, 4: 9-16.
刘学. 2009. 砷在棕壤中的吸附-解吸行为及赋存形态研究[D]. 沈阳: 沈阳农业大学博士学位论文.
刘勇, 岳玲玲, 李晋昌. 2011. 太原市土壤重金属污染及其潜在生态风险评价[J]. 环境科学学报, 6: 1285-1293.
卢聪, 李青青, 罗启仕, 等. 2013. 场地土壤中有效态砷的稳定化处理及机理研究[J]. 中国环境科学, 33(2): 298-304.
鲁统春, 高德武, 王创争, 等. 2006. 废弃采石场植被快速恢复研究[J]. 水土保持研究, 13(6): 210-212.
鲁艳兵, 温琰茂. 1998. 施用污泥的土壤重金属元素有效性的影响因素[J]. 热带亚热带土壤科学, 7(1): 68-71.
缪德仁. 2010. 重金属复合污染土壤原位化学稳定化试验研究[D]. 北京: 中国地质大学博士学位论文.
史建君, 孙志明, 陈晖, 等. 2002. 客土覆盖对降低放射性锶在作物中积累的效应[J]. 环境科学, 23(4): 126-128.
史建君. 2005. 客土覆盖对降低放射性铈在大豆中积累的效应[J]. 中国环境科学, 25: 293-296.
孙媛媛. 2015. 几种钝化剂对土壤砷生物有效性的影响与机理[D]. 北京: 中国农业科学院博士学位论文.
汤家喜, 梁成华, 杜立宇. 2011. 复合污染土壤中砷和镉的原位固定效果研究[J]. 环境污染与防治,

33(2): 56-59, 64.
田相伟, 李元, 祖艳群. 2007. 土壤砷污染及其调控技术研究进展[J]. 农业环境科学学报, S2: 583-586.
涂从, 苗金燕, 何峰. 1992. 土壤砷有效性研究[J]. 西南农业大学学报, 14(6): 477-482.
汪雅各, 王炜, 卢善玲, 等. 1990. 客土改良菜区重金属污染土壤[J]. 上海农业学报, (3): 50-55.
王国荃, 吴顺华. 2004. 地方性砷中毒的研究进展[J]. 新疆医科大学学报, 27(l): 18-20.
王金翠, 孙继朝, 黄冠星, 等. 2011. 土壤中砷的形态及生物有效性研究[J]. 地球与环境, 39(1): 32-36.
王进进. 2014. 外源磷对土壤中砷活性与植物有效性的影响及机理[D]. 北京: 中国农业科学院博士学位论文.
王娟娟, 张学培, 于雷, 等. 2012. 穴状衬膜客土基盘水盐动态对比研究[J]. 水土保持研究, 19(3): 125-128.
王秀红, 边建朝. 2005. 微量元素砷与人体健康[J]. 国外医学(医学地理分册), 3: 101-105.
魏复盛, 陈静生, 吴燕玉, 等. 1991. 中国土壤环境背景值研究[J]. 环境科学, 12(4): 12-19.
魏显有, 王秀敏, 刘云惠, 等. 1999. 土壤中砷的吸附行为及其形态分布研究[J]. 河北农业大学学报, 22(3): 28-30, 55.
吴萍萍. 2011. 不同类型矿物和土壤对砷的吸附—解吸研究[D]. 北京: 中国农业科学院博士学位论文.
吴燕玉, 陈涛, 孔庆新, 等. 1984. 张士灌区镉污染及其改良途径[J]. 环境科学学报, 4(3): 275-283.
肖尚华, 颜见恩, 郭龙平, 等. 2010. 硅肥对烟叶生产性状的影响[J]. 现代农业科技, 20: 60-61.
肖细元, 陈同斌, 廖晓勇, 等. 2009. 我国主要蔬菜和粮油作物的砷含量与砷富集能力比较[J]. 环境科学学报, 29(2): 291-296.
许嘉琳, 杨居荣, 荆红卫. 1996. 砷污染土壤的作物效应及其影响因素[J]. 土壤, 38(2): 85-89.
薛铸, 万书勤, 康跃虎, 等. 2014. 龟裂碱地沙质客土填深和秸秆覆盖对作物生长的影响[J]. 灌溉排水学报, 33(1): 38-41.
杨冰冰, 夏汉平, 黄娟, 等. 2005. 采石场石壁生态恢复研究进展[J]. 生态学杂志, 24(2): 181-186.
杨兰芳, 何婷, 赵莉. 2011. 土壤砷污染对大豆砷含量与分布的影响[J]. 湖北大学学报(自然科学版), 33(2): 202-208.
姚娟娟, 高乃云, 夏圣骥, 等. 2010. As(III)污染水源应急处理技术的中试研究[J]. 环境科学, 2: 324-330.
张冲, 王纪阳, 赵小虎, 等. 2007. 土壤改良剂对南方酸性菜园土中 Hg、As 有效态含量的影响研究[J]. 广东农业科学, (11): 52-54, 60.
张国祥, 杨居荣, 华珞. 1996. 土壤环境中的砷及其生态效应[J]. 土壤, (2): 64-68.
张敏. 2009. 化学添加剂对土壤砷生物有效性调控的效果和初步机理研究[M]. 武汉: 华中农业大学: 24-53.
张瑞喜, 褚贵新, 宋日权, 等. 2012. 不同覆砂厚度对土壤水盐运移影响的实验研究[J]. 土壤通报, 43(4): 849-853.
章梦涛, 邱金淡, 颜冬. 2004. 客土喷播在边坡生态修复与防护中的应用[J]. 中国水土保持科学, 3: 10-12.
周启星, 宋玉芳. 2004. 污染土壤修复原理与方法[M]. 北京: 科学出版社.
Arao T, Ishikawa S, Murakami M, et al. 2010. Heavy metal contamination of agricultural soil and countermeasures in Japan[J]. Paddy and Water Environment, 8(3): 247-257.
Barrachina A C, Carbonell F B, Beneyto J M. 1995. Arsenic uptake, distribution, and accumulation in tomato plants: effect of arsenite on plant growth and yield[J]. Journal of Plant Nutrition, 18: 1237-1250.
Berry W L. 1986. Plant factors influencing the use of plant analysis as a tool for biogeochemical prospecting.
Carlise D, Berry W L, Kaplan I R, et al. Mineral exploration: biogeological systems and organic matter. New Jersey: Prentice-Hall, Englewood Cliffs: 5-13.
Carlson L, Bigham J M, Schwertmann U, et al. 2002. Scavenging of as from acid mine drainage bySchwertmannite and ferrihydrite: a comparison with synthetic analogues [J]. Environmental Scienceand Technology, 36: 1712-1719.

Datta R, Sarkar D. 2004. Arsenic geochemistry in three soils contaminated with sodium arsenite pesticide: an incubation study [J]. Environmental Geosciences, 11(2): 87-97.

Gray C W, Dunham S J, Dennis P G, et al. 2006. Field evaluation of in situ remediation of a heavy metal contaminated soil using lime and red-mud[J]. Environmental Pollution, 142(3): 530-539.

Gress J K, Lessl J T, Dong X, et al. 2014. Assessment of children's exposure to arsenic from CCA-wood staircases at apartment complexes in Florida[J]. Science of The Total Environment, 476: 440-446.

Hartley W, Edwards R, Lepp N W. 2004. Arsenic and heavy metal mobility in iron oxide-amendedcontaminated soils as evaluated by short- and long-term leaching tests [J]. Environmental Pollution, 131: 495-504.

Hartley W, Lepp N W. 2008. Effect of in situ soil amendments on arsenic uptake in successive harvests of ryegrass (*Lolium perenne* cv. Elka) grown in amended As-polluted soils [J]. Environmental Pollution, 156: 1030-1040.

Ho H H, Swennen R, Cappuyns V, et al. 2013. Assessment on pollution by heavy metals and arsenic based on surficial and core sediments in the cam river mouth, haiphong province, vietnam[J]. Soil and Sediment Contamination: An International Journal, 22(4): 415-432.

Hossain M F. 2006. Arsenic contamination in bangladesh: an overview[J]. Agriculture, Ecosystems & Environment, 113(1/4): 1-16.

Inskeep W P, McDermott T R, Fendorf S. 2001. Arsenic(V)/(lll)cycling in soils and natural waters: Chemical and microbiological processes. Environmental Chemistry of Arsenic[M], New York: Mavcel Dekker, Inc. 183-215.

Kabata-Pendias A, Pendias H. 1984. Trace Elements in Soils and Plant[M]. Florida: CRC Press: 171.

Kim J Y, Davis A P, Kim K W. 2003. Stabilization of available arsenic in highly contaminated minetailings using iron [J]. Environmental Science and Technology, 37: 189-195.

Ko M, Kim J Y, Lee J S, et al. 2013. Arsenic immobilization in water and soil using acid mine drainage sludge[J]. Applied Geochemistry, 35: 1-6.

Kobya M, Demirbas E, Oncel M S, et al. 2013. Removal of low concentration of As(Ⅴ)from groundwater using an air injected electrocoagulation reactor with iron ball anodes: RSM modeling and optimization[J]. Journal of Selçuk University Natural and Applied Science, ICOEST Conf, (Part 1): 37-47.

Lee S H, Kim E Y, Park H, et al. 2011. In situ stabilization of arsenic and metal-contaminatedagricultural soil using industrial by-products [J]. Geoderma, 161(1): 1-7.

Mandal B K, Suzuki K T. 2002. Arsenic round the world: a review[J]. Talanta, 58(1): 201-235.

Meharg A A, Macnair M R. 1991. Uptake, accumulation and translocation of arsenate in arsenate - tolerant and non-tolerant HolcuslanatusL[J]. New Phytologist, 117: 225-231.

Moore T J, Rightmire C M, Vempati R K. 2000. Ferrous iron treatment of soils contaminated witharsenic-containing wood-preserving solution [J]. Soil Sediment Contam, 375-405.

Murphy B L, Toole A P, Bergstrom P D. 1989. Health risk assessment for arsenic contaminated soil[J]. Environmental Geochemistry and Health, 11: 163-169.

Nriagu J O, Wong H K T, Lawson G, et al. 1998. Saturation of ecosystems with toxic metals in Sudbury basin, Ontario, Canada[J]. Science of the Total Environment, 223: 99-117.

Onken B M, Adriano D C. 1997. Arsenic availability in soil with time under saturated and sub saturated conditions[J]. Soil Science Society of America Journal, 61: 746-752.

Peryea F J. 1991. Phosphate-induced release of arsenic from soils contaminated with lead arsenate[J]. Soil Science Society of America Journal, 55(5): 1301-1306.

Sadiq M. 1997. Arsenic chemistry in soils: an overview of thermodynamic predictions and field observations[J]. Water Air and Soil Pollution, 93: 117-136.

Samuel V H, Rudy S, Carlo V, et al. 2003. Solid phase speciation of arsenic by sequential extraction in standard reference materials and industrially contaminated soil samples[J]. Environmental Pollution, 122(3): 23-342.

Sarkar D, Datta R. 2004. Arsenic fate and bioavailability in two soils contaminated with sodium arsenicpesticide: an incubation study [J]. Bulletin of Environmental Contamination and Toxicology, 72:

240-247.
Smedley P L, Kinniburgh D G. 2013. Arsenic in groundwater and the environment[M]. Netherlands: Springer.
Su S, Bai L, Wei C, et al. 2015. Is soil dressing a way once and for all in remediation of arsenic contaminated soils? a case study of arsenic re-accumulation in soils remediated by soil dressing in Hunan Province, China[J]. Environmental Science and Pollution Research, 22(13): 1-8.
Suman D S, Aparna C, Rekha P, et al. 2005. Stabilization and solidifieation technologies for the remediation of contaminated soils and sediments: an overview [J]. Land Contamination and Reclamation, 13(1): 23-48.
Sun Y, Sun Q, Xu Y, et al. 2013. Assessment of sepiolite for immobilization of cadmium-contaminated soils [J]. Geoderma, 193: 149-155.
Tang J X, Sun L N, Sun T H, et al. 2012. Research on the arsenie and cadmium fixing effeets of ameliorantin combined contamination soils[C]//1st International Conferenceon Eneyand Environmental Proteetion. ICEEP, 2770-2774.
Tang X, Zhu Y, Shan X, et al. 2007. The ageing effect on the bioaccessibility and fractionation of arsenic in soils from China[J]. Chemosphere, 66(7): 1183-1190.
Tareq S M, Islam S M N, Rahmam M M, et al. 2010. Arsenic pollution in groundwater of Southeast Asia: an overview on mobilization process and health effects[J]. Bangladesh Journal of Environmental Research, 8: 47-67.
Vandecasteele C, Dutre V, Geysen D, et al. 2002. Solidification/stabilization of arsenic bearing fly ash from metallurgical industry. Immobilization mechanism of arsenic [J]. Waste Management, 22: 143-146.
Wang Y, Zeng X, Lu Y, et al. 2015. Effect of aging on the bioavailability and fractionation of arsenic in soils derived from five parent materials in a red soil region of Southern China[J]. Environmental Pollution, 207: 79-87.
Woolson E A, Axely J H, Kearney P C. 1971. Correlation methods be-tween available soil arsenic, estimated by six methods, and response to corn(*Zea mays* L.)[J]. Soil Science Society of America Proceedings, 35: 101-105.
Wu B, Chen T. 2010. Changes in hair arsenic concentration in a population exposed to heavy pollution: follow-up investigation in Chenzhou City, Hunan Province, Southern China[J]. Journal of Environmental Sciences, 22(2): 283-289.
Yang J, Barnett M O, Zhuang J, et al. 2005. Adsorption, oxidation, and bioaccessibility of As(III)in soils[J]. Environmental Science & Technology, 39: 7102-7110.
Yang L, Donahoe R J, Redwine J C. 2007.In situ chemical fixation of arsenic-contaminated soils: anexperimental study [J]. Science of the Total Environment, 387(1): 28-41.
Zhao Y, Fang X, Mu Y, et al. 2014. Metal pollution(Cd, Pb, Zn, and As)in agricultural soils and soybean, glycine max, in Southern China[J]. Bulletin of Environmental Contamination and Toxicology, 92(4): 427-432.

第六章 钝化剂对土壤中砷有效性的影响

进入土壤的砷，通过径流机械作用、物理化学作用和生物作用，最终有三种去向：部分水溶性砷和黏土颗粒吸附砷随径流进入水体；绝大部分砷通过吸附-沉降、离子交换、络合、氧化还原等理化作用滞留在土壤中；滞留在土壤中的砷经过生物吸收进入生物体内（张国祥等，1996）。砷在土壤中的存在形态可能比总量更重要，因为生物有效性和毒性依赖于砷的形态（Ponggratz，1998）。按砷被植物吸收利用的难易程度，可将土壤中的砷分为水溶性砷、吸附性砷和难溶性砷。其中，水溶性砷和吸附性砷容易被植物吸收，又被称为可溶态砷。

土壤中的砷对植物生长和人体健康有着重要的影响。大量研究表明，土壤中微量的砷可以刺激植物生长发育，但是过量的砷会对植物产生毒害。砷对植物的危害主要通过影响植物的光合作用、呼吸作用、酶活性及其营养代谢等，引发植物营养缺乏，表现为根系短小、叶片枯黄萎缩甚至死亡（赵述华，2013）。土壤中的砷主要通过食物进入人体的消化系统，当人体对砷的摄入量大于排出量时，可能会造成砷在人体内的长期蓄积，导致人体产生皮肤病、癌症及糖尿病等病症。根-土界面是污染物进入植物体内的主要通道，土壤重金属被植物吸收主要有两种方式：主动吸收和被动吸收。外源添加物，如钝化剂，可以改变土壤重金属形态，进而影响植物有效性。

土壤化学修复技术是一种实用、可操作的技术，其中添加化学钝化剂可以在一定程度上固定土壤重金属，抑制其危害性，减少重金属在作物中的积累，是一种可行的土壤污染治理方法（李瑞美等，2003；Melamed et al.，2003；陈世宝和朱永官，2004）。该技术简便、取材容易、费用低廉，不失为现阶段控制土壤重金属对食物链和周围环境污染的一种实用手段。

第一节 常用土壤砷钝化剂的作用机理及其调理效果的影响因素

一、土壤中常用的砷钝化剂

目前，常用的砷钝化剂主要包括含铁化合物、铝/锰氧化物、石灰、磷酸盐、黏土矿物、工业副产品（如钢渣、赤泥、磷石膏、粉煤灰等）。这些材料多与砷形成移动性较低的化合物，或者通过与砷发生竞争吸附，在一定程度上降低砷的有效性，从而减少植物吸收砷的量。

（一）含铁化合物

硫酸亚铁能够有效降低砷的移动性和植物有效性（Warren et al.，2003；Warren and

Alloway，2003；Kim et al.，2003；Hartley et al.，2004）。由于砷与硫酸亚铁发生沉淀反应的过程中会释放 SO_4^{2-}，因此应同时添加石灰，避免土壤酸化。与零价铁和针铁矿相比，硫酸（亚）铁+石灰被认为是降低土壤活性砷含量最有效的调理剂组合，且 Fe（Ⅲ）的效果显著优于 Fe（Ⅱ）（Kim et al.，2003；Hartley et al.，2004）。Fe（0）会通过氧化反应生成非晶质的氢氧化铁，且土壤 pH 对其的影响不显著（Leupin and Hug，2005）：

$$Fe(0) + 2H_2O + 1/2O_2 \longrightarrow Fe(II) + H_2O + 2OH^- \quad (6.1)$$

$$Fe(II) + H_2O + 1/4O_2 \longrightarrow Fe(III) + 1/2H_2O + OH^- \quad (6.2)$$

$$Fe(III) + H_2O \longrightarrow Fe(OH)_3 + 3H^+ \quad (6.3)$$

由以上反应式可知，砷能够与铁生成非晶质的砷酸铁（$FeAsO_4 \cdot H_2O$）以降低其移动性，或者进一步生成不溶性的二次氧化矿物，如臭葱石（$FeAsO_4 \cdot 2H_2O$）（Carlson et al.，2002；Sastre et al.，2004）。As（Ⅴ）可能会与水铁矿表面的 OH_2^+和 OH^-基团发生配体交换（Jain et al.，1999）。Sherman 和 Randall（2003）研究了针铁矿、纤铁矿、赤铁矿和水铁矿吸附 As（Ⅴ）的机理：砷氧四面体与铁氧八面体结合，从而形成内圈型表面络合物。在众多报道中，含铁化合物的添加比例不尽相同。一般来说，随着铁氧化物含量的增加，土壤中活性砷含量降低。当 Fe（0）添加比例超过 5%时，土壤结构可能会受到影响，如土壤质地可能会由黏变砂；当添加比例超过 1%时，可能会对植物造成负面影响（Mench et al.，2000）。有学者通过盆栽试验和田间试验发现，当添加比例高于 0.5%时，氧化铁降低砷植物有效性的效果并不显著（Warren et al.，2003；Warren and Alloway，2003）。

（二）铝氧化物

土壤溶液中，砷与 Fe、Al、Mn（氢）氧化物的表面络合反应控制着砷的活性（Inskeep et al.，2002）。研究表明，由于人工合成的 $Al(OH)_3$ 具有较大的比表面积，因此其对砷的吸附能力高于某些铁氧化物（水铁矿和针铁矿）；然而，当 $Al(OH)_3$ 添加进土壤后，其固定土壤中砷的能力与铁铝氧化物无显著差异（García-Sanchez et al.，2002）。富含 Al_2O_3 的双金属氧化物（Mg/Al-LDO）也同样具有较好的固定砷的能力，但是，固定效果的显著性与土壤性质有关（孙媛媛等，2011；林志灵，2013）。

（三）磷酸盐

由于磷和砷都是 VA 族元素，磷酸盐和砷酸盐物理化学性质相近，在土壤中因竞争吸附位点从而相互影响土壤溶液中的浓度（Manning and Goldberg，1996；Smith et al.，2002）。Peryea（1998）认为由于磷酸盐通过离子交换作用置换土壤中砷酸盐，致使土壤砷的生物有效性增加。Sneller 等（1999）研究结果表明，尽管磷可提高土壤溶液的砷浓度，但植物吸收砷的含量降低。Hu 等（2005）采用盆栽试验研究了磷酸盐对植物吸收砷的影响，结果表明，在缺磷的含砷土壤中添加磷酸铁对植物地上部分砷含量没有显著影响，但抑制了植物根部对砷的累积。Véronique 等（2005）研究发现磷酸铁对砷具有较强的吸附能力，认为磷酸铁固定砷是由磷酸根与砷酸根发生离子交换以及铁与砷发生络合反应共同作用的结果。

（四）黏土矿物

黏土矿物含量高的土壤中，砷的毒性较低。黏土矿物对砷的吸附能力因种类而不同。Garcia-Sanchez 等（2002）比较了膨润土和褐铁矿对土壤中砷的固定能力，结果表明，添加比例为 10%时，褐铁矿处理土壤中砷的固定率为 80%，而膨润土处理为 50%。海泡石是一种富镁纤维状硅酸盐黏土矿物，理想结构为［$Mg_8Si_{12}O_{30}(OH)_4{\cdot}4H_2O$］$\cdot nH_2O$。目前，海泡石被广泛应用于镉污染土壤中（Xu et al.，2003；Liang et al.，2011；Sun et al.，2013a）；在吸附固定砷方面的研究仅局限于水溶液中，最大吸附量可达 92 mg/g（张林栋等，2010），具有固定修复土壤中砷的潜能。

（五）工业副产品

工业副产品是指工业生产主要产品过程中附带产出的非主要产品。一些工业副产品，由于自身特殊的物理化学性质，具有了固定土壤中砷的潜能。例如，金属冶炼过程中产生的赤泥、钢渣、磷肥，磷酸生产过程中产生的磷石膏，燃煤电厂发电过程中产生的粉煤灰等。

赤泥是制铝工业提取氧化铝时排出的污染性废渣，Fe_2O_3、CaO 和 Al_2O_3 之和可达 65%以上。张敏（2009）研究了赤泥对土壤砷的调控效果，发现赤泥能有效降低土壤砷的有效性，抑制小麦和油菜对土壤中砷的吸收积累并降低砷对小麦和油菜的毒害。Garau 等（2011）对施用了赤泥 2 年后的砷污染土壤进行分析，结果发现，赤泥使土壤 pH 升高、总有机碳含量降低、水溶性 C/N/P 含量显著增加、水溶态砷含量减少。钢渣是炼钢过程中产生的副产品，占粗钢产量的 12%～20%，其主要成分包括 CaO、MgO、SiO_2 和 FeO。钢渣对农田土壤具有良好的改良效果，其施加后可以有效提高土壤 pH 和有效硅含量，增加水稻产量（刘鸣达等，2002）。研究表明，施用有机肥（3 g/kg）、钢渣（3 g/kg）和泥炭（1 g/kg）可使土壤有效态砷含量显著降低，稻米中砷含量也相应降低，低于国家标准（Chen et al.，2012）。Kumpiene 等（2012）的研究结果同样验证了钢渣具有降低土壤砷有效性的能力。

磷石膏是磷肥、磷酸生产时排放出的固体废弃物。由于磷石膏中残存有磷酸、硫酸和氢氟酸，所以它被认为是一种酸性副产品（pH<3），其主要成分是 $CaSO_4{\cdot}2H_2O$ 和 Na_2SiF_6（Nurhayat，2008）。Campbell 等（2006）用磷石膏处理酸性土壤，结果显示，通过磷石膏处理的土壤与空白处理组相比，Cd、Cu 和 Pb 从土壤中的溶出量将降低 60%～99%。磷石膏能够抑制玉米对砷的吸收，从而促进玉米对磷的吸收（白来汉等，2011）。Lopes 等（2013）研究发现，磷石膏和赤泥混合使用，可使溶液中砷的含量显著降低。

二、钝化剂调理土壤中砷的机理

土壤中重金属的化学改良通常通过施用可以吸附、沉淀或者络合重金属的钝化剂来实现。添加钝化剂虽然不能去除土壤中的重金属，但却能在一定时期内不同程度地固定土壤重金属，抑制其危害性。众多学者（Hao et al.，2003；Stouraiti et al.，2002；郝秀珍和周东美，2003）对化学钝化剂固定污染土壤重金属的机理进行了研究，不同类型的钝化剂对重金属具有不同的钝化机理，目前研究认为，可以将钝化剂修复土壤重金属的作用机制分为以下几类。

（一）pH 控制

pH 是影响土壤中砷吸附的重要因素，它可以同时影响砷的形态和土壤胶体的表面电荷（Jackson and Miller，2000）。砷常以砷酸根阴离子的形式被土壤吸附，酸性土壤的 pH 较低，这些阴离子易与酸性土壤中带正电荷的土壤胶体结合。而碱性土壤中带正电荷的土壤胶体较少，阴离子（如 OH^-）较多，它们与砷酸根阴离子竞争吸附位点。陈同斌（1993；1996）研究表明，砷在土壤-植物体系中的行为与土壤 pH 有关，随着土壤 pH 的升高，导致土壤中砷的释放，水稻对砷的吸收量相应增加，从而提高了环境中砷的生物有效性。张冲等（2007）研究了石灰对土壤中砷有效态含量的影响，结果表明，适量石灰对土壤中有效态砷有明显抑制作用，但用量过多反而造成土壤有效态砷含量增加。砷酸和亚砷酸解离常数如下：

$$
\begin{aligned}
& H_3AsO_3 \xrightarrow[pK_a=9.1]{-H^+} H_2AsO_3^- \xrightarrow[pK_a=12.1]{-H^+} HAsO_3^{2-} \xrightarrow[pK_a=13.4]{-H^+} AsO_3^{3-} \\
& H_3AsO_4 \xrightarrow[pK_a=2.1]{-H^+} H_2AsO_4^- \xrightarrow[pK_a=6.7]{-H^+} HAsO_4^{2-} \xrightarrow[pK_a=11.2]{-H^+} AsO_4^{3-}
\end{aligned} \tag{6.4}
$$

因此，将土壤 pH 控制在酸性范围内，可以有效地减少土壤中有效态砷含量。

（二）沉淀或共沉淀

有些钝化剂能够与土壤中的离子发生沉淀或者共沉淀，从而降低重金属的活性、毒性和溶解迁移性。例如，熟石灰、$CaSiO_4$、$CaCO_3$ 等物质，可以提高土壤 pH，增加土壤表面负电荷，使重金属生成氢氧化物沉淀；对于砷来说，添加酸性的物质，如 $FeSO_4$，可降低土壤 pH，增加土壤表面正电荷，有利于降低土壤砷的移动性（Hartley et al.，2004）。此外，加入硫黄及某些还原性有机化合物，可以改变土壤氧化还原状态，使重金属生成硫化物沉淀；用磷酸盐类物质可使重金属形成难溶性磷酸盐（Ma et al.，1999）。

（三）离子交换与吸附

离子交换与吸附是钝化剂钝化土壤重金属最主要的作用机理。化学键合吸附（或内圈型络合吸附）具有强的选择性和不可逆性，不受离子强度的影响。很多钝化剂本身对重金属具有很强的吸附能力，加入到土壤中之后可提升土壤对重金属的吸附容量，从而降低其生物有效性。AsO_4^{3-}在含 Fe、Al 物质作用下，可与铁铝氧化物表面的 OH^-、OH_2 等基团进行交换替代而被吸附在矿物表面，形成稳定的双齿双核结构的复合物（Garcia-Sanchez et al.，2002；Luo et al.，2006；Kumpience et al.，2008）。双金属氧化物具有较大的比表面积和孔隙度，对重金属有较强的吸附能力，且其特殊的层间结构可以与目标重金属离子发生离子吸附（Das et al.，2006），以降低重金属的移动性。

（四）氧化还原

砷是容易发生氧化还原反应的一种类金属。热力学计算表明，五价砷还原与三价铁还原的 Eh 范围十分接近（Kocar and Fendorf，2009）。铁（氢）氧化物是土壤中吸附砷的最重要的固相物质，在厌氧条件下，三价砷的活化往往与二价铁的溶出关联（李士杏等，2011），即当土壤中存在三价铁时，三价砷易转化为毒性相对较小的五价砷；同时，砷酸根吸附量相对于三价亚砷酸根吸附量较大，从而促进砷的钝化（Leupin and Hug，2005）。

（五）络合/协同

根据 HSAB 理论，砷离子属软离子。软离子和–CN、–SR、–SH、$-NH_2$ 以及咪唑等含 N 和 S 原子的基团具有很强的键合作用。有这些结构的物质能够与重金属形成具有一定稳定程度的络合物，从而降低重金属污染物的生物可利用性及植物的吸收。可通过添加含氧官能团尤其是含羧基或羟基的物质固定重金属离子。

三、钝化剂对土壤砷调控的影响因素

土壤是自然界中的一个复杂体系，因此，钝化剂对土壤砷的调控受很多因素影响，如体系 pH、钝化剂添加量、平衡时间、竞争离子等。

（一）体系 pH

体系 pH 是影响钝化剂对土壤砷调控的重要因素。钝化剂添加至土壤中后，表面电荷受体系 pH 影响。不管在酸性或碱性条件下，固体表面均会带电（Krauskopf and Bird，1995）。在酸性条件下，过量的 H^+ 会使氢氧化物表面产生正电荷，反应如下：

$$|-OH + H^+ \longrightarrow |-OH_2^+ \tag{6.5}$$

碱性条件下，氢氧化物表面的失去 H^+ 带负电荷，反应如下：

$$|-OH + OH^- \longrightarrow |-O^- + H_2O \tag{6.6}$$

钝化剂所带电荷是钝化剂永久结构电荷及表面与水溶液反应后电荷的总和。|–OH 代表具有–OH 的化合物。

砷在土壤中的形态随体系 pH 变化。亚砷酸与砷酸解离常数分别为：$H_2AsO_3^-$（pK_a=9.1）、$HAsO_3^{2-}$（pK_a=12.1）、AsO_3^{3-}（pK_a=13.4）；$H_2AsO_4^-$（pK_a=2.1）、$HAsO_4^{2-}$（pK_a=6.7）、AsO_4^{3-}（pK_a=11.2）。由此可见，在土壤中亚砷酸一般不带电，砷酸则以阴离子形式存在。双金属氢氧化物对砷的吸附受 pH 影响，随着 pH 的升高，砷的吸附量减小，在酸性条件下有利于双金属氢氧化物对 As（Ⅴ）的去除（Bhaumik et al.，2005）。Kiso 等（2005）研究结果表明，双金属氢氧化物在中性环境中对 As（Ⅴ）的吸附量可达 105mg/g。水滑石在环境 pH4.5 时对苯甲酸的吸附效果较好，当 pH＞4.5 时，吸附效果显著减小（赵勤等，2010）。而在正常土壤 pH 范围内，Mg/Al-双金属氧化物对阴离子的吸附基本不受影响。Zhu 等（2005）和 Gaini 等（2009）都对焙烧态镁铝水滑石吸附阴离子染料的性能进行了研究，结果表明 pH 在 3.5～12 范围内，吸附结果受 pH 影响较小。铁改性红土去除水中砷的效果也受 pH 影响，随着 pH 的升高，砷的去除率下降（张书武等，2007）。碱性环境（pH9.5）利于红土去除 As（Ⅲ），而酸性环境中（pH1.1～3.2）则利于红土去除 As（Ⅴ）（Altundogan et al.，2000）。

（二）钝化剂添加量

钝化剂是否能够有效调控土壤砷有效性，与钝化剂所能提供的吸附反应位点的数量紧密相关。Yang 等（2005）研究了焙烧态双金属氧化物投加量对砷和硒吸附的影响，发现单位吸附量随着添加量的增加而减小，去除率随着添加量的递增而递增。产生这种现象的原因与钝化剂表面积有关，表面积越大，吸附位点越多（Lv et al.，2006）。

（三）平衡时间

一般来讲，钝化剂对土壤砷的调控效果与作用时长成正比。与水体砷污染调控不同，化学钝化剂对土壤砷的调控是一个长期的过程，是钝化剂与土壤相互适应的过程。此外，不同类型的钝化剂固定土壤砷所需时间不同。例如，含有金属氧化物的钝化剂，尤其是铁铝氧化物能快速固定土壤砷并降低其移动性。

（四）竞争离子

土壤中存在着大量的无机离子，如 Cl^-、SO_4^{2-}、NO_3^-、PO_4^{3-}等，另外还有土壤根系分泌物、植物残留物的降解物等有机离子。这些离子均会与砷竞争吸附位点，进而影响钝化剂对土壤砷的固定。宗良纲等（2001）认为在理化性质相似的同族元素之间，不同元素可相互竞争结合部位，容易出现拮抗作用。土壤中的 PO_4^{3-}会与同样以阴离子形式存在的 AsO_4^{3-}产生竞争吸附作用，其结果往往是磷被土壤颗粒吸附而砷被释放出来，增加了砷在土壤中的移动性（Peryea，1991）。雷梅等（2003）研究结果显示，磷可以与土壤固相专性吸附和非专性吸附的砷竞争吸附位点。由于 Cl^-、SO_4^{2-}、NO_3^-与砷吸附机制不同，因此对砷的影响较小。Cl^-、HCO_3^-与砷酸根竞争红土表面吸附位点，HCO_3^-对红土吸附砷影响较大（Genc-Fuhrman and Tjell，2003）。

第二节　几种钝化剂对砷调控效果的研究

目前，砷污染的防治集中在水体中，处理技术主要有化学沉淀法和交换吸附法两大类，最常用的是交换吸附法。常见的吸附材料有活性炭、工业副产品、农业废物、黏土矿物、沸石、甲壳素、铁盐、金属氧化物、水滑石及磷酸盐类物质等（Dinesh et al.，2007）。

水滑石（layer double hydroxides，LDH）是一种层状双金属氢氧化物阴离子黏土。因结构中具有可交换能力的阴离子层，其被广泛运用于水体污染治理中（彭书传等，2005；Grover et al.，2009）。其焙烧产物双金属氧化物（layer double oxides，LDO）对砷的去除能力远远优于 LDH（Lazaridis et al.，2002；Kiso et al.，2005）。红土（red mud，RM）化学成分复杂，富含铁铝钙氧化物，因而具有吸附砷的潜力。但因其碱性极高，故在使用之前需要进行改性处理以降低其碱性或提高其对砷的吸附能力。改性后的 RM

对水体中的砷有较好的吸附能力（Altundogan et al.，2002；张书武等，2007）。磷酸铁是人工合成化合物，一般应用在电池产业中，很少用于环保领域。Véronique 等（2005）将合成的磷酸铁运用于含砷废水处理中，取得了较好的去除效果，并对磷酸铁去除溶液中砷的机理进行了深入研究。近年来，使用秸秆去除水中重金属方面的研究较多，众多学者运用不同的改性方法提高秸秆对重金属的吸附能力，并取得了一定的成果（许醒等，2008；陈德翼等，2009；张慧等，2009），其中，炭化秸秆改性方法较为简便（张慧等，2009）。以上这些材料在水体中都对砷具有良好的吸附力，或具有可吸附砷的潜力。

一、不同钝化剂对溶液中砷的去除效果比较

砷在土壤中主要以无机态存在（Geiszinger et al.，1998）。As（Ⅴ）是氧化条件下的主要存在形态，在还原条件下土壤中砷则以 As（Ⅲ）存在（Sadiq，1997）。因此，我们以 As（Ⅴ）作为吸附质考察钝化剂对其去除的能力。同时选取几种成本低廉、易制备的吸附材料，其中包括：商业购买的 LDH 及其在 500℃下煅烧 3 h 后得到的 LDO；商业购买的 RM，同时将其与盐卤混合后静置 0.5 h，再分别以盐卤溶液和盐卤-$FeCl_3$ 混合液洗涤抽滤得到改性 RM1 和 RM2；商业购买的磷酸铁；450℃下碳化 2 h 得到的碳化秸秆。对材料吸附砷的能力进行对比验证，分别进行了对钝化剂吸附砷前后 XRD 和 SEM 表征、吸附等温试验、吸附动力试验，以及对不同浓度溶液砷吸附能力进行了比较，通过对溶液中砷的吸附行为的研究，为其在土壤中的运用及作用原理提供了理论依据。

（一）不同钝化剂吸附砷前后表征观察实验

用 X 射线衍射仪（XRD，布鲁克 D8 advance，德国）和扫描电子显微镜（SEM，Hitachi S4800，日本）对钝化剂吸附 As（Ⅴ）前后结构和微观外貌进行表征观察。分别把 50 mg 不同钝化剂加入浓度为 50 mg/L As（Ⅴ）溶液中，经过 24 h 吸附，再将样品烘干，得到吸附 As（Ⅴ）后的钝化剂。

1. Mg/Al-LDH、Mg/Al-LDO

图 6.1 是 Mg/Al-LDH 和吸附砷前后的 Mg/Al-LDO 的 XRD 谱图。从 XRD 分析结果来看，Mg/Al-LDH（图 6.1 中 a）具有非常尖锐的特征性衍射峰，有明显的层状晶体结构。谱图基线平稳、衍射峰窄且强度极高，说明结晶度高、规整性好。Mg/Al-LDH 的特征峰包括（003）峰（0.756nm）、（006）峰（0.378nm）、（012）峰（0.258nm）。图 6.1 中 b 是 Mg/Al-LDH 经过 450℃煅烧 2h 后所得产物 Mg/Al-LDO 的 XRD 谱图。由图中结果来看，Mg/Al-LDH 的原始结构完全被破坏，特征性衍射峰消失，取而代之的是一组宽度大、强度低的中高角度衍射峰，这组衍射峰主要为结晶度良好的 MgO。未检测到 Al_2O_3 的存在，原因是 Mg/Al-LDO 中 Al 元素可能以微晶态形式存在，因而具有很强的活性作用（沙宇等，2009）。图 6.1 中 c 的低角度处出现了反映水滑石层状结构的（003）、（006）、（012）特征衍射峰，这些特征衍射峰峰形较图 6.1 中 a 的宽，峰高强度降低；中高角度处出现两个宽大且强度低的衍射峰，说明层状结构只是部分恢复。

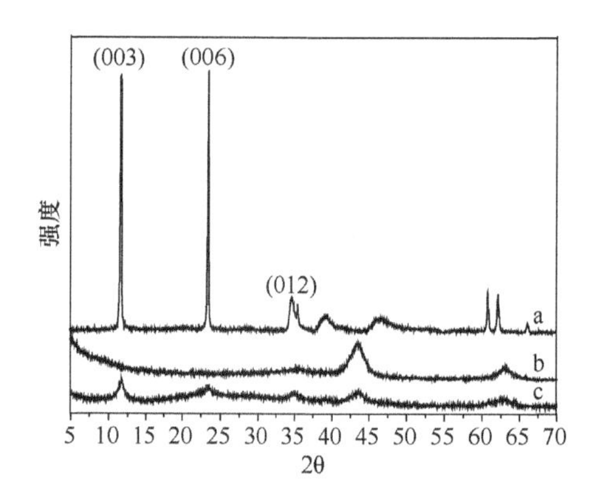

图 6.1 Mg/Al-LDH 及 Mg/Al-LDO 的 XRD 衍射谱图
a，Mg/Al-LDH；b，Mg/Al-LDO；c，吸附 As（V）后的 Mg/Al-LDO

图 6.2 为 Mg/Al-LDH、Mg/Al-LDO 吸附 As（V）前后的扫描电镜照片，放大倍数为 5 万倍。图中 Mg/Al-LDH 吸附砷前结构规整，片层大小基本一致，厚度为 0.1μm 左右，表面光滑圆润，片层叠加所形成的空间通道清晰可见，吸附砷之后片层饱满，厚度略有增加。而 MG/AL-LDO 吸附砷前片层边缘粗糙，焙烧使得水分子和 OH^-逸出，CO_3^{2-}阴离子层消失，片层累叠紧密，基本无空间通道，当 Mg/Al-LDO 吸附砷之后，结构有了一定的变化，片层边缘重新变得光滑平整，空间通道也相应地恢复，与 Mg/Al-LDH 相似。结合调理剂表征结果可以推测 MG/AL-LDO 吸附 As（V）的反应机理：首先，由 XRD 谱图结果显示 Mg/Al-LDO 吸附 As（V）之后的结构与水滑石相似，以此推测 Mg/Al-LDO 吸附 As（V）的机理之一为水滑石晶体结构的重建；焙烧水滑石吸附阴离子来重建结构的过程可以用以下化学方程式来描述（Das et al.，2006）：

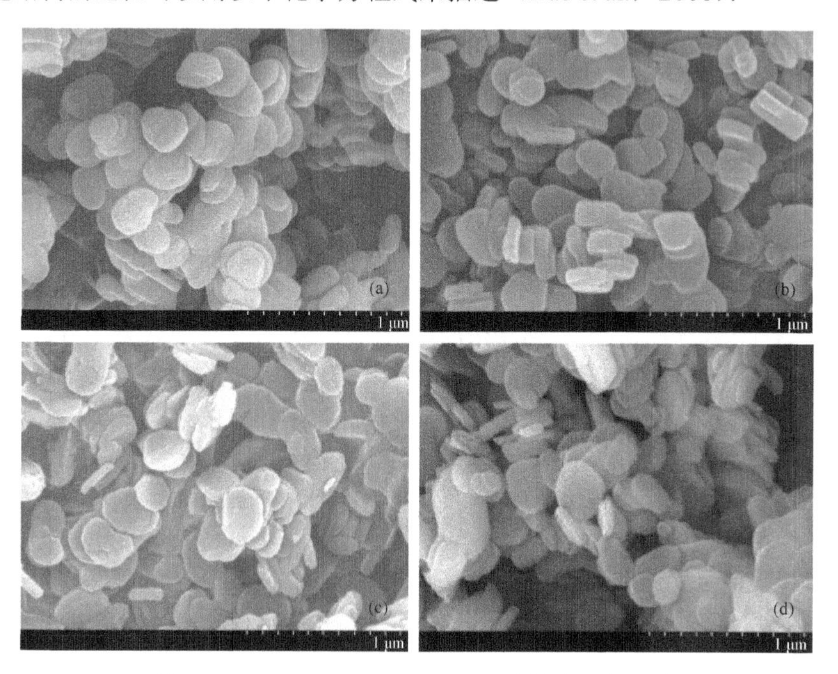

图 6.2 Mg/Al-LDH 及 Mg/Al-LDO 的扫描电镜照片
（a）、（c）原材料；（b）、（d）吸附 As（V）后

$$Mg_{1-x}Al_x(OH)_2(CO_3)_{x/2}\cdot mH_2O \xrightarrow{焙烧} Mg_{1-x}Al_xO_{1+x/2}+x/2CO_2+(m+1)H_2O \quad (6.7)$$

$$Mg_{1-x}Al_xO_{1+x/2}+(x/n)A^{n-}+(m+(x/2)+1)H_2O \longrightarrow Mg_{1-x}Al_x(OH)_2(A^{n-})_{x/n}\cdot mH_2O+xOH^- \quad (6.8)$$

其次，SEM 照片中可以观测出 Mg/Al-LDO 吸附 As（Ⅴ）之后［图 6.2（d）］，片层表面和边缘较吸附前［图 6.2（c）］光滑平整，可能是 Mg/Al-LDO 表面的镁氧化物和镁铝氢氧化物通过部分沉淀和共沉淀作用与一部分砷酸根结合的结果。化学方程表达式为（杨远盛，2005）：

$$AsO_4^{3-}+Al^{3+}=AlAsO_4，AsO_4^{3-}+Mg^{2+}=Mg_3(AsO_4)_2 \quad (6.9)$$

$$Al^{3+}+H_2O=Al(OH)_3+3H^+，Mg^{2+}+2H_2O=Mg(OH)_2+3H^+ \quad (6.10)$$

2. RM 类钝化剂

由于 RM 成分较为复杂，XRD 分析只能用来判定材料内晶体结构的变化，因此用扫描电镜对其进行表征分析，结果如图 6.3 所示。由 SEM 结果可以看出，RM 经过改性

图 6.3　RM1、RM2 的扫描电镜照片

（a）、（c）、（e）原材料；（b）、（d）、（f）吸附 As（Ⅴ）后

之后，其微观面貌发生了改变。RM1 中的结构体表面较为光滑，经过盐卤的浸泡和抽滤，将 RM 表面粗糙的部分变得光滑，增加了有效表面积，这也可能是 RM1 吸附性能提升的一个原因；另外，改性后 RM 的片状组成部分厚度有所减小。RM2 表面有小颗粒的结晶物，结构较为松散，这应该是 $FeCl_3$ 处理带来的结果。吸附 As（Ⅴ）后的三种 RM 类材料外观均有所改变。吸附 As（Ⅴ）后，RM 的片层和块状结构的边缘变得光滑饱满。RM1 在吸附 As（Ⅴ）之后，外观变化最为明显。吸附 As（Ⅴ）之后，改性 RM 微观结构的表面变得毛糙，表面上堆积了一些细条状的物质，可能是 As（Ⅴ）与 RM1 表面发生了某些沉淀或共沉淀反应。RM2 在吸附了 As（Ⅴ）后，原本表面松散的小颗粒状物质消失，取而代之的是一片密实的块状物。从表观现象来看，可以认为溶液中的 As（Ⅴ）与 RM2 中的小颗粒结合，并且固定在其表面，形成一层密实的表面。

RM 类钝化剂也能够有效地去除溶液中的 As（Ⅴ）。试验中所使用的 RM 中 Fe_2O_3 含量最多，CaO 和 Al_2O_3 次之，三者之和占 65%以上，因此能够吸附溶液中的 As（Ⅴ）。我们经过进一步改性，增加了 RM 吸附砷的能力。卤水中富含的 $MgCl_2$ 为 RM1 增加了吸附砷的位点。由图 6.3 可以看出 RM 在改性及吸附砷前后的微观形貌变化。正如图 6.3（d）所示，吸附砷后，RM1 表面有许多条状沉淀物，而 RM2 中同时增加了 Mg^{2+}和 Fe^{3+}的含量。由于 $FeCl_3$ 溶液呈酸性，因此 $FeCl_3$ 不但能增加 RM 中 Fe^{3+}含量，并且能够活化 RM 表面［图 6.3（e）］。RM2 吸附砷之后，之前表面蓬松的小颗粒消失，取而代之的是密实的表面［图 6.3（f）］。这也许是由于砷酸根阴离子与改性赤泥表面包覆的羟基铁之间发生了表面络合吸附反应（Tokunaga et al.，2006）：

$$\text{M-OH} + A^- + H^+ \leftrightarrow \text{M} - \text{A} + H_2O \tag{6.11}$$

式中，M-OH 代表吸附剂的表面羟基；A^-代表砷酸根阴离子。因此，RM 类钝化剂吸附砷的机理可能为：一是重金属与吸附剂表面发生络合反应，RM 中 Fe、Al 等金属氧化物表面在水相中结合配位水构成水合金属氧化物和氢氧化物，即在固体界面上产生大量-OH 基团，这些-OH 基团单独存在或相互缔合，使 RM 表面成羟基化界面 P、As 与表面羟基发生络合反应（Shiao and Akashi，1977；Huang et al.，2008；Genc et al.，2003）；二是共沉淀作用，As 可与 RM 中溶出的 Ca^{2+}、Fe^{3+}、Al^{3+}发生共沉淀反应（Ronald et al.，2005）。

3. 磷酸铁和碳化秸秆

磷酸铁 XRD 结果如图 6.4 所示。图 6.4 中 a 确定磷酸铁是晶体结构，主要成分为结晶度良好的 $FePO_4 \cdot 2H_2O$。两组曲线的衍射峰位置完全一致，只是磷酸铁在吸附砷后（图 6.4 中 b）XRD 曲线强度有所下降。磷酸铁对 As（Ⅴ）的吸附能力受其自身结构影响。Véronique 等（2005）发现晶体结构的磷酸铁吸附砷的能力不及非晶体结构，主要原因是晶体结构所提供的吸附位点不如非晶体结构的多，这也许是造成磷酸铁吸附 As（Ⅴ）能力不及 Mg/Al-LDH 和 RM 的原因。

炭化秸秆的主要成分为钙、镁氧化物，它们能与砷酸根离子结合，但同时也能够与氢氧根离子形成沉淀。因此，氢氧根与砷酸根产生竞争吸附，可能会影响砷的吸附。

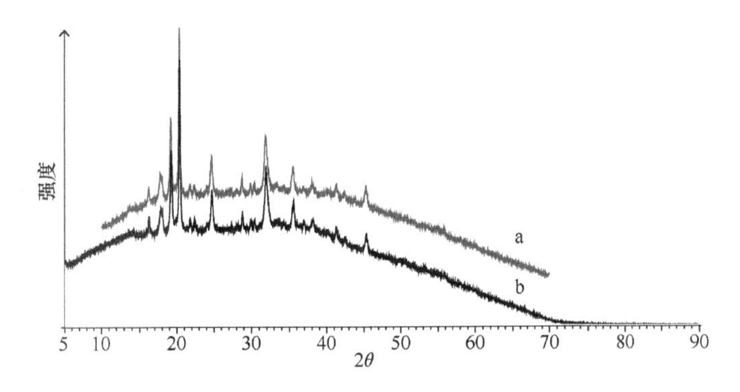

图 6.4 磷酸铁 XRD 衍射谱图

a. 磷酸铁；b. 吸附 As（V）后

（二）不同钝化剂对砷吸附能力对比

分别把 50 mg 各种钝化剂加入 1 mg/L 和 50 mg/L 两个浓度水平的 As（V）溶液中 24 h，以此考察各钝化剂对 As（V）的吸附能力，结果如表 6.1 所示。各钝化剂对 As（V）均具有吸附固定能力，总体上双金属氧化物（LDO）最强，其次为 RM 类，随后为水滑石（LDH）、磷酸铁和碳化秸秆，且改性产物的吸附能力均高于原材料。

表 6.1 钝化剂吸附 As（V）的能力对比

As（V）储备液浓度/（mg/L）	钝化剂	As（V）去除率/%	吸附量/（mg/g）
1	LDH	39.55	0.19
	LDO	99.73	1.27
	RM	68.95	0.42
	RM1	74.88	0.46
	RM2	79.12	0.48
	磷酸铁	35.17	0.17
	炭化秸秆	13.05	0.06
50	LDH	20.75	5.09
	LDO	98.01	23.91
	RM	20.55	5.00
	RM1	39.21	9.59
	RM2	42.61	10.42
	磷酸铁	17.74	4.23
	炭化秸秆	4.52	1.11

在 1 mg/L As（V）浓度水平下，LDO 对 As（V）去除率最高，是 LDH 的 2.5 倍；对 As（V）的吸附量为 LDH 的 6.7 倍。RM 改性过后，对 As（V）的吸附能力略有提升。磷酸铁和炭化秸秆能分别去除 35.17%、13.05%的 As（V）。在 50mg/L As（V）浓度水平下，各钝化剂对 As（V）的去除率均有所下降，而吸附量增加。LDO 对 As（V）的吸附能力依然优于其他材料，且吸附量上升至 23.91 mg/g，此时 LDO 对 As（V）的去除率是 LDH 的 4.7 倍。改性 RM 对 As（V）的去除率和吸附量约为 RM 的 2 倍。磷酸铁和炭化秸秆对 As（V）的吸附量较低 As 浓度时有所提高。

由此可知，7 种材料对 As（V）均具有一定的吸附能力，且改性后的产物吸附性能优于原材料。

（三）初始浓度对钝化剂吸附 As（Ⅴ）的影响

在室温条件下，把 50mg 的各种钝化剂加入浓度不同的 As（Ⅴ）溶液中 24 h，离心吸取上清液，测定其砷含量。以 As（Ⅴ）溶液的初始浓度为横坐标、钝化剂的平衡吸附量为纵坐标，绘制吸附等温曲线。

1. Mg/Al-LDH、Mg/Al-LDO

在室温条件下，Mg/Al-LDH 改性前后对 As（Ⅴ）的吸附等温曲线如图 6.5 所示。由图 6.5（a）可见，Mg/Al-LDH 对砷的吸附曲线在不同浓度范围内吸附能力差别较大。当 As（Ⅴ）初始浓度在 1～50 mg/L 时，Mg/Al-LDH 对溶液中砷的吸附曲线呈直线上升趋势，吸附量由 0.25 mg/g 升至 4.90 mg/g，且达到吸附平衡；当浓度继续增大至 150 mg/L 时，Mg/Al-LDH 对砷的吸附能力减弱，吸附曲线呈缓慢下降趋势，最终吸附量保持在 2.32 mg/g。

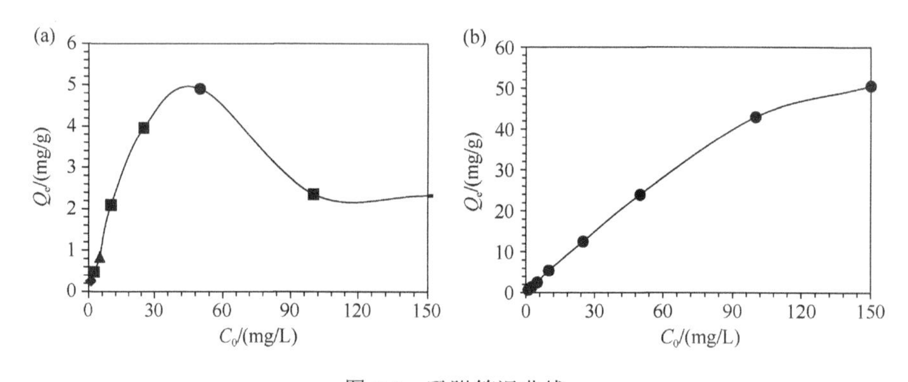

图 6.5 吸附等温曲线

（a）Mg/Al-LDH；（b）Mg/Al-LDO

由图 6.5（b）可见，随着溶液中 As（Ⅴ）浓度的增大，Mg/Al-LDO 对 As（Ⅴ）吸附量也随之提高，但当达到一定浓度后，Mg/Al-LDO 对 As（Ⅴ）吸附量的增加量呈逐渐减少趋势。当溶液中 As（Ⅴ）的初始浓度为 1～50 mg/L 时，吸附曲线呈直线上升趋势，吸附量由 0.61 mg/g 升至 23.92 mg/g；当溶液中 As（Ⅴ）的浓度继续提高时，吸附量的上升趋势逐渐变缓，直至溶液中 As（Ⅴ）的浓度达到 150 mg/L 时，Mg/Al-LDO 对 As（Ⅴ）的吸附量达 50.53 mg/g。

由此可以看出，Mg/Al-LDH 通过煅烧之后，Mg/Al-LDO 的吸附性能大大提高。

利用 Langmuir、Freundlich 和 Dubinin-Radushkevich（D-R）吸附等温方程对数据进行拟合。

Langmuir 吸附等温方程式为

$$C_e/Q_e=1/(Q_m k_L)+C_e/Q_m \tag{6.12}$$

Freundlich 吸附等温方程式为

$$\ln Q_e=\ln k_F+(\ln C_e)/n \tag{6.13}$$

式中，C_e 是平衡时上清液中的砷浓度（mg/L）；Q_e 是平衡时砷吸附量（mg/g）；Q_m 是砷饱和吸附量（mg/g）；k_L、n、k_F为经验常数。

Dubinin-Radushkevich（D-R）吸附等温方程为：

$$\ln Q_e=\ln Q_m-\beta\varepsilon^2 \tag{6.14}$$

$$\varepsilon=RT\ln（1+1/C_e） \tag{6.15}$$

式中，β 是 D-R 常数，与吸附平均自由能有关（mol^2/kJ^2），由 $E=（2\beta）^{-1/2}$ 可计算出吸附平均自由能（(kJ/mol)；ε 是波拉尼电位（kJ/mol)；R 为气体常数，8.314 J/（mol·K)；T 为温度（K）。

三种吸附等温方程中 Langmuir 吸附等温方程描述的是单分子层吸附；Freundlich 吸附等温方程是经验方程，描述的是多分子层吸附，只能概括表达一部分实验事实，而不能说明吸附作用机理；Dubinin-Radushkevich（D-R）吸附等温方程不假设吸附行为为单纯的单层吸附或者多层吸附，而着重于区分吸附方式为物理吸附或化学吸附。实验数据拟合结果如表 6.2 所示。

表 6.2　LDH 和 LDO 的三种吸附等温方程参数

	Langmuir 等温方程			Freundlich 等温方程			Dubinin-Radushkevich（D-R）等温方程		
	Q_m/（mg/g）	k_L	R^2	n	k_F	R^2	β	E/（kJ/mol）	R^2
LDH	2.48	202	0.967	2.39	0.50	0.600	0.452	1.11	0.709
LDO	51.02	1.18	0.998	2.28	14.15	0.915	0.0243	4.54	0.896

由 Mg/Al-LDH 吸附等温拟合结果可知，三种方程中 Langmuir 吸附等温方程可决系数值最高，为 0.967，计算所得的理论 Q_m 为 2.48 mg/g，而试验所得的值为 4.90 mg/g，这可能与本试验进行的条件有关，如浓度跨度较大、吸附-解吸未达完全平衡等，另外也可能因为 Langmuir 方程是描述固-气吸附规律的经验公式，它的建立存在一些假定条件，固-液吸附的复杂性使得其无法完全解释吸附反应的机理。

由 Mg/Al-LDO 吸附等温拟合结果可知，Langmuir 吸附等温方程可决系数 R^2 值高达 0.998，能够较好地拟合 Mg/Al-LDO 对溶液中 As(Ⅴ)的吸附实验数据。同时，由 Langmuir 吸附等温方程所计算出的 Q_m 为 51.02 mg/g，而通过试验所测得 Mg/Al-LDO 对 As（Ⅴ）的最大吸附量为 50.53 mg/g，计算数据与实验数据基本吻合。其次为 Freundlich 吸附等温方程，其可决系数为 0.915，n 值为 2.28（介于 1～10），可见 Mg/Al-LDO 对 As（Ⅴ）的吸附是优惠吸附，这说明 Mg/Al-LDO 对 As(Ⅴ)的吸附具有选择性(李明愉等，2005)；常数 k_F 描述材料的吸附性能，k_F 越大，吸附剂的吸附能力越强，可见 Mg/Al-LDO 对溶液中砷的吸附能力远远大于 Mg/Al-LDH。

Mg/Al-LDH 和 Mg/Al-LDO 在 D-R 吸附等温方程的可决系数相对较低，分别为 0.709 和 0.896。方程中涉及的吸附平均自由能 E，描述的是溶液中 1 摩尔浓度溶质自由转移到吸附剂表面的能量。当吸附平均自由能 E 在 1～8 kJ/mol 时，吸附行为以物理吸附为主；当吸附平均自由能大于 8 kJ/mol 时，吸附行为以化学吸附为主（Chen et al.，2009)。本试验中，Mg/Al-LDH 和 Mg/Al-LDO 的吸附平均自由能 E 分别为 1.11 kJ/mol 和 4.54 kJ/mol，故可知两种材料对 As（Ⅴ）的吸附行为都是以物理吸附为主。

运用方程 $R_L=1/（1+k_L\cdot C_0）$ 对 Langmuir 方程的吸附常数进行分析，由结果可判断所用材料是否为 As（Ⅴ）的有效吸附剂。R_L 值与吸附质起始浓度相关，如果 R_L<1，说明吸附剂对吸附质的吸附过程是有效的，如果 R_L=1 或者>1，说明吸附剂对吸附质的吸附无效（余宙等，2009；Goh et al.，2010）。通过计算，Mg/Al-LDH 和 MG/AL-LDO 的 R_L 值均低于 0.5，说明这两种材料对 As（Ⅴ）是有效的吸附剂。

2. RM 类

由图 6.6 可明显看出 RM 在改性前后对溶液 As（Ⅴ）吸附的效果变化。当砷溶液浓度为 1～10 mg/L 时，RM、RM1、RM2 对 As（Ⅴ）的吸附能力无明显的差异，10 mg/L 时的吸附量分别为 2.24 mg/g、3.71 mg/g、2.23 mg/g；当浓度由 10 mg/L 增加至 50 mg/L 时，改性 RM 对砷的吸附明显高于 RM，改性 RM 对砷的吸附量约为 RM 的 2 倍；当浓度高于 50 mg/L，此时 RM 对溶液中的 As（Ⅴ）吸附已达到饱和状态，没有多余的化学位点与溶液中增加的砷酸根离子结合，导致其单位吸附量降低；而经过改性的 RM，还能够吸附溶液中部分增加的砷，单位吸附量下降相对较小；当溶液浓度高于 100 mg/L 时，改性 RM 的单位吸附量开始逐渐减小。在整个试验过程中，RM、RM1、RM2 对 As（Ⅴ）的最大吸附量分别为 5.00 mg/g、10.29 mg/g、11.87 mg/g。

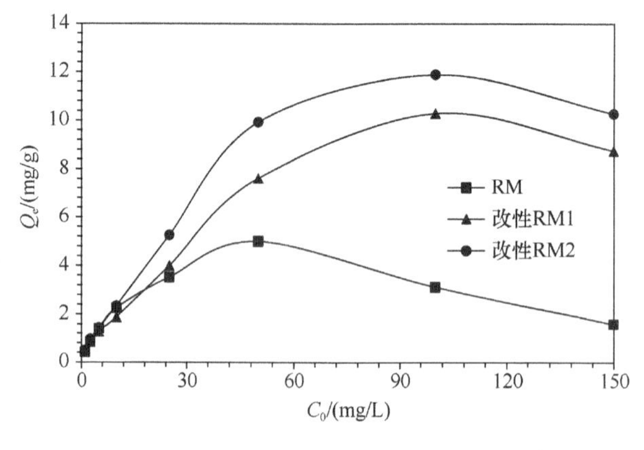

图 6.6 吸附等温曲线

利用 Langmuir 和 Freundlich 吸附等温方程对数据进行拟合，结果如表 6.3 所示。Langmuir 方程能够较好地描述 RM、RM1 和 RM2 对 As（Ⅴ）的吸附过程，可决系数分别为 0.899、0.935、0.962。将方程计算出的 Q_m 值与试验所得值相比，RM1 和 RM2 对砷吸附的理论最大值与实际值基本一致，而 RM 的结果却不同，这可能与试验中设置的浓度范围有关。由 Freundlich 方程拟合结果可知，RM1 和 RM2 的拟合可决系数分别为 0.949 和 0.960，说明改性 RM 对 As（Ⅴ）的吸附不单单只是物理吸附行为，同样存在化学吸附。三种材料的 n 值均大于 1，由此可见三种材料对 As（Ⅴ）的吸附属于优惠吸附。常数 k_F 描述材料的吸附性能，k_F 越大，吸附剂的吸附能力越强，因此，RM2 对 As（Ⅴ）的吸附能力略强于 RM1。D-R 吸附等温方程对三种 RM 类材料的拟合结果均不理想，可决系数较低，这可能是由于 RM 的成分复杂，无法明确区分出其在对 As（Ⅴ）吸附过程中的物理化学过程。

表 6.3　RM 类材料的两种吸附等温方程参数

	Langmuir 等温方程			Freundlich 等温方程		
	Q_m/（mg/g）	k_L	R^2	n	k_F	R^2
RM	1.78	0.15	0.899	3.44	0.94	0.596
RM1	10.42	0.07	0.935	1.81	0.85	0.949
RM2	11.91	0.09	0.962	1.84	1.08	0.960

3. 磷酸铁与炭化秸秆

磷酸铁和炭化秸秆对 As（Ⅴ）的吸附等温曲线如图 6.7 所示。初始浓度在 1～150 mg/L As（Ⅴ）时，两种钝化剂对 As（Ⅴ）的吸附等温曲线表现出相似的趋势，随着初始 As（Ⅴ）浓度的增加，磷酸铁和炭化秸秆对砷的吸附量均逐渐升高，但增加幅度在不同浓度范围内存在不同。当初始 As（Ⅴ）浓度为 1～100 mg/L 时，两种钝化剂的吸附量增加幅度较大；而初始 As（Ⅴ）浓度大于 100 mg/L 时，吸附量的增加趋势逐渐减缓；至 150 mg/L 初始浓度时，磷酸铁和炭化秸秆的吸附量分别为 7.487 mg/g 和 1.935 mg/g，且基本平衡。

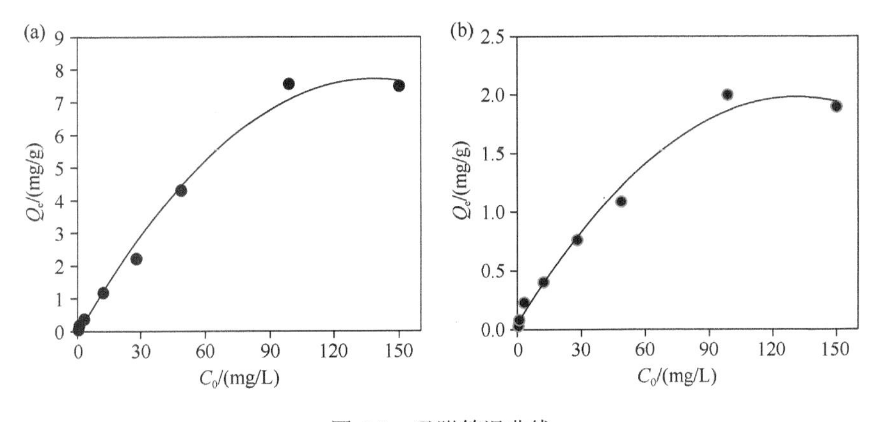

图 6.7　吸附等温曲线

（a）磷酸铁；（b）炭化秸秆

两种钝化剂吸附砷的差异也与初始浓度有关，在 As（Ⅴ）添加浓度为 1～10 mg/L 时，二者吸附量间的差异较小；随着初始浓度的增加，两者间吸附量的差异逐渐加大。当初始 As（Ⅴ）浓度大于 10 mg/L 后，磷酸铁对砷的吸附量几乎均为炭化秸秆的 7 倍。

将试验数据用 Langmuir、Freundlich 及 D-R 方程进行方程拟合发现，Freundlich 等温方程拟合结果最佳，Langmuir 方程次之，D-R 方程拟合结果最差（表 6.4）。Freundlich 方程中，常数 k_F 描述材料的吸附性能，k_F 越大，吸附剂的吸附能力越强，可见磷酸铁对

表 6.4　磷酸铁和炭化秸秆的三种吸附等温方程参数

	Langmuir 等温方程			Freundlich 等温方程			Dubinin-Radushkevich（D-R）等温方程		
	Q_m/（mg/g）	k_L	R^2	n	k_F	R^2	β	E/（kJ/mol）	R^2
磷酸铁	10.99	0.018	0.913	1.37	0.26	0.994	0.594	0.92	0.584
炭化秸秆	2.71	0.019	0.947	1.43	0.072	0.993	0.791	0.80	0.548

As（Ⅴ）的吸附能力远大于炭化秸秆。n 值是吸附剂对被吸附物质吸附性能的体现，两种调理剂的 n 值均在 1～10 之间，表明它们对 As（Ⅴ）的吸附都为优惠吸附。

（四）反应时间对吸附 As（Ⅴ）的影响

室温下，把 50 mg 的各种钝化剂加入浓度为 50 mg/L 的 As（Ⅴ）溶液中，分别在 30 min、60 min、90 min、180 min、360 min、540 min、720 min、1080 min、1440 min 不同时间取样，离心后吸取上清液用原子荧光仪测定砷含量，绘制吸附量-时间曲线，用不同的动力学模型对实验结果进行拟合，并计算出相应的动力学参数。

1. Mg/Al-LDH、Mg/Al-LDO

图 6.8（a）中，随着反应时间的延长，Mg/Al-LDH 对砷的吸附量逐渐增大。在最初的 30 min 内吸附量为 1.48 mg/g，180 min 后吸附量升至 2.83 mg/g，180 min 至 1080 min 内的吸附量增加了 1.76 mg/g，1080 min 后曲线平稳，1440 min 时吸附量为 4.69 mg/g。

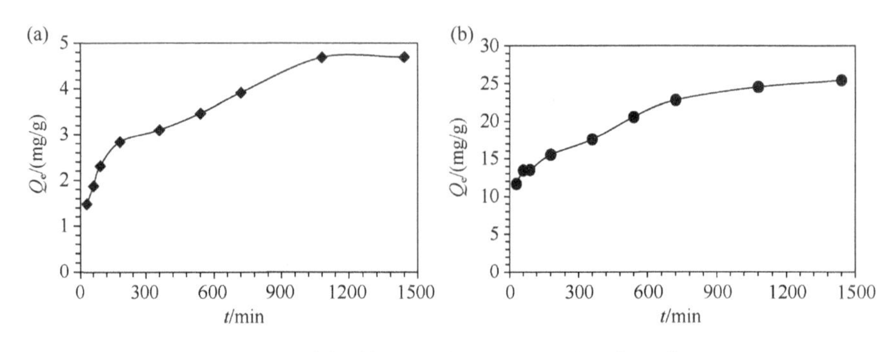

图 6.8　反应时间对吸附 As（Ⅴ）效果的影响

（a）Mg/Al-LDH；（b）Mg/Al-LDO

Mg/Al-LDO 对 As（Ⅴ）的吸附量随反应时间变化趋势如图 6.8（b）所示。由图来看，在最初的 30 min 时，吸附量可达 11.65 mg/g。随着反应时间的增加，吸附量逐渐增加。180 min 内吸附量递增趋势最明显，吸附量升至 15.50 mg/g。180 min 至 720 min 内的吸附量增加缓慢，720 min 时的吸附量为 22.79 mg/g。1080 min 后，曲线逐渐趋于平稳；1440 min 时吸附量为 25.43 mg/g，相比 1080 min 时增加 3.5%，可认为吸附基本达到平衡。

应用准一级动力学方程、准二级动力学方程和颗粒内扩散方程对试验结果进行描述，准一级动力学方程和准二级动力学方程（Lv et al.，2006）分别为：

$$\text{Log}\left(Q_e - Q_t\right) = \log Q_e - k_1 t / 2.303 \quad (6.16)$$

$$t/Q_t = 1/\left(k_2 Q_e^2\right) + t/Q_e \quad (6.17)$$

颗粒内扩散方程（Wu et al.，2001）为：

$$Q_t = k_p t^{1/2} + C \quad (6.18)$$

式中，Q_e 是平衡时的砷吸附量（mg/g）；Q_t 是 t 时刻砷吸附量（mg/g）；t 为反应时间；k_1（min^{-1}）和 k_2［g/(mg·min)］分别为准一级和准二级速率参数；k_p 为颗粒扩散速率参数［$\text{mg/(g·min)}^{1/2}$］；C 表征了边界层效应的程度。实验数据拟合结果见表 6.5。

表 6.5　LDH 和 LDO 的吸附动力学参数

	准一级动力学方程			准二级动力学方程			颗粒内扩散方程		
	Q_e /（mg/g）	k_1 /（min^{-1}）	R^2	Q_e /（mg/g）	k_2 /［g/(mg·min)］	R^2	k_p /［mg/(g·min)$^{1/2}$］	C	R^2
LDH	3.49	2.30×10^{-4}	0.9470	5.05	13.91×10^{-4}	0.982	0.098	1.219	0.969
LDO	37.35	2.30×10^{-4}	0.9344	26.60	3.63×10^{-4}	0.991	0.446	9.599	0.982

由动力学方程拟合结果可知，Mg/Al-LDH 和 Mg/Al-LDO 准二级动力学方程拟合结果最优，可决系数分别为 0.982 和 0.991，二级吸附速率常数分别为 13.91×10^{-4} g/（mg·min）、3.63×10^{-4} g/(mg·min)，理论平衡吸附量为 5.05 mg/g、26.60 mg/g，而 Mg/Al-LDH 和 MG/AL-LDO 在试验中所得最大平衡吸附量为 4.69 mg/g 和 25.43 mg/g，二者无显著差异，基本吻合。而准一级动力学方程所得出的计算值与实验平衡吸附量相差较大。因此，准二级动力学方程能更好地描述 Mg/Al-LDO 对 As（Ⅴ）的吸附过程。大多数情况下，准一级动力学方程只能应用于吸附过程的初始阶段而不是整个阶段，准二级动力学方程假定限速阶段可能为化学吸附，适用于很多研究（Prasanna et al.，2006）。

以上两个动力学方程无法确定扩散机理，因此，应用颗粒内扩散方程对 Mg/Al-LDH 和 Mg/Al-LDO 的试验结果进行分析，Mg/Al-LDH 和 MG/AL-LDO 的拟合方程式分别为 $Q_t=0.098t^{1/2}+1.129$、$Q_t=0.446t^{1/2}+9.599$。由方程可知，拟合曲线不通过原点（$C\neq0$），说明颗粒扩散在吸附过程中不是唯一的控速阶段。因此，颗粒内扩散模型只能用来描述 As（Ⅴ）在材料内部的吸附过程，并不适合整个过程。

2. RM 类

RM 类材料对 As（Ⅴ）的吸附量随反应时间变化趋势如图 6.9 所示。由图中可明显看出，改性 RM 在整个反应时间阶段内，对砷的吸附能力高于 RM。

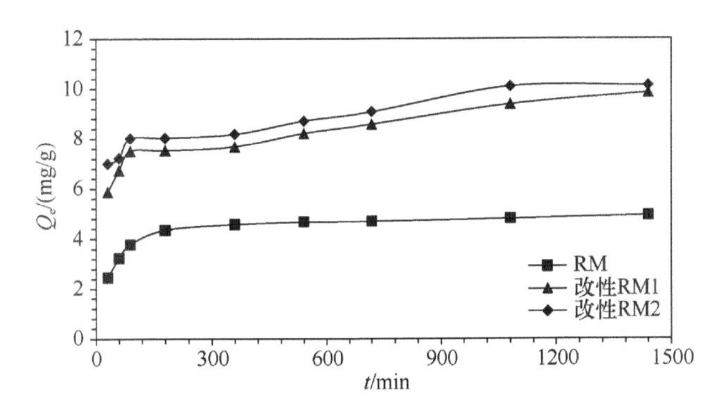

图 6.9　反应时间对吸附 As（Ⅴ）效果的影响

在反应最初的 90 min 内，RM 对砷的吸附量增加较快，由 2.45 mg/g 增加至 11.65 mg/g；当反应 180 min 后，吸附量也随之增加至 4.35 mg/g；随着反应时间的增加吸附量逐渐增加，曲线逐渐趋于平稳，1440 min 时吸附量为 4.92 mg/g，相比 180 min 时增加 13%。

改性 RM 对砷吸附的时间变化曲线趋势与 RM 相似。30～90 min 时，RM1 与 RM2 的吸附量分别由 5.86 mg/g、6.99 mg/g 增加到 7.51 mg/g、8.01 mg/g；90～720 min 内吸

附量缓慢增加，720 min 时 RM1 与 RM2 的吸附量分别为 8.58 mg/g 和 9.08 mg/g；此后时间延长至 1440 min，整个反应基本达到平衡，此时改性 RM 的吸附量为 9.84 mg/g、10.13 mg/g。

同样地，对 RM 类材料吸附 As（V）的反应时间影响结果进行动力学方程拟合，结果如表 6.6 所示。通过三种方程的可决系数可知，准二级动力学方程能够较好地描述 RM 类材料对砷的吸附行为。通过方程计算所得出的理论最大平衡吸附量也与试验中所得值相符。同时，为了明确砷与三种 RM 类材料作用的机制，最后用颗粒内扩散方程对试验结果进行拟合。拟合结果显示，三种 RM 类材料的 *C* 值均大于 1，说明颗粒扩散在吸附过程中不是唯一的控速阶段。因此，颗粒内扩散模型只能用来描述 As（V）在材料内部的吸附过程，并不适合整个过程。Findon 等（1993）认为吸附速率受四种因素影响：一是溶液中的溶质向颗粒周围的液膜扩散；二是由液膜向颗粒表面扩散（颗粒外部扩散）；三是颗粒外部向内部点位扩散（表面扩散或孔隙扩散）；四是一些涉及物理化学吸附、离子交换、沉淀或络合的反应。因此，可以认为吸附初期的控速阶段为液膜扩散和颗粒外部扩散，而后期则为颗粒内部扩散和其他反应控制。同样地，Acharya 等（2009）也认为初期的吸附速率取决于边界层扩散，而在后期阶段的速率则由粒子内扩散控制。

表 6.6 RM 类材料的吸附动力学参数

	准一级动力学方程			准二级动力学方程			颗粒内扩散方程		
	Q_e /（mg/g）	k_1 /（min^{-1}）	R^2	Q_e /（mg/g）	k_2 /［g/(mg·min)］	R^2	k_p /［$mg/(g·min)^{1/2}$］	C	R^2
RM	1.47	2.30×10^{-4}	0.888	5.00	6.09×10^{-3}	0.999	0.061	2.952	0.720
RM1	4.01	2.30×10^{-4}	0.959	9.90	1.80×10^{-3}	0.993	0.104	5.888	0.928
RM2	4.61	2.30×10^{-4}	0.947	10.31	1.96×10^{-3}	0.994	0.094	6.639	0.948

3. 磷酸铁与炭化秸秆

图 6.10 为初始浓度为 50 mg/L 时磷酸铁和炭化秸秆的吸附动力学曲线，两者对 As（V）的吸附随时间变化的趋势相似，0～540 min 为快速吸附过程，随时间的延长，吸附砷量呈直线上升趋势，至 540 min 时磷酸铁和炭化秸秆的吸附量分别为平衡吸附量的

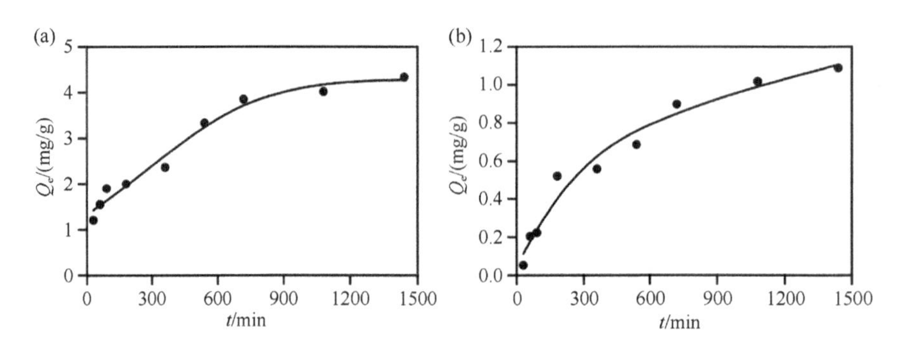

图 6.10 反应时间对吸附 As（V）效果的影响

（a）磷酸铁；（b）炭化秸秆

76%和 63%；吸附时间大于 540 min 之后，吸附量的变化开始平缓，增加幅度变小，1080 min 时的吸附量则分别为 4.02mg/g 和 1.02 mg/g，至 1440 min 时两者的吸附量分别为 4.34 mg/g 和 1.09 mg/g，吸附量间变化很小，可视为基本达到稳定平衡。

为更好地描述这两种钝化剂对 As（Ⅴ）吸附的化学反应动力学，我们应用准一级动力学方程、准二级方程以及颗粒内扩散方程对吸附动力学曲线进行拟合，结果见表 6.7。通过可决系数大小判断拟合效果的优劣，结果表明：三个方程对两种钝化剂的动力学拟合均较好，可决系数范围为 0.922～0.972，表明几种方程都适于描述磷酸铁和炭化秸秆的动力学过程。其中，准二级动力学方程对磷酸铁和炭化秸秆的拟合结果较好，由方程计算出的平衡吸附量与试验值（4.34 mg/g 和 1.09 mg/g）相差不大。大多数情况下，准一级动力学方程只能应用于吸附过程的初始阶段而不是整个阶段，而准二级动力学方程假定限速阶段可能为化学吸附，比准一级动力学适用于更多研究（Prasanna et al.，2006）。由颗粒内部扩散方程可知，拟合曲线不通过原点（$C \neq 0$），说明颗粒扩散在吸附过程中不是唯一的控速阶段。因此，颗粒内扩散模型只能用来描述 As（Ⅴ）在材料内部的吸附过程，并不适合整个过程。

表 6.7 碳酸铁和炭化秸秆的吸附动力学参数

	准一级动力学方程			准二级动力学方程			颗粒内扩散方程		
	Q_e /（mg/g）	k_1 /（min^{-1}）	R^2	Q_e /（mg/g）	k_2 /［g/(mg·min)］	R^2	k_p /［$mg/(g·min)^{1/2}$］	C	R^2
磷酸铁	5.93	2.30×10^{-4}	0.926	4.74	11.40×10^{-4}	0.972	0.099	0.781	0.962
炭化秸秆	1.76	2.30×10^{-4}	0.930	1.51	12.11×10^{-4}	0.922	0.031	–0.038	0.964

二、不同钝化剂对土壤中砷调控效果的比较

土壤作为一个开放的缓冲动力学系统，在与周围环境进行物质和能量的交换过程中，给外源重金属提供了进入该系统的途径。重金属以多种化学形态存在于土壤中，其中有效态组分是评价土壤重金属污染的重要指标，它在土壤环境中的可移动性及生物有效性最强（Yuan et al.，2004）。一般认为，作物受害程度与体内重金属含量及土壤中该元素总浓度不相关，而与该元素在土壤中有效态的浓度具有高度相关性。为了减少重金属对动植物的毒害，降低其在土壤环境中的可交换组分及其迁移性，可向土壤中添加钝化剂来调节和改变重金属在土壤中的存在形态（Diels et al.，2002）。砷在通常土壤环境中主要以 As（Ⅲ）和 As（Ⅴ）的含氧酸盐形式存在（常思敏等，2005），一般氧气充足、排水状况良好的条件下，As（Ⅴ）是主要的存在形式（陈静等，2004）。在钝化剂对溶液中砷的去除试验基础上，我们又进行了不同钝化剂对土壤中砷的调控实验，先在相同条件下研究不同培养时间钝化剂对土壤砷的固定效果，而后又详细研究了不同钝化剂添加量对土壤中各形态砷的调控影响。实验用土壤一份采自湖南省郴州市桂阳县宝山矿区（简称宝山土），为砷污染土壤；两份外源添加砷 As（Ⅴ）土壤采自中国农业科学院东门试验田表层土，砷添加量分别为 10 mg/kg 与 50 mg/kg（北京土）。

（一）相同条件下不同培养时间对土壤砷的固定效果

我们通过将 LDH、LDO、RM、RM1、RM2、磷酸铁、碳化秸秆等钝化剂与土壤进行培养，研究自然砷污染土壤与人为外源添加 As（V）污染土壤中有效态砷含量的变化，比较这几种钝化剂的效果及不同培养时间对土壤砷固定的影响。三份土壤理化性质如表 6.8 所示。

表 6.8　供试土壤理化性质

分析项目		宝山土	北京土	
			10 mg/kg As（V）	50 mg/kg As（V）
机械组成/%	2.0～0.2mm	20.06	7.91	6.62
	0.2～0.02mm	33.29	54.79	55.24
	0.02～0.002mm	30.27	25.11	24.1
	＜0.0002mm	16.38	12.19	14.04
OM/（g/kg）		40.8	18.9	18.5
CEC/［cmol(+)/kg］		18.1	13.5	13.2
N/（g/kg）		1.86	1.05	1.11
P/（g/kg）		1.23	1.27	1.35
K/（g/kg）		15.9	21.6	21.1
pH		7.59	8.42	8.57
T-As/（mg/kg）		445.042	19.830	52.287

1. 宝山土培养时间的影响

采用恒温恒湿模拟常温条件培养土壤。取 200 g 风干土样分别加入 20 g 不同钝化剂，另外设置一个对照样本。充分混合均匀后，按田间最大持水量 70%加入超纯水，放入温度为 25℃、湿度 70%的恒温恒湿培养箱中培养。每个处理设 3 次重复。培养 1 周、2 周、3 周、4 周、6 周、8 周、12 周后分别取样，提取测试土壤中有效态砷含量。

由表 6.9 可以看出，随着培养时间的延长，各处理土壤的有效态砷含量均呈现出下降趋势，各钝化剂对土壤中有效态砷的减少比例逐渐增加（图 6.11）。培养 12 周后，添加钝化剂的 7 个处理的土壤有效态砷含量均低于对照处理，表明 7 种钝化剂对宝山土中的砷具有一定的固定能力。

表 6.9　不同培养时间对宝山土中有效态砷含量的影响　（单位：mg/kg）

处理	1 周	2 周	3 周	4 周	6 周	8 周	12 周
CK	5.531±0.192cd	5.047±0.102de	5.044±0.055d	5.017±0.198c	5.005±0.034b	4.885±0.056b	4.858±0.051a
LDH	5.942±0.176bc	5.335±0.289cd	4.707±0.198e	4.410±0.090de	4.197±0.324d	3.748±0.165f	3.598±0.053cd
LDO	6.611±0.178a	6.499±0.283a	6.490±0.248a	6.384±0.075a	5.215±0.310ab	4.710±0.070c	4.690±0.286a
RM	5.731±0.272cd	5.536±0.119c	5.305±0.068c	4.832±0.383de	3.808±0.194ef	3.750±0.061f	3.428±0.179d
RM1	5.527±0.332cd	4.646±0.350e	4.366±0.073f	4.194±0.262e	3.628±0.054f	3.067±0.120g	2.993±0.096e
RM2	5.405±0.101d	4.85±0.102e	4.734±0.117e	4.728±0.142cd	4.614±0.150c	4.415±0.043d	4.376±0.104b
磷酸铁	6.180±0.304b	6.136±0.340ab	5.912±0.171b	5.393±0.097b	5.359±0.113a	5.277±0.031a	4.590±0.029ab
炭化秸秆	6.170±0.193b	5.944±0.080b	5.821±0.148b	4.444±0.038de	4.064±0.042de	4.058±0.060e	3.848±0.239c

注：不同小写字母为不同化学钝化剂处理间的砷浓度差异显著性分析（$P<0.05$）。

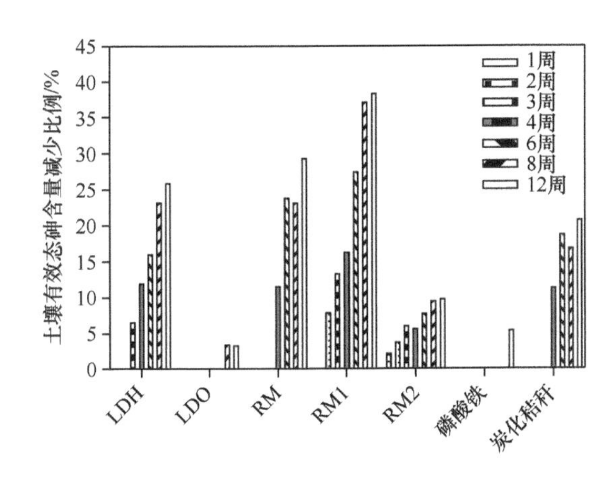

图 6.11　不同培养时间对宝山土中有效态砷含量减少比例的影响

经过 12 周的培养后，对照处理土壤中有效态砷含量由最初的 5.531 mg/kg 稳定至 4.858 mg/kg，减少了 12.17%。Mg/Al-LDH 处理土壤中有效态砷含量由 5.942 mg/kg 平衡至 3.598 mg/kg，与培养 1 周后土壤有效态砷含量相比，各时段有效态砷减少率分别为 10.21%、20.78%、25.78%、29.36%、36.92%、39.45%。

在相同的培养时间下，对各处理间结果进行方差分析，结果如表 6.9 所示。培养 1 周时，Mg/Al-LDO 处理的土壤有效态砷含量最大；RM2 处理的土壤有效态砷含量最低，可以固定土壤中 2.28%有效态砷；RM、RM1、RM2 及 CK 处理的有效态砷含量间无明显差异，RM1 可固定 0.08%有效态砷；磷酸铁和炭化秸秆处理显著低于 Mg/Al-LDO 处理，但其有效态砷含量高于 CK。培养 2 周时，Mg/Al-LDO 和磷酸铁处理显著高于其他处理，其次是炭化秸秆处理；RM 和 Mg/Al-LDH 处理之间差异不显著，有效态砷含量显著低于之前三个处理；RM1、RM2 处理的土壤有效态砷含量最低，可将土壤中 7.95%和 3.91%的有效态砷固定。培养 3 周后，Mg/Al-LDO 处理依然显著高于其他处理，磷酸铁和炭化秸秆次之；RM 处理显著优于上述三类，但是该处理土壤的有效态砷含量略高于 CK 处理；Mg/Al-LDH 开始发挥其固砷能力，对土壤有效态砷的固定率为 6.67%，与 RM2 处理(6.14%)的差异不显著;RM1 处理的土壤有效态砷含量最低,固定率为 13.44%。培养 4 周时，多数钝化剂已显现出对土壤有效态砷的固定能力，Mg/Al-LDH、RM、RM1、RM2 对土壤有效态砷的固定率分别为 12.11%；11.66%、16.39%和 5.76%。培养 6 周后，炭化秸秆处理土壤的有效态砷含量开始下降，减少比例为 18.8%，与 Mg/Al-LDH（16.14%）、RM（23.93%）处理无差异，三者均显著优于 RM2 处理（7.82%）；RM1 处理的土壤有效态砷含量依旧最低（27.51%）。培养 8 周后，Mg/Al-LDO 处理的土壤有效态砷含量显著低于 CK 处理。12 周后，各处理有效态砷含量均显著高于 CK 处理。

因此，各钝化剂对宝山土壤砷固定能力的顺序为：RM1＞RM＞Mg/Al-LDH＞炭化秸秆＞RM2＞磷酸铁＞Mg/Al-LDO。

2. 不同培养时间对外源添加砷北京土壤有效态砷减少比例的影响

取不同量的砷酸钠溶于水，配制成 10 mg/kg、50 mg/kg As（Ⅴ）溶液，加入北京土壤中，制成两种程度不同的外源添加砷污染北京土，平衡 60 d 备用。试验方法同上，采用恒温恒湿模拟常温条件培养土壤。取 200 g 外源添加砷污染北京土样（10 mg/kg）分别加入 20 g 不同钝化剂，另外设置一个对照样本。充分混合均匀后，按田间最大持水量 70%加入超纯水，放入温度为 25℃、湿度 70%的恒温恒湿培养箱中培养。每个处理设 3 次重复。培养 1 周、2 周、3 周、4 周、6 周、8 周、12 周后分别取样，提取测试土壤中有效态砷含量。

表 6.10 中结果显示，随着培养时间的增加，各处理的有效态砷含量均逐渐递减，各钝化剂对土壤中有效态砷的减少比例逐渐增加[图 6.12(a)]。在培养 12 周后，与 10 mg/kg 污染土壤对照处理相比，添加钝化剂处理土壤有效态砷含量由 2.073 mg/kg 下降至 1.058～1.970mg/kg。

表 6.10　10 mg/kg 外源添加砷北京潮褐土培养时间对土壤中有效态砷含量的影响

（单位：mg/kg）

处理	1 周	2 周	3 周	4 周	6 周	8 周	12 周
CK	2.928±0.039b	2.789±0.077a	2.431±0.020a	2.259±0.033a	2.256±0.053a	2.230±0.051a	2.073±0.018a
LDH	2.514±0.025d	2.338±0.036c	2.011±0.038c	1.870±0.077c	1.827±0.010c	1.788±0.041c	1.644±0.086c
LDO	1.526±0.046e	1.429±0.037d	1.240±0.011d	1.153±0.035d	1.142±0.073d	1.118±0.022d	1.058±0.029d
RM	3.000±0.009a	2.644±0.051ab	2.235±0.019bc	2.100±0.036ab	2.117±0.041ab	2.003±0.007b	1.944±0.021a
RM1	2.929±0.009b	2.675±0.049ab	2.200±0.042bc	2.119±0.021ab	2.154±0.023ab	2.037±0.077b	1.936±0.101a
RM2	2.727±0.030c	2.549±0.176b	2.194±0.179bc	1.999±0.025b	1.960±0.051b	1.878±0.132bc	1.785±0.003b
磷酸铁	2.772±0.045c	2.557±0.152b	2.229±0.039b	2.146±0.124ab	2.049±0.098b	2.020±0.143b	1.926±0.160a
炭化秸秆	2.717±0.058c	2.565±0.070b	2.274±0.054ab	2.121±0.061ab	2.043±0.046b	2.092±0.009b	1.970±0.096a

注：不同小写字母为不同化学处理间的砷浓度差异显著性分析（$P<0.05$）。

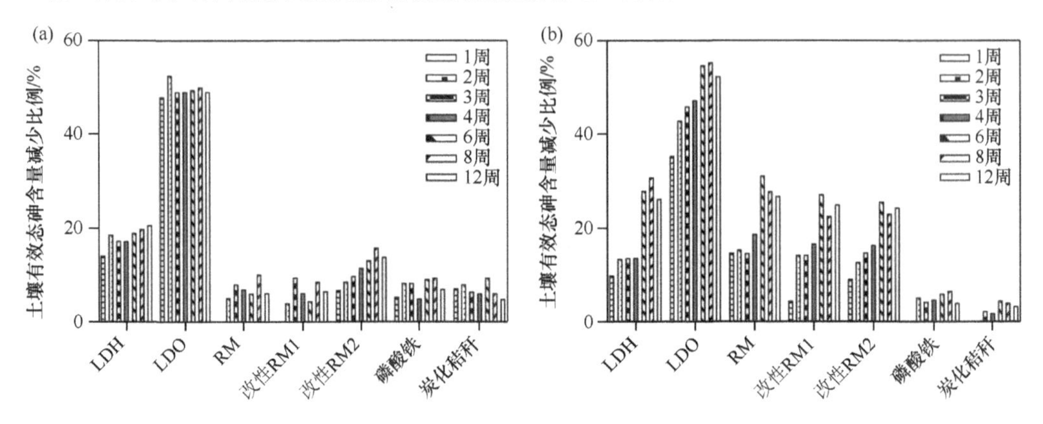

图 6.12　不同培养时间对北京土壤中有效态砷含量减少比例的影响

（a）10 mg/kg As（V）；（b）50 mg/kg As（V）

在相同的培养时间下，对各处理间结果进行方差分析，结果见表 6.10。培养 1 周后，Mg/Al-LDO 处理的土壤有效态砷含量最低（1.526 mg/kg），固砷率为 47.88%；RM 处理的土壤有效态砷含量最高，显著高于 RM1 和 CK 处理；RM2、磷酸铁和炭化秸秆处理之间差异不显著，对土壤有效态砷含量减少的比例分别为 6.88%、5.34%和 7.20%；Mg/Al-LDH 可使土壤有效态砷含量减少 14.13%。培养 2 周时，CK、RM 与 RM1 处理的土壤有效态砷含量处于同一显著水平，三者差异虽不显著，但是 RM 与 RM1 已能够固定小部分土壤有效态砷，固定率为 5.18%和 4.09%；Mg/Al-LDH 对土壤砷的固定率较一周前又有所增加，为 18.52%；Mg/Al-LDO 处理的土壤有效态砷含量最低（1.429 mg/kg），固砷率为 52.19%。培养 3 周后，CK 处理土壤有效态砷含量最高（2.431 mg/kg），与炭化秸秆处理（2.274 mg/kg）差异不显著，其对土壤砷固定率为 7.99%；同时，炭化秸秆与 RM（2.235 mg/kg）、RM1（2.200 mg/kg）、RM2（1.194 mg/kg）、磷酸铁（2.229 mg/kg）之间无显著差异；RM、RM1、RM2 又与 Mg/Al-LDH（2.011 mg/kg）间差异不显著；Mg/Al-LDO 处理（1.240 mg/kg）显著低于其他处理。培养第 4 周后，Mg/Al-LDO 处理的土壤有效态砷含量仍然最低（1.153 mg/kg），Mg/Al-LDH 处理次之（1.870 mg/kg），其他处理之间差异不显著。随着培养时间的增加，钝化剂对土壤有效态砷的固定量也在不断地增加，各处理间的差异水平基本持平，即 Mg/Al-LDO 对 10 mg/kg 人为砷污染北京土的有效态砷固定效果最佳，12 周后能使土壤有效态砷含量减少到 1.058 mg/kg，固定率为 48.13%；其次为 Mg/Al-LDH，土壤有效态砷为 1.644 mg/kg，固定率为 19.41%；再次为 RM2，土壤有效态砷为 1.785 mg/kg，固定率为 13.89%。

总体上，钝化剂对 10 mg/kg 污染土壤中砷的固定能力为：Mg/Al-LDO＞Mg/Al-LDH＞RM2＞RM≈RM1＞磷酸铁≈炭化秸秆。

同理，取 200 g 外源添加砷污染北京土样（50 mg/kg）分别加入 20 g 不同钝化剂，另外设置一个对照样本。充分混合均匀后，按田间最大持水量 70%加入超纯水，放入温度 25℃、湿度 70%的恒温恒湿培养箱中培养。每个处理设 3 次重复。培养 1 周、2 周、3 周、4 周、6 周、8 周、12 周后分别取样，提取测试土壤中有效态砷含量。

表 6.11 中结果显示，随着培养时间的增加，各处理的有效态砷含量均逐渐递减，各钝化剂对土壤中有效态砷的减少比例逐渐增加［图 6.12（b）］。在培养 12 周后，与高砷北京土壤对照相比，添加钝化剂处理土壤有效态砷含量由 12.083 mg/kg 下降至 5.772～11.677mg/kg。

表 6.11　50 mg/kg 外源添加砷北京潮褐土培养时间对土壤中有效态砷含量的影响

（单位：mg/kg）

处理	1 周	2 周	3 周	4 周	6 周	8 周	12 周
CK	20.627±0.117c	19.893±0.133ab	18.360±0.251a	18.213±0.113a	14.272±0.184a	13.470±0.110a	12.083±0.031a
LDH	18.590±0.118e	17.220±0.207c	15.857±0.225b	15.727±0.222b	10.288±0.297c	9.325±0.060f	8.916±0.170cd
LDO	13.353±0.229g	11.387±0.229d	9.950±0.069c	9.632±0.464d	6.479±0.158e	6.029±0.032g	5.772±0.072e
RM	17.587±0.067f	16.843±0.354c	15.678±0.466b	14.801±0.192c	9.830±0.176d	9.720±0.172e	8.846±0.163d
RM1	19.703±0.265d	17.060±0.330c	15.747±0.066b	15.182±0.234bc	10..396±0.224c	10.434±0.112d	9.065±0.053cd
RM2	18.743±0.035e	17.363±0.287c	15.645±0.303b	15.236±0.140bc	10.623±0.141c	10.368±0.211d	9.134±0.098c
磷酸铁	21.657±0.272b	19.927±0.184bc	17.567±0.413a	17.342±0.215a	13.415±0.328b	12.580±0.233c	11.587±0.193b
炭化秸秆	22.513±0.369a	20.087±0.110a	17.930±0.565a	17.874±0.247a	13.622±0.164b	12.920±0.106b	11.677±0.103b

注：不同小写字母为不同化学钝化剂处理间的砷浓度差异显著性分析（P＜0.05）。

同样地，在相同的培养时间下，对各处理间结果进行方差分析。其结果总体趋势与低砷北京土大致相同，但从固定砷的效果上来看，高砷北京土钝化剂对土壤中有效态砷的固定率明显升高。经过 12 周的培养，最终添加调理剂 Mg/Al-LDH、Mg/Al-LDO、RM、

RM1、RM2、磷酸铁和炭化秸秆的高砷北京土中有效态砷含量分别为：8.916 mg/kg、5.772 mg/kg、8.846 mg/kg、9.065 mg/kg、9.134 mg/kg、11.587 mg/kg、11.677 mg/kg。

总的来说，钝化剂固定土壤中砷的能力为：Mg/Al-LDO＞Mg/Al-LDH≈RM≈RM1≈RM2＞磷酸铁≈炭化秸秆。

由图 6.12 中（a）与（b）结果对比，明显可见 Mg/Al-LDH 和 RM 类钝化剂在高浓度水平下对砷的固定能力优于低浓度水平下。培养 12 周后，RM 类钝化剂处理高浓度水平下土壤有效态砷含量减少比例约为低浓度的 2 倍。磷酸铁与炭化秸秆处理土壤中有效态砷含量，高浓度水平较低浓度水平略有下降。

综上所述，Mg/Al-LDO 处理的土壤有效态砷含量显著低于其他处理，固砷效果最佳，且快速、稳定。10 mg/kg 和 50 mg/kg 北京土中有效态砷减少的最大比例分别为 52.19% 和 55.24%，且在 10 mg/kg 水平下，Mg/Al-LDO 处理的土壤有效态砷的固定率基本不受培养时间的影响，从 1 周至 12 周，有效态砷固定率最大差值为 4.31%。

综合分析实验结果，我们可以看出不同钝化剂对湖南郴州市宝山矿区天然砷污染土壤的钝化能力不同，改性 RM 类对土壤中有效态砷的固定能力快速且稳定，从 1 周至 12 周，持续地固定土壤中有效态砷。这与改性 RM 中的化学成分有关，由表征试验的结果可知，RM1 中 Fe、Ca、Mg、Al 元素含量相对较高，并且有大量的 O 元素。因此，由元素成分可以推测，RM1 中含有 Ca、Mg、Al、Fe 的氧化物，而土壤有效态砷容易与 Ca、Mg、Al、Fe 等金属氧化物形成难溶性化合物或者产生共沉淀而被固定，因此 RM1 从开始就展现出对土壤有效态砷良好的固定能力。

而其他钝化剂对土壤砷的固定需要一定的时间，总的来说，大部分钝化剂在 6 周之后才能呈现出固砷的能力。尤其是 Mg/Al-LDO，直到培养 12 周后才表现出对土壤砷的钝化作用。这与前述水溶液中的试验结果差异很大，在水溶液中，Mg/Al-LDO 对 As(Ⅴ)的吸附固定能力是 7 种钝化剂中最强的。导致 Mg/Al-LDO 固砷性能下降的原因可能是 Mg/Al-LDO 为强碱性双金属氧化物，在添加进土壤的初期会使体系 pH 升高。而随着 pH 的升高，土壤胶体上的正电荷减少，因此对砷的吸附量降低，水溶性砷含量增高（李波和青长乐，2000）。所以，在培养 6 周之内，Mg/Al-LDO 处理土壤有效态砷含量高于 CK 处理。同时，由于土壤本身具有一定的酸碱缓冲能力，随着培养时间的延长，土壤体系 pH 趋于稳定，最终土壤中有效态砷含量开始逐渐降低。

综合两种土壤的结果来看，Mg/Al-LDO 在不同类型的土壤中所发挥的功效不同。Mg/Al-LDO 在宝山土中对砷的固定能力远远不及将其应用在北京潮褐土中，这应该与土壤理化性质有关。红壤中的黏土矿物以伊利石为主，不易与土壤中的盐基离子发生代换。酸性红壤对砷的固定能力很强，土壤中相当数量的砷与铁、铝等金属离子等组成复杂的难溶性砷化物，使绝大多数砷处于闭蓄状态，不易释放，导致水溶性砷和交换性砷极少（Smith et al.，1998；陈怀满，2002；夏增禄等，1989）。随着 pH 的增加，从配位交换机理解释，OH^-交换下原来与土壤物质（特别是铁、铝、锰氧化物）配位的砷酸根离子，使土壤溶液中砷浓度显著增加，在 pH＞8 条件下，不但有上述效应，而且土壤物质强烈分散或溶解，致使解吸的砷剧增（Smith et al.，1998；陈怀满，2002）。因此，当 Mg/Al-LDO 添加进土壤中后，由于其本身的 pH 高(11)，显著高于宝山土壤的 pH(7.59)，短时间内可使微环境中的 pH 升高，此时，可能会将部分结合态的砷活化，提高了土壤的有效态砷含量。此外，Mg/Al-LDO 结构容易与土壤中可移动的阴离子发生离子交换从而减少了砷吸附的位点。由于潮褐土的 pH 偏碱性（8.40），高于宝山土的 pH，因此当 Mg/Al-LDO 进入土壤后，与土壤缓冲作用的时间会大大缩短。从试验结果来看，潮褐土中添加 Mg/Al-LDO 后 1 周，有效态砷含量便能降低。

改性 RM 类钝化剂在不同类型土壤中的固砷结果差异明显，其趋势刚好与 Mg/Al-LDO 作用的结果相反，即改性 RM 类钝化剂在宝山土壤中的应用结果优于北京潮褐土。改性 RM 类钝化剂的 pH（8.85、8.62）比 Mg/Al-LDO 低，与宝山土壤 pH 相差 1 个单位，添加培养 1 周时，RM1 可固定 2.28%有效态砷；此外，由前述表征试验 SEM 结果可知，RM1 的表面能提供大部分与砷结合的位点。因此，RM1 添加到土壤中后，便可以通过表面快速与土壤中的砷结合，且由于成分中含有 Fe、Mg、Al、Ca 的氧化物，易于将土壤有效态砷转化为难溶解的结合态砷。RM 类钝化剂在高、低两个浓度水平下对砷的固定效果相差较大，这也许与体系 pH 有关，高砷北京土的 pH 高于低砷北京土。史丽等（2009）发现，活化 RM 对砷酸根阴离子的去除在 pH＞5 条件下随着 pH 升高而升高。产生这种现象的原因有两个方面：一是重金属与吸附剂表面发生络合反应，RM 中 Fe、Al 等金属氧化物表面在水相中结合配位水构成水合金属氧化物和氢氧化物，即在固体界面上产生大量-OH 基团，这些-OH 基团单独存在或相互缔合，使 RM 表面成羟基化界面，磷酸、砷酸基团与表面羟基发生络合反应（Shiao and Akashi，1977；Huang et al.，2008；Genc et al.，2003）；二是共沉淀作用，砷酸根阴离子可与 RM 中溶出的 Ca^{2+}、Fe^{3+}、Al^{3+}发生共沉淀反应（Ronald et al.，2005）。因此，RM 类钝化剂在高砷北京土中的固砷效果优于低砷北京土。

虽然磷酸盐在降低大多数重金属的生物有效性方面具有显著的效果，但是过量施用磷酸盐一方面可能诱发水体的富营养化；另一方面，当土壤存在砷与其他金属离子复合污染时，施用磷酸盐可增加砷的水溶性，提高其生物活性（Peryea，1991）。由于离子交换作用，磷酸盐促进土壤中的砷释放（陈同斌，1996）。土壤中的砷会与同样以阴离子形式存在的磷酸根产生竞争吸附作用，其结果往往是磷被土壤颗粒吸附而砷被解吸出来，增加了砷在土壤中的移动性。我们的研究表明，添加了磷酸铁的宝山土在培养 8 周内增加了土壤有效态砷含量，与上述研究结果基本一致。但是，当培养时间延长至 12 周时，土壤中有效态砷含量开始减少。因此，不同的钝化剂施用在不同的土壤中，对砷的固定能力是不同的，这就要求我们在使用一种钝化剂之前，要明确它的施用效果和作用机制，为实际运用打好基础。

通过实验分析我们可以知道，随着培养时间的延长，土壤有效态砷含量都在逐渐降低。总的来说，培养时间越长，土壤中有效态砷含量越少。宝山土中，各钝化剂固砷能力依次为：RM1＞RM＞Mg/Al-LDH＞炭化秸秆＞RM2＞磷酸铁＞Mg/Al-LDO。北京土中，低浓度水平下钝化剂固砷能力为：Mg/Al-LDO＞Mg/Al-LDH＞RM2＞RM≈RM1＞磷酸铁≈炭化秸秆；高浓度水平下钝化剂固砷能力为：Mg/Al-LDO＞Mg/Al-LDH≈RM≈RM1≈RM2＞磷酸铁≈炭化秸秆。改性 RM 处理的宝山土有效态砷含量最低。改性 RM 在培养初期开始发挥固砷功能，并且随着培养时间的增加，固砷效率也随之增加。培养 12 周后，RM1 可将土壤中有效态砷含量降至 2.993 mg/kg，固定率为 38.39%。RM1 在高浓度水平下的北京土中也有良好的表现，培养 12 周后，土壤有效态砷含量为 9.065 mg/kg，固定率为 24.97%。RM2 在北京土 2 个浓度水平下固砷能力较为突出，低浓度水平下固砷效果优于 RM1，培养 12 周后土壤有效态砷含量为 1.785 mg/kg，最大固定率为 14.49%；高浓度水平下，培养 12 周后土壤砷含量为 9.134 mg/kg，最大固定率为 25.57%。RM 类钝化剂主要通过表面络合与共沉淀作用固定土壤中有效态砷。Mg/Al-LDO 处理的北京土有效态砷含量显著低于其他处理。10 mg/kg 水平下，Mg/Al-LDO 处理的土壤有效态砷的固定率基本不受培养时间的影响，从 1 周至 12 周，有效态砷固定率最大差值为 4.31%，最大固定率可达 52.19%；50 mg/kg 水平下有效态砷减少的最大比例为 55.24%。

（二）钝化剂添加量对土壤中不同形态砷的调控影响

土壤中砷的毒性不仅与土壤中有效态砷含量有关，而且与砷形态有关。土壤中砷的化学形态可以分为 5 种（Williams et al.，1967）：①易溶态砷（A-As），包括水溶性和松散结合态砷；②铝型砷（Al-As）；③铁型砷（Fe-As）；④钙型砷（Ca-As）；⑤残渣态砷（O-As）。这几种形态砷的生物有效性差异较大，其中 A-As 为土壤活性砷，有效性相对较高，易被植物吸收；Al-As、Fe-As、Ca-As 和 O-As 为土壤难溶性砷，不易被植物吸收利用（谢正苗和黄昌勇，1988）。一般来说，土壤中主要以难溶性砷为主，水溶性砷很少，一般不足总量的 5%（谢正苗，1993；Jacobs et al.，1990）。

我们选择了前述实验中对土壤中有效态砷固定能力较强的 Mg/Al-LDO、RM1、RM2 三种钝化剂，进行不同添加量的室内培养试验。通过对土壤中各形态砷含量进行分析，探索钝化剂固定土壤砷的作用机制，同时明确各钝化剂的最佳添加量。

1. 对土壤易溶态砷（A-As）的影响

A-As 为土壤活性砷，有效性相对较高，易被植物吸收。通过添加不同质量的调理剂，观察土壤中 A-As 含量的变化。实验结果如表 6.12 所示，宝山土添加不同质量的 Mg/Al-LDO 后，土壤中 A-As 含量随着添加量的递增而递减，总体低于 CK 的 A-As 含量，且各添加量间 A-As 含量差异显著。当添加量为 5%时，Mg/Al-LDO 对土壤中 A-As 的固定率最大，约为 40%。而添加改性 RM 类后，虽然土壤中 A-As 含量随着添加量的增加略有增加，但是总体值均低于 CK 的 A-As 含量，各添加量间 A-As 含量差异不显著。添加量为 0.5%时，RM1 和 RM2 对土壤 A-As 的固定效果最佳，且 RM2 对土壤中 A-As 的固定能力稍强于 RM1，固定率分别为 18.04%和 29.76%。

Mg/Al-LDO 添加量变化在 10mg/kg 人为污染北京土中所得结果与宝山土壤趋势类似，同样是土壤中 A-As 含量随着 Mg/Al-LDO 添加量的递增而递增，且总体低于 CK 的 A-As 含量，当添加量为 5%时，Mg/Al-LDO 对土壤中 A-As 的固定率最大，约为 67%。同样地，RM1 对土壤中 A-As 的固定量随着添加量的增加而递增，当添加量＞2%时，土壤中 A-As 含量低于 CK 的 A-As 含量。而 RM2 添加量＞0.5%时，即可将土壤中的 A-As 含量小幅度降低。改性 RM 类减少土壤 A-As 含量比例分别为 14%和 19%以上。

表 6.12　钝化剂添加量对土壤 A-As 含量的影响

钝化剂	添加量/%	A-As 含量/（mg/kg）		
		宝山土	10 mg/kg 北京土	50 mg/kg 北京土
Mg/Al-LDO	0	0.998a	0.893a	4.692a
	0.5	0.869b	0.634b	3.508b
	1	0.817c	0.589c	3.416c
	2	0.765d	0.495d	2.645d
	3	0.713e	0.391e	1.724e
	4	0.658f	0.342f	1.405f
	5	0.609g	0.291g	1.114g
RM1	0	0.998a	0.893a	4.692b
	0.5	0.818c	0.974b	4.957a
	1	0.823b	0.961c	4.667b
	2	0.828b	0.949d	4.407c
	3	0.832b	0.908e	4.138d
	4	0.844b	0.868f	4.071e
	5	0.856b	0.847g	4.014f
RM2	0	0.998a	0.893b	4.692a
	0.5	0.701e	0.896a	4.521b
	1	0.725de	0.880c	4.401c
	2	0.743cde	0.866d	4.298d
	3	0.769bcd	0.847e	4.215e
	4	0.784bc	0.839f	3.897f
	5	0.802b	0.831g	3.639g

注：不同小写字母为钝化剂不同添加量处理间的砷浓度差异显著性分析（$P<0.05$）。

三种钝化剂均可使 50mg/kg 人为污染北京土的 A-As 含量降低，土壤中 A-As 含量与添加量呈负相关，当添加量为 5%时，Mg/Al-LDO 可使土壤中 A-As 含量降低 76%，改性 RM 类分别为 14%和 22%。

由方差分析结果可知，当 Mg/Al-LDO、RM1 和 RM2 的添加量最大，即添加 5%时，土壤中残留 A-As 含量最小。添加量越大，土壤中 A-As 的固定率就越高。

从图 6.13 中可以看出，不同的钝化剂对土壤中 A-As 固定的效果不同。Mg/Al-LDO 对三个土壤中的 A-As 含量的固定能力随着添加量的递增而递增。当 Mg/Al-LDO 添加量≤2%时，低砷北京土中 A-As 固定率始终高于高砷北京土；当 Mg/Al-LDO 添加量＞2%时，低砷北京土中 A-As 固定率低于高砷北京土。

添加 RM1 的宝山土的 A-As 固定率随着其添加量的增大而略微递减。当添加量≥4%时，RM1 将低砷北京土的 A-As 固定住。在高砷北京土中，当改性 RM 添加量≥1%时，就能够固定部分 A-As，随着添加量的增大，A-As 的固定率增加。由此可见，RM1 对北京土的 A-As 固定能力受外源添加砷含量影响，初步表现为高浓度环境促进其对 A-As 的固定。添加 RM2 可使宝山土的 A-As 固定率降低，使北京土的 A-As 固定率增加。

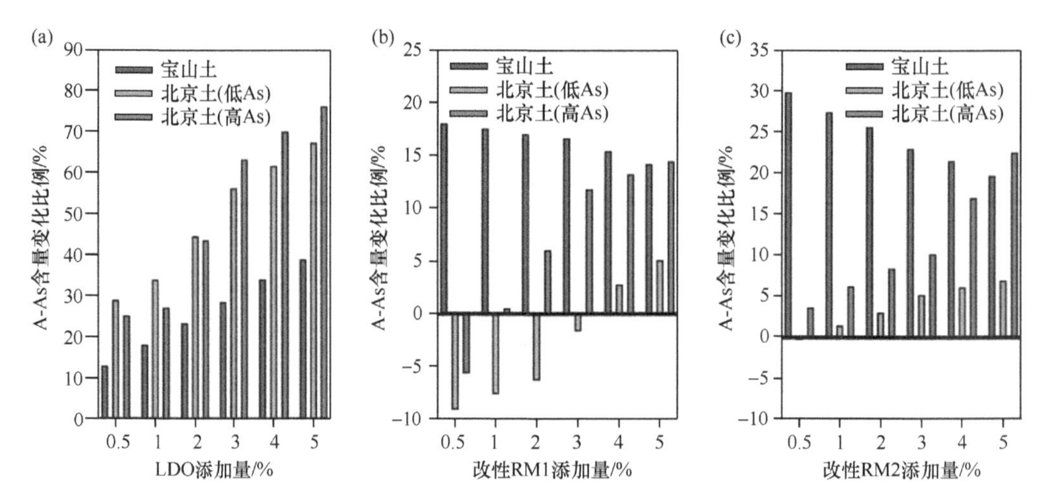

图 6.13 钝化剂添加量对土壤 A-As 含量的影响

（a）Mg/Al-LDO；（b）RM1；（c）RM2

2. 对土壤铝型砷（Al-As）的影响

实验结果如表 6.13 所示，在宝山土中，添加 Mg/Al-LDO 后土壤中 Al-As 含量明显高于添加改性 RM 类，且高于 CK 的 Al-As 含量。随着 Mg/Al-LDO 添加量的增大，土

表 6.13 钝化剂添加量对土壤 Al-As 含量的影响

钝化剂	添加量/%	Al-As 含量/（mg/kg）		
		宝山土	10 mg/kg 北京土	50 mg/kg 北京土
Mg/Al-LDO	0	7.401c	5.607g	12.006g
	0.5	8.912a	6.687a	16.761a
	1	8.860ab	6.672b	16.426b
	2	8.807ab	6.377c	15.164e
	3	8.755ab	6.082d	15.522c
	4	8.690ab	5.938e	15.213d
	5	8.626b	5.789f	14.689f
RM1	0	7.401f	5.607g	12.006f
	0.5	6.123e	5.794f	12.012f
	1	6.341d	5.807e	12.236e
	2	6.559c	5.956d	12.942d
	3	6.777b	6.105c	13.504c
	4	6.848ab	6.181b	13.923b
	5	6.918a	6.262a	14.273a
RM2	0	7.401g	5.607f	12.006e
	0.5	6.105f	5.742e	14.326b
	1	6.342e	5.735d	14.014a
	2	6.579d	5.704d	13.517c
	3	6.816c	5.815c	12.669d
	4	7.095b	5.859b	12.004e
	5	7.374a	5.963a	11.319f

注：不同小写字母为钝化剂不同添加量处理间的砷浓度差异显著性分析（$P<0.05$）。

壤中 Al-As 含量略有减少，添加量为 1%～4%时，Al-As 含量变化不显著；当添加量为 0.5%时，土壤中 Al-As 含量增加 20.42%；当添加量为 5%时，土壤中 Al-As 含量增加 16.55%。添加 RM1、RM2 后，土壤中 Al-As 含量降低。但随着添加量的增加，土壤中 Al-As 含量也有所增加；各添加量间 Al-As 含量变化差异显著。因此，添加 0.5% Mg/Al-LDO 能使宝山土中 Al-As 含量增加。

对于北京土来说，添加 0.5%的 Mg/Al-LDO 便可使土壤中 Al-As 含量增加 19.26%（低砷）和 39.61%（高砷）。当添加量不断升高时，Al-As 含量随之慢慢减少。当添加量为 5%时，土壤中 Al-As 含量仅增加 3.4%（低砷）和 22.35%（高砷）。RM1 添加也使北京土的 Al-As 含量呈现升高趋势，且高于 CK 中 Al-As 含量。当添加量为 5%时，土壤中 Al-As 含量增加率最大，分别为 11.68%（低砷）和 18.88%（高砷）。RM2 对不同浓度处理的北京土中 Al-As 含量影响趋势完全相反，即使低砷北京土 Al-As 含量增加、高砷北京土 Al-As 含量下降。各添加量间 Al-As 含量变化差异显著。因此，添加 0.5% Mg/Al-LDO、5%RM1、1%RM2 能够促进土壤中 Al-As 的形成。

由图 6.14 可以看出，添加 Mg/Al-LDO 后，宝山土与北京土中的 Al-As 含量均有所增加，增加率随着 Mg/Al-LDO 添加量的递增而递减。宝山土中 Al-As 含量基本不受添加量影响；而北京土中 Al-As 含量变化较大，高砷北京土中 Al-As 含量平均增加率最大。

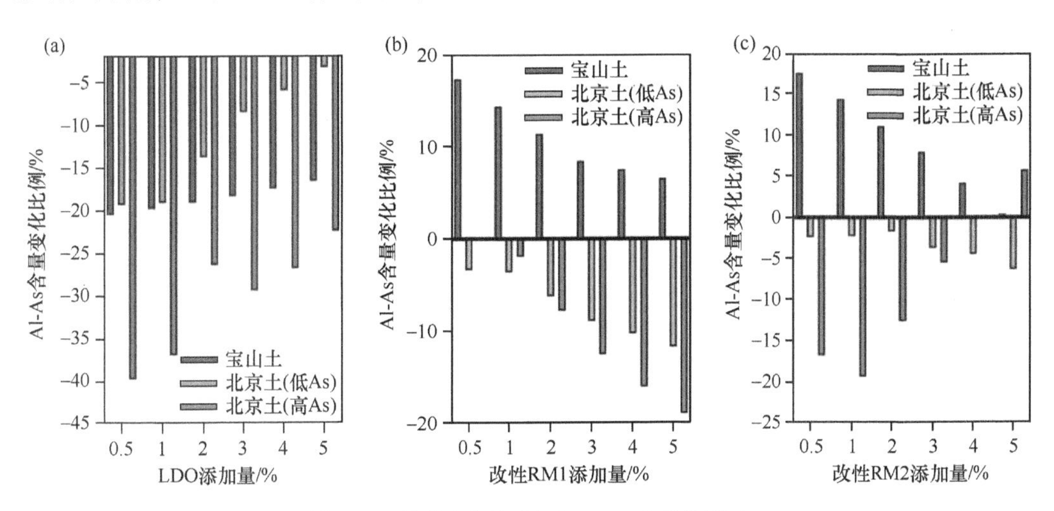

图 6.14　钝化剂添加量对 Al-As 含量的影响

（a） Mg/Al-LDO；（b）RM1；（c）RM2

RM1 和 RM2 均对宝山土中 Al-As 有分解作用。随着 RM1 添加量的增加，宝山土中 Al-As 的减少比例由 17.27%降至 6.53%，RM2 则由 17.51%降至 0.36%。RM1 对北京土中 Al-As 具有贡献作用，且对高砷北京土的贡献率高于低砷北京土。RM2 促使低砷北京土中 Al-As 合成，同时使高砷北京土中 Al-As 分解释放。

3. 对土壤铁型砷（Fe-As）的影响

实验结果如表 6.14 所示，在宝山土壤中，三种钝化剂均促使土壤中 Fe-As 向其他形态转化。Mg/Al-LDO 各添加量间 Fe-As 含量变化差异显著；RM1 添加量为 2%时，Fe-As

含量与其他水平间差异显著；RM2 各添加量的 Fe-As 含量，0.5%与 1%之间差异不显著，1%、2%、3%之间差异不显著，2%、3%、4%之间差异不显著，5%与其他水平之间差异显著。

表 6.14 钝化剂添加量对土壤 Fe-As 含量的影响

钝化剂	添加量/%	Fe-As 含量/（mg/kg）		
		宝山土	10 mg/kg 北京土	50 mg/kg 北京土
Mg/Al-LDO	0	44.974a	3.879c	15.184b
	0.5	43.761b	6.354a	16.754a
	1	41.132c	5.283b	16.433a
	2	38.504d	3.547d	9.567c
	3	35.875e	1.708e	4.539cd
	4	30.178f	1.194f	3.498be
	5	24.481g	0.886g	2.246f
RM1	0	44.974a	3.879a	15.184a
	0.5	41.422b	3.186e	10.129g
	1	40.722b	3.245e	10.442f
	2	39.998c	3.397d	12.142e
	3	39.273d	3.512cd	13.802d
	4	39.211d	3.608bc	14.314c
	5	39.148d	3.697b	14.670b
RM2	0	44.974a	3.879a	15.184c
	0.5	37.706b	2.924d	10.546f
	1	37.202bc	2.931d	12.108e
	2	36.698cd	2.987d	13.22d
	3	36.655cd	3.039d	14.892c
	4	36.194d	3.356c	16.607b
	5	35.115e	3.514b	17.101a

注：不同小写字母为钝化剂不同添加量处理间的砷浓度差异显著性分析（$P<0.05$）。

在北京土中，随着 Mg/Al-LDO 添加量的增加，土壤 Fe-As 含量降低。当 Mg/Al-LDO 添加量≤1%时，土壤中 Fe-As 含量高于 CK；继续增大添加量后，土壤中 Fe-As 含量降低。在低砷北京土中，添加 RM1 和 RM2 后，土壤 Fe-As 含量随添加量递增，但含量依旧低于 CK。在高砷北京土中，添加 RM1 促使 Fe-As 含量降低，随着添加量的增加，Fe-As 含量增加，但仍低于 CK。添加 RM2 土壤中 Fe-As 变化趋势与 RM1 相似，当添加量＞3%时，Fe-As 含量高于 CK，添加量为 5%时，土壤 Fe-As 含量最大（为 17.101 mg/kg）。

从图 6.15 可以看出，随着钝化剂添加量的增加，Mg/Al-LDO 促进了土壤中 Fe-As 的溶解，使其含量降低，不受土壤类型和外源砷浓度影响。改性 RM 类在不同母质土壤中所起的作用不同。增大改性 RM 的添加量可使宝山土壤中 Fe-As 含量减少，但却使北京土壤中的 Fe-As 含量增加，且高砷浓度下 Fe-As 的增加率显著高于低砷浓度水平。

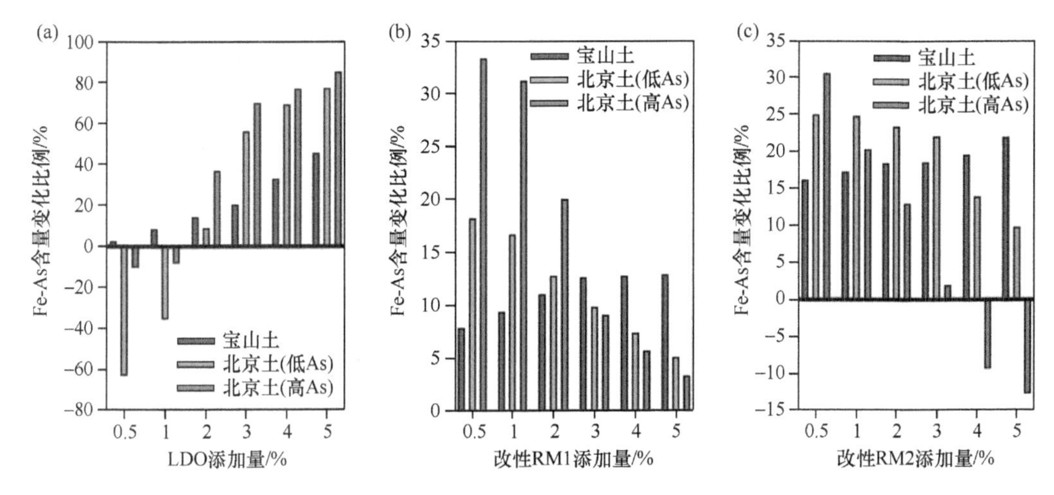

图 6.15　钝化剂添加量对土壤 Fe-As 含量的影响

（a）Mg/Al-LDO；（b）RM1；（c）RM2

4. 对土壤钙型砷（Ca-As）的影响

由表 6.15 结果可知，在宝山土中，随着三种钝化剂添加量的增加，土壤 Ca-As 含量也随之增加。当 Mg/Al-LDO 添加量≥1%时，土壤中 Ca-As 含量显著高于 CK，添加

表 6.15　钝化剂添加量对土壤 Ca-As 含量的影响

钝化剂	添加量/%	Ca-As 含量/（mg/kg）		
		宝山土	10 mg/kg 北京土	50 mg/kg 北京土
Mg/Al-LDO	0	10.350f	3.661e	11.842g
	0.5	10.095f	2.956g	9.863f
	1	11.950e	3.254f	10.053e
	2	15.222d	4.869d	14.953d
	3	18.493c	6.62c	20.39c
	4	21.967b	7.068b	22.354b
	5	25.441a	7.495a	24.191a
RM1	0	10.350a	3.661g	11.842g
	0.5	6.258f	4.657f	12.843f
	1	6.851e	5.758e	13.137e
	2	7.484d	6.245d	14.787d
	3	8.117c	7.525c	15.43c
	4	9.212b	8.951b	17.039b
	5	10.306a	9.978a	18.151a
RM2	0	10.350c	3.661g	11.842g
	0.5	7.425g	5.014f	13.124f
	1	8.019f	5.860e	13.591e
	2	8.689e	6.635d	15.648d
	3	9.360d	7.851c	16.529c
	4	10.833b	8.732b	16.687b
	5	12.306a	9.513a	16.845a

注：不同小写字母为钝化剂不同添加量处理间的砷浓度差异显著性分析（$P<0.05$）。

5% Mg/Al-LDO 后土壤 Ca-As 含量是 CK 的 2.5 倍；当 RM1 添加量为 5%时，土壤 Fe-As 含量略低于 CK；当 RM2 添加量≥3%时，土壤 Ca-As 含量显著高于 CK。

在北京土中，当 Mg/Al-LDO 添加量≥2%时，此时土壤 Ca-As 含量显著高于 CK，并在 5%时达到最大，Ca-As 含量约为 CK 的 2 倍。在低砷北京土中添加 RM1 和 RM2 后，土壤 Ca-As 含量增加显著，0.5%时 Ca-As 含量分别比 CK 高出 0.996 mg/kg 和 1.353 mg/kg，5%时 Ca-As 含量分别为 CK 的 2.7 倍和 2.5 倍。在高砷北京土中添加 RM1 和 RM2 后，土壤 Ca-As 变化趋势与低砷北京土中一致，0.5%时 Ca-As 含量分别比 CK 高出 0.998 mg/kg 和 1.282 mg/kg，5%时 Ca-As 含量分别比 CK 高出 6.309 mg/kg 和 5.003 mg/kg。

图 6.16 反映出三种钝化剂分别对三种土壤 Ca-As 含量随添加量变化的趋势，随着钝化剂添加量的增加，土壤中 Ca-As 含量不断增加。Mg/Al-LDO 能使三种土壤中 Ca-As 含量大幅增加；添加 RM1、RM2 后三种土壤 Ca-As 含量变化趋势基本一致，尤其在低砷北京土中，土壤 Ca-As 含量急剧增加。

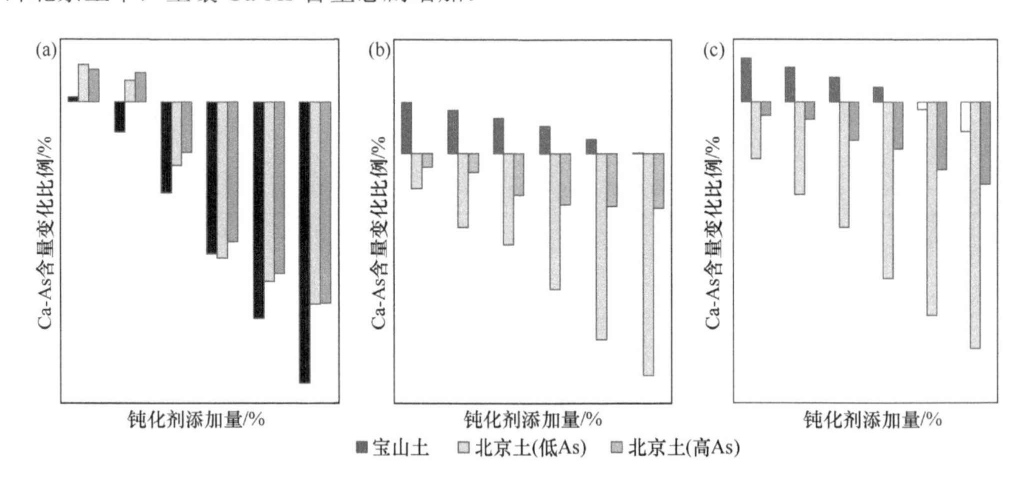

图 6.16 钝化剂添加量对 Ca-As 含量的影响

（a）Mg/Al-LDO；（b）RM1；（c）RM2

5. 对土壤残渣态砷（O-As）的影响

由表 6.16 和图 6.17 可以看出，宝山土中的 O-As 含量远远高于外源添加砷的北京土，这与土壤类型有关。由于成土母质不同，从而对砷的吸附量不同，其吸附量顺序是：红壤＞砖红壤＞黄棕壤＞黑钙土＞碱土＞黄土。

表 6.16 钝化剂添加量对土壤 O-As 含量的影响

钝化剂	添加量/%	O-As 含量/（mg/kg）		
		宝山土	10 mg/kg 北京土	50 mg/kg 北京土
Mg/Al-LDO	0	250.264c	7.650a	10.664c
	0.5	178.150g	4.486b	8.873e
	1	199.401f	4.400bc	8.601e
	2	200.765e	4.324bc	8.023d
	3	242.099d	4.260bc	7.519bc

续表

钝化剂	添加量/%	O-As 含量/（mg/kg）		
		宝山土	10 mg/kg 北京土	50 mg/kg 北京土
Mg/Al-LDO	4	263.432b	4.168bc	7.361ab
	5	284.569a	4.107c	7.252a
RM1	0	250.264a	7.650c	10.664c
	0.5	250.154a	5.986e	10.213d
	1	243.197b	6.244e	10.685c
	2	235.967c	7.201d	10.894c
	3	228.74d	7.923bc	11.106b
	4	217.135e	8.124ab	11.351a
	5	205.528f	8.313a	11.561a
RM2	0	250.264a	7.650c	10.664f
	0.5	250.423a	5.514f	14.257a
	1	242.390b	5.901e	13.914b
	2	232.786c	6.816d	12.986c
	3	227.498d	7.626c	12.045d
	4	224.850e	8.851b	11.106e
	5	206.497f	9.739a	9.863g

注：不同小写字母为钝化剂不同添加量处理间的砷浓度差异显著性分析（$P<0.05$）。

宝山土中 O-As 含量随着 Mg/Al-LDO 添加量的递增而递增，当添加量≥4%时，土壤中 O-As 含量将高于 CK；而添加 RM1 和 RM2 会降低宝山土中 O-As 含量。

在低砷北京土中，O-As 含量变化趋势正好与宝山土中相反，即随着改性 RM 添加量的增加而增加，随着 Mg/Al-LDO 添加量的增加而减少。而在高砷水平下，Mg/Al-LDO 和 RM2 会使土壤中 O-As 含量减少；只有 RM1 能够增加土壤 O-As 含量，当添加量≥1%时，O-As 含量高于 CK，但差异不显著；5%时 O-As 含量显著高于 CK，两者相差 0.897 mg/kg。

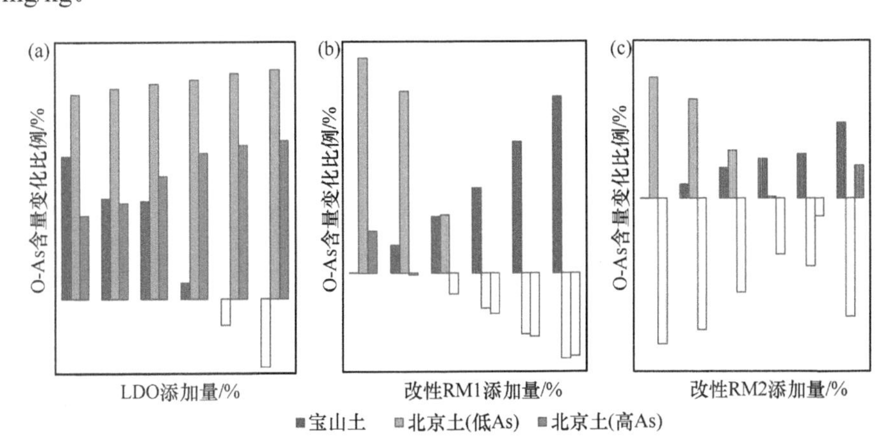

图 6.17　钝化剂添加量对土壤 O-As 含量的影响

（a）Mg/Al-LDO；（b）RM1；（c）RM2

6. 对土壤砷化学形态的影响

综上所述，在钝化剂参与土壤砷固定过程中，土壤不同结合态砷对土壤有效态砷均有供给作用，通过研究添加量变化，可知 Mg/Al-LDO、RM1 和 RM2 能够有效地减少或者增加土壤中不同形态的砷。如图 6.18 所示，随着钝化剂添加量的增加，土壤中 A-As 含量逐渐减少；土壤中 Al-As 含量与改性 RM 类钝化剂添加量成正比，而与 Mg/Al-LDO 添加量成反比；Fe-As 含量与钝化剂添加量成反比，而 Ca-As 含量与钝化剂添加量成正比。由于 Ca^{2+}和 Fe^{3+}存在拮抗作用，一方面 Ca^{2+}增多使铁离子的活性降低；另一方面，可能在固定砷的位点上两者会发生竞争（王家玉，1992）。本试验，在北京土中出现这一趋势，即 Fe-As 与 Ca-As 之间存在着一定的补给作用，一般来说，一方含量减少，另一方含量增加，且总量保持稳定［图 6.18（b）］。

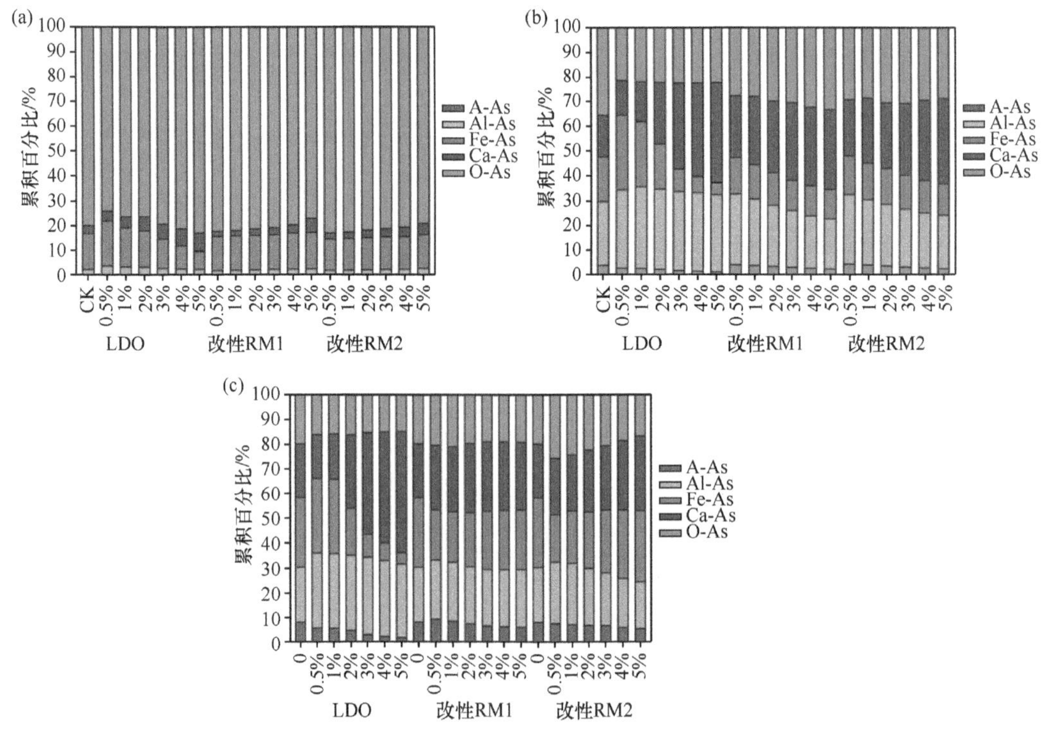

图 6.18　钝化剂添加量对土壤中不同形态砷的影响

（a）宝山土；（b）低砷北京土；（c）高砷北京土

添加钝化剂后，土壤中 A-As 含量随着添加量的递增而递减。其中，Mg/Al-LDO 能够有效固定土壤 A-As，这可能与 Mg/Al-LDO 的结构有关。由于 Mg/Al-LDO 具有层状结构，因此能够将 A-As 固定在其双金属氧化层间。随着添加量的增加，可用的吸附位点增加，因此，固定的 A-As 也增加，有效地降低了土壤中 A-As 含量。而改性 RM 类钝化剂中含有一些金属氧化物，如氧化钙、铝氧化物、少量的氧化亚铁、镁盐及铁盐，因此改性 RM 类钝化剂也能够有效地降低土壤中 A-As 含量，转化为其他的结合态砷。调理剂影响土壤中 Al-As 含量，土壤 Al-As 受钝化剂添加量影响不大。Mg/Al-LDO 能显著增加土壤中 Al-As 含量，这与 Mg/Al-LDO 的化学组成有关。我们研究中所使用的 Mg/Al-LDO 金属组分为 Mg 和 Al，因此，添加 Mg/Al-LDO 提高了土壤中 Al 元素的含量，从而提高了土壤 Al-As 含量。高砷北京土中 Al-As 含量增加量高于低砷北京土与宝山土，原因可能是高 pH 有利于 Mg/Al-LDO 铝氧化物中 Al^{3+}的释放，增加土壤中活化铝的含量。改性 RM 类钝化剂对宝山土中 Al-As 有分解作用，添加钝化剂后，土壤中 Ca-As 均有不同程度的增加。Woolson（1975）在褐土中外源添加 As（Ⅲ）和 As（Ⅴ），70 天后，发现水田和旱地中可溶性砷很少，所添加的砷大部分与土壤中的 Fe、Al、Ca、Mg 形成了盐类，且 Ca-As 占绝对优势。在碱性条件下，与其他结合态砷相比，Ca-As 不易溶解（Sadiq et al.，2002）。

土壤中的砷形态转化与土壤的性质和铁、铝氧化物的含量有关。砷在土壤中主要是以阴离子的形式与土壤中带正电荷的质点发生静电吸附，其中铁、铝氧化物吸附砷作用突出，土壤含无定型铁、铝氧化物越多，吸附能力越强，专一性吸附或共沉淀作用越强（Raven et al.，1998；王云和魏复盛，1995；魏显有等，1999）。铁、铝氧化物 ZPC 一般在 pH8～9，故容易发生砷酸根的非专性吸附和配位交换反应（李生志，1989）。Lombi 等（2004）的研究表明，土壤中添加 RM 而导致土壤 pH 上升是重金属移动性降低的主要因素。另外，土壤 pH 的上升，使碳酸盐在土壤中积累，从而导致碳酸盐态重金属含量上升（Ma et al.，2001）。RM 中富含铁氧化物（26.05%）、铝氧化物（16.53%）和氧化钙（26.70%）。由于铁铝氧化物都含有表面活性位点，因此重金属可以与铁铝氧化物结合，使重金属被固定，从而形成难以被植物所吸收利用的铁铝氧化物结合态重金属（陈同斌等，2002）。本研究中，添加改性 RM 于北京土中，Al-As、Ca-As 含量均有所增加，这是改性 RM 降低土壤中有效态砷的原因。

土壤中铁、铝氧化物表面往往是两性的，其表面电荷和黏土矿物电荷的性质常常取决于土壤 pH，同时砷酸盐的离解形式与溶液的 pH 有关，这些都对砷的吸附有明显的影响。土壤中的砷移动还与土壤质地有关，土壤黏粒含量越高，砷的移动速度越低。有人研究二甲基砷酸盐通过供试土壤表层移动的速度，在壤质砂土中最快，在细砂壤中最慢。

第三节　钝化剂对土壤中砷生物有效性影响

通过添加钝化剂来固定土壤中的砷，减少作物对砷的吸收及其在作物体内的积累，已成为一种可行的砷污染土壤治理方法（Yang et al.，2007；Hartley and Lepp，2008）。钝化剂可以调节和改变砷在土壤中的存在形态，有效降低其在土壤中的移动性及生物有效性，并最终减轻其危害（Diels et al.，2002；Faisal et al.，2002；周启星和宋玉芳，2004）。针对砷污染的土壤，许多研究结果显示，Fe 元素含量较高的针铁矿和硫酸亚铁钝化土壤中砷的能力最强，但在研究中使用的均为化学试剂，考虑到其价格昂贵等原因，这种调理剂难于在大田中推广应用。因此，寻找对土壤中砷钝化效果好且经济实用的钝化剂，对砷污染土壤的修复/调控等十分有意义。通过小油菜和空心菜盆栽试验，对几种无机材料的钝化效果进行了详细研究，以便获得能在大田推广中使用的、钝化效果好且经济实用的钝化剂。我们首先比较了不同钝化剂对小油菜生长及各形态砷的影响，发现Mg/Al-LDO、水铁矿和磷石膏三种矿物具有较好的钝化效果。通过空心菜盆栽试验，我们探讨了钝化剂添加量对植物吸收砷及土壤各结合相砷的影响，以找出钝化效果较为适宜的添加比例。以小油菜和空心菜作为指示生物，选取 Mg/Al-LDO、水铁矿和磷石膏作为钝化剂，进行根际盆栽试验，对不同类型钝化剂抑制植物吸收砷的作用机制进行了研究，初步明确了钝化剂调控砷生物有效性的可能机制，为钝化剂降低砷污染农田中砷生物有效性提供了科学依据。

一、不同钝化剂对小油菜生长及各形态砷影响的研究

选取 7 种无机材料，包括 3 种工业副产品（赤泥、钢渣、磷石膏）、2 种矿物（水铁矿和海泡石）、1 种磷酸盐材料（磷酸铁）和 1 种改性矿物（Mg/Al-LDO），进行盆栽试验。以小油菜为指示生物，对 7 种无机材料调控土壤中砷生物有效性进行了详细研究，并从其中选择出几种效果好且经济实用的钝化剂。

（一）钝化剂对小油菜生长的影响

1. 钝化剂对小油菜生物量的影响

添加不同钝化剂对小油菜生物量的影响如图 6.19 所示。与 CK 相比，添加 Mg/Al-LDO 处理下小油菜生物量降低了 16.0%，但添加磷酸铁、磷石膏、钢渣、赤泥和海泡石处理下小油菜生物量增加了 14.2%以上。其中，海泡石处理下小油菜的生物量最大，较 CK 增加了 36.4%，这是由于海泡石中的 Si 含量达 17.9%，而 Si 能够提高植物的根系活力，以及植物根系的氧化能力和呼吸速率，增强根系对水分的吸收，促进植物生长（肖尚华等，2010）。水铁矿处理下小油菜的生物量与 CK 相比无显著差异（$P<0.05$）。

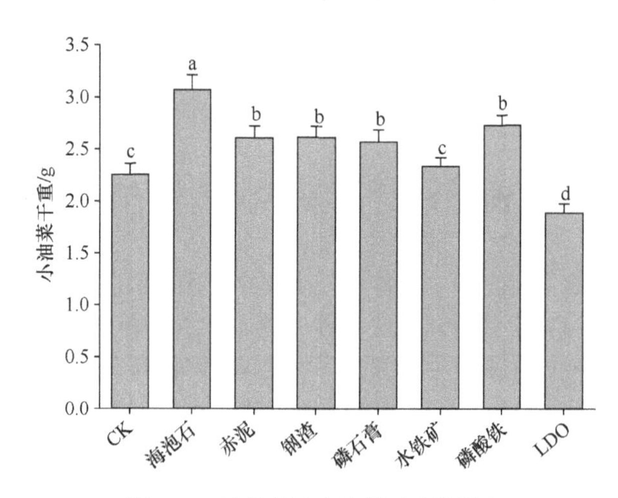

图 6.19　钝化剂对小油菜干重的影响

相同调理剂中不同添加比例处理间不同字母代表差异显著（$P<0.05$）

钝化剂的理化性质，如 pH 和化学组成，在一定程度上影响植物的生长。土壤 pH 通过影响植物所需营养元素（胡霭堂，1995）、植物细胞生长及细胞内代谢活动

（Schonknecht et al.，1995；Cosgrove，2000；Romero，2004；Shi and Sheng，2005；周文彬和邱报胜，2005）、植物气孔开闭（Irving et al.，1992；Ward and Schroeder，1994），从而影响植物的生长发育。在中性土壤 pH 下（pH6～7），大多数土壤养分的有效性最高。Mg/Al-LDO 处理下土壤 pH 由 7.11 上升至 7.50（表 6.17），pH 提高了 0.39 个单位。而在土壤 pH4～10 范围内，每提高 1 个单位，锌、锰的有效离子浓度下降为原来的 1%（胡霭堂，1995），这可能是导致小油菜生物量降低的原因。

表 6.17　钝化剂处理下土壤的 pH

项目	CK	海泡石	赤泥	钢渣	磷石膏	水铁矿	磷酸铁	Mg/Al-LDO
作物种植前	7.11b	7.09c	7.19b	6.95c	6.79d	6.92c	6.82d	7.50a

注：相同调理剂中不同添加比例处理间不同字母代表差异显著（$P<0.05$）。

众多研究表明，Si 可减轻病虫害、干旱、盐碱和营养不良等生物和非生物胁迫，从而促进植物生长（Ma and Takahashi，1990；Liang et al.，2003；2007）。由于海泡石中的 Si 含量达 17.9%，已有研究表明海泡石可显著提高 Cd/Pb 污染土壤中植物的生物量（Xu et al.，2003；Liang et al.，2011；Sun et al.，2013a）。本研究中也得到了类似的结果，海泡石处理下小油菜的生物量显著高于对照处理（图 6.19）。

2. 钝化剂对小油菜吸收砷的影响

与 CK 相比，添加钝化剂可使小油菜植株地上部的砷含量显著降低，降低幅度为 8.9%～52.7%（表 6.18）。

表 6.18　钝化剂对小油菜地上部砷含量、砷吸收量及转移系数（TC）的影响

钝化剂	小油菜砷含量 /（mg/kg DM）	砷吸收量** /（μg/pot）	转移系数（TC）
CK	1.84a*	4.13ab	0.0090a
海泡石	1.31cd	4.02ab	0.0067c
赤泥	1.64b	4.28a	0.0085b
钢渣	1.68b	4.40a	0.0082b
磷石膏	1.28d	3.26c	0.0067c
水铁矿	0.97e	2.26d	0.0048e
磷酸铁	1.37c	3.74b	0.0069c
MG/AL-LDO	1.31cd	2.47d	0.0062d

*相同调理剂中不同添加比例处理间不同字母代表差异显著（$P<0.05$）。
**砷吸收量 ＝ 植物干重 × 砷含量。

转移系数计算方法（Kloke et al.，1984）：

$$\text{转移系数(TF)}=\frac{\text{植株砷含量(mg/kg)}}{\text{土壤总砷含量(mg/kg)}} \tag{6.19}$$

其中，水铁矿处理下小油菜植株砷含量最低，仅相当于 CK 的 47.3%。这是由于水铁矿中含有大量的非晶质氧化铁，易将土壤中的砷吸附固定，从而减少小油菜吸收砷的量。值得注意的是，磷石膏也能显著减少小油菜对土壤砷的吸收，降低幅度为 30.4%。

从表 6.18 中的结果还可以发现，磷石膏、水铁矿、磷酸铁和 Mg/Al-LDO 均能减少小油菜对砷的吸收量，各处理中小油菜对砷的吸收量为 2.26～3.74 μg/pot。其中，水铁矿处理下小油菜对砷的吸收量最低，仅为对照处理的 54.7%。赤泥和钢渣处理下小油菜对砷的吸收量增加，较对照分别增加了 3.6%和 6.5%。

土壤砷的转移系数（transfer coefficients，TC）是植物地上部分砷含量与土壤砷总含量的比值。由表 6.18 的结果可知，仅有不到 0.9%的砷从土壤中转移至小油菜体内。7 种材料均能显著降低土壤砷的 TC 值，其 TC 值范围为 0.0048～0.0085。水铁矿处理下土壤砷的 TC 值最小，仅为对照处理的 53.3%。

不同钝化剂对植物吸收砷的影响不同，海泡石可以有效提高植物生物量，还具一定的抑制小油菜吸收砷的作用，相比对照处理，小油菜植株砷含量减少了 28.8%。另外，有研究显示，氧化铁是吸附砷的最佳材料（Sun and Doner，1998；Hartley et al.，2004；Kumpience et al.，2008）。张敏（2009）研究发现，铁矿粉能降低土壤砷的有效性，盆栽试验结果表明，在添加铁矿粉后，小白菜地上部砷含量显著减少 24%。类似地，在我们的研究中，水铁矿处理下小油菜地上部砷含量减少幅度可达 52.7%。尽管赤泥和钢渣中也含有一定量的 Fe^{3+}，但是由于其为工业副产品，Fe^{3+}的含量与有效性均低于水铁矿，因此，赤泥和钢渣在抑制植物吸收砷方面并未显现出显著的效果。Hartley 等（2004）和 Lopes 等（2013）研究发现，Ca^{2+}可以改变吸附剂的表面电荷，通过增加正电荷从而促使吸附剂与砷以静电吸引的方式结合；此外，众多学者认为 Ca-As 沉淀物对砷的移动性有控制作用（Bothe and Brown 1999；Dutré et al.，1999；Vandecasteele et al.，2002）。郝玉波（2011）认为 $MgSO_4·7H_2O$ 中的硫酸根可以减轻高浓度砷（＞50 mg/kg）对玉米的毒害作用。由于磷石膏的主要成分为 $CaSO_4·2H_2O$，因此，磷石膏抑制植物吸收砷的机制是 Ca^{2+}和 SO_4^{2-}共同作用的结果。白来汉等（2011）发现添加 20 g/kg 磷石膏可显著减少小麦对砷的吸收，降低幅度为 39.1%。我们对磷石膏的研究也得到了相似的结果。磷酸铁可促进小油菜生长的原因，一方面是由于低浓度的外源铁有助于提高小白菜产量（马建军，1999；付连刚等，2004），另一方面是磷酸根与砷酸根竞争吸附的结果（Yan et al.，2012；王萍等，2008）。

（二）钝化剂对土壤水溶态和有效态砷含量的影响

种植小油菜后，7 种材料对土壤水溶态砷含量的影响如图 6.20 所示。由图可知，对照土壤中的水溶态砷含量很低（0.55 mg/kg），仅占总砷含量的 0.3%。尽管水溶态砷的含量很低，但其却是土壤总砷库中活性最高的组分（Ghosh et al.，2004；Femandez et al.，2005）。钢渣、水铁矿、磷石膏和 Mg/Al-LDO 均可以降低土壤水溶态砷含量。其中，水铁矿处理下水溶态砷含量最低（0.28 mg/kg），仅为对照处理的 50.9%。然而，海泡石、磷酸铁和赤泥处理下水溶态砷含量高于对照处理，增加幅度为 3.6%～36.4%。其中，磷石膏处理下水溶态砷含量最高，为 0.75 mg/kg。

土壤有效态砷是指 $NaHCO_3$ 提取的砷，包括水溶态和交换态两种形态的砷。如图 6.21 所示，对照处理下土壤有效态砷含量约为水溶态砷含量的 16 倍。种植小油菜之前，与对照相比，磷石膏、磷酸铁和 Mg/Al-LDO 处理下土壤有效态砷含量增加了 0.9%～5.3%；

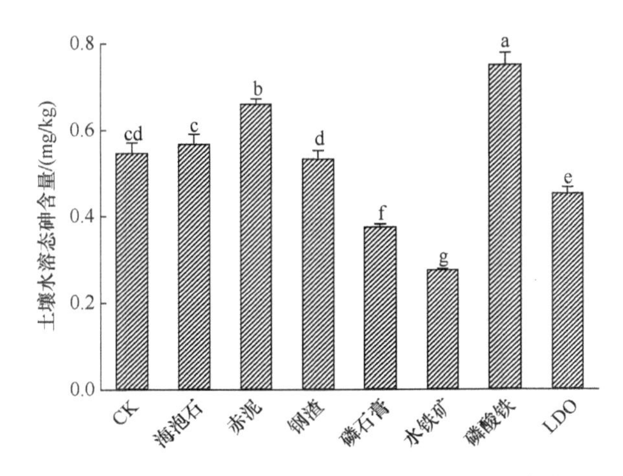

图 6.20 钝化剂处理下土壤水溶态砷含量的变化

相同调理剂中不同添加比例处理间不同字母代表差异显著（$P<0.05$）

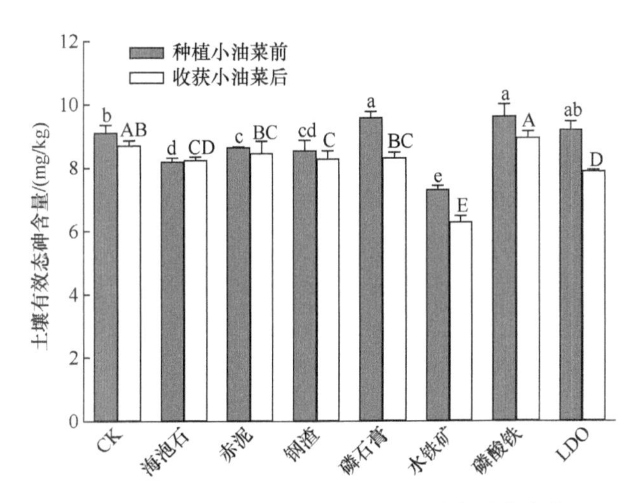

图 6.21 钝化剂处理下土壤有效态砷含量的变化

相同调理剂中不同添加比例处理间不同字母代表差异显著（$P<0.05$）

其他处理下土壤有效态砷含量降低了 4.9%～19.8%。其中，水铁矿处理降低效果最为显著，降低幅度为 19.8%。

此外，种植小油菜可减少土壤中有效态砷，与种植小油菜之前的土壤相比，降低幅度为 0.6%～14.2%。磷石膏、水铁矿、磷酸铁和 Mg/Al-LDO 处理下，种植小油菜后，土壤有效态砷含量至少降低了 7.1%。在试验中我们观察到，小油菜地上部分砷含量（y）与土壤有效态砷含量（x）呈显著正相关关系（y=0.245x-0.573，R=0.717，n=24），说明有效态砷含量相对于总量来说，更能反映砷的植物有效性。土壤中砷的有效性在很大程度上取决于土壤的理化特性，如 pH、Eh、有机质、CEC、铁铝氧化物及黏粒含量等（Raven et al.，1998；Datta and Sarkar，2004；Sarkar and Patta，2004；Zeng et al.，2012）。

所用的 7 种钝化剂在理化性质方面有较大差异，因此添加入土壤后，土壤的 pH 值、铁铝氧化物含量、颗粒组成等性质会随之发生改变，从而在一定程度上影响土壤砷的有效性。土壤 pH 对砷的有效性影响表现为：pH 越高，土壤对砷的吸附性越差，土壤溶液中砷含量越大（陈静等，2003；雷梅等，2003）。我们用 Mg/Al-LDO 处理的土壤种植小油菜前的 pH 最高（表 6.17），但土壤水溶液中砷含量却低于 CK。磷石膏处理下土壤 pH 最低，但土壤水溶液中砷含量并不是最低值。这可能是由于钝化剂的添加量较小，各个处理之间 pH 的变化量低于 1 个单位，对土壤砷的移动性影响较小。因此，我们认为 pH 并不是引起土壤砷生物有效性变化的关键因素。

Inskeep 等（2002）认为砷与 Fe、Al、Mn 的（氢）氧化物表面的络合反应控制着土壤溶液中砷的活性。我们发现，水铁矿可显著降低土壤水溶态砷和有效态砷的含量。由于人工合成的水铁矿中铁元素的质量百分比高达 74.7%，因此，添加水铁矿可在一定程度上增加土壤中有效吸附砷的点位，提高土壤对砷的吸附容量，进而影响土壤中砷的有效性。Mench 等（1998）将氧化铁施用在花园土壤中，结果显示 49.8%水溶态砷被固定，植物体内砷含量也相应降低。Kim 等（2003）研究了铁［以 $Fe_2(SO_4)_3$ 计］对矿区砷污染土壤的修复效果，结果表明，土壤水溶态砷减少了 70.2%～79.6%。经研究，针铁矿、钢渣和富铁水处理残渣（WTR）对土壤中砷的有效性具有良好的调控效果，其中 WTR 处理下土壤中砷的淋洗量降低了 90.7%，水溶态砷含量比对照低 2 个数量级（Hartley et al.，2004；Nielsen et al.，2011）。一般来说，土壤胶体中氢氧化铁对砷的吸附能力约为氢氧化铝的 2 倍（戴树桂，1997；李学垣，2001），而 Garcia-Sanchez 等（2002）则认为 $Al(OH)_3$ 固定土壤中砷的能力与铁铝氧化物无显著差异。我们试验所使用的 Mg/Al-LDO，其主要成分为 Al_2O_3 和 MgO，其铝元素的质量百分比为 40.0%。当土壤中添加 Mg/Al-LDO 后，部分 Al_2O_3 会形成 $Al(OH)_3$ 以吸附砷，但 Mg/Al-LDO 吸附砷的主要机理是其特殊的“记忆效应”（Lv et al.，2006；孙媛媛等，2011）。用砷在土壤中的固液分配系数（K_d）来评价 7 种材料对砷的亲和力（Chen et al.，2009），经计算，各处理中的值为 264～734 L/kg。其中，水铁矿处理的 K_d 值最大，约为 Mg/Al-LDO 的 1.6 倍，说明水铁矿对土壤中的砷有很强的亲和力（Lopes et al.，2013）。

（三）钝化剂对土壤中各形态砷的影响

种植小油菜后，土壤各形态砷含量分布如图 6.22 所示。所有处理下，土壤中无定形和弱结晶度的铁铝水合氧化物结合态砷（F3）占总砷含量的 44.7%以上；专性吸附态砷

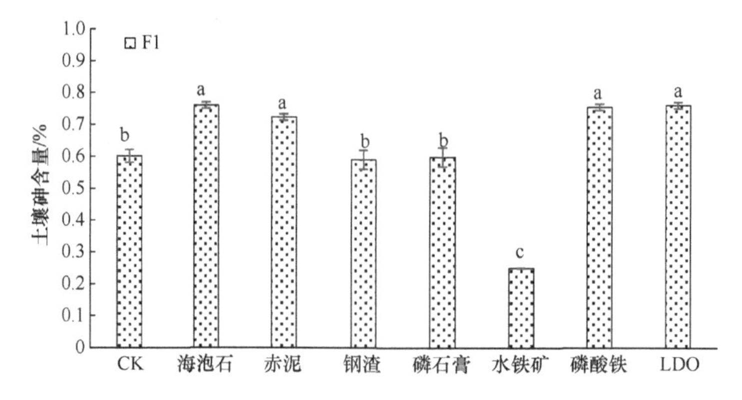

图 6.22 钝化剂处理下土壤各形态砷的变化

相同调理剂中不同添加比例处理间不同字母代表差异显著（$P<0.05$）

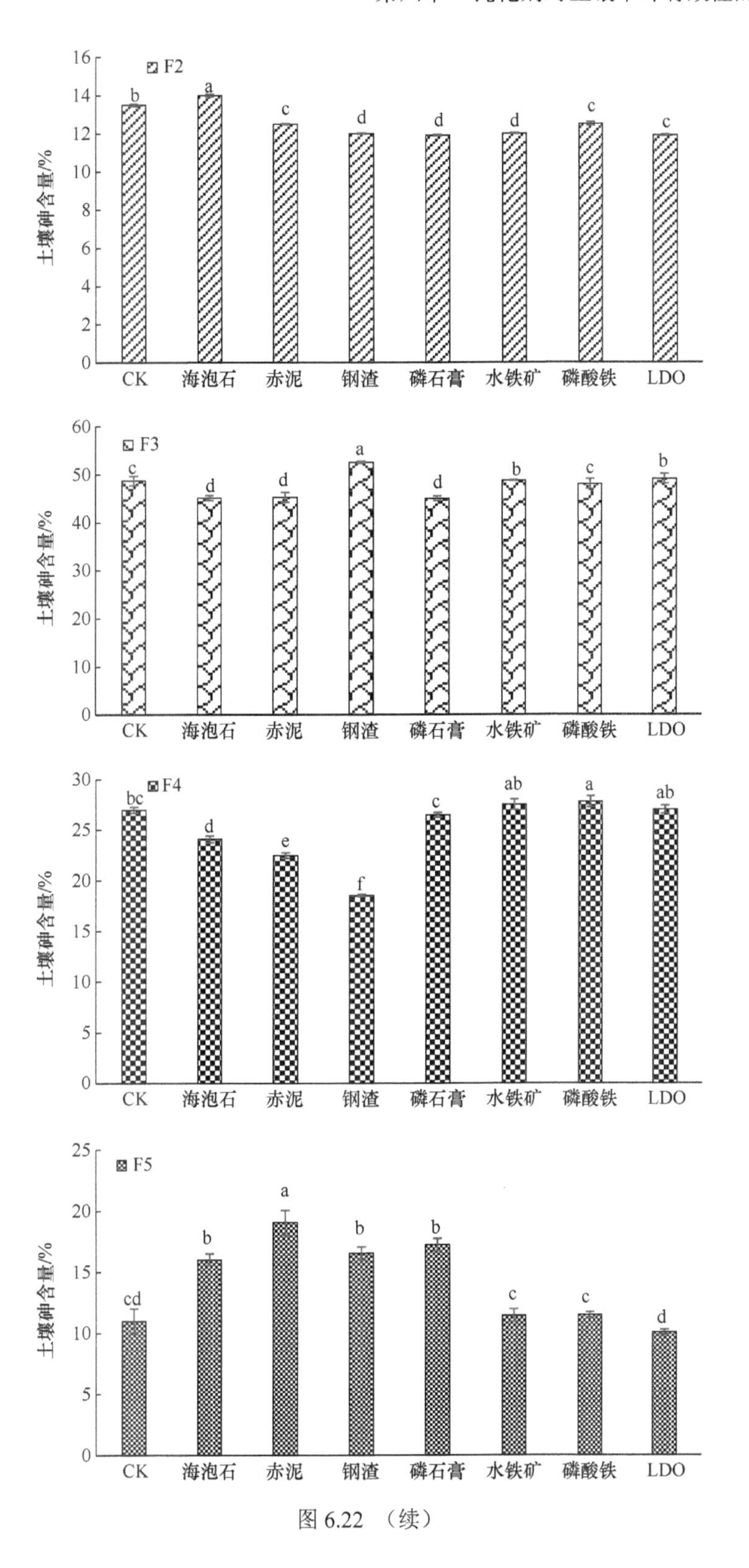

图 6.22 （续）

(F2)、结晶度高的铁铝水合氧化物结合态砷(F4)和残渣态砷(F5)分别占总砷的 11.9%～13.9%、19.1%～27.7%、10.1%～19.0%；而非专性吸附态砷（F1）最多占总砷的 0.8%。7 种材料对土壤各形态砷的影响有所不同。与对照相比，水铁矿可将 F1 由 0.6%降至 0.2%；而海泡石、赤泥、磷酸铁和 Mg/Al-LDO 可使 F1 含量增加，增加幅度可达 17.2%。7 种材料均使 F5 含量增加，可增加 0.9%以上。其中，赤泥处理下 F5 含量最高，较对照增加了 70.8%。

土壤砷的移动系数（mobility factor，MF）是指非专性吸附和专性吸附态砷加和与连续提取砷的加和之比。根据图 6.22 的相关结果，应用 Salbu 等（1998）的方法，计算出添加不同钝化剂处理下土壤中砷的移动系数，其结果如表 6.19 所示。

表 6.19　钝化剂处理下土壤砷的移动系数

调理剂	CK	海泡石	赤泥	钢渣	磷石膏	水铁矿	磷酸铁	Mg/Al-LDO
MF%	13.9b	14.7a	13.4bc	12.5d	12.5d	12.0d	13.4bc	13.3c

注：相同调理剂中不同添加比例处理间不同字母代表差异显著（$P<0.05$）。

MF 的计算方程如下（Salbu et al.，1998）：

$$MF=\frac{(F1+F2)}{(F1+F2+F3+F4+F5)}\times 100\% \tag{6.20}$$

除了海泡石处理，其他 6 种材料的 MF 值均低于对照处理。其中，水铁矿、钢渣和磷石膏对 MF 有显著影响。

化学形态连续提取法经常被用来评价砷在土壤中的分配，以及各形态砷对土壤有效态的影响。在本研究中，对照土壤中的砷主要以无定形或弱结晶度的铁铝水合氧化物结合态及和结晶度高的铁铝水合氧化物结合态的形式存在（F3 和 F4）。水铁矿处理下土壤中 F3 和 F4 的加和总量显著高于其他处理（76.4%），同时其 F1 和 F2 含量低于其他处理（12.3%）。该结果表明，水铁矿促使土壤中砷由 F1 和 F2 向 F3 和 F4 转变，即促使砷由非稳定态向稳定态转化，从而降低砷的生物有效性。在赤泥和钢渣处理中，残渣态砷含量（F5）显著高于其他处理，与对照相比，分别提高了 70.8%和 48.2%。Garau 等（2011）也发现了类似的结果，赤泥处理的土壤中 F5 含量是对照处理的 4 倍。Hartley 和 Lepp（2008）也同样发现钢渣可以显著提高残渣态砷的含量（>50.2%）。由于炼钢炉渣中富含氧化铁和氧化钙，Gutierrez 等（2010）将其作为钝化剂添加至砷污染土壤中，发现炼钢炉渣处理下土壤中的有效态砷含量降低，土壤中的砷主要以铁、铝（氢）氧化物结合态和 Ca-As 形式存在。Kumpiene 等（2012）采用堆肥（5%）、钢渣（1%）、粉煤灰（5%）修复葡萄牙某废弃金矿周边的含砷污染土壤，经过 13 年的长期试验，矿区周边土壤复垦效果良好，土壤中可交换态砷减少，非晶质氧化铁结合态砷和残渣态砷含量增加。总的来说，向土壤中添加钝化剂可增加土壤砷的吸附位点，以此固定土壤中的砷，促使其从可移动态/非稳定态向稳定态转化，从而减少土壤有效态砷，进而减少小油菜对砷的吸收。

通过试验我们可以看出，在砷污染土壤中添加 7 种无机物作为钝化剂，均可在一定程度上抑制小油菜对土壤砷的吸收。以吸收量为评价标准，7 种材料降低小油菜吸收砷的能力由大到小依次为：水铁矿>Mg/Al-LDO>磷石膏>磷酸铁>海泡石>赤泥>钢渣。在降低砷的生物有效性方面，水铁矿处理效果最佳，其处理下小油菜植株的砷含量为 0.97 mg/kg，仅相当于对照的 47.3%（0.97 mg/kg）；磷石膏处理效果次之，小油菜植株的砷含量为 1.28 mg/kg，相当于对照的 69.6%；Mg/Al-LDO 处理下小油菜植株的砷含量为 1.31 mg/kg，相当于对照的 71.2%。另外，海泡石、磷石膏、赤泥、钢渣和磷酸铁等提高小油菜地上部分生物量的效果较为显著，至少增加了 14.2%以上；水铁矿处理下小油菜地上部分生物量与 CK 相比无显著差异（$P<0.05$）；添加 Mg/Al-LDO 会抑制小油菜的生长，生物量约为对照的 84%。

二、钝化剂添加比例对土壤中砷生物有效性的影响及后效作用

运用钝化剂原位固定土壤重金属是修复污染土壤的一种经济可行的方法。理论上来说，钝化剂添加比例增加，土壤中吸附砷的活性位点也随之增加。在众多报道中，含铁化合物的添加比例不尽相同。一般来说，随着铁氧化物含量的增加，土壤中活性砷含量降低。当 Fe（0）添加比例超过 5%时，土壤结构可能会受到影响，如土壤质地可能会由黏变砂；当添加比例超过 1%时，可能会对植物造成负面影响（Mench et al.，2000）。Warren 等（2003）、Warren 和 Alloway（2003）通过盆栽试验和田间试验发现，当添加比例高于 0.5%时，氧化铁降低砷植物有效性的效果并不显著。此外，有关材料后效性的研究，多集中在土壤改良剂上，土壤钝化剂的相关研究较少。而在钝化剂后效性的研究中，大多数以土壤培养的方式研究钝化剂的后效（即培养时间因素），结合指示生物的研究较少。因此，为了更好地考察钝化剂的调控能力，我们选取了旋花科的空心菜作为指示生物来进行盆栽试验，不但要研究钝化剂添加入土壤后，土壤中各形态砷的变化规律，而且需要倚重生物效应试验，结合植物对砷的吸收积累状况来选择优良的钝化剂，特别是以连续种植的方式考察钝化剂的后效，以期达到钝化剂优选的目的。

我们把前述试验中对小油菜吸收砷调控效果较好的镁铝双金属氧化物（Mg/Al-LDO）、水铁矿和磷石膏三种钝化剂作为研究对象，通过盆栽试验，探讨不同钝化剂添比例对空心菜吸收砷及对土壤各结合相砷的影响，以选出调控效果好的钝化剂，并提出较为适宜的钝化剂添加比例，初步明确钝化剂调控砷生物有效性的可能机制，为钝化剂降低砷污染农田中砷生物有效性提供科学依据。

（一）钝化剂添加比例对空心菜生长的影响

1. 钝化剂添加比例对空心菜株高的影响

表 6.20 为添加三种钝化剂后，空心菜地上部株高的变化情况。由表可知，钝化剂的添加比例在一定程度上会对空心菜的生长产生影响。对照（CK）中，空心菜株高分别为 31.0 cm（S1）和 31.2 cm（S2）。总体上，Mg/Al-LDO 处理下空心菜株高随着添加比例的增加而增加，但低于 CK。水铁矿处理下空心菜株高随着添加比例的增加而升高，且当添加比例为 0.5%+0.5%时，空心菜株高最大，相比 CK 分别提高了 8.4%（S1）和 8.0%（S2）。磷石膏处理下空心菜株高随添加比例变化的趋势与水铁矿类似，当添加比例为 0.5%+0.5%时，磷石膏处理下空心菜株高最高，较 CK 分别增加了 1.0%（S1）和 7.1%（S2）。

表 6.20 钝化剂添加比例对空心菜生长的影响

	钝化剂	空心菜株高/cm				
		CK	0.25%（S1）+0（S2）	0.5%（S1）+0（S2）	0.25%（S1）+0.25%（S2）	0.5%（S1）+0.5%（S2）
第一季（S1）	Mg/Al-LDO	31.0±1.6	27.7±1.2	28.6±1.2	27.8±1.5	29.4±1.0
	水铁矿	31.0±1.6	29.9±0.7	32.1±0.9	29.5±1.7	32.6±2.0
	磷石膏	31.0±1.6	30.3±1.5	29.6±0.8	30.6±2.0	31.3±0.9
第二季（S2）	Mg/Al-LDO	31.2±1.3	30.9±0.3	28.8±1.3	30.0±1.0	28.9±1.4
	水铁矿	31.2±1.3	30.9±0.8	30.5±0.5	33.0±1.7	33.7±1.1
	磷石膏	31.2±1.3	29.8±1.0	30.1±1.1	30.7±1.7	33.4±0.8

将两季空心菜株高结果对比可知，当添加比例为 0.25%+0.25%和 0.5%+0.5%时，水铁矿和磷石膏处理下，第二季空心菜株高高于第一季空心菜。该结果表明，连续添加水铁矿和磷石膏可以促进空心菜生长。

2. 钝化剂添加比例对空心菜生物量的影响

钝化剂添加比例对第一季空心菜干重的影响如图 6.23 所示。与 CK 相比，Mg/Al-LDO 处理下的空心菜生物量显著低于 CK，地上部生物量随着添加比例的增加而减少，而地下部生物量则增加，这可能是由于 Mg/Al-LDO 阻碍了养分从空心菜地下部向地上部的转移，从而抑制了植物生长。水铁矿处理中，空心菜生物量与添加比例呈正相关关系，当添加比例为 0.5%时（Ⅱ和Ⅳ），其地上部分干重显著高于 CK，相比 CK 增加了 8.9%～9.0%；地下部分干重与 CK 相比差异不显著（$P<0.05$）。磷石膏处理的结果则与 Mg/Al-LDO 处理相反，空心菜的生物量随着添加比例的增加而增加，且显著高于对照处理（$P<0.05$）；当添加比例为 0.5%时（Ⅱ和Ⅳ），磷石膏处理下空心菜生物量相比 CK 分别增加了 13.9%～14.5%（地上）和 7.2%～10.0%（地下）。

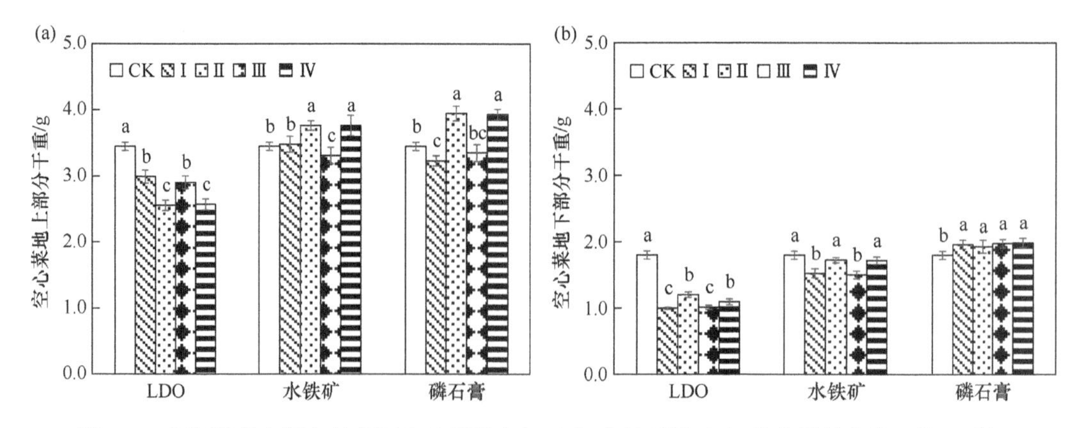

图 6.23 不同钝化剂添加比例下空心菜地上部（a）和地下部（b）生物量的变化（第一季）

相同钝化剂中不同添加比例处理间不同字母代表差异显著（$P<0.05$）。Ⅰ，添加比例为 0.25%（S1）+0（S2）；Ⅱ，添加比例为 0.5%+0；Ⅲ，添加比例为 0.25%+0.25%；Ⅳ，添加比例为 0.5%+0.5%

从图 6.23 中还可看出，在相同的添加比例下，三种钝化剂对空心菜生物量的影响不同。当添加比例为 0.25%时（Ⅰ和Ⅲ），Mg/Al-LDO 处理中空心菜生物量最小，地上部和地下部均显著低于其他处理；磷石膏处理中，空心菜地上部分生物量高于水铁矿处理，但差异不显著，差异变化量为 0.04～0.25g；磷石膏处理中，空心菜地下部分生物量显著高于水铁矿处理，差异变化量为 0.43～0.47g。当添加比例为 0.5%时（Ⅱ和Ⅳ），Mg/Al-LDO 处理中空心菜生物量最小，地上部和地下部均低于水铁矿和磷石膏处理；磷石膏处理中空心菜地上部分和地下部分生物量均高于水铁矿处理，差异变化量分别为 0.17～0.19g 和 0.20～0.26g。

钝化剂添加比例对第二季空心菜生物量的影响如图 6.24 所示。Mg/Al-LDO 处理中，空心菜生物量显著低于 CK，地上部生物量随着添加比例的增大而减小，地下部生物量基本不受添加比例影响。水铁矿和磷石膏处理中，空心菜地上部分和地下部分生物量均显著高于 CK，且随着添加比例的增大，空心菜生物量增加（$P<0.05$）。当总添加比例为 1%时（即Ⅳ），水铁矿处理中，空心菜地上部和地下部分别较 CK 增加了 7.7%和 36.8%；磷石膏处理中，空心菜地上部和地下部分别较 CK 增加了 25.3%和 68.0%。由图 6.24 还可以看出，在相同添加比例下，三种钝化剂对第二季空心菜生物量的影响与第一季类似。在四个添加比例水平下，Mg/Al-LDO 处理中，空心菜地上部和地下部生物量均低于其他处理。总的来说，磷石膏处理对空心菜生物量的影响最为显著；水铁矿次之；而 Mg/Al-LDO 不利于空心菜生长。

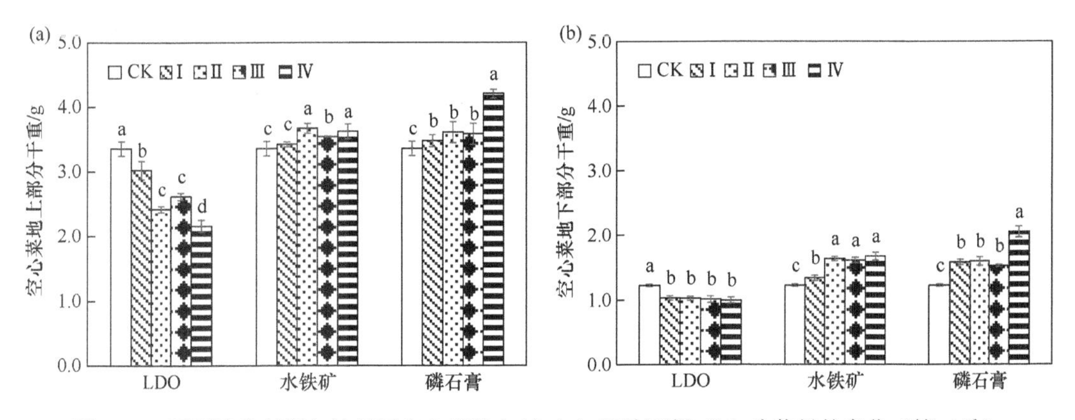

图 6.24 不同钝化剂添加比例下空心菜地上部（a）和地下部（b）生物量的变化（第二季）

相同钝化剂中不同添加比例处理间不同字母代表差异显著（$P<0.05$）。Ⅰ，添加比例为 0.25%（S1）+0（S2）；Ⅱ，添加比例为 0.5%+0；Ⅲ，添加比例为 0.25%+0.25%；Ⅳ，添加比例为 0.5%+0.5%

结合两季空心菜的结果可知，不同钝化剂添加比例对空心菜生物量的影响是不一样的。从试验中我们看到，随着 Mg/Al-LDO 添加比例的增加，空心菜生物量降低。原因可能有两点：其一，由于 Mg/Al-LDO 自身 pH 高（11.59），其处理土壤的 pH 也相应升高，该 pH 条件并不适宜空心菜的生长发育，因此，Mg/Al-LDO 处理下空心菜生长状况不佳；其二，由于重金属可能会通过影响离子通道进而影响空心菜对营养元素（如钾、钠、钙、镁）的吸收（张露尹等，2013），而 Mg/Al-LDO 中含有 34%的 MgO，土壤中的砷可能通过空心菜吸收镁的通道进入植株体内，且阻碍空心菜对镁的吸收；同时，镁是叶绿素的中心原子，参与植物光合作用（廖红和严小龙，2003）。Mg/Al-LDO 中还含有 40%的 Al_2O_3。据报道，铁、铝氧化物对砷的亲和力较高，有较强的吸附作用，且大多数铁、铝氧化物都带有正电荷，容易吸附土壤溶液中的砷氧酸根（Raven et al.，1998；Goldberg，2002）。因此，Mg/Al-LDO 添加比例越大，土壤溶液中可与砷结合的吸附位点越多，土壤中可被植物吸收的砷减少，空心菜吸收的砷也随之降低。总的来说，Mg/Al-LDO 在低添加比例时，对空心菜生长的负面影响最小。

与第一季相比，水铁矿在第二季中显现出了促进空心菜生长的作用，四种添加比例的空心菜生物量均高于 CK，且添加比例越大，空心菜生物量越大。Lidelöw 等（2007）认为提高钝化剂含铁物质的添加量或者提高其表面积（粉碎至更小的颗粒），可以降低土壤孔隙水中砷的含量，从而减少植物吸收。Warren 等（2003）研究发现添加 $FeSO_4$ 能显著降低植株体内砷含量，当添加比例为 0.2%（以 Fe_2O_3 计）时，植株体内砷含量降低 22%，当添加比例为 0.5%时，植物体内砷含量降低 32%。Hartley 和 Lepp（2008）发现 1%的针铁矿抑制植物吸收砷的效果最显著，同时还能够促进植物生长。Nielsen 等（2011）利用废弃的铁渣来固定污染土壤中的砷，结果表明，与对照相比，5%添加量处理使高砷污染土中淋洗的砷量降低了约 91%，即显著降低了土壤中砷的活性。土壤中的氧化铁可提供大量吸附砷和重金属的潜在位点，砷可与氧化铁形成无定形砷酸铁（$FeAsO_4·H_2O$）从而降低其危害。在我们的研究中也发现了类似的结果，随着水铁矿添加比例的增加，空心菜体内砷含量逐渐降低。另外，用水铁矿处理时，Ⅱ添加比例的空心菜地上部分生物量显著高于Ⅲ添加比例（$P<0.05$），说明水铁矿在促进空心菜生长方面需要更长的反应时间。

磷石膏处理中，两季空心菜的生物量均显著高于其他处理，且添加比例越高，空心菜生物量越大。这可能是由于磷石膏的主要成分为 $CaSO_4$，而钙能促进根和叶片发育，因此，磷石膏处理的空心菜生长状况最佳。此外，在第二季结果中，Ⅱ和Ⅲ的总添加比例均为 0.5%，Ⅱ为单次施用，Ⅲ为连续施用。Mg/Al-LDO 和磷石膏处理中，Ⅱ和Ⅲ添加比例的空心菜地上部分和地下部分生物量无显著差异，说明在相同添加比例时，空心菜生物量主要受钝化剂施用总量的影响。

（二）钝化剂添加比例对空心菜植株砷含量的影响

1. 对第一季空心菜的影响

一些植物将大部分吸收的砷保留在根中，只有少量的砷进入地上部分，这种行为是其解毒的有效方式之一。不同钝化剂的添加比例对第一季空心菜地上部砷含量的影响如图 6.25 所示。由图 6.25 可知，CK 中空心菜地上部分砷含量为 9.68 mg/kg，仅为地下部分的 6.4%。当添加比例为 0.25%时（Ⅰ和Ⅲ），Mg/Al-LDO、水铁矿和磷石膏处理中空心菜地上部砷含量分别为 CK 的 75.1%～75.5%、46.9%～47.7%和 107.8%～108.4%。当添加比例为 0.5%时（Ⅱ和Ⅳ），Mg/Al-LDO、水铁矿和磷石膏处理中空心菜地上部砷含量分别为 CK 的 53.9%～57.1%、38.0%～39.2%和 98.6%～101.2%。该结果说明，随着钝化剂添加比例的增加，三种钝化剂处理中空心菜地上部砷含量逐渐降低；与 CK 相比，Mg/Al-LDO 和水铁矿能有效抑制空心菜地上部对砷的吸收；与 CK 相比，磷石膏促进了空心菜地上部对砷的吸收，但随着添加比例的增加，磷石膏显现出抑制空心菜地上部吸收的趋势。由图 6.25 还可以看出，不同钝化剂添加比例对第一季空心菜地下部砷含量也有影响。与地上部类似，随着钝化剂添加比例的增加，三种钝化剂处理中空心菜地下部砷含量逐渐降低。与 CK 相比（151.77 mg/kg），Mg/Al-LDO 和水铁矿处理中空心菜地下部砷含量降低幅度较大，分别降低了 16.6%～40.2%和 40.7%～52.1%；磷石膏处理中，空心菜地下部分砷含量降低幅度不大，降低幅度为 1.2%～8.2%。该结果表明，三种钝化剂均能抑制空心菜地下部对砷的吸收，且添加比例越大，抑制效果越显著。此外，在相同添加比例下，水铁矿处理中空心菜地上部分和地下部分砷吸收量均最低（3.68 mg/kg 和 72.72 mg/kg），抑制效果最为显著。

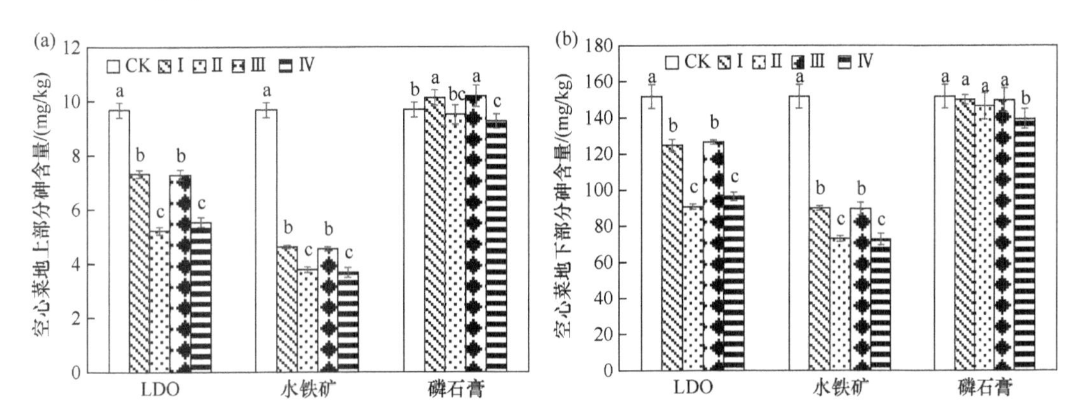

图 6.25　不同钝化剂添加比例下空心菜地上部（a）和地下部（b）砷含量的变化（第一季）

相同钝化剂中不同添加比例处理间不同字母代表差异显著（$P<0.05$）。Ⅰ，添加比例为 0.25%（S1）+0（S2）；Ⅱ，添加比例为 0.5%+0；Ⅲ，添加比例为 0.25%+0.25%；Ⅳ，添加比例为 0.5%+0.5%

2. 对第二季空心菜的影响

不同钝化剂添加比例对第二季空心菜植株砷含量的影响如图 6.26 所示。由图可知，CK 中空心菜地上部分砷含量为 9.39 mg/kg，仅为地下部分的 6.5%。随着钝化剂添加比例的增加，空心菜植株中砷含量逐渐降低。当总添加比例为 0.25%时（即Ⅰ），Mg/Al-LDO、水铁矿和磷石膏处理中空心菜地上部砷含量分别为 CK 的 41.3%、36.0%和 100.9%；地下部分别为 CK 的 48.0%、43.5%和 95.5%。当总添加比例为 1%时（即Ⅳ），Mg/Al-LDO、水铁矿和磷石膏处理中空心菜地上部砷含量分别为 CK 的 22.6%、21.9%和 76.6%；地下部砷含量分别为 CK 的 27.0%、27.9%和 87.5%。该结果表明，三种钝化剂均能抑制空心菜对砷的吸收。在相同添加比例下，水铁矿可促使空心菜将土壤砷更多地保留在地下部。此外，在第二季结果中，Ⅱ和Ⅲ的总添加比例均为 0.5%，Ⅱ为单次施用，Ⅲ为连续施用。由图 6.26 可以看出，施用方式对 Mg/Al-LDO、水铁矿和磷石膏处理影响较大，具体表现为单次施用钝化剂后空心菜植株砷含量较连续施用低。原因有两点：其一，Ⅱ和Ⅲ在第一季的添加比例差异较大，Ⅱ是Ⅲ的 2 倍；其二，尽管Ⅲ在第二季时又添加了 0.25%，总的添加量与Ⅱ一致，但钝化剂进入土壤调控植物对砷的吸收是需要一定时间的，因此，在总体表观上呈现出Ⅱ处理效果优于Ⅲ。

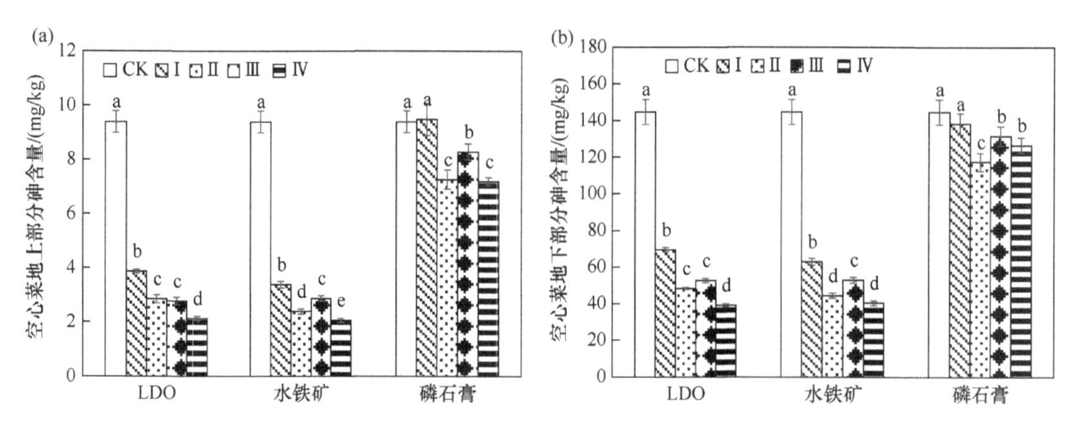

图 6.26 不同钝化剂添加比例下空心菜地上部（a）和地下部（b）砷含量的变化（第二季）
相同钝化剂中不同添加比例处理间不同字母代表差异显著（$P<0.05$）。Ⅰ，添加比例为 0.25%（S1）+0（S2）；Ⅱ，添加比例为 0.5%+0；Ⅲ，添加比例为 0.25%+0.25%；Ⅳ，添加比例为 0.5%+0.5%

综合两季的结果可知，水铁矿抑制空心菜吸收砷的效果最显著；钝化剂添加比例越大，空心菜吸收的砷越少。由于磷石膏是工业副产品，其化学有效成分的含量远远没有水铁矿和 Mg/Al-LDO 高。因此，在相同添加比例下，磷石膏在调控空心菜吸收砷方面需要较长的反应时间。

（三）钝化剂添加比例对土壤中砷有效性的影响

1. 对土壤中水溶态砷含量的影响

在一般土壤中，水溶态砷所占的比例较低，常低于 1 mg/kg，不到总砷量的 10%，多数小于 5%（Bombach et al.，1994）。种植空心菜后，钝化剂处理下第一季盆栽土壤中水溶态砷含量随添加比例的变化如图 6.27 所示。由图可知，CK 土壤中的水溶态砷含量为 1.07 mg/kg，仅占土壤总砷含量的 0.5%。随着钝化剂添加比例增加，土壤水溶态砷含量逐渐降低，降低幅度可达 11.5%以上。当添加比例为 0.25%时（Ⅰ和Ⅲ），Mg/Al-LDO、水铁矿和磷石膏处理土壤中水溶态砷含量分别为 CK 的 73.0%～74.1%、48.3%～48.6%

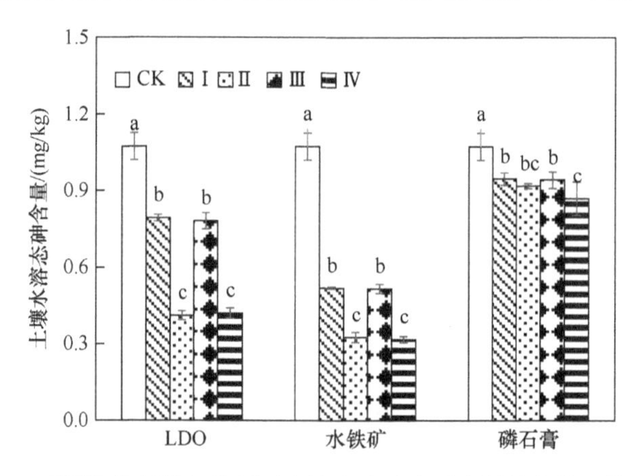

图 6.27 不同钝化剂添加比例下土壤中水溶态砷含量的变化（第一季）
相同钝化剂中不同添加比例处理间不同字母代表差异显著（$P<0.05$）。Ⅰ，添加比例为 0.25%（S1）+0（S2）；Ⅱ，添加比例为 0.5%+0；Ⅲ，添加比例为 0.25%+0.25%；Ⅳ，添加比例为 0.5%+0.5%

和 88.0%～88.5%。当添加比例为 0.5%时（Ⅱ和Ⅳ），Mg/Al-LDO、水铁矿和磷石膏处理土壤中水溶态砷含量分别为 CK 的 41.1%～42.0%、31.7%～32.5%和 81.2%～85.8%。在相同添加比例水平下，水铁矿对土壤水溶态砷的调控效果最为显著。

种植空心菜后，第二季盆栽土壤中水溶态砷含量随钝化剂添加比例的变化如图 6.28 所示。由图可知，CK 中土壤水溶态砷含量为 0.91 mg/kg，仅为土壤总砷含量的 0.4%。与第一季土壤水溶态砷的结果相似，水溶态砷含量随着钝化剂添加量的增加而降低。当总添加比例为 1%时（Ⅳ），Mg/Al-LDO、水铁矿和磷石膏处理中土壤水溶态砷含量分别为 CK 的 32.8%、24.2%和 59.2%。对比钝化剂在Ⅱ和Ⅲ添加比例下的结果可知，施用方式对土壤水溶态砷含量的影响并不显著，这可能是由于土壤水溶态砷含量较低，且移动性强，容易被吸附固定。在相同添加比例水平下，磷石膏处理中第二季盆栽土壤水溶态砷含量相比第一季降低了 36.9%～40.4%。

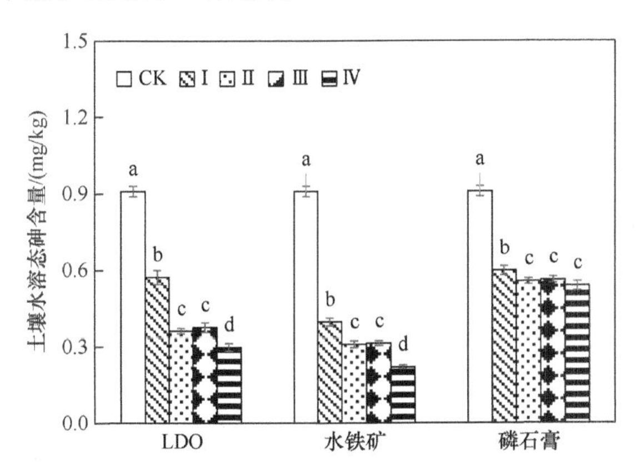

图 6.28　不同钝化剂添加比例下土壤中水溶态砷含量的变化（第二季）

相同钝化剂中不同添加比例处理间不同字母代表差异显著（$P<0.05$）。Ⅰ，添加比例为 0.25%（S1）+0（S2）；Ⅱ，添加比例为 0.5%+0；Ⅲ，添加比例为 0.25%+0.25%；Ⅳ，添加比例为 0.5%+0.5%

2. 对土壤中有效态砷含量的影响

重金属在土壤中存在多种形态，土壤重金属有效态是一种高生物有效性的重金属形态（刘小红等，2007）。种植空心菜后，钝化剂处理下第一季盆栽土壤中有效态砷含量随添加比例的变化如图 6.29 所示。由图可知，CK 中土壤有效态砷含量为 9.42 mg/kg，约为水溶态砷含量的 9 倍。随着添加比例的增加，Mg/Al-LDO 和水铁矿处理中土壤有效态砷含量降低，当添加比例为 0.5%时（Ⅱ和Ⅳ），土壤有效态砷含量显著低于 CK，分别为 CK 的 93.9%～94.0%和 66.4%～73.8%；而在磷石膏处理中，添加比例对土壤有效态砷的影响不显著，土壤有效态砷含量与 CK 间差异不显著（$P<0.05$）。

种植空心菜后，钝化剂处理下第二季盆栽土壤中有效态砷含量随添加比例的变化如图 6.30 所示。由图可知，CK 中有效态砷含量为 8.10 mg/kg，相比第一季降低了 1.12 mg/kg，这可能与连续种植空心菜有关。与第一季结果类似，随着添加比例的增加，Mg/Al-LDO 和水铁矿处理中土壤有效态砷含量逐渐降低，当总添加比例为 1%时（Ⅳ），土壤有效态砷含量分别为 CK 的 82.8%和 60.0%；当总添加比例为 0.5%和 1%时（Ⅱ和Ⅳ），磷石膏处理中土壤有效态砷含量显著低于 CK，降低了 5.7%和 3.0%（$P<0.05$）。

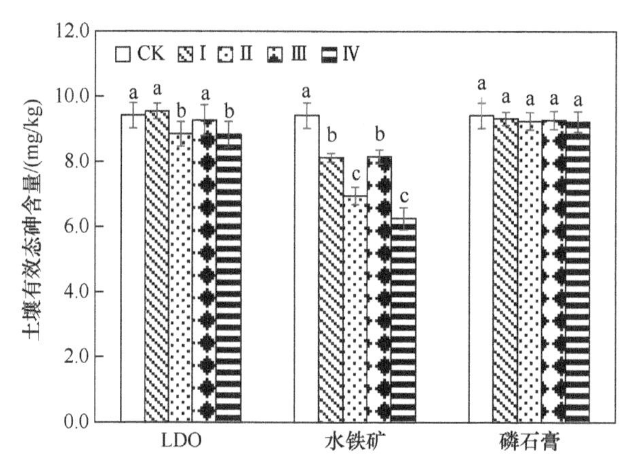

图 6.29　不同钝化剂添加比例下土壤有效态砷含量的变化（第一季）

相同钝化剂中不同添加比例处理间不同字母代表差异显著（$P<0.05$）。Ⅰ，添加比例为 0.25%（S1）+0（S2）；Ⅱ，添加比例为 0.5%+0；Ⅲ，添加比例为 0.25%+0.25%；Ⅳ，添加比例为 0.5%+0.5%

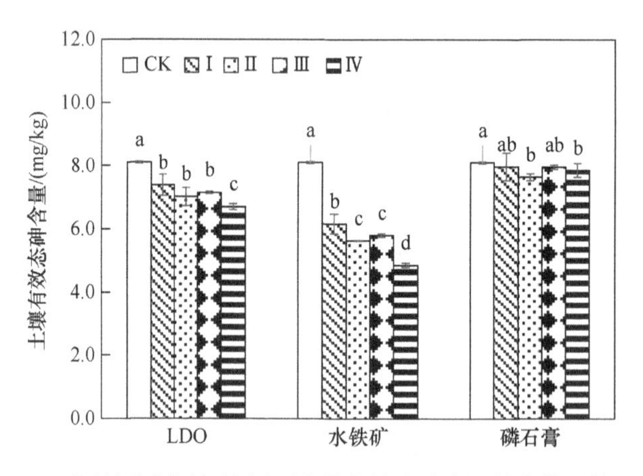

图 6.30　不同钝化剂添加比例下土壤有效态砷含量的变化（第二季）

相同钝化剂中不同添加比例处理间不同字母代表差异显著（$P<0.05$）。Ⅰ，添加比例为 0.25%（S1）+0（S2）；Ⅱ，添加比例为 0.5%+0；Ⅲ，添加比例为 0.25%+0.25%；Ⅳ，添加比例为 0.5%+0.5%

土壤砷的固液分配系数（K_d）指的是土壤总砷含量与土壤水溶态砷含量之比（Chen et al.，2009）。K_d 值越大，说明钝化剂对土壤砷的吸引力越强（Lopes et al.，2013）。由表 6.21 中的 K_d 值结果可知，随着添加比例的增加，三种钝化剂处理下 K_d 值逐渐增大，说明被钝化剂吸附的土壤中砷的量增加。这是因为，添加钝化剂会在一定程度上增加土壤中可与砷结合的吸附位点，提高土壤对砷的吸附容量，降低土壤水溶态砷的含量。其中，水铁矿处理下 K_d 值最大，说明水铁矿对土壤砷的吸附能力最强。

表 6.21　钝化剂不同添加比例下土壤砷的固液分配系数（第二季）

调理剂	不同调理剂添加比例下的固液分配系数 K_d/（L/kg）				
	CK	Ⅰ	Ⅱ	Ⅲ	Ⅳ
Mg/Al-LDO	222	361	549	553	666
水铁矿	222	515	629	649	883
磷石膏	222	343	365	357	379

土壤中的砷大多数被铁、铝、锰氧化物/水合氧化物的表面络合作用控制，尤其是铁氧化物（Inskeep et al.，2002）。此外，砷在铁氧化物表面的吸附量与 pH_{PZC} 有关。通常，在低 pH 条件下，砷吸附量增加；随着土壤 pH 的升高，砷吸附量降低。氧化铁的 pH_{PZC} 为 7～10。在我们的研究中，水铁矿处理下土壤 pH 为 7.24±0.32，恰好在 7～10 范围内，因此，水铁矿处理效果最为显著。然而，在磷石膏处理下，尽管土壤有效态砷含量相比对照有所降低，但差异不显著。这一方面可能与 Ca-As 的沉淀溶解作用有关，Dutré 等（1999）和 Vandecasteele 等（2002）认为 Ca-As 沉淀物控制砷污染土壤中砷的释放，尤其是低溶解度的 Ca-As 沉淀物受环境影响较大，如 $Ca_4(OH)_5(AsO_4)\cdot4H_2O$ 和 $Ca_5(AsO_4)_3\cdot OH$（Bothe and Brown，1999）；另一方面，该结果与 SO_4^{2-} 和 AsO_4^{3-} 之间的竞争吸附有关（杨文婕和刘更另，1996）。

（四）钝化剂添加比例对土壤中砷形态的影响

1. 对第一季盆栽土壤砷形态的影响

种植植物后，第一季盆栽土壤不同形态砷含量随添加比例的变化如图 6.31 所示。如

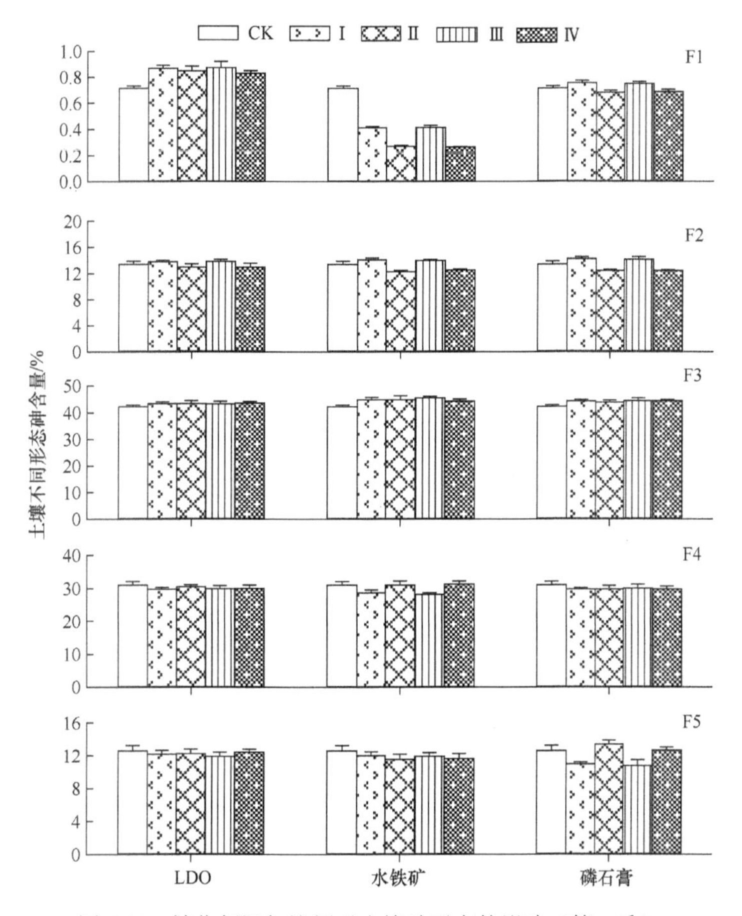

图 6.31　钝化剂添加比例对土壤砷形态的影响（第一季）

相同钝化剂中不同添加比例处理间不同字母代表差异显著（$P<0.05$）。I，添加比例为 0.25%（S1）+0（S2）；II，添加比例为 0.5%+0；III，添加比例为 0.25%+0.25%；IV，添加比例为 0.5%+0.5%

图所示，F1、F2、F3、F4 和 F5 分别代表非专性吸附态砷、专性吸附态砷、弱晶质水合铁铝氧化物态砷、晶质水合铁铝氧化物态砷和残渣态砷。

由图可知，在对照土壤中，F1 含量最低，为 1.35 mg/kg，所占比例为 0.7%；F3 和 F4 为砷主要的赋存形态，所占比例分别 42.2%和 31.0%；F2 和 F5 所占比例分别为 13.4%和 12.6%。Mg/Al-LDO 处理中，随着添加比例的增加，F1 和 F2 逐渐减小，F5 逐渐增加，F3 和 F4 基本不受添加比例的影响；其中，与 CK 相比，F1 的变化幅度较大，增加了 16.9%～23.9%。水铁矿处理中，随着添加比例的增加，F1 和 F2 逐渐减小，F4 则逐渐增加，F3 和 F5 基本不受添加比例的影响；其中，F1 变化幅度较大，较 CK 减少了 40.8%～62.0%。磷石膏处理中，随着添加比例的增加，F1 和 F2 逐渐减小，F5 逐渐增加，F3 和 F4 基本不受添加比例的影响；与 CK 相比，F1、F2 和 F5 的变化幅度较大，当添加比例为 0.5%时（Ⅱ和Ⅳ），F1 和 F2 分别较 CK 减少了 2.8%～4.2%和 6.7%～6.8%，F5 较 CK 增加了 0.8%～6.3%。

由于 F1 和 F2 被认为是 5 个结合形态中相对活跃的形态，因此，可以用这两部分的加和（F1+F2）与 5 个形态砷含量的加和（F1+F2+F3+F4+F5）之比，即移动系数[mobility factor，MF]。用 MF 值来评价不同钝化剂和不同添加比例对土壤各形态砷分配的影响。经计算可知，对照土壤的 MF 值为 14.2。Mg/Al-LDO 处理中，高添加比例可减少土壤砷在 F1 和 F2 中的分配，其 MF 值分别为 13.8 和 13.9，低于对照。水铁矿处理中，4 个添加比例水平下的土壤 MF 值分别为 14.5、12.6、14.4 和 12.8。这说明，添加比例越高，水铁矿处理中砷的移动性越低。磷石膏 4 个添加比例的 MF 值为 15.0、13.1、14.9 和 13.2，该结果表明，高添加比例的磷石膏可以减少砷在可移动相中的分配。

2. 对第二季盆栽土壤砷形态的影响

种植植物后，第二季盆栽土壤不同形态砷含量随添加比例的变化如图 6.32 所示。由图可知，在对照土壤中，F1 含量最低，为 1.37 mg/kg，所占比例为 0.7%；F3 和 F4 所占比例分别为 45.7%和 27.2%；F2 和 F5 所占比例分别为 13.6%和 12.8%。Mg/Al-LDO 处理中，随着添加比例的增加，F1 和 F2 逐渐减小，F3 和 F4 逐渐增加，F5 基本不受添加比例的影响；当总添加比例为 1%时（即Ⅳ），与 CK 相比，F1 和 F2 分别减少了 9.7%和 14.3%。水铁矿处理中，随着添加比例的增加，F1 和 F2 逐渐减小，F3、F4 和 F5 则逐渐增加；当总添加比例为 1%时，F1 和 F2 相比 CK 分别减少了 80.6%和 25.9%，F3 相比 CK 增加了 8.5%。磷石膏处理中，随着添加比例的增加，F1 和 F2 逐渐减小，F3 和 F4 逐渐增加，F5 基本不受添加比例的影响；当总添加比例为 1%时，F1 和 F2 相比 CK 分别减少了 15.3%和 12.8%。当总添加比例为 1%时，经计算可知 Mg/Al-LDO、水铁矿和磷石膏的 MF 值分别为 12.3、10.2 和 12.5，显著低于对照（对照土壤 MF 值为 14.3）。该结果表明，当总添加比例为 1%时，三种调理剂均能够促使土壤中的砷从非稳定态向稳定态转变，从而降低土壤砷的生物有效性，减少植物对砷的吸收。

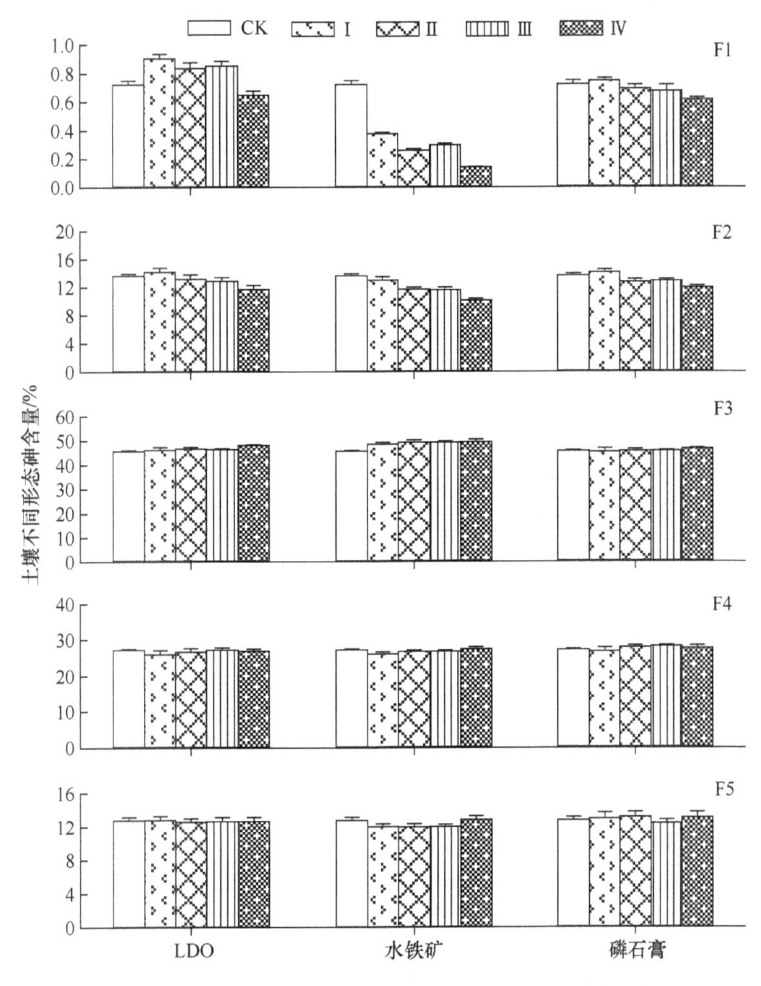

图 6.32　钝化剂添加比例对土壤砷形态的影响（第二季）

Ⅰ，添加量为 0.25%（S1）+0（S2）；Ⅱ，添加量为 0.5%+0；Ⅲ，添加量为 0.25%+0.25%；Ⅳ，添加量为 0.5%+0.5%

3. 土壤中砷形态与空心菜地上部砷含量的相关性分析

在环境中，砷的转化、迁移和毒性在很大程度上受砷存在的化学形态的影响。不同类型的钝化剂对土壤砷的钝化能力有所差异，从而影响砷在土壤各结合相中的分配，进而影响空心菜可食部分（地上部）对砷的吸收。选择第二季空心菜地上部砷含量与土壤中各形态砷含量进行相关性分析，结果如图 6.33 所示，拟合方程见表 6.22。

Mg/Al-LDO 处理中，空心菜地上部砷含量与 F1 和 F2 呈显著正相关关系，其相关系数分别为 R=0.750、R=0.733；与 F3 和 F4 呈负相关关系，其相关系数分别为 R=0.862、R=0.718；与 F5 呈一定的负相关，但相关性不显著，其相关系数为 R=0.309。因此，F1、F2、F3 和 F4 是影响 Mg/Al-LDO 抑制空心菜地上部分吸收砷的主要因素。也就是说，Mg/Al-LDO 通过影响土壤砷在各形态中分配，从而影响空心菜地上部分对土壤砷的吸收。F1 和 F2 含量增加会导致空心菜地上部分吸收更多的砷，而 F3 和 F4 含量降低，使得土壤中稳定态砷增加，减少空心菜对砷的吸收。

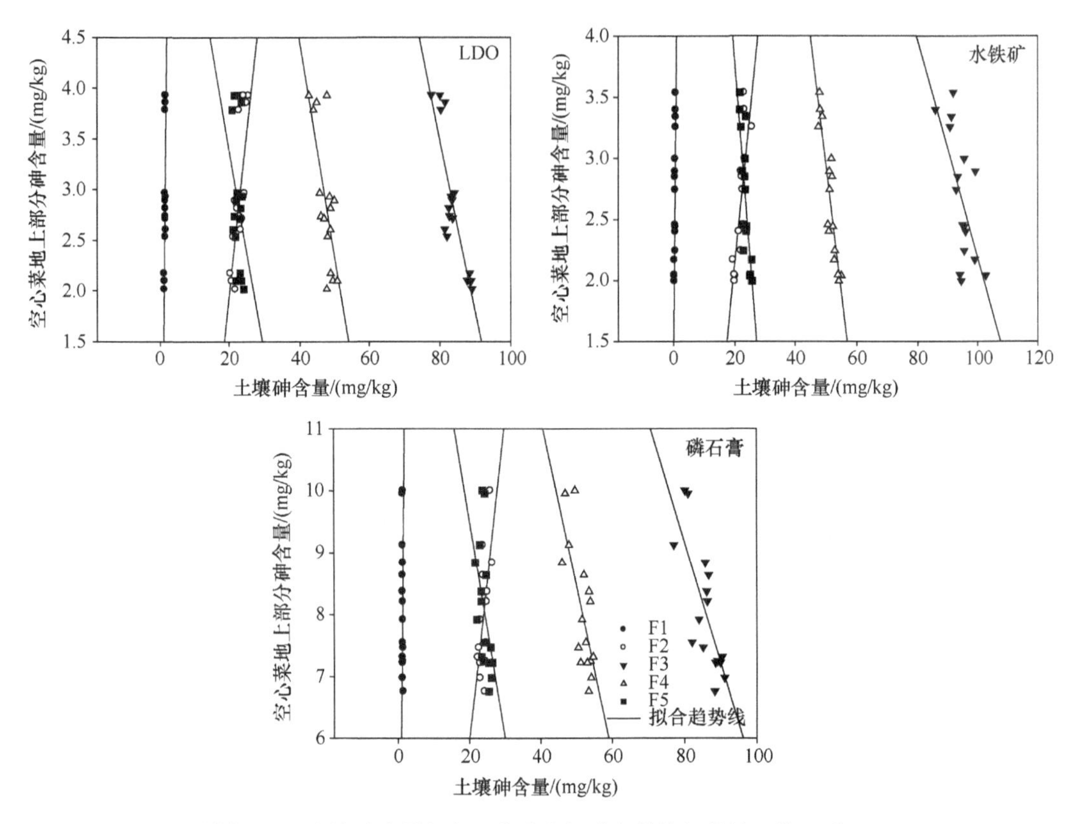

图 6.33 土壤砷含量与空心菜地上部砷含量的相关性（第二季）

表 6.22 空心菜地上部分砷含量与不同形态砷含量的相关性方程（第二季）

砷形态	拟合方程（N=5，n=24）		
	Mg/Al-LDO	水铁矿	磷石膏
F1	y=3.13x–1.63（R=0.750）	y=2.69x+1.30（R=0.815）	y=5.10x+1.57（R=0.383）
F2	y=0.31x–4.36（R=0.733）	y=0.25x–2.81（R=0.791）	y=0.52x–4.46（R=0.587）
F3	y=–0.17x+17.19（R=0.862）	y=–0.09x+11.07（R=0.664）	y=–0.19x+24.77（R=0.765）
F4	y=–0.21x+12.83（R=0.718）	y=–0.21x+13.49（R=0.907）	y=–0.27x+22.08（R=0.717）
F5	y=–0.20x+7.40（R=0.309）	y=–0.32x+10.24（R=0.800）	y=–0.36x+16.73（R=0.489）

水铁矿处理中，空心菜地上部砷含量与 F1 和 F2 呈正相关关系，其相关系数分别为 R=0.815、R=0.791；与 F3 呈现负相关关系，但相关性不显著，其相关系数为 R=0.664；与 F4 和 F5 呈现出显著的负相关关系，其相关系数分别为 R=0.907、R=0.800。该结果说明，F1、F2、F4 和 F5 是影响水铁矿调控空心菜地上部分吸收砷的主要因素。水铁矿的添加会使得土壤中的砷由移动性较强的部分向稳定的部分转化，从而抑制空心菜对砷的吸收。

磷石膏处理中，空心菜地上部砷含量 F1 和 F2 呈现出一定的正相关关系，但相关性不显著，其相关系数分别为 R=0.383、R=0.587；与 F3 和 F4 呈显著的负相关关系，其相关系数分别为 R=0.765、R=0.717；与 F5 也呈现一定的负相关关系，但相关性不显著

（R=0.489）。该结果表明，磷石膏主要通过影响 F3 和 F4 的含量，使得土壤中稳定态砷含量增加，从而降低空心菜对砷的吸收。

总的来说，由于钝化剂种类的不同，其对各形态砷的影响不同，改变了砷在土壤移动相和稳定相之间的分配。由图 6.33 和表 6.22 的相关性分析结果推测三种钝化剂影响土壤不同形态砷的机制为：促使土壤砷由非稳定态向稳定态转变，从而降低土壤砷的生物有效性，进而减少空心菜对砷的吸收。Goldberg 和 Johnston（2001）通过宏观的 PZC 转移现象和离子强度影响实验，结合微观的光谱研究认为，As（Ⅴ）在无定形铁、铝氧化物上均形成了内层表面配位体。因此，随着添加比例的增加，水铁矿处理中弱晶质和晶质铁铝水合氧化物（F3 和 F4）的含量增加。

值得注意的是，Mg/Al-LDO 处理中 F1 的含量在低添加量时高于对照处理。由于 Mg/Al-LDO 的主要成分中含有 34%的 MgO，金属氧化物在土壤中能够形成金属水合氧化物，而羟基作为砷酸根的较强的配位交换竞争离子，可与土壤中的砷酸根发生离子交换，从而与 Mg 结合。由于 $Mg(OH)_2$ 与砷的结合属非专性吸附（杨金辉等，2010），此时 F1 含量高于对照。而当 Mg/Al-LDO 添加比例增大至 1%时，双层金属氧化物的层间离子交换位点增加，砷酸根可被吸附至双金属氧化物的层间，不易被重新释放到土壤中，故此时 F1 含量降低，且低于对照。

（五）钝化剂添加比例对土壤 pH 的影响

土壤 pH 是影响土壤重金属移动性的关键因素（Dijkstra et al.，2006）。添加钝化剂后，土壤 pH 随添加比例变化的结果如表 6.23 所示。本研究中所用 Mg/Al-LDO、水铁矿和磷石膏的 pH 分别为 11.59、6.80 和 2.13。由于 Mg/Al-LDO 属碱性，所以 Mg/Al-LDO 的 4 个添加比例处理下的土壤 pH 均高于对照处理；水铁矿属中性，其 4 个添加比例处理下土壤 pH 较为接近对照处理；而磷石膏属酸性，其 4 个添加比例处理下土壤 pH 均低于对照处理。随着添加比例的增大，Mg/Al-LDO 和磷石膏处理中土壤 pH 的变化量较大，但小于 1 个 pH 单位；而水铁矿处理中土壤 pH 变化幅度不明显。

表 6.23 不同钝化剂添加比例下土壤的 pH

	钝化剂	不同调理剂添加比例下的土壤 pH				
		CK	Ⅰ	Ⅱ	Ⅲ	Ⅳ
第一季	Mg/Al-LDO	7.17	7.34	7.49	7.34	7.51
	水铁矿	7.17	7.01	6.93	7.03	6.96
	磷石膏	7.17	7.00	6.80	7.00	6.81
第二季	Mg/Al-LDO	7.51	7.64	7.76	7.74	7.92
	水铁矿	7.51	7.56	7.48	7.52	7.54
	磷石膏	7.51	7.24	7.26	7.17	6.99

注：相同钝化剂中不同添加比例处理间不同字母代表差异显著（$P<0.05$）。Ⅰ，添加比例为 0.25%（S1）+0（S2）；Ⅱ，添加比例为 0.5%+0；Ⅲ，添加比例为 0.25%+0.25%；Ⅳ，添加比例为 0.5%+0.5%。

（六）钝化剂对土壤砷的后效作用

选择 0.25%和 0.5%两个添加比例水平（即Ⅰ和Ⅱ），将两季的数据进行对比，可更直观地观察不同钝化剂对土壤砷后效的影响。不同钝化剂对土壤砷调控的后效是有所差异的。不同钝化剂处理下，两季空心菜植株吸收砷的对比结果如图 6.34 所示。以空心菜植株吸收砷的含量为评价指标，如图所示，三种钝化剂处理下，第二季空心菜地上部和地下部砷含量总体上均低于第一季。该结果表明，三种钝化剂对土壤砷均具有一定的后效作用。在相同添加比例水平下，水铁矿的后效作用最强。当添加比例为 0.5%时，钝化剂的后效作用较强，Mg/Al-LDO、水铁矿和磷石膏处理中空心菜植株含量相比第一季分别降低了 45.2%（地上）和 46.7%（地下）、36.9%（地上）和 39.2%（地下）、23.6%（地上）和 19.7%（地下）。

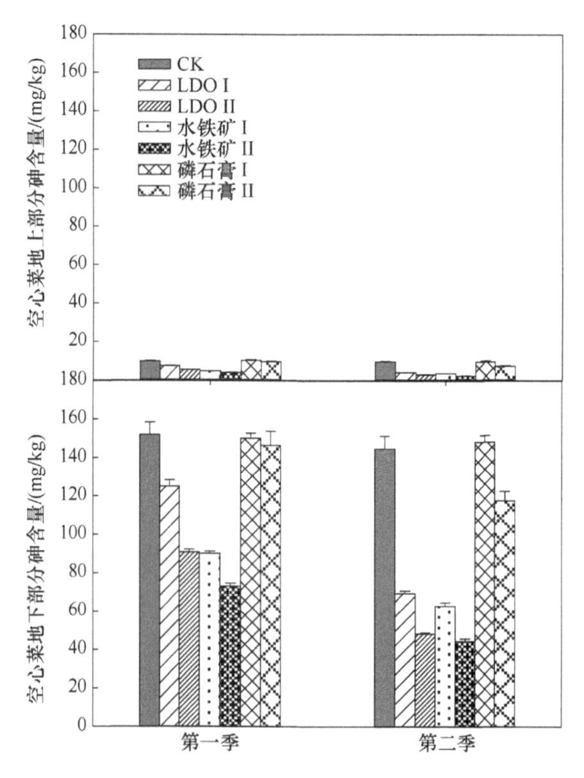

图 6.34　不同钝化剂处理下空心菜植株砷含量的变化

不同钝化剂处理下，两季土壤水溶态砷和有效态砷含量的对比结果如图 6.35 所示。总体看来，三种钝化剂处理下，第二季盆栽土壤水溶态砷和有效态砷的含量均低于第一季。当添加比例为 0.5%时，钝化剂的后效作用较强。Mg/Al-LDO 处理中，第二季盆栽土壤水溶态砷和有效态砷含量相比第一季分别降低了 24.1%、20.8%；水铁矿处理中，土壤水溶态砷和有效态砷含量最低，相比第一季分别降低了 11.9%、18.9%；磷石膏处理中，土壤水溶态砷和有效态砷含量相比第一季分别降低了 39.5%、17.4%。

综上所述，三种钝化剂对土壤砷的调控均具有较好的后效作用，且添加比例越大，后效作用越强。其中，值得注意的是，水铁矿处理中两季结果之间的变化幅度并不是最大。这是由于水铁矿与土壤砷之间的反应时间较短，在第一季时就能发挥出显著的调控效果，可将植株内砷含量及土壤水溶态砷和有效态砷含量控制在较低的浓度内；此外，

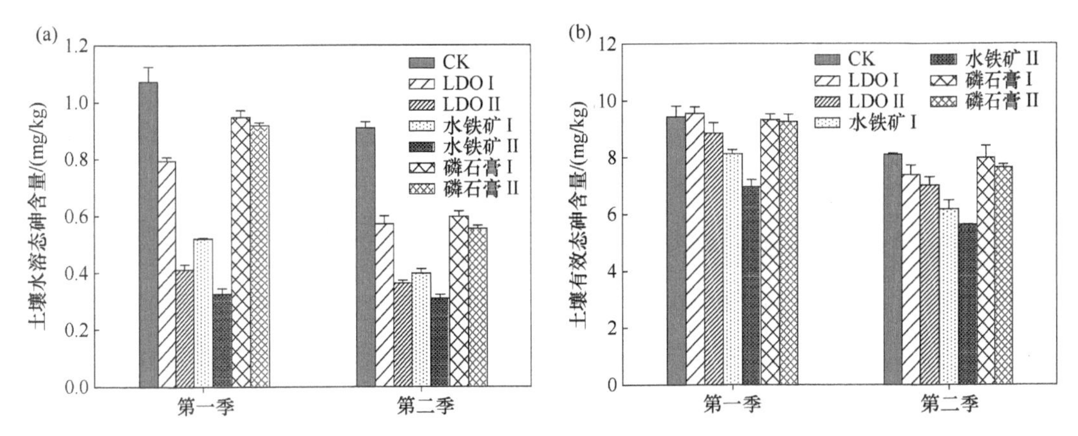

图 6.35　不同钝化剂处理下土壤水溶态砷（a）和有效态砷含量（b）的变化

Ⅰ，调理剂添加比例为 0.25%（S1）+0%（S2）；Ⅱ，调理剂添加比例为 0.5%（S1）+0%（S2）

水铁矿可提供的结合点位有限，因此，第二季空心菜植株和土壤中的砷含量降低幅度不及其他钝化剂处理。McBride 等（2013）综合比较了堆肥、泥炭、磷酸钙、石膏、铁氧化物等对叶菜类作物吸附砷的影响，结果表明，铁的氧化物在降低作物吸收砷方面的调控效果最好。研究还进一步表明，随着栽培时间的延长，铁的氧化物在调控土壤中砷有效性能力方面有减弱的趋势。该结果与我们试验所得结果类似。

三、钝化剂对植物根际砷行为的影响

作物根际是有别于非根际的一种特殊环境，由于作物根际可通过微生物、根部及其分泌物、土壤动物的新陈代谢活动对污染物产生吸收、吸附、降解等一系列活动，因此，作物根际在污染土壤修复中起着不可忽视的作用（Alkorta and Garbisu，2001；王书锦等，2002）。目前，在作物根际微环境中铁与砷的相互作用研究得较为广泛，并且更多关注的是水稻根际。在厌氧条件下，铁易在水稻根系上形成铁膜，以阻断植物对砷的吸收（Liu et al.，2004；Chen et al.，2005）。Liu 等（2006）利用 XAFS 技术研究水稻根表铁膜与砷的结合机制，结果表明，水稻根系铁膜主要成分为铁的水合氧化物（ferrihydrite），砷主要以 As（Ⅴ）的形式与铁膜上的无定形及晶形铁氧化物结合。相对于厌氧条件，好氧条件下作物根际环境中金属化合物与砷的互作研究还相对较少。旱地土壤中虽然不存在可以直接影响金属化合物与砷化学行为的氧化还原条件，但旱地作物的根系活动，如释放的分泌物等也会营造一个不同于非根际的土壤环境。根际环境中特殊的 Eh、pH、微生物多样性、土壤胶体特性等会在不同程度上影响土壤中铁、铝、砷的化学行为。周东美和汪鹏（2011）认为，几乎所有的植物根细胞表面在环境介质条件下均带负电荷。根据这个理论，可以假设金属阳离子（包括铁、铝、镁、钙、锰等）可能会通过静电作用吸附在植物根系表面。此外，砷的毒性和生物有效性与植物品种和砷形态有关（Tao et al.，2006）。不同品种的植物对砷吸收利用的机理不同，经研究，十字花科的大多数植物（如小油菜）对于砷具有比较强的耐性，而旋花科的植物（如空心菜）比较容易吸收砷，且吸收的量大于十字花科的植物（丁枫华等，2010）。我们以小油菜和空心菜作为指示生物，选取 Mg/Al-LDO、水铁矿和磷石膏作为钝化剂，进行根际盆栽试验。通过研究，明确不同类型钝化剂抑制植物吸收砷的作用机制，为利用钝化剂修复砷污染土壤提供理论依据。

（一）钝化剂对植物根际土壤砷的影响

1. 对土壤水溶态砷的影响

收获作物后，钝化剂对作物根际和非根际土壤中水溶态砷含量的影响如图 6.36 所示。与 CK 相比，三种钝化剂处理下土壤中水溶态砷的含量显著下降。就种植小油菜的土壤而言，水铁矿处理效果最为显著，降低幅度可达 57.4%（根际）和 52.5%（非根际）；磷石膏在小油菜土壤中水溶态砷的降低效果较好，可降低对照土壤的 45.9%（根际）和 54.1%（非根际）。就种植空心菜的土壤而言，水铁矿效果最为显著，降低幅度可达 76.9%（根际）和 64.5%（非根际）；Mg/Al-LDO 处理下土壤中的水溶态砷降低效果较好，与对照相比降低了土壤水溶态砷浓度 60.7%（根际）和 52.7%（非根际）。

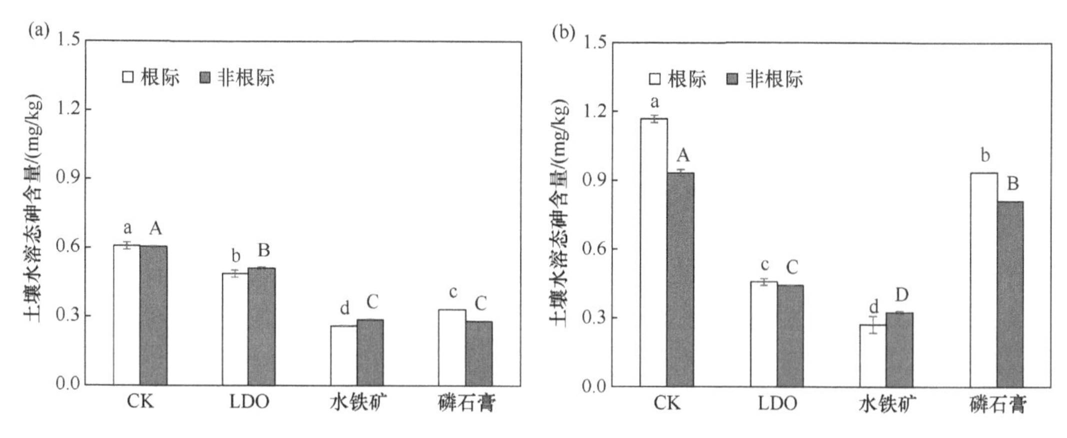

图 6.36 钝化剂对小油菜（a）和空心菜（b）根际土壤水溶态砷含量的影响

相同调理剂处理间不同字母代表差异显著（$P<0.05$）

由图 6.36 还可以看出，在对照处理中，种植空心菜的土壤中水溶态砷含量分别为种植小油菜的土壤中水溶态砷含量的 1.9 倍（根际）和 1.5 倍（非根际）。总体上看，在种植小油菜的处理中，根际和非根际土壤的水溶态砷含量没有明显的变化；在种植空心菜的钝化剂处理中，根际土壤水溶态砷含量略高于非根际土壤。该结果可能与作物类型有关，由于空心菜属于旋花科甘薯属，对砷的吸收能力较强，导致根际土壤中可被空心菜吸收的砷含量高于非根际土壤。

2. 对土壤有效态砷的影响

收获作物后，钝化剂对作物根际和非根际土壤中有效态砷含量的影响如图 6.37 所示。

三种钝化剂中，水铁矿对根际和非根际土壤中有效态砷含量的降低效果最为显著且不受种植作物品种影响。与对照相比，水铁矿处理下土壤中有效态砷含量的降低幅度为 20.3%～25.3%。就种植小油菜的土壤而言，Mg/Al-LDO 可使土壤中有效态砷显著降低

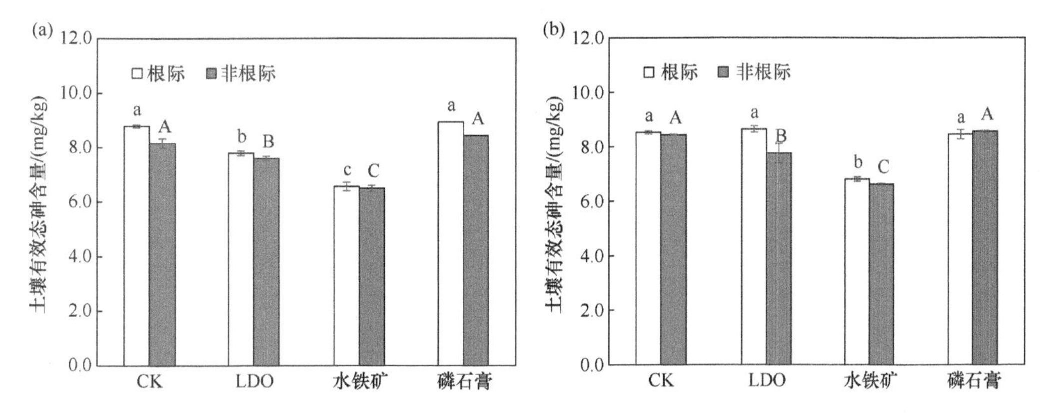

图 6.37　钝化剂对小油菜（a）和空心菜（b）根际土壤有效态砷含量的影响

相同调理剂处理间不同字母代表差异显著（$P<0.05$）

11.3%（根际）和 6.9%（非根际）；磷石膏处理下，土壤中有效态砷含量之间差异不显著。就种植空心菜的土壤而言，Mg/Al-LDO 和磷石膏处理下土壤中有效态砷含量与对照差异均不显著。此外，磷石膏处理下根际土与非根际土中有效态砷含量受作物类型的影响。具体表现为：种植小油菜的根际土有效态砷含量高于非根际土，而在种植空心菜的土壤中结果却有所不同。由图还可以看出，各处理下种植小油菜与空心菜的土壤有效态砷含量之间差异不大，该结果表明，作物类型对土壤有效态砷含量的影响并不显著。

3. 对土壤中砷形态的影响

种植作物后，钝化剂对土壤砷形态的影响如图 6.38 和图 6.39 所示。图中，F1 为非专性吸附态，F2 为专性吸附态，F3 为弱晶质铁铝水合氧化物，F4 为晶质铁铝水合氧化物，F5 为残渣态。由图可知，无论是在种植小油菜还是空心菜的土壤中，根际、非根际土壤中各形态砷所占比例大小依次为：F3（弱晶质铁铝水合氧化物态，40.9%～50.2%）、F4（晶质铁铝水合氧化物态，27.5%～31.4%）、F2（专性吸附态，11.3%～14.8%）、F5（残渣态，10.5%～13.5%）、F1（非专性吸附态，0.2%～0.8%）。其中，F3 和 F4 是土壤砷的主要赋存形态。这与 Wenzel 等（2001）、Maria（2006）和薛培英等（2009）试验中种植 *Nephrolepis exaltata* L.、小麦和水稻根际土壤的研究结果相一致。

1）对种植小油菜的土壤中砷形态的影响

收获作物后，种植小油菜的土壤中砷形态的变化如图 6.38 所示。与对照相比，Mg/Al-LDO 处理下，F1、F2 和 F4 所占比例减小，减小幅度为 4.1%～8.9%；F3 和 F5 所占比例增加，增加幅度为 4.2%～9.0%。水铁矿处理下，F1 仅为对照处理的 29.5%（根际）和 33.3%（非根际）；F3+F4 所占比例最高，可占总砷含量的 77.7%（根际）和 78.4%（非根际）。磷石膏处理下，根际土壤中各形态砷所占比例与对照相比变化不明显；非根际土壤中 F1 和 F4 的含量相比对照分别减少了 6.4%和 6.8%，F3 所占比例增加了 4.2%。该结果表明，Mg/Al-LDO 和水铁矿能够促使土壤砷由非稳定态向稳定态转化，其中值得注意的是，水铁矿处理下 F1 最低，Mg/Al-LDO 处理下 F5 最高。此外，F1 和 F2 被认为是5种砷形态中活性较高的部分。由图6.38还可以看出，各处理下土壤中（F1+F2）的变化趋势与土壤有效态砷的变化趋势基本相似。

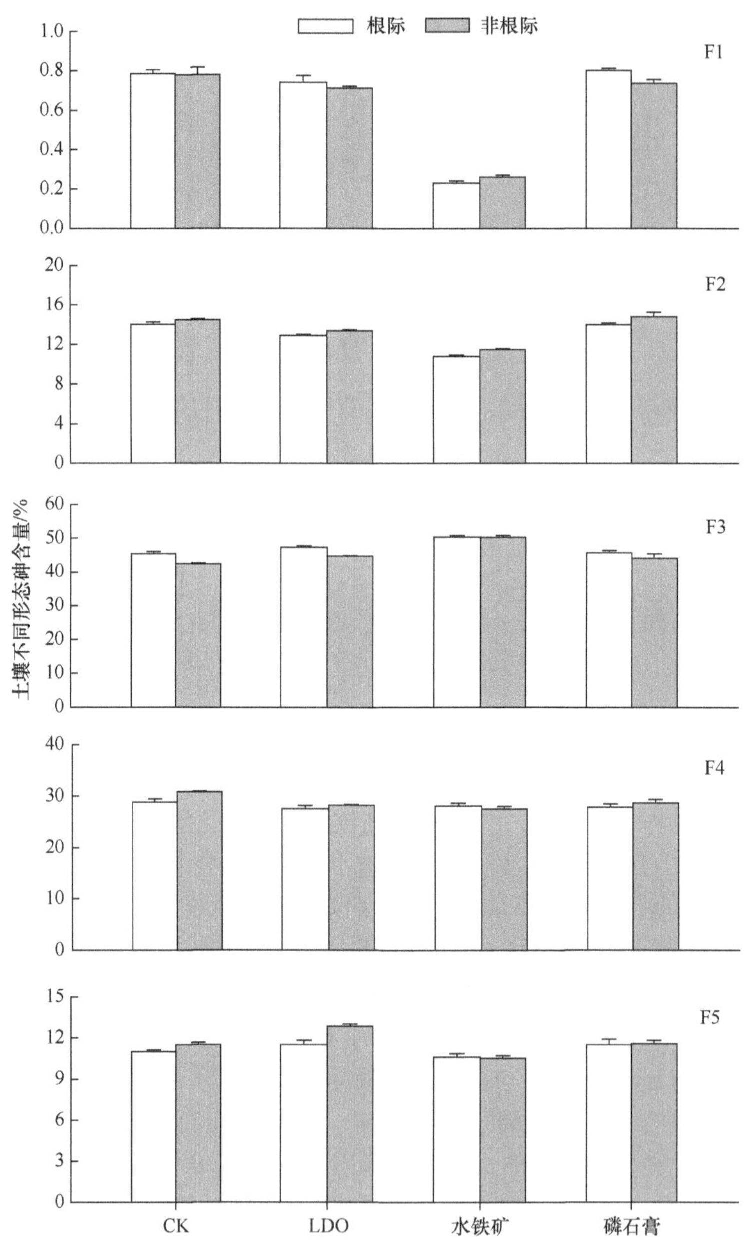

图6.38 钝化剂对种植小油菜土壤中砷形态的影响

2）对种植空心菜的土壤中砷形态的影响

收获作物后，种植空心菜的土壤中砷形态的变化如图6.39所示。与对照相比，Mg/Al-LDO处理下，F1和F3所占比例增加，增加幅度为5.8%～38.4%，其中，根际土壤中F1增加量最大；F2相比对照降低了7.9%（根际）和7.6%（非根际）；F5的变化则不同，在非根际土壤中的 F5 较对照增加了 7.8%，而在根际土壤中的 F5 较对照降低了 8.9%。水铁矿处理下，F1 仅为对照的 31.1%（根际）和 31.9%（非根际）；（F3+F4）所占比例最高，可占总量的 75.0%（根际）和 76.3%（非根际）。磷石膏处理下，F1、F2 和 F4 的变化不明显；F3 略微增加了 5.0%（根际）和 2.0%（非根际）；根际土壤中 F5 为对照的 85.7%，而非根际土壤中 F5 与对照相比差异不显著。此外，由图 6.39 还可以看出，各处理下土壤中（F1+F2）的变化趋势与土壤有效态砷的变化趋势（见图 6.37）基本相似，这与种植小油菜的土壤所得结果一致。

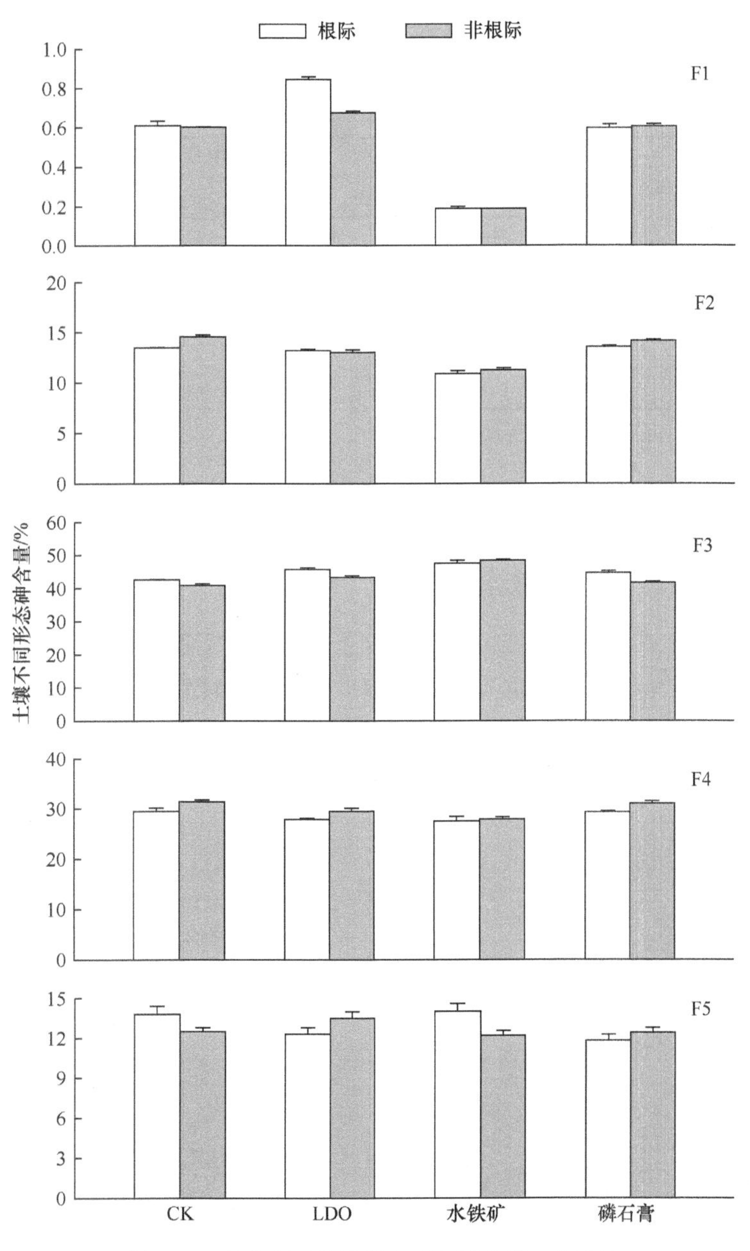

图 6.39　钝化剂对种植空心菜土壤砷形态的影响

3）对土壤中砷移动系数的影响

用土壤砷的移动系数（mobility factor，MF）来描述土壤砷的潜在移动性。MF 是指非专性吸附和专性吸附态砷加和与 5 种形态砷的加和之比，即（F1+F2）与（F1+F2+F3+F4+F5）之比（Salbu et al.，1998）。不同钝化剂处理下土壤中砷的移动系数如表 6.24 所示。MF 值越大，说明土壤中砷的移动性越强，土壤砷的活性越大；反之，则说明土壤砷的活性越小。由表可知，三种钝化剂处理的 MF 值均低于对照处理，其中，水铁矿处理下 MF 值最低，仅为对照的 73.3%，表明水铁矿处理的土壤砷的活性部分最低。此外，水铁矿和空心菜处理下根际土壤 MF 值低于非根际土壤，Mg/Al-LDO 处理下根际土壤 MF 值则高于非根际，但差异不显著。

表 6.24　钝化剂处理下根际土壤中砷移动系数（MF）的变化

钝化剂	MF/%			
	小油菜		空心菜	
	根际	非根际	根际	非根际
CK	15.0a	15.6a	14.1a	15.2a
Mg/Al-LDO	13.6b	13.4b	14.0a	13.7c
水铁矿	11.0c	11.7c	11.1b	11.5d
磷石膏	14.8a	15.3a	14.2a	14.8b

注：相同调理剂处理间不同字母代表差异显著（$P<0.05$）。

（二）钝化剂对作物生长的影响

1. 钝化剂对作物生物量的影响

植物生物量是评估植物生长的重要因素之一，反映了植物的生长状况及土壤环境变化的情况，它是衡量土壤环境质量变化的重要指标。钝化剂对小油菜生物量的影响如图 6.40 所示。Mg/Al-LDO 处理下小油菜生物量最低，仅为对照的 55.6%（地上部）

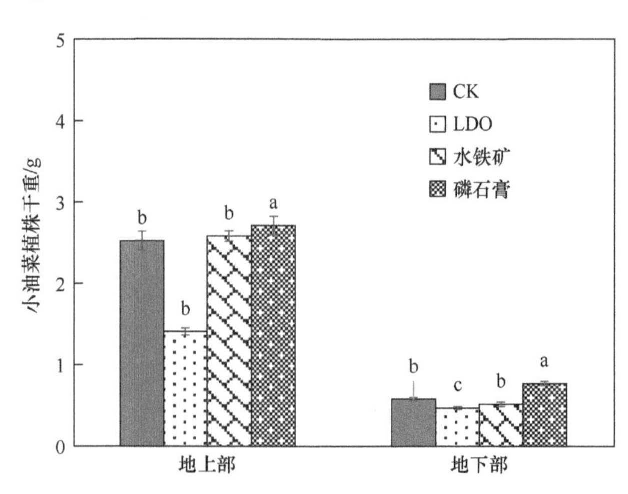

图 6.40　钝化剂对小油菜生物量的影响

相同调理剂处理间不同字母代表差异显著（$P<0.05$）

和 81.0%（地下部）；水铁矿处理下小油菜生物量与对照处理相比差异不显著，这说明水铁矿对小油菜的生长没有显著影响；磷石膏处理下小油菜生物量最大，相比对照增加了 7.5%（地上部）和 32.8%（地下部），说明添加磷石膏有益于小油菜生长。这是由于油菜为需硫量较高的作物之一（Ray and Mughogho，2000），且磷石膏的含硫量高于其他钝化剂，因此，磷石膏处理下小油菜生物量最大。

钝化剂对空心菜生物量的影响如图 6.41 所示。与对照相比，Mg/Al-LDO 处理下空心菜地上部生物量的变化不显著，而地下部生物量显著降低，为对照的 85.3%；水铁矿处理下空心菜地上部生物量显著增加了 22.2%，地下部生物量无显著变化；磷石膏处理下空心菜地上部生物量最大，较对照增加了 26.6%，地下部生物量变化不显著。

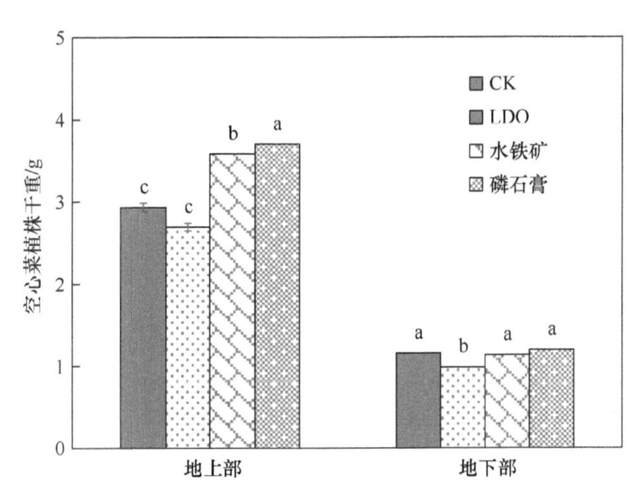

图 6.41　钝化剂对空心菜生物量的影响

相同调理剂处理间不同字母代表差异显著（$P<0.05$）

综合图 6.40 和图 6.41 的结果可知，在提高作物生物量方面，磷石膏处理效果最显著；水铁矿处理下小油菜地上部的效果较为显著；Mg/Al-LDO 处理不利于小油菜生长，但对空心菜的生长影响不显著。

2. 钝化剂对作物吸收砷的影响

植物吸收重金属后从根部将其排出，是有效的解毒方法之一。一些植物将大部分吸收的砷保留在根中，少量砷进入地上部分。我们的试验中，小油菜和空心菜地下部砷含量远远高于地上部。钝化剂对小油菜吸收砷的影响如图 6.42 所示。与对照相比，三种钝化剂处理下小油菜植株砷含量均显著降低。Mg/Al-LDO 处理下小油菜地上部和地下部砷含量分别为对照的 70.7%和 75.4%；水铁矿处理下小油菜植株砷含量最低，仅为对照的 37.7%（地上部）和 37.8%（地下部）；磷石膏处理下小油菜地上部和地下部砷含量分别为对照的 57.6%（地上部）和 80.3%（地下部）。

钝化剂对空心菜吸收砷的影响如图 6.43 所示。与对照相比，三种钝化剂均能抑制空心菜对砷的吸收。Mg/Al-LDO 和水铁矿处理下，空心菜植株砷含量显著低于对照，分别为对照的 53.8%（地上部）、37.8%（地上部）和 29.0%（地上部）、26.2%（地下部）；

磷石膏处理下，空心菜植株砷含量也低于对照，但与对照之间差异并不显著，这是由于其化学成分比较复杂且有效成分含量较低，故效果不及 Mg/Al -LDO 和水铁矿。

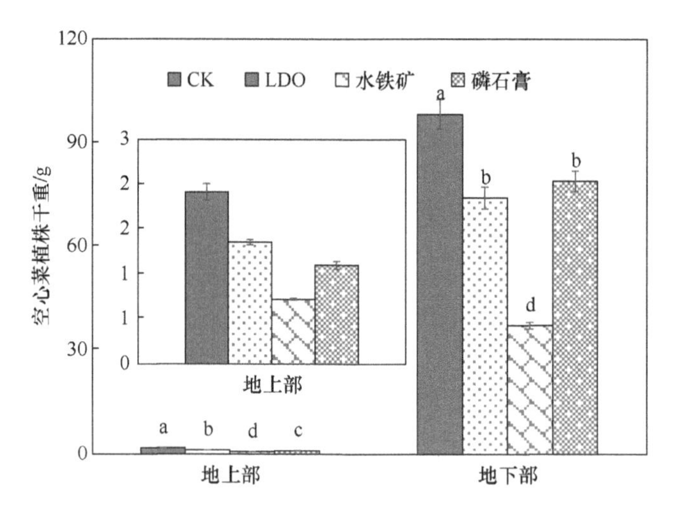

图 6.42 钝化剂对小油菜植株砷含量的影响

相同调理剂处理间不同字母代表差异显著（$P<0.05$）

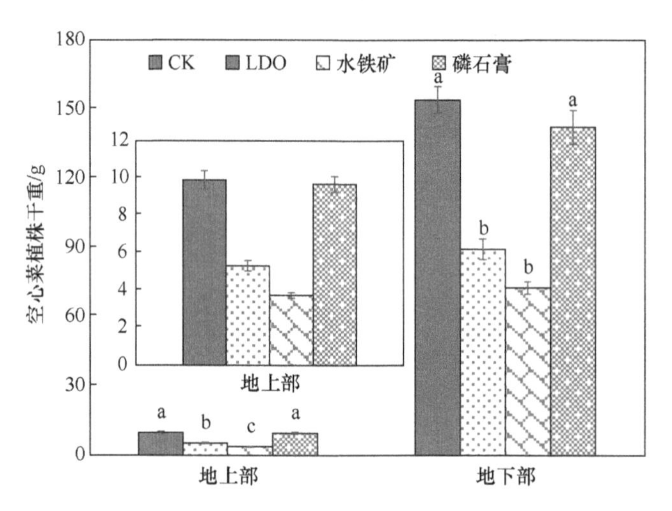

图 6.43 钝化剂对空心菜植株砷含量的影响

相同调理剂处理间不同字母代表差异显著（$P<0.05$）

综合图 6.42 和图 6.43 的结果可知，在对照处理下，空心菜植株砷含量显著高于小油菜植株砷含量，空心菜地上部和地下部砷含量分别为小油菜的 5.2 倍和 1.6 倍。这说明，空心菜更容易吸收土壤中的砷，该结果与水溶态砷的结果基本一致。

转移系数（translocation factor，TF）能够较好地反映砷在作物植株内由地下部向地上部转运的能力，是作物地上部与地下部砷含量的比值。经计算可知，对照处理下小油菜和空心菜的转移系数分别为 0.019 和 0.064，空心菜的转运系数约为小油菜的 3 倍，说明空心菜地下部向地上部的转运砷的能力较强。三种钝化剂处理下小油菜的转移系数低于对照，但差异并不明显。Mg/Al -LDO 和水铁矿处理下空心菜的转移系数低于对照，分别为 0.060 和 0.051，而磷石膏处理下空心菜的转移系数高于对照。该结果说明，不同类型作物受钝化剂影响的程度不同。由于小油菜对砷具有一定的耐性，故其转移系数受钝化剂的影响较小。而空心菜较易吸收砷，故其转移系数受钝化剂的影响较大。

（三）钝化剂对植物根际砷行为影响的可能机理

1. 钝化剂性质对根际土壤中砷行为的影响

1）钝化剂 pH 的影响

pH 的变化是影响砷迁移和转化的重要因素之一，有研究表明，砷在中性条件下较稳定，在强酸或强碱条件下，溶解度会增加（杨晔等，2001），形态上的改变都将会影响其活性，从而进一步影响其在土壤-植物系统中的迁移转化状况。Hartley 等（2004）研究表明，较低的土壤 pH，可使土壤表面正电荷增加，有利于降低土壤砷的移动性。我们试验中所使用的三种钝化剂 pH 差异较大，添加钝化剂后土壤 pH 差异显著，pH 由高到低依次为：Mg/Al -LDO＞CK＞水铁矿＞磷石膏（表 6.25）。其中，磷石膏处理下 pH 最低，其处理下土壤非稳态砷含量显著低于对照但并不是最低，也就是说，尽管 pH 能在一定程度上影响根际土壤中的砷，但在本研究中钝化剂本身的 pH 并不是影响根际土壤砷行为的主要因素。正如 Singh 和 Myhr（1998）的观点，若仅通过改变土壤 pH 来降低重金属的生物有效性，这种钝化是不稳定的。如果钝化材料通过改变 pH 和增加吸附量两种途径来降低重金属的生物有效性，土壤重金属的这种钝化则相对稳定。

表 6.25　三种钝化剂处理下土壤 pH 的变化

种植作物	钝化剂	土壤 pH		
		种植前原土	根际	非根际
小油菜	CK	7.17±0.01b	7.25±0.02d	7.49±0.03d
	Mg/Al -LDO	7.50±0.02a	7.83±0.04a	7.75±0.01a
	水铁矿	6.91±0.01c	7.24±0.01b	7.47±0.01b
	磷石膏	6.80±0.01d	7.10±0.02c	7.30±0.03c
空心菜	CK	7.17±0.01B	7.26±0.03D	7.32±0.02B
	Mg/Al -LDO	7.50±0.02A	7.72±0.03A	7.66±0.01A
	水铁矿	6.91±0.01C	7.23±0.04B	7.28±0.02C
	磷石膏	6.80±0.01D	7.11±0.01C	7.19±0.02D

注：相同调理剂处理间不同字母代表差异显著（$P<0.05$）。

2）钝化剂化学成分的影响

事实上，钝化剂降低重金属生物有效性极少通过单一的反应机制实现，通常是通过多种反应同时作用加以实现。钝化剂的化学成分在降低重金属生物有效性方面往往更为重要。土壤中的铁/铝氧化物是吸附砷的重要载体。众多研究表明，铁、铝的（氢）氧化物与砷的表面络合反应控制着砷的活性（Inskeep et al.，2002；Garcia-Sanchez et al.，2002；Luo et al.，2006；Kumpience et al.，2008）。因此，增加土壤中铁/铝氧化物的含量，可以有效降低土壤砷的生物有效性（郭伟等，2010；林志灵等，2013；孙媛媛等，2013）。本研究中所使用的水铁矿为人工合成矿物，其中铁元素的质量百分比高达74.7%，铁氧化物的有效成分较高。因此，水铁矿处理下土壤水溶态和有效态砷含量显著低于其他处理，并且基本不受种植作物品种的影响。Das 等（2006）研究发现，双金属氧化物（Mg/Al-LDO）的比表面积和孔隙度较大，对重金属有较强的吸附能力，且其特殊的层间结构在溶液中可以与目标重金属离子发生离子交换，从而将其吸附在层间结构中。本课题组的前期研究发现，Mg/Al-LDO 吸附砷的机理不仅是离子交换，并且还伴有砷与 Al_2O_3 和 MgO 的共沉淀作用（孙媛媛等，2011）。鉴于此，本研究中 Mg/Al-LDO 在降低土壤水溶态和有效态砷含量方面效果显著。然而，Mg/Al-LDO 对不同作物的根际土壤中砷的钝化效果不同。就土壤水溶态砷而言，Mg/Al-LDO 在空心菜根际土壤中的钝化效果相对显著。由此可见，Mg/Al-LDO 对作物根际土壤中砷的影响是其本身与作物根系共同作用的结果。磷石膏是一种酸性副产品，其主要成分为 $CaSO_4·2H_2O$，且含有少量的磷素。据报道，Ca^{2+}可促进 As 被吸附，原因有两点：其一，Ca^{2+}可以改变吸附剂的表面电荷平衡，减少负电荷，增加正电荷，从而通过静电吸引与砷结合（Smith et al.，2002）；其二，Ca^{2+}结合在吸附剂（高岭石）表面形成三元复合体，增加了其砷酸根离子的反应位点（Cornu et al.，2003）。郝玉波（2011）以 $MgSO_4·7H_2O$ 作为土壤修复剂，研究硫对砷毒害的缓解效应机理，结果表明，$MgSO_4·7H_2O$ 通过影响土壤微环境中的酶来降低砷的生物有效性。白来汉等（2011）发现磷石膏可促进作物吸收磷，从而抑制作物吸收砷。此外，随着磷石膏添加水平的提高，土壤中速效磷及有效硫含量增加（贾广军等，2014）。由此可见，磷石膏主要是通过影响根际中速效磷、有效硫及土壤酶的活性，阻碍根际中的砷被植物吸收。

2. 作物对根际砷行为的影响

1）作物类型的影响

油菜属于十字花科芸薹属植物，而芸薹属植物对重金属有较高的耐性或累积特性。研究表明，十字花科植物对重金属镉、铅、锌、汞等有较强的耐性，有些甚至是重金属超累积型植物（Ebbs and Kochian，1997）。刘全吉等（2011）研究发现油菜对砷污染具有耐受性，对砷毒害地上部分可见症状不明显。空心菜学名蕹菜，为旋花科甘薯属，这类植物对砷的吸收能力较强，受害时表现为植物矮化、新叶脉间黄化（丁枫华等，2010）。因此，水铁矿和磷石膏对小油菜生长没有显著的影响，而对空心菜的生长影响较为显著。然而，Mg/Al-LDO 对小油菜生长的抑制作用最为显著，但对空心菜生长的抑制效果并不显著。据报道，可溶性 Al^{3+}可通过抑制根细胞的伸长与分裂，进而抑制根的伸长及植物的生长，最终导致作物产量降低（Delhalze and Ryan，1995；Rout et al.，2001）。由于 Mg/Al-LDO 中含有一定量的 Al_3O_2，这部分氧化铝可能会被根系分泌物活化，成为活性

Al^{3+}，从而影响小油菜的生长。

2）根际分泌物的影响

减少或者限制金属离子的跨膜运输，是一些作物耐受金属污染的重要原因。某些作物对金属离子的排除可以通过根际化学性状来实现，如根际分泌物、形成根际氧化还原梯度、形成跨根际 pH 梯度等（孙铁衔等，2005）。本研究中，各处理下根际土壤的 pH 均低于非根际土壤（表 6.25）。Youssef（1989）认为造成根际 pH 不同于非根际的主要因素是植物根系对阴阳离子吸收的不平衡。同时，根际呼吸和微生物代谢产生的 CO_2、根分泌的有机酸等也有一定影响。此外，土壤缓冲性能和环境胁迫都会影响到根际 pH。本研究中，磷石膏处理下空心菜根际土壤的水溶态砷含量高于非根际土，说明水溶态砷在空心菜根际有富集的趋势。水溶态砷的富集一方面是由于养分和水分的质流促使砷从远根际向根际迁移；另一方面是根际环境变化导致的。具体可能表现为根际分泌物和微生物分泌物对砷的溶解，及其有机阴离子与砷酸根离子发生竞争吸附，或者分泌物覆盖在土壤氧化物表面，从而减少了砷的吸附位点（张广莉等，2000）。

3）磷素和硫素的影响

杨文婕和刘更另（1996）认为施加磷素或硫素均有强化植物耐砷能力的作用，磷素以强化植物根系耐砷力为主，硫素以强化植物地上部耐砷力为主。PO_4^{3-}和 SO_4^{2-}缓解植物砷胁迫主要是通过它们抑制根系吸收砷，而不是通过其调节砷分配实现的。Gongzaga 等（2006）认为根际中的砷或磷素不会通过扩散作用进行补给，当植物吸收该元素的速度大于土壤供给的速度时，根际中的该元素就被消耗。也就是说，根际土壤中的砷大于非根际，说明植物对砷吸收少；反之，植物对砷吸收多。该结果与本研究中的结果并不一致。这是因为，本研究中采用的植物是可食用的蔬菜，而 Gongzaga 等（2006）研究的是超富集植物，这两类植物对砷的吸收能力和吸收行为不同，因此结果有所差异。据报道，砷与-SH 具有高度的亲和力，二者能结合生成稳定的六元环螯合物。而 S 作为-SH 的主要组成物质之一，在作物解毒、防卫和抗逆等过程中起着一定的作用，对作物生命活动有着极其重要的影响。钟磊（2010）的研究结果表明，硫肥的施入可使水稻根系中的根蛋白巯基活性增加，从而促进了根系对砷的截留，阻碍其向水稻地上部转移。我们也得到了类似的结果，添加磷石膏不但减少了作物根系对砷的吸收，同时也促进了根系对砷的截留，其地下部砷含量高于其他钝化剂处理。此外，在植物的营养生长时期，根系吸收的硫大部分运往正在发育的叶片，有助于植物光合能力的改善及有机物的合成，促进个体生长（吴宇等，2007）。这可能是磷石膏处理下植株生物量增加的原因。

我们通过对三种钝化剂的对比研究发现，水铁矿降低土壤水溶态砷和有效态砷含量的效果最为显著，且不受作物类型的影响，而 Mg/Al-LDO 和磷石膏在降低土壤水溶态砷含量方面的效果优于降低有效态砷含量的效果。此外，作物类型对 Mg/Al-LDO 和磷石膏处理下的土壤水溶态砷有影响。Mg/Al-LDO 对降低种植空心菜的土壤水溶态砷含量的效果较好，磷石膏对降低种植小油菜的土壤水溶态砷含量的效果较好。另外，三种钝化剂处理下，土壤砷的移动系数（MF）的变化趋势与有效态砷含量的变化趋势相似。其中，水铁矿处理下 MF 最低，表明水铁矿处理下土壤砷的移动性最弱、活性最低。在促进作物生长方面，磷石膏的作用效果显著高于其他处理。在降低作物吸收砷方面，水铁矿的作用效果最佳，Mg/Al-LDO 处理下空心菜的降低幅度较大，磷石膏处理下小油菜的降低幅度较大。

总的来说，水铁矿能够较好地调控土壤中的砷和植物对砷吸收，是效果最佳的钝化剂；Mg/Al-LDO 较为适于调控空心菜对砷的吸收，而磷石膏则较为适于调控小油菜对砷的吸收。

参考文献

白来汉, 张仕颖, 张乃明, 等. 2011. 不同磷石膏添加量与接种菌根对玉米生长及磷、砷、硫吸收的影响[J]. 环境科学学报, 31(11): 2485-2492.

常思敏, 马新明, 蒋媛媛, 等. 2005. 土壤砷污染及其对作物的毒害研究进展[J]. 河南农业大学学报, 39(2): 161-166.

陈德翼, 郑刘春, 党志, 等. 2009. Cu^{2+}和 Pb^{2+}存在下改性玉米秸秆对 Cd^{2+}的吸附[J]. 环境化学, 28(3): 379-382.

陈怀满. 2002. 土壤中化学物质的行为与环境质量[M]. 北京: 科学出版社: 79-94.

陈静, 王学军, 朱力军. 2004. pH 对砷在贵州红壤中的吸附影响[J]. 土壤, 36(2): 211-214.

陈静, 王学军, 朱立军. 2003. pH 值和矿物成分对砷在红土中的迁移影响[J]. 环境化学, 22(2): 121-125.

陈世宝, 朱永官. 2004. 不同含磷化合物对中国芥菜(*Brasscia oelracea*)铅吸收特性的影响[J]. 环境科学学报, 24(4): 707-712.

陈同斌, 韦朝阳, 黄泽春, 等. 2002. 砷超富集植物蜈蚣草及其对砷的富集特征[J]. 科学通报, 47(3): 207-210.

陈同斌. 1993. 土壤中砷的吸附和砷对水稻的毒害效应与 pH 值的关系[J]. 中国农业科学, 26(1): 63-68.

陈同斌. 1996. 土壤溶液中的砷及其与水稻生长效应的关系[J]. 生态学报, 16(20): 147-153.

戴树桂. 1997. 环境化学[M]. 北京: 高等教育出版社: 306.

丁枫华, 刘术新, 罗丹, 等. 2010. 基于水培毒性测试的砷对19种常见蔬菜的毒性[J]. 环境化学, 29: 439-443.

付连刚, 杨力, 刘春生, 等. 2004. 铁对不同基因型油菜生长及酶活性的影响[J]. 山东农业科学, (6): 29-32.

郭伟, 林咸永, 程旺大. 2010. 不同地区土壤中分蘖期水稻根表铁氧化物的形成及其对砷吸收的影响[J]. 环境科学, 31(2): 496-502.

郝秀珍, 周东美. 2003. 沸石在土壤改良中的应用研究进展[J]. 土壤, 2: 103-106.

郝秀珍, 周东美. 2005. 天然蒙脱石和沸石改良对黑麦铜尾矿砂上生长的影响[J]. 土壤学报, 42(3): 434-439.

郝玉波. 2011. 砷对玉米—小麦的毒害作用及磷、硫缓解效应研究[D]. 泰安: 山东农业大学博士学位论文.

胡霭堂. 1995. 植物营养学[M]. 北京: 北京农业大学出版社.

贾广军, 白来汉, 史静, 等. 2014. 菌根对磷石膏利用土壤主要化学性质的影响[J]. 云南农业大学学报, 29(5): 719-726.

雷梅, 陈同斌, 范稚连, 等. 2003. 磷对土壤中砷吸附的影响[J]. 应用生态学报, 14(11): 1989-1992.

李波, 青长乐. 2000. 肥料中氮磷和有机质对土壤重金属行为的影响及在土壤治污中的应用[J]. 农业环境保护, 19(6): 375- 377.

李明愉, 曾庆轩, 冯长根, 等. 2005. 离子交换纤维吸附儿茶素的热力学[J]. 化工学报, 56(7): 1164-1167.

李瑞美, 王果, 方玲. 2003. 石灰与有机物料配施对作物镉铅吸收的控制效果的研究[J]. 农业环境科学学报, 22(3): 293-296.
李生志. 1989. 砷污染与农业[M]. 北京: 科学普及出版社.
李士杏, 骆永明, 章海波, 等. 2011. 红壤不同粒级组分中砷的形态-基于连续分级提取和 XANES 研究[J]. 环境科学学报, 31(12): 2733-2739.
李学垣. 2001. 土壤化学[M]. 北京: 高等教育出版社.
廖红, 严小龙. 2003. 高级植物营养[M]. 北京: 科学出版社: 182-186.
林志灵, 曾希柏, 张杨珠, 等. 2013. 人工合成铁、铝矿物和镁铝双金属氧化物对土壤砷的钝化效应[J]. 环境科学学报, 33(7): 1953-1959.
刘鸣达, 张玉龙, 王耀晶, 等. 2002. 施用钢渣对水稻土pH、水溶态硅动态及水稻产量的影响[J]. 土壤通报, 33(1): 47-50.
刘全吉, 郑床木, 谭启玲, 等. 2011. 土壤高砷污染对冬小麦和油菜生长影响的比较研究[J]. 浙江农业学报, 23(5): 967-971.
刘小红, 周东美, 郝秀珍, 等. 2007. 九华铜矿重金属环境污染状况研究[J]. 土壤, 39(4): 551-555.
马建军. 1999. 铁对蔬菜生长及吸镉量的影响[J]. 河北职业技术学院学报, l 3(4): 26-28.
彭书传, 杨远盛, 陈天虎, 等. 2005. 镁铝阴离子黏土对砷酸根离子的吸附作用[J]. 硅酸盐学报, 8(33): 1023-1027.
沙宇, 刘乃田, 田小丽, 等. 2009. 焙烧态镁铝水滑石对刚果红的脱色性能研究[J]. 工业用水与废水, 40(6): 78-81.
史丽, 彭先佳, 栾兆坤, 等. 2009. 活化 RM 去除猪场废水生化处理出水中的磷和重金属[J]. 环境科学学报, 29(11): 2282-2288.
孙铁衔, 李培军, 周启星. 2005. 土壤污染形成机理与修复技术[M]. 北京: 科学出版社: 212-213.
孙媛媛, 曾希柏, 白玲玉, 等. 2013. 双金属氧化物和改性赤泥对潮褐土中外源砷的调控研究[J]. 农业环境科学学报, 32(8): 1545-1551.
孙媛媛, 曾希柏, 白玲玉. 2011. Mg/Al 双金属氧化物对 As(V)吸附性能的研究[J]. 环境科学学报, 31(7): 1377-1385.
田光进, 张增样, 赵晓丽, 等. 2009. 中国耕地土壤侵蚀空间分布特征及生态背景[J]. 农业环境科学学报, 27(7): 1439-1443.
王萍, 胡江, 冉炜, 等. 2008. 提高供磷可缓解砷对番茄的胁迫作用[J]. 土壤学报, 45(3): 503-509.
王书锦, 胡江春, 薛德林. 2002. 植物根际新型缓控释放微胶囊颗粒生物的药肥的研制与应用[C]//中国腐植酸工业协会. 新世纪（首届）全国绿色环保农药技术论坛暨产品展示会论文集.
王云, 魏复盛. 1995. 土壤环境元素化学[M]. 北京: 中国环境科学出版社: 42-100.
魏显有, 王秀敏, 刘云惠, 等. 1999. 土壤中砷的吸附行为及其形态分布研究[J]. 河北农业大学学报, 22(3): 28-31.
吴宇, 高蕾, 曹民杰, 等. 2007. 植物硫营养代谢、调控与生物学功能[J]. 植物学通报, 24(6): 735-761.
夏增禄, 等. 1989. 土壤容量化学[M]. 北京: 气象出版社: 1-8.
肖尚华, 颜见恩, 郭龙平, 等. 2010. 硅肥对烟叶生产性状的影响[J]. 现代农业科技, 20: 60-61.
谢正苗, 黄昌勇. 1988. 不同价态砷在母质中的形态转化及其土壤性质的关系[J]. 农业环境保护, 7(5): 21-24.
谢正苗. 1993. 浙江省土壤砷的赋存与估算[J]. 科技通报, 9(3): 176-178.
许醒, 高宝玉, 岳文文, 等. 2008. 麦草阳离子型吸附剂的合成及对硝酸根的去除[J]. 精细化工, (3): 273-276.
薛培英, 刘文菊, 段桂兰, 等. 2009. 外源磷对苗期小麦和水稻根际砷形态及其生物有效性的影响[J]. 生态学报, 4(29): 2027-2034.
杨金辉, 王劲松, 陈思光, 等. 2010. 氢氧化镁吸附处理水中三价砷的研究[J]. 金属矿山, (10): 169-171.
杨文婕, 刘更另. 1996. 磷和硫对空心菜吸收砷的影响[J]. 环境化学, (4): 374-379.

杨晔, 陈英旭, 孙振世. 2001. 重金属胁迫下根际效应的研究进展[J]. 农业环境保护, 20(1): 55-58.
杨远盛. 2005. 阴离子粘土合成及吸附砷(V)的研究[D]. 合肥: 合肥工业大学硕士学位论文: 43-44.
余宙, 仵彦卿, 刘预. 2009. 新型交联壳聚糖材料对地下水重金属 Zn^{2+}的吸附性能[J]. 生态环境学报, 18(6): 2102-2107.
张冲, 王纪阳, 赵小虎, 等. 2007. 土壤改良剂对南方酸性菜园土重金属汞、砷有效态含量的影响[J]. 广东农业科学, (11): 52-54, 60.
张广莉, 宋光煜, 赵红霞. 2000. 磷影响下砷的根际效应及其对水稻生长的影响[J]. 重庆环境科学, 5(22): 66-68.
张国祥, 杨居荣, 华珞. 1996. 土壤环境中的砷及其生态效应[J]. 土壤, 2: 64-68.
张慧, 代静玉, 李辉信. 2009. 炭化秸秆对水体中氨氮和磷的吸附性能及其与粉煤灰和炉渣的对比[J]. 农业环境科学学报, 28(11): 2389-2394.
张林栋, 李常飞, 王先年. 2010. 改性海泡石除磷吸附动力学研究[J]. 化学工程, 38(2): 5-7.
张露尹, 李取生, 李慧, 等. 2013. 空心菜对重金属吸收累积特征及其与营养元素的关系[J]. 生态与农村环境学报, 29(2): 225-229.
张敏. 2009. 化学添加剂对土壤砷生物有效性调控的效果和初步机理研究[D]. 武汉: 华中农业大学硕士学位论文.
张书武, 刘昌俊, 栾兆坤, 等. 2007. 铁改性 RM 吸附剂的制备及其除砷性能研究[J]. 环境科学学报, 27(12): 1972-1977.
赵勤, 叶红齐, 钱学仁, 等. 2010. 水滑石及其焙烧产物对水中苯甲酸根的吸附研究[J]. 应用化工, 7(39): 1028-1032.
赵述华. 2013. 某金矿区高浓度砷污染土壤的稳定化修复及机理研究[D]. 广州: 华南理工大学硕士学位论文.
钟磊. 2010. 麦稻、油稻轮作系统中硫砷的交互作用及其效应[D]. 武汉: 华中农业大学硕士学位论文.
周东美, 汪鹏. 2011. 基于细胞膜表面电势探讨 Ca 与毒性离子在植物根膜表面的相互作用[J]. 中国科学: 化学, 7: 1190-1197.
周启星, 宋玉芳. 2004. 污染土壤修复原理与方法[M]. 北京: 科学出版社.
周文彬, 邱报胜. 2004. 植物细胞内 pH 值的测定[J]. 植物生理学通讯, 40(6): 724-728.
宗良纲, 丁园. 2001. 土壤重金属(CuZnCd)复合污染的研究现状[J]. 农业环境保护, (2): 126-129.
Acharya J, Sahu J N, Mohanty C R, et al. 2009. Removal of lead (Ⅱ) from wastewater by activated carbon developed from Tamarind wood by zinc chloride activation[J]. Chemical Engineering Journal, 149: 249-262.
Altundoğan H S, Altundoğan S, Tümen F, et al. 2000. Arsenic removal from aqueous solutions by adsorption on red mud[J]. Waste Management, 20(8): 761-767.
Bhaumik A, Samanta S, Mal N K. 2005. Efficient removal of arsenic from polluted ground water by using a layered double hydroxide exchanger[J]. Indian Journal of Chemistry Section A, 44(7): 1406-1409.
Bombach G, Pierra A, Klemm W. 1994. Arsenic in contaminated soil and river sediment[J]. Fresenius Journal of Analytical Chemistry, 350: 49-53.
Bothe J V, Brown P W. 1999. Arsenic immobilization by calcium arsenate formation[J]. Environmental Science Technology, 33: 3806-3811.
Campbell C G, Garrido F, Illera V, et al. 2006. Transport of Cd, Cu and Pb in an acid soil amended with phosphogypsum, sugar foam and phosphoric rock[J]. Applied Geochemistry, 21(6): 1030-1043.
Carlson L, Bigham J M, Schwertmann U, et al. 2002. Scavenging of As from mine drainage by schwertmannite and ferrihydrite: a comparison with synthetic analogues[J]. Environmental Science & Technology, 36: 1712-1719.
Chen A H, Yang C Y, Chen C Y, et al. 2009. The chemically crosslinked metal-complexed chitosans for comparative adsorptions of Cu, Zn, Ni and Pb ions in aqueous medium[J]. Journal of Hazardous Materials, 163: 1068-1075.

Chen D Y, Xu X J, Luan D Q, et al. 2012. Effect of amendments on paddy soil contaminated by arsenic, cadmium and lead[C]. Asia Pacific Conference on Environmental Science and Technology, Advances in Biomedical Engineering, 6: 421-429.

Chen Z, Zhu Y G, Liu W J, et al. 2005. Direct evidence showing the effect of root surface iron plaque on arsenite and arsenate uptake into rice (*Oryza sativa*) roots[J]. New Phytologist, 165(1): 91-97.

Cornu S, Breeze D, Saada A, et al. 2003. The influence of pH, electrolyte type, and surface coating on arsenic (V) adsorption onto kaolinites[J]. Soil Science Society of America Journal, 67(4): 1127-1132.

Cosgrove D J. 2000. Loosening of plant cell walls by expansins[J]. Nature, 407: 321-326.

Das J, Patra B S, Baliarsingh N, et al. 2006. Adsorption of phosphate by layered double hydroxides in aqueous solutions[J]. Applied Clay Science, 32(3-4): 252-260.

Datta R, Sarkar D. 2004. Arsenic geochemistry in three soils contaminated with sodium arsenite pesticide: an incubation study. Environmental Geosciences, 11(2): 87-97.

Delhalze E, Ryan P R. 1995. Aluminum toxicity and tolerance in plants[J]. Plant Physiology, 107: 315-321.

Diels L, Lelie N, Bastiaens L. 2002. New development in treatment of heavy metal contaminated soils[J]. Reviews in Environmental Science and Biotechnology, 1: 75-82.

Dijkstra J J, van der Sloot H A, Comans R N J. 2006. The leaching of major and trace elements from MSWI bottom ash as a function of pH and time[J]. Applied Geochemistry, 21(2): 335-351.

Dinesh Mohan, Charles U, Pittman Jr. 2007. Arsenic removal from water/wastewater using adsorbents-A critical review[J]. Hazardous Materials, 142: 1-53.

Dutré V, Vandecasteele C, Opdenakker S. 1999. Oxidation of arsenic bearing fly ash as pretreatment before solidification. Journal of Hazardous Materials, 68: 205-215.

Ebbs S D, Kochian L V. 1997. Toxicity of zinc and copper to *Brassica* species: implications for phytoremediation. Journal of Environmental Quality, 269(3): 776-781.

Fernandez P, Sommer I, Cram S, et al. 2005. The inflfluence of water-soluble As(III) and As(V) on dehydrogenase activity in soils affected by mine tailings. Science of The Total Environment, 348: 231-243.

Findon A, McKay G, Blair H S. 1993. Transport studies for the sorption of copper ions by chitosan[J]. Journal of Environmental Science and Health (Part A), 28: 173-185.

Gaini L E, Lakraimi M, Sebbar E, et al. 2009. Removal of indigo carmine dye from water to Mg-Al-CO_3-calcined layered double hydroxides[J]. Journal of Hazardous Materials, 161: 627-632.

Garau G, Silvetti M, Deiana S, et al. 2011. Long-term influence of red mud on as mobility and soil physico-chemical and microbial parameters in a polluted sub-acidic soil. Journal of Hazardous Materials, 185: 1241-1248.

Garbisu C, Alkorta I. 2001. Phytoextraction: a cost-effective plant-based technology for the removal of metals from the environment[J]. Bioresource Technology, 77(3): 229-236.

Garcia-Sanchez A, Alvarez-Ayuso E, Rodeiguez-Martin F. 2002. Sorption of As(V) by some oxyhydroxides and clay minerals. Application to its immobilization in two polluted mining soils[J]. Clay Minerals, 37(1): 187-194.

Geiszinger Anita, Goessler Walter, Kuehnelt Doris, et al. 1998. Determination of arsenic compounds in earthworms[J]. Environ Sci Technol, 32(15): 2238-2243.

Genc H, Tjell J C, McConchie D, et al. 2003. Adsorption of arsenate from water using neutralized red mud[J]. J Colloid Interface Sci, 264: 327-334.

Genç-Fuhrman H, Tjell J C. 2003. Effect of phosphate, silicate, sulfate and bicarbonate on arsenate removal using activated seawater neutralized red mud (Bauxsol) [J]. Journal De Physique IV, 107: 537-540.

Ghosh A K, Bhattacharyya P, Pal R. 2004. Effect of arsenic contamination on microbial biomass and its activities in arsenic contaminated soils of Gangetic West Bengal, India[J]. Environment International, 30: 491-499.

Goh K H, Lim T T, Banas A, et al. 2010. Sorption characteristics and mechanisms of oxyanions and oxyhalides having different molecular properties on Mg/Al layered double hydroxide nanoparticles[J]. Journal of Hazardous Materials, 179: 818-827.

Goldberg S, Johnston C T. 2001. Mechanisms of arsenic adsorption on amorphous oxides evaluated using macroscopic measurements, vibrational spectroscopy, and surface complexation modeling[J]. Journal of Colloid and Interface Science, 234(1): 204-216.

Goldberg S. 2002. Competitive adsorption of arsenate and arsenite on oxides and clay minerals[J]. Soil Science Society of America Journal, 66: 413-421.

Gonzaga M I S, Santos J A G, Ma L Q. 2006. Arsenic chemistry in the rhizosphere of Pteris vittata L and *Nephrolepis exaltata* L. [J]. Environmental Pollution, 143(2): 254-260.

Grover K, Komameni S, Katsuki H. 2009. Uptake of arsenite by synthetic lyered double hydroxides[J]. Water Research, 43: 3884-3890.

Gutierrez J, Hong C O, Lee B H, et al. 2010. Effect of steel-making slag as a soil amendment on arsenic uptake by radish (*Raphanus sativa* L.) in an upland soil[J]. Biology and Fertility of Soils, 46: 617-623.

Hao X Z, Zhou D M, Wang Y J, et al. 2003. Effects of different amendments on ryegrass growth in copper mine tailings[J]. Pedersphere, 13(4): 299-308.

Hartley W, Edwards R, Lepp N W. 2004. Arsenic and heavy metal mobility in iron oxide-amended contaminated soils as evaluated by short- and long-term leaching tests[J]. Environmental Pollution, 131: 495-504.

Hartley W, Lepp N W. 2008. Effect of in situ soil amendments on arsenic uptake in successive harvests of ryegrass (*Lolium perenne* cv Elka) grown in amended as-polluted soils. Environmental Pollution, 156: 1030-1040.

Hu Y, Li J H, Zhu Y G, et al. 2005. Sequestration of As by iron plaque on the roots of three rice (*Oryza sativa* L.) cultivars in a low-P soil with or without P fertilizer[J]. Environmental Geochemistry and Health, 27(2): 169-176.

Huang W W, Wang S B, Zhu Z H, et al. 2008. Phosphate removal from wastewater using red mud[J]. Journal of Hazardous Mater, 158(1): 35-42.

Inskeep W P, McDermott T R, Fendorf S. 2002. Arsenic (V)/(III) cycling in soils and natural waters: chemical and microbiological processes[J]. Environmental Chemistry of Arsenic, 90: 183-215.

Irving H R, Gehring C A, Parish R W. 1992. Changes in eytosolie pH and calcium of guard cells precede stomatal movements[J]. Proc Natl Aead Sei USA, 89: 1790-1794.

Jackson B P, Miller W P. 2000. Effectiveness of phosphate and hy-droide for desorption of arsenic and selenium species from iron oxides[J]. Soil Science Society of America Journal, 64: 1616-1622.

Jacobs L W, Syers J K, Keeney D R. 1990. Arsenic sorption by soils[J]. Soil Science Society of America Journal, 34: 750-754.

Jain A, Raven K P, Loeppert R H. 1999. Arsenite and arsenate adsorption on ferrihydrite: surface charge reduction and net OH release stoichiometry[J]. Environmental Science & Technology, 33(8): 1179-1184.

Kim J Y, Davis A P, Kim K W. 2003. Stabilization of available arsenic in highly contaminated mine tailings using iron[J]. Environmental Science & Technology, 37: 189-195.

Kiso Y, Jung YJ, Yamada T, et al. 2005. Removal properties of arsenic compounds with synthetic hydrotalcite compounds[J]. Water Science & Technology Water Supply, 5(5): 75-81.

Kloke A, Sauerbeck D R, Vetter H. 1984. The contamination of plants and soils with heavy metals and the transport of metals in terrestrial food chains. Changing metal cycles and human health[M]. Berlin Heidelberg: Springer: 113-141.

Kocar B D, Fendorf S. 2009. Thermodynamic constrains on reductive reactions influencing the biogeochemistry of arsenic in soils and sediments[J]. Environment Science Technology, 43: 4781-4877.

Krauskopf K B, Bird D K. 1995. Introduction to Geochemistrya (3rd edn) [M]. Boston: McGraw-Hill: 647.

Kumpience J, Lagerkvist A, Maurice C. 2008. Stabilization of As, Cr, Cu, Pb and Zn in soil using amendments-A review[J]. Waste Management, 28: 215-225.

Kumpiene J, Fitts J P, Mench M. 2012. Arsenic fractionation in mine spoils 10 years after aided phytostabilization[J]. Environmental Pollution, 166: 82-88.

Lazaridis N K, Hourzemanoglou A, Matis K A. 2002. Flotation of metal-loaded clay anion exchangers. Part II: The case of arsenates[J]. Chemosphere, 47(3), 319-324.

Leupin O X, Hug S J. 2005. Oxidation and removal of arsenic (III) from aerated groundwater by filtration through sand and zero-valent iron[J]. Water Research, 39: 1729-1740.

Liang X F, Xu Y M, Wang L, et al. 2011. In-situ immobilization of cadmium and lead in a contaminated agricultural field by adding natural clays combined with phosphate fertilizer[J]. Acta Scientiae Circumstantiae, 31: 1011-1018.

Liang Y C, Chen Q, Liu Q, et al. 2003. Exogenous silicon (Si) increases antioxidant enzyme activity and reduces lipid peroxidation in roots of salt-stressed barley (*Hordeum vulgare* L.)[J]. Journal of Plant Physiologist, 160: 1157-1164.

Liang Y C, Sun W C, Zhu Y G, et al. 2007. Mechanisms of silicon-mediated alleviation of abiotic stresses in higher plants. a review[J]. Environmental Pollution, 147: 422-428.

Lidelöw S, Ragnvaldsson D, Leffler P, et al. 2007. Field trials to assess the use of iron-bearing industrial by-products for stabilization of chromated copper arsenate-contaminated soil[J]. Science of the Total Environment, 387: 68-78.

Liu W J, Zhu Y G, Hu Y, et al. 2006. Arsenic sequestration in iron plaque, its accumulation and speciation in mature rice plants (*Oryza sativa* L.)[J]. Environmental Science & Technology, 40(18): 5730-5736.

Liu W J, Zhu Y G, Smith F A, et al. 2004. Do iron plaque and genotypes affect arsenate uptake and translocation by rice seedlings (*Oryza sativa* L.) grown in solution culture?[J]. Journal of Experimental Botany, 55(403): 1707-1713.

Lombi Enzo, Hamon Rebecca E, Wieshammer Gerlinde, et al. 2004. Assessment of the use of industrial by-products to remediate a copper- and arsenic-contaminated soil[J]. Journal of Environmental Quality, 33(3): 902-910.

Lopes G, Guilherme L R G, Costa E T S, et al. 2013. Increasing arsenic sorption on red mud by phosphogypsum addition[J]. Journal of Hazardous Materials, 262: 1196-1203.

Luo L, Zhang S Z, Shan X Q, et al. 2006. Arsenate sorption on two Chinese red soils evaluated using macroscopic measurements and EXAFS spectroscopy[J]. Environmental Toxicology and Chemistry, 25: 3118-3124.

Lv L, He J, Wei M, et al. 2006. Uptake of chloride ion from aqueous solution by calcined layered double hydroxides: equilibrium and kinetic studies[J]. Water Research, 40: 735-743.

Ma J F, Takahashi E. 1990. Effect of silicon on the growth and phosphorus uptake of rice[J]. Plant Soil, 126: 115-119.

Ma L Q, Komar K M, Tu C, et al. 2001. A fern that hyperaccumulateds arsenic[J]. Nature, 409: 579.

Manning B A, Goldberg S. 1996. Modeling competitive adsorption of arsenate with phosphate and molybdate on oxide minerals[J]. Soil Science Society of America Journal, 60(1): 121-131.

Maria I, Silva G, Jorge A G, et al. 2006. Arsenic chemistry in the rhizosphere of *Pteris vittata* L. and *Nephrolepis exaltata* L.[J]. Environmental Pollution, 143(2): 2542260.

McBride M B. 1994. Environmental chemistry of soils[M]. Oxford : Oxford University Press.

McBride Murray B, Simon Tobi, Tam Geoffrey, et al. 2013. Lead and arsenic uptake by leafy vegetables grown on contaminated soils: effects of mineral and organic amendments[J]. Water Air Soil Pollution, 224(1): 1378.

Melemed R, Cao X D, Chen M. 2003. Field assessment of lead immobilization in a contaminated soil after phosphate application[J]. The Science of the Total Environment, 305(1-3): 117-127.

Mench M, Vangronsveld J, Clijsters H, et al. 2000. In situ metal immobilisation and phytostabilization of contaminated soils[J]. Phytoremediation of Contaminated Soil and Water, 323-358.

Mench M, Vansgrosveld J, Lepp N, et al. 1998. Physico-chemical aspects and efficiency of trace element immobilization by soil amendments[M] // Vangronsveld J, Cunningham S (ed.) Metal-contaminated soils: in situ inactivation and phyto restoration. Berlin: Springer: 151-182.

Nielsen S S, Petersen L R, Kieldsen P, et al. 2011. Amendment of arsenic and chromium polluted soil from

wood preservation by iron residues from water treatment[J]. Chemosphere, 84(4): 383-389.
Nurhayat D. 2008. The using of waste phosphogypsum and natural gypsum in adobe stabilization[J]. Construction and Building Materials, 22(6): 1220-1224.
Peryea F J. 1991. Phosphate-induced release of arsenic from soils contaminated with lead arsenate[J]. Soil Science Society of America Journal, 5(55): 1301-1306.
Peryea F J. 1998. Phosphate starter fertilizer temporarily enhances soil arsenic uptake by apple trees grown under field conditions[J]. Hortscience, 33: 826-829.
Pongratz R. 1998. Arsenic speciation in environmental samples of contaminated soil[J]. The Science of the Total Environment, 224: 133-141.
Prasanna K Y, King P, Prasad V S. 2006. Equilibrium and kinetic studies for the biosorption system of copper (II) ion from aqueous solution using *Tectona grandis* L.f. leaves powder[J]. Journal of Hazardous Materials, 137(2): 1211-1217.
Raven K P, Jain A, Loeppert R H. 1998. Arsenite and arsenate adsorption on ferrihydrite: Kinetics, equilibrium, and adsorption envelopes[J]. Environmental Science & Technology, 32: 344-349.
Ray R W, Spider K M. 2000. Sulfur nutrition of maize in four regions of malawi[J]. Agronomy Journal, 92(4): 649-656.
Romero M F. 2004. In the beginning there was the cell: cellular homeostasis[J]. Advances in Physiology Education, 28: 135-138.
Ronald L, Vaughan J R, Brian E R. 2005. Modeling As(V) removal by a iron oxide impregnated activated carbon using the surface complexation approach[J]. Water Research, 39: 1005-1014.
Rout G R, Samantary S, Das P. 2001. Aluminium toxicity in plants: a review[J]. Agronomie, 21: 2-21.
Sadiq M. 1997. Arsenic chemistry in soils: an overview of thermodynamic predictions and field observations[J]. Water Air and Soil Pollution, 93: 117-136.
Sadiq M, Locke A, Spiers G, et al. 2002. Geochemical behavior of arsenic in Kelly Lake, Ontario[J]. Water Air and Soil Pollution, 141(1-4): 299-312.
Salbu B, Krekling T. 1998. Characterisation of radioactive particles in the environment[J]. Analyst, 123(5): 843-850.
Sarkar D, Datta R. 2004. Arsenic fate and bioavailability in two soils contaminated with sodium arsenic pesticide: an incubation study[J]. Bulletin of Environmental Contamination and Toxicology, 72: 240-247.
Sastre J, Hernández E, Rodrıguez R, et al. 2004. Use of sorption and extraction tests to predict the dynamics of the interaction of trace elements in agricultural soils contaminated by a mine tailing accident[J]. Science of the Total Environment, 329(1): 261-281.
Schonknecht G, Neimanis S, Katona E, et al. 1995. Relationship between photosynthetic electron transport and pH gradient across the thylakoid membrane in intact leaves[J]. Proc Natl Acad Sci USA, 92: 12185-12189.
Sherman D M, Randall S R. 2003. Surface complexation of arsenic (V) to iron (III) (hydr) oxides: structural mechanism from ab initio molecular geometries and EXAFS spectroscopy[J]. Geochimica et Cosmochimica Acta, 67(22): 4223–4230.
Shi D C, Sheng Y M. 2005. Effect of various salt—alkaline mixed stress conditions on sunflower seedlings and analysis of their stress factors[J]. Environmental and Experimental Botany, 54: 8-21.
Shiao S J, Akashi K. 1977. Phosphate removal from aqueous solution from activated red mud[J]. Journal of the Water Pollution Control Federation, 49(2): 280-285.
Singh B R, Myhr K. 1998. Cadmium uptake by barley as affected by Cd sources an pH levels[J]. Geoderma, 84: 185-194.
Smith E, Naidu R, Alston A M. 1998. Arsenic in the soil environment: a review[J]. Advance in Agronomy, 64: 149-195.
Smith E, Naidu R, Alston A M. 2002. Chemistry of inorganic arsenic in soils: II Effect of phosphorus, sodium and calcium on arsenic sorption[J]. Journal of Environmental Quality, 31(2): 557-563.

Sneller F E C, Van-Heerwaarden LM, Kraaijeveld-Smit F J, et al.1999. Toxicity of arsenate in Silene vulgaris, accumulation and degradation of arsenate-induced phytochelatins[J]. New Phytologist, 144(2): 223-232.

Stouraiti C, Xenidis A, Paspaliaris I. 2002. Reduction of Pb, Zn and Cd availability from tailings and contaminated soils by the application of Lignite Fly Ash Soils[J]. Water Air and soil Pollution, 1137: 247-265.

Sun X, Doner H E. 1998. Adsorption and oxidation of arsenite on goethite[J]. Soil Science, 163: 278-287.

Sun Y B, Sun G H, Xu Y M, et al. 2013a. Assessment of sepiolite for immobilization of cadmium-contaminated soils[J]. Geoderma, 193-194: 149-155.

Sun Y Y, Zeng XB, Bai LY, et al. 2013b. Regulation of exogenous in meadow cinnamon soils by applying layered double oxides and modified red mud[J]. Journal of Agro-Environment Science, 32: 1545-1551.

Tao Y, Zhang S, Jian W, et al. 2006. Effects of oxalate and phosphate on the release of arsenic from contaminated soils and arsenic accumulation in wheat[J]. Chemosphere, 65: 1281-1287.

Tokunaga S, Wasay S A, Park S W. 1997. Removal of arsenic (V) ion from aqueous solutions by lanthanum compounds[J]. Water Science and Technology, 35(7): 71-78.

Vandecasteele C, Dutré V, Geysen D, et al. 2002. Solidification/stabilization of arsenic bearing fly ash from metallurgical industry. Immobilization mechanism of arsenic[J]. Waste Management, 22: 143-146.

Véronique L, Christelle L, Véronique D, et al. 2005. Arsenic removal by adsorption on iron (III) phosphate[J]. Journal of Hazardous Materials B, 123: 262-268.

Ward J M, Schroeder J I. 1994. Calcium activated K^+ channels and calcium-induced calcium release by slow vacuolarion channels in guard cell vacuoles implicated in the control of stomatal closure[J]. Plant Cell, 6: 669-683.

Warren G P, Alloway B J, Lepp N W, et al. 2003. Field trials to assess the uptake of arsenic by vegetables from contaminated soils and soil remediation with iron oxides[J]. The Science of The Total Environment, 311: 19-33.

Warren G P, Alloway B J. 2003. Reduction of arsenic uptake by lettuce with ferrous sulfate applied to contaminated soil[J]. Journal of Environmental Quality, 32(3): 767-772.

Wenzel W W, Kirchbaumer N, Prohaska T, et al. 2001. Arsenic fractionation in soils using an improved sequential extraction procedure[J]. Analytica Chimica Acta, 436(2): 309-323.

Williams J D H, Syers J K, Walker T W. 1967. Fractionation of soil inorganic phosphate by a modification of Chang and Jackson's procedure[J]. Soil Science Society of America Journal, 31: 736-739.

Woolson E A. 1975. Arsenical pesticides[J]. ACS Symposium Series, 7: 1-176.

Wu F C, Tseng R L, Juang R S. 2001. Kinetic modeling of liquid-phase adsorption of reactive dyes and metal ions on chitosan[J]. Water Research, 35(3): 613-618.

Xu M G, Zhang Q, Zeng X B. 2007. Effects and mechanism of amendments on remediation of Cd-Zn contaminated paddy soil[J]. Environmental Science, 28(6): 1361-1366.

Yan X L, Zhang M, Liao X Y, et al. 2012. Influence of amendments on soil arsenic fraction and phyto availability by *Pteris vittata* L.[J]. Chemosphere, 88: 240-244.

Yang L, Shahrivari Z, Liu P K T, et al. 2005. Removal of trace levels of arsenic and selenium from aqueous solutions by calcined and uncalcined layered double hydroxides (LDH)[J]. Industrial & Engineering Chemistry Research, 44: 6804-6815.

Yoon I H, Moon D H, Kima K W, et al. 2010. Mechanism for the stabilization/solidification of arsenic-contaminated soils with Portland cement and cement kiln dust[J]. Journal of Environmental Management, 91: 2322-2328.

Youssef R A. 1989. Root-induce changes in the rhizosphere of plants: I. pH changes in relation to the bulk soil[J]. Soil Science & Plant Nutrition, 35: 461-468.

Yuan C, Jiang G, Liang K, et al. 2004. Sequential extraction of some heavy metal in Haihe River sediments, People's Republic of China[J]. Bulletin of Environmental Contamination and Toxicology,

73: 59-66.

Zeng X, Wu P, Su S, et al. 2012. Phosphate has a differential influence on arsenate adsorption by soils with different properties[J]. Plant Soil Environment, 58(9): 405-411.

Zhu M X, Li Y P, Xie M, et al. 2005. Sorption of an anionic dye by uncalcined and calcined layered double hydroxides: a case study[J]. Journal of Hazardous Materials B, 120: 163-171.

第七章 作物对土壤中砷的吸收及其调控

第一节 作物对土壤中砷的吸收

砷（As）是一种普遍存在于自然界中的、具有较强毒性的类金属元素。土壤中砷的超标乃至污染问题早已受到世界各国的密切关注，在中国，土壤中砷的背景值为11.2 mg/kg（陈怀满等，1996），略高于小山熊生（1976）统计得出的世界土壤平均砷含量（9.36 mg/kg）。在我国许多地区，虽然农田砷含量严重超标，但依旧用于种植蔬菜、玉米、油菜、柑橘等作物，作为当地人和动物的主要食物来源。微量的砷对动物和人类有益，但砷一旦过量则会严重危害人类及动植物的健康。土壤-植物（-动物）-人类系统是地圈及生物圈的基本构成单位，土壤砷污染不仅对农作物的产量和品质产生严重的影响，还会进一步影响到大气与水环境的质量，最终将通过食物链危及人类健康（Chen et al.，2000；Cunningham et al.，1995；Kham et al.，2000；Karenlampi et al.，2000）。因此，土壤砷的污染问题已成为迫切需要解决的问题。在我国农业土地资源日趋减少、人口数量不断增加的困境下，砷高风险农田的安全利用和调控，以及农产品的安全生产不仅是生态环境安全的需求，也是我们生存的需要。

一、农田中砷的环境行为

（一）砷在土壤中存在的形态及毒性

在土壤中，砷的存在形态不仅决定其在土壤中的移动性和生物有效性，也是反映其生物毒性的重要指标，对其进行研究有助于正确评价土壤中砷的有效性及其环境风险（Pongratz，1998；阎秀兰等，2005；宣之强，1998）。Pongratz（1998）和 Sadiq（1997）研究表明，土壤中的砷元素大多以无机形态存在，主要以带负电荷的砷氧阴离子（$HAsO_4^{2-}$，$H_2AsO_4^-$，$H_2AsO_3^-$，$HasO_3^{2-}$）的形式存在，化合价分别为+3［As（Ⅲ）］和+5 价［As（Ⅴ）］。有机态砷占土壤总砷的比率极低，主要以一甲基砷酸（MMA）和二甲基砷酸（DMA）等形态存在（陈同斌，1996；Manning and Suare，2000；Garcia et al.，2002）。无机砷的毒性大于有机砷，且所有形态中 As（Ⅲ）的毒性最大，其他几种砷的毒性约相当于 As（Ⅲ）的 1%。砷各形态的毒性大小依次为：砷化氢（AsH_3）＞氧化亚砷（As_2O_3）＞亚砷酸（H_3AsO_3）＞砷酸（H_3AsO_4）＞砷的有机化合物，有机砷因其在土壤中的含量很低，在砷污染治理的实践中常被忽略（Brannon and Patrick，1987；Chatterjee et al.，1995；蒋成爱等，2004）。砷进入土壤后，一部分留在土壤溶液中，一部分吸附在土壤胶体上，大部分转化为复杂的难溶性砷化物。因此，砷在土壤中的结合形态可分为三类。①溶解在土壤溶液中的砷（水溶态砷）：水溶态砷在土壤中含量常低于 1 mg/kg。谢正苗（1989）通过对 14 种不同土壤水溶态砷含量及其与土壤性质的关系研究发现，水溶态砷占土壤总砷的比例在 0.47%～7.39%，平均为 2.0%。②吸附在土壤黏粒和其他金属难溶盐表面的砷（交换态砷）：这种交换态砷可释放出来，与水溶性砷两者的总和称为可给态砷，可供植物吸收。③形成难溶性的砷酸盐（难溶态砷）：Williams 等将土壤中难溶态砷化物的形态分为 4 种：铝型砷（Al-As）、铁型砷（Fe-As）、钙型砷（Ca-As）和闭蓄型砷（O-As）。铝型砷、铁型砷、钙型砷可利用适当的提取液提取，而闭蓄型砷难以用提取液提取，被闭蓄在矿物晶格中，这部分砷占土壤总砷的比例较高；酸性土壤中以 Fe-As 占优势，碱性土壤则以 Ca-As 占优势（张国祥等，1996）。上述不同结合态砷的毒性依次为：水溶态砷＞钙型砷＞铝型砷＞铁型砷＞闭蓄态砷。

土壤对砷有强烈的固定作用，砷在土壤中的移动性较差，通常集中在表土层 10 cm 左右，土壤中黏土矿物类型及阳离子组成对砷的吸附有较大的影响，砷被土壤吸附主要是以阴离子的形式与土壤中带正电荷的质点相互作用（Newton et al.，2006）。

（二）砷在土壤中的吸附-解吸行为

砷进入土壤后，在土壤中主要发生吸附-解吸、迁移和形态转化等过程。砷在土壤中的吸附-解吸行为是影响土壤中含砷化合物的迁移、残留和生物有效性的主要过程。砷在土壤中迁移转化有两个决定因素：一是土壤具有使易溶性砷化物转变成为难溶化合物的能力；二是使难溶态砷变成易溶性砷化合物的能力。砷在土壤中的形态和价态分布及转化在很大程度上取决于土壤的特性，土壤性质是影响砷在土壤中吸附-解吸行为的重要因素。对于不同性质的土壤，砷的吸附-解吸行为可能会有很大差异。这些土壤性质主要包括：pH、Eh、竞争离子、土壤矿物组成、土壤有机质及黏土矿物含量、微生物种类和数量等（Yolcubal and Akyol，2008）。

关于土壤中砷的环境行为，国内外学者已经开展了大量的试验研究（李学垣，2001；Chatherine et al.，2002；Zhang and Selim，2005；Carina et al.，2007）。有研究表明，土壤理化性质的不同使得土壤对砷的吸附存在差异（Zeng et al.，2012）。中国科学院南京土壤研究所对我国不同土壤类型进行测定，结果表明，不同土壤对砷的吸附量的顺序表现为：红壤＞砖红壤＞黄棕壤＞黑钙土＞碱土＞黄土。吴萍萍等（2011a；2011b）系统分析了我国 7 种不同类型土壤对砷的吸附行为，结果表明，发育自第四纪红土的红壤及东北平原的黑土对砷的吸附能力最强，以 NaOH 作为解析剂时，随着初始砷浓度的增加，土壤对砷的吸附量和解析量均相应增加，吸附量与解析量之间呈正相关关系。陈同斌（1991）开展了土壤中 pH、Eh 和砷溶解度之间关系的研究，其结果表明，土壤中吸附态砷转变成溶解态的砷化物与土壤 pH 和 Eh 关系密切，当土壤 Eh 降低、pH 升高时，可溶性砷含量显著增加。Goldberg 和 Glaubig（1988）研究了砷在石灰质的、蒙脱石化的土壤中的吸附行为，Elkhatib 等（1984）利用弗吉尼亚土壤进行吸附亚砷酸根的试验，试验结果都证明土壤 pH 是影响土壤砷吸附的最重要因素，而碳酸盐的存在会使吸附受到影响。Goldberg 和 Glaubig（1988）及 Johnstone 和 Barnard（1979）对比分析了不同类型黏土矿物对砷的吸附能力，其吸附量大小表现为无定形铝氧化物＞伊利石＞高岭石＞蒙脱石。Mello 等（2007）对巴西矿产开采区污染土壤中砷的价态进行了研究，发现活性铁锰能显著促进土壤中 As（V）向 As（III）的转化。Raven 等（1998）研究发现砷吸附与土壤中铁、铝氧化物及黏粒含量呈显著正相关。Goldberg（2002）和谢正苗等（1998）分别开展了铁、铝氧化物对砷的吸附研究，结果发现铁、铝矿物对砷土壤中的砷具有较强的亲和力，且大多数铁、铝氧化物都带有正电荷，适于从土壤溶液中吸附砷氧酸根，尤其是铁化合物。Sadiq（1997）研究发现，无论酸性土还是碱性土，铁的氧化物和氢氧化物对砷均有很强的吸附能力，而铝的氧化物或氢氧化物对砷的吸附仅在酸性土上，近中性或碱性土中受限。Àlvarez-Benedí 等（2005）、范秀山和彭国胜（2002）用各种模型来描述了吸附-解吸的动力学过程，均认为土壤胶体对砷的吸附以 Elovich 和 Freundlich 修正方程拟合最好。

（三）铁、铝等矿物对砷的吸附机理

尽管砷化物在土壤中多以带负电的砷酸根离子存在，但土壤溶液中的砷酸根仍然可与土壤成分通过化学吸附或配位体交换形成内表层的复合物，即专性吸附，在一些酸性土中，存在带正电荷的黏土，由于静电作用使吸附显著增强（赵其国，2003）。大量研究表明，与砷发生专性吸附的主要物质为铁、铝、锰等金属氧化物或氢氧化物，其中，土壤中三氧化二铁对砷具有很强的吸附能力，可大量吸附土壤中的砷，在土壤微生物和有机质等因素的共同作用下可间接促进亚砷酸盐的氧化过程，在砷的环境行为中具有重要的地位，且土壤中的氧化铝对砷的吸附行为的影响与氧化铁相似，对砷的吸附以专性吸附为主，在目前的研究中认为土壤中铁、铝氧化物是控制砷在土壤中吸附的关键因素，但两者相比，砷在土壤中的吸附更容易受到氧化铁的影响（Antonio and Massimo，2002；Mohapatra et al.，2005）。

近年来，有专家对砷在土壤矿物上的吸附机理进行了较系统的研究，通过宏观试验现象并结合微观的分析数据，认为砷在铁氧化物表面的吸附属于专性吸附。Goldberg 和 Glaubig（1988）及 Johnston 和 Barnard（1979）通过宏观的 PZC 转移现象和离子强度影响试验，结合微观的光谱研究认为，As（V）在无定形铁、铝氧化物上均形成了内层表面配位体，As（III）在无定形铁氧化物上同时具有内层和外层两种配位形式，而在无定形铝氧化物上则以外层配位形式被吸附。当土壤环境中的 pH 达到这些氧化物或氢氧化物的等电点以下时，胶体带正电，能够吸附土壤溶液中带负电的砷氧阴离子，靠静电引力的作用，使砷氧阴离子能够跨越能量壁垒接近胶体表面，进而进入胶体表面的金属原子的配位中，与配位壳中的羟基或水合基置换，由于铁及铝氧化物都具有八面体晶体构造，形成了类似磷在铁氧化物表面所形成的单齿单核螯合和双齿双核螯合两种配位形式（周爱民等，2005；Ladeira et al.，2001）。Luo 等（2006）等应用 X 射线吸收精细结构光谱（XAFS）技术研究了砷酸根与铁铝氧化物的作用机理，可能是形成了稳定的双齿双核结构的复合物。同样也有相关研究证实，砷在某些双金属氧化物表面呈现出单齿单核与双齿双核结构复合物共存（Dou et al.，2011）。土壤矿物成分与砷的界面反应还包括氧化-还原、沉淀-溶解等（Masscheleyn et al.，1991；Dixit and Hering，2003）。

二、作物对土壤中砷的吸收

由于土壤中的砷不易清除，因此，通过研究土壤砷与植物吸收砷的关系，达到降低砷污染农田中作物对砷吸收的目的，一方面可以优选植物品种从而有效降低砷的危害，另一方面可以尝试从植物营养学的角度开展研究，寻找阻断或者抑制植物吸收土壤中砷的措施。

（一）砷对植物生长的危害及其机理

砷不是植物生长所必需的营养元素，但植物在其生长过程中从外界环境主动或被动吸收砷（廖自基，1992）。相关研究发现，低浓度的砷能够刺激某些植物的生长，一方面可能是因为砷化合物进入植物体内后，杀死了某些对植物有害的病菌或者抑制其繁殖；另一方面，也有专家推测随着砷化合物进入植物体内，这些砷化物可以产生还原作用，进而提高了植物细胞氧化酶的活性，从而促进了植物的生长（谢正苗，1994；Chrenekva，1977；Crecelius，1974）。然而过量的砷则会对植物产生危害。从砷对植物的生理生化作用影响来看，过量的砷不仅导致植物细胞内叶绿素的形成受阻，还会降低植物叶面的蒸腾作用，从而阻碍植物体对水分的吸收及水分从根部向地上部分的运送，进而引起植物叶片萎黄，光合作用受到抑制，作物营养生长不良，阻碍作物的生长发育。砷的毒害作用还表现在对植物体内酶活性的影响上，研究发现，砷对植物体内某些酶的抑制作用十分明显，如植物茎中的砷累积会抑制蔗糖酶的活性，进而影响植物体内糖类营养物质的转化，导致植物无法获取生长发育所必需的糖类营养，从而阻滞植物正常的生长发育；而根部高度累积的砷则会抑制过氧化氢酶的活性，其活性一旦下降，植物根系中的过氧化氢含量增多，导致根部呼吸受到抑制，进而对植物的生长造成严重影响。砷对植物的毒害作用还表现为对植物体内高能键的三磷酸腺苷（ATP）耦联形成的干扰，在通过氧化性的磷酸盐化作用产生三磷酸腺苷的过程中，或由于砷干扰中间反应的酶促作用，或由于磷、砷的化学性质相似，过量砷使得三磷酸腺苷解耦联，强烈阻碍其形成，以致作物丧失生长发育所必需的能量来源（许嘉琳等，1996）。此外，研究发现过量的砷对植物吸收生长发育所需的养分离子也有不同程度的影响，研究指出砷对植物吸收养分的阻碍顺序为 $K_2O > NH_4^+ > NO_3^- > MgO > P_2O_5 > CaO$（谢正苗等，1998）。

（二）砷的生物有效性

进入土壤环境中的砷主要被土壤中的铁、铝、锰、钙等金属氧化物吸附而生成共沉淀，所有土壤砷的形态中，只有残留态砷（O-As）是生物无效砷，其他形态的砷在土壤理化性质发生变化与土壤微生物作用下导致砷结合矿物相态或粒径改变时，均有可能释放而成为生物有效砷。受土壤类型、砷的种类与形态的影响，植物对砷的吸收有相当大的差异。一般而言，土壤中水溶态砷和交换态砷等松散结合的砷，其有效性较高，易被植物吸收，危害性较大，但在一般土壤中，水溶态砷所占的比例较低，常低于 1 mg/kg，不到总砷量的 10%，多数小于 5%（Bombach et al.，1994；夏立江等，1996）；相对而言，Fe-As 和 Al-As 与土壤结合较为紧密，在土壤中性质较稳定，不易被生物吸收或进入水体，其危害性相对较低（张国祥等，1996），而 Ca-As 受土壤因子的影响较大，易转化为其他形态的砷，因而对生物的毒性大于 Fe-As 和 Al-As（王援高等，1999；常思敏等，2005）。研究发现，植物对土壤中各形态砷的吸收能力为：水溶性砷＞亚砷酸钙≈亚砷酸铝＞亚砷酸铁（Sadiq，1997）。

（三）不同植物对土壤中砷的吸收特征及转运规律差异

1. 植物对砷富集的特点

不同植物对砷的敏感性不同，因此同一砷污染区，不同植物品种对砷的富集程度差异很大。在全缘凤尾蕨、蜈蚣草等对砷有特别富集作用的植物中，砷含量异常高（韦朝阳和陈同斌，2002）。已经有研究对湖南石门县雄黄矿区周边的植物进行大量调查取样，发现植物对砷的富集量由高至低依次表现为粮食作物＞蔬菜＞水果（李莲芳等，2010）。生长在冶炼厂附近的植物中，花椰菜叶片含砷量仅为 5.5 mg/kg，而草本植物叶片含砷量竟高达 396 mg/kg，两者相差 70 多倍（廖自基，1992）。在北方砷含量高达 100 mg/kg 的土壤中，小麦籽粒的含砷量仍未超过食品卫生标准，而生长在砷含量为 12 mg/kg 土壤中的水稻，糙米的含砷量就可超过食品卫生标准。一般来说，作物耐砷能力的大小顺序为：小麦＞玉米＞蔬菜＞大豆＞水稻（许嘉琳等，1996；杨清，1992），其中，旱稻＞水稻（Abedin et al.，2002）。相关研究对 239 份水稻品种的含砷量测定表明，不同水稻基因型中，稻米含砷量为 0.08～49.14 mg/kg，变异系数为 51.8 mg/kg（蒋彬和张慧萍，2002）。有研究对不同品种的绒毛草进行的耐砷性比较研究表明，耐砷品种体内砷的累积量远低于敏感品种（Mehary and Macnair，1992）。其他研究也有类似的结果：不同作物中砷含量的分布规律一般为根菜类＞豆荚类＞叶菜类＞茎菜类＞果实类＞籽粒类（夏立江等，1996；常思敏等，2005）。

此外，同一植物的不同部位含砷量也有较大差异。植物吸收砷主要通过根系，因此砷富集的最高浓度在植物的根部和块茎部。植物不同部位的砷积累能力一般为根＞茎叶＞籽粒、果实，呈现出自下而上递减的规律（张国祥等，1996）。植物吸收的砷大多富集在根、豆荚和叶中，茎和果实（特别是树上的水果）含砷量较低（夏立江等，1996；Mehary and Macnair，1992）。许多专家对砷在植物中的形态转化过程也开展了研究，有研究结果表明，砷在超富集植物根部主要以 As（Ⅴ）存在，As（Ⅲ）很少，仅占 8.3%，而在植物地上部则主要以 As（Ⅲ）存在（Zhang et al.，2002）；As（Ⅴ）向 As（Ⅲ）的转化主要发生在植株内部从地下部向地上部转运的过程中。另外，研究结果表明，不同类型蔬菜对砷的富集能力有差异，认为叶菜类富集能力最强，其次为块茎类、豆类、茄果类，瓜类最弱（陈玉成等，2003）。

2. 植物对砷的富集系数

富集系数是植物中砷含量与土壤中砷含量的比值，可大致反映植物在相同土壤砷浓度条件下对砷的吸收能力（陈同斌等，2002）。砷富集系数越小，表明植物吸收砷的能力越差，抗土壤砷污染的能力越强。

北京市蔬菜中砷含量、蔬菜砷富集系数与土壤砷含量三者之间的关系表明，蔬菜中砷含量与土壤砷含量没有显著相关性，但与砷富集系数呈极显著正相关（陈同斌等，2006）；蔬菜砷富集系数与蔬菜砷含量呈极显著的正相关关系，而与土壤砷含量呈显著的负相关关系。这说明生物富集系数的变化可以很好地反映蔬菜砷浓度的变化，这与另一研究结果相似（蔡保松等，2004）。因此，在高砷风险区种植作物时，应根据土壤砷含量状况选择对砷富集能力较差的作物品种。

（四）植物对养分离子吸收的选择性

植物对养分离子的吸收具有选择性，养分离子间相互作用对植物吸收离子的选择性产生影响，这种相互作用分为拮抗效应和协同效应。所谓离子间的拮抗作用，是指在溶液中某一离子的存在能抑制另一离子吸收的现象；而离子间的协同作用是指溶液中某一离子的存在有利于根系对另一些离子的吸收。

三、土壤中砷生物有效性的调控方法

土壤系统中砷的污染与治理，一直是国际上研究的难点和热点。目前，国内外对受砷污染土壤改良治理的方法很多，主要包括物理修复（或称为工程修复）、化学修复、植物修复和微生物修复等（陈忠余等，1979；谢正苗等，1988；郭观林等，2005；Guo et al.，2006；Diels et al.，2002）。

（一）化学修复

化学修复（唐世荣，2006）是根据土壤和重金属的性质，选择合适的化学修复剂（改良剂、沉淀剂、增容剂等）加入土壤，通过对重金属的吸附、氧化还原、沉淀及萃取，以降低重金属的生物有效性。化学改良是目前土壤砷污染修复中应用最多的一种改良手段，具有成本低、见效快的特点。针对高风险农田的调控及安全利用等问题，近年来，国内外学者主要从钝化剂应用、土壤管理等方面开展了相应研究，并获得了一些有价值的结果。其中，原位钝化作为一种见效快、操作简单方便且行之有效的化学修复方法，在较大面积、中轻度污染农田的修复与调控中发挥了重要作用。目前常用的钝化剂主要有石灰、沸石、碳酸钙、磷酸盐、铁或铝矿物、硅酸盐和促进还原作用的有机物质等。

根据砷在土壤中的含量和存在形态，利用化学钝化剂稳定土壤中的砷，降低砷对植物的有效性，减少砷在作物中的积累，是一种十分可行的土壤砷污染治理方法。在淹水、缺氧环境下，向土壤中添加铁、锰氧化物，可促使植物根际表面形成铁氧化膜或铁锰氧化膜，对根际包裹，减少了 As（Ⅲ）等还原性物质的吸收，并通过吸附作用对营养物质进行富集，当环境缺乏营养物质的时候再释放出来（刘文菊和朱永官，2005）。谢正苗等（1988）指出，在受砷污染的土壤中投加硫酸亚铁和硫酸高铁均能降低砷的危害，这是因为铁盐水解后呈酸性，可降低土壤中砷的有效态并在植物根表面累积大量三氧化二铁，进而吸附砷并形成铁与砷的共沉淀，从而减少植物对砷的吸收。针铁矿［goethite，α-FeO(OH)］是土壤中最常见的晶质氧化铁，呈黄色或黄棕色，它是由八面体联成的链状晶体结构，其表面是两性基团，既可从溶液中吸附 H^+离子，也可吸附 OH^-离子，即针铁矿表面随着体系 pH 的变化而质子化或脱质子化（朱立军等，1997）；水铁矿（ferrihydrite，$Fe_{10}O_{15}\cdot 9H_2O$）是新鲜氧化铁的聚积物，呈红棕色，它是针铁矿和赤铁矿等稳定铁氧化物的中间过渡态，在土壤中大量存在，在热带、亚热带气候下易转变为赤铁矿，而在潮湿温带气候下则转变为针铁矿，其结晶度差、比表面积大，化学活性高，因此具有较强的吸附外来离子的能力。铝在土壤中则均以氢氧化物的形式存在，常见的有三水铝石和一水软铝石等。三水铝石［gibbsite，$Al(OH)_3$］的基本结构单元是由 Al^{3+}和 OH^-组成的八面体片，是长石等含铝矿物风化的次生产物，主要分布在红壤、砖红壤等老成土和氧化土中。近年来，除了上述土壤中存在的一些天然金属矿物以外，层状双金属氢氧化物（又称水滑石，layered double hydroxide）作为一种具有选择性能的吸附剂，在去除水体中阴离子型污染物方面也备受关注（Orthman et al.，2003）。水滑石的结构通式为：$[M(\mathrm{II})_{1-x}M(\mathrm{III})_x(OH)_2]^{x+}(A^{n-})_{x/n}\cdot mH_2O$。其中，M（Ⅱ）和 M（Ⅲ）分别为二价和三价金属阳离子，形成带有正电荷的层板；A^{n-}为层间可交换阴离子，以维持电荷平衡，这部分阴离子可与环境中其他阴离子进行交换。组成 LDH 常见的二价金属阳离子有 Mg^{2+}、Zn^{2+}、Ni^{2+}、Co^{2+}、Mn^{2+}、Cu^{2+}等；三价金属阳离子有 Al^{3+}、Fe^{3+}、Sc^{3+}、V^{3+}等。层间阴离子一般为 CO_3^{2-}。水滑石的层间阴离子具有一定的迁移性和很强的可交换性，即处于结构层之间的阴离子可被环境中的其他无机或有机阴离子交换。此外，层间还有一些以结晶水形式存在的水分子，这些水分子可在不破坏层状结构的条件下去除。经高温热分解后的水滑石即为双金属氧化物（layer double oxide，LDO），其结构均匀、粒径小、比表面积大，对各类阴离子具有很强的吸附能力。LDO 通过吸附溶液中的阴离子来恢复原有结构，并因此具有去除水体中有毒阴离子的作用（Grover et al.，2009；Zhu et al.，2010）。一般来讲，LDO 的吸附容量远远大于水滑石（Lazaridis et al.，2002；Kiso et al.，2005）。本课题组吴萍萍等、孙媛媛等通过人工化学合成的方法（吴萍萍等，2011；孙媛媛等，2011），研制了多种对环境中砷具有较强吸附能力的铁、铝矿物和镁铝双金属氧化物，并在室内条件下研究了其吸附砷的动力学过程及 pH 等因素的影响，所研制的钝化剂对水体中砷具有较好的去除率。研究总结并比较了多种类型钝化剂对水体中砷的钝化效果（Dinesh and Charles，2007），其中铁的氧化物和氢氧化物，包括无定形水合氧化铁（FeO-OH）、针铁矿［α-FeO(OH)］和赤铁矿（α-Fe_2O_3），对吸附水体中的 As（Ⅲ）和 As（Ⅴ）效果显著。豆小敏等对 5 种铁氧化物去除 As（Ⅴ）的性能进行比较研究，发现 5 种铁氧化物的吸附容量依次为施氏矿物＞四方纤铁矿＞水铁矿＞赤铁矿＞针铁矿，其中以施氏矿物性能最优（豆小敏等，2010）。

（二）物理修复

物理修复是指通过物理方法如深翻、客土、耕作、淋洗等，使土壤重金属含量下降或活性降低，以减少作物对重金属的吸收量。该措施是治理土壤重金属污染的有效方法之一。然而，这种方法的应用价格昂贵，一般仅适用于污染面积小且污染状况特别严重的土壤。

（三）微生物调控

环境中存在的砷虽然不能像有机污染物那样被微生物降解，但却可以通过微生物对砷的氧化-还原、吸附-解吸、甲基化-去甲基化、沉淀-溶解等作用影响其生物有效性，从而达到降低环境中的砷毒害、修复砷污染环境的目的（吴佳等，2011）。微生物调控即利用微生物，如细菌、真菌、放线菌和原生动物的生命代谢活动，富集、分解或消除生长介质中的污染物。目前，许多微生物特别是真菌、细菌、藻类等均被发现具有较强的耐砷能力，已在砷污染治理与修复方面展现了广阔的前景，但是单独采用砷污染微生物修复的效率往往不高，应结合其他调控技术进行联合修复。

（四）作物对砷吸收的调控

1. 超富集植物的修复

超富集植物的修复是指利用某些植物能忍耐和超量积累某种重金属的特性来清除土壤中的重金属。目前利用超富集植物来修复高风险的砷污染土壤已取得了较多的进展，研究表明，在砷污染土壤上生长的蜈蚣蕨，其体内砷含量能达到1442～7526 mg/kg，并认为蜈蚣草是最有效的砷超富积植物（Ma et al.，2001）；喻龙等、陈同斌等分别研究发现凤眼莲、蜈蚣草、剑叶凤尾蕨等若干种植物对砷具有极强的耐性和不同程度的富集能力；尽管此方法取得了一些可喜的进展，但从目前的情况来看，超富集植物修复技术由于修复时间较长、植物后处理等问题尚未得到妥善的解决，在一定程度上制约了该技术的快速发展（喻龙等，2002；陈同斌等，2006）。

2. 低吸收作物的筛选

我国有大面积受重金属污染的农田，在这些农田上收获的作物可食部分，重金属含量往往超过食品安全国家标准的几倍甚至几十倍。根据土壤重金属污染状况及土壤理化性质等筛选出重金属低积累的作物品种或同一作物的不同基因型，使作物可食部位重金属含量低于食品安全国家标准规定的限量值，且作物生物量及产品品质不受砷污染环境的影响，是保障高风险农田的安全利用的一种行之有效的方法。研究表明，通过筛选低吸收作物来减少食物链重金属的方法被证明是经济可行的（程旺大和张国平，2006），然而，将筛选得到的低累积作物品种种植在未知浓度的土壤上，可食部位重金属含量是否依然低于食品安全国家标准，是衡量选育品种是否具有推广价值的重要标准。研究表明，即使在重金属含量相近的土壤上，玉米累积重金属的能力仍存在显著的差异，作物品种累积重金属的能力与土壤理化性质、土壤微生物、根际氧化膜、根际分泌物、不同耕作制度等因素都密切相关（伍钧等，2011；杭小帅等，2009）。因此，弄清品种、环境以及二者互作效应才能更好地解释作物累积重金属的规律，从而使作物品种低积累性状具有再现性。

3. 作物营养调控

作物营养调控是指根据植物对养分离子吸收的选择性，利用离子之间的拮抗作用，通过添加磷、钙、铁等营养元素抑制植物对砷的吸收转运。近年来，砷和其他元素在植物中的相互关系研究主要集中在磷和钙两种元素上。

1）磷和砷关系

磷和砷在元素周期表中同属于第Ⅴ主族，它们有着相似的电子层结构，两者化学性质相似，并且在自然界中都能形成形态相似的磷酸盐（PO_4^{3-}）和砷酸盐（AsO_4^{3-}），在自然界中往往是共生的。在晶体结构中，砷常占据磷的位置，但它们在植物体内的生理行为却截然不同，磷在植物体内参与许多重要化合物的合成，如磷脂、核苷酸、核酸、核蛋白、ATP 酶等，是植物生长代谢不可缺少的必需营养元素；而砷却是植物生长非必需的有毒痕量元素，过多的砷会导致植物营养失调，影响植物的正常生理代谢。前人研究表明，磷和砷在土壤中存在竞争吸附的关系，磷可以与土壤固相中专性吸附或者非专性吸附的砷竞争吸附位点（Qafoku et al.，1999），提高磷浓度可以减少土壤对砷的吸附能力，增加砷的解析量。施磷对砷污染土壤上植物的生长发育及元素吸收的影响因植物种类和特征而异，磷和砷在不同植物中的相互关系主要可以分为拮抗效应和协同效应两类。

拮抗效应是指磷会限制植物对砷的吸收和累积。植物对磷和砷的吸收是通过相同的通道，是在同一系统中进行的（Tu and Ma，2005）。植物系统中的磷会限制对砷的吸收和积累，且在高磷浓度下，植物中 PO_4^{3-}和 AsO_4^{3-}竞争膜转运蛋白，两者之间表现为拮抗关系（Sharpies et al.，1999）。三叶草幼苗生长过程中，增加土壤中的砷浓度会减少幼苗对磷的吸收，砷干扰作物对磷的代谢途径，砷毒害可使作物对磷吸收的通道关闭（郭再华等，2009）。土壤中添加磷可以提高土壤溶液的砷浓度，抑制植物吸收砷，改善植物的磷营养，促进植物的生长发育（Sneller et al.，1999）。研究表明，提高磷浓度可以降低水稻根系、茎叶和籽粒中的砷浓度（Asher and Reay，1979）。杨文婕等进行的水培空心菜砷和磷配比试验结果表明，在低 PO_4^{3-}浓度下，AsO_4^{3-}能显著降低空心菜的产量；提高 PO_4^{3-}含量，空心菜产量明显提高。在番茄生长过程中，植株对于磷和砷的吸收存在一定的竞争机制，磷与砷相互作用在缺磷条件下更明显，提高供磷水平可降低番茄体内砷含量，缓解砷对番茄的胁迫作用（杨文婕和刘更另，1996；王萍等，2008）。对旱生小麦而言，外源磷的施入促进了小麦根系对磷和砷的吸收，并且促进了磷在小麦体内的转运，且高浓度的外源磷会抑制砷的转运（薛培英等，2009）。

协同效应是指施磷会导致植物吸收和累积砷的量增加。陈同斌等（2002）对砷超富集植物蜈蚣草进行的研究表明，磷与砷的吸收和累积不存在明显的拮抗效应，甚至在高磷或高砷条件下还表现出协同作用，即添加磷肥可以提高蜈蚣草对砷的吸收效率。由此推测，在蜈蚣草中，磷与砷的吸收和累积并不是完全通过同一系统进行的，这跟 Tu 和 Ma（2003）的研究结果相一致。范稚莲等（2006）通过进一步的研究证实，蜈蚣草体内的砷主要是以亚砷酸根的形式向地上部运输，而磷则是以磷酸根的形式向地上部运输，砷和磷并非通过相同的机制转运。同样，张广莉等（2002）的研究发现，红棕紫泥土施磷会加重砷对水稻的毒害，砷和磷之间表现出协同作用。耿志席等（2009）通过盆栽试验研究了钙镁磷肥和过磷酸钙对土壤砷的生物有效性的影响，结果表明，施用两种肥料能够显著促进小白菜的生长，同时也显著提高了土壤中有效态砷的含量，进而增加小白菜对砷的吸收累积。

另外，有研究发现，砷和磷在植物中存在双重效应，在植物生长过程中，低浓度的磷、砷具有协同作用，高浓度的磷、砷表现为拮抗效应。郭再华等进行的研究表明，少量砷可以刺激水稻的生长，促进磷的吸收，而砷用量过多则抑制水稻的生长和磷的吸收（郭再华等，2009）。张广莉等（2002）通过添加磷对根际无机砷的形态分布影响的研究表明，在试验浓度下，外源磷的加入可减轻受砷污染的红紫泥中砷对水稻的毒害，相反，外源磷的加入会加重受砷污染的红棕紫泥中砷对水稻的毒害，且两种土壤中根际各形态都比非根际高，砷在根际呈富集状态。

2）钙和砷的关系

砷和钙在植物中的关系也比较复杂。前人研究发现，当普通植物受到砷的毒害时，可以通过施钙来减轻重金属对植物造成的毒害作用，一方面可能是由于施加钙改变了土壤 pH，降低了重金属离子的有效性，另一方面也可能是因为钙与砷在植物中存在着一定的拮抗作用所致。而 Heeraman 等（2001）研究发现，室内条件下，添加一定浓度的砷能够明显促进一些作物对钙的吸收；Cox（1995）研究表明，欧洲油菜地上部钙含量与添加有机砷酸盐浓度呈直线相关。这些研究说明砷和钙在植物中存在着一定的协同效应。廖晓勇等（2003）在砂培条件下研究了添加钙、砷对蜈蚣草生长和砷、钙的吸收及转运的影响，结果表明，在不同钙水平下，添加砷对根部生长的影响并不一致，在低钙（0.03 mmol/L）处理下，根部生物量随着介质中砷浓度的升高而显著减少；在中钙（2.5 mmol/L）处理下，根部生物量却随着介质中砷浓度升高而增大；高钙（5 mmol/L）处理根部生长对砷的反应无明显规律。介质中钙浓度由 0.03 mmol/L 升高到 5 mmol/L 时，蜈蚣草根部砷浓度无显著变化，叶柄中砷浓度升高，但羽片中砷浓度降低。这说明钙和砷在植物中存在着双重效应，钙可以促进砷由根部向叶柄转运，却限制其进一步向羽片的转运。总的来说，增加介质中钙浓度可降低根向羽片的转运系数，这与 Xie 和 Huang（1998）的研究结果相一致，即添加钙可增强砷对水稻的毒性，使其产量下降，钙虽然提高了水稻叶片中砷的浓度，但却抑制了其向稻米中的转运。

综合上述各调控措施，化学调控方法以其见效快、操作简单的优势在较大面积、中轻度污染农田的修复与调控中发挥了重要作用；而作物低吸收及作物营养调控措施因其环境友好性及修复成本的协调性，在中轻度污染农田的修复与调控中展现了广阔的应用前景。

第二节　土壤砷含量对不同作物吸收转运砷的影响

目前，有关砷在土壤-植物系统中的迁移和累积的研究已有很多报道。大量研究证明，土壤和农作物中的砷含量存在明显相关性，对不同农作物，其相关性的程度不同，砷含量越高的土壤和作物，该规律越明显（陈同斌和刘更另，1993）。Klocke（1986）研究土壤砷对植物和植物可食部分积累砷的关系认为，当土壤砷浓度小于 20 mg/kg 时，才能保证植物和植物可食部分砷含量不超过人体最大允许日摄取量（ADI）。若以中国食品安全国家标准中砷含量小于 0.5 mg/kg 为限，不同类型和质地中，砷对作物的毒害临界值也各不相同。不同植物对砷的敏感性不同，因此同一砷污染区，不同植物品种对砷的富集程度差异很大。

试验采用盆栽方法进行，地点位于湖南省岳阳市农业科学研究所科研试验场内，具体地理位置在湖南省岳阳市岳阳县麻塘镇北湖村与畔湖村之间（E 112°44′，N 28°57′）。该区域气候特点总体概括为：温暖期长，严寒期短，四季分明，日照丰富，雨量充沛。为减少降雨等对作物生长、试验过程的干扰及影响，将移植作物后的盆钵放入长 14 m、宽 10 m 的大棚，大棚顶层用透明塑料膜覆盖，四周开放。我们配置了 6 个不同含砷量的试验土壤，采用盆栽试验的方式种植小白菜和玉米两种作物，通过比较研究土壤总砷含量与作物各器官砷含量之间的关系，明确小白菜和玉米在不同砷浓度土壤中的富集状况及其相关性，进一步明确植物不同部位对砷的富集和转运规律，以期为高砷风险污染土壤的安全利用提供科学依据，并对不同砷含量土壤的安全种植提供合理的建议。实验土壤取自湖南石门县某雄黄矿区周边农田和湖南岳阳县岳荣公路附近农田，其基本理化性质如表 7.1 所示。

表 7.1　土壤基本理化性质及砷含量

土样来源	土壤类型	pH	土壤有机质 /（g/kg）	土壤全氮 /（g/kg）	土壤总砷 /（mg/kg）	0.5mol/L $NaHCO_3$ 提取有效砷 /（mg/kg）
湖南石门县	湖潮泥土	7.59	19.96	1.11	194.44	7.77
湖南岳阳县	板页岩红壤	4.91	23.75	1.23	12.01	0.00

将上述两种土壤按照一定比例混合均匀，配制成总砷含量分别为 194 mg/kg、140 mg/kg、110 mg/kg、80 mg/kg、40 mg/kg 和 12 mg/kg 的 6 个试验土壤。

一、土壤砷含量对玉米和小白菜生长的影响

小白菜盆栽试验从直接播种到收获，整个生育期持续 45d，每盆种植小白菜 4 棵，种植期间用地下水（不含砷）浇灌，保持土壤含水量在田间持水量的 70%左右；玉米盆栽试验从育苗到移栽再到收获，全生育期为 123d，每盆移栽 1 棵玉米，种植期间用地下水（不含砷）浇灌，根据大田农民习惯方法进行管理。

（一）土壤砷含量对玉米各部生物量的影响

实验结果显示（表 7.2），当土壤总砷浓度为 40 mg/kg 时，玉米植株生物量（干重）和玉米结实量最大，均显著高于其他处理，可能是因为低浓度的砷刺激了玉米的生长。而总砷含量在 12 mg/kg 以下、140 mg/kg 以上时，玉米植株生物量开始明显减少，结实量也显著降低，其中总砷含量为 194 mg/kg 土壤中玉米的结实量仅为总砷含量 40 mg/kg 土壤下的 36.46%。由此可见，低浓度的砷有利于刺激作物生长，而高浓度的砷则会影响作物的营养生长和生殖生长，从而对作物造成一定的危害。

表 7.2　土壤总砷含量对玉米各部分生物量的影响

土壤总砷含量 /（mg/kg）	玉米植株干重 /（g/pot）	玉米籽粒干重 /（g/pot）	玉米茎干重 /（g/pot）	玉米叶干重 /（g/pot）	玉米根干重 /（g/pot）
12	120.65±11.07d	36.32±6.84c	26.90±5.29d	29.24±1.36b	12.43±2.56b
40	220.99± 2.57a	91.87±8.48a	52.63±3.37ab	36.08±4.03ab	18.43±1.03a
80	198.07±12.08b	60.07±1.60b	58.85±8.90a	36.70±6.48ab	17.03±2.29a
110	195.84± 9.55b	50.98±4.56b	57.39±8.24a	37.33±4.41a	20.98±3.29a
140	158.26± 7.33c	36.82±9.74c	44.90±3.71bc	34.42±1.64ab	20.66±2.21a
194	145.94± 5.99c	33.50±4.80c	36.49±5.36cd	29.43±3.48b	16.84±1.66a

注：同一列中不同字母表示具有显著差异（$P<0.05$）。

（二）土壤砷含量对小白菜各部生物量的影响

通过实验我们发现（表 7.3），生长在总砷含量 12 mg/kg 和 40 mg/kg 的土壤中的小白菜发芽率高，但生物量较低，主要原因是黄壤质地黏重，不利于小白菜根系的生长和呼吸；而生长在总砷浓度 80 mg/kg 和 140 mg/kg 的土壤中小白菜发芽率高，生物量大；当土壤总砷浓度达 194 mg/kg 时，直播于土壤中的小白菜种子发芽率极低，其中幸存下来的小白菜植株矮小，叶片发黄，此污染浓度严重影响了小白菜的正常生长，使小白菜生物量极低。实验结果说明，低量的砷能够刺激小白菜生长，但砷一旦过量，则会严重抑制小白菜的生长。

表 7.3　土壤砷含量对小白菜地上部和地下部生物量的影响

土壤总砷含量 /（mg/kg）	小白菜地上部干重 /（g/pot）	小白菜地下部干重 /（g/pot）	小白菜植株干重 /（g/pot）
12	0.85±0.17d	0.12±0.02d	0.97±0.16c
40	2.30±0.70cd	0.23±0.10bc	2.53±0.77c
80	2.76±1.23bcd	0.38±0.12ab	3.14±0.42bc
110	3.40±0.92b	0.49±0.05a	3.89±0.38b
140	5.13±1.63a	0.47±0.21a	5.60±0.40a
194	2.43±0.19bc	0.20±0.14bc	2.63±0.17bc

注：同一列中不同字母表示具有显著差异（$P<0.05$）。

比较我们实验所选取的两种供试植物小白菜和玉米的生长状况而言，同种浓度砷土壤中生长的玉米抗砷污染的能力高于小白菜，小白菜对砷更加敏感。

二、土壤砷含量对玉米和小白菜吸收砷的影响

（一）土壤砷含量对玉米吸收转运砷的影响

在盆栽实验中，我们就土壤砷含量对玉米籽粒砷含量、玉米茎秆和叶片砷含量、玉米根系砷含量、玉米植株富集砷及砷元素由玉米地下部向地上部转运等影响进行了详细的观察，获得了大量数据和结果。

1. 土壤砷含量对玉米籽粒砷含量的影响

玉米是世界上三大粮食作物之一，近年来，玉米已经取代稻谷成为我国第一大粮食作物，玉米籽粒的砷含量状况是衡量砷污染农田产出的玉米是否能够食用的重要标准。图 7.1 为不同砷含量土壤中产出的玉米籽粒砷含量的变化趋势。

由图中可知，随着土壤总砷含量的升高，玉米籽粒中累积砷的含量也随之增加，两者之间呈现出极显著线性相关关系，相关系数 r=0.986**，线性拟合方程为：

$$y=-0.0016+4.9848\times10^{-4}x \quad (n=6,\ R^2=0.966)$$

由上述方程可知，土壤总砷含量每提高 10 mg/kg，玉米籽粒中砷含量仅提高 0.005 mg/kg，当此杂交品种玉米在总砷为 12～194 mg/kg 的土壤中生长时，玉米籽粒中的砷含量为 0.004～0.082 mg/kg，均未超过食品安全国家标准规定的限量值（0.5 mg/kg）。

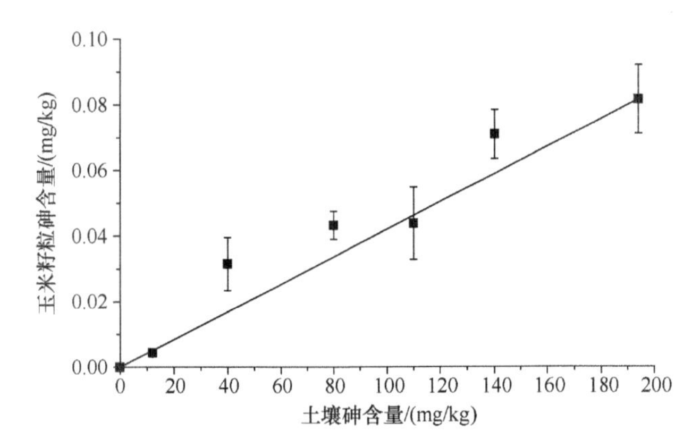

图 7.1　土壤砷含量对玉米籽粒砷含量的影响

2. 土壤砷含量对玉米茎秆和叶片砷含量的影响

由图 7.2（a）可知，随着土壤总砷含量的升高，玉米茎秆和叶片中的砷含量也随之增加，其中土壤总砷与玉米叶片中的砷含量呈现出极显著相关关系，相关系数 r=0.964**，线性拟合方程为：

$$y = 0.0427+0.0114x \quad (n=6,\ R^2=0.913)$$

玉米茎秆中的累积砷含量则与土壤总砷呈现出非线性相关关系［图 7.2（b）］，当土壤砷含量较低时，玉米茎秆中砷含量的增加速度较缓，但随着土壤总砷含量逐渐增加，茎秆砷含量的增加速度逐渐加快，线性拟合方程为：

$$y = 0.0618e^{0.0179x}+0.0189 \quad (n=6,\ R^2=0.989)$$

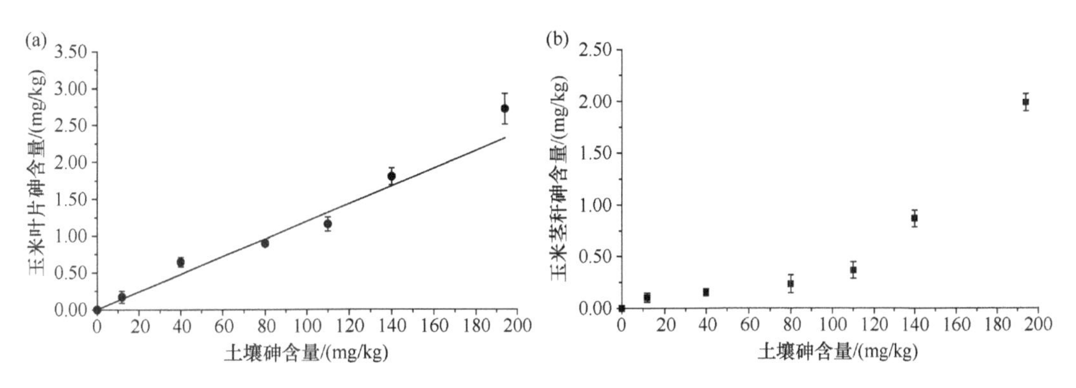

图 7.2　土壤砷含量对玉米叶片（a）和茎秆（b）中砷含量的影响

由上述两个拟合方程可以得出，同一砷污染程度土壤中，玉米叶片累积砷的能力高于玉米茎秆，土壤总砷含量每增加 10 mg/kg，玉米叶片中累积砷的含量增加 0.11 mg/kg。玉米茎秆中砷含量的增加速率则随着土壤总砷浓度范围不同而不同；在土壤总砷含量较低时，玉米茎秆中砷含量的增加速率低于叶片，而随着土壤总砷浓度的逐渐增长，玉米茎秆中砷含量的增长速率超过叶片。由此可见，玉米茎秆吸收砷的能力随着土壤总砷含量的升高而升高；当土壤总砷含量超过 40 mg/kg 时，玉米叶片中的砷含量就已经超过了 0.5 mg/kg，而玉米茎秆中的砷含量在土壤总砷超过 115 mg/kg 时才超过 0.5 mg/kg。

3. 土壤砷含量对玉米根系砷含量的影响

由图 7.3 中可知，随着土壤总砷含量的升高，玉米根系中砷的含量随之增加，两者之间呈现出极显著的线性相关关系，相关系数 r=0.992**，线性拟合方程为：

$$y = -0.8579+0.1422x \quad (n=6，R^2=0.981)$$

由方程可知，土壤总砷含量每提高 10 mg/kg，玉米根系砷含量增加 1.42 mg/kg，根系对砷的富集能力极强，在总砷含量为 12 mg/kg 的烘干玉米根系中，砷的含量就已经达到 1.91 mg/kg；而生长在总砷含量为 194 mg/kg、0.5 mol/L $NaHCO_3$ 提取态有效砷含量为 7.77 mg/kg 的土壤中的玉米根系，砷含量高达 26.62 mg/kg。

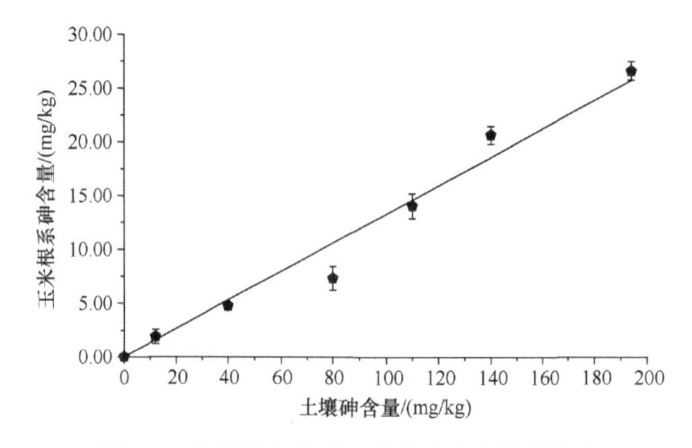

图 7.3 土壤砷含量对玉米根系砷含量的影响

4. 土壤砷含量对玉米植株富集砷的影响

富集量和生物富集系数分别表示玉米在不同砷含量的土壤中富集砷的多少和富集砷能力的大小。本研究中，随着土壤砷含量的增加，玉米对砷的富集量和生物富集系数变化情况见表 7.4。

表 7.4 土壤砷含量对玉米植株富集砷的影响

土壤总砷含量 /（mg/kg）	玉米植株砷富集量 /（μg/株）	玉米地上部砷的富集系数 /%	玉米地下部砷的富集系数 /%
12	30.70±5.96	0.84a	19.10a
40	121.91±9.41	0.47b	11.90b
80	174.58±29.93	0.39b	9.10b
110	364.95±31.75	0.41b	12.80b
140	529.33±35.85	0.64ab	14.70ab
194	603.65±49.87	0.82a	14.00ab

注：同一列中不同字母表示具有显著差异（P<0.05）。

由表中可以看出，随着土壤总砷含量的增加，玉米植株富集砷的量也随之增加，两者之间呈现出极显著的线性相关关系，相关系数 r=0.981**，对两组数据进行线性拟合可得线性拟合方程为：

$$y = -10.8090+3.3299x \quad (n=6，R^2=0.953)$$

由上述方程可以得出，土壤总砷含量每增加 10 mg/kg，玉米植株富集砷的量相应增加 33.30 μg。此外，玉米地上部与地下部砷的生物富集系数均在土壤总砷为 12 mg/kg 时出现最大值，分别为 0.84% 和 19.10%，随后，玉米地上部与地下部砷的富集系数则随着土壤总砷含量的增加而逐渐减小，当土壤总砷含量增加至 40 mg/kg 时，玉米地上部与地下部对砷的富集系数均得到显著降低，随着土壤总砷含量的继续增大，玉米地上部与地下部砷的富集系数在土壤总砷含量达 80 mg/kg 时降至最低，最低值分别为 0.39% 和 9.10%，之后又随土壤总砷含量的增加而转为升高，这说明玉米在土壤总砷含量为 80 mg/kg 时对砷的富集能力最弱。

5. 土壤砷含量对砷元素由玉米地下部向地上部转运的影响

砷由玉米地下部向地上部的转运能力可由转移系数反映，不同土壤砷含量下，砷由玉米地下部向地上部的转运规律如表 7.5 所示。由表可知，无论在土壤砷含量高还是低的土壤中，砷由玉米地下部向地上部的转移系数均表现为：叶片＞茎秆＞籽粒。随着土壤砷含量的增加，砷由玉米根系向籽粒、茎秆和叶片中转移的规律不同。其中，砷由玉米根系向籽粒的转移系数在砷含量为 12 mg/kg 的土壤中达最低值（0.0025），在砷含量为 40 mg/kg 的土壤中达最高值（0.0066），砷由玉米地下部向籽粒的转移系数在砷含量为 40 mg/kg 和 80 mg/kg 土壤中显著高于其他土壤；砷由玉米根系向茎秆的转移系数在砷含量为 110 mg/kg 的土壤中达最小值（0.0266），在砷含量为 194 mg/kg 的土壤中达最大值（0.0747），砷由玉米地下部向茎秆的转移系数在砷含量为 40 mg/kg 和 110 mg/kg 土壤中显著低于其他土壤；砷由玉米根系向叶片中的转移系数在砷含量为 40 mg/kg 的土壤中达最大，最大值为 0.1358，而最小值 0.0835 出现在土壤总砷含量为 110 mg/kg 的土壤中，但各处理间砷由玉米地下部向叶片的转移系数无明显差异。总体而言，当土壤总砷含量为 110 mg/kg 时，砷由玉米地下部向地上部迁移的能力最低。

表 7.5　土壤砷含量对砷由玉米地下部向地上部转运的影响

土壤砷含量 /（mg/kg）	砷由玉米地下部向地上部的转移系数		
	籽粒	茎秆	叶片
12	0.0025b	0.0525b	0.1000a
40	0.0066a	0.0317d	0.1358a
80	0.0061a	0.0336bc	0.1266a
110	0.0031b	0.0266d	0.0835a
140	0.0034b	0.0420bc	0.0875a
194	0.0031b	0.0747a	0.1019a

注：同一列中不同字母表示具有显著差异（$P<0.05$）。

（二）土壤砷含量对小白菜吸收转运砷的影响

在小白菜盆栽试验中，我们也详细研究了土壤砷含量对小白菜地上部累积砷、小白菜地下部吸收砷、小白菜植株富集砷，以及砷在小白菜体内转运等影响。

1. 土壤砷含量对小白菜地上部累积砷的影响

图 7.4 为小白菜地上部（干重）砷含量随土壤总砷含量变化而改变的情况。由图中可以看出，生长在不同砷含量土壤中的小白菜，其地上部砷含量随着土壤总砷含量的增加而增加，当土壤总砷含量低于 140 mg/kg 时，小白菜地上部砷含量增加缓慢，而当土壤总砷含量超过 140 mg/kg 时，小白菜地上部砷含量增长速度加快，由此说明当土壤总砷含量超过 140 mg/kg 后，小白菜对砷的抗性降低、对砷的吸收量变大。土壤总砷含量与小白菜地上部砷含量之间的线性拟合方程为：

$$y = 1.0653e^{0.01137x} - 1.1457 \quad (n=6，R^2=0.995)$$

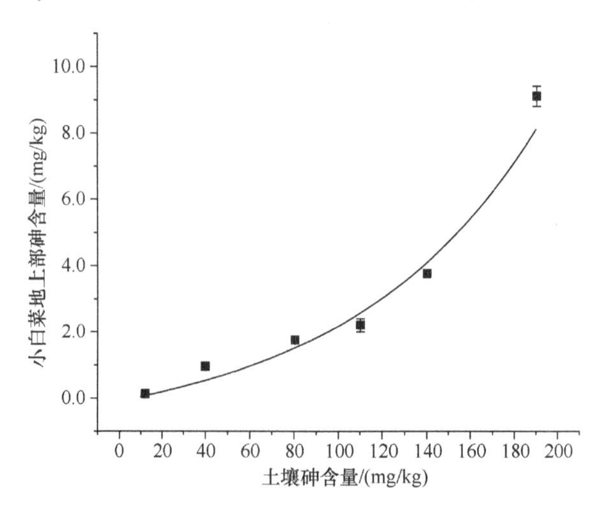

图 7.4　土壤砷含量对小白菜地上部砷含量的影响

小白菜地上部叶片的水分含量平均为 91.33%，由此可以计算出新鲜小白菜叶片内的砷含量数值。依据线性拟合方程可以算出，生长在总砷含量为 140 mg/kg 的土壤中的小白菜，其新鲜叶片中砷含量为 0.33 mg/kg，在食品安全国家标准规定的限量值范围之内，可以食用；而生长在总砷含量超过 164.5 mg/kg 土壤中的小白菜，其新鲜叶片中砷含量即超过 0.50 mg/kg，超过了食品安全国家标准规定的限量值（0.5 mg/kg），长期食用会严重危及人类健康；而生长在总砷含量为 194 mg/kg 的土壤中的小白菜，地上部砷含量则高达 0.80 mg/kg。

2. 土壤砷含量对小白菜地下部吸收砷的影响

图 7.5 为小白菜地下部（干重）砷含量随着土壤总砷含量的变化而变化的情况。由图可知，生长在不同砷含量土壤中的小白菜，其地下部砷含量随着土壤总砷含量的增加亦呈现增加的趋势。与地上部相同，当土壤总砷含量低于 140 mg/kg 时，小白菜地下部砷含量随土壤总砷含量增加而增长的速率较缓；当土壤总砷含量高于 140 mg/kg 后，小白菜地下部砷含量随着土壤总砷含量的增加幅度加大，小白菜根系抗砷能力下降。两者的线性拟合方程为：

$$y = 1.8223e^{0.01497x} - 1.8872 \quad (n=6，R^2=0.989)$$

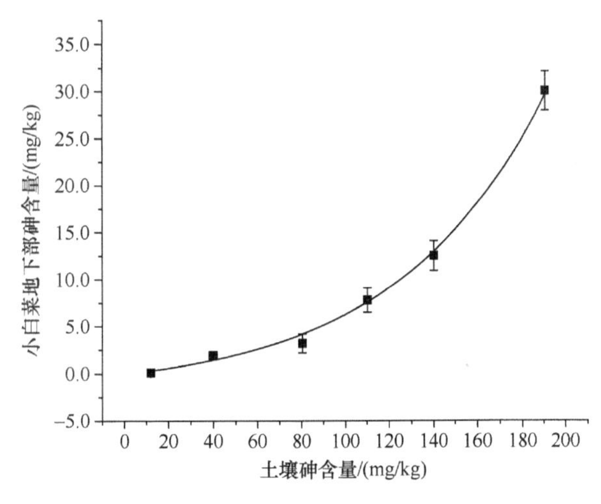

图 7.5　土壤含砷量对小白菜地下部砷含量的影响

小白菜根系对砷的累积能力远大于其地上部对砷的富集能力，其中，当土壤总砷含量为 194 mg/kg 时，小白菜根系干物质中砷含量高达 31.57 mg/kg，是地上部干物质含砷量的 3.43 倍。

3. 土壤砷含量对小白菜植株富集砷的影响

表 7.6 为不同砷含量土壤中的小白菜体内砷富集量及各部分砷富集系数的变化情况。由表中数据可以得出，随着土壤总砷含量的增加，小白菜富集砷的量也相应增加，且随着土壤总砷含量的增加，其增加幅度逐渐加大，两者间的线性拟合方程为：

$$y = 7.2639e^{0.0088x} - 8.0004 \quad (n=6,\ R^2=0.911)$$

表 7.6　土壤砷含量对小白菜植株富集砷的影响

土壤总砷含量 /（mg/kg）	小白菜砷富集量 /（μg/pot）	小白菜地上部砷的富集系数 /%	小白菜地下部砷的富集系数 /%
12	0.09± 0.01	0.75e	2.71c
40	2.22± 0.53	2.17d	2.47c
80	5.24± 0.93	2.13c	1.72c
110	8.63± 1.21	1.90c	2.82c
140	22.96± 1.44	2.58b	6.75b
194	28.66± 2.16	4.84a	16.61a

本研究中，生长在 194 mg/kg 砷含量土壤中的小白菜，每盆富集砷的量达 28.66 μg，是生长在 12 mg/kg 总砷土壤中小白菜砷富集量的 318 倍，土壤砷含量每增加 30 mg/kg，小白菜富集砷的总量都得到显著的增加，且每盆小白菜对砷的富集量在土壤总砷含量为 110～140 mg/kg 时变化幅度最大。

随着土壤砷含量的升高，小白菜地上部和地下部对砷的富集系数也呈现出增大的趋势，当土壤总砷含量低于 110 mg/kg 时，同一土壤中小白菜地上部与地下部对砷的富集系数相差不大；但当土壤总砷含量超过 110 mg/kg 时，小白菜地下部砷的富集系数增长速度远远大于小白菜地上部砷富集系数的增长速度，造成两者之间有较大差异。

4. 土壤砷含量对砷在小白菜体内转运的影响

转移系数体现了小白菜地下部向地上部转运砷的能力，转移系数越小，表明砷由小白菜地下部向地上部的转运越困难，小白菜可食部位累积砷的能力越弱。本研究中，生长在不同总砷含量土壤中的小白菜对砷的转移系数的影响如图 7.6 所示。

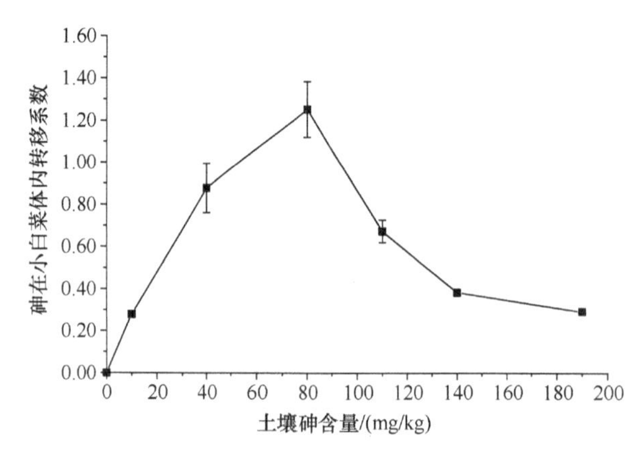

图 7.6 土壤含砷量对砷在小白菜体内转移系数的影响

由上图可知，随着土壤总砷含量的增加，砷在小白菜体内的转移系数呈现出先增加后减少的规律，转移系数在土壤总砷含量为 80 mg/kg 时达到最大值（1.25），在砷含量 12 mg/kg 的土壤中最小（仅为 0.28）。这可能是因为当总砷含量高于 80 mg/kg 时，随着小白菜根系对砷的吸收量加大，砷元素不同程度地破坏了小白菜根系向地上部转移砷元素的运输通道，从而进一步抑制了砷由小白菜根系向地上部的转运。

由试验结果我们可以看出，随着土壤总砷含量的增加，小白菜和玉米各器官中的砷含量及植株累积砷的总量均随之增加，玉米各器官表现出的增加幅度较为稳定，但小白菜吸收砷的量则随着土壤砷含量的增加而增长较快。砷由植株地下部向地上部转移的能力并不随着土壤总砷含量的升高而增大，对于小白菜而言，转移系数随着土壤总砷浓度的升高先增大后减小，当土壤总砷含量达 80 mg/kg 时增至最大值；而对于玉米而言，随着土壤总砷含量的增大，砷由玉米根系向玉米籽粒、茎秆及叶片中的转移能力均在 110 mg/kg 土壤中表现出最低水平。

三、土壤砷含量与作物安全生产

不同植物对砷的敏感性不同，因此同一砷污染区，不同植物品种对砷的富集程度差异很大。此外，同一植物的不同部位砷含量也有较大差异。相关研究表明，不同作物中砷含量的分布规律一般为根菜类＞豆荚类＞叶菜类＞茎菜类＞果实类＞籽粒类。本研究中，小白菜属于叶菜类植物，玉米属于籽粒类作物，与前人研究结果相同，小白菜对砷的敏感性高于玉米，对比两种植物的不同器官，小白菜地上部砷含量要远远低于根系中的砷含量，而砷在成熟玉米各器官中的分布规律表现为根系＞叶片＞茎秆＞籽粒，这也与前人的研究结果相一致。

在我们的试验中，生长在 6 个砷浓度梯度上的玉米，其可食部位（籽粒）中的砷含量均未超过食品安全国家标准规定的限量值（0.5 mg/kg），成熟的玉米籽粒可饲用或食用；而种植在土壤总砷浓度 194 mg/kg 的土壤中的小白菜，其地上部（鲜重）累积砷的含量则远超过食品安全国家标准规定的限量值，长期食用将危及人类及动物健康。基于不同植物对砷的敏感程度和富集规律，建议在高砷浓度的土壤上种植作物时，应选择对砷富集能力相对较弱（富集系数低、转移系数小、低吸收）的作物类型种植，使其可食部位的砷含量低于食品安全国家标准规定的限量值，降低砷污染风险，保障动物和人体健康。

第三节　育苗期营养调控对作物吸收砷的影响

养分离子间的相互作用影响着植物对其吸收选择性，养分离子间相互作用关系分为拮抗效应和协同效应两类。所谓离子间的拮抗作用，是指在溶液中某一离子存在能抑制另一离子吸收的现象；而离子间的协同作用是指在溶液中某一离子的存在有利于根系对另一些离子的吸收。土壤中化学有效养分能否为植物根系所吸收，与其所处的空间位置密切相关。有效养分只有到达根系表面才能为植物吸收，成为实际有效的养分。根际是指受植物根系活动的影响，在物理、化学和生物学性质上不同于土体的那部分微域土区，此区域内的养分对于植物吸收养分的效率影响十分显著。

利用盆栽方法，我们在玉米的育苗阶段，通过向育苗基质中添加营养元素的方法，使玉米幼苗在育苗期某种营养元素保持充足，并将该元素与玉米根系紧密接触。育苗完成后，将玉米幼苗及基质一同移栽至砷污染土壤中，由于玉米育苗期对某种营养元素的富集，加之玉米根系周围此种营养元素的富集，使得玉米对砷的吸收产生拮抗效应，或通过某种机制抑制砷由根系向地上部的转运，最终达到降低玉米籽粒对砷富集的效果。本试验选取了氮、磷、钾、钙、镁、铁、锰 7 种营养元素进行玉米育苗期营养调控，以期从植物营养角度寻找降低砷的生物有效性的有效措施。试验中的土壤采自湖南省石门县某雄黄矿区周边农田，此土壤为受砷污染排放河道两旁的冲积土，土壤 pH 为 7.59，总砷含量为 194.44 mg/kg，0.5 mol/L $NaHCO_3$ 提取的有效砷含量为 7.77 mg/kg，土壤有机质含量为 19.96 g/kg，土壤全 N 含量为 1.11 g/kg。

一、育苗期不同调控措施对玉米生长的影响

我们首先就育苗期施用各种营养素添加氮、磷、钾、钙、镁、铁、锰 7 种元素等调控措施对玉米生物量的影响进行观察研究。

（一）育苗期营养调控对玉米苗期生物量的影响

从外观上看，育苗期添加各种营养物质并没有对玉米幼苗生长产生明显的影响，玉米幼苗长势较为一致，发芽率相当。

表 7.7 为育苗期营养调控各处理下，玉米苗期生物量（干重）的累积变化情况。由表中可以看出，育苗期添加氮、磷、钾、钙养分绝大多数增加了玉米幼苗地上部干重，添加镁、铁和锰养分的各处理玉米幼苗地上部干重没有明显的变化，玉米幼苗地上部干重最大值和最小值分别出现在 N1 和 N4 两个处理中。玉米幼苗地下部干重最大值出现在 K3 处理中，而最小值则出现在 Fe3、N4 和 Ca4 三个处理中，添加铁养分的各处理均明显降低了玉米幼苗地下部根的干重。总体而言，添加磷、钾、钙三种营养元素的处理能够较好地增加玉米幼苗植株的总生物量。

表 7.7 育苗期营养调控对玉米苗期生物量的影响

营养元素	添加量/（mg/kg）	试验各处理代号	地上部干重/（g/株）	地下部干重/（g/株）	幼苗总干重/（g/株）
CK	0	CK	0.37	0.18	0.55
氮（N）	512	N1	0.48	0.22	0.70
	1024	N2	0.44	0.11	0.55
	1536	N3	0.40	0.13	0.53
	2560	N4	0.25	0.07	0.32
磷（P）	71	P1	0.45	0.23	0.68
	142	P2	0.41	0.21	0.62
	213	P3	0.37	0.18	0.55
	284	P4	0.39	0.15	0.54
	355	P5	0.46	0.18	0.64
钾（K）	357	K1	0.44	0.20	0.64
	714	K2	0.43	0.19	0.62
	1071	K3	0.41	0.24	0.65
	1785	K4	0.45	0.20	0.65
钙（Ca）	183	Ca1	0.41	0.22	0.63
	366	Ca2	0.43	0.20	0.63
	549	Ca3	0.47	0.18	0.65
	915	Ca4	0.30	0.11	0.41
镁（Mg）	110	Mg1	0.32	0.15	0.47
	220	Mg2	0.36	0.17	0.53
	330	Mg3	0.38	0.19	0.57
	550	Mg4	0.36	0.17	0.53
铁（Fe）	12.80	Fe1	0.31	0.12	0.43
	25.60	Fe2	0.37	0.13	0.50
	38.40	Fe3	0.35	0.11	0.46
	51.20	Fe4	0.42	0.13	0.55
	64.00	Fe5	0.37	0.13	0.50
锰（Mn）	1.14	Mn1	0.36	0.13	0.49
	2.29	Mn2	0.36	0.16	0.52
	3.43	Mn3	0.43	0.21	0.64
	5.71	Mn4	0.35	0.19	0.54

（二）育苗期氮素调控对玉米生物量的影响

氮作为植物生长必需的营养元素，是限制作物生长和产量的重要因素，对改善产品品质也有重要作用。表 7.8 为育苗期添加氮素养分对玉米整个生育期各器官生物量（干重）的影响。整体看来，育苗期添加不同浓度的氮素显著降低了玉米植株的重量，当氮素添加量达 2560 mg/kg 时，玉米植株矮小、果实结实率低，与对照相比，玉米植株干重大幅降低，降低幅度达 23.99%。

表 7.8　育苗期添加氮素养分对玉米各部分生物量的影响

氮养分添加处理	玉米植株干重/（g/pot）	玉米籽粒干重/（g/pot）	玉米茎干重/（g/pot）	玉米叶干重/（g/pot）	玉米根干重/（g/pot）
N0	177.44±9.07a	66.66±4.33a	36.49±5.36ab	29.43±3.48a	16.84±1.66a
N1	161.47±6.29bc	53.73±4.26c	37.34±5.43ab	36.70±6.88a	13.26±1.92bc
N2	163.85±5.37b	69.05±8.67a	33.26±7.97ab	30.49±5.45a	11.99±0.71c
N3	149.72±7.41c	60.35±6.19ab	28.17±5.75b	28.05±4.26a	8.77±0.42d
N4	134.87±6.13d	28.44±3.61d	41.22±2.86a	27.80±4.45a	15.43±1.60ab

注：同一列中不同字母表示具有显著差异（P<0.05）。

（三）育苗期磷素调控对玉米生物量的影响

磷在植物体内参与许多重要化合物的合成，如磷脂、核苷酸、核酸、核蛋白、ATP酶等，是植物生长代谢不可缺少的必需营养元素。表 7.9 为育苗期添加磷素养分对玉米整个生育期各器官生物量（干重）的影响。

表 7.9　育苗期添加磷素养分对玉米各部分生物量的影响

磷养分添加处理	玉米植株干重/（g/pot）	玉米籽粒干重/（g/pot）	玉米茎干重/（g/pot）	玉米叶干重/（g/pot）	玉米根干重/（g/pot）
P0	177.44±9.07a	66.66±4.33a	36.49±5.36a	29.43±3.48a	16.84±1.66a
P1	145.42±25.94bc	54.24±2.38ab	30.40±10.72a	30.60±9.21a	12.62±0.15b
P2	135.56±14.39bc	54.91±5.46ab	26.77±1.90a	26.36±2.45a	9.84±0.43c
P3	124.01±5.17d	24.84±3.25b	39.62±4.72a	33.55±3.71a	14.34±0.79b
P4	161.80±9.46ab	64.12±8.20ab	28.30±2.38a	30.66±1.33a	14.82±1.76ab
P5	132.21±19.27bc	36.47±4.66b	36.30±9.06a	27.85±8.05a	10.07±1.69c

注：同一列中不同字母表示具有显著差异（P<0.05）。

总体看来，育苗期添加不同浓度的磷素养分也在整体上减少了玉米植株的生物量，且添加磷素的各处理玉米抽穗时间都较对照早，玉米提前进入生殖生长阶段。从外观上看，添加磷素各处理玉米的株高、结实率等与对照没有明显差异。

（四）育苗期钾素调控对玉米生物量的影响

钾素养分同样也是农作物生长发育所必需的三大营养元素之一，钾素的丰缺对植物光合作用、抗逆性、氮代谢等都有直接影响。钾对植物体内同化产物的运输、能量转变也有促进作用，且与酶促反应关系密切，还可以明显改善作物的品质。表 7.10 为育苗期添加钾素养分对玉米整个生育期各器官生物量（干重）的影响。总体看来，育苗期添加不同浓度的钾素稍降低了玉米植株的重量，其中有两个处理达到了显著降低的水平，且多数处理下玉米籽粒结实量显著减少。从外观上看，添加钾素各处理对玉米的株高、结实率等没有特别的影响。

表 7.10 育苗期添加钾素养分对玉米各部分生物量的影响

钾养分添加处理	玉米植株干重/（g/pot）	玉米籽粒干重/（g/pot）	玉米茎干重/（g/pot）	玉米叶干重/（g/pot）	玉米根干重/（g/pot）
K0	177.44±9.07a	66.66±4.33b	36.49±5.36a	29.43±3.48a	16.84±1.66b
K1	138.53±12.11c	48.61±4.85c	29.65±3.67a	26.93±4.54a	15.16±1.06bc
K2	162.74±10.80ab	52.83±4.80c	39.38±6.35a	29.24±4.64a	21.15±0.49a
K3	174.79±3.31a	76.44±4.42a	28.82±3.64a	33.58±1.98a	13.13±1.37c
K4	142.07±18.35bc	36.04±6.22d	36.14±8.30a	30.70±4.34a	23.07±2.6 a

注：同一列中不同字母表示具有显著差异（$P<0.05$）。

（五）育苗期钙素调控对玉米生物量的影响

钙是影响玉米产量和品质的中量营养元素，可参与并调节细胞的生理生化反应，维持细胞壁的结构及细胞膜的正常功能，增强植物抵御环境胁迫的能力。钙离子对多种离子有协助作用，一般认为是由于它具有稳定质膜结构的特殊功能，有利于质膜的选择性吸收。表 7.11 为育苗期添加钙素养分对玉米整个生育期各器官生物量（干重）的影响。由表中可以看出，育苗期添加不同浓度的钙素对玉米植株的质量没有明显的影响，且 Ca2 和 Ca3 两个处理显著增加了玉米籽粒的生物量。从外观上看，添加钙素各处理对玉米株高、结实率等没有特别的影响，各处理长势基本一致。

表 7.11 育苗期添加钙素养分对玉米各部分生物量的影响

钙养分添加处理	玉米植株干重/（g/pot）	玉米籽粒干重/（g/pot）	玉米茎干重/（g/pot）	玉米叶干重/（g/pot）	玉米根干重/（g/pot）
Ca0	177.44±9.07a	66.66±4.33b	36.49±5.36a	29.43±3.48a	16.84±1.66ab
Ca1	166.33±9.88a	51.42±4.67c	39.62±0.78a	29.32±3.66a	18.97±3.05a
Ca2	170.97±5.64a	76.55±5.56a	27.01±1.99b	30.45±3.62a	14.57±1.52b
Ca3	179.09±8.61a	78.79±0.98a	31.07±1.12b	29.85±6.36a	15.85±0.45ab
Ca4	160.56±12.91a	55.62±4.48c	36.91±1.56a	29.59±1.69a	15.65±2.43ab

注：同一列中不同字母表示具有显著差异（$P<0.05$）。

（六）育苗期镁素调控对玉米生物量的影响

镁也是植物生长发育所必需的中量营养元素，对玉米的产量和品质具有重要的影响。镁的主要功能是作为叶绿素 a 和叶绿素 b 卟啉环的中心原子，在叶绿素合成和光合作用中起重要作用。表 7.12 为育苗期添加镁素养分对玉米整个生育期各器官生物量（干重）的影响。总体看来，育苗期添加不同浓度的镁素对玉米植株的重量也没有显著影响。

表 7.12　育苗期添加镁素养分对玉米各部分生物量的影响

镁养分添加处理	玉米植株干重/（g/pot）	玉米籽粒干重/（g/pot）	玉米茎干重/（g/pot）	玉米叶干重/（g/pot）	玉米根干重/（g/pot）
Mg0	177.44±9.07a	66.66±4.33ab	36.49±5.36a	29.43±3.48a	16.84±1.66a
Mg1	149.81±22.50a	44.59±8.16c	40.63±7.63a	29.10±5.22a	17.13±2.54a
Mg2	172.94±12.00a	74.17±10.26a	29.81±1.33a	28.30±2.09a	14.03±0.26a
Mg3	174.41±22.43a	67.08±12.72ab	35.88±7.99a	29.55±2.73a	14.87±3.68a
Mg4	151.26±12.07a	53.94±7.40bc	33.43±1.99a	28.62±2.16a	17.45±2.51a

注：同一列中不同字母表示具有显著差异（$P<0.05$）。

（七）育苗期铁素调控对玉米生物量的影响

在多种植物必需的微量元素中，铁是需求量最大的，它是生物体生命活动中必需的微量元素之一，参与生物体内呼吸作用、光合作用、DNA 合成、氮素同化和固定、激素合成、活性氧的形成与消除等重要的生理代谢过程。植物本身不能够产生铁营养元素，所以只能依靠从其生长的环境介质中获得铁以满足其正常的生长发育，以及产量和品质的形成。表 7.13 为育苗期添加铁素养分对玉米整个生育期各器官生物量（干重）的影响。总体看来，育苗期添加不同浓度的铁素对玉米植株的重量没有明显影响，且添加铁素的各处理玉米抽穗时间都较对照早，玉米提前进入生殖生长阶段。

表 7.13　育苗期添加铁素养分对玉米各部分生物量的影响

铁养分添加处理	玉米植株干重/（g/pot）	玉米籽粒干重/（g/pot）	玉米茎干重/（g/pot）	玉米叶干重/（g/pot）	玉米根干重/（g/pot）
Fe0	177.44±9.07a	66.66±4.33abc	36.49±5.36a	29.43±3.48a	16.84±1.66a
Fe1	170.18±10.68a	66.85±4.03abc	33.97±10.08a	31.29±5.39a	17.63±4.94a
Fe2	167.81±12.14a	61.74±4.61bc	34.98±5.37a	24.61±2.52a	14.36±3.47a
Fe3	168.13±9.61a	54.70±6.97c	41.35±4.67a	30.41±4.57a	19.53±2.38a
Fe4	185.40±6.32a	76.03±4.26a	33.56±4.35a	31.64±2.29a	20.03±0.85a
Fe5	170.68±10.45a	70.18±12.50ab	34.18±9.24a	29.83±3.20a	15.91±4.58a

注：同一列中不同字母表示具有显著差异（$P<0.05$）。

（八）育苗期锰素调控对玉米生物量的影响

叶绿体含锰量高，锰是维持叶绿体结构所必需的元素，在所有细胞器中，叶绿体对缺锰最为敏感。锰能促进种子萌发和幼苗早期生长，供锰充足时，还能提高结实率。锰对铁的有效性有明显的影响，锰过多时易出现缺铁症状，这是由于易于移动的亚铁离子被锰氧化转变为不易移动的三价铁离子。表 7.14 为育苗期添加锰素养分对玉米整个生育期各器官生物量（干重）的影响。总体看来，Mn1 和 Mn4 两个处理明显降低了玉米植株的生物总量，且除 Mn3 处理外，其余三个处理均显著减少了玉米籽粒的重量。添加锰元素各处理玉米抽穗时间也比对照早，玉米提前进入生殖生长阶段。从外观上看，添加锰素各处理玉米长势基本一致，玉米株高较对照有所增加。

表 7.14 育苗期添加锰素养分对玉米各部分生物量的影响

锰养分添加处理	玉米植株干重 /（g/pot）	玉米籽粒干重 /（g/pot）	玉米茎干重 /（g/pot）	玉米叶干重 /（g/pot）	玉米根干重 /（g/pot）
Mn0	177.44±9.07a	66.66±4.33a	36.49±5.36ab	29.43±3.48a	16.84±1.66a
Mn1	158.54±8.73b	49.11±7.82b	40.71±5.85a	28.37±5.06a	18.26±3.00a
Mn2	162.26±9.81ab	54.64±3.75b	34.84±4.74ab	30.10±5.75a	17.34±5.10a
Mn3	168.10±3.80ab	67.10±8.67a	28.86±4.31b	32.57±2.06a	15.96±1.59a
Mn4	151.90±11.13b	45.95±4.86b	35.06±8.33ab	32.00±4.13a	17.75±4.78a

注：同一列中不同字母表示具有显著差异（$P<0.05$）。

二、育苗期不同调控措施对玉米吸收转运砷的影响

（一）育苗期添加氮、磷、钾养分对玉米吸收转运砷的影响

通过观察育苗期添加氮、磷、钾养分后玉米各部位砷含量、玉米植株砷富集系数、玉米地下部向地上部转运砷的影响，综合分析可知，育苗期添加氮、磷、钾养分对玉米整个生育期吸收砷的调控有一定的效果。这种作用表现在降低玉米籽粒中的砷含量、降低玉米植株富集砷的总量，以及抑制砷从玉米根系向地上部特别是玉米可食部位（籽粒）的转运等方面。综合玉米籽粒砷含量、玉米植株富集砷总量以及砷由根系向籽粒的转运系数来看，氮素、磷素、钾素添加量分别为 512 mg/kg、142 mg/kg 和 1071 mg/kg 时的处理效果较好。

1. 育苗期添加氮、磷、钾养分对玉米各部位砷含量的影响

图 7.7 为育苗期添加氮、磷、钾三种养分处理后，玉米籽粒（玉米可食部位）中砷含量的变化。由图中可以看出，育苗期添加氮素的各处理中，N1 和 N2 两个处理下玉米籽粒中砷含量与对照相比显著降低，而 N3 和 N4 处理却显著增加了玉米籽粒中砷含量的水平，其中，N1 处理下玉米籽粒中砷含量最低，降低至 0.056 mg/kg，比对照降低了 31.24%；育苗期添加磷素调控各处理中，P1、P2 和 P5 三个处理下玉米籽粒中砷含量与对照相比显著降低，而 P3 和 P4 两个添加处理下玉米籽粒砷含量稍有增加，但未达到显著水平，其中 P2 处理下玉米籽粒砷含量水平最低，为 0.062 mg/kg，比对照降低了 24.53%；育苗期添加钾素各处理下，玉米籽粒砷含量随着钾素添加量的增加逐渐升高，与对照相比，K1、K2 和 K3 三个处理下玉米籽粒中砷累积浓度显著降低，其中 K1 处理下玉

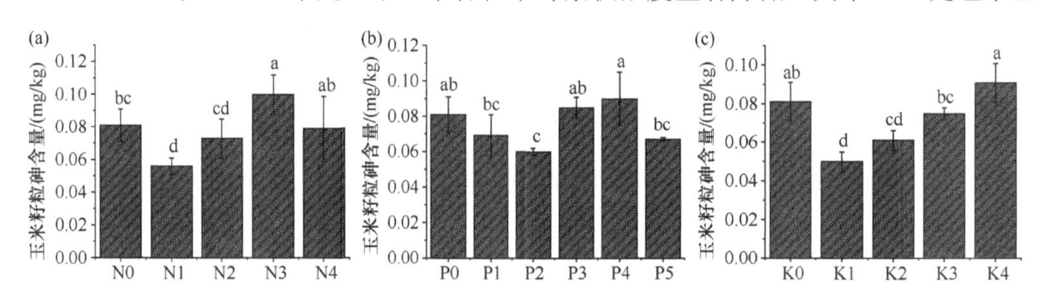

图 7.7 育苗期添加氮（a）、磷（b）、钾（c）养分对玉米籽粒砷含量的调控

同一组中不同字母表示具有显著差异（$P<0.05$）

米籽粒砷含量为 0.051 mg/kg，比对照降低了 37.48%。总体看来，育苗期添加氮、磷、钾三种养分调控对降低移栽后玉米籽粒砷的累积有一定的作用。

图 7.8 为育苗期添加氮、磷、钾三种养分处理，玉米成熟后茎秆、叶片和根系中砷含量的变化。由图中可以看出，育苗期添加氮素营养调控后，玉米茎秆、叶片中砷含量与对照相比没有显著差异，而根系中的砷含量却明显高于对照，且当氮素添加量大于 512 mg/kg 时达到显著水平；育苗期添加磷素营养调控后，玉米叶片中砷含量较对照都有所降低，而玉米根系中砷含量均高于对照，且在 P1、P3 和 P5 三个处理下显著增加，当添加 71 mg/kg 磷养分时，玉米茎秆中砷含量也显著高于对照；育苗期添加钾素营养进行调控后，与对照相比，各处理玉米茎秆中砷含量差异不显著，玉米叶片中砷含量仅在 K1 处理下得到显著降低，而玉米根系中砷含量仅在 K4 处理下表现出显著增加。

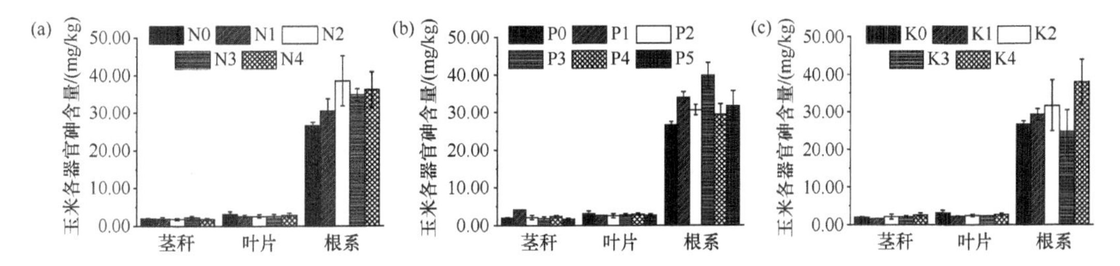

图 7.8　育苗期添加氮（a）、磷（b）、钾（c）养分调控对玉米茎秆、叶片和根系砷含量的调控

2. 育苗期添加氮、磷、钾养分对玉米植株砷富集系数的影响

育苗期添加氮、磷、钾三种养分对成熟期玉米吸收砷含量及各部分砷的富集系数的影响见表 7.15。

表 7.15　育苗期添加氮、磷、钾养分对玉米富集砷量及各器官砷富集系数的影响

营养元素添加处理	玉米植株砷富集量 /（μg/株）	地上部砷富集系数 /%	地下部砷富集系数 /%
CK	613.47cde	0.66cd	14.01ef
N1	568.04cdef	0.70bcd	16.04cdef
N2	611.26cde	0.58d	20.32ab
N3	445.66ef	0.63cd	18.35abcd
N4	716.89cde	0.84abc	19.05abcd
P1	636.76bcd	0.95a	17.90abcde
P2	427.71f	0.61d	16.13bcdef
P3	734.82bc	0.87ab	21.00a
P4	592.27cdef	0.69bcd	15.45def
P5	459.33ef	0.70bcd	16.68bcdef
K1	551.29def	0.54d	15.40def
K2	820.59b	0.67cd	16.65bcdef
K3	458.63ef	0.54d	12.94f
K4	1038.77a	0.89ab	19.96abc

注：同一列中不同字母表示具有显著差异（$P<0.05$）。

玉米吸收砷的量由玉米生物量和各器官砷含量两部分决定。本研究中，由于添加氮、磷、钾养分各处理均降低了玉米植株的生物量，而玉米各器官的砷含量在大部分处理下变化不显著，因此可通过玉米吸收砷的总量来衡量各添加处理的效果。由表 7.15 可知，与对照处理中玉米富集砷的含量（613.47 μg/株）相比，育苗期添加三种养分后，玉米对砷的吸收量在 N4、P1、P3、K2、K4 少数几个处理下有所增加，其余各处理均减少了玉米对砷的吸收量，降幅达 0.36%～30.28%，且在 N3、P2、P5、K1、K3 几个处理下显著减少。

富集系数大致反映了玉米各部分对砷的富集能力，富集系数越小，表明对砷的吸收能力越差，抗砷污染的能力越强。与对照相比，N2、N3、P2、K1、K3 五个处理降低了玉米地上部砷的富集系数，K3 处理降低了玉米地下部砷的富集系数，但都没有达到显著水平，在一定意义上增加了玉米抗砷污染的能力。

3. 育苗期添加氮、磷、钾养分对玉米地下部向地上部转运砷的影响

由表 7.16 可以看出，育苗期添加氮、磷、钾养分能够明显地抑制砷由玉米地下部向地上部的转移。对于砷向各器官的具体转移情况，由表中可知，在砷由玉米根系向叶片、茎秆和籽粒的转移过程中，与对照相比，P1 和 K3 两个处理促进了砷由根系向茎秆的转移，其余各处理均抑制了砷由根系向茎秆的转移，其中 P3 处理下砷由根系向茎秆的转移系数最低；所有处理都降低了砷由玉米根系向叶片的转移，除 P4 处理外，其余所有处理均达到显著降低水平，且在 N2 处理下转移系数最小；N3、P4 和 K3 三个处理下，砷由玉米根系向籽粒的转移系数与对照相同，而其余处理均抑制了砷由根系向籽粒的转移，其中以 K1 处理下转移系数达最低。总体来看，不同营养元素的添加量对于转移系数的影响没有明显的规律可循。

表 7.16　育苗期添加氮、磷、钾养分对砷元素由玉米地下部向地上部转运的影响

营养元素添加处理	砷元素由玉米地下部向各器官的转移系数		
	谷粒	茎秆	叶片
CK	0.0031a	0.0722bc	0.1141a
N1	0.0018bc	0.0671bcd	0.0808bcd
N2	0.0020bc	0.0512cd	0.0658d
N3	0.0031a	0.0644bcd	0.0717cd
N4	0.0028ab	0.0493cd	0.0788bcd
P1	0.0021bc	0.1198a	0.0771bcd
P2	0.0020bc	0.0688bc	0.0819bcd
P3	0.0021bc	0.0437d	0.0672d
P4	0.0031a	0.0790b	0.1011ab
P5	0.0022bc	0.0504cd	0.0850bcd
K1	0.0017bc	0.0531cd	0.0743bcd
K2	0.0020c	0.0662bcd	0.0796bcd
K3	0.0031a	0.0859b	0.0973abc
K4	0.0024ab	0.0656bcd	0.0689cd

注：同一列中不同字母表示具有显著差异（$P<0.05$）。

（二）育苗期添加钙、镁养分对玉米吸收转运砷的影响

通过育苗期添加钙、镁养分后，玉米各部位砷含量、玉米植株砷富集系数、玉米地下部向地上部转运砷的影响等实验结果可知，育苗期添加钙、镁养分对玉米整个生育期吸收砷的调控有一定效果。这种作用表现在降低玉米籽粒中的砷含量、降低玉米植株富集砷的总量，以及抑制砷从玉米根系向地上部特别是玉米可食部位（籽粒）中的转运等方面。综合玉米籽粒砷含量、玉米植株富集砷总量以及砷由根系向籽粒的转运系数来看，钙素添加 915 mg/kg 和镁素添加 220 mg/kg 两个处理效果较好。

1. 育苗期添加钙、镁养分对玉米各部位砷含量的影响

由图 7.9 可知，玉米育苗期添加钙素各处理中，Ca1 和 Ca4 两个处理下玉米籽粒砷含量显著低于对照，而 Ca2 处理下玉米籽粒砷含量则显著增加，其中 Ca1 处理下玉米籽粒的砷含量最低降至 0.055 mg/kg，比对照降低了 31.95%；玉米育苗期添加镁元素各处理中，玉米籽粒砷含量均得到显著降低，其中以 Mg2 处理下玉米籽粒中砷含量最低，最低达 0.059 mg/kg，比对照降低了 27.61%。总体看来，育苗期添加钙、镁养分进行调控对降低移栽后玉米籽粒砷的累积有一定的作用，但在添加量的选择上还要进行更加深入的研究。

图 7.10 为育苗期添加钙、镁两种养分处理，玉米成熟后茎秆、叶片和根系中砷含量的变化。如图所示，总体来说育苗期添加钙、镁元素对玉米成熟期茎秆、叶片和根系中

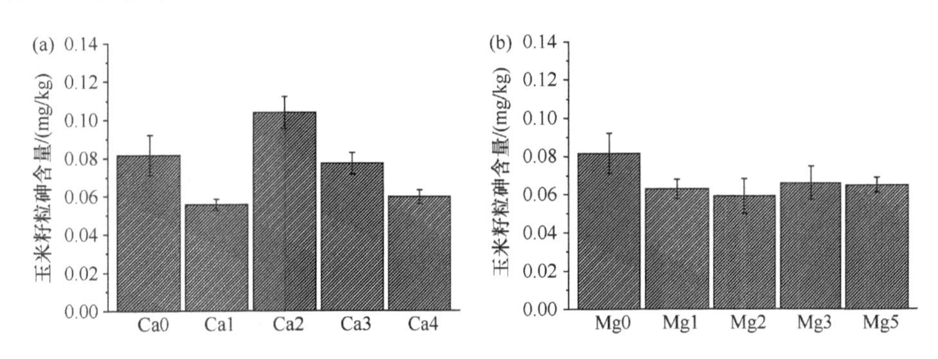

图 7.9　育苗期添加钙（a）、镁（b）养分对玉米籽粒砷含量的调控

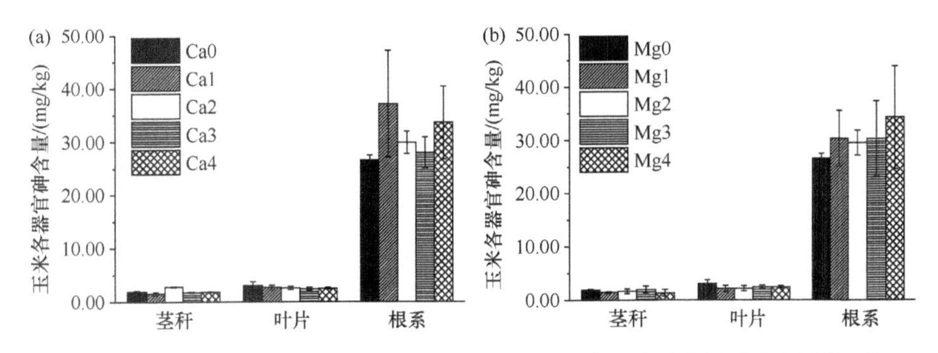

图 7.10　育苗期添加钙（a）、镁（b）养分对玉米茎秆、叶片和根系砷含量的调控

砷含量无显著影响。与 CK 相比，所有处理下玉米根系中砷的含量均有所增加，但未达到显著水平，玉米叶片中砷含量均低于对照，但同样未达到显著水平，玉米茎秆中砷含量在 Ca1 处理下显著降低，而在 Ca2 处理下显著增加。

2. 育苗期添加钙、镁养分对玉米植株砷富集系数的影响

育苗期添加钙、镁养分对玉米累积砷含量及各器官砷的富集系数的影响见表 7.17。由表可知，添加钙、镁养分对玉米植株的生物量和玉米各器官的砷含量变化均不显著，因此可进一步通过玉米吸收砷的总量来衡量各添加处理的效果。与对照处理玉米富集砷的含量（613.47 μg/株）相比，育苗期添加两种养分后，玉米对砷的吸收量在 Ca2、Ca3、Mg2、Mg3 四个处理下有所降低，其余四个处理均增加了玉米对砷的吸收量，其中在 Ca3 和 Mg2 两个处理下分别降至 575.58 μg/株和 529.33 μg/株，降幅最大，达 6.18%和 13.72%，但均未达到显著水平。

表 7.17 育苗期添加钙、镁养分对玉米整株富集砷量及各部分砷富集系数的影响

营养元素添加处理	玉米植株砷富集量/（μg/株）	地上部砷富集系数/%	地下部砷富集系数/%
CK	613.47ab	0.66a	14.01a
Ca1	845.94a	0.62ab	19.54a
Ca2	597.74ab	0.64ab	15.74a
Ca3	575.58b	0.50bc	14.74a
Ca4	671.96ab	0.63ab	17.70a
Mg1	644.81ab	0.58abc	15.97a
Mg2	529.33b	0.46c	15.56a
Mg3	597.29b	0.58abc	15.94a
Mg4	714.23ab	0.53abc	18.04a

注：同一列中不同字母表示具有显著差异（$P<0.05$）。

富集系数大致反映了玉米各部分对砷的富集能力，富集系数越小，表明对砷的吸收能力越差，抗砷污染的能力越强。与对照相比，添加钙、镁养分的所有处理都降低了玉米地上部砷的富集系数，同时增加了玉米地下部砷的富集系数，这说明钙、镁养分的添加增加了玉米地上部抗砷污染的能力，其中 Ca3 和添加 Mg 的所有处理均显著降低了玉米地上部砷的富集系数。

3. 育苗期添加钙、镁养分对玉米地下部向地上部转运砷的影响

表 7.18 为育苗期添加钙、镁养分对砷由玉米地下部（根系）向地上部（谷粒、茎秆和叶片）转移的影响。总体来说，育苗期添加钙、镁养分对抑制砷由玉米地下部向地上部的转移起到了一定的作用。表中列出了砷由玉米根系向各器官的具体转移情况，在砷由玉米根系向叶片、茎秆和籽粒的转移过程中，与对照相比，只有 Ca2 处理促进了砷由根系向茎秆的转移，其余各处理均抑制了砷由根系向茎秆的转移，但并未达到显著水平，其中以 Mg4 处理转移系数达到最低值；而所有处理都不同程度地降低了砷由玉米根系

表 7.18　育苗期添加钙、镁养分对砷元素由玉米地下部向地上部转运的影响

营养元素添加处理	砷元素由玉米地下部向各器官的转移系数		
	谷粒	茎秆	叶片
CK	0.0031ab	0.0722ab	0.1141a
Ca1	0.0016c	0.0450b	0.0772ab
Ca2	0.0035a	0.0943a	0.0857ab
Ca3	0.0028ab	0.0628b	0.0863ab
Ca4	0.0018c	0.0564b	0.0758ab
Mg1	0.0021abc	0.0494b	0.0716b
Mg2	0.0020bc	0.0555b	0.0720b
Mg3	0.0023abc	0.0659b	0.0817ab
Mg4	0.0020bc	0.0435b	0.0761ab

注：同一列中不同字母表示具有显著差异（P<0.05）。

向叶片的转移，其中 Mg1 和 Mg2 两个处理下转移系数显著降低，Mg1 处理下转移系数最小；Ca2 处理刺激了砷由根系向籽粒的转移，而其余处理均抑制了砷由根系向籽粒的转移，且在 Ca1、Ca4、Mg2、Mg4 四个处理下达显著降低水平，其中以 Ca1 处理下转移系数达最低。总体来看，育苗期添加镁元素能够明显抑制砷由玉米根系向籽粒、茎秆及叶片的转运，而添加钙素能够抑制砷由根系向叶片的转运，对砷由根系向茎秆和籽粒中的转运无明显影响。

（三）育苗期添加铁、锰养分对玉米吸收转运砷的影响

在育苗期添加铁、锰养分后，玉米各部位含砷量、玉米植株砷富集系数、玉米地下部向地上部转运砷的各项指标显示，育苗期添加铁养分对玉米整个生育期吸收砷的调控有一定的效果。这种作用表现在降低玉米籽粒中的砷含量、降低玉米植株富集量砷的总量，以及抑制砷从玉米根系向地上部特别是玉米可食部位（籽粒）的转运等方面。综合玉米籽粒砷含量、玉米植株富集砷总量以及砷由根系向籽粒的转运系数来看，铁素添加 64.00 mg/kg 处理的效果较好，而育苗期添加锰养分对玉米整个生育期吸收砷的调控没有明显的效果。

1. 育苗期添加铁、锰养分对玉米各部位砷含量的影响

图 7.11 为育苗期添加铁、锰养分处理后，玉米籽粒（玉米可食部位）中砷含量的变化。由图中可以看出，当铁元素的添加量增加至 38.40 mg/kg 以上时，Fe3、Fe4 和 Fe5 中玉米籽粒砷含量较对照显著降低，而 Fe1 的处理下玉米籽粒中砷含量显著高于对照，当添加 51.20 mg/kg 铁元素时，玉米籽粒中砷含量降至 0.061 mg/kg，比对照降低了 25.23%；育苗期添加锰素调控对玉米成熟时籽粒中砷含量无显著影响。由此可见，添加铁养分进行调控对降低移栽后玉米籽粒砷的累积有较好的作用，且铁元素添加量在 38.40 mg/kg 以上时作用显著。

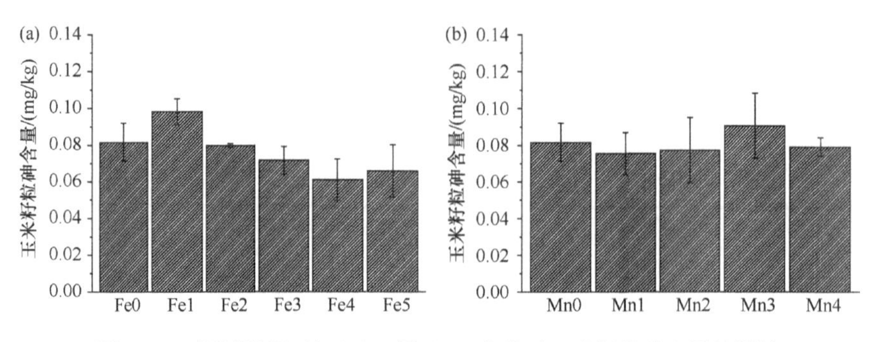

图 7.11 育苗期添加铁（a）、锰（b）养分对玉米籽粒砷含量的调控

图 7.12 为育苗期添加铁、锰养分处理后，玉米成熟后茎秆、叶片和根系中砷含量的变化。由图可知，育苗期添加铁、锰养分处理，对玉米成熟期茎秆、叶片和根系中砷含量均无显著影响。

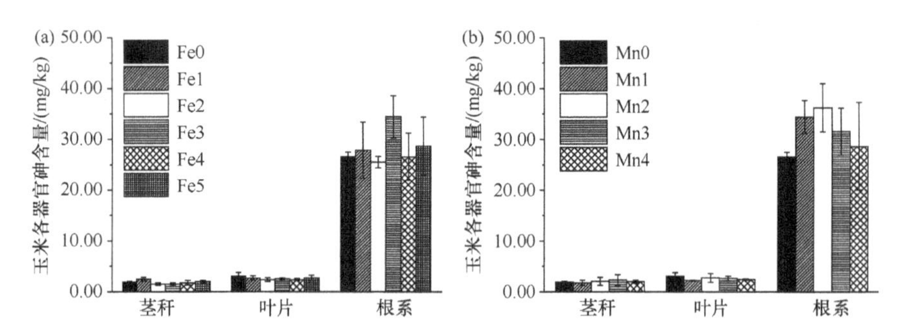

图 7.12 育苗期添加铁（a）、锰（b）养分对玉米茎秆、叶片和根系砷含量的调控

2. 育苗期添加铁、锰养分对玉米植株砷富集系数的影响

试验结果表明，添加铁、锰养分对玉米植株的生物量和玉米各器官的砷含量的变化影响也不显著，因此可进一步通过比较玉米吸收砷的总量来衡量各添加处理的效果。育苗期添加铁、锰养分对成熟期玉米吸收砷含量及各部分砷富集系数的影响见表 7.19。

表 7.19 育苗期添加铁、锰养分对玉米整株富集砷量及各部分砷富集系数的影响

营养元素添加处理	玉米植株砷富集量/（μg/株）	地上部砷富集系数/%	地下部砷富集系数/%
CK	613.47ab	0.66ab	14.01b
Fe1	663.29ab	0.69a	14.66ab
Fe2	480.88b	0.50c	13.43b
Fe3	815.38a	0.60abc	18.11ab
Fe4	669.99ab	0.52bc	13.97b
Fe5	609.59ab	0.60abc	15.11ab
Mn1	764.89ab	0.61abc	18.11ab
Mn2	786.23ab	0.70a	19.07a
Mn3	662.75ab	0.65ab	16.61ab
Mn4	657.95ab	0.70a	15.07ab

注：同一列中不同字母表示具有显著差异（$P<0.05$）。

由表 7.19 可知，与对照处理玉米富集砷的含量（613.47 μg/株）相比，育苗期添加铁、锰养分后，玉米对砷的吸收量仅在 Fe2、Fe5 两个处理下有所降低，但未达到显著降低水平，其余各处理均增加了玉米对砷的吸收量，其中 Fe2 添加处理降低幅度最大，降至 480.88 μg/株，降低了 27.50%。富集系数大致反映了玉米各部分对砷的富集能力，富集系数越小，表明对砷的吸收能力越差，抗砷污染的能力越强。与对照相比，Fe2、Fe3、Fe4、Fe5、Mn1、Mn3 处理降低了玉米地上部砷的富集系数，其中在 Fe2、Fe4 处理达到显著降低水平，且 Fe2、Fe4 处理还降低了玉米地下部砷的富集系数。由此可见，Fe2、Fe4 处理对提高玉米地上部抗砷污染能力的效果较好。

3. 育苗期添加铁、锰养分对玉米地下部向地上部转运砷的影响

表 7.20 为育苗期添加铁、锰养分处理对砷由玉米地下部（根系）向地上部（谷粒、茎秆和叶片）转移的影响。由表中可以看出，育苗期添加铁、锰养分对抑制砷由玉米地下部向地上部的转移起到了一定的积极作用。总体来说，当砷由玉米根系向叶片、茎秆和籽粒转移过程中，与对照相比，添加铁、锰养分对砷由玉米根系向玉米籽粒和茎秆的转移无显著影响，而 Fe3、Mn1 和 Mn2 三个处理显著降低了砷由玉米根系向玉米叶片的转移。具体来说，Fe1、Mn3 及 Mn4 三个处理促进了砷由根系向茎秆的转移，其余各处理则抑制了砷由根系向茎秆的转移，且以 Mn1 处理下转移系数达到最低值；同样地，所有处理都不同程度地降低了砷由玉米根系向叶片的转移，且同样在 Mn1 处理下转移系数达到最低值；当砷进一步向籽粒中转移时，Fe1 处理刺激了砷由根系向籽粒的转移，Fe2 处理则与对照处理的转移系数相同，而其余处理均抑制了砷由根系向籽粒的转移，其中以 Fe3 和 Mn2 处理下转移系数达最低，仅为 0.0021。

表 7.20 育苗期添加铁、锰养分对砷元素由玉米地下部向地上部转运的影响

营养元素添加处理	砷元素由玉米地下部向各器官的转移系数		
	谷粒	茎秆	叶片
CK	0.0031ab	0.0722ab	0.1141a
Fe1	0.0036a	0.0890a	0.0955ab
Fe2	0.0031ab	0.0580ab	0.0926ab
Fe3	0.0021b	0.0444b	0.0736b
Fe4	0.0023b	0.0660ab	0.0905ab
Fe5	0.0023b	0.0709ab	0.0974ab
Mn1	0.0022b	0.0515ab	0.0646b
Mn2	0.0021b	0.0575ab	0.0757b
Mn3	0.0029ab	0.0743ab	0.0834ab
Mn4	0.0029ab	0.0745ab	0.0892ab

注：同一列中不同字母表示具有显著差异（$P<0.05$）。

三、育苗期营养调控降低作物吸收砷的可行性

（一）育苗期营养调控对玉米生物量的影响

夏运生等（2008）通过盆栽模拟试验研究了添加不同铁源（硫酸亚铁、硫酸铁、铁砂、针铁矿）对玉米中砷含量的影响。结果发现，硫酸亚铁的添加明显增加了玉米地上部和地下部的生物量，但并未显著降低植株地上部与地下部的砷含量。刘小燕等（2008）通过盆栽试验研究施用尿素对玉米幼苗长势及累积砷能力的影响发现，施用尿素增加了砷污染土壤中交换性砷的浓度，抑制了玉米的生长，且提高了玉米根系累积砷的量。

在玉米生长初期，虽然玉米吸收营养元素的数量相对较少、吸收强度相对较低，但从单位根长来说，幼龄期玉米的养分吸收速率总是最高。试验数据显示，添加磷、钾、钙三种养分的处理能够较好地增加玉米幼苗植株的总生物量，添加氮、磷、钾、钙养分绝大多数增加了玉米幼苗地上部干重，添加镁、铁和锰养分的各处理玉米幼苗地上部干重没有明显变化和规律，而添加铁养分的各处理均明显降低了玉米幼苗地下部根的干重；移栽后的玉米各处理长势基本一致，但绝大多数处理下成熟期的玉米生物量（干重）较对照都有不同程度的降低。其中，有些处理下玉米籽粒的结实率较低，一方面可能是因为在玉米授粉时受到病虫害的影响，另一方面可能是因为苗期营养元素的添加对其造成的影响，其中氮素添加 2560 mg/kg 处理下玉米植株矮小、茎秆细弱、玉米结实率低，这可能是由于幼龄期氮素营养过高所致。总体来说，育苗期营养调控对玉米各部分生物量有一定的影响，这可能是由于营养元素抑制了玉米对砷的吸收，却促进了玉米对磷的吸收，使得玉米生长后期缺乏磷肥而减产。

（二）育苗期营养调控对玉米各器官砷含量的影响

有研究发现，砷和磷在植物中存在双重效应，在植物生长过程中，低浓度的磷、砷具有协同作用，高浓度的磷、砷表现为拮抗效应。郭再华等（2009）的研究结果表明，少量砷可以刺激水稻的生长，促进磷的吸收，而砷用量过多则抑制水稻的生长和磷的吸收。张广莉等（2002）通过添加磷对根际无机砷的形态分布影响的研究表明，在试验浓度下，外源磷的加入可减轻受砷污染的红紫泥中砷对水稻的毒害，相反，外源磷的加入会加重受砷污染的红棕紫泥中砷对水稻的毒害，且两种土壤中根际各形态含量都比非根际高，砷在根际呈富集状态。同时，与对照相比，不同营养元素在不同添加量下对成熟期玉米各器官中砷含量的影响效果大多也表现出双重效应。

不同营养元素及添加量对玉米籽粒砷含量的影响结果表明，低浓度（512 mg/kg，1024 mg/kg）的氮素营养显著降低了玉米籽粒中的砷含量，而高浓度（1536 mg/kg，2560 mg/kg）的氮素则显著增加了籽粒中累积砷的浓度；低浓度（71 mg/kg，142 mg/kg）及高浓度（355 mg/kg）的磷素能够显著减少玉米籽粒中的砷含量；除高浓度（1785 mg/kg）的钾素添加量稍增加了玉米籽粒中砷的累积浓度外，其余各添加量（357 mg/kg、714 mg/kg 和 1071 mg/kg）均显著降低了玉米籽粒中的砷含量；与添加磷素相似，低浓度（183 mg/kg）和高浓度（915 mg/kg）的钙素营养可以显著降低玉米籽粒中的砷含量；

所有的镁元素添加处理均显著降低了成熟期玉米籽粒累积砷的浓度；低浓度的铁素添加处理下玉米籽粒中的砷含量与对照相当，但当铁素的添加量达到 38.40 mg/kg 以上时，玉米籽粒中的砷含量得到显著降低；育苗期锰素的添加并没有显著改变玉米籽粒中砷的累积浓度。而不同营养元素的添加处理几乎都增加了玉米根系中的砷含量，仅有极少数处理达到了显著水平；对于玉米茎秆和叶片来说，添加营养元素的各处理对其砷含量的影响也不显著。

（三）育苗期营养调控对玉米植株富集砷含量的影响

玉米植株吸收砷的量由玉米生物量和各器官砷含量两部分决定。因此，在玉米生物量及各器官砷含量变化幅度均不够明显的前提下，可通过比较玉米吸收砷的总量来衡量各添加处理的效果。在我们的研究结果中，与对照相比，添加锰素处理全部增加了玉米植株富集砷的量，其余 6 种元素均在不同添加量下表现出不同效果。总体来看，46.67%的处理降低了玉米植株富集砷的量，剩余 45.67%的处理则增加了玉米植株富集砷的量，其中 N 1536 mg/kg、P 355 mg/kg、K 1071 mg/kg、Ca 549 mg/kg、Mg 220 mg/kg、Fe 25.60 mg/kg 几种添加处理较好地降低了玉米植株对砷的吸收量。

（四）育苗期营养调控对玉米地下部向地上部转运砷的影响

砷由玉米地下部向地上部各器官的转移能力大致可通过转移系数来反映。试验结果表明，添加营养元素的绝大多数处理均有效抑制了砷由玉米根系向地上部籽粒、茎秆和叶片的转运。育苗期添加 7 种营养元素对砷的调控作用直接反映在降低玉米籽粒砷含量，或间接反映在砷由根系向籽粒的转运过程中，这与前人的一些研究成果相似。薛培英等（2009）研究发现，添加 100 mg/kg 外源磷促进了小麦幼苗根系对砷的吸收，但却抑制了砷向地上部的转运。另有研究结果表明，添加钙可增强砷对水稻的毒性，使其产量下降，钙虽然提高了水稻叶片中砷的浓度，但却抑制了其向稻米中的转运（Xie and Huang, 1998）。

综合分析上述试验数据可以看出，育苗期添加营养元素对降低砷的作物有效性的调控作用主要表现在抑制砷由玉米地下部向地上部的转运，也有很大一部分处理能够直接实现降低玉米籽粒中的砷含量、玉米植株富集砷的总量，以及抑制砷从玉米根系向地上部特别是玉米可食部位（籽粒）中的转运。这在一定程度上说明通过改变作物的营养状况实现作物对砷的低吸收调控是一种切实可行的方法。植物对养分离子的吸收具有选择性。一方面，土壤溶液中某一离子的存在可能会抑制另一离子的吸收，这种所谓的拮抗作用主要表现在化学性质近似的离子之间，因为它们在质膜上占有同一结合位点（即与载体的结合位点），因此，通过提高土壤中某一元素的含量来抑制作物对另一种元素的吸收在理论上是合理的；另一方面，由于砷在土壤中主要以带负电荷的砷氧阴离子形式存在，而植物对阳离子与阴离子之间的吸收作用还可能表现出协同效应，正是由于添加某种阳离子营养元素促进了作物对砷的吸收的原因。由此可见，育苗期添加营养元素对砷的生物有效性的调控是切实可行的，但对于每种营养元素添加量的最优选择等还需要进一步研究。

参 考 文 献

蔡保松, 陈同斌, 廖晓勇, 等. 2004. 土壤砷污染对蔬菜砷含量及食用安全性的影响[J]. 生态学报, 24(4): 711-717.

常思敏, 马新明, 蒋媛媛, 等. 2005. 土壤砷污染及其对作物的毒害研究进展[J]. 河南农业大学学报, 39(2): 161-166.

陈怀满, 陈能场; 陈英旭, 等. 1996. 土壤-植物系统中的重金属污染[M]. 北京: 科学出版社: 22-35.

陈同斌. 1991. 中国博士论文集: 土壤中砷的吸附特点及其机理[C]. 北京: 北京大学出版社: 564-570.

陈同斌. 1996. 土壤溶液中的砷及其与水稻生长效应的关系[J]. 生态学报, 16(2): 147-153.

陈同斌, 范稚莲, 雷梅, 等. 2002. 磷对超富集植物蜈蚣草吸收砷的影响及其科学意义[J]. 科学通报, 47(5): 1156-1159.

陈同斌, 刘更另. 1993. 土壤中砷的吸附和砷对水稻的毒害效应与 pH 值的关系[J]. 中国农业科学, 26(1): 63-68.

陈同斌, 宋波, 郑袁明, 等. 2006. 北京市蔬菜和菜地土壤砷含量及其健康风险分析[J]. 地理学报, 61(3): 297-310.

陈同斌, 韦朝阳, 黄泽春, 等. 2002. 砷超富集植物蜈蚣草及其对砷的富集特征[J]. 科学通报, 47(3): 207-210.

陈同斌, 郑袁明, 陈煌, 等. 2005. 北京市不同土地利用类型的土壤砷含量特征[J]. 地理研究, 24(2): 229-235.

陈玉成, 赵中金, 孙彭寿, 等. 2003. 重庆市土壤-蔬菜系统中重金属的分布特征及其化学调控研究[J]. 农业环境科学学报, 22(1): 44-47.

陈忠余, 陈玉谷, 万秀林, 等. 1979. 砷对水稻田生态影响的试验研究[J]. 环境科学, 46(4): 46-50.

程旺大, 张国平. 2006. 晚粳稻籽粒中 As、Cd、Cr、Ni、Pb 等重金属含量的基因型与环境效应及其稳定性[J]. 作物学报, 32(4): 573-579.

豆小敏, 于新, 赵蓓, 等. 2010. 5 种铁氧化物去除 As(V)性能的比较研究[J]. 环境工程学报, 4(9): 1889-1994.

范秀山, 彭国胜. 2002. 分子、离子对及离子状态在固液吸附中的作用浅析[J]. 土壤, 34(1): 36-41.

范稚莲, 雷梅, 陈同斌, 等. 2006. 砷对土壤-蜈蚣草系统中磷生物有效性的影响[J]. 生态学报, 26(2): 536-541.

耿志席, 刘小虎, 李莲芳, 等. 2009. 磷肥施用对土壤中砷生物有效性的影响[J]. 农业环境科学学报, 28(11): 2338-2342.

郭观林, 周启星, 李秀颖. 2005. 重金属污染土壤原位化学固定修复研究进展[J]. 应用生态学报, 16(10): 1990-1996.

郭再华, 孟萌, 侯彦琳. 2009. 磷、砷双重胁迫对不同耐低磷水稻苗期生长及磷、砷吸收的影响[J]. 应用与环境生物学报, 15(5): 596-601.

韩春梅, 王林山, 巩宗强, 等. 2005. 土壤中重金属形态分析及其环境学意义[J]. 生态学杂志, 24(12): 1499-1502.

杭小帅, 周健民, 王火焰. 2009. 常熟市高风险区水稻籽粒重金属污染特征及评价[J]. 中国环境科学, 29(2): 130-135.

郝玉波, 刘华琳, 慈晓科, 等. 2010. 砷对玉米生长、抗氧化系统及离子分布的影响[J]. 应用生态学报, 21(12): 3183-3190.

蒋彬, 张慧萍. 2002. 水稻精米中铅、镉、砷含量基因型差异的研究[J]. 云南师范大学学报(自然科学版), 22(3): 37-40.

蒋成爱, 吴启堂, 陈杖榴. 2004. 土壤中砷污染研究进展[J]. 土壤, 36(3): 264-270.

雷梅, 陈同斌, 范稚连, 等. 2003. 磷对土壤中砷吸附的影响[J]. 应用生态学报, 14(11): 1989-1992.

李莲芳, 曾希柏, 白玲玉, 等. 2010. 石门雄黄矿周边地区土壤砷分布及农产品健康风险评估[J]. 应用生态学报, 21(11): 2946-2951.
李学垣. 2001. 土壤化学[M]. 北京: 高等教育出版社: 167-211.
李银生, 曾振灵, 陈杖榴, 等. 2006. 洛克沙砷对养猪场周围环境的污染[J]. 中国兽医学报, 26(6): 665-667.
廖晓勇, 陈同斌, 肖细元, 等. 2003a. 污染水稻田中土壤含砷量的空间变异特征[J]. 地理研究, 22(5): 635-643.
廖晓勇, 肖细元, 陈同斌. 2003b. 砂培条件下施加钙、砷对蜈蚣草吸收砷、磷和钙的影响[J]. 生态学报, 23(10): 2057-2065.
廖自基. 1992. 微量元素的环境化学及生物效应[M]. 北京: 中国环境科学出版社: 124-162.
刘文菊, 朱永官. 2005. 湿地植物根表的铁锰氧化膜[J]. 生态学报, 25(2): 358-363.
刘小燕, 曾清如, 周细红, 等. 2008. 尿素施用对砷污染土壤 pH 值及砷活性的影响[J]. 土壤通报, 39(6): 1441-1444.
鲁如坤. 2000. 土壤农业化学常规分析方法[M]. 北京: 中国农业科技出版社.
师荣光, 赵玉杰, 周启星, 等. 2008. 苏北优势农业区土壤砷含量空间变异性研究[J], 农业工程学报, 24(1): 80-84.
孙媛媛, 曾希柏, 白玲玉. 2011. Mg/Al 双金属氧化物对 As(V)吸附性能的研究[J]. 环境科学学报, 31(7): 1377-1385.
唐世荣. 2006. 污染环境植物修复的原理和方法[M]. 北京: 科学出版社.
王立群. 2009. 镉污染土壤原位修复剂及其机理研究[D]. 北京: 首都师范大学博士学位论文: 5-6.
王萍, 胡江, 冉炜, 等. 2008. 提高供磷可缓解砷对番茄的胁迫作用[J]. 土壤学报, 45(3): 503-509.
王援高, 陆景冈, 潘洪明. 1999. 茶园土壤砷的形态研究[J]. 浙江农业大学学报, 25(1): 10-12.
韦朝阳, 陈同斌. 2002. 重金属污染植物修复技术的研究与应用现状[J]. 地球科学进展, 17(6): 833-839.
吴佳, 谢明吉, 杨倩, 等. 2011. 砷污染微生物修复的进展研究[J]. 环境科学, 32(3): 817-824.
吴萍萍, 曾希柏, 白玲玉. 2011. 不同类型土壤中 As(V)解吸行为的研究[J]. 环境科学学报, 31(5): 1004-1010.
吴萍萍, 曾希柏. 2011. 人工合成铁、铝矿对 As(V)吸附的研究[J]. 中国环境科学, 31(4): 603-610.
伍钧, 吴传星, 沈飞, 等. 2011. 重金属低积累玉米品种的稳定性和环境适应性分析[C] // 第四届全国农业环境科学学术研讨会论文集. 内蒙古呼和浩特, 37-46.
夏立江, 华珞, 韦东普. 1996. 部分地区蔬菜中的含砷量[J]. 土壤, (2): 105-109.
夏运生, 陈保冬, 朱永官, 等. 2008. 外加不同铁源和丛枝菌根对砷污染土壤上玉米生长及磷、砷吸收的影响[J]. 环境科学学报, 28(3): 516-524.
小山雄生. 1976. 土壤和作物中的砷(杨郭治译)[J]. 土壤农化, 6: 41-45.
谢正苗, 黄昌勇, 何振立. 1998. 土壤中砷的化学平衡[J]. 环境科学进展, 6(1): 22-37.
谢正苗, 朱祖祥, 袁可能, 等. 1988. 土壤环境中砷污染防治的研究[J]. 浙江农业大学学报, 14(4): 371-375.
谢正苗. 1989. 砷的土壤化学[J]. 农业环境保护, 8(1): 36-38.
谢正苗. 1994. 铅锌砷复合污染对水稻生长的影响[J]. 生态学报, 14(2): 215-217.
许嘉琳, 杨居荣, 荆红卫. 1996. 砷污染土壤的作物效应及其影响因素[J]. 土壤, (2): 85-89.
宣之强. 1998. 中国砷矿资源概述[J]. 化工矿产地质, 20(3): 205-210.
薛培英, 刘文菊, 段桂兰, 等. 2009. 外源磷对苗期小麦和水稻根际砷形态及其生物有效性的影响[J]. 生态学报, 29(4): 2027-2034.
阎秀兰, 陈同斌, 廖晓勇, 等. 2005. 土壤样品保存过程中无机砷的形态变化及其样品保存方法[J]. 环境科学学报, 25(7): 976-981.
杨清. 1992. 砷对小麦生长的影响[J]. 土壤肥料, (3): 23-25.

杨文婕, 刘更另. 1996. 磷和硫对空心菜吸收砷的影响[J]. 环境化学, 15(4): 374-380.
喻龙, 龙江平, 李建军, 等. 2002. 生物修复技术研究进展及在滨海湿地中的应用[J]. 海洋科学进展, 20(4): 99-108.
张广莉, 宋光煜, 赵红霞. 2002. 磷影响下根际无机砷的形态分布及其对水稻生长的影响[J]. 土壤学报, 39(1): 23-28.
张国祥, 杨居荣, 华珞. 1996. 土壤环境中的砷及其生态效应[J]. 土壤, (2): 64-68.
赵其国. 2003. 发展与创新现代土壤科学[J]. 土壤学报, 40: 321-327.
周爱民, 王东升, 汤鸿霄. 2005. 磷(P)在天然铁氧化物的吸附[J]. 环境科学学报, 25(1): 64-69.
朱立军, 傅平秋, 万国江. 1997. 碳酸盐岩红土中氧化铁矿物表面化学特征及其吸附机理研究[J]. 环境科学学报, 17(2): 174-178.
Abedin M J, Feldman J, Meharg A A. 2002. Uptake kinetics of arsenic species in rice plants[J]. Plant Physiology, 128(3): 1120-1128.
Àlvarez-Benedí J, Bolado S, Cancillo I, et al. 2005. Adsorption-desorption of arsenic in three Spanish soil[J]. Vadose Zone Journal, 4: 282-290.
Antonio V, Massimo P. 2002. Competitive of arsenate and phosphate on different clay minerals and soils[J]. Soil Science Society of America Journal, 66(6): 1788-1796.
Asher C J, Reay P F. 1979. Arsenic uptake by barley seedlings[J]. Plant Physiology, 6(4): 459-466.
Beretka J G, Nelson P. 1994. The current state of utilization of fly ash in Australia[C]. Ash-a Valuable Resource. South African, 51-63.
Bombach G, Pierra A, Klemm W. 1994. Arsenic in contaminated soil and river sediment[J]. Fresenius Journal of Analytical Chemistry, 350: 49-53.
Brannon J M, Patrick Jr W H. 1987. Fixation, transformation, and mobilization of Arsenic in sediments[J]. Environmental Technology, 21: 450-459.
Carina L, Maximiliano B, Marcelo A. 2007. Adsorption kinetics of phosphate and arsenate on goethite. a comparative study[J]. Journal of Colloid and Interface Science, 311(2): 354-360.
Chatherine A, Waltham, Matthew JEick. 2002.Kinetics of Arsenic adsorption on goethite in the presence of sorbed silicic acids[J]. Soil Science Society of America Journal, 66(3): 818-825.
Chatterjee A, Das D, Mandal B K, et al. 1995. Arsenic in ground water in six districts of West Bengal, India: the biggest arsenic calamity in the world. Part I. Arsenic species in drinking water and urine of the affected people[J]. Analyst, 120: 643-650.
Chen H M, Zheng C R, Tu C, et al. 2000. Chemical methods and phytoremediation of Soil contaminated with heavy metals[J]. Chemosphere, 41(1-2): 229-234.
Chrenekva E. 1977. Power station fly ash applied to the soil and its effect on plants[J]. Soils & Fertilizers, 40(4): 3220.
Cox M C. 1995. Arsenic characterization in soil and arsenic effects on canola growth[D]. Baton Rouge: Louisiana State University.
Crecelius E A. 1974. Contamination of soils near a copper smelter by arsenic, antimony and lead[J]. Water Air and Soil Pollution, 3(3): 337-342.
Cunningham S D, Berti W R, Huang J W. 1995. Phytoremediation of contaminated soils[J]. Trendsin Biotechnology, 13(9): 393-397.
Datta R, Sarkar D. 2004. Arsenic geochemistry in three soils contaminated with sodium arsenite pesticide: an incubation study[J]. Environmental Geosciences, 11(2): 87-97.
Diels L, van der Lelie N, Bastiaens L. 2002. New developments in treatment of heavy metal contaminated soils[J]. Review of Environmental Science and Bio/Technology, 1: 75-82.
Dinesh M, Charles U P J J. 2007. Arsenic removal from water/wastewater using adsorbents—a critical review[J]. Journal of Hazardous Materials, 142: 1-53.
Dixit T, Hering J G. 2003. Comparison of arsenic (V) and arsenic (III) sorption onto iron oxid minerals: implications for arsenic mobility[J]. Environmental Science and Technology, 37: 4182-4189.

Dou X M, Zhang Y, Zhao B, et al. 2011. Arsenate adsorption on an Fe-Ce bimetal oxide adsorbent: EXAFS study and surface complexation modeling[J]. Colloids and Surfaces A: Physicochemical and Engineering Aspects, 379: 109-115.

Elkhatib E A, Bennett O L, Wright T J. 1984. Arsenite sorption and desorption in soils[J]. Soil Science Society of America Journal, 48: 1025-1030.

Garcia M S, Jimenez G, Padro A. 2002. Arsenic speciation in contaminated soils[J]. Talanta, 58: 97-109.

Goldberg S, Glaubig R A. 1988. Anion sorption on a calcareous, montmorillonitic soil-Arsenic[J]. Soil Science Society of America Journal, 52: 1297-1300.

Goldberg S. 2002. Competitive adsorption of arsenate and arsenite on oxides and clay minerals[J]. Soil Science Society of America Journal, 66: 413-421.

Grover K, Komameni S, Katsuki H. 2009. Uptake of arsenite by synthetic lyered double hydroxides[J]. Water Research, 43: 3884-3890.

Guo G L, Zhou Q X, Ma L Q. 2006. Availability and assessment of fixing additives for the in situ remediation of heavy metal contaminated soils: a review[J]. Environmental Monitoring and Assessment, 116: 513-528.

Heeraman D A, Claassen V P, Zasoski R J. 2001. Intcraction of lime, organic matter and fertilizer on growth and uptake of arsenic and mercury by Zorro fescue (*Vulpia myuros* L.)[J]. Plant and Soil, 234: 215-231.

Jambor J L, Dutrizac J E. 1998. Occurrence and constitution of natural and synthetic ferrihydrite, a widespread iron oxyhydroxide[J]. Chemical Reviews, 98: 2549-2585.

Johnston S E, Barnard W M. 1979. Comparative effectiveness of fourteen solutions for extracting arsenic from four western New York soils[J]. Soil Science Society of America Journal, 43: 304-308.

Karenlampi S, Schat H, Vangronsveld J, et al. 2000. Genetic engineering in the improvement of plants for phytoremediation of metal polluted soils[J]. Environmental Pollution, 107(2): 225-231.

Kham A G, Knek C, Chaudhry T M, et al. 2000. Role of plants, mycorrhizae and phytochelators in heavy metal contaminated and remediation[J]. Chemosphere, 41(1-2): 197-207.

Kiso Y, Jung Y J, Yamada T, et al. 2005. Removal properties of arsenic compounds with synthetic hydrotalcite compounds[J]. Water Science and Technology: Water Supply, 5(5): 75-81.

Klocke A. 1986. Soil contamination by heavy metals[M]// Proceedings of international work shop on risk assessment of contaminated soil. Netherlands: Deventer: 42-54.

Knowles F C, Benson A A. 1983. The biochemistry of Arsenic[J]. Trends in Biochemical Sciences, 8: 178-180.

Kumpiene J, Lagerkvist A, Maurice C. 2008. Stabilization of As, Cr, Cu, Pb and Zn in soil using amendments-A review[J]. Waste Management, 28: 215-225.

Ladeira A C Q, Ciminelli V S T, Duarte H A, et al. 2001. Mechanism of anion retention from EXAFS and density functional calculations: Arsenic (V) adsorbed on gibbsite[J]. Geochimica et Cosmochimica Acta, 65(8): 1211-1217.

Lazaridis N K, Hourzemanoglou A, Matis K A. 2002. Flotation of metal-loaded clay anion exchangers. Part II: The case of arsenates[J]. Chemosphere, 47(3): 319-324.

Luo L, Zhang S Z, Shan X Q, et al. 2006. Arsenate sorption on two Chinese red soils evaluated with macroscopic measurements and extended X-ray absorption fine-Structure spectroscopy[J]. Environmental Toxicology and Chemistry, 25(12): 3118-3124.

Ma L Q, Komar K M, Tu C, et al. 2001. A fern that hyperaccumulates arsenic[J]. Nature, 409(1): 777-778.

Manning A, Suarez D L. 2000. Modeling arsenic (III) adsorption and heterogeneous oxidation kinetics in soils[J]. Soil Science Society of America Journal, 64(1): 128-l37.

Masscheleyn P H, DeLaune R D, Patrick W H. 1991. Effect of redox potential and pH on arsenic speciation and solubility in a contaminated soil[J]. Environmental Science and Technology, 25: 1414-1419.

Mehary A A, Macnair M R. 1992. Suppression of the high affinity phosphate uptake system: mechanism of arsenate tolerance in *Holcus lanatus* L.[J]. Journal of Experimental Botany, 43: 524-529.

Mello J W V, Talbott J L, Scott J, et al. 2007. Arsenic speciation in arsenic-rich Brazilian soils from gold mining sites under anaerobic incubation[J]. Environmental Science and Pollution Research, 14(6):

388-396.

Mohapatra D, Singh P, Zhang W, et al. 2005. The effect of citrate, oxalate, acetate, silicate, and phosphate on stability of synthetic arsenic-loaded ferrihydrite and Al-ferrihydrite[J]. Journal of Hazardous Materials, 124: 95-100.

Newton K, Amarasirivardena D, Xing B. 2006. Distribution of soil arsenic species, lead and arsenic bound to humic acid molarmass fractions in a comtaminated apple orchard[J]. Environmental Pollution, 143: 197-205.

Nielsen S S, Petersen L R, Kjeldsen, et al. 2011. Amendment of arsenic and chromium polluted soil from wood preservation by iron residues from water treatment[J]. Chemosphere, 84: 383-389.

Orthman J, Zhu H Y, Lu G Q. 2003. Use of anion clay hydrotalcite to remove coloured organics from aqueous solutions[J]. Separation and Purification Technology, 31: 53-59.

Pongratz R. 1998. Arsenic speciation in environmental samples of contaminated soil[J]. The Science of the Total Environment, 224: 133-141.

Qafoku N P, Kukier U, Sumner M E, et al. 1999. Arsenate displacement from fly ash in amended soils[J]. Water Air Soil Pollution, 114(12): 185-198.

Raven K P, Jain A, Loeppert R H. 1998. Arsenite and arsenate adsorption on ferrihydrite: kinetics, equilibrium, and adsorption envelopes[J]. Environmental Science & Technology, 32: 344-349.

Sachs R M, Michaels J L. 1971. Comparative phytotoxicity among four arsenical herbicides[J]. Weed Science, 19: 558-564.

Sadiq M. 1997. Arsenic chemistry in soils: an overview of their dynamic predications and field observations[J]. Water Air and Soil Pollution, 93: 117-136.

Samuel V H, Rudy S, Carlo V, et al. 2003. Solid phase speciation of arsenic by sequential extraction in standard reference materials and industrially contaminated soil samples[J]. Environmental Pollution, 122: 323-342.

Sarkar D, Datta R. 2004. Arsenic fate and bioavailability in two soils contaminated with sodium arsenic pesticide: an incubation study[J]. Bulletin of Environmental Contamination and Toxicology, 72: 240-247.

Schwertmann U, Cornell R M. 2000. Iron oxides in the laboratory: preparation and characterization[M]. Germany: VCH Weinheim.

Sharpies J M, MehasgA A, Chambers S M, et al. 1999. Arsenate sensitivity in ericoid and ectomycorrhizal fungi[J]. Environmental Toxicology Chemistry, 18(8): 1848-1855.

Sims J R, Bingham F T. 1968. Retention of boron by layer silicates, sesquioxides, and soil materials: II. Sesquioxides[J]. Soil Science Society of America Proceedings, 32: 364-369.

Sneller F E C, Van-Heerwaarden L M, Kraaijeveld-Smit F J, et al. 1999. Toxicity of arsenate in Silene vulgaris, accumulation and degradation of arsenate induced phytochelatins[J]. New Phytologist, (144): 223-232.

Tu C, Ma L Q. 2005. Effects of arsenic on concentration and distribution of nutrients in the fronds of the arsenic hyper accumulator *Pteris vittata* L.[J]. Environmental Pollution, 135(2): 333-340.

Tu S, Ma L Q. 2003. Interactive effects of pH, arsenic and phosphorus on uptake of As and P and growth of the arsenic hyper accumulator *Ptefis vittata* L. under hydroponic conditions[J]. Environmental and Experimental Botany, 50(4): 243-251.

Vangronsveld J, Ruttens A, Mench M, et al. 2000. *In situ* inactivation and phytoremediation of metal/metalloid contaminated soils: field experiments[M]. New York: Marcel Dekker.

Waltham C A, Eick M J. 2002. Kinetics of Arsenic adsorption on goethite in the presence of sorbed silicic acids[J]. Soil Science Society of america Journal, 66(3): 818-825.

Wang S, Mulligan C N. 2006. Occurrence of arsenic contamination in Canada: sources, behavior and distribution[J]. Science of the Total Environment, 366: 701-721.

Xie Z M, Huang C Y. 1998. Control of arsenic toxicity in rice plants grown on an arsenic-polluted paddy soil[J]. Communications in Soil Science and Plant Analysis, 29: 2471-2477.

Yolcubal I, Akyol N H. 2008. Adsorption and transport of arsenate in carbonate-rich soils: coupled effects of

nonlinear and rate-limited sorption[J]. Chemosphere, 73: 1300-1307.
Zeng X B, Wu P P, Su S M, et al. 2012. Phosphate has a differential influence on arsenate adsorption by soils with different properties[J]. Plant Soil Environment, 58(9): 405-411.
Zhang H, Selim H M. 2005. Kinetics of arsenate adsorption-desorption in soils[J]. Environment science and Technololgy, 39(16): 6101-6108.
Zhang W H, Cai Y, Tu C, et al. 2002. Arsenic speciation and distribution in an arsenic hyperaccumulating plant[J]. The Science of the Total Environment, 300: 167-177.
Zhu J, Huang Q Y, Pigna M, et al. 2010. Immobilization of acid phosphatase on uncalcined and calcined Mg/Al-CO3 layered double hydroxides[J]. Colloids and Surfaces B: Biointerfaces, 77: 166-173.

第八章　低累积作物的筛选与应用

作物既是人类最重要的食物和纤维等的来源，也是土壤污染物的直接受体，作物从土壤中吸收的污染物的量直接决定了其品质，或者说，即使是在污染物轻度超标的耕地中，如果种植对污染物吸收转运能力弱的农作物，也能使收获物中污染物的含量低于设定的阈值，从而达到安全生产的目的。因此，在某种（或类）污染物含量超标的土壤中种植具有低累积相应污染物特性的农作物，收获物中污染物的含量也能保持在阈值范围内，从而实现安全生产的目标。筛选和应用低累积作物，在其产量和品质不下降的前提下，能适应较高污染物含量的土壤环境并实现安全生产，是中轻度污染耕地安全利用的重要手段，近年来已受到众多研究者的关注。

第一节　砷污染农田与低累积作物

一、中轻度砷污染农田安全利用现状

我国土壤砷污染具有“总量大、程度轻”的特点，在所有受砷污染的耕地中，轻微和轻度砷污染土壤的点位数约占砷污染土壤总量的 88%，中度及以上砷污染土壤仅占 12%左右。针对我国土壤污染的特点，《“十三五”生态环境保护规划》将轻度和中度污染土壤划分为安全利用类，并指出安全利用类耕地集中地区应结合当地主要作物品种和种植习惯，制订实施受污染耕地安全利用方案。

砷污染农田安全利用措施主要包括：农艺措施调控，调整种植结构，种植砷低累积作物或品种等。农艺措施主要包括水旱调节、间作、合理施肥等（Li et al.，2009；Talukder et al.，2012；Guo et al.，2005），Li 等（2009）通过盆栽试验研究了旱作、水旱交替、施用硅肥等对水稻吸收砷的影响，结果表明水稻全生育期淹水条件下秸秆、稻糠、稻米中砷含量分别约为旱作条件下砷含量的 63 倍、26 倍和 20 倍，这主要与淹水条件下土壤中砷的移动性较高有关；施用硅肥使水稻秸秆、稻糠、稻米中砷含量比不施硅肥分别减少了约 78%、50%和 16%，但是土壤中有效砷的浓度却显著增加。Abedin 等（2002）在水培条件下研究发现增加磷酸盐可减少水稻对砷的吸收，而在土壤中施用磷肥则会提高土壤中砷的有效性，从而增加作物对砷的吸收（耿志席等，2009）。间作是指将砷超富集植物与普通作物一起种植，通过超富集植物与普通作物之间的竞争作用，减少普通作物对砷的吸收。种植结构调整是指用苗圃、花卉等经济型植物代替食用类作物种植，在充分利用土地资源，保证农民收入的同时减少砷对人的危害。目前这些措施仍在论证阶段，在实际应用过程中仍要充分考虑各地土质、气候类型的差异（曾希柏等，2014；杨辰，2017）。

砷低累积作物是指相同生长条件下，可食部位砷含量较低的作物种类和品种。大量

试验结果表明，不同作物种类和品种之间砷吸收能力有显著差异，通过种植低累积作物，可减少砷通过食物链途径在人体内富集。Monica 等（2013）通过对某一污染地区蔬菜中砷含量的研究发现，不同种类蔬菜对砷的吸收能力大小顺序为菊科＞十字花科＞苋科＞葫芦科＞百合科＞茄科＞蝶形花科。肖细元等（2009）对我国主要砷污染区和非污染区蔬菜及粮油作物砷含量的研究发现，不同蔬菜砷含量的大小顺序为：叶类蔬菜＞根茎类＞茄果类＞鲜豆类。

二、作物对砷的吸收和代谢机制

土壤中砷的存在形态主要有 As（Ⅲ）、As（Ⅴ）、DMA 等。旱地中砷多以 As（Ⅴ）的形态存在；水田的氧化还原电位较低，砷多以 As（Ⅲ）形态存在。砷和磷同属于第Ⅴ主族元素，具有相同的价态和理化性质，大量试验结果证明 As（Ⅴ）主要通过磷酸根转运通道进入植物根系。Abedin 等（2002）通过吸收动力学的方法研究了水稻对砷的吸收机制，在含 As（Ⅴ）溶液中加入不同浓度 PO_4^{3-}后，水稻吸收 As（Ⅴ）的速率随 PO_4^{3-}浓度的升高而降低：当 PO_4^{3-}浓度为 0.01mmol/L、0.025mmol/L、0.05mmol/L、0.10mmol/L、0.25mmol/L 和 0.50mmol/L 时，水稻对 As（Ⅴ）的吸收速率分别减少了 9%、30%、53%、66%、80%和 88%。Pigna 等（2009）通过盆栽试验研究了磷对小麦吸收砷的影响，结果表明砷溶液中添加磷比不添加磷可显著减少小麦根系和茎叶中的砷含量，并能减小砷对小麦的毒害作用，生物量比不加磷处理显著增加。As（Ⅲ）与 As（Ⅴ）因价态不同，因而理化性质也有较大差别，其在土壤中的有效性、作物吸收转运的速率等也有较大差异。Meharg 和 Jardine（2003）采用水培方法研究了水稻对 As（Ⅲ）的吸收，结果表明水稻和小麦对 As（Ⅲ）的吸收速率与 As（Ⅲ）浓度有关，可用米氏方程很好地拟合吸收速率和浓度之间的关系，水稻和小麦的最大 As（Ⅲ）吸收速率分别为 399 nmol/g root f.wt·h 和 438 nmol/g root f.wt·h，但是 As（Ⅲ）吸收速率会随其浓度的增加而逐渐降低，而 As（Ⅴ）的吸收速率基本保持不变。当 As（Ⅲ）浓度为 0.1mmol/L 时，其吸收速率约为 As（Ⅴ）的 3 倍；当 As（Ⅲ）浓度升高至 100mmol/L 时，其吸收速率降至与 As（Ⅴ）基本相同，由此推断，As（Ⅲ）与 As（Ⅴ）的吸收通道可能是不一样的。亚锑（Ⅲ）酸根与亚砷酸根的化学性质类似，在含 As（Ⅲ）溶液中加入亚锑酸根，也降低了水稻对 As（Ⅲ）的吸收速率，当亚锑酸根浓度为 0.5mmol/L 时，水稻对 As（Ⅲ）吸收速率约为亚锑酸根浓度 0.1mmol/L 时的 50%，因此 As（Ⅲ）的吸收通道与甘油（水）和亚锑酸的吸收通道相同。此外，一些研究也表明在土壤或营养液中添加 Si 肥能减少水稻对 As（Ⅲ）的吸收（Tripathi et al.，2013），Si 对 As（Ⅲ）的吸收起抑制作用。As（Ⅴ）进入植物根系后在砷酸根还原酶的作用下可迅速还原成 As（Ⅲ），As（Ⅲ）可与植物体内的螯合剂结合生成稳定的化合物，而 As（Ⅴ）则能参与植物体内的磷酸根代谢和能量流循环，破坏植物正常的生长代谢，因此 As（Ⅴ）还原成 As（Ⅲ）被认为是植物的一种解毒机制（Xu et al.，2007）。此外，进入植物体内的 As 还可能通过甲基化作用变成有机砷，从而降低 As 的毒性。

砷不是作物生长的必需元素，但低剂量的砷能促进作物的生长，目前对这种现象的解释还没有统一的结论。一些研究表明，低剂量的砷促进了作物对磷的吸收利用，从而促进了作物的生长（Xu et al.，2016；Gusman et al.，2013）。也有研究表明，低剂量砷主要通过抑制或杀死对作物有毒有害的病菌、提高植物体内抗氧化酶的活性等方式促进作物生长（张国祥和华珞，1996）。但是，当土壤中砷含量超过作物所能承受的临界值时就会抑制作物生长，临界值主要与土壤中有效砷含量、作物类型、土壤性质等因素有关（涂从和苗金燕，1992）。土壤中对作物生长有直接影响的砷是有效态砷，有效态砷含量越高，对作物生长的抑制作用越明显。不同作物类型对砷的耐性也有显著差异，丁枫华等（2010）通过水培方法研究了 19 种不同蔬菜对砷的耐性，结果表明所有蔬菜 EC_{20} 值（地上部生物量减少 20%时所对应的砷含量）的变化范围为 0.2～42.87 mg/L，辣椒、茄子的 EC_{20} 相对较小，芥菜、菜心等的 EC_{20} 相对较大。相关研究表明，水稻对砷的耐性大小与根系铁膜、根系渗氧能力等有关（吴川等，2014；Rahman et al.，2007）。

三、砷低累积作物研究进展

土壤中的砷经农产品进入人体是人体砷暴露的重要途径之一，通过物理、化学等方法减少土壤中总砷或降低土壤中有效态砷含量，从而减少作物对砷的吸收、保证农产品安全，是应对土壤砷污染的重要措施。但是，这些措施往往存在成本较高、修复周期长、效果不稳定等缺点，且因我国人口众多、土地资源紧张，大部分砷污染农田仍在进行农业利用，因此，在充分利用耕地资源的基础上降低收获物的砷含量，寻求一种“边修复、边利用”的道路，对我国土壤污染治理工作尤为重要。要达到这一目的，我们一方面可以采取间作、轮作、合理施肥等农艺措施，另一方面还可以通过种植具有稳定遗传性状的砷低累积农作物种类或品种，保证其能在中轻度砷污染耕地中正常生长且收获物的砷含量达到国家食品安全的要求。而且，砷低累积作物一经确定，即可多年度种植且不需要特殊管理，相比于其他方法更能节约时间和成本，不会对土壤环境造成破坏，因而也是一种环境友好型的对策。

针对“低累积作物”这一概念，很多学者也提出了不同的看法。例如，Yu 等（2006）将其称为“污染对策品种（pollution-safe cultivar）”，进一步解释为作物在一定污染水平下种植时可食部位重金属含量符合安全食用标准的品种，并同时通过 43 个水稻品种对镉（Cd）的累积情况进行了说明；Liu 等（2009）和 Li（2012）等将其定义为重金属“排斥基因型或品种（M-excluder genotypes or M-excluding cultivars）”；Liu（2012）等将其定义为“无污染品种（pollution free cultivars）”；但是，更多的研究者将其定义为重金属“低累积或低吸收品种（low-M cultivars）”（Clarke et al.，2002；Norton and Zhao，2009；Meharg and Zhao，2012），这种说法更加通俗易懂，目前也较多采用这种说法。虽然重金属低累积作物有很多不同的定义，但其本质内容都是一样的，即通过选育合适的品种（基因型）减少作物或品种可食部位的砷含量，进而减小食物中的砷对人体健康产生的潜在风险。

土壤砷污染是我国土壤污染面积较大的一种污染，在重金属污染中仅次于镉和镍，约占总调查面积的 2.7%，并且大多数砷污染土壤属于轻微污染。因此，在我国发展砷低累积作物或品种具有很大的潜力，可在一定程度上缓解我国目前土壤砷污染治理过程中的困境。大量试验结果证明，不同作物或品种累积砷的能力有显著差异（Larios et al., 2012），通过选育砷低累积作物或品种减少砷的危害是一种现实可行的策略，目前水稻、小麦、多种蔬菜等作物的砷低累积品种均有较多研究，并筛选出很多具有稳定性状的砷低累积品种。

水稻是我国乃至世界第一大粮食作物，低累积水稻品种的研究十分普遍。Norton 等（2009）研究了 76 个水稻品种在不同区域种植时地上部砷含量差异，结果显示两个不同区域种植的 76 个水稻品种谷粒中砷含量有显著相关性（r=0.802），说明不同水稻品种砷吸收能力具有稳定性，谷粒砷含量最大值与最小值之间相差 4～4.6 倍，在 Faridpur 种植的水稻谷粒砷含量的变化范围为 0.16～0.74 mg/kg，在 Sonargaon 种植的水稻谷粒砷含量的变化范围为 0.07～0.28 mg/kg，其中热带粳稻在两个砷含量不同的区域种植时，谷粒中砷含量均最小。该水稻品种对砷的吸收能力在一定砷浓度水平下能保持稳定，可作为砷低累积品种。竺朝娜等（2010）在 3 个不同试验点上研究了 21 种水稻对砷的吸收能力大小，并根据糙米中砷含量将水稻对砷的亲和能力分为迟钝型、敏感型和中间型三种类型。在 3 个实验点，‘明恢 70’水稻糙米砷含量均较低且性状表现稳定，属于砷低累积水稻品种。Zhang 等（2008；2011）进一步研究了水稻砷吸收和累积的相关基因，对今后人工培育低累积水稻品种将有很大帮助。

人类通过摄食蔬菜进入体内的砷也不容忽视。Uchino 等（2006）通过研究不同程度砷污染地区人体内与自然环境中砷的相关关系时发现，通过摄食蔬菜和各种谷物进入人体内的砷占人体吸收砷总量的 41.9%～93.9%。Díaz 等（2004）通过对智利某地区的研究发现，蔬菜对人体内砷的贡献率为 4%～25%，发展砷低累积蔬菜品种将有助于减少人体砷的摄入。Chou 等（2016）在研究 EDTA-2Na 和 CaO 对砷污染土壤改良效果时发现，莴苣比萝卜、生菜、白菜砷含量都低，是一种比较适合种植的砷低累积蔬菜。Smith 等（2009）通过水培方法研究了绿豆、生菜、甜菜、萝卜等可食部位砷含量大小，结果表明生菜和甜菜可食部位砷含量最小。Codling 等（2016）研究了 4 种不同马铃薯品种对砷吸收能力的差异，结果表明品种‘Yukon Gold’的砷含量最低，并且马铃薯表皮砷含量显著大于果肉砷含量。Mathieu 等通过水培技术比较了 5 种不同叶类蔬菜砷吸收能力的差异，结果表明空心菜对砷的吸收能力远高于其他四类蔬菜，莴苣砷吸收能力最低。综上所述，目前砷低累积作物已涉及多种农作物，对中轻度砷污染农田治理的贡献也越来越大。

四、砷低累积作物筛选方法

随着对低累积作物认识的不断提升，近年来不仅有很多低累积作物被陆续筛选出来，而且筛选方法也在不断改进，筛选效率和准确性不断提高。目前常见的筛选方法有调查取样法、田间试验法、土培（盆栽）法和水培法等。相比于其他方法，土培法和水培法的试验条件较易控制，一般能准确反映不同作物种类或品种对砷吸收能力的大小，因而是目前应用最广泛的一种筛选方法。但是，由于这两种方法往往需要外源添加砷溶液，会产生较多的砷污染，因此也存在较大的争议，急需改进。

调查取样法一般用来评价某一砷污染区作物砷含量情况，为使调查结果更加准确，一般需将调查区域按土壤砷含量划分为几个不同的单元。蔡保松等（2004）对湖南郴州砷污染地区土壤和蔬菜中的砷含量进行了调查研究，调查区域土壤砷含量范围为19.5～237.2 mg/kg，包括叶菜、根菜、果菜等46种蔬菜，综合考虑不同土壤砷浓度、富集系数等进行聚类分析，得出不同蔬菜种类对砷吸收能力的大小。其中，萝卜、白菜、莴笋、辣椒等对砷的吸收能力较弱，适合在砷污染地区种植，而生菜、菠菜、茼蒿等蔬菜砷含量和富集系数非常高，不适合在砷污染地区种植。肖细元等（2009）搜集并整理了近30年来国内外关于蔬菜和粮油作物的砷含量数据（主要为野外调查、田间试验及市场抽样结果），污染区蔬菜平均砷含量为0.068 mg/kg鲜重，各类蔬菜平均砷含量的大小为叶菜类＞根茎类＞鲜豆类＞茄果类，污染区粮油作物砷含量大小为豆类＞油料类＞禾谷类。Bhattacharya 等（2010）对砷污染地区作物可食部位砷含量研究发现，土豆和姜黄的砷含量最高，而番茄、黄豆中砷含量最低，虽然该地区大多数作物的砷含量仍没有超过相关标准，但是考虑到该地区土壤砷含量仍在不断增加，种植砷低累积作物可以减少土壤砷对人体的危害。

土培方法是目前应用最广泛的筛选低累积作物的方法。砷污染土可以是自然砷污染土壤，也可以是添加外源砷的人为污染土。土培法基本可以准确模拟大田条件，筛选结果准确性较高。谈宇荣（2016）等采用矿区周边自然砷、镉污染土壤，通过盆栽试验研究了29个水稻品种对砷吸收能力的基因型差异，土壤砷含量为《土壤环境质量 农用地土壤污染风险管控标准（试行）》（GB 15618—2018）的4.13倍时，糙米中砷的平均含量为0.05 mg/kg，变异系数为39.7%，虽然在旱作条件下29个水稻品种糙米砷含量均超过了国家标准，但其中有4个品种糙米砷含量相对较低，可作为砷低累积品种重点培育。Syu 等（2015）研究了不同自然砷污染浓度土壤处理下6个水稻品种对砷吸收能力的差异，结果表明粳稻对砷的吸收能力小于籼稻，并且糙米中砷的主要存在形态是毒性更小的二甲基砷（DMA）。

随着水培技术的日臻完善，越来越多的研究人员选择利用水培方法筛选砷低吸收植物。相比土培方法，水培方法具有易操作、条件稳定统一、效率高等优点，Smith 等（2009）采用水培方法研究了萝卜、绿豆、生菜和甜菜对砷吸收能力的大小和砷在各蔬菜内的存在形态，研究中使用珍珠岩作为固定植物的基质，营养液通过抽水泵在装置中循环流动，营养液砷浓度维持在2 mg/L，种植8周后收获。结果表明，各种蔬菜可食部位砷含量的大小顺序为萝卜＞绿豆＞生菜=甜菜，生菜和甜菜叶中砷含量仅为3 mg/kg，而萝卜中砷含量高达35.5 mg/kg。刘文菊等（2006）通过水培方法研究了不同水稻品种苗期对砷吸收能力的大小，在含砷营养液中培养14d后不同品种水稻地上部砷含量有显著差异，品种‘KY1360’和‘94D-64’对砷的转移能力最弱，地上部砷含量最小，研究还发现水稻对砷的吸收转移与根表铁膜有关。N.K Mathieu 等（2013）运用水培试验方法比较了5种叶类蔬菜对砷的吸收特性，总体而言，5种叶类蔬菜地上部砷含量的大小顺序为：空心菜＞芹菜＞苋菜＞生菜＞莴苣，通过对比砷含量与耐性指数的关系发现，蔬菜对砷的耐性越大，砷含量越小。

虽然水培筛选方法效率较高、操作简单，但是因其与土培方法在生长环境、营养元素组成及含量等方面差异巨大，因此，水培方法得出的结果仍需通过土培试验验证。另外，由于水培时会产生较多的含砷废水，因此，传统水培方法还需不断改进与提高。

第二节　水培法筛选砷低累积作物

随着水培技术的日益成熟，其不仅在植物工厂、无土栽培等领域应用广泛，在作物养分吸收利用、有害物质对植物的毒害作用等研究方面也具有广泛的用途（McDonald，2016；Xu et al.，2014；Huang et al.，2016；Park et al.，2016）。与土壤环境相比，水培环境变量和影响因素较少、生长条件容易控制，可相对准确地模拟单一变量对作物各方面的影响。例如，Shaibur 等（2013）通过水培方法研究了不同磷浓度对大麦吸收砷的影响，通过水培方法将磷初始浓度设为 0 mg/L，从而能够更加准确地得出磷对大麦吸收砷的影响。但值得注意的是，水培环境与土壤环境差异巨大，且陆生植物更加适应土壤环境，在水环境中是否会影响其正常生长？水培环境下生长的蔬菜在生理反应、元素利用等方面会不会发生变化？这些差异都可能会影响水培法筛选砷低累积作物的准确性，因此，一些学者对通过水培方法筛选砷低累积作物提出了质疑，例如，Cox 等（1996）研究发现：油菜在水培和土培中对砷的耐性并不相同，水培液中过高的磷含量可能会影响油菜对砷的吸收。但相比于土培方法，水培法具有操作简单、效率高、条件容易控制等优点。为此，我们用含砷营养液对旺盛生长期和全生育期的生菜及苋菜进行了培养研究，以了解不同作物对砷的吸收能力及对砷的耐性。

本研究选择了春季和夏季普遍种植的叶类蔬菜（生菜和苋菜）作为研究对象，每种蔬菜分别选择 5 个品种：生菜 5 个品种为‘罗莎绿’、‘紫罗马’、‘绿萝’、‘美国大速生’和‘耐抽薹生菜’，分别记作 Ⅰ-1、Ⅰ-2、Ⅰ-3、Ⅰ-4、Ⅰ-5；苋菜 5 个品种为‘花红苋菜’、‘严选红圆叶苋菜’、‘花红柳叶苋菜’、‘白圆叶苋菜’、‘红柳叶苋菜’，分别记作 Ⅱ-1、Ⅱ-2、Ⅱ-3、Ⅱ-4、Ⅱ-5。10 个蔬菜品种的详细信息见表 8.1。

表 8.1　试验种子基本信息

种类	名称	编号	购买地	企业
生菜	罗莎绿	Ⅰ-1	中国农业科学院蔬菜花卉研究所	北京京研盛丰种苗研究所
	紫罗马	Ⅰ-2		北京绿东方农业技术研究所
	绿萝	Ⅰ-3		北京绿金蓝种苗有限公司
	美国大速生	Ⅰ-4		北京盛丰地种子有限公司
	耐抽薹生菜	Ⅰ-5		广东大腾牌金记种业
苋菜	花红苋菜	Ⅱ-1	中国农业科学院蔬菜花卉研究所	北京绿金蓝种苗有限公司
	严选红圆叶苋菜	Ⅱ-2		汕头市金韩种业有限公司
	花红柳叶苋菜	Ⅱ-3		长沙市银田蔬菜种子有限公司
	白圆叶苋菜	Ⅱ-4		长沙市新万农种业有限公司
	红柳叶苋菜	Ⅱ-5		长沙市新万种业有限公司

水培实验所用营养液根据华南农业大学叶菜类专用营养液 A 配方（郭世荣，2018）

配制，营养液 pH 为 6.4～7.2。大量元素组成及浓度为：$Ca(NO_3)_2·4H_2O$（472 mg/L）、KNO_3（267 mg/L）、NH_4NO_3（53 mg/L）、KH_2PO_4（100 mg/L）、K_2SO_4（116 mg/L）、$MgSO_4·7H_2O$（264 mg/L）。微量元素组成及浓度为：EDTA-2NaFe（20～40 mg/L）、H_3BO_3（2.86 mg/L）、$MnSO_4·4H_2O$（2.13 mg/L）、$ZnSO_4·7H_2O$（0.22 mg/L）、$CuSO_4·5H_2O$（0.08 mg/L）、$(NH_4)_6Mo_7O_{24}·4H_2O$（0.02 mg/L）。

水培法操作步骤：首先挑选籽大饱满的种子浸泡于 10%H_2O_2 中杀菌、消毒，10 min 后取出并用自来水冲洗干净（2～3 遍），然后将种子均匀撒播在用自来水浸湿的纯蛭石育苗盘上，并覆盖一层 2～3 mm 厚的蛭石，最后将育苗盘放于人工气候箱内培养。培养条件为光照 14 h/d、相对湿度 65%～75%，生菜育苗温度为 22℃/18℃（昼夜），苋菜为 30℃/25℃（昼/夜）。播种后，每天根据蛭石含水量添加适量自来水，出芽后用 1/2 浓度营养液代替自来水浇灌。待幼苗长出 2 片真叶后移栽定植于含 2 L 营养液的水培箱中，每个水培箱定植 4 株幼苗，幼苗先在 1/2 浓度营养液中适应生长 7 d，然后再进行加砷处理，共设置 0、2 mg/L、4 mg/L 三个砷浓度处理。每隔 7 d 更换一次营养液，短期和全生育期水培试验分别在加砷处理 2 周和 4 周后收获。蔬菜收获后用自来水清洗 3 遍，然后将地上部分和地下部分分别装入信封并做好标记，放入烘箱，先在 105℃下杀青 30 min，再调至 80℃直至烘干。样品烘干后先在百分之一天平上称重，再用粉碎机磨成粉末，待测。分别就水培条件下砷对生菜和苋菜生长（地上部、地下部）的影响、生菜和苋菜（地上部、地下部）砷含量，以及生菜和苋菜对砷的耐性大小进行比较研究。

一、水培条件下砷对生菜和苋菜生长的影响

（一）砷对生菜和苋菜地上部生长的影响

从图 8.1 可以看出，水培至生长旺盛期时，生菜品种Ⅰ-1、Ⅰ-2、Ⅰ-4 地上部生物量随营养液砷浓度的升高而增加，当营养液砷浓度为 2 mg/L 和 4 mg/L 时，砷可以促进品种Ⅰ-1、Ⅰ-2 和Ⅰ-4 三种生菜地上部的生长，品种Ⅰ-3 地上部生物量相比于 CK 显著降低，分别减少了约 0.25g 和 0.17g，但是处理 1 和处理 2（0、2 mg/L 和 4 mg/L 三种砷处理分别简称 CK、处理 1 和处理 2）之间地上部生物量差异不显著，说明处理 1 和处

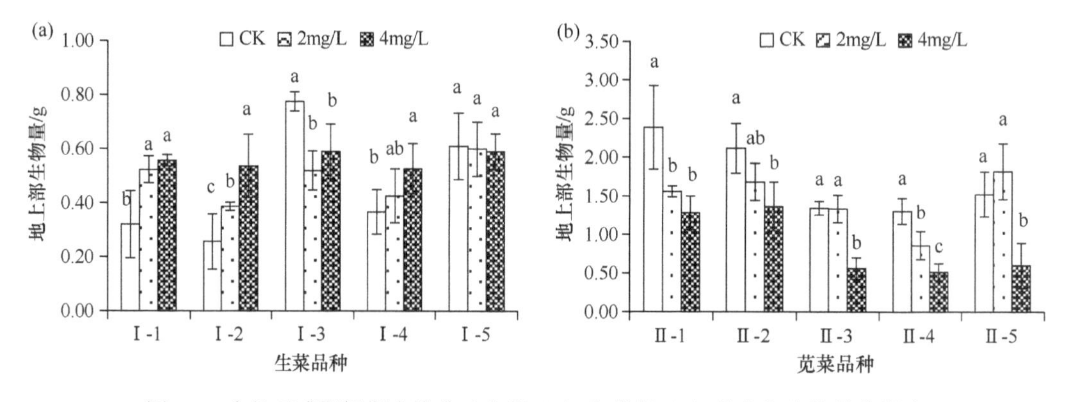

图 8.1 生长旺盛期短期水培砷对生菜（a）和苋菜（b）地上部生物量的影响

同一组中不同字母表示具有显著差异（$P<0.05$），后同

理 2 条件下砷对品种Ⅰ-3 地上部的生长有抑制作用。品种Ⅰ-5 处理 1 和处理 2 地上部生物量与 CK 没有显著性差异，仅比 CK 减少了约 0.1g 和 0.2g，说明当营养液砷浓度为 2 mg/L 和 4 mg/L 时，砷对Ⅰ-5 地上部的生长既没有促进作用，也不起抑制作用。

生长旺盛期水培试验苋菜与生菜地上部生物量的变化显著不同，从图 8.1 可以看出，随着砷浓度的增加，苋菜品种Ⅱ-1、Ⅱ-2、Ⅱ-4 地上部生物量显著减少，3 个品种处理 1 地上部生物量相比于 CK 分别减少了约 34.6%、20.5%、44.7%，处理 2 地上部生物量相比于 CK 则减少了 46.4%、35.6%、60.5%；品种Ⅱ-1 和Ⅱ-2 处理 2 地上部生物量相比于处理 1 略有减少，分别减少了约 0.28g 和 0.36g，品种Ⅱ-4 处理 2 地上部生物量相比处理 1 显著减少，减少了约 57.8%；但是当营养液砷浓度为 2 mg/L 时，苋菜品种Ⅱ-3 和Ⅱ-5 表现出较好的耐砷能力，品种Ⅱ-3 处理 1 地上部生物量仅比 CK 减少了约 0.1g。低浓度砷对品种Ⅱ-3 生长的影响并不明显，而品种Ⅱ-5 处理 1 地上部生物量相比于 CK 显著增加，增加量约为 0.3g，说明当营养液砷浓度为 2 mg/L 时，砷可以促进品种Ⅱ-5 的生长；而当营养液砷浓度为 4 mg/L 时，品种Ⅱ-3 和Ⅱ-5 地上部生物量相比于 CK 和处理 1 均显著下降，相比于 CK 分别下降了约 58.1%和 60.6%，高浓度砷同样对品种Ⅱ-3 和Ⅱ-5 地上部的生长起抑制作用。

从图 8.2 可以看出，相比于培养至生长旺盛期的短期水培试验，生菜和苋菜全生育期地上部生物量有显著增加，全生育期培养生菜和苋菜地上部生物量平均值分别为 1.62g 和 5.20g，分别约为生长旺盛期的 3.6 倍和 3.0 倍。可以看出，生菜和苋菜地上部的生长主要集中在定植后 3～5 周这段时间。生菜和苋菜地上部生物量在 3 个处理下的变化趋势与生长旺盛期培养也基本一致，生菜品种Ⅰ-1、Ⅰ-2、Ⅰ-4 处理 1 和处理 2 地上部生物量较 CK 仍有显著增加（Ⅰ-4 处理 2 增加量没达到显著水平），品种Ⅰ-5 地上部生物量 3 个砷浓度水平之间没有显著性差异，与生长旺盛期培养有较大不同的是，品种Ⅰ-3 处理 1 地上部生物量比 CK 仅减少了约 0.02g，而生长旺盛期培养显著减少了 32.9%。苋菜品种Ⅱ-1、Ⅱ-2、Ⅱ-3、Ⅱ-4 地上部生物量的变化趋势与生长旺盛期培养基本一致，但是品种Ⅱ-5 处理 1 地上部生物量较 CK 减少了 0.36g，与生长旺盛期培养试验结果略有不同，随着营养液浓度的升高品种Ⅱ-5 地上部生物量急剧降低，处理 2 地上部生物量仅为 1.48g，约为 CK 的 25.6%。

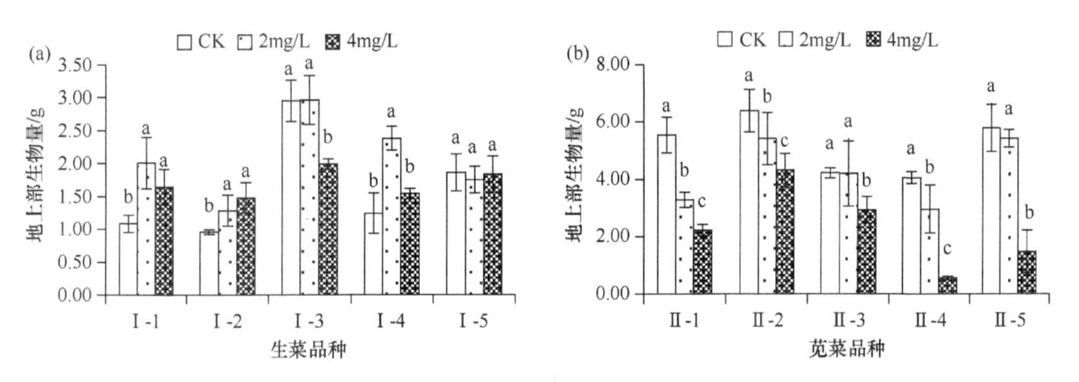

图 8.2　全生育期水培砷对生菜（a）和苋菜（b）地上部生物量的影响

对比生长旺盛期和全生育期地上部生物量的变化（表 8.2）可以发现，3 种砷浓度处理生菜和苋菜全生育期比生长旺盛期地上部生物量均有显著增加。当营养液砷浓度为 2 mg/L 时，生菜品种Ⅰ-1、Ⅰ-3 和Ⅰ-4 地上部生物量增加最大，而品种Ⅰ-2、Ⅰ-5 分别在处理 2 和 CK 时地上部生物量增加最大，这与砷对生菜各品种生长的促进作用相对应，当营养液砷浓度为 2 mg/L 时，砷对品种Ⅰ-1、Ⅰ-3 和Ⅰ-4 地上部生长的促进作用最明显，品种Ⅰ-2 地上部生物量随营养液砷浓度的升高而逐渐升高。CK、处理 1 和处理 2 条件下，5 个生菜品种地上部生物量增加量平均值分别为 1.25g、1.57g 和 1.14 g，处理 1 的增加量最大，CK 和处理 2 的增加量基本一致。进一步分析可以得出：生菜各品种在生长旺盛期至成熟期（第 4、5 周）这段时间，生物量与生长旺盛期相比增加了 3～6 倍，最大增加了 469.81%，CK、处理 1 和处理 2 平均增加了 247.2%、309.0%和 202.8%，说明生菜后半段的生长速率比前半段更快。

表 8.2　生长旺盛期与全生育期水培砷对两种叶菜地上部生物量的影响

类别	品种	增长量/g			增长百分比/%		
		CK	2mg/L	4mg/L	CK	2mg/L	4mg/L
生菜	Ⅰ-1	0.77	1.49	1.09	239.06	284.08	195.21
	Ⅰ-2	0.7	0.9	0.94	272.73	232.76	175.78
	Ⅰ-3	2.18	2.44	1.4	281.08	469.81	237.29
	Ⅰ-4	0.87	1.87	1.01	238.18	366.67	192.41
	Ⅰ-5	1.25	1.15	1.24	204.92	191.67	210.73
	平均值	1.15	1.57	1.14	247.19	309.00	202.28
苋菜	Ⅱ-1	3.15	1.73	0.94	132.12	111.11	73.70
	Ⅱ-2	4.26	3.73	2.94	201.42	221.58	215.89
	Ⅱ-3	2.88	2.87	2.37	214.14	215.00	420.12
	Ⅱ-4	2.75	2.1	0.04	210.71	243.80	7.74
	Ⅱ-5	4.26	3.6	0.88	279.43	197.80	146.67
	平均值	3.46	2.81	1.43	207.57	197.86	172.82

由于苋菜在两种砷浓度处理下的生长均受到抑制，苋菜 5 个品种 CK、处理 1 和处理 2 条件下增长量的平均值逐渐减少，分别为 3.46g、2.81g、1.43g，进一步说明添加砷以后苋菜的生长速率减缓，生长受到抑制，其中苋菜品种Ⅱ-2 和Ⅱ-3 在 3 个处理下地上部生物量的增加量最大，这可能与这两个品种较高的耐砷能力有关。品种Ⅱ-1 和Ⅱ-4 处理 2 地上部生物量增长百分比仅为 73.70%和 7.74%，说明这两种苋菜生长旺盛期后的生长量小于生长旺盛期期以前的生长量，随着时间的延长，苋菜生长速率明显变慢，受砷的毒害作用较为严重。

（二）砷对生菜和苋菜地下部生长的影响

对比生菜和苋菜地上部生物量的结果（图 8.3 和图 8.4）可以看出：两种叶菜类作物地下部生物量的变化规律与地上部基本一致，生菜品种Ⅰ-1、Ⅰ-2 和Ⅰ-4 处理 1、处理 2 地下部生物量较 CK 有增加趋势，而品种Ⅰ-3 和Ⅰ-5 处理 1、处理 2 地下部生物量较

CK 变化不显著或有降低的趋势（品种Ⅰ-5 生长旺盛期除外）。其中，品种Ⅰ-1 和Ⅰ-2 砷处理地下部生物量较 CK 增加最明显，生长旺盛期水培试验中品种Ⅰ-1 处理 1 和处理 2 地下部生物量分别是 CK 的 1.7 倍和 2.0 倍，分别增加了 0.017g 和 0.024g，品种Ⅰ-2 处理 1 和处理 2 地下部生物量分别是 CK 的 1.8 倍和 2.9 倍，分别增加了 0.013g 和 0.033g，全生育期水培试验中品种Ⅰ-1 和Ⅰ-2 砷处理地下部生物量相比于 CK 也有显著增加，处理 1 相比于 CK 分别增加了 0.05g 和 0.01g，处理 2 相比于 CK 分别增加了 0.05g 和 0.04g。生长旺盛期水培试验中品种Ⅰ-3 处理 1 地下部生物量较 CK 显著降低，而全生育期水培试验中品种Ⅰ-3 处理 1 地下部生物量与 CK 并没有显著性差异。

苋菜品种Ⅱ-1、Ⅱ-2 和Ⅱ-4 处理 1、处理 2 地下部生物量较 CK 均显著降低，其中品种Ⅱ-1 处理 1 地下部生物量在生长旺盛期和全生育期水培试验中相比 CK 下降最显著，分别减少了约 0.23g 和 0.83g，下降幅度分别高达 65.8%和 69.7%。生长旺盛水培试验和全生育期水培试验中品种Ⅱ-3 和Ⅱ-5 处理 1 地下部生物量较 CK 显著增加或略有增加，处理 2 地下部生物量较 CK 均显著减少。以品种Ⅱ-3 为例，生长旺盛期和全生育期水培试验中处理 1 较 CK 分别增加了约 0.07g 和 0.28g，处理 2 则较 CK 显著下降了约 0.11g 和 0.29g，下降幅度为 64.7%和 43.9%。总之，处理 1 和处理 2 生菜地下部生物量较 CK 主要是增加的趋势，仅个别处理出现了减少的情况，而苋菜地下部生物量主要是减少的趋势。总体而言，生菜地下部对砷的耐性大于苋菜。

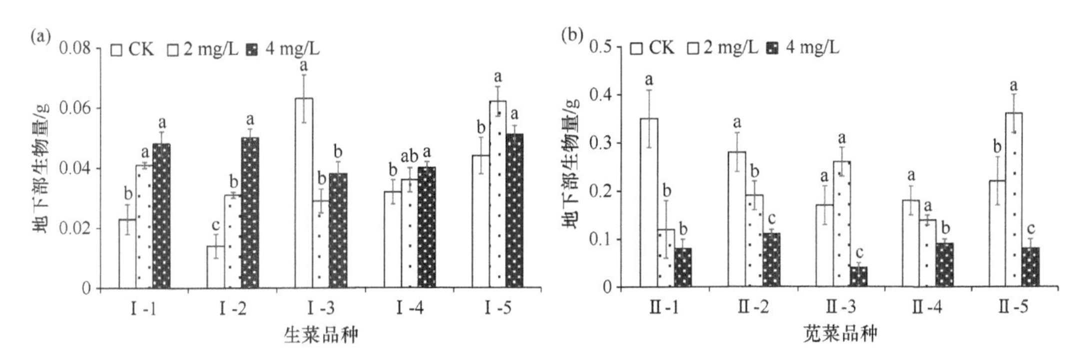

图 8.3 生长旺盛期水培砷对生菜（a）和苋菜（b）地下部生物量的影响

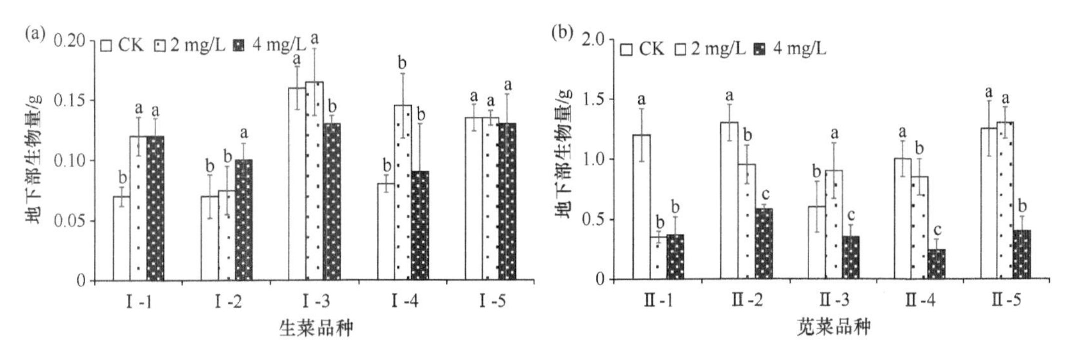

图 8.4 全生育期水培砷对生菜（a）和苋菜（b）地下部生物量的影响

二、水培条件下生菜和苋菜对砷耐性的大小比较

耐性指数是指砷处理下作物地上部生物量（高度）或地下部生物量（长度）与 CK 地上部生物量（高度）或地下部生物量（长度）的比值，是反映作物对砷耐性强弱的重要指标。从前面的分析结果看，某些情况下地上部和地下部生物量的变化并不一致，例如，苋菜土培试验中处理 2 地下部生物量显著低于处理 1 地下部生物量，而处理 2 和处理 1 地上部生物量却没有显著差异，由于生菜和苋菜地上部生物量与人们的关系更为密切，因此，选用砷处理地上部生物量与 CK 地上部生物量的比值作为本次试验的耐性指数。从表 8.3 可以看出，生菜短期和全生育期水培试验耐性指数基本都接近或大于 1，说明生菜在两种砷浓度处理下对砷的耐性都较高，地上部生长受砷的影响较小，5 个生菜品种中Ⅰ-3 的耐性指数最低，仅全生育期水培试验处理 1 的耐性指数达到了 1，其他处理耐性指数均显著小于 1；品种Ⅰ-5 所有处理的耐性指数都在 1 左右，不随砷浓度的增加而变化，这说明品种Ⅰ-5 地上部对砷的反应不敏感，在这两种砷浓度处理下，Ⅰ-5 的生长不会受砷的影响。生菜生长旺盛期水培试验中，处理 2 耐性指数的平均值大于处理 1，而全生育期水培试验中处理 2 耐性指数的平均值小于处理 1，这可能是因为随着培养时间的延长，处理 2 的砷浓度对苋菜生长的促进作用减弱。

表 8.3　不同处理下两种叶菜的耐性指数

类别	品种	全生育期			生长旺盛期		
		2 mg/L	4 mg/L	Δ	2 mg/L	4 mg/L	Δ
生菜	Ⅰ-1	1.85	1.51	−0.34	1.64	1.74	0.1
	Ⅰ-2	1.34	1.55	0.2	1.51	2.09	0.58
	Ⅰ-3	1	0.67	−0.33	0.67	0.76	0.09
	Ⅰ-4	1.92	1.24	−0.68	1.39	1.44	0.05
	Ⅰ-5	0.94	0.99	0.04	0.98	0.97	−0.02
	平均值	1.41	1.19	−0.22	1.24	1.4	0.16
苋菜	Ⅱ-1	0.59	0.4	−0.19	0.65	0.54	−0.12
	Ⅱ-2	0.85	0.68	−0.17	0.8	0.64	−0.15
	Ⅱ-3	1	0.69	−0.3	0.99	0.42	−0.57
	Ⅱ-4	0.73	0.14	−0.59	0.66	0.4	−0.26
	Ⅱ-5	0.94	0.26	−0.68	1.19	0.39	−0.8
	平均值	0.82	0.43	−0.39	0.86	0.48	−0.38

从表 8.3 可以看出，苋菜品种在各处理条件下的耐性指数一般均小于 1，其中Ⅱ-3、Ⅱ-5 处理 1 时的耐性指数较高，接近于 1，但处理 2 的耐性指数明显降低，说明当营养液砷浓度为 2mg/L 时，砷对Ⅱ-3、Ⅱ-5 地上部生长的影响不显著，随着砷浓度的提高，显著抑制了作物地上部的生长。其他苋菜品种各处理耐性指数均较低，并且随着砷浓度的提高明显减小，品种Ⅱ-2 处理 1 和处理 2 的耐性指数最接近，变化幅度较小，说明Ⅱ-2 对砷的耐性比较稳定。短期和全生育期水培试验处理 1 和处理 2 各品种耐性指数的平均值分别为 0.86、0.48 和 0.82、0.43，相比于生菜，苋菜对砷的耐性比较小，且不同条件

下的变化不大。

三、生长旺盛期和全生育期水培条件下生菜和苋菜地上部及地下部的砷含量

（一）生长旺盛期和全生育期水培条件下生菜和苋菜地上部砷含量

生菜和苋菜地上部砷含量直接关系到食品安全，地上部砷含量越低，对人体健康的危害也就越小，全生育期食用砷含量超标的农产品会造成人体内砷含量不断增加，最终有可能造成慢性中毒甚至引发癌变，因此有必要对蔬菜地上部砷含量进行测定并进行安全评价。图 8.5 和图 8.6 分别是生菜和苋菜生长旺盛期、全生育期水培条件下地上部砷含量情况。从图中可以看出，随营养液砷浓度的提高，各蔬菜品种地上部砷含量显著增加，当营养液砷浓度为 2 mg/L 时，生长旺盛期和全生育期水培试验生菜各品种地上部砷含量平均值分别约为 12.3 mg/kg 和 11.7 mg/kg；当营养液砷浓度为 4 mg/L 时，生菜各品种地上部砷含量平均值分别约为 23.9 mg/kg 和 20.8 mg/kg；处理 2 与处理 1 比较，地上部砷含量提高了约 2 倍。进一步分析可知，相同处理不同品种之间地上部砷含量有显著差异，不同品种对砷的吸收能力大小不同。

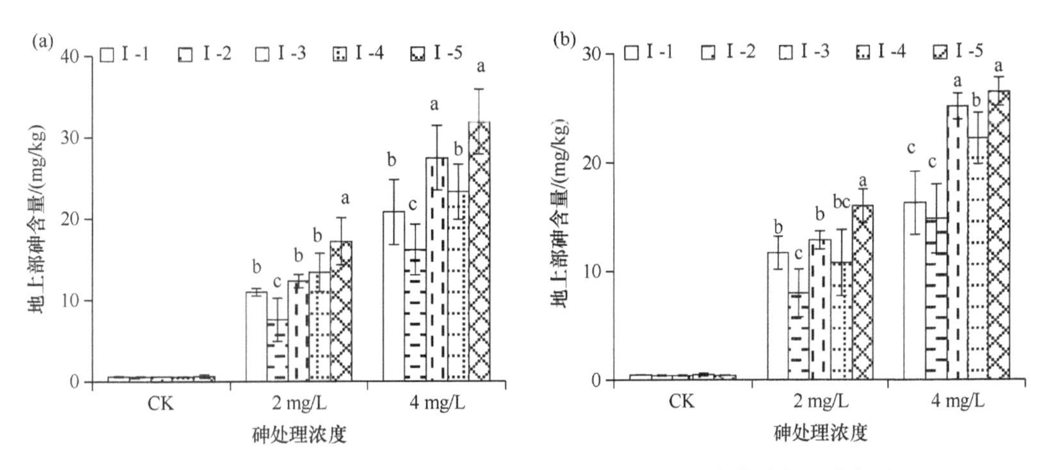

图 8.5　生长旺盛期（a）和全生育期（b）水培条件下生菜地上部砷含量

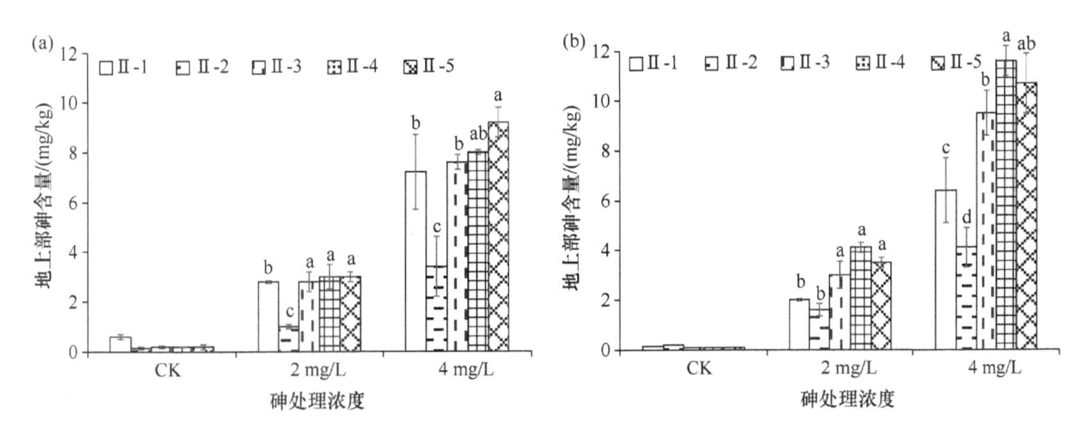

图 8.6　生长旺盛期（a）和全生育期（b）水培条件下苋菜地上部砷含量

生长旺盛期和全生育期水培试验生菜地上部砷含量最低的品种均为Ⅰ-2，其次为Ⅰ-1，生长旺盛期水培试验品种Ⅰ-2处理1和处理2地上部砷含量分别为约7.58 mg/kg和15.17 mg/kg，仅为品种Ⅰ-5的地上部砷含量的43.6%和47.5%，品种Ⅰ-5各处理条件下地上部砷含量最高，最高可达30 mg/kg，远高于其他生菜品种。生长旺盛期和全生育期水培试验两种砷浓度处理5种生菜品种对砷的吸收能力大小基本为Ⅰ-5＞Ⅰ-3＞Ⅰ-4＞Ⅰ-1＞Ⅰ-2，但是生长旺盛期处理1品种Ⅰ-4砷含量仅次于Ⅰ-5，略高于Ⅰ-3，与上述排列略有不同。

从图8.6可以看出，不同苋菜品种地上部砷含量之间也有显著性差异，随营养液砷浓度的升高，各品种地上部砷含量显著增加，生长旺盛期和全生育期水培试验各品种处理1地上部砷含量平均值约为2.6 mg/kg和2.8 mg/kg，处理2地上部砷含量平均值约为6.8 mg/kg和7.9 mg/kg，处理2地上部砷含量较处理1增加了约2.7倍，可见生长环境中的砷含量对苋菜地上部砷含量有显著影响。各处理条件下品种Ⅱ-2地上部砷含量最低，生长旺盛期和全生育期处理1地上部砷含量分别为1.4 mg/kg和1.6 mg/kg，处理2地上部砷含量分别为3.6 mg/kg和4 mg/kg，仅为地上部砷含量最高品种Ⅱ-4和Ⅱ-5的40%左右。品种Ⅱ-1地上部砷含量略高于品种Ⅱ-2，低于品种Ⅱ-3、Ⅱ-4、Ⅱ-5，生长旺盛期和全生育期处理1品种Ⅱ-1地上部砷分别约为2.5 mg/kg和1.9 mg/kg，处理2地上部砷含量分别约为6.6 mg/kg和6.1 mg/kg，均低于平均值。4个处理条件下品种Ⅱ-1和Ⅱ-2地上部砷含量均最低，品种Ⅱ-3、Ⅱ-4、Ⅱ-5地上部砷含量较高，5种苋菜地上部砷大小大致为Ⅱ-4≈Ⅱ-5＞Ⅱ-3＞Ⅱ-1＞Ⅱ-2。

当营养液砷含量相同时，生长旺盛期和全生育期水培试验生菜或苋菜地上部砷含量平均值差别较小，即地上部砷含量并没有随培养时间和生物量的增加而发生显著变化；当营养液砷含量分别为2 mg/L和4 mg/L时，生菜地上部砷含量约为苋菜地上部砷含量的2.6～4.7倍，生菜地上部砷含量显著高于苋菜，说明在水培条件下，生菜对砷的吸收能力大于苋菜（表8.4）。

表8.4　水培条件下不同处理生菜和苋菜地上部砷含量平均值

类别	生长旺盛期			全生育期		
	CK	2 mg/L	4 mg/L	CK	2 mg/L	4 mg/L
生菜	0.26	12.32	23.93	0.17	11.86	20.99
苋菜	0.36	2.63	6.81	0.20	2.77	7.95

（二）生长旺盛期和全生育期水培条件下生菜和苋菜地下部砷含量及转移系数

通过生菜和苋菜生长旺盛期和全生育期水培试验结果（表8.5）可以看出，生菜和苋菜地下部砷含量随营养液砷浓度的增加而显著增加。进一步分析可以得出，地下部砷含量大小顺序与地上部砷含量存在差异，生长旺盛期，当营养液砷浓度为2 mg/L时，品种Ⅰ-3地下部砷含量最低约为367.47 mg/kg，品种Ⅰ-4地下部砷含量最高，约为587.93 mg/kg，各品种地下部砷含量平均值为474.77 mg/kg；当营养液砷浓度为4mg/L时，各品种地下部砷含量平均值可达1011.21 mg/kg，约为处理1的2.13倍。全生育期水培试验两种砷浓度处理下品种Ⅰ-2 地下部砷含量最低，分别为 276.26 mg/kg 和 537.30 mg/kg，其次为品种Ⅰ-3，地下砷含量最高的品种Ⅰ-4 分别为 545.58 mg/kg 和 976.00 mg/kg。全生育期水培试验条件下，地下部砷含量相比于生长旺盛期有减少的趋势，这可能与砷促进生菜根系生长从而使砷富集速率降低有关，也可能与生菜根系外排砷从而减小砷毒害有关。

表 8.5 生长旺盛期和全生育期水培条件下两种叶菜地下部砷含量

类别	品种	生长旺盛期			全生育期		
		CK	2mg/L	4mg/L	CK	2mg/L	4mg/L
生菜	Ⅰ-1	3.66±0.58	547.42±80.61	952.81±12.59	1.52±0.23	454.92±6.09	935.26±47.67
	Ⅰ-2	1.68±0.41	406.48±47.31	987.13±24.13	2.79±0.75	276.26±13.22	537.30±35.50
	Ⅰ-3	1.77±0.13	367.47±31.53	1075.94±75.77	1.15±0.54	286.74±11.78	627.28±59.86
	Ⅰ-4	2.80±1.16	587.93±66.74	1035.82±20.17	4.38±1.00	545.58±55.73	976.00±86.57
	Ⅰ-5	4.43±0.74	464.56±42.25	1004.37±54.69	1.97±0.76	439.77±26.75	931.70±98.64
	平均值	2.87	474.77	1011.21	2.36	400.65	801.51
苋菜	Ⅱ-1	2.30±0.82	305.20±5.20	673.07±47.22	0.73±0.42	383.28±50.60	*623.10±69.34*
	Ⅱ-2	1.73±0.02	192.76±12.12	362.76±55.12	0.70±0.25	293.02±25.74	347.57±36.93
	Ⅱ-3	1.78±0.75	287.82±26.18	543.94±71.54	0.93±0.34	275.18±6.29	766.10±60.36
	Ⅱ-4	1.78±0.15	307.50±3.00	508.55±89.63	0.18±0.02	346.12±23.84	*514.76±28.14*
	Ⅱ-5	1.33±0.39	284.15±19.47	642.70±60.50	0.41±0.13	*275.89±30.47*	618.76±43.56
	平均值	1.78	275.49	546.2	0.59	314.7	574.06

生长旺盛期两种砷浓度处理下苋菜地下部砷含量最低的品种均为Ⅱ-2，分别为 192.76 mg/kg 和 362.76 mg/kg，其次为品种Ⅱ-3，品种Ⅱ-1 地上部砷含量最高分别为 305.20 mg/kg 和 673.97 mg/kg。与生菜不同，苋菜全生育期相比于生长旺盛期，地下部砷含量略有增加，生长旺盛期水培试验两种砷浓度处理下苋菜各品种地下部砷含量平均为 275.49 mg/kg 和 546.20 mg/kg，而全生育期水培试验分别为 314.70 mg/kg 和 574.06 mg/kg，分别增加了 39.21 mg/kg 和 27.86 mg/kg，增加量并不显著。综合分析可知，生菜和苋菜地下部砷含量大小顺序与地上部砷含量大小顺序并不一致，这说明根系对砷的吸收能力并非是决定地上部砷含量的唯一因素，砷从根系向地上部转移的能力也会影响作物地上部砷含量。

水培试验结果显示，生菜中砷的转移系数为 1.64×10^{-2}～4.48×10^{-2}，苋菜中砷的转移系数为 7.23×10^{-3}～2.12×10^{-2}（表 8.6），其数值均远小于 1，说明生菜和苋菜向地上部转移砷的能力较弱，生菜和苋菜吸收的砷主要截留在地下部，这被认为是作物减少砷毒害的一种机制。生长旺盛期，水培试验生菜品种Ⅰ-2 转移系数最小，两种砷浓度处理下的转移系数分别为 1.86×10^{-2} 和 1.64×10^{-2}，其次为品种Ⅰ-1；品种Ⅰ-5 转移系数最大，分别为 3.71×10^{-2} 和 3.18×10^{-2}，是品种Ⅰ-2 的 2 倍左右。而全生育期，水培试验品种Ⅰ-1 的转移系数最小，品种Ⅰ-4 转移系数最大，不同品种砷转移系数并不稳定。进一步分析得出，全生育期水培试验生菜各品种转移系数有增加的趋势，生长旺盛期水培试验两种砷浓度处理下生菜各品种转移系数平均值分别约为 2.65×10^{-2} 和 2.36×10^{-2}，而全生育期水培试验转移系数平均值为 3.10×10^{-2} 和 2.72×10^{-2}。生长旺盛期，当营养液砷浓度为 2 mg/L 时，苋菜品种Ⅱ-2 转移系数最低，其次为品种Ⅱ-1；而全生育期水培试验两种砷浓度处理下品种Ⅱ-1 转移系数均最小，分别为 4.95×10^{-3} 和 9.81×10^{-3}，品种Ⅱ-3、Ⅱ-4、Ⅱ-5 转移系数均较高，范围为 1.01×10^{-2}～2.12×10^{-2}。通过对地下部砷含量和转移系数分析得出，地上部砷含量较低的品种，其地下部砷含量和转移系数一般也较低，生菜和苋菜吸收及转移砷的能力共同决定地上部砷含量的大小。

表 8.6 生长旺盛期和全生育期水培条件下两种叶菜中砷的转移系数

类别	种类	生长旺盛期		全生育期	
		2 mg/L	4 mg/L	2 mg/L	4 mg/L
生菜	Ⅰ-1	2.01×10^{-2}	2.18×10^{-2}	2.37	1.74×10^{-2}
	Ⅰ-2	1.86×10^{-2}	1.64×10^{-2}	2.89×10^{-2}	2.76×10^{-2}
	Ⅰ-3	3.36×10^{-2}	2.55×10^{-2}	4.48×10^{-2}	4.01×10^{-2}
	Ⅰ-4	2.29×10^{-2}	2.25×10^{-2}	2.14×10^{-2}	2.27×10^{-2}
	Ⅰ-5	3.71×10^{-2}	3.18×10^{-2}	3.64×10^{-2}	2.84×10^{-2}
	平均值	2.65×10^{-2}	2.36×10^{-2}	3.10×10^{-2}	2.72×10^{-2}
苋菜	Ⅱ-1	8.22×10^{-3}	9.84×10^{-3}	4.95×10^{-3}	9.81×10^{-3}
	Ⅱ-2	7.23×10^{-3}	9.82×10^{-3}	5.44×10^{-3}	1.14×10^{-2}
	Ⅱ-3	1.01×10^{-2}	1.33×10^{-2}	1.10×10^{-2}	1.15×10^{-2}
	Ⅱ-4	1.03×10^{-2}	1.53×10^{-2}	1.12×10^{-2}	2.12×10^{-2}
	Ⅱ-5	1.12×10^{-2}	1.38×10^{-2}	1.24×10^{-2}	1.60×10^{-2}
	平均值	9.42×10^{-3}	1.24×10^{-2}	9.01×10^{-3}	1.40×10^{-2}

四、生长旺盛期和全生育期水培条件下筛选砷低累积作物

筛选砷低累积作物品种一般需要将作物培养至成熟期或规定采收期，但叶类蔬菜的成熟期或采收期一般并不明确，因此，有必要探究培养时间对叶类蔬菜砷含量和砷吸收能力的影响，明确其在不同生长阶段地上部砷含量和砷吸收能力的变化，以提高砷低累积蔬菜品种筛选的准确性和效率，进一步优化水培试验法筛选砷低累积蔬菜品种所需的时间。

图 8.7 和图 8.8 分别表示生菜和苋菜不同培养时间地上部砷含量的变化。从图中可以看出，大多数情况下培养时间对生菜和苋菜地上部砷含量没有显著影响，当营养液砷浓度为 4 mg/L 时，仅生菜品种Ⅰ-1 和Ⅰ-5 生长旺盛期和全生育期水培试验地上部砷含量有显著差异，均为生长旺盛期大于全生育期，分别相差 4.6 mg/kg 和 5.4 mg/kg，其他生菜处理地上部砷含量没有显著差异。苋菜品种Ⅱ-1 和Ⅱ-3、Ⅱ-4 在营养液砷浓度为 2 mg/kg 和 4 mg/L 时地上部砷含量均有显著差异，其中品种Ⅱ-1 和Ⅱ-3 生长旺盛期地上部砷含量大于全生育期培养地上部砷含量，分别相差 0.7 mg/kg 和 1.4 mg/kg，而品种Ⅱ-4 生长旺盛期培养地上部砷含量小于全生育期培养地上部砷含量。

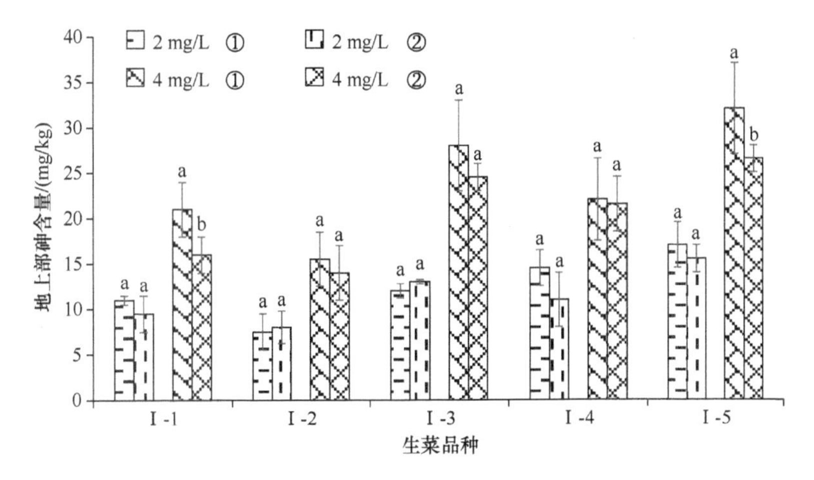

图 8.7　生长旺盛期和全生育期水培条件下生菜地上部砷含量对比

①是生长旺盛期，②是全生育期。下同。

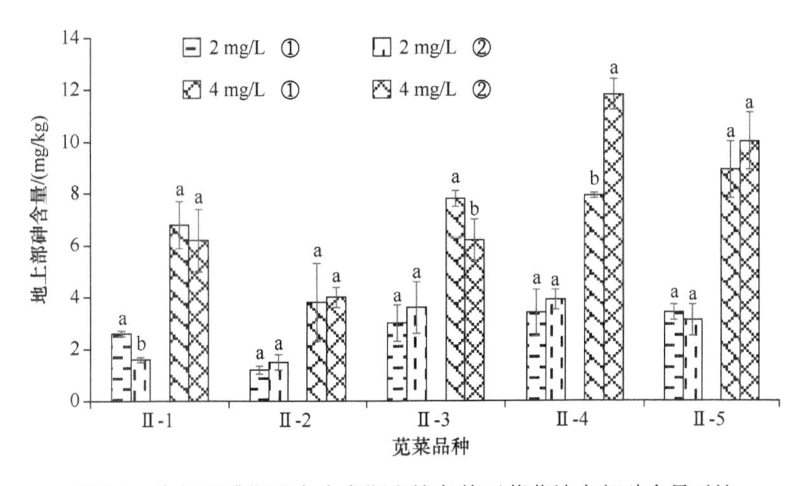

图 8.8　生长旺盛期和全生育期水培条件下苋菜地上部砷含量对比

此外，从图中可以看出，多数生菜生长旺盛期水培试验地上部砷含量较全生育期试验地上部砷含量高；而苋菜则相反，多数情况下，全生育期水培试验地上部砷含量高于生长旺盛期水培试验，出现这种情况可能与砷对生菜地上部生长有促进作用而对苋菜地上部生长有抑制作用有关，生菜地上部生长越快，砷含量的累积越慢，苋菜则相反。

综上所述，生菜和苋菜生长旺盛期及全生育期水培条件下，地上部砷含量基本一致，水培 3～5 周这段时间，地上部砷含量基本不随时间和生物量的变化而变化，说明这段时间生菜和苋菜地上部砷含量能维持平衡；随着营养液中砷的加入，生菜和苋菜地上部砷含量可能是一个先增加再趋于平衡的过程。生菜和苋菜地上部砷含量的大小取决于砷转移至地上部的速率和因地上部生物量增加稀释砷的速率，当蔬菜生长至一定阶段时，这两个过程可能会趋于平衡。

从不同处理下的生菜和苋菜品种对砷吸收能力数据（表 8.7）可以看出，生长旺盛期和全生育期不同砷处理下各品种对砷的吸收能力大小基本一致，生菜和苋菜砷吸收能力最小的品种分别为Ⅰ-2 和Ⅱ-2，几种处理筛选结果均一致；生菜各品种地上部砷含量

表 8.7 水培条件下不同处理生菜和苋菜各品种砷吸收能力大小比较

类别	处理	短期	全生育期
生菜	2 mg/L	Ⅰ-5＞Ⅰ-4＞Ⅰ-3＞Ⅰ-1＞Ⅰ-2	Ⅰ-5＞Ⅰ-3＞Ⅰ-4＞Ⅰ-1＞Ⅰ-2
	4 mg/L	Ⅰ-5＞Ⅰ-3＞Ⅰ-4＞Ⅰ-1＞Ⅰ-2	Ⅰ-5＞Ⅰ-3＞Ⅰ-4＞Ⅰ-1＞Ⅰ-2
苋菜	2 mg/L	Ⅱ-4＞Ⅱ-5＞Ⅱ-3＞Ⅱ-1＞Ⅱ-2	Ⅱ-5＞Ⅱ-4＞Ⅱ-3＞Ⅱ-1＞Ⅱ-2
	4 mg/L	Ⅱ-4＞Ⅱ-5＞Ⅱ-3＞Ⅱ-1＞Ⅱ-2	Ⅱ-4＞Ⅱ-5＞Ⅱ-3＞Ⅱ-1＞Ⅱ-2

大小顺序基本为Ⅰ-5＞Ⅰ-3＞Ⅰ-4＞Ⅰ-1＞Ⅰ-2，仅生长旺盛期水培试验营养液砷浓度为 2 mg/L 时，品种Ⅰ-4 地上部砷含量略大于Ⅰ-3，但没有达到显著性差异；苋菜各品种地上部砷含量的大小顺序基本为Ⅱ-4＞Ⅱ-5＞Ⅱ-3＞Ⅱ-1＞Ⅱ-2，仅全生育期水培试验营养液砷浓度为 4 mg/L 时，品种Ⅱ-5 地上部砷含量大于Ⅱ-4。由此可见，生长旺盛期和全生育期水培均能准确得出不同蔬菜品种对砷吸收能力的大小，从筛选效率和环境等方面考虑，可选择生长旺盛期方法，并且生长旺盛期吸收地上部砷含量与全生育期吸收地上部砷含量没有显著差异，蔬菜生长中期地上部砷含量即可准确反映其后期地上部砷含量的大小。

水培是设施农业中应用比较广泛的生产技术，在当今土壤污染逐渐加剧的情况下，通过水培技术生产的无公害、有机蔬菜受到社会的普遍欢迎，同时，随着水培技术的不断发展完善，借助水培技术对作物养分吸收利用率、生理学、毒理学等方面亦开展了更加深入的研究。通过水培方法筛选砷低累积作物，近年来亦有很多研究，Zhang 和 Duan（2008）采用水培方法研究了不同水稻品种苗期对砷吸收的差异，水稻经 18d 育苗后转移至不含砷的营养液，适应生长 2 周后进行加砷处理，各品种水稻幼苗在含砷营养液中生长 6d 后收获。试验结果表明，不同水稻品种地上部砷含量有显著差异，‘93-11’和‘JX17’地上部砷含量最小，仅为品种‘ZYQ8’的 50%左右；Wu 等（2011）等通过水培方法研究了不同水稻品种及根系溶解氧对水稻吸收砷的影响，结果表明根系溶解氧和基因型对水稻地上部砷含量的影响较为明显，在含砷营养液中培养 30d 后，不同品种地上部砷含量有显著差异，其中品种‘Guinongzhan’和‘Dongnong413’茎叶中砷含量仅分别为 0.64 mg/kg 和 0.82 mg/kg，远小于其他品种。但是，前人关于水培筛选低累积作物很少有统一的标准，培养时间往往从几天到几十天不等（Shaibur and Kawai，2009；Wu et al.，2011；Li et al.，2009）。本研究中，我们分别研究了生长旺盛期和全生育期培养后生菜及苋菜地上部砷含量的变化，通过分析试验结果，得出经生长旺盛期和全生育期培养后，生菜及苋菜各品种地上部砷含量没有随培养时间的变化而变化，多数品种生长旺盛期培养和全生育期培养地上部砷含量没有显著差异。生菜品种仅Ⅰ-1 和Ⅰ-5 在营养液砷浓度为 4 mg/L 处理时，生长旺盛期和全生育期水培试验地上部砷含量有显著差异，苋菜品种Ⅱ-1、Ⅱ-2 和Ⅱ-4 分别出现了一次砷含量有显著差异的情况，这说明生菜和苋菜地上部砷含量并没有随培养时间的增加而不断增加。Li 等（2015）研究发现水稻发芽至分蘖这段时间茎叶中砷含量基本保持不变，维持在较低的水平，分蘖期至成熟期茎叶砷含量逐渐增加；但是 Lombi 等（2009）研究却发现水稻从分蘖期至开花期茎叶砷含量也没有显著变化，从开花期开始，水稻茎叶砷含量逐渐增加，灌浆后茎叶砷含量有下降的趋势，这与 Li 等（2015）的研究略有不同。

从前人的研究结果可以看出，水稻在生长初期茎叶砷含量有一段稳定期，当其含量达到一定值后即不再随时间的延长而增加，这与本次试验结果一致。与水稻不同，生菜和苋菜生育期较短，一般在 40d 左右，本次全生育期水培时间基本达到了生菜和苋菜的生长末期，从试验结果可以得出，生菜和苋菜通过生长旺盛期培养（含砷培养 14d）即可得出不同品种砷吸收能力的大小及最终的砷含量。因此，生长旺盛期水培试验较全生育期水培试验更能提高效率，更适合用来筛选砷低累积作物。

生菜和苋菜各品种地下部砷含量显著高于地上部，这与前人的研究结果是一致的。生菜品种Ⅰ-2 对砷的吸收能力较弱，地下部砷含量显著低于其他品种，说明该品种对砷的吸收能力较弱，同时品种Ⅰ-2 砷转移系数也最小，品种Ⅰ-2 较低的砷吸收能力和砷转移系数使其地上部砷含量也相对较低，而苋菜低累积品种Ⅱ-2 地下部砷含量最低，但是砷转移系数较大，这说明苋菜Ⅱ-2 对砷的吸收能力决定了其地上部砷含量的大小。

第三节　土培法筛选砷低累积蔬菜的研究

土培法是最常用的筛选砷低累积作物的方法。土培法使用的砷污染土一般分为两种：一种是通过外源添加砷溶液获得的人为砷污染土，一种是取自砷污染地区的自然砷污染土。在大多数情况下，总砷含量相同时，人为污染土有效砷的浓度一般较高。许嘉琳和杨居荣（1996）研究表明，土壤总砷含量为 20～100 mg/kg 时，自然砷污染土壤有效态砷的提取率为 8.15%～13.64%，而人为砷污染土有效砷的提取率较高（8.91%～26.28%），人为砷污染土一般需要老化 6 个月甚至更长的时间才能使土壤中有效态砷的含量达到稳定。自然砷污染土由于存在时间较长，各形态砷含量相对稳定，一般随时间或含水量的变化幅度较小，因此，自然砷污染土壤中砷的存在状态与大田环境基本一致，能更好地模拟作物在自然砷污染土中的生长情况。本研究选用了湖南石门雄黄矿区周边砷污染农田的耕层（0～20cm）土壤，属于轻微和中度污染的两种砷污染土壤——土壤 1 和土壤 2（分别简记为 S1 和 S2），两种砷污染土均为第四纪发育红壤，总砷浓度分别为 58.4mg/kg 和 130.6mg/kg，具体理化性质见表 8.8。

蔬菜品种同水培法，选择春季和夏季普遍种植的叶菜类生菜和苋菜作为研究对象，每种蔬菜分别选择 5 个品种。

表 8.8　供试土壤的基本理化性质

砷污染土壤	碱解氮/（mg/kg）	速效磷/（mg/kg）	速效钾/（mg/kg）	总砷/（mg/kg）	有效砷/（mg/kg）	pH
轻度污染	—	—	—	58.4	0.93	4.89
中度污染	106.2	28.1	121	130.6	2.94	5.22

土培法的具体操作步骤如下。首先将供试土壤中的石块、枯枝等杂质弃除，然后放在通风处晾干，晾干后将两种土过 2 mm 筛用于盆栽试验、测定有效态砷等，再取过 2 mm 筛的土约 100 g，过 0.149 mm 筛用于测量总砷、氮、磷等。采用塑料花盆进行盆栽试验，每盆装土 1 kg，按照 N=0.15mg/kg 土、PO=0.18mg/kg 土、KO=0.12mg/kg 土的比例以溶液形式施入 NH_4Cl、KH_2PO_4 和 K_2SO_4 作为底肥，添加适量自来水使土壤含水量为田间

持水量的60%左右，加水稳定1周后将各类蔬菜幼苗移栽定植，每盆定植4株幼苗，每个处理重复3次。蔬菜定植后4～5周后分别收获地上部和地下部。蔬菜收获后用自来水清洗3遍，然后将地上部和地下部分别装入信封并做好标记，放入烘箱，先在105℃下杀青30 min，再调至80℃直至烘干。样品烘干后先在百分之一天平上称重，再用粉碎机磨成粉末，待测。观察土培条件下砷对生菜和苋菜生长（地上部、地下部）的影响，以及生菜和苋菜（地上部、地下部）含砷量等。

一、土壤砷含量对生菜和苋菜生长的影响

（一）土壤砷含量对生菜和苋菜地上部生物量的影响

与水培试验外源添加活性砷不同，自然砷污染土中有效砷浓度较低，砷主要以不可逆的结合形态存在，这种情况下砷对生菜和苋菜生长的影响可能与水培试验并不相同。土壤1（S1）和土壤2（S2）中有效态砷分别约为0.93 mg/kg和1.81 mg/kg。图8.9和图8.10分别为土壤砷含量对生菜和苋菜地上部和、地下部生长的影响情况。

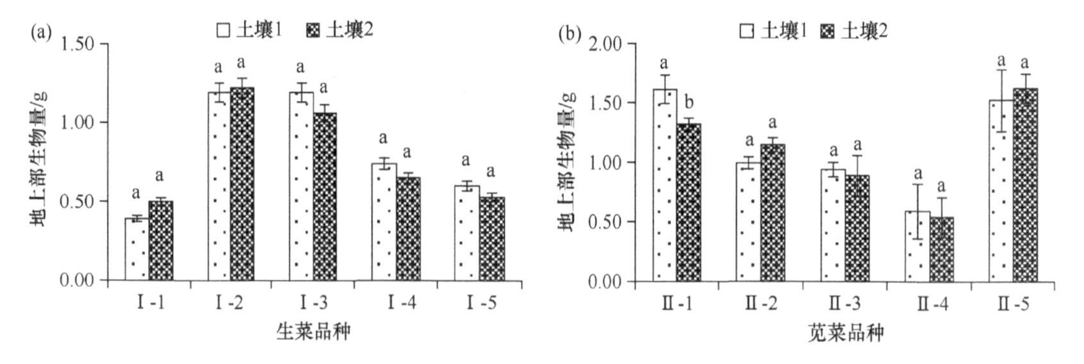

图8.9 不同砷含量土壤中生菜（a）和苋菜（b）地上部生物量（干重）

不同字母表示处理间生物量差异显著（下同，$P<0.05$）

从图8.9可以看出，两种土壤砷含量处理下，仅苋菜品种Ⅱ-1地上部生物量（干重）有显著差异，S2地上部生物量（干重）较S1减少了0.29 g，降低18.0%。其他苋菜品种和全部生菜品种在S1和S2两种砷含量土壤中地上部生物量干重没有显著差异，其中生菜Ⅰ-1、Ⅰ-2和苋菜Ⅱ-2、Ⅱ-5的S2地上部生物量（干重）较处理1有略微增加，分别增加了0.11 g、0.03 g、0.15 g、0.1 g，增长百分比分别为28.0%、2.5%、15.5%、6.5%。S2土壤中生菜Ⅰ-3、Ⅰ-4、Ⅰ-5和苋菜Ⅱ-3、Ⅱ-4 地上部生物量（干重）较S1有略微减少，分别减少了10.9%、12.2%、11.7%、5.5%、8.5%，减少量为0.13 g、0.09 g、0.07 g、0.05 g、0.05 g。从实际生长状况来看，两种土壤砷浓度处理下生菜和苋菜均能正常生长且长势良好，没有出现任何砷中毒症状，不能从表观上看出两种砷浓度处理下生菜和苋菜各品种长势的不同。从以上结果可以得出，S2高浓度砷没有对两种蔬菜地上部的生长产生明显的影响，虽然S2土壤总砷浓度超出蔬菜用地国家标准（GB15618—2008）3～4倍，但是其有效态砷含量较低仅为1.81 mg/kg，从而使生菜和苋菜吸收的砷也较少，因此，砷对生菜和苋菜生长的影响不显著。

（二）土壤砷含量对生菜和苋菜地下部生物量的影响

根系是植物吸收水分和养分的重要器官，与植物地上部的结构和组成有较大差异。在土壤中，根系直接接触含砷环境，并且通过根系的吸收和转运使砷进入植物内部，因此，砷对根系生长的影响可能与地上部不同。从图 8.10 可以看出，两种土壤砷浓度处理下生菜和苋菜地下部生物量的变化有较大差异，S2 土壤中生菜地下部生物量（干重）较 S1 有增加趋势，而苋菜各品种地下部生物量（干重）则较 S1 显著减少。生菜Ⅰ-1 和Ⅰ-3 地下部生物量（干重）在两种土壤砷浓度处理下差异不显著，S2 土壤中品种Ⅰ-1 地下部生物量（干重）较 S1 有略微增加，增加量为 0.006 g；品种Ⅰ-3 地下部生物量（干重）较 S1 略微减少，减少量为 0.003 g；S2 土壤中其他生菜品种Ⅰ-2、Ⅰ-4 和Ⅰ-5 地下部生物量（干重）均显著高于 S1，S2 土壤中地下部生物量（干重）较 S1 分别增加了 0.01g、0.009g、0.008g，增加百分比为 32.2%、50.0%、53.3%。品种Ⅰ-1、Ⅰ-2、Ⅰ-3 地上部和地下部生物量（干重）的变化趋势相同，品种Ⅰ-4 和Ⅰ-5 地上部和地下部生物量（干重）的变化趋势相反。总体而言，在两种砷浓度处理下生菜地下部生物量变化量比地上部的变化量明显，说明根系对砷的反应更加敏感。

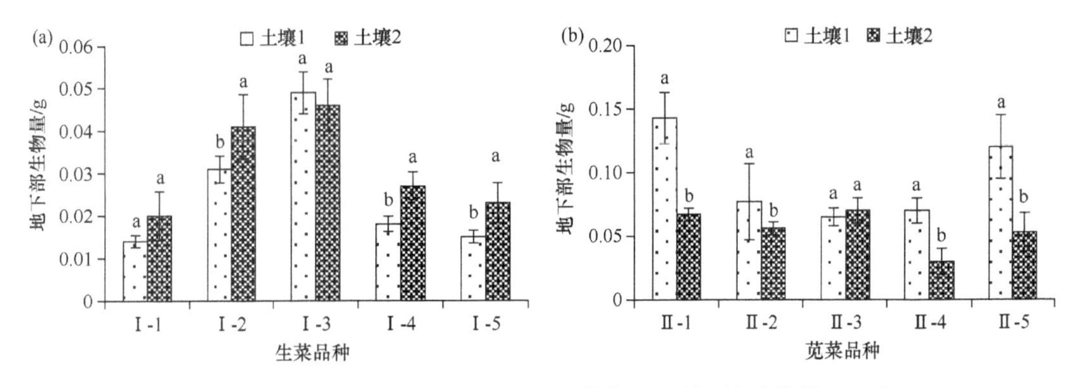

图 8.10　不同砷含量土壤中生菜（a）和苋菜（b）地下部生物量（干重）

从图 8.10 可以看出，苋菜品种除Ⅱ-3 外，其他 4 个品种 S2 地下部生物量干重相比于 S1 均显著降低，而品种Ⅱ-3 处理 2 地下部生物量干重较处理 1 有略微的增加，增加量为 0.005 g；苋菜品种Ⅱ-1、Ⅱ-2、Ⅱ-4、Ⅱ-5 S2 地下部生物量相比于 S1 显著减少，分别减少了 53.1%、27.3%、57.1%、55.8%，减少量为 0.076 g、0.021 g、0.04 g、0.067 g。可以看出，苋菜地下部生物量的变化趋势与地上部不同，在高浓度砷污染土中苋菜根系生长受到了明显的抑制，但地上部的生长并没有受到明显的影响，这可能是因为苋菜根系对砷耐性较差，S2 土壤中砷含量较高抑制了苋菜根系的生长，但是转移至地上部的砷较少，对苋菜地上部生长的影响不显著。

二、土壤砷含量对生菜和苋菜砷吸收量的影响

（一）土壤砷含量对生菜和苋菜地上部砷含量的影响

从不同品种生菜和苋菜在两种土壤砷浓度处理下地上部砷含量的变化情况（图 8.11）

可以得出，相同处理下不同品种生菜和苋菜地上部砷含量有显著性差异，土壤总砷浓度越高，生菜和苋菜地上部砷含量也越高。S1 和 S2 两种不同砷含量土壤中，生菜地上部砷含量的平均值分别为 0.64 mg/kg 和 1.28 mg/kg，大于苋菜地上部砷含量平均值（0.37 mg/kg 和 1.05 mg/kg），S1 土壤中生菜地上部砷含量平均值显著大于苋菜地上部砷含量平均值，约为 1.7 倍，而 S2 土壤中生菜地上部砷含量仅比苋菜地上部砷含量平均值高 0.23 mg/kg，差异不显著。总体而言，土培条件下生菜对砷的吸收能力大于苋菜。S1 土壤中生菜地上部砷含量最低的品种为Ⅰ-2，砷含量约为 0.42 mg/kg；砷含量最高的品种是Ⅰ-3 和Ⅰ-5，砷含量约为 1.54 mg/kg 和 1.45 mg/kg，是品种Ⅰ-2 的 3.5 倍；地上部砷含量的大小顺序为Ⅰ-3＞Ⅰ-5＞Ⅰ-4＞Ⅰ-1＞Ⅰ-2。

从图 8.11 可以看出，S2 土壤中生菜各品种地上部砷含量较 S1 土壤有显著增加，Ⅰ-1、Ⅰ-2、Ⅰ-3、Ⅰ-4、Ⅰ-5 地上部砷含量分别增加了 0.60 mg/kg、0.55 mg/kg、0.65 mg/kg、0.67 mg/kg、0.77 mg/kg，增长百分比为 102.6%、130.0%、80.6%、106.3%、99.4%，其中品种Ⅰ-4 和Ⅰ-5 的增加量最大，而品种Ⅰ-2 增加百分比最大，S2 土壤中生菜地上部砷含量的大小顺序为Ⅰ-5＞Ⅰ-3＞Ⅰ-4＞Ⅰ-1＞Ⅰ-2，与 S1 土壤中结果基本一致，品种Ⅰ-2 地上部砷含量最低约为 0.97 mg/kg，Ⅰ-3 和Ⅰ-5 地上部砷含量最高约为 2.2 mg/kg，是品种Ⅰ-2 的 2.3 倍。

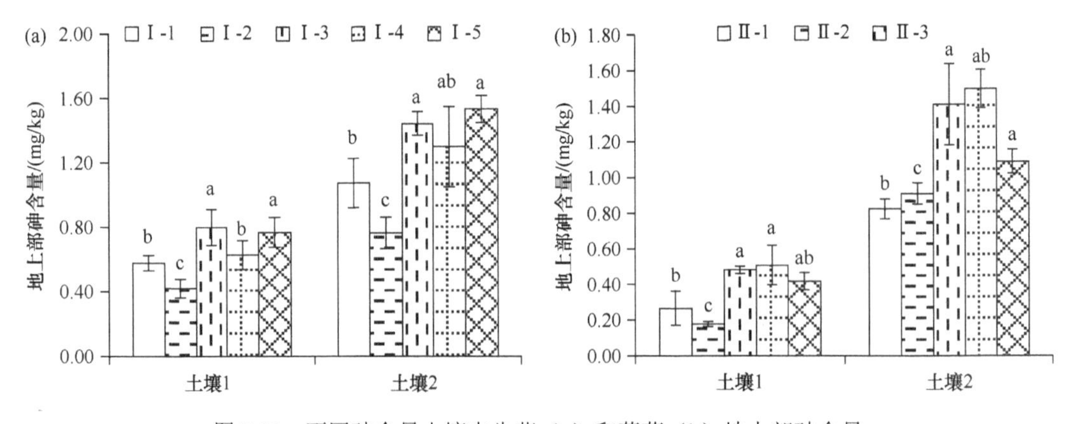

图 8.11　不同砷含量土壤中生菜（a）和苋菜（b）地上部砷含量

土培试验中，苋菜各品种地上部砷含量随土壤含量的增加而显著增加，不同品种间地上部砷含量存在显著差异，砷含量较低的 S1 土壤中苋菜品种Ⅱ-2 地上部砷含量最低，其次为品种Ⅱ-1，品种Ⅱ-2 和Ⅱ-1 地上部砷含量分别为 0.18 mg/kg 和 0.27 mg/kg，品种Ⅱ-3 和Ⅱ-4 地上部砷含量最高（分别为 0.48 mg/kg 和 0.51 mg/kg），是Ⅱ-2 的 2.8 倍，相比于 S1 土壤，砷含量较高的 S2 土壤中品种Ⅱ-1、Ⅱ-2、Ⅱ-3、Ⅱ-4、Ⅱ-5 地上部砷含量分别增加了 0.56 mg/kg、0.73 mg/kg、0.93 mg/kg、0.99 mg/kg、0.67 mg/kg，增长百分比为 243.4%、365.5%、192.9%、194.5%、160.8%，品种Ⅱ-3 和Ⅱ-4 地上部砷含量最高，相比于 S1 土壤的增加量也最大，但是砷含量较高的 S2 土壤中品种Ⅱ-1 地上部砷含量最低且增加量最少，其次为品种Ⅱ-2，品种Ⅱ-1 和Ⅱ-2 地上部砷含量差异不显著，仅相差 0.09 mg/kg。两种砷浓度处理下苋菜地上部砷含量的大小顺序均为Ⅱ-4＞Ⅱ-3＞Ⅱ-5

＞Ⅱ-1＞Ⅱ-2。土培条件下，生菜和苋菜各品种对砷吸收能力的相对大小保持稳定，不随土壤砷浓度的变化而变化。

（二）土壤砷含量对生菜和苋菜地下部砷含量及转移系数的影响

从表 8.9 可以看出，两种不同土壤砷浓含量处理下，生菜地下部砷含量在 110.6～810.8 mg/kg，苋菜地下部砷含量在 70.9～438.2 mg/kg，显著高于两种蔬菜地上部砷含量，这与前人的研究结果一致。对一般作物而言，地下部砷含量显著高于地上部砷含量，仅有少量砷转移至地上部可以减少砷对作物地上部的危害。低砷（S1）和高砷（S2）污染土壤中生菜地下部砷含量平均值分别约为 200.7 mg/kg 和 573.0 mg/kg，约为苋菜地下部砷含量的 1.7 倍和 1.8 倍，说明生菜根系对砷的吸收能力大于苋菜，这是生菜地上部砷含量大于苋菜地上部砷含量的原因之一。两种土壤条件下，相比于其他生菜品种，品种Ⅰ-2 地下部砷含量最低，分别约为 110.55 mg/kg 和 435.70 mg/kg，品种Ⅰ-4、Ⅰ-5 地下部砷含量较高。总体而言，生菜地下部砷含量的大小顺序为Ⅰ-4＞Ⅰ-5＞Ⅰ-3＞Ⅰ-1＞Ⅰ-2，与地上部砷含量大小顺序略有差异。两种土壤砷浓度处理下苋菜品种Ⅱ-2 地下部砷含量最低（分别约为 70.91 mg/kg 和 230.11 mg/kg），品种Ⅱ-4 地下部砷含量最高（分别约为品种Ⅱ-1 的 2.51 倍和 1.90 倍），苋菜各品种地下部砷含量的大小顺序约为Ⅱ-4＞Ⅱ-3＞Ⅱ-5＞Ⅱ-1＞Ⅱ-2，与地上部砷含量的大小顺序较为一致。

表 8.9　两种砷含量土壤中生菜和苋菜地下部砷含量　（单位：mg/kg 干重）

生菜	S1	S2	苋菜	S1	S2
Ⅰ-1	156.94±30.36	436.37±43.63	Ⅱ-1	86.44±8.49	241.28±40.70
Ⅰ-2	110.55±16.77	435.70±35.26	Ⅱ-2	70.91±2.86	230.11±20.53
Ⅰ-3	167.62±44.17	527.93±47.56	Ⅱ-3	156.44±27.88	353.51±46.31
Ⅰ-4	302.57±40.84	810.84±35.37	Ⅱ-4	177.98±24.58	438.29±84.51
Ⅰ-5	265.95±28.26	653.99±23.14	Ⅱ-5	98.60±4.55	285.37±23.52
平均值	200.73	572.97	平均值	118.07	309.71

根系向地上部转移砷的能力可用转移系数来表示，转移系数=地上部砷含量/地下部砷含量。图 8.12 反映了不同处理下生菜和苋菜各品种砷的转移系数，从图中可以看出，生菜各品种在高砷含量土壤（S2）中的转移系数小于低砷含量土壤（S1）。而苋菜品种除Ⅱ-5 外，S2 处理的转移系数均高于 S1，生菜各品种 S1 和 S2 处理下转移系数的平均值分别为 3.45×10^{-3} 和 2.32×10^{-3}，S2 较 S1 下降了约 32.75%。S1 处理下，相比于其他生菜品种，品种Ⅰ-4 转移系数最低（为 2.08×10^{-3}），品种Ⅰ-3 的转移系数最高（为 4.77×10^{-3}）；S2 处理下，品种Ⅰ-3 的转移系数也最高（为 2.74×10^{-3}），生菜各品种转移系数大小顺序约为Ⅰ-3＞Ⅰ-1＞Ⅰ-2＞Ⅰ-5＞Ⅰ-4。苋菜各品种 S1 和 S2 处理下转移系数的平均值分别为 3.15×10^{-3} 和 3.72×10^{-3}，S1 和 S2 处理下苋菜品种Ⅱ-2 转移系数均最低，分别为 2.50×10^{-3} 和 3.58×10^{-3}，品种Ⅱ-3 和Ⅱ-5 的转移系数则相对较高，苋菜各品种转移系数的大小为Ⅱ-5＞Ⅱ-3＞Ⅱ-1＞Ⅱ-4＞Ⅱ-2，与苋菜地上部砷含量的大小顺序有较大差异。通过以上分析可以得出，生菜和苋菜地上部砷含量取决于作物吸收及转移砷的能力。就本次土培试验而言，生菜和苋菜对砷的吸收能力（地下部砷含量）对其地上部砷含量的

贡献较大，而转移砷的能力（转移系数）对地上部砷含量的贡献较小。

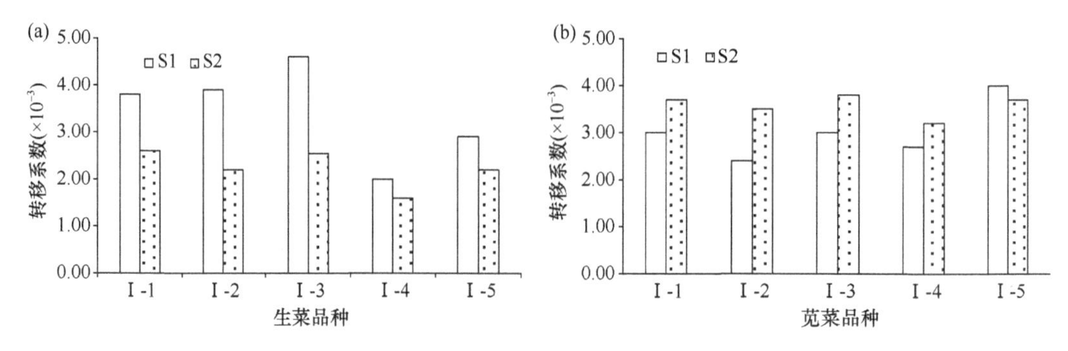

图 8.12　土培试验中生菜（a）和苋菜（b）砷转移系数

土培法是最常用的筛选砷低吸收作物的方法，可以较准确地模拟作物在砷污染土壤上的生长和对砷的吸收状况。本试验用土选自湖南石门矿区长期被砷污染的大田耕层（0～20 cm）土壤，相比于人为添加砷溶液的污染土壤，砷在土壤中的存在形态更稳定，能更准确模拟自然砷污染土壤环境。低砷（S1）和高砷（S2）污染土壤分别取自石门某雄黄矿区周边的橘园和稻田（玉米）土，土壤砷浓度超过国家标准（菜地 pH＜5.5，35 mg/kg）2～4 倍，根据土壤污染等级划分原则分别属于轻微和中度污染，但两种蔬菜地上部实际生长过程均没有出现砷含量超标或抑制生长的情况，仅从外观来看不能区分两种砷浓度处理下蔬菜生长的差异，说明进入两种蔬菜地上部的砷不会对其产生毒害作用。胡留杰等（2008）研究表明，外源添加 As（Ⅴ）为 10 mg/kg 和 15 mg/kg、有效砷含量为 1.9 mg/kg 和 2.5 mg/kg 时，小油菜地上部生物量相比于对照有显著增加或变化不明显。刘更另等（1985）研究认为，外源添加 50 mg/kg As（Ⅲ）时，水稻、辣椒、烟草等作为地上部生物量均没有显著变化。Codling 等（2016）研究不同马铃薯品种对砷的吸收时发现，自然土壤砷浓度为 44.29 mg/kg 时，马铃薯产量没有显著差异。Shaibur 和 Kawai（2009）通过水培方法研究砷对菠菜生长的影响时发现，当菠菜砷含量超过规定标准时并没有出现毒害症状，上述研究结果与本次试验研究结果一致。

作物本身具有的解毒机制可抵抗低剂量砷的毒害作用，例如，通过螯合作用可将植物内的活性砷转换成螯合态降低砷的毒性，将砷固定在细胞壁或转移到液泡中降低砷对细胞器的毒害、提高抗氧化酶的活性等（Zhao et al.，2010；Finnegan and Chen，2012；Seyfferth et al.，2011；Xu et al.，2007）。生菜和苋菜地下部生物量（干重）的变化与地上部的变化有较大不同，从数据分析结果可以看出，生菜品种Ⅰ-2、Ⅰ-4、Ⅰ-5 在砷含量较高土壤（S2）中地下部生物量（干重）显著高于 S1，品种Ⅰ-1 地上部生物量有略微增加，S2 中高浓度砷促进了生菜地下部的生长，与生菜地下部生物量的变化趋势不同，苋菜品种Ⅱ-1、Ⅱ-2、Ⅱ-4、Ⅱ-5 S2 地下部生物量（干重）显著低于 S1。总体而言，生菜地下部对砷的耐性大于苋菜，并且可以看出生菜和苋菜地下部对砷的敏感性大于地上部，砷对生菜和苋菜的作用结果首先从地下部表现出来。这与 Kapustka 等（1995）的研究结果一致，即作物不同部位对砷反应的敏感性强弱为根长＞根生物量＞茎叶高度＞茎叶生物量＞发芽率。

作为一种被普遍接受和使用的筛选作物对某种物质吸收能力的方法，土培法筛选结果一般比较准确。从我们的试验结果也可以看出，两种土壤中生菜和苋菜地上部砷含量大小顺序基本一致，仅生菜品种Ⅰ-3和Ⅰ-5在两种土壤中砷含量的大小略有不同，生菜各品种地上部砷含量大小为Ⅰ-3≈Ⅰ-5＞Ⅰ-4＞Ⅰ-1＞Ⅰ-2，苋菜在两种土壤中地上部砷含量均为Ⅱ-4＞Ⅱ-3＞Ⅱ-5＞Ⅱ-1＞Ⅱ-2，生菜和苋菜在两种土壤中地上部砷含量最低的品种分别为Ⅰ-2和Ⅱ-2，两次筛选结果一致，说明不同蔬菜品种对砷的吸收能力具有稳定性，在一定范围内不会随土壤砷含量的变化而变化。根据《国家农产品安全质量要求（GB18406.1—2001）》的标准（0.5 mg/kg）可以得出，S1中生长的生菜品种Ⅰ-2和苋菜所有品种均不超标，而S2生长的所有生菜和苋菜品种均超过国家标准。因此，在S2中度砷污染土壤中种植生菜和苋菜低吸收品种，其地上部砷含量仍有较大的超标风险，需通过种植其他作物或与其他方式联合使用才能保证其不超标。此外，从前面的分析我们得出，生菜和苋菜在两种土壤中地上部生物量并没有显著差异，因此很难从表观上看出生菜和苋菜是否受到砷污染，这常使农民不能准确分辨出砷含量超标的蔬菜，增加了砷进入人体的可能性。总体而言，在不同土壤砷含量处理下，生菜和苋菜各品种对砷吸收能力的大小保持了良好的一致性，应用土培方法可准确判断不同蔬菜品种对砷吸收能力的大小。

第四节　砷低累积作物的筛选方法比较

前述两种不同的筛选方法结果表明，水培试验得出的砷低吸收品种和不同品种对砷吸收能力的大小与土培试验的结果基本一致。由于水培试验在操作和效率等方面比土培试验更有优势，因而可以作为砷低吸收作物的筛选方法。但是，不论是旺盛生长期水培试验还是全生育期水培试验，在试验过程中都需要添加一定量的外源砷，一方面可能会危及操作人员的身体健康，另一方面产生的砷污染废水若处理不当也会造成环境污染。因此，我们在前述水培试验的基础上进一步优化，采用水培短期吸收法，以及通过磷含量指标筛选砷低吸收蔬菜的技术。其中，水培短期吸收法是将蔬菜水培至旺盛生长期后，只进行2 d短期砷吸收，然后收获比较地上部砷含量等参数，得出砷低吸收品种。这样做的优点如下：一是蔬菜前期的生长可以在更专业且规模化的植物工厂中进行，更能保证试验蔬菜长势的一致性，避免非专业人士因水培技术缺乏导致的蔬菜生长不良或长势不一致；二是含砷营养液可以循环多次使用，从而减少砷污染。

砷和磷是同一主族的元素，具有相似的理化性质，众多研究结果已经表明砷（Ⅴ）主要通过磷酸根运输通道进入植物根系，合理施用磷肥可减少砷的毒害作用和植物对砷的吸收，基于此，我们假设对磷吸收能力强的蔬菜品种对砷的吸收能力也强，可通过不同蔬菜品种地上部或种子中磷含量大小判断其对砷的吸收能力，通过不同作物品种地上部和种子中磷含量与砷含量的相关性验证这种假设。

一、短期吸收试验筛选法

从生菜和苋菜不同品种短期吸收后地上部砷含量差异（图8.13）可以看出，加砷处理 2 d 后生菜和苋菜地上部砷含量比 CK 显著增加，即经过 2 d 吸收后生菜和苋菜地上部砷含量有了显著增加，达到了可以检测的范围，并且不同品种地上部砷含量有显著差异。当营养液砷浓度为 2 mg/L 时，生菜各品种地上部砷含量平均值为 1.69 mg/kg，其中品种Ⅰ-4 和Ⅰ-5 地上部砷含量最高（为 1.90 mg/kg），品种Ⅰ-2 地上部砷含量最低（为 1.33 mg/kg），5 种生菜之间地上部砷含量差异较小，最大值仅为最小值的 1.4 倍。当营养液砷浓度为 4 mg/L 时，生菜各品种地上部砷含量相比于处理 1 显著增加，平均值为 2.67 mg/kg，其中品种Ⅰ-5 地上部砷含量为 3.67 mg/kg，显著高于其他品种，品种Ⅰ-2 仍保持较低的砷吸收能力，地上部砷含量最低，仅为 1.96 mg/kg。与处理 1 相比，5 种生菜之间地上部砷含量差异较明显，最大值约为最小值的 2.0 倍左右，地上部砷含量的大小顺序为Ⅰ-5＞Ⅰ-3＞Ⅰ-4＞Ⅰ-1＞Ⅰ-2。

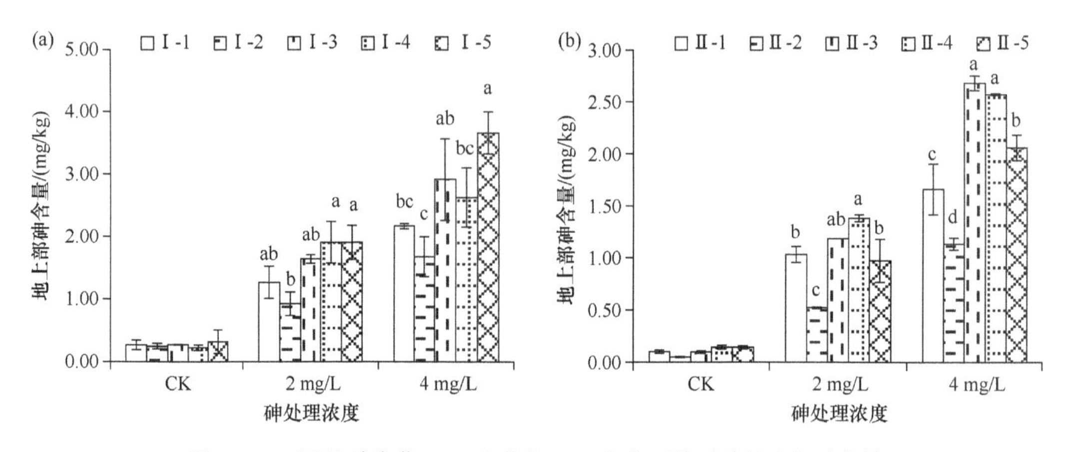

图 8.13　不同品种生菜（a）和苋菜（b）短期吸收试验地上部砷含量

苋菜各品种地上部砷含量平均值分别为 1.0 mg/kg 和 2.0 mg/kg。从图中可以看出，品种Ⅰ-2 和品种Ⅱ-2 地上部砷含量分别是生菜和苋菜地上部砷含量最低的品种，这与土培和传统水培筛选方法得到的结果是一致的。短期吸收试验后，两种砷浓度处理下苋菜地上部砷含量均显著低于生菜地上部砷含量，苋菜品种Ⅱ-3 和Ⅱ-4 地上部砷含量在两种砷浓度处理下均较高，为品种Ⅱ-2 地上部砷含量的 2.6 倍，苋菜各品种地上部砷含量的大小顺序为Ⅱ-4＞Ⅱ-3＞Ⅱ-5＞Ⅱ-1＞Ⅱ-2。从试验结果来看，短期吸收法得出的不同品种对砷的吸收能力与土培方法和传统水培方法基本一致，可作为砷低吸收蔬菜品种的筛选方法，但是短期吸收法不能反映不同品种对砷耐性的强弱。

二、磷/砷比值筛选法

磷和砷均为第Ⅴ主族元素，具有相似的理化性质，在含氧充足、氧化还原电位较高的旱地中，砷主要以 As（Ⅴ）的形式存在，此时砷与磷的价态相同，均为五价。相关研究也表明，此时的砷主要通过磷酸根转运通道进入植物根系，进入植物内部的砷不仅能使一些酶的活性降低，还通过参与磷的某些生化反应降低了磷的转化利用率。此外，一些研究也表明，不同作物种类或品种对磷的吸收能力也有显著差异。为了探究蔬菜磷砷含量的关系，我们对生菜和苋菜短期水培试验获得的植物样品作进一步分析、化验，并根据所得的结果验证苋菜磷砷含量的相关性。

（一）生菜地上部和种子中磷含量与地上部砷含量的相关性

通过不同品种生菜旺盛生长期水培试验各处理地上部和种子中磷含量结果（图 8.14）可以看出，不同品种间磷含量有显著差异，营养液砷浓度为 2 mg/L 和 4 mg/L 时，品种Ⅰ-2 地上部磷含量最低（分别为 3.15 g/kg 和 5.85 g/kg），品种Ⅰ-4 和品种Ⅰ-3 地上部磷含量最高（分别为 10.14 g/kg 和 8.80 g/kg）；随营养液砷浓度升高，除品种Ⅰ-2 外，其他 4 个品种地上部磷含量均显著降低，其中品种Ⅰ-4 地上部磷含量减少最多，约 30%；当营养液砷浓度为 2 mg/L 时，5 种生菜地上部磷含量平均值为 7.68 g/kg，当营养液砷浓度为 4 mg/L 时，平均值降低至 7.19 g/kg。总体而言，生菜种子中磷含量较低，5 种生菜品种种子中磷含量平均值为 6.85 g/kg，与地上部磷含量不同，品种Ⅰ-4 种子中磷含量最低（为 6.38 g/kg），品种Ⅰ-3 种子中磷含量最高（为 7.45 g/kg）。进一步分析可以得出，不同品种生菜地上部磷含量差异较大，地上部磷含量最大值为最小值的 1.5～3.2 倍，变异系数为 17.5%～39.7%，而生菜种子中磷含量的差异则较小，最大值为最小值的 1.2 倍，变异系数仅 6.8%。

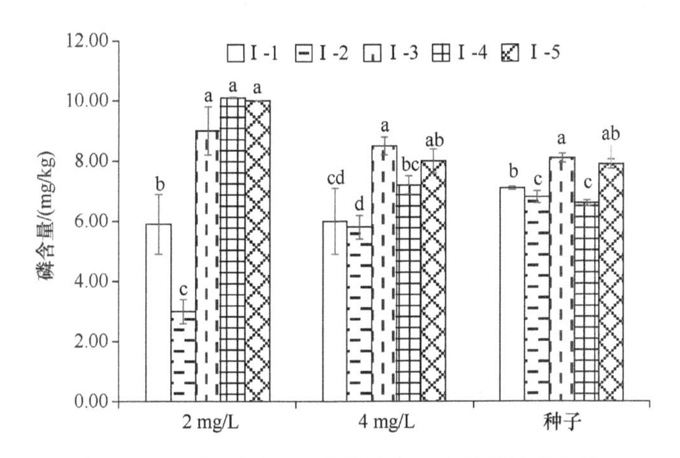

图 8.14　不同砷处理下生菜地上部和种子的磷含量

图 8.15 和图 8.16 为不同砷浓度处理下生菜地上部、种子中磷砷含量的相关关系，经相关性分析得出，当营养液砷浓度为 2 mg/L 时，5 种生菜地上部磷砷含量相关系数 r=0.847，没有达到显著相关；当营养液砷浓度为 4 mg/L 时，相关系数为 0.944，达到显著相关。总体而言，不同砷浓度处理下生菜地上部磷砷含量呈正相关，生菜地上部磷含量高的品种，砷含量也较高；种子中磷含量与 2 mg/L 和 4 mg/L 砷浓度处理下生菜地上部砷含量的相关系数分别为 0.684 和 0.659，均没有达到显著相关，说明生菜种子中磷含量与地上部砷含量的相关性较弱，但从图中可以看出二者之间仍是正相关。

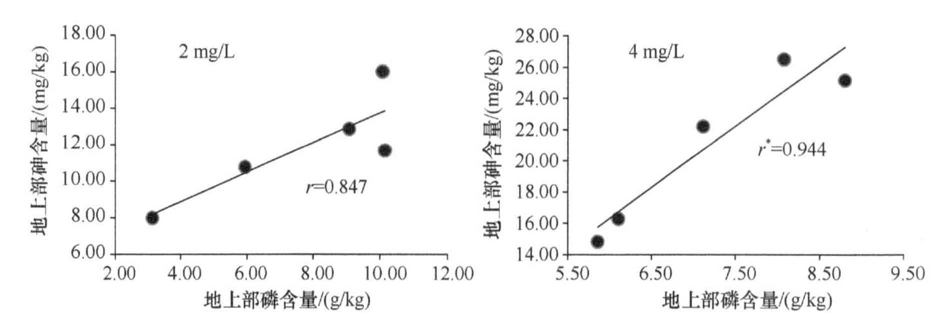

图 8.15 不同砷处理下生菜地上部磷含量与砷含量的相关性

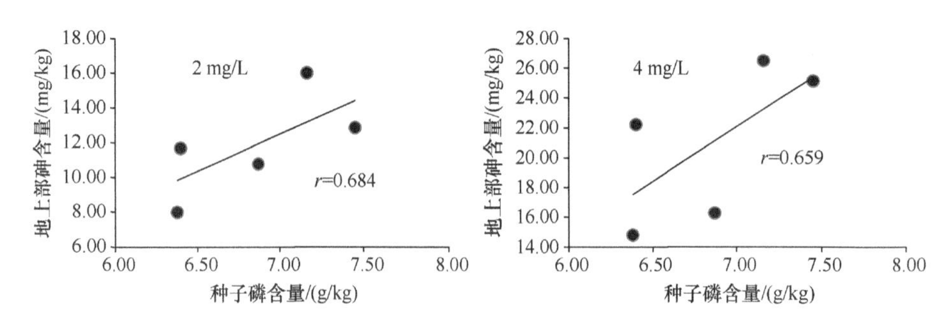

图 8.16 不同砷处理下生菜种子磷含量与地上部砷含量的相关性

（二）苋菜地上部和种子中磷含量与地上部砷含量的相关性

从苋菜种子和不同砷处理下地上部磷含量的大小可以看出（图 8.17），不同品种苋菜地上部砷含量有显著差异。当营养液砷浓度为 2 mg/L 时，苋菜品种Ⅱ-3、Ⅱ-4、Ⅱ-5 地上部磷含量显著高于品种Ⅱ-1 和Ⅱ-2，其中以品种Ⅱ-2 地上部磷含量最低（为 7 mg/g），品种Ⅱ-5 地上部磷含量最高（为品种Ⅱ-2 的 1.5 倍）；当营养液砷浓度为 4 mg/L 时，品种Ⅱ-1、Ⅱ-2、Ⅱ-4 和Ⅱ-5 地上部磷含量较低砷浓度处理有略微增加，增加量为 0.1～4.0 mg/g，且品种Ⅱ-5 地上部砷含量增加显著，而品种Ⅱ-1、Ⅱ-2、Ⅱ-4 地上部磷含量增加不显著，增加量在 1 mg/g 以下，品种Ⅱ-3 地上部磷含量相比低砷浓度处理有显著

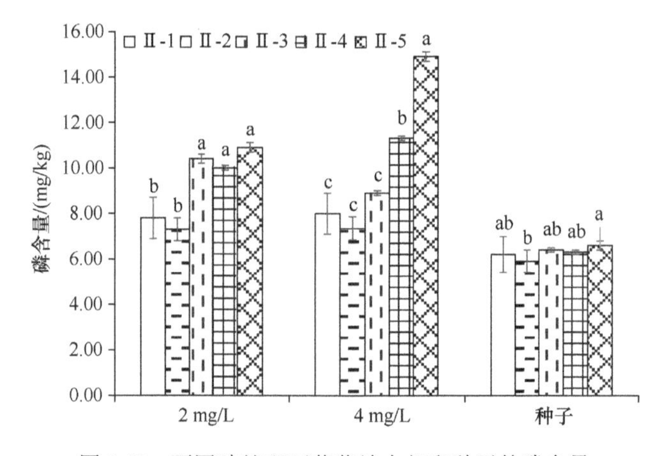

图 8.17 不同砷处理下苋菜地上部和种子的磷含量

降低。当营养液砷浓度为 4 mg/L 时，各品种地上部磷含量的大小为Ⅱ-5＞Ⅱ-4＞Ⅱ-3＞Ⅱ-1＞Ⅱ-2，最大磷含量为最小磷含量的 2.0 倍。不同品种种子中磷含量差异较小，从图中可以看出品种Ⅱ-1、Ⅱ-3、Ⅱ-4 和Ⅱ-5 之间地上部砷含量没有显著差异，但显著高于品种Ⅱ-2 地上部砷含量。

从不同处理下地上部磷含量与砷含量之间的关系（图 8.18）可以看出，当营养液砷浓度为 2 mg/L 时，苋菜各品种地上部磷含量与砷含量显著相关，相关系数 r=0.881；当营养液砷浓度为 4 mg/L 时，苋菜各品种地上部砷含量与地上部磷含量没有显著相关，相关系数为 0.816。总体而言，生菜地上部磷含量与砷含量有较好相关，磷含量高的品种砷含量也较高，这可能与磷、砷共用一个转运通道有关。

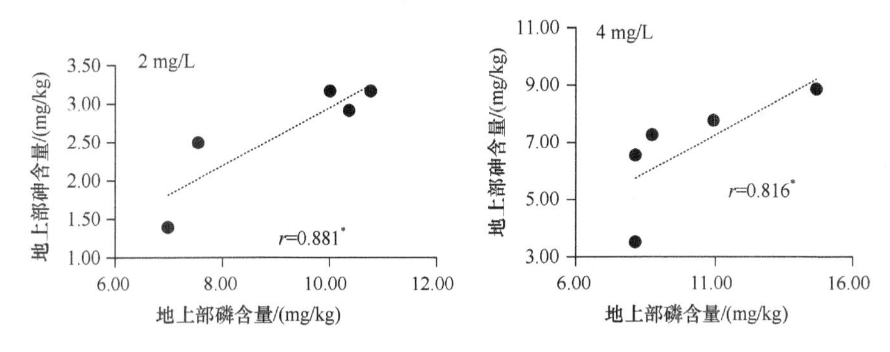

图 8.18　不同砷处理下苋菜地上部磷含量与砷含量的相关性

图 8.19 表示种子磷含量与不同处理下地上部砷含量的相关关系，从图中可以看出，两种情况下磷、砷含量均有较好的相关性，当营养液砷浓度为 2 mg/L 时，地上部砷含量与种子中磷含量具有显著相关性，相关系数 r=0.937；当营养液砷浓度为 4 mg/L 时，地上部砷含量与种子中磷含量具有极显著相关性，相关系数 r=0.971。虽然地上部砷含量与种子中磷含量有更好的相关性，但是不同品种种子中磷含量差异并不大，其中有 4 个品种的种子中磷含量没有显著性差异，品种Ⅱ-5 种子中磷含量最高，亦仅为含量最低品种（Ⅱ-2 种子）中磷含量的 1.2 倍，而地上部砷含量最大值与最小值则相差 2.3 倍，因此，通过磷含量指标确定不同品种对砷的吸收能力可能会有较大风险。

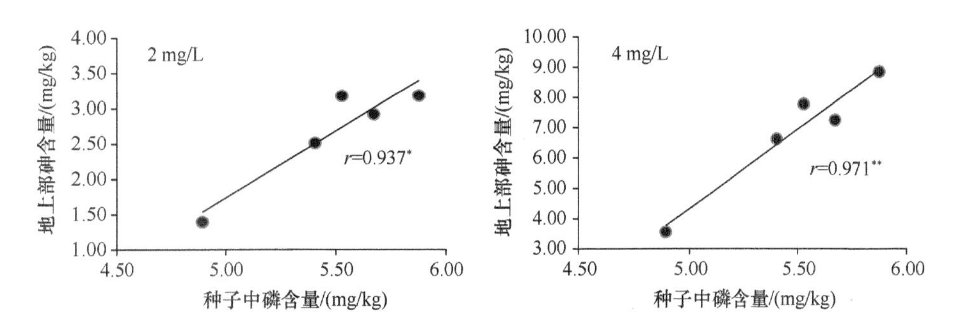

图 8.19　不同砷处理下苋菜种子中磷含量与地上部砷含量的相关性

试验结果表明，生菜和苋菜在含砷营养液中短期处理 2 d 后，地上部砷含量有显著增加，不同品种之间差异显著，可以准确反映出不同品种砷吸收能力的差异，得出的砷低吸收生菜和苋菜品种与土培试验及传统水培试验的结果一致。

短期吸收法常用于判断不同作物品种对营养元素氮、磷等的吸收利用效率，尤其在植物吸收动力学研究中经常用到。例如，华海霞等（2006）采用改进耗竭法研究水稻对硅酸盐的利用时，将水培 2 周的水稻先饥饿 2 d，然后放入不同硅酸钾浓度的溶液中吸收 6 h，短期吸收后通过测定溶液中硅离子浓度的变化，可计算水稻硅的最大吸收速率；孙敏等（2006）采用类似的方法，研究了不同小麦品种对 NH_4^+的吸收利用效率；郑芸芸等（2015）则通过短期吸收法研究了铁膜影响下水稻对氮磷钾元素的利用效率；刘晓丹等（2013）以 5 d 为一个吸收周期，研究了 5 种水培植物对富营养化水体的净化能力，结果显示，生菜对总氮和总磷的去除能力最强，分别达到 0.69 mg/（L·g FW）和 0.06 mg/（L·g FW）。一些学者也将短期吸收方法应用于植物对砷的吸收和砷对植物生长代谢的影响等方面，Guo 等（2007）采用短期吸收方法（吸收或处理时间 24 h）研究了前期硅处理（12 d）和根系铁膜对水稻吸收砷的影响，吸收 24 h 后各处理水稻茎叶砷含量约为 1.0～2.7 mg/kg，硅和铁膜共同处理效果最好，可使茎叶砷含量降低 63%左右，前期硅处理则可减少根系对砷的吸收，而根系铁膜可使砷固定在铁膜内并减少砷向根系内部的迁移。Zhang 等（2011）采用短期吸收方法研究前期硫素处理对水稻吸收砷的影响，水稻砷吸收 24 h 后茎叶和根系中砷含量最高可达 25 nmol/g FW，硫素处理可显著减少水稻对砷的吸收。前人研究表明，水培作物经短期（几小时至几天不等）吸收后，营养液或作物中营养元素（或砷）的含量有明显变化，短时间内即可反映出作物对某元素吸收能力的大小或变化，这是因为水培环境中多数可利用的元素以离子态存在，更容易被根系吸收，并且营养液中元素的浓度较高，作物吸收的量也较多。

砷在旱地土壤中主要以 As^{5+}存在，大量试验结果表明，As（Ⅴ）通过根系细胞膜上的转运蛋白进入植物根系，转运蛋白对磷的亲和能力一般强于砷但并非专一性蛋白。例如，Norton 等（2010a）、Zhang 和 Duan（2008）通过基因测序研究，发现控制磷吸收与控制 As（Ⅴ）吸收的是同一个基因。本研究中，前述试验结果表明，两种砷浓度处理下，作物地上部磷含量与砷含量存在显著相关性，说明对磷吸收能力强的品种对砷的吸收能力也强，这可能与磷砷共用一个转运通道及控制磷砷吸收的基因相同有关。植物在吸收磷的同时会将砷也吸收进体内，进入植物体的 As（Ⅴ）会与磷竞争取代 ATP 上的磷，形成不稳定的 ADP-As，使细胞能量流遭到破坏（Meharg and Hartley-whitaker，2002）。Lu 等（2010）在研究水稻中磷砷含量关系时发现，茎叶中的磷砷含量关系相反，即茎叶中磷含量高的品种砷含量反而较低，并提出可通过培育和筛选茎叶中磷含量高的品种来减少水稻对砷的吸收量。杨玲等（2012）对水稻茎叶中磷、砷含量的分析也有类似的结果。这些研究结果与本试验结果相反，其原因可能是淹水条件下土壤中的砷主要是 As（Ⅲ），As（Ⅲ）不仅有效性更高，而且主要通过水、硅通道蛋白被作物根系所吸收。例如，Norton 等（2010b）研究发现，水稻茎叶中砷含量与硅含量显著相关。砷易变价的特性及水稻种植时可能出现的水旱交替现象，增加了这方面研究的难度和不确定性。张堃（2011）研究了 10 个芹菜品种种子中镉含量与地上部镉含量的关系，结果表明芹菜高积累品种与低积累品种种子中镉含量的差异为 7.8 倍，大于其地上部镉含量的差异，并且种子与地上部镉含量一致，因此可通过种子中镉含量筛选芹菜镉低吸收品种。本研究中，苋菜种子磷含量与地上部砷含量间存在正相关关系，初步确定可能通过苋菜种子中磷含量筛选苋菜低吸收品种。

由于本试验仅涉及苋菜的 5 个品种，磷、砷含量关系在统计学上的说服力有限，因此，有必要增加品种数量以进一步分析不同作物中磷砷含量的关系，在以后的研究中还应涉及不同种类蔬菜（如白菜、芹菜、生菜等）之间的磷砷关系，为砷低吸收作物的筛选提供可靠的理论支持，提高筛选效率和准确性。

参 考 文 献

蔡保松, 陈同斌, 廖晓勇, 等. 2004. 土壤砷污染对蔬菜砷含量及食用安全性的影响[J]. 生态学报, 24(4): 711-717.

丁枫华, 刘术新, 罗丹, 等. 2010. 基于水培毒性测试的砷对 19 种常见蔬菜的毒性[J]. 环境化学, 29(3): 439-443.

耿志席, 刘小虎, 李莲芳, 等. 2009. 磷肥施用对土壤中砷生物有效性的影响[J]. 农业环境科学学报, 28(11): 2338-2342.

郭世荣. 2018. 无水栽培学(第二版)[M]. 北京: 中国农业出版社: 28-46.

胡留杰, 曾希柏, 何怡忱, 等. 2008. 外源砷形态和添加量对作物生长及吸收的影响研究[J]. 农业环境科学学报, 27(6): 2357-2361.

华海霞, 梁永超, 娄运生, 等. 2006. 水稻硅吸收动力学参数固定方法的研究[J]. 植物营养与肥料学报, 12(3): 358-362.

刘更另, 陈福兴, 高素端, 等. 1985. 土壤中砷对植物生长的影响——南方“砷毒田”的研究[J]. 中国农业科学, 18(4): 9-16.

刘文菊, 胡莹, 毕淑芹, 等. 2006. 苗期水稻吸收和转运砷的基因型差异研究[J]. 中国农学通报, 22(6): 356-360.

刘晓丹, 李军, 龚一富, 等. 2013. 5 种水培植物对富营养化水体的净化能力[J]. 环境工程学报, 7(7): 2607-2612.

孙敏, 郭文善, 朱新开, 等. 2006. 不同氮效率小麦品种苗期根系的 NO_3^-, NH_4^+吸收动力学特征[J]. 麦类作物学报, 26(5): 84-87.

谈宇荣, 徐晓燕, 丁永祯, 等. 2016. 旱稻吸收砷镉的基因型差异研究[J]. 农业环境科学学报, 35(8): 1436-1443.

涂从, 苗金燕. 1992. 土壤砷毒性临界值的初步研究[J]. 农业环境保护, 11(2): 80-83.

吴川, 莫竞瑜, 薛生国, 等. 2014. 不同渗氧能力水稻品种对砷的耐性和积累[J]. 生态学报, 34(4): 807-813.

肖细元, 陈同斌, 廖晓勇, 等. 2009. 我国主要蔬菜和粮油作物的砷含量与砷富集能力比较[J]. 环境科学学报, 29(2): 291-296.

许嘉琳, 杨居荣. 1996. 砷污染土壤的作物效应及其影响因素[J]. 土壤, 28(2): 85-89.

杨辰. 2017. 我国农田土壤重金属污染修复及安全利用综述[J]. 现代农业科技, (3): 164-167.

杨玲, 连娟, 郭再华, 等. 2012. 砷胁迫下磷用量对不同磷效率水稻产量, 生物量以及 P, As 含量的影响[J]. 中国农业科学, 45(8): 1627-1635.

曾希柏, 苏世鸣, 吴翠霞, 等. 2014. 农田土壤中砷的来源及调控研究与展望[J]. 中国农业科技导报, 16(2): 85-91.

张国祥, 华珞. 1996. 土壤环境中的砷及其生态效应[J]. 土壤, 28(2): 64-68.

张堃. 2011. 两种叶菜镉, 铅低积累品种筛选及其快速鉴别方法研究[D]. 广州: 中山大学硕士学位论文.

郑芸芸, 李忠意, 李九玉, 等. 2015. 铁膜对水稻根表面电化学性质和氮磷钾旺盛生长期吸收的影响[J]. 土壤学报, 52(3): 690-696.

竺朝娜, 冯英, 胡桂仙, 等. 2010. 水稻糙米砷含量及其与土壤砷含量的关系[J]. 核农学报, (2): 355-359.

Abedin M J, Feldmann J, Meharg A A. 2002. Uptake kinetics of arsenic species in rice plants[J]. Plant Physiology, 128(3): 1120-1128.

Bhattacharya P, Samal A C, Majumdar J, et al. 2010. Arsenic contamination in rice, wheat, pulses, and vegetables: a study in an arsenic affected area of West Bengal. , India[J]. Water Air & Soil Pollution, 213(1-4): 3-13.

Chou M L, Jean J S, Yang C M, et al. 2016. Inhibition of ethylenediaminetetraacetic acid ferric sodium sal (EDTA-Fe) and calcium peroxide (CaO_2) on arsenic uptake by vegetables in arsenic-rich agricultural soil[J]. Journal of Geochemical Exploration, 163: 19-27.

Clarke J M, Norvell W A, Clarke F R, et al. 2002. Concentration of cadmium and other elements in the grain of near-isogenic durum lines[J]. Canadian Journal of Plant Science, 82(1): 27-33.

Codling E E, Chaney R L, Green C E. 2016. Accumulation of lead and arsenic by potato grown on lead–arsenate-contaminated orchard soils[J]. Communications in Soil Science and Plant Analysis, 47(6): 799-807.

Cox M S, Bell P F, Kovar J L. 1996. Differential. tolerance of canola to arsenic when grown hydroponically or in soil[J]. Journal of Plant Nutrition, 19(12): 1599-1610.

Díaz O P, Leyton I, Muñoz O, et al. 2004. Contribution of water, bread, and vegetables (raw and cooked) to dietary intake of inorganic arsenic in a rural. village of Northern Chile[J]. Journal of Agricultural and Food Chemistry, 52(6): 1774-1779.

Finnegan P, Chen W. 2012. Arsenic toxicity: the effects on plant metabolism[J]. Frontiers in Physiology, 3: 182.

Guo W, Hou Y L, Wang S G, et al. 2005. Effect of silicate on the growth and arsenate uptake by rice (*Oryza sativa* L.) seedlings in solution culture[J]. Plant and Soil, 272(1-2): 174-181.

Guo W, Zhu Y G, Liu W J, et al. 2007. Is the effect of silicon on rice uptake of arsenate (As V) related to internal silicon concentrations, iron plaque and phosphate nutrition?[J]. Environmental Pollution, 148(1): 251-257.

Gusman G S, Oliveira J A, Farnese F S, et al. 2013. Arsenate and arsenite: the toxic effects on photosynthesis and growth of lettuce plants[J]. Acta Physiologiae Plantarum, 35(4): 1201-1209.

Huang Y, Miyauchi K, Inoue C, et al. 2016. Development of suitable hydroponics system for phytoremediation of arsenic-contaminated water using an arsenic hyperaccumulator plant Pteris vittata[J]. Bioscience Biotechnology and Biochemistry, 80(3): 614-618.

Kapustka L A, Lipton J, Galbraith H, et al. 1995. Metal and arsenic impacts to soils, vegetation communities and wildlife habitat in Southwest Montana uplands contaminated by smelter emissions: II Laboratory phytotoxicity studies[J]. Environmental Toxicology and Chemistry, 14(11): 1905-1912.

Larios R, Fernández-Martínez R, LeHecho I, et al. 2012. A methodological approach to evaluate arsenic speciation and bioaccumulation in different plant species from two highly polluted mining areas[J]. Science of the Total Environment, 414: 600-607.

Li R Y, Stroud J L, Ma J F, et al. 2009. Mitigation of arsenic accumulation in rice with water management and silicon fertilization[J]. Environmental Science & Technology, 43(10): 3778-3783.

Li R, Zhou Z, Zhang Y, et al. 2015. Uptake and accumulation characteristics of arsenic and iron plaque in rice at different growth stages[J]. Communications in Soil Science and Plant Analysis, 46(19): 2509-2522.

Li X, Zhou Q, Wei S, et al. 2012. Identification of cadmium-excluding welsh onion (*Allium fistulosum* L.) cultivars and their mechanisms of low cadmium accumulation[J]. Environmental Science and Pollution Research, 19(5): 1774-1780.

Liu L, Hu L, Tang J, et al. 2012. Food safety assessment of planting patterns of four vegetable-type crops grown in soil contaminated by electronic waste activities[J]. Journal of Environmental Management, 93(1): 22-30.

Liu W, Zhou Q, Sun Y, et al. 2009. Identification of Chinese cabbage genotypes with low cadmium accumulation for food safety[J]. Environmental Pollution, 157(6): 1961-1967.

Lombi E, Scheckel K G, Pallon J, et al. 2009. Speciation and distribution of arsenic and local. ization of nutrients in rice grains[J]. New Phytologist, 184(1): 194-201.

Lu Y, Dong F, Deacon C, et al. 2010. Arsenic accumulation and phosphorus status in two rice (*Oryza sativa* L.) cultivars surveyed from fields in South China[J]. Environmental Pollution, 158(5): 1536-1541.

Mathieu N K, 曾希柏, 李莲芳, 等. 2013. 几种叶类蔬菜对砷吸收及吸收特性的比较研究[J]. 农业环境科学学报, 32(3): 485-490.

McDonald B. 2016. Hydroponics: creating food for today and for tomorrow[D]. Indiana: Indiana Staic University Honors Diplom a Thesis.

Meharg A A, Hartley - Whitaker J. 2002. Arsenic uptake and metabolism in arsenic resistant and nonresistant plant species[J]. New Phytologist, 154(1): 29-43.

Meharg A A, Jardine L. 2003. Arsenite transport into paddy rice (*Oryza sativa*) roots[J]. New Phytologist, 157(1): 39-44.

Meharg A A, Zhao F J. 2012. Arsenic & Rice[M]. New York: Springer Science & Business Media.

Norton G J, Deacon C M, Xiong L, et al. 2010a. Genetic mapping of the rice ionome in leaves and grain: identification of Q3TLs for 17 elements including arsenic, cadmium, iron and selenium[J]. Plant and Soil, 329(1-2): 139-153.

Norton G J, Islam M R, Deacon C M, et al. 2009. Identification of low inorganic and total. grain arsenic rice cultivars from Bangladesh[J]. Environmental Science & Technology, 43(15): 6070-6075.

Norton G J, Islam M R, Duan G, et al. 2010b. Arsenic shoot-grain relationships in field grown rice cultivars[J]. Environmental Science & Technology, 44(4): 1471-1477.

Park J H, Han Y S, Seong H J, et al. 2016. Arsenic uptake and speciation in *Arabidopsis thaliana* under hydroponic conditions[J]. Chemosphere, 154: 284-288.

Pigna M, Cozzolino V, Violante A, et al. 2009. Influence of phosphate on the arsenic uptake by wheat (*Triticum durum* L.) irrigated with arsenic solutions at three different concentrations[J]. Water air and Soil Pollution, 197(1-4): 371-380.

Rahman M A, Hasegawa H, Rahman M M, et al. 2007. Arsenic accumulation in rice (*Oryza sativa* L.) varieties of Bangladesh: a glass house study[J]. Water Air and Soil Pollution, 185(1-4): 53-61.

Seyfferth A L, Webb S M, Andrews J C, et al. 2011. Defining the distribution of arsenic species and plant nutrients in rice (*Oryza sativa* L.) from the root to the grain[J]. Geochimica et Cosmochimica Acta, 75(21): 6655-6671.

Shaibur M R, Adjadeh T A, Kawai S. 2013. Effect of phosphorus on the concentrations of arsenic, iron and some other elements in barley grown hydroponically[J]. Journal of Soil Science and Plant Nutrition, 13(1): 79-85.

Shaibur M R, Kawai S. 2009. Effect of arsenic on visible symptom and arsenic concentration in hydroponic Japanese mustard spinach[J]. Environmental and Experimental Botany, 67(1): 65-70.

Smith E, Juhasz A L, Weber J. 2009. Arsenic uptake and speciation in vegetables grown under greenhouse conditions[J]. Environmental Geochemistry and Health, 31(1): 125-132.

Syu C H, Huang C C, Jiang P Y, et al. 2015. Arsenic accumulation and speciation in rice grains influenced by arsenic phytotoxicity and rice genotypes grown in arsenic-elevated paddy soils[J]. Journal of Hazardous Materials, 286: 179-186.

Talukder A, Meisner C A, Sarkar M A R, et al. 2012. Effect of water management, arsenic and phosphorus levels on rice in a high-arsenic soil–water system: II Arsenic uptake[J]. Ecotoxicology and Environmental Safety, 80: 145-151.

Tripathi P, Tripathi R D, Singh R P, et al. 2013. Silicon mediates arsenic tolerance in rice (*Oryza sativa* L.) through lowering of arsenic uptake and improved antioxidant defence system[J]. Ecological Engineering, 52: 96-103.

Uchino T, Roychowdhury T, Ando M, et al. 2006. Intake of arsenic from water, food composites and excretion through urine, hair from a studied population in West Benga, India[J]. Food and Chemical Toxicology, 44: 455-461.

Wu C, Ye Z, Shu W, et al. 2011. Arsenic accumulation and speciation in rice are affected by root aeration and variation of genotypes[J]. Journal of Experimental Botany, 62(8): 2889-2898.

Xu J Y, Han Y H, Chen Y, et al. 2016. Arsenic transformation and plant growth promotion characteristics of As-resistant endophytic bacteria from As-hyperaccumulator *Pteris vittata*[J]. Chemosphere, 144: 1234-1240.

Xu J, Mancl K M, Tuovinen O H. 2014. Using a hydroponic system with tal. l fescue to remove nitrogen and phosphorus from renovated turkey processing wastewater[J]. Applied Engineering in Agriculture, 30(3): 435-441.

Xu X Y, McGrath S P, Zhao F J. 2007. Rapid reduction of arsenate in the medium mediated by plant roots[J]. New Phytologist, 176(3): 590-599.

Yu H, Wang J, Fang W, et al. 2006. Cadmium accumulation in different rice cultivars and screening for pollution-safe cultivars of rice[J]. Science of the Total Environment, 370(2): 302-309.

Zhang J, Duan G L. 2008. Genotypic difference in arsenic and cadmium accumulation by rice seedlings grown in hydroponics[J]. Journal of Plant Nutrition, 31(12): 2168-2182.

Zhang J, Zhao Q Z, Duan G L, et al. 2011. Influence of sulphur on arsenic accumulation and metabolism in rice seedlings[J]. Environmental and Experimental Botany, 72(1): 34-40.

Zhang J, Zhu Y G, Zeng D L, et al. 2008. Mapping quantitative trait loci associated with arsenic accumulation in rice (*Oryza sativa*)[J]. New Phytologist, 177(2): 350-356.

Zhao F J, McGrath S P, Meharg A A. 2010. Arsenic as a food chain contaminant: mechanisms of plant uptake and metabolism and mitigation strategies[J]. Annual Review of Plant Biology, 61: 535-559.

第九章 微生物对土壤中砷的富集与转化

目前针对土壤及水体中砷污染的修复措施主要包括物理修复、化学修复和生物修复等。虽然物理、化学修复措施表现出较好的修复效果，但成本高、消耗大，且不适于大面积砷污染土壤的修复，严重制约了上述技术的发展。近年来，生物修复已成为研究人员广泛关注的一种砷污染土壤的修复方式，这是由于其具有环境友好特性且无二次污染。生物修复是指利用生物对重金属的富集、挥发和形态转化等作用来降低或消除砷在土壤中的毒性，主要包括植物修复和微生物修复。

近年来，利用微生物来对砷污染的水体或土壤进行修复表现出了很大的发展潜力，也逐渐成为环境科学领域研究的热点，这主要是因为其环境友好特性，以及修复成本的经济性（Ma et al.，2001；Wang and Zhao，2009）。环境中存在的砷虽然不能像有机污染物那样被微生物降解，但却可以通过微生物对砷的氧化/还原、吸附/解吸、甲基化/去甲基化、沉淀/溶解等作用影响其生物有效性，从而达到降低环境中的砷毒害、修复砷污染环境的目的（Tabak et al.，2005）。有研究发现，某些自养细菌如硫铁杆菌类、假单孢杆菌能使 As^{3+}氧化，使亚砷酸盐氧化为砷酸盐，从而降低了砷的毒性。格鲁德夫（1999）在用生物方法就地净化砷污染土壤的研究中发现，运用环境中的微生物硫铁氧化杆菌和硫铁还原杆菌可以把土壤中的砷转移到 0.8 m 以下土壤中，并在土壤中形成一些含砷的沉淀。Naidu 等（2006）认为细菌、真菌、蓝藻对重金属砷具有生物富集作用，并提出了微生物富集砷的两个过程；Čerňanský 等（2007）从高砷含量的沉积物中分离得到一株具有较强生物吸收能力的耐高温真菌，它几乎能将所吸收的重金属砷全部以气态形式排到体外。目前，在高海拔的湿地地区也发现耐砷，且抗抗生素、抗紫外线的菌株（Dib et al.，2008）。

第一节 微生物富集和转化砷的原理

一、微生物在砷地球化学循环中的作用

目前许多微生物特别是真菌、细菌、藻类等均被发现具有较强的耐砷能力。对具有高耐砷能力的微生物进行分离，并研究其富集与转化砷的能力及可能的机理，对应用微生物来调控砷污染的农田土壤具有十分重要的意义。

在自然条件下的土壤与水体环境中，砷主要以无机形态存在，如 As（Ⅴ）、As（Ⅲ）化合物。在氧化还原电位（Eh）＞200 mV、pH 5～8 时，As（Ⅴ）是其主要的存在形态，As（Ⅲ）则是砷在厌氧条件下的主要存在形态（Tamaki and Frankenberger，1992）。无机砷在一定条件下可通过生物甲基化作用形成有机态砷，如一甲基砷酸（MMAA）、二甲基砷酸（DMAA）、三甲基砷氧化物（TMAO），在还原剂如谷胱甘肽（GSH）、硫辛

酸等存在下，这三种甲基态砷又可分别形成具有挥发性的含砷化合物，其结构分别为：$(CH_3)_nAsH_{3-n}$，n=1（一甲基砷，MMA），n=2（二甲基砷，DMA），n=3（三甲基砷，TMA），从而将砷以气态形式释放到大气中（Bentley and Chasteen，2002）。挥发性的含砷化合物在大气中能逐渐被氧化，然后随雨水或干沉降进入到土壤或水体中，最终完成砷的土壤/水体与大气的循环。土壤或水体中的无机砷还可通过某些微生物的作用直接转化为 AsH_3 挥发到大气中（Kallio and Korpela，2000）。在自然环境下同时还存在着沉积物与水体、土壤与水体间的砷转化和迁移过程。图 9.1 所示为砷地球化学大循环的可能过程。

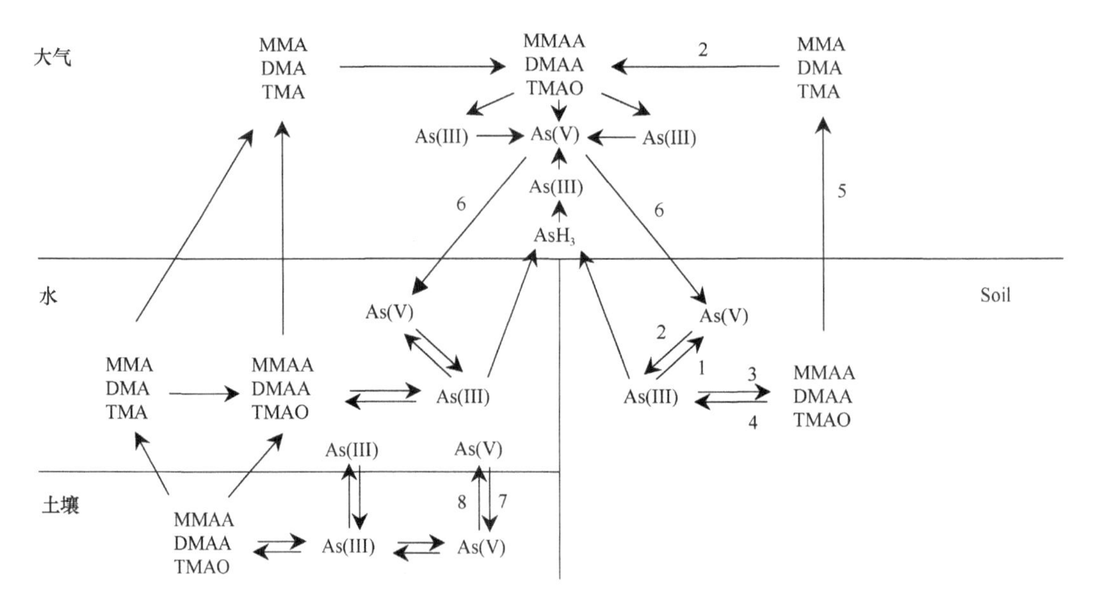

图 9.1 砷的地球化学大循环（修改自 Turpeinen et al.，2002；Kumaresan and Riyazuddin，2001）

1，氧化；2，还原；3，生物甲基化；4，去甲基化；5，生物挥发；6，随雨水或大气沉降；7，沉淀；8，溶解

在砷的地球化学循环过程中，微生物通过其对砷的氧化/还原、甲基化/去甲基化等，对砷的迁移、转化有非常重要的作用（Silver and Phung，2005；Qin et al.，2006）。实际上，也正是由于有微生物的存在，才使得砷的地球化学循环得以进行。有研究表明，一些微生物不仅具有耐高砷环境的能力，同时还能将外部环境中的砷作为新陈代谢的能量来源，从而促进自身的生长（Macy et al.，2000；Anderson and Cook，2004）。Páez-Espino 等（2009）总结了微生物调控环境中砷的生物化学过程（图 9.2），认为微生物所起的作用主要包括：①As（Ⅴ）通过 P 的专用载体进入微生物细胞体内，而 As（Ⅲ）则是通过甘油转运蛋白进入细胞；②微生物体内的 As（Ⅴ）能在 ArsC 的作用下还原为 As（Ⅲ），而后者则能在 ArsB、ArsAB 的作用下释放到细胞外；③微生物体内的 As（Ⅲ）能与含 Cys 丰富的缩氨酸相络合；④在细胞体内，As（Ⅲ）能作为电子供体形成 As（Ⅴ）；⑤As（Ⅴ）能作为电子受体转变为 As（Ⅲ），同时为呼吸链反应提供能量；⑥通过一系列的甲基化作用，无机 As 转化为甲基态 As，后者可挥发到细胞外。

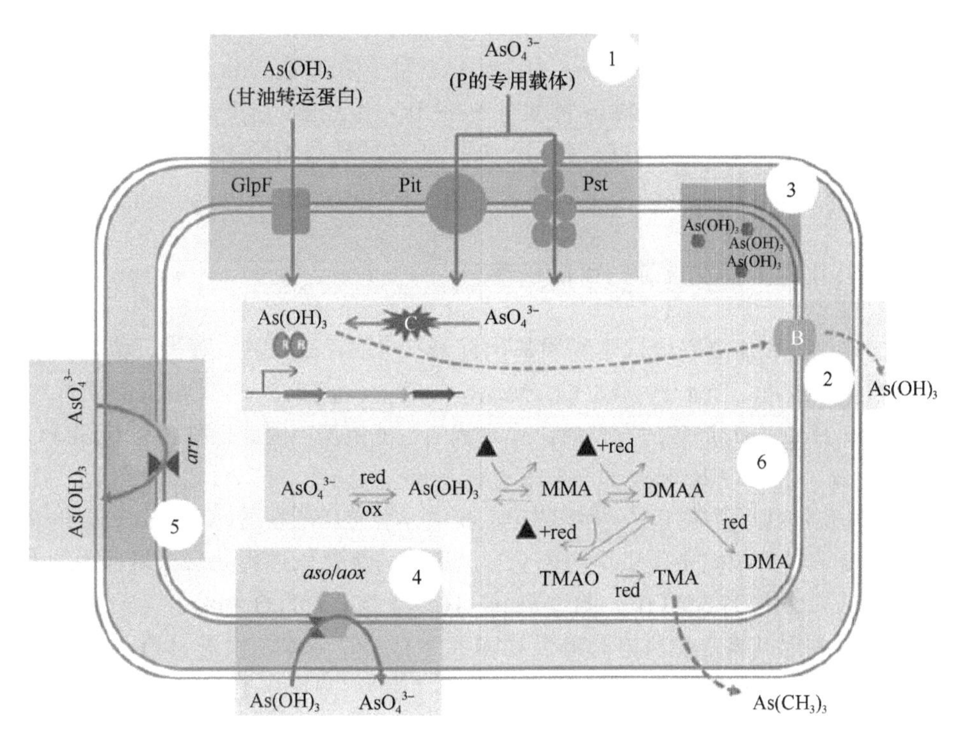

图 9.2　微生物参与环境中砷的生物化学过程（Páez-Espino et al.，2009）（彩图请扫封底二维码）

二、微生物富集砷的可能机理

微生物对砷的累积包括基于细胞壁及自身代谢产物的吸附砷，同时也包括通过新陈代谢作用在细胞体内累积的砷（Páez-Espino et al.，2009）。虽然砷在微生物体内能作为电子受体或供体存在，但并不是细胞生长所必需的，因此没有专门供砷吸收/输出的转运系统，As（Ⅴ）要进入细胞体内，只能通过与之性质相似的磷的专用载体，而 As（Ⅲ）则是通过甘油的膜通道蛋白进入细胞的（Páez-Espino et al.，2009；Rosen，2002；Rosen and Liu，2009）；进入细胞体内的砷经过一系列的氧化/还原等反应后，可以经 ArsAB 砷渗透输出系统输出细胞，As（Ⅲ）还可以与含有巯醇的谷胱甘肽或其他蛋白质沉淀到细胞的各组织内，或以单独的离子形态存在于细胞的各个器官（Silver and Phung，2005；Rosen，1999；2002；Oremland and Stolz，2003）。Patel 等（2007）应用 X 射线吸收光谱检测了 *Pseudomonas* sp. Strain As-1 体内砷的分布，结果表明，65%、30%的砷分别以 As（Ⅲ）、As（Ⅴ）的形式存在于细胞体内，5%的砷则以 As-S 键的形式与硫基相结合，将该菌株的细胞碎屑在高砷环境中培养后发现，75%的砷存在于细胞质相中，20%的砷存在于周质中，5%的砷则存在于细胞的碎屑与膜的成分中。Calzada 等（1999）研究表明，*Chlorella vulgaris* 能通过细胞壁吸附及新陈代谢作用累积大量的 As（Ⅲ）。Newman 等（1997）研究发现，*Desulfotomaculum auripigmentum* 能将砷的三硫化物累积到其细胞质膜上。除了通过自身对砷的直接累积以外，微生物还能通过生物调控作用形成 Fe、

Mn、S 等氧化物，从而对砷进行吸附。Tani 等（2004）报道了一株真菌 KR21-2 能将环境中的 Mn 氧化，进而对环境中的 As（III/V）产生吸附作用。Fukushi 等（2003）研究表明，*Acidithiobacillus ferrooxidans* 能氧化 Fe（II）生成 Fe（III），在酸性环境下，后者在该微生物作用下与大量的 SO_4^{2-}形成一种名为施威特曼石的次生羟基硫酸高铁矿物（Schwertmannite），该矿物对环境中砷的累积能力高达 10 000 mg/kg。

三、微生物转化砷为挥发性砷的可能机理

挥发性砷化合物主要是经过生物甲基化过程产生的，微生物、藻类、植物、动物等都能作用产生该过程（Bentley and Chasteen，2002）。在 1945 年，Challenger 首先提出了 *Penicillium brevicauli* 产生挥发性含砷化合物的可能机理，因此也称之为 Challenger 机理（Challenger，1945；Challenger and Higginbottom，1953），即 As（V）经过三次连续的还原与甲基化过程后产生了三种甲基态砷，其中 *S*-腺苷甲硫氨酸（*S*-adenosylmethionine，SAM）可能是该过程中的甲基供体（图 9.3）。还原与甲基化过程的具体机理如图 9.4 所示，在 As（V）还原为 As（III）的过程中，H：与 OH^-上的 O 相结合，产生 H_2O，而单独存在的 O 利用其携带的负电荷吸引 H^+从而形成一个 OH^-，由于 H_2O 的失去使该结构拥有一对剩余电子，此时 As（V）还原为 As（III）。与其相比，TMAO 还原为 TMA 的过程则有所不同，其先与环境中的一个 H^+结合，形成的 $H\text{-}O\text{-}As^+(CH_3)_3$ 再与 H_3O^+结合，最终形成 TMA 和 2 个 H_2O 分子。在一系列还原反应过程中，一些巯醇类物质如谷胱甘肽、硫辛酸、巯基乙酸等作为还原剂，为反应的进行提供必需的电子（Bentley and Chasteen，2002；Challenger，1945）。每个还原反应之后均伴随着甲基化过程，来自 SAM 上的 CH_3-与 As（III）化合物上的两个剩余电子反应最终完成了甲基化过程，SAM 则转化为 *S*-腺苷高半胱氨酸（*S*-adenosylhomocysteine）。

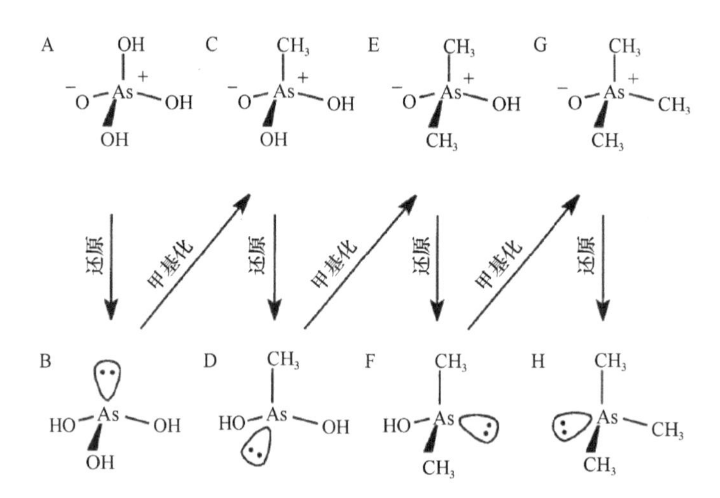

图 9.3　As（V）转化为三甲基砷（TMA）的 Challenger 机理

A. 砷酸根；B. 亚砷酸根；C. 一甲基砷酸；D. 一甲基砷；E. 二甲基砷酸；F. 二甲基砷；G. 三甲基砷氧化物；H. 三甲基砷

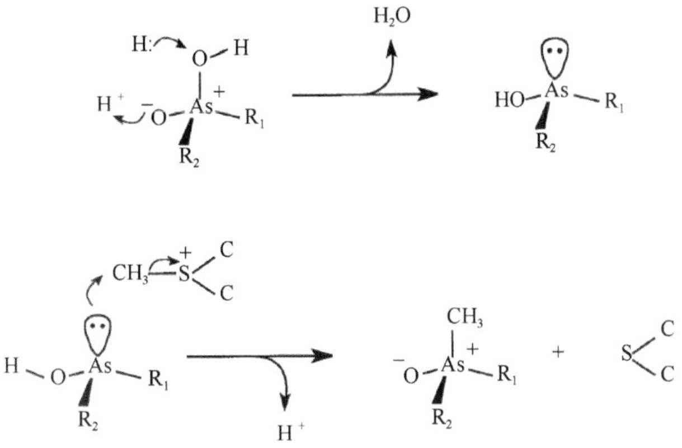

图 9.4　还原反应与甲基化过程的机理

第一行表示的是 As（V）向 As（III）转化的还原过程，其中 $R_1=R_2=OH$ 时，该结构式为砷酸，$R_1=CH_3$，$R_2=OH$ 时为一甲基砷酸，$R_1=R_2=CH_3$ 时为二甲基砷酸；第二行表示的是 As（III）的甲基化过程，其中［$CH_3\text{-}S^+\text{-}(C)_2$］代表 SAM

四、已发现的具有富集与转化挥发砷能力的真菌

1891 年，Gosio 首先发现了墙纸上散发出的臭蒜味气体是在真菌作用下产生的含砷化合物（Gosio，1892），并推测该真菌为 *Penicillium brevicaul*，之后被 Bainier 证明该真菌为 *Scopulariopsis brevicaulis*。自此以后，具有富集与转化挥发砷能力的微生物，包括真菌、细菌、蓝藻等引起了众多学者的关注。但从研究历史来看，人们更致力于细菌、蓝藻对水体中砷的富集与转化挥发研究（Leblan et al.，1996；Kostal et al.，2004；Prasad et al.，2006），这可能是因为砷污染的水体更易于细菌及蓝藻等的生存。然而，近年来人们开始考虑利用真菌对砷的富集与转化挥发来修复砷污染的土壤，这是因为相对细菌而言，真菌具有更大的生物量，从而可能增加了其对环境中砷的吸附量。此外，真菌产生的孢子能在土壤中存在很长时间，有利于修复过程的持续性。

目前，许多真菌已被成功分离并发现具有生物富集与转化挥发砷的能力（表 9.1），Granchinho 等（2002）研究发现，*Fusarium oxysporum* 能富集环境中的砷，并在其培养环境中检测到该真菌对 As（V）的转化产物如 As（III）和 DMA，后者是一种易挥发砷化物。Visoottiviseth 和 Panviroj（2001）从含砷量为 700 mg/kg 的土壤样品中分离得到一株青霉（*Penicillium* sp.），培养 5 d 后，其对砷的生物中转化挥发量为 25.82～43.94 μg，富集量为 17.46～39.97 μg。Čerňanský 等（2007；2009）从砷污染的矿区土壤中分离得到 8 株同时具有生物富集与转化挥发砷能力的真菌，并认为真菌对砷的转化挥发能力各不相同，环境条件可能是影响该能力的主要因素。目前，众多 *Aspergillus* 属的真菌也被发现具有一定的富集或转化挥发砷的能力（Challenger，1945；Pokhrel and Viraraghavan，2006；2008；Bird et al.，1948；Čerňanský et al.，2007；2009）。Cánovas 等（2004）对 *Aspergillus* sp. P37 富集砷的机理进行研究认为，当该真菌处于高砷环境中时，其体内的谷胱甘肽等化合物浓度增加，从而增加了对环境中砷的吸附；对于真菌挥发砷的机理，许多专家提出了与 Challenger（1945）相同的观点，即五价砷在真菌作用下经过一系列的还原与甲基化作用，最终形成了多种含甲基的易挥发态砷化物，其中 SAM 为该甲基

表 9.1　已发现的具有富集与转化挥发砷能力的真菌

功能	真菌	主要结论	参考文献
生物富集	*Penicillium chrysogenum*	添加表面活性剂或阳离子电解液后对砷的累积能力为 33.3～56.1 mg/g	Loukidou et al.，2003
	Penicillium purpurogenum	非竞争性环境下对 As（III）累积能力为 35. 6 mg/g，竞争性环境下为 3.4 mg/g	Say　et al.，2004
	Fungal Strain KR21-2	将环境中的 Mn 氧化，进而对环境中的 As（III/Ⅴ）产生吸附作用	Tani et al.，2004
	Tea Fungus	经 $FeCl_3$ 处理，30 min 后吸附 100%的 As（III），90 min 后吸附 77%的 As（Ⅴ）	Murugesan et al.，2006
	Aspergillus niger	pH 为 6 时，吸附 95%的 As(Ⅴ)，75%的 As（III）；pH 为 6 作用 7 h 后，吸附 50%的 DMA	Pokhrel and Viraraghavan，2006
生物挥发	*Scopulariopsis brevicaulis*	含砷的墙纸上散发蒜臭味，为挥发性的 TMA	Gosio，1892
	Penicillium chrysogenum、*P. Notatum*、*Aspergillus niger*、*A. Versicolor*、*A. Fischeri*、*A. glaucus*	将 MMAO 转化为挥发性的 TMA	Challenger，1945；Bird et al.，1948
	Lenzites trabea	含砷的木材防腐剂环境下产生蒜臭味	Merrill and French，1964
	Phaeolus schweinitzii、*Trichophyton rubrum*	产生含砷的挥发性气体	Barrett，1978；Zussman et al.，1961；Pearce et al.，1998
	Gliocladium roseum、*Penicillium* sp.	将 MMAA 与 DMMA 转化成具有挥发性的 TMA	Cox and Alexander，1973a
	Penicillium sp.、*Ulpcladium* sp.	高砷污染土壤上，具有甲基化砷能力的真菌能将砷的挥发速率提高 8 倍	Edvantoro et al.，2004
	Scopulariopsis brevicaulis	能将 AsO_4^{3-} 转化为 AsH_3、TMA	Solozhenkin et al.，1999
	Penicillium sp.、*Aspergillus* sp.	能将环境中的无机砷、有机砷酸等转化为可挥发性的含砷化合物	Frankenberger and Arshad，2002
生物富集与挥发	*Penicillium* sp.	培养 5 d 后，砷的挥发量为 25.82～43.94 μg，累积量为 17.46～39.97 μg	Visoottiviseth and Panviroj，2001
	Fusarium oxysporum. Melonis	在含 As（Ⅴ）500 μg/L 环境中，能够生物累积砷，同时产生具有挥发性的含砷化合物	Granchinho et al.，2002
	Eupenicillium cinnamopurpureum、*Talaromyces wortmannii*、*Talaromyces flavus*、*Neosartorya fischeri*、*Aspergillus niger*、*Penicillium glabrum*、*Aspergillus clavatus*、*Trichoderma viride*	报道的真菌均具有不同的砷生物累积与挥发能力，其中 *Aspergillus clavatus* 培养环境 As（Ⅴ）浓度为 50 mg/L，培养 30 d 后，对砷的生物累积量为 736 μg，挥发量为 1522 μg	Čerňanský，et al.，2007；2009

化作用的完成提供了必需的-CH_3（Dombrowski et al.，2005）。虽然微生物对砷的生物富集与转化挥发机理已有较多的研究，许多真菌也已被分离并证实具有生物富集与转化挥发砷的能力，但大多研究还都是在环境适宜的室内条件下完成的，利用该类真菌来进行砷污染土壤的修复仍然面临较大的挑战。

五、真菌富集与转化挥发砷功能的应用

利用真菌的生物富集来修复砷污染的水体已经成为一种非常有效的生物修复措施（Pümpel and Schinner，1993），被真菌富集的砷能通过对水体中真菌的提取而携带出来。

研究表明，红茶发酵废液中分离出的 Tea fungus 在经 $FeCl_3$ 处理后能作为砷污染地下水的修复材料，在砷污染地下水样品中培养 30 min 后能将水体中的 As（Ⅲ）完全吸附，培养 90 min 后能吸附 77%的 As（Ⅴ）。在土壤环境条件下，真菌生物富集的砷虽然无法像在水体中那样提取出来（Wang and Zhao，2009），但却可以通过生物体对砷的富集而将砷"固定"，进而降低土壤中砷的毒性，减少植物对砷的吸收，因此被认为是一种有潜力、经济且有效的修复砷污染土壤或沉积物的方法（Tabak et al.，2005）。通过真菌对土壤溶液中砷的富集，可以在一定程度上降低土壤中砷的有效性。此外，由于某些真菌孢子在土壤中具有较强的生命力，可以存活较长时间，因此为该菌株在土壤中的长期生长提供了可能。因细胞老化、溶解而释放出来的砷又可被新生成的菌丝体所吸附，使得土壤溶液中一部分砷可以被真菌"永久"固定，从而在一定程度上降低了土壤中砷的有效性，减少了砷在作物体内的累积。

微生物的甲基化作用可以将高砷污染土壤中的砷转移到大气中，从而降低土壤中的砷含量。Mackenzie 等（1979）研究表明，每年从土壤表面以气态形式挥发到大气中的砷的量达到 2.1×10^7 kg，其中大部分是在生物甲基化作用下完成的（Tamaki and Frankenberger，1992）。挥发出来的甲基砷化物在大气中的存在时间是很短暂的，能很快被氧化从而再次进入土壤或水体（Páez-Espino，2009）。但也有专家认为，挥发出来的气态有机砷性质较稳定（Turpeinen et al.，2002），经过较长时间的大气稀释，对附近土壤中砷含量的提高非常有限（吴剑等，2007）。对于产生的气态砷化物，还可以通过覆盖薄膜的方式回收，该方法也可能成为一种新的生物冶金方法（宋红波等，2005）。虽然专家对挥发出来的含砷化合物的认识有所不同，但生物挥发已经被认为是修复砷及其他非金属元素（汞）污染土壤的一种有效、安全且经济的方式（Wang and Zhao，2009；Bizily et al.，2000）。

第二节　真菌对砷的富集和转化挥发作用

一、高耐砷真菌的分离与耐砷能力比较

近年来，微生物对砷的生物富集与转化挥发已被认为是修复砷污染环境的一种十分有效且经济的方式（Wang and Zhao，2009；Tabak et al.，2005）。微生物对砷的生物富

集包括基于细胞壁及自身代谢产物对砷的吸附，同时也包括通过新陈代谢作用在细胞体内的累积（Páez-Espino et al.，2009）；而对砷的转化挥发则主要是在生物体内发生的一系列还原与甲基化过程，并最终将砷以气态化合物的形式释放到大气中（Bentley and Chasteen，2002）。目前，许多微生物已经被发现对环境中的砷具有较高的耐性，并且在一定条件下表现出富集与转化挥发砷的能力。例如，1891 年，Gosio 于含砷的墙纸上分离得到对砷具有较高耐性的 *Scopulariopsis brevicaulis*，该真菌能将砷转化成一种恶臭味的含砷气体（Gosio，1892）；Visoottiviseth 和 Panviroj 等（2001）发现真菌 *Penicillium* sp. 在砷浓度为 100 mg/L 时仍然能很好地生长，且当砷浓度为 10 mg/L 时，培养 5 d 后其对砷的挥发量为 25.82～43.94 μg；Čerňanský 等（2009）分离出具有较高耐砷能力的真菌 *Neosartorya fischeri*，在 As（Ⅲ）、As（Ⅴ）浓度分别达 16.96 mg/L、17.06 mg/L 时，培养 10 d 后的生物量明显高于不加砷的对照，且随后证实了该真菌对砷具有一定的生物富集与转化挥发能力。蒋友芬等（2009）也从新疆奎屯高砷环境中分离得到 5 株具有较高耐砷能力的菌株。

微生物对砷的耐性是其具备生物富集与转化挥发能力的基础，只有先分离出具有较高耐砷能力的菌株，才有将其用于砷污染环境微生物修复的可能。然而目前国内外针对砷污染环境中具有较高耐砷能力微生物的分离、培养和应用的研究还很少，尤其是国内对该方面的研究更为缺乏。我们课题组从湖南石门与郴州等地采集的砷污染土样中分离出耐砷真菌，并通过室内培养实验对各真菌进行进一步的筛选与能力比较，该结果不仅可为相关研究提供方法上的借鉴，同时也可以为今后砷污染环境的微生物修复提供有效的微生物材料。

（一）耐砷真菌的分离

试验土壤经含砷浓度为 500 mg/L 的培养基初步筛选，6 个土壤样品中一共分离得到 13 株真菌，其中，采集自湖南石门雄黄矿区荒地的土壤样品中共分离得到 6 株，采集自雄黄矿区矿渣与自然土交界层的土壤样品中分离得到 3 株，其他 4 株土壤样品各分离出 1 株。表 9.2 中列出了该 13 株真菌的形态学主要特征及其可能的属种。从表中可以看出，分离出的 13 株真菌中，SM-1F1、CZ-8F1 可能的属种为镰刀属（*Fusarium*），SM-5F1、SM-11F2、SM-12F4 可能的属种为青霉属（*Penicillium*），SM-5F2、SM-5F7 可能的属种为曲霉属（*Aspergillus*），SM-5F5 可能的属种为链格孢属（*Alternaria*），SM-12F1 可能的属种为木霉属（*Trichoderma*），另外，菌株 SM-5F4、SM-5F9、SM-10F3、SM-12F5 的属种无法确定。

结合各真菌在不同浓度 As（Ⅴ）胁迫下的菌落生长状况、溶液培养条件下真菌的耐砷能力及 SEM 的结果，可知菌株 SM-12F1、SM-12F4、CZ-8F1 表现出了较强的耐砷的能力。Levy 等（2005）总结了微生物耐砷的可能机理：①砷从微生物细胞内排出（Meharg and Rahman，1992）；②As（Ⅴ）还原为 As（Ⅲ），后者与体内的谷胱甘肽络合，或储存于细胞液泡内，或再排出体外（Rosen，1999）；③与体内的其他蛋白质螯合（Ric-De-Vos et al.，1992）；④通过甲基化作用将砷转化为气态砷化物然后排放到细胞外（Cullen et al.，

表 9.2　13 株真菌培养 3d 后的形态学主要特征

真菌	土样	形态学主要特征	可能的属种
SM-1F1	YMD	菌落直径为 28.34 mm，中央白色绒毛状突起。孢子呈镰刀状，长 27.6 μm，宽 4.14 μm，菌丝粗 4.14 μm	*Fusarium* 镰孢霉属
SM-5F1	HD	菌落直径为 27.26 mm，中央黄色粉状，边缘白色絮状，背面有黄色色素。分生孢子球形串珠状排列，直径 2.76 μm，菌丝粗 4.83 μm，多分枝在孢梗上形成典型的扫帚状结构	*Penicillium* 青霉属
SM-5F2	HD	菌落直径为 25.06 mm，白色绒毛状，边缘有黄色色素产生。分生孢子球形串珠状排列，菌丝粗 6.9 μm，有隔，瓶梗长 8.28 μm，分生孢子梗膨大	*Aspergillus* 曲霉属
SM-5F4	HD	菌落直径为 9.43 mm，呈薄绒毛状，有同心圆结构。显微镜下只可见菌丝，有隔，粗 2.76 μm，未见分生孢子	—
SM-5F5	HD	菌落直径为 41.26～43.86 mm，边缘不齐，表面白色绒毛，底下中央肉色，背面为枫叶形状边缘不齐的形状，外围棕色。子囊孢子黄色，个头大，蚕蛹状，内部有隔膜	*Alternaria* 链格孢属
SM-5F7	HD	菌落直径为 12.06 mm，白色毛毡状。分生孢子球形，直径 4 μm，孢子呈链状，分生孢子梗膨大，其上有多层小梗	*Aspergillus* 曲霉属
SM-5F9	HD	菌落直径为 15.26 mm，白色绒毛状，小丘状凸起。孢子圆柱形，长 8.28 μm，宽 2.76 μm，数个孢子成团状，菌丝粗 4.83 μm，产孢细胞长约 27 μm，于菌丝顶端产生	—
SM-10F3	KZ1	菌落直径为 12.16 mm，白色绒毛状，小丘状凸起。显微镜下只能看到透明的略带黄色的菌丝，菌丝上有节，未见分生孢子	—
SM-11F2	KZ2	菌落直径为 17.24 mm，中央红褐色絮状，边缘白色絮状。孢子长 4.85 μm，宽 4.14 μm，分生孢子卵圆形串珠状排列，分枝在孢梗上形成典型的扫帚状结构特征	*Penicillium* 青霉属
SM-12F1	KZ3	菌落直径约为 130.00 mm，生长迅速，中央绿色絮状，边缘白色絮状向外延伸。分生孢子梗细长，顶端多为 2～3 个轮生的产孢瓶梗；分生孢子无色到浅绿色，近球形至球形，在产孢细胞顶端聚集成团	*Trichoderma* 木霉属
SM-12F4	KZ3	菌落直径为 40.00 mm，中央灰绿色絮状，边缘白色絮状，背面黄色色素。分生孢子透明卵圆形，串珠状排列，孢子长 4.14 μm，宽 3.86 μm，分生孢子梗细长，约 10 μm，多次分枝，在孢梗上形成典型的扫帚状结构特征	*Penicillium* 青霉属
SM-12F5	KZ3	菌落直径 9.86 mm，中央肉色小刺，边上白色小刺。显微镜下，孢子椭圆形，长 5 μm，宽 2.5 μm，该结构在菌丝上直接产生，未有产孢细胞，可见断裂的菌丝	—
CZ-8F1	WGC	菌落直径为 44.96 mm，中央白色绒毛状突起，四周呈红色絮状，有红色色素。孢子呈镰刀状，大型分生孢子有 3～4 个隔，孢子梗成瓶颈状	*Fusarium* 镰孢霉属

1994）。本研究中，菌株 SM-12F1、SM-12F4、CZ-8F1 在一定砷浓度范围内均表现出了随着砷浓度增加其生物量也增加的趋势，原因在于培养溶液中的 As（Ⅴ）可能会被该微生物还原为 As（Ⅲ），而该过程中伴随有能量的产生（Nicholas et al.，2003），从而促进了该菌株生物量的增加，在细胞体内产生的 As（Ⅲ）可能会通过各种过程在细胞内累积，如与谷胱甘肽或其他蛋白质螯合等，也可以被进一步甲基化并最终以气态砷化物的形式排出细胞体，从而降低了培养环境中砷的毒害作用，提高了菌株的耐砷能力。

（二）砷对真菌毒害的可能机理

环境中的砷会给微生物生长带来毒害，特别是当砷浓度较大时，会在一定程度上抑制菌株的生长，造成其生物量的下降。本研究中，当添加 As（Ⅴ）的浓度分别高于 50 mg/L、

50 mg/L、80 mg/L 时，菌株 SM-12F1、CZ-8F1、SM-12F4 的生物量开始表现出下降的趋势，而对其他 10 株真菌而言，在本研究中设置的添加 As（Ⅴ）浓度条件下，均表现出随砷浓度增加而生物量下降的现象，培养环境中的 As（Ⅴ）可能在一定程度上对真菌的生长造成了影响。有专家研究了环境中的砷对微生物如真菌、细菌、蓝藻等的毒害机理（Meharg and Macnair，1992；Rosen，1999），认为：①环境中的砷可能与磷存在竞争关系，从而使 ATP 合成受阻，而 ATP 的合成可为生物生长提供必需的能量；②当环境中存在大量砷时，会诱导生物产生活性氧自由基，从而对生物的生长产生氧化胁迫；③砷还可以与生物体内某些酶或组织蛋白相结合，从而给生物的生长带来影响。生物因素在很大程度上决定着真菌对环境中砷的耐性，如菌株类型、砷输入与输出真菌细胞体的方式、真菌自身的去毒机理等。此外，一些非生物因素，如砷形态的不同、磷含量、pH、砷与生物的作用时间等均会影响环境中砷的毒性（Levy et al.，2005）。

（三）真菌的形态学与分子生物学鉴定

通过对分离的真菌进行耐砷能力分析，编号为 SM-12F1、SM-12F4、CZ-8F1 的菌株表现出较好的耐砷能力，因此实验中对该三株真菌进行形态学与分子生物学鉴定，其中形态鉴定依据《真菌鉴定手册》（魏景超，1979），分子生物学鉴定依据 18S rRNA 来进行。最终得出以下结论：①通过鉴定，三株目标真菌 SM-12F1、SM-12F4 和 CZ-8F1 分别与 *T. asperellum*、*P. janthinellum* 和 *F. oxysporum* 在菌丝形态、分生孢子形状、孢子产生结构等方面具有较大的相似；②基于 18S rRNA 的分子鉴定表明，耐砷真菌 SM-12F1、SM-12F4 和 CZ-8F1 测序所得的序列分别与 GenBank 中的 *T. asperellum*、*P. janthinellum* 和 *F. oxysporum* 基本一致，其相似度分别为 99%、96%和 99%；③SM-12F1、SM-12F4 和 CZ-8F1 分别与 *T. asperellum*、*P. janthinellum* 和 *F. oxysporum* 位于同一个进化枝中，所测序列递交 GenBank 后，获得的登录号分别为 GU212867、GU212865、GU212866。

二、真菌对砷的富集与转化挥发

砷能对土壤、沉积物和水域造成广泛污染，已经成为世界上许多地区环境和人类健康的主要危害物质。英国地质调查局在 2000 年对农田灌溉造成的砷沉积进行了初步估计，每年在孟加拉国有高达 10 kg/hm^2 的砷通过灌溉水沉积于农田土壤。本课题组的一项调查表明，在我国湖南石门县靠近雄黄矿附近的农田土壤上，总砷浓度为 85～814 mg/kg，而在该地区仍广泛种植玉米、马铃薯、蔬菜等农作物；类似的现象同样发生在郴州地区，该地区农田土壤总砷浓度达到了 300 mg/kg。砷在农田和食物链中的累积会导致农产品质量下降，最终将会影响人类的健康。

对于大部分土壤而言，砷主要以 As（Ⅴ）存在，只有在厌氧的土壤环境中，As（Ⅲ）才成为其主要的存在形态。然而，砷的形态转化和生物有效性除了受非生物因素影响外（Sadiq，1997），还在很大程度上受生物的影响，特别是真菌、细菌和藻类等（Gadd，1993）。微生物活动可以使无机态的 As（Ⅲ）氧化和 As（Ⅴ）还原，还可以通过连续的还原及随后的甲基化作用将砷转化为易挥发的砷化物，如 MMA、DMA 和 TMA（Cullen and Reimer，1989；Macur et al.，2001）。微生物对砷的富集和转化挥发是一种广泛存在的自然过程，对砷污染的环境具有一定的修复潜力（Thompson-Eagle and Frankenberger，1992），其中前者是生物对金属/非金属元素进行吸附、固定的过程，后者是众所周知的生物甲基化过程。有研究表明，有活性的和没有活性的真菌、细菌、藻类等都可被用于消除或减少环境中的重金属/非金属元素（Volesky，1994；Karna et al.，1996）。1891 年，Gosio 分离得到了一株名为 *Scopulariopsis brevicaulis* 的真菌，它具有一定的挥发砷的能力。Chalenger 和 Higginbottom（1953）对 *S. brevicaulis* 挥发砷的机理进行了研究，认为真菌 *S. brevicaulis* 能将亚砷酸盐转化为易挥发的 TMA。近年来，众多学者对具有富集和转化挥发砷能力的微生物进行了分离与筛选，而且有一些微生物也已经被报道，例如，Carrasco 等（2005）研究表明耐砷真菌 *Sinorhizobium meliloti* 累积环境中砷的含量是非耐砷真菌的 3 倍；*Phaeolus schweinitzii*、*Scopulariopsis brevicaulis*、*Neosartorya fischeri* 等都被证实具有一定的累积和（或）挥发砷的能力（Pearce et al.，1998；Solozhenkin et al.，1999；Čerňanský et al.，2007；2009）。然而，具备高累积与挥发砷能力真菌的报道还十分有限。

课题组对分离得到三株耐砷能力较强的真菌进行形态与分子鉴定，这三株真菌分别为棘孢木霉（*Trichoderma asperellum* SM-12F1）、微紫青霉（*Penicillium janthinellum* SM-12F4）和尖孢镰刀菌（*Fusarium oxysporum* CZ-8F1）。因此，课题组在实验室条件下研究这三株真菌对砷的富集和转化挥发能力，并通过浸有 $AgNO_3$ 溶液的滤纸片吸附砷实验，以及砷在真菌细胞内外的分布研究进一步证实该能力，旨在为利用微生物修复砷污染土壤、沉积物和水体等提供理论基础。

（一）三株真菌对砷的富集和转化挥发

室内培养条件下，把培养时间设为 5 d、10 d、15 d 时，我们分别研究了真菌 *T. asperellum* SM-12F1、*P. janthinellum* SM-12F4 和 *F. oxysporum* CZ-8F1 对砷的累积与挥发能力（图 9.5）。其中，砷的生物挥发量是通过计算未接种微生物时，培养体系中的总砷量与菌质及 PGP 培养液中砷含量的差值得到的。

图 9.5 中，首先比较各菌株不同培养时期的菌质干重。由图可以看出，当培养时间分别为 5 d、10 d、15 d 时，*P. janthinellum* SM-12F4 的菌质干重均显著高于相同培养时间下的 *T. asperellum* SM-12F1，而培养时间为 10d 时，*P. janthinellum* SM-12F4 的菌质干重显著高于 *F. oxysporum* CZ-8F1。对不同培养时间下的相同菌株菌质干重进行比较，随着培养时间的延长，三株真菌的菌质均有一定的下降趋势。随着培养时间的增加，环境中的养分、pH 等发生了改变，在一定程度上逐渐抑制了真菌的生长，从而可能出现了菌丝老化、溶解的现象，最终造成了三株真菌菌质干重随着培养时间的增加而下降。其次，比较三株真菌对培养环境中砷的累积量可以看出，当培养时间分别为 5 d、10 d、15 d 时，*P. janthinellum* SM-12F4 对砷的累积量分别为 21.94 μg、39.54 μg 和 27.64 μg，均显著高于相同培养时间下 *F. oxysporum* CZ-8F1 和 *T. asperellum* SM-12F1 对砷的累积量，该结果可能与 *P. janthinellum* SM-12F4 在各培养时间下相对较高的生物量有关，此外，含

砷培养基中各真菌的不同生理反应也可能是造成该结果的主要原因。当培养时间增加到 10 d 或 15 d 时，三株真菌的砷累积量均有较明显的下降，这可能是因为随着培养时间的增加，真菌菌丝出现了老化、溶解，原先被累积于细胞体内的砷又会从衰老的细胞中释放出来，从而造成了真菌对砷的累积量随着培养时间的增加而下降。该结果与真菌菌质干重随着培养时间的变化有很好的相关性。最后，三株真菌均表现出一定的对砷的挥发能力。从各真菌对砷的挥发能力来看，*F. oxysporum* CZ-8F1 表现出最高的对砷的挥发能力，特别是当培养时间为 15 d 时，其对砷的挥发量最高，为 304.06 μg；当培养时间分别为 5 d 和 10 d 时，*F. oxysporum* CZ-8F1 对砷的挥发量分别为 181.02 μg 和 213.97 μg。Granchinho 等（2002）的研究表明，*F. oxysporum* 能从周围环境中累积一定量的砷，且能将 As（Ⅴ）转化为 As（Ⅲ）和 DMA，而后者是一种易挥发的含砷化合物。可见，本研究对 *F. oxysporum* CZ-8F1 累积与挥发砷的研究在一定程度上与 Granchinho 等（2002）的研究相符。此外，在本实验不加砷、只加菌的处理中，真菌菌质中并没有检测到砷。

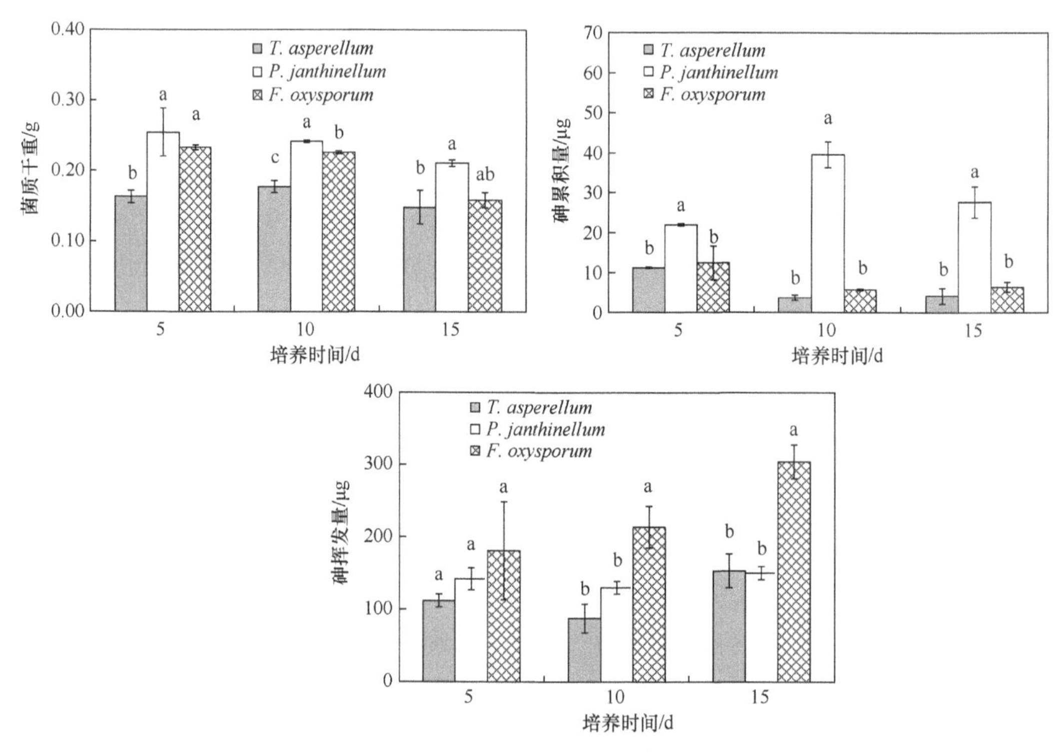

图 9.5　培养 5 d、10 d、15 d 后三株真菌对砷的累积与挥发

不同字母代表处理间差异显著

（二）$AgNO_3$ 溶液对砷的吸附

在试验中，用浸有 $AgNO_3$ 溶液的滤纸吸附真菌挥发培养液中的砷时产生的气态砷化物，进一步证实了 *T. asperellum* SM-12F1、*P. janthinellum* SM-12F4 和 *F. oxysporum* CZ-8F1 对砷的挥发能力，结果见图 9.6。经过 10 d 培养后，处理 B、C、D 中的砷含量分别为 0.06 μg、0.05 μg、0.04 μg，均显著高于处理 A、E、F、G、H 和 I（图 9.6）。该

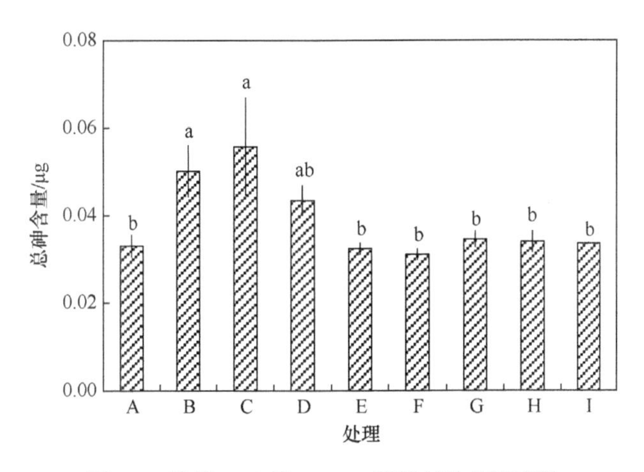

图 9.6 培养 10 d 后 $AgNO_3$ 溶液对砷的吸附量

A，PGP + As（Ⅴ）；B，PGP + As（Ⅴ）+ *T. asperellum* SM-12F1；C，PGP + As（Ⅴ）+ *P. janthinellum* SM-12F4；D，PGP + As（Ⅴ）+ *F. oxysporum* CZ-8F1；E，PGP + *T. asperellum* SM-12F1；F，PGP + *P. janthinellum* SM-12F4；G，PGP + *F. oxysporum* CZ-8F1；H，没有进行砷吸附的、浸有 $AgNO_3$ 的滤纸片；I，没有浸有 $AgNO_3$ 溶液也没有进行砷吸附的滤纸片。不同小写字母代表各处理间差异显著

结果表明，*T. asperellum* SM-12F1、*P. janthinellum* SM-12F4 和 *F. oxysporum* CZ-8F1 均具有一定的从含砷环境中挥发砷的能力。处理 A、E、F、G、H 中的砷含量并没有显著性差异，表明使用的硝酸银溶液及实验操作过程并没有被外源砷污染，也没有给该实验结果带来影响。处理 B、C、D 中检测到的砷主要来自于该三株真菌对培养液中砷的挥发作用。

根据 Gosio（1892）的研究结果，$AgNO_3$ 可用于环境中易挥发态含砷化合物的吸附，其可能的机理是：当含砷化合物遇到 $AgNO_3$ 溶液时能形成一种晶形的沉淀，从而将气态砷固定于该物相（Bentley and Chasteen，2002）。近年来，浸有 $AgNO_3$ 溶液的滤纸也常被用来吸附挥发态砷化物（宋红波等，2005）。本研究中，处理 B、C、D 中的砷含量均大大低于通过计算得出的真菌对砷的挥发量，可见，采用 $AgNO_3$ 溶液并不能将挥发出的砷化物完全吸附，这是因为该吸附过程在很大程度上会受到挥发态含砷化合物种类、气体流动、不确定的环境条件等因素的影响，从而在一定程度上影响浸有 $AgNO_3$ 溶液的滤纸对挥发态砷化物的吸附。然而，该方法用于证实三株真菌对砷的挥发能力依然是可行性。关于挥发出的含砷化合物的种类、数量等，还需要运用气质联用（GC-MS）或其他的科学设备来进一步研究。

（三）砷在真菌细胞内和细胞壁外的分布

在试验中，0.1 mol/L KH_2PO_4/K_2HPO_4 缓冲溶液（pH 7.0）用于真菌细胞壁外吸附砷的分离。通过对 *T. asperellum* SM-12F1、*P. janthinellum* SM-12F4 和 *F. oxysporum* CZ-8F1 细胞内及细胞壁外砷含量的分析与比较，可以进一步证实该三株真菌对砷的富集能力，还可以对三株真菌耐砷的可能原因进行推测，具体结果见表 9.3。

比较三株真菌细胞内砷和细胞壁外砷的含量可知，*T. asperellum* SM-12F1 和 *F. oxysporum* CZ-8F1 分别表现出更高的胞外吸附砷和胞内富集砷的能力，其对砷的吸附量

表 9.3　培养 5d 后砷在三株真菌细胞内与细胞壁外含量

真菌	菌质干重/g	总砷含量/μg	胞外砷含量/μg	百分比/%	胞内砷含量/μg	百分比/%
T. asperellum SM-12F1	0.17±0.01	9.20±0.79	7.56±0.82bA	82.2	1.64±0.36cB	17.8
P. janthinellum SM-12F4	0.29±0.02	26.92±4.08	13.10±2.88aA	48.7	13.82±1.51aA	51.3
F. oxysporum CZ-8F1	0.24±0.02	11.06±0.20	4.05±0.76bB	36.6	7.01±0.96bA	63.4

注：总砷含量=细胞内含量+细胞外含量；数据为平均值 ± 标准差，*n*=3；各真菌的细胞内砷含量或细胞外含量比较，含有不同小写字母代表差异显著；同一真菌的细胞内外砷含量比较，不同大写字母代表差异显著。

和富集量分别为 7.56 μg 和 7.01 μg，分别占其总富集砷量的 82.2%和 63.4%，而对 *P. janthinellum* SM-12F4 而言，其细胞内及细胞壁外吸附或富集的砷含量大约相同，分别为 13.82 μg 和 13.10 μg。三株真菌富集的砷在其细胞体内及细胞壁外分布的不同表明，三株真菌可能具有不同的耐砷机理，对 *T. asperellum* SM-12F1 而言，其可能通过细胞壁来吸附相对较大量的砷，从而减少环境中砷对自身生长的破坏，而对 *F. oxysporum* CZ-8F1 而言，其可能将环境中的砷富集于细胞体内，该结果的具体原因还需要今后进一步的研究。三株真菌间进行比较可以发现，*P. janthinellum* SM-12F4 细胞内及细胞壁外吸附或富集砷的含量均显著高于 *T. asperellum* SM-12F1 和 *F. oxysporum* CZ-8F1，从而使得 *P. janthinellum* SM-12F4 总富集砷含量最高，为 26.92 g，该结果与真菌富集与转化挥发砷能力研究的结果相一致，*P. janthinellum* SM-12F4 表现出最高的对砷的富集能力，原因在于该真菌细胞体内和细胞壁外富集的砷含量均显著高于 *T. asperellum* SM-12F1 和 *F. oxysporum* CZ-8F1，具体机理仍需要进一步研究；此外，本实验中三株真菌培养 5d 后的菌质干重比较来看，*P. janthinellum* SM-12F4 的菌质干重最高，为 0.29 g，该结果与真菌对砷的富集和转化挥发实验结果相符。

（四）三株真菌对砷的富集与转化挥发能力比较

在许多人工培养环境或自然环境中经常可以发现一些真菌具有富集和转化挥发砷的能力，但并不是所有的真菌都能转化挥发或富集相同量的砷。Visoottiviseth 和 Panviroj（2001）认为当培养环境中的砷浓度为 10 mg/L 时，极端耐砷真菌 *Penicillium* sp.经过 5 d 的培养后对砷的挥发量为 25.82～43.94 μg。Čerňanský 等（2009）的结论表明，当培养环境中砷浓度为 17.06 mg/L 时，经过 35 d 培养，*Aspergillus niger* 对环境中砷的富集量为 18 μg，转化挥发量为 93 μg，*Neosartorya fischeri* 表现出最高的砷挥发能力，挥发量为 191 μg，而对砷的富集量为 10 μg，*Aspergillus clavatus* 对环境中砷的富集量为 7 μg，挥发量为 121 μg。为便于比较研究，将各数值换算为每天每克干菌质对砷的富集量和转化挥发量，则 *Aspergillus niger*、*Neosartorya fischeri* 和 *Aspergillus clavatus* 对砷的富集量为 0.2～1.5 μg/g/d，挥发量为 1.5～4.0 μg/g/d；Čerňanský 等（2007）研究的结果表明，当培养环境中砷的浓度为 5～20 mg/L 时，经过 30 d 培养，菌株 *Eupenicillium cinnamopurpureum*、*Talaromyces wortmannii*、*Talaromyces flavus* 等 8 株真菌对砷的富集能力为 0.2～45.0 μg/(g·d)，挥发能力为 1.6～19.8 μg/(g·d)；本研究中，当培养时间为 10 d 时，*P. janthinellum* SM-12F4 表现出最高的富集砷的能力，其富集量为 39.54 μg。而 *F.*

oxysporum CZ-8F1 在培养时间为 15 d 时，表现出最高的挥发砷的能力，其对砷的挥发量为 304.06 μg。将本研究中砷富集量与转化挥发量同样换算为每天每克干菌质，则三株真菌对砷的富集能力为 2.1～16.3 μg/(g·d)，挥发能力为 37.0～128.3 μg/(g·d)。与 Čerňanský 等（2007；2009）的结果相比，本研究中三株真菌对砷的挥发能力则相对更高，该三株真菌对砷也具有较高的富集能力。然而，Čerňanský 等（2007）的结论表明，当培养环境中砷的含量为 2500 μg，即砷的浓度为 50 mg/L 时，经过 30 d 的培养，*Aspergillus clavatus* 对砷的富集能力为 100.1 μg/(g·d)，挥发能力为 207.1 μg/(g·d)。这是一种非常惊人的生物反应，不同的微生物种类对砷的生物富集和转化挥发能力有很大不同，这也与培养时间、砷的添加量及其他环境因素有关（Thompson-Eagle and Frankenberger，1992）。

目前，许多具有累积和挥发砷能力的真菌已经被研究与报道，如 *Scopulariopsis brevicaulis*（Solozhenkin et al.，1999）、*Phaeolus schweinitzii*（Pearce et al.，1998）、*Penicillium* sp.（Visoottiviseth and Panviroj，2001）、*Fusarium oxysporum*（Granchinho et al.，2002）、*Neosartorya fischeri*、*Aspergillus niger*、*Eupenicillium cinnamopurpureum*、*Talaromyces wortmannii*、*Talaromyces flavus*、*Penicillium glabrum*、*Aspergillus clavatus*、*Trichoderma virid*（Čerňanský et al.，2007；2009），并且 *Fusarium*、*Aspergillus*、*Sxopulariopsis*、*Paecilomyces*、*Penicilliu*、*Trichoderma* 属的微生物均被认为广泛地具有一定的挥发砷的能力（杨柳燕和肖琳，2003）。与这些菌株相比，本研究中 *T. asperellum* SM-12F1 和 *P. janthinellum* SM-12F4 的富集与转化挥发砷能力第一次被发现。此外，目前的研究结果虽然大部分是在条件控制很好的室内条件下得到的，但是利用生物富集和转化挥发清除或减缓污染土壤或水中的砷在未来的发展中仍然十分具有潜力（Yamanaka et al.，1989；Yamanaka et al.，1997；Yamauchi et al.，1990；Mass et al.，2000；Moore and Kukuk，2002）。虽然该三株真菌对砷的生物富集和转化挥发的能力已经被证实，但其作用于砷的具体机理还有待进一步研究。

（五）影响真菌对砷富集和转化挥发的主要因素

环境中合适的培养条件如 pH、Eh、磷、温度、碳水化合物、氨基酸及其他重金属元素等，对砷的转化及其效率有着十分重要的影响，当环境条件合适时，可能会成倍地增加真菌对砷的累积与挥发能力。

（1）不同的 pH、Eh 条件影响真菌对环境中砷的累积与挥发。Bentley 和 Chasteen（2002）研究认为，不同的真菌有着不同的 pH、Eh 条件，当环境中 pH 为 5.0 时，*Cryptococcus humiculus* 更易于转化生成 TMA。Frankenberger 和 Arshad（2002）研究认为，土著真菌 *Penicillium* 在一定的厌氧条件下可能具有更高的挥发砷能力，并认为这可能是因为在厌氧条件下易产生更多的 As（III）。

（2）环境中的磷对砷的输入细胞及其形态转化也有一定的影响，Cox 和 Alexander（1973b）研究表明，磷对微生物的生长至关重要，当培养环境中加入较多量的磷时能明显抑制 TMA 的生成，并认为这可能是由于磷与砷在化学性质上的相似性造成的。

（3）温度在很大程度上会影响微生物的生长，进而影响微生物对砷的与挥发效率。

Frankenberger 和 Arshad（2002）认为，当培养环境中温度为 20°C 时更有利于 *Penicillium* 对砷的富集和转化挥发，可能是由于在该条件下最大限度地促进了真菌的生物量及相关酶的活性。

（4）碳水化合物和氨基酸的添加对微生物挥发砷具有不同的影响，Huysmans 和 Frankenberger（1990）研究证明，碳水化合物的添加能明显降低微生物对砷的挥发速率，而不同的氨基酸既能促进亦能抑制砷的挥发。Walker 等（2004）对添加新鲜粪肥后砷的挥发速率进行了研究，结果表明，添加新鲜粪肥后能明显增加环境中砷的有效性，从而可能在一定程度上促进了砷的挥发。

（5）培养环境中不同的重金属对砷的挥发有一定的促进或抑制作用，Frankenberger 和 Arshad（2002）研究认为，当环境中 Cr 浓度大约为 100 μmol/L 时明显抑制了砷的挥发，而相同浓度的 Fe 则能促进砷的挥发。由此可见，适宜的环境条件能在很大程度上促进微生物对环境中砷的累积与挥发能力，我们没有对各真菌累积与挥发砷的最优环境条件进行研究，但在目前条件下三株真菌仍然表现出较强的作用砷的能力。为了最大限度地发掘三株真菌的累积与挥发砷能力，对最优环境条件进行进一步探索具有十分重要的意义，这也是今后研究的重点。

综上所述，微生物对环境中砷的累积与挥发受各种环境条件的影响，了解各菌株作用砷的最佳环境条件，就可以从调控环境条件的方法着手来提升菌株对砷的累积与挥发效果（Gao and Burau，1997；Thompson-Eagle and Frankenberger，1992）。此外，通过基因调控手段可以更大程度上增加微生物或植物对砷的作用能力（Dhankher et al.，2002），例如，Sauge-Merle 等（2003）研究表明，*Arabldopsis thaliana* 合成的植物螯合素（phytochelatin，PC）在菌株 *Escherichia coli* 体内成功表达后，菌株体内累积的砷含量比先前增加了约 50 倍。目前，通过基因调控的方法来增加菌株对砷累积与挥发能力的研究虽然还很少，但从长远考虑是一种非常具有潜力的调控措施。

（六）真菌富集和转化挥发砷的可能机理

环境中砷的挥发是自然界中一个普遍存在的现象，从细菌到人类，许多生物均能够不同程度地将砷甲基化，其中真核生物如真菌等对砷甲基化的机理已经被许多专家所认识。1951 年，Challenger 通过对真菌 *Scopulariopsis brevicaulis* 挥发砷的研究，揭示了真菌挥发砷的可能机理，这就是著名的 Challenger 机理，即环境中的砷在微生物作用下经过一系列的还原与甲基化过程，最终形成了具有一定挥发性的 MMA、DMA、TMA，在此过程中，谷胱甘肽及其他含硫醇丰富的化合物参与了还原过程，而 *S*-腺苷甲硫氨酸（SAM）则为该过程的进行提供了必需的甲基。

虽然砷在微生物体内能作为电子受体或供体存在，但并不是细胞生长所必需的，因此没有专门供砷吸收/输出的转运系统，As（Ⅴ）要进入细胞体内，只能通过与之性质相似的磷的专用载体，而 As（Ⅲ）则是通过甘油的膜通道蛋白进入细胞的（Páez-Espino，2009；Rosen，2002；Rosen and Liu，2009）；进入细胞体内的砷经过一系列的氧化/还原等反应后，可以经 ArsAB 砷渗透输出系统或经 ATP 酶系统输出细胞。As（Ⅲ）还可以与含有巯醇的谷胱甘肽或其他蛋白物质沉淀到细胞的各组织内，或以单独的离子形态存在于细胞的各器官内（Silver and Phung，2005；Rosen，1999；2002；Oremland and Stolz，2003），从而导致各形态砷在真菌细胞内的累积。

当培养环境中加入一定量的As（Ⅴ）时，三株真菌棘孢木霉（*Trichoderma asperellum* SM-12F1）、微紫青霉（*Penicillin janthinellum* SM-12F4）和尖孢镰刀菌（*Fusarium oxysporum* CZ-8F1）均表现出一定的对砷富集与转化挥发的能力。然而该三株真菌细胞内外是否存在砷形态的转化？真菌富集与转化挥发砷的可能机理又是什么？虽然目前已有不少专家提出了真菌富集与转化挥发砷的可能机理，但大多处于理论阶段，还缺乏具体的研究实例作为佐证。因此，本研究以 *T. asperellum* SM-12F1、*P. janthinellum* SM-12F4 和 *F. oxysporum* CZ-8F1 为供试材料，研究该真菌富集与转化挥发砷的可能机理，旨在为利用该真菌进行砷污染环境修复提供理论依据。

1891 年，Gosio 首先发现了墙纸上散发出的臭蒜味气体是在真菌作用下产生的含砷化合物，并推测该真菌为 *Penicillium brevicaul*，而后通过对挥发性的含砷化合物研究认为其可能是 TMA。自此，具有生物富集或（和）转化挥发砷功能的微生物开始被众多学者广泛关注。伴随着各种具有该功能的真菌、细菌、藻类等生物的报道，有关含砷化合物如何进入微生物细胞体内（Páez-Espino，2009；Rosen，2002；Rosen and Liu，2009）、砷在微生物细胞体内的形态转化（Challenger，1945）、微生物参与砷的生物化学大循环等（Páez-Espino，2009）也成为一直以来研究的热点。本研究中，各培养时间下，三株真菌培养液中 Eh 的变化并没有给 As（Ⅴ）向 As（Ⅲ）的转化提供条件，因此，该转化过程只能发生于真菌细胞体内，当培养时间为 2 d 或 3 d 时，三株真菌培养液中的 As（Ⅴ）基本上全部转化为 As（Ⅲ），可见真菌细胞体内发生的 As（Ⅴ）向 As（Ⅲ）的转化过程是很迅速的；此外，当培养时间达到 15 d 时，菌株 *T. asperellum* SM-12F1 体内检测到少量的 MMA 和 DMA，该结果表明，真菌细胞体内除了存在 As（Ⅴ）向 As（Ⅲ）的转化外，还存在着进一步的甲基化作用，产物为 MMA 和 DMA。

结合前人对微生物细胞内砷形态转化机理的研究成果，我们在已有的研究基础上对三株目标真菌富集与转化挥发砷的机理进行了分析、总结，并制作了其可能的机理示意图（图 9.7）。当培养环境中加入一定量的 As（Ⅴ）时：①其可能会通过磷的专用载体进入真菌细胞内，本实验的培养环境中并没有磷的加入，从而减少了与 As（Ⅴ）的竞争，因此 As（Ⅴ）进入细胞的过程是非常快速的；②进入细胞内的 As（Ⅴ）除了能被部分储存于细胞质或液泡中外，大部分可快速还原为 As（Ⅲ），一些巯醇类物质如谷胱甘肽（GSH）、硫辛酸、巯基乙酸等可能是该反应的还原剂，为反应的进行提供必需的电子（Bentley and Chasteen，2002；Challenger，1945），而生成的一小部分 As（Ⅲ）可以与含有巯醇的谷胱甘肽或其他蛋白物质沉淀到细胞的各组织内，或以单独的离子形态存在于细胞的各器官内，而大部分则会在 ArsAB 砷渗透输出系统或 ATP 酶系统作用下快速输出细胞（Silver and Phung，2005；Rosen，1999；2002；Oremland and Stolz，2003）；As（Ⅴ）的快速输入、在体内的快速转化及输出细胞，最终使得当培养天数仅为 2～3 d 时，培养液中的 As（Ⅴ）已全部转化为 As（Ⅲ）；③细胞内转化生成的 As（Ⅲ）可在 SAM 提供甲基的基础上进一步甲基化，从而形成易挥发的甲基态砷如 MMA、DMA 等（Cullen et al.，1984），相对于 As（Ⅴ）的输入细胞、在体内的还原与输出过程而言，

As（Ⅲ）的甲基化过程则相对缓慢，而最终转化生成的 MMA、DMA 等由于其易挥发性，能相对快速地进入到培养液中，进而被排入大气中，从而使得在三株真菌细胞内较难检测到甲基态砷存在。本研究中，当培养时间增加到 15 d 时，*F. oxysporum* CZ-8F1 和 *P. janthinellum* SM-12F4 细胞内仍然没有检测到甲基态砷，而在 *T. asperellum* SM-12F1 的细胞内检测到少量的 MMA 和 DMA。三株真菌生理特性等方面的差异，可能是造成该结果的主要原因。Levy 等（2005）研究认为，即便是相同的微生物菌株，其同一基因组调控下对环境中砷也会有不同的反应。此外，进入培养液或空气中的甲基态砷还可能被氧化生成 As（Ⅲ）和 As（Ⅴ），从而再次进入培养液，这也可能就是菌株 *T. asperellum* SM-12F1 在培养时间为 10 d、15 d 时，其菌液中检测到少量 As（Ⅴ）的原因。以上仅是基于目前的研究结果对三株真菌作用砷的机理的可能推测，在今后的研究中，借助同步辐射技术研究砷在真菌细胞内的表征、气质联用技术研究挥发性含砷化合物等仍然具有很大的必要性，以期更为详细地研究目标真菌对砷的作用机理。此外，有助于 As（Ⅴ）进入细胞的转运酶、细胞体内 As（Ⅴ）向 As（Ⅲ）转化的还原剂等也是今后研究的重点。

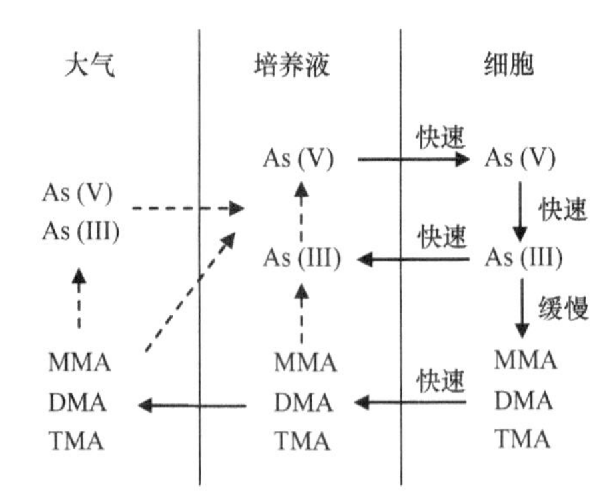

图 9.7　三株真菌细胞内外砷形态转化的可能机理

第三节　耐砷真菌修复砷污染土壤的应用

随着农田土壤砷污染日趋严重，如何缓解砷对作物生长的毒害、减少砷在农作物中的累积已经引起了广泛关注。特别是针对某些对砷胁迫敏感的作物，如何保障该类作物的健康生长，对于砷污染地区农田的安全生产与风险调控具有重要意义。以小油菜为研究对象，前期研究表明其对砷具有较低吸收能力，但其生长状况明显受到砷污染土壤胁迫影响。首先，通过设置不同浓度梯度的外源砷，研究了土壤添加外源砷对小油菜苗期生长的胁迫作用并确定可对小油菜生长产生胁迫的外源砷浓度，同时初步探讨了接种棘孢木霉菌厚垣孢子对小油菜苗期砷胁迫的减缓效果；其次，基于获得的外源砷胁迫浓度，通过全生长期盆栽试验研究接种棘孢木霉菌对砷污染土壤上小油菜生物量、砷吸收量、抗氧化胁迫相关酶活性，以及土壤砷有效性及化学形态等的影响，探讨了接种棘孢木霉菌调控土壤砷对小油菜生长胁迫的可能机理。相关结果可为砷污染农田的安全利用提供材料与技术支持。

一、棘孢木霉菌对外源砷胁迫下小油菜生长及砷吸收影响的实验设置

采用小油菜全生长期盆栽试验开展相关研究，试验用土与苗期胁迫试验用土相同，设置 3 个处理，分别为 CK、AS、AS+CH。其中，CK 为空白对照，即采集的非砷污染土；AS 为外源添加砷处理，具体过程为风干后的供试土壤以 $Na_3AsO_4·12H_2O$ 水溶液的方式加入外源砷（在苗期试验的基础上，设置小油菜砷胁迫处理的土壤砷含量为 120 mg/kg）；AS+CH 为添加相同量的外源砷后接种棘孢木霉孢子粉剂的处理，孢子粉剂的添加量为 2%（*m*/*m*）。各处理土壤混合均匀后装盆，每盆装土 2.0 kg，各处理设置 5 个重复。各处理土壤稳定 7 d 后开始播种小油菜，每盆播种 12 粒小油菜种子，待所有幼苗长出 4 片叶时，间苗，每盆留苗 4 株。盆栽试验于 2017 年 3～5 月在中国农业科学院温室进行。试验期间采用称重法保持含水量为田间持水量的 70%。盆栽 40 d 后，收获小油菜植株和土壤样品。测量收获的小油菜植株样品株高、地上部和地下部生物量，将植株样品分为两部分：一部分样品于 85℃杀青后，50℃烘至恒重，研磨过 100 目筛用于总砷含量分析；另一部分放于–80℃冰箱冷冻保存，用于植株酶活性和砷化学形态分析。采集的土壤一部分经自然风干后，用于土壤 pH、有效态砷含量等指标分析；另外一部分鲜土用于棘孢木霉活性菌落计数和砷化学形态分析。

二、土壤接种棘孢木霉菌降低小油菜砷胁迫的效果

（一）接种棘孢木霉菌调控砷胁迫下小油菜苗期生长的效果

棘孢木霉菌在各外源砷浓度土壤中均可以良好地繁殖，稀释平板涂布计数结果显示，在各外源砷浓度下，接种棘孢木霉菌土壤中的活菌数量为（1.15～2.83）$\times10^7$ cfu/g 鲜土，不接种的处理中土壤中其活菌数仅为 40～120 cfu/g 鲜土。从出苗率上看（图 9.8），土壤添加 100 mg/kg 外源砷对小油菜出苗率有显著影响。在未接种棘孢木霉菌处理中（CK），0 和 50 mg/kg 的外源砷浓度下出苗率分别为 73.3%和 65.5%，二者无显著差异；外源砷浓度达到 100 mg/kg 时，小油菜出苗率较外源砷浓度为 0 时显著降低，为 40%；外源砷浓度为 180 mg/kg 时，出苗率与 100 mg/kg 浓度下无显著差异，与外源砷浓度为 0 时相比显著降低。接种棘孢木霉菌（CK+T 处理）各浓度梯度下的出苗率均显著高于未接种处理（CK），在该处理中，0 和 50 mg/kg 的外源砷浓度下出苗率之间无显著差异，二者均显著高于 100mg/kg 和 180 mg/kg 浓度下的出苗率。小油菜苗期生长状况见图 9.9。

从株高上看（图 9.8），土壤添加 50 mg/kg 外源砷可显著降低小油菜株高。在未接种棘孢木霉菌处理中（CK），50mg/kg、100mg/kg 和 180 mg/kg 的外源砷浓度下小油菜株高无显著差异，较 0 mg/kg 浓度下分别显著降低 26.3%、28.4%和 28.9%；接种棘孢木霉菌的处理中（CK+T），各浓度梯度下，小油菜株高无显著差异，均显著高于同浓度梯度下未接种棘孢木霉菌处理。从小油菜生物量上看（图 9.8），土壤添加 50 mg/kg 外源砷可显著降低小油菜鲜重。CK 处理中，50mg/kg、100mg/kg 和 180 mg/kg 的外源砷浓度下小油菜鲜重较 0 mg/kg 砷浓度下分别显著降低 40%、50%和 40%；接种棘孢木霉菌能促进小油菜生长，减缓砷对小油菜生长的胁迫。在 0 mg/kg 外源砷浓度梯度下，CK+T

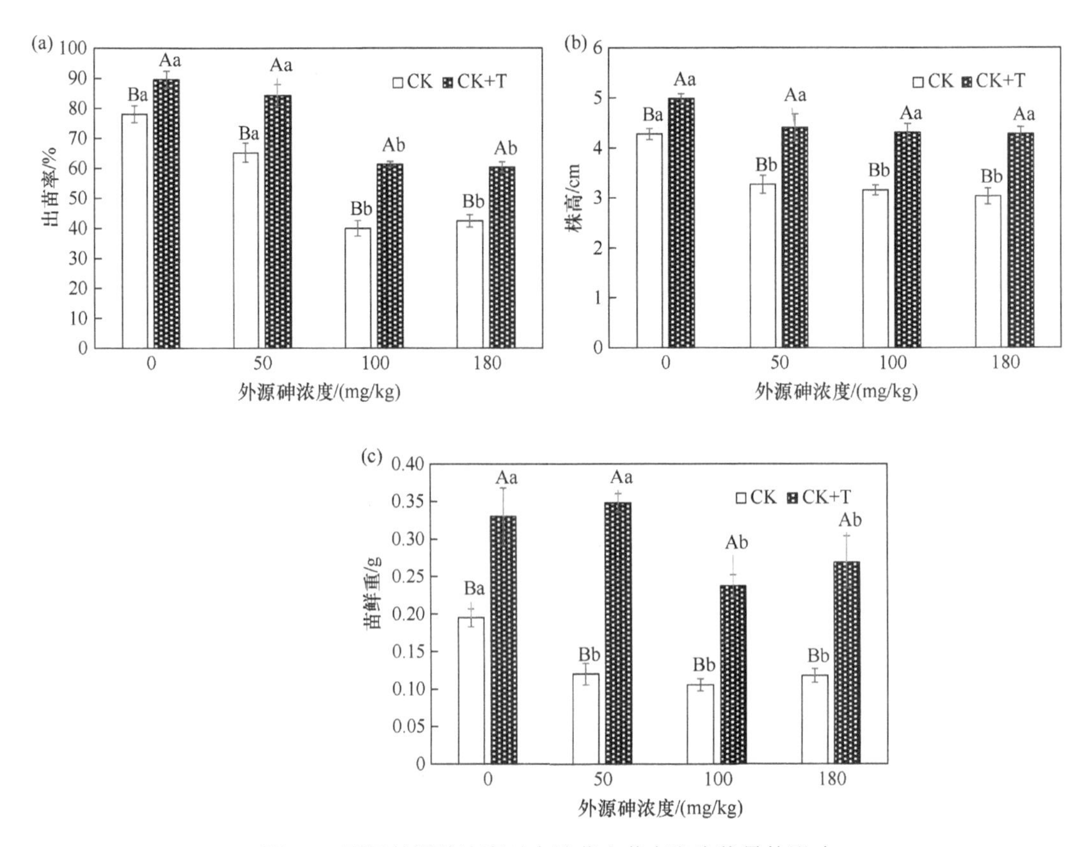

图 9.8 不同外源砷浓度对小油菜出苗率和生物量的影响

不同小写字母表示相同处理的不同形态砷含量间差异显著（$P<0.05$），不同大写字母表示相同砷形态在不同处理间差异显著（$P<0.05$）

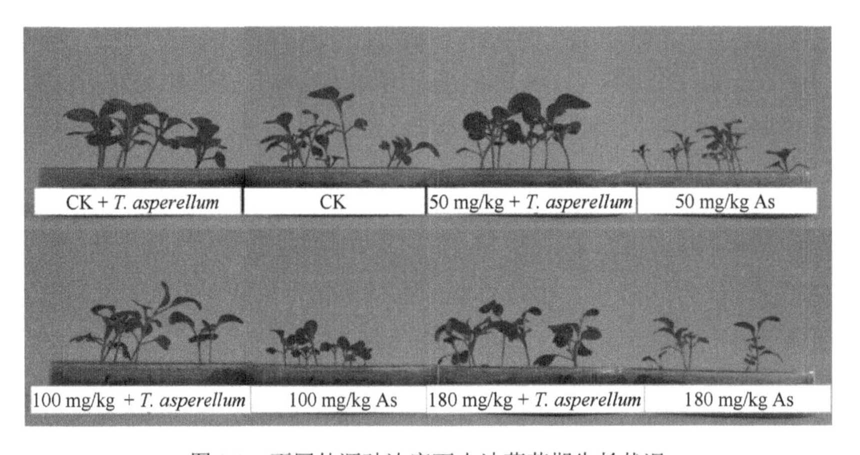

图 9.9 不同外源砷浓度下小油菜苗期生长状况

处理小油菜鲜重较 CK 处理显著提高 71%，在其他外源砷浓度水平下，CK+T 处理鲜重较 CK 处理均有显著提高，这与小油菜株高的变化一致。

（二）接种棘孢木霉菌对小油菜全生长期生物量及砷含量的影响

接种棘孢木霉菌可显著促进污染土壤上小油菜生长，降低砷对其生长的胁迫影响

（表 9.4）。与 CK 相比，AS 处理小油菜株高显著降低了 21.4%，地上部鲜重显著降低了 26.2%，地下部鲜重显著降低了 26.0%。与 AS 处理相比，AS+CH 处理小油菜株高显著增加了 57.1%，地上部鲜重显著增加了 81.8%，地下部鲜重显著增加了 104.1%。

表 9.4　接种棘孢木霉菌对小油菜生物量的影响

处理	株高/cm	地上部		地下部	
		鲜重/g	干重/g	鲜重/g	干重/g
CK	14.34±0.49 b	54.12±1.33 b	4.92±0.12 b	3.00±0.07 b	0.27±0.01 b
AS	11.27±0.24 c	39.92±1.07 c	3.99±0.11 c	2.22±0.06 c	0.20±0.01 c
AS+CH	17.71±0.39 a	72.59±2.34 a	5.39±0.17 a	4.53±0.15 a	0.41±0.01 a

注：同列不同小写字母表示不同处理在 $P<0.05$ 水平差异显著。

接种棘孢木霉菌可降低小油菜对砷的吸收（表 9.5）。CK 处理小油菜地上部和地下部砷含量分别为 0.5 mg/kg 和 1.15 mg/kg。添加外源砷显著增加了小油菜体内砷含量，AS 处理小油菜地上部和地下部砷含量分别为 5.79 mg/kg 和 23.55 mg/kg。接种棘孢木霉菌降低了小油菜对砷的吸收，AS+CH 处理中小油菜砷含量较 AS 处理显著降低，地上部和地下部分别显著降低了 12.4%和 20.2%。此外，接种棘孢木霉厚垣孢子粉剂显著改变了小油菜对砷的 BCF 值，与 AS 处理相比，AS+CH 处理中小油菜的 BCF 显著降低了 7.8%，而 TF 无显著差异。

表 9.5　接种棘孢木霉菌后小油菜体内砷含量及转移与富集系数变化

处理	地上部砷含量		地下部砷含量		BCF	TF
	mg/kg	μg/盆	mg/kg	μg/盆		
CK	0.50±0.01 c	2.45±0.10 c	1.15±0.03 c	0.31±0.01 c	0.054±0.001 a	0.43±0.01 a
AS	5.79±0.08 a	23.12±0.64 b	23.55±0.37 a	4.75±0.15 b	0.051±0.001 a	0.25±0.01 b
AS+CH	5.07±0.10 b	27.36±0.97 a	18.79±0.25 b	7.75±0.28 a	0.047±0.001 b	0.27±0.01 b

注：同列不同小写字母表示不同处理间在 $P<0.05$ 水平差异显著。

（三）棘孢木霉在土壤中的定殖及其对土壤 pH 及有效态砷含量的影响

棘孢木霉菌在土壤中定殖状况良好，在播种 40 d 后，AS+CH 处理土壤棘孢木霉活菌数量为 9.5×10^6 cfu/g。接种棘孢木霉菌降低了土壤有效态砷含量及土壤 pH（图 9.10）。

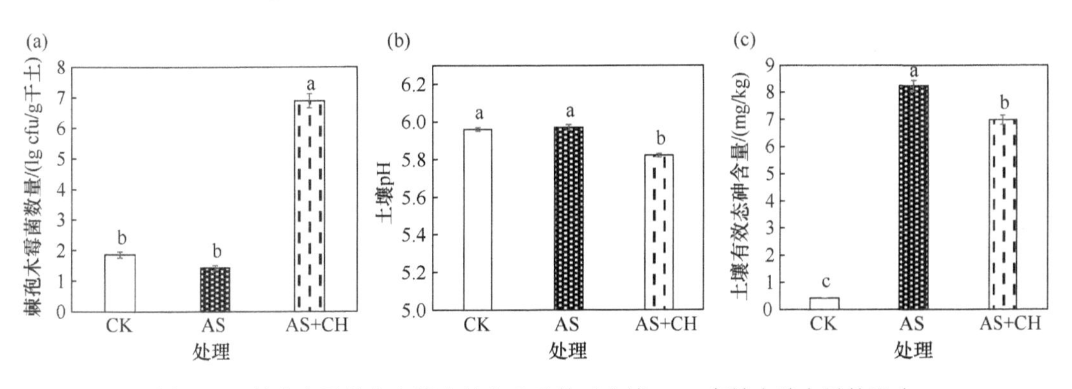

图 9.10　棘孢木霉菌在土壤中的定殖及其对土壤 pH、有效态砷含量的影响

不同小写字母表示不同处理在 $P<0.05$ 水平差异显著

从有效态砷含量变化来看，CK 处理的有效态砷含量最低，为 0.31mg/kg。添加外源砷处理的土壤有效态砷含量达到 8.39 mg/kg。接种棘孢木霉菌降低了土壤有效态砷含量（图 9.10），与 AS 处理相比，AS+CH 土壤有效态砷含量显著降低了 15.7%。CK 和 AS 处理的土壤 pH 无显著性差异，均为 5.95，而 AS+CH 处理中土壤 pH 降为 5.85。这可能是棘孢木霉菌在生长代谢过程中分泌有机酸类物质所导致，而土壤 pH 降低也是土壤有效态砷含量下降的可能原因之一。

（四）接种棘孢木霉菌对土壤砷化学形态的影响

接种棘孢木霉菌有效促进了砷污染土壤中砷化学形态转化，增加了相对低毒性的甲基态砷含量（图 9.11）。CK 和 AS 处理土壤砷形态主要以 As（Ⅴ）为主，同时伴随少量的 As（Ⅲ），接种棘孢木霉菌后，土壤中除了 As（Ⅴ）和 As（Ⅲ）以外，同时检测到少量的一甲基砷（MMA）和二甲基砷（DMA）。与 AS 相比，AS+CH 处理中 4 种形态砷总量降低了 15.9%，这与土壤中有效态砷含量的变化趋势是一致的。AS+CH 处理中 MMA 和 DMA 含量分别为 0.075 mg/kg 和 0.048 mg/kg，分别占 4 种形态砷总量的 3.8% 和 2.5%，As（Ⅲ）和 As（Ⅴ）含量较 AS 处理分别显著降低 18.8%和 22%，在 4 种形态砷总量中的占比也分别由 AS 处理的 3.1%和 96.9%降低为 AS+CH 处理的 2.9%和 90.3%。以上结果表明，接种棘孢木霉菌显著促进了土壤中无机砷向有机砷的转化，降低了土壤中砷的毒性。

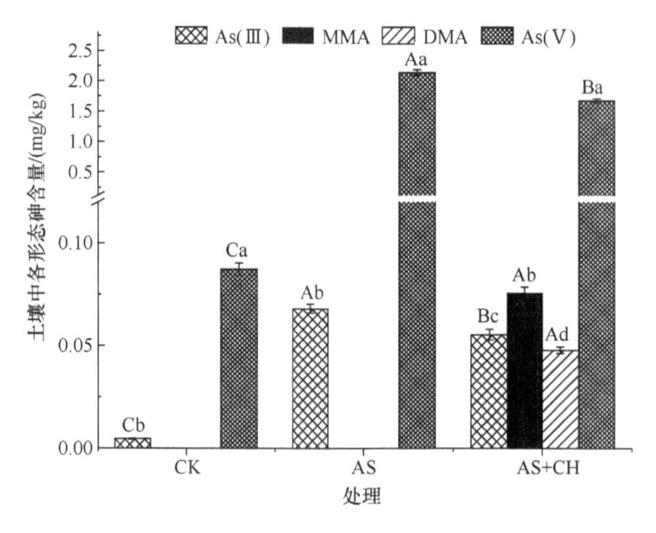

图 9.11 接种棘孢木霉菌后污染土壤中不同形态砷含量变化

不同小写字母表示相同处理的不同形态砷含量间差异显著（$P<0.05$），不同大写字母表示相同的砷化学形态在不同处理间差异显著（$P<0.05$）

（五）接种棘孢木霉菌对小油菜地上部砷化学形态的影响

接种棘孢木霉菌后，小油菜地上部砷形态变化与土壤砷形态保持一致，即均以 As（Ⅴ）为主，其次为 As（Ⅲ）、MMA 和 DMA（图 9.12）。接种棘孢木霉菌使小油菜地上部 4 种砷形态总量降低，与 AS 处理（2.30 mg/kg）相比显著降低了 12.2%，该结果与小油菜体总砷含量变化一致（表 9.5），As（Ⅲ）和 As（Ⅴ）含量分别显著降低了 12.4% 和 15.6%。AS+CH 处理 MMA 和 DMA 含量分别为 0.048 mg/kg 和 0.028 mg/kg，分别占该处理 4 种形态砷总量的 2.4%和 1.4%。

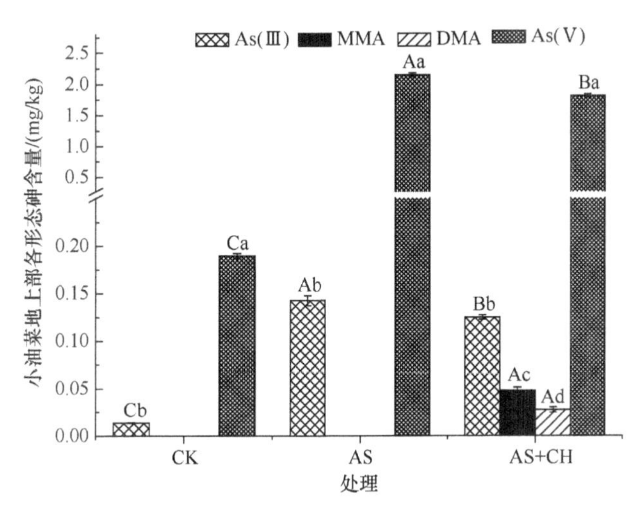

图 9.12 接种棘孢木霉菌后污染土壤上小油菜地上部不同形态砷含量变化

不同小写字母表示相同处理的不同形态砷含量间差异显著（$P<0.05$），不同大写字母表示相同的砷化学形态在不同处理间差异显著（$P<0.05$）

（六）接种棘孢木霉菌对砷污染土壤上小油菜地上部抗氧化相关酶活性的影响

外源砷提高了小油菜抗氧化酶活性和抗氧化物质含量（图 9.13），而接种棘孢木霉菌则降低了部分抗氧化酶和抗氧化物质含量。各处理中，小油菜三种抗氧化酶（SOD、POD 和 CAT）活性及 GSH、AsA 含量均为 CK 最低。与 CK 相比，AS 处理中 SOD 和 CAT 活性分别显著提高了 92.3%和 159%，差异显著。接种棘孢木霉菌显著降低了小油菜植株内 SOD 和 CAT 活性。与 AS 处理相比，AS+CH 处理中 SOD 和 CAT 活性分别降低了 22.7%和 41.1%。各处理间 POD 活性无显著差异。

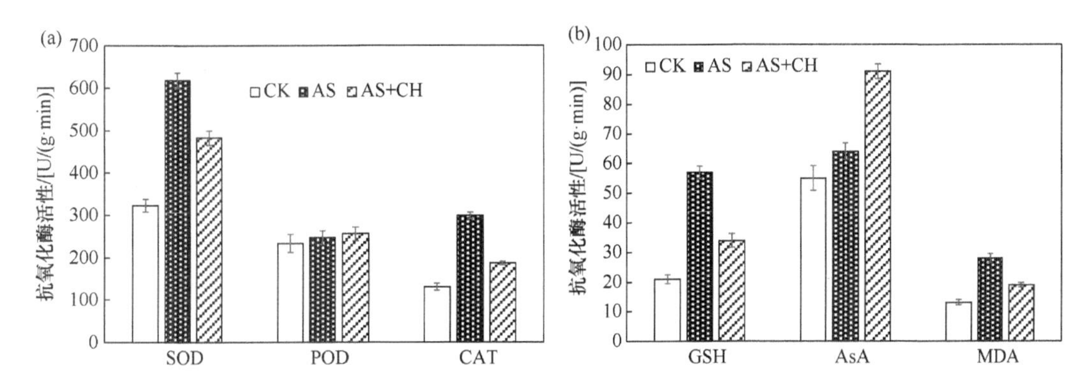

图 9.13 接种棘孢木霉菌后砷污染土壤上小油菜地上部抗氧化相关酶活性变化

不同小写字母表示不同处理在 $P<0.05$ 水平差异显著

外源砷添加使小油菜体内 MDA 含量显著增加，较 CK 增加了 131.6%。两种抗氧化物质（GSH 和 AsA）对外源砷的响应有所不同，AS 处理中 GSH 含量较 CK 显著增加了 122.1%，而 AsA 含量与 CK 相比无显著差异。接种棘孢木霉后小油菜体内 GSH 和 MDA 含量显著降低，较 AS 处理分别显著降低了 29.2%和 35.9%，而 AsA 含量则显著增加。

三、土壤接种棘孢木霉菌降低小油菜砷胁迫的可能机理

本研究中外源砷添加浓度为 120 mg/kg 时，小油菜生长与不加砷的对照相比明显受到了抑制，具体表现为小油菜生物量显著下降（表 9.4），抗氧化系统如 SOD 和 CAT 活性、GSH 和 MDA 含量显著提升（图 9.13）。接种棘孢木霉菌显著减缓了土壤中砷对小油菜生长的胁迫，提高了小油菜生物量，降低了小油菜体内部分抗氧化酶活性或抗氧化物质含量。本研究中，接种棘孢木霉菌降低土壤砷对小油菜生长胁迫的机理主要包括：①棘孢木霉菌能够溶解土壤磷，从而增加土壤有效磷含量，释放氨基环丙烷-羧酸（ACC）脱氨酶、生长素和嗜铁素等，促进作物生长（Qi and Zhao，2013）；②接种棘孢木霉后显著降低了小油菜体内砷的浓度，有助于降低小油菜体内砷的毒性，小油菜体内砷浓度下降除了与土壤有效态砷变化相关外，也与其生物稀释作用有关，接种棘孢木霉菌提高了小油菜生物量（表 9.5），有助于小油菜体砷浓度的降低；③接种棘孢木霉能够促进土壤无机态砷向有机态砷转化并影响小油菜地上部各形态砷含量，降低土壤和小油菜体内砷的毒性。已有研究表明，环境中 As（Ⅲ）毒性显著高于 As（Ⅴ），而无机砷的毒性显著大于有机砷（刘艳丽等，2012）。本研究中，接种棘孢木霉菌促进了土壤和小油菜体内无机砷向有机砷转化，且与 AS 处理相比，显著降低了 As（Ⅲ）的含量和比例，该结果与 Tripathi 等（2015a；2017）的研究结果具有一致性；④接种棘孢木霉菌显著降低了土壤有效态砷的含量，进而减少了小油菜对砷的吸收，减缓了砷对小油菜生长的胁迫。Maheswari 和 Murugesan（2009）的研究认为，真菌细胞壁上丰富的羟基、羧基和多糖等物质可以吸附固定砷，降低其生物可利用性，这可能是本研究中棘孢木霉菌降低土壤砷有效性的可能原因之一。土壤 pH 变化也显著影响着土壤砷的有效性（钟松雄等，2017），真菌的代谢产物中往往含有各类有机酸，这些物质不仅可以与土壤中游离态的砷络合，还可以通过降低土壤 pH，增加砷在土壤胶体表面的吸附。

从小油菜地上部各形态砷含量变化来看，接种棘孢木霉菌可使小油菜地上部无机砷含量及占总量的比例下降，有机砷含量及其比例提高。该结果亦与土壤中砷形态变化相一致。一般认为，作物体内 As（Ⅲ）毒性最高，而有机砷和 As（Ⅴ）的毒性较低，这是因为 MMA 和 As（Ⅴ）能诱导作物体内合成非蛋白巯醇类物质（NPT）（Tang et al.，2016），而 MMA 和 As（Ⅴ）与该类物质的络合被认为是砷在作物体内重要的解毒机制（Mishra et al.，2017）。由此可见，接种棘孢木霉菌能够改变土壤中有效态砷含量及其形态特征，进而降低小油菜对砷的吸收，减缓砷对小油菜生长的毒性。

氧化胁迫是砷对作物生长的重要毒性作用机制（赖长鸿等，2015）。已有研究表明，植物在砷胁迫下会通过各种途径产生大量的活性氧（ROS），而 ROS 分子能破坏细胞膜及胞内生物大分子如膜脂、蛋白质和核苷酸（Wu et al.，2010）。SOD 是植物抗氧化系统中最先参与植物抗氧化反应的酶，可将 O^{2-}歧化为毒性较弱的 H_2O_2 和 O_2，H_2O_2 可

通过 POD 和 CAT 的作用来清除。本研究中，外源添加高浓度砷使小油菜地上部 SOD 和 CAT 的活性显著提高，可以认为是小油菜受到砷胁迫的表现。这与郝玉波等（2010）的研究结果一致。接种棘孢木霉菌使小油菜地上部抗氧化酶如 SOD 和 CAT 活性降低，表明砷胁迫作用下降。MDA 是植物膜脂过氧化的主要产物，其含量的变化可在一定程度上反映植物体受重金属氧化胁迫的水平（Khoshgoftarmanesh et al.，2013）。本研究中，小油菜体内 MDA 含量的变化与 SOD 和 CAT 的变化一致。外源砷增加了小油菜体内氧化胁迫，使 MDA 含量升高，接种棘孢木霉菌减缓了外源砷对小油菜生长的氧化胁迫，降低了 MDA 含量。AsA-GSH 循环是清除植物体内过多 H_2O_2 的重要途径，同时，GSH 是合成植物金属螯合肽（ PC）的直接前体（Ha et al.，1999）。本研究中，接种棘孢木霉菌降低了小油菜体内砷的含量，从而导致小油菜体内 GSH 响应量下降。而小油菜体内 AsA 含量变化与 MDA 和 GSH 不一致，其原因还需进一步分析。

第四节　耐砷细菌对砷氧化还原作用的探究

前面我们已经阐述了砷的地球化学循环过程中，微生物通过氧化及还原、甲基化及去甲基化等作用介导砷在环境中的迁移、转化（Qin et al.，2006）。没有这些微生物的存在，砷的地球化学循环便不能够顺利进行。一些研究表明，有些微生物不仅对砷具有高耐、高抗的能力，还能将环境中有毒害作用的砷作为能量来源促进自身的新陈代谢，进而促进自身的生长（Anderson and Cook，2004；Cánovas et al.，2004；Macy et al.，2000；Paez-Espino，2009）。

一、微生物对砷的氧化还原及甲基化作用

（一）微生物对三价砷的氧化反应

微生物对于三价砷的氧化被认为是一个潜在的解毒过程，它能促使微生物抵抗更高浓度的砷。化能自养型砷氧化微生物能够在好养的环境中将氧气作为电子受体氧化三价砷，且这一转化过程中所产生的能量能够被菌体本身作为生长能量加以利用。研究表明，在厌氧条件下，硝酸根可以代替氧气作为电子受体（Oremland and Stdz，2003）。相关学者从砷污染的环境中分离得到了许多新的好氧化能自养型砷氧化微生物（Bruneel et al.，2011；Garcia-Dominguez et al.，2008）。Oremland（2002）分离的厌氧自养型砷氧化菌株 *Alkalilimnicola ehrlichii* Strain MLHE-1，能够氧化三价砷而获得能量，促进自身细胞生长。与此同时，它还可以还原 NO_3^-。Rhine 等（2006）从砷污染的土壤中分离到两株类型相同的化能自养型砷氧化菌。与菌株 *Alkalilimnicola ehrlichii* Strain MLHE-1 相区别的是，这两株菌均能够将 NO_3^-完全还原成为 N_2，这种以气态为产物的转化对砷的生物地球化学循环过程起到了十分重要的作用。

随着研究的进行，Santini 和 Hoven（2004）在典型的化能自养型砷氧化菌 *Rhizobium* NT- 26 中第一次分离获得了自养砷氧化微生物体内的砷氧化酶。进一步研究发现它是由一个大亚基 AroA（89kDa）和一个小亚基 AroB（14kDa）构成的四聚体结构，随后将

它的编码基因命名为 *aroA*/*aroB*。基于 16S rRNA 基因分析和系统发育树发现，化能自养型砷氧化菌中的砷氧化酶的编码基因（*aroA*/*aroB*）和化能异养型砷氧化菌中砷氧化酶的编码基因具有极高的同源性（Rhine，2007）。

异养型砷氧化微生物也可以将三价砷氧化成五价砷，然而这类微生物需要有机物质作为细胞物质内部的能量来源。研究者在韩国的砷污染矿区土壤中分离得到了 *Alcaligenessp* strain RS-19，它是一株典型的异养型砷氧化微生物。研究表明，它对于五价砷具有极高的耐受性，并能够在 40 h 内将 1 mmol/L 的三价砷全部氧化成五价砷（Valenzuela et al.，2009）。异养型砷氧化微生物能够利用外周胞质上的砷氧化酶将细胞外膜上的三价砷催化，从而氧化为毒性较低的五价砷，达到降低细胞周边砷毒性的目的（Lloyd and Oremland，2006）。随着研究的深入，对于异养型砷氧化微生物的砷氧化酶及其相关编码基因的研究也取得了一系列的进展。已分离的菌株 *Alcaligenes faecalis* NCIB 8687 和 *Hydrogenophaga* NT-14，它们体内的砷氧化酶极其相似，通过研究发现这种胞外周质酶是来自于二甲基亚砜还原酶家族，其主要组成包括两部分：一部分是由一个［3Fe-4S］聚簇中心以及两个钼辅酶蛋白组成的大小约为 90 kDa 的大亚单位（AoxB）；另一部分则是含有一个 Rieske-［2Fe-2S］聚簇、大小约为 14 kDa 的小亚单位（AoxA）（Ellis et al.，2001）。巧合的是，这类异养型砷氧化微生物特有的砷氧化酶与从脱硫脱硫弧菌中分离得到的胞外硝酸盐还原酶十分类似（Stolz and Basu，2002）。然而，虽然各种菌种中调控砷氧化酶表达的操纵子具有十分类似的氨基酸序列（Silver and Phung，2005），但是它们的名称却并不一样。砷氧化微生物能够大大加速自然环境中三价砷氧化成五价砷的进程，并且五价砷相对于三价砷而言生物毒性较小，更容易被有吸附性的矿物表面所吸附，所以这种氧化过程有助于污染水体中砷的去除。基于以上原因，微生物将三价砷氧化成五价砷也被认为是砷污染微生物修复的一种有效途径（Frankenberger and Arshad，2002；Tamaki and Frankenberger，1992）。

（二）微生物对五价砷的还原反应

1. 呼吸还原

砷是一种毒性物质，对生物体有一定的毒害作用，但是研究者在厌氧环境中发现有一类特别的微生物，它们可以将砷酸根作为电子受体，并且把氢、柠檬酸盐、丙酮酸盐、乙酸盐、甲酸盐、葡萄糖等化合物作为电子供体与五价砷发生还原反应，从中获得能量为细胞的生长提供动力，这类微生物被命名为异养型砷还原微生物（Niggemyer et al.，2001）。这一类型的还原机制也被称为呼吸还原机制（Oremland and Stolz，2005）。目前发现的异氧型砷还原微生物已超过 20 种。研究发现，异化砷还原微生物在砷的生物地球化学循环过程中扮演着十分重要的角色（Harrington et al.，1998）。Ahmann 等（1994）在 1994 年第一次发现能够以砷酸根作为电子受体进行代谢的砷还原菌，并将该菌株命名为 MiT-13; Dowdle 等在 1996 年发现底泥中的土著微生物能够将底泥中的五价砷还原成三价砷。自从 *Sulfurospirillum arsenophilum* 和 *Sulfurospirillum barnesii* 被发现并且被进一步确认为异养型砷还原微生物之后（Ahmann，1997；Laverman et al.，1995；Stolz and

Oremland，1999），研究人员已经在一些不同的环境中分离得到了许多异养型砷还原微生物（Paez-Espino，2009；Pi et al.，2015）。这些微生物来自各种不同的地域，有的来自矿区，有的来自砷污染湖泊。更令人不可思议的是，Jackson 等（2005）在不含砷的土壤中也分离得到了异养型砷还原微生物。

目前对于异养型砷还原微生物的研究主要针对可培养菌的呼吸还原机制的研究，具体而言就是对呼吸还原蛋白及其编码基因的研究。Macy（2000）于 1998 年首次在菌株 *Chrysiogenes arsenatis* 中纯化得到了呼吸还原蛋白，它是由一个聚簇为中心的小亚基以及一个钼蛋白大亚基共同构成的异构二聚体，来自二甲基亚砜还原酶家族。其中，钼蛋白大亚基可以结合五价砷并将其还原为三价砷，同时释放出的电子在小亚基的一系列作用下传递给 C 型细胞色素。随着研究的深入，研究者又在耐（嗜）盐碱细菌以及革兰氏阴性菌 *Shewanella* ANA-3 中分离纯化得到了钼蛋白大亚基（Nicholas et al.，2003；Saltikov et al.，2003）。接着，Malasarn 等（2004）对革兰氏阴性菌 *Shewanella* ANA-3 中编码钼蛋白大亚基的保守基因 *arrA* 进行了克隆测序，进一步证明了 arrA 对异化砷酸盐微生物还原五价砷起着关键的作用。

虽然富集和纯培养是研究异养型砷还原微生物呼吸还原机制的重要途径之一，但是这种方法只能反映出可培养的异养型砷还原微生物对于砷的还原作用，自然环境中还存在着许多不可培养的异养型砷还原微生物，对于这一类型的异养型砷还原微生物的研究并不能通过这种方法来研究。随着研究的进一步深入以及相关分子生物学研究技术的进步，对于那部分不可培养的异养型砷还原微生物在砷的生物地球化学循环过程中扮演的角色也逐渐引起了相关学者的关注。Hollibaugh（2006）对 Mona 和 Searles 两个不同区域的湖泊底泥中异养型砷还原微生物的研究发现，虽然都是砷污染的环境，但是其中异养型砷还原微生物的群落结构却相差很大。Song 等（2009）对美国的一个海湾底泥中异养型砷还原微生物的群落结构进行了分析，基于 *arrA* 基因的系统发育分析发现，不同深度的异养型砷还原微生物的群落结构具有显著性差异。这个结果进一步证明了环境中异养型砷还原微生物群落结构的多样性。

之前的研究表明，微生物主要是通过改变不同元素的价态进而实现其对元素迁移转化的作用。然而异养型砷还原微生物却可以通过还原作用存在于固体介质上的砷（Ahmann，1997），并且将结合态的砷转化为溶液中游离态的砷。这大概是因为这类呼吸还原酶一般位于细胞外膜的外周胞质中，进而增加了酶与结合态砷接触的可能性（Oremland and Stolz，2005）。Lear（2007）研究发现，介质中有机物质的增加能够极大地促进异养型砷还原微生物对结合态砷的还原。另外，异养型砷还原微生物对矿物中结合态砷的还原作用可能是环境中砷污染问题形成的重要原因之一。

2. 抗性还原

与异养型砷还原微生物不同，微生物细胞质也能够将五价砷还原为三价砷，但是这个还原过程产生的能量并不能够用于微生物的生长，仅仅只是一种降低细胞内砷毒性的反应机制，这种机制被称为砷抗性机制（De Groot et al.，2003）。然而，研究表明 ArsC 是催化这类反应的砷酸盐还原酶，它是一种小分子聚合蛋白，大小为 13～16 kDa。ArsC

砷抗性机制是现阶段研究最为透彻的一种耐砷机制（Rosen，2002）。目前发现的抗砷机制中的 ArsC 包括谷氧还蛋白-谷胱甘肽偶联 ArsC、谷氧还蛋白依赖性 ArsC 及谷氧还蛋白偶联 ArsC（Patel et al.，2007）。细菌质粒或者染色体上的 ars 操纵子决定着它们的表达。大肠杆菌中的 ars 操纵子主要包括两类：一类是位于质粒 R733 上的 ars 操纵子，包括 *arsA*、*arsB*、*arsC*、*arsD*、*arsR* 五个编码基因；另一类是位于染色体上的 ars 操纵子，包括 *arsB*、*arsC*、*arsR* 三个编码基因。其中，第一类操纵子调控表达的 Ars 还原五价砷的机制如下：ArsC 的 N 端半胱氨酸残基在结合五价砷后，以还原态的谷胱甘肽作为电子供体，将五价砷还原为三价砷；ArsA 和 ArsB 共同构成一个 ATP 驱动的砷泵，当三价砷出现时启动 ATP 的水解，从而提供能量驱动三价砷由胞内到胞外的转运；*arsR* 和 *arsD* 基因负责编码两个转录调节蛋白 ArsD 和 ArsR，分别调节 ars 操纵子的转录与表达。

然而在一些耐砷细菌中并没有发现 *arsR* 和 *arsD* 基因，因此 *arsR* 和 *arsD* 基因是否是 ars 操纵子表达必需的基因还有待进一步的研究。在 ArsC 的催化作用下，以还原态的硫氧还蛋白作为电子供体、以五价砷作为电子受体进行氧化还原反应，形成的三价砷在 ArsB 的作用下转运出细胞。一些厌氧微生物能够利用这种机制还原五价砷。目前，人们已经在砷污染土壤和矿物废渣中分离得到这类微生物（Jones，2000）。值得一提的是，*Shewanella* ANA-3 可以通过呼吸还原和抗性还原两种机制实现对五价砷的还原，不同的砷浓度可以分别介导两种不同的操纵子表达（Saltikov et al.，2005）。砷还原微生物可以将游离态或结合态的五价砷在细胞表面或胞内还原为毒性更强的三价砷并排出体外，导致水体或土壤含水层中的三价砷浓度升高（Islam，2004）。这就加重了水体或土壤中的砷污染状况，因此对于砷还原机制的研究有助于进一步理解微生物在砷迁移转化过程中的作用。

（三）微生物对砷的甲基化作用

微生物对砷的甲基化作用是砷在地球化学循环中的重要环节，随着研究的进行，Ronald 和 Thomas 在 2002 年对砷的甲基化相关机制进行了研究与总结。结果显示，对砷具有甲基化作用的微生物多种多样，包括一些厌氧细菌、好氧细菌以及一部分真菌。然而，进一步研究发现，细菌和真菌的甲基化产物有所不同，细菌的甲基化产物一般是一甲基砷（MMA）、二甲基砷（DMA），而真菌的甲基化产物一般是三甲基砷（TMA）（Bentley and Chasteen，2002；Hartley，1982）。然而，不同形态的砷毒性的差别也很大，它们毒性由强到弱分别是：DMA（Ⅲ）＞MMA（Ⅲ）＞As（Ⅲ）＞As（Ⅴ）＞DMA（Ⅴ）＞MMA（Ⅴ）＞TMAO（Afkar et al.，2003）。苏世鸣等（2011）从湖南石门、郴州砷污染区域筛选得到三株具有甲基化能力的真菌，它们分别是棘孢木霉、微紫青霉和尖孢镰刀菌。Qin 等（2006）基于微生物基因组学分析技术，将砷甲基化基因 *arsM* 顺利地从 *Rhodopseudomonas palustris* 中提取出来并克隆，研究发现这个基因编码了一个大约 29.656 kDa 的 As（Ⅲ）-*S*-腺苷甲基转移酶。进一步利用分子生物学技术将 *arsM* 基因整合到砷敏感的大肠杆菌基因组中后，可以使培养基中的无机砷转化为有机砷、三甲基砷以及三甲基砷的氧化物。因为 DMA（Ⅴ）和 TMAO 是砷微生物甲基化作用的重要产物，并且 DMA（Ⅴ）毒性要小于无机砷，而 TMAO 具有挥发性，能够把砷转移出污染的区域，虽然毒性较强的 MMA（Ⅲ）和 DMA（Ⅲ）是这一转化过程的中间产物，其毒性大于 As（Ⅲ），但是它们在细胞内停留的时间极为短暂（Qin et al.，2006）。因此，微生物对砷的甲基化作用不但被认为是生物体自身的一种去除砷毒的机制（Tamaki and Frankenberger，1992），还被认为是一种极具潜力的砷污染生物修复途径（Moore and Kukuk，2002）。

（四）微生物修复环境中的砷污染

通过大量学者对微生物-砷的代谢机制的研究，发现微生物对砷的甲基化及氧化作用都是将毒性强的 As（Ⅲ）转化为毒性相对较弱的有机砷或 As（Ⅴ），这能够有效地降低砷的生物毒性。然而，如何利用微生物对砷污染的环境进行合理有效的修复仍是一个没有彻底解决的难题。目前，对于微生物修复砷污染修复的应用研究主要还是集中在砷污染水体之中，并取得了一些可喜的成绩。Kostal 等（2004）把调控 ars 操纵子表达的 ArsR 蛋白进行超量表达至大肠杆菌后意外发现，表达后的三价砷累积量是未超标表达的 5 倍，表达后的五价砷累积量是未超标表达的 60 倍。另外，Katsoyiannieta（2002）发现一些不能对砷直接代谢的微生物还能够通过吸附及共沉淀作用转移水体中的砷，从而达到去除的目的。当水体中三价砷和五价砷的初始浓度都是 5 mg/L 的时候，硫酸盐还原菌在最适宜的条件下对三价砷及五价砷的去除率可以分别达到 60%和 80%（Teclu et al.，2008）。Kostal 等（2004）将 ArsR 和多肽引入大肠杆菌进行表达，结果该工程菌对三价砷及五价砷的累积量是不加菌处理的 60 倍和 5 倍，并且该工程菌在 1 h 内能将砷浓度达 50 μg/L 的污水中的砷全部去除。目前，微生物对砷污染土壤的修复及应用还停留在机理研究及实验室阶段，因为土壤中微环境复杂，各种微生物作用强烈。但是，随着研究者对微生物砷代谢机制的不断深入研究，相信不久的将来，利用微生物有效修复土壤中的砷污染将成为现实。

二、耐砷优势细菌的分离、筛选及形态和分子生物学鉴定

微生物修复砷污染土壤的基础是获得能够耐受砷的微生物，并对其进行进一步研究。我们通过借鉴前人的研究方法从环境中筛选高耐砷细菌，并对所筛选的目标菌株进行相关的生理生化分析和 16S rRNA 鉴定。把湖南石门县雄黄矿区周边采集到的 8 份土壤，经涂布、分离纯化单菌落、砷浓度递增法筛选、液体培养法筛选，最终选出 3 株优势耐砷细菌。

（一）耐砷优势细菌的分离

1. 采样

从湖南石门县雄黄矿区周边采集土样 8 份，并分别装入自封袋，做好标记迅速送往实验室进行预处理。将 8 份土样取一部分晒干，研磨过 100 目筛，测定其土壤总砷含量。与此同时，分别从每袋土样中称取 10 g 放入对应编号的 90 mL 无菌水的三角瓶中，搅匀后静置 30 min，即成 10^{-1} 稀释液；用调好的 1 mL 的移液枪配上灭过菌的枪头吸取 10^{-1}

稀释液 1 mL，移入装有 9 mL 无菌水的试管中，振荡，让菌液混合均匀，即成 10^{-2} 稀释液；依此类推，连续稀释，制成 10^{-3}、10^{-4}、10^{-5}、10^{-6}、10^{-7} 稀释液。

2. 涂布

将培养基平板编号，然后用移液枪分别吸取 0.2 mL 不同稀释度的稀释液，每个稀释度接两个平皿，对号接种在砷含量 50 mg/L 的牛肉膏蛋白胨固体培养基上（砷源为亚砷酸钠），用无菌玻璃涂布器涂布均匀，将平板倒置于 30℃恒温箱培养 48 h，然后观察长势并拍照记录。

液体培养法筛选，将在牛肉膏蛋白胨固体培养基上筛得的优势菌株 9 株分别转接到砷浓度分别为 200 mg/L、400 mg/L、800 mg/L、1000 mg/L 的牛肉膏蛋白胨液态培养基中，放入摇床，振荡培养 48 h，并用紫外分光光度计测定其 OD_{600} 的值并对得到的数据进行分析处理。

3. 分离纯化单菌落

挑选长势较好的单菌落，用接种针在牛肉膏蛋白胨平板上进行划线分离，经多次纯化以后，获得单菌株，将纯化的菌株放入 4℃冰箱中储存备用。

砷浓度递增法筛选，在牛肉膏蛋白胨培养基中加入一定量的亚砷酸钠标准液，使培养基中 As（Ⅴ）含量达到 50 mg/L，并将所筛得的菌种接种至该平板上，培养 48 h 后，观察其长势并拍照记录。用同样的方法将初步筛得的菌株分别接入到 As（Ⅴ）含量为 500 mg/L、1000 mg/L、2000 mg/L 的牛肉膏蛋白胨培养基固体平板中，培养 48 h 后，观察其长势并拍照记录。

（二）耐砷优势细菌的筛选

1. 耐砷细菌的初选

处理后的土样经 10 倍稀释法稀释后，取上清液添加到浓度为 10mg/L 的细菌培养液进行涂布培养，进行第一次分离并编号。经过分离并整理得到编号为 1-1、1-2、1-3、2-1、2-2、2-3、2-4、2-5、2-6、3-1、3-2、3-3、4-1、4-2、4-3、5-1、5-2、5-3、6-1、6-2、6-3、7-1、7-2、8-1、8-2、8-3、8-4、8-5 共计 28 株细菌。

2. 砷浓度梯度法筛选

从高砷污染土壤中共分离得到 28 株细菌。将其分别接种于含砷浓度为 500 mg/L、1000 mg/L、2000 mg/L 的牛肉膏蛋白胨培养基固体平板中，培养 48 h 后，结果如图 9.14 所示。28 株细菌均在含砷浓度为 500 mg/L 的牛肉膏蛋白胨固体培养基中培养 48 h 后表现出很好的生长状况；当培养基中砷含量达到 1000 mg/L 时，编号为 1-2、2-2、2-5、3-2、4-1、4-2、4-3、7-1、7-2、8-1、8-2、8-3、8-4、8-5 的 14 株细菌生长状况良好，而其余 14 株细菌的生长明显受到抑制。当固态培养基浓度达到 2000 mg/L 时，只有编号为 4-1、4-2、4-3、7-1、7-2、8-3、8-5 的菌株生长良好，其余菌株细菌的生长均明显受到抑制。综合考虑，选取编号为 2-2、4-1、4-2、4-3、7-1、7-2、8-3、8-4、8-5 的菌株用于以下试验。

3. 液体培养法筛选

各菌株在 LB 培养液中的 OD 值（OD_{600}）随砷浓度增加的变化均有明显变化。随着砷浓度的增加，9 株耐砷细菌的 OD 值相应降低，这表明培养环境中砷浓度的提高对于细菌的生长产生较明显的抑制作用。各菌株比较来看，菌株 2-2 随着溶液砷浓度的增加，OD 值下降十分明显，当砷浓度增加到 400 mg/L 时，该菌株 OD 值为 0，但值得注意的是，当砷浓度为 0、50 mg/L、100 mg/L、200 mg/L 的时候，该菌株 OD 值要显著高于其他细菌；与除 2-2 以外的其他菌株相比，随着砷梯度的增加，4-3 菌株在培养液中都表现出较高的 OD 值，当砷浓度达到 800 mg/L 时，该菌株的 OD 值最高，因此表现出很强的耐砷能力。然而，菌株 8-5 在无砷培养条件下 OD 值最小，这可能主要与它的菌株特性相关，但是随着培养环境中砷浓度提高到 400 mg/L，该菌株的 OD 值变化幅度最小，亦表明该菌株具有很好的耐砷能力。综上所述，基于三株细菌 2-2、4-3、8-5 对砷较高的耐性能力，它们被用于下一步的研究之中。

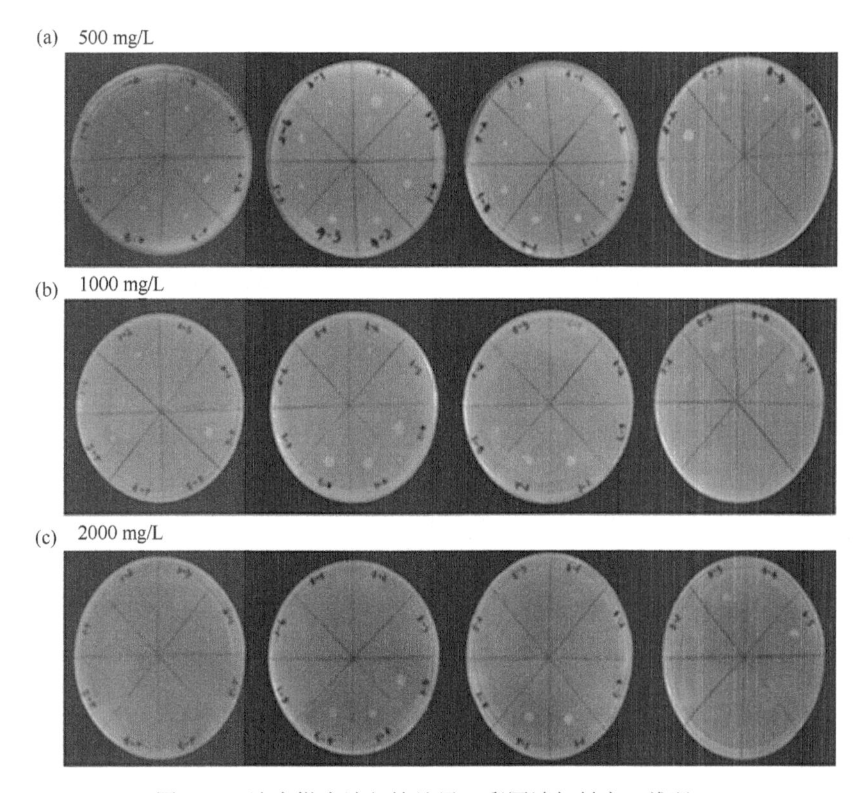

图 9.14　浓度梯度法复筛结果（彩图请扫封底二维码）

4. 砷对微生物生长的抑制

砷是一种有毒物质，对生物体具有一定的毒害作用，为了进一步了解几株细菌对砷的耐受性，我们将初筛得到的细菌接入含砷的培养液中进行培养，结果表明，随着培养液中砷浓度的增加，各菌株培养 48 h 后测得的 OD 值均呈现逐步下降的趋势。结果显示，

9 株细菌在不加砷培养液中培养 48 h 的 OD 值大大高于在砷浓度达 800 mg/L 培养液中培养 48 h 的 OD 值（图 9.15）。随着培养液中砷浓度的增加，菌株 2-2 的 OD 值由 3.6 降到 0，菌株 4-3 的 OD 值由 3.2 降到 0.9，菌株 4-2 的 OD 值由 1.9 降到 0，菌株 4-1 的 OD 值由 1.8 降到 0.3，菌株 7-2 的 OD 值由 2.6 降到 0，菌株 7-1 的 OD 值由 2.3 降到 0，菌株 8-5 的 OD 值由 1.4 降到 0，菌株 8-4 的 OD 值由 2.0 降到 0，菌株 8-3 的 OD 值由 2.5 降到 0。以上结果表明砷对这些微生物的生长均存在着明显的抑制作用。

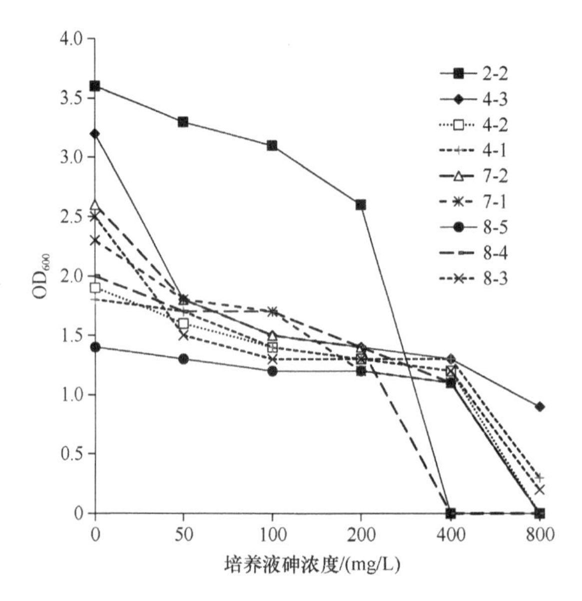

图 9.15 不同菌株在不同砷浓度培养液中培养 48h 的 OD 值

向溶液中加入的砷为砷酸钠，其对细菌生长的抑制机理可能包括以下几个方面。第一，砷通过磷的专用载体通道进入到微生物细胞体内，通过一系列竞争抑制微生物体内 ATP 及其他磷分子的合成，而 ATP 的合成又是微生物生长的重要能量来源，因此这种抑制作用影响了微生物的正常生长（Weber et al.，2009）。第二，当环境中砷的含量过高时，会诱导微生物产生一类被称为活性氧自由基的物质，进而对微生物的正常生长产生氧化胁迫作用（Seow et al.，2012）。第三，砷进入微生物体内后，有可能与微生物体内的一些酶及组织蛋白结合，从而抑制微生物的生长（Meharg and Macnair，1992）。

5. 微生物对砷的耐受

如前所述，砷虽然对于微生物的生长有一定的抑制作用，但是环境中也存在着一类能够耐受高浓度砷的微生物。微生物对砷的耐受能力是其对砷进行生物累积、挥发、氧化还原等作用的前提条件。我们筛选得到的菌株均表现出对环境中 As（Ⅴ）较强的耐受性，有 7 株细菌能够在砷浓度含量高达 2000 mg/L 的砷胁迫培养基中正常生长（图 9.14）。

目前，关于微生物对于砷的耐性机制的研究取得了一些可喜的进展，主要包括以下几个方面。第一，微生物自身通过一些反应将砷从细胞内排出（Meharg and Macnair，1992）。第二，微生物将五价砷还原成为三价砷，并通过一系列反应促使三价砷与体内的谷胱甘肽相络合，再通过反应排出细胞体外（Rosen，1999）。第三，微生物通过一系列反应，促使进入体内的砷与体内其他蛋白质进行螯合（Mrak et al.，2010）。第四，微生物通过对进入体内的砷发生甲基化作用，促使砷转化为气态的砷化合物，从而从微生物体内挥发出去，达到解毒的目的（Su et al.，2010）。

还有研究表明，一些耐砷微生物能够将砷的化合物及相关作用产物作为电子受体或电子供体，它们具备的解毒方式主要包括对砷的氧化、还原作用，以及使砷最小化进入细胞中等（Cervantes et al.，1994；Ahmann，1994）。从目前相关研究结果来看，微生物对于砷的解毒机制大概与耐砷系统基因（*ars*）、砷氧化基因（*aox*）及砷呼吸还原酶基因（*arr*）相关联（Kashyap，2006；Ji and Silver，1992）。这些耐砷操纵子（*ars*）主要的基因组成包括：*arsR*、*arsRA*、*arsRB*、*arsRC*、*arsRD*。它们一般位于质粒或者染色体之上（Diorio，1995；Rosen，1999）。*ArsR* 和 *arsD* 属于调节基因，而 *arsA* 和 *arsB* 能够形成膜输出结构，从而将 As（III）从细胞质中转移出来，进而降低细胞质内砷浓度，达到解毒的目的（Mukhopadhyay，2002）。

菌株 2-2、4-3、8-5 随着培养液砷浓度的增加，其 OD 值逐渐降低，表明砷浓度的增加对细菌生长抑制作用逐渐增强。这三株耐砷细菌的耐砷机制可能是细胞质砷还原机制。细胞质砷还原是微生物抗砷的一种重要解毒机制，该机制由 *ars* 操纵子编码的一系列酶共同协作，先将进入细胞质的五价砷还原成三价砷，再通过一定的运载蛋白将三价砷泵出细胞从而降低细胞内砷浓度，达到对细胞解毒的作用。但是此还原过程并不能为微生物生长提供能量。

（三）菌株的形态生物学及分子生物学鉴定

在形态学方面，三株耐砷优势菌株在无机盐琼脂固体培养基上各菌落均呈淡黄色，圆形，并且边缘十分整齐；显微镜观察呈杆状，革兰氏染色呈阴性，无鞭毛。利用分子生物学方法对三株耐砷细菌进行进一步鉴定，分别提取三株菌株的 DNA，将经 PCR 扩增后的产物直接送至中国科学院微生物研究所进行测序。通过对测得的优势菌株的DNA序列进行 BLAST 比对，构建系统发育树，最终鉴定菌株 2-2 为 *Pseudomonas taiwanensis*（台湾假单胞菌），菌株 4-3 为 *Pseudomonas monteilii*（蒙氏假单胞菌）、菌株 8-5 为 *Pseudomonas* sp.（假单胞菌属菌株）。该三株菌的序列递交 NCBI 获得的序列号分别是 KP313734、KP313735、KP313736。

三、三株耐砷优势细菌对砷的氧化还原作用

（一）三株耐砷细菌对 As（Ⅲ）的氧化作用

结果表明，该三株耐砷优势细菌在含 As（III）的溶液中均表现出较好的长势，表明三株耐砷细菌的耐砷能力都比较强。然而，溶液中并没有检测到 As（V）的存在，表明三株耐砷细菌对溶液中的 As（III）均不具备氧化能力。但是，随着菌液 OD 值的增加，溶液中的 As（III）浓度均出现了一定程度的降低。接入菌株 2-2 的溶液 24 h 后 As（III）浓度由 10 mg/L 降低到 5.6 mg/L，降低了 44%。接入菌株 4-3 的溶液 24 h 后

As（Ⅲ）浓度由 10 mg/L 降低到 5.0 mg/L，降低了 50%。接入菌株 8-5 的溶液 24 h 后 As（Ⅲ）浓度由 10 mg/L 降低到 4.7 mg/L，降低了 53%。与此同时，接菌后培养 48 h 检测，各形态砷浓度均低于其初始值，消失的那部分砷可能是被细菌细胞壁所吸附，也有可能是由于细菌的甲基化作用将其富集并挥发，要探明真正的原因，还有待于进一步的研究。

（二）三株耐砷细菌对 As（Ⅴ）的还原作用

批量试验发现三株菌株均具有较强的对 As（Ⅴ）的还原能力，当 As（Ⅴ）浓度为 10 mg/L 时，接入蒙氏假单胞菌的培养液中在 3 h 以后便发现有 As（Ⅲ）产生，培养 6 h 之后，该菌株培养液中检测不到 As（Ⅴ）。培养达到 24 h 时，该菌株培养液中 As（Ⅲ）的浓度为 7.0 mg/L，此时该菌株的 OD 值为 1.5；台湾假单胞菌表现出与蒙氏假单胞菌相似的对五价砷的还原能力。随着培养时间的增加，培养液中 As（Ⅴ）浓度快速下降，而 As（Ⅲ）浓度逐渐上升；当培养时间达到 6 h 时，该菌株培养液中检测不到 As（Ⅴ），而当培养时间达到 24 h 时，该菌株培养液中 As（Ⅲ）的浓度为 7.5 mg/L，此时该菌株的 OD 值为 1.3。比较来看，假单胞菌表现出对 As（Ⅴ）相对较弱的还原能力，随着培养时间的延长，该菌株培养液中 As（Ⅴ）浓度缓慢下降，而 As（Ⅲ）浓度逐渐上升。当培养时间达到 24 h 时，该菌株培养液中 As（Ⅲ）的浓度为 1 .0mg/L，As（Ⅴ）的浓度为 7.0 mg/L，此时该菌株的 OD 值为 0.45；各菌对 As（Ⅴ）还原能力的差别可能与其不同的生物特性相关。培养环境中的 As（Ⅴ）可能激发了各菌株差异性的生理响应，从而导致其对 As（Ⅴ）的还原能力存在一定差别。

微生物对于砷的还原，虽然从毒性上来说能增加砷的环境风险，但三价砷作为还原产物，其移动性要显著高于五价砷（Li et al.，2012；Pepi，2011）。这就为我们利用生物还原-淋洗的相关技术来修复砷污染的土壤提供了重要的生物材料。总体来看，目前发现的对砷具有还原能力的微生物还相对较少，积极寻找对环境中砷更强耐受且具有还原能力的菌株很有必要，因为微生物对砷的还原速率直接影响其在生物淋洗修复技术中应用的效率。

实验分离筛选的三株耐砷细菌均具有较好的还原能力。尤其是台湾假单胞菌和蒙氏假单胞菌，它们在培养 6 h 后对三价砷的还原率（生成五价砷含量/初始三价砷含量）分别达到了 72%和 70%。这相较于前人所分离的砷还原菌具有十分明显的优势，在今后土壤淋洗的应用中也具有较好前景。

目前的研究表明，微生物对于砷的还原有两种不同的机制：一种是细胞质砷还原，将进入细胞内的 As（Ⅴ）还原为 As（Ⅲ），再通过膜蛋白将 As（Ⅲ）泵出细胞以降低细胞内砷浓度来达到细胞解毒的目的；另一种是异化砷还原，细菌利用 As（Ⅴ）作为电子受体将其还原为 As（Ⅲ）并从中获取能量供自身生长（Rosen，2002；Oremland and Stolz，2005）。实验中并未发现三株细菌能够通过还原作用获得能量促进自身生长，前期的 As（Ⅴ）液态培养筛选结果已经表明 As（Ⅴ）浓度的增加对三株细菌的生长均有一定的抑制作用。所以，这三株细菌的还原机制可能属于细胞质砷还原机制。细胞质砷还原是微生物抗砷的一种重要解毒机制。该机制是由 ars 操纵子编码的一系列酶通过共同协作将进入细胞质的五价砷还原成三价砷，然后通过一定的运载蛋白将三价砷从细胞内排出，从而降低细胞内砷浓度达到对细胞解毒的作用。目前对细胞质砷还原的基因、表达调控机制以及相关酶的结构等方面都有了较为充分的研究（Ohtsuka，2013）。

实验中三株耐砷细菌均能将五价砷还原为三价砷，但是培养后期台湾假单胞菌、蒙氏假单胞菌、假单胞菌三株细菌溶液中三价砷与五价砷之和分别为 0.75 mg、0.70 mg、0.70 mg，均明显小于初始溶液中 1.0mg 的总砷量。检测不到的这部分砷可能是由于耐砷细菌对其的吸附，或者通过细菌对砷的甲基化作用将其转化为气态形式排出体外（Kudo，2013；陈倩等，2011）。然而，究竟那部分无法检测到的砷以何种形式去往何处，还有待进一步的研究。

归纳以上实验结果，得出以下结论：第一，批量试验表明筛选所得的三株耐砷细菌对于 As（Ⅲ）并不存在氧化作用；第二，批量试验表明筛选所得的三株耐砷细菌对于 As（Ⅴ）存在较强的还原作用，尤其是台湾假单胞菌及蒙氏假单胞菌，它们均能在 6 h 内将浓度达 10 mg/L 的培养液中的 As（Ⅴ）全部转化；第三，批量试验表明筛选所得的三株耐砷细菌对于培养液中的 As（Ⅲ）、As（Ⅴ）均具备一定的吸附或者甲基化作用，具体的作用形式及相关机理有待于进一步的研究。

参考文献

陈倩, 苏建强, 叶军, 等. 2011. 微生物砷还原机制的研究进展[J]. 生态毒理学报, 6(3): 225-233.
格鲁德夫 S N. 1999. 重金属和砷污染土壤的微生物净化[J]. 国外金属矿选矿, 36(10): 40-42.
郝玉波, 刘华琳, 慈晓科, 等. 2010. 砷对玉米生长、抗氧化系统及离子分布的影响[J]. 应用生态学报, 21(12): 3183-3190.
蒋友芬, 甘子明, 许晏, 等. 2009. 新疆奎屯地区高砷环境中抗砷菌的初步筛选[J]. 中国现代医药杂志, 11(6): 21-23.
赖长鸿, 刘亚玲, 贺鸿志, 等. 2015. 无机三价砷对生菜的生态毒性及其生物积累[J].农业环境科学学报, 34(5): 831-836.
刘艳丽, 徐莹, 杜克兵, 等. 2012. 无机砷在植物体内的吸收和代谢机[J]. 应用生态学报, 23(3): 842-848.
宋红波, 范辉琼, 杨柳燕, 等. 2005. 砷污染土壤生物挥发的研究[J]. 环境科学研究, 18(1): 61-63.
苏世鸣. 2010. 真菌对砷的累积与挥发及其机理研究[D]. 北京：中国农业科学院博士学位论文.
魏景超. 1979. 真菌鉴定手册[M]. 上海: 上海科学技术出版社: 405-645.
吴剑, 杨柳燕, 肖琳, 等. 2007. 砷污染土壤生物挥发研究进展[J]. 土壤, 39(4): 522-527.
杨柳燕, 肖琳. 2003. 环境微生物技术[M]. 北京: 科学出版社: 207-209.
钟松雄, 尹光彩, 陈志良, 等. 2017. Eh、pH 和铁对水稻土砷释放的影响机制[J].环境科学, 38(6): 2530-2537.
Afkar E, Lisak J, Saltikov C, et al. 2003. The respiratory arsenate reductase from Bacillus selenitireducens strain MLS10[J]. FEMS Microbiology Letters, 226(1): 107-112.
Ahmann D. 1994. Microbe grows by reducing arsenic[J]. Nature, 371: 749-750.
Ahmann D. 1997. Microbial mobilization of arsenic from sediments of the Aberjona Watershed[J]. Environmental Science & Technology, 31(10): 2923-2930.
Ahmann D, Krumholz L R, Hemond H F, et al. 1997. Microbial mobilization of arsenic from sediments of the Aberjona Watershed[J]. Environmental Science &Technology, 31(10): 2923-2930.
Ahmann D, Roberts A L, Krumholz L R, et al. 1994. Microbe grows by reducing arsenic[J]. Nature, 371(6500): 749-750.

Anderson C R, Cook G M. 2004. Isolation and characterization of arsenate-reducing bacteria from arsenic-contaminated sites in New Zealand[J]. Current Microbiology, 48: 341-347.

Barrett D K. 1978. An improved selective medium for isolation of *Phaeolus schweinitzii*[J]. Transactions of the British Mycological Society, 71: 507-508.

Bentley R, Chasteen T G. 2002. Microbial methylation of metalloids: arsenic, antimony and bismuth[J]. Microbiology and Molecular Biology Reviews, 66(2): 250-271.

Bird M L, Challenger F, Charlton P T, et al. 1948. Studies on biological methylation. 11. The action of moulds on inorganic and organic compounds of arsenic[J]. Biochemistry Journal, 43: 73-83.

Bizily S P, Rugh C L, Meagher R B. 2000. Phytodetoxification of hazardous organomercurials by genetically engineered plants[J]. Nature Biotechnology, 18: 213-217.

Blum J S. 1998. *Bacillus arsenicoselenatis* sp. nov., and *Bacillus selenitireducens* sp. nov.: two haloalkaliphiles from Mono Lake, California that respire oxyanions of selenium and arsenic[J]. Archives of Microbiology, 171(1): 19-30.

British Geologic Survey, Department of Public Health and Engineering. 2000. Groundwater studies for arsenic contamination in Bangladesh, final report, summary. Dhaka [R]. Bangladesh: Department of Public Health and Engineering, Government of Bangladesh.

Bruneel O, Volant A, Gallien S, et al. 2011. Characterization of the active bacterial community involved in natural attenuation processes in arsenic-rich creek sediments[J]. Microbial Ecology, 61(4): 793-810.

Calzada A T, Villa-Lojo M C, Beceiro-González E, et al.1999. Accumulation of arsenic (III) by *Chlorella vulgaris*[J]. Applied Organometallic Chemistry, 13(3): 159-162.

Cánovas D, Vooijs R, Schat H, et al. 2004.The role of thiol species in the hypertolerance of *Aspergillus* sp. P37 to arsenic[J]. The Journal of Biological Chemistry, 279(49): 51234-51240.

Carrasco J A, Armario P, Pajuelo E, et al. 2005. Isolation and characterization of symbiotically effective rhizobium resistant to arsenic and heavy metals after the toxic spill at the aznalcóllar pyrite mine[J]. Soil Biology and Biochemistry, 37(6): 1131-1140.

Čerňanský S, Kolenčík M, Ševc J, et al. 2009. Fungal volatilization of trivalent and pentavalent arsenic under laboratory conditions[J]. Bioresource Technology, 100: 1037-1040.

Čerňanský S, Urík M, Ševc J, et al. 2007. Biosorption and biovolatilization of arsenic by heat-resistant fungi[J]. Environmental Science Pollution and Research, 14: 31-35.

Cervantes C, JiG, Ramirez J, et al. 1994. Resistance to arsenic compounds in microorganisms[J]. FEMS Microbiology Reviews, 15(4): 355-367.

Challenger F. 1945. Biological Methylation[J]. Chemical Reviews, 36: 315-361.

Challenger F, Higginbottom C. 1953. The production of trimethyl-arsine by *Penicillium brevicaule* (*Scopulariopsis brevicaulis*)[J]. Biochemical Journal, 29: 1758-1778.

Cox D P, Alexander M. 1973a. Production of trimethylarsine gas from various arsenic compounds by three sewage fungi[J]. Bulletin of Environmental Contamination Toxicology, 9: 84-88.

Cox D P, Alexander M. 1973b. Effect of phosphate and other anions on trimethylarsine formation by Candida humicola[J]. Applied Environmental Microbiolgy, 25(3): 408-413.

Cullen W R, Harrison L G, Li H. 1994. Bioaccumulation and excretion of arsenic compounds by a marine unicellular alga, Polyphysapeniculus[J]. Applied Organometallic Chemistry, 8: 313-324.

Cullen W R, McBride B C, Reglinski J. 1984. The reduction of trimethylarsine oxide to trimethylarsine by thiols: a mechanistic model for the biological reduction of arsenicals[J]. Journal of Inorganic Biochemistry, 21: 45-60.

Cullen W R, Reimer K J. 1989. Arsenic speciation in the environment[J]. Chemical Review, 89: 713-764.

De Groot P, Deane S M, Rawlings D E. 2003. A transposon-located arsenic resistance mechanism from a strain of *Acidithiobacillus caldus* isolated from commercial, arsenopyrite biooxidation tanks[J]. Hydrometallurgy, 71(1): 115-123.

Dhankher O P, Li Y, Rosen B, et al. 2002. Engineering tolerance and hyperaccumulation of arsenic in plants by combining arsenate reductase and γ-glutamylcysteinesynthetase expression[J]. Nature Biotechnology, 20: 1140-1145.

Dib J, Motok J, Zenoff V F, et al. 2008. Occurrence of resistance to antibioticvs, UV-B, and arsenic in bacteria isolated from extreme environments in high-altitude (above 4400 m) Aadean wetlands[J]. Current Microbiology, 56: 510-517.

Diorio C. 1995. An Escherichia coli chromosomal ars operon homolog is functional in arsenic detoxification and is conserved in gram-negative bacteria[J]. Journal of Bacteriology, 177(8): 2050-2056.

Dombrowski P M, Long W, Farley K J, et al. 2005. Thermodynamic analysis of arsenic methylation[J]. Environmental Science and Technology, 39: 2169-2176.

Dowdle P R, Laverman A M, Oremland R S. 1996. Bacterial dissimilatory reduction of Arsenic (V) to Arsenic (III) in anoxic sediments[J]. Applied and Environmental Microbiology, 62(5): 1664-1669.

Edvantoro B B, Naidu R, Megharaj M, et al. 2004. I Microbial formation of volatile arsenic in cattle dip site soils contaminated with arsenic and DDT[J]. Applied Soil Ecology, 25: 207-217.

Ellis P J, Conrads T, Hille R, et al. 2001. Crystal structure of the 100 kDa arsenite oxidase from *Alcaligenes faecalis* in two crystal forms at 1.64 A and 2.03 A[J]. Structure, 7; 9(2): 125-132.

Frankenberger W, Arshad M. 2002. Volatilization of Arsenic[M]//Frankenberger W ed. Environmental chemistry of arsenic. New York: Marcel Dekker: 363-380.

Fukushi K, Sasaki M, Sato T, et al. 2003. A natural attenuation of arsenic in drainage from an abandoned arsenic mine dump[J]. Applied Geochemistry, 18: 1267-1278.

Gadd G M. 1993. Interactions of fungi with toxic metals[J]. New Phytologist, 124: 25-60.

Gao S, Burau R G. 1997. Environmental factors affecting rates of arsine evolution from and mineralization of arsenicals in soil[J]. Journal of Environmental Quality, 26: 753-763.

Garcia-Dominguez E, Mumford A, Rhine E D, 2008. Novel autotrophic arsenite-oxidizing bacteria isolated from soil and sediments[J]. FEMS Microbiol Ecology, 66(2): 401-410.

Garcia-Dominguez E, Mumford A, Rhine E D, et al. 2008. Novel autotrophic arsenite-oxidizing bacteria isolated from soil and sediments[J]. FEMS Microbiology Ecology, 66(2): 401-410.

Gihring T M, Banfield J F . 2001. Arsenite oxidation and arsenate respiration by a new *Thermus* isolate[J]. FEMS Microbiology Letters, 204(2): 335-340.

Gomez-Caminero A H, Paul D, Hughes M, et al. 2001. Arsenic and arsenic compounds 2001. [S]. Geneva: World Health Organization.

Gosio B. 1892. Action of microphytes on solid compounds of arsenic: a recapitulation[J]. Science, 19: 104-106.

Granchinho S C R, Franz C M, Polishchuk E, et al. 2002. Transformation of arsenic (V) by the fungus Fusarium oxysporum melonis isolated from the alga *Fucus gardneri*[J]. Applied Organometallic Chemistry, 16: 721-726.

Ha S B, Smith A P, Howden R, et al. 1999. Phytochelatin synthase genes from *Arabidopsis* and the yeast *Schizosaccharomyces pombe*[J]. The Plant Cell, 11: 1153 -1163.

Harrington J M, Fendorf S E, Rosenzweig R F. 1998. Biotic generation of arsenic (III) in metal (loid)-contaminated freshwater lake sediments[J]. Environmental Science & Technology, 32(16): 2425-2430.

Hartley F R. 1982. The Chemistry of the Metal-carbon Bond Vol. 1: the Structure, Preparation, Thermochemistry, and Characterization of Organometallic Compounds. The Chemistry of Functional Groups[M]. Weinheim: John Wiley & Sons.

Hollibaugh J T, Budinoff C, Hollibaugh R A, et al. 2006. Sulfide oxidation coupled to arsenate reduction by a diverse microbial community in a soda lake[J]. Applied and Environmental Microbiology, 72(3): 2043-2049.

Hollibaugh J T. 2006. Sulfide oxidation coupled to arsenate reduction by a diverse microbial community in a soda lake[J]. Applied and Environmental Microbiology, 72(3): 2043-2049.

Huysmans D, Frankenberger W. 1990. Evolution of trimethylarsine by a *Penicillium* sp. Isolated from agricultural evaporation pond water[J]. The Science of the Total Environment, 105: 13-28.

Islam F S, Gault A G, Boothman C, et al. 2004. Role of metal-reducing bacteria in arsenic release from Bengal delta sediments[J]. Nature, 430(6995): 68-71.

Islam F S. 2004. Role of metal-reducing bacteria in arsenic release from Bengal delta sediments[J]. Nature,

430(6995): 68-71.

Jackson C, Harrison K, Dugas S. 2005. Enumeration and characterization of culturable arsenate resistant bacteria in a large estuary[J]. Systematic and Applied Microbiology, 28(8): 727-734.

Ji G, Silver S. 1992. Reduction of arsenate to arsenite by the ArsC protein of the arsenic resistance operon of Staphylococcus aureus plasmid pI258[J]. Proceedings of the National Academy of Sciences, 89(20): 9474-9478.

Jones C A, Langner H W, Anderson K, et al. 2000. Rates of microbially mediated arsenate reduction and solubilization[J]. Soil Science Society of America Journal, 64(2): 600-608.

Jones C. 2000. Rates of microbially mediated arsenate reduction and solubilization[J]. Soil Science Society of America Journal, 64(2): 600-608.

Kallio M P, Korpela A. 2000. Analysis of gaseous arsenic species and stability studies of arsine and trimethylarsine by gas chromatography-mass spectrometry[J]. Analytica Chimica Acta, 410: 65-70.

Karna R R, Sajani L S, Mohan P M. 1996. Bioaccumulation and biosorption of Co^{2+} by Neurosporacrassa[J]. Biotechnology Letters, 18: 1205-1208.

Kashyap D R. 2006. Complex regulation of arsenite oxidation in *Agrobacterium tumefaciens*[J]. Journal of Bacteriology, 188(3): 1081-1088.

Katsoyiannis I, Zouboulis A, Althoff H, et al. 2002. As(III) removal from groundwaters using fixed-bed upflow bioreactors[J]. Chemosphere, 47(3): 325-332.

Katsoyiannis I. 2002. As(III) removal from groundwaters using fixed-bed upflow bioreactors[J]. Chemosphere, 47(3): 325-332.

Khoshgoftarmanesh A H, Khodarahmi S, Haghighi M, et al. 2013. Effect of silicon nutrition on lipid peroxidation and antioxidant response of cucumber plants exposed to salinity stress[J]. Archives of Agronomy & Soil Science, 60(5): 639-653.

Kostal J, Yang R, Wu C H, et al. 2004. Enhanced arsenic accumulation in engineered bacterial cells expressing ArsR[J]. Applied and Environmental Microbiology, 70: 4582-4587.

Kudo K. 2013. Release of arsenic from soil by a novel dissimilatory arsenate-reducing bacterium, *Anaeromyxobacter* sp. Strain PSR-1[J]. Applied and Environmental Microbiology, 79(15): 4635-4642.

Kumaresan M, Riyazuddin P. 2001. Overview of speciation chemistry of arsenic[J]. Current Science, 80(7): 837-846.

Laverman A M, Blum J S, Schaefer J K, et al. 1995. Growth of strain SES-3 with arsenate and other diverse electron acceptors[J]. Applied and Environmental Microbiology, 61(10): 3556-3561.

Lear G, Song B, Gault A G, et al. 2007. Molecular analysis of arsenate-reducing bacteria within Cambodian sediments following amendment with acetate[J]. Applied and Environmental Microbiology, 73(4): 1041-1048.

Lear G. 2007. Molecular analysis of arsenate-reducing bacteria within Cambodian sediments following amendment with acetate[J]. Applied and Environmental Microbiology, 73(4): 1041-1048.

Leblanc M, Achard B, Othman D B, et al. 1996. Accumulation of arsenic from acidic mine waters by ferruginous bacterial accretions (stromatolites)[J]. Applied Geochemistry, 11: 541-554.

Levy J L, Stauber J L, Adams M S, et al. 2005. Toxicity biotransformation and mode of action of arsenic in two freshwater microalgae (*Chlorella* sp. and *Monoraphidium arcuatum*)[J]. Environmental Toxicology and Chemistry, 24: 2630-2639.

Li X, Gong J, Hu Y, et al. 2012. Genome sequence of the moderately halotolerant, arsenite-oxidizing bacterium *Pseudomonas stutzeri* TS44[J]. Journal of Bacteriology, 194(16): 4473-4474.

Lloyd J R, Oremland R S. 2006. Microbial transformations of arsenic in the environment: from soda lakes to aquifers[J]. Elements, 2(2): 85-90.

Loukidou M X, Matisa K A, Zouboulisa A I, et al. 2003. Removal of as (V) from wastewaters by chemically modified fungal biomass[J]. Water Research, 37: 4544-4552.

Ma L Q, Komar K M, Tu C, et al. 2001. E. D. A fern that hyperaccumulates arsenic[J]. Nature, 409: 579.

Mackenzie F T, Lantzy R J, Paterson V. 1979. Global trace metal cycles and predictions[J]. Mathematical Geology, 11: 99-142.

Mackenzie F T, Lantzy R J, Paterson V. 1979. Global trace metals and predictions[J]. Journal of International Association for Mathematical Geology, 11: 99-142.

Macur R E, Wheeler J T, McDermott T R, et al. 2001. Microbial populations associated with the reduction and enhanced mobilization of arsenic in mine tailings[J]. Environmental Science Technology, 35: 3676-3682.

Macy J M, Santini J M, Pauling B V, et al. 2000. Two new arsenate/sulfate-reducing bacteria: mechanisms of arsenate reduction[J]. Archives of Microbiology, 173: 49-57.

Maheswari S, Murugesan A G. 2009. Remediation of arsenic in soil by *Aspergillus nidulans* isolated from an arsenic contaminated site[J]. Environmental Technology, 30(9): 921-926.

Malasarn D, SaltikovC W, Campbell K M, et al. 2004. arrA is a reliable marker for As(V) respiration[J]. Science, 306(5695): 455.

Malasarn D. 2004. arrA is a reliable marker for As(V) respiration[J]. Science, 306(5695): 455.

Mass M J, Tennant A, Roop B C, et al. 2000. Methylated trivalent arsenic species are genotoxic[J]. Chemical Research Toxicology, 14: 355-361.

Meharg A A, Macnair M R. 1992. Suppression of the high affinity phosphate uptake system: a mechanism of arsenate tolerance in *Holcus lanatus* L.[J]. Journal of Experimental Botany, 43(249): 519-524.

Merrill W, French D W. 1964. The production of arsenous gases by wood-rotting fungi[J]. Proceedings of Minnesota Academy of Sciences, 31: 105-106.

Mishra S, Mattusch J, Wennrich R. 2017. Accumulation and transformation of inorganic and organic arsenic in rice and role of thiol complexation to restrict their translocation to shoot[J]. Scientific Reports, 7: e40522.

Moore A J, Kukuk P F. 2002. Quantitative genetic analysis of natural populations[J]. Nature Reviews Genetics, 3: 971-978.

Mrak T, Jeran Z, Batic F, et al. 2010. Arsenic accumulation and thiol status in lichens exposed to As(V) in controlled conditions[J]. Biometals, 23(2): 207-219.

Mukhopadhyay R. 2002. Microbial arsenic: from geocycles to genes and enzymes[J]. FEMS Microbiology Reviews, 26(3): 311-325.

Murugesan G S, Sathishkumar M, Swaminathan K. 2006. Arsenic removal from groundwater by pretreated waste tea fungal biomass[J]. Bioresource Technology, 97: 483-487.

Naidu R, Smith E, Owens G, et al. 2006. Managing Arsenic in the Environment-from Soil to Human Health[M]. Australia: Commonwealth Scientific and Industrial Research Organisation Press: 417-432.

Newman D K, Kennedy E K, Coates J D, et al. 1997. Dissimilatory arsenate and sulfate reduction in *Desulfotomaculum auripigmentum* sp. Nov[J]. Archives of Microbiology, 168: 380-388.

Nicholas D R, Ramamoorthy S, Palace V, et al. 2003. Biogeochemical transformations of arsenic in circumneutral freshwater sediments[J]. Biodegradation, 14: 123-137.

Niggemyer A. 2001. Isolation and characterization of a novel as (V)-reducing bacterium: implications for arsenic mobilization and the genus *Desulfitobacterium*[J]. Applied and Environmental Microbiology, 67(12): 5568-5580.

Niggemyer A, Spring S, Stacjerbrandt E, et al. 2001. Isolation and characterization of a novel as (v)-reducing bacterium: implications for arsenic mobilization and the genus desulfitobacterium[J]. Applied and Environmental Microbiology, 67(12): 5568-5580.

Ohtsuka T. 2013. Arsenic dissolution from Japanese paddy soil by a dissimilatory arsenate-reducing bacterium *Geobacter* sp. OR-1[J]. Environmental Science & Technology, 47(12): 6263-6271.

Oremland R S, Stolz J F. 2003. The ecology of arsenic[J]. Science, 300: 939-944.

Oremland R S, Stolz J F.2005. Arsenic, microbes and contaminated aquifers[J]. Trends in Microbiology, 13(2): 45-49.

Oremland R S. 2002. Anaerobic oxidation of arsenite in Mono Lake water and by a facultative, arsenite-oxidizing chemoautotroph, strain MLHE-1[J]. Applied and Environmental Microbiology, 68(10): 4795-4802.

Páez-Espino D, Tamames J, de Lorenzo V, et al. 2009. Microbial responses to environmental arsenic[J].

Biometals, 22: 117-130.
Paez-Espino D. 2009. Microbial responses to environmental arsenic[J]. Biometals, 22(1): 117-130.
Patel P C, Goulhen F, Boothman C, et al. 2007. Arsenic detoxification in a *Pseudomonad* hypertolerant to arsenic[J]. Archives of Microbiology, 187(3): 171-183.
Pearce R B, Callow M E, Macaskie L E. 1998. Fungal volatilization of arsenic and antimony and the sudden infant death syndrome[J]. FEMS Microbiology Letter, 158: 261-265.
Pepi M. 2011. Arsenic-resistant *Pseudomonas* spp. and *Bacillus* sp. bacterial strains reducing as (V) to as (III), isolated from Alps soils, Italy[J]. Folia Microbiologica, 56(1): 29-35.
Pi K, Wang Y, Xie X, et al. 2015. Hydrogeochemistry of co-occurring geogenic arsenic, fluoride and iodine in groundwater at Datong Basin, northern China[J]. Journal of Hazardous Material, 300: 652-661.
Pokhrel D, Viraraghavan T. 2006. Arsenate removal from an aqueous solution by a modified fungal biomass[J]. Water Research, 40: 549-552.
Pokhrel D, Viraraghavan T. 2008. Organic arsenic removal from an aqueous solution by iron oxide-coated fungal biomass: an analysis of factors influencing adsorption[J]. Chemical Engineering Journal, 140: 165-172.
Prasad B B, Banerjee S, Lakshami D. 2006. An AlgaSORB column for the quantitative sorption of arsenic (III) from water samples[J]. Water Quality Research Journal of Canada, 41: 190-197.
Pümpel T, Schinner F. 1993. Native fungal pellets as biosorbent for heavy metals[J]. FEMS Microbiology Reviews, 11: 159-164.
Qi W, Zhao L. 2013. Study of the siderophore-producing *Trichoderma asperellum* Q1 on cucumber growth promotion under salt stress[J]. Journal of Basic Microbiology, 53: 355-364.
Qin J, Rosen B P, Zhang Y, et al. 2006. Arsenic detoxification and evolution of trimethylarsine gas by a microbial arsenite S-adenosylmethionine methyltransferase[J]. Proceedings of the National Academy of Sciences, 103: 2075-2080.
Rhine E D, Chadhain S M N, Zylstra G J, et al. 2007. The arsenite oxidase genes (aroAB) in novel chemoautotrophic arsenite oxidizers[J]. Biochemical and Biophysical Research Communications, 354(3): 662-667.
Rhine E D, Phelps C D, Young L. 2006. Anaerobic arsenite oxidation by novel denitrifying isolates[J]. Environmental Microbiology, 8(5): 899-908.
Ric-De-Vos C H, Vonk M J, Vooijs R, et al. 1992. Glutathione depletion due to copper-induced phytochelatin synthesis causes oxidative stress in *Silenecucubalus*[J]. Plant Physiology, 198: 853-858.
Rosen B P. 1999. Families of arsenic transporters[J]. Trends in Microbiology, 7: 207-212.
Rosen B P. 2002. Biochemistry of arsenic detoxification[J]. FEBS Letters, 529: 86-92.
Rosen B P, Liu Z. 2009. Transport pathways for arsenic and selenium: a minireview[J]. Environment International, 35(3): 512-515.
Sadiq M. 1997. Arsenic chemistry in soils: an overview of thermodynamic predictions and field observations[J]. Water Air and Soil Pollution, 93: 117-136.
Saltikov C W. 2003. The ars detoxification system is advantageous but not required for As(V) respiration by the genetically tractable *Shewanella* species strain ANA-3[J]. Applied and Environmental Microbiology, 69(5): 2800-2809.
Saltikov C W, Cifuentes A, Venkateswaran K, et al. 2003. The ars detoxification system is advantageous but not required for As(V) respiration by the genetically tractable *Shewanella* species strain ANA-3[J]. Applied and Environmental Microbiology, 69(5): 2800-2809.
Saltikov C W, Wildman R A, Newman D K. 2005. Expression dynamics of arsenic respiration and detoxification in *Shewanella* sp. strain ANA-3[J]. Journal of Bacteriology, 187(21): 7390-7396.
Santini J M, Hoven R N V. 2004. Molybdenum-containing arsenite oxidase of the chemolithoautotrophic arsenite oxidizer NT-26[J]. Journal of Bacteriology, 186(6): 1614-1619.
Sauge-Merle S, Cuine S, Carrier P, et al. 2003. Enhanced toxic metal accumulation in engineered bacterial cells expressing *Arabidopsis thaliana* phytochelatin systhase[J]. Applied and Environmental Microbiology, 69: 490-494.

Say R, Yilmaz N, Denizli A. 2004. Biosorption of cadmium lead mercury and arsenic ions by the fungus *Penicillium purpurogenum*[J]. Separation Science Technology, 38: 2039-2053.

Seow W J, Pan W C, Kile M L, et al. 2012. Arsenic reduction in drinking water and improvement in skin lesions: a follow-up study in bangladesh[J]. Environ Health Perspect, 120(12): 1733-1738.

Silver S, Phung T L. 2005. Genes and enzymes involved in bacterial oxidation and reduction of inorganic arsenic[J]. Applied and Environmental Microbiology, 71: 599-608.

Smith E, Naidu R. 2009. Chemistry of inorganic arsenic in soils: kinetics of arsenic adsorption-desorption[J]. Environmental Geochemistry and Health, 1: 49-59.

Solozhenkin P M, Nebera V P, Medvedeva-Lyalikova N N. 1999. Transformation of arsenic and tellurium in solution by fungi[J]. Process Metallurgy, 9: 779-787.

Song B, Chyun E, Jaffé P R, et al. 2009. Molecular methods to detect and monitor dissimilatory arsenate-respiring bacteria (DARB) in sediments[J]. FEMS Microbiology Ecology, 68(1): 108-117.

Stolz J F, Basu P. 2002. Evolution of nitrate reductase: molecular and structural variations on a common function[J]. Chembiochem, 3(2-3): 198-206.

Stolz J F, Oremland R S.1999. Bacterial respiration of arsenic and selenium[J]. FEMS Microbiology Reviews, 23(5): 615-627.

Su S, Zeng X, Bai L, et al. 2010. bioaccumulation and biovolatilisation of pentavalent arsenic by *Penicillium janthinellum*, *Fusarium oxysporum* and *Trichoderma Asperellum* under laboratory conditions[J]. Current Microbiology, 61(4): 261-266.

Su S, Zeng X, Bai L, et al. 2011. Arsenic biotransformation by arsenic-resistant fungi *Trichoderma asperellum* SM-12F1 *Penicillium janthinellum* SM-12F4 and *Fusarium oxysporum* CZ-8F1[J]. Science of the Total Environment, 409(23): 5057-5062.

Tabak H H, Lens P, van Hullebusch E D, et al. 2005. Developments in bioremediation of soils and sediments polluted with metals and radionuclides-1. Microbial processes and mechanisms affecting bioremediation of metal contamination and influencing metal toxicity and transport[J]. Reviews in Environmental Science and Biotechnology, 4: 115-156.

Tamaki S, Frankenberger W T, Frankenberger J W T. 1992. Environmental biochemistry of arsenic[J]. Reviews of Environmental Contamination and Toxicology, 124: 79-110.

Tang Z, Kang Y, Wang P, et al. 2016. Phytotoxicity and detoxification mechanism differ among inorganic and methylated arsenic species in Arabidopsis thaliana[J]. Plant and Soil, 401: 243-257.

Tani Y, Miyata N, Ohashi M, et al. 2004. Interaction of inorganic arsenic with biogenic manganese oxide produced by a Mn-oxidizing fungus, Strain KR21-2[J]. Environmental Science and Technology, 38: 6618-6624.

Teclu D, Tivchev G, Laing M, et al. 2008. Bioremoval of arsenic species from contaminated waters by sulphate-reducing bacteria[J]. Water Research, 42(19): 4885-4893.

Thompson-Eagle E T, Frankenberger W T. 1992. Bioremediation of soils contaminated with selenium[M]// Lal R, Stewart B A ed. Advances in Soil Science. New York: Springer: 261-309.

Thompson-Eagle E T, Frankenberger W T, Karslon U. 1989. Volatilization of selenium by *Alternaria alternate*[J]. Applied Environmental Microbiology, 55: 1406-1413.

Tripathi P, Singh P C, Mishra A, et al. 2015a. *Trichoderma* inoculation augments grain amino acids and mineral nutrients by modulating arsenic speciation and accumulation in chickpea (*Cicer arietinum* L.)[J]. Ecotoxicology and Environmental Safety, 117: 72-80.

Tripathi P, Singh P C, Mishra A, et al. 2017. Arsenic tolerant *Trichoderma* sp. reduces arsenic induced stress in chickpea (*Cicer arietinum*)[J]. Environmental Pollution, 223: 137-145.

Tripathi P, Singh R P, Sharma Y K, et al. 2015b. Arsenite stress variably stimulates pro-oxidant enzymes, anatomical deformities, photosynthetic pigment reduction, and antioxidants in arsenic-tolerant and sensitive rice seedlings[J]. Environmental Toxicology and Chemistry, 34(7): 1562-1571.

Turpeinen R, Kallio M P, Kairesalo T. 2002. Role of microbes in controlling the speciation of arsenic and production of arsines in contaminated soils[J]. The Science of the Total Environment, 285: 133-145.

Valenzuela C, Campos V L, Yanez J, et al. 2009. Isolation of arsenite-oxidizing bacteria from arsenic-enriched sediments from Camarones River Northern Chile[J]. Bulletin of Environmental Contamination and Toxicology, 82(5): 593-596.

Visoottiviseth P, Panviroj N. 2001. Selection of fungi capable of removing toxic arsenic compounds from liquid medium[J]. Science Asia, 27: 83-92.

Volesky B. 1994. Advances in biosorption of metals: selection of biomass types[J]. FEMS Microbiology Reviews, 14: 291-302.

Walker D, Clemente R, Bernal M. 2004. Contrasting effects of manure and compost on soil pH, heavy metal availability and growth of *Chenopodium album* L. in a soil contaminated by pyritic mine waste[J]. Chemosphere, 57(3): 215-224.

Wang S L, Zhao X Y. 2009. On the potential of biological treatment for arsenic contaminated soils and groundwater[J]. Journal of Environmental Management, 90: 2367-2376.

Weber F A, Hofacker A F, Voegelin A, et al. 2009. Temperature dependence and coupling of iron and arsenic reduction and release during flooding of a contaminated soil[J]. Environmental Science & Technology, 44(1): 116-122.

Wu L, Yi H, Yi M. 2010. Assessment of arsenic toxicity using Allium/Vi—cia root tip micronucleus assays[J]. Journal of Hazardous Materials, 176(1-3): 952-956.

Yamanaka K, Hayashi H, Tachikawa M, et al. 1997. Metabolic methylation is a possible genotoxicity-enhancing process of inorganic arsenics[J]. Mutation Research, 394: 95-101.

Yamanaka K, Ohba H, Hasegawa A, et al. 1989. Mutagenicity of dimethylated metabolites of inorganic arsenics[J]. Chemical and Pharmaceutical Bulletin, 37: 2753-2756.

Yamauchi H, Kaise T, Takahashi K, et al. 1990. Toxicity and metabolism of trimethylarsine in mice and hamsters[J]. Fundamental Applied Toxicology, 14: 399-407.

Zussman R A, Vicher E E, Lyon I. 1961. Arsenic production by *Trichophytonrubrum*[J]. The Journal of Bacteriology, 81: 157.

第十章　农艺措施对土壤中砷的调控

第一节　概　　述

农艺措施修复农田污染土壤是指因地制宜地调整一些耕作管理制度以及在污染土壤上种植不进入食物链的植物，从而改变土壤中重金属活性，减少污染物从土壤向作物的转移，达到减轻其危害的目的。农田中砷的农艺措施调控主要是通过改变种植过程中的水分管理、种植模式、耕作制度和施肥等来降低农田中砷的有效性，减少作物对砷吸收的方法。水淹条件下，农田中的砷主要以毒性及活性相对更高的无机态三价砷存在，显著增加了作物对砷吸收以及作物体内砷超标的风险，因此，通过合理的水分管理如水改旱、减少灌水数量和调整灌水时期等，可以有效影响砷的存在形态，从而改变其活性，在一定程度上有助于降低作物对砷的吸收量。例如，Spanu 等（2012）研究表明，喷灌浇水处理的水稻籽粒中砷含量仅为长期淹水处理 2%；Sarkar 等研究了不同灌溉模式下水稻体内砷的含量，结果表明，在水稻移栽后的 45～80 d 进行间歇性灌溉后，水稻体内砷的含量显著低于长期淹水灌溉，且该灌溉模式下并没有显著影响水稻的产量（Sarkar et al.，2012）。采用合理的施肥方式也有助于减少作物对砷吸收的风险，这一方面需要减少甚至杜绝施用含砷等有害元素的各种肥料；另一方面，施用含有硅、磷等可与农田中的砷产生拮抗作用的肥料，也可以降低作物对砷的吸收量。例如，Li 等的研究表明，在水田中施用硅肥，可以有效降低水稻秸秆和籽粒中砷的含量，其下降幅度分别为 22%和 84%（Li et al.，2009）；Bolan 等的研究表明，在溶液培养条件下，添加较多的磷能有效地降低作物对砷的吸收量，这主要是因为磷与砷在作物根际产生了拮抗作用（Bolan et al.，2013）。总体而言，科学合理的农艺措施可以相对有效地调控农田中砷的有效性，在一定程度上有助于降低作物吸收砷的风险，这也是砷超标农田安全利用的重要且较简单易行的途径。但由于不同区域在种植制度、气候、土壤特性等方面存在差异，相同的农艺措施在不同区域使用后对农田中砷有效性的影响可能存在差异，故需要对各污染区域的种植制度与农业气候开展研究，从而制定相适应的农艺措施。

农艺措施修复农田污染土壤不仅不会影响农业生产，而且还具有费用较低、无副作用、实施较方便的优点。农艺措施主要包括以下几个方面。第一，加强田间水分管理，通过控制土壤水分来调节土壤氧化还原电位（Eh），达到降低土壤重金属污染的目的。土壤淹水后 Eh 下降，作物籽粒镉（Cd）、铅（Pb）含量下降，稻田排水涝干后 Eh 上升，作物籽粒中砷含量下降。第二，改变耕作方式，通过水旱轮作、不同作物轮作来降低作物中的污染物含量。第三，调整作物种类，在污染严重的地区，种植观赏植物、花卉、桑树、经济林木，防止污染物进入食物链；在重金属轻污染区，种植少吸收重金属的作物品种。第四，合理施用肥料，施用磷肥可降低土壤中（Cd）、铅（Pb）等重金属活性，减少作物中重金属的含量；合理施用堆肥、厩肥、植物秸秆等有机肥，不仅可以增加农田土壤肥力，而且可以增加土壤对重金属和农药的吸附能力，影响作物对污染物的吸收，减少重金属进入食物链的风险。

第二节　有机酸对 As（Ⅴ）在土壤中老化的影响

有机肥中富含大量的有机物质、有机酸及植物生长必需的营养元素等，是我国农业生产中十分重要，同时也是使用最广泛的肥料之一，在培肥耕地地力、保证作物高产稳产方面具有不可替代的作用。但是，由于目前有机肥主要来源于养殖场的畜禽粪便、农业废弃物等，且部分有机肥中砷酸钙、砷酸铅、甲基砷、甲基砷酸二钠和砷酸铜等的含量较高（崔德杰和张玉龙，2004），大量施用有机肥可能导致农田砷的富集与积累甚至污染。当向砷污染的农田中施用有机肥后，它可以改变土壤中砷的物理化学行为，并影响作物对砷的吸收。李莲芳等（2011）研究发现，向湖南郴州高砷土壤中施入猪粪和鸡粪两种有机肥后，土壤有效砷含量明显提高，增幅最高可达 1033.6%，这说明施用有机肥可以活化土壤中的砷，在一定程度上提高了砷的生物有效性，增加了农产品的安全风险。其次，根系分泌物是植物与土壤进行物质、能量与信息交流的重要载体物质，根系分泌的低分子质量有机酸（草酸、柠檬酸和苹果酸等）与土壤砷之间的相互作用影响着土壤中砷的化学行为，使砷在土壤-水-植物系统中的迁移、转化规律发生重大改变，从而影响到砷在土壤中的形态及其生物有效性。

关于有机酸对重金属的影响机理一般有两个方面：一方面，土壤吸附有机酸后改变了其表面的电荷性质，从而影响重金属离子的吸附；另一方面，有机酸可与重金属离子形成稳定络合物，从而影响重金属离子在土壤固-液相间的分布。因此，有机酸对土壤中重金属的影响具有双重性，这取决于有机酸和重金属的种类及浓度、土壤类型及其相互作用的环境条件（李仰锐等，2005）。近年来关于有机酸对其他类型重金属的影响研究报道较多，但施用有机酸对土壤砷有效性影响等相关研究非常有限。

我们进行了一些有机酸对 As（Ⅴ）在第四纪红壤中老化的影响的研究：选取一元有机酸（乙酸）、二元有机酸（草酸）、三元有机酸（柠檬酸）及腐植酸，探究上述 4 种有机酸对 As（Ⅴ）在第四纪红壤中老化的影响，其研究结果将有助于明晰土壤中砷的释放及其迁移转化行为，进而为砷污染土壤的调控、修复及安全利用提供参考。我们首先研究了 4 种不同有机酸对 As（Ⅴ）老化过程中土壤有效态砷及结合态砷的影响，然后又观察了有机酸不同添加量对 As（Ⅴ）在土壤中老化时有效态砷及结合态砷的影响差异。

一、不同类型有机酸对 As（Ⅴ）在土壤中老化的影响

以第四纪红壤为供试土壤，通过向土壤中添加有代表性的一元、二元、三元有机酸和腐植酸作为伴随物质，研究其对砷在土壤中老化的影响。试验中共设置乙酸、草酸、柠檬酸、腐植酸 4 个处理，每个处理设置 4 个水平：0、50 mg/kg、100 mg/kg、200 mg/kg，每个水平 3 次重复。先分别向第四纪红壤中加入相应浓度的有机酸，混合均匀。平衡一

周后加入 $Na_3AsO_4·12H_2O$，使土壤中外源添加 As（Ⅴ）的浓度为 100 mg/kg（不考虑土壤本底砷浓度），混合均匀，使其含水量保持在田间持水量的 70%左右，分别取 200 g 的土壤置于 100 mL 烧杯中并盖上半透膜，随机放入恒温恒湿箱中并保持温度（25±1）℃、湿度 70%，每 2 d 用称量法补充水分，使土壤含水量保持相对稳定。培养至 1 d、15 d、30 d、60 d、90 d、120 d 时分别采集土样。样品经风干、过筛后，利用 HG-AFS 法测定各结合态砷和有效态砷含量。

外源添加物质乙酸、草酸、柠檬酸、腐植酸的不同处理添加量如表 10.1 所示。

表 10.1　有机酸添加量的不同处理

处理	有机酸添加量/（mg/kg）
CK	0
I	50
II	100
III	200

实验采用四种类型的有机酸（乙酸、草酸、柠檬酸、腐植酸），其浓度都为 100 mg/kg，用于研究不同类型的有机酸对土壤老化过程中土壤有效态砷和土壤结合态砷的变化。

（一）不同类型有机酸对 As（Ⅴ）老化中土壤有效态砷含量的影响

添加相同浓度（100 mg/kg）的乙酸、草酸、柠檬酸和腐植酸进行试验，结果显示，随着老化时间的延长，土壤中有效态砷含量逐渐下降。在培养 1 d 时，4 种有机酸处理下土壤有效态砷的百分含量为 10.00%～13.08%，显著低于土壤中加入砷的含量。这是由于 As（Ⅴ）进入土壤后，将很快与土壤胶体发生物理化学、生物等反应，砷先是被吸附在土壤胶体的表层，然后逐渐转移到土壤胶体内部，在老化过程中，土壤有效性态砷含量逐渐降低，且逐渐转化成稳定的结合态砷。不同类型的有机酸对土壤有效态砷含量的影响见表 10.2。

表 10.2　添加不同类型有机酸后土壤中有效态砷占总砷比例随老化时间的变化

培养时间/d	有效态砷的百分含量/%			
	乙酸	草酸	柠檬酸	腐植酸
1	12.09±0.17 a	10.00±0.48 a	13.54±0.38 a	13.08±0.90 a
30	6.08±0.22 b	6.41±0.06 b	6.76±0.13 b	6.73±0.19 b
60	5.26±0.15 c	5.07±0.15 c	5.78±0.19 c	5.66±0.23 c
90	4.84±0.03 d	4.93±0.12 c	5.31±0.19 c	5.49±0.10 c
120	2.05±0.13 e	2.40±0.12 d	3.08±0.77 d	2.88±0.27 d

注：不同小写字母表示同一处理有效态砷含量在培养 1d、30d、60d、90d 和 120d 时差异显著（$P<0.05$）。

对于乙酸处理而言，培养1 d、30 d、60 d、90 d、120 d 时土壤有效态的砷含量都相互达到显著性差异水平，在老化过程中，有效态砷含量减少量为10.04%，下降率为83.04%。而对于草酸、柠檬酸、腐植酸处理而言，土壤有效态砷含量的变化结果一致。三种处理下，除了60 d 和90 d 土壤有效态砷含量未达到显著差异以外，其他老化时间下，土壤有效态砷含量均达到显著性差异水平。

综上所述，在土壤老化过程中，草酸、柠檬酸、腐植酸三种类型的有机酸对土壤有效态砷含量的影响一致，即与 1 d 的土壤有效态砷含量相比，30 d、60 d、90 d、120 d 的含量逐渐减少，呈显著性差异，但 60 d 与 90 d 土壤有效态砷含量差异不显著。对于乙酸而言，1 d 土壤中有效态砷的含量比 30 d、60 d、90 d、120 d 土壤的有效态含量显著降低。造成此结果的主要原因是乙酸属于一元酸，而草酸、柠檬酸、腐植酸属于多元酸，乙酸的解离常数大于其他三种酸，能解离出更多的氢离子与土壤中砷发生相互作用。

（二）不同类型有机酸对 As（Ⅴ）老化中土壤各结合态砷的影响

Wenzel 等（2001）把土壤中的结合态砷分为：非专性吸附态砷（记为 F1），专性吸附态砷（记为 F2），弱结晶水合铁铝氧化物结合态砷（记为 F3），结晶水合铁铝氧化物结合态砷（记为 F4），残渣态砷（记为 F5）。F1 和 F2 是砷与土壤结合形态中相对活跃的两种形态，有效性较高，且容易被植物吸收。F4 和 F5 是固定于土壤颗粒晶体结构或包被于其他金属难溶盐沉淀中的砷，其移动性较差，但危害性也相对较低。F3 则是一种中间过渡态。本研究中，测定了添加相同浓度下不同类型有机酸（乙酸、草酸、柠檬酸、腐植酸）后，不同老化时间的土壤结合态砷含量的变化，其结果如表 10.3 所示。

表 10.3　添加不同类型有机酸后土壤结合态砷占总砷比例随老化时间的变化

处理	培养时间/d	不同处理土壤中各结合态砷的含量/%				
		F1	F2	F3	F4	F5
乙酸	1	1.88±0.04 a	47.47±0.28 a	22.20±1.09 c	21.62±1.50 b	6.83±1.02 c
	30	0.90±0.02 b	38.56±1.91 b	28.12±0.70 b	18.74±0.82 c	13.68±1.24 a
	60	0.67±0.04 bc	32.92±0.50 c	29.28±1.55 ab	24.74±0.71 a	12.39±0.67 ab
	90	0.64±0.01 bc	32.48±0.83 c	31.43±1.54 a	24.57±0.84 a	10.89±0.35 b
	120	0.57±0.03 c	29.47±0.43 d	30.19±0.75 ab	25.56±0.71 a	14.22±0.31 a
草酸	1	1.51±0.23 a	47.41±4.75 a	22.47±2.35 b	23.87±2.53 c	4.75±0.34 d
	30	0.88±0.04 b	37.18±1.49 b	27.68±2.99 a	17.69±0.39 d	16.57±1.79 a
	60	0.68±0.01 c	32.64±1.14 c	29.79±1.04 a	25.26±1.21 bc	11.64±0.69 b
	90	0.66±0.02 c	31.81±1.53 c	30.88±1.96 a	27.41±0.30 b	9.25±1.56 c
	120	0.61±0.03 c	29.91±0.17 c	29.64±0.13 a	28.05±1.03 c	11.78±1.31 b
柠檬酸	1	2.28±0.39 a	45.12±2.53 a	22.63±0.87 d	20.72±3.19 ab	9.25±1.80 b
	30	0.81±0.07 b	35.68±0.36 b	28.68±0.98 c	19.60±2.05 b	15.23±1.89 a
	60	071±0.04 b	32.51±1.05 c	29.61±0.91 bc	23.83±1.07 a	13.34±1.05 a
	90	0.68±0.02 b	32.18±0.72 c	33.06±1.00 a	23.99±0.98 a	10.09±0.48 b
	120	0.61±0.01 b	30.27±0.92 c	30.35±0.54 b	23.55±0.72 a	15.22±2.10 a
腐植酸	1	2.25±0.12 a	48.37±0.60 a	20.48±0.69 d	19.07±0.23 bc	9.82±0.43 c
	30	0.85±0.04 b	35.94±1.14 b	26.78±1.98 c	17.69±1.91 c	18.74±1.61 a
	60	0.72±0.05 c	32.55±0.82 c	29.07±0.64 b	23.30±2.01 a	14.35±1.81 b
	90	0.66±0.02 cd	33.45±0.71 c	31.28±0.25 a	23.69±0.71 a	10.92±0.34 c
	120	0.57±0.02 d	30.46±0.55 d	29.19±0.47 b	21.62±1.76 ab	18.17±1.45 a

注：不同小写字母表示同一处理各结合态砷含量在培养 1 d、30 d、60 d、90 d 和 120 d 时差异显著（P<0.05）。

对于 F1 而言，添加乙酸、柠檬酸处理中非专性吸附态砷变化趋势一致，在 1～30 d 内 F1 含量显著降低（$P<0.05$），降低率分别是 64.54%和 68.87%，其中，添加草酸处理在 1～60 d 内含量显著降低（$P<0.05$），降低率为 55.10%；而添加腐植酸的处理在 1～120 d 内含量变化差异显著。对于 F2 而言，添加乙酸和腐植酸处理中，专性吸附态砷含量变化趋势一致，除了 60 d 和 90 d 无显著差异，其余 1～120 d 内 F2 含量都达到显著性差异水平。添加草酸和柠檬酸的处理，F2 含量在 1～60 d 内显著下降，达到显著性差异，随后缓慢下降。对于 F4 而言，添加 4 种处理的有机酸，其结晶水合铁铝氧化物结合态砷在 1～60 d 内显著增加，达到显著性差异水平。对于 F5 而言，4 种有机酸处理中，1～30 d 内残渣态含量达到显著差异水平，30～90 d 内差异不显著，90～120 d 内残渣态含量差异显著。

总体而言，不同类型的有机酸对土壤各结合态砷的含量影响趋势一致，在土壤老化 1～120 d 内，非专性吸附态砷和专性吸附态砷的含量逐渐减少，结晶水合铁铝氧化物结合态砷和残渣态砷含量逐渐增加，而弱结晶水合铁铝氧化物结合态砷作为一种中间形态，其变化趋势不一致。因此，不同类型的有机酸对土壤中各结合态砷的影响各异。

有机酸是土壤中普遍存在的一类有机配位体，土壤有机酸具有大量不同的功能团、较高的阳离子交换量和较大的表面积，能通过表面络合、离子交换和表面沉淀三种方式增加土壤对重金属的吸附能力（Kalbitz and Wennrich，1998），使重金属在土壤-水-植物系统中的迁移、转化规律发生重大改变，从而影响到重金属在土壤中的形态及其生物有效性。实验结果表明，不同类型的有机酸对 As（Ⅴ）在土壤老化过程中的影响不显著，这可能是由于：第一，乙酸、草酸、柠檬酸、腐植酸都是弱酸，在环境中经过一段时间后被土壤分解，不能继续与土壤中的砷发生反应，因此随着老化时间的延长，有机酸对砷的老化不再有显著影响；第二，实验供试土壤为第四纪红壤，土壤 pH 为 4.94，属于酸性土壤，当乙酸、草酸、柠檬酸、腐植酸中的羧酸根离子与土壤砷结合时，生成的络合物不稳定，在此环境下较易分解；第三，腐植酸是大分子化合物，其水溶性较差，不利于释放活性基团中的有效官能团，对土壤中砷的影响相对较弱等。因此，有机酸的类型对土壤中有效态砷含量和土壤结合态砷含量影响不明显，这也进一步说明了无论向农田中加入哪种类型的有机酸，其对土壤砷的作用差异都不显著。

二、有机酸添加量对 As（Ⅴ）老化过程中土壤砷含量变化的影响

（一）有机酸添加量对 As（Ⅴ）老化过程中土壤有效态砷含量的影响

相关研究表明，有机酸的种类、浓度、重金属含量、形态及重金属-有机酸络合物的稳定常数等均会影响重金属的活性及有效性（宋金凤等，2010）。在我们的研究中，向第四纪红壤中添加不同浓度有机酸后，土壤老化前后有效态砷含量的变化如表 10.4 所示。

表 10.4 中，以老化至 120 d 时土壤有效态砷含量减去 1 d 时的土壤有效态砷含量作为砷的变化量，其值为负时，代表在老化过程中被土壤吸附或固定的砷含量，该数值越高，表明被土壤吸附或固定的砷越多，土壤对砷的吸附或固定容量越大。因此，对于添

表 10.4 不同有机酸添加量对土壤老化前后土壤有效态砷含量变化的影响

有机酸处理	有机酸种类			
	乙酸/%	草酸/%	柠檬酸/%	腐植酸/%
CK	−6.08	−6.46	−6.39	−5.56
I	5.03	6.76	6.40	5.99
II	−5.84	−6.31	−5.28	−6.01
III	−6.14	−5.47	−5.95	−6.91

注：变化量=120 d 时有效态砷含量−1 d 时有效态砷含量。

加乙酸的处理而言，与 CK 相比，除添加 200 mg/kg 乙酸促进土壤中 As（V）的老化外，其他浓度的乙酸均抑制土壤中 As（V）的老化。在 50 mg/kg 和 100 mg/kg 乙酸浓度时，乙酸对 As（V）的固定量随浓度增加而减小，浓度增加至 200 mg/kg 时，As（V）的固定量逐渐增加，即 200 mg/kg 浓度时 As（V）的固定量最大，为 6.14%。因此，与 CK 相比，乙酸浓度为 50 mg/kg 和 100 mg/kg 时，抑制 As（V）的老化；乙酸浓度为 200 mg/kg 时，促进 As（V）的老化。对于添加草酸和柠檬酸的处理而言，除浓度为 50 mg/kg 时促进土壤中 As（V）的老化，其他浓度的草酸和柠檬酸均抑制土壤中 As（V）的老化。在草酸和柠檬酸浓度低于 50 mg/kg 时，随着草酸和柠檬酸浓度的升高，As（V）的固定量也逐渐增大；在 50～200 mg/kg 范围内，随草酸和柠檬酸浓度的升高，As（V）的固定量逐渐减小；因此在 50 mg/kg 时，草酸和柠檬酸的 As（V）固定量最大，分别为 6.76%和 6.40%。由此可知，草酸和柠檬酸在 50 mg/kg 时，促进 As（V）在第四纪红壤上的老化；浓度在 100 mg/kg 和 200 mg/kg 时，抑制 As（V）的老化。与前三种有机酸不同的是，添加腐植酸的处理，砷的释放量没有出现波浪式变化，而是随着腐植酸浓度的增加，As（V）的固定量也逐渐升高，因此腐植酸促进 As（V）的老化。腐植酸浓度为 200 mg/kg 时，砷的固定量最大，含量为 6.91%，比 CK 高出 1.35%。腐植酸对第四纪红壤在土壤中老化的影响远比其他类型的有机酸大。

一般认为，低分子质量有机酸对重金属吸附-解吸的影响呈峰形曲线变化：在试验设置的 0～200 mg/kg 浓度范围内，添加乙酸处理的土壤中有效态砷的释放量有波谷出现，而添加草酸和柠檬酸处理的土壤中有效态砷的释放量有波峰出现。由于腐植酸理化性质的特殊性，添加腐植酸的处理土壤中有效态砷的释放量一直呈现增加趋势。

（二）有机酸添加量对 As（V）老化过程中土壤各结合态砷的影响

外源砷在土壤中的老化是一个自然、缓慢的过程，也是砷进入土壤后与土壤胶体作用并达到新的平衡的过程。在该过程中，外源砷与土壤胶体之间持续发生着变化，其键合的具体机制也随之发生改变，进而影响土壤中砷的毒性。我们详细研究了乙酸、草酸、柠檬酸和腐植酸加入第四纪红壤后，对 As（V）老化过程中土壤各结合态砷的影响，研究结果见表 10.5～表 10.8。

1. 添加乙酸的影响

首先，我们可以观察到乙酸对土壤中各结合态砷有明显的影响，当乙酸浓度在

50 mg/kg、100 mg/kg 时，抑制 As（Ⅴ）的老化；而乙酸浓度在 200 mg/kg 时，则促进 As（Ⅴ）的老化（表 10.5）。

表 10.5　添加乙酸后土壤各结合态砷占总砷比例随老化时间的变化

处理	培养时间/d	不同处理土壤中各结合态砷的含量/%				
		F1	F2	F3	F4	F5
CK	1	2.16±0.20 a	46.94±0.39 a	23.05±0.54 c	23.71±0.66 ab	4.41±0.11 c
	30	0.94±0.07 b	35.31±1.80 b	27.81±1.44 b	21.15±1.51 b	14.79±1.86 ab
	60	0.73±0.33 c	31.77±1.93 b	27.87±1.21 b	22.55±1.31 ab	17.08±1.63 a
	90	0.72±0.12 c	32.44±0.37 b	31.46±0.58 a	25.77±1.36 ab	9.60±1.58 bc
	120	0.63±0.07 c	33.07±2.05 b	26.17±2.13 b	23.21±0.77 a	16.92±1.55 a
Ⅰ	1	2.01±0.06 a	46.40±1.40 a	22.66±0.14 c	23.34±1.28 a	5.59±0.81 d
	30	0.86±0.11 b	35.41±1.01 b	28.51±1.01 b	17.86±1.07 b	17.37±1.94 ab
	60	0.67±0.03 c	31.82±0.34 c	28.72±0.88 b	24.78±1.81 a	14.02±1.36 b
	90	0.64±0.03 c	32.08±0.82 c	31.35±0.45 a	25.97±1.28 a	9.96±0.45 c
	120	0.58±0.01 c	28.76±0.06 d	28.65±1.04 b	22.79±2.09 a	19.21±2.43 a
Ⅱ	1	1.88±0.04 a	47.47±0.28 a	22.20±1.09 c	21.62±1.50 b	6.83±1.02 c
	30	0.90±0.02 b	38.56±1.91 b	28.12±0.70 b	18.74±0.82 c	13.68±1.24 a
	60	0.67±0.04 bc	32.92±0.50 c	29.28±1.55 ab	24.74±0.71 a	12.39±0.67 ab
	90	0.64±0.01 bc	32.48±0.83 c	31.43±1.54 a	24.57±0.84 a	10.89±0.35 b
	120	0.57±0.03 c	29.47±0.43 d	30.19±0.75 ab	25.56±0.71 a	14.22±0.31 a
Ⅲ	1	1.99±0.03 a	46.74±0.79 a	22.51±1.13 d	21.68±1.19 b	7.08±0.82 b
	30	0.84±0.02 b	36.90±0.38 b	27.39±1.00 c	17.87±0.94 c	17.00±0.72 a
	60	0.68±0.04 c	30.33±1.56 c	30.13±1.37 ab	24.94±1.09 a	13.93±1.17 a
	90	0.63±0.02 c	32.65±0.49 d	32.49±0.60 a	25.10±0.38 a	9.12±1.05 b
	120	0.52±0.14 c	30.23±1.01 d	28.79±1.11 bc	25.62±0.55 a	14.84±1.54 a

注：不同小写字母表示同一处理各结合态砷含量在培养 1 d、30 d、60 d、90 d 和 120 d 时差异显著（$P<0.05$）。

F1 是非专性吸附态砷，在 1～120 d 内 F1 含量都逐渐降低，特别是在 1～60 d 内四种浓度水平下非专性吸附态砷显著下降（$P<0.05$）；随后在 60～120 d 内 F1 含量缓慢下降，没有达到显著差异水平；F2 是专性吸附态，是这五种形态中的主要形态。专性吸附态砷变化较复杂，不同乙酸添加量对 F2 的影响也不同，但随着老化过程，F2 含量的变化与 F1 类似，含量都逐渐降低。对于 CK 处理，1～30 d 内 F2 含量显著下降，下降率为 83.81%，而在 30～120 d 内含量缓慢下降，差异不显著，在 90 d 内下降率仅为 16.19%。对于Ⅰ、Ⅱ、Ⅲ处理而言，不但 1～30 d 的 F2 含量差异显著，而且在 30～120 d 也都达到显著性差异，这说明乙酸对专性吸附态砷有显著影响。F3 为弱结晶水合铁铝氧化物态砷，代表低生物有效性砷。在四种水平下，1～120 d 内 F3 含量逐渐升高，其中 1 d 与 120 d 时的弱结晶水合铁铝氧化物态砷达到显著差异，最大增加量为 7.99%；F4 是结晶水合铁铝氧化物态砷，代表土壤内部结合态砷形态。F4 与 F3 变化规律类似，在 1～120 d 内含量逐渐升高，但对于 CK 和Ⅰ处理而言，1 d 与 120 d 时的结晶水合铁铝氧化物态砷未达到显著差异，而Ⅱ和Ⅲ处理达到显著差异水平，这意味着当乙酸浓度

高于 100 mg/kg 时，对结晶水合铁铝氧化物态砷影响显著。F5 是残渣态砷，是固定于土壤颗粒晶体结构或包被于其他金属难溶盐沉淀中的砷，其移动性较差，但危害性也相对较低。对于 4 种处理而言，F5 含量均显著增加，增加幅度为 7.39%～13.62%。

2. 添加草酸的影响

在红壤中添加草酸后，结果显示，当其浓度在 50 mg/kg 时，抑制 As（V）在第四纪红壤中的老化；浓度在 100～200 mg/kg 范围内，则促进 As（V）的老化。草酸对土壤中各结合态砷的影响见表 10.6。

表 10.6 添加草酸后土壤各结合态砷占总砷比例随老化时间的变化

处理	培养时间/d	不同处理土壤中各结合态砷的含量/%				
		F1	F2	F3	F4	F5
CK	1	1.56±0.01 a	44.08±1.00 a	24.29±0.53 c	24.57±0.55 ab	5.51±1.25 b
	30	0.86±0.02 b	36.72±0.18 b	28.12±0.04 b	20.90±2.67 b	13.40±2.53 a
	60	0.68±0.03 c	31.58±0.61 cd	31.01±1.14 a	23.60±3.10 b	13.12±3.66 a
	90	0.66±0.04 c	32.70±0.68 c	31.31±0.74 a	23.74±1.59 b	11.60±2.45 a
	120	0.69±0.18 c	30.56±1.08 d	28.41±0.57 b	28.21±1.32 a	12.13±2.16 a
Ⅰ	1	1.44±0.11 a	43.10±1.21 a	24.40±0.44 d	24.99±1.88 a	6.07±2.16 c
	30	0.84±0.03 b	37.12±0.63 b	27.82±0.14 c	19.01±1.39 b	15.20±1.12 a
	60	0.69±0.06 c	31.94±1.18 cd	29.61±1.04 b	24.97±0.85 a	12.78±2.95 ab
	90	0.65±0.04 c	32.80±0.69 c	31.14±0.42 a	27.17±1.24 a	8.24±1.49 bc
	120	0.59±0.03 c	30.37±0.97 d	28.50±1.28 bc	25.36±3.95 a	15.18±4.83 a
Ⅱ	1	1.51±0.23 a	47.41±4.75 a	22.47±2.35 b	23.87±2.53 c	4.75±0.34 d
	30	0.88±0.04 b	37.18±1.49 b	27.68±2.99 a	17.69±0.39 d	16.57±1.79 a
	60	0.68±0.01 c	32.64±1.14 c	29.79±1.04 a	25.26±1.21 bc	11.64±0.69 b
	90	0.66±0.02 c	31.81±1.53 c	30.88±1.96 a	27.41±0.30 b	9.25±1.56 c
	120	0.61±0.03 c	29.91±0.17 c	29.64±0.13 a	28.05±1.03 c	11.78±1.31 b
Ⅲ	1	2.11±0.05 a	47.11±0.88 a	22.69±0.61 c	23.76±1.73 b	4.33±0.98 c
	30	0.84±0.02 b	35.67±0.92 b	27.65±0.48 b	19.31±0.98 c	16.53±1.57 a
	60	0.70±0.01 c	33.37±1.54 c	26.27±2.72 b	27.30±2.13 a	12.35±1.06 b
	90	0.63±0.03 d	31.92±0.32 c	31.56±1.33 a	25.69±1.10 ab	10.20±0.95 b
	120	0.60±0.01 d	29.35±0.76 d	28.79±1.35 b	24.69±1.16 ab	16.56±2.22 a

注：不同小写字母表示同一处理各结合态砷含量在培养 1 d、30 d、60 d、90 d 和 120 d 时差异显著（$P<0.05$）。

伴随着老化过程，在 1～120 d 内 F1 和 F2 含量逐渐降低，F3、F4 和 F5 含量逐渐升高。对于 F1 而言，虽然草酸的添加量不同，但 4 种处理中，F1 含量在 1～60 d 内显著降低，减少量为 0.75%～1.40%，下降率达到 90%以上；在 60～120 d 内减少量未达到显著性差异。对于 F2 而言，分别在 1 d、30 d、60 d、90 d、120 d 采样测得，F2 变化量均达到显著性差异水平，说明草酸对专性吸附态砷影响很大。对于 F3 而言，所有处理在 1～90 d 内，弱结晶水合铁铝氧化物结合态砷含量增加显著，增加量为 6.74%～8.87%；而在 90～120 d 内，含量逐渐下降但仍高于 1 d 时 F3 的含量。F3 本来就属于 5 种结合态砷中的一种过渡形态，其性质不稳定，容易向其他形态砷转化。对于 F4 而言，在老化过程中所有处理的 F4 含量逐渐升高，但未达到显著性差异。对于 F5 而言，在 1～120 d 老化过程中，含量逐渐增加，均达到显著性水平，增加量为 6.61%～12.23%。

3. 添加柠檬酸的影响

对于添加柠檬酸的处理，土壤中各结合态砷的变化如表 10.7 所示。

表 10.7　添加柠檬酸后土壤各结合态砷占总砷比例随老化时间的变化

处理	培养时间/d	不同处理土壤中各结合态砷的含量/%				
		F1	F2	F3	F4	F5
CK	1	2.07±0.05 a	47.34±1.03 a	22.90±0.44 a	23.19±0.49 ab	4.50±1.37 d
	30	0.89±0.03 b	36.02±0.41 b	28.15±0.80 b	21.47±1.99 b	13.46±1.35 b
	60	078±0.08 c	34.03±0.50 c	28.08±0.83 b	21.51±0.64 b	15.61±0.61 ab
	90	0.69±0.02 d	33.61±0.66 c	31.02±0.74 a	25.32±2.59 a	9.36±2.04 c
	120	0.65±0.01 d	30.09±0.34 d	29.84±1.17 a	22.79±1.57 ab	16.63±1.78 a
I	1	2.14±0.25 a	47.22±0.36 a	22.53±0.45 c	20.73±0.54 b	7.38±0.54 b
	30	0.86±0.02 b	35.19±0.72 b	28.60±0.63 b	21.36±0.65 ab	13.99±0.54 a
	60	0.76±0.04 bc	33.27±0.52 c	28.73±1.01 b	21.29±2.22 ab	15.96±3.16 a
	90	0.65±0.02 bc	33.25±1.39 c	31.70±0.42 a	24.97±1.10 a	9.43±1.17 b
	120	0.62±0.02 c	30.34±0.87 d	28.33±0.25 b	24.82±3.95 ab	15.89±3.28 a
II	1	2.28±0.39 a	45.12±2.53 a	22.63±0.87 d	20.72±3.19 ab	9.25±1.80 b
	30	0.81±0.07 b	35.68±0.36 b	28.68±0.98 c	19.60±2.05 b	15.23±1.89 a
	60	071±0.04 b	32.51±1.05 c	29.61±0.91 bc	23.83±1.07 a	13.34±1.05 a
	90	0.68±0.02 b	32.18±0.72 c	33.06±1.00 a	23.99±0.98 a	10.09±0.48 b
	120	0.61±0.01 b	30.27±0.92 c	30.35±0.54 b	23.55±0.72 a	15.22±2.10 a
III	1	2.16±0.34 a	43.81±6.46 a	30.65±5.21 a	15.13±3.73 b	8.25±1.57 b
	30	0.80±0.05 b	35.45±1.33 b	28.34±0.46 a	19.11±0.63 ab	16.30±1.57 a
	60	0.69±0.03 b	32.82±0.74 b	29.72±1.38 a	21.84±1.52 a	14.93±0.84 a
	90	0.73±0.13 b	31.91±1.31 b	31.09±1.59 a	21.89±1.08 a	14.37±3.62 a
	120	0.62±0.07 b	30.09±1.14 b	29.56±2.15 a	22.11±3.74 a	17.61±449 a

注：不同小写字母表示同一处理各结合态砷含量在培养 1 d、30 d、60 d、90 d 和 120 d 时差异显著（$P<0.05$）。

对于 F1 而言，Ⅰ、Ⅱ和Ⅲ处理在 1～30 d 内含量显著降低，减少量为 1.18%～1.46%（降低幅度为 82.81%～88.50%），在 30～120 d 内非专性吸附态砷含量的减少量未达到显著水平。对于 F2 而言，Ⅰ和Ⅱ处理中，1～120 d 内专性吸附态砷含量的减少量达到显著差异，而在Ⅲ处理中，1～30 d 内，F2 减少量为 1.36%，达到显著差异水平，而在 30～90 d 内，专性吸附态砷减少量为 0.18%，差异不显著。对于 F3 而言，含量变化较复杂，在Ⅰ和Ⅱ处理下，F3 增加量达到显著差异水平；而Ⅲ处理中未达到显著性水平。与 CK 相比，当柠檬酸的添加浓度为 50～100 mg/kg 时，柠檬酸对弱结晶水合铁铝氧化物结合态砷影响显著。对于 F4 而言，随着老化过程，含量逐渐升高。与 CK 相比，在Ⅰ和Ⅱ处理下，F4 含量变化差异不显著，但Ⅲ处理中 F4 增加量达到显著差异水平。这表明当柠檬酸的添加浓度高达 200 mg/kg 时，柠檬酸对结晶水合铁铝氧化物结合态砷影响才显著。对于 F5 而言，与添加草酸、乙酸的结果一致，在 1～120 d 老化过程中，含量逐渐增加，均达到显著性水平。

4. 添加腐植酸的影响

对于添加腐植酸的处理，土壤中各结合态砷的变化如表 10.8 所示。对于 F1 而言，Ⅰ、Ⅱ和Ⅲ处理在 1～60 d 内含量显著降低，减少量为 1.33%～1.79%（下降率为 90.70%～94.08%），在 60～120 d 内非专性吸附态砷含量的减少量未达到显著水平，其结果与添加草酸结果一致。与 CK 相比，腐植酸对 F1 影响不显著。对于 F2 而言，4 个处理在 1～120 d 内专性吸附态砷含量的减少量均达到显著差异，减少量为 14.74%～18.16%。对于 F3 而言，在Ⅰ、Ⅱ和Ⅲ处理下，F3 的增加量均达到显著差异水平。与 CK 相比，当浓度在 50 mg/kg 和 100 mg/kg 时，腐植酸对非结晶水合铁铝氧化物结合态砷影响显著。对于 F4 而言，随着老化过程，在Ⅰ和Ⅱ处理下，F3 含量均未达到显著差异水平；而Ⅲ处理中达到了显著性水平。因此，当浓度达到 200 mg/kg 时，腐植酸对结晶水合铁铝氧化物结合态砷影响才显著。对于 F5 而言，与添加柠檬酸、草酸、乙酸的结果一致，在 1～120 d 老化过程中，残渣态含量逐渐增加，均达到显著性水平，增加量为 8.35%～9.39%。

表 10.8 添加腐植酸后土壤各结合态砷占总砷比例随老化时间的变化

处理	培养时间/d	不同处理土壤中各结合态砷的含量/%				
		F1	F2	F3	F4	F5
CK	1	2.48±0.06 a	46.20±3.26 a	23.51±1.37 a	20.73±2.72 b	7.08±0.55 b
	30	0.96±0.05 b	36.32±0.27 b	2790±0.27 b	21.30±2.19 ab	13.51±2.21 ab
	60	0.69±0.04 c	32.15±1.53 c	28.34±0.76 b	23.62±1.50 ab	15.20±2.74 a
	90	0.69±0.03 c	32.23±0.59 c	31.36±0.87 a	24.05±0.96 ab	11.67±1.10 ab
	120	0.55±0.07 d	28.19±1.66 d	28.57±1.77 b	26.23±4.40 a	16.47±7.52 a
Ⅰ	1	2.41±0.02 a	48.33±0.91 a	21.31±1.23 b	19.94±1.15 ab	8.01±2.24 b
	30	0.86±0.02 b	35.50±2.16 b	28.78±4.04 a	18.44±2.12 b	16.41±0.83 a
	60	0.72±0.02 c	32.45±1.13 c	30.28±1.09 a	21.74±2.33 ab	14.81±0.83 a
	90	0.69±0.04 c	31.26±0.46 c	31.4±50.91 a	23.68±1.36 a	12.92±1.41 a
	120	0.61±0.02 d	30.17±1.11 c	28.87±1.47 a	23.33±2.65 a	17.01±3.97 a
Ⅱ	1	2.25±0.12 a	48.37±0.60 a	20.48±0.69 d	19.07±0.23 bc	9.82±0.43 c
	30	0.85±0.04 b	35.94±1.14 b	26.78±1.98 c	17.69±1.91 c	18.74±1.61 a
	60	0.72±0.05 c	32.55±0.82 c	29.07±0.64 b	23.30±2.01 a	14.35±1.81 b
	90	0.66±0.02 cd	33.45±0.71 c	31.28±0.25 a	23.69±0.71 a	10.92±0.34 c
	120	0.57±0.02 d	30.46±0.55 d	29.19±0.47 b	21.62±1.76 ab	18.17±1.45 a
Ⅲ	1	2.05±0.14 a	47.74±0.87 a	20.84±0.44 a	21.26±0.47 c	8.12±0.82 c
	30	0.84±0.04 b	35.10±0.35 b	28.11±0.61 a	19.67±0.96 c	16.27±0.76 a
	60	0.72±0.02 bc	31.39±1.13 b	29.89±0.51 a	26.23±0.49 ab	11.78±1.40 b
	90	0.67±0.03 c	32.32±0.68 b	31.11±0.69 a	22.31±1.18 bc	13.59±2.24 ab
	120	0.63±0.09 c	33.00±5.41 b	22.48±2.91 a	26.91±4.61 a	16.97±2.86 a

注：不同小写字母表示同一处理各结合态砷含量在培养 1 d、30 d、60 d、90 d 和 120 d 时差异显著（$P<0.05$）。

通过试验我们可以看到，有机酸的添加量对 As（Ⅴ）在第四纪红壤上老化过程中影响很大。有研究表明，有机酸浓度强烈影响重金属的活性及有效性，一般认为，低分子质量有机酸对重金属吸附-解吸过程的影响呈双峰曲线变化（赵雨森等，2010）。在我们的试验中，当乙酸浓度在 50 mg/kg、100 mg/kg 时，抑制 As（Ⅴ）的老化；而乙酸浓度在 200 mg/kg 时，则促进 As（Ⅴ）的老化。对于草酸和柠檬酸而言，当浓度在 50 mg/kg 时，抑制 As（Ⅴ）在第四纪红壤中的老化；浓度在 100 mg/kg 和 200 mg/kg 时，促进 As（Ⅴ）的老化。进入土壤中的 As（Ⅴ）主要与土壤矿物质结合，如 Fe、Al 氧化物和氢氧化物等。有资料表明，有机酸能促进土壤中的砷释放，主要是由于有机酸能够解离土壤中部分铁铝氧化物，从而使与之结合的砷释放出来。而我们的试验结果显示，四种有机酸主要是对专性吸附态砷和结晶水合铁铝氧化物结合态砷有显著影响，与陶玉强等（2005）研究结果一致。随着有机酸浓度的增加，有机酸对土壤砷老化的影响越来越大。这说明，土壤中的有机酸浓度是决定砷的物理化学行为的重要因素，因此，当我们在施用有机肥时，一定要注意其用量，降低有机肥中的有机酸增强砷的迁移能力的风险，从而减少生态风险。

第三节　磷素添加对土壤中砷老化形态与植物有效性的影响及机理

砷（As）元素在自然界中广泛存在，其具有较强的毒性，且能够致癌。砷在土壤中的累积不仅影响植物、动物的生长和发育，而且可以通过食物链进入人体，对人类的生存和健康构成威胁。土壤中砷的生物有效性决定了砷毒性的大小。影响土壤中砷有效性的因素主要有土壤 pH、有机质含量、阳离子交换量（CEC）、氮磷钾的营养元素以及金属元素间的综合作用等（陈同斌等，1993a；1996b；尚爱安等，2000；易丽，2005；王伟玲等，2008；董艺婷等，2003；宗良纲和丁园，2001；Chen et al.，2000）。其中，磷（phosphorus）和砷（arsenic）属同族元素，化学性质相似，二者的氧化形态和电子轨道等很相似，在土壤溶液中两者均主要以阴离子的形式存在，在土壤-植物系统中的行为也有颇多相似之处。在以往的研究中，水培实验（Meharg and Macnair，1991a；Sadiq，1997；Abedin et al.，2002b）的结果表明，磷的施入会影响植物对砷的吸收，营养液中增加磷与砷的比例会减轻砷害，这是因为磷和砷会竞争植物根系细胞中的吸附位点（Meharg and Macnair，1992）；而在土壤中，磷砷的关系与水培试验的结果存在差异性，磷会竞争土壤中砷的吸附位点，从而使得砷解吸到土壤溶液中去（Tao et al.，2006）。磷的存在会影响植物对砷的吸收，且会进一步影响砷在植物体内的迁移转化。在不同的土壤-植物条件下，不同报道中磷对植物吸收砷的影响不一致，协同和拮抗效应都可能会出现。因此，开展土壤-植物系统中磷对砷的影响研究、探讨磷对砷的影响机制具有积极的意义。

一、土壤-植物系统中磷、砷的相互关系

（一）磷对土壤-植物系统中砷的影响

作为磷的化学相似物，砷具有和磷相似的化学性质，且对于大多数植物来说，对砷

的吸收是通过高亲和力磷的迁移通道来进行的（Meharg and Macnair，1991a；Abedin et al.，2002b；Esteban et al.，2003）。砷一旦进入细胞质内，会置换高分子颗粒上的磷，从而干扰细胞内的一些基本过程，如氧化磷酸化和 ATP 的合成（Dixon，1997；Tripathi et al.，2007）。磷的浓度会影响砷的吸收以及砷在植物体内的迁移（Quaghebeur and Rengel，2003）。

在水培条件下，一些植物，如绒毛草（*Holcus lanatus*）和凸浮萍（*Lemna gibba*）对砷的吸收会受到磷的显著影响（Quaghebeur and Rengel，2003；Mkandawire et al.，2004），这是因为磷和砷会竞争植物根系细胞中的吸附位点（Meharg and Macnair，1992）。当培养液中加入砷酸盐时，浮萍（*Spirodela polyrhiza*）中吸收的砷量与吸收的磷量之间呈显著负相关关系（$P<0.05$）（Rahman et al.，2007）。Pickering 等（2000）报道同样指出，在环境砷浓度为 500 μmol/L 时，1 mmol/L 的磷会抑制芥菜（*Brassica juncea*）对砷的吸收，植物根系和地上部分中砷浓度相比不施磷处理的植物分别下降了 72%和 55%。对于中华凤尾蕨（*Pteris inaequalis*）来说，植物叶中和根系中的砷随着营养液中磷浓度的增加显著降低，且植物叶中和根系中吸收的砷和磷的量均呈显著负相关关系（$P<0.05$）（Lou，2008）。同样的，Huang 等（2007）研究也得到相似的结果，中华凤尾蕨老叶和新叶中砷浓度在施用 1 mmol/L 的磷时分别下降了 83%和 64%。Wang 等（2002）研究指出，当营养液中磷浓度为 50 μmol/L 时，中华凤尾蕨体内的砷含量显著受到抑制。Esteban 等（2003）研究表明，随着培养液中磷浓度的增加，白羽扇豆（*Lupinus albus*）根系对砷的吸收显著减少。植物对磷和砷的吸收是通过相同的提取系统，而在所有植物中，这一吸收机制对磷的亲和力要高于对砷的亲和力（Meharg and Macnair，1992；Esteban et al.，2003）。在缺磷状态下，绒毛草和白羽扇豆对砷的吸收得到增强（Meharg and Macnair，1992；Esteban et al.，2003）。Tu 和 Ma（2003）报道指出，中华凤尾蕨植物体内吸收的砷浓度在不施磷处理下最高。磷素缺乏导致砷吸收的增强是因为转移高分子的形成以及磷砷竞争作用的减少（Wang et al.，2002）。水培实验（Asher and Reay，1979；Meharg and Macnair，1991a；Sadiq，1997；Abedin et al.，2002a）的结果表明，磷砷的比例（P/As）会影响植物的生长，营养液中增加磷与砷的比例会减少砷害。Hurd-Karrer（1936）研究发现，砷的植物毒性是磷浓度的函数，当 P/As 比为 4∶1 或更大时，砷对于小麦的毒性显著降低，然而，当 P/As 值为 1∶1 时，土壤中砷浓度高于 10 ppm①，植物就会出现萎缩现象。在一些其他作物上的研究也得出了类似的结果。但是土壤中 P/As 值没有显现这种效应，可能与土壤中复杂的磷砷有效性有关。

在土壤培养条件下，磷对植物吸收砷的影响与水培试验的结果存在差异性。Johnson 和 Barnard（1979）认为砷和磷分子及构型相似，可能与土壤结合的方式也相同。Woolson 等（1971）认为，砷在土壤中形成的化合物与磷的化合物相似，所以影响土壤中磷酸盐的化学行为的因子也将影响砷酸盐的行为。以往的文献报道指出，磷对植物吸收砷的影响，协同和拮抗效应都可能会出现。在根际环境作用下，磷对砷行为的影响直接关系着砷进入植物体内的状况，从而影响着砷进入食物链的物质循环。在土培实验中，一些研

① 1 ppm=1×10^{-6}。

究者指出，对于很多种作物来说，当磷浓度水平增加时，砷的毒性会降低。较高浓度的磷可以减少土壤对砷的吸附（Peryeaf，1991；Alam et al.，2001；Campos，2002；雷梅等，2003）。阴离子对土壤砷解吸的影响，主要表现在竞争吸附和配位交换反应上。然而，对于磷影响土壤吸附砷的规律和机理并没有统一的结论，在不同的试验条件下出现了不同的研究结果。Fayiga 和 Ma（2006）研究指出，土壤中添加含磷的岩矿会增加中华凤尾蕨对砷的吸收。同样，另外一篇关于砷富集的研究中指出，在土壤中随着磷浓度的增加，小麦根系及地上部分的砷含量均增加（Tao et al.，2006）。Peryea（1998）研究指出，磷的施用增加了土壤中砷的有效性，并且促进了苹果树（*Malus sylvestris*）对砷的吸收。与低磷水平比较，添加高磷浓度（1600～3200 μmol/kg）会增强蕨类植物从土壤中富集砷，特别是在高砷（5340 μmol/kg）水平条件下（Tu and Ma，2003）。磷的添加会显著促进砷污染土壤上植物对砷的吸收，叶中砷的浓度会因此增加165%（Cao et al.，2003）。以往的研究已经表明，磷和砷的相互作用会导致土壤溶液中砷浓度增加，这是由于磷和砷会在土壤颗粒表面竞争吸附位点（Gao and Mucci，2001；Tu and Ma，2003）。一般来说，随着磷浓度的增加，土壤中释放的砷也会随之逐渐增加（Tao et al.，2006）。相比低砷处理（670 μmol/kg），水提取态磷浓度在中等砷处理（2670 μmol/kg）和高砷处理（5340 μmol/kg）下分别增加了 70%～106%和 164%～197%。Gao 和 Mucci（2001）同样指出，当添加砷量为 8.7 μmol/kg 和 22 μmol/kg 时，磷的吸附量分别下降了 48%～57%和 42%～57%。Jacobs 和 Keeney（1970）研究发现，无论添加多少磷，玉米的产量都会因为砷的毒害而降低。Woolson 等（1971）报道指出，在低磷水平时，添加 100 mg/kg 的砷会显著促进玉米的生长，但是在高磷水平时，却会显著降低产量。磷对植物吸收砷的影响是建立在植物对磷的需求（Otte et al.，1990），以及植物对砷的敏感性之上的，而这些都属于植物的特性（Clarkson and Lüttge，1991）。因此，磷的添加会增强还是减弱砷的毒性都是依赖于土壤及植物条件的。

（二）砷的植物毒性及磷影响砷植物毒性的机制

众多的研究者都尝试表征土壤中砷浓度与植物生长的关系。当土壤理化性质差异较大时，土壤总砷浓度不能准确地表征出砷的植物毒性（Jacobs et al.，1970）。Campbell（1995）认为土壤中砷的全量并不能很好地预测评估土壤砷的生物有效性及其环境效应，不能表明砷在土壤中的存在状态、迁移能力以及作为植物吸收的有效性（孔文杰等，2005），土壤中金属的活动性及环境风险更大程度上由其形态分布所决定，不能只用它们在土壤中的总量来预测和说明。Woolson 等（1971）报道指出植物生长与水提取态砷之间的相关性优于其与总砷含量之间的相关性。Sadiq（1986）指出，石灰土上种植的玉米的生长与水提取态砷之间显著相关。Albert 和 Arndt（1931）研究指出，尽管水培试验中少量的砷会刺激根系的生长，但是仍然没有证据表明砷是生物生长的必要元素。Liebig 等（1959）研究表明，在添加 1 ppm 的砷酸盐或亚砷酸盐的水培试验中，柠檬的生长得到了增强，但是当添加量达到 5 ppm 时，不管是添加砷酸盐或亚砷酸盐，植物地上和地下部分的生长均受到抑制。此外，在砷含量水平较低时，会刺激作物小幅度增产，特别是种植一些耐受性较高的植物，如玉米、土豆、黑麦和小麦（Jacobs et al.，1970；

Woolson et al.，1971a）。但是，砷对植物生长的刺激作用并不常见，只是会偶然出现，并且可能会导致作物的顶端生长受到抑制。砷对植物生长的刺激作用可能是因为在土壤中砷酸盐离子会置换出土壤吸附的磷酸盐离子，导致土壤中磷的有效性增加（Jacobs and Keeney，1970）。

土壤砷与植物毒性之间的关系取决于砷在土壤中的存在形式及有效性。无机砷化合物的毒性要强于有机砷化合物，砷各形态的毒性大小依次为亚砷酸盐＞砷酸盐＞有机砷（Adriano，1986）。土壤中砷的毒性主要取决于土壤质地，其次是 pH。土壤呈酸性时，砷的毒性会增强，特别是在 pH 下降至 5 时，土壤中砷的吸附剂，如铁铝氧化物就会溶解（O'Neill，1995）。Sheppard（1992）指出土壤类型是唯一一个影响无机砷植物毒性的重要因素；同时指出，砂土（平均 40 mg/kg）中无机砷的毒性是黏土（平均 200 mg/kg）中的 5 倍。目前普遍认为，砂壤土中砷的植物毒性比其他土壤类型中砷的毒性要强，这是因为砂壤土中一般只含有少量的铁铝氧化物和黏土矿物（Peterson et al.，1981）。当土壤中的砷达到会引起植物中毒的水平时，植物根系是最主要受到毒害作用的地方。与磷相比，砷向植物根系的迁移量很少。植物地上部分中砷的含量一般小于 2 mg/kg（O'Neill，1995），作物体内砷浓度在达到能够危害人类健康的浓度值之前，就会对作物产生毒害作用（Peterson et al.，1981）。

一般认为砷会改变或者扰乱植物对营养物质的吸收和转移（Päivöke and Simola，2001），而植物矿质营养的干扰是导致作物减产最主要的原因，这是砷毒性最常见的标志。砷植物毒性实际表现为叶片枯萎，进而根系和地上部分的生长受阻（Liebig，1965）。这些表现经常会伴随着根系的变色、叶端和边缘的坏死，这表明根系吸水受到抑制，进而导致植物的枯萎和死亡（Woolson et al.，1971）。砷的植物毒性要归因于砷能够替代酶催化反应中的磷，特别是分解磷酸化作用，并因此干扰植物的能量状况（Liebig，1965）。

在氧气充足的环境中，土壤中的无机砷主要是以砷酸盐的形式存在。砷酸盐在化学结构上与磷酸盐很相似，所以一般认为植物根系细胞吸收砷的机理也类似于吸收磷的机理（Asher and Reay，1979；Meharg and Macnair，1994c；Schachtman et al.，1998）。然而，这个机理中，植物对磷的亲和性要高于对砷的亲和性（Asher and Reay，1979；Meharg and Macnair，1992；Esteban et al.，2003）。在低土壤 pH 下，磷酸盐是以“H_2PO_4”的形式被吸收，而在高 pH 下是以“HPO_4”的形式被吸收。相似的，砷酸盐在低 pH 下以“H_2AsO_4”的形式被吸收，而在高 pH 下是以“$HAsO_4$”的形式被吸收（Schachtman et al.，1998）。磷酸盐的吸收是一个耗能过程，以转运蛋白作为转移的媒介（Bieleski，1973；Bieleski and Ferguson，1983；Marschner，1996）。动力学研究表明，至少有两种磷吸收的系统存在：低亲和力系统和高亲和力系统（Meharg and Macnair，1990；Ullrich-Eberius et al.，1984）。低亲和力系统具有较高的吸收能力，是在基质浓度较高的情况下运行的；而高亲和力系统吸收比较慢，而且在缺磷的情况下才会诱发这种吸收机制（Clarkson and Lüttge，1991）。在大多数植物中，植物对砷酸盐的吸收是通过磷的转移通道进行的（Wang et al.，2002；Tu and Ma，2003a）。因此，植物对砷的吸收及砷的植物毒性取决于磷营养盐。磷加入到土壤中会竞争土壤颗粒表面砷的吸附位点，使得吸附的砷解吸到土壤溶液中，导致砷的生物有效性增加（Alam et al.，2001；Tao et al.，2006）。因此，随着磷施入到土壤中，将导致凤尾蕨对砷的吸收显著增加（Cao et al.，2003；Liao et al.，2004；Fayiga and Ma，2006）。

二、DGT技术和DIFS模型在测定土壤中的非稳态磷和砷方面的应用

（一）薄膜扩散梯度技术（DGT）

在以往对磷-砷关系的研究中，所采用的研究方法主要有吸附-解吸试验、水培试验、土培试验和盆栽试验等。吸附-解吸试验和水培试验均是在精确条件控制下的室内模拟试验，研究结果基本是一致的，即磷和砷之间存在拮抗作用。然而在土壤中实际的情况要复杂得多，前人通过盆栽试验得出的结果出现了很大的差异，甚至得到截然相反的结果，这可能是因为受到复杂的土壤条件和性质的影响（Creger and Peryea，1994）。

目前对土壤中磷、砷的研究大都采用化学提取的方法，但是由于不同提取剂的提取效率不同及提取剂可能会受到土壤性质的影响，从而对结果造成误差。近年来发展的基于Fick第一扩散定律的薄膜扩散梯度技术（diffusive gradients in thin-films technique，DGT）能够同时测定土壤中的磷和砷，这种新技术的优点在于：①同时测定，以氧化铁凝胶（水铁矿浸透）为固定相的DGT装置最早是用于环境中磷的测定，近年来的一些研究表明，此类DGT装置在测定环境中砷时也取得了较好的结果；②原位测定，DGT可用于水体、沉积物和土壤中元素的原位测定，避免了取样过程和提取测定过程中元素发生迁移或形态上的变化，能更真实地反映出待测介质中元素的有效性；③DGT所反映的待测元素的有效性不仅仅是单一量的参数，而是整合了一系列土壤理化性质影响的结果；④DGT测定结果结合DIFS模型可以提供更多关于土壤中待测元素的信息，包括获取元素从土壤固相到液相释放的动力学过程。

（二）DIFS模型

DIFS（DGT induced fluxes in sediments and soils）模型（Harper et al.，2000）是一种用来解释和说明DGT方法对痕量金属测定值的软件工具。利用DIFS模型可以推算出每种土壤的R_{diff}值，从而可以计算出土壤中砷的有效浓度C_E。DIFS模型可以对金属从固相到液相的再补给能力，以及金属向DGT-土壤界面和金属离子从扩散层向结合相中扩散补给进行定量（Harper et al.，1998；2000；Degrye et al.，2003；Ernstberger et al.，2005）。此外，DIFS是一种模拟沉积物、土壤中痕量金属反应与传输的数值模型，它考虑到影响DGT装置响应的因素，能够用来模拟DGT放置过程和估计痕量金属的再补给参数，包括固相对液相补给的响应时间T_c和待测离子从固相解吸到液相时的解吸速率常数k_b（Harper et al.，1998；2000；Degrye et al.，2003；Ernstberger et al.，2005）。Zhang等（2004）利用DGT和DIFS模型对土壤中Zn的迁移动力学参数进行模拟，研究指出，添加外源Zn的土壤，由于土壤溶液中Zn浓度减少引起土壤固相的响应时间显著小于非外源添加的污染土壤中Zn的响应时间，且在采样点，随着距离的增加，土壤中Zn的相应时间随之增加。此外，可采用DGT和DIFS模型研究砷污染土壤经过超累积植物的修复后根际土壤中砷的非稳性及迁移动力学特征的变化（Cattani et al.，2009；Senila et al.，2013）。本课题组以往的研究中采用DGT和DIFS模型对两种土壤添加外源砷后土壤中

砷的迁移动力学参数进行模拟，结果表明，两种不同类型的土壤添加外源砷后，土壤固相砷的响应时间 T_c 和解吸速率常数 k_b 出现了不一致的变化趋势，这与外源砷进入土壤中的不同存在形态有关，通过对土壤中砷的迁移动力学参数进行模拟，可以更深入地了解土壤中各种砷结合形态与砷有效性之间的关系，能够从微观的角度了解不同类型土壤中砷的有效性的差异，以及造成这种差异的原因和机制。

三、磷素添加对砷老化后土壤中非稳态砷的影响

本研究中，我们在全国 7 个省份采集了 13 种土壤，见表 10.9。

表 10.9 供试土壤的采集信息

编号	土壤类型	成土母质	采样地点	具体采样位置
BJ	褐潮土	洪积冲积物	北京市顺义区	中国农业科学院顺义试验基地
CQ	紫色土	紫色岩风化物	重庆市	国家紫色土肥力与肥料效益检测基地
GS	灌漠土	河流冲积物	甘肃省武威市	武威长期定位试验基地
GZ	黄壤	白云石风化物	贵州省贵阳市	贵州师范大学
JL	黑土	第四纪黄土沉积物	吉林省长春市	吉林大学试验基地
LN	棕壤	辽河冲积物	辽宁省沈阳市	（AD7 区）
HA-1	砖红壤	花岗岩	海南省	中国热带农业科学院实验场五队
HA-2	砖红壤	玄武岩	海南省	海南新盈农场
HU-1	红壤	第四纪红土	湖南省祁阳县	湖南省祁阳县文富市镇官山坪村上街组
HU-2	红壤	板页岩	湖南省祁阳县	湖南省祁阳县文富市镇官山坪村上清组
HU-3	红壤	花岗岩	湖南省祁阳县	湖南省邵东县石株桥乡流泉村 8 组
HU-4	红壤	石灰岩	湖南省祁阳县	湖南省祁阳县文富市镇官山坪村 3 组
HU-5	红壤	紫色土	湖南省祁阳县	湖南省祁阳县文富市镇清太村 3 组

供试土壤的理化性质如表 10.10 所示。

表 10.10 供试土壤的理化性质

编号	BJ	CQ	GS	GZ	JL	LN	HA-1	HA-2	HU-1	HU-2	HU-3	HU-4	HU-5
pH	8.3	8.7	8.1	5.7	6.7	5.5	4.8	4.7	5.0	7.0	5.1	7.3	8.9
OM/（g/kg）	15.7	19.7	26.8	21.3	31.1	19.4	19.2	37.1	20.2	29.3	19.6	32.7	7.6
CEC/（cmol/kg）	13.6	21.5	8.3	14.4	25.3	13.1	4.5	11.3	10.7	9.0	6.5	15.0	11.7
全氮/（g/kg）	1.1	1.0	1.3	1.3	1.6	1.1	1.0	1.8	1.2	2.3	1.3	1.8	0.8
全磷/（g/kg）	0.6	0.7	1.3	0.4	0.9	0.5	0.4	1.1	0.6	1.1	0.6	0.7	0.7
全钾/（g/kg）	20.6	22.9	21.4	11.1	21.1	21.0	6.3	1.6	12.3	27.7	39.9	17.8	24.1
碱解氮/（mg/kg）	109	113	109	282	135	136	120	231	108	223	149	149	42
有效磷/（mg/kg）	12.5	57.9	86.1	0.1	127.5	26.6	3.9	3.5	32.9	65.1	54.8	14.6	10.6
速效钾/（mg/kg）	102	173	317	84	199	137	31	38	190	118	58	182	87
有效铁/（mg/kg）	11.8	72.7	10.8	23.3	45.2	81.4	11.1	10.0	32.3	38.2	71.0	37.1	5.6
有效锰/（mg/kg）	18.7	33.1	17.5	11.6	54.5	49.8	22.2	64.7	194.1	94.4	34.2	23.2	13.3
活性铝/（mg/kg）	2.1	0.8	1.3	2.9	3.1	2.3	4.2	4.4	2.6	3.4	1.8	3.1	nd

注：nd 表示未检测出。

（一）土壤理化性质对土壤中磷-砷相互关系的影响

老化平衡后的土壤添加外源磷进行培养，加入磷的总量为 200 mg/kg。磷分为 3 次加入到土壤中，每次添加外源磷培养一周进行取样并再次添加磷，三次所添加外源磷总量为 200 mg/kg。共进行 3 次取样试验，每次取样后先进行 DGT 试验，然后从剩余的土壤中取一定量的土壤（相当于 1 g 干土重），用 0.5 mol/L $(NH_4)_2SO_4$ 溶液提取土壤固相弱结合态的砷，这部分砷是 Wenzel 等（2001）土壤砷连续提取方法的第一步；剩下的土壤全部离心过滤，然后进行测定，这部分砷为土壤液相中的砷。

1. DGT 测定活性磷及活性砷浓度

每次 DGT 测定土壤活性磷浓度（DGT-P）和活性砷浓度（DGT-As）的结果见表 10.11。

表 10.11　外源磷连续添加过程中土壤活性磷、砷浓度的变化

土壤	活性磷浓度/（μg/L）			
	不添加外源磷	第一次添加磷	第二次添加磷	第三次添加磷
BJ	37.9 ± 4.7 a	43.4 ± 3.2 a	83.0 ± 1.6 b	99.6 ± 1.9 c
CQ	62.7 ± 2.9 d	75.1 ± 1.9 e	44.7 ± 1.3 b	24.4 ± 0.1 a
GS	102.2 ± 9.5 b	56.0 ± 4.6 a	131.4 ± 1.7 c	159.6 ± 2.9 d
GZ	4.5 ± 0.6 c	1.1 ± 0.1 a	3.3 ± 0.3 b	3.4 ± 0.1 b
JL	393.5 ± 9.7 d	112.1 ± 1.3 a	239. 6 ± 1.3 b	314.3 ± 9.5 c
LN	44.2 ± 1.4 b	20.2 ± 0.7 a	63.9 ± 2.5 c	103.7 ± 2.6 d
HA-1	4.8 ± 0.5 a	3.4 ± 0.2 a	16.2 ± 0.1 b	33.3 ± 1.0 c
HA-2	5.0 ± 0.7 bc	1.6 ± 0.0 a	4.4 ± 0.4 b	5.6 ± 0.2 c
HU-1	19.8 ± 0.3 b	7.4 ± 0.3 a	25.8 ± 2.9 c	37.7 ± 2.5 d
HU-2	187.0 ± 8.3 b	87.4 ± 2.4 a	229.6 ± 5.4 c	312.7 ± 1.2 d
HU-3	76.2 ± 2.9 b	41.5 ± 2.0 a	144.7 ± 9.7 c	241.6 ± 4.9 d
HU-4	9.4 ± 0.2 a	6.1 ± 0.1 a	21.5 ± 0.9 ab	31.5 ± 0.6 b
HU-5	53.7 ± 1.8 b	78.4 ± 1.1 d	68.4 ± 1.2 c	42.8 ± 0.7 a
土壤	活性砷浓度/（μg/L）			
	不添加外源磷	第一次添加磷	第二次添加磷	第三次添加磷
BJ	161.5 ± 0.8 a	288.0 ± 21. 9 b	304.5 ± 2.0 b	464.3 ± 13. 1 c
CQ	376.1 ± 5.6 b	607.7 ± 5.1 e	476.2 ± 0.6 d	297.4 ± 7.1 a
GS	400.8 ± 9.9 a	467.1 ± 19.3 a	761.6 ± 17.3 b	742.8 ± 17.1 b
GZ	16. 5 ± 0.3 c	9.4 ± 0.9 b	7.9 ± 0.4 a	6.8 ± 0. a
JL	213.2 ± 8.8 a	272.6 ± 1.4 b	432.1 ± 10.4 c	442.7 ± 11.8 c
LN	35.6 ± 0.8 a	45.7 ± 1.7 b	91.4 ± 0.9 c	102.7 ± 3.9 d
HA-1	5.2 ± 0.3 a	12.4 ± 0.3 b	32.8 ± 0.8 c	42.9 ± 0.3 d
HA-2	2.1 ± 0.1 a	3.7 ± 0.2 b	7.1 ± 0.2 c	8.0 ± 0.7 c
HU-1	9.8 ± 0.3 a	15.4 ± 0.7 b	36.5 ± 1.8 c	38.0 ± 3.3 c
HU-2	80.7 ± 0.8 a	135.0 ± 1.1 b	268.8 ± 8.5 c	280.5 ± 11.7 c
HU-3	114.9 ± 3.1 a	184. 8 ± 6.0 b	438.9 ± 29.5 c	559.7 ± 1.9 d
HU-4	6.9 ± 0.3 a	15.5 ± 0.4 b	34.3 ± 0.6 c	38.7 ± 1.3 d
HU-5	366.9 ± 24.8 a	635.5 ± 1.2 c	607.5 ± 18.9 b	388.6 ± 0.6 a

第一次添加外源磷后（1/3×200 mg/kg），褐潮土（BJ）、紫色土（CQ）和紫色土发

育的红壤（HU-5）中 DGT-P、DGT-As 均呈增加趋势，表明加入到土壤中的磷会与土壤中原有的砷竞争吸附位点而使得吸附的砷被解吸下来，但是由于土壤中的吸附位点有限，且土壤中磷与砷的竞争只发生在非专性吸附位点上，由于砷的解吸而提供的吸附位点不足以吸附所有新加入的磷，所以添加外源磷后，土壤 DGT-P、DGT-As 均增加。其余的灌漠土（GS）、黄壤（GZ）、黑土（JL）、棕壤（LN）、花岗岩发育的砖红壤（HA-1）、玄武岩发育的砖红壤（HA-2）、第四纪红土发育的红壤（HU-1）、板页岩发育的红壤（HU-2）、花岗岩发育的红壤（HU-3）、石灰岩发育的红壤（HU-4）在第一次添加磷后，土壤中 DGT-P 均出现下降趋势，这表明土壤中的吸附位点比较充分，新加入的磷均被土壤所吸附，而且由于磷的加入会竞争土壤中砷的吸附位点，所以土壤 DGT-P 呈现出下降的趋势。但是在这些土壤中，添加外源磷后 DGT-As 的变化却不一致，除土壤 GZ 外，其余土壤（GS、JL、LN、HA-1、HA-2、HU-1、HU-2、HU-3、HU-4）中 DGT-As 的浓度均增加，这表明，由于外源磷的加入，土壤中原来被吸附的砷被置换下来，其活性增加，所以 DGT 测定的土壤 DGT-As 均增加；土壤 GZ 中 DGT-As 的变化与其他土壤中不一致，在第一次添加外源磷后，土壤中 DGT-P、DGT-As 均降低，说明磷加入土壤后会被土壤所吸附固定，同时在这种土壤中磷的加入也会促进土壤对砷的吸附，土壤中的砷由活性向稳定性转移，这可能是由于土壤 GZ 的初始有效磷浓度很低，新加入的磷也可能与土壤中的砷在土壤中共同形成一种络合物，使得土壤中的磷、砷被同时固定下来，导致 DGT-P、DGT-As 均出现降低的趋势。

第二次添加外源磷后（1/3×200 mg/kg），除紫色土（CQ）和紫色土发育的红壤（HU-5）外，其余的褐潮土（BJ）、灌漠土（GS）、黄壤（GZ）、黑土（JL）、棕壤（LN）、花岗岩发育的砖红壤（HA-1）、玄武岩发育的砖红壤（HA-2）、第四纪红土发育的红壤（HU-1）、板页岩发育的红壤（HU-2）、花岗岩发育的红壤（HU-3）、石灰岩发育的红壤（HU-4）中 DGT-P 和 DGT-As 均呈现出增加的趋势，这表明，随着外源磷添加量的逐渐增加，土壤中原本被吸附的砷继续被新加入的磷置换下来，但此时由于砷解吸下来形成的吸附位点不足以吸附所有新加入的磷，所以在第二次添加外源磷后，土壤中的 DGT-P 和 DGT-As 均增加。土壤 CQ、HU-5 中 DGT-P 和 DGT-As 的变化趋势与其他土壤不同，这两种土壤在第一次添加外源磷后，其 DGT-P 和 DGT-As 均增加，然而随着外源磷添加量的增加，这两种土壤中的 DGT-P 和 DGT-As 均有所降低，这可能是因为，在第一次添加外源磷后，新加入的磷会竞争土壤中砷的吸附位点，但此时竞争作用只发生在非专性吸附位点上，而竞争的位点又不足以吸附所有的磷，所以 DGT-P 和 DGT-As 均增加；然而继续添加外源磷后，土壤中的磷和砷均由活性态向稳定态转移，导致 DGT-P 和 DGT-As 均降低。

第三次添加外源磷后（1/3×200 mg/kg），紫色土（CQ）和紫色土发育的红壤（HU-5）中 DGT-P 和 DGT-As 均降低，其余的褐潮土（BJ）、灌漠土（GS）、黄壤（GZ）、黑土（JL）、棕壤（LN）、花岗岩发育的砖红壤（HA-1）、玄武岩发育的砖红壤（HA-2）、第四纪红土发育的红壤（HU-1）、板页岩发育的红壤（HU-2）、花岗岩发育的红壤（HU-3）、石灰岩发育的红壤（HU-4）中 DGT-P 均有所增加，这表明竞争作用产生的吸附位点达到了饱和，而新加入的磷一部分会以活性态的形式存在；但是这些土壤中 DGT-As 的变化却不一致，土壤 BJ、JL、LN、HA-1、HA-2、HU-1、HU-2、HU-3 和 HU-4 中活性态的砷随着磷的加入而继续增加，这是由于磷的竞争吸附作用所致，但是土壤 GS 和 GZ 中 DGT-As 却有所下降，这可能也是由于土壤中存在某种络合剂，能同时与磷和砷形成较为复杂的络合物。

2. 外源磷对土壤液相及固相弱结合态砷浓度的影响

土壤液相及固相弱结合态砷浓度的变化见图 10.1 和图 10.2。

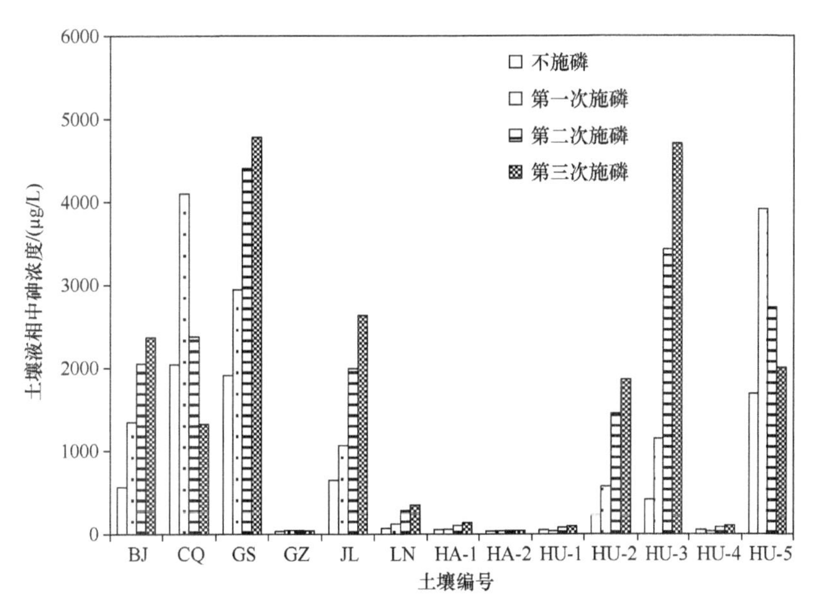

图 10.1　外源磷连续添加过程中土壤液相中砷浓度的变化

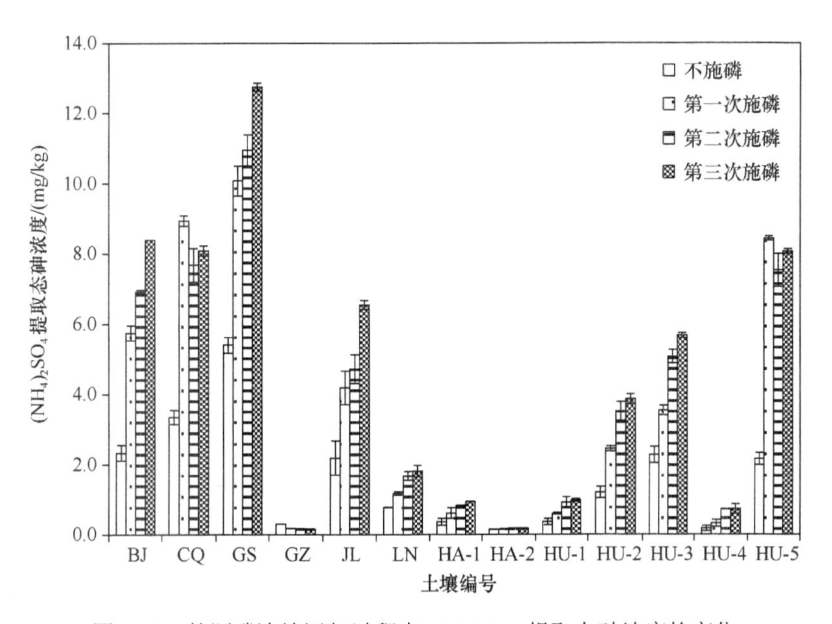

图 10.2　外源磷连续添加过程中$(NH_4)_2SO_4$提取态砷浓度的变化

从图 10.1 中可以看出，褐潮土（BJ）、灌漠土（GS）、黄壤（GZ）、黑土（JL）、棕壤（LN）、花岗岩发育的砖红壤（HA-1）、玄武岩发育的砖红壤（HA-2）、第四纪红土发育的红壤（HU-1）、板页岩发育的红壤（HU-2）、花岗岩发育的红壤（HU-3）、石灰岩发育的红壤（HU-4）在添加外源磷以后，土壤液相中砷的浓度相比不添加外源磷均增加，这是由于磷的加入与土壤中原本吸附的砷产生竞争作用，由于土壤对磷的高亲和性，砷被解吸下来，进入到土壤液相中，所以，在土壤中添加外源磷以后，大多数土壤液相中砷的浓度都增加了。然而随着外源磷添加量的不断增加，不同土壤液相中砷浓度的变化却不尽相同，土壤 BJ、GS、JL、LN、HA-1、HA-2、HU-1、HU-2、HU-3 和 HU-4 液相中砷浓度是随着外源磷添加量的增加而不断增加的，这是由于磷的不断加入会不停地与土壤固相上吸附的砷竞争吸附位点，使得砷不断地解吸到土壤液相中，从而使其浓度值不断增加。然而在紫色土（CQ）和紫色土发育的红壤（HU-5）中，添加外源磷虽然会使土壤液相中砷浓度相比不添加外源磷时增加，但是随着外源磷添加量的不断增加，其土壤溶液中砷浓度值却有所下降，这说明磷的加入导致解吸到土壤液相中的砷重新被固定，可能是因为在高磷浓度下，磷和砷会与土壤中的某些物质形成共同的络合物而使得砷从活性态向稳定态转化。与其他土壤不同，黄壤（GZ）在添加外源磷以后，土壤液相中砷的浓度相比不添加外源磷时要低，并且随着外源磷添加量的增加，其浓度值不断下降。这与 DGT 测定的土壤 GZ 中 DGT-As 随外源磷添加量的变化趋势一致，说明在土壤 GZ 中，磷的加入会促进土壤对砷的吸附，砷的活性也会随着外源磷添加量的增加而不断降低。

供试土壤中添加外源磷后，$(NH_4)_2SO_4$ 提取态砷浓度的变化趋势与土壤液相中砷的变化趋势大体上是一致的。褐潮土（BJ）、紫色土（CQ）、灌漠土（GS）、黄壤（GZ）、黑土（JL）、棕壤（LN）、花岗岩发育的砖红壤（HA-1）、玄武岩发育的砖红壤（HA-2）、第四纪红土发育的红壤（HU-1）、板页岩发育的红壤（HU-2）、花岗岩发育的红壤（HU-3）、石灰岩发育的红壤（HU-4）和紫色土发育的红壤（HU-5）在添加外源磷以后$(NH_4)_2SO_4$ 提取态砷的浓度相比不添加外源磷都是增加的，其中土壤 CQ 和 HU-5 中随着外源磷添加量的增加，提取的砷浓度会逐渐降低，其他土壤则随着外源磷添加量的增加而增加。土壤 GZ 在添加外源磷后，$(NH_4)_2SO_4$ 提取态砷浓度相比不添加外源磷时要低，并且随着外源磷添加量的增加而逐渐降低，这一变化与 DGT 测定的 DGT-As 及土壤溶液中砷的变化趋势一致。$(NH_4)_2SO_4$ 溶液提取的土壤中的砷为固相弱结合态砷，这部分砷在土壤固相中的结合力较弱，很容易随着土壤条件的改变而发生变化，也很容易在土壤中与磷发生竞争作用而被解吸下来，这一现象也在大多数的土壤（BJ、CQ、GS、JL、LN、HA-1、HA-2、HU-1、HU-2、HU-3、HU-4、HU-5）中被发现。然而土壤 GZ 例外，磷的加入会使得土壤 GZ 中的砷由活性态向稳定态转移。通过观察土壤 GZ 的理化性质发现，其土壤 pH 呈酸性（5.7），有效磷和有效锰的含量分别为 0.1 mg/kg 和 11.6 mg/kg，为所有供试土壤的最低值；其土壤有机质含量为 21.3 g/kg，在所有供试土壤中属于较高的水平。丰富的有机质在土壤中提供了大量的吸附位点，低磷浓度使得新加入的磷很快被吸附在一些磷的专性吸附位点上，从而减弱了与砷的竞争作用。

在供试的 13 种不同类型土壤中，随着外源磷添加到土壤中，这些土壤中砷的非稳性出现了两种不同的变化规律：大多数土壤（BJ、CQ、GS、JL、LN、HA-1、HA-2、

HU-1、HU-2、HU-3、HU-4、HU-5）中非稳态砷含量随着外源磷的添加而显著增加，这是由于在土壤固相表面的吸附位点上磷酸盐与土壤中吸附的砷酸盐发生了竞争作用以及阴离子交换吸附作用（Peryea，1991）。综合来看，土壤添加磷后非稳态砷的变化量（Y）与外源磷添加量（X）和土壤有效铝含量（Z）之间的多元逐步回归方程为：

$$Y = 209.841X - 57.253Z \text{（}R = 0.81\text{，}n = 13\text{，}P < 0.05\text{）}$$

土壤有效铝含量是影响外源磷添加后土壤中非稳态砷变化的重要因素。砷在土壤中主要被吸附在铁铝矿物上，而土壤中含铁矿物对砷的吸附力较强，所以当外源磷添加到土壤中以后，会首先竞争土壤中的弱结合态砷，多元回归分析表明，本研究中采用的土壤中添加外源磷以后，磷和砷的竞争作用主要是发生在土壤中的含铝矿物上。土壤 GZ 中有效铝含量为 2.9 mg/kg，在供试土壤中处于较高的水平，但是其非稳态砷含量却随着外源磷的添加而降低。这也可能与土壤中存在复杂的磷砷吸附位点有关，Qafoku 等（1999）指出，在土壤中的专性吸附及非专性吸附位点上均会发生磷砷的竞争作用，而 Smith 等（2002）却指出在一些土壤的专性吸附位点上几乎不发生磷和砷的竞争吸附作用。土壤 GZ 中初始有效磷浓度很低（0.1 mg/kg），新加入的磷会优先吸附在一些磷的专性吸附位点上，也可能与土壤中的砷在土壤中共同形成一种络合物，使得土壤中的磷、砷被同时固定下来，导致非稳态磷、砷的浓度均出现降低的趋势。

（二）外源磷添加量对土壤中磷-砷相互关系的影响

前三次添加外源磷（200 mg/kg）之后，最后一次性加入 200 mg/kg 的磷，继续培养 2 周后进行 DGT 试验。供试土壤在不添加外源磷、添加 200 mg/kg 外源磷、添加 400 mg/kg 外源磷时，土壤 DGT-P 和 DGT-As 的比较见图 10.3 和图 10.4。

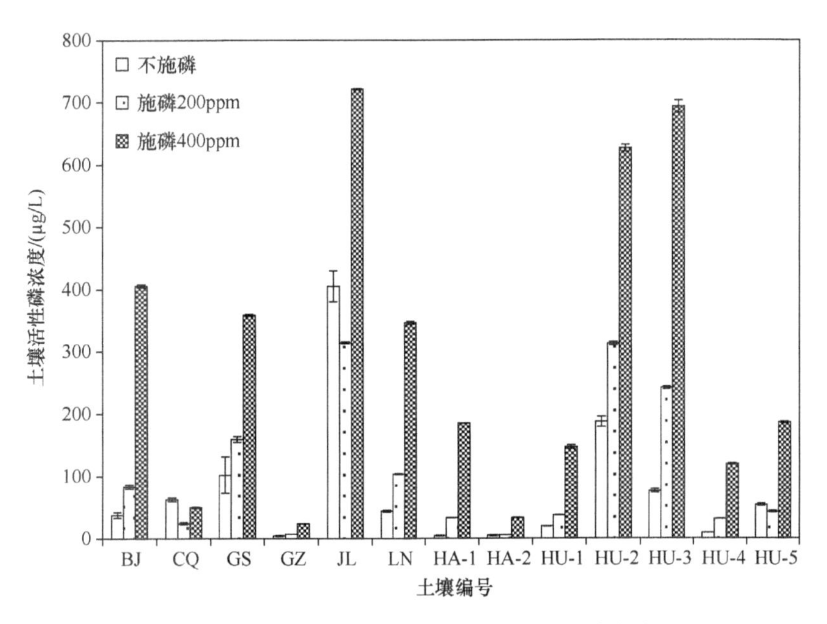

图 10.3 高外源磷添加量下土壤中活性磷浓度的变化

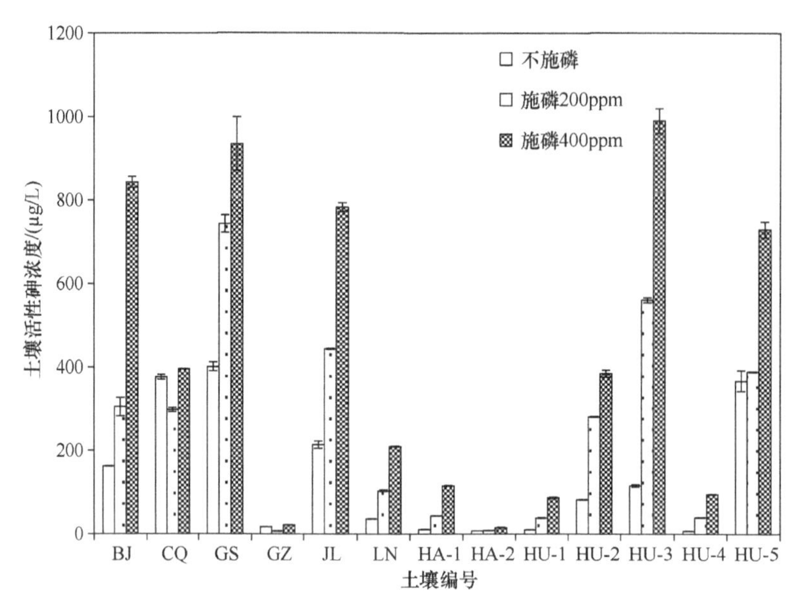

图 10.4 高外源磷添加量下土壤中活性砷浓度的变化

由图中可以看出，在添加 200 mg/kg 外源磷后，紫色土（CQ）、黄壤（GZ）、黑土（JL）和紫色土发育的红壤（HU-5）中 DGT-P 相比不添加外源磷时显著降低（$P<0.05$），这可能是因为土壤中提供了充足的吸附位点，足以固定所有新加入的磷。其余的褐潮土（BJ）、灌漠土（GS）、棕壤（LN）、花岗岩发育的砖红壤（HA-1）、玄武岩发育的砖红壤（HA-2）、第四纪红土发育的红壤（HU-1）、板页岩发育的红壤（HU-2）、花岗岩发育的红壤（HU-3）、石灰岩发育的红壤（HU-4）中 DGT-P 均有所增加，这表明新加入的磷没有完全被土壤所吸附，还有一部分是以活性态的形式存在于土壤中。当外源磷添加量增加到 400 mg/kg 时，所有土壤中的 DGT-P 均显著增加，这是由于添加到土壤中的磷超过了土壤的吸附能力，有相当一部分的磷具有活性。

对于供试土壤中 DGT-As 的变化，在添加 200 mg/kg 外源磷后，土壤 HU-5 中 DGT-As 相比不添加外源磷时没有显著变化；土壤 CQ 和 GZ 中 DGT-As 随着磷的加入而显著降低，表明磷的加入使这两个土壤中的砷由活性向稳定性转移了；其余土壤（BJ、GS、JL、LN、HA-1、HA-2、HU-1、HU-2、HU-3、HU-4）中 DGT-As 随着外源磷的添加均显著增加，表明磷的加入竞争了土壤中原本吸附砷的点位，吸附的砷被置换下来，土壤砷的活性增加。当外源磷添加量增加到 400 mg/kg 时，所有土壤中的 DGT-As 均显著增加，这表明较高的外源磷添加量能够显著减少土壤对砷的吸附，这在前人的研究中也得到了类似的结果（Peryea，1991；Alam et al.，2001）。

随着外源磷的继续添加（总量为 200 mg/kg），不同类型土壤中砷的非稳性也同样出现了两种不同的变化规律：大多数土壤（BJ、GS、JL、LN、HA-1、HA-2、HU-1、HU-2、HU-3、HU-4）随着磷添加量的增加，其非稳态砷含量逐渐增加，这是由于磷的继续添加会不断竞争土壤中砷的吸附位点，使得土壤中原本吸附的砷被不断解吸下来，砷的非稳性逐渐增加。周娟娟等（2005）研究指出，提高溶液磷浓度能够减少土壤对砷的吸附能力，并增加砷从土壤中的解吸量，在本研究的大部分土壤中也出现了这一变化规律。而在其他一些土壤（CQ、GZ 和 HU-5）中，砷的非稳性随着外源磷添加量的增加表现出不断下降的趋势。不同类型土壤中外源磷对砷的非稳性的不同影响规律与土壤的理化性质相关，土壤 CQ 为紫色土，土壤 HU-5 为紫色土发育的红壤，这两种土壤在所有的供试土壤中具有最高的 pH，分别为 8.74 和 8.88。雷梅等（2003）的研究结果表明，在高 pH 土壤上添加磷能够提高土壤对砷的最大吸附量，这可能是因为土壤中的羟基离子（OH^-）参与了砷的专性吸附过程，即土壤胶体表面的羟基与砷酸根离子发生阴离子配位交换（Chen et al.，2002；陈静等，2003），所以当这两种土壤中添加外源磷时，使得土壤对砷的吸附量增加，砷的非稳性逐渐降低。但是当继续添加外源磷时（总量为 400 mg/kg），所有土壤中非稳态砷含量均显著增加（$P<0.05$），这可能是因为在高浓度的外源磷添加量下，土壤中磷的质量效应使得土壤中吸附的砷被解吸下来，砷的非稳性显著增加。

前三次添加外源磷（200 mg/kg）完成后，最后一次性加入 200 mg/kg 的磷，即总共添加 400 mg/kg 的外源磷，按照之前叙述的方法测定土壤液相及固相弱结合态砷［$(NH_4)_2SO_4$ 提取］的浓度。供试土壤在不添加外源磷、添加 200 mg/kg 外源磷、添加 400 mg/kg 外源磷时，土壤液相中砷及固相弱结合态砷浓度的比较见图 10.5 和图 10.6。

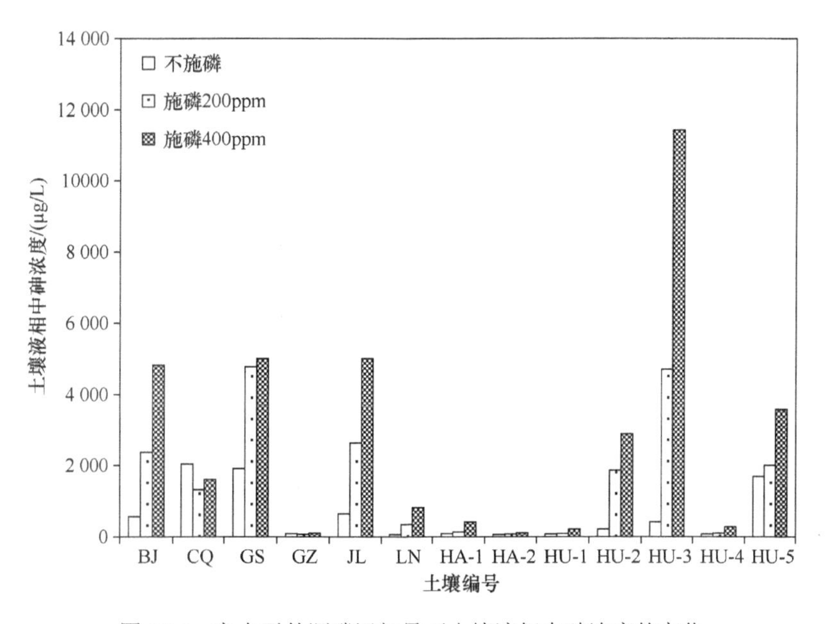

图 10.5　高水平外源磷添加量下土壤液相中砷浓度的变化

从图中可以看出，在 0、200 mg/kg、400 mg/kg 这三种外源磷添加量下，土壤液相中砷的变化与 DGT 测定 DGT-As 的变化是一致的，当外源磷添加量达到 200 mg/kg 时，除紫色土（CQ）和黄壤（GZ）土壤液相中砷浓度有所下降外，其余土壤均呈现出上升的趋势，然而继续添加磷后（达到 400 mg/kg），所有土壤液相中砷的浓度均上升。$(NH_4)_2SO_4$ 提取态砷浓度的变化也大体一致。值得注意的是，在外源磷添加量达到 200 mg/kg 时，黄壤（GZ）液相中砷及$(NH_4)_2SO_4$ 提取态砷浓度相比不添加磷时均有所下降，表明在这个添加量下，磷的加入会使得土壤中的砷由游离态（土壤液相中砷）和$(NH_4)_2SO_4$提取态砷（固相弱结合态）向更稳定的形态转移。

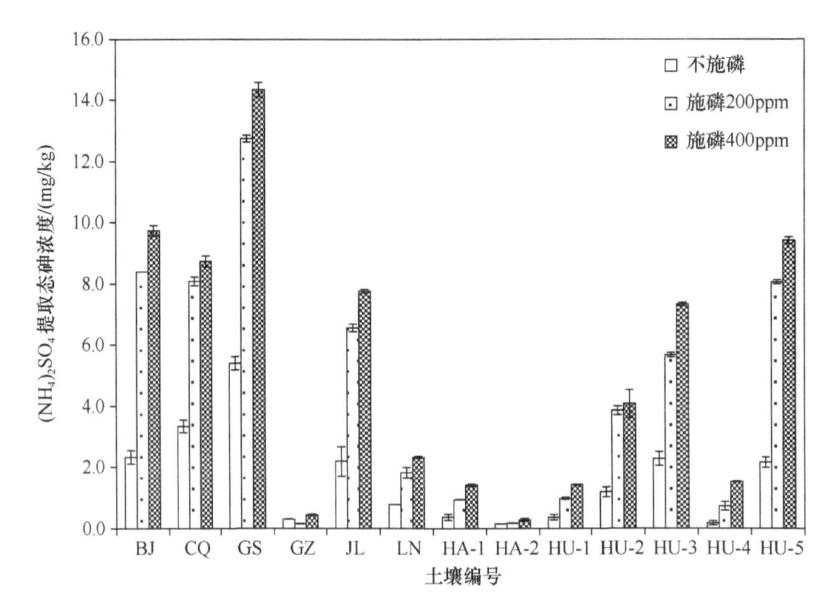

图 10.6　高水平外源磷添加量下$(NH_4)_2SO_4$提取态砷浓度的变化

（三）土壤中砷迁移动力学参数的应用及意义

基于平衡（离心方法）和动力学（DGT 方法）原理测定得出的土壤 R 值和砷在固液两相间的分配系数 K_d 值见表 10.12。R 值实际反映了砷从土壤固相到液相的再补给能力（$R = C_{DGT}/C_{soln}$，$0<R<1$）。K_d 值是指待测物在土壤固液两相间的分配比（$K_d = C_s/C_{soln}$）。分配系数 K_d 是土壤中砷迁移的一个重要参数，它是基于能与液相交换的活性态固相部分的分配系数。Sauve 等（2000b）认为可使用土壤金属总量与液相金属浓度的比值来描述金属在土壤中的分配，以此预测金属的迁移特性和生物有效性，但是这种表示方法同时把不与液相处于交换平衡的那部分金属也包括进来（Gooddy et al.，1995），会使得 K_d 值被高估，而选用基于能与液相交换的活性态固相部分的分配系数 K_d 值，可更好地反映出土壤固相中可以向孔隙水中释放的潜在有效态金属容量的大小。

从表 10.12 中可以看出，供试土壤 R 值范围为 0.05～0.95，表明这些供试土壤均属于部分缓冲情况，即当土壤液相中砷浓度降低时，砷会从土壤固相上解吸到土壤液相中以缓冲砷的减少，但是其解吸的速率没有土壤孔隙水中砷的耗损快。随着外源磷添加量的增加，褐潮土（BJ）、灌漠土（GS）、黑土（JL）、棕壤（LN）、玄武岩发育的砖红壤（HA-2）、板页岩发育的红壤（HU-2）、花岗岩发育的红壤（HU-3）和石灰岩发育的红壤（HU-4）的 R 值都呈现出下降的趋势，这说明磷的加入使得土壤固相对液相中砷的再补给能力在不断下降。这可能有两个方面的原因：一是磷的加入使得原本吸附的砷被解吸下来，导致土壤液相中砷的浓度增加、土壤溶液本身对于砷的损耗的缓冲性增加，导致固相对液相的补给作用减弱；二是由于磷的竞争作用使得土壤中原本弱结合态的砷被置换下来，而专性吸附的砷依然被吸附在土壤固相上，这部分砷与土壤的结合能力较强，不容易被解吸下来，所以固相的再补给能力下降。花岗岩发育的砖红壤（HA-1）、第四纪红土发育的红壤（HU-1）和紫色土发育的红壤（HU-5）中随着外源磷添加量的增加，其 R 值没有发生显著性的变化，表明磷的加入对这些土壤中固相的再补给能力没有显著的影响。在紫色土（CQ）和黄壤（GZ）中，其 R 值随着外源磷添加量的增加而逐渐增加，表明磷的加入使得这两个土壤中固相对液相的再补给能力增强。

表 10.12　两种外源磷添加量下不同类型土壤中砷的迁移动力学参数

土壤	土壤 R 值			分配系数 K_d 值/（cm^3/g）		
	不添加外源磷	添加 200 ppm 外源磷	添加 400 ppm 外源磷	不添加外源磷	添加 200 ppm 外源磷	添加 400 ppm 外源磷
BJ	0.29 a	0.13 b	0.17 b	4.12 a	3.54 b	2.02 c
CQ	0.18 c	0.22 b	0.25 a	1.64 c	6.11 a	5.43 b
GS	0.21 a	0.16 b	0.19 ab	2.83 a	2.67 b	2.86 a
GZ	0.52 b	0.53 b	0.61 a	9.55 b	12.06 a	12.87 a
JL	0.33 a	0.17 b	0.16 b	3.38 a	2.49 b	1.55 c
LN	0.53 a	0.29 b	0.26 b	11.71 a	5.20 b	2.84 c
HA-1	0.25 a	0.32 a	0.27 a	14.86 a	6.97 b	3.40 c
HA-2	0.52 a	0.38 b	0.35 b	27.17 a	11.19 b	6.46 c
HU-1	0.45 a	0.40 a	0.40 a	16.78 a	10.44 b	6.57 c
HU-2	0.37 a	0.15 b	0.13 b	5.45 a	2.07 b	1.41 c
HU-3	0.28 a	0.12 b	0.09 c	5.52 a	1.21 b	0.64 c
HU-4	0.32 ab	0.38 a	0.34 b	8.33 a	7.11 a	5.53 a
HU-5	0.22 a	0.19 a	0.20 a	1.28 c	4.03 a	2.63 b

从表中可以看出，不同土壤中砷在固液两相间的分配系数 K_d 存在差异，反映出供试土壤中活性态砷库大小的差异，对于 K_d 较高的土壤，说明这些土壤固相可释放的砷容量相对较高，会对土壤中砷的迁移产生影响。随外源磷添加量的变化，土壤中砷在固液两相间的分配比 K_d 值的变化与 R 值的变化大体一致。大多数土壤（BJ、GS、JL、LN、HA-1、HA-2、HU-1、HU-2、HU-3、HU-4）中 K_d 值随着外源磷添加量的增加而逐渐降低，说明随着磷的加入，土壤固相吸附的一部分砷被置换下来转移到液相中。其余土壤中，土壤 CQ 和 HU-5 在添加外源磷后其 K_d 值相比不添加外源磷时显著增加（$P<0.05$），表 10.12 的结果表明，添加外源磷会使得土壤 CQ 和 HU-5 中的砷由活性态向稳定态转移，固相吸附的量增加导致 K_d 值增加，但是随着外源磷添加量的增加，其 K_d 值又有所下降，是由于继续添加外源磷后使得非专性吸附态砷［$(NH_4)_2SO_4$ 提取态］继续向稳定态转移（结果表明继续添加外源磷后提取态砷浓度随外源磷添加量不断下降）。在土壤 GZ 中，添加外源磷后，其 K_d 值相比不添加外源磷时显著增加（$P<0.05$）；继续添加外源磷后，其 K_d 值继续增加但是没有达到显著水平。

外源磷添加到土壤中后，不同类型土壤中砷的迁移动力学参数的变化也表现出不一致的趋势。大多数土壤中固相砷的再补给能力（R 值）随着外源磷添加量的增加而逐渐降低，而其他土壤（CQ、GZ 和 HU-5）中固相砷的再补给能力（R 值）随着外源磷添加量的增加没有显著变化或逐渐增加。这与不同类型土壤中非稳态砷含量的变化趋势基本是相反的，当土壤中的砷更多以非稳态的形式存在时，对土壤固相上砷的需求降低，从而导致土壤固相砷的再补给能力减弱。但是添加外源磷后，砷在土壤固液两相间的分配比（K_d值）的变化趋势与土壤非稳态砷含量及固相砷的再补给能力之间没有显著的关系，它可能主要受到土壤理化性质的影响。K_d 值的变化能够反映出外源磷添加到土壤中以后土壤砷形态的变化趋势，当 K_d 值增加时，对于砷非稳性增加的土壤来说，由于磷的竞争作用使得砷从固相上解吸下来以后主要是以弱结合态［非特异性结合态/$(NH_4)_2SO_4$ 提取态］的形式存在，而对于砷非稳性降低的土壤来说，则表明磷的加入使得砷向稳定结合形态转移，被吸附固定的这部分砷主要是来自于土壤溶液中的砷。当 K_d 值减小时，对于砷非稳性增加的土壤来说，由于磷的竞争作用使得砷从固相上解吸下来以后主要是以溶解态（土壤溶液中砷）的形式存在，而对于砷非稳性降低的土壤来说，则由于磷的加入使得砷向稳定结合形态转移，被吸附固定的这部分砷主要是来自于弱结合态砷［非特异性结合态/$(NH_4)_2SO_4$ 提取态］。对添加外源磷后土壤中砷的迁移动力学参数的变化进行研究，有助于了解外源磷影响下砷在非稳态-稳定态之间的迁移转化与砷存在形态之间的关系，结合土壤的理化性质能够进一步对不同土壤中的不同磷-砷相互关系的机制进行研究。

四、磷素对土壤中砷植物有效性的影响

在土壤氧化条件下，砷主要是以五价的砷酸盐的形式存在（Pongraz，1998），与磷酸盐的结构相似。由于这种相似性，溶解的磷和砷离子会在土壤中的吸附位点（Wauchope，1983）以及植物根系细胞壁和质膜上（Meharg and Macnair，1991a）发生竞争作用。因此，土壤溶液中磷的含量被认为是影响砷被植物吸收及砷的植物毒性的一个重要的影响因素，磷会阻止或者减轻植物对砷的吸收。植物吸收磷是通过转运蛋白，这一过程是一个耗能的过程（Bieleski and Ferguson，1983；Clarkson and Lüttge，1991）。作为磷酸盐的相似物，砷酸盐被植物吸收是通过植物吸收磷的通道来进行的。研究指出存在两种磷吸收的系统：低亲和力系统和高亲和力系统（Meharg and Macnair，1990；Ullrich-Eberius et al.，1984）。这种吸收机制对磷的亲和力要高于对砷的亲和力，但是对这两种离子并不能很好地区分（Asher and Reay，1979）。植物对磷和砷的响应是建立在生长条件上的。以往的研究发现，砷的植物毒性是磷浓度的函数，当 P/As 为 4∶1 或更大时，砷对于小麦的毒性显著降低；然而，当 P/As 为 1∶1，且土壤中砷浓度高于 10 ppm 时，植物就会出现萎缩现象。以往的研究中发现，在土壤系统中，磷对植物吸收砷的影响效应出现了不同的结果，拮抗、竞争以及无显著影响这些结果都曾经被报道过（Jacobs and Keeney，1970；Woolson et al.，1973）。出现这种多元性影响效应的其中一个原因可能是试验设计存在缺陷。在大多数研究中，磷和砷被同时加入到土壤中，然而磷对砷的影响与它们加入到土壤中的速率和比例显著相关。Woolson 等（1971）指出，植物对磷和砷的吸收取决于它们在土壤溶液中的浓度。由于磷和砷的化学相似性，它们在土壤中是通过相同的吸附机制被土壤固定。此外，磷能够与土壤中的有机质结合形成有机复合物，而砷则不会形成这种复合物，从而导致土壤溶液中具有较高的砷及有机质含量。由

于磷和砷在土壤中达到平衡时所需的时间不同，因此这种动力学效应也会影响土壤中磷和砷的相互关系，而且土壤溶液中原有的以及固相原本吸附的磷和砷也可能会影响磷与砷的竞争作用。

在一般的农业生产过程中，磷是以肥料的方式施入到土壤中，其中有一些是已经被砷污染的土壤。本研究中采集的 11 种土壤首先通过人为加入外源砷的方式制成砷污染土壤，并开始培养直至土壤中的活性态砷变化趋于稳定，然后进行盆栽试验，在种植的过程中分三次添加总量为 200 mg/kg 的外源磷（磷酸二氢铵，$NH_4H_2PO_4$），对比不添加外源磷处理研究磷对土壤中活性态砷的影响以及对植物生长和吸收砷的影响，旨在揭示不同类型土壤上外源磷添加对土壤砷的影响规律，探究磷对砷影响的机制。

（一）盆栽试验中外源磷对土壤中砷活性的影响

1. 外源磷对盆栽土壤中活性态磷、砷的影响

盆栽试验共进行 6 周，种植结束后，两种磷处理下盆栽土壤中的 DGT-P 和 DGT-As 见表 10.13。从表中可以看出，添加外源磷处理下，供试的 11 种土壤中 DGT-P 和 DGT-As 相比不添加外源磷处理均显著增加。不添加外源磷处理下土壤中的 DGT-P 和 DGT-As 范围分别为 0.7～26.3 μg/L 和 3.073～152.482 μg/L，添加外源磷处理下土壤中的 DGT-P 和 DGT-As 范围分别为 2.477～112.564 μg/L 和 5.659～288.511 μg/L；两种磷处理对比下 DGT-P 和 DGT-As 增加的百分比分别为 137.2%～1386.7%和 16.3%～448.9%。DGT-P 增加的百分比与 DGT-As 增加的百分比之间呈极显著相关，相关系数 $R = 0.85$（$P<0.01$）。显然，加入磷会导致土壤中的活性态磷库的增加，而由于磷在土壤中的竞争作用会使得土壤固相上吸附的砷解吸下来，使得土壤中的活性态砷库也随之增加。在以往的研究中也出现了类似的研究结果（Chen et al.，2002；Bolan et al.，2013）。

表 10.13　两种磷处理下不同土壤中活性态磷和砷的浓度

土壤	活性态磷			活性态砷		
	P0/（μg/L）	P200/（μg/L）	PI/%	P0/（μg/L）	P200/（μg/L）	PI/%
BJ	3.2 ± 0.2	13.9 ± 5.5	332.0	65.7 ± 0.2	160.5 ± 15.9	144.2
CQ	4.8 ± 0.5	12.7 ± 1.5	163.5	172.5 ± 2.5	200.6 ± 6.4	16.3
GS	8.9 ± 0.7	21.1 ± 2.3	137.2	152.5 ± 11.5	284.6 ± 6.4	86.6
GZ	0.7 ± 0.0	2.5 ± 0.7	260.5	3.1 ± 0.4	5.7 ± 0.3	84.1
JL	26.3 ± 0.7	112.6 ± 2.3	328.6	93.2 ± 0.7	205.0 ± 22.1	120.1
LN	2.5 ± 0.3	36.5 ± 1.4	1386.7	13.5 ± 0.2	50.3 ± 7.8	272.9
HU-1	2.0 ± 0.3	21.9 ± 0.8	1013.7	7.1 ± 1.2	21.6 ± 4.3	204.4
HU-2	9.7 ± 0.7	29.6 ± 2.4	205.3	23.4 ± 1. 8	40.3 ± 6.9	72.5
HU-3	6.4 ± 0.4	59.6 ± 6.4	829.5	67.9 ± 0.5	288.5 ± 28.4	324.8
HU-4	1.1 ± 0.1	14.0 ± 3.8	1147.3	6.1 ± 0.0	33.5 ± 8.1	448.9
HU-5	4.8 ± 0.7	13.3 ± 0.6	177.6	117.9 ± 0.7	217. 1 ± 12.4	84.1

注：P0，不添加外源磷；P200，添加外源磷 200 mg/kg；PI，增加百分比。

在表 10.11 的结果中，在土壤培养的条件下添加 200 mg/kg 外源磷后，褐潮土（BJ）、

灌漠土（GS）、黑土（JL）、棕壤（LN）、第四纪红土发育的红壤（HU-1）、板页岩发育的红壤（HU-2）、花岗岩发育的红壤（HU-3）、石灰岩发育的红壤（HU-4）中的 DGT-As 均显著增加，这与本研究中盆栽试验条件下添加 200 mg/kg 外源磷后土壤 DGT-As 变化的趋势一致，表明这些土壤中固相吸附的砷主要受到磷的影响，磷会竞争土壤固相上砷的吸附位点，使得原本吸附的砷解吸下来，导致土壤中砷的活性增加。紫色土发育的红壤（HU-5）在土壤培养的条件下添加 200 mg/kg 外源磷后，土壤 DGT-As 相比不添加外源磷时没有显著变化；紫色土（CQ）和黄壤（GZ）在土壤培养的条件下添加 200 mg/kg 外源磷后土壤 DGT-As 相比不添加外源磷时显著降低；而在盆栽试验条件下，这三种土壤 DGT-As 在添加外源磷土壤中相比不添加外源磷时显著增加，其增加的比例在所有土壤中较低。两种不同条件下，这三种土壤中的 DGT-As 出现了不一致的变化趋势，说明在植物扰动下会促使土壤中的砷向活性态转移，这可能是由于植物的吸收引起的土壤固相的再补给作用。

2. 外源磷对盆栽土壤液相及固相弱结合态砷的影响

经过 6 周的种植后，两种磷处理下（不添加外源磷和添加 200 mg/kg 外源磷）不同土壤液相中砷及固相弱结合态砷［$(NH_4)_2SO_4$ 提取态］之间的对比见图 10.7 和图 10.8。从图中可以看出，与土壤中 DGT-As 的变化趋势一样，不同土壤液相中砷及固相弱结合态砷［$(NH_4)_2SO_4$ 提取态］含量在添加 200 mg/kg 外源磷后显著高于不添加外源磷土壤。与图 10.1 和图 10.2 的结果相比，紫色土（CQ）和黄壤（GZ）土壤液相中砷在土壤培养和盆栽土壤中的变化不一致；而提取态砷的变化，只有黄壤（GZ）中的变化不一致。在土壤培养中，由于磷的加入会导致大多数土壤溶液中砷及弱结合态砷浓度的增加，这是由于磷的竞争作用所致，少数土壤液相中砷及固相弱结合态砷浓度由于磷的加入而降

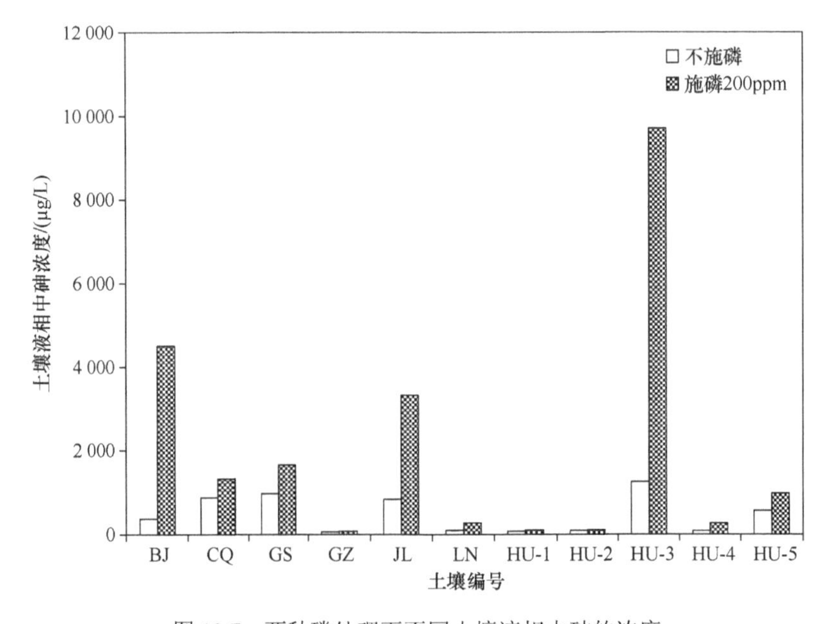

图 10.7　两种磷处理下不同土壤液相中砷的浓度

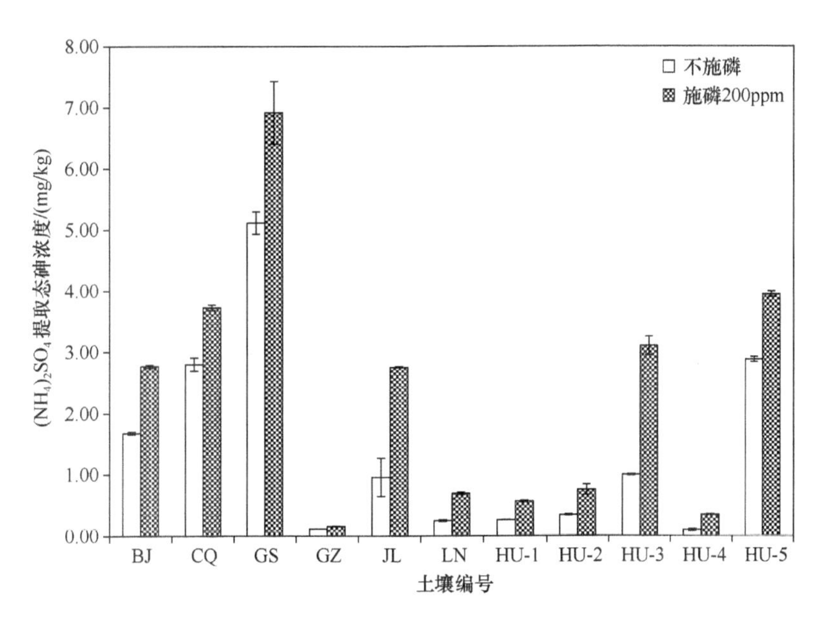

图 10.8 两种磷处理下不同土壤中$(NH_4)_2SO_4$提取态砷的浓度

低，磷促进了砷向更稳定结合态的转移，但是在有植物扰动的情况下，土壤液相中砷的损耗会导致固相对液相的再补给作用，吸附的砷解吸下来以供应植物的吸收，从而导致盆栽土壤液相中砷及固相弱结合态砷［$(NH_4)_2SO_4$提取态］浓度的增加。

3. 外源磷对盆栽土壤中砷的迁移动力学特征的影响

为了解在盆栽试验过程中添加外源磷与不添加外源磷土壤中砷的迁移动力学特征，结合 DGT 测定土壤活性态砷（C_{DGT}）、土壤液相砷（C_{soln}）和土壤固弱结合态砷［$(NH_4)_2SO_4$提取态，C_s］结果，计算出土壤 R 值和砷在土壤固液两相间的分配系数 K_d（cm^3/g），并结合 DIFS 模型对土壤中砷的迁移动力学参数（响应时间 T_c 和解吸速率常数 k_b）进行模拟。土壤 R 值和分配系数 K_d 是表示土壤中砷迁移的两个重要参数，R 值实际反映了砷从土壤固相到液相的再补给能力（$R = C_{DGT}/C_{soln}$，$0<R<1$）。K_d 值是指待测物在土壤固液两相间的分配比（$K_d = C_s/C_{soln}$），它是基于能与液相交换的固相部分的分配系数。响应时间 T_c 是指土壤液相中砷损耗时土壤固相对液相补给的响应时间。解吸速率常数 k_b 是指固相再补给时，从固相解吸到液相时的解吸速率常数。具体的数据见表 10.14。

从表中的数据可以看出，褐潮土（BJ）、紫色土（CQ）、黄壤（GZ）、黑土（JL）、棕壤（LN）、花岗岩发育的红壤（HU-3）、石灰岩发育的红壤（HU-4）在添加 200 mg/kg 外源磷后，其土壤中固相对液相的再补给能力（R 值）相比不添加外源磷时下降，而灌漠土（GS）、第四纪红土发育的红壤（HU-1）、板页岩发育的红壤（HU-2）、紫色土发育的红壤（HU-5）在添加 200 mg/kg 外源磷后，其土壤中固相对液相的再补给能力（R 值）相比不添加外源磷时有轻微的增加。分别对这两种添加磷水平下土壤 R 值与土壤理化性质（pH、OM、CEC、初始有效磷（P）、有效铁（Fe）、有效铝（Al）、有效锰（Mn））做多元逐步分析，结果表明，土壤固相对液相的再补给能力（R 值）只与土壤有效锰含

表 10.14 盆栽试验条件中两种外源磷添加处理下不同土壤中砷的迁移动力学参数

土壤编号	土壤 R 值		分配系数 K_d/（cm^3/g）		响应时间 T_c/s		解吸速率常数 k_b（E^{-6}/s）	
	不添加磷	添加 200ppm 磷	不添加磷	添加 200ppm 磷	不添加磷	添加 200ppm 磷	不添加磷	添加 200ppm 磷
BJ	0.18	0.04	4.51	0.61	0.20	1.00E+07	0.32	4.70E–08
CQ	0.20	0.15	3.21	2.81	0.03	1.34	1.64	0.05
GS	0.16	0.17	5.27	4.18	634.80	3.09E–03	6.65E–05	17.21
GZ	0.49	0.30	18.18	8.01	3.29	1.43	0.01	0.04
JL	0.11	0.06	1.14	0.83	0.04	9.05E+04	7.76	4.68E–06
LN	0.34	0.19	6.19	2.56	1.00	0.57	0.05	0.22
HU-1	0.40	0.51	14.34	13.12	3.34E-04	1.96E–03	59.16	11.01
HU-2	0.27	0.39	3.94	7.23	0.15	0.13	0.48	0.29
HU-3	0.05	0.03	0.80	0.32	1.61E+05	1.00E+07	2.29E–06	9.20E–08
HU-4	0.25	0.13	3.75	1.28	50.55	3.25E–03	1.94E–03	88.61
HU-5	0.21	0.22	5.13	4.06	1.34	0.10	0.03	0.48

量及初始有效磷含量之间有显著的相关关系，其多元逐步回归方程为：

$$土壤 R 值 = 0.216 + 0.002\ \mathrm{Mn} - 0.002\ \mathrm{P}\ （R = 0.70，n = 11，P < 0.05）$$

土壤中磷砷之间的相互关系在不同的土壤磷素水平下表现出不一致（Smith et al., 2002；周娟娟等，2005），土壤初始有效磷含量会影响土壤中的磷砷关系。锰的化合物是一种土壤中砷的吸附剂，而添加外源磷会促进土壤中吸附的砷解吸下来，使得砷的活性增加，添加外源磷后土壤中的一些可吸附砷的物质可能会影响土壤固相对液相的再补给能力。

从两种添加磷水平下砷在土壤固液两相间的分配系数 K_d 的对比发现，褐潮土（BJ）、紫色土（CQ）、灌漠土（GS）、黄壤（GZ）、黑土（JL）、棕壤（LN）、第四纪红土发育的红壤（HU-1）、花岗岩发育的红壤（HU-3）、石灰岩发育的红壤（HU-4）及紫色土发育的红壤（HU-5）在添加 200 mg/kg 外源磷后，其土壤 K_d 值相比不添加外源磷时显著下降，只有板页岩发育的红壤（HU-2）的 K_d 值相比不添加外源磷时有所增加。这一变化说明添加外源磷使得土壤中砷的活性增加，从土壤固相解吸下来的这部分砷主要是以液相的形式存在，这个过程中也可能与植物根系的作用有关，只有板页岩发育的红壤（HU-2）中，解吸下来的这部分砷主要是以固相弱结合态的形式存在。这一结果也可以通过表 10.14 的结果来体现，添加外源磷后土壤 HU-2 液相中的砷增加了 20.2%，而固相弱结合态［$(NH_4)_2SO_4$ 提取态］增加了 120.6%，其他土壤中液相增加的比例均显著高于弱结合态增加的比例。多元逐步回归分析表明，土壤 K_d 值也主要与土壤有效锰含量及初始有效磷含量之间有显著的相关关系，其多元逐步回归方程为：

$$土壤 R 值 = 5.155 + 0.047\ \mathrm{Mn} - 0.055\ \mathrm{P}\ （R = 0.64，n = 11，P < 0.05）$$

根据结果中响应时间 T_c 和解吸速率常数 k_b 的变化可以发现，添加外源磷后褐潮土（BJ）、紫色土（CQ）、黑土（JL）、第四纪红土发育的红壤（HU-1）、板页岩发育的红壤（HU-2）、花岗岩发育的红壤（HU-3）中固相对液相补给的响应时间变长，解吸速率变慢；而其余的灌漠土（GS）、黄壤（GZ）、棕壤（LN）、石灰岩发育的红壤（HU-4）及紫色土发育的红壤（HU-5）中固相对液相补给的响应时间变短，解吸速率增大。多元回归分析结果表明，响应时间 T_c 与土壤理化性质之间没有显著的相关关系，而对于解吸速率常数 k_b 来说，不添加外源磷土壤中 k_b 与土壤理化性质之间的多元回归方程为：

$$k_b = -8.393 + 0.297\,[\mathrm{Mn}]\ (R = 0.903)$$

添加外源磷后土壤 k_b 值与理化性质之间无显著的相关关系。综上所述，土壤中的锰的含量是影响土壤添加外源磷前后砷的活性变化的主要因素。

4. 外源磷对盆栽土壤中砷非稳性的影响规律

研究中，添加外源磷土壤中的非稳态砷相比不添加外源磷土壤均显著增加，且是随着非稳态磷浓度的增加而增加，表明供试的土壤中磷的加入主要与砷在土壤中产生了竞争吸附的作用。以往的研究中也出现了类似的结果（Peryeaf，1991；Alam et al.，2001；Gao and Mucci，2001；Campos，2002；雷梅等，2003；Tu and Ma，2003），但是与图 10.3 中土壤培养条件下的结果有些差异，主要的不同就是有无植物的参与。植物根系对土壤中砷的迁移转化也有着重要的影响，由于土壤营养元素的供应水平、根系有机酸的分泌、根系及根际微生物的生物呼吸及土壤缓冲能力等因素的影响，植物根际-非根际土壤 pH 可能会相差 2 个单位之多（Marschner et al.，1996；陈丽娜，2009），这些变化也可能会引起土壤氧化还原状况的改变。而土壤 pH 和 Eh 值是影响土壤中砷的主要因素，它们不仅能直接影响土壤中砷的形态及其相互之间的转化，而且可以通过改变土壤胶体的表面电荷来影响砷在土体中的化学行为。Hansel 等（2002）和 Blute 等（2004）研究指出，土壤中砷在水稻根际微区内，其化学形态会发生变化，部分还原态三价砷被氧化为五价砷而结合在铁锰铝的氧化物中，使砷在根际呈富集状态分布。此外，在种植植物的情况下，植物根系会吸收土壤中的砷，而液相中砷的损耗会引起土壤固相的再补给作用，使得吸附的砷再次被解吸下来以供应植物吸收，从而导致土壤-植物系统条件与土壤培养条件下的结果出现差异。

（二）不同外源处理下砷对作物的影响

1. 不同外源处理下砷对作物生长量的影响

经过 6 周的种植后，两种添加外源磷处理下（不添加外源磷和添加 200 mg/kg 外源磷）不同土壤中上生长的生菜的鲜重对比见图 10.9。从图中可以看出，褐潮土（BJ）、灌漠土（GS）、黄壤（GZ）、第四纪红土发育的红壤（HU-1）、板页岩发育的红壤（HU-2）、石灰岩发育的红壤（HU-4）及紫色土发育的红壤（HU-5）在添加 200 mg/kg 外源磷处理下生菜的鲜重显著高于（$P<0.05$）不添加外源磷处理，其中，生菜鲜重增长效果最明显的是黄壤（GZ）上种植的作物，相比不添加外源磷处理，土壤添加外源磷后种植的作物鲜重增加了 554.0%。在紫色土（CQ）、棕壤（LN）和花岗岩发育的红壤（HU-3）上，添加 200 mg/kg 外源磷处理后其作物鲜重相比不添加外源磷处理略有增加，但增长效果不明显，未达到显著水平（$P<0.05$）。在黑土（JL）上，添加 200 mg/kg 外源磷处理后，其作物鲜重相比不添加外源磷处理显著降低（$P<0.05$）。不同的土壤上种植的作物在添加外源磷后，其生长量出现了不一致的变化。

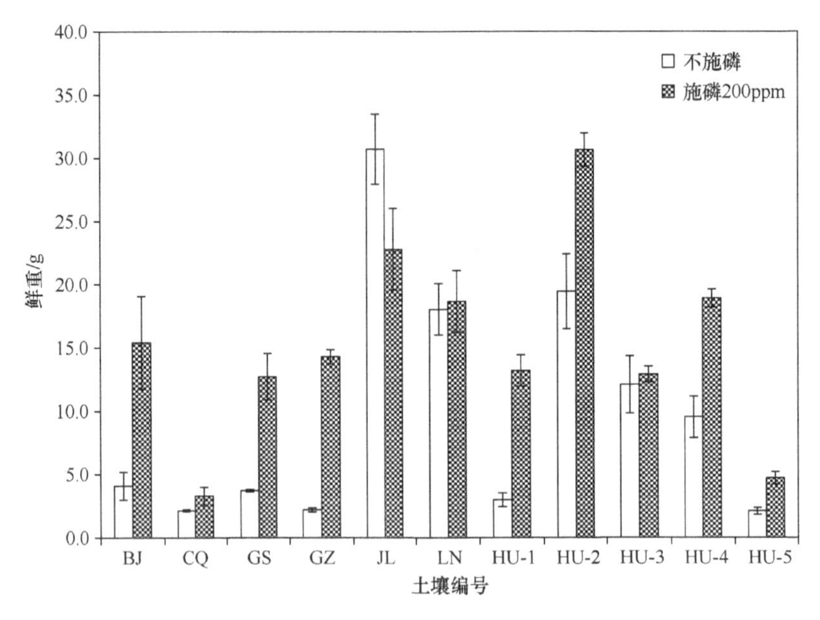

图 10.9　两种外源磷添加量下种植作物的鲜重

将两种处理下植物的鲜重（FW）作为因变量，两种处理下植物吸收磷、砷总量（M_P、M_{As}）以及土壤理化性质参数［pH、OM、CEC、有效铁（Fe）、有效铝（Al）、有效锰（Mn）］作为自变量进行多元逐步回归分析，结果见表 10.15。多元回归分析表明，植物吸收磷量是影响植物生长最重要的因素。不添加外源磷处理下的黑土（JL）中 DGT-P 最高（26.3 μg/L），且此土壤上种植的作物鲜重上相比其他土壤上也最大（30.7 g）；而不添加外源磷处理下的黄壤（GZ）中 DGT-P 最低（0.7 μg/L），其植物鲜重也较小（2.2 g）。在本研究中，并非所有土壤添加外源磷后其种植的作物鲜重均有增加，如黑土（JL）上种植的植物在添加外源磷后其鲜重相比不添加外源磷显著下降（$P<0.05$），由于植物吸收磷是影响植物生长的关键因素，不添加外源磷时，黑土（JL）上种植的植物吸收的磷总量（M_P）为 72.6 mg，而在添加外源磷后，其植物吸收的磷总量为 67.2 mg，相比不添加外源磷植物吸收磷量下降，这也导致了添加外源磷后黑土（JL）上种植的植物的鲜重比不添加外源磷时更小。

表 10.15　两种外源磷处理下植物鲜重的多元逐步回归分析

处理	多元逐步回归方程	相关系数（R）
不添加外源磷处理（0 mg/kg）	$FW_0 = 2.661 + 0.401\ M_{P(0)}$	0.975
添加外源磷处理（200 mg/kg）	$FW_{200} = 2.145 + 0.329\ M_{P(200)}$	0.962

注：FW_0，在未施肥土壤上生长的植物组织的鲜重（g）；FW_{200}，在施肥土壤上生长的植物组织的鲜重（g）；$M_{P(0)}$，在未施肥土壤上生长的植物组织中磷的总累积质量（mg）；$M_{P(200)}$，在施肥土壤上生长的植物组织中磷的总累积质量（mg）。

由于植物吸收磷是影响植物生长的关键因素，而土壤的磷、砷含量及理化性质是影响植物吸收磷的重要因素。将两种添加外源磷处理下植物吸收磷总量（M_P）作为因变量，土壤中 DGT-P、DGT-As 以及土壤性质参数［pH、OM、CEC、初始有效磷（P）、有效铁（Fe）、有效铝（Al）、有效锰（Mn）］作为自变量进行多元逐步回归分析，结果见

表 10.16。在不添加外源磷处理下，植物吸收磷与土壤 DGT-P 呈正相关关系，而与土壤 DGT-As 呈负相关关系，表明在土壤缺磷状态下，土壤中的磷和砷在植物吸收的过程中存在竞争作用并会对植物吸收磷量产生影响，进而影响植物的生长。在添加外源磷处理下，植物吸收磷量与土壤 DGT-P 和 DGT-As 无显著相关关系，仅与土壤活性铝含量呈显著正相关关系，表明在土壤磷素充分的情况下，植物吸收磷的总量可能主要受到土壤理化性质的影响。本研究中，黑土（JL）上添加外源磷后植物吸收磷量相比不添加外源磷时更低，通过分析黑土（JL）的理化性质发现，其土壤有机质含量（OM）和阳离子交换量（CEC）分别为 31.1%和 25.3 cmol/kg，为所有供试土壤中的最高水平，OM 和 CEC 会增加土壤对磷的吸附能力。同时，Han 等（1996）研究指出，土壤有机质可能会降低铝的活性。本研究中在添加外源处理下，植物吸收磷主要是受到土壤活性铝的影响，铝活性的降低可能会影响植物对磷的吸收，这可能是导致添加外源磷后黑土（JL）上种植的植物吸收磷量下降的一个原因，但是具体的原因还有待进一步的研究与分析。

表 10.16　两种外源磷处理下植物吸收磷量的多元逐步回归分析

处理	多元逐步回归方程	相关系数（*R*）
不添加外源磷处理（0 mg/kg）	$M_{P(0)} = 8.844 + 3.184$ DGT-P − 0.174 DGT-As	0.94
添加外源磷处理（200 mg/kg）	$M_{P(200)} = 4.909 + 16.411$ Al	0.77

注：DGT-P，未施肥土壤中活性磷浓度（μg/L）；DGT-As，未施肥土壤中砷的不稳定态浓度（μg/L）；Al，土壤中有效铝浓度（mg/kg）。

2. 外源磷添加处理对植物吸收磷、砷的影响

两种添加外源磷处理下作物体内吸收的磷、砷浓度见图 10.10 和图 10.11。从图中可以看出，添加外源磷处理（200 mg/kg）相比不添加外源磷处理，植物体内磷浓度均有所增加，不同土壤种植的作物体内增加的磷浓度的比例却差异较大，增加的范围从 4.0%至 231.7%，其中板页岩发育的红壤（HU-2）上种植的作物体内磷浓度增加的百分比最小，为 4.0%，未达到显著水平（$P<0.05$）；其余土壤上添加外源磷后种植的作物中磷浓度相比不添加外源磷处理均显著增加（$P<0.05$），其中灌漠土（GS）种植的作物体内磷浓度增加的百分比最大，为 231.7%。两种不同添加外源磷处理下，植物体内砷浓度的变化却差异较大，采集自湖南的第四纪红土发育的红壤（HU-1）、花岗岩发育的红壤（HU-3）、石灰岩发育的红壤（HU-4）及紫色土发育的红壤（HU-5）上种植的植物体内的砷浓度随着外源磷的添加而显著增加（$P<0.05$），而非湖南地区的供试土壤上种植的植物体内的砷浓度随着外源磷的添加而降低，其中褐潮土（BJ）、紫色土（CQ）、灌漠土（GS）和黑土（JL）上种植的植物在两种处理下植物体内砷浓度之间差异显著（$P<0.05$），而黄壤（GZ）、棕壤（LN）和板页岩发育的红壤（HU-2）在添加外源磷后其种植的植物体内砷浓度虽然有所降低，但是未达到显著水平（$P>0.05$）。

把土壤分成红壤与非红壤两类，分别以植物鲜重（FW）、植物吸收砷量（As_{plant}）和土壤活性态砷含量（DGT-As）作为因变量，土壤理化性质作为自变量［pH、OM、CEC、初始有效磷（P）、有效铁（Fe）、有效铝（Al）、有效锰（Mn）］进行多元回归分析，结果见表 10.17。结果表明，在湖南地区采集的不同母质发育红壤中，无论是植物

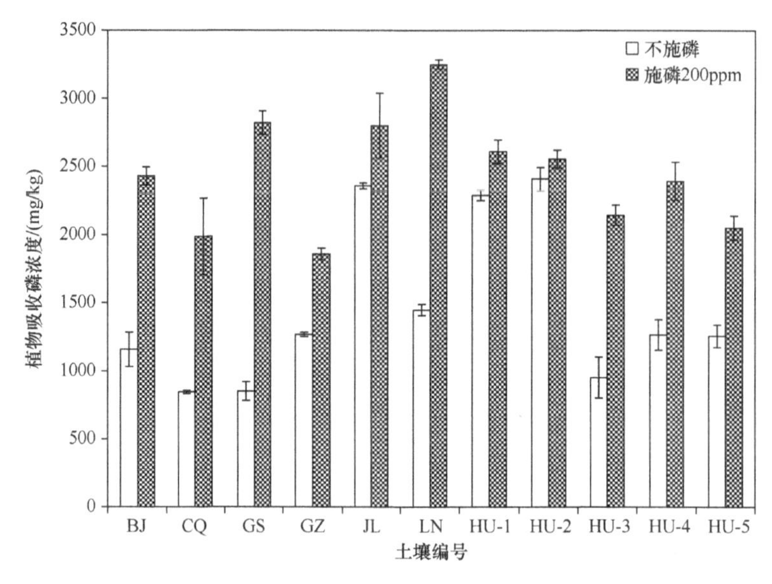

图 10.10　两种外源磷添加处理下植物吸收磷的浓度

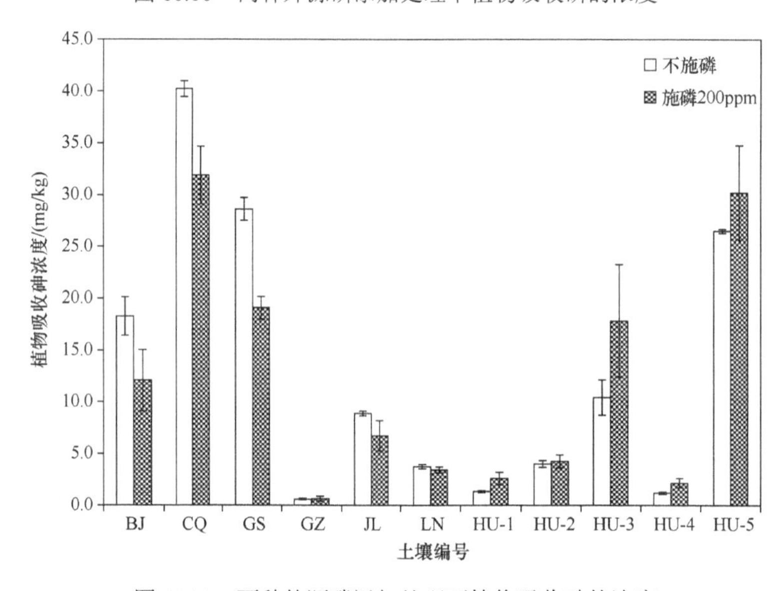

图 10.11　两种外源磷添加处理下植物吸收砷的浓度

鲜重（FW）、植物吸收砷量（As_{plant}）还是土壤活性态砷含量（DGT-As），都只受到土壤活性铝含量的影响；而在其他地区采集的非红壤中，植物鲜重（FW）主要是受到土壤有效铝（Al）和初始有效磷含量（P）的影响，植物吸收砷量（As_{plant}）主要是受到土壤有效铝（Al）、pH 和阳离子交换量（CEC）的影响，土壤活性态砷含量（DGT-As）受到土壤 pH 和初始有效磷含量（P）的影响。这些土壤理化性质的差异，不同土壤理化性质对植物鲜重（FW）、植物吸收砷量（As_{plant}）和土壤活性态砷含量（DGT-As）的影响不同，以及土壤理化性质都会影响植物的生长，植物的扰动也会对磷砷的相互关系产生影响，由于土壤-植物系统中这种复杂的关系及机理，导致在红壤上添加外源磷会增加植物对砷的吸收，而在其他土壤上添加外源磷会减少植物对砷的吸收。

表 10.17 多元逐步回归分析

土壤类型	多元回归方程	相关系数
红壤	FW = 2.457 + 4.741 Al	R = 0.69
	As_{plant} = 27.581 – 8.163 Al	R = 0.95
	DGT-As = 191.513 – 50.826 Al	R = 0.66
非红壤	FW = –7.575 + 6.602 Al + 0.101 P	R = 0.74
	As_{plant} = 2.109 – 10.459 Al + 3.639 pH + 0.515 CEC	R = 0.97
	DGT-As = –238.685 + 42.934 pH + 0.932 P	R = 0.86

注：FW，植物鲜重（g）；As_{plant}，植物组织砷含量（mg/kg）；DGT-As，土壤活性态砷含量（μg/L）。Al，土壤有效铝含量（mg/kg）；P，土壤初始有效磷含量（mg/kg）；CEC，阳离子交换量（cmol/kg）。

3. 植物吸收磷、砷与土壤活性态磷、砷的关系

通过 DGT 测定出的土壤活性态磷（DGT-P）和活性态砷（DGT-As）与植物体内磷（P_{plant}）、砷（As_{plant}）含量之间的 Log-Log 线性关系见图 10.12。从图中可以看出，在不添加外源磷或只添加外源磷的土壤中，活性态磷与植物体内磷含量之间没有显著的相关性，而在所有土壤中（包括不添加外源磷和添加外源磷的土壤），土壤活性态磷与植物体内磷浓度之间显著相关（P<0.05），其相关方程为：

$$y = 0.2079x + 3.0529\ (R = 0.69,\ n = 22)$$

说明在所有土壤中，DGT 测定的土壤活性态磷能较好地反映生菜中吸收的磷量。对于砷来说，在不添加外源磷或只添加外源磷的土壤中，土壤活性态砷与植物体内砷含量之间显著相关（P<0.05），相关方程分别为：

$$y = 0.9937x - 0.9033\ (R = 0.98,\ n = 11)$$

$$y = 0.9099x - 1.0706\ (R = 0.95,\ n = 11)$$

并且在所有土壤中（包括不添加外源磷和添加外源磷的土壤），土壤活性态砷与植物体内砷浓度之间显著相关（P<0.05），其相关方程为：

$$y = 0.8715x - 0.8555\ (R = 0.93,\ n = 22)$$

说明无论在添加外源磷或不添加外源磷的情况下，DGT 测定的土壤活性态砷均能很好地反映生菜中吸收的砷量。Wang 等（2014）研究证明 DGT 方法在表征土壤砷生物有效性方面较其他方法更能准确地反映出植物可利用砷库的大小。

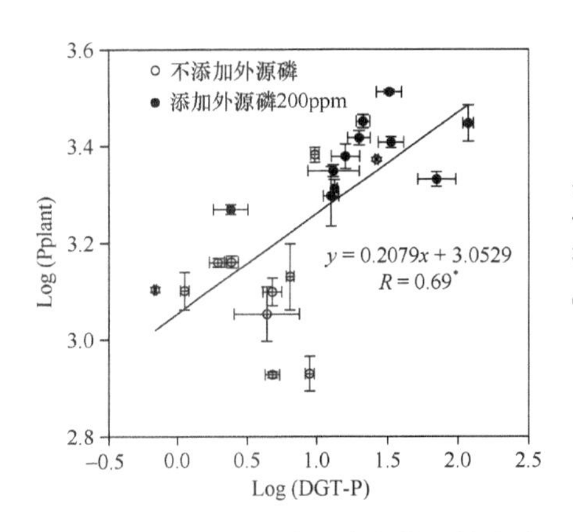

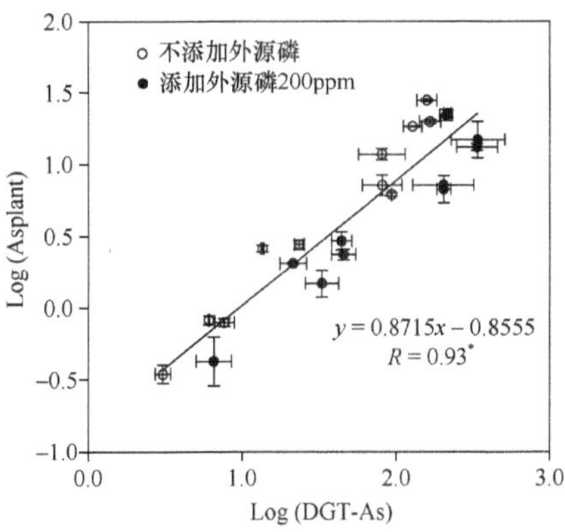

图 10.12 DGT 方法测定土壤活性态磷、砷与植物吸收磷、砷之间的相关关系图

4. 外源磷对不同类型土壤中砷植物毒性的影响规律

研究表明，磷、砷在植物吸收的过程中，在不同的土壤中表现出了不一致的相互关系。湖南地区采集的不同母质发育红壤在添加外源磷后植物吸收砷总量均增加，磷和砷表现出协同的作用；而在非湖南地区采集的供试土壤，当添加外源磷后，植物吸收砷总量均降低，磷和砷表现出拮抗的作用。对比之前的结果发现，添加外源磷后不同类型土壤中非稳态砷的变化趋势一致，而植物吸收的规律却存在显著差异，表明植物扰动是一个重要的影响因素。在前人的研究中，Quaghebeur 和 Rengel（2003）研究指出，磷的存在可显著增加植物茎秆及根系中砷的含量，而 Abernathy 等（1999）指出磷并不能显著影响砷的吸收，这与土壤的性质（质地、矿物质含量）密切相关。土壤中砷的毒性主要取决于土壤质地，其次是 pH。土壤呈酸性时，砷的毒性会增强，特别是在 pH 下降至 5 时，土壤中砷的吸附剂，如铁铝氧化物就会溶解（O'Neill，1995）。Sheppard（1992）推论出土壤类型是唯一一个影响无机砷植物毒性的重要因素。本研究中，多元逐步回归分析表明植物的生长情况在不同类型土壤上受到土壤理化性质的影响不显著，而非红壤的其他土壤中，有效铝和初始有效磷含量是最重要的两个影响因素。Otte 等（1990）指出，磷对植物吸收砷的影响建立在植物对磷的需求基础上，土壤磷素状况影响了植物的生长，从而影响植物对砷的吸收，而在湖南地区的红壤中，土壤磷素对植物生长的影响不显著。所以在这两类土壤中，植物对砷的吸收出现了差异。

（三）土壤活性态磷砷摩尔浓度比对植物吸收砷的影响

DGT 测定土壤中活性态 P/As 摩尔浓度比（soil labile P/As molar ratio，DGT-P/As）与植物吸收砷浓度（As_{plant}，mg/kg）之间的关系，结果见图 10.13。图中实线为所有供试土壤（包括添加外源磷和不添加外源磷土壤）中植物吸收砷随土壤活性态 P/As 摩尔比变化的趋势线。图中 A 点为趋势线的投影点。

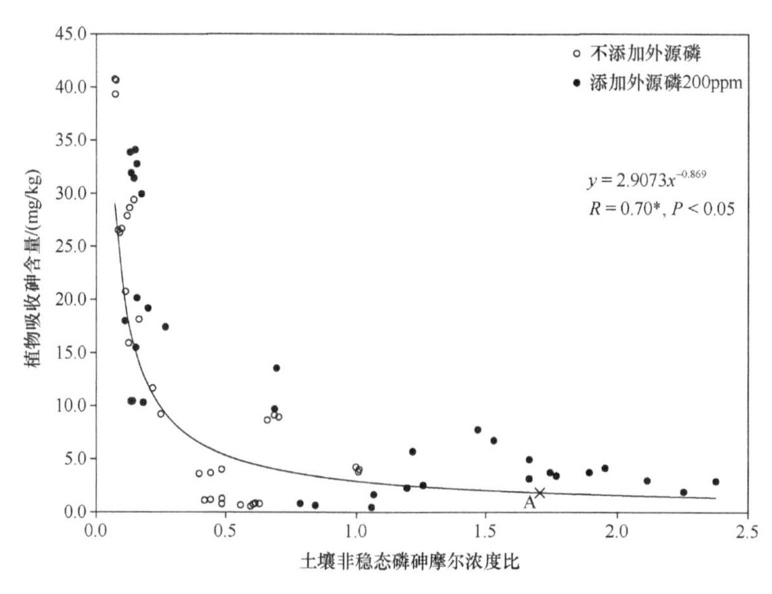

图 10.13 土壤活性态 P/As 摩尔比与植物中砷浓度的关系

从图中可以看出，随着土壤活性态磷/砷摩尔浓度比（P/As）的不断增加，植物体内吸收砷量呈现出明显的下降趋势。在所有土壤中（包括不添加外源磷土壤和添加外源磷土壤），土壤活性态磷/砷比（P/As）与植物吸收砷含量（mg/kg）之间的函数方程为：

$$y = 2.9073x^{-0.869}（R = 0.70，n = 22，P < 0.05）$$

经计算，该函数方程的投影点为 A（1.7，1.8）。本研究结果表明，无论在不添加外源磷土壤，还是添加外源磷土壤中，植物体内吸收的砷均随着土壤活性态磷砷摩尔浓度比的增加而下降。但土壤活性态磷砷摩尔浓度比 1.7 是一个临界值，当土壤活性态磷砷摩尔浓度比小于 1.7 时，植物吸收砷量随着土壤活性态磷砷摩尔浓度比的增加显著下降，而当土壤活性态磷砷摩尔浓度比大于 1.7 时，随着土壤活性态磷砷摩尔浓度比的增加，植物吸收砷量依然会下降，但下降的量已经不显著。

土壤中非稳态磷、砷的摩尔浓度比与植物吸收砷含量存在明显的相关关系。Hurd-Karrer（1936）通过水培试验指出，砷的植物毒性是磷浓度的函数，当 P/As 比为 4∶1 或更大时，砷对于小麦的毒性显著降低，然而，当 P/As 比为 1∶1、土壤中砷浓度高于 10 ppm 时，植物就会出现萎缩现象。前人的研究中，土壤 P/As 比没有显现这种效应，可能与土壤中复杂的磷砷有效性有关。本研究采用 DGT 方法同时测定土壤中的非稳态磷和非稳态砷含量，DGT 能够准确表征土壤中磷和砷的有效性（Wang et al.，2014），避免了其他方法（如化学提取法）可能存在的误差。本研究中，随着非稳态磷砷摩尔比的增加，植物吸收砷量不断下降，在所有土壤中当非稳态 P/As 比大于 1.7 时，植物对砷的吸收会显著降低，添加外源磷会导致影响植物吸收砷的 P/As 比增加。

通过研究我们可以得出以下几点结论。第一，随着外源磷的添加，所有试验土壤中的非稳态砷含量相比不添加外源磷时均显著增加，表明在有植物扰动的作用下，磷和砷在土壤中主要表现出竞争吸附作用。添加外源磷后，土壤溶液中砷和$(NH_4)_2SO_4$ 提取态砷也表现出与非稳态砷同样的变化趋势。第二，添加外源磷后，土壤中砷的迁移动力学参数（固相再补给能力、分配系数、响应时间和解吸速率常数）因土壤类型的不同而出现不同的变化趋势，多元回归分析表明土壤中砷的这些迁移动力学特征的变化主要是受到土壤有效锰含量的影响。第三，湖南地区采集的不同母质发育红壤，在添加外源磷后植物吸收砷总量均增加；非湖南地区采集的供试土壤，在添加外源磷后植物吸收砷总量均降低。这一差异性主要是受到不同土壤中种植的植物对磷的需求不同的影响。第四，土壤中非稳态磷、砷的摩尔浓度比与植物吸收砷含量存在明显的相关关系。在所有处理中（包括添加外源磷处理和不添加外源磷处理），植物对砷的吸收随着非稳态 P/As 摩尔比的增加而下降，而当非稳态 P/As 摩尔比达到或超过临界值（1.7）后，继续添加磷对植物吸收砷量的影响不显著。

参 考 文 献

陈静, 王学军, 朱立军. 2003. pH值和矿物成分对砷在红土中迁移的影响[J]. 环境化学, 22(2): 121-125.
陈丽娜. 2009. 不同水分管理模式下砷在土壤—水稻体系中的时空动态规律研究[D]. 保定: 河北农业大学硕士学位论文.
陈同斌. 1996a. 农业废弃物对土壤中 N_2O、CO_2 释放和土壤氮素转化及 pH 的影响[J]. 中国环境科学, 3:

196-199.
陈同斌. 1996b. 土壤溶液中的砷及其与水稻生长效应的关系[J]. 生态学报, 2: 148-153.
陈同斌, 刘更另. 1993. 土壤中砷的吸附和砷对水稻的毒害效应与 pH 值的关系[J]. 中国农业科学, 1: 63-68.
陈同斌, 张效年, 张宏. 1993. 磷和砷专性吸附对砖红壤胶体动电电位的影响[J]. 华南农业大学学报, 1: 24-27.
崔德杰, 张玉龙. 2004. 土壤重金属污染现状与修复技术研究进展[J]. 土壤通报, (3): 366-370.
董艺婷, 崔岩山, 王庆仁. 2003. 单一与复合污染条件下两种敏感性植物对 Cd、Zn、Pb 的吸收效应[J]. 生态学报, 5: 1018-1024.
窦磊, 周永章, 高全洲, 等. 2007. 土壤环境中重金属生物有效性评价方法及其环境学意义[J]. 土壤通报, 38(3): 576-583.
孔文杰, 鲁洪娟, 倪吾钟. 2005. 土壤重金属生物有效性的评价方法[J]. 广东微量元素科学, 12(2): 1-6.
雷梅, 陈同斌, 范稚连, 等. 2003. 磷对土壤中砷吸附的影响[J]. 应用生态学报, 14(11): 1989-1992.
李莲芳, 耿志席, 曾希柏, 等. 2011. 施用有机肥对高砷红壤中小白菜砷吸收的影响[J]. 应用生态学报, (1): 196-200.
李仰锐, 徐卫红, 刘吉振, 等. 2005. 有机酸对土壤中镉形态及其生物有效性影响的研究进展[J]. 广东微量元素科学, (4): 12-17.
尚爱安, 刘玉荣, 梁重山, 等. 2000. 土壤中重金属的生物有效性研究进展[J]. 土壤, 6: 294-300.
宋金凤, 杨金艳, 崔晓阳. 2010. 低分子有机酸/盐对复合污染土壤中 Pb、Zn、As 有效性的影响[J]. 水土保持学报, (4): 108-112.
陶玉强, 姜威, 苑春刚, 等. 2005. 草酸盐影响污染土壤中砷释放的研究[J]. 环境科学学报, (9): 1232-1235.
王伟玲, 刘青付, 曹东杰, 等. 2008. 污染水稻土中砷及其与土壤基本理化性质关系的研究[J]. 安徽农业科学, (16): 6870-6871.
易丽. 2005. 土壤中重金属活动性的唐南膜测定、模型模拟与污染的原位控制[D]. 广州: 中国科学院研究生院(地球化学研究所)博士学位论文.
赵雨森, 王文波, 祁海云, 等. 2010. 低分子有机酸/盐对复合污染土壤中 Cd、Pb 有效性的影响[J]. 东北林业大学学报, (6): 72-75.
周娟娟, 高超, 李忠佩, 等. 2005. 磷对土壤 As(V)固定与活化的影响[J]. 土壤, 37(6): 645-648.
宗良纲, 丁园. 2001. 土壤重金属(Cu、Zn、Cd)复合污染的研究现状[J]. 农业环境保护, 2: 126-129.
Abedin M J, Cotter-Howells J, Meharg A A. 2002a. Arsenic uptake and accumulation in rice (*Oryza sativa* L.) irrigated with contaminated water[J]. Plant and Soil, 240(2): 311-319.
Abedin M J, Cresser M S, Meharg A A, et al. 2002b. Arsenic accumulation and metabolism in rice (*Oryza sativa* L.)[J]. Environmental Science & Technology, 36(5): 962-968.
Abedin M J, Feldmann J, Meharg A A. 2002c. Uptake kinetics of arsenic species in rice plants[J]. American Society of Plant Physiologists, 128(3): 1120-1128.
Abedin M J, Meharg A A. 2002. Relative toxicity of arsenite and arsenate on germination and early seedling growth of rice (*Oryza sativa* L.)[J]. Plant and Soil, 243(1): 57-66.
Abernathy C O, Liu Y P, Longfellow D, et al. 1999. Arsenic: health effects, mechanisms of actions, and research issues[J]. Environmental Health Perspectives, 107(7): 593-597.
Adriano S.1986. L'attivit scientifica di vincenzo cesati nel bresciano (1843-1847)[J]. Natura Bresciana, (1): 141-153.
Aira E A, Päivöke, Liisa K Simola. 2001. Arsenate toxicity to pisum sativum: mineral nutrients, chlorophyll content, and phytase activity[J]. Ecotoxicology and Environmental Safety, 49(2): 111-121.
Alam G M, Tokunaga S, Maekawa T. 2001. Extraction of arsenic in a synthetic arsenic-contaminated soil using phosphate[J]. Chemosphere,43(8): 1035-1041.
Alam M S, Kim I J, Ling Z, et al. 1995. First measurement of the rate for the inclusive radiative penguin

decay b→s gamma[J]. Physical Review Letters, 74(15): 2885-2889.
Asher C J, Reay P F. 1979. Arsenic uptake by barley seedlings[J]. Functional Plant Biology, 6: 459-466.
Benson M, Porter E K, Peterson P J. 1981. Arsenic accumulation, tolerance and genotypic variation in plants on arsenical mine wastes in S.W. England[J]. Journal of Plant Nutrition, 3(1-4): 655-666.
Bieleski R L. 1973. Phosphate pools, phosphate transport, and phosphate availability[J]. Annual Review of Plant Physiology, 24(1): 225-252.
Bieleski R L, Ferguson I B. 1983. Physiology and metabolism of phosphate and its compounds[J]. Encyclopedia of Plant Physiology, 15: 422-449.
Blute N K, Brabander D J, Hemond H F, et al. 2004. Arsenic sequestration by ferric iron plaque on cattail roots[J]. Environmental Science and Technology, 38: 6047-6077.
Bolan N, Mahimairaja S, Kunhikrishnan A, et al. 2013. Phosphorus-arsenic interactions in variable-charge soils in relation to arsenic mobility and bioavailability[J]. Science of the Total Environment, 463-464(0): 1154-1162.
Campos V. 2002. Arsenic in groundwater affected by phosphate fertilizers at São Paulo, Brazil[J]. Environmental Geology, 42(1): 83-87.
Cao Xinde, Ma L Q, Tu C. 2003. Antioxidative responses to arsenic in the arsenic-hyperaccumulator Chinese brake fern (Pteris vittata L)[J]. Environmental Pollution,128(3): 317-325.
Carrow N, Rieke P E, Ellis B G. 1975. Growth of turfgrasses as affected by soil phosphorus and arsenic[J]. Soil Science Society of America Journal, 39(6): 1121-1124.
Cattani I, Capri E, Boccelli R, et al. 2009. Assessment of arsenic availability to roots in contaminated Tuscany soils by a diffusion gradient in thin films (DGT) method and uptake by *Pteris vittata* and *Agrostis capillaris*[J]. European Journal of Soil Science, 60(4): 539-548.
Chen T, Fan Z, Lei M, et al. 2002. Effect of phosphorus on arsenic accumulation in As-hyperaccumulator *Pteris vittata* L. and its implication[J]. Chinese Science Bulletin, 47(22): 1876-1879.
Clarkson D, Luttge U.1991. Mineral nutrition: nducible and repressible nutrient transportsystems[J]. Prog Bot, 52: 61-83.
Cox L,Hermosin M C, Cornejo J. 1996. Sorption of metamitron on soils with low organic matter content[J]. Chemosphere, 32(7): 1391-1400.
Creger T L, Peryea F J. 1994. Phosphate fertilizer enhances arsenic uptake by apricot liners grown in lead-arsenate-enriched soil[J]. Hort Science, 29(2): 88-92.
Degryse F, Smolders E, Oliver I, et al. 2003. Relating soil solution Zn concentration to diffusive gradients in thin films measurements in contaminated soils[J]. Environmental Science and Technology, 37(17): 3958-3965.
Dixon C J, Bowler W B,Walsh C A, et al. 1997. Effects of extracellular nucleotides on single cells and populations of human osteoblasts: contribution of cell heterogeneity to relative potencies[J]. British Journal of Pharmacology,120(5): 777-780.
Ernstberger H, Zhang H, Tye A, et al. 2005. Desorption kinetics of Cd, Zn, and Ni measured in soils by DGT[J]. Environmental Science & Technology, 39(6): 1591-1597.
Esteban E, Carpena R O, Meharg A A. 2003. High-affinity phosphate/arsenate transport in white lupin (*Lupinus albus*) is relatively insensitive to phosphate status[J]. New Phytologist, 158(1): 165-173.
Fayiga A O, Ma L Q. 2006. Using phosphate rock to immobilize metals in soil and increase arsenic uptake by hyperaccumulator *Pteris vittata*[J]. Science of the Total Environment, 359(1-3): 17-25.
Friedrich N, Horst L. 1959. Optische Aktivität und chemische konstitution, VIII. darstellung und rotationsdispersionen optisch aktiver α-phenyl-äthylamin-derivate[J]. Justus Liebigs Annalen der Chemie,621: 42-50.
Gao Y, Mucci A. 2001. Acid base reactions, phosphate and arsenate complexation, and their competitive adsorption at the surface of goethite in 0.7 M NaCl solution[J]. Geochimica Et Cosmochimica Acta, 65(14): 2361-2378.
Gooddy D C, Shand P, Kinniburgh D G, et al. 1995. Field-based partition coefficients for trace elements in soil solutions[J]. European Journal of Soil Science, 46(2): 265-285.

Han B Q, Chan K C. 1996. Superplastic deformation mechanisms of particulate reinforced aluminum matrix composites[J]. Materials Science & Engineering A,212(2): 256-264.
Hansel C M, La Force M J, Fendorf S, et al. 2002. Spatial and temporal association of As and Fe species on aquatic plant roots[J]. Environmental Science and Technology, 36: 1988-1994.
Harper M P, Davison W, Tych W. 2000. DIFS—a modelling and simulation tool for DGT induced trace metal remobilisation in sediments and soils[J]. Environmental Modelling & Software, 15: 55-66.
Harper M P, Davison W, Zhang H, et al. 1998. Kinetics of metal exchange between solids and solutions in sediments and soils interpreted from DGT measurements[J]. Geochimica et Cosmochimica Acta, 62(16): 2757-2770.
Hartley J L, Beaton J D, Tisdale S L, et al. 2006. Soil Fertility and Fertilizers: an Introduction to Nutrient Manasement (7th)[M]. Beijing: Higher Education Press: 27-29.
Huang Z C, An Z Z, Chen T B, et al. 2007. Arsenic uptake and transport of Pteris vittata L. as influenced by phosphate and inorganic arsenic species under sand culture[J]. J Environ Sci (China), 19(6): 714-718.
Hurd-Karrer A M. 1936. Toxicity of selenium-containing plants to aphids[J]. Science, 84(2176): 252.
Hurd-Karrer A M, Kennedy M H. 1936. Inhibiting effect of sulphur in selenized soil on toxicity of wheat to rats[J]. Journal of Agricultural Research, 62: 933-942.
Jacobs L W, Syers J K, Keeney D R. 1970. Arsenic sorption by soils[J]. Soil Science Society of America Journal, 34(5): 750-754.
Jacobs W, Keeney D R. 1970. Arsenic - phosphorus interactions on corn[J]. Communications in Soil Science and Plant Analysis,1(2): 85-93.
Johnston S E, Barnard W M. 1979. Comparative effectiveness of fourteen solutions for extracting arsenic from four western New York soils[J]. Soil Science Society of America Journal, 43(2): 304-308.
Kalbitz K, Wennrich R. 1998. Mobilization of heavy metals and arsenic in polluted wetland soils and its dependence on dissolved organic matter[J]. Science of the Total Environment, 209(1): 27-39.
Kenneth L C, John C C, Terry K T. 1995. Surface /subsurface hydrology and phosphorus transport in the Kissimmee River Basin, Florida[J]. Ecological Engineering,5(2-3): 301-330.
Li R Y, Stroud J L, Ma J F, et al. 2009. Mitigation of arsenic accumulation in rice with water management and silicon fertilization[J]. Environ Technol, 43(10): 3778-3783.
Liao W T, Chang K L, Yu C L, et al. 2004. Arsenic induces human keratinocyte apoptosis by the FAS/FAS ligand pathway, which correlates with alterations in nuclear factor-κB and activator protein-1 activity[J]. Journal of Investigative Dermatology, 122(1): 125-129.
Lou L Q. 2008. Arsenic Uptake, accumulation and tolerance in Chinese brake fern (*Pteris vittata* L., an arsenic hyperaccumulator) under the influence of phosphate[D]. Hong Kong: Hong Kong Baptist University Doctoral dissertation.
Luo L, Zhang S, Shan X Q, et al. 2006. Arsenate sorption on two Chinese red soils evaluated with macroscopic measurements and extended X-ray absorption fine-structure spectroscopy[J]. Environmental Toxicology Chemistry, 25(12): 3118-3124.
Marschner H, Kirkby E A, Cakmak I. 1996. Effect of mineral nutritional status on shoot-root partitioning of photoassimilates and cycling of mineral nutrients[J]. Journal of Experimental Botany, 47 (Special Issue): 1255-1263.
Meharg A A. 1994a. A critical review of labelling techniques used to quantify rhizosphere carbon-flow[J]. Plant and Soil, 166(1): 55-62.
Meharg A A. 1994b. Integrated tolerance mechanisms: constitutive and adaptive plant responses to elevated metal concentrations in the environment[J]. Plant, Cell & Environment, 17(9): 989-993.
Meharg A A. 2004. Arsenic in rice-understanding a new disaster for South-East Asia[J]. Trends in Plant Science, 9(9): 415-417.
Meharg A A, Hartley-Whitaker J. 2002. Arsenic uptake and metabolism in arsenic resistant and nonresistant plant species[J]. New Phytologist, 154(1): 29-43.
Meharg A A, Macnair M R. 1990. An altered phosphate uptake system in arsenate-tolerant *Holcus lanatus* L[J]. New Phytologist, 116(1): 29-35.

Meharg A A, Macnair M R. 1991a. The mechanisms of arsenate tolerance in *Deschampsia cespitosa* (L.) Beauv. and *Agrostis capillaris* L[J]. New Phytologist, 119(2): 291-297.

Meharg A A, Macnair M R. 1991b. Uptake, accumulation and translocation of arsenate in arsenate–tolerant and non–tolerant *Holcus lanatus* L[J]. New Phytologist, 117(2): 225-231.

Meharg A A, Macnair M R. 1992. Suppression of the high affinity phosphate uptake system: a mechanism of arsenate tolerance in *Holcus lanatus* L.[J]. Journal of Experimental Botany, 43(4): 519-524.

Meharg A A, Macnair M R. 1994. Relationship between plant phosphorus status and the kinetics of arsenate influx in clones of *Deschampsia cespitosa* (L.) beauv. that differ in their tolerance to arsenate[J]. Plant and Soil, 162(1): 99-106.

Mkandawire M, Lyubun Y V, Kosterin P V, et al. 2004. Toxicity of arsenic species to *Lemna gibba* L. and the influence of phosphate on arsenic bioavailability[J]. Environmental Toxicology, 19(1): 26-34.

Otte M L, Rozema J, Beek M A, et al. 1990. Uptake of arsenic by estuarine plants and interactions with phosphate, in the field (Rhine estuary) and under outdoor experimental conditions[J]. Science of the Total Environment, 97: 839-854.

Päivöke A E A, Simola L K. 2001. Arsenate toxicity to pisum sativum: mineral nutrients, chlorophyll content, and phytase activity[J]. Ecotoxicology and Environmental Safety, 49(2): 111-121.

Peryea F J. 1991. Phosphate-induced release of arsenic from soils contaminated with lead arsenate[J]. Soil Sci Soc Am J, 55(5): 1301-1306.

Peryea F J. 1998. Phosphate starter fertilizer temporarily enhances soil arsenic uptake by apple trees grown under field conditions[J]. Hort Science, 33(5): 826-829.

Petra M,Douglas L G. 1995. Mycorrhizal infection and ageing affect element localization in short roots of Norway spruce [*Picea abies* (L.) Karst][J]. Mycorrhiza,5(6): 417-422.

Pickering I J, Prince R C, George M J, et al. 2000. Reduction and coordination of arsenic in Indian mustard[J]. Plant Physiology, 122(4): 1171-1177.

Pongratz R. 1998. Arsenic speciation in environmental samples of contaminated soil [J]. Science of the Total Environment, 224(1): 133-141.

Qafoku N, Kukier U, Sumner M, et al. 1999. Arsenate displacement from fly ash in amended soils [J]. Water Air and Soil Pollution, 114(1-2): 185-198.

Quaghebeur M, Rengel Z. 2003. The distribution of arsenate and arsenite in shoots and roots of *Holcus lanatus* is influenced by arsenic tolerance and arsenate and phosphate supply[J]. Plant Physiology, 132(3): 1600-1609.

Rahman M A, Hasegawa H, Rahman M M, et al. 2007. Accumulation of arsenic in tissues of rice plant (*Oryza sativa* L.) and its distribution in fractions of rice grain[J]. Chemosphere,69(6): 942-948.

Rubin L, Hoffman D, Ma D, et al. 1990. Shallow-junction diode formation by implantation of arsenic and boron through titanium-silicide films and rapid thermal annealing[J]. Electron Devices, IEEE Transactions on, 37(1): 183-190.

Sadiq M. 1986. Solubility relationships of arsenic in calcareous soils and its uptake by corn[J]. Plant and Soil,91(2): 241-248.

Sadiq M. 1997. Arsenic chemistry in soils: an overview of thermodynamic predictions and field observations[J]. Water Air and Soil Pollution, 93(1-4): 117-136.

Sarkar D, Datta R. 2004. Arsenic fate and bioavailability in two soils contaminated with sodium arsenate pesticide: an incubation study[J]. Bulletin of environmental contamination and toxicology, 72(2): 240-247.

Sarkar D, Quazi S, Makris K C, et al. 2007. Arsenic bioaccessibility in a soil amended with drinking-water treatment residuals in the presence of phosphorus fertilizer[J]. Archives of Environmental Contamination and Toxicology, 53(3): 329-336.

Sarkar S, Basu B, Kundu C K, et al. 2012. Deficit irrigation: An option to mitigate arsenic load of rice grain in West Bengal, India[J]. Agriculture Ecosystems & Environment, 146(1): 147-152.

Sauve S, Martinez C E, McBride M, et al. 2000a. Adsorption of free lead (Pb^{2+}) by pedogenic oxides, ferrihydrite, and leaf compost[J]. Soil Science Society of America Journal, 64(2): 595-599.

Sauve S, Norvell WA, McBride M, et al. 2000b. Speciation and complexation of cadmium in extracted soil solutions[J]. Environmental Science & Technology, 34(2): 291-296.

Schachtman D P, Reid R J, Ayling S M. 1998. Phosphorus uptake by plants: from soil to cell[J]. Plant Physiology, 116(2): 447-453.

Senila M, Tanaselia C, Rimba E. 2013. Investigations on arsenic mobility changes in rhizosphere of two ferns species using DGT technique[J]. Carpathian Journal of Earth and Environmental Sciences, 8(3): 145-154.

Sheppard S C. 1992. Summary of phytotoxic levels of soil arsenic[J]. Water, Air, and Soil Pollution, 64(3): 539-550.

Smith E, Naidu R, Alston A M. 1999. Chemistry of arsenic in soils: I. Sorption of arsenate and arsenite by four Australian soils[J]. Journal of Environmental Quality, 28(6): 1719-1726.

Smith E, Naidu R, Alston A M. 2002. Chemistry of inorganic arsenic in soils: II. Effect of phosphorus, sodium, and calcium on arsenic sorption[J]. Journal of Environmental Quality, 31(2): 557-563.

Smith S R, Triner N, et al. 2002. Phosphorus release and fertiliser value of enhanced-treated and nutrient-removal biosolids[J]. Water and Environment Journal, 16(2): 127-134.

Spanu A, Daga L, Orlandoni A M, et al. 2012. The role of irrigation techniques in arsenic bioaccumulation in rice (*Oryza sativa* L.)[J]. Environmental Science & Technology, 46(15): 8333-8340.

Tripathi R D, Srivastava S, Mishra S, et al. 2007. Arsenic hazards: strategies for tolerance and remediation by plants[J]. Trends in Biotechnology, 25(4): 158-165.

Tu S, Ma LQ. 2003. Interactive effects of pH, arsenic and phosphorus on uptake of As and P and growth of the arsenic hyperaccumulator *Pteris vittata* L. under hydroponic conditions[J]. Environmental and Experimental Botany, 50(3): 243-251.

Wang H, Shan X, Liu T, et al. 2007. Organic acids enhance the uptake of lead by wheat roots[J]. Planta, 225(6): 1483-1494.

Wang J J, Bai L Y, Zeng X B, et al. 2014. Assessment of arsenic availability in soils using the diffusive gradients in thin films (DGT) technique—a comparison study of DGT and classic extraction methods[J]. Environmental Sciences: Processes & Impacts, 16: 2355-2361.

Wang J, Zhao F J, Meharg A A, et al. 2002. Mechanisms of arsenic hyperaccumulation in *Pteris vittata*. Uptake kinetics, interactions with phosphate, and arsenic speciation[J]. Plant Physiology, 130(3): 1552-1561.

Wang Y, Zeng X, Lu Y, et al. 2015. Effect of aging on the bioavailability and fractionation of arsenic in soils derived from five parent materials in a red soil region of Southern China[J]. Environmental Pollution, 207: 79-87.

Wauchope R D, Koskinen W C. 1983. Adsorption-desorption equilibria of herbicides in soil: a thermodynamic perspective[J]. Weed Science,31(4): 504-512.

Wenzel W W, Kirchbaumer N, Prohaska T, et al. 2001. Arsenic fractionation in soils using an improved sequential extraction procedure[J]. Analytica Chimica Acta, 436(2): 309-323.

Woolson E A, Axley J H, Kearney P C. 1971. Correlation between available soil arsenic, estimated by six methods, and response of corn (*Zea mays* L.)[J]. Soil Science Society of America Journal, 35(1): 101-105.

Zhang H. 2004. In-situ speciation of Ni and Zn in freshwaters: comparison between DGT measurements and speciation models[J]. Environmental Science & Technology, 38(5): 1421-1427.

Zhang H, Lombi E, Smolders E, et al. 2004. Kinetics of Zn release in soils and prediction of Zn concentration in plants using diffusive gradients in thin films[J]. Environmental Science and Technology, 38: 3608-3613.

第十一章　研究展望

砷对环境和人类健康危害较重，近年来备受关注，其同时也是我国耕地中超标比例较高的有毒类金属元素。近年来，在砷污染土壤修复技术、土壤中砷的化学行为，以及农田生态系统中砷的来源、农田中砷的原位钝化与形态价态转化、作物对砷吸收及其影响因素等研究方面均取得了较重要进展（白玲玉等，2010；曾希柏等，2014；杨忠兰等，2021b），同时，也为进一步强化农田中砷的研究、降低作物对砷的吸收、保障作物安全生产等提供了十分重要的理论基础（曾希柏等，2013）。当前我国耕地资源十分紧张，保持 18 亿亩基本农田、保障国家粮食和食品安全的形势十分严峻，但部分地区农田中砷等有害元素含量超标较严重，且这些农田还在用于生产农作物，因此，充分利用现有耕地资源（包括污染物中轻度超标耕地）生产更多的安全、放心农产品，是我国现代农业发展的一种不得已的选择（曾希柏等，2021）。积极寻求污染物中轻度超标耕地“边调控、边利用”的有效途径，可使这些农田不至于丧失农业利用价值，同时又能使所生产的农产品符合国家农产品质量的标准和要求，这对保障国家粮食和食品安全意义重大。从我国砷超标农田的基本状况及已有研究基础出发，要达到上述目的，尚需在以下方面开展更深入的研究。

一、农田生态系统中砷的快速检测、溯源与源头阻控技术

不同区域耕地中砷的来源千差万别，从而导致耕地中砷的含量、形态和有效性等具有很大的差异，因此，首先需要快速确定农田中砷的累积水平，检测农田中砷的生物有效性及形态特征，明确农田中砷的超标现状；立足于“防重于治”的基本方针，利用相关模型定量识别超标农田中砷的污染源，分析砷进入农田的迁移过程及影响因素；同时，研究制定源头污染控制技术措施及相应的管理法规等，有效降低含砷物质向农田生态系统的输入，实现源头阻控的目标。

针对当前部分地区耕地中砷累积的现实，必须强化进入农田生态系统中灌溉水、降尘等的快速检测，建立相应的检测方法，实现在线、快速检测，提高检测的准确度。只有通过快速检测结果的分析，才能初步明确不同来源途径砷进入农田的通量，并根据相关结果制定必要的防控策略，大幅度减少外源砷向农田生态系统的输入。与此同时，应针对相应的快速检测方法，研制对应的在线检测仪器设备，用于源头动态检测，以实时监控不同途径进入农田生态系统的砷，并根据检测结果进行溯源，为进一步的防控提供准确信息。

此外，应针对不同来源进入农田生态系统的砷，开展源头阻控技术研究，有效阻止砷进入农田生态系统。源头阻控包括：降低源头污染物有效性；减少随降尘和灌溉等途径进入农田生态系统；应用污染物生物拦截技术，减少灌溉水中污染物总量，降低污染

物含量；污染物原位填埋、钝化和降解（Yang et al.，2022）；污染物扩散阻控等。通过系列源头阻控技术的实施，可有效降低源头污染物向农田生态系统的输入，使耕地中污染物的输入量大幅度降低，保障农田生态系统健康（曾希柏等，2021）。

农产品及农业投入品中砷含量的检测也是关系到产品质量的关键要素，因此，应加快研发不同类型农产品、农业投入品（特别是复合肥、有机肥等）中砷含量快速检测技术，加快实现农产品和农业投入品的快速、在线检测，并建立相应的标准和方法体系。通过农产品在线检测与物联网的紧密结合，使检测结果快速上传到终端，实现农产品产地快速溯源，为消费者提供快速、准确的产品质量服务（徐明岗等，2014）。通过农业投入品的快速检查，使购买者能及时了解投入品中污染物的含量是否符合国家标准，特别是对可能含有砷等污染物的磷肥、复合肥、有机肥、有机-无机复合肥及部分进口复合肥等产品进行重点检测，杜绝不合格农业投入品进入农田生态系统。

二、农田中砷的环境行为及风险评价技术研究

砷的化学价态具有可变性，不同形态砷的环境行为及毒性存在很大的差异，并且生物与非生物因素均能显著影响砷的化学形态，进而影响其环境行为和毒性。因此，系统探讨耕地中的砷在土-水、土-气及根-土界面迁移转化和传递积累的关键过程及其驱动机制，明确不同条件下砷的形态及价态转化及其机理，探讨环境因素对形态价态转化等过程的影响及其作用机制，对有效降低砷的毒性和有效性等具有十分重要的意义。

同时，根据目前掌握的农田土壤砷含量等实际情况，结合历史资料和调研等数据，以保护农业生态环境、保障农产品安全和人体健康为原则，以健康毒理学和生态毒理学的剂量-效应关系为基础，运用土壤砷不同形态指标或有效性指标，结合全量指标，考虑不同种类作物的吸收富集特性和土壤 pH、有机质等关键性质的影响，制定符合我国国情的、与土壤类型和作物种植方式等相对应的农田土壤砷含量阈值，并在此基础上逐步建立完善我国土壤砷环境质量标准，提出不同利用和管理方式下土壤砷含量的阈值，大幅度减少或消除“土壤超标、作物不超标”或“土壤不超标、作物超标”等现象，保障农产品安全生产。

在上述研究的基础上，基于土壤和农产品含量的标准及研究结果，进一步明确不同情景下土壤砷含量与不同类型农产品砷含量的相关性，以及施肥、管理等措施的影响，开发农田中砷环境风险评价模型及指标体系，预测不同情景下农产品的砷含量及相应的环境风险，为砷超标农田安全利用提供决策参考。

三、农田砷活性调控及作物吸收阻控技术

农田土壤中砷含量，特别是有效态砷含量超标是导致农产品中砷含量高乃至超标的最主要原因，因此，采取必要的措施降低土壤中砷的活性、减少外源砷进入农田生态系统、降低土壤含砷量、阻控砷从土壤向作物根系迁移等，是保障砷超标耕地安全生产的关键。尽管近年来在相关方面已开展了系列研究，但总体来看，围绕土壤砷钝化等研究较多，整体性、系统性尚有待提升，必须围绕农田中砷的化学钝化，研发以降低土壤中

砷生物有效性为目的的高效、环保和低成本专用或多功能型钝化材料，并逐步实现产业化应用（杨忠兰等，2021a，b；Zhang et al.，2019）；必须围绕土壤中砷的原位降活，研发适用于不同程度超标农田的多种生态阻控技术，建立相应的技术模式，使研发技术的应用标准化、规范化；必须强化不同类型钝化材料对土壤理化性状、作物产量与品质、农田生态环境等的长期监测与研究，保障钝化剂应用的安全性。

强化微生物制剂和产品在砷超标耕地安全利用中的应用，开展具有高耐砷及转化砷能力的微生物菌株筛选和人工定植等研究，培育具有高耐砷和转化砷等功能的微生物种群，并研发出系列配套微生物菌剂；研究农田环境下微生物与砷相互作用的机制，有效利用微生物对砷的形态转化、生物累积与挥发等功能，降低作物对砷的吸收。同时，开展超标农田中砷活性或有效性的微生物、化学-微生物多措施联合调控技术，大幅度降低农田中砷的活性和对作物的有效性（王亚男等，2020）。

四、低吸收砷作物筛选利用与农艺调控技术

由于超富集植物对某种或几种特定的元素具有很强的吸收、累积能力，因而受到许多研究者的重视，并应用在 Cd、As 等元素污染土壤修复中，近年来被发现并研究较多的超富集植物如蜈蚣草（*Pteris vittata*）、东南景天（*Sedum alfredii*）、海州香薷（*Elsholtzia splendens*）、鸭跖草（*Commelina communis*）、商陆（*Phytolacca acinosa*）、龙葵（*Solanum nigrum*）等，部分已经被用于污染土壤修复中。但超富集植物存在以下缺点：一是种植技术要求较高，在大田种植往往难以获得预期效果；二是种植成本较高，种子种苗花费较大，还需要相应的施肥、管理，且管理要求较高，收获物的利用价值尚未得到开发，种植效益很差；三是收获物由于含有某种或几种污染元素且含量较高，其处置问题尚未得到有效解决，随意堆放还会导致二次污染；四是由于生物量、植物累积量等诸多原因，修复周期较长，一般需要 8～10 年左右甚至更长时间。所以，目前真正得到规模化应用的超富集植物几乎没有（肖细元等，2009）。

与超富集植物相反，实际上还有某些植物对一种（类）或几种污染物具有排斥吸收效果，其在污染物含量较高土壤中生长时，植物体内的含量也能维持在正常状态，此即所谓的低吸收植物（作物）。由于低吸收作物适应在较高污染物含量土壤中种植，且不需要特别的技术及管理并能获得较高产量，因而近年来受到研究者的关注（Zeng et al.，2021）。近年来国内外学者在砷低吸收作物筛选与应用方面亦开展了一些研究工作，但在品种资源挖掘和实际应用等方面还有待进一步增强，因此，在当前和今后一段时间内，应根据不同类型及不同基因型作物对砷吸收转运能力差异较大的特点，筛选低吸收砷的农作物类型或品种，明确其生理生态和分子遗传机制，并应用现代基因选择、遗传学和分子生物学等技术加快低吸收作物筛选速度，利用现代生物技术挖掘低吸收砷功能的基因，选育具有低吸收砷功能的优质高产农作物新品种，开发低吸收作物-钝化剂或低吸收作物-功能微生物联合作用下砷超标农田调控技术模式，大幅度提高低吸收农作物的应用。

基于环境中硅、磷等与砷的拮抗效应，系统研究不同情景下硅、磷等营养调控阻控

作物吸收砷或降低砷向收获物中转移的相关技术及机制，同时探讨有机物料及氮素等养分对降低作物吸收砷的影响，逐步构建适用于降低不同类型农作物对砷吸收量的营养调控技术；开展农田水分管理、种植制度调整、耕作方式、作物间/套作等对收获物砷含量影响研究，形成有利于降低作物对砷吸收的技术组合，构建相应的农艺调控技术模式，并探讨相关措施调控农田砷有效性、降低作物吸收砷的原理或机制。

五、砷与其他污染物复合污染耕地的修复与安全利用

尽管近年来的研究大多集中在单一元素（或污染物）污染土壤修复等方面，但从土壤污染的情况看，仅有一种元素（或污染物）的污染土壤并不多见，对农业土壤而言不仅有元素污染，还包括有机污染物（如抗生素、农药、除草剂等）、病原微生物等，即大多属于复合污染。根据调查，目前我国污染耕地中以砷为主的地区仅局限于湖南石门等地，且大多是砷-镉、砷-铅甚至砷与多种元素同时超标，同时还有砷与抗生素、砷与有机污染物复合污染等，这也为砷污染耕地修复与安全利用提出了新的课题。

在砷复合污染耕地修复与安全利用方面，当前和今后一段时间内亟待解决的问题如下。一是复合钝化剂的研制与应用，即针对污染物的不同组合及含量状况，通过化学改性、超微细化活化、生物-化学复合等方法研制不同类型和功能的钝化剂，有效降低耕地中污染物的含量（杨忠兰等，2021b；张拓等，2020）。二是强化农艺措施调控研究，针对不同污染物的性质和不同条件下作物有效性等，研究制定作物种植期间的水分和养分管理、栽培、耕作管理，以及作物间/套种等技术，大幅度降低作物的吸收量。三是加快研究构建具有转化砷等功能的微生物种群，并与钝化剂施用及农艺措施等相结合，促进土壤中砷等污染物的微生物降解、毒性消减。四是充分发展、基因编辑、蛋白质育种等高新技术，选育对多种污染物具有低吸收功能的农作物品种，并加快其示范应用。

由于复合污染耕地中污染物的组合、浓度等诸多方面差异很大，复合污染土壤修复与安全利用实际上也是一个十分复杂且系统性很强的工程，除需要有相应的技术作为支撑外，还必须针对实际情况制定必要的修复或安全利用方案，并充分考虑耕作改制、工程措施等方案，以确保农产品安全。

六、农产品产地砷等重金属安全保障体系与政策

保障农产品产地环境安全，是实现农产品质量安全的前提，不仅需要从技术层面提供强有力的支撑，同时也需要政府部门的高度重视和参与。因此，必须建立与农产品安全生产相对应的农产品产地安全保障与政策体系，通过国家制度、政策法规确保污染物不进入农田生态系统，保障耕地质量健康与安全。

当前，我国对生态环境建设与保护等工作十分重视，国家相继出台了《环境保护法》《固体废物污染环境防治法》《环境噪声污染防治法》《水污染防治法》《大气污染防治法》《土壤污染防治法》《环境影响评价法》等系列法律，并制订了一批配套的法规，实施了生态环境保护督察制度，在全国范围内开展环境保护督察和执法检查，为生态环境保护提供了强有力的法律和制度保障，也有效促进了生态环境不断优化。但与环境保护、环

境污染防治等相比较，耕地健康与污染防治迄今尚无专门的法律法规，更缺乏专门的执法管理，相关内容主要分散在《农业法》和《土地管理法》的部分条款及《基本农田保护条例》中，这也是导致部分耕地中污染物超标乃至污染的重要原因。

耕地具有自然和社会（或生产）双重属性。作为自然属性的耕地，通常被称为“土壤”，其污染或质量管理隶属于生态环境部；作为社会（或生产）属性的耕地，通常被称为“农田”，其性质也因利用方式、管理等而具有较大差异，同时也可能因多种原因导致污染物含量增加而超标乃至污染，但耕地的管理隶属于农业农村部，且对耕地健康、耕地污染物的管理并不像土壤或环境污染那样有督察和执法检查等，因而很多时候是造成既成事实之后才进行调查、处理，这显然与耕地健康、与农产品安全生产的要求是不相适应的，也严重制约了耕地质量和健康管理。因此，必须从转变思想观念入手，以完善产地环境体系为根本，以发展实地检测监控技术为手段，以加强阻控、消减、修复技术支持为依托，重点研究我国优势农产品产地环境安全的法律法规、政策措施、标准体系、监理监测、溯源管理、技术示范推广的实施效果及其保障体系；必须强化耕地质量安全监测与执法检查，及时发现各地区耕地使用中可能遇到的问题，加强监督管理，确保耕地安全。

参考文献

白玲玉, 曾希柏, 李莲芳, 等. 2010. 不同农业利用方式对土壤重金属累积的影响及原因分析[J]. 中国农业科学, 43(1): 96-104.

贾武霞, 文炯, 许望龙, 等. 2016. 我国部分城市畜禽粪便中重金属含量及形态分析[J]. 农业环境科学学报, 35(4): 764-773.

王亚男, 赵婧, 杨小东, 等. 2020. 外源砷胁迫对两种土壤中细菌和古菌群落的影响[J]. 应用生态学报, 31(2): 615-624.

肖细元, 陈同斌, 廖晓勇, 等. 2009. 我国主要蔬菜和粮油作物的砷含量与砷富集能力比较[J]. 环境科学学报, 29(2): 292-297.

徐明岗, 曾希柏, 周世伟, 等.2014. 施肥与土壤重金属污染修复[J]. 北京: 科学出版社: 1-200.

杨忠兰, 曾希柏, 孙本华, 等. 2020. 水铁矿结构稳定性及对砷固定研究与展望[J]. 农业环境科学学报, 39(3): 445-453.

杨忠兰, 曾希柏, 孙本华, 等. 2021a. 铁氧化物-硅酸盐复合物的形成、性质及其对砷的固定[J]. 农业现代化研究, 42(2): 294-301.

杨忠兰, 曾希柏, 孙本华, 等. 2021b. 铁氧化物固定土壤重金属的研究进展[J]. 土壤通报, 52(3): 728-735.

曾希柏, 苏世鸣, 吴翠霞, 等. 2014. 中国土壤中砷的来源及调控研究与展望[J]. 中国农业科技导报, 16(2): 85-91.

曾希柏, 徐建明, 黄巧云, 等. 2013. 中国农田重金属问题的若干思考[J]. 土壤学报, 50(1): 189-197.

曾希柏, 张丽莉, 苏世鸣, 等. 2021. 土壤健康——从理念到实践[M]. 北京: 科学出版社: 1-264.

张拓, 曾希柏, 苏世鸣, 等. 2020. 不同水分下水铁矿在土壤中稳定性变化对砷移动性的影响[J]. 农业环境科学学报, 39(2): 282-293.

Zeng X, Bai L, Gao X, et al. 2021. Agricultural planning by selecting food crops with low arsenic accumulation to efficiently reduce arsenic exposure to human health in an arsenic-polluted mining region[J]. Journal of Cleaner Production, 308: 127403.

Zhang T, Zeng X, Zhang H, et al. 2019. The effect of the ferrihydrite dissolution/transformation process on mobility of arsenic in soils: investigated by coupling a two-step sequential extraction with the diffusive gradient in the thin films (DGT) technique[J]. Geoderma, 352: 22-32.

Yang Z, Zhang N, Sun B, et al. 2022. Contradictory tendency of As(V) releasing from Fe-As complexes: influence of organic and inorganic anions[J]. Chemosphere, 286: 131469.

附录1　团队相关博士后研究报告和研究生学位论文（按年份排序）

一、博士后

1. 王济. 城市土壤重金属环境特征及研究方法探索——以贵州省贵阳市为例. 2009
2. 武慧斌. 砷污染土壤不同客土方法的修复效果及健康风险评价. 2017

二、博士研究生

1. 苏世鸣. 耐砷真菌的分离鉴定及其砷累积与挥发机理. 2010
2. 吴萍萍. 同类型矿物和土壤对砷的吸附-解吸研究. 2011
3. 林志灵. 钝化剂和苗期营养对作物吸收土壤中砷的调控影响（湖南农业大学联培）. 2013
4. 王进进. 外源磷对土壤中砷活性与植物有效性的影响及机理. 2014
5. 孙媛媛. 几种钝化剂对土壤砷生物有效性的影响与机理. 2015
6. 霍丽娟. 水铁矿纳米材料对土壤中砷的吸附固定及其稳定化反应机制. 2016
7. 王亚男. 外源砷在土壤中的老化及其对土壤微生物影响的机理研究（中国农业大学联培）. 2016
8. 张拓. 水铁矿在土壤中的稳定性及其对砷化学行为影响的研究（中国农业大学联培）. 2018
9. 杨忠兰. 水铁矿及其老化产物吸附砷的稳定性及机理（西北农林科技大学联培）. 2021
10. 李波. 腐植酸对典型复合污染水稻土镉砷有效性的影响及机理（西北农林科技大学联培）. 2021
11. 冯秋分. 铁基脱硫材料同步钝化稻田土壤镉砷的效果及机制研究（湖南农业大学联培）. 2022
12. Md Abu Sayem Jiku. Simultaneous Decrease of As and Cd Availability in Paddy Field and its Associated Mechanisms by Water Management Coupling with Passivation. 2022
13. 刘皓. 腐殖质和石灰性物质对稻田镉生物有效性的影响及其机制（西北农林科技大学联培）. 2022

三、硕士研究生

1. 胡留杰. 砷在土壤中的形态转化及植物有效性研究. 2008
2. 耿志席. 矿区周边农田土壤砷的富集特征及生物有效性研究（沈阳农业大学联培）. 2009
3. 和秋红. 不同形态砷在土壤中的转化及其对小油菜生长和吸收的影响研究. 2009
4. 孙媛媛. 调理剂对土壤中砷的调控研究. 2011
5. 王进进. 薄膜扩散梯度技术在土壤砷生物有效性评价中的应用研究. 2011
6. 冯秋分. 真菌对亚砷酸[As(III)]的耐性及累积与挥发能力研究（湖南农业大学联培）. 2013
7. Mathieu Nsenga Kumwimba. A Hydroponic Screening Study of Leafy Vegetable Cultivars with Low Arsenic Uptakeand UptakeKinetic of Arsenic. 2013
8. 王秀荣. 棘孢木霉菌厚垣孢子的产生及其对土壤中砷挥发及空心菜生长的影响. 2014
9. 侯李云. 客土改良技术对砷污染土壤的修复及其对苋菜吸收砷的影响（湖南农业大学联培）. 2015
10. 高鹏. 耐砷细菌的分离鉴定及其对砷的氧化与还原能力研究（湖南农业大学联培）. 2015
11. 高雪. 外源砷在不同土壤中的老化过程及对植物有效性的影响. 2016

12. 张骞. 几类蔬菜对砷吸收能力比较的方法研究. 2017
13. 张宏祥. 棘孢木霉菌及与水铁矿联合施用调控作物生长及砷吸收的应用研究. 2018
14. 图雅日拉. 长沙县典型区域土壤重金属空间分布特征及影响因子分析. 2019
15. 李丽娟. 真菌对砷的胞内区隔及砷转化基因多样性研究. 2021

附录 2　团队发表的相关学术论文

白玲玉, 曾希柏, 胡留杰, 李莲芳, 和秋红. 2011. 外源二甲基砷对油菜生长及土壤中砷生物有效性的影响. 应用生态学报, 22(2): 437-441.

白玲玉, 曾希柏, 李莲芳, 彭畅, 李树辉. 2010. 不同农业利用方式对土壤重金属累积的影响及原因分析. 中国农业科学, 43(1): 96-104.

冯秋分, 苏世鸣, 曾希柏, 张杨珠, 李莲芳, 白玲玉, 段然, 林志灵. 2013. 我国农田中砷污染现状及微生物修复机理的研究与展望. 湖南农业科学, (7): 73-75.

高雪, 王亚男, 曾希柏, 白玲玉, 苏世鸣, 吴翠霞. 2016. 外源 As(III)在不同母质发育土壤中的老化过程. 应用生态学报, 27(5): 1453-1460.

高雪, 曾希柏, 白玲玉, 尼玛扎西, 苏世鸣, 王亚男, 吴翠霞. 2017. 有机酸对 As(V)在土壤中老化的影响. 农业环境科学学报, 36(8): 1526-1536.

耿志席, 刘小虎, 李莲芳, 曾希柏. 2009. 磷肥施用对土壤中砷生物有效性的影响. 农业环境科学学报, 28(11): 2338-2342.

和秋红, 曾希柏. 2008. 土壤中砷的形态转化及其分析方法. 应用生态学报, 19(12): 2763-2768.

和秋红, 曾希柏, 李莲芳, 白玲玉. 2010. 好气条件下不同形态外源砷在土壤中的转化. 应用生态学报, 21(12): 3212-3216.

侯李云, 曾希柏, 张杨珠. 2015. 客土改良技术及其在砷污染土壤修复中的应用展望. 中国生态农业学报, 23(1): 20-26.

胡留杰, 白玲玉, 李莲芳, 曾希柏. 2008. 土壤中砷的形态和生物有效性研究现状与趋势. 核农学报, 22(3): 383-388.

胡留杰, 曾希柏, 白玲玉, 李莲芳. 2011. 山东寿光设施菜地土壤砷含量及形态. 应用生态学报, 22(1): 201-205.

胡留杰, 曾希柏, 何怡忱, 李莲芳. 2008. 外源砷形态和添加量对作物生长及吸收的影响研究. 农业环境科学学报, 27(6): 2357-2361.

李莲芳, 耿志席, 曾希柏, 白玲玉, 苏世鸣. 2011. 施用有机肥对高砷红壤中小白菜砷吸收的影响. 应用生态学报, 22(1): 196-200.

李莲芳, 曾希柏, 白玲玉, 李树辉. 2010. 石门雄黄矿周边地区土壤砷分布及农产品健康风险评估. 应用生态学报, 21(11): 2946-2951.

林志灵, 曾希柏, 张杨珠, 苏世鸣, 冯秋分, 王亚男, 李莲芳, 白玲玉, 段然, 吴翠霞. 2013. 人工合成铁, 铝矿物和镁铝双金属氧化物对土壤砷的钝化效应. 环境科学学报, 33(7): 1953-1959.

沈灵凤, 白玲玉, 曾希柏, 王玉忠. 2012. 施肥对设施菜地土壤硝态氮累积及 pH 的影响. 农业环境科学学报, 31(7): 1350-1356.

苏世鸣, 曾希柏, 白玲玉, 李莲芳. 2010. 微生物对砷的作用机理及利用真菌修复砷污染土壤的可行性. 应用生态学报, 21(12): 3266-3272.

苏世鸣, 曾希柏, 蒋细良, 白玲玉, 李莲芳, 张燕荣. 2010. 高耐砷真菌的分离及其耐砷能力. 应用生态学报, 21(12): 3225-3230.

孙媛媛, 曾希柏, 白玲玉. 2011. Mg/Al 双金属氧化物对 As(V)吸附性能的研究. 环境科学学报, 31(7): 1377-1385.

孙媛媛, 曾希柏, 白玲玉, 王进进, 李莲芳, 苏世鸣, 王亚男, 段然, 吴翠霞. 2013. 双金属氧化物和改性赤泥对褐潮土中外源砷的调控研究. 农业环境科学学报, 32(8): 1545-1551.
田腾, 颜蒙蒙, 曾希柏, 王济, 白玲玉, 吴翠霞, 苏世鸣. 2020. 不同来源可溶性有机质对稻田土壤中砷甲基化的影响. 农业环境科学学报, 39(3): 511-520.
图雅日拉, 黄道友, 许超, 曾希柏, 苏世鸣, 王亚男, 白玲玉. 2019. 废弃冶炼厂重金属镉向周边的扩散及其风险评价. 生态学杂志, 38(10): 3086-3092.
王济, 曾希柏, 王世杰, 白玲玉, 欧阳自远. 2008. 贵阳市表层土壤中砷的地球化学基线及污染状况研究. 土壤学报, 45(6): 1159-1163.
王进进, 白玲玉, 曾希柏, 孙媛媛. 2012. 薄膜扩散梯度技术评价土壤砷生物有效性研究. 中国农业科学, 45(4): 697-705.
王亚男, 曾希柏, 白玲玉, 苏世鸣, 吴翠霞. 2018. 外源砷在土壤中的老化及环境条件的影响. 农业环境科学学报. 37(7): 1342-1349.
王亚男, 赵婧, 杨小东, 曾希柏. 2020. 外源砷胁迫对两种土壤中细菌和古菌群落的影响. 应用生态学报, 31(2): 615-624.
吴萍萍, 曾希柏. 2011. 人工合成铁, 铝矿对 As(V)吸附的研究. 中国环境科学, 31(4): 603-610.
吴萍萍, 曾希柏, 白玲玉. 2011. 不同类型土壤中 As(V)解吸行为的研究. 环境科学学报, 31(5): 1004-1010.
吴萍萍, 曾希柏, 李莲芳, 白玲玉. 2012. 离子强度和磷酸盐对铁铝矿物及土壤吸附 As(V)的影响. 农业环境科学学报, 31(3): 498-503.
武慧斌, 曾希柏, 汤月丰, 白玲玉, 苏世鸣, 王亚男, 陈鸽. 2017. 砷污染土壤不同比例客土对大豆生长和吸收砷的影响. 农业环境科学学报, 36(10): 2021-2028.
杨忠兰, 曾希柏, 孙本华, 白玲玉, 苏世鸣, 王亚男, 吴翠霞. 2020. 水铁矿结构稳定性及对砷固定研究与展望. 农业环境科学学报, 39(3): 445-453.
杨忠兰, 曾希柏, 孙本华, 苏世鸣, 王亚男, 张楠, 张洋, 吴翠霞. 2021. 铁氧化物- 硅酸盐复合物的形成, 性质及其对砷的固定. 农业现代化研究, 42(2): 294-301.
杨忠兰, 曾希柏, 孙本华, 苏世鸣, 王亚男, 张楠, 张洋, 吴翠霞. 2021. 铁氧化物固定土壤重金属的研究进展. 土壤通报, 52(3): 728-735.
曾希柏, 和秋红, 李莲芳, 白玲玉. 2010. 淹水条件对土壤砷形态转化的影响. 应用生态学报, 21(11): 2997-3000.
曾希柏, 胡留杰, 白玲玉, 李莲芳, 和秋红, 苏世鸣. 2010. 外源二甲基砷在土壤中的转化. 应用生态学报, 21(12): 3207-3211.
曾希柏, 李莲芳, 白玲玉, 梅旭荣, 杨佳波, 胡留杰. 2007. 山东寿光农业利用方式对土壤砷累积的影响. 应用生态学报, 18(2): 310-316.
曾希柏, 李莲芳, 梅旭荣. 2007. 中国蔬菜土壤重金属含量及来源分析. 中国农业科学, 40(11): 2507-2517.
曾希柏, 苏世鸣, 马世铭, 白玲玉, 李树辉, 李莲芳. 2010. 我国农田生态系统重金属的循环与调控. 应用生态学报, 21(9): 2418-2426.
曾希柏, 苏世鸣, 吴翠霞, 王亚男. 2014. 农田土壤中砷的来源及调控研究与展望. 中国农业科技导报, 16(2): 85-91.
曾希柏, 徐建明, 黄巧云, 唐世荣, 李永涛, 李芳柏, 周东美, 武志杰. 2013. 中国农田重金属问题的若干思考. 土壤学报, 50(1): 189-197.
张骞, 曾希柏, 白玲玉, 王亚男, 苏世鸣, 吴翠霞. 2018. 应用水培方法筛选低吸收生菜的比较研究. 农业环境科学学报, 37(4): 632-639.
张骞, 曾希柏, 苏世鸣, 王亚男, 白玲玉, 吴翠霞, 高雪, 贾武霞. 2016. 不同品种苋菜对砷的吸收能力及植株磷砷关系研究. 农业环境科学学报, 35(10): 1888-1894.

张拓, 曾希柏, 苏世鸣, 王亚男, 白玲玉. 2020. 不同水分下水铁矿在土壤中稳定性变化对砷移动性的影响. 农业环境科学学报, 39(2): 282-293.

Mathieu N K, 曾希柏, 李莲芳, 苏世鸣, 王秀荣, 冯秋分, 白玲玉, 王亚男, 段然, 吴翠霞. 2013. 几种叶类蔬菜对砷吸收及累积特性的比较研究. 农业环境科学学报, 32(3): 485-490.

Bo Li, Ming-Meng Duan, Xi-Bai Zeng, Quan Zhang, Chao Xu, Han-Hua Zhu, Qi-Hong Zhu, Dao-You Huang. 2021. Effects of composited organic mobilizing agents and their application periods on cadmium absorption of *Sorghum bicolor* L. in a Cdcontaminated soil. Chemosphere, 263: 128136.

Bo Li, Qi-Hong Zhu, Quan Zhang, Han-Hua Zhu, Dao-You Huang, Shi-Ming Su, Ya-Nan Wang, Xi bai Zeng. 2021. Cadmium and arsenic availability in soil under submerged incubation: The influence of humic substances on iron speciation. Ecotoxicology and Environmental Safety, 225(2021): 112773.

Bo Li, Tuo Zhang, Quan Zhang, Qi-Hong Zhu, Dao-You Huang, Han-Hua Zhu, Chao Xu, Shi-Ming Su, Xi-Bai Zeng. 2022. Influence of straw-derived humic acid-like substance on the availability of Cd/As in paddy soil and their accumulation in rice grain. Chemosphere, 300(2022): 134368.

Hao Liu, Tuo Zhang, Yan'an Tong, Qihong Zhu, Daoyou Huang, Xibai Zeng. 2022. Effect of humic and calcareous substance amendments on the availability of cadmium in paddy soil and its accumulation in rice. Ecotoxicology and Environmental Safety, 231(2022): 113186.

Jinjin Wang, Lingyu Bai, Xibai Zeng, Shiming Su, Yanan Wang, Cuixia Wu. 2014. Assessment of arsenic availability in soils using the diffusive gradients in thin films (DGT) technique—a comparison study of DGT and classic extraction methods. Environmental Science Processes & Impacts, 16: 2355-2361.

Jinjin Wang, Xibai Zeng, Hao Zhang, Yongtao Li, Shizhen Zhao, Lingyu Bai, ShimingSu, Yanan Wang. 2018. Kinetic release of arsenic after exogenous inputs into two different types of soil. Environ Sci Pollut Res, 25: 12876-12882.

Jinjin Wang, Xibai Zeng, Hao Zhang, Yongtao Li, Shizhen Zhao, Shiming Su, Lingyu Bai, Yanan Wang, Tuo Zhang. 2018. Effect of exogenous phosphate on the lability and phytoavailability of arsenic in soils. Chemosphere,196: 540-547.

Lijuan Huo, Daoyou Huang, Xibai Zeng, Shiming Su, Yanan Wang, Lingyu Bai, Cuixia Wu. 2018. Arsenic availability and uptake by edible rape (*Brassica campestris* L.) grown in contaminated soils spiked with carboxymethyl cellulose-stabilized ferrihydrite nanoparticles. Environ Sci Pollut Res, DOI: 10.1007/s11356-018-1718-7.

Lijuan Huo, Xibai Zeng, Shiming Su, Lingyu Bai, Yanan Wang. 2017. Enhanced removal of As(V) from aqueous solution using modified hydrous ferric oxide nanoparticles. Scientific Reports, 7: 40765.

Lingyu Bai, Xibai Zeng, Shiming Su, Ran Duan, Yanan Wang, Xing Gao. 2015. Heavymetal accumulation and source analysis in greenhouse soils of Wuwei District, Gansu Province, China. Environ Sci Pollut Res, 22: 5359-5369.

Mathieu N K, Zeng Xibai, Bai Lingyu. 2013. Uptake kinetics of arsenic by lettuce cultivars under hydroponics. African Journal of Environmental Science and Technology, 7(5): 321-328.

Md. Abu Sayem Jiku, Xibai Zeng, Lingyi Li, Lijuan Li, Yue Zhang, Lijuan Huo, Hong Shan, Yang Zhang, Cuixia Wu, Shiming Su. 2022. Soil ridge cultivation maintains grain As and Cd at low levels and inhibits As methylation by changing arsM-harboring bacterial communities in paddy soils. Journal of Hazardous Materials, 429(2022): 128325.

Meihaguli Ainiwaer, Tuo Zhang, Nan Zhang, Xianqiang Yin, Shiming Su, Yanan Wang, Yang Zhang, Xibai Zeng. 2022. Synergistic removal of As(III) and Cd(II) by sepiolite-modified nanoscale zero-valent iron and a related mechanistic study. Journal of Environmental Management, 319: 115658.

Meihaguli Ainiwaer, Xibai Zeng, Xianqiang Yin, Jiong Wen, Shiming Su, Yanan Wang, Yang Zhang, Tuo Zhang, Nan Zhang. 2022. Thermodynamics, Kinetics, and Mechanisms of the Co-Removal of Arsenate and Arsenite by Sepiolite-Supported Nanoscale Zero-Valent Iron in Aqueous Solution. International Journal of Environmental Research and Public Health, 19: 11401.

Mengmeng Yan, Xibai Zeng, Ji Wang, Andy A. Meharg, Caroline Meharg, Xianjing Tang, Lili Zhang, Lingyu Bai, Junzheng Zhang, Shiming Su. 2020. Dissolved organic matter differentially influences arsenic methylation and volatilization in paddy soils. Journal of Hazardous Materials, 388: 121795.

Peng Gao, Xibai Zeng, Lingyu Bai, Yanan Wang, Cuixia Wu, Ran Duan and Shiming Su. 2017. As(V) Resistance and Reduction by Bacteria and Their Performances in As Removal from As-Contaminated Soils. Current Microbiology, 74: 1108-1113.

Qiufen Feng, Shiming Su, Qihong Zhu, Nan Zhang, Zhonglan Yang, Xibai Zeng. 2022. Simultaneous mitigation of Cd and As availability in soil-rice continuum via the addition of an Fe-based desulfurization material. Science of the Total Environment, 812: 152603.

Qiufen Feng, Shiming Su, Xibai Zeng, Yangzhu Zhang, Lianfang Li, Lingyu Bai, Ran Duan, Zhiling Ling. 2015. Arsenite Resistance, Accumulation, and Volatilization Properties of Trichoderma asperellum SM-12F1, *Penicillium janthinellum* SM-12F4, and *Fusarium oxysporum* CZ-8F1. Clean Soil Air Water, 43(1): 141-146.

Shiming Su, Lingyu Bai, Caibing Wei, Xiang Gao, Tuo Zhang, Yanan Wang, Lianfang Li, Jinjin Wang, Cuixia Wu, Xibai Zeng. 2015. Is soil dressing a way once and for all in remediation of arsenic contaminated soils? A case study of arsenic re-accumulation in soils remediated by soil dressing in Hunan Province, China. Environ Sci Pollut Res, 22: 10309-10316.

Shiming Su, Xibai Zeng, Lianfang Li, Ren Duan, Lingyu Bai, Aiguo Li, Jinjin Wang, Sheng Jiang. 2012. Arsenate reduction and methylation in the cells of Trichoderma asperellum SM-12F1, Penicillium janthinellum SM-12F4, and Fusarium oxysporum CZ-8F1 investigated with X-ray absorption near edge structure. Journal of Hazardous Materials, 243: 364-367.

Shiming Su, Xibai Zeng, Lingyu Bai, Lianfang Li, Ran Duan. 2011. Arsenic biotransformation by arsenic-resistant fungi Trichoderma asperellum SM-12F1, Penicillium janthinellum SM-12F4, and Fusarium oxysporum CZ-8F1. Science of the Total Environment, 409: 5057-5062.

Shiming Su, Xibai Zeng, Lingyu Bai, Paul N. Williams, Yanan Wang, Lili Zhang, Cuixia Wu. 2017. Inoculating chlamydospores of *Trichoderma asperellum* SM-12F1 changes arsenic availability and enzyme activity in soils and improves water spinach growth. Chemosphere, 175: 497-504.

Shiming Su, Xibai Zeng, Lingyu Bai, Xiliang Jiang and Lianfang Li. 2010. Bioaccumulation and biovolatilisation of pentavalent arsenic by *Penicillin janthinellum*, *Fusarium oxysporum* and *Trichoderma asperellum* Under Laboratory Conditions. CurrMicrobiol, 61(4): 261-266.

Shiming Su, Xibai Zeng, Lingyu Bai, Yanan Wang, Lili Zhang, Mansheng Li, Cuixia Wu. 2017. Concurrent methylation and demethylation of arsenic by fungi and their differential expression in the protoplasm proteome. Environmental Pollution, 225: 620-627.

Shiming Su, Xibai Zeng, Qiufen Feng, Lili Zhang, Sheng Jiang, Aiguo Li, Ran Duan, Xiurong Wang, Cuixia Wu, Yanan Wang. 2015. Demethylation of arsenic limits its volatilization in fungi. Environmental Pollution, 204: 141-144.

Tuo Zhang, Xibai Zeng, Hao Zhang, Qimei Lin, Shiming Su, Yanan Wang, Lingyu Bai. 2018. Investigation of synthetic ferrihydrite transformation in soils using two-step sequential extraction and the diffusive gradients in thin films (DGT) technique. Geoderma, 321: 90-99.

Tuo Zhang, Xibai Zeng, Hao Zhang, Qimei Lin, Shiming Su, Yanan Wang, Lingyu Bai, Cuixia Wu. 2019. The effect of the ferrihydrite dissolution/transformation process on mobility of arsenic in soils: Investigated by coupling a two-step sequential extraction with the diffusive gradient in the thin films (DGT) technique. Geoderma, 352: 22-32.

Tuo Zhang, Xinyi Chen, Yu Wang, Lijuan Li, Yuanyuan Sun, Yanan Wang, Xibai Zeng. 2022. The stability of poorly crystalline arsenical ferrihydrite after long-term soil suspension incubation. Chemosphere. 291: 132844.

Xiaoxia Cao, Lingyu Bai, Xibai Zeng, Junzheng Zhang, Yanan Wang, Cuixia Wu, Shiming Su. 2019. Is maize suitable for substitution planting in arsenic-contaminated farmlands? Plant, Soil and Environment, 65(9): 425-434.

Xiaoxia Cao, Xin Gao, Xibai Zeng, Yibing Ma, Yue Gao, Willy Baeyens, Yuehui Jia, Jie Liu, Cuixia Wu, Shiming Su. 2021. Seeking for an optimal strategy to avoid arsenic and cadmium overaccumulation in crops: Soil management vs cultivar selection in a case study with maize. Chemosphere, (272): 129891.

Xibai Zeng, Lingyu Bai, Xin Gao, Hong Shan, Cuixia Wu, Shiming Su. 2021. Agricultural planning by selecting food crops with low arsenic accumulation to efficiently reduce arsenic exposure to human health in an arsenic-polluted mining region. Journal of Cleaner Production, (308): 127403.

Xibai Zeng, Pingping Wu, Shiming Su, Lingyu Bai and Qiufen Feng. 2012. Phosphate has a differential influence on arsenate adsorption by soils with different properties. Plant Soil Environ, 58(9): 405-411.

Xibai Zeng, Qiufen He, Lingyu Bai, Lianfang Li and Shiming Su. 2011. The Arsenic Speciation Transformation in Artificially Arsenic-Contaminated Fluvo-Aquic Soil (Beijing, China). Plant Soil Environ, 57(3): 108-114.

Xibai Zeng, Shiming Su, Qiufen Feng, Xiurong Wang, Yangzhu Zhang, Lili Zhang, Sheng Jiang, Aiguo Li, Lianfang Li, Yanan Wang, Cuixia Wu, Lingyu Bai, Ran Duan. 2015. Arsenic speciation transformation and arsenite influx and efflux across the cell membrane of fungi investigated using HPLC–HG–AFS and in-situ XANES. Chemosphere, 119: 1163-1168.

Xibai Zeng, Shiming Su, Xiliang Jiang, Lianfang Li, Lingyu Bai, Yanrong Zhang. 2010. Capability of Pentavalent Arsenic Bioaccumulation and Biovolatilization of Three Fungal Strains under Laboratory Conditions. Clean-Soil, Air, Water, 38(3): 238-241.

Xiurong Wang, Shiming Su, Xibai Zeng, Lingyu Bai, Lianfang Li, Ran Duan, Yanan Wang, Cuixia Wu. 2015. Inoculation with chlamydospores of Trichoderma asperellum SM-12F1 accelerated arsenic volatilization and influenced arsenic availability in soils. Journal of Integrative Agriculture, 14(2): 389-397.

Yanan Wang, Xibai Zeng, Yahai Lu, Lingyu Bai, Shiming Su, Cuixia Wu. 2017. Dynamic arsenic aging processes and their mechanisms in nine types of Chinese soils. Chemosphere, 187: 404-412.

Yanan Wang, Xibai Zeng, Yahai Lu, Shiming Su, Lingyu Bai, Lianfang Li, Wuixia Wu. 2015. Effect of aging on the bioavailability and fractionation of arsenic in soils derived from five parent materials in a red soil region of Southern China. Environmental Pollution, 207: 79-87.

Yanan Wang, Xibai Zeng, Yang Zhang, Nan Zhang, Liyang Xu, Cuixia Wu. 2022. Responses of potential ammonia oxidation and ammonia oxidizers community to arsenic stress in seven types of soil. Journal of Environmental Sciences, 127: 15-29.

Yuanyuan Sun, Rongle Liu, Xibai Zeng, Qimei Lin, Lingyu Bai, Lianfang Li, Shiming Su, Yanan Wang. 2015. Reduction of arsenic bioavailability by amending seven inorganic materials in arsenic contaminated soil. Journal of Integrative Agriculture, 14(7): 1414-1422.

Zhonglan Yang, Lingyu Bai, Shiming Su, Yanan Wang, Cuixia Wu, Xibai Zeng and Benhua Sun. 2021. Stability of Fe-As composites formed with As(V) and aged ferrihydrite. Journal of Environmental Sciences, 100(2021): 43-50.

Zhonglan Yang, Nan Zhang, Benhua Sun, Shiming Su, Yanan Wang, Yang Zhang, Cuixia Wu, Xibai Zeng. 2021. Contradictory tendency of As(V) releasing from Fe–As complexes: Influence of organic and inorganic anions. Chemosphere, 286(2022): 131469.